中国华能
CHINA HUANENG

U0743492

水力发电厂
技术监督标准汇编

中国华能集团公司　编

中国电力出版社
CHINA ELECTRIC POWER PRESS

内 容 提 要

为规范和加强水力发电厂技术监督工作，促进技术监督工作规范、科学、有效开展，保证发电机组及电网安全、可靠、经济、环保运行，预防人身和设备事故的发生，中国华能集团公司依据 DL/T 1051—2007《电力技术监督导则》和国家、行业相关标准、规范，组织编制和修订了集团公司《电力技术监督管理办法》及水力发电厂绝缘、继电保护及安全自动装置、励磁、电测与热工计量、电能质量、水轮机、水工、监控自动化、节能、环境保护、金属、化学等 12 项专业监督标准。监督标准规定了水电相关设备和系统在设计选型、制造、安装、运行、检修维护过程中的相关监督范围、项目、内容、指标等技术要求，水力发电厂监督组织机构和职责、全过程监督范围和要求、技术监督管理的内容要求。其适用于水力发电设备设计选型、制造、安装、生产运行全过程技术监督工作。

图书在版编目（CIP）数据

水力发电厂技术监督标准汇编/中国华能集团公司编. —北京：中国电力出版社，2015.9
ISBN 978-7-5123-8303-6

Ⅰ. ①水… Ⅱ. ①中… Ⅲ. ①水力发电站–技术监督–标准–汇编–中国 Ⅳ. ①TV752-65

中国版本图书馆 CIP 数据核字（2015）第 224149 号

中国电力出版社出版、发行

（北京市东城区北京站西街 19 号 100005 http://www.cepp.sgcc.com.cn）
航远印刷有限公司印刷
各地新华书店经售

*

2015 年 9 月第一版 2015 年 9 月北京第一次印刷
787 毫米×1092 毫米 16 开本 56.25 印张 1395 千字
印数 0001—2000 册 定价 **170.00** 元

序

　　电力体制改革以来，中国华能集团公司电力产业快速发展，截至 2014 年 12 月，公司可控发电装机容量突破 1.5 亿千瓦，已成为全球装机规模最大的发电企业。电力技术监督作为保障发供电设备安全、可靠、经济、环保运行的重要抓手，在公司创建世界一流企业战略目标发挥重要作用。2010 年公司发布火电 12 项技术监督标准，以规范火电厂各项监督的技术标准，指导电厂技术人员在设备管理中落实各项国标、行标，技术标准保证了监督工作的规范性、科学性、先进性。5 年来，火电技术监督标准的实施，在保证电厂的安全生产经济运行、防止设备事故发生方面发挥了重要作用。

　　在集团公司开展电厂安全生产管理体系创建工作中，发现技术监督标准没有解决监督管理问题。锅炉及附属系统、设备主要是通过节能、锅炉压力容器及金属等专业进行间接监督，不能对锅炉及附属设备进行全面监督。公司热电联产机组及热力管网发展迅速，供热面积逐年递增，但随之暴露出来很多问题，如热网的水质控制、加热器 / 管网腐蚀、热网的节能经济运行、计量管理、供热可靠性等方面都亟须规范。另外，近几年涉及电力行业的国家、行业许多技术标准进行了修订，也颁布了一些新的标准；随着发电机组容量、参数的不断提高，国家、行业对节能、环保提出了更高的要求，旧的技术标准已经不能满足公司强化技术监督的要求。因此迫切地对火电 12 项监督技术标准进行整体修订，并制订锅炉和供热监督标准，以适应集团公司安全生产管理的需要。

　　为进一步完善公司的标准体系，强化公司技术监督管理工作，充分发挥技术监督在安全生产的重要抓手作用，全面提升电厂安全生产管理水平，达到"一流的安全生产管理水平、一流的设备可靠性、一流的技术经济指标"，确保电力安全生产管理水平创一流。2014 年，集团公司组织西安热工研究院有限公司、各电力产业和局域子公司、部分发电企业专业人员开展了火力发电厂监督标准的修订和制订工作，标准共分为绝缘监督、继电保护及安全自动装置监督、励磁监督、电测监督、电能质量监督、汽轮机监督、锅炉监督、热工监督、节能监督、环保监督、金属监督、化学监督、压力容器监督技术、供热监督 14 项。

　　《火力发电厂绝缘监督标准》等 14 项技术标准是按照国家发改委颁布的《电力工业技术

监督导则》（DL/T 1051—2007）要求，在原标准的基础上，根据 2009 年以来国家和行业有关火电技术标准、规程和规范的要求进行了补充、删减和修改，并结合《华能电厂安全生产管理体系要求》而修编的。标准修订、制订的指导思想是：以最新火电的国家、行业与技术监督相关的导则、标准、规范为依据，重点梳理 2009 年及以后颁布的国标、行标，并对监督技术标准之前引用采纳相关重要标准的情况进行梳理排查；充分吸收国内、外火力发电机组研究总结的监督方面新技术、先进经验、研究成果；结合近 5 年来集团公司技术监督服务过程中发现的由于电厂在标准采纳执行过程中造成机组非停或设备损坏的问题，总结经验教训，提炼相关措施要求纳入监督标准和管理要求中。标准内容应涵盖火力发电机组的设计、基建、调试、验收、运行、检修、改造等全过程的技术规范、管理重点和评价考核要求。

集团公司将于 2015 年 1 月发布新的火电技术监督标准。各产业、区域子公司和发电企业要组织对新标准的学习、贯彻和执行，进一步提高安全生产水平和技术监督水平，为集团公司发电设备安全、可靠、经济、环保运行奠定坚实基础。

在火电监督标准即将出版之际，谨对所有参与和支持火电监督标准编写、出版工作的单位和同志们表示衷心的感谢！

寇伟

2015 年 1 月

前　言

电力体制改革以来，中国华能集团公司电力产业快速发展，截至 2014 年 12 月，集团公司可控发电装机容量突破 1.5 亿千瓦，已成为全球装机规模最大的发电企业。电力技术监督作为保障发供电设备安全、可靠、经济、环保运行的重要抓手，在集团公司创建世界一流企业战略目标中发挥着重要作用。2010 年集团公司发布火电 12 项、水电 12 项技术监督标准，指导发电企业技术人员在设备管理中落实各项国家标准、行业标准。5 年来，技术监督标准的实施保证了监督工作的规范性、科学性和先进性。

为进一步完善集团公司标准体系，强化技术监督管理工作，充分发挥技术监督超前预控的作用，全面提升发电企业安全生产管理水平，达到"一流的安全生产管理水平、一流的设备可靠性、一流的技术经济指标"。2014 年，集团公司组织西安热工研究院有限公司、各电力产业公司、区域公司和发电企业专业人员开展了《电力技术监督管理办法》和火电、水电技术监督标准修订，以及《锅炉监督标准》《供热监督标准》的新编工作。其中《火力发电厂绝缘监督标准》由陈志清、吕尚霖、梁志钰、陈仓、蓝洪林、冯海斌、南江、魏强、杨春明、李培健主编，《火力发电厂继电保护及安全自动装置监督标准》由杨博、马晋辉、曹浩军、吴敏、杨敏照主编，《火力发电厂励磁监督标准》由都劲松、苏方伟、王福晶主编，《火力发电厂电测监督标准》由周亚群、曹浩军、王勤、刘洋、冯一主编，《火力发电厂电能质量监督标准》由舒进、贺飞、张晓、闫明、郑昀主编，《火力发电厂燃煤机组热工监督标准》由任志文、周昭亮、王靖程、徐建鲁、王家兴主编，《火力发电厂燃煤机组节能监督标准》由张宇博、党黎军、渠富元、刘丽春、杨辉主编，《火力发电厂燃煤机组环境保护监督标准》由侯争胜、张广孙、吴宇、施永健、张光斌主编，《火力发电厂燃煤机组金属监督标准》由马剑民、姚兵印、张志博、王金海、邹智成、朱建华主编，《火力发电厂锅炉压力容器监督管理标准》由张志博、马剑民、姚兵印主编，《火力发电厂燃煤机组化学监督标准》由柯于进、滕维忠、王国忠、陈裕忠、何文斌、韩旭主编，《火力发电厂汽轮机监督标准》由刘丽春、安欣、崔光明、杨涛、陈凡夫、关志宏主编，《火力发电厂锅炉监督标准》由杨辉、党黎军、张宇博、应文忠主编，《火力发电厂供热监督标准》由安欣、马明、司源、孙吉广、马德红、马强主编。《水力发电厂绝缘监督标准》由陈志清、杨春明、陈仓、李培健、南江、梁志钰、蓝洪林、吕尚霖、冯海斌、魏强主编，《水力发电厂继电保护及安全自动装置监督标准》由杨博、马晋辉、曹浩军、黄献生、吴敏、杨敏照主编，《水力发电厂励磁监督标准》由都劲松、张会军、杨强主编，《水力发电厂电测与热工计量监督标准》由燕翔、吕凤群、舒晓滨、仝辉主编，《水力发电厂电能质量监督标准》由舒进、贺飞、闫明、张晓、郑昀主编，《水力发电厂水轮机监督标准》由乔进国、裴海林、姜发兴、齐巨涛、郭良波、郭金忠、王新乐主编，《水力发电厂水工监督标准》由邱小弟、字陈波、李黎、蒋金磊、杨立新、汪俊波主编，《水力发电厂监控自动化监督标准》由刘永珺、杜景琦、王靖程、李军、禹跃美、贾成、李天平主编，《水力发电厂节能监督标准》由万散航、卢云江、朱宏、许跃主编，《水力发电厂环境保护监督标准》由吴明波、梅增荣、夏一丹主编，《水力发电厂金属监督标准》由董东旭、曾云军、李定利、蒋三林、许宏伟、邓博主编，《水力发电厂化学监督标准》由杨建凡、柯于进、刘晋曦、张震、韦占海、滕维忠主编。

各专业监督标准按照 DL/T 1051—2007《电力技术监督导则》要求，重点梳理 2009 年以后新颁布的国家、行业标准，充分吸收国内外发电行业新技术、先进经验和研究成果，对近年来集团公司系统发电企业发生的非停或设备损坏事件总结经验教训，提炼措施纳入到标准中，涵盖机组设计、基建、调试、验收、运行、检修、改造等全过程监督的技术规范、管理重点和评价考核要求。其中监督技术标准部分，强调技术监督工作执行的技术要求，明确了相关行业标准推荐性技术要求执行的边界条件，对部分行业标准在现场执行中存在的问题予以进一步澄清，对因设备更新升级而不再采纳的技术条文进行删减，补充了现有标准中缺失的内容，对公司设备中发生过的共性、典型性问题提出了具体的技术措施和要求；监督管理要求部分，强调如何落实技术监督工作中的各项技术要求，即"5W1H"：如何通过监督管理来执行技术标准，监督管理要求由监督基础管理、监督日常管理内容和要求、全过程监督中各阶段监督重点三部分组成；监督评价与考核部分，强调对发电企业技术监督工作落实执行情况的评估与评价，形成完整的闭环管理，监督评价与考核由评价内容、评价标准、评价组织与考核三部分构成。标准内容力求全面、贴近实际，便于理解和操作执行，具备科学性和先进性。由于编写人员的水平所限，难免存在疏漏和不当之处，敬请广大读者批评指正。

修编后的监督标准涵盖了火力、水力发电企业主要专业，进一步完善了集团公司技术监督体系，符合国家、行业对发电企业专业监督的最新技术规定，具有更强的实用性和可操作性，对确保电厂及其接入电网的安全稳定运行，规范和提升电厂专业技术工作具有积极指导意义。

在监督标准即将出版之际，谨对所有参与和支持火电、水电监督标准编写、出版工作的单位和同志们表示衷心的感谢！

编 者

2015 年 5 月

目　录

中国华能集团公司
CHINA HUANENG GROUP

中国华能集团公司水力发电厂技术监督标准汇编
Q/HN—1—0000.08.037—2015

技术标准篇

水力发电厂绝缘监督标准

2015 – 05 – 01 发布

2015 – 05 – 01 实施

目　次

前　言

　　为加强中国华能集团公司水力发电厂技术监督管理，保证水力发电厂高压电气设备的安全可靠运行，特制定本标准。本标准依据国家和行业有关标准、规程和规范，以及中国华能集团公司发电厂的管理要求、结合国内外发电的新技术、监督经验制定。

　　本标准是中国华能集团公司所属发电厂绝缘监督工作的主要依据，是强制性企业标准。

　　本标准自实施之日起，代替 Q/HB-J-08.L13—2009《水力发电厂绝缘监督技术标准》。

　　本标准由中国华能集团公司安全监督与生产部提出。

　　本标准由中国华能集团公司安全监督与生产部归口并解释。

　　本标准起草单位：西安热工研究院有限公司、华能澜沧江水电股份有限公司、华能国际电力股份有限公司。

　　本标准主要起草人：陈志清、杨春明、陈仓、李培健、南江、梁志钰、蓝洪林、吕尚霖、冯海斌、魏强。

　　本标准审核单位：中国华能集团公司安全监督与生产部、中国华能集团公司基本建设部、华能澜沧江水电股份有限公司、西安热工研究院有限公司。

　　本标准主要审核人：赵贺、武春生、杜灿勋、晏新春、陈作文、崔恒胜、马晋辉、唐湘运。

　　本标准审定：中国华能集团公司技术工作管理委员会。

　　本标准批准人：寇伟。

水力发电厂绝缘监督标准

1 范围

本标准规定了中国华能集团公司（以下简称集团公司）所属水力发电厂高压电气设备绝缘监督相关的技术标准内容和监督管理要求。

本标准适用于集团公司水力发电厂高压电气设备的监督工作。

2 规范性引用文件

下列文件对于本文件的应用是必不可少的。凡是注日期的引用文件，仅所注日期的版本适用于本文件。凡是不注日期的引用文件，其最新版本（包括所有的修改单）适用于本文件。

GB 311.1　高压输变电设备的绝缘配合

GB 755　旋转电机　定额和性能

GB 1094.1　电力变压器　第 1 部分：总则

GB 1094.2　电力变压器　第 2 部分：温升

GB 1094.3　电力变压器　第 3 部分：绝缘水平、绝缘试验和外绝缘空气间隙

GB 1094.5　电力变压器　第 5 部分：承受短路的能力

GB 1094.6　电力变压器　第 6 部分：电抗器

GB 1094.11　电力变压器　第 11 部分：干式电力变压器

GB 1207　电磁式电压互感器

GB 1208　电流互感器

GB 1984　高压交流断路器

GB 4208　外壳防护等级（IP 代码）

GB 7674　额定电压 72.5kV 及以上气体绝缘金属封闭开关设备

GB 11032　交流无间隙金属氧化物避雷器

GB 11033　高压开关设备六氟化硫气体密封试验导则

GB 11033.1～3　额定电压 26/35kV 及以下电力电缆附件基本技术要求

GB 20840.1　互感器　第 1 部分：通用技术要求

GB 20840.5　互感器　第 5 部分：电容式电压互感器的补充技术要求

GB 26860　电力安全工作规程　发电厂和变电站电气部分

GB 50061　66kV 及以下架空电力线路设计规范

GB 50065　交流电气装置的接地设计规范

GB 50147　电气装置安装工程　高压电器施工及验收规范

GB 50148　电气装置安装工程　电力变压器、油浸电抗器、互感器施工及验收规范

GB 50149　电气装置安装工程　母线装置施工及验收规范

GB 50150　电气装置安装工程电气设备交接试验标准

GB 50168　电气装置安装工程　电缆线路施工及验收规范

GB 50169　电气装置安装工程　接地装置施工及验收规范

GB 50170　电气装置安装工程　旋转电机施工及验收规范

GB 50217　电力工程电缆设计规范

GB 50233　110～500kV 架空送电线路施工及验收规范

GB/T 3190　变形铝及铝合金化学成分

GB/T 4109　交流电压高于 1000V 的绝缘套管

GB/T 4942.1　旋转电机整体结构的防护等级（IP 代码）分级

GB/T 5231　加工铜及铜合金牌号和化学成分

GB/T 6075.3　机械振动 在非旋转部件上测量评价机器的振动　第 3 部分：额定功率大于 15kW 额定转速在 120r/min 至 15 000r/min 之间的在现场测量的工业机器

GB/T 6451　三相油浸式电力变压器技术参数和要求

GB/T 7354　局部放电测量

GB/T 7595　运行中变压器油质量标准

GB/T 7894　水轮发电机基本技术条件

GB/T 8349　金属封闭母线

GB/T 8564　水轮发电机组安装技术规范

GB/T 8905　六氟化硫电气设备中气体管理和检测导则

GB/T 9326　交流 500kV 及以下纸绝缘电缆及附件

GB/T 10228　干式变压器技术参数和要求

GB/T 10229　电抗器

GB/T 11017.1～3　额定电压 110kV 交联聚乙烯绝缘电力电缆及其附件

GB/T 11022　高压开关设备和控制设备标准的共同技术要求

GB/T 12706　额定电压 1kV（U_m=1.2kV）到 35kV（U_m=40.5kV）挤包绝缘电力电缆及附件

GB/T 13499　电力变压器应用导则

GB/T 14049　额定电压 10kV、35kV 架空绝缘电缆

GB/T 14542　运行变压器油维护导则

GB/T 17468　电力变压器选用导则

GB/T 19749　耦合电容器及电容分压器

GB/T 20113　电气绝缘结构（EIS）热分级

GB/T 20840.5　互感器　第 5 部分：电容式电压互感器的补充技术要求

GB/T 22078　500kV 交联聚乙烯电缆

GB/T 25096　交流电压高于 1000V 变电站用电站支柱复合绝缘子　定义、试验方法及接收准则

GB/T 26218.1　污秽条件下使用的高压绝缘子的选择和尺寸确定　第 1 部分

GB/T 26218.2　污秽条件下使用的高压绝缘子的选择和尺寸确定　第 2 部分

GB/T 26218.3　污秽条件下使用的高压绝缘子的选择和尺寸确定　第 3 部分

GB/Z 18890.1～3　额定电压 220kV（U_m=252kV）交联聚乙烯绝缘电力电缆及其附件

DL/T 266　接地装置冲击特性参数测试导则

DL/T 342　额定电压 66kV～220kV 交流聚乙烯电力电缆接头安装规程

DL/T 343　额定电压 66kV～220kV 交流聚乙烯电力电缆 GIS 终端安装规程

DL/T 344　额定电压 66kV～220kV 交流聚乙烯电力电缆户外终端安装规程

DL/T 401　高压电缆选用导则

DL/T 402　交流高压断路器订货技术条件

DL/T 474.1～5　现场绝缘试验实施导则

DL/T 475　接地装置特性参数测量导则

DL/T 486　交流高压隔离开关和接地开关

DL/T 492　发电机环氧云母定子绕组绝缘老化鉴定导则

DL/T 507　水轮发电机组启动试验规程

DL/T 572　电力变压器运行规程

DL/T 573　电力变压器检修导则

DL/T 574　变压器分接开关运行维修导则

DL/T 586　电力设备用户监造导则

DL/T 596　电力设备预防性试验规程

DL/T 603　气体绝缘金属封闭开关设备运行及维护规程

DL/T 615　高压交流断路器参数选用导则

DL/T 617　气体绝缘金属封闭开关设备技术条件

DL/T 618　气体绝缘金属封闭开关设备现场交接试验规程

DL/T 620　交流电气装置的过电压保护与绝缘配合

DL/T 621　交流电气装置的接地

DL/T 626　劣化盘形悬式绝缘子检测规程

DL/T 627　绝缘子用常温固化硅橡胶防污闪涂料

DL/T 664　带电设备红外诊断技术应用规范

DL/T 722　变压器油中溶解气体分析和判断导则

DL/T 725　电力用电流互感器使用技术规范

DL/T 726　电力用电磁式电压互感器使用技术规范

DL/T 727　互感器运行检修导则

DL/T 728　气体绝缘金属封闭开关设备订货技术导则

DL/T 729　户内绝缘子运行条件　电气部分

DL/T 730　进口水轮发电机（发电电动机）设备技术规程

DL/T 741　架空输电线路运行规程

DL/T 751　水轮发电机运行规程

DL/T 804　交流电力系统金属氧化物避雷器使用导则

DL/T 815　交流输电线路用复合外套金属氧化物避雷器

DL/T 838　发电企业设备检修导则

DL/T 848.1～5　高压试验装置通用技术条件

DL/T 849.1～6　电力设备专用测试仪器通用技术条件

DL/T 864　标称电压高于 1000V 交流架空线路用复合绝缘子使用导则

DL/T 865　126kV～550kV 电容式瓷套管技术规范

DL/T 911　电力变压器绕组变形的频率响应分析法

DL/T 984　油浸式变压器绝缘老化判断导则

DL/T 1001　复合绝缘高压穿墙套管技术条件

DL/T 1054　高压电气设备绝缘技术监督规程

DL/T 1246　水电站设备状态检修管理导则

DL/T 1253　电力电缆线路运行规程

DL/T 5091　水力发电厂接地设计技术导则

DL/T 5092　（110～500）kV 架空送电线路设计技术规程

DL/T 5130　架空送电线路钢管杆设计技术规定

DL/T 5154　架空输电线路杆塔结构设计技术规程

DL/T 5186　水力发电厂机电设计规范

DL/T 5352　高压配电装置设计技术规程

DL/T 5401　水力发电厂电气试验设备配置导则

JB/T 8660　水电机组包装、运输和保管规范

国家能源局　防止电力生产事故的二十五项重点要求（国能安全〔2014〕161 号）

国家电力公司　电力安全工器具预防性试验规程（试行）（2002 年）

Q/HN-1-0000.08.002—2013　中国华能集团公司电力检修标准化管理实施导则（试行）

Q/HN-1-0000.08.049—2015　中国华能集团公司电力技术监督管理办法

Q/HB-G-08.L01—2009　华能电厂安全生产管理体系要求

Q/HB-G-08.L02—2009　华能电厂安全生产管理体系评价办法（试行）

华能安〔2011〕271 号　中国华能集团公司电力技术监督专责人员上岗资格管理办法
（试行）

3　总则

3.1　高压电气设备绝缘监督必须贯彻"安全第一、预防为主"的方针。

3.2　绝缘监督的目的：对高压电气设备绝缘状况和影响到绝缘性能的污秽状况、接地装置状况、过电压保护等进行全过程监督，以确保高压电气设备在良好绝缘状态下运行，防止绝缘事故的发生。

3.3　绝缘监督范围：50MW 及以上容量的发电机；额定电压 6kV 及以上的变压器、电抗器、互感器、开关设备、耦合电容器、套管、绝缘子、电力电缆、金属氧化物避雷器、线路设备；封闭母线；接地装置等；以及高压试验仪器仪表和绝缘工器具。

3.4　本标准规定了水力发电厂高压电气设备从设计选型和审查、监造和出厂验收、安装和投产验收、运行维护、检修到技术改造，直至设备退出运行的全过程监督的标准，以及对高压试验仪器仪表和绝缘工器具试验、检测和保管维护的监督标准，规定了绝缘监督管理要求、评价与考核标准，它是水力发电厂绝缘监督工作的基础，也是建立绝缘监督体系的依据。

3.5　高压电气设备绝缘监督应符合本标准和现行国家、电力行业标准有关的规定。对于进口设备的绝缘监督，参照本标准执行，具体监督项目和试验标准可按合同规定执行。其他电气

设备可参照执行。

3.6　各电厂应按照集团公司《华能电厂安全生产管理体系要求》《电力技术监督管理办法》中有关技术监督管理和本标准的要求，结合本厂的实际情况，制定电厂绝缘监督管理标准；依据国家和行业有关标准和规范，编制、执行运行规程、检修规程和检验及试验规程等相关/支持性文件；以科学、规范的监督管理，保证绝缘监督工作目标的实现和持续改进。

3.7　从事绝缘监督的人员，应熟悉和掌握本标准及相关标准和规程中的规定。

4　监督技术标准

4.1　水轮发电机监督

4.1.1　设计审查选型

4.1.1.1　本体结构设计与性能要求

4.1.1.1.1　水轮发电机的技术条件应符合 GB 755、GB/T 7894、DL/T 5186 的规定和相关反事故措施的要求，对进口水轮发电机还应符合 DL/T 730 的规定。水轮发电机的结构型式和总体布置应根据水轮机的型式、单机容量、额定转速、厂房尺寸和机组运行稳定性等因素设计，并便于检修和维护。

4.1.1.1.2　水轮发电机设计应在保证机组长期、安全、稳定运行的基础上，提高效率，降低造价。

4.1.1.1.3　当水轮发电机及其附属设备的设计结构及新技术、新材料的采用足以引起某些特性参数或经济效益发生重大变化时，应经过制造厂试验、中间试验、工业试验等阶段，并由用户、科研等有关单位鉴定合格后才能正式使用。

4.1.1.1.4　水轮发电机的型式和结构选择应优先考虑安全可靠，同时应注意技术是否先进、制造技术及制造厂生产经验、工艺是否成熟、是否符合高效节能的要求，对新型式和新结构应在充分研究和调研基础上确定。

4.1.1.1.5　水轮发电机应具有长期、连续进相和滞相运行的性能，其允许进相和滞相运行的容量和运行范围及带空载线路允许充电容量，满足电站、电网安全经济运行的需要。上述要求应落实到订货合同中。

4.1.1.1.6　为保证水轮发电机性能，应进行设计联络，除讨论水轮发电机外部接口、内部结构配置、试验、运输、生产进度等问题外，还应着重讨论设计中的电磁场，电动力，电、磁负荷能力，温升等计算分析报告，并应根据同类机组运行经验进行核实验算，保证水轮发电机有足够的结构强度、绝缘裕度和负荷能力。

4.1.1.1.7　设计选型审查及设计联络的结果应形成文件，以作为后续工作的依据。

4.1.1.2　通风及冷却系统

4.1.1.2.1　水轮发电机冷却方式可采用定子绕组、转子绕组、定子铁芯均为空气冷却的全空冷方式，且优先采用密闭循环通风冷却系统。对于难以采用全空冷方式的机组，可采用定子绕组介质直接冷却、转子绕组空气冷却的方式。

4.1.1.2.2　空气冷却器和油冷却器应采用防锈蚀、高导热性的紫铜、铜镍合金或不锈钢无缝管材等。与这些冷却器连接的供、排水管宜采用不锈钢材料。冷却器的冷却水压力一般按 0.2MPa～0.5MPa 设计，也可根据实际情况确定工作压力。试验压力应为设计水压力的 1.5 倍（最低不小于 0.4MPa），历时 60min。

4.1.1.2.3 设计使用的空气冷却器应有 10%～15%的热交换裕量。采用外循环的轴承冷却系统应有冗余配置。

4.1.1.2.4 所有管道和仪表均应充分予以支撑和固定，以避免有害振动，仪表应具有防电磁干扰措施。冷却器本体、管路的接头及法兰位置设计应采取避开或防止漏水影响发电机绝缘的措施。冷却系统管路应有防凝露设施。

4.1.1.3 制动系统

4.1.1.3.1 水轮发电机必须装设一套由压缩空气操作的机械制动装置。当该装置兼作千斤顶用时，液压供油应能可靠顶起机组转动部分，并可靠地锁定。

4.1.1.3.2 制动器的设计应安全可靠，便于检查和维护。在制动和顶起过程中，活塞动作灵活，迅速复位。制动环应设计成可拆卸结构，同时应具备防止机组运行中制动系统误投的措施。

4.1.1.3.3 当机组长时间停机后，机组启动前应能采用转子顶起装置或高压油顶起装置顶起转子。

4.1.1.3.4 当水轮发电机设有电气制动装置并和机械制动装置配合使用时，装置投入转速要配合适当，相关技术要求落实到订货合同中。

4.1.1.3.5 水轮发电机应设置停机后的防蠕动技术措施。

4.1.1.4 灭火系统

4.1.1.4.1 水轮发电机应设置灭火系统，灭火系统应设有自动控制、手动控制和应急操作三种控制方式。灭火介质可采用水、二氧化碳或对绝缘无损害的无公害的介质，推荐采用气体介质。

4.1.1.4.2 水轮发电机灭火系统供水管、管件、喷头等宜采用不锈钢或其他无磁性且防锈蚀材料。

4.1.1.4.3 灭火系统的设计须遵循消防相关规程。

4.1.1.5 检测系统和装置及元件

4.1.1.5.1 水轮发电机采用的自动化检测系统和装置主要有：温度检测装置，油位检测装置，冷却水流量指示装置，压力、振动、摆度等的水轮发电机组在线监测系统和振摆保护系统，油混水检测装置，轴电流检测装置，火灾报警和自动灭火系统，粉尘收集系统、加热干燥和除湿装置等。局部放电检测系统可选择使用，但应预留传感器安装位置和接口。

4.1.1.5.2 每一种自动化检测装置、系统和相关元件的规格、型式和性能要求以及与计算机监控系统接口的配置由用户与制造厂商定。

4.1.1.5.3 检测和控制元件应采用技术成熟、质量可靠、维护方便的产品。

4.1.2 监造及出厂验收

4.1.2.1 监造范围

根据 DL/T 1054 的规定，200MW 及以上容量的发电机应进行监造和出厂验收。

4.1.2.2 监造主要内容

4.1.2.2.1 发电机制造质量见证项目可参照 DL/T 586 的规定。

4.1.2.2.2 水轮发电机主要部件的材料如金属材料、电工材料等原产地、生产厂、技术性能指标应符合订货合同与相关技术标准。

4.1.2.2.3 水轮发电机各部件的生产、加工必须符合制造厂的设计图纸和技术条件要求。

4.1.2.2.4 见证定子线棒、转子磁极电气试验、重要部件加工试验，工厂组件的装配等。

4.1.2.2.5 关键部件的监督要求：

   a) 定子机座：材料检查、质量证明书；结构焊接及探伤检查；尺寸及组合面间隙检查。

   b) 定子冲片：硅钢片材质及电磁性能试验；冲片尺寸及外观、漆膜检查。

   c) 定子线棒：电磁线材质检查、质量证明书；线棒外形尺寸及电气试验。重点关注定子线棒起晕电压测定。

   d) 转子中心体及转子支架：材料检查、质量证明书；结构焊接及探伤检查；加工尺寸及组装检查。

   e) 磁轭冲片：材质检查、查验质量证明书；冲片外观及漆膜厚度检测。

   f) 磁极：铁芯及电磁线材质检查、质量证明书；磁极铁芯叠压质量及尺寸检查；磁极线圈尺寸及匝间耐压试验检查；磁极电气试验及称重检查。

4.1.2.3 出厂试验

4.1.2.3.1 出厂试验按 GB/T 7894 及订货技术协议的规定进行。

4.1.2.3.2 对订货合同或协议中明确增加的试验项目应严格进行试验，且试验结果合格；并提供其他型式试验、特殊试验项目的有效试验报告。

4.1.2.3.3 订货合同规定的见证项目，应有业主认可的验收人员参加。

4.1.3 安装及投产验收

4.1.3.1 运输及保管

4.1.3.1.1 水轮发电机及所有附件的包装、运输、保管应满足 JB/T 8660 和订货合同规定。在符合运输、储放的条件下，制造厂包装质量的保证期从发运之日起应不少于 1 年。

4.1.3.1.2 设备的包装应根据不同设备、不同地区的要求，采取防潮、防雨、防锈、防振、防腐、防霉变、防冻裂、防盐雾、防碰撞的坚固包装。

4.1.3.1.3 对精密加工的零部件、精密仪器、仪表、自动化元件、控制盘、互感器、绝缘部件、绝缘材料等应采用密封式包装。

4.1.3.1.4 水轮发电机的部件无论是整体运输还是分件运输，都应符合运输部门对产品运输装载及加固的有关规定。

4.1.3.1.5 每批货物发运的同时，应将货物的名称、数量、箱数、编号、发运时间、地点、车次通知收货人。

4.1.3.1.6 水轮发电机及所有附件运到工地后，均应储存在有掩蔽的库房内，温湿度满足有关标准和制造出要求。

4.1.3.2 安装监督重点

4.1.3.2.1 水轮发电机组的安装应符合 GB/T 8564 等标准，以及设计单位和制造厂已审定的机组安装图及有关技术文件。制造厂有特殊要求的，应按制造厂有关技术文件的要求进行。

4.1.3.2.2 水轮发电机及其附属设备的安装工程，应遵守国家及有关部门颁发的现行安全防护、环境保护、消防等规程的有关要求。

4.1.3.2.3 设备到达接受地点后，制造厂、安装单位和监理单位与业主共同参与设备开箱、清点，检查设备供货清单及随机装箱单，以下文件应同时作为机组及其辅属设备安装及质量验收的重要依据：

   a) 设备的安装、运行及维护说明书和技术文件；

    b)　全部随机图纸资料（包括设备装配图和零部件结构图）；

    c)　设备出厂合格证，检查、试验记录；

    d)　主要零部件材料的材质性能证明。

4.1.3.2.4　水轮发电机组安装所用的全部材料，应符合设计要求。对主要材料，必须有检验和出厂合格证明书。

4.1.3.2.5　根据相关规范和施工技术方案，进行分部、分阶段试验和验收。

4.1.3.2.6　关键工序试验和总体调试可委托具有相应资质的单位进行。

4.1.3.3　投产验收

4.1.3.3.1　安装完成后，应按 GB/T 7894、GB 50150、DL/T 507、安装调试技术规范，以及电网调度的要求项目进行交接试验，启动试运行试验和性能试验。试运行合格后，可进行机组的初步验收。

4.1.3.3.2　试运行应按水轮发电机组 72h 带额定负荷连续运行要求进行。如条件不允许，可根据具体条件带尽量大的负荷进行连续 72h 试运行。

4.1.3.3.3　在 72h 连续试运行中，由于机组及相关机电设备的制造、安装质量及其他原因引起运行中断，经检查处理合格后，必须重新开始 72h 连续试运行，中断前后的运行时间不应累加计算。

4.1.3.3.4　当专用技术协议有规定时，在试运行后还应进行 30d 考核试运行。

4.1.3.3.5　投产验收要进行实地查看，并对订货相关文件、设计联络会文件、监造报告、出厂试验报告、设计图纸资料、开箱验收记录、试验记录、安装记录、缺陷处理报告、监理报告、交接试验报告、调试报告等全部技术资料进行详细检查，审查其完整性、正确性和实用性。上述资料在投产验收合格后按时移交生产。

4.1.4　运行监督

4.1.4.1　运行监视

4.1.4.1.1　发电机运行中的监视、检查和维护应按 DL/T 751 及制造厂有关技术文件的规定执行。

4.1.4.1.2　发电机定子绕组、定子铁芯、进出风，发电机各部轴承的温度及润滑系统、冷却系统的油位、油压、水压等的检查、记录间隔时间，应根据设备运行状况、机组运行年限、记录仪表和计算机配置等具体情况在现场运行规程中明确。

4.1.4.1.3　"无人值班"（少人值守）电厂发电机及其电气机械仪表的巡视检查和表计记录，应在现场运行规程中规定，进行定期巡视和检查。

4.1.4.1.4　定子、转子绕组，定子铁芯和轴承等的温升限值应不超过附录 A 的规定。非基准运行条件和定额时温升限值应依据 GB/T 7894 的规定进行修正。

4.1.4.1.5　采用弹性金属塑料推力轴承的机组，其轴承温度应符合 DL/T 751 的规定：瓦体最高允许运行温度一般控制在 55℃；轴瓦报警和停机温度按发电机额定运行工况时瓦体温度增加 10℃～15℃；油槽热油温度控制不超过 50℃。运行中如出现冷却水中断，应立即排除；当瓦体温度不超过 55℃，油槽内热油温度不超过 50℃时，可以暂时运行，继续运行时间根据断水试验结果确定。

4.1.4.1.6　当发电机的定子绕组和铁芯温度与正常值有很大的偏差时，应根据仪表检查有无某种不正常的运行情况（如三相电流不平衡等）；并查明冷却器阀门是否已全开及冷却水系统是否正常。如果发电机的过热是由于冷却水中断或进入冷却器的水量减少，则应减负荷或将发电机自电网解列。

4.1.4.1.7 对密闭式冷却的空冷发电机，其最低进风温度，应以空气冷却器不凝结水珠为标准。冷水系统水温较低时，应将空气冷却器的冷风温度调整至设备不结露。

4.1.4.1.8 发电机各部轴承温度较正常运行升高或温度升高报警信号动作时，应进行下列检查处理：

    a）检查轴承油槽油面、油色、油流是否正常；

    b）检查冷却水是否正常；

    c）轴承内部有无异声，判断轴承是否良好；

    d）机组摆度、振动是否增大。

经检查确认已无法继续正常运行，应尽快解列停机。

4.1.4.1.9 发电机冷风温度升高故障报警时，检查冷却水水压是否降低，并进行调整，或提高水压增大冷却水量。如水压正常，则应检查监测系统的测温元件，并进行处理。

4.1.4.1.10 水轮发电机允许双幅振动值应符合 GB/T 7894 的规定，见表 1。

表 1 水轮发电机各部位振动运行限值   mm

机组型式	项 目	额定转速 n_N r/min				
		$n_N < 100$	$100 \leq n_N < 250$	$250 \leq n_N < 375$	$375 \leq n_N \leq 750$	$750 \leq n_N$
立式机组	带推力轴承支架的垂直振动	0.08	0.07	0.05	0.04	0.03
	带导轴承支架的水平振动	0.11	0.09	0.07	0.05	0.04
	定子铁芯部位机座水平振动	0.04	0.03	0.02	0.02	0.02
	定子铁芯振动（100Hz 双幅振幅）	0.03	0.03	0.03	0.03	0.03
卧式机组	各部轴承垂直振动	0.11	0.09	0.07	0.05	0.04
灯泡贯流式机组	推力支架的轴向振动	0.10		0.08		
	各导轴承的径向振动	0.12		0.10		
	灯泡头的径向振动	0.12		0.10		
注：振动值系指机组在过速运行以外的各种稳定运行工况下的双幅振动值						

4.1.4.1.11 在运行工况下，水轮发电机导轴承处测得的相对运行摆度（双幅值）应符合 GB/T 7894 的规定：不大于 75%的轴承总间隙值。

4.1.4.1.12 应定期分析发电机各项运行参数、在线监测装置运行情况，发现异常或报警时，应立即分析数据合理性，并根据发电机运行参数及大修试验数据进行综合分析，必要时应停机处理。

4.1.4.2 检查和维护

4.1.4.2.1 发电机及其附属设备，应由运行人员进行定期的外部检查，检查周期应在现场规程中规定。此外，外部短路以后，应对发电机进行必要的检查。

4.1.4.2.2 发电机大、小修和机组长期停运后，在重新启动前，应进行绝缘电阻测量等相关检查和试验。绝缘电阻的要求、测量用绝缘电阻表规格的选择应符合 GB/T 7894 的规定。

a) 定子绕组对机壳或绕组间的绝缘电阻值在换算至 100℃，应不低于按下式计算的数值：

$$R = \frac{U_N}{1000 + 0.01S_N}$$

式中：

R——对应温度为 100℃的绕组热态绝缘电阻计算值，MΩ；

U_N——水轮发电机的额定电压，V；

S_N——水轮发电机的额定容量，kVA。

对干燥清洁的水轮发电机，在室温 t（℃）的定子绕组 R_t（MΩ）可按下式换算至 100℃时的绕组热态绝缘电阻值：

$$R_t = R \times 1.6^{\frac{100-t}{10}}$$

b) 转子磁极挂装前、后的交流阻抗值相比较无显著差别，且在室温 10℃～40℃用 1000V 绝缘电阻表测量时，其绝缘电阻值应不小于 5MΩ。挂装后转子整体绕组的绝缘电阻值应不小于 0.5MΩ。

c) 有对地绝缘要求的水轮发电机的推力轴承、导轴承、座式滑动轴承及埋置检温计，其绝缘电阻在 10℃～30℃测量时，应不小于表 2 的规定。

表 2　水轮发电机轴承各部分绝缘电阻值

序号	轴承部件	绝缘电阻 MΩ	绝缘电阻表电压 V	备　注
1	推力轴承底座及支架	5	500	在底座机支架安装后测量
2	高压油顶起油压管路	10	500	与推力瓦的接头连接前，单根测量
3	推力轴承	1	1000	轴承总装完毕，顶起转子，注入润滑油前，温度在 10℃～30℃
4	推力轴承	0.5	500	轴承总装完毕，顶起转子，注入润滑油前，温度在 10℃～30℃
5	推力轴承	0.02	500	转子落在推力轴承上，转的部分与固定部分的所有连接暂时拆除
6	分块式导轴承瓦	5	1000	注油前单个测量
7	座式滑动轴承	0.5～1	500～1000	测轴承座对地绝缘电阻
8	埋入式检温计	5	250	注入润滑油前，测每个温度计心线对轴瓦的绝缘电阻
注：序号 3～序号 5 三项，可测其中之一项				

4.1.4.2.3 根据现场运行规程所规定的时间和次数，定期对滑环和励磁机整流子进行维护。使用压缩空气吹扫时，压力不应超过 0.3MPa，压缩空气应无水分和油（可用手试）。

4.1.4.2.4 整流子和滑环定期检查重点：

a) 整流子和滑环上电刷的冒火情况。

b) 电刷在刷框内应能自由上下活动（一般间隙 0.1mm～0.2mm），并检查电刷有无摇动、跳动或卡住的情形，电刷是否过热；同一电刷应与相应整流子片对正。

c) 电刷连接软线是否完整、接触是否紧密良好、弹簧压力是否正常、有无发热、有无碰机壳情况。

d) 电刷与整流子接触面不应小于电刷截面的 75%。

e) 电刷的磨损程度（允许程度订入现场运行规程中）。

f) 刷框和刷架上有无灰尘积垢。

g) 整流子或滑环表面应无变色、过热现象，其温度应不大于 120℃。

4.1.4.2.5 具有多台机组的水电厂，现场应制定机组轮换运行的制度。备用中的发电机应进行必要的监视和维护，当发电机长期处于备用状态时，应采取适当的措施防止绕组受潮，并保持绕组温度在 5℃ 以上。

4.1.4.2.6 冷却水含泥沙杂质较多的电厂，水冷却器的供排水方向应定期轮换。

4.1.5 检修监督

4.1.5.1 检修周期及项目

4.1.5.1.1 发电机的检修周期及项目应按集团公司机组检修的相关管理制度执行，并参照 DL/T 838 规定及制造厂技术要求执行。

4.1.5.1.2 发电机开展状态检修应依据 DL/T 1246 的规定，在充分进行状态评估后实施。

4.1.5.2 检修监督重点

发电机检修监督重点如下：

a) 检查发电机定子绕组端部及铁心紧固件（如压板紧固的螺栓和螺母、支架固定螺母和螺栓、引线夹板螺栓、穿芯螺杆等）紧固情况和磨损的情况。

b) 严格检查定子端部绕组中的异物，必要时使用内窥镜逐一检查。

c) 检查大型发电机环形接线、过渡引线、鼻部手包绝缘等的情况。

d) 定子绕组端部防晕检查与处理。

e) 定子绕组端部线圈的磨损检查。

f) 测量定子绕组波纹板的间隙。

g) 检查定子铁芯边段硅钢片有无断裂、是否松动。

h) 防止发电机内遗留金属异物。应建立严格的现场管理制度，防止锯条、螺钉、螺母、工具等金属杂物遗留在定子内部，特别应对端部线圈的夹缝、上下渐伸线之间位置做详细检查。

i) 校验定子各部分测温元件，保证测温元件的准确性。

j) 电机冷却器及其管路，应按要求进行水压试验，检查其密封是否完好。

k) 大修时，应对转子圆度、锥度进行检查。

4.1.6 预防性及诊断性试验

a) 发电机预防性试验的试验周期、项目和要求应按 DL/T 596 及制造厂技术文件的规定执行。

b) 运行中，用红外成像仪或红外点温计检测集电环—炭刷装置的发热情况，监测周期应在现场规程中规定，方法和要求应符合 DL/T 664 的规定。

c) 判定发电机环氧云母定子绕组绝缘老化情况，应进行老化鉴定试验，其试验方法和判据参照 DL/T 492。

4.2 变压器（电抗器）监督

4.2.1 设计选型审查

a) 电力变压器的设计选型应符合 GB/T 17468、GB/T 13499 和 GB 1094.1、GB 1094.2、GB 1094.3、GB 1094.5 等电力变压器相关技术标准和反事故措施的要求。油浸式电力变压器的技术参数和要求应满足 GB/T 6451 等标准的规定；电抗器的性能应满足 GB/T 10229 等标准的规定；干式变压器的技术参数和要求应满足 GB/T 10228、GB 1094.11 等标准的规定。

b) 应对变压器的重要技术性能提出要求，包括：容量、短路阻抗、损耗、绝缘水平、温升、噪声、抗短路能力、过励磁能力等。

c) 应对变压器用硅钢片、电磁线、绝缘纸板、绝缘油及钢板等原材料；套管、分接开关、套管式电流互感器、散热器（冷却器）及压力释放器等重要组件的供货商、供货材质和技术性能提出要求。

d) 变压器订购前，制造厂应提供变压器绕组承受突发短路冲击能力的型式试验或计算报告，以及提供内线圈失稳的安全系数。设计联络会前，应取得所订购变压器的抗短路能力动态计算报告，并进行核算。

e) 变压器套管的过负荷能力应与变压器允许过负荷能力相匹配。外绝缘不仅要提出与所在地区污秽等级相适应的爬电比距要求，也应对伞裙形状提出要求。重污秽区可选用大小伞结构瓷套。应要求制造厂提供淋雨条件下套管人工污秽试验的型式试验报告。不得订购密集型伞裙的瓷套管，防止瓷套出现裂纹断裂和外绝缘污闪、雨闪故障。

f) 变压器的设计联络会除讨论变压器外部接口、内部结构配置、试验、运输等问题外，还应着重讨论设计中的电磁场、电动力、温升和负荷能力等计算分析报告，保证设备有足够的抗短路能力、足够的绝缘裕度和负荷能力。

g) 潜油泵的轴承应采取 E 级或 D 级，禁止使用无铭牌、无级别的轴承。对强油导向的变压器油泵应选用转速不大于 1500r/min 的低速油泵。

4.2.2 监造和出厂验收

4.2.2.1 监造范围

根据 DL/T 1054 的规定，220kV 及以上电压等级的变压器、电抗器应进行驻厂监造。

4.2.2.2 主要监造内容

4.2.2.2.1 核对硅钢片、电磁线、绝缘纸板、钢板、绝缘油等原材料的供货商、供货材质是否符合订货技术条件的要求。

4.2.2.2.2 核对套管、分接开关、散热器等配套组件的供货商、技术性能是否符合订货技术条件的要求。

4.2.2.2.3 对关键的工艺环节，包括器身绝缘装配，引线及分接开关装配，器身干燥的真空度、温度及时间，总装配时清洁度检查，带电部分对油箱绝缘距离检查，注油的真空度、油温、时间及静放时间等，应进行过程跟踪。考察生产环境、工艺参数控制、过程检验是否符合工艺规程的要求。

4.2.2.2.4 见证出厂试验。关键的出厂试验，如长时感应耐压及局部放电（ACLD）试验，应严格在规定的试验电压和程序条件下进行。测量电压为 $1.5U_m/\sqrt{3}$ 时，220kV 及以上电压等级变压器高、中压端的局部放电量不大于 100pC。110kV（66kV）电压等级变压器高压侧的局部放电量不大于 100pC。

4.2.2.2.5 供货的套管应安装在变压器上进行出厂试验。

4.2.2.2.6 所有附件在出厂时均应按实际使用方式经过整体预装。

4.2.2.3 出厂验收

4.2.2.3.1 除对规定受监造的变压器、电抗器进行出厂验收外，有条件时宜对主变压器、油浸式高压并联电抗器、启动备用变压器、高压厂用变压器、重要的厂用变压器（励磁变压器等）进行出厂验收。

4.2.2.3.2 出厂验收内容如下：

a) 确认电磁线、硅钢片、绝缘纸板、钢板和变压器油等原材料的出厂检验报告及合格证符合相关的技术要求。

b) 确认套管、分接开关、压力释放器、气体继电器、套管电流互感器等配套件出厂试验报告及合格证符合相关的技术要求。压力释放器、气体继电器、套管电流互感器等应有工厂校验报告。

c) 确认油箱、铁芯、绕组、引线、绝缘件等制造及器身组装、总装配符合制造厂工艺规范的要求，并检验合格。

d) 按监造合同规定的整机试验项目进行验收。确认试验项目齐全，试验方法正确，试验设备仪器、仪表检定合格，满足试验要求，试验结果符合相关标准的要求。

4.2.3 安装和投产验收

4.2.3.1 运输和保管

4.2.3.1.1 变压器运输应有可靠的防止设备运输撞击的措施，应安装具有时标、且有合适量程的三维冲击记录仪。充气运输的变压器，运输中油箱内的气压应为 0.01MPa～0.03MPa，有压力监视和气体补充装置。

4.2.3.1.2 设备到达现场，由制造厂、运输部门、电厂三方人员共同检查、记录运输和装卸中的受冲击情况，受到冲击的大小应低于制造厂及合同规定的允许值，记录纸和押运记录应由电厂留存。

4.2.3.1.3 安装前的保管期间应经常检查设备情况，对充油保管的变压器检查有无渗油，油位是否正常，外表有无锈蚀，并每 6 个月检查一次油的绝缘强度；对充气保管的变压器应检查气体压力和露点，要求压力维持在 0.01MPa～0.03MPa，露点低于-40℃，以防设备受潮。

4.2.3.2 安装监督重点

4.2.3.2.1 严格按 GB 50148 的规定和产品技术要求进行现场安装。

4.2.3.2.2 变压器器身吊检和内检过程中，对检修场地应落实责任、设专人管理，做到对人员出入以及携带工器具、备件、材料等的严格登记管控，严防异物遗留在变压器内部。

4.2.3.2.3 注入的变压器油应符合 GB/T 7595 规定，110kV（66kV）及以上变压器必须进行真空注油，其他变压器有条件时也应采用真空注油。

4.2.3.2.4 安装在供货变压器上的套管必须是进行出厂试验时，该变压器所用的套管。油纸电容套管安装就位后，220kV 套管应静放 24h，330kV～500kV 套管应静放 36h；750kV 套管应静放 48h 后方可带电。

4.2.3.2.5 变压器外部组部件的所有密封面安装要符合工艺要求，保证安装完工后不出现任何渗漏油现象。外部所有端子箱、控制箱的防护等级应符合相关技术条件的要求。

4.2.3.3 投产验收

4.2.3.3.1 变压器安装最后一项试验工作要测量运行分接位置的直流电阻，测试结果应与出厂试验数据或大修前的数据相符。变压器送电前，要确认分接开关位置正确无误。

4.2.3.3.2 安装工作结束后，变压器应按照 GB 50150 规定的项目进行交接试验，并试验合格。

4.2.3.3.3 新投运的变压器油中溶解气体含量见表 3。注油静置后与耐压和局部放电试验 24h 后、冲击合闸及额定电压下运行 24h 后，各次测得的氢气、乙炔和总烃含量应无明显区别，油中氢气、总烃和乙炔气体含量应符合 DL/T 722 的要求。

表 3 新投运的变压器油中溶解气体含量   μL/L

气　　体	氢	乙　　炔	总　　烃
变压器和电抗器	＜10	0	＜20
套管	＜150	0	＜10
注 1：套管中的绝缘油有出厂试验报告，现场可不进行试验； 注 2：电压等级为 500kV 的套管绝缘油，宜进行油中溶解气体的色谱分析			

4.2.3.3.4 变压器、电抗器应进行启动试运行，带可能的最大负荷连续运行 24h。

4.2.3.3.5 变压器、电抗器在试运行前，应按规定的检查项目进行全面检查，确认其符合运行条件，方可投入试运行。

4.2.3.3.6 变压器、电抗器在试运行时，应进行五次空载全电压冲击合闸试验，且无异常情况发生；当发电机与变压器间无操作断开点时可不做全电压冲击合闸。第一次受电后持续时间不应少于 10min，励磁涌流不应引起保护装置的误动。带电后，检查变压器噪声、振动无异常；本体及附件所有焊缝和连接面，不应有渗漏油现象。

4.2.3.3.7 变压器投产验收时，应提交产品说明书、试验记录、合格证件安装技术记录、试验报告等全部技术资料和文件。

4.2.4 运行监督

4.2.4.1 巡查检查周期

4.2.4.1.1 变压器的运行维护应依据 DL/T 572 执行，日常巡视检查和定期检查的周期应由现场规程规定。正常巡视检查应每班不少于一次，夜间闭灯巡视应每周不少于一次；无人值班变电站按有关部门批准的巡视规定进行，夜间闭灯巡视每月不少于一次。

4.2.4.1.2 对以下情况应加强巡视：

    a) 新安装或大修后投运的设备，应缩短巡视周期，运行 72h 后转入正常巡视。

    b) 特殊运行时，如过负荷，带缺陷运行等。

    c) 恶劣气候时，如异常高、低温季节，高湿度季节。

4.2.4.2 日常巡视检查重点

    a) 变压器的油温（见附录 A）和温度计、储油柜的油位及油色均正常，各部位无渗油、漏油；

b) 套管油位应正常，套管外部无裂纹、无严重油污、无放电痕迹及其他异常现象；

c) 变压器音响均匀、正常；

d) 吸湿器完好，吸附剂干燥；

e) 引线接头、电缆、母线无发热迹象；

f) 压力释放器无动作、防爆膜完好无损；

g) 有载分接开关的分接位置及电源指示应正常；

h) 有载分接开关的在线滤油装置工作位置及电源指示应正常；

i) 气体继电器内充满油，应无气体；

j) 各控制箱和二次端子箱、机构箱应关严，无受潮，温控装置工作正常；

k) 控制箱和二次端子箱内接线端子及各元件应牢固；无发热、受潮，箱门应严密，以防受潮；

l) 注意变压器冷却器冬、夏季以及不同负荷下的运行方式，避免出现油温过高或者过低的情况。

4.2.4.3 特殊巡视检查

在下列情况下应进行特殊巡视检查：

a) 新设备或经过检修、改造的变压器在投运 72h 内；

b) 带严重缺陷运行时，根据缺陷情况重点检查有关部位；

c) 气象突变（如大风、大雾、大雪、冰雹、寒潮等）时；

d) 雷雨季节特别是雷雨后；

e) 高温季节、高峰负载期间。

4.2.4.4 定期检查

定期检查时应增加以下检查项目：

a) 各部位的接地应完好，并定期测量铁芯和夹件的接地电流；

b) 外壳及箱沿应无异常发热；

c) 有载调压装置的动作情况应正常；

d) 消防设施应齐全完好；

e) 各种保护装置应齐全、良好；

f) 各种温度计应在检定周期内，超温信号应正确可靠；

g) 电容式套管末屏有无异常声响或其他接地不良现象；

h) 变压器套管及连接头等部位红外测温；

i) 气体继电器防雨情况是否可靠；

j) 接线端子及端子绝缘的盐雾腐蚀情况。

4.2.4.5 异常情况加强监督

在下列异常情况下应加强监督：

a) 变压器铁芯接地电流超过规定值（100mA）时；

b) 油色谱分析结果异常时；

c) 瓦斯保护信号动作时；

d) 瓦斯保护动作跳闸时；

e) 变压器在遭受近区突发短路跳闸时；

f) 变压器运行中油温超过注意值时；

g) 变压器振动噪声和振动增大时。

4.2.5 检修监督

4.2.5.1 检修策略

推荐采用计划检修和状态检修相结合的检修策略，检修项目应根据运行状况和状态评价结果动态调整。

4.2.5.2 变压器状态评估

变压器状态评估时应对下面资料进行综合分析：

a) 运行中所发现的缺陷、异常情况、事故情况、出口短路次数及具体情况。

b) 负载、温度和主要组、部件的运行情况。

c) 历次缺陷处理记录。

d) 上次小修、大修总结报告和技术档案。

e) 历次试验记录（包括油的化验和色谱分析），了解绝缘状况。

f) 大负荷下的红外测温试验情况。

4.2.5.3 检修质量要求

变压器本体和组部件的检修质量要求应符合 DL/T 573、DL/T 574 及产品技术文件的规定。

4.2.5.4 器身检修监督重点

4.2.5.4.1 器身检修的环境及气象条件：

a) 环境无尘土及其他污染的晴天。

b) 空气相对湿度不大于 75%；如大于 75%时应采取必要措施。

4.2.5.4.2 大修时器身暴露在空气中的时间应不超过如下规定：

a) 空气相对湿度≤65%，为 16h；

b) 空气相对湿度≥75%，为 12h。

4.2.5.4.3 现场器身干燥，宜采用真空热油循环或真空热油喷淋方法。有载分接开关的油室应同时按照相同要求抽真空。

4.2.5.4.4 采用真空加热干燥时，应先进行预热，并根据制造厂规定的真空值进行抽真空；按变压器容量大小，以 $10℃/h \sim 15℃/h$ 的速度升温到指定温度，再以 6.7kPa/h 的速度递减抽真空。

4.2.5.4.5 变压器油处理：

a) 大修后，注入变压器及套管内的变压器油质量应符合 GB/T 7595 的要求；

b) 注油后，变压器及套管都应进行油样化验与色谱分析；

c) 变压器补油时应使用牌号相同的变压器油，如需要补充不同牌号的变压器油时，应先做混油试验，合格后方可使用。

4.2.5.4.6 防止变压器吊检和内部检查时绝缘受损伤。

4.2.5.4.7 检修中需要更换绝缘件时，应采用符合制造厂技术要求、检验合格的材料和部件，并经干燥处理。

4.2.5.4.8 投入运行前必须多次排除套管升高座、油管道中的死区、冷却器顶部等处的残存气体。

4.2.5.4.9 大修、事故抢修或换油后的变压器，施加电压前静止时间不应少于以下规定：

a） 110kV：24h；

b） 220kV：48h；

c） 500（330）kV：72h。

4.2.5.4.10　变压器更换冷却器时，必须用合格绝缘油反复冲洗油管道、冷却器和潜油泵内部，直至冲洗后的油试验合格并无异物为止。如发现异物较多，应进一步检查处理。

4.2.5.4.11　大修完复装时，应注意检查油箱顶部与铁芯上夹件的间隙，如有碰触应进行消除。

4.2.5.5　干式变压器检修监督重点

a） 干式变压器检修时，要对铁芯和线圈的固定夹件、绝缘垫块检查紧固，检查低压绕组与屏蔽层间的绝缘，防止铁芯线圈下沉、错位、变形，发生烧损。

b） 检查冷却装置，应运行正常，冷却风道清洁畅通，冷却效果良好。

c） 对测温装置进行校验。

4.2.6　预防性试验及诊断性试验

a） 变压器预防性试验的项目、周期、要求应符合 DL/T 596 的规定及制造厂的要求。

b） 变压器红外检测的方法、周期、要求应符合 DL/T 664 的规定。

c） 在下列情况进行变压器现场局部放电试验，试验方法参照 GB/T 7354。

　　1） 变压器油色谱异常，怀疑设备存在放电性故障。

　　2） 绝缘部件或部分绕组更换并经干燥处理后。

d） 在下列情况进行绕组变形试验，试验方法参照 DL/T 911。

　　1） 正常运行的变压器应至少每 6 年进行一次绕组变形试验。

　　2） 电压等级 110kV 及以上的变压器在遭受出口短路、近区多次短路后，应做低电压短路阻抗测试或频响法绕组变形测试，并与原始记录进行比较，同时应结合短路事故冲击后的其他电气试验项目进行综合分析。

e） 对运行 10 年以上、温升偏高的变压器可进行油中糠醛含量测定，以确定绝缘老化的程度，必要时可取纸样做聚合度测量，进行绝缘老化鉴定。试验方法和判据参照 DL/T 984。

f） 事故抢修装上的套管，投运后的首次计划停运时，可取油样做色谱分析。

g） 停运时间超过 6 个月的变压器，在重新投入运行前，应按预防性规程要求进行有关试验。

h） 增容改造后的变压器应进行温升试验，以确定其负荷能力。

i） 必要时对油中气相色谱异常的大型变压器安装气相色谱在线监测装置，监视色谱的变化。

4.3　互感器、耦合电容器及套管监督

4.3.1　设计选型审查

a） 互感器设计选型应符合 GB 20840.1、DL/T 725、DL/T 726 等标准及相关反事故措施的规定。电流互感器的技术参数和性能应满足 GB 1208 的要求。电磁式电压互感器的技术参数和性能应满足 GB 1207 的要求。电容式电压互感器的技术参数和性能应满足 GB/T 20840.5 的要求。

b） 耦合电容器选型应符合 GB/T 19749 等标准及相关反事故措施的规定。

c） 高压电容式套管选型应符合 GB/T 4109、DL/T 865、DL/T 1001 等标准及相关反事故措施的规定。

4.3.2 监造和出厂验收

4.3.2.1 监造范围

根据 DL/T 1054 的规定，220kV 及以上电压等级的气体绝缘和干式互感器应进行监造和出厂验收。

4.3.2.2 主要监造内容

4.3.2.2.1 检查工厂的生产条件是否满足产品工艺要求。

4.3.2.2.2 核对重要原材料如硅钢片、金属件、电磁线、绝缘支撑件、浇注用树脂、绝缘油、SF_6 气体等的供货商、供货质量是否满足订货技术条件的要求。

4.3.2.2.3 核对外瓷套或复合绝缘套管、SF_6 压力表和密度继电器、防爆膜或减压阀等重要配套组件的供货商、产品性能是否满足订货技术条件的要求。

4.3.2.2.4 见证外壳焊接工艺是否符合制造厂工艺规程规定，探伤检测和压力试验是否合格。

4.3.2.2.5 见证器身绝缘装配、引线装配、器身干燥、树脂浇注等关键工艺程序，考察生产环境、工艺参数控制、过程检验是否符合工艺规程的规定。

4.3.2.2.6 见证出厂试验。每台设备必须按订货技术条件的要求进行试验。

4.3.2.3 出厂验收

4.3.2.3.1 确认硅钢片、电磁线、绝缘材料、金属件、浇注用树脂、绝缘油、SF_6 气体等的出厂检验报告及合格证符合相关的技术要求。

4.3.2.3.2 确认瓷套或复合绝缘套管、SF_6 压力表和密度继电器、防爆膜或减压阀等重要配套组件的出厂试验报告及合格证符合相关的技术要求。

4.3.2.3.3 确认部件制造及器身装配、总装配符合制造厂的工艺规程要求。

4.3.2.3.4 按合同规定的整机试验项目进行验收。确认试验项目齐全、试验方法正确、试验设备及仪器、仪表满足试验要求，试验结果符合相关标准的规定。

4.3.3 安装和投产验收

4.3.3.1 运输和保管

4.3.3.1.1 油浸式互感器、耦合电容器的运输和放置应按产品技术条件的要求执行。

4.3.3.1.2 SF_6 绝缘电流互感器运输时，制造厂应采取有效固定措施，防止内部构件振动移位损坏。运输时所充的气压应严格控制在允许范围内，每台产品上安装振动测试记录仪器，到达目的地后应在各方人员到齐情况下检查振动记录，若振动记录值超过允许值，则产品应返厂检查处理。

4.3.3.1.3 电容式套管运输应该有良好的包装、固定措施，运输套管应该装设有三维冲撞记录仪，并在达到现场后进行运输过程检查，确定运输过程无异常。

4.3.3.1.4 互感器、耦合电容器在安装现场应该直立式存放，并有必要的防护措施。干式环氧浇注式互感器要户内存放，并有必要的防护措施。

4.3.3.1.5 电容式套管可以在安装现场短时水平存放保管，但若短期内（不超过一个月）不能安装，应置于户内且竖直放置；若水平存放，顶部抬高角度应符合制造厂要求，避免局部电容芯子较长时间暴露在绝缘油之外，影响绝缘性能。

4.3.3.2 安装监督重点

4.3.3.2.1 互感器、耦合电容器、高压电容式套管安装应严格按 GB 50148 和产品的安装技术要求进行，确保设备安装质量。

4.3.3.2.2 电流互感器一次端子所承受的机械力不应超过制造厂规定的允许值，其电气联结应接触良好，防止产生过热性故障。应检查膨胀器外罩、将军帽等部位密封良好，联结可靠，防止出现电位悬浮。互感器二次引线端子应有防转动措施，防止外部操作造成内部引线扭断。

4.3.3.2.3 气体绝缘的电流互感器安装时，密封检查合格后方可对互感器充 SF_6 气体至额定压力，静置 1h 后进行 SF_6 气体微水测量。气体密度继电器必须经校验合格。

4.3.3.2.4 电容式电压互感器配套组合要和制造厂出厂配套组合相一致，严禁互换。

4.3.3.2.5 电容式套管安装时注意处理好套管顶端导电连接和密封面，检查端子受力和引线支承情况、外部引线的伸缩情况，防止套管因过度受力引起密封破坏渗漏油；与套管相连接的长引线，当垂直高差较大时要采取引线分水措施。

4.3.3.3 投产验收

4.3.3.3.1 互感器、耦合电容器、高压套管安装后，应按照 GB 50150 进行交接试验。

4.3.3.3.2 投产验收的重点监督项目：

    a) 各项交接试验项目齐全、合格；

    b) 设备外观检查无异常；

    c) 油浸式设备无渗漏油；

    d) SF_6 设备压力在允许范围内；

    e) 变压器套管油位正常，油浸电容式穿墙套管压力箱油位符合要求；

    f) 复合外套设备的外套、硅橡胶伞裙规整，无开裂、变形、变色等现象；

    g) 接地规范、良好。

4.3.3.3.3 投产验收时，应提交基建阶段的全部技术资料和文件。

4.3.4 运行监督

4.3.4.1 正常巡检周期

    互感器、耦合电容器、高压套管运行监督应依据 DL/T 727 的规定进行。正常巡视检查应每班不少于一次，夜间闭灯巡视应每周不少于一次；无人值班变电站按有关部门批准的巡视规定进行，夜间闭灯巡视每月不少于一次。

4.3.4.2 加强巡视

    以下情况应加强巡视：

    a) 新安装或大修后投运的设备，应缩短巡视周期，运行 72h 后转入正常巡视。

    b) 特殊运行时，如过负荷，带缺陷运行等。

    c) 恶劣气候时，如异常高、低温季节，高湿度季节。

4.3.4.3 油浸式设备

    油浸式互感器、变压器套管、油浸式穿墙套管巡视检查项目：

    a) 设备外观完整无损，各部连接牢固可靠；

    b) 外绝缘表面清洁、无裂纹及放电现象；

    c) 油位正常，膨胀器正常；

    d) 无渗漏油现象；

    e) 无异常振动，无异常音响及异味；

    f) 各部位接地良好［电流互感器末屏接地，电压互感器 N（X）端接地］；

    g) 引线端子无过热或出现火花，接头螺栓无松动现象；

h) 电压互感器端子箱内熔断器及自动断路器等二次元件正常；

i) 330kV 及以上电容式电压互感器分压电容器各节之间防晕罩连接可靠；

j) 分压电容器低压端子 N（δ、J）与载波回路连接或直接可靠接地；

k) 电磁单元各部分正常，阻尼器接入并正常运行。

4.3.4.4 SF$_6$气体绝缘互感器、复合绝缘套管

SF$_6$气体绝缘互感器、复合绝缘套管巡视检查项目：

a) 压力表、气体密度继电器指示在正常规定范围，无漏气现象。

b) 运行中应巡视检查气体密度表，SF$_6$气体年漏气率应小于 0.5%。

c) 若压力表偏出绿色正常压力区时，应引起注意，并及时按制造厂要求停电补充合格的 SF$_6$新气。一般应停电补气，个别特殊情况需带电补气时，应在厂家指导下进行控制补气速度约为 0.1MPa/h。

d) 运行中 SF$_6$气体含水量应对应于 20℃测量的露点温度不高于–30℃，若超标时应尽快退出运行进行处理。

e) 复合绝缘套管表面清洁、完整、无裂纹、无放电痕迹、无变色老化迹象。

4.3.4.5 环氧树脂浇注互感器

环氧树脂浇注互感器巡视检查项目：

a) 互感器无过热，无异常振动及声响；

b) 互感器无受潮，外露铁芯无锈蚀；

c) 外绝缘表面无积灰、粉蚀、开裂，无放电现象。

4.3.4.6 绝缘油

绝缘油监督的主要内容：

a) 绝缘油应符合 GB/T 7595 和 DL/T 596 的规定。

b) 当油中溶解气体色谱分析异常，含水量、含气量、击穿强度等项目试验不合格时，应分析原因并及时处理。

c) 互感器油位不足应及时补充，应补充试验合格的同油源同品牌绝缘油。如需混油时，必须按规定进行有关试验，合格后方可进行。

4.3.4.7 SF$_6$气体

SF$_6$气体监督的主要内容：

a) SF$_6$气体按 GB/T 8905 管理，应符合 GB 12022 和 DL/T 596 的规定。

b) 当互感器 SF$_6$气体含水量超标或气体压力下降，年泄漏率大于 1%时，应分析原因并及时处理。

c) 补充的气体应按有关规定进行试验，合格后方可补气。

4.3.4.8 异常运行的监督重点

运行中互感器、高压套管发生异常现象时，应对其处理进行监督：

a) 瓷套、复合绝缘外套表面有放电现象应及时处理。

b) 运行中存在渗漏油的互感器、电容器、油浸电容式高压套管，应根据情况限期处理；严重漏油及电容式电压互感器电容单元渗漏油应立即停止运行。

c) 已确认存在严重内部缺陷的互感器、电容器、高压套管应及时进行更换。

d) 复合绝缘外套电流互感器、高压套管出现外护套破裂，硅橡胶伞裙严重龟裂、严重

老化变色，失去憎水性时，应该及时停止运行进行更换。

e) 运行中温度异常的互感器、高压套管应该及时停电处理。现场无法处理的故障或已对绝缘造成损伤时，应该进行更换。运行中温度异常的电容器、环氧浇注式互感器应该及时进行更换，避免长期存在缺陷造成事故。

f) 电容式变压器套管备品应该在库房垂直存放，存放时间超过一年的备品使用时应进行局部放电试验、额定电压下介质损检测和油中溶解气体色谱分析，试验合格后方可使用。

4.3.5 检修监督

a) 互感器、电容器、高压套管检修随机组、线路、开关站检修计划安排；临时性检修针对运行中发现的缺陷及时进行。

b) 110kV 及以上电压等级的互感器、电容器、高压套管不应进行现场解体检修。

c) 110kV 以下老式电磁式互感器检修项目、内容、工艺及质量应符合 DL/T 727 相关规定及制造厂的技术要求。

4.3.6 预防性试验

a) 互感器、耦合电容器、高压套管预防性试验应按照 DL/T 596 的规定进行。

b) 红外测温检测的方法、周期、要求应符合 DL/T 664 的规定。

c) 定期进行复合绝缘外套憎水性检测。

d) 定期按可能出现的最大短路电流验算电流互感器动、热稳定电流是否满足要求。

4.4 高压开关设备监督

4.4.1 设计选型审查

a) 高压开关设备的设计选型应符合 GB 1984、GB/T 11022、DL/T 402、DL/T 486、DL/T 615 等标准和相关反事故措施的规定。

b) 断路器操动机构应优先选用弹簧机构、液压机构（包括弹簧储能液压机构）。

c) SF_6 密度继电器与开关设备本体之间的连接方式应满足不拆卸校验密度继电器的要求。密度继电器应装设在与断路器同一运行环境温度的位置，以保证其报警、闭锁接点正确动作。

d) 开关设备机构箱、汇控箱内应有完善的驱潮防潮装置，防止遗漏造成二次设备损坏。

e) 高压开关柜配电室应配置通风、驱潮防潮装置，防止遗漏导致绝缘事故。

4.4.2 监造和出厂验收

4.4.2.1 监造范围

根据 DL/T 1054 的规定，220kV 及以上电压等级的高压开关设备应进行监造和出厂验收。

4.4.2.2 主要监造内容

4.4.2.2.1 断路器监造项目和技术要求见表 4。

表 4 断路器监造项目和技术要求

序号	项目名称	监造方法	标准或要求
1	瓷套	现场见证	瓷件密封面表面粗糙度、形位公差及外观应符合制造厂技术条件；例行内水压试验、弯曲试验，应符合技术要求

表4（续）

序号	项目名称	监造方法	标准或要求
2	绝缘子	现场见证	材质检验；拉力强度取样试验；例行工频耐压试验；局部放电试验；检查环氧浇注工艺；电性能试验，应符合产品技术要求
3	绝缘拉杆	现场见证	机械强度取样试验、例行工频耐压试验、局部放电试验、应符合技术要求
4	灭弧室	现场见证	触头质量、喷嘴材料进厂验收，应符合制造厂技术条件
5	传动件（连板、杆）	文件见证	材质杆棒拉力强度测定、零件硬度测定，应符合产品技术要求
6	传动箱、罐体	现场见证	焊缝探伤检查；密封性试验、水压试验，应符合技术要求
7	并联电容器	文件见证	电容量、介损值、工频耐压、局部放电，应符合有关标准要求
8	并联电阻	文件见证	每相并联电阻值，应符合订货技术要求
9	套管式电流互感器	文件见证	准确度测试、伏安特性测试，应符合订货技术要求
10	操动机构	现场见证	操动机构特性，应符合产品技术要求
11	总装出厂试验	现场见证	检查产品铭牌参数与订货技术要求一致；机械特性、操作特性、电气特性、检漏试验等均应符合订货技术要求
12	包装运输	现场见证	符合工厂包装规范要求、有良好的防振措施

4.4.2.2.2 隔离开关监造项目和技术要求见表5。

表5 隔离开关监造项目和技术要求

序号	项目名称	监督方法	标准或要求
1	支持或操作瓷瓶	现场见证	瓷件形位公差及外观应符合订货技术协议；机械强度试验，应符合技术要求
2	操动机构	现场见证	无变形，无卡涩，操作灵活
3	总装出厂试验	现场见证	检查产品铭牌参数与订货技术协议一致；各项技术参数：绝缘试验、机械操作试验、回路电阻测量，均应符合订货技术要求
4	包装运输	现场见证	符合工厂包装规范要求、有良好的防振措施

出厂验收：

除了对规定的受监造高压开关设备进行出厂验收以外，有条件时宜对批量采购的真空断路器进行出厂验收。

4.4.3 安装和投产验收

4.4.3.1 SF$_6$断路器

4.4.3.1.1 SF$_6$断路器的安装：

a) SF$_6$断路器现场安装应符合 GB 50147、产品技术条件和相关反事故措施的规定。

b) 设备及器材到达现场后应及时检查；安装前的保管应符合产品技术文件要求。

c) 72.5kV 及以上电压等级断路器的绝缘拉杆在安装前必须进行外观检查，不得有开裂、起皱、接头松动和超过允许限度的变形。

d) SF_6 气体注入设备后必须进行湿度试验，且应对设备内气体进行 SF_6 纯度检测，必要时进行气体成分分析。

e) 断路器安装完成后，应对设备载流部分和引下线进行检查。均压环应无划痕、毛刺，安装应牢固、平整、无变形；均压环宜在最低处打排水孔。

f) SF_6 断路器安装后应按 GB 50150 进行交接试验。耐压过程中应进行局部放电检测。

4.4.3.1.2 SF_6 断路器的投产验收：

a) 断路器应固定牢靠，外表清洁完整；动作性能应符合产品技术文件的规定。

b) 电气连接应可靠且接触良好。

c) 断路器及其操动机构的联动应正常，无卡阻现象；分、合闸指示应正确；辅助开关动作应正确可靠。

d) 密度继电器的报警、闭锁定值应符合产品技术文件的要求；电气回路传动应正确。

e) SF_6 气体压力、泄漏率和含水量应符合 GB 50150 及产品技术文件的规定。

f) 接地应良好，接地标识清楚。

g) 验收时，应移交基建阶段的全部技术资料和文件。

4.4.3.2 隔离开关

4.4.3.2.1 隔离开关的安装：

a) 隔离开关现场安装应符合 GB 50147、产品技术条件和相关反事故措施的规定。

b) 隔离开关安装后应按 GB 50150 进行交接试验，应各项试验合格。

4.4.3.2.2 隔离开关的投产验收：

a) 操动机构、传动装置、辅助开关及闭锁装置应安装牢固，动作灵活可靠；位置指示正确。

b) 合闸时三相不同期值应符合产品技术文件要求。

c) 相间距离及分闸时触头打开角度和距离，应符合产品技术文件要求。

d) 触头应接触紧密良好，接触尺寸应符合产品技术文件要求。

e) 隔离开关分合闸限位正确。

f) 合闸直流电阻测试应符合产品技术文件要求。

g) 验收时，应移交基建阶段的全部技术资料和文件。

4.4.3.3 真空断路器和高压开关柜

4.4.3.3.1 安装和调整：

a) 应按产品技术条件和 GB 50147 的规定进行现场安装和调整；

b) 真空断路器和高压开关柜安装后应按 GB 50150 进行交接试验，各项试验应合格。

4.4.3.3.2 投产验收：

a) 电气连接应可靠接触；绝缘部件、瓷件应完好无损。

b) 真空断路器与操动机构联动应正常、无卡阻；分、合闸指示应正确；辅助开关动作应准确、可靠。

c) 高压开关柜应具备电气操作的"五防"功能。

d) 高压开关柜所安装的带电显示装置应显示正确。

e） 验收时，应移交基建阶段的全部技术资料和文件。

4.4.4 运行监督

4.4.4.1 SF$_6$断路器

4.4.4.1.1 日常巡检重点项目：

a） 每天当班巡视不少于一次，每日定时记录 SF$_6$ 气体压力和温度。无人值班的按照现场运行规程执行。

b） 断路器各部分及管道无异声（漏气声、振动声）及异味，管道夹头正常。

c） 套管无裂痕、无放电声和电晕。

d） 引线连接部位无过热、引线弛度适中。

e） 断路器分、合位置指示正确，并和当时实际运行工况相符。

f） 罐式断路器应检查防爆膜有无异状。

g） 机构箱密封良好；防雨、防尘、通风、防潮及防小动物进入等性能良好，内部干燥清洁。

h） 液压操动系统的油系统液位和油泵的启动次数、打压时间。

4.4.4.1.2 定期巡检项目：

a） 检查分合闸缓冲器，防止由于缓冲器性能不良使绝缘拉杆在传动过程中受冲击，同时应加强监视分合闸指示器与绝缘拉杆相连的运动部件相对位置有无变化；

b） 定期检查断路器操动机构分合闸脱扣器的低电压动作特性，防止低电压动作特性不合格造成拒动或误动；

c） 未加装汽水分离装置和自动排污装置的气动操动机构应定期放水；

d） 每年对断路器安装地点的母线短路容量与断路器铭牌做一次校核。

4.4.4.1.3 特殊巡检项目：

a） 断路器在开断故障电流后，值班人员应对其进行巡视检查；

b） 高压断路器分合闸操作后的位置核查，尤其对发电机变压器组断路器以及起联络作用的断路器，在并网和解列时，应到运行现场核实其机械实际位置，并根据电压、电流互感器或带电显示装置确认断路器触头状态。

4.4.4.1.4 SF$_6$气体的质量监督：

a） SF$_6$气体湿度监测：灭弧室气室含水量应小于 300μL/L（体积比），其他气室小于500μL/L（体积比）。

b） SF$_6$气体泄漏监测：每个隔室的年漏气率不大于 1%。

c） SF$_6$断路器补气时应使用经检验合格的 SF$_6$ 气体。

4.4.4.2 隔离开关

巡视检查项目：

a） 外绝缘、瓷套表面无严重积污，运行中不应出现放电现象；瓷套、法兰不应出现裂纹、破损或放电烧伤痕迹。

b） 涂敷 RTV 涂料的瓷外套涂层不应有缺损、起皮、龟裂。

c） 操动机构各连接拉杆无变形；轴销无变位、脱落；金属部件无锈蚀。

4.4.4.3 真空断路器和高压开关柜

巡视检查重点项目：

a) 分、合位置指示正确，并与当时实际运行工况相符；

b) 支持绝缘子无裂痕及放电异声；

c) 引线接触部分无过热，引线弛度适中。

4.4.5 检修监督

4.4.5.1 SF$_6$断路器

SF$_6$断路器检修周期和要求：

a) 断路器应按现场检修规程规定的检修周期和具体短路开断次数及状态进行检修。

b) 断路器的各连接拐臂、联板、轴、销进行检查，如发现弯曲、变形或断裂，应找出原因，更换零件并采取预防措施。

c) 液压（气动）机构分、合闸阀的阀针应无松动或变形，防止由于阀针松动或变形造成断路器拒动；分、合闸铁芯应动作灵活，无卡涩现象，以防拒分或拒合。

d) 断路器操动机构检修后应检查操动机构脱扣器的动作电压是否符合 30%和 65%额定操作电压的要求。在 80%（或 85%）额定操作电压下，合闸接触器是否动作灵活且吸持牢靠。

4.4.5.2 隔离开关

隔离开关的检修周期和要求：

a) 隔离开关应按现场检修规程规定的检修周期进行检修，不超期。

b) 绝缘子表面应清洁；瓷套、法兰不应出现裂纹、破损；涂敷 RTV 涂料的瓷外套憎水性良好，涂层不应有缺损、起皮、龟裂。

c) 主触头接触面无过热、烧伤痕迹，镀银层无脱落现象；回路电阻测量值应符合产品技术文件的要求。

d) 操动机构分合闸操作应灵活可靠，动静触头接触良好。

e) 传动部分应无锈蚀、卡涩，保证操作灵活；操动机构线圈最低动作电压符合产品技术文件的要求。

f) 应严格按照有关检修工艺进行调整与测量，分、合闸均应到位。

g) 试验项目齐全，试验结果应符合有关标准、规程要求。

4.4.5.3 真空断路器和高压开关柜

真空断路器和高压开关柜检修周期和要求：

a) 真空断路器和高压开关柜应按有关规程规定的检修周期进行检修，不超期；

b) 真空灭弧室的回路电阻、开距及超行程应符合产品技术文件要求，其电气或机械寿命接近终了前必须提前安排更换。

4.4.6 预防性试验

a) 高压开关设备预防性试验的项目、周期和要求应按 DL/T 596 及产品技术文件执行。

b) 高压支柱绝缘子应定期进行探伤检查。

c) 用红外热像仪测量各连接部位、断路器、隔离开关触头等部位。检测方法、评定准则参照 DL/T 664。试验周期如下：

1) 交接及大修后带负荷一个月内（但应超过 24h）；

2) 220kV 及以上变电站和通流较大的开关设备 3 个月，其他 6 个月；

3) 必要时。

4.5 气体绝缘金属封闭开关设备（GIS/HGIS）监督

4.5.1 设计选型审查

4.5.1.1 总的技术要求

a) GIS 的选型应符合 DL/T 617、DL/T 728 和 GB 7674 等标准和相关反事故的要求；对 GIS 外壳内部元件的选择应满足其各自的标准要求。

b) 根据使用要求，确定 GIS 各元件在正常负荷条件和故障条件下的额定值，并考虑系统的特点及其今后预期的发展来选用 GIS。

4.5.1.2 结构及组件的要求

a) 额定值及结构相同的所有可能要更换的元件应具有互换性。

b) 应特别注意气室的划分，避免某处故障后劣化的 SF_6 气体造成 GIS 的其他带电部位的闪络，同时也应考虑检修维护的便捷性。

c) GIS 的所有支撑不得妨碍正常维修巡视通道的畅通。

d) GIS 的接地连线材质应为电解铜，并标明与地网连接处接地线的截面积要求。

e) 当采用单相一壳式钢外壳结构时，应采用多点接地方式，并确保外壳中感应电流的流通，以降低外壳中的涡流损耗。

f) 接地开关与快速接地开关的接地端子应与外壳绝缘后再接地，以便测量回路电阻，校验电流互感器变比，检测电缆故障。

4.5.2 监造和出厂验收

4.5.2.1 监造范围

根据 DL/T 1054 的规定，220kV 及以上电压等级的 GIS 成套设备应进行监造和出厂验收。

4.5.2.2 主要监造内容

GIS 监造项目参照 DL/T 586，重点项目见表 6。

表 6 GIS 监造项目

序号	监造部件	监造方法	见证项目
1	盘式、支持绝缘子	现场见证	（1）材质、外观及尺寸检查； （2）电气性能试验； （3）机械性能试验
2	触头、防爆膜	现场见证	（1）射线检验； （2）机械尺寸
3	外壳	文件见证	（1）材质报告； （2）焊接质量检查和探伤试验
		现场见证	水压试验
4	出线套管	文件见证	配套厂家出厂试验报告
		现场见证	（1）焊接质量检查和探伤试验； （2）水压试验
5	伸缩节	文件见证	质量保证书
6	电压互感器	现场见证	配套厂家出厂试验
7	避雷器	现场见证	配套厂家出厂试验

表 6（续）

序号	监造部件	监造方法	见证项目
8	电流互感器	文件见证	（1）一般结构检查； （2）绝缘电阻测量； （3）绕组电阻测量； （4）极性试验； （5）误差试验； （6）励磁特性试验
9	断路器	现场见证	（1）一般结构检查； （2）机械操作试验； （3）闭锁装置动作试验； （4）二次线路确认； （5）液压泵充油试验； （6）机械特性试验
10	隔离开关 接地开关	文件见证	（1）一般结构检查； （2）分、合试验
		现场见证	电气连锁试验
11	运输单元组装 套管单元 母线单元	现场见证	（1）SF$_6$气体密封检查； （2）一般结构检查
		现场见证	（1）辅助回路绝缘试验； （2）主回路电阻测量
		停工待检	（1）主回路雷电冲击耐压试验； （2）主回路工频耐压试验
		现场见证	超声波检查
		停工待检	局部放电测量
12	包装及待运	现场见证	现场查看

4.5.2.3 出厂验收

确认试验项目齐全、试验方法正确、试验设备及仪器、仪表满足试验要求，各部件、单元试验结果符合相关标准的规定。

4.5.3 安装和投产验收

4.5.3.1 运输和保管

GIS 的运输和保管要求：

a) GIS 运输和保管条件应符合产品技术文件的规定。

b) GIS 应在密封和充低压力的干燥气体（如 SF$_6$ 或 N$_2$）的情况下包装、运输和储存，以免潮气侵入。

c) GIS 的运输包装符合制造厂的包装规范，并应能保证各组成元件在运输过程中不致遭到破坏、变形、丢失及受潮。对于外露的密封面，应有预防腐蚀和损坏的措施。

d) 各运输单元应适合于运输及装卸的要求，并有标志，以便用户组装。包装箱上应有运输、储存过程中必须注意事项的明显标志和符号。

e) 设备及器材在安装前的保管期限应符合产品技术文件要求，在产品技术文件没有规定时应不超过 1 年。

4.5.3.2 安装监督重点

a) GIS 安装应符合产品技术文件和 GB 50147 的规定。

b) GIS 在现场安装后、投入运行前的交接试验项目和要求，应符合 GB 11023、GB 50150 及 DL/T 618 以及产品技术文件等有关规定。

4.5.3.3 投产验收

在验收时，应进行下列检查：

a) GIS 应安装牢靠、外观清洁，动作性能应符合产品技术文件的要求。

b) 螺栓紧固力矩应达到产品技术文件的要求。

c) 电气连接应可靠、接触良好。

d) GIS 中的断路器、隔离开关、接地开关及其操动机构的联动应正常、无卡阻现象；分合闸指示应正常；辅助开关及电气闭锁应动作正确、可靠。

e) 密封继电器的报警闭锁值应符合规定，电气回路传动应正确。

f) SF$_6$ 气体漏气率和含水量应符合相关标准和产品技术文件的规定。

g) 验收时，应移交基建阶段的全部技术资料和文件。

4.5.4 运行监督

4.5.4.1 运行维护的基本技术要求

GIS 运行维护技术要求应符合 DL/T 603 的规定，其内容包括：

a) GIS 室的安全防护措施；

b) GIS 主回路和外壳接地；

c) GIS 外壳温升；

d) GIS 维护；

e) 检修质量保证；

f) GIS 中 SF$_6$ 气体质量。

4.5.4.2 GIS 维护项目与周期

GIS 维护项目：

a) 巡视检查；

b) 定期检查；

c) 临时性检查；

d) 分解维修。

4.5.4.2.1 巡视检查：

每天至少 1 次，无人值班的另定。内容主要如下：

a) 断路器、隔离开关、接地开关及快速机动开关的位置指示正确，与当时实际运行工况相符。

b) 断路器和隔离开关的动作指示是否正确，记录其累积动作次数。

c) 各种指示灯、信号灯和带电检测装置的指示是否正常，控制开关的位置是否正确，控制柜加热器的工作状态是否按规定投入或切除。

d) 各种压力表、油位计的指示值是否正常。

e) 避雷器的动作计数器指示值是否正常，在线检测泄漏电流指示值是否正常。

f) 裸露在外的接线端子有无过热，汇控柜内有无异常现象。

g) 可见的绝缘件有无老化、剥落，有无裂纹。

h) 现场控制盘上各种信号指示、控制开关的位置正常及盘内加热器完好。

i) 各类配管及阀门有无损伤、锈蚀，开闭位置是否正确，管道的绝缘法兰与绝缘支架良好。

j) 压力释放装置防护罩无异样，其释放出口无障碍物，防爆膜无破裂。

k) 接地可靠，接地线、接地螺栓表面无锈蚀。

l) 设备有无漏气（SF_6气体、压缩空气）、漏油（液压油、电缆油）。

4.5.4.2.2 定期检查：

GIS 处于全部或部分停电状态下，专门组织的维修检查。每 4 年进行 1 次定期检查，或按实际情况而定。内容主要如下：

a) 对操动机构进行详细维修检查，处理漏油、漏气或某些缺陷，更换某些零部件；

b) 维修检查辅助开关；

c) 检查或校验压力表、压力开关、密度继电器或密度压力表；

d) 检查传动部位及齿轮等的磨损情况，对转动部件添加润滑剂；

e) 断路器的最低动作压力与动作电压试验；

f) 检查各种外露连杆的紧固情况；

g) 检查接地装置；

h) 必要时进行绝缘电阻、回路电阻测量；

i) 清扫 GIS 外壳，对压缩空气系统排污。

4.5.4.2.3 临时性检查： 根据 GIS 设备的运行状态或操作累计动作数值，依据制造厂的运行维护检查项目和要求进行必要的临时性检查，内容主要如下：

a) 若气体湿度有明显增加时，应及时检查其原因。

b) 当 GIS 设备发生异常情况时，应对有怀疑的元件进行检查和处理。

临时性检查的内容应根据发生的异常情况或制造厂的要求确定。

4.5.4.2.4 分解检修： GIS 处于全部或部分停电状态下，对断路器或其他设备的分解检修，其内容与范围应根据运行中发生的问题而定，这类分解检修宜由制造厂负责或在制造厂指导下协同进行。

4.5.4.3 GIS 中 SF_6 气体质量

4.5.4.3.1 SF_6 气体泄漏监测： 根据 SF_6 气体压力、温度曲线、监视气体压力变化，发现异常应查明原因。

a) 气体压力监测：检查次数和抄表依实际情况而定。

b) 气体泄漏检查：必要时，当发现压力表在同一温度下，相邻两次读数的差值达 0.01MPa～0.03MPa 时，应进行气体泄漏检查。

c) 气体泄漏标准：每个隔室年漏气率小于 1%。

d) SF_6 气体补充气：根据监测各隔室的 SF_6 气体压力的结果，对低于额定值的隔室，应补充 SF_6 气体，并做好记录。GIS 设备补气时，新气质量应符合标准。

4.5.4.3.2 SF_6 气体湿度监测：

a) 周期：新设备投入运行及分解检修后 1 年应监测 1 次；运行 1 年后若无异常情况，可隔 1 年～3 年检测 1 次。如湿度符合要求，且无补气记录，可适当延长检测周期。

b) SF_6 气体湿度允许标准见表 7，或按制造厂标准。

表7　SF$_6$气体湿度允许标准

气　　室	有电弧分解的气室	无电弧分解的气室
交接验收值 μL/L	≤150	≤250
运行允许值 μL/L	≤300	≤500
注：测量时环境温度为20℃，大气压力为101 325Pa		

4.5.5　检修监督

4.5.5.1　检修策略

GIS 设备达到规定的分解检修年限后，应进行分解检修。检修年限可根据设备运行状况适当延长。因内部异常或故障引起的检修应根据检查结果，对相关元、部件进行处理或更换。分解检修项目应根据设备实际运行状况并与制造厂协商后确定。分解检修应由制造厂负责或在制造厂指导下协同进行，推荐由制造厂承包进行。

4.5.5.2　分解检修项目的确定

分解检修项目应根据设备实际运行状况并与制造厂协商后确定，分解检修项目依据下列因素确定：

a）　密封圈的使用期、SF$_6$气体泄漏情况；

b）　断路器开断次数、累计开断电流、断路器操作次数值、断路器操动机构实际状况；

c）　隔离开关的操作次数；

d）　其他部件的运行状况；

e）　SF$_6$气体压力表计、压力开关、二次元器件运行状况。

4.5.5.3　检修质量保证

分解检修后应进行下列试验：

a）　绝缘电阻测量；

b）　主回路耐压试验；

c）　元件试验：元器件包括断路器、隔离开关、互感器、避雷器等，应按各自标准进行；

d）　主回路电阻测量；

e）　密封试验；

f）　连锁试验；

g）　SF$_6$气体湿度测量；

h）　局部放电试验（必要时）。

各项试验结果符合相关标准的规定，并验收合格。

4.5.6　预防性试验

a）　GIS 的试验项目、周期和要求应符合 DL/T 596 的规定。

b）　SF$_6$新气质量检测和运行中SF$_6$气体的检测项目、周期和要求应符合DL/T 603 的规定。

4.6　金属氧化物避雷器监督

4.6.1　设计选型审查

a）　金属氧化锌避雷器的设计选型应符合 GB 311.1、GB 11032、DL/T 815 和 DL/T 804

中的有关规定和相关反事故措施的要求。

b) 为避免雷电侵入波过电压损坏发电厂高压配电装置的绝缘，应在变电站出线处布设避雷器。

c) 用于保护发电机灭磁回路、GIS 等的金属氧化物避雷器的设计选型应特殊考虑，其技术要求需经供需双方协商确定。

4.6.2 监造和出厂验收

4.6.2.1 监造范围

根据 DL/T 1054 的规定，330kV 及以上电压等级的避雷器应进行监造和出厂验收。

4.6.2.2 主要监造内容

a) ZnO 及其他金属氧化物添加物、橡胶密封件及材料、绝缘支持棒、电极用银浆等原材料检验报告及合格证；

b) 主要配套件如避雷器外套、防爆片、压缩弹簧、泄漏电流及放电计数在线监测器等出厂试验报告及合格证；

c) 工艺环境、工艺控制、过程检测符合制造厂工艺文件要求；

d) 对避雷器使用的阀片及密封材料进行抽检试验。

4.6.2.3 出厂试验

a) 确认 ZnO 及其他金属氧化物添加物、橡胶密封件及材料等原材料检验报告及合格证符合技术要求；

b) 确认主要配套件如避雷器外套、防爆片、泄漏电流及放电计数监测器等出厂试验报告、合格证符合技术要求；

c) 确认金属氧化物阀片制造工艺符合制造厂工艺规程的规定、检验合格；

d) 确认避雷器使用的阀片及密封材料抽检试验合格；

e) 按监造合同规定的试验项目进行出厂试验，确认试验结果符合相关标准的要求。

4.6.3 安装和投产验收

a) 避雷器的安装和投产验收应符合 GB 50147 的要求。

b) 复合外套避雷器在运输时严禁与腐蚀性物品放在同一车厢；保存时应存放无强酸碱及其他有害物质的库房中，温度范围在−40℃～＋40℃。产品水平放置时，应避免让伞裙受力。

c) 避雷器安装前，应进行下列检查：

1) 瓷外套或复合外套应无裂纹、无损伤，与金属法兰应胶装牢固；金属法兰结合面应平整、无外伤或铸造砂眼，法兰泄水孔应通畅。

2) 各节组合单元应经试验合格，底座绝缘应良好。

3) 应取下运输时用以保护避雷器防爆膜的防护罩，防爆膜应完好、无损。

4) 避雷器的安全装置应完整无损。

5) 地下隐蔽工程应满足设计要求。

d) 避雷器组装时，其各节位置应符合产品出厂标志的编号。

e) 避雷器的绝缘底座安装应水平。

f) 避雷器应垂直安装，其垂直度符合制造厂的要求。

g) 避雷器各连接处的金属接触表面应洁净、没有氧化膜和油漆、导通良好。

h) 并列安装的避雷器三相中心应在同一直线上，相间中心距离允许偏差为10mm。

i) 避雷器的排气通道应通畅，排气通道口不得朝向巡检通道，排出气体不致引起相间或对地闪络，并不得喷及其他电气设备。

j) 均压环应水平安装；安装深度满足设计要求；在最低处宜打排水孔。

k) 设备接线端子的接触面应平整、清洁；连接螺栓应齐全、紧固，紧固力矩应符合要求；避雷器引线的连接不应使设备端子受到超过允许的承受应力。

l) 避雷器安装后，按照GB 50150的要求进行交接试验。

m) 验收时，各项检查合格，并提交基建阶段的全部技术资料和文件。

4.6.4 运行维护

a) 避雷器定期巡视，监视泄漏电流和放电计数，并加强数据分析。

b) 检查绝缘外套有无破损、裂纹和电蚀痕迹。

c) 定期进行避雷器运行中带电测试。当发现异常情况时，应及时查明原因。

d) 定期开展外绝缘的清扫工作，每年应至少清扫一次。

4.6.5 预防性试验

a) 避雷器预防性试验的周期、项目和要求按DL/T 596执行。

b) 红外检测的方法、检测仪器及评定准则参照DL/T 664。检测周期如下：

1) 交接及大修后带电一个月内（但应超过24h）。

2) 220kV及以上变电站3个月；其他6个月。

3) 必要时。

4.7 设备外绝缘及绝缘子监督

4.7.1 设计选型审查

a) 绝缘子的型式选择和尺寸确定应符合GB/T 26218.1～GB/T 26218.3、GB 50061、DL/T 5092等标准的相关要求。设备外绝缘的配置应满足相应污秽等级对统一爬电比距的要求，并宜取该等级爬电比距的上限。

b) 室内设备外绝缘的爬距应符合DL/T 729的规定，并应达到相应于所在区域污秽等级的配置要求，严重潮湿的地区要提高爬距。

4.7.2 运行维护

a) 日常运行巡视，设备外绝缘应无裂纹、无破损，无放电痕迹。如出现爬电现象，及时采取防范措施。

b) 合理安排清扫周期，提高清扫效果。110kV～500kV电压等级每年清扫一次，宜安排在污闪频发季节前1个月～2个月内进行。

c) 定期进行现场污秽度测量，掌握所在地区的现场污秽度、自清洗性能和积污规律，以现场污秽度指导全厂外绝缘配合工作。

d) 选择现场污秽度测量测量点的要求：

1) 厂内每个电压等级选择1个、2个测量点，参照绝缘子以7片～9片为宜，并悬挂于接近母线或架空线高度的构架上；

2) 测量点的选取要从悬式绝缘子逐渐过渡到棒形支柱绝缘子；

3) 明显污秽成分复杂地段应适当增加测量点。

e) 当外绝缘环境发生明显变化及新的污源出现时，应核对设备外绝缘爬距，不满足规定要求时，应及时采取防污闪措施，如防污闪涂料或防污闪辅助伞裙等。对于避雷器瓷套不宜单独加装辅助伞裙，但可将辅助伞裙与防污闪涂料结合使用。

    f) 防污闪涂料的技术要求：

        1） 防污闪涂料的选用应符合 DL/T 627 的技术要求，宜优先选用 RTV–Ⅱ型防污闪涂料；

        2） 运行中的防污闪涂层出现起皮、脱落、龟裂等现象，应视为失效，应采取复涂等措施；

        3） 防污闪涂层在有效期内一般不需要清扫或水洗；

        4） 发生闪络后防污闪涂层若无明显损伤，也可不重涂。

    g) 对复合外套绝缘子及涂覆防污闪涂料的设备设置憎水性监测点并定期开展憎水性检测，检测周期依据 DL/T 864 要求进行，监测点的选择原则是在每个生产厂的每批防污闪涂料中，选择电压等级最高的一台设备的其中一相作为测量点。

    h) 按 DL/T 596 的要求，做好绝缘子低、零值检测工作，并及时更换低、零值绝缘子。

4.7.3　预防性试验

    a) 支柱绝缘子、悬式绝缘子和合成绝缘子的试验项目、周期和要求应符合 DL/T 596 的规定。

    b) 复合绝缘子的运行性能检验项目按 DL/T 864 执行。

    c) 绝缘子红外检测参照 DL/T 664 规定的检测方法、检测仪器及评定准则进行。

4.8　电力电缆线路监督

4.8.1　设计选型审查

    a) 电力电缆线路的设计选型应符合 GB 50217、GB 11033、GB/T 11017、GB/Z 18890.1～3、GB/T 9326、GB/T 14049 和 DL/T 401 等各相应电压等级的电缆及附件的规定。

    b) 审查电缆的绝缘水平、导体材料和截面、绝缘种类、金属护套、外护套、敷设方式等以及电缆附件的选择是否安全、经济、合理。

    c) 审查终端的型式和性能是否满足使用条件的要求。

    d) 审查电缆敷设路径设计是否合理，包括运行条件是否良好，运行维护是否方便，防水、防盗、防外力破坏、防虫害的措施是否有效等。

    e) 审查电缆的防火阻燃设计是否满足反事故技术措施，包括防火构造、分隔方式、防火阻燃材料、阻燃性或耐火性电缆的选用，以及报警或消防装置等的选择是否耐久可靠、经济、合理。

    f) 提出对原材料，如导体、绝缘材料、屏蔽用半导电材料、铅套用铅、绝缘纸及电缆油的供货商和供货质量要求。

4.8.2　监造和出厂验收

4.8.2.1　监造范围

    根据 DL/T 1054 的规定，对 220kV 及以上电压等级的电力电缆及附件进行监造和出厂验收。

4.8.2.2　主要监造内容

4.8.2.2.1　检查工厂从原料进厂到电缆出厂整个流程的生产条件是否满足电缆的制造要求。

4.8.2.2.2　见证主要原材料，如导体、交联聚乙烯材料、屏蔽用半导电材料、皱纹铝套用铝、铅套用铅、外护套混合材料、绝缘纸、云母带、电缆油等原材料的供货厂及供货质量。

4.8.2.2.3 见证各工艺环节是否符合制造厂工艺规程的要求，过程检验是否合格。

4.8.2.2.4 见证附件如接头和终端、（充油电缆）压力箱等的出厂试验及抽样试验。

4.8.2.2.5 见证电缆出厂试验及抽样试验。

4.8.2.3 出厂验收

4.8.2.3.1 确认原材料的供货厂及供货质量符合订货合同要求。

4.8.2.3.2 确认电缆制造中过程检验合格。

4.8.2.3.3 按监造合同规定的试验项目（例行试验和抽样试验），对电缆和附件进行验收。试验结果符合相关标准和订货技术协议的要求。

4.8.2.3.4 审查电缆及附件的预鉴定试验和型式试验报告。

4.8.3 安装和投产验收

a) 电缆及其附件的运输、保管，应符合 GB 50168 的要求。当产品有特殊要求时，应符合产品的技术要求。

b) 电缆及其附件到达现场后，应按下列要求及时进行检查：

1) 产品的技术文件应齐全。

2) 电缆型号、规格、长度应符合订货要求，附件应齐全；电缆外观不应受损。

3) 电缆封端应严密。当外观检查有怀疑时，应进行受潮判断或试验。

4) 附件、部件应齐全，材质质量应符合产品技术要求。

5) 充油电缆的压力油箱、油管、阀门和压力表应符合要求且完好无损。

c) 电缆及其有关材料的储存应符合相关的技术要求。

d) 电缆及附件在安装前的保管期限为一年及以内。当需长期保管时，应符合设备保管的专门规定。

e) 电缆在保管期间，电缆盘及包装应完好，标志应齐全，封端应严密。当有缺陷时，应及时处理。

f) 充油电缆应经常检查油压，并做记录，油压不得降至最低值。当油压降至零或出现真空时，应及时处理。

g) 电缆线路的安装应按已批准的设计方案进行施工。

h) 电缆线路敷设和安装方式应符合 GB 50168、GB 50169、GB 50217、DL/T 342、DL/T 343 和 DL/T 344 等有关的规定。

i) 金属电缆支架全长均应有良好的接地；直埋电缆在直线段每隔 50m～100m 处、电缆接头处、转弯处、进入建筑物等处，应设置明显的方位标志或标桩。

j) 在隧道、沟、浅槽、竖井、夹层等封闭式电缆通道中，不得布置热力管道，严禁有易燃气体或易燃液体的管道穿越。

k) 电缆终端和接头应严格按制作工艺规程要求制作，制作环境应符合有关的规定，其主要性能应符合相关产品标准的规定。

l) 新、扩建工程中，应按反事故措施的要求落实电力电缆的防火措施，包括：

1) 严格按正确的设计图册施工，做到布线整齐，各类电缆按规定分层布置，电缆的弯曲半径应符合要求，避免任意交叉，并留出足够的人行通道。

2) 控制室、开关室、计算机室等通往电缆夹层、隧道、穿越楼板、墙壁、柜、盘等处的所有电缆孔洞和盘面之间缝隙（含电缆穿墙套管与电缆之间缝隙）必须采用合格的不燃或阻燃材料封堵。

    3）电缆竖井和电缆沟应分段做防火隔离，对敷设在隧道和厂房内构架上的电缆要采取分段阻燃措施；补充竖井封堵方式、电缆沟防火隔离距离具体数据。

    4）应尽量减少电缆中间接头的数量。如需要，应按工艺要求制作安装电缆头，经质量验收合格后，再用耐火防爆槽盒将其封闭。

m）电力电缆投入运行前，除按 GB 50150 的规定进行交接试验外，还应按 DL/T 1253 的要求，进行下列项目的试验：

    1）充油电缆油压报警系统试验。

    2）线路参数试验，包括测量电缆线路的正序阻抗、负序阻抗、零序阻抗、电容量和导体直流电阻等。

    3）电缆线路接地电阻测量。

n）隐蔽工程应在施工过程中进行中间验收，并做好见证。

o）验收时，应按 GB 50168 和 GB 50217 的要求进行检查，各项检查合格。并应提交设计资料和电缆清册、竣工图、施工记录及签证等基建阶段的全部技术资料，以及试验报告等有效文件。

4.8.4 运行维护

a）电力电缆运行中应按 DL/T 1253 的规定进行定期巡查和不定期巡查。

b）电缆巡查周期：

    1）电缆沟、隧道电缆井及电缆架等电缆线路每三个月至少巡查一次。

    2）电缆竖井内的电缆，每半年至少巡查一次。

    3）应结合运行状态评价结果，适当调整巡视周期。对挖掘暴露的电缆，按工程情况，酌情加强巡视。

c）终端头巡查周期：

    1）电缆终端头、中间接头根据现场运行情况每 1 年～3 年停电检查一次。

    2）装有油位指示的电缆终端头，应监视油位高度。污秽地区的电缆终端头的巡视与清扫的期限，可根据当地的污秽程度予以确定。

    3）有油位指示的终端头，每年夏、冬季检查一次。

d）巡查重点：

    1）电缆夹层、隧道内人行通道是否畅通，照明是否充足，是否堆放杂物；电缆沟是否保持清洁，有无积尘和积水。

    2）电缆夹层、电缆沟、隧道、电缆井及电缆架等电缆线路分段防火和阻燃隔离设施是否完整，耐火防爆槽盒是否开裂、破损。

    3）电缆外皮、中间接头、终端头有无变形漏油，温度是否符合要求，钢铠、金属护套及屏蔽层的接地是否完好；终端头是否完整，引出线的接点有无发热现象和电缆铅包有无龟裂漏油。

    4）电缆槽盒、支架及保护管等金属构件的接地是否完好，接地电阻是否符合要求；支架有否严重腐蚀、变形或断裂脱开；电缆的标志牌是否完整、清晰。

    5）靠近高温管道、阀门等热体的电缆隔热阻燃设施是否完整。

    6）直埋电缆线路的方位标志或标桩是否完整无缺，周围土地温升是否超过 10℃。

4.8.5 状态检修

a) 应积极开展状态检修工作。依据电缆线路的状态检测和试验结果、状态评价结果，考虑设备风险因素，动态制定设备的维护检修计划，合理安排检修的计划和内容。

b) 电缆线路新投运一年后，应对电缆线路进行全面检查，收集各种状态量，进行状态评价，评价结果作为状态检修依据。

c) 对于运行达到一定年限，故障或发生故障概率明显增加的设备，宜根据设备运行及评价结果，对检修计划及内容进行调整。

4.8.6 预防性试验

a) 电力电缆的预防性试验应按 DL/T 596 的规定进行，对于交联聚乙烯电缆应采用交流耐压试验代替直流耐压试验。

b) 用红外热像仪检测电缆终端和非埋式电缆中间接头、瓷套表面、交叉互联箱、外护套屏蔽接地点等部位。检测方法、检测仪器及评定准则参照 DL/T 664。检测周期：

    1) 交接及大修后带负荷 1 个月内（但应超过 24h）。

    2) 负荷较重的电缆，以及 220kV 及以上 3 个月；其他 6 个月。

    3) 必要时。

4.9 封闭母线监督

4.9.1 设计选型审查

a) 封闭母线的设计选型应符合 GB/T 8349 的规定。

b) 封闭母线的导体宜采用铝材或铜材，并符合 GB/T 3190 或 GB/T 5231 的要求。

c) 外壳的防护等级应按 GB 4208 的要求选择，一般离相封闭母线等级为 IP54；共箱封闭母线由供需双方商定。

d) 对湿度、盐雾大的地区，应有干燥防潮措施，中压封闭母线可选用 DMC 或 SMC 支柱绝缘子或由环氧树脂与火山岩无机矿物质复合材料成型而成的全浇注母线。长距离、大容量的联络母线可选用气体绝缘金属封闭母线 GIL。

e) 对封闭母线配套设备，包括：电流互感器、电压互感器、高压熔断器、避雷器、中性点消弧线圈或接地变压器等提出供货商和技术性能要求。

f) 审查封闭母线的结构是否安全可靠、运行维护方便，包括：测温装置、防火措施、防结露措施、热胀冷缩或基础沉降的补偿装置、发电机三相短路试验装置、防止配套设备柜内故障波及母线措施等。

4.9.2 安装和投产验收

a) 封闭母线的安装及验收应符合 GB 50149 的规定。

b) 封闭母线运输单元到达现场后，封闭母线的检查及保管应符合下列规定：

    1) 开箱清点，对规格、数量及完好情况进行外观检查；

    2) 封闭母线若不能及时安装，应存放在干燥、通风、没有腐蚀性物质的场所，并应对存放、保管情况每月进行一次检查；

    3) 封闭母线现场存放应符合产品技术文件的要求，封闭母线段两端的封罩应完好无损；

    4) 母线零件应储存在仓库的货架上，并保持包装完好、分类清晰、标识明确。

c) 安装前，应检查并核对母线及其他连接设备的安装位置及尺寸，并应对外壳内部、母线表面、绝缘支撑件及金具表面进行检查和清理，绝缘子、盘式绝缘子和电流互感器经试验合格。

d) 母线与外壳间应同心，其误差不得超过 5mm，段与段连接时，两相邻段母线及外壳应对准，连接后不应使母线及外壳受到机械应力，以及碰撞和擦伤外壳。

e) 母线焊接应在封闭母线各段全部就位并调整误差合格后进行。

f) 外壳封闭前，应对母线、TV、TA 等设备再次进行清理、检查、验收。

g) 焊接封闭母线外壳的相间封闭母线短路板时，位置必须正确，以免改变封闭母线原来磁路而引起外壳发热。接地引线应采用非导磁材料。

h) 安装结束后，与发电机、变压器等设备连接以前，按照 GB/T 8349 进行交接试验。试验时电压互感器等设备应予以断开。试验项目如下：

　　1) 绝缘电阻测量；

　　2) 额定 1min 工频干耐受电压试验；

　　3) 自然冷却的离相封闭母线，其户外部分应进行淋水试验；

　　4) 微正压充气的离相封闭母线，应进行气密封试验。

4.9.3 投产验收

在验收时，应进行下列检查：

a) 金属构件加工、配制、螺栓连接、焊接等应符合现行标准的有关规定，焊缝应探伤检查合格。

b) 所有螺栓、垫圈、闭口销、锁紧销、弹簧垫圈、锁紧螺母等应齐全、可靠。

c) 母线配制及安装架设应符合设计规定，且连接正确，螺栓紧固，接触可靠；相间及对地电气距离符合要求。

d) 瓷件应完整、清洁；铁件和瓷件胶合处均应完整无损。

e) 相色正确；接地良好。

f) 验收时，应移交基建阶段的全部技术资料和文件。

4.9.4 运行维护

a) 对新投产机组，巡视检查时应关注基础沉降或其他原因引起的封闭母线位移或变形，如封闭母线外壳焊缝开裂、伸缩节开裂、绝缘子密封材料变形等现象，并及时上报。

b) 运行中，应定期监视金属封闭母线导体及外壳，包括外壳抱箍接头连接螺栓及多点接地处的温度和温升。正常运行时不应超过产品技术文件的规定，若无规定时应按附录 A 执行。

c) 微正压装置应投入自动运行，在运行中应加强巡视检查，保证空气压缩机和干燥器工作正常。如果微正压装置长时间连续运行而不停顿，应查明原因。如果安装了封闭母线泄水设备，应定期排水。

d) 封闭母线的外壳及支持结构的金属部分应可靠接地。

e) 当封闭母线通过短路电流时，外壳的感应电压应不超过 24V。

f) 定期开展封母绝缘子密封检查和绝缘子清扫工作。应根据当地的气候条件和设备特点等制定相应的检查、清扫周期。

g) 封闭母线停运后，做好封闭母线绝缘电阻的跟踪测量。在机组启动前，尤其是在阴雨潮湿、大雾等湿度较大的气候条件下，要提前测定绝缘电阻，以保证当封闭母线绝缘不合格时，有足够时间进行通风干燥处理。

4.9.5 预防性试验

a) 封闭母线预防性试验的项目、周期、要求应符合 DL/T 596 的规定。

b) 母线红外检测参照 DL/T 664 规定的检测方法、检测仪器及评定准则进行。

4.10 线路设备监督

4.10.1 设计选型审查

a) 架空线的设计选型应符合 GB 50061、GB 50233、 DL/T 5092、DL/T 5154 等规程的规定。

b) 对导、地线重点要求：

1) 线路的导线截面，除根据经济电流密度选择外，还应按电晕及无线电干扰等条件进行校验，并通过技术经济比较确定。大跨越段线路的导线截面如按允许载流量选择，应避免全线路的输送容量受大跨越段限制。

2) 根据气象条件、覆冰厚度、污秽和腐蚀等情况，结合运行经验选取导、地线的型式。如盐雾影响应考虑采用防腐类导线，大跨距应考虑采用钢芯加强型导线。

3) 验算导线允许载流量时，导线的允许温度，钢芯铝绞线和钢芯铝合金绞线可采用＋70℃（大跨越可采用＋90℃）；钢芯铝包钢绞线（包括铝包钢绞线）可采用＋80℃（大跨越可采用＋100℃)或经试验决定；镀锌钢绞线可采用＋125℃。

4) 地线应满足电气和机械使用条件要求，可选用镀锌钢绞线或复合型绞线。验算短路热稳定时，地线的允许温度钢芯铝绞线和钢芯铝合金绞线可采用＋200℃；钢芯铝包钢绞线(包括铝包钢绞线)可采用＋300℃；镀锌钢绞线可采用＋400℃。计算时间和相应的短路电流值应根据系统情况决定。

5) 导、地线安全系数的选择应按设计规程有关要求，做到合理、经济并相互配合。

c) 对金具监督重点要求：

1) 金具应选用定型产品，推广使用节能型金具，采用非标金具必须通过技术鉴定。

2) 金具应具有足够的机械强度，考虑最大使用荷载时安全系数为 2.5，断线、断连时为 1.5。

3) 耐张和接续金具还应具有良好的导电性能。

4) 金具表面应热浸镀锌或采取其他防腐蚀措施。

5) 对在严重腐蚀、大跨越、重冰区、导线易舞动区、风口地带和季风较强地区等特殊区域使用的金具应适当提高相应性能指标。

6) 220kV 及以上电压等级线路的金具必须满足防电晕和无线电干扰限值的要求。

7) 拉线金具的强度设计值，应取国家标准金具的强度标准值（特殊设计金具应取最小试验破坏强度值）除以 1.8 的抗力分项系数确定。

d) 对杆塔的重点要求：

1) 对导、地线易发生覆冰和舞动地段，应适当提高杆塔的承载力。

2) 对腐蚀严重地区，杆塔和基础设计应采取有针对性的防腐措施。

3) 对盗窃多发区应提高或改善铁塔及拉线的防盗能力。

4）多雷区和山区的线路宜采用小保护角或负保护角的杆塔。

5）杆塔电气间隙的设计应考虑带电作业和调爬的需要。

6）在风口地带、季风较强地区和导、地线易舞动地区,杆塔应采取螺栓防松措施。

7）杆塔设计采用新理论、新材料或新结构型式,应经过试验验证。

e）对绝缘子的重点要求:

1）根据污区分布图,结合线路所经地区气象、污秽的实际情况,合理选用绝缘子型式。

2）绝缘子串的爬电距离和结构长度的确定应考虑在工频电压、大气过电压、操作过电压、污秽等各种条件下均能安全可靠运行。

3）绝缘子的机械强度应满足相应使用条件的要求。

4）多雷区,在满足风偏、电气间隙和交叉跨越距离的条件下,宜适当增加绝缘子片数。

5）d 级及以上污秽区、维护困难地区,宜选用复合绝缘子。

6）在既是多雷区又是污秽特别严重地区,采用复合绝缘子时,应选用加长型。

7）瓷和玻璃绝缘子的选用,应充分考虑其爬距的有效性及运行经验。

4.10.2 工厂验收

a）生产导、地线、金具原材料需有检验合格报告并符合相关的技术要求。

b）金具除进行抽样试验外,必要时可进行部分型式试验项目,制造厂应提供加工图纸。

c）杆塔材质使用、试组装、镀锌工艺、焊接质量满足相应规程要求。

d）新型杆塔须有真型试验报告。

e）生产绝缘子原材料和外购件须有检验合格报告并符合相应质量技术要求,长棒形瓷绝缘子应进行超声波探伤检查。

f）绝缘子出厂验收时核对产品合格证,按照产品标准审查产品试验报告和有关技术资料。试验报告规范,试验结论正确。

4.10.3 施工及投产验收

a）架空线路的施工和投产验收依据 GB 50233 及相关标准执行。

b）架空输电线路工程必须按照批准的设计文件和经有关方面会审的设计施工图施工。当需要变 更设计时,应经设计单位同意。

c）工程测量及检查用的仪器、仪表、量具等,应经过检定,并在有效使用期内。

d）工程使用的原材料及器材应符合国家、行业相关的标准,并有该批产品出厂质量检验合格书。保管期限超过规定者、因保管不良有变质可能者、未按标准规定取样或试样不具代表性者,应重做检验。

e）土石方工程、杆塔基础和拉线基础的钢筋混凝土工程施工应符合 GB 50233 及其他相关标准的有关规定。冬期施工应符合国家相关标准的规定。

f）杆塔组立必须有完整的施工技术设计。组立过程中,应采取不导致部件变形或损坏的措施。杆塔各构件的组装应牢固。

g）放线前应有完整有效的架线(包括放线、紧线及附件安装等)施工技术文件。绝缘子金具安装应按规定的工艺规程执行。

h）接地体的规格、埋深不应小于设计规定,接地电阻值不应大于设计规定值。

i) 工程验收应按隐蔽工程验收、中间验收和竣工验收的规定项目、内容进行。

j) 工程在竣工验收合格后，应进行下列试验：

   1) 测定线路绝缘电阻；

   2) 核对线路相位；

   3) 测定线路参数和高频特性；

   4) 电压由零升至额定电压，但无条件时可不做；

   5) 以额定电压对线路冲击合闸三次；

   6) 带负荷试运行 24h。

k) 工程竣工后，应移交基建阶段全部技术资料和文件。

4.10.4 运行维护

a) 线路运行维护应按 DL/T 741 执行，重点监督项目和要求见表 8～表 11。

b) 根据 DL/T 626、DL/T 596 的要求，加强绝缘子的监测工作，定期进行"零、低值"的检测。对实施状态检修的线路，可根据具体规定缩短或延长检测周期。

c) 每年统计绝缘子劣化率（自爆率），并对绝缘子运行情况做出评估分析。

b) 对瓷和玻璃绝缘子锁紧销、钢脚、钢帽锈蚀等情况应登杆检查。

e) 清扫要求：

   1) 建立清扫责任制和质量检查制，提高清扫质量。

   2) 110kV～500kV 重要线路的绝缘子原则上每年清扫一次。

   3) 清扫应根据污秽状况、绝缘配置、季节特点以及运行经验，逐步过渡到以污秽度指导清扫。

   4) 杆塔上清扫困难的绝缘子，可采用落地清扫的方式或更换绝缘子。

f) 劣化绝缘子处理：

   1) 及时更换自爆及低、零值的绝缘子。

   2) 当盘形悬式瓷绝缘子、玻璃绝缘子在投运 2 年内的年均劣化率（自爆率）大于 0.04%、2 年后检测周期内年均劣化率（自爆率）大于 0.02%或机电（械）性能明显下降时，应分析原因，并采取相应措施。

   3) 根据运行经验，当瓷绝缘子劣化率、玻璃绝缘子自爆率过高时，应考虑将整批绝缘子进行更换。

表 8 架空输电线路巡视检查主要内容

巡视对象		检查有无以下缺陷、变化或情况
线路本体	地基与基面	回填土下沉或缺土、水淹、冻胀、堆积杂物等
	杆塔基础	破损、酥松、裂纹、漏筋、基础下沉、保护帽破损、边坡保护不够等
	杆塔	杆塔倾斜，主材弯曲，地线支架变形，塔材、螺栓丢失，严重锈蚀，脚钉缺失，爬梯变形，土埋塔脚等；混凝土杆未封顶、破损、裂纹等
	接地装置	断裂、严重锈蚀、螺栓松脱、接地带丢失、接地带外露、接地带连接部位有雷电烧痕等
	拉线及基础	拉线金具等被拆卸，拉线棒严重锈蚀或蚀损，拉线松弛、断股、严重锈蚀，基础回填土下沉或缺土等

表8（续）

巡视对象		检查有无以下缺陷、变化或情况
线路本体	绝缘子	伞裙破损，严重污秽，有放电痕迹，弹簧销缺损，钢帽裂纹、断裂，钢脚严重锈蚀或蚀损，绝缘子串顺线路方向倾角大于 7.5°或 300mm
	导线、地线、引流线、屏蔽线、OPGW	散股、断股、损伤、断线、放电烧伤、导线接头部位过热、悬挂漂浮物、弧垂过大或过小、严重锈蚀、有电晕现象、导线缠绕（混线）、覆冰、舞动、风偏过大、对交叉跨越物距离不够等
	线路金具	线夹断裂、裂纹、磨损、销钉脱落或严重锈蚀；均压环、屏蔽环烧伤、螺栓松动；防振锤跑位、脱落、严重锈蚀、阻尼线变形、烧伤；间隔棒松脱、变形或离位；各种连板、连接环、调整板损伤、裂纹等
附属设施	防雷装置	避雷器动作异常、计数器失效、破损、变形、引线松脱；放电间隙变化、烧伤等
	防鸟装置	固定式：破损、变形、螺栓松脱；活动式：动作失灵、褪色、破损；电子、光波、声响式：供电装置失效或功能失效、损坏等
	各种监测装置	缺失、损坏、功能失效等
	杆号、警告、防护、指示、相位等标识	缺失、损坏、字迹或颜色不清、严重锈蚀等
	航空警示器材	高塔警示灯、跨江线彩球缺失、损坏、失灵
	防舞防冰装置	缺失、损坏等
	ADSS 光缆	损坏、断裂、弛度变化等

表9　架空输电线路通道环境巡视检查主要内容

巡视对象		检查线路通道环境有无以下缺陷、变化或情况
线路通道环境	建（构）筑物	有违章建筑，建（构）筑物等
	树木（竹林）	树木（竹林）与导线安全距离不足等
	施工作业	线路下方或附近有危及线路安全的施工作业等
	火灾	线路附近有烟火现象，有易燃、易爆物堆积等
	交叉跨越	出现新建或改建电力、通信线路、道路、铁路、索道、管道等
	防洪、排水、基础保护设施	坍塌、淤堵、破损等
	自然灾害	地震、洪水、泥石流、山体滑坡等引起通道环境的变化
	道路、桥梁	巡线道、桥梁损坏等
	污染源	出现新的污染源或污染加重等
	采动影响区	出现裂缝、坍塌等情况
	其他	线路附近有人放风筝、有危及线路安全的漂浮物、线路跨越鱼塘无警示牌、采石（开矿）、射击打靶、藤蔓类植物攀附杆塔等

表10 架空输电线路检测项目与周期

	项 目	周期	备 注
杆塔	钢筋混凝土杆裂缝与缺陷检查	必要时	根据巡视发现的问题
	钢筋混凝土杆受冻情况检查： （1）杆内积水； （2）冻土上拔； （3）水泥杆放水孔检查	1年 1年 1年	根据巡视发现的问题进行； 在结冻前进行； 在结冻前和解冻后进行； 在结冻前进行
	杆塔、铁件锈蚀情况检查	3年	对新建线路投运5年后，进行一次全面检查，以后结合巡视情况而定；对杆塔进行防腐处理后应做现场检验
	杆塔倾斜、挠	必要时	根据实际情况选点测量
	钢管塔	必要时	应满足DL/T 5130的要求
	钢管塔 表面锈蚀情况 挠度测量	必要时 1年 必要时	对新建线路投运1年后，进行一次全面检查，满足DL/T 5130的要求； 对新建线路投运2年内，每年测量一次，以后根据巡视情况
绝缘子	盘形绝缘子绝缘测试	6年～10年	330kV以上为6年；220kV以下为10年
	绝缘子污秽度测量	1年	根据实际情况定点测量，或根据巡视情况选点测量
	绝缘子金属附件检查	2年	投运后第5年开始抽查
	瓷绝缘子裂纹、钢帽裂纹、浇装水泥及伞裙与钢帽移位	必要时	每次清扫时
	玻璃绝缘子钢帽裂纹、伞裙闪络损伤	必要时	每次清扫时
	合成绝缘子伞裙、护套、黏合剂老化、破损、裂纹；金具及附件锈蚀	2年～3年	根据运行需要
	复合绝缘子电气机械抽样检测试验	5年	投运5年～8年后开始抽查，以后至少每5年抽查一次
导线	导线、地线磨损、断股、破股、严重锈蚀、放电损伤外层铝股、松动等	每次检修时	抽查导、地线线夹必须及时打开检查
	大跨越导线、地线振动测量	2年～5年	对一般线路应选择有代表性档距进行现场振动测量，测量点应包括悬垂线夹、防振锤及间隔棒线夹处，根据振动情况选点测量
	导线、地线舞动观测		在舞动发生时应及时观测
	导线弧垂、对地距离、交叉跨越距离测量	必要时	线路投入运行1年后测量1次，以后根据巡视结果决定
金具	导流金具的测试 直线接续金具 不同金属接续金具 并沟线夹、跳线连接板、压接式耐张线夹	必要时 必要时 每次检修	接续管采用望远镜观察接续管口导线有否断股、灯笼泡或最大张力后导线拔出移位现象；每次线路检修测试连接金具螺栓扭矩值应符合标准；红外测试应在线路负荷较大时抽测，根据测温结果确定是否进行测试

表 10（续）

项 目		周期	备 注
金具	金具锈蚀、磨损、裂纹、变形检查	每次检修	外观难以看到的部位，要打开螺栓、垫圈检查或用仪器检查。如果开展线路远红外测温工作，每年进行一次测温，根据测温结果确定是否进行测试
	间隔棒（器）检查	每次检修	投运 1 年后紧固 1 次，以后进行抽查
防雷设施及接地装置	杆塔接地电阻测量	5 年	根据运行情况可调整时间，每次雷击故障后的杆塔应进行测试
	线路避雷器检测	5 年	根据运行情况或设备的要求进行调整
	地线间隙检查 防雷间隙检查	必要时 1 年	根据巡视发现的问题进行
基础	铁塔、钢管杆（塔）基础（金属基础、预制基础、现场浇制基础、灌注桩基础）	5 年	检查，挖开地面 1m 以下，检查金属件锈蚀、混凝土裂纹、酥松、损伤等变化情况
	拉线（拉棒）装置、接地装置	5 年	拉棒直径测量；接地电阻测试必要时开挖
	基础沉降测量	必要时	根据实际情况选点测量
其他	气象测量		选点测量
	无线电干扰测量		根据实际情况选点测量
	地面场强测量		根据实际情况选点测量

注 1：检测周期可根据本地区实际情况进行适当调整，但应经本单位总工程师批准。
注 2：检测项目的数量及线段可由运行单位根据实际情况选定。
注 3：大跨越或易舞动区宜选择具有代表性地段杆塔装设在线监测装置

表 11 线路维修的主要项目及周期

序号	项 目	周期	维修要求
1	杆塔紧固螺栓	必要时	新线投运需紧固 1 次
2	混凝土杆内排水，修补防冻装置	必要时	根据季节和巡视结果在结冻前进行
3	绝缘子清扫	1 年～3 年	根据污秽情况、盐密测量、运行经验调整周期
4	防振器和防舞动装置维修调整	必要时	根据测振依监测结果调整周期进行
5	砍修剪树、竹	必要时	根据巡视结果确定，发现危急情况随时进行
6	修补防汛设施	必要时	根据巡视结果随时进行
7	修补巡线道、桥	必要时	根据现场需要随时进行
8	修补防鸟设施和拆巢	必要时	根据需要随时进行
9	各种在线监测设备维修调整	必要时	根据监测设备监测结果进行
10	瓷绝缘子涂 RTV 长效涂料	必要时	根据涂刷 RTV 长效涂料绝缘子表面的憎水性确定

4.10.5 预防性试验

架空输电线路预防性试验应按 DL/T 596 的规定进行。

4.11 接地装置监督

4.11.1 设计选型审查

a) 接地装置的设计选型应依据 GB 50065、DL/T 5091、DL/T 621 等有关规定进行，审查地表电位梯度分布、跨步电动势、接触电动势、接地阻抗等指标的安全性和合理性，以及防腐、防盗措施的有效性。

b) 新建工程设计，应结合长期规划考虑接地装置（包括设备接地引下线）的热稳定容量，并提出接地装置的热稳定容量计算报告。

c) 在扩建工程设计中，除应满足新建工程接地装置的热稳定容量要求外，还应对前期已投运的接地装置进行热稳定容量校核，不满足要求的必须在本期的基建工程中一并进行改造。

d) 接地装置腐蚀比较严重的电厂宜采用铜质材料的接地网，不应使用降阻剂。

e) 变压器中性点应有两根与主接地网不同地点连接的接地引下线，且每根引下线均应符合热稳定的要求。重要设备及设备架构等宜有两根与主接地网不同地点连接的接地引下线，且每根接地引下线均应符合热稳定要求。严禁将设备构架作为引下线。连接引线应便于定期进行检查测试。

f) 当输电线路的避雷线和电厂的接地装置相连时，应采取措施使避雷线和接地装置有便于分开的连接点。

g) 水电厂接地装置应充分利用直接埋入水下和土壤中的各种自然接地体接地，接地电阻难以满足要求时，应采用水下接地、外引接地、深埋接地等接地方式，并加以分流、均压和隔离措施，必要时在库区装设立体接地网。

h) 水电厂库区接地网应布置在水库蓄水及引水系统最低水位以下区域，接地桩的埋设深度应充分考虑周围环境可能会对接地网造成毁坏的因素。

4.11.2 施工和投产验收

4.11.2.1 施工监督重点

4.11.2.1.1 施工单位应严格按照设计要求进行施工，接地装置的选择、敷设及连接应符合 GB 50169 的有关要求。

4.11.2.1.2 接地体顶面埋设深度应符合设计规定，接地线应采取防止发生机械损伤和化学腐蚀的措施，接地干线应在不同的两点及以上与接地网相连接，每个电气装置的接地应以单独的接地线与接地汇流排或接地干线相连接，严禁在一个接地线中串接几个需要接地的电气设备。

4.11.2.1.3 接地体（线）的连接应采用焊接，焊接必须牢固无虚焊。接至电气设备上的接地线，应用镀锌螺栓连接；有色金属接地线不能采用焊接时，可用螺栓连接、压接、热剂焊（放热焊接）方式连接。采用搭焊接时，其搭接长度必须符合相关规定。不同材料接地体间的连接应进行防电化学腐蚀处理。

4.11.2.1.4 预留的设备、设施的接地引下线必须确认合格，隐蔽工程必须经监理单位和建设单位验收合格后，方可回填土；并应分别对两个最近的接地引下线之间测量其回路电阻，确保接地网连接完好。

4.11.2.1.5 敷设的接地网应采取防护及防盗措施。

4.11.2.2　投产验收

4.11.2.2.1　接地装置验收应在土建完工后尽快安排进行。特性参数测量应避免雨天和雨后立即测量，应在连续天晴 3 天后测量。交接验收试验应符合 GB 50150 的规定。

4.11.2.2.2　大型接地装置除进行 GB 50150 规定的电气完整性试验和接地阻抗测量，还必须考核场区地表电位梯度、接触电位差、跨步电位差、转移电位等各项特性参数测试，以确保接地装置的安全。试验的测试电源、测试回路的布置、电流极和电压极的确定以及测试方法等应符合 DL/T 475 的相关要求。有条件时宜按照 DL/T 266 进行冲击接地阻抗、场区地表冲击电位梯度、冲击反击电位测试等冲击特性参数测试。

4.11.2.2.3　对高土壤电阻率地区的接地网，在接地电阻难以满足要求时，应由设计确定采用相对措施后，方可投入运行。

4.11.2.2.4　在验收时应按下列要求进行检查：
　　a）接地施工质量符合 GB 50169 的要求；
　　b）整个接地网外露部分的连接可靠，接地线规格正确，防腐层完好，标志齐全明显；
　　c）避雷针（带）的安装位置及高度符合设计要求；
　　d）供连接临时接地线用的连接板的数量和位置符合设计要求；
　　e）工频接地电阻值及设计要求的其他测试参数符合设计规定。

4.11.2.2.5　验收时，应移交实际施工的记录图、变更设计的证明文件、安装技术记录（包括隐蔽工程记录等）、测试记录等资料和文件。

4.11.3　维护监督重点

　　a）对已投运的接地装置，应根据地区短路容量的变化，校核接地装置（包括设备接地引下线）的热稳定容量，并结合短路容量变化情况和接地装置的腐蚀程度有针对性地对接地装置进行改造。对不接地、经消弧线圈接地、经低阻或高阻接地系统，必须按异点两相接地校核接地装置的热稳定容量。

　　b）接地引下线的导通检测工作应 1 年～3 年进行一次，其检测范围、方法、评定应符合 DL/T 475 的要求，并根据历次测量结果进行分析比较，以决定是否需要进行开挖、处理。

　　c）定期（时间间隔应不大于 5 年）通过开挖抽查等手段确定接地网的腐蚀情况。根据电气设备的重要性和施工的安全性，选择 5 个～8 个点沿接地引下线进行开挖检查，要求不得有开断、松脱，或严重腐蚀等现象。如发现接地网腐蚀较为严重，应及时进行处理。铜质材料接地体地网不必定期开挖检查。

　　d）水电厂升压站电气设备和建筑物应在避雷针保护范围内，当场内设备、设施发生变化时应进行保护范围的校核。

4.11.4　预防性试验

　　a）接地装置试验的项目、周期、要求应符合 DL/T 596 的规定。
　　b）接地装置的特征参数及土壤电阻率测定的一般原则、内容、方法、判据、周期参照 DL/T 475。

4.12　高压试验仪器仪表监督

4.12.1　监督范围

　　绝缘技术监督有关的高压试验仪器、仪表及装置的选型审查和验收、周期定检、维护及使用。

4.12.2 选型审查和验收

a) 高压试验仪器、仪表及装置的选型应依据 GB 50150、DL/T 596、DL/T 5401、DL/T 474.1～DL/T 474.5、DL/T 848.1～DL/T 848.5、DL/T 849.1～DL/T 849.6 等国家标准、行业标准的有关规定和实际工作需要进行，应能充分保证本企业绝缘技术监督工作的有效开展。表 12 可供参考。

b) 高压试验仪器、仪表及装置选型应考虑产品技术是否先进、性能是否准确可靠、是否经济合理、使用方便。对存在较严重缺陷的产品，要根据改进情况通过技术审查后方可选用。

c) 高压试验仪器、仪表及装置到达现场后，应在规定期限内进行验收检查，并应符合下列要求：

    1) 包装良好、外观检查合格；

    2) 开箱检查型号、规格符合订货要求，仪器、仪表及装置无损伤，附件、备件齐全；

    3) 产品装箱单、出厂检验报告（合格证）、使用说明书、功能和技术指标测试报告等技术文件齐备。

表 12 常用高压试验设备一览表（仅供参考）

序号	设备名称	技术规格	用 途
1	发电机工频高压试验装置（成套谐振试验装置）	额定输出电压及额定容量根据需要	发电机定子绕组交流耐压试验
2	工频高压试验装置	额定输出电压 50kV、75kV、100kV 及以上；输出电压及额定容量根据需要	35kV 及以下设备交流耐压试验、避雷器阻性电流停电测试等试验
3	三倍频试验变压器装置	额定输出电压 3kVA、5kVA；额定容量根据需要	分级绝缘电压互感器、电容式电压互感器的中间变压器的感应耐压试验
4	直流高压发生器	电压等级及容量根据被测设备测量要求选用。直流电压的纹波系数不大于 3%。60kV（2mA），带高压表头；120kV（3mA），带高压表头；300kV（3mA），带高压表头	发电机、变压器、避雷器、少油断路器、电缆等设备的直流试验
5	交直流分压器	60kV、120kV、300kV	配合直流高压发生器作测量用，也可用于交流测量
6	自动高压介质损耗测试仪	内附 10kV 高压电源，分挡或连续可调；$\tan\delta$ 测量范围 0～0.1，相对误差≤2%；电容量测量范围不小于 40 000pF，相对误差≤1%。能对 CVT C2 进行自激法测试，带低压屏蔽；变频或移相抗干扰	变压器绕组、套管、电容器、互感器等设备绝缘介损及电容量测试

表 12（续）

序号	设备名称	技术规格	用　途
7	绝缘电阻测试仪	输出电压：500V、1000V、2500V、5000V 等，按相关试验要求选用；型式：数字式；最大输出电流：1mA 以上（大型变压器选用 3mA 以上）；量程：大于 100GΩ	发电机、变压器、开关、避雷器、电缆等设备绝缘电阻测试
8	变比自动测试仪	具有能同时测试三相变比和组别测试功能；最小测量范围：1～1000；准确度：0.1 级	变压器变比及联结组别测试；电压互感器、消弧线圈变比测试
9	有载分接开关测试仪	可带绕组测量，过渡电阻测量；量程：大于 40Ω；分辨率：0.01Ω	变压器有载分接开关测试
10	直流电阻测试仪	100mA～5A；0kΩ～20kΩ	110kV 及以下变压器、高压电抗器、放电线圈、电压互感器绕组直流电阻
		5A～50A（一体机）	220kV 及以上变压器直流电阻测试，也可用于 110kV 以下的变压器测试
11	变压器绕组变形测试仪	扫频检测范围：1kHz～1MHz；扫频频率精确度：≤0.01%；扫描频率间隔：<2kHz；检测精确度：动态检测范围为 −100dB～20dB，且在−80dB～20dB 范围内的检测精确度＜±1dB	变压器绕组变形测试
12	开关回路电阻测试仪	输出电流 100A 以上，测量范围 0μΩ～1999μΩ	开关回路电阻测试
13	真空断路器真空度测试仪	定性测量、定量测量	真空断路器真空度测试
14	高压断路器综合测试仪	能测量开关动作电压、时间特性、速度（能测量 SF$_6$、真空等开关）、真空断路器弹跳时间	开关机械特性测试
15	氧化锌避雷器阻性电流测试仪	有带电测试功能（方便测试，不需改造接地引下线）	避雷器阻性电流试验或带电测试
16	电缆交流耐压及变压器局部放电试验系统	110kV 及以下交联电缆交流耐压试验，110kV 以上变压器等的局部放电和感应耐压试验	110kV 及以下交联电缆交流耐压试验，110kV 以上变压器等的局部放电和感应耐压试验
17	35kV 及以下电缆交流耐压试验仪	35kV 及以下电缆交流耐压试验	35kV 及以下交联电缆交流耐压试验
18	避雷器放电计数器检测仪	可充电，输出电压 2000V	避雷器放电计数器试验
19	接地电阻测试仪	异频法，0A～40A；接地绝缘电阻表；杆塔接地电阻钳形电流表测试仪，根据需要配置	地网工频接地电阻、杆塔、配电室、小型地网、避雷针等接地电阻测量、杆塔接地电阻

表12（续）

序号	设备名称	技术规格	用　　途
20	便携式低温远红外测温仪	测温范围：0℃～300℃	运行设备日常巡视测试
21	便携式低温远红外热像仪	测温范围：0℃～300℃	运行设备热异常测试
22	电导率仪		绝缘子盐密测试
23	GPS 定位仪	新线路杆塔坐标定位（测量接地网接地电阻时对电流极、电压极定位）	新线路杆塔坐标定位（测量接地网接地电阻时对电流极、电压极定位）
24	电力设备接地装置引下线导通测量仪	测量范围：0Ω～2Ω；准确度：不低于 1.0 级；分辨率：1mΩ；测量半径 36m	设备接地引下线接地情况
25	TA 特性综合测试仪	电流输出 0A～300A；电压输出（0V～2500V）（能自动打印伏安特性曲线）	500kV 及以下 TA（含套管 TA）特性试验
26	电缆故障探测仪	电缆故障探测	电缆故障探测
27	消谐器试验仪	消谐器试验	消谐器试验
28	无线核相器	220kV 及以下（电流型或电压型）	核相
29	数字式电容表	能不拆线进行电容器组中单只电容量测试	并联电容器容量测试
30	数字万用表	带峰值测量；抗感应电	分压器二次电压测量；测量低压交直流电压；测量电阻等
31	交流、直流电压表及电流表、直流微安表（带毫安挡）	各测量范围；准确度：0.2 级～0.5 级	电压、电流测量

4.12.3 定期检定

a) 新购置仪器仪表必须送有检验资质的单位进行检验，首检合格后才能投入使用。

b) 试验设备应由相应资质的检定机构进行检定校验。

c) 绝缘监督的测量仪器检验周期为 1 年，电气标准表检验周期按相关标准执行。

4.12.4 使用维护

a) 现役的试验设备必须经过检定校验合格、在检定校验有效期内、合格标志清晰完整，未经检定校验或检定不合格的试验设备应视为失准，禁止使用。

b) 试验仪器仪表应放置在干燥恒温的房间，保持仪器清洁，并根据其保养、维护要求，进行及时或定期的干燥处理、充电、维护等，确保仪器正常。

4.13 绝缘工器具监督

4.13.1 检验监督

电气绝缘工具应按《电力安全工作规程发电厂和变电站电气部分》（GB 26860—2011）规定的周期、要求进行检验。试验方法参照国家电力公司 2002 年发布的《电力安全工器具预防性试验规程（试行）》执行。常用电气绝缘工具试验一览表见表13。

表13 常用电气绝缘工具试验一览表

序号	名称	电压等级 kV	周期	交流工频耐压 kV	持续时间 min	泄漏电流 mA	说明
1	绝缘杆	10	每年一次	45	1		试验长度0.7m
		35		95	1		试验长度0.9m
		63		175	1		试验长度1.0m
		110		220	1		试验长度1.3m
		220		440	1		试验长度2.1m
		330		380	5		试验长度3.2m
		500		580	5		试验长度4.1m
2	电容型验电器	10	每年一次	45	1		1. 试验长度与绝缘杆的试验长度相同。 2. 启动电压值不高于额定电压的40%，不低于额定电压的15%
		35		95	1		
		63	每年一次	175	1		
		110		220	1		
		220		440	1		
		330		380	5		
		500		580	5		
3	绝缘挡板	6～10	每年一次	30	1		
		35（20～44）		80	1		
4	绝缘罩	6～10	每年一次	30	1		
		35（20～44）		80	1		
5	绝缘夹钳	10	每年一次	45	1		试验长度0.7m
		35		95			试验长度0.9m
6	绝缘胶垫	高压	每年一次	15	1		使用于带电设备区域
		低压		3.5	1		
7	绝缘手套	高压	每六个月一次	8	1	≤9	
		低压		2.5		≤2.5	
8	绝缘靴	高压	每六个月一次	15	1	≤7.5	

表 13（续）

序号	名称		电压等级 kV	周期	交流工频耐压 kV	持续时间 min	泄漏电流 mA	说明
9	核相器	绝缘部分工频耐压试验	10	每年一次	45	1		试验长度0.7m
			35		95			试验长度0.9m
		动作电压试验		每年一次				最低动作电压应达到 0.25 倍额定电压
		电阻管泄漏电流试验	10	每六个月一次	10	1	≤2	
			35		35			
10	绝缘绳		高压	每六个月一次	100/0.5m	5		
11	携带型短路接地线	操作棒的工频耐压试验	10	每年一次	45	1		试验电压加在护环与紧固头之间
			35		95	1		
			63		175	1		
			110		220	1		
			220		440	1		
			330		380	5		
			500		580	5		
11	成组直流电阻试验			不超过5年	在各接线鼻之间测量直流电阻，对于 25mm²，35mm²，50mm²，70mm²，95mm²，120mm² 的各种截面，平均每米的电阻值应分别小于 0.79mΩ，0.56mΩ，0.40mΩ，0.28mΩ，0.21mΩ，0.16mΩ			同一批次抽测，不少于2条，接线鼻与软导线压接的应做该试验
12	个人保护接地线	成组直流电阻试验		不超过5年	在各接线鼻之间测量直流电阻，对于 10mm²，16mm²，25mm² 的截面，平均每米的电阻值应小于 1.98mΩ，1.24mΩ，0.79mΩ			同一批次抽测，不少于两条

4.13.2 保管监督

绝缘工器具应登记造册，并建立每件工具的试验记录。应设置专用的绝缘工器具的存放场所，该存放场所应保持干燥，应装设恒温除湿装置。对不合格的绝缘工器具，应有明显的标示并单独存放；对不能修复的绝缘工器具，应及时报废处理。

4.13.3 使用监督

使用绝缘工器具前应仔细检查其是否损坏、变形、失灵，并使用 2500V 绝缘电阻表或绝缘检测仪进行分段绝缘检测（电极宽 2cm，极间宽 2cm），阻值应不低于 700MΩ。操作绝缘工具时应戴清洁、干燥的手套，并应防止绝缘工器具在使用过程中脏污和受潮。

5 监督管理要求

5.1 监督基础管理工作

5.1.1 电厂应按照《华能电厂安全管理体系要求》中有关技术监督管理和本标准的要求，制定电厂绝缘监督管理标准，并根据国家法律、法规及国家、行业、集团公司标准、规程、规范、制度，结合电厂实际情况，编制或执行绝缘监督相关/支持性文件；建立健全技术资料档案，以科学、规范的监督管理，保证高压电气设备安全可靠运行。

5.1.2 绝缘监督相关/支持性文件。

    a) 绝缘监督管理标准；

    b) 电气设备运行规程；

    c) 电气设备检修规程；

    d) 电气设备预防性试验规程；

    e) 高压试验设备、仪器仪表管理制度；

    f) 安全工器具管理标准；

    g) 设备检修管理标准；

    h) 设备缺陷管理标准；

    i) 设备点检定修管理标准；

    j) 设备技术台账管理标准；

    k) 设备异动管理标准；

    l) 设备停用、退役管理标准；

    m) 事故、事件及不符合管理标准。

5.1.3 技术资料档案。

5.1.3.1 基建阶段技术资料

    a) 符合实际情况的电气设备一次系统图、防雷保护与接地网图纸；

    b) 制造厂提供的设备整套图纸、说明书、出厂试验报告；

    c) 设备监造报告；

    d) 设备安装验收记录、缺陷处理报告、交接试验报告、投产验收报告。

5.1.3.2 设备清册及设备台账

    a) 受监督电气一次设备清册；

    b) 电气设备台账；

    c) 设备外绝缘台账；

    d) 试验仪器仪表台账。

5.1.3.3 试验报告和记录

    a) 电力设备预防性试验报告；

    b) 绝缘油、SF_6气体试验报告；

    c) 特殊试验报告（事故分析试验报告、鉴定试验报告等）；

    d) 在线监测装置数据及分析记录。

5.1.3.4 运行维护报告和记录

    a) 电气设备运行分析月报；

b) 发电机特殊、异常运行记录（调峰运行、短时过负荷、不对称运行等）；

c) 变压器异常运行记录（超温、气体继电器动作、出口短路、严重过电流等）；

d) 断路器异常运行记录（短路跳闸、过负荷跳闸等）；

e) 日常运行日志及巡检记录。

5.1.3.5 检修报告和记录

a) 检修文件包（检修工艺卡）记录；

b) 检修报告；

c) 变压器油处理及加油记录；

d) SF_6 气体补气记录；

e) 日常设备维修记录；

f) 电气设备检修分析季（月）报。

5.1.3.6 缺陷闭环管理记录

5.1.3.7 事故管理报告和记录

a) 设备非计划停运、障碍、事故统计记录；

b) 事故分析报告。

5.1.3.8 技术改造报告和记录

a) 可行性研究报告；

b) 技术方案和措施；

c) 质量监督和验收报告；

d) 竣工总结和后评估报告。

5.1.3.9 监督管理文件

a) 与绝缘技术监督有关的国家、行业、集团公司技术法规、标准、规范、规程、制度；

b) 电厂绝缘技术监督标准、规程、规定、措施等；

c) 绝缘技术监督年度工作计划和总结；

d) 绝缘技术监督季报、速报；

e) 绝缘技术监督预警通知单和验收单；

f) 绝缘技术监督会议纪要；

g) 绝缘技术监督工作自我评价报告和外部检查评价报告；

h) 绝缘技术监督人员技术档案、上岗考试成绩和证书；

i) 与设备质量有关的重要工作来往文件。

5.2 日常管理内容和要求

5.2.1 健全监督网络与职责

a) 按照集团公司《华能电厂安全生产管理体系要求》和《电力技术监督管理办法》，编制电厂绝缘监督管理标准，做到分工、职责明确，责任到人。

b) 电厂绝缘技术监督工作归口职能管理部门在电厂技术监督领导小组的领导下，负责绝缘技术监督的组织建设工作,建立健全技术监督网络,并设绝缘技术监督专责人，负责全厂绝缘技术监督日常工作的开展和监督管理。

c) 电厂绝缘技术监督工作归口职能管理部门每年年初要根据人员变动情况及时对网络成员进行调整；按照人员培训和上岗资格管理办法的要求，定期对技术监督专责人进行专业和技能培训，保证持证上岗。

5.2.2 确认监督标准符合性

a) 绝缘监督标准应符合国家、行业及上级主管单位的有关规定和要求。

b) 每年年初，绝缘监督专责人应根据新颁布的标准及设备异动情况，对电厂电气设备运行规程、检修规程等规程、制度的有效性、准确性进行评估，修订不符合项，经归口职能管理部门领导审核、生产主管领导审批完成后发布实施。国标、行标及上级监督规程、规定中涵盖的相关绝缘监督工作均应在电厂规程及规定中详细列写齐全，在电气设备规划、设计、建设、更改过程中的绝缘监督要求等同采用每年发布的相关标准。

5.2.3 确认仪器仪表有效性

a) 应配备必需的绝缘监督仪器、仪表，建立相应的试验室。

b) 应编制绝缘监督用仪器、仪表使用、操作、维护规程，规范仪器、仪表管理。

c) 应建立绝缘监督用仪器、仪表设备台账，根据检验、使用及更新情况进行补充完善。

d) 根据检定周期和项目，制定绝缘监督仪器、仪表的年度校验计划，按规定进行检验、送检和量值传递，对检验合格的可继续使用，对检验不合格的送修或报废处理，保证仪器、仪表有效性。

5.2.4 监督档案管理

a) 电厂应按照本标准规定的文件、资料、记录和报告目录以及格式要求，建立健全绝缘技术监督各项台账、档案、规程、制度和技术资料，确保技术监督原始档案和技术资料的完整性和连续性。

b) 技术监督专责人应建立绝缘监督档案资料目录清册，根据监督组织机构的设置和设备的实际情况，明确档案资料的分级存放地点，并指定专人整理保管，及时更新。

5.2.5 制定监督工作计划

a) 绝缘技术监督专责人每年 11 月 30 日前应组织制定下年度技术监督工作计划，报送产业公司、区域公司，同时抄送西安热工院。

b) 电厂技术监督年度计划的制定依据至少应包括以下几方面：

    1) 国家、行业、地方有关电力生产方面的政策、法规、标准、规程和反措要求；

    2) 集团公司、产业公司、区域公司、发电企业技术监督管理制度和年度技术监督动态管理要求；

    3) 集团公司、产业公司、区域公司、发电企业技术监督工作规划和年度生产目标；

    4) 技术监督体系健全和完善化；

    5) 人员培训和监督用仪器设备配备和更新；

    6) 主、辅设备目前的运行状态；

    7) 技术监督动态检查、预警、月（季）报提出问题的整改；

    8) 收集的其他有关电气设备设计选型、制造、安装、运行、检修、技术改造等方面的动态信息。

c) 年度监督工作计划主要内容应包括以下几方面：

    1) 根据实际情况对技术监督组织机构进行完善；

    2) 监督技术标准、监督管理标准制定或修订计划；

3） 技术监督定期工作修订计划；

4） 制定检修期间应开展的技术监督项目计划；

5） 制定人员培训计划（主要包括内部培训、外部培训取证，规程宣贯）；

6） 制定技术监督发现的重大问题整改计划；

7） 试验仪器、仪表送检计划；

8） 根据上级技术监督动态检查报告制定技术监督动态检查和问题整改计划；

9） 技术监督季报、总结编制、报送计划；

10） 技术监督定期工作会议等网络活动计划。

d） 电厂应根据上级公司下发的年度技术监督工作计划，及时修订补充本单位年度技术监督工作计划，并发布实施。

e） 绝缘监督专责人每季度对绝缘监督各部门的监督计划的执行情况进行检查，对不满足监督要求的通过技术监督不符合项通知单的形式下发到相关部门进行整改，并对绝缘监督的相关部门进行考评。技术监督不符合项通知单编写格式见附录C。

5.2.6 监督报告报送管理

5.2.6.1 绝缘监督速报的报送

当电厂发生重大监督指标异常，受监控设备重大缺陷、故障和损坏事件，火灾事故等重大事件后24h内，应将事件概况、原因分析、采取措施按照附录E的格式，以速报的形式报送产业公司、区域公司和西安热工院。

5.2.6.2 绝缘监督季报的报送

绝缘技术监督专责人应按照附录D的季报格式和要求，组织编写上季度绝缘技术监督季报。经电厂归口职能管理部门汇总后，于每季度首月5日前，将全厂技术监督季报报送产业公司、区域公司和西安热工院。

5.2.6.3 绝缘监督年度工作总结报告的报送

5.2.6.3.1 绝缘技术监督专责人应于每年1月5日前编制完成上年度技术监督工作总结，并报送产业公司、区域公司和西安热工院。

5.2.6.3.2 年度监督工作总结报告的主要编写内容应包括以下几方面：

a） 主要监督工作完成情况、亮点、经验和教训；

b） 设备一般事故、危急缺陷和严重缺陷统计分析；

c） 存在的主要问题和改进措施；

d） 下一步工作思路和重点。

5.2.7 监督例会管理

a） 电厂每年至少召开两次技术监督工作会，检查评估、总结、布置技术监督工作，对技术监督中出现的问题提出处理意见和防范措施。工作会议要形成纪要，布置的工作应落实并有监督检查。

b） 例会主要内容包括：

1） 上次监督例会以来绝缘监督工作开展情况；

2） 绝缘监督范围内设备及系统的故障、缺陷分析及处理措施；

3） 绝缘监督存在的主要问题以及解决措施/方案；

4） 上次监督例会提出问题整改措施完成情况的评价；

5) 技术监督工作计划发布及执行情况，监督计划的变更；

6) 集团公司技术监督季报，监督通信，新颁布的国家、行业标准规范，监督新技术学习交流；

7) 监督需要领导协调、其他部门配合和关注的事项；

8) 至下次监督例会时间内的工作要点。

5.2.8 监督预警管理

a) 绝缘监督三级预警项目见附录 F，电厂应将三级预警识别纳入日常绝缘监督管理和考核工作中。

b) 对于上级监督单位签发的预警通知单（附录 G），电厂应认真组织人员研究有关问题，制定整改计划，整改计划中应明确整改措施、责任部门、责任人和完成日期。

c) 问题整改完成后，按照验收程序要求，电厂应向预警提出单位提出验收申请，经验收合格后，由验收单位填写预警验收单（附录 H）报送预警签发单位备案。

5.2.9 监督问题整改

5.2.9.1 整改问题的提出

a) 上级或技术监督服务单位在技术监督动态检查、预警中提出的整改问题；

b) 《水电技术监督报告》中明确集团公司或产业公司、区域公司督办问题；

c) 《水电技术监督报告》中明确的电厂需要关注及解决的问题；

d) 电厂绝缘监督专责人每季度对各部门绝缘监督计划的执行情况进行检查，对不满足监督要求的情况提出整改问题。

5.2.9.2 问题整改管理

a) 电厂收到技术监督评价报告后，应组织有关人员会同西安热工院或技术监督服务单位，在两周内完成整改计划的制订和审核，并将整改计划报送集团公司、产业公司、区域公司，同时抄送西安热工院或技术监督服务单位。

b) 整改计划应列入或补充列入年度监督工作计划，电厂按照整改计划落实整改工作，并将整改实施情况及时在技术监督季报中总结上报。

c) 对整改完成的问题，电厂应保存问题整改相关的试验报告、现场图片、影像等技术资料，作为问题整改情况及实施效果评估的依据。

5.2.10 监督评价与考核

a) 电厂应将《绝缘技术监督工作评价表》（见附录 I）中的各项要求纳入日常绝缘监督管理工作中。

b) 按照《绝缘技术监督工作评价表》的要求，编制完善绝缘技术监督管理制度和规定，完善各项绝缘监督的日常管理和检修记录，加强受监设备的运行技术监督和检修技术监督。

c) 电厂应定期对技术监督工作开展情况进行评价，对不满足监督要求的不符合项以通知单的形式下发到相关部门进行整改，并对绝缘监督的相关部门及责任人进行考核。

5.3 各阶段监督重点工作

5.3.1 设计与设备选型阶段

a) 新建（扩建）工程的电气设计与设备选型审查应依据 GB/T 311.1、DL/T 5352 等国家、行业相关的现行标准和反事故措施的要求及工程的实际需要，提出绝缘监督的意见和要求。

b） 参与工程电气设计审查。根据工程的规划情况及特点，提出对电厂的主接线、启备电源、厂用电系统、设备选型，以及厂区、主厂房电缆的敷设等绝缘监督的要求。

c） 参与设备采购合同审查和设备技术协议签订。对设备的结构、性能和技术参数等提出绝缘监督的意见；并明确对性能保证的考核、监造方式和项目、技术资料、技术培训、运输等方面的要求。

d） 对高压试验仪器仪表及装置的配置和选型，提出绝缘监督的具体要求。

e） 参加设计联络会。对设计中的技术问题；招标方与投标方及各投标方之间的接口问题提出绝缘监督的意见和要求，将设计联络结果形成文件归档，并监督执行。

5.3.2 监造和出厂验收阶段

a） 参加设备监造服务合同的签订。审查监造单位及人员的资质；提出对监造工作的要求，包括：监造方式和监造项目、监造工作简报的报送、制造中出现不合格项时的处置等。

b） 监造中，验收监造单位编制的监造简报。及时了解设备的制造质量、进度、设计修改及工艺改进情况、出现的不合格项及处理。当发现重大质量问题时，应及时与监造单位联系， 必要时到制造厂与厂方协商处理。

c） 参加出厂验收试验。确认出厂设备质量符合国家和行业相关法规、标准及设备供货合同的技术要求。

d） 了解合同设备出厂前的防护、维护、入库保管和包装发货情况。有问题时，及时通知监造单位或联系制造厂解决。

e） 监造工作结束后，应及时验收监造单位提交的监造报告。监造报告应内容翔实，包括产品制造过程中出现的问题及处理的方法和结果等。

f） 有条件时，可安排生产运营阶段的绝缘监督人员参加设备监造，提早了解设备的结构、性能和维护。

5.3.3 安装和投产验收阶段

a） 参加电建监理合同的签订。审查监理单位及人员的资质，对监理单位工作提出绝缘监督意见。

b） 审查电力监理单位编制的监理实施细则。

c） 工程施工中，验收监理单位编制的监理月报。及时了解工程进度、质量、工程变更、出现的不合格项及处理。当发现重大质量问题时，应及时与监理单位联系，必要时与电建单位协商处理。

d） 参加高压电气设备运达现场时的验收。按照订货合同和相关标准对设备进行外观检查，并形成验收报告。

e） 对于重要的施工环节和竣工后质量无法验证的项目，应进行现场监督和抽查。

f） 参加设备交接验收试验。确认试验项目齐全（包括特殊试验项目），各项试验符合 GB 50150、订货合同技术要求和调试大纲要求。

g） 参加投产验收。验收时进行现场实地查看，发现安装施工及调试不规范、交接试验方法不正确、项目不全或结果不合格、设备达不到相关技术要求、基础资料不全等不符合绝缘监督要求的问题时，应要求立即整改，直至合格。

h) 监督电建单位按时移交全部基建技术资料,并由资料档案室及时将资料清点、整理、归档。

i) 有条件时,可安排生产运营阶段的绝缘监督人员参加交接试验和投产验收,及时了解投运设备的初始状态。

5.3.4 生产运营阶段

5.3.4.1 运行维护

5.3.4.1.1 根据国家和行业有关的电气设备运行规程和产品技术条件文件,结合电厂的实际制定本企业的《电气设备运行规程》,并按规程的要求进行设备运行中监督。

5.3.4.1.2 严格按相关运行、维护规范和规程及反事故措施的要求,组织运行和检修人员对高压电气设备进行巡视检查和处理工作。发现异常时应予以消除;对存在的问题需按相关规定加强运行监视。

5.3.4.1.3 对运行中设备发生的事故,应组织或参与事故分析工作,制定反事故措施,并做好统计上报工作。

5.3.4.1.4 执行年度电气设备预防性试验计划,当试验表明可能存在缺陷时,应采取措施予以消除。对已超过预试周期的设备,应加强运行监视。

5.3.4.1.5 建立健全仪器仪表台账,编制仪器仪表检定计划,定期进行检验。新购置的仪器仪表检验合格后,方可使用。

5.3.4.1.6 编写电气设备运行月度分析报告,掌握设备运行状态的变化,对设备状况进行预控。

5.3.4.2 检修技改

5.3.4.2.1 根据集团公司《电力检修标准化管理实施导则(试行)》、国家和行业有关的电气设备检修规程和产品技术条件文件,结合电厂的实际,制定本厂的《电气设备检修规程》及定期修编,并建立检修文件包。

5.3.4.2.2 每年根据设备的实际绝缘情况和运行状况,依据集团公司《检修标准化管理实施导则》的要求,编制年度检修计划,包括检修原因、依据、项目、目标等,报上级主管部门批准后执行。

5.3.4.2.3 检修时,应对集团公司通报的高压电气设备缺陷及电力系统出现的家族缺陷警示作重点检查。

5.3.4.2.4 检修过程中,按检修文件包的要求进行工艺和质量控制,执行质监点(W、H点)监督及三级(班组、专业、厂级)现场验收、签字。

5.3.4.2.5 检修后,按DL/T 596及相关标准的要求进行验收试验,试验合格后方可投运。

5.3.4.2.6 检修完毕,应及时编写检修报告及履行审批手续,将有关检修资料归档。

5.3.4.2.7 定期编写电气设备检修分析报告,掌握设备当前的缺陷状况和健康水平。

5.3.4.2.8 技改项目按照集团公司《设备异动管理标准》的规定,做好项目可研、立项、项目实施及后评价的全过程监督。

5.3.4.2.9 当高压电气设备从技术经济性角度分析继续运行不再合理时,宜考虑退出运行和报废。退役和报废管理按集团公司《设备停用、退役管理标准》的规定执行。

6 监督评价与考核

6.1 评价内容

6.1.1 绝缘监督评价考核内容见附录I《绝缘技术监督工作评价表》。

6.1.2　绝缘监督评价内容分为绝缘监督管理、技术监督实施两部分。监督管理评价和考核项目 31 项，标准分 400 分；技术监督实施评价和考核项目 71 项，标准分 600 分，共计 102 项，标准分 1000 分。详见附录 I。

6.2　评价标准

6.2.1　被评价的电厂按得分率的高低分为四个级别，即优秀、良好、一般、不符合。

6.2.2　得分率等于或高于 90%为"优秀"；高于 80%～90%（不含 90%）为"良好"；高于 70%～80%（不含 80%）为"一般"；低于 70%为"不符合"。

6.3　评价组织与考核

6.3.1　技术监督评价包括：集团公司技术监督评价；属地电力技术监督服务单位技术监督评价；电厂技术监督自我评价。

6.3.2　集团公司定期组织西安热工院和公司内部专家，对电厂技术监督工作开展情况、设备状态进行评价，评价工作按照集团公司《电力技术监督管理办法》附录 D "技术监督动态检查管理办法"规定执行，分为现场评价和定期评价。

6.3.2.1　集团公司技术监督现场评价按照集团公司年度技术监督工作计划中所列的电厂名单和时间安排进行。各电厂在现场评价实施前应按附录 I《绝缘技术监督工作评价表》进行自查，编写自查报告。西安热工院在现场评价结束后三周内，应按照集团公司《电力技术监督管理办法》附录 D2 的格式要求完成评价报告，并将评价报告电子版报送集团公司安生部，同时发送产业公司、区域公司及电厂。

6.3.2.2　集团公司技术监督定期评价按照集团公司《电力技术监督管理办法》及本标准要求和规定，对电厂生产技术管理情况、机组障碍及非计划停运情况、绝缘监督报告的内容符合性、准确性、及时性等进行评价，通过年度技术监督报告发布评价结果。

6.3.2.3　集团公司对严重违反技术监督制度、由于技术监督不当或监督项目缺失、降低监督标准而造成严重后果、对技术监督发现问题不进行整改的电厂，予以通报并限期整改。

6.3.3　电厂应督促属地技术监督服务单位依据技术监督服务合同的规定，提供技术支持和监督服务，依据相关监督标准定期对电厂技术监督工作开展情况进行检查和评价分析，形成评价报告报送电厂，电厂应将报告归档管理，并落实问题整改。

6.3.4　电厂应按照集团公司《电力技术监督管理办法》及华能电厂安全生产管理体系要求建立完善技术监督评价与考核管理标准，明确各项评价内容和考核标准。

6.3.5　电厂应每年按附录 I《绝缘技术监督工作评价表》，组织安排绝缘监督工作开展情况的自我评价，并按集团公司《电力技术监督管理办法》附录 D 格式编写自查报告，根据评价情况对相关部门和责任人开展技术监督考核工作。

附 录 A
（规范性附录）
高压电气设备的温度限值和温升限值

A.1 发电机部件的温升限值和温升限值（引用 GB/T 7894—2009 的有关部分，见表 A.1 和表 A.2）

表 A.1 水轮发电机定子绕组、转子绕组和定子铁心等部件允许温升限值
（引自 GB/T 7894—2009 的有关部分）

水轮发电机部件	不同等级绝缘材料的最高允许温升限值 K					
	130（B）			155（F）		
	温度计法	电阻法	检温计法	温度计法	电阻法	检温计法
空气冷却的定子绕组	—	80	85	—	105	110
定子铁芯	—	—	85	—	—	105
水直接冷却定子绕组出水	25	—	25	25	—	25
两层及以上的转子绕组	—	80	—	—	100	—
表面裸露的单层转子绕组	—	90	—	—	110	—
不与绕组接触的其他部件	这些部件的温升应不损坏该部件本身或任何与其相邻部件的绝缘					
集电环	75	—	—	85	—	—
注 1：水轮发电机在规定的使用环境条件和额定工况下。 注 2：定子和转子绕组绝缘应采用耐热等级为 130（B）级及以上的绝缘材料						

表 A.2 正常运行工况下水轮发电机轴承的最高温度
（引自 GB/T 7894—2009 的有关部分）

轴承瓦体	最高温度 ℃
推力轴承巴氏合金瓦	80
导轴承巴氏合金瓦	75
推力轴承塑料瓦体	55
导轴承塑料瓦体	55
座式滑动轴承巴氏合金瓦	80
注：温度采用埋置检温计法测量	

A.2 变压器的温度限值和温升限值（见表 A.3 和表 A.4）

表 A.3 油浸式变压器顶层油在额定电压下的一般限值
（引自 DL/T 572—2010 的有关部分）

冷却方式	冷却介质最高温度 ℃	最高顶层油温 ℃
自然循环自冷、风冷	40	95
强迫油循环风冷	40	85
强迫油循环水冷	30	70

表 A.4 干式变压器绕组温升限值（引自 GB 1094.11—2007 的有关部分）

绝缘系统温度 ℃	额定电流下的绕组平均温升限值 K
105（A）	60
120（E）	75
130（B）	80
155（F）	100
180（H）	120
200	130
220	150

注：当所设计的变压器是在海拔超过 1000m 处运行，而其试验又是在正常海拔处进行时，如制造单位与用户间无另外协议，则表中所给出的温度限值应根据运行地的海拔超过 1000m 部分，以每 500m 为一级按下列数值相应降低：对于自冷式变压器为 2.5%；对于风冷式变压器为 5%

A.3 互感器的温升限值、套管的温度限值（见表 A.5～表 A.7）

表 A.5 电流互感器不同部位不同绝缘材料的温升限值
（引自 DL/T 725—2000 的有关部分）

序号	互感器部位	绝缘材料及耐热等级		温升限值 K		
				油中	SF$_6$中	空气中
1	绕组	油浸式的所有绝缘耐热等级		60	—	—
		油浸且全密封的所有绝缘耐热等级		65	—	—
		充填沥青胶的所有绝缘耐热等级		—	—	50
		干式 （不浸油， 不充胶）	绝缘耐热等级			
			Y	—	45	45
			A	—	60	60

表 A.5（续）

序号	互感器部位	绝缘材料及耐热等级		温升限值 K		
				油中	SF₆中	空气中
1	绕组	干式（不浸油，不充胶）	E	—	75	75
			B	—	85	85
			F	—	110	110
			H	—	135	135
2	不与绝缘材料（油除外）接触的金属零件	裸铜、裸铜合金、镀银			105	105
		裸铝、裸铝合金、镀银			95	95
3	绕组（或导体）端头或接触连接处	裸铜、裸铜合金、镀银			65	50
		镀锡、搪锡		50	65	60
		镀锡、搪锡			75	75
4	铁芯及其他金属结构零件表面			不得超过所接触或邻近的绝缘材料温度		
5	油顶层	一般情况		50	—	—
		油面充有惰性气体或全密封时		55	—	—

注 1：表中所列限值是以第 4 章使用环境条件为依据的。如果环境温度（互感器周围介质温度）高于第 4.1 节的数值时，应将表中的温升限值减去所超过的温度值。

注 2：如果互感器工作在海拔超出 1000m 的地区，而试验是在海拔低于 1000m 处进行时，应将表中的温升限值按工作地点海拔超出 1000m 之每 100m 减去下述数值：油浸式互感器为 0.4%；干式互感器为 0.5%。

注 3：对于油中的镀锡或搪锡的绕组端头或接触连接处，其温升为 50K 或不超过油顶层温升

表 A.6　电压互感器不同部位不同绝缘材料的温升限值
（引自 DL/T 726—2000 的有关部分）

序号	互感器部位	绝缘材料及耐热等级		温升限值 K		
				油中	SF₆中	空气中
1	绕组	油浸式的所有绝缘耐热等级		60	—	—
		油浸且全密封的所有绝缘耐热等级		65	—	—
		充填沥青胶的所有绝缘耐热等级		—	—	50
		干式（不浸油，不充胶）	绝缘耐热等级		45	45
			Y		45	45
			A		60	60
			E		75	75
			B		85	85
			F		110	110
			H		135	135

表 A.6（续）

序号	互感器部位	绝缘材料及耐热等级	温升限值 K		
			油中	SF$_6$中	空气中
2	不与绝缘材料（油除外）接触的金属零件	裸铜、裸铜合金、镀银	—	105	105
		裸铝、裸铝合金、镀银	—	95	95
3	铁芯及其他金属结构零件表面		不得超过所接触或邻近的绝缘材料温度		
4	油顶层	一般情况	50	—	—
		油面充有惰性气体或全密封时	55	—	—

注 1：表中所列限值是以第 4 章使用环境条件为依据的。如果环境温度（互感器周围介质温度）高于第 4.1 节的数值时，应将表中的温升限值减去所超过的温度值。

注 2：如果互感器工作在海拔超出 1000m 的地区，而试验是在海拔低于 1000m 处进行时，应将表中的温升限值按工作地点海拔超出 1000m 后，每高出 100m 减去下述数值：油浸式互感器为 0.4%；干式互感器为 0.5%

表 A.7　套管的温度限值（引自 DL/T 865—2004 的有关部分）

序号	套管的温度极限 ℃		套管金属部分最热点相对于环境空气温度的温升 ℃	
1	胶黏纸套管	120	胶黏纸套管接触处	≤90
2	油浸纸套管	105	油浸纸套管接触处	≤75

注：对于其他绝缘材料的套管，其温度极限由供需双方商定

A.4　高压开关设备和控制设备各种部件、材料和绝缘介质的温度和温升极限（见表 A.8）

表 A.8　高压开关设备和控制设备各种部件、材料和绝缘介质的温度和温升极限
（引自 GB/T 11022—2011 的有关部分）

部件、材料和绝缘介质的类别（见说明 1、说明 2 和说明 3）	最大值	
	温度 ℃	周围空气温度不超 40℃时的温升 K
1　触头（见说明 4）		
（1）裸铜或裸铜合金		
1）在空气中；	75	35
2）在 SF$_6$（六氟化硫）中（见说明 5）；	105	65
3）在油中	80	40
（2）镀银或镀镍（见说明 6）		
1）在空气中；	105	65
2）在 SF$_6$ 中（见说明 5）；	105	65

表 A.8（续）

部件、材料和绝缘介质的类别 （见说明1、说明2和说明3）	最大值	
	温度 ℃	周围空气温度不超 40℃时的温升 K
3）在油中	90	50
（3）镀锡（见说明6）		
1）在空气中；	90	50
2）在SF$_6$中（见说明5）；	90	50
3）在油中	90	50
2　用螺栓的或与其等效的联结（见说明4）		
（1）裸铜、裸铜合金或裸铝合金		
1）在空气中；	90	50
2）在SF$_6$中（见说明5）；	115	75
3）在油中	100	60
（2）镀银或镀镍（见说明6）		
1）在空气中；	115	75
2）在SF$_6$中（见说明5）；	115	75
3）在油中	100	60
（3）镀锡（见说明6）		
1）在空气中；	105	65
2）在SF$_6$中（见说明5）；	105	65
3）在油中	100	60
3　其他裸金属制成的或有其他镀层的触头或联结（见说明7）	（见说明7）	（见说明7）
4　用螺钉或螺栓与外部导体连接的端子（见说明8）		
1）裸的；	90	50
2）镀银、镀镍或镀锡	105	65
3）其他镀层	（见说明7）	（见说明7）
5　油开关装置用油（见说明9和说明10）	90	50
6　用作弹簧的金属零件	（见说明11）	（见说明11）
7　绝缘材料以及与下列等级的绝缘材料接触的金属部件（见说明12）		
1）Y；	90	50
2）A；	105	65
3）E；	120	80
4）B；	130	90
5）F；	155	155
6）瓷漆：油基	100	60
合成	120	80
7）H；	180	140
8）C其他绝缘材料	（见说明13）	（见说明13）

表 A.8（续）

部件、材料和绝缘介质的类别 （见说明1、说明2和说明3）	最大值	
	温度 ℃	周围空气温度不超 40℃时的温升 K
8　除触头外，与油接触的任何金属或绝缘	100	60
9　可触及的部件 1）在正常操作中可触及的； 2）在正常操作中不需触及的	70 80	30 40

说明1：按其功能，同一部件可能属于表 A.8 中的几种类别，在这种情况下，允许的最高温度和温升值
　　　　是相关类别中的最低值。

说明2：对真空断路器装置，温度和温升的极限值不适用于处在真空中的部件，其余部件不应超过表 A.8
　　　　给出的温度和温升值。

说明3：应注意保证周围的绝缘材料不受损坏。

说明4：当接合的部件具有不同的镀层或一个部件是裸露的材料时，允许的温度和温升应为：
　　　　a）对触头为表 A.8 项1中最低允许值的表面材料的值；
　　　　b）对连接为表 A.8 项2中最高允许值的表面材料的值。

说明5：SF_6 是指纯 SF_6 或纯 SF_6 与其他无氧气体的混合物。

注1：　由于不存在氧气，把 SF_6 开关设备中各种触头和连接的温度极限加以协调是合适的。在 SF_6 环境
　　　　下，裸铜或裸铜合金零件的允许温度极限可以和镀银或镀镍的零件相同。对镀锡零件，由于摩擦
　　　　腐蚀效应，即使在 SF_6 无氧的条件下，提高其允许温度也是不合适的，因此对镀锡零件仍取在空
　　　　气中的值。

注2：　对裸铜和镀银触头在 SF_6 中的温升正在考虑中。

说明6：按照设备的有关技术条件：
　　　　a）在关合和开断试验后（如果有的话）；
　　　　b）在短时耐受电流试验后；
　　　　c）在机械寿命试验后。
　　　　有镀层的触头在接触区应该有连续的镀层，否则触头应被视为是"裸露"的。

说明7：当使用的材料在表 A.8 中没有列出时，应该研究它们的性能，以便确定其最高允许温升。

说明8：即使和端子连接的是裸导体，其温度和温升值仍有效。

说明9：在油的上层的温度和温升。

说明10：如果使用低闪点的油，应特别注意油的气化和氧化。

说明11：温度不应达到使材料弹性受损的数值。

说明12：绝缘材料的分级见 GB/T 11021。

说明13：仅以不损害周围的零部件为限。

A.5　电缆导体最高允许温度（见表 A.9）

表 A.9　电缆导体最高允许温度（引自 DL/T 1253—2013 的有关部分）

电缆类型	电压 kV	最高运行温度 ℃	
		额定负荷时	短路时
聚氯乙烯	1	70	160
黏性浸渍纸绝缘	10	70	250[a]
	35	60	175

表 A.9（续）

电缆类型	电压 kV	最高运行温度 ℃	
		额定负荷时	短路时
不滴流纸绝缘	10	70	250[a]
	35	65	175
自容式充油电缆	66～500	85	160
交联聚乙烯	1～500	90	250[a]
注：铝芯电缆短路允许最高温度为 200℃			

A.6 金属封闭母线各部位的允许温度和温升（见表 A.10）

表 A.10 金属封闭母线最热点的温度和温升的允许值
（引自 GB/T 8349—2000 的有关部分）

金属封闭母线的部件		最高允许温度 ℃	最高允许温升 K
导体		90	50
螺栓紧固的导体 或外壳的接触面	镀银	105	65
	不镀	70	30
外壳		70	30
外壳支持结构		70	30

附 录 B

（资料性附录）

绝缘技术监督资料档案格式

B.1 受监督电气一次设备清册格式

B.1.1 设备清册编制要素

　　a） 序号；

　　b） KKS 编码；

　　c） 设备名称；

　　d） 型号；

　　e） 技术规格；

　　f） 出厂日期；

　　g） 出厂编号；

　　h） 制造厂家；

　　i） 投运日期。

B.1.2 设备清册编制要求

B.1.2.1 分组管理

　　设备清册可以设备类型为主体，再按机组或电压等级分组；或者以机组或电压等级为主体，再按设备类型分组。

B.1.2.2 文本文档格式

　　可采用 Word 文档或者 Excel 工作表，推荐采用 Excel 工作表。

B.2 设备台账格式

B.2.1 设备台账目录

B.2.1.1 封面；

B.2.1.2 正文；

　　a） 设备技术规范及附属设备技术规范；

　　a） 制造、运输、安装及投产验收情况记录；

　　c） 运行维护情况记录；

　　d） 预防性试验记录；

　　e） 检修情况记录；

　　f） 重要故障记录；

　　g） 设备异动记录；

　　h） 重要记事。

B.2.1.3 附录 A 设备基建阶段资料及图纸目录

B.2.2 设备台账编制要求

　　a） 设备台账是由一个文本文档（Word 文档或者 Excel 工作表）和一个文件夹组成。

b) 文本文档用来记录设备从设计选型和审查、监造和出厂验收、安装和投产验收、运行、检修到技术改造的全过程绝缘监督的重要内容;文件夹用来保存和提供文本文档所需的相关资料。

c) 设备台账的记录应简明扼要,详细内容可通过超链接调用文件夹中的相关资料,或者通过索引在文件夹中查找到相关的资料。

B.2.3 变压器台账示例

B.2.3.1 封面

a) 设备名称;

b) KKS 编码;

c) 管理部门;

d) 责任人;

e) 建档日期。

B.2.3.2 正文

a) 设备技术规范及附属设备技术规范,见表 B.1～表 B.4。

表 B.1 变 压 器 技 术 规 范

项　　目		数　　据
型号		
额定容量 MVA		
额定电压 kV	高压侧	
	低压侧	
额定电流 A	高压侧	
	低压侧	
额定频率 Hz		
相　　数		
绝缘水平		
冷却方式		
绕组允许温升 ℃		
顶层油允许温升 ℃		
空载电流 %		
阻抗电压 %		
空载损耗 kW		

表 B.1（续）

项　　目		数　　据
负载损耗 kW		
总损耗 kW		
绕组联结组标号		
中性点接地方式	高压侧	
	低压侧	
调压方式		
变压器绝缘油型号		
油重量 t		
总重量 t		
制造日期		
制造厂家		
投运日期		

表 B.2　无载调压开关分接头规范

分接挡位	分接头 %	电压 V	电流 A
1			
2			
3			
4			
5			

表 B.3　套管形电流互感器技术规范

装置位置	顺序号	互感器型号	电流比	准确级
高压侧				
高压侧中性点				

表 B.4 冷 却 器 技 术 规 范

冷却器功率 kW		冷却器组数	
冷却器用风扇		冷却器用油泵	
型　号		型　号	
台　数		台　数	
单台功率 kW		单台功率 kW	
电流 A		电流 A	
动力电源		动力电源	

b) 制造、运输、安装及投产验收情况记录见表 B.5。

表 B.5 制造、运输、安装及投产验收情况记录

设备名称	主变压器	制造厂家	
运输单位		电建单位	
制造过程出现的问题及处理	问题及处理		
	索引或超链接		
运输过程出现的问题及处理	问题及处理		
	索引或超链接		
安装及投产验收中出现的问题及处理	问题及处理		
	索引或超链接		

c) 变压器运行维护记录见表 B.6。

表 B.6 变压器运行维护记录

缺陷发现日期			
缺陷简述			
处理情况			
遗留问题及跟踪监督			
索引或超链接			
运行维护人员		审核	

2f7951233036

d) 预防性试验记录:

1) 变压器油中溶解气体色谱见表 B.7。

表 B.7 变压器油中溶解气体色谱

检测日期	油中溶解气体色谱数据 µL/L							
	H_2	CH_4	C_2H_6	C_2H_4	C_2H_2	总烃	CO	CO_2

2) 主变压器绝缘油油质见表 B.8。

表 B.8 主变压器绝缘油油质

检测日期	外状	水分 mg/L	介质损耗因数（90℃）	击穿电压 kV	油中含气量 %	糠醛含量 mg/L

3) 主变压器电气性能见表 B.9。

表 B.9 主变压器电气性能

检测日期	绕组连同套管直流电阻 mΩ						绕组连同套管		电容型套管		绕组连同套管泄漏	铁芯接地电流
	高压A相	高压B相	高压C相	低压A相	低压A相	低压A相	$\tan\delta$ %	$\Delta\tan\delta$ %	C_X pF	$\tan\delta$ %	µA	mA

e) 主变压器检修记录见表 B.10。

表 B.10 主变压器检修记录

设备名称		检修日期	
检修性质		检修等级	
主要检修内容			
检修中发现的问题及处理			
遗留问题			
索引或超链接			
检修人员		审核	

f）重要故障记录（包括：一类事故、障碍、危急缺陷和严重缺陷）见表 B.11。

表 B.11　重 要 故 障 记 录

故障名称		发生日期	
故障性质		非停时间	
事件简述			
原因分析			
处理方法			
防范措施			
索引或超链接			
记录		审核	

g) 设备异动记录（包括：改进、更换、报废）见表 B.12。

表 B.12 设 备 异 动 记 录

设备名称		异动日期	
异动原因			
异动依据			
异动内容			
异动效果			
索引或超链接			
记录		审核	

h) 设备重要记事见表 B.13。

表 B.13 设 备 重 要 记 事

事件名称		发生日期	
事件描述			
索引或超链接			
记录		审核	

设备基建阶段资料及图纸目录，见表 B.14。

表 B.14 设备基建阶段资料及图纸目录

序号	资料及图纸名称	索引号	保存地点
1			
2			
3			
4			
5			
6			
7			
8			
9			
10			
11			
12			
13			

B.3 设备外绝缘台账格式（见表B.15）

表B.15 设备外绝缘台账

设备名称	技术规格	外绝缘材质	爬电距离 mm	设备统一爬电比距 mm/kV	2014 年		2015 年	
					现场污秽度测量值 mg/cm²	统一爬电比距测量值 mm/kV	现场污秽度测量值 mg/cm²	统一爬电比距测量值 mm/kV

B.4 高压试验仪器仪表台账格式（见表B.16）

表B.16 高压试验仪器仪表台账

序号	仪器仪表名称	型号	技术规格	购入日期	供货商	检验周期	2014 年		2015 年	
							检验日期	仪器状态	检验日期	仪器状态
1										
2										
3										
4										
5										
6										

注1：仪器状态包括：合格、待修理、报废。
注2：台账中应保留两个检验周期的检验报告

B.5 预防性试验报告格式

试验报告的内容：

79

B.5.1 被试设备及试验条件

a) 试验报告编号；

b) 电厂名称；

c) 设备主要参数；

d) 试验时间；

e) 试验性质（交接试验、定期预防性试验、检修试验、诊断性试验）；

f) 天气及环境温度、湿度。

B.5.2 试验记录

a) 试验项目；

b) 试验数据（必要时提供出厂值或上次试验值）；

c) 试验方法（试验电压、试验温度等）；

d) 试验仪器（型号和规格、准确度、有效期、出厂编号）；

e) 试验依据（执行标准、试验结果判据）；

f) 试验结论；

g) 试验人员和审核。

B.5.3 变压器试验报告示例（见表 B.17）

表 B.17 油浸电力变压器试验报告

试验报告编号：

电厂名称			设备名称			试验日期		
试验性质			天气		环境温度		环境湿度	
主要参数	型 号					额定容量		
	额定电压			阻抗电压		投运日期		
	额定电流			联结组别		制造厂家		
1 绕组连同套管的直流电阻						测量时油温 ℃		

高压绕组	相别＼分接	直流电阻实测值 mΩ			换算至75℃时直流电阻值 mΩ			75℃时最大值 %
		A—O	B—O	C—O	A—O	B—O	C—O	
	Ⅰ							
	Ⅱ							
	Ⅲ							
	Ⅳ							
	Ⅴ							
低压绕组 mΩ		ab	bc	ca	ab	bc	ca	
2 绕组绝缘电阻、吸收比和极化指数					测量时顶层油温 ℃			

表 B.17（续）

测试部位		R_{15s}	R_{60s}	R_{600s}	吸收比 K_i	极化指数 P_i	R_{60s} 上次测量值
高压对低压和地 MΩ	耐压前						
	耐压后						
低压对地 MΩ	耐压前						
	耐压后						
铁芯—地 MΩ		铁芯—上夹件 MΩ				上夹件—地 MΩ	

3　绕组连同套管的 $\tan\delta$ 和电容值				试验电压	10kV	测量时顶层油温 ℃	

测试部位	绕组实测值		套管末屏实测值		上次测量值	
	$\tan\delta_{x1}$ %	C_{x1} pF	$\tan\delta_{x2}$ %	C_{x2} pF	$\tan\delta_0$ %	C_0 pF
高压对地压和地						
低压对地						

4　油纸电容型套管的 $\tan\delta$ 和电容值				试验电压	10kV	测量时油温 ℃	

相别	主绝缘实测值			套管末屏实测值			上次测量值	
	R_{x1} MΩ	$\tan\delta_{x1}$ %	ΔC_{x1} pF	R_{x2} MΩ	$\tan\delta_{x2}$ %	C_{x2} pF	$\tan\delta_0$ %	C_0 pF
A								
B								
C								
O								

5　绕组连同套管的直流泄漏电流	测量时顶层油温 ℃

表 B.17（续）

测试部位	高压绕组实测值			低压绕组实测值		
	上次值	测量值	ΔI %	上次值	测量值	ΔI %
直流试验电压 kV						
绕组泄漏电流 μA						
试验仪器仪表	名　称	型号和技术规格		准确度	有效期	出厂编号
	直流电压表					
	直流微安表					
	绝缘电阻表					
	介损测试仪					
试验依据						
结　论						
试验人员				审核		

B.6　电气设备运行分析月报编写格式

20××年×月电气设备运行分析报告

（编写人：×××）

一、发电机运行分析

主要内容如下。

（1）发电机运行状况。

1）最高负荷；

2）最低负荷；

3）平均负荷率；

4）计划停运小时；

5）非计划停运小时；

6）各部分的温度（定子铁芯、定子绕组、转子绕组、集电环及轴承的温度）；

7）振动及异常噪声；

8）集电环和碳刷状况。

（2）冷却水、润滑油系统运行状况。

（3）发现的问题和处理（包括试验、检修、运行、巡视中发现的一般事故和一类障碍、危急缺陷和严重缺陷）。

（4）存在的问题。

二、变压器运行分析

主要内容：

（1）变压器上层油温度；

（2）变压器油中溶解的特征气体含量（最近的两次 H_2、C_2H_2、总烃数据，注明试验日期）；

（3）干式变压器绕组温度；

（4）发现的问题和处理（包括试验、检修、运行、巡视中发现的一般事故和一类障碍、危急缺陷和严重缺陷）；

（5）存在的问题。

三、高压配电设备运行分析

主要内容：

（1）发现的问题和处理（包括试验、检修、运行、巡视中发现的一般事故和一类障碍、危急缺陷和严重缺陷）；

（2）存在问题。

四、厂用电系统设备运行分析

主要内容：

（1）发现的问题和处理（包括试验、检修、运行、巡视中发现的一般事故和一类障碍、危急缺陷和严重缺陷）；

（2）存在的问题。

B.7 电气设备检修季度（月）分析编写格式

20××年第×季（月）度电气设备检修分析报告

（编写人：×××）

一、计划检修情况

主要内容（有照片、数据时应附照片、数据说明）：

（1）主要检修工作。

1） 发电机；

2） 变压器；

3） 高压配电设备；

4） 厂用电系统设备。

（2）检修中发现的问题及处理。

（3）遗留的问题。

二、故障（事故、危急缺陷和严重缺陷）检修情况

主要内容（有照片、数据时应附照片、数据说明）：

（1）事件简述；

（2）原因分析；

（3）检修中发现的问题及处理；

（4）防范措施；

（5）遗留的问题。

B.8 故障分析报告格式（包括一类事故、障碍、危急缺陷和严重缺陷，见表 B.18）

表 **B**.18 故 障 分 析 报 告

故障名称		发生日期	
故障性质		非停时间	
事件简述			
原因分析			
处理方法			
防范措施			
索引或超链接			
记录		审核	

附 录 C
（规范性附录）
技术监督不符合项通知单

编号（No）：××-××-××

发现部门：　　　专业：　　　被通知部门、班组：　　　签发：　　　日期：20××年××月××日

不符合项描述	1. 不符合项描述： 2. 不符合标准或规程条款说明：
整改措施	3. 整改措施： 制订人/日期：　　　　　　　审核人/日期：
整改验收情况	4. 整改自查验收评价： 整改人/日期：　　　　　　　自查验收人/日期：
复查验收评价	5. 复查验收评价： 复查验收人/日期：
改进建议	6. 对此类不符合项的改进建议： 建议提出人/日期：
不符合项关闭	整改人：　　　　自查验收人：　　　　复查验收人：　　　　签发人：
编号说明	年份+专业代码+本专业不符合项顺序号

附　录　D

（规范性附录）

绝缘技术监督季报编写格式

××水力发电厂201×年×季度绝缘技术监督季报

编写人：×××　固定电话/手机：××××××

审核人：×××

批准人：×××

上报时间：201×年××月××日

D.1　上季度集团公司督办事宜的落实或整改情况

D.2　上季度产业（区域）公司督办事宜的落实或整改情况

D.3　绝缘监督年度工作计划完成情况统计报表

年度技术监督工作计划和技术监督服务单位合同项目完成情况统计报表见表 D.1。

表 D.1　年度技术监督工作计划和技术监督服务单位合同项目完成情况统计报表

发电厂技术监督计划完成情况			技术监督服务单位合同工作项目完成情况		
年度计划项目数	截至本季度完成项目数	完成率%	合同规定的工作项目数	截至本季度完成项目数	完成率%

D.4　绝缘监督考核指标完成情况统计报表

D.4.1　监督管理考核指标报表（见表 D.2～表 D.4）

监督指标上报说明：每年的 1、2、3 季度所上报的技术监督指标为季度指标；每年的 4 季度所上报的技术监督指标为全年指标。

表 D.2　技术监督预警问题至本季度整改完成情况统计报表

一级预警问题			二级预警问题			三级预警问题		
问题项数	完成项数	完成率%	问题项数	完成项数	完成率%	问题项目	完成项数	完成率%

表D.3 集团公司技术监督动态检查提出问题本季度整改完成情况统计报表

检查年度	检查提出问题项目数项			电厂已整改完成项目数统计结果			
	严重问题	一般问题	问题项合计	严重问题	一般问题	完成项目数小计	整改完成率%

表D.4 201×年×季度仪表校验率统计报表

年度计划应校验仪表台数	截至本季度完成校验仪表台数	仪表校验率%	考核或标杆值%
			100

D.4.2 技术监督考核指标报表（见表D.5～表D.7）

表D.5 201×年×季度预试完成率季度统计报表

主设备预试情况				一般设备预试情况			
应试总台数	实试总台数	预试率%	考核值%	应试总台数	实试总台数	预试率%	考核值%
			100				98

注1：主设备：指连接在发电机出口的电气一次设备（包括启动备用变压器）。
注2：一般设备：指连接在高压厂用工作母线上的6kV（或10kV）电气一次设备

表D.6 201×年×季度缺陷消除率季度统计报表

危急缺陷消除情况				严重缺陷消除情况			
缺陷项数	消除项数	消除率%	考核值%	缺陷项数	消除项数	消除率%	考核值%
			100				≥90

注1：严重缺陷：暂时尚能坚持运行，但需尽快处理的缺陷。
注2：危急缺陷：直接危及人身及设备的安全，须立即处理的缺陷

表D.7 201×年×季度设备完好率季度统计报表

主设备完好情况				一般设备完好情况			
主设备总台数	完好设备总台数	完好率%	考核值%	一般设备总台数	完好设备总台数	完好率%	考核值%
			100				≥98

注1：主设备：指连接在发电机出口的电气一次设备（包括启动备用变压器）。
注2：一般设备：指连接在高压厂用工作母线上的6kV（或10kV）电气一次设备

D.4.3 技术监督考核指标简要分析

填报说明：分析指标未达标的原因。

D.5　本季度主要的绝缘监督工作

填报说明：简述绝缘监督管理、试验、检修、运行、设备异动及设备遗留缺陷跟踪的情况，有照片、数据时应附上照片、数据。

D.6　本季度绝缘监督发现的问题、原因及处理情况

填报说明：包括试验、检修、运行、巡视中发现的一般事故和一类障碍、危急缺陷和严重缺陷，一般按事件描述、原因分析、处理情况和防范措施来说明。有照片、数据时应附上照片、数据。

D.6.1　一般事故及一类障碍

D.6.2　危急缺陷

D.6.3　严重缺陷

D.7　绝缘下季度的主要工作

D.8　附表

华能集团公司技术监督动态检查专业提出问题至本季度整改完成情况见表 D.8。《华能集团公司水电技术监督报告》专业提出的存在问题至本季度整改完成情况见表 D.9。技术监督预警问题至本季度整改完成情况见表 D.10。

表 D.8　华能集团公司技术监督动态检查
专业提出问题至本季度整改完成情况

序号	问题描述	问题性质	西安热工院提出的整改建议	发电厂制定的整改措施和计划完成时间	目前整改状态或情况说明
注 1：填报此表时需要注明集团公司技术监督动态检查的年度。 注 2：如 4 年内开展了 2 次检查，应按此表分别填报。待年度检查问题全部整改完毕后，不再填报					

表 D.9　《华能集团公司水电技术监督报告》
专业提出的存在问题至本季度整改完成情况

序号	问题描述	问题性质	问题分析	解决问题的措施及建议	目前整改状态或情况说明
注：要注明提出问题的《技术监督报告》的出版年度和季度					

表 D.10　技术监督预警问题至本季度整改完成情况

预警通知单编号	预警类别	问题描述	西安热工院提出的整改建议	发电厂制定的整改措施和计划完成时间	目前整改状态或情况说明

附 录 E
（规范性附录）
技 术 监 督 信 息 速 报

单位名称			
设备名称		事件发生时间	
事件概况	注：有照片时应附照片说明。		
原因分析			
已采取的措施			
监督专责人签字		联系电话 传　真	
生产副厂长或 总工程师签字		邮　箱	

附　录　F

（规范性附录）

绝缘技术监督预警项目

F.1　一级预警

对二级预警项目未整改或未按期完成整改。

F.2　二级预警

F.2.1　高压电气设备已处在事故边缘，仍继续在运行。

F.2.2　由于绝缘监督不到位，造成发电机、主变压器绝缘严重损坏。

F.2.3　发生重大损坏、危急缺陷事件未及时报送速报。

F.2.4　对一级预警项目未整改或未按期完成整改。

F.3　三级预警

F.3.1　设备设计、选型、制造和安装存在问题，影响投运后设备安全运行。

F.3.2　设备出厂、投产、设备及材料采购验收中，不按照有关标准进行检查和验收。

F.3.3　以下设备预试周期超过相关规定：

　　a)　200MW 及以上发电机；

　　b)　220kV 及以上电压等级高压电气设备。

F.3.4　对监督检查发现的问题具备整改条件未及时整改。

F.3.5　大、小修和临修以及技改中安排的涉及设备安全运行的项目，有漏项及不上报。

F.3.6　设备的试验数据和资料失实。

附 录 G
（规范性附录）
技术监督预警通知单

通知单编号：T-　　　　　　　预警类别编号：　　　　　日期：　年　月　日

发电企业名称	
设备（系统）名称及编号	
异常情况	
可能造成或已造成的后果	
整改建议	
整改时间要求	
提出单位		签发人	

注：通知单编号：T—预警类别编号—顺序号—年度。预警类别编号：一级预警为1，二级预警为2，三级预警为3。

附 录 H

（规范性附录）
技术监督预警验收单

验收单编号：Y-　　　　　　　预警类别编号：　　　　　日期：　年　月　日

发电企业名称	
设备（系统）名称及编号	
异常情况	
技术监督服务单位整改建议	
整改计划	
整改结果	

验收单位		验收人	

注：验收单编号：Y—预警类别编号—顺序号—年度。预警类别编号：一级预警为1，二级预警为2，三级预警为3。

附 录 I
（规范性附录）
绝缘技术监督工作评价表

序号	评价项目	标准分	评价内容与要求	评分标准
1	绝缘监督管理	400		
1.1	组织与职责	50	查看电厂技术监督机构文件、上岗资格证	
1.1.1	监督组织健全	10	建立健全监督领导小组领导下的三级绝缘监督网，在归口职能部门设置绝缘监督专责人	（1）未建立三级绝缘监督网，扣10分；（2）未落实绝缘监督专责人或人员调动未及时变更，扣10分
1.1.2	职责明确并得到落实	10	专业岗位职责明确，落实到人	专业岗位设置不全或未落实到人，每一岗位扣10分
1.1.3	绝缘专责持证上岗	30	厂级绝缘监督专责人持有效上岗资格证	未取得资格证书或证书超期，扣30分
1.2	标准符合性	50	查看：（1）保存国家、行业与绝缘监督有关的技术标准、规范；（2）电厂《绝缘监督管理标准》《电气运行规程》《电气检修规程》《预防性试验规程》	
1.2.1	绝缘监督管理标准	10	要求：（1）编写的内容、格式应符合《华能电厂安全生产管理体系要求》和《华能电厂安全生产管理体系管理标准编制导则》的要求，并统一编号；（2）编写的内容符合国家、行业法律、法规、标准和《华能集团公司电力技术监督管理办法》相关的要求，并符合电厂实际	（1）不符合《华能电厂安全生产管理体系要求》和《华能电厂安全生产管理体系管理标准编制导则》的编制要求，扣10分；（2）不符合国家、行业法律、法规、标准和《华能集团公司电力技术监督管理办法》相关的要求和电厂实际，扣10分
1.2.2	国家、行业技术标准	15	要求：（1）保存的技术标准符合集团公司年初发布的绝缘监督标准目录；（2）及时收集新标准，并在厂内发布	（1）缺少标准或未更新，每个扣5分。（2）标准未在厂内发布，扣10分
1.2.3	企业技术标准	15	要求：电厂《电气运行规程》《电气检修规程》《预防性试验规程》。（1）符合或严格于国家和行业现行技术标准，包括：巡视周期、试验周期、检修周期；性能指标、运行控制指标、工艺控制指标；（2）符合本厂实际情况；（3）按时修订	（1）不符合要求（1）、（2），每项扣10分。（2）不符合要求（3），每项扣5分。（3）企业标准未按时修编，每一个企业标准扣10分

表（续）

序号	评价项目	标准分	评价内容与要求	评分标准
1.2.4	标准更新	10	标准更新符合管理流程	不符合标准更新管理流程，每个扣10分
1.3	仪器仪表	50	现场查看；查看仪器仪表台账、检验计划、检验报告	
1.3.1	仪器仪表台账	10	建立仪器仪表台账，栏目应包括：仪器仪表型号、技术参数（量程、精度等级等）、购入时间、供货单位；检验周期、检验日期、使用状态等	（1）仪器仪表记录不全，一台扣5分； （2）新购仪表未录入或检验；报废仪表未注销和另外存放，每台扣10分
1.3.2	仪器仪表资料	10	（1）保存仪器仪表使用说明书； （2）编制红外检测、避雷器阻性电流测量等专用仪器仪表操作规程	（1）使用说明书缺失，一件扣5分； （2）专用仪器操作规程缺漏，一台扣5分
1.3.3	仪器仪表维护	10	（1）仪器仪表存放地点整洁、配有温度计、湿度计； （2）仪器仪表的接线及附件不许另作他用； （3）仪器仪表清洁、摆放整齐； （4）有效期内的仪器仪表应贴上有效期标识，不与其他仪器仪表一道存放； （5）待修理、已报废的仪器仪表应另外分别存放	不符合要求，一项扣5分
1.3.4	检验计划和检验报告	10	有仪表检验计划，送检的仪表应有对应的检验报告	不符合要求，每台扣5分
1.3.5	对外委试验使用仪器仪表的管理	10	应有试验使用的仪器、仪表检验报告复印件	不符合要求，每台扣5分
1.4	监督计划	50	现场查看电厂监督计划	
1.4.1	计划的制订	20	（1）计划制订时间、依据符合要求。 （2）计划内容应包括： a）管理制度制定或修订计划； b）培训计划（内部及外部培训、资格取证、规程宣贯等）； c）检修中绝缘监督项目计划； d）动态检查提出问题整改计划； e）绝缘监督中发现重大问题整改计划； f）仪器、仪表送检计划； g）技改中绝缘监督项目计划； h）定期工作； i）网络会议计划	（1）计划制订时间、依据不符合，一个计划扣10分； （2）计划内容不全，一个计划扣5分～10分
1.4.2	计划的审批	15	符合工作流程：班组或部门编制→策划部绝缘专责人审核→策划部主任审定→生产厂长审批→下发实施	审批工作流程缺少环节，一个扣10分

表（续）

序号	评价项目	标准分	评价内容与要求	评分标准
1.4.3	计划的上报	15	每年 11 月 30 日前上报产业公司、区域公司，同时抄送西安热工院	计划上报不按时，扣 15 分
1.5	监督档案	50	现场查看监督档案、档案管理的记录	
1.5.1	监督档案清单	15	应建有监督档案资料清单。每类资料有编号、存放地点、保存期限	不符合要求，一类扣 5 分
1.5.2	报告和记录	20	（1）各类资料内容齐全、时间连续；（2）及时记录新信息；（3）及时完成预防性试验报告、运行月度分析、定期检修分析、检修总结、故障分析等报告编写，按档案管理流程审核归档	（1）第（1）、（2）项不符合要求，一件扣 5 分。（2）第（3）项不符合要求，一件扣 10 分
1.5.3	档案管理	15	（1）资料按规定储存，由专人管理；（2）记录借阅应有借、还记录；（3）有过期文件处置的记录	不符合要求，一项扣 10 分
1.6	评价与考核	40	查阅评价与考核记录	
1.6.1	动态检查前自我检查	10	自我检查评价切合实际	没有自查报告扣 10 分；自我检查评价与动态检查评价的评分相差 10 分及以上，扣 10 分
1.6.2	定期监督工作评价	10	有监督工作评价记录	无工作评价记录，扣 10 分
1.6.3	定期监督工作会议	10	有监督工作会议纪要	无工作会议纪要，扣 10 分
1.6.4	监督工作考核	10	有监督工作考核记录	发生监督不力事件而未考核，扣 10 分
1.7	工作报告制度执行情况	50	查阅检查之日前四个季度季报、检查速报事件及上报时间	
1.7.1	监督季报、年报	20	（1）每季度首月 5 日前，应将技术监督季报报送产业公司、区域公司和西安热工院；（2）格式和内容符合要求	（1）季报、年报上报迟报 1 天扣 5 分；（2）格式不符合，一项扣 5 分；（3）报表数据不准确，一项扣 10 分；（4）检查发现的问题，未在季报中上报，每 1 个问题扣 10 分
1.7.2	技术监督速报	20	按规定格式和内容编写技术监督速报并及时上报	（1）发生危急事件未上报速报一次扣 20 分。（2）未按规定时间上报，一件 10 分。（3）事件描述不符合实际，一件扣 15 分

表（续）

序号	评价项目	标准分	评价内容与要求	评分标准
1.7.3	年度工作总结报告	10	（1）每年元月5日前组织完成上年度技术监督工作总结报告的编写工作，并将总结报告报送产业公司、区域公司和西安热工院； （2）格式和内容符合要求	（1）未按规定时间上报，扣10分。 （2）内容不全，扣10分
1.8	监督考核指标	60	查看仪器仪表校验报告；监督预警问题验收单；整改问题完成证明文件。预试计划及预试报告；现场查看，查看检修报告、缺陷记录	
1.8.1	监督预警问题整改完成率	15	要求：100%	不符合要求，不得分
1.8.2	动态检查存在问题整改完成率	15	要求：从发电企业收到动态检查报告之日起：第1年整改完成率不低于85%；第2年整改完成率不低于95%	不符合要求，不得分
1.8.3	试验仪器仪表校验率	5	要求：100%	不符合要求，不得分
1.8.4	预试完成率	5	要求： （1）主设备100%； （2）一般设备98%	不符合要求，不得分
1.8.5	缺陷消除率	10	要求： （1）危急缺陷100%； （2）严重缺陷90%	不符合要求，不得分
1.8.6	设备完好率	10	要求： （1）主设备100%； （2）一般设备98%	不符合要求，不得分
2	监督过程实施	600		
2.1	水轮发电机	120		
2.1.1	预防性试验	10	查看预试报告。要求： （1）试验周期符合规程的规定； （2）项目齐全； （3）方法正确； （4）数据准确； （5）结论明确； （6）试验使用检定合格仪器仪表； （7）报告经审核	不符合要求，一项扣5分
2.1.2	电气运行参数	10	现场查看，运行记录。要求：有功功率、电压、电流、频率、励磁电压和电流符合发电机技术条件；没有由于设备的原因，如转子匝间短路、振动值超标、超温等限制出力和电流的现象	不符合要求，一项扣5分
2.1.3	各部分温度	10	现场查看。要求：定子铁心、定子绕组、转子绕组、集电环及轴承的温度限值应符合现场运行规程的规定	不符合要求，一项扣5分

表（续）

序号	评价项目	标准分	评价内容与要求	评分标准
2.1.4	定子绕组	10	查看检修维护记录。 要求： （1）定子绕组在槽内应紧固，槽电位测试应符合要求； （2）定期检查定子绕组端部无下沉、松动或磨损现象，以及电晕放电	不符合要求，一项扣10分
2.1.5	定子铁心	10	查看检修维护记录。 要求： （1）定期检查定子铁心螺杆紧力，其紧力应符合出厂设计值； （2）定期检查铁心硅钢片，应叠压整齐、无过热痕迹，燕尾槽无开裂和脱开现象	不符合要求，一项扣10分
2.1.6	发电机出口、中性点引线连接部分	5	查看检修维护记录。 要求： （1）运行中应定期检查励磁变压器至静止励磁装置的分相电缆、静止励磁装置至转子滑环电缆的连接情况； （2）定期进行转子滑环红外成像测温检查	不符合要求，一项扣5分
2.1.7	轴瓦	5	查看检修维护记录。 要求： （1）定期检查轴承瓦，应无脱胎、脱壳、裂纹等缺陷；轴瓦接触面、轴领、镜板表面应符合设计要求。 （2）应定期检查巴氏合金轴承瓦，合金与瓦坯的接触情况，必要时进行无损探伤检测	不符合要求，一项扣5分
2.1.8	润滑油、冷却水系统	10	现场查看。要求：润滑油油质、油位、油温、冷却水温符合现场运行规程的规定	不符合要求，一项扣10分
2.1.9	旋转风扇	5	查看检修维护记录。要求：定期检查旋转风扇，应安装牢固，叶片无裂纹、变形，导风板安装应牢固并与定子线棒保持足够间距	不符合要求，一项扣5分
2.1.10	机械制动系统	10	查看检修维护记录。要求：定期制动闸、制动环，应平整无裂纹，固定螺栓无松动，制动瓦磨损后须及时更换，制动闸及其供气油系统应无发卡、串腔、漏气和漏油等影响制动性能的缺陷。制动回路转速整定值应定期进行校验，严禁高转速下投入机械制动	不符合要求，一项扣10分
2.1.11	部件紧固件及承载部件	10	查看检修维护记录。要求：发电机机架固定螺栓、定子基础螺栓、定子铁心螺栓和调节螺栓应紧固良好；机架和定子支撑、转动轴系等承载部件的承载结构、焊缝、基础、配重块等应无松动、裂纹、变形等现象	不符合要求，一项扣10分

表（续）

序号	评价项目	标准分	评价内容与要求	评分标准
2.1.12	滑环和励磁机整流子电刷	10	查运行维护记录。要求： （1）定期检查； （2）电刷的不冒火、不过热（温度应不大于120℃）； （3）滑环和励磁机整流子维护次数符合规定	不符合要求，一项扣10分
2.1.13	振动值	5	查运行维护记录。要求：振动值符合相关标准及运行规程的规定	不符合要求，一项扣5分
2.1.14	检修过程监督	10	查看检修文件包记录。 要求： （1）项目齐全； （2）检修试验合格； （3）见证点现场签字； （4）质量三级验收	不符合要求，一项扣10分
2.2	变压器及电抗器	110		
2.2.1	预防性试验	10	查看预试报告。 要求： （1）试验周期符合规程的规定； （2）项目齐全； （3）方法正确； （4）数据准确； （5）结论明确； （6）试验使用检定合格仪器仪表； （7）报告经审核	不符合要求，一项扣10分
2.2.2	变压器缺陷	20	查看预试报告。 要求： （1）不存在放电性缺陷和过热性缺陷； （2）预试项目合格	不符合要求，一项扣10分
2.2.3	巡检和记录	10	查看巡检记录。 要求： （1）日常巡视每天一次；夜间巡视每周一次；无人值班的站一般每10天一次。 （2）特殊巡视检查。①新投运或检修改造后运行72h内；②有严重缺陷时；③气象突变（如：大风、大雾、大雪、冰雹、寒潮等）时；④雷雨季节特别是雷雨后；⑤高温季节、高峰负载期间；⑥变压器急救负载运行时	不符合要求，一项扣10分
2.2.4	变压器本体	10	现场查看、查看检查和维护记录。 要求： （1）最高上层油温不超过85℃； （2）铁心、夹件外引接地良好，接地电流不超过100mA； （3）无异常噪声和振动； （4）无渗漏油	不符合要求，一项扣10分

表（续）

序号	评价项目	标准分	评价内容与要求	评分标准
2.2.5	冷却装置	10	现场查看，查看检查和维护记录。 要求： （1）冷却器应定期冲洗； （2）无异物附着或严重积污； （3）风扇运行正常； （4）油泵转动时无异常噪声、振动或过热现象、密封良好； （5）无渗漏油	不符合要求，一项扣10分
2.2.6	套管	10	现场查看、查看维护记录。 要求： （1）瓷套外表面应无损伤、爬电痕迹、闪络、接头过热等现象； （2）油位正常； （3）无渗漏油； （4）爬距满足污区要求； （5）无过热； （6）每次拆接末屏引线后，应有确认套管末屏接地的记录	不符合要求，一项扣10分
2.2.7	温度计	5	现场查看，查看温度计检验报告。 （1）应定期检查校验温度计； （2）现场温度计指示的温度、控制室温度显示装置、监控系统的温度三者应基本保持一致，误差不超过5℃	不符合要求，一项扣5分
2.2.8	储油柜	5	查看检查和维护记录。 要求： （1）加强储油柜油位的监视，特别是温度或负荷异常变化时，巡视时应记录油位、温度、负荷等数据； （2）应定期检查实际油位，不出现假油位现象； （3）运行年限超过15年的储油柜，应更换胶囊或隔膜	不符合要求，一项扣5分
2.2.9	吸湿器	5	现场查看，查看维护记录。 要求： （1）硅胶颜色正常，受潮硅胶不超过2/3； （2）吸湿器油杯的油量要略高于油面线； （3）呼吸正常	不符合要求，一项扣5分
2.2.10	干式变压器	10	现场查看，查看红外检测记录。 要求： （1）铁心、浇注线圈、风道无积灰； （2）引线、分接头及其他导电部分无过热	不符合要求，一项扣10分

表（续）

序号	评价项目	标准分	评价内容与要求	评分标准
2.2.11	检修过程监督	10	查检修（含油处理）文件包（卡）记录。 要求： （1）按期检修； （2）器身暴露时间符合规定； （3）真空注油； （4）检修试验合格； （5）见证点现场签字； （6）质量三级验收	不符合要求，一项扣10分
2.2.12	在线监测装置	5	抽查巡检及数据记录。 （1）工作正常； （2）定期巡检； （3）定期记录数据； （4）定期与离线数据对比分析	不符合要求，一项扣5分
2.3	互感器、耦合电容器及套管	80		
2.3.1	预防性试验	10	查看预试报告。 要求： （1）试验周期符合规程的规定； （2）项目齐全； （3）方法正确； （4）数据准确； （5）结论明确； （6）试验使用检定合格仪器仪表； （7）报告经审核	不符合要求，一项扣10分
2.3.2	设备缺陷	15	现场查看，查看巡检记录。 要求： （1）互感器绝缘油中不出现 C_2H_2； （2）电容器无渗漏油； （3）没有预试不合格项目	不符合要求，一项扣15分
2.3.3	巡检和记录	10	查看巡检和记录。 要求： （1）正常巡视检查每天一次，闭灯巡视应每周不少于一次； （2）特殊巡视检查：①新安装或大修后投运的设备，运行 72h 内；②过负荷、带缺陷运行；③恶劣气候时，如异常高、低温季节，高湿度季节	不符合要求，一项扣10分
2.3.4	油浸式互感器和套管	10	现场查看，查看巡检和记录。 要求： （1）设备外观完整无损，各部连接牢固可靠； （2）外绝缘表面清洁、无裂纹及放电现象； （3）油色、油位正常，膨胀器正常； （4）无渗漏油现象； （5）无异常振动，无异常音响及异味； （6）各部位接地良好； （7）引线端子无过热或出现火花，接头螺栓无松动现象	不符合要求，一项扣5分

表（续）

序号	评价项目	标准分	评价内容与要求	评分标准
2.3.5	SF$_6$ 气体绝缘互感器	5	现场查看，抽查巡检和记录。 （1）压力表、气体密度继电器指示在正常规定范围，无漏气现象； （2）SF$_6$ 气体年漏气率应小于 0.5%； （3）若压力表偏出绿色正常压力区时，应引起注意，并及时按制造厂要求停电补充合格的 SF$_6$ 新气； （4）一般应停电补气，个别特殊情况需带电补气时，应在厂家指导下进行，控制补气速度约为 0.1MPa/h	不符合要求，一项扣5分
2.3.6	环氧树脂浇注互感器	5	现场查看，抽查巡检和记录。 （1）无过热； （2）无异常振动及声响； （3）外绝缘表面无积灰、粉蚀、开裂，有无放电现象	不符合要求，一项扣5分
2.3.7	根据电网发展情况，验算电流互感器动热稳定电流是否满足要求	5	查看动热稳定电流核算报告。 （1）按时校验； （2）校验结果合格	不符合要求，一项扣5分
2.3.8	SF$_6$ 气体密度计校验	5	查看校验报告。 （1）按时检验； （2）性能符合制造厂的技术条件	不符合要求，一项扣5分
2.3.9	电容式套管存放	5	查阅维护记录。对水平放置保存期超过一年的 110（66）kV 及以上的备品套管，当不能确保电容芯子全部浸没在油面以下时，安装前应进行局部放电试验、额定电压下的介损试验和油中气相色谱分析	不符合要求，一项扣5分
2.3.10	检修过程监督	10	查检修文件卡记录。 （1）按期检修； （2）项目齐全； （3）检修试验合格； （4）见证点现场签字； （5）质量三级验收	不符合要求，一项扣10分
2.4	高压开关设备及GIS	100		
2.4.1	预防性试验	10	查看预试报告。 要求： （1）试验周期符合规程的规定； （2）项目齐全； （3）方法正确； （4）数据准确； （5）结论明确； （6）试验使用检定合格仪器仪表； （7）报告经审核	不符合要求，一项扣10分

表（续）

序号	评价项目	标准分	评价内容与要求	评分标准
2.4.2	设备缺陷	20	现场查看，查看巡检记录和预试报告。 要求：不存在严重缺陷，包括： （1）导电回路部件温度超过设备允许的最高运行温度； （2）瓷套或绝缘子严重积污； （3）断口电容有明显的渗油现象； （4）液压或气压机构频繁打压； （5）分合闸线圈最低动作电压超出标准和规程要求； （6）SF_6气体湿度严重超标； （7）SF_6气室严重漏气，发出报警信号； （8）预试不合格	不符合要求，一项扣10分
2.4.3	巡检和记录	10	查看巡检记录。 （1）日常巡检； （2）定期巡检； （3）特殊巡检的巡视周期和项目符合规定	不符合要求，一项扣10分
2.4.4	SF_6断路器	10	现场查看、检查维护记录。 要求： （1）导电回路部件温度低于允许的最高允许温度； （2）液压或气压机构打压时间符合规定； （3）分、合闸回路动作电压符合规定； （4）气动机构自动排污装置工作正常； （5）弹簧机构操作无卡涩； （6）操动机构箱应密封良好，防雨、防尘、通风、防潮等性能良好，并保持内部干燥清洁； （7）接地完好等	不符合要求，一项扣10分
2.4.5	隔离开关	5	现场查看、抽查检查和维护记录。 要求： （1）外绝缘、瓷套表面无严重积污，运行中不应出现放电现象；瓷套、法兰不应出现裂纹、破损或放电烧伤痕迹； （2）涂覆 RTV 涂料的瓷外套憎水性良好，涂层不应有缺损、起皮、龟裂； （3）对隔离开关导电部分、转动部分、操动机构检查与润滑； （4）支操动机构各连接拉杆无变形，轴销无变位、脱落，金属部件无锈蚀； （5）持绝缘子无裂痕及放电异声	不符合要求，一项扣5分

表（续）

序号	评价项目	标准分	评价内容与要求	评分标准
2.4.6	真空断路器	5	现场查看、抽查检查和维护记录。 要求： （1）分、合位置指示正确，并与当时实际运行工况相符； （2）支持绝缘子无裂痕及放电异声； （3）真空灭弧室无异常； （4）接地完好； （5）引线接触部分无过热，引线弛度适中	不符合要求，一项扣5分
2.4.7	GIS	10	现场查看、查看检查和维护记录。 要求： （1）外壳、支架等无锈蚀、损伤，瓷套有无开裂、破损或污秽情况； （2）设备室通风系统运转正常，氧量仪指示大于 18%，SF_6 气体不大于1000mL/L，无异常声音或异味； （3）气室压力表、油位计的指示在正常范围内，并记录压力值； （4）套管完好、无裂纹、无损伤、无放电现象； （5）避雷器在线监测仪指示正确，并记录泄漏电流值和动作次数； （6）断路器动作计数器指示正确，并记录动作次数等	不符合要求，一项扣10分
2.4.8	SF_6气体	10	查看预防性试验报告、检验报告。 要求： （1）SF_6气体湿度监测，灭弧室气室含水量应小于 300μL/L，其他气室小于500μL/L； （2）SF_6气体泄漏监测：每个隔室的年漏气率不大于 1%； （3）SF_6气体密度继电器定期检验	不符合要求，一项扣10分
2.4.9	每年核算最大负荷运行方式下安装地点的短路电流	5	查看每最大短路电流核算报告。要求：额定短路开断电流应大于最大负荷运行方式下安装地点的短路电流	不符合要求，一项扣5分
2.4.10	断路器弹簧机构	5	查看测试记录。 要求： （1）应定期进行机械特性试验，测试其行程曲线是否符合厂家标准曲线要求； （2）对运行 10 年以上的弹簧机构可抽检其弹簧拉力，防止因弹簧疲劳，造成开关动作不正常	不符合要求，一项扣5分
2.4.11	检修过程监督	5	查看检修文件卡记录。 要求： （1）按期检修； （2）项目齐全； （3）检修试验合格； （4）见证点现场签字； （5）质量三级验收	不符合要求，一项扣5分

表（续）

序号	评价项目	标准分	评价内容与要求	评分标准
2.4.12	在线监测装置	5	查看巡检及数据记录。 要求： （1）工作正常； （2）定期巡检； （3）定期记录数据及分析	不符合要求，一项扣5分
2.5	设备外绝缘及绝缘子	40		
2.5.1	现场污秽度测量	10	查看测量报告。 要求：符合 DL/T 596 、GB/T 26218.1— 2010 的规定。 （1）检测周期为 1 年； （2）参考绝缘子串安装正确； （3）测量污秽度的参数符合现场污秽类型； （4）试验结果正确； （5）报告经审核	不符合要求，一项扣10分
2.5.2	设备缺陷	10	现场查看，查看检查和维护记录。 要求：不存在缺陷。 （1）严重积污； （2）瓷件表面有裂纹或破损； （3）法兰有裂纹； （4）防污闪措施受到损坏； （5）支柱绝缘子基础沉降造成垂直度不满足要求； （6）预试不合格	不符合要求，一项扣10分
2.5.3	外绝缘爬电比距	10	查看外绝缘爬电比距台账、地区污秽等级文件、现场污秽度测量记录。要求：爬电比距符合所在地区污秽等级要求，不满足要求的应采取增爬措施	不符合要求，一项扣5分
2.5.4	瓷绝缘清扫周期	5	查看清扫记录。要求：根据地区污秽程度每年 1 次～2 次	不符合要求，一项扣5分
2.5.5	防污闪措施有效性	5	查看预试报告。 要求： （1）复合绝缘子和涂覆 RTV 涂料外绝缘表面的憎水性符合要求； （2）增爬伞裙胶合良好，不变形、不破损	不符合要求，一项扣5分
2.6	电力电缆线路	40		
2.6.1	预防性试验	10	查看预试报告。 要求： （1）试验周期符合规程的规定； （2）项目齐全； （3）方法正确； （4）数据准确； （5）结论明确； （6）试验使用检定合格仪器仪表； （7）报告经审核	不符合要求，一项扣10分

表（续）

序号	评价项目	标准分	评价内容与要求	评分标准
2.6.2	电缆缺陷	10	查运行维护记录。 要求：不存在缺陷。 （1）预试不合格； （2）运行中电缆头放电	不符合要求，一项扣10分
2.6.3	电缆巡检	10	查看巡检和记录。 要求： （1）电缆沟、隧道、电缆井及电缆架等电缆线路每三个月至少巡查一次； （2）电缆竖井内的电缆，每半年至少巡查一次； （3）电缆终端头、中间接头由现场根据运行情况每1年～3年停电检查一次； （4）有油位指示的终端头，每年夏、冬季检查一次	不符合要求，一项扣10分
2.6.4	电缆检查和维护	10	现场查看，查看检查和维护记录。 要求： （1）电缆夹层、电缆沟、隧道、电缆井及电缆架等电缆线路分段防火和阻燃隔离设施完整，耐火防爆槽盒无开裂、破损； （2）电缆外皮、中间接头、终端头无变形漏油；温度符合要求；钢铠、金属护套及屏蔽层的接地完好；终端头完整，引出线的接点无发热现象和电缆铅包无龟裂漏油。 （3）电缆槽盒、支架及保护管等金属构件接地完好，接地电阻符合要求；支架无严重腐蚀、变形或断裂脱开；电缆标志牌完整、清晰。 （4）靠近高温管道、阀门等热体的电缆隔热阻燃设施是否完整。 （5）直埋电缆线路的方位标志或标桩是否完整无缺，周围土地温升是否超过10℃	不符合要求，一项扣10分
2.7	封闭母线	35		
2.7.1	预防性试验	10	查看预试报告。 要求： （1）试验周期符合规程的规定； （2）项目齐全； （3）方法正确； （4）数据准确； （5）结论明确； （6）试验使用检定合格仪器仪表； （7）报告经审核	不符合要求，一项扣10分

表（续）

序号	评价项目	标准分	评价内容与要求	评分标准
2.7.2	封闭母线缺陷	10	现场查看、查看巡检记录。 要求：不存在缺陷。 （1）封母导体及外壳超温； （2）变压器与封母连接处积水或积油，未处理； （3）外壳内不能维持微正压； （4）停运后，封闭母线绝缘电阻降低以致影响启动； （5）预试不合格	不符合要求，一项扣10分
2.7.3	巡检和维护	10	现场查看、查看巡检记录。 要求： （1）定期监视金属封闭母线导体及外壳，包括外壳抱箍接头连接螺栓及多点接地处的温度和温升； （2）检查、确保空压机和干燥器正常工作； （3）封闭母线的外壳及支持结构的金属部分应可靠接地； （4）定期开展封闭母线绝缘子密封检查和绝缘子清扫工作； （5）封闭母线停运后，做好封闭母线绝缘电阻跟踪测量	不符合要求，一项扣5分
2.7.4	防范变压器与封闭母线连接处绝缘子受潮措施	5	现场查看、查看检修记录。 要求： （1）从排污口引出连接管并装设阀门； （2）定期巡视、排污	不符合要求，一项扣5分
2.8	线路设备	35		
2.8.1	导线及架空地线	10	现场查看、查看巡检记录。 要求： （1）导地线完好无损伤、锈蚀、断股和松股； （2）导地线上不得有异物； （3）试验合格，报告经审核	不符合要求，一项扣10分
2.8.2	金具	5	现场查看、查看巡检记录。 要求： （1）金具无裂纹、变形、磨损严重、锌层脱落等； （2）屏蔽环、均压环等保护金具位置正确、连接可靠	不符合要求，一项扣5分
2.8.3	绝缘子串	10	现场查看、查看检修记录。 要求： （1）绝缘子串无异物附着、无破损； （2）绝缘子钢帽、钢脚无腐蚀，锁紧销无锈蚀、脱位或脱落； （3）绝缘子串无移位或非正常偏斜； （4）绝缘子串无严重局部放电现象，无明显闪络或电蚀痕迹； （5）室温硫化硅橡胶涂层无龟裂、粉化、脱落； （6）复合绝缘子无撕裂、鸟啄、变形，端部金具无裂纹和滑移，护套完整	不符合要求，一项扣10分

表（续）

序号	评价项目	标准分	评价内容与要求	评分标准
2.8.4	杆塔	10	现场查看、查看检修记录。 要求： （1）杆塔结构无倾斜、横担无弯扭； （2）杆塔部件无松动、锈蚀、损坏和缺件，发现问题要及时处理； （3）基础无裂纹，防洪设施无坍塌和损坏，接地良好； （4）塔材上无危及安全运行的鸟巢和异物	不符合要求，一项扣10分
2.9	避雷器及接地装置	40		
2.9.1	预防性试验	10	查看预试报告。 要求： （1）试验周期符合规程的规定； （2）项目齐全； （3）方法正确； （4）数据准确； （5）结论明确； （6）试验使用检定合格仪器、仪表； （7）报告经审核	不符合要求，一项扣10分
2.9.2	设备缺陷	10	现场查看。 要求：不存在缺陷。 （1）伞裙破损、硅橡胶复合绝缘外套的伞裙变形； （2）瓷绝缘外套、基座、法兰出现裂纹； （3）绝缘外套表面有放电； （4）均压环出现歪斜； （5）预试不合格等	不符合要求，一项扣10分
2.9.3	巡视维护	10	现场查看、查看巡视维护记录。 要求： （1）110kV及以上电压等级避雷器应安装交流泄漏电流在线监测表计，每天至少巡视一次，每半月记录一次； （2）定期开展外绝缘的清扫工作，每年应至少清扫一次； （3）对于运行10年以上的接地网，应抽样开挖检查，确定的腐蚀情况，以后开挖检查时间间隔应不大于5年； （4）严禁利用避雷针、变电站构架和带避雷线的杆塔作为低压线、通信线、广播线、电视天线的支柱	不符合要求，一项扣10分
2.9.4	校核接地装置的热稳定容量	5	查看校核报告。要求：每年根据变电站短路容量的变化，校核接地装置（包括设备接地引下线）的热稳定容量，并根据短路容量的变化及接地装置的腐蚀程度对接地装置进行改造。对于变电站中的不接地、经消弧线圈接地、经低阻或高阻接地系统，必须按异点两相接地校核接地装置的热稳定容量	不符合要求，一项扣5分

表（续）

序号	评价项目	标准分	评价内容与要求	评分标准
2.9.5	防止在有效接地系统中出现孤立不接地系统，并产生较高工频过电压的异常运行工况	5	现场查看。要求：110kV～220kV 不接地变压器的中性点过电压保护应采用棒间隙保护方式；对于 110kV 变压器，当中性点绝缘的冲击耐受电压≤185kV 时，还应在间隙旁并联金属氧化物避雷器，间隙距离及避雷器参数配合应进行校核。间隙动作后，应检查间隙的烧损情况并校核间隙距离	不符合要求，一项扣5分

中国华能集团公司水力发电厂技术监督标准汇编

Q/HN—1—0000.08.038—2015

中国华能集团公司

CHINA HUANENG GROUP

技术标准篇

水力发电厂继电保护及安全 自动装置监督标准

2015 – 05 – 01 发布

2015 – 05 – 01 实施

目　次

前　言

　　为加强中国华能集团公司水力发电厂技术监督管理，保证发电厂继电保护运行可靠性，保证电网安全稳定运行，特制定本标准。本标准依据国家和行业有关标准、规程和规范，以及中国华能集团公司所属发电厂的管理要求、结合国内外发电的新技术、监督经验制定。

　　本标准是中国华能集团公司所属发电厂继电保护技术监督工作的主要依据，是强制性企业标准。

　　本标准自实施之日起，代替 Q/HB-J-08.L15—2009《水力发电厂继电保护及安全自动装置监督技术标准》。

　　本标准由中国华能集团公司安全监督与生产部提出。

　　本办法由中国华能集团公司安全监督与生产部归口并解释。

　　本标准起草单位：西安热工研究院有限公司、中国华能集团公司安全监督与生产部、华能澜沧江水电股份有限公司、华能国际电力股份有限公司。

　　本标准主要起草人：杨博、马晋辉、曹浩军、黄献生、吴敏、杨敏照。

　　本标准审核单位：中国华能集团公司安全监督与生产部、中国华能集团公司基本建设部、华能澜沧江水电股份有限公司、北方联合电力有限责任公司、华能山东发电有限公司、华能黑龙江发电有限公司。

　　本标准主要审核人：赵贺、武春生、杜灿勋、晏新春、李俊、侯永军、刘兰海、汪强。

　　本标准审定：中国华能集团公司技术工作管理委员会。

　　本标准批准人：寇伟。

水力发电厂继电保护及安全自动装置监督标准

1 范围

本标准规定了中国华能集团公司（以下简称"集团公司"）所属水力发电厂继电保护及安全自动装置（以下简称"继电保护"）监督的基本原则、监督范围、监督内容和相关的技术管理要求。

本标准适用于集团公司水力发电厂的继电保护技术监督工作。

2 规范性引用文件

下列文件对于本文件的应用是必不可少的。凡是注日期的引用文件，仅注日期的版本适用于本文件。凡是不注日期的引用文件，其最新版本（包括所有的修改单）适用于本文件。

GB 1094.5　电力变压器　第 5 部分：承受短路的能力

GB/T 7261　继电保护和安全自动装置基本试验方法

GB/T 14285　继电保护和安全自动装置技术规程

GB/T 14598.301　微机型发电机变压器故障录波装置技术要求

GB/T 14598.303　数字式电动机综合保护装置通用技术条件

GB/T 15145　输电线路保护装置通用技术条件

GB/T 15544.1　三相交流系统短路电流计算　第 1 部分：电流计算

GB/T 19638.1　固定型阀控式铅酸蓄电池　第 1 部分：技术条件

GB/T 19638.2　固定型阀控式铅酸蓄电池　第 2 部分：产品品种和规格

GB/T 19826　电力工程直流电源设备通用技术条件及安全要求

GB 20840.2　互感器　第 2 部分：电流互感器的补充技术要求

GB/T 22386　电力系统暂态数据交换通用格式

GB/T 26862　电力系统同步相量测量装置检测规范

GB/T 26866　电力系统的时间同步系统检测规范

GB/T 50062　电力装置的继电保护和自动装置设计规范

GB 50171　电气装置安装工程　盘、柜及二次回路接线施工及验收规范

GB 50172　电气装置安装工程　蓄电池施工及验收规范

NB/T 35010　水力发电厂继电保护设计规范

DL/T 242　高压并联电抗器保护装置通用技术条件

DL/T 280　电力系统同步相量测量装置通用技术条件

DL/T 317　继电保护设备标准化设计规范

DL/T 478　继电保护和安全自动装置通用技术条件

DL/T 526　备用电源自动投入装置技术条件

DL/T 527　继电保护及控制装置电源模块（模件）技术条件

DL/T 540　气体继电器检验规程

DL/T 553　电力系统动态记录装置通用技术条件

DL/T 559　220kV～750kV 电网继电保护装置运行整定规程

DL/T 572　电力变压器运行规程

DL/T 584　3kV～110kV 电网继电保护装置运行整定规程

DL/T 587　微机继电保护装置运行管理规程

DL/T 623　电力系统继电保护及安全自动装置运行评价规程

DL/T 624　继电保护微机型试验装置技术条件

DL/T 667　远动设备及系统　第 5 部分：传输规约　第 103 篇：继电保护设备信息接口配套标准

DL/T 670　母线保护装置通用技术条件

DL/T 671　发电机-变压器组保护装置通用技术条件

DL/T 684　大型发电机变压器继电保护整定计算导则

DL/T 724　电力系统用蓄电池直流电源装置运行与维护技术规程

DL/T 744　电动机保护装置通用技术条件

DL/T 770　变压器保护装置通用技术条件

DL/T 860（所有部分）　电力自动化通信网络和系统

DL/T 866　电流互感器和电压互感器选择及计算导则

DL/T 886　750kV 电力系统继电保护技术导则

DL/T 995　继电保护和电网安全自动装置检验规程

DL/T 1073　电厂厂用电源快速切换装置通用技术条件

DL/T 1075　数字式保护测控装置通用技术条件

DL/T 1100.1　电力系统的时间同步系统　第 1 部分：技术规范

DL/T 1153　继电保护测试仪校准规范

DL/T 1309　大型发电机组涉网保护技术规范

DL/T 5044　电力工程直流电源系统设计技术规程

DL/T 5132　水力发电厂二次接线设计规范

Q/HN-1-0000.08.002—2013　中国华能集团公司电力检修标准化管理实施导则（试行）

Q/HN-1-0000.08.049—2015　中国华能集团公司电力技术监督管理办法

Q/HB-G-08.L01—2009　华能电厂安全生产管理体系要求

Q/HB-G-08.L02—2009　华能电厂安全生产管理体系评价办法（试行）

电安生〔1994〕191 号　电力系统继电保护及安全自动装置反事故措施要点

国能安全〔2014〕161 号　防止电力生产事故的二十五项重点要求

华能安〔2011〕271 号　中国华能集团公司电力技术监督专责人员上岗资格管理办法（试行）

3　总则

3.1　继电保护监督是保证水力发电厂和电网安全稳定运行的重要基础工作，应坚持"安全第一、预防为主"的方针，实行全过程监督。

3.2　继电保护监督的目的是通过对继电保护全过程技术监督，确保继电保护装置可靠运行。

规划设计阶段，应充分考虑继电保护的适应性，避免出现一次系统特殊接线方式造成继电保护配置及整定难度的增加。配置选型阶段，做到继电保护系统设计符合技术规程、设计规程和"反事故措施"要求，继电保护装置应符合继电保护技术要求和工程要求。安装调试阶段，应严格控制工程质量，保证工程建设与工程设计图实相符、调试项目齐全。验收投产阶段，应严把新设备投产验收关，严格履行工程建设资料移交手续。运行维护阶段，应加强继电保护定值整定计算与管理、软件版本管理、日常运行管理和运行分析评价管理；应严格执行检验规程要求，严格控制检验周期，推行继电保护现场标准化作业，严格履行现场安全措施票，确保现场作业安全。

3.3 本标准规定了水力发电厂继电保护在规划设计、配置选型、安装调试、验收投产、运行维护等阶段的技术监督要求，以及继电保护监督管理要求、评价与考核标准，它是水力发电厂继电保护监督工作的基础，亦是建立继电保护技术监督体系的依据。

3.4 各电厂应按照集团公司《华能电厂安全生产管理体系要求》《电力技术监督管理办法》中有关技术监督管理和本标准的要求，结合本厂的实际情况，制定电厂继电保护监督管理标准；依据国家和行业有关标准和规范，编制、执行运行规程、检修规程、检修文件包等相关/支持性文件；以科学、规范的监督管理，保证继电保护监督工作目标的实现和持续改进。

3.5 继电保护监督范围主要包括以下几方面：

  a) 继电保护装置：发电机、变压器、母线、电抗器、电动机、电容器、线路（含电缆）、断路器、短引线等的保护装置及自动重合闸装置、过电压及远方跳闸装置。

  b) 安全自动装置：厂用电源快速切换装置、备用电源自动投入装置、自动准同期装置及其他安全稳定控制装置。

  c) 故障录波及测距装置、同步相量测量装置。

  d) 继电保护通道设备、继电保护相关二次回路及设备。

  e) 电力系统时间同步系统。

  f) 直流电源系统。

3.6 从事继电保护监督的人员，应熟悉和掌握本标准及相关标准和规程中的规定。

4 监督技术标准

4.1 设计阶段监督

4.1.1 一般规定

4.1.1.1 继电保护设计阶段基本要求

4.1.1.1.1 继电保护设计中，装置选型、装置配置及其二次回路等的设计应符合 GB/T 14285、GB/T 14598.301、GB/T 14598.303、GB/T 15145、GB/T 22386 、NB/T 35010、DL/T 242、DL/T 280、DL/T 317、DL/T 478、DL/T 526、DL/T 527、DL/T 553、DL/T 667、DL/T 670、DL/T 671、DL/T 744、DL/T 770、DL/T 886、DL/T 1073、DL/T 1309、DL/T 5044、DL/T 5132、电安生〔1994〕191 号和国能安全〔2014〕161 号等相关标准要求。

4.1.1.1.2 在系统设计中，除新建部分外，还应包括对原有系统继电保护不符合要求部分的改造方案。

4.1.1.2 装置选型应满足的基本要求

4.1.1.2.1 应选用经电力行业认可的检测机构检测合格的微机型继电保护装置。

4.1.1.2.2 应优先选用原理成熟、技术先进、制造质量可靠，并在国内同等或更高的电压等级有成功运行经验的微机型继电保护装置。

4.1.1.2.3 选择微机型继电保护装置时，应充分考虑技术因素所占的比重。

4.1.1.2.4 选择微机型继电保护装置时，在集团公司及所在电网的运行业绩应作为重要的技术指标予以考虑。

4.1.1.2.5 同一厂站内同类型微机型继电保护装置宜选用同一型号，以利于运行人员操作、维护校验和备品备件的管理。

4.1.1.2.6 要充分考虑制造厂商的技术力量、质保体系和售后服务情况。

4.1.1.2.7 继电保护设备订货合同中的技术要求应明确微机型保护软件版本。制造厂商提供的微机型保护装置软件版本及说明书，应与订货合同中的技术要求一致。

4.1.1.2.8 微机型继电保护装置的新产品，应按国家规定的要求和程序进行检测或鉴定，合格后方可推广使用。检测报告应注明被检测微机型保护装置的软件版本、校验码和程序形成时间。

4.1.1.3 线路、变压器、电抗器、母线和母联保护的通用要求

4.1.1.3.1 220kV 及以上电压等级线路、变压器、高压并联电抗器、母线和母联（分段）及相关设备的保护装置的通用要求、保护配置及二次回路的通用要求、保护及辅助装置标号原则执行 DL/T 317 标准。

4.1.1.3.2 110kV 及以下电压等级线路、变压器、高压并联电抗器、母线和母联（分段）及相关设备的保护装置的通用要求、保护配置及二次回路的通用要求、保护及辅助装置标号原则参照 DL/T 317 标准相关规定执行。

4.1.1.4 发电机、变压器组及厂用电系统保护的通用要求

发电机、变压器组及厂用电系统的保护装置的通用要求、保护配置及二次回路的通用要求、保护及辅助装置标号原则可参照 DL/T 317 标准相关规定执行。

4.1.1.5 继电保护双重化配置

4.1.1.5.1 电力系统重要设备的微机型继电保护均应按以下要求采用双重化配置，双套配置的每套保护均应含有完整的主、后备保护，能反应被保护设备的各种故障及异常状态，并能作用于跳闸或给出信号：

a) 100MW 及以上容量的发电机-变压器组电气量保护应采用双重化配置。600MW 及以上容量的发电机-变压器组除电气量保护采用双重化配置外，对非电气量保护也应根据主设备配套情况，有条件的可进行双重化配置。

b) 220kV 及以上电压等级发电厂的母线电气量保护应采用双重化配置。

c) 220kV 及以上电压等级线路、变压器、电抗器等设备电气量保护应采用双重化配置。

4.1.1.5.2 双重化配置的继电保护应满足以下基本要求：

a) 两套保护装置的交流电流应分别取自电流互感器（TA）互相独立的绕组，交流电压宜分别取自电压互感器（TV）互相独立的绕组。其保护范围应交叉重叠，避免死区。

b) 两套保护装置的直流电源应取自不同蓄电池组供电的直流母线段。

c) 两套保护装置的跳闸回路应与断路器的两个跳闸线圈分别一一对应。

d) 两套保护装置与其他保护、设备配合的回路应遵循相互独立的原则。

e) 每套完整、独立的保护装置应能处理可能发生的所有类型的故障。两套保护之间不应有任何电气联系，当一套保护退出时不应影响另一套保护的运行。

f) 线路纵联保护的通道（含光纤、微波、载波等通道及加工设备和供电电源等）、远方跳闸及就地判别装置应遵循相互独立的原则按双重化配置。

g) 有关断路器的选型应与保护双重化配置相适应，应具备双跳闸线圈机构。

h) 采用双重化配置的两套保护装置宜安装在各自保护柜内，并应充分考虑运行和检修时的安全性。

4.1.1.6 保护装置应具有的故障记录功能

保护装置应具有故障记录功能，以记录保护的动作过程，为分析保护动作行为提供详细、全面的数据信息，但不要求代替专用的故障录波器。保护装置故障记录应满足以下要求：

a) 记录内容应为故障时的输入模拟量和开关量、输出开关量、动作元件、动作时间、返回时间、相别。

b) 应能保证发生故障时不丢失故障记录信息。

c) 应能保证在装置直流电源消失时，不丢失已记录信息。

4.1.1.7 其他重点要求

4.1.1.7.1 保护装置应优先通过继电保护装置自身实现相关保护功能，尽可能减少外部输入量，以降低对相关回路和设备的依赖。

4.1.1.7.2 应优化回路设计，在确保可靠实现继电保护功能的前提下，尽可能减少屏（柜）内装置间以及屏（柜）间的连线。

4.1.1.7.3 制订保护配置方案时，对两种故障同时出现的稀有情况可仅保证切除故障。

4.1.1.7.4 保护装置在 TV 一、二次回路一相、二相或三相同时断线、失电压时，应发告警信号，并闭锁可能误动作的保护。

4.1.1.7.5 技术上无特殊要求及无特殊情况时，保护装置中的零序电流方向元件应采用自产零序电压，不应接入 TV 的开口三角电压。

4.1.1.7.6 保护装置在 TA 二次回路不正常或断线时，应发告警信号，除母线保护外，允许跳闸。

4.1.1.7.7 在各类保护装置接于 TA 二次绕组时，应考虑到既要消除保护死区，同时又要尽可能减轻 TA 本身故障时所产生的影响。对确实无法解决的保护动作死区，在满足系统稳定要求的前提下，可采取启动失灵和远方跳闸等后备措施加以解决。

4.1.1.7.8 电力设备或线路的保护装置，除预先规定的以外，都不应因系统振荡引起误动作。

4.1.1.7.9 双重化配置的保护，宜将被保护设备或线路的主保护（包括纵、横联保护等）及后备保护综合在一整套装置内，共用直流电源输入回路及交流 TV 和 TA 的二次回路。该装置应能反应被保护设备或线路的各种故障及异常状态，并动作于跳闸或给出信号。

4.1.1.7.10 对仅配置一套主保护的设备，应采用主保护与后备保护相互独立的装置。

4.1.1.7.11 保护装置应具有在线自动检测功能，包括保护硬件损坏、功能失效和二次回路异常运行状态的自动检测。自动检测应是在线自动检测，不应由外部手段启动；并应实现完善的检测，做到只要不告警，装置就处于正常工作状态，但应防止误告警。

4.1.1.7.12 除出口继电器外，装置内的任一元件损坏时，装置不应误动作跳闸，自动检测回路应能发出告警或装置异常信号，并给出有关信息指明损坏元件的所在部位，在最不利情况下应能将故障定位至模块（插件）。

4.1.1.7.13 保护装置的定值应满足保护功能的要求，应尽可能做到简单、易整定。

4.1.1.7.14 保护装置应以时间顺序记录的方式记录正常运行的操作信息，如开关变位、开入量输入变位、连接片切换、定值修改、定值区切换等，记录应保证充足的容量。

4.1.1.7.15 保护装置应能输出装置的自检信息及故障记录，后者应包括时间、动作事件报告、动作采样值数据报告、开入、开出和内部状态信息、定值报告等。装置应具有数字/图形输出功能及通用的输出接口。

4.1.1.7.16 保护装置应具有独立的 DC/DC 变换器供内部回路使用的电源。拉、合装置直流电源或直流电压缓慢下降及上升时，装置不应误动作。直流消失时，应有输出触点以启动告警信号。直流电源恢复（包括缓慢恢复）时，变换器应能自启动。

4.1.1.7.17 保护装置不应要求其交、直流输入回路外接抗干扰元件来满足有关电磁兼容标准的要求。

4.1.1.7.18 使用于 220kV 及以上电压的电力设备非电量保护应相对独立，并具有独立的跳闸出口回路。

4.1.1.7.19 继电器和保护装置的直流工作电压，应保证在外部电源为 80%～115%额定电压条件下可靠工作。

4.1.1.7.20 跳闸出口应能自保持，直至断路器断开。自保持宜由断路器的操作回路来实现。

4.1.1.7.21 大型发电机主保护配置方案宜进行定量化及优化设计。

4.1.1.7.22 保护跳闸出口连接片及与失灵回路相关连接片采用红色，功能连接片采用黄色，连接片底座及其他连接片采用浅驼色。

4.1.1.7.23 发电厂出线方式为一路出线或同杆并架双回线路，同时跳闸会造成母线出现零功率的发电厂应加零功率保护、功率突变或稳控装置。

4.1.1.7.24 电力设备和线路的原有继电保护装置，凡不能满足技术和运行要求的，应逐步进行改造。数字式继电保护装置的合理使用年限一般不低于 12 年，对于运行不稳定、工作环境恶劣的微机型继电保护装置可根据运行情况适当缩短使用年限。发电厂应根据设备合理使用年限，做好改造方案及计划工作。

4.1.1.7.25 继电器室环境条件应满足继电保护装置和控制装置的安全可靠要求。应考虑空调，必要的采暖和通风条件以满足设备运行的要求。要有良好的电磁屏蔽措施。同时应有良好的防尘、防潮、照明、防火、防小动物措施。

4.1.1.7.26 对于安装在断路器柜中 10kV～66kV 微机型继电保护装置，要求环境温度在–5℃～+45℃范围内，最大相对湿度不应超过 95%。微机型继电保护装置室内最大相对湿度不应超过 75%，应防止灰尘和不良气体侵入。微机型继电保护装置室内环境温度应在 5℃～30℃范围内，若超过此范围应装设空调。

4.1.2 发电机保护设计阶段监督

4.1.2.1 一般要求

4.1.2.1.1 容量在 1000MW 级及以下的水轮发电机的保护配置应符合 GB/T 14285、NB/T 35010、DL/T 671、DL/T 1309 的相关要求。对下列故障及异常运行状态，应装设相应的保护。容量在 1000MW 级以上的发电机可参照执行：

　　a) 定子绕组相间短路。

　　b) 定子绕组接地。

　　c) 定子绕组匝间短路。

  d) 发电机外部相间短路。

  e) 定子绕组过电压。

  f) 定子绕组过负荷。

  g) 定子绕组分支断线。

  h) 转子表层（负序）过负荷。

  i) 励磁绕组过负荷。

  j) 励磁回路接地。

  k) 励磁电流异常下降或消失。

  l) 定子铁芯过励磁。

  m) 发电机逆功率。

  n) 频率异常。

  o) 失步。

  p) 发电机突然加电压。

  q) 发电机启、停机故障。

  r) 水轮发电机调相运行时与系统解列。

  s) 轴电流保护。

  t) 其他故障和异常运行。

4.1.2.1.2 水力发电厂容量在 350MW 及以下的抽水蓄能发电机，应按照 NB/T 35010 的要求，根据发电电动机的特点和同步启动的要求装设下列保护（其他保护配置参照 4.1.2.1.1 执行）：

  a) 逆功率保护。

  b) 低功率保护。

  c) 低频率保护。

  d) 低频过电流保护。

  e) 转子一点接地保护。

  f) 失步保护。

  g) 转子表层（负序）过负荷保护。

  h) 电压相序保护。

  i) 低电压保护。

  j) 其他故障和异常运行。

4.1.2.2 配置监督重点

4.1.2.2.1 对发电机-变压器组，当发电机与变压器之间有断路器时，100MW 以下容量的发电机装设单独的纵联差动保护；对 100MW 及以上容量的发电机-变压器组，每一套主保护应具有发电机纵联差动保护和变压器纵联差动保护作为定子绕组相间短路、发电机外部相间短路的主保护。

4.1.2.2.2 对于定子绕组为星形接线，每相有并联分支且中性点有分支引出端子的发电机，应装设零序电流型横差保护和裂相横差保护，作为发电机内部匝间短路、定子绕组分支断线的主保护，保护应瞬时动作于停机。

4.1.2.2.3 200MW 及以上容量的发电机应装设启、停机保护，该保护在发电机正常运行时应可靠退出。

4.1.2.2.4　200MW 及以上容量发电机-变压器组的出口断路器应配置断口闪络保护，断口闪络保护出口延时选 0.1s～0.2s，机端有断路器的动作于机端断路器跳闸，机端没有断路器的动作于灭磁同时启动断路器失灵保护。

4.1.2.2.5　对 300MW 及以上容量的机组宜装设误上电保护。误上电保护的全阻抗特性整定和低频低压过流特性整定，其出口延时选 0.1s～0.2s，动作于全停。

4.1.2.2.6　200MW 及以上容量的发电机应装设失步保护。在短路故障、系统同步振荡、电压回路断线等情况下，保护不应误动作。通常保护动作于信号。当振荡中心在发电机-变压器组内部，失步运行时间超过整定值或电流振荡次数超过规定值时，保护动作于全停，并保证断路器断开时的电流不超过断路器允许开断电流。

4.1.2.2.7　对 300MW 及以上容量的发电机，发电机励磁回路一点接地、发电机运行频率异常、励磁电流异常下降或消失等异常运行方式，保护动作于停机，宜采用程序跳闸方式。采用程序跳闸方式，由逆功率继电器作为闭锁元件。

4.1.2.2.8　300MW 及以上容量的发电机，应装设过励磁保护。保护装置可装设由低定值和高定值两部分组成的定时限过励磁保护和反时限过励磁保护。

    a）　定时限过励磁保护，低定值部分带时限动作于信号和降低励磁电流，高定值部分动作于程序跳闸。

    b）　发电机组过励磁保护如果配置反时限保护，反时限保护应动作于程序跳闸。

    c）　反时限的保护特性曲线应与发电机的允许过励磁能力相配合。

    d）　过励磁保护长时间运行的定值不得低于 1.07 倍。

4.1.2.2.9　自并励发电机的励磁变压器宜采用电流速断保护作为主保护，过电流保护作为后备保护。

4.1.2.2.10　对调相运行的水轮发电机，在调相运行期间有可能失去电源时，应装设解列保护，保护装置带时限动作于停机。

4.1.2.2.11　抽水蓄能发电机组应根据其机组容量和接线方式装设与水轮发电机相当的保护，且应能满足发电机、调相机或电动机运行不同运行方式的要求，并可装设变频启动和发电机电制动停机需要的保护。

    a）　差动保护应采用同一套差动保护装置能满足发电机和电动机两种不同运行方式的保护方案。

    b）　应装设能满足发电机或电动机两种不同运行方式的定时限或反时限负序过电流保护。

    c）　应根据机组额定容量装设逆功率保护，并应在切换到抽水运行方式时自动退出逆功率保护。

    d）　应根据机组容量装设能满足发电机运行或电动机运行的失磁、失步保护。并由运行方式切换发电机运行或电动机运行方式下其保护的投退。

    e）　变频启动时宜闭锁可能由谐波引起误动的各种保护，启动结束时应自动解除其闭锁。

    f）　对发电机电制动停机，宜装设防止定子绕组端头短接接触不良的保护，保护可短延时动作于切断电制动励磁电流。电制动停机过程宜闭锁会发生误动的保护。

4.1.3　电力变压器保护设计阶段监督

4.1.3.1　一般要求

对升压、降压、联络变压器保护的设计，应符合 GB/T 14285、DL/T 317、DL/T 478、

DL/T 572、DL/T 671、DL/T 684 和 DL/T 770 等标准的规定。对变压器下列故障及异常运行状态，应装设相应的保护：

a）绕组及其引出线的相间短路和中性点直接接地或经小电阻接地侧的接地短路。

b）绕组的匝间短路。

c）外部相间短路引起的过电流。

d）中性点直接接地或经小电阻接地电力网中外部接地短路引起的过电流及中性点过电压。

e）过负荷。

f）过励磁。

g）中性点非有效接地侧的单相接地故障。

h）油面降低。

i）变压器油温、绕组温度过高及油箱压力过高和冷却系统故障。

j）其他故障和异常运行。

4.1.3.2 配置监督重点

4.1.3.2.1　220kV 及以上电压等级变压器保护应配置双重化的主、后备保护一体变压器电气量保护和一套非电量保护。

4.1.3.2.2　330kV 及以上电压等级变压器保护的主保护应满足：

a）配置纵差保护或分相差动保护。若仅配置分相差动保护，在低压侧有外附 TA 时，需配置不需整定的低压侧小区差动保护。

b）为提高切除自耦变压器内部单相接地短路故障的可靠性，可配置由高中压和公共绕组 TA 构成的分侧差动保护。

c）可配置不需整定的零序分量、负序分量或变化量等反映轻微故障的故障分量差动保护。

4.1.3.2.3　220kV 电压等级变压器保护的主保护应满足：

a）配置纵差保护。

b）可配置不需整定的零序分量、负序分量或变化量等反映轻微故障的故障分量差动保护。

4.1.3.2.4　变压器保护各侧 TA 应按以下原则接入：

a）纵差保护应取各侧外附 TA 电流。

b）330kV 及以上电压等级变压器的分相差动保护低压侧应取三角内部套管（绕组）TA 电流。

c）330kV 及以上电压等级变压器的低压侧后备保护宜同时取外附 TA 电流和三角内部套管（绕组）TA 电流。两组电流由装置软件折算至以变压器低压侧额定电流为基准后共用电流定值和时间定值。

4.1.3.2.5　变压器非电气量保护不应启动失灵保护。变压器非电量保护应同时作用于断路器的两个跳闸线圈。未采用就地跳闸方式的变压器非电量保护应设置独立的电源回路（包括直流空气小断路器及其直流电源监视回路）和出口跳闸回路，且必须与电气量保护完全分开。当变压器采用就地跳闸方式时，应向监控系统发送动作信号。

4.1.3.2.6　在变压器低压侧未配置母线差动和失灵保护的情况下，为提高切除变压器低压侧母线故障的可靠性，宜在变压器的低压侧设置取自不同电流回路的两套电流保护。当短路电流大于变压器热稳定电流时，变压器保护切除故障的时间不宜大于2s。

4.1.3.2.7 作用于跳闸的非电量保护，启动功率应大于5W，动作电压在额定直流电源电压的55%～70%范围内，额定直流电源电压下动作时间为10ms～35ms，加入220V工频交流电压不动作。

4.1.4 高压并联电抗器保护设计阶段监督

4.1.4.1 一般要求

对油浸式高压并联电抗器的保护配置，应符合 GB/T 14285、DL/T 242、DL/T 317 和 DL/T 572 相关要求。对下列故障及异常运行方式，应装设相应的保护：

a) 线圈的单相接地和匝间短路及其引出线的相间短路和单相接地短路。

b) 油面降低。

c) 油温度升高和冷却系统故障。

d) 过负荷。

e) 其他故障和异常运行。

4.1.4.2 配置监督重点

4.1.4.2.1 主保护

a) 主电抗器差动保护。

b) 主电抗器零序差动保护。

c) 主电抗器匝间保护。

4.1.4.2.2 主电抗器后备保护

a) 主电抗器过电流保护。

b) 主电抗器零序过电流保护。

c) 主电抗器过负荷保护。

4.1.4.2.3 中性点电抗器后备保护

a) 中性点电抗器过电流保护。

b) 中性点电抗器过负荷保护。

4.1.4.3 其他

a) 高压并联电抗器非电量保护包括主电抗器和中性点电抗器，主电抗器 A、B、C 相非电量分相开入，作用于跳闸的非电量保护三相共用一个功能连接片。

b) 作用于跳闸的非电量保护，启动功率应大于 5W，动作电压在额定直流电源电压的55%～70%范围内，额定直流电源电压下动作时间为10ms～35ms，加入220V工频交流电压不动作。

c) 重瓦斯保护作用于跳闸，其余非电量保护宜作用于信号。

4.1.5 母线保护设计阶段监督

4.1.5.1 一般要求

母线保护应符合 GB/T 14285、DL/T 317、DL/T 670 及当地电网相关要求，并满足以下重点要求：

a) 保护应能正确反应母线保护区内的各种类型故障，并动作于跳闸。

b) 对各种类型区外故障，母线保护不应由于短路电流中的非周期分量引起 TA 的暂态饱和而误动作。

c) 对构成环路的各类母线（如 3/2 断路器接线、双母线分段接线等），保护不应因母线故障时流出母线的短路电流影响而拒动。

d) 母线保护应能适应被保护母线的各种运行方式。

e) 双母线接线的母线保护，应设有电压闭锁元件。

f) 母线保护仅实现三相跳闸出口，且应允许接于本母线的断路器失灵保护共用其跳闸出口回路。

g) 母线保护动作后，除 3/2 断路器接线外，对不带分支且有纵联保护的线路，应采取措施，使对侧断路器能速动跳闸。

h) 母线保护应允许使用不同变比的 TA。

i) 当交流电流回路不正常或断线时应闭锁母线差动保护，并发出告警信号，对 3/2 断路器接线可以只发告警信号不闭锁母线差动保护。

4.1.5.2 配置监督重点

4.1.5.2.1 3/2 断路器接线方式每段母线应配置两套母线保护，每套母线保护应具有断路器失灵经母线保护跳闸功能，保护功能包括：

a) 差动保护。

b) 断路器失灵经母线保护跳闸。

c) TA 断线判别功能。

4.1.5.2.2 双母线接线方式配置双套含失灵保护功能的母线保护，每套线路保护及变压器保护各启动一套失灵保护。保护功能包括：

a) 差动保护。

b) 失灵保护。

c) 母联（分段）失灵保护。

d) 母联（分段）死区保护。

e) TA 断线判别功能。

f) TV 断线判别功能。

4.1.6 线路保护设计阶段监督

4.1.6.1 一般要求

4.1.6.1.1 线路保护配置及设计应符合 GB/T 14285、GB/T 15145、NB/T 35010、DL/T 317 及当地电网相关要求。

4.1.6.1.2 110kV 及以上电压线路的保护装置，应具有测量故障点距离的功能。故障测距的精度要求对金属性短路误差不大于线路全长的±3%。

4.1.6.1.3 220kV 及以上电压线路的保护装置，其振荡闭锁应满足如下要求：

a) 系统发生全相或非全相振荡，保护装置不应误动作跳闸。

b) 系统在全相或非全相振荡过程中，被保护线路如发生各种类型的不对称故障，保护装置应有选择性的动作跳闸，纵联保护仍应快速动作。

c) 系统在全相振荡过程中发生三相故障，故障线路的保护装置应可靠动作跳闸，并允许带短延时。

4.1.6.1.4 220kV 及以上电压线路（含联络线）的保护装置应满足以下要求：

a) 除具有全线速动的纵联保护功能外，还应至少具有三段式相间、接地距离保护，反时限和/或定时限零序方向电流保护的后备保护功能。

b) 对有监视的保护通道，在系统正常情况下，通道发生故障或出现异常情况时，应发出告警信号。

c) 能适用于弱电源情况。

d) 在交流失电压情况下，应具有在失电压情况下自动投入的后备保护功能，并允许不保证选择性。

e) 联络线应装设快速主保护，保护动作于断开联络线两端的断路器。220kV 及以上的联络线应装设双重化主保护。

f) 联络线可与其一端的电力设备共用纵联差动保护；但是当联络线为电缆或管道母线而且其连接线路时，需配置独立的 T 区保护，确保联络线内发生单相故障，应动作三跳，启动远跳，并可靠闭锁重合闸，而在线路故障时可靠不动作。

g) 当联络线两端电力设备的纵差保护范围均不包括联络线时，应装设单独的纵联差动保护。

h) 当联络线大于 600m 时，应装设单独的主保护，宜采用光纤纵联差动保护。

i) 对各类双断路器接线方式，当双断路器所连接的线路或元件退出运行而断路器之间仍连接运行时，应装设短引线保护以保护双断路器之间的连接线。

j) 联络线的每套保护应能对全线路内发生的各种类型故障均快速动作切除。对于要求实现单相重合闸的线路，在线路发生单相经高电阻接地故障时，应能正确选相并动作跳闸。

k) 对于远距离、重负荷线路及事故过负荷等情况，宜采用设置负荷电阻线或其他方法避免相间、接地距离保护的后备段保护误动作。

l) 应采取措施，防止由于零序功率方向元件的电压死区导致零序功率方向纵联保护拒动，但不宜采用过分降低零序动作电压的方法。

4.1.6.1.5 纵联距离（方向）保护装置中的零序功率方向元件应采用自产零序电压。纵联零序方向保护不应受零序电压大小的影响，在零序电压较低的情况下应保证方向元件的正确性；对于平行双回或多回有零序互感关联的线路发生接地故障时，应防止非故障线路零序方向保护误动作。

4.1.6.1.6 有独立选相跳闸功能的线路保护装置发出的跳闸命令，应能直接传送至相关断路器的分相跳闸执行回路。

4.1.6.2 配置监督重点

4.1.6.2.1 3/2 断路器接线方式

a) 线路、过电压及远方跳闸保护按以下原则配置：

1) 配置双重化的线路纵联保护，每套纵联保护应包含完整的主保护和后备保护。

2) 配置双重化的远方跳闸保护，采用"一取一"或 "二取二"经就地判别方式，当系统需要配置过电压保护时，过电压保护应集成在远方跳闸保护装置中。

b) 断路器保护及操作箱按以下原则配置：

1) 断路器保护按断路器配置。失灵保护、重合闸、充电过电流（2 段过电流+1 段零序电流）、三相不一致和死区保护等功能应集成在断路器保护装置中。

2) 配置双组跳闸线圈分相操作箱。

c) 短引线保护按以下原则配置：

配置双重化的短引线保护，每套保护应包含差动保护和过电流保护。

4.1.6.2.2 双母线接线方式

a) 配置双重化的线路纵联保护，每套纵联保护应包含完整的主保护和后备保护以及重合闸功能。

b) 当系统需要配置过电压保护时，配置双重化的过电压保护及远方跳闸保护，过电压保护应集成在远方跳闸保护装置中，远方跳闸保护采用"一取一"或"二取二"经就地判别方式。

c) 配置分相操作箱及电压切换箱。

4.1.6.2.3 自动重合闸

a) 使用于单相重合闸线路的保护装置，应具有在单相跳闸后至重合前的两相运行过程中，健全相再故障时快速动作三相跳闸的保护功能。

b) 用于重合闸检线路侧电压和检同期的电压元件，当不使用该电压元件时，TV 断线不应报警。

c) 检同期重合闸所采用的线路电压应该是自适应的，可自行选择任意相间或相电压。

d) 取消"重合闸方式转换开关"，自动重合闸仅设置"停用重合闸"功能连接片，重合闸方式通过控制字实现。

e) 单相重合闸、三相重合闸、禁止重合闸和停用重合闸应有而且只能有一项置"1"，如不满足此要求，保护装置报警并按停用重合闸处理。

f) 对 220kV 及以上电压等级的同杆并架双回线路，为了提高电力系统安全稳定运行水平，可采用按相自动重合闸方式。

4.1.7 断路器保护设计阶段监督

4.1.7.1 一般要求

断路器保护的设计应符合 GB/T 14285、DL/T 317 等的相关标准要求。

4.1.7.2 配置监督重点

4.1.7.2.1 220kV 及以上电压等级线路或电力设备的断路器失灵时应启动断路器失灵保护，并应满足以下要求：

a) 失灵保护的判别元件一般应为电流判别元件与保护跳闸触点组成"与门"逻辑关系。对于电流判别元件，线路、变压器支路应采用相电流、零序电流、负序电流组成"或门"逻辑关系。判别元件的动作时间和返回时间均不应大于 20ms，其返回系数也不宜低于 0.9。

b) 双母线接线变电站的断路器失灵保护在保护跳闸触点和电流判别元件同时动作时去解除复合电压闭锁，故障电流切断、保护收回跳闸命令后应重新闭锁断路器失灵保护。

c) 3/2 断路器接线的失灵保护应瞬时再次动作于本断路器的跳闸线圈跳闸，再经一时限动作于断开其他相邻断路器。

d) "线路–变压器"和"线路–发电机–变压器组"的线路和主设备电气量保护均应启动断路器失灵保护。当本侧断路器无法切除故障时，应采取启动远方跳闸等后备措施加以解决。

e) 变压器的断路器失灵时，除应跳开失灵断路器相邻的全部断路器外，还应跳开本变压器连接其他电源侧的断路器。

4.1.7.2.2 失灵保护装设闭锁元件的设计应满足以下原则要求：

a) 3/2 断路器接线的失灵保护不装设闭锁元件。

b) 有专用跳闸出口回路的单母线及双母线断路器失灵保护应装设闭锁元件。

c) 与母线差动保护共用跳闸出口回路的失灵保护不装设独立的闭锁元件，应共用母线差动保护的闭锁元件。

d) 发电机、变压器和高压电抗器断路器的失灵保护，为防止闭锁元件灵敏度不足应采取相应措施或不设闭锁回路。

e) 母联（分段）失灵保护、母联（分段）死区保护均应经电压闭锁元件控制。

f) 除发电机出口断路器保护外，断路器失灵保护判据中严禁设置断路器合闸位置闭锁触点或断路器三相不一致闭锁触点。

4.1.7.2.3 失灵保护动作跳闸应满足下列要求：

a) 对具有双跳闸线圈的相邻断路器，应同时动作于两组跳闸回路。

b) 对远方跳对侧断路器的，宜利用两个传输通道传送跳闸命令。

c) 保护动作时应闭锁重合闸。

d) 发电机-变压器组的断路器三相位置不一致保护应启动失灵保护。

e) 应充分考虑 TA 二次绕组合理分配，对确实无法解决的保护动作死区，在满足系统稳定要求的前提下，可采取启动失灵和远方跳闸等后备措施加以解决。

f) 断路器保护屏上不设失灵开入投（退）连接片，需要投（退）线路、变压器等保护的失灵启动回路时，通过投（退）线路、变压器等保护屏上各自的启动失灵连接片实现。

4.1.7.2.4 双母线接线的断路器失灵保护应满足以下要求：

a) 母线保护双重化配置时，断路器失灵保护应与母线差动共用出口，应采用母线保护装置内部的失灵电流判据。两套母线保护只接一套断路器失灵保护时，该母线保护出口应同时启动断路器的两个跳闸线圈。

b) 为解决主变压器低压侧故障时，按母线集中配置的断路器失灵保护中复压闭锁元件灵敏度不足的问题，主变压器支路应具备独立于失灵启动的解除复压闭锁的开入回路。"解除复压闭锁"开入长期存在时应告警。宜采用主变压器保护"动作触点"解除失灵保护的复压闭锁，不采用主变压器保护"各侧复合电压闭锁动作"触点解除失灵保护复压闭锁。启动失灵和解除失灵电压闭锁应采用主变压器保护不同继电器的跳闸触点。

c) 母线故障主变压器断路器失灵时，除应跳开失灵断路器相邻的全部断路器外，还应跳开本变压器连接其他电源侧的断路器，失灵电流再判别元件应由母线保护实现。

d) 为缩短失灵保护切除故障的时间，失灵保护跳其他断路器宜与失灵跳母联共用一段时限。

4.1.7.2.5 3/2 断路器主接线形式的断路器失灵保护应满足以下要求：

a) 设置线路保护三个分相跳闸开入，主变压器、线路保护（永久跳闸）共用一个三相跳闸开入。

b） 设置相电流元件，零、负序电流元件，发电机–变压器组单元设置低功率因数元件。TV 断线后退出低功率因数元件。保护装置内部设置"有无电流"的相电流判别元件，其最小电流门槛值应大于保护装置的最小精确工作电流（$0.05I_N$），作为判别分相操作断路器单相失灵的基本条件。

c） 失灵保护不设功能投/退连接片。

d） 三相不一致保护如需增加零、负序电流闭锁，其定值可以和失灵保护的零、负序电流定值相同，均按躲过最大负荷时的不平衡电流整定。

e） 线路保护分相跳闸开入和发电机–变压器组（线路保护永久跳闸）三相跳闸开入，失灵保护应采用不同的启动方式：

1） 任一分相跳闸触点开入后经电流突变量或零序电流启动并展宽后启动失灵。

2） 三相跳闸触点开入后不经电流突变量或零序电流启动失灵。

3） 失灵保护动作经母线差动保护出口时，应在母线差动保护装置中设置灵敏的、不需整定的电流元件，并带 20ms～50ms 的固定延时。

4.1.7.2.6　其他要求：

a） 断路器三相不一致保护功能应由断路器本体机构实现，断路器三相位置不一致保护的动作时间应与其他保护动作时间相配合。

b） 断路器防跳功能应由断路器本体机构实现，防跳继电器动作时间应与断路器动作时间配合。

c） 断路器的跳、合闸压力异常闭锁功能应由断路器本体机构实现。

d） 500kV 变压器低压侧断路器宜为双组跳闸线圈三相联动断路器。

4.1.8　故障记录及故障信息管理设计阶段监督

4.1.8.1　一般要求

4.1.8.1.1　100MW 及以上容量的发电机组、110kV 及以上升压站应装设专用故障录波装置。故障录波器设计应满足 GB/T 14285、GB/T 14598.301 相关要求。

4.1.8.1.2　发电厂应按机组配置故障录波装置。200MW 及以上容量的发电机–变压器组应配置专用故障录波器。

4.1.8.1.3　发电厂 110kV 及以上配电装置按电压等级配置故障录波装置。

4.1.8.1.4　启/备电源变压器、高压公用变压器可根据录波信息量与机组合用或单独设置。

4.1.8.1.5　并联电抗器可与相应的系统故障录波装置合用，也可单独设置。

4.1.8.1.6　故障录波装置的电流输入应接入 TA 的保护级线圈，可与保护装置共用一个二次绕组，接在保护装置之后。

4.1.8.2　配置监督重点

4.1.8.2.1　微机型发电机–变压器组故障录波装置的主要功能

a） 装置应具有非故障启动的、数据记录频率不小于 1kHz 的连续录波功能，能完整记录电力系统大面积故障、系统振荡、电压崩溃等事件的全部数据，数据存储时间不小于 7 天。

b） 装置应具有连续录波数据的扰动自动标记功能。当电网或发电机发生较大扰动时，装置能根据内置自动判据在连续录波数据上标记出扰动特征，以便于事件（扰动）提醒和数据检索。

c) 装置应有模拟量启动、开关量启动及手动启动方式，应具备外部启动触点的接入回路。

d) 装置应具有必要的信号指示灯及告警信号输出触点，装置应具有失电报警功能，并有不少于两副的触点输出。

e) 装置应具有自复位功能，当软件工作不正常时应能通过自复位等手段自动恢复正常工作，装置对自复位命令应进行记录。

f) 装置屏（柜）端子不应与装置弱电系统（指 CPU 的电源系统）有直接电气上的联系。针对不同回路，应分别采用光电耦合、带屏蔽层的变压器磁耦合等隔离措施。

g) 装置应有独立的内部时钟，每 24h 与标准时钟的误差不应超过±1s；应提供外部标准时钟（如北斗、GPS 时钟装置）的同步接口，与外部标准时钟同步后，装置与外部标准时钟的误差不应超过±1ms，以便于对反应同一事件的异地多端数据进行综合分析。

4.1.8.2.2 微机型发电机–变压器组故障录波装置记录量的配置

a) 交流电压量：用于记录发电厂的升压站母线电压、线路电压、发电机机端电压、高低压厂用母线电压、不停电电源输出电压等。

b) 交流电流量：用于记录发电厂的发电机机端电流、中性点各分支电流、励磁变压器高压侧电流、高压厂用变压器高压侧电流、线路电流、主变压器各侧电流、主变压器中心点/间隙电流及母联、旁路、分段等联络开关电流等。

c) 直流量：用于记录发电厂的直流控制电源的正极对地电压、负极对地电压、发电机转子电压/电流、主励磁机转子电压/电流等。

d) 开关量：用于记录发电厂继电保护及安全自动装置的跳闸/重合触点、开关辅助及其他重要触点等。

4.1.8.2.3 故障信息传送原则

a) 全厂的故障信息，必须在时间上同步。在每一事件报告中应标定事件发生的时间。

b) 传送的所有信息，均应采用标准规约。

4.1.8.2.4 微机型故障录波装置离线分析软件配置

离线分析软件应配有能运行于常用操作系统下的离线分析软件，可对装置记录的连续录波数据进行离线的综合分析。数据的综合分析功能应包括：

a) 采用图形化界面。

b) 录波数据应能快速检索、查询。

c) 应具有编辑、漫游功能，提供波形的显示、迭加、组合、比较、剪辑、添加标注等分析工具，可选择性打印。

d) 应具有谐波分析（不低于 7 次谐波）、序分量分析、矢量分析等功能，能将记录的电流、电压及导出的阻抗和各序分量形成相量图，并显示阻抗变化轨迹。

e) 故障的计算分析，应能计算频率、有功功率、无功功率、功率因素、差流和阻抗等导出量，计算精度满足使用要求。

f) 提供格式符合 GB/T 22386 规定的数据，以方便与其他故障分析设备交换数据。

4.1.9 电力系统同步相量测量装置设计阶段监督

4.1.9.1 一般要求

发电厂可按电力系统要求配置电力系统相量测量装置。装置应满足 GB/T 14285 和

DL/T 280 相关要求。

4.1.9.2 配置监督重点

4.1.9.2.1 同步相量测量装置应能够与多个调度端和其他子站系统通信，通信信号带有统一时标。

4.1.9.2.2 同步相量测量装置应具有与就地时间同步的对时接口，同步对时准确度为 1μs，就地对时时钟准确度满足不了要求时，可考虑同步相量测量装置设置专用的同步时钟系统。

4.1.9.2.3 同步相量测量装置独立组柜，可分散布置也可集中布置，发电厂和变电站相量测量装置应组网构成子站，统一上送测量信息。

4.1.9.2.4 同步相量测量装置的信息上传调度端可与调度自动化系统共用通道，也可采用独立通道。

4.1.10 电力系统时间同步系统设计阶段监督

4.1.10.1 一般要求

发电厂时间同步系统应符合 DL/T 317 和 DL/T 1100.1 的相关规定。发电厂应统一配置一套时间同步系统；单机容量 300MW 及以上的发电厂及有条件的场合宜采用主、备式时间同步系统，两台同步时钟一主一备，以提高时间同步系统的可靠性。

4.1.10.2 配置监督重点

4.1.10.2.1 时间同步系统宜单独组屏，便于设备扩展和校验。同步时钟应输出足够数量的不同类型时间同步信号。需要时可以增加分时钟以满足不同使用场合的需要。设备较集中且距离主时钟较远的场所可设分时钟，分时钟与主时钟对时。

4.1.10.2.2 当时间同步系统采用两路无线授时基准信号时，宜选用不同的授时源。

4.1.10.2.3 当时间同步系统通过以太网接口为不同安全防护等级的系统提供时间基准信号时，应符合相关安全防护规定的要求。

4.1.10.2.4 发电厂同步时钟系统主时钟可设在网控继电器室，也可设在发电厂的单元机组电子设备间内。

4.1.10.2.5 要求进行时间同步的设备应包括以下设备：

　　a) 记录与时间有关信息的设备，如故障录波器、发电厂电气监控管理系统、发电厂网络监控系统、变电站计算机监控系统、调度自动化系统、自动电压控制（AVC）装置、保护信息管理系统等。

　　b) 微机型继电保护装置、安全自动装置等。

　　c) 有必要记录其作用时间的设备，如调度录音电话、行政电话交换网计费系统等。

　　d) 工作原理建立在时间同步基础上的设备，如同步相量测量装置、线路故障行波测距装置、雷电定位系统等。

　　e) 要求在同一时刻记录其采集数据的系统，如电能量计量系统等。

　　f) 监控系统。

　　g) 各类管理信息系统（MIS）。

　　h) 其他要求时间统一的装置。

4.1.10.2.6 发电厂设备时间同步技术要求可按照表 1 有关规定确定。

表1 发电厂设备时间同步技术要求表

序号	设备名称	时间同步准确度	推荐使用的时间同步信号
1	安全自动装置	10ms	IRIG–B 或 lPPS/1PPM+串口对时报文
2	同步相量测量装置	1μs	IRIG–B 或 lPPS+串口对时报文
3	无功电压自动投切装置	10ms	IRIG–B 或 lPPS/1PPM+串口对时报文
4	线路行波故障测距装置	1μs	IRIG–B 或 lPPS+串口对时报文
5	微机型保护装置	10ms	IRIG–B 或 lPPS/1PPM+串口对时报文
6	故障录波器	1ms	
7	测控装置		
8	计算机监控后台系统	1s	网络对时 NTP 或串口对时报文
9	RTU/远动工作站	1ms	IRIG–B 或 lPPS/1PPM+串口对时报文
10	电能量计量终端	1s	网络对时 NTP 或串口对时报文
11	设备在线监测装置		
12	关口电能表		
13	继电保护管理子站		
14	图像监视系统		
15	监控系统		IRIG–B 或网络对时 NTP 或串口对时报文

4.1.11 继电保护通道设计阶段监督

4.1.11.1 一般要求

线路全线速动主保护的通道按照 GB/T 14285、DL/T 317 要求设置。

4.1.11.2 配置监督重点

4.1.11.2.1 双重化配置的线路纵联保护通道应相互独立,通道及接口设备的电源也应相互独立。

4.1.11.2.2 线路纵联保护优先采用光纤通道。当构成全线速动线路主保护的通信通道采用光纤通道,且线路长度不大于 50km 时,应优先采用独立光纤芯通道;50km 以上线路宜采用复用光纤,采用复用光纤时,优先采用 2Mbit/s 数字接口,还可分别使用独立的光端机。具有光纤迂回通道时,两套装置宜使用不同的光纤通道。

4.1.11.2.3 双回线路采用同型号纵联保护,或线路纵联保护采用双重化配置时,在回路设计和调试过程中应采取有效措施防止保护通道交叉使用。分相电流差动保护应采用同一路由收发、往返延时一致的通道。

4.1.11.2.4 对双回线路,若仅其中一回线路有光纤通道且按上述原则采用光纤通道传送信息外,另一回线路传送信息的通道宜采用下列方式:

a) 如同杆并架双回线,两套装置均采用光纤通道传送信息,并分别使用不同的光纤芯或 PCM 终端。

b) 如非同杆并架双回线,其一套装置采用另一回线路的光纤通道,另一套装置采用其他通道,如电力线载波、微波或光纤的其他迂回通道等。

4.1.11.2.5 一般情况下,一套线路纵联保护接入一个通信通道,有特殊要求的 500kV 线路纵联保护也可以采用双通道。

4.1.11.2.6 线路纵联电流差动保护通道的收发延时应相同。

4.1.11.2.7 双重化配置的远方跳闸保护,其通信通道应相互独立。线路纵联保护采用数字通道的,远方跳闸命令经线路纵联保护传输或采用独立于线路纵联保护的通道。

4.1.11.2.8 2Mbit/s 数字接口装置与通信设备采用 75Ω 同轴电缆不平衡方式连接。

4.1.11.2.9 安装在通信机房继电保护通信接口设备的直流电源应取自通信直流电源,并与所接入通信设备的直流电源相对应,采用–48V 电源,该电源的正端应连接至通道机房的接地铜排。

4.1.11.2.10 通信机房的接地网与主网有可靠连接时,继电保护通信接口设备至通信设备的同轴电缆的屏蔽层应两端接地。

4.1.11.2.11 传输信息的通道设备应满足传输时间、可靠性的要求。其传输时间应符合下列要求:

    a) 传输线路纵联保护信息的数字式通道传输时间应不大于 12ms,点对点的数字式通道传输时间应不大于 5ms。

    b) 传输线路纵联保护信息的模拟式通道传输时间,对允许式应不大于 15ms,对采用专用信号传输设备的闭锁式应不大于 5ms。

    c) 系统安全稳定控制信息的通道传输时间应根据实际控制要求确定,原则上应尽可能的快。点对点传输时,传输时间要求应与线路纵联保护相同。

    d) 信息传输接收装置在对侧发信信号消失后收信输出的返回时间应不大于通道传输时间。

4.1.12 直流电源、直流熔断器、直流断路器及相关回路设计阶段监督

4.1.12.1 一般要求

    发电厂直流系统应符合 GB/T 14285、GB/T 19638.1、GB/T 19826 和 DL/T 5044 等规定。

4.1.12.2 配置监督重点

4.1.12.2.1 发电机组蓄电池组的配置应与其保护设置相适应。发电厂容量在 100MW 及以上的发电机组应配置两组蓄电池。

4.1.12.2.2 变电站直流系统配置应充分考虑设备检修时的冗余,330kV 及以上电压等级变电站及重要的 220kV 升压站应采用三台充电、浮充电装置,两组蓄电池组的供电方式。每组蓄电池和充电机应分别接于一段直流母线上,第三台充电装置(备用充电装置)可在两段母线之间切换,任一工作充电装置退出运行时,手动投入第三台充电装置。变电站直流电源供电质量应满足微机型保护运行要求。

4.1.12.2.3 发电厂的直流网络应采用辐射状供电方式,严禁采用环状供电方式。高压配电装置断路器电动机储能回路及隔离开关电动机电源如采用直流电源宜采用环形供电,间隔内采用辐射供电。

4.1.12.2.4 直流主屏宜布置在蓄电池室附近单独的电源室内或继电保护室内。充电设备宜与直流主屏同室布置。直流分电柜宜布置在相应负荷中心处。

4.1.12.2.5 直流系统的电缆应采用阻燃电缆,两组蓄电池的电缆应分别铺设在各自独立的通道内,尽量避免与交流电缆并排铺设,在穿越电缆竖井时,两组蓄电池电缆应加穿金属套管。

4.1.12.2.6 继电保护的直流电源,电压纹波系数应不大于 2%,最低电压不低于额定电压的 85%,最高电压不高于额定电压的 110%。

4.1.12.2.7 选用充电、浮充电装置，应满足稳压精度优于0.5%、稳流精度优于1%、输出电压纹波系数不大于0.5%的技术要求。

4.1.12.2.8 新建或改造的发电厂，直流系统绝缘监测装置应具备交流窜直流故障的监测和报警功能。原有的直流系统绝缘监测装置应逐步进行改造，使其具备交流窜直流故障的监测和报警功能。

4.1.12.2.9 新、扩建或改造的变电站直流系统用断路器应采用具有自动脱扣功能的直流断路器，严禁使用普通交流断路器。直流断路器应具有速断保护和过电流保护功能，可带有辅助触点和报警触点。

4.1.12.2.10 直流回路采用熔断器作为保护电器时，应装设隔离电器，如刀开关，也可采用熔断器和刀开关合一的刀熔开关。

4.1.12.2.11 蓄电池出口回路熔断器应带有报警触点，其他回路熔断器，必要时可带有报警触点。

4.1.12.2.12 除蓄电池组出口总熔断器以外，逐步将现有运行的熔断器更换为直流专用断路器。当直流断路器与蓄电池组出口总熔断器配合时，应考虑动作特性的不同，对级差做适当调整。

4.1.12.2.13 对装置的直流熔断器或直流断路器及相关回路配置的基本要求应不出现寄生回路，并增强保护功能的冗余度。

4.1.12.2.14 由不同熔断器或直流断路器供电的两套保护装置的直流逻辑回路间不允许有任何电的联系。

4.1.12.2.15 对于采用近后备原则进行双重化配置的保护装置，每套保护装置应由不同的电源供电，并分别设有专用的直流熔断器或直流断路器。

4.1.12.2.16 采用远后备原则配置保护时，其所有保护装置，以及断路器操作回路等，可仅由一组直流熔断器或直流断路器供电。

4.1.12.2.17 母线保护、变压器差动保护、发电机差动保护、各种双断路器接线方式的线路保护等保护装置与每一断路器的操作回路应分别由专用的直流熔断器或直流断路器供电。

4.1.12.2.18 有两组跳闸线圈的断路器，其每一跳闸回路应分别由专用的直流熔断器或直流断路器供电。

4.1.12.2.19 单套配置的断路器失灵保护动作后应同时作用于断路器的两个跳闸线圈。如断路器只有一组跳闸线圈，失灵保护装置工作电源应与相对应的断路器操作电源取自不同的直流电源系统。

4.1.12.2.20 继电保护电源回路保护设备的配置，应符合下列规定：
   a) 当一个安装单位只有一台断路器时，继电保护和自动装置可与控制回路共用一组熔断器或直流断路器。
   b) 当一个安装单位有几台断路器时，该安装单位的保护和自动装置回路应设置单独的熔断器或直流断路器。各断路器控制回路熔断器或直流断路器可单独设置，也可接于公用保护回路熔断器或直流断路器之下。
   c) 两个及以上安装单位的公用保护和自动装置回路，应设置单独的熔断器或直流断路器。
   d) 发电机出口断路器及磁场断路器控制回路，可合用一组熔断器或直流断路器。
   e) 电源回路的熔断器或直流断路器均应加以监视。

4.1.12.2.21 继电保护和自动装置信号回路保护设备的配置，应符合下列规定：

a) 继电保护和自动装置信号回路均应设置熔断器或直流断路器。

b) 公用信号回路应设置单独的熔断器或直流断路器。

c) 信号回路的熔断器或直流断路器应加以监视。

4.1.12.2.22 直流断路器的选择，应符合下列规定：

a) 额定电压应大于或等于回路的最高工作电压。

b) 额定电流应大于回路的最大工作电流。对于不同性质的负载，直流断路器的额定电流按照以下原则选择：

1) 蓄电池出口回路应按蓄电池 1h 放电率电流选择。并应按事故放电初期（1min）放电电流校验保护动作的安全性，且应与直流馈线回路保护电器相配合。

2) 断路器电磁操动机构的合闸回路，可按 0.3 额定合闸电流选择，但直流断路器过载脱扣时间应大于断路器固有合闸时间。

3) 直流电动机回路，可按电动机的额定电流选择。

c) 断流能力应满足直流系统短路电流的要求。

d) 各级断路器的保护动作电流和动作时间应满足选择性要求，考虑上、下级差的配合，且应有足够的灵敏系数。

4.1.12.2.23 熔断器的选择，应符合下列规定：

a) 额定电压应大于或等于回路的最高工作电压。

b) 额定电流应大于回路的最大工作电流。对于不同性质的负载，熔断器的额定电流按照以下原则选择：

1) 蓄电池出口回路应按蓄电池 1h 放电率电流选择，并应与直流馈线回路保护电器相配合。

2) 断路器电磁操动机构的合闸回路，可按 0.2～0.3 额定合闸电流选择，但熔断器的熔断时间应大于断路器固有合闸时间。

3) 直流电动机回路，可按电动机的额定电流选择。

c) 断流能力应满足直流系统短路电流的要求。

d) 应满足各级熔断器动作时间的选择性要求，同时要考虑上、下级差的配合。

4.1.12.2.24 上、下级直流熔断器或直流断路器之间及熔断器与直流断路器之间的选择性，应符合下列规定：

a) 各级熔断器的上、下级熔体之间（同一系列产品）额定电流值，应保证至少 2 级级差。

b) 蓄电池组总熔断器与分熔断器之间，应保证 3 级～4 级级差。

c) 各级直流断路器上、下级之间，应保证至少 4 级级差。

d) 熔断器装设在直流断路器上一级时，熔断器额定电流应为直流断路器额定电流的 2 倍及以上。

e) 直流断路器装设在熔断器上一级时，直流断路器额定电流应为熔断器额定电流的 4 倍及以上。

4.1.13 继电保护相关回路及设备设计阶段监督

4.1.13.1 一般要求

继电保护相关回路及设备的设计应符合 GB/T 14285、DL/T 317、DL/T 866 和国能安全

〔2014〕161等标准的相关要求。

4.1.13.2 二次回路

4.1.13.2.1 二次回路的工作电压不宜超过250V，最高不应超过500V。

4.1.13.2.2 互感器二次回路连接的负荷，不应超过继电保护工作准确等级所规定的负荷范围。

4.1.13.2.3 应采用铜芯的控制电缆和绝缘导线。在绝缘可能受到油侵蚀的地方，应采用耐油绝缘导线。

4.1.13.2.4 按机械强度要求，控制电缆或绝缘导线的芯线最小截面，强电控制回路，不应小于 1.5mm²，屏、柜内导线的芯线截面应不小于 1.0mm²；弱电控制回路，不应小于 0.5mm²。电缆芯线截面的选择还应符合下列要求：

    a) 电流回路：应使 TA 的工作准确等级符合继电保护的要求。无可靠依据时，可按断路器的断流容量确定最大短路电流。

    b) 电压回路：当全部继电保护动作时，TV 到继电保护屏的电缆压降不应超过额定电压的 3%。

    c) 操作回路：在最大负荷下，电源引出端到断路器分、合闸线圈的电压降，不应超过额定电压的 10%。

4.1.13.2.5 在同一根电缆中不宜有不同安装单元的电缆芯。对双重化保护的电流回路、电压回路、直流电源回路、双组跳闸绕组的控制回路等，两套系统不应合用一根多芯电缆。

4.1.13.2.6 保护和控制设备的直流电源、交流电流、电压及信号引入回路应采用屏蔽电缆。

4.1.13.2.7 发电厂重要设备和线路的继电保护和自动装置，应有经常监视操作电源的装置。各断路器的跳闸回路，重要设备和线路的断路器合闸回路，以及装有自动重合装置的断路器合闸回路，应装设回路完整性的监视装置。监视装置可发出光信号或声光信号，或通过自动化系统向远方传送信号。

4.1.13.2.8 在有振动的地方，应采取防止导线绝缘层磨损、接头松脱和继电器、装置误动作的措施。发电机本体 TA 的二次回路引线宜采用多股导线。每个接线端子每侧接线宜为 1 根，不得超过 2 根；对于插接式端子，不同截面的两根导线不得接在同一端子中；螺栓连接端子接两根导线时，中间应加平垫片。

4.1.13.2.9 屏、柜和屏、柜上设备的前面和后面，应有必要的标志。

4.1.13.2.10 气体继电器的重瓦斯保护两对触点应并联或分别引出到保护装置，禁止串联或只用一对触点引出。

4.1.13.2.11 在变压器和并联电抗器的气体继电器与中间端子盒之间的连线等绝缘可能受到油侵蚀的地方应采用防油绝缘导线。中间端子盒应具有防雨措施，盒内端子排应横向排列安装，气体继电器接入中间端子盒的连线应从端子排下侧进线接入端子，跳闸回路的端子与其他端子之间留出间隔端子并单独用一根电缆。中间端子盒的引出电缆应从端子排上侧连接。对单相变压器的气体继电器保护宜分相报警。变压器及并联电抗器瓦斯保护动作后应有自保持。未采用就地跳闸方式的变压器非电量保护应设置独立的电源回路（包括直流空气小断路器及其直流电源监视回路）和出口跳闸回路，且必须与电气量保护完全分开。如采用就地跳闸方式，非电量保护中就地部分的中间继电器由强电直流启动且应采用启动功率较大的中间继电器。

4.1.13.2.12 主设备非电量保护设施应防水、防振、防油、渗漏、密封性好，若有转接柜则要做好防水、防尘及防小动物等防护措施。变压器户外布置的压力释放阀、气体继电器和油流速动继电器应加装防雨罩。

4.1.13.2.13 交流端子与直流端子之间应加空端子，并保持一定距离，必要时加隔离措施。

4.1.13.2.14 发电机过励磁保护的电压量应采用线电压，不应采用相电压，以防发电机定子发生接地故障或 TV 二次回路发生异常，造成中性点电位抬高，导致过励磁保护误动作。

4.1.13.2.15 对于 3/2 接线方式，应防止在"和电流"的差动保护回路接线造成 TA 二次回路短接引起的保护误动。

4.1.13.2.16 TA 的二次回路不宜进行切换。当需要切换时，应采取防止开路的措施。

4.1.13.2.17 当几种仪表接在 TA 的一个二次绕组时，其接线顺序宜先接指示和积算式仪表，再接变送器，最后接入计算机监控系统。

4.1.13.2.18 当受条件限制，测量仪表和保护或自动装置共用 TA 的同一个二次绕组时，其接线顺序应先接保护装置，再接安全自动装置，最后接故障录波器和测量仪表。

4.1.13.2.19 继电保护用 TA 二次回路电缆截面的选择应保证互感器误差不超过规定值。计算条件应为系统最大运行方式下最不利的短路形式，并应计及 TA 二次绕组接线方式、电缆阻抗换算系数、继电器阻抗换算系数及接线端子接触电阻等因素。对系统最大运行方式如无可靠根据，可按断路器的断流容量确定最大短路电流。

4.1.13.3　TA 及 TV

4.1.13.3.1　保护用 TA 的要求

a) 保护用 TA 的准确性能应符合 DL/T 866 标准的有关规定。

b) TA 带实际二次负荷在稳态短路电流下的准确限值系数或励磁特性（含饱和拐点）应能满足所接保护装置动作可靠性的要求。

c) TA 在短路电流含有非周期分量的暂态过程中和存在剩磁的条件下，可能使其严重饱和而导致很大的暂态误差。在选择保护用 TA 时，应根据所用保护装置的特性和暂态饱和可能引起的后果等因素，慎重确定互感器暂态影响的对策。必要时应选择能适应暂态要求的 TP 类 TA，其特性应符合 GB 20840.2 标准的要求。如保护装置具有减轻互感器暂态饱和影响的功能，可按保护装置的要求选用适当的 TA：

　　1) 330kV 及以上系统保护、高压侧为 330kV 及以上的变压器和 300MW 及以上的发电机–变压器组差动保护用 TA 宜采用 TPY 类 TA。互感器在短路暂态过程中误差应不超过规定值。

　　2) 220kV 系统保护、高压侧为 220kV 的变压器和 100MW～200MW 级的发电机–变压器组差动保护用 TA 可采用 P 类、PR 类或 PX 类 TA。互感器可按稳态短路条件进行计算选择，为减轻可能发生的暂态饱和影响宜具有适当暂态系数。220kV 系统的暂态系数不宜低于 2，100MW～200MW 级机组外部故障的暂态系数不宜低于 10。

　　3) 110kV 及以下系统保护用 TA 可采用 P 类 TA。

　　4) 母线保护用 TA 可按保护装置的要求或按稳态短路条件选用。

d) 保护用 TA 的配置及二次绕组的分配应尽量避免主保护出现死区。按近后备原则配置的两套主保护应分别接入互感器的不同二次绕组。

e) 差动保护用 TA 的相关特性应一致。

f) 宜选用具有多次级的 TA。优先选用贯穿（倒置）式 TA。

4.1.13.3.2 保护用 TV 的要求

a) 保护用 TV 应能在电力系统故障时将一次电压准确传变至二次侧，传变误差及暂态响应应符合 DL/T 866 标准的有关规定。电磁式 TV 应避免出现铁磁谐振。

b) TV 的二次输出额定容量及实际负荷应在保证互感器准确等级的范围内。

c) 双断路器接线按近后备原则配备的两套主保护，应分别接入 TV 的不同二次绕组；对双母线接线按近后备原则配置的两套主保护，可以合用 TV 的同一二次绕组。

d) 在 TV 二次回路中，除开口三角线圈和另有规定者外，应装设自动断路器或熔断器。接有距离保护时，宜装设自动断路器。

e) 发电机出口和 6（10）kV 厂用电 TV 的一次侧熔断器熔体的额定电流均应为 0.5A。

4.1.13.4 断路器及隔离开关

4.1.13.4.1 断路器及隔离开关二次回路应满足 GB/T 14285 等标准的有关规定，应尽量附有防止跳跃的回路，采用串联自保持时，接入跳合闸回路的自保持线圈，其动作电流不应大于额定跳合闸电流的 50%，线圈压降小于额定值的 5%。

4.1.13.4.2 断路器应有足够数量、动作逻辑正确、接触可靠的辅助触点供保护装置使用。辅助触点与主触头的动作时间差不大于 10ms。

4.1.13.4.3 隔离开关应有足够数量、动作逻辑正确、接触可靠的辅助触点供保护装置使用。

4.1.13.4.4 断路器及隔离开关的闭锁回路并网信号及断路器跳闸回路等可能由于直流母线失电导致系统误判引发的停机或事故的辅助触点数量不足时，不允许用重动继电器扩充触点。

4.1.13.5 抗电磁干扰措施

4.1.13.5.1 根据升压站和一次设备安装的实际情况，宜敷设与发电厂主接地网紧密连接的等电位接地网。等电位接地网应满足 GB/T 14285 和国能安全〔2014〕161 号等标准的有关规定，满足以下要求：

a) 应在主控室、保护室、敷设二次电缆的沟道、开关场的就地端子箱及保护用结合滤波器等处，使用截面不小于 100mm^2 的裸铜排（缆）敷设与主接地网紧密连接的等电位接地网。

b) 在主控室、保护室柜屏下层的电缆室内，按柜屏布置的方向敷设 100mm^2 的专用铜排（缆），将该专用铜排（缆）首末端连接，形成保护室内的等电位接地网。保护室内的等电位网与厂主地网只能存在唯一的接地点，连接位置宜选在保护室外部电缆入口处。为保证连接可靠，连接线必须用至少 4 根以上、截面不小于 50mm^2 的铜缆（排）构成共同接地点。

c) 静态保护和控制装置的屏（柜）下部应设有截面不小于 100mm^2 的接地铜排。屏（柜）内装置的接地端子应用截面不小于 4mm^2 的多股铜线和接地铜排相连。接地铜排应用截面不小于 50mm^2 的铜缆与保护室内的等电位接地网相连。

d) 沿二次电缆的沟道敷设截面不少于 100mm^2 的裸铜排（缆），构建室外的等电位接地网。

e) 分散布置的保护就地站、通信室与集控室之间，应使用截面不少于 100mm^2、紧密与厂、站主接地网相连接的铜排（缆）将保护就地站与集控室的等电位接地网可靠连接。

f) 开关场的就地端子箱内应设置截面不少于 100mm^2 的裸铜排，并使用截面不少于 100mm^2 的铜缆与电缆沟道内的等电位接地网连接。

g) 保护及相关二次回路和高频收发信机的电缆屏蔽层应使用截面不小于 $4mm^2$ 多股铜质软导线可靠连接到等电位接地网的铜排上。

h) 在开关场的变压器、断路器、隔离开关、结合滤波器和 TA、TV 等设备的二次电缆应经金属管从一次设备的接线盒（箱）引至就地端子箱，并将金属管的上端与上述设备的底座和金属外壳良好焊接，下端就近与主接地网良好焊接。在就地端子箱处将这些二次电缆的屏蔽层使用截面不小于 $4mm^2$ 多股铜质软导线可靠单端连接至等电位接地网的铜排上。

i) 在干扰水平较高的场所，或是为取得必要的抗干扰效果，宜在敷设等电位接地网的基础上使用金属电缆托盘（架），并将各段电缆托盘（架）与等电位接地网紧密连接，并将不同用途的电缆分类、分层敷设在金属电缆托盘（架）中。

4.1.13.5.2 微机型继电保护装置所有二次回路的电缆应满足 GB/T 14285 和国能安全〔2014〕161 号等标准的有关规定，并使用屏蔽电缆，严禁使用电缆内的空线替代屏蔽层接地。二次回路电缆敷设应符合以下要求：

a) 合理规划二次电缆的路径，尽可能远离高压母线、避雷器和避雷针的接地点、并联电容器、电容式 TV、结合电容及电容式套管等设备。避免和减少迂回，缩短二次电缆的长度。与运行设备无关的电缆应予拆除。

b) 交流电流和交流电压回路、交流和直流回路、强电和弱电回路，以及来自开关场 TV 二次的四根引入线和 TV 开口三角绕组的两根引入线均应使用各自独立的电缆。

c) 双重化配置的保护装置、母线差动和断路器失灵等重要保护的启动和跳闸回路均应使用各自独立的电缆。

4.1.13.5.3 TV 二次绕组的接地应满足 GB/T 14285 和国能安全〔2014〕161 号等标准的有关规定，并符合下列规定：

a) TV 的二次回路只允许有一点接地。为保证接地可靠，各 TV 的中性点接地线中不应串接有可能断开的设备。

b) 对中性点直接接地系统，TV 星形接线的二次绕组采用中性点一点接地方式（中性线接地）。

c) 对中性点非直接接地系统，TV 星形接线的二次绕组宜采用中性点接地方式（中性线接地）。

d) 对 Vv 接线的 TV，宜采用 B 相一点接地，B 相接地线上不应串接有可能断开的设备。

e) TV 开口三角绕组的引出端之一应一点接地，接地引线上不应串接有可能断开的设备。

f) 几组 TV 二次绕组之间有电路联系或者地中电流会产生零序电压使保护误动作时，接地点应集中在继电器室内一点接地。无电路联系时，可分别在不同的继电器室或配电装置内接地。

g) 已在控制室或继电器室一点接地的 TV 二次绕组，宜在配电装置处经端子排将二次绕组中性点经放电间隙或氧化锌阀片接地。其击穿电压峰值应大于 $30I_{max}$ V（I_{max} 为电网接地故障时通过变电站的可能最大接地电流有效值，单位为 kA）。

4.1.13.5.4 TA 的二次回路应有且只能有一个接地点，宜在配电装置处经端子排接地。由几组 TA 绕组组合且有电路直接联系的回路，TA 二次回路应在"和"电流处经端子排一点接地。

4.1.13.5.5　经长电缆跳闸回路，宜采取增加出口继电器动作功率等措施，防止误动。所有涉及直接跳闸的重要回路应采用动作电压在额定直流电源电压的 55%～70% 范围以内的中间继电器，并要求其动作功率不低于 5W。

4.1.13.5.6　针对来自系统操作、故障、直流接地等异常情况，应采取有效防误动措施，防止保护装置单一元件损坏可能引起的不正确动作。断路器失灵启动母线差动、变压器侧断路器失灵启动等重要回路宜采用双开入接口，必要时，还可增加双路重动继电器分别对双开入量进行重动。

4.1.13.5.7　遵守保护装置 24V 开入电源不出保护室的原则，以免引进干扰。

4.1.13.5.8　发电机转子大轴接地应配置两组并联的接地炭刷或铜辫，并通过 50mm² 以上铜线（排）与主地网可靠连接，以保证励磁回路接地保护稳定运行。

4.1.13.5.9　控制电缆应具有必要的屏蔽措施并妥善接地。

a)　在电缆敷设时，应充分利用自然屏蔽物的屏蔽作用。必要时，可与保护用电缆平行设置专用屏蔽线。

b)　屏蔽电缆的屏蔽层应在开关场和控制室内两端接地。在控制室内屏蔽层宜在保护屏上接于屏（柜）内的接地铜排，在开关场屏蔽层应在与高压设备有一定距离的端子箱接地。

c)　电力线载波用同轴电缆屏蔽层应在两端分别接地，并紧靠同轴电缆敷设截面不小于 100mm² 两端接地的铜导线。

d)　传送音频信号应采用屏蔽双绞线，其屏蔽层应在两端接地。

e)　传送数字信号的保护与通信设备间的距离大于 50m 时，应采用光缆。

f)　对于低频、低电平模拟信号的电缆，如热电偶用电缆，屏蔽层应在最不平衡端或电路本身接地处一点接地。

g)　对于双层屏蔽电缆，内屏蔽应一端接地，外屏蔽应两端接地。

h)　两点接地的屏蔽电缆宜采取相关措施，防止在暂态电流作用下屏蔽层被烧熔。

4.1.13.5.10　保护输入回路和电源回路应根据具体情况采用必要的减缓电磁干扰措施。

a)　保护的输入、输出回路应使用空触点、光耦或隔离变压器等措施进行隔离。

b)　直流电压在 110V 及以上的中间继电器应在线圈端子上并联电容或反向二极管作为消弧回路，在电容及二极管上都应串入数百欧的低值电阻，以防止电容或二极管短路时将中间继电器线圈短接。二极管反向击穿电压不宜低于 1000V。

4.1.13.5.11　装有电子装置的屏（柜）应设有供公用零电位基准点逻辑接地的总接地铜排。总接地铜排的截面不应小于 100mm²。

a)　当单个屏（柜）内部的多个装置的信号逻辑零电位点分别独立，并且不需引出装置小箱（浮空）或需与小箱壳体连接时，总接地铜排可不与屏体绝缘；各装置小箱的接地引线应分别与总接地铜排可靠连接。

b)　当屏（柜）上多个装置组成一个系统时，屏（柜）内部各装置的逻辑接地点均应与装置小箱壳体绝缘，并分别引接至屏（柜）内总接地铜排。总接地铜排应与屏（柜）壳体绝缘。组成一个控制系统的多个屏（柜）组装在一起时，只应有一个屏（柜）的总接地铜排有引出地线连接至安全接地网。其他屏（柜）的绝缘总接地铜排均应分别用绝缘铜绞线接至有接地引出线的屏（柜）的绝缘总接地铜排上。

c) 当采用没有隔离的 RS-232-C 从一个房间到另一个房间进行通信时，它们必须共用同一接地系统。如果不能将各建筑物中的电气系统都接到一个公共的接地系统时，则彼此的通信必须实现电气上的隔离，如采用隔离变压器、光隔离、隔离化的短程调制解调器。

d) 零电位母线应仅在一点用绝缘铜绞线或电缆就近连接至接地干线上（如控制室夹层的环形接地母线上）。零电位母线与主接地网相连处不得靠近有可能产生较大故障电流和较大电气干扰的场所，如避雷器、高压隔离开关、旋转电动机附近及其接地点。

4.1.13.5.12 逻辑接地系统的接地线应符合下列规定：

a) 逻辑接地线应采用绝缘铜绞线或电缆，不允许使用裸铜线，不允许与其他接地线混用。

b) 零电位母线（铜排）至接地网之间连接线的截面不应小于 35mm²，屏间零电位母线间的连接线的截面不应小于 16mm²。

c) 逻辑接地线与接地体的连接应采用焊接，不允许采用压接。

d) 逻辑接地线的布线应尽可能短。

4.1.14 继电保护装置与监控自动化系统配合

4.1.14.1 一般要求

继电保护装置与计算机监控、ECMS 监控的配合应符合 GB/T 14285 等标准的相关要求。

4.1.14.2 微机型继电保护装置与厂站自动化系统的配合及接口

应用于厂站自动化系统中的微机型保护装置功能应相对独立，具有与厂自动化系统进行通信的接口，具体要求如下：

a) 微机型继电保护装置及其出口回路不应依赖于厂自动化系统，并能独立运行。

b) 微机型继电保护装置逻辑判断回路所需的各种输入量应直接接入保护装置，不宜经厂自动化系统及其通信网转接。

c) 微机型继电保护装置应具有 2 个及以上的通信接口，能满足同时与继电保护信息管理系统和监控系统通信的要求。

4.1.14.3 与微机型保护装置送出或接收的信息

与厂站自动化系统通信的微机型保护装置应能送出或接收以下类型的信息：

a) 装置的识别信息、安装位置信息。

b) 开关量输入（例如断路器位置、保护投入连接片等）。

c) 异常信号（包括装置本身的异常和外部回路的异常）。

d) 故障信息（故障记录、内部逻辑量的事件顺序记录）。

e) 模拟量测量值。

f) 装置的定值及定值区号。

g) 自动化系统的有关控制信息和断路器跳合闸命令、时钟对时命令等。

4.1.14.4 通信协议

微机型保护装置与发电厂自动化系统（继电保护信息管理系统）的通信协议应符合 DL/T 667 或 DL/T 860 等标准的规定。

4.1.15 厂用电继电保护设计阶段监督

4.1.15.1 一般要求

4.1.15.1.1 厂用电继电保护应符合 GB/T 14285、GB/T 50062、DL/T 744 和 DL/T 770 等标准的要求。

4.1.15.1.2 各类常用保护装置的灵敏系数不宜低于如下数值：

a) 纵联差动保护取 2。

b) 电流速断保护取 2（按保护安装处短路计算）。

c) 过电流保护取 1.5。

d) 动作于信号的单相接地保护取 1.2。

e) 动作于跳闸的单相接地保护取 1.5。

4.1.15.1.3 保护用 TA（包括中间 TA）的稳态误差不应大于 10%。当技术上难以满足要求，且不至于使保护装置不正确动作时，可允许较大的误差。小变比高动热稳定的 TA 应能保证馈线三相短路时保护可靠动作。差动保护回路不应与测量仪表合用 TA 的二次绕组。其他保护装置也不宜与测量仪表合用 TA 的二次绕组，若受条件限制需合用 TA 的二次绕组时，应按下列原则处理：

a) 保护装置应设置在仪表之前，以避免校验仪表时影响保护装置的工作。

b) 对于电流回路开路可能引起保护装置不正确动作，而又未装设有效的闭锁和监视时，仪表应经中间 TA 连接，当中间 TA 二次回路开路时，保护用 TA 的稳态比误差仍应不大于 10%。

4.1.15.1.4 保护和操作用继电器宜装设在高压成套断路器柜及低压配电屏上。

4.1.15.2 配置监督重点

4.1.15.2.1 中性点非直接接地的厂用电系统的单相接地保护

a) 高压厂用变压器电源侧的单相接地保护。

1) 当厂用电源从母线上引接，且该母线为非直接接地系统时，如母线上的出线都装有单相接地保护，则厂用电源回路也应装设单相接地保护。保护装置的构成方式与该母线上出线的单相接地保护装置相同。

2) 当厂用电源从发电机出口引接时，单相接地保护由发电机-变压器组的保护来确定。

b) 高压厂用电系统的单相接地保护。

1) 不接地系统：

——当系统的单相接地电流在 10A 及以上时，厂用电动机回路的单相接地保护应瞬时动作于跳闸。

——当系统的单相接地电流在 15A 及以上时，其他馈线回路的单相接地保护也应动作于跳闸。

2) 高电阻接地系统（接地保护动作于信号）：

——当单相接地电流小于 15A 时，保护动作于信号。

——厂用电动机回路：当单相接地电流小于 10A 时，应装设接地故障检测装置。

——其他馈线回路：当单相接地电流小于 15A 时，单相接地保护动作于信号。

3) 低电阻接地系统（接地保护动作于跳闸）：

——厂用母线和厂用电源回路：单相接地保护宜由接于电源变压器中性点的电阻取得零序电流来实现，保护动作后带时限切除本回路断路器。

——厂用电动机及其他馈线回路：单相接地保护宜由安装在该回路上的零序 TA 取得零序电流来实现，保护动作后切除本回路的断路器。

c) 低压厂用电系统的单相接地保护。高电阻接地的低压厂用电系统，单相接地保护应利用中性点接地设备上产生的零序电压来实现，保护动作后应向值班地点发出接地信号。低压厂用中央母线上的馈线回路应装设接地故障检测装置。检测装置宜由反应零序电流的元件构成，动作于就地信号。

d) 为了保证单相接地保护动作的正确性，零序 TA 套装在电缆上时，应使电缆头至零序 TA 之间的一段金属外护层不能与大地相接触。此段电缆的固定应与大地绝缘，其金属外护层的接地线应穿过零序 TA 后接地，使金属外护层中的电流不致通过零序 TA。如回路中有 2 根及以上电缆并联，且每根电缆上分别装有零序 TA 时，则应将各零序 TA 的二次绕组串联后接至继电器。

4.1.15.2.2 高压厂用变压器的保护

a) 10MVA 及以上或带有公用负荷 6.3MVA 及以上变压器和 2MVA 及以上采用电流速断保护灵敏性不符合要求的变压器应配置纵联差动保护。

b) 10MVA 以下或带有公用负荷 6.3MVA 以下的变压器应装设电流速断保护。

c) 10（6）kV 进线（或分支）限时速断保护。

d) 具有单独油箱的带负荷调压的油浸式变压器的调压装置及 0.8MVA 及以上油浸式变压器和 0.4MVA 及以上室内油浸式变压器应装设瓦斯保护。

e) 过电流保护。

f) 单相接地保护。

g) 备用分支的过电流保护（如有备用分支）。

h) 零序电流保护。

4.1.15.2.3 低压厂用变压器的保护

a) 2MVA 及以上用电流速断保护灵敏性不符合要求的变压器应装设纵联差动保护。

b) 电流速断保护。

c) 800kVA 及以上的油浸变压器和 400kVA 及以上的室内油浸变压器应装设瓦斯保护。

d) 过电流保护。

e) 单相接地短路保护。

f) 单相接地保护。

g) 供电距离较远时应装设低压保护。

h) 温度保护。

4.1.15.2.4 电压为 3kV 及以上的异步电动机和同步电动机的保护

a) 电流速断保护。

b) 差动保护。

c) 负序电流保护。

d) 定子绕组过负荷保护。

e) 热过载保护。

f) 接地保护。

g) 低电压保护。

h) 堵转保护。

i) 同步电动机失磁保护。

j) 同步电动机失步保护。

k) 同步电动机非同步冲击保护。

4.1.15.2.5 低压厂用电动机的保护

a) 相间短路保护。

b) 单相接地短路保护。

c) 单相接地保护。

d) 过负荷保护。

e) 两相运行保护。

f) 低电压保护。

4.1.15.2.6 厂用线路的保护

a) 3kV～10kV厂用线路应装设下列保护：

  1) 相间短路保护。

  2) 单相接地保护。

b) 6kV～35kV厂用升压或隔离变压器线路组的保护：

  1) 相间短路保护。

  2) 瓦斯保护（800kVA及以上油浸变压器）。

  3) 单相接地保护。

c) 6kV～35kV厂用线路上降压变压器（包括分支连接的降压变压器）的保护，宜采用高压跌落式熔断器作为降压变压器的相间短路保护。

d) 低压厂用线路应装设下列保护：

  1) 相间短路保护。

  2) 单相接地短路保护（低压厂用电系统中性点为直接接地时应装设本保护）。

  3) 单相接地保护。

4.1.15.3 备用电源自动投入装置

备用电源自动投入装置（以下简称"备自投"）切换方式的设计应符合GB/T 14285、DL/T 526和DL/T 1073等标准的相关规定。其配置及功能应至少满足以下条件：

a) 在下列情况下，应配置备自投：

  1) 具有备用电源的发电厂厂用电源。

  2) 由双电源供电，其中一个电源经常断开作为备用的电源。

  3) 有备用机组的某些重要辅机。

b) 备自投的主要功能应符合下列要求：

  1) 在正常运行中需要切换厂用电时，应有双向切换功能。当工作电源和备用电源属于同一系统时宜选择并联切换方式。

  2) 在电气事故或不正常运行（包括工作母线低电压和工作断路器偷跳）时应能自动切向备用电源，且只允许采用串联切换方式，在合备用电源断路器之前应确认工作电源断路器已经跳闸；在非电气事故需要切换厂用电时，允许采用同时切换方式。

3） 串联切换应同时开放快速切换、同相位切换及残压切换三种切换方式，在工作断路器跳闸瞬间满足快切条件时执行快速切换，如不满足切换条件，则执行同相位切换及残压切换。

4） 在并联切换中，应防止两电源长期并列形成环流，并列时间不宜超过 1s。

5） 当备用电源切换到故障母线上时，应具有启动后加速保护快速切除故障功能。

6） 在工作母线 TV 断线或备用电源降低时，应闭锁切换。

7） 当工作电源失电时，备自投只允许动作一次，需在相应的动作条件满足后才能允许下一次动作。

4.2 基建及验收阶段监督

4.2.1 基建及验收依据及基本要求

4.2.1.1 对于基建、更改工程，应以保证设计、调试和验收质量为前提，合理制定工期，严格执行相关技术标准、规程、规定和反事故措施，不得为赶工期减少调试项目，降低调试质量。

4.2.1.2 验收单位应制定详细的验收标准和合理的验收计划，确保验收质量。

4.2.1.3 对新安装的继电保护装置进行验收时，应以订货合同、技术协议、设计图和技术说明书及有关验收规范等规定为依据，按 GB 50171、GB 50172、DL/T 995 等标准及有关规程和规定进行调试，并按定值通知单进行整定。检验整定完毕，并经验收合格后方可允许投入运行。

4.2.1.4 在基建验收时，应按相关规程要求，检验线路和主设备的所有保护之间的相互配合关系，对线路纵联保护还应与线路对侧保护进行一一对应的联动试验，并有针对性的检查各套保护与跳闸连接片的唯一对应关系。

4.2.1.5 并网发电厂机组投入运行时，相关继电保护、自动装置和电力专用通信配套设施等应同时投入运行。

4.2.1.6 新建 110kV 及以上的电气设备参数，应按照有关基建工程验收规程的要求，在投入运行前进行实际测试。

4.2.1.7 对于基建、更改工程，应配置必要的继电保护试验设备和专用工具。

4.2.1.8 新设备投产时应认真编写保护启动方案，做好事故预想，确保设备故障时能被可靠切除。

4.2.1.9 新设备投入运行前，基建单位应按 GB 50171、GB 50172、DL/T 995 等验收规范的有关规定，与发电厂进行设计图、仪器仪表、调试专用工具、备品备件和试验报告等移交工作。

4.2.2 装置安装及其检查、检验的监督重点

4.2.2.1 新安装装置验收检验前应进行的准备工作

a） 了解设备的一次接线及投入运行后可能出现的运行方式和设备投入运行的方案，该方案应包括投入初期的临时继电保护方式。

b） 检查装置的原理接线图（设计图）及与之相符合的二次回路安装图、电缆敷设图、电缆编号图、断路器操动机构图、二次回路分线箱图及 TA、TV 端子箱图等全部图纸以及成套保护、自动装置的原理和技术说明书及断路器操动机构说明书，TA、TV 的出厂试验报告等。以上技术资料应齐全、正确。若新装置由基建部门负责调试，生产部门继电保护验收人员验收全套技术资料之后，再验收技术报告。

c） 根据设计图纸，到现场核对所有装置的安装位置及接线是否正确。

4.2.2.2 TA、TV 及其回路检查与验收监督重点

4.2.2.2.1 检查 TA、TV 的铭牌参数是否完整，出厂合格证及试验资料是否齐全，如缺乏上述数据时，应由有关制造厂或基建、生产单位的试验部门提供下列试验资料：

a) 所有绕组的极性。

b) 所有绕组及其抽头的变比。

c) TV 在各使用容量下的准确级。

d) TA 各绕组的准确级（级别）、容量及内部安装位置。

e) 二次绕组的直流电阻（各抽头）。

f) TA 各绕组的伏安特性。

4.2.2.2.2 TA、TV 检查。

a) TA、TV 的变比、容量、准确级必须符合设计要求。

b) 测试互感器各绕组间的极性关系，核对铭牌上的极性标志是否正确。检查互感器各次绕组的连接方式及其极性关系是否与设计符合，相别标识是否正确。

c) 有条件时，可自 TA 的一次分相通入电流，检查工作抽头的变比及回路是否正确（发电机–变压器组保护所使用的外附互感器、变压器套管互感器的极性与变比检验可在发电机做短路试验时进行）。

d) 自 TA 的二次端子箱处向负载端通入交流电流，测定回路的压降，计算电流回路每相与零相及相间的阻抗（二次回路负担）。将所测得的阻抗值按保护的具体工作条件和制造厂提供的出厂资料来验算是否符合互感器 10%误差的要求。

4.2.2.2.3 TA 二次回路检查。

a) 检查 TA 二次绕组所有二次接线的正确性及端子排引线螺钉压接的可靠性。

b) 检查电流二次回路的接地点与接地状况，TA 的二次回路必须只能有一点接地；由几组 TA 二次组合的电流回路，应在有直接电气连接处一点接地。

4.2.2.2.4 TV 二次回路检查。

a) 检查 TV 二次绕组的所有二次回路接线的正确性及端子排引线螺钉压接的可靠性。

b) 经控制室零相小母线（N600）连通的几组 TV 二次回路，只应在控制室将 N600 一点接地，各 TV 二次中性点在开关场的接地点应断开；为保证接地可靠，各 TV 的中性线不得接有可能断开的断路器或接触器等。独立的、与其他互感器二次回路没有直接电气联系的二次回路，可以在控制室也可以在开关场实现一点接地。来自 TV 二次回路的 4 根开关场引入线和互感器开口三角回路的 2（3）根开关场引入线必须分开，不得共用。

c) 检查 TV 二次中性点在开关场的金属氧化物避雷器的安装是否符合规定。

d) 检查 TV 二次回路中所有熔断器（自动断路器）的装设地点、熔断（脱扣）电流是否合适(自动断路器的脱扣电流需通过试验确定),质量是否良好,能否保证选择性,自动断路器线圈阻抗值是否合适。

e) 检查串联在电压回路中断路器、隔离开关及切换设备触点接触的可靠性。

f) 测量电压回路自互感器引出端子到配电屏电压母线的每相直流电阻，并计算 TV 在额定容量下的压降，其值不应超过额定电压的 3%。

4.2.2.3 二次回路检查与检验监督重点

4.2.2.3.1 二次回路绝缘检查。

在对二次回路进行绝缘检查前,必须确认被保护设备的断路器、TA 全部停电,交流电压回路已在电压切换把手或分线箱处与其他单元设备的回路断开,并与其他回路隔离完好后,才允许进行。从保护屏(柜)的端子排处将所有外部引入的回路及电缆全部断开,分别将电流、电压、直流控制、信号回路的所有端子各自连接在一起,用 1000V 绝缘电阻表测量回路的下列绝缘电阻,其阻值均应大于 10MΩ。

4.2.2.3.2 二次回路的验收检验。

a) 对回路的所有部件进行观察、清扫与必要的检修及调整。所述部件包括:与装置有关的操作把手、按钮、插头、灯座、位置指示继电器、中央信号装置及这些部件回路中端子排、电缆、熔断器等。

b) 利用导通法依次经过所有中间接线端子,检查由互感器引出端子箱到操作屏(柜)、保护屏(柜)、自动装置屏(柜)或至分线箱的电缆回路及电缆芯的标号,并检查电缆簿的填写是否正确。

c) 当设备新投入或接入新回路时,核对熔断器(或自动断路器)的额定电流是否与设计相符或与所接入的负荷相适应,并满足上下级之间的配合。

d) 检查屏(柜)上的设备及端子排内部、外部连线的标号应正确完整,接触牢靠,并利用导通法进行检验。且应与图纸和运行规程相符合,并检查电缆终端和沿电缆敷设路线上的电缆标牌是否正确完整,与相应的电缆编号相符,与设计相符。

e) 检验直流回路是否确实没有寄生回路存在。检验时应根据回路设计的具体情况,用分别断开回路的一些可能在运行中断开(如熔断器、指示灯等)的设备及使回路中某些触点闭合的方法来检验。每一套独立的装置,均应有专用于直接接到直流熔断器正负极电源的专用端子对,这一套保护的全部直流回路包括跳闸出口继电器的线圈回路,都必须且只能从这一对专用端子取得直流的正、负电源。

f) 信号回路及设备可不进行单独的检验。

4.2.2.3.3 断路器、隔离开关及其二次回路的检验。

a) 继电保护检验人员应了解掌握有关设备的技术性能及其调试结果,并负责检验自保护屏(柜)引至断路器(包括隔离开关)二次回路端子排处有关电缆线连接的正确性及螺钉压接的可靠性。

b) 断路器的跳闸线圈及合闸线圈的电气回路接线方式(包括防止断路器跳跃回路、三相不一致回路等措施)。

c) 与保护回路有关的辅助触点的开、闭情况,切换时间,构成方式及触点容量。

d) 断路器二次操作回路中的气压、液压及弹簧压力等监视回路的工作方式。

e) 断路器二次回路接线图。

f) 断路器跳闸及合闸线圈的电阻值及在额定电压下的跳、合闸电流。

g) 断路器跳闸电压及合闸电压,其值应满足相关规程的规定。

h) 断路器的跳闸时间、合闸时间以及合闸时三相触头不同时闭合的最大时间差,应不大于规定值。

4.2.2.4 屏（柜）及装置检查与检验监督重点

4.2.2.4.1 装置外观检查。

a) 检查装置的实际构成情况：装置的配置、型号、额定参数（直流电源额定电压、交流额定电流及电压等）是否与设计相符合。

b) 主辅设备的工艺质量、导线与端子采用材料等的质量。装置内部的所有焊接头、插件接触的牢靠性等属于制造工艺质量的问题，主要依靠制造厂负责保证产品质量。进行新安装装置的验收检验时，检验人员只做抽查。

c) 屏（柜）上的标志应正确且完整清晰，并与图纸和运行规程相符。

d) 检查安装在装置输入回路和电源回路的减缓电磁干扰器件和措施应符合相关标准和制造厂的技术要求。在装置检验的全过程，应将这些减缓电磁干扰器件和措施保持良好状态。

e) 应将保护屏（柜）上不参与正常运行的连接片取下，或采取其他防止误投的措施。

4.2.2.4.2 装置绝缘试验。

a) 按照装置技术说明书的要求拔出插件。在保护屏（柜）端子排内侧分别短接交流电压回路端子、交流电流回路端子、直流电源回路端子、跳闸和合闸回路端子、开关量输入回路端子、调度自动化系统接口回路端子及信号回路端子。

b) 断开与其他保护的弱电联系回路。

c) 将打印机与装置断开。

d) 装置内所有互感器的屏蔽层应可靠接地。在测量某一组回路对地绝缘电阻时，应将其他各组回路都接地。

e) 用500V绝缘电阻表测量绝缘电阻值，要求阻值均大于20MΩ。测试后，应将各回路对地放电。

4.2.2.5 输入、输出回路检验监督重点

4.2.2.5.1 开关量输入回路检验。

a) 在保护屏（柜）端子排处，按照装置技术说明书规定的试验方法，对所有引入端子排的开关量输入回路依次加入激励量，观察装置的行为。

b) 按照装置技术说明书所规定的试验方法，分别接通、断开连接片及转动把手，观察装置的行为。

4.2.2.5.2 输出触点及输出信号检查。

在装置屏（柜）端子排处，按照装置技术说明书规定的试验方法，依次观察装置所有输出触点及输出信号的通断状态。

4.2.2.5.3 各电流、电压输入的幅值和相位精度检验。

按照装置技术说明书规定的试验方法，分别输入不同幅值和相位的电流、电压量，观察装置的采样值满足装置技术条件的规定。

4.2.2.6 整定值的整定及检验监督重点

应按照保护整定通知单上的整定项目，按照装置技术说明书或制造厂推荐的试验方法，对保护的每一功能元件进行逐一检验。

4.2.2.7 纵联保护通道检验监督重点

4.2.2.7.1 继电保护专用载波通道中的阻波器、结合滤波器、高频电缆等加工设备的试验项

目与电力线载波通信规定的相一致。与通信合用通道的试验工作由通信部门负责，其通道的整组试验特性除满足通信本身要求外，也应满足继电保护安全运行的有关要求。

4.2.2.7.2　传输远方跳闸信号的通道，在新安装或更换设备后应测试其通道传输时间。采用允许式信号的纵联保护，除了测试通道传输时间，还应测试"允许跳闸"信号的返回时间。

4.2.2.7.3　继电保护利用通信设备传送保护信息的通道（包括复用载波机及其通道），还应检查各端子排接线的正确性、可靠性，并检查继电保护装置与通信设备不应有直接电气连接。

4.2.2.8　操作箱检查与检验监督重点

4.2.2.8.1　进行每一项试验时，检验人员须准备详细的试验方案，尽量减少断路器的操作次数。

4.2.2.8.2　对分相操作断路器，应逐相传动防止断路器跳跃的每个回路。

4.2.2.8.3　对于操作箱中的出口继电器，还应进行动作电压范围的检验，确认其值在 55%～70%额定电压之间。对于其他逻辑回路的继电器，应满足 80%额定电压下可靠动作。

4.2.2.8.4　操作箱的检验以厂家调试说明书并结合现场情况进行。并重点检验下列元件及回路的正确性：

　　a)　防止断路器跳跃回路和三相不一致回路。

　　b)　如果使用断路器本体的防止断路器跳跃回路和三相不一致回路，则检查操作箱的相关回路是否满足运行要求。

　　c)　交流电压的切换回路。

　　d)　合闸回路、跳闸 1 回路及跳闸 2 回路的接线正确性，并保证各回路之间不存在寄生回路。

4.2.2.8.5　利用操作箱对断路器进行下列传动试验：

　　a)　断路器就地分闸、合闸传动。

　　b)　断路器远方分闸、合闸传动。

　　c)　防止断路器跳跃回路传动。

　　d)　断路器三相不一致回路传动。

　　e)　断路器操作闭锁功能检查。

　　f)　断路器操作油压或空气压力继电器、SF_6 密度继电器及弹簧压力等触点的检查，检查各级压力继电器触点输出是否正确，检查压力低闭锁合闸、闭锁重合闸、闭锁跳闸等功能是否正确。

　　g)　断路器辅助触点检查，远方、就地方式功能检查。

　　h)　在使用操作箱的防跳回路时，应检验串联接入跳合闸回路的自保持线圈，其动作电流不应大于额定跳合闸电流的 50%，线圈压降小于额定值的 5%。

　　i)　所有断路器信号检查。

4.2.2.9　整组试验监督重点

4.2.2.9.1　新安装装置的验收检验时，需要先进行每一套保护（指几种保护共用一组出口的保护总称）带模拟断路器（或带断路器及采用其他手段）的整组试验。每一套保护传动完成后，还需模拟各种故障，用所有保护带实际断路器进行整组试验。

4.2.2.9.2　整组试验应着重做如下检查：

　　a)　各套保护间的电压、电流回路的相别及极性是否一致。

　　b)　在同一类型的故障下，应该同时动作于发出跳闸脉冲的保护，在模拟短路故障中是否均能动作，其信号指示是否正确。

c) 有两个线圈以上的直流继电器的极性连接是否正确，对于用电流启动（或保持）的回路，其动作（或保持）性能是否可靠。

d) 所有相互间存在闭锁关系的回路，其性能是否与设计符合。

e) 所有在运行中需要由运行值班员操作的把手及连接片的连线、名称、位置标号是否正确，在运行过程中与这些设备有关的名称、使用条件是否一致。

f) 中央信号装置的动作及有关光字、音响信号指示是否正确。

g) 各套保护在直流电源正常及异常状态下（自端子排处断开其中一套保护的负电源等）是否存在寄生回路。

h) 断路器跳、合闸回路的可靠性，其中装设单相重合闸的线路，验证电压、电流、断路器回路相别的一致性及与断路器跳合闸回路相连的所有信号指示回路的正确性。对于有双组跳闸线圈的断路器，应检查两组跳闸线圈接线极性是否一致。

i) 自动重合闸是否能确实保证按规定的方式动作并保证不发生多次重合现象。

4.2.2.10 用一次电流及工作电压的检验监督重点

4.2.2.10.1 新安装或经更改的电流、电压回路，应直接利用工作电压检查电压二次回路，利用负荷电流检查电流二次回路接线的正确性。装置未经该检验，不能正式投入运行。在进行该项试验前，需完成下列工作：

a) 具有符合实际情况的图纸与装置的技术说明及现场使用说明。

b) 运行中需由运行值班员操作的连接片、电源开关、操作把手等的名称、用途、操作方法等应在现场使用说明中详细注明。

4.2.2.10.2 通过用一次电流和工作电压判定如下事项：

a) 对接入电流、电压的相互相位、极性有严格要求的装置（如带方向的电流保护、距离保护等），其相别、相位关系以及所保护的方向是否正确。

b) 电流差动保护（母线、发电机、变压器的差动保护、线路纵联差动保护及横差保护等）接到保护回路中的各组电流回路的相对极性关系及变比是否正确。

c) 利用相序滤过器构成的保护所接入的电流（电压）的相序是否正确、滤过器的调整是否合适。

d) 每组 TA（包括备用绕组）的接线是否正确，回路连线是否牢靠。

4.2.2.10.3 用一次电流与工作电压检验的项目包括：

a) 测量电压、电流的相位关系。

b) 对使用 TV 三次电压或零序 TA 电流的装置，应利用一次电流与工作电压向装置中的相应元件通入模拟的故障量或改变被检查元件的试验接线方式，以判明装置接线的正确性。由于整组试验中已判明同一回路中各保护元件间的相位关系是正确的，因此该项检验在同一回路中只须选取其中一个元件进行检验即可。

c) 测量电流差动保护各组 TA 的相位及差动回路中的差电流（或差电压），以判明差动回路接线的正确性及电流变比补偿回路的正确性。所有差动保护（母线、变压器、发电机的纵、横差等）在投入运行前，除测定相回路和差回路外，还必须测量各中性线的不平衡电流、电压，以保证装置和二次回路接线的正确性。

d) 检查相序滤过器不平衡输出的数值，应满足装置的技术条件。

e) 对高频相差保护、导引线保护，须进行所在线路两侧电流及电压相别、相位一致性的检验。

f) 对导引线保护，须以一次负荷电流判定导引线极性连接的正确性。

4.2.2.10.4 对变压器差动保护，需要用在全电压下投入变压器的方法检验保护能否躲开励磁涌流的影响。

4.2.2.10.5 对发电机差动保护，应在发电机投入前进行的短路试验过程中，测量差动回路的差电流，以判明电流回路极性的正确性。

4.2.2.10.6 对零序方向元件的电流及电压回路连接正确性的检验要求和方法，应由专门的检验规程规定。对使用非自产零序电压、电流的并联高压电抗器保护、变压器中性点保护等，在正常运行条件下无法利用一次电流、电压测试时，应与调度部门协调，创造条件进行利用工作电压检查电压二次回路，利用负荷电流检查电流二次回路接线的正确性。

4.2.2.10.7 对于新安装变压器，在变压器充电前，应将其差动保护投入使用，在一次设备运行正常且带负荷之后，再由检验人员利用负荷电流检查差动回路的正确性。

4.2.2.10.8 对用一次电流及工作电压进行的检验结果，必须按当时的负荷情况加以分析，拟订预期的检验结果，凡所得结果与预期的不一致时，应进行认真细致的分析，查找确实原因，不允许随意改动保护回路的接线。

4.2.2.11 其他检验

4.2.2.11.1 蓄电池施工及验收执行 GB 50172 标准。直流电源屏和蓄电池的检查根据订货合同的技术协议，重点对直流电源屏（包括充电机屏和馈电屏）中设备的型号、数量、软件版本以及设备制造单位进行检查。对高频开关电源模块、监控单元、硅降压回路、绝缘监察装置、蓄电池管理单元、熔断器、隔离开关、直流断路器、避雷器等设备进行检查。对蓄电池组的型号、容量、蓄电池组电压、单体蓄电池电压、蓄电池个数以及设备制造单位等进行检查。

4.2.2.11.2 机组并网前，应做好核相及假同期试验等工作。

4.2.2.11.3 发电机在进相运行前，应仔细检查和校核发电机失磁保护的测量原理、整定范围和动作特性，防止发电机进相运行时发生误动行为。

4.2.2.11.4 新安装的气体继电器必须经校验合格后方可使用。气体继电器应在真空注油完毕后再安装。瓦斯保护投运前必须对信号、跳闸回路进行保护试验。

4.2.3 竣工验收资料应满足的要求

a) 电气设备及线路有关实测参数完整正确。

b) 全部保护装置竣工图纸符合实际。

c) 装置定值符合整定通知单要求。

d) 检验项目及结果符合检验规程的规定。

e) 核对 TA 变比、伏安特性及 10%误差，其二次负荷满足误差要求。

f) 检查屏前、后的设备整齐、完好，回路绝缘良好，标志齐全、正确。

g) 检查二次电缆绝缘良好，标号齐全、正确。

h) 相量测试报告齐全。

i) 用一次负荷电流和工作电压进行验收试验，判断互感器极性、变比及其回路的正确性，判断方向、差动、距离、高频等保护装置有关元件及接线的正确性。

j) 调试单位提供的继电保护试验报告齐全。

4.2.4 微机型继电保护装置投运时应具备的技术文件

a) 竣工原理图、安装图、设计说明、电缆清册等设计资料。

b) 制造厂商提供的装置说明书、保护屏（柜）电原理图、装置电原理图、故障检测手册、合格证明和出厂试验报告等技术文件。

c) 新安装检验报告和验收报告。

d) 微机型继电保护装置定值通知单。

e) 制造厂商提供的软件逻辑框图和有效软件版本说明。

f) 微机型继电保护装置的专用检验规程或制造厂商保护装置调试大纲。

4.3 运行阶段监督

4.3.1 定值整定计算与管理

4.3.1.1 继电保护整定计算原则

4.3.1.1.1 继电保护短路电流应按照 GB/T 15544.1 标准进行计算。发电机、变压器保护应按照 DL/T 684 和 DL/T 1309 等标准要求进行整定，220kV～750kV 电网继电保护应按照 DL/T 559 等标准要求进行整定，3kV～110kV 电网继电保护应按照 DL/T 584 等标准要求进行整定。定值整定完成后应组织专家审核后使用，并根据所在电网定期提供的系统阻抗值及时校核。

4.3.1.1.2 发电厂继电保护定值整定中，在考虑兼顾"可靠性、选择性、灵敏性、速动性"时，应按照"保人身、保设备及保电网"的原则进行整定。

4.3.1.1.3 发电厂继电保护定值整定中，当灵敏性与选择性难以兼顾时，应首先考虑以保灵敏度为主，防止保护拒动。

4.3.1.1.4 发电厂应根据相关继电保护整定计算规定、电网运行情况及主设备技术条件，校核涉网的保护定值，并根据调度部门的要求，做好每年度对所辖设备的整定值进行校核工作。当电网结构、线路参数和短路电流水平发生变化时，应及时校核相关涉网保护的配置与整定，避免保护发生不正确动作行为。为防止发生网源协调事故，并网发电厂大型发电机组涉网保护装置的技术性能和参数应满足所接入电网要求。

4.3.1.1.5 并网发电厂发电机组配置的频率异常、低励限制、定子过电压、定子低电压、失磁、失步、过励磁、过励限制及保护、重要辅机保护等涉网保护定值应满足电力系统安全稳定运行的要求。其配置及定值配合应按照 DL/T 1309 及当地电网相关要求进行。

4.3.1.1.6 大型发电机组涉网保护的定值应在当地调度部门备案，备案应至少包括下列内容：

a) 失磁保护、低励限制定值。

b) 失步保护定值。

c) 低频保护、过频保护定值。

d) 过励磁保护定值。

e) 定子低电压、过电压保护定值。

f) 过励限制及保护、转子绕组过负荷保护定值。

4.3.1.1.7 发电机-变压器组保护定值设置。在对发电机-变压器组保护进行整定计算时应注意以下原则：

a) 在整定计算大型机组高频、低频、过电压和欠电压保护时应分别根据发电机组在并网前、后的不同运行工况和制造厂提供的发电机组的特性曲线进行。

b) 在整定计算发电机-变压器组的过励磁保护时应全面考虑主变压器及高压厂用变压

器的过励磁能力，并按调节器过励限制首先动作，其次是发电机–变压器组过励磁保护动作，然后再是发电机转子过负荷动作的阶梯关系进行。

c) 励磁调节器中的低励限制应与失磁保护协调配合，遵循低励限制灵敏度高于失磁保护的原则，低励限制线应与静稳极限边界配合，且留有一定裕度。

d) 整定计算发电机定子接地保护时应根据发电机在带不同负荷的运行工况下实测基波零序电压和三次谐波电压的实测值数据进行。

e) 整定计算发电机–变压器组负序电流保护应根据制造厂提供的对称过负荷和负序电流的 $I_2^2 t$ 值进行。

f) 整定计算发电机、变压器的差动保护时，在保护正确、可靠动作的前提下，不宜整定过于灵敏，以避免不正确动作。

g) 发电机组失磁保护中静稳极限阻抗应基于系统最小运行方式的电抗值进行校核。

4.3.1.1.8 变压器非电量保护设置。在对变压器非电量保护进行整定计算时应注意以下原则：

a) 国产变压器无特殊要求时，油温、绕组温度过高和压力释放保护出口方式宜设置动作于信号。

b) 重瓦斯保护出口方式应设置动作于跳闸。

c) 轻瓦斯保护出口方式应设置动作于信号。

d) 国产强迫油循环风冷变压器，应安装冷却器故障保护。当冷却器系统全停时，应按要求整定出口跳闸。强迫油循环的变压器冷却器全停保护应设置为冷却器全停+顶层温度超限(75℃)+延时 20min 动作于跳闸和冷却器全停+延时 60min 动作于跳闸。

e) 油浸（自然循环）风冷和干式风冷变压器，风扇停止工作时，允许的负载和工作时间应按照制造厂规定。油浸风冷变压器当冷却系统部分故障停风扇后，顶层油温不超过 65℃ 时允许带额定负载运行，保护应设置动作于信号。

f) 冷却器全停时除以上保护动作外，还应在数秒之内发"冷却器全停"信号。

g) 进口变压器的非电量保护动作出口方式可根据制造厂产品说明书要求进行设置。

4.3.1.1.9 对于 300MW 及以上大型发电机的转子接地保护应采用两段式转子一点接地保护方式，一段报信，二段跳闸。二段保护宜动作于程序跳闸。定值按照 DL/T 684 相关要求进行整定。

4.3.1.1.10 200MW 及以上容量发电机定子接地保护宜将基波零序保护与三次谐波电压保护的出口分开，基波零序保护投跳闸，三次谐波保护投信号。定子接地保护也可采用注入式保护方式。

4.3.1.1.11 为了保证高压厂用变压器的动稳定能力，所有高压厂用变压器出线（或分支）侧应结合 GB 1094.5 要求设置定时速断保护，对于容量在 2500kVA 及以下变压器，延时设置不大于 0.5s；对于容量在 2500kVA 以上变压器，延时设置不大于 0.25s。对于各支路馈线速断保护则应设置即时动作。使分支与各馈线支路的速断保护有一定的时差，保证馈线支路短路时分支保护不会误动。

4.3.1.1.12 中压 F-C 真空接触器的保护配置，除过电流保护延时与熔断器的安—秒特性曲线配合外，还应配置大电流闭锁功能。

4.3.1.1.13 低压主配电屏进线断路器保护整定值应与厂用变压器高压保护配合，避免低压侧故障时造成越级跳闸。

4.3.1.1.14 水轮发电机转子过电流限制应能承受 2 倍额定励磁电流，其中空气冷却的水轮发电机持续时间不少于 50s。水直接冷却或加强空气冷却的水轮发电机持续时间不少于 20s。

4.3.1.1.15 为防止水轮机出现超速，继电保护动作的出口方式不应选用解列灭磁方式。

4.3.1.2 定值通知单管理

4.3.1.2.1 对涉网保护定值通知单应按如下规定执行：

    a) 涉网设备的保护定值按网调、省调等继电保护主管部门下发的继电保护定值单执行。运行单位接到定值通知单后，应在限定日期内执行完毕，并在继电保护记事簿上写出书面交代，将"定值单回执"寄回发定值通知单单位。对网、省调下发的继电保护定值单，原件由继电保护专业部门（班组）留存，给其他部门的定值单可用复印件。

    b) 定值变更后，由现场运行人员与上级调度人员按调度运行规程的相关规定核对无误后方可投入运行。调度人员和现场运行人员应在各自的定值通知单上签字和注明执行时间。

    c) 旁路代送线路：

        1) 旁路保护各段定值与被代送线路保护各段定值应相同。

        2) 旁路断路器的微机型保护型号与线路微机型保护型号相同且两者 TA 变比亦相同，旁路断路器代送该线路时，使用该线路本身型号相同的保护定值，否则，使用旁路断路器专用于代送线路的保护定值。

4.3.1.2.2 发电厂继电保护专业人员负责本厂调度的继电保护设备的整定计算和现场实施。继电保护专业编制的定值通知单上由计算人、复算人、审核人、批准人签字并加盖"继电保护专用章"方能有效。

4.3.1.2.3 定值通知单一式四份，应分别发给责任部门（班组）、运行部门、厂技术主管部门和档案室。运行部门现场应配置保护定值本，并根据定值的更改情况及时进行定值单的变更。报批时定值单可以只有一份，原件责任部门（班组）留存，其他部门可用复印件。

4.3.1.2.4 定值通知单应按年度统一编号，注明所保护设备的简明参数、相应的执行元件或定值设定名称、保护是否投入跳闸及信号等。此外还应注明签发日期、限定执行日期、定值更改原因和作废的定值通知单号等。

4.3.1.2.5 新的定值通知单下发到相应部门执行完毕后应由执行人员和运行人员签字确认，注明执行日期，同时撤下原作废定值单。如原作废定值单无法撤下，则应在无效的定值通知单上加盖"作废"章。执行完毕的定值通知单应反馈至责任部门（班组）统一管理。

4.3.1.2.6 继电保护责任部门（班组）应有继电保护定值变更记录本，详细记录继电保护定值变更情况。

4.3.1.2.7 做好继电保护定检期间定值管理工作，现场定检后要进行三核对，核对检验报告与定值单一致、核对定值单与设备设定值一致、核对设备参数设定值符合现场实际。

4.3.1.2.8 66kV 及以上系统微机型继电保护装置整定计算所需的电力主设备及线路的参数，应使用实测参数值。新投运的电力主设备及线路的实测参数应于投运前 1 个月，由运行单位统一归口提交负责整定计算的继电保护部门。

4.3.2 软件版本管理

4.3.2.1 微机型保护软件必须经部级及以上质检中心检测合格方可入网运行。发电厂应每年与继电保护管理部门沟通及时获取经发布允许入网的微机型保护型号及软件版本。微机型保护装置的各种保护功能软件（含可编程逻辑）均须有软件版本号、校验码和程序生成时间等完整软件版本信息（统称软件版本）。

4.3.2.2 继电保护设备技术合同中应明确微机型保护软件版本。在设备出厂验收时需核对保护厂家提供的微机型保护软件版本及保护说明书，确认其与技术合同要求一致；在保护设备投入运行前，对微机型保护软件版本进行核对，核对结果备案，需报当地电网的还需将核对结果报调度部门。同一线路两侧的微机型线路保护软件版本应保持一致。

4.3.2.3 微机型保护软件变动较大时，应要求制造厂进行检测，检测合格而且经现场试验验证后方可投入运行。

4.3.2.4 对于涉网的微机型保护软件升级，发电厂应在下列情况下及时提出，由装置制造厂家向相应调度提出书面申请，经调度审批后方可进行保护软件升级：

a) 保护装置在运行中由于软件缺陷导致不正确动作。

b) 试验证明保护装置存在影响保护功能的软件缺陷。

c) 制造厂家为提高保护装置的性能，需要对软件进行改进。

4.3.2.5 运行或即将投入运行的微机型继电保护装置的内部逻辑不得随意更改。未经相应继电保护运行管理部门同意，不得进行继电保护装置软件升级工作。

4.3.2.6 微机型继电保护装置投产1周内，运行维护单位应将继电保护软件版本与定值回执单同时报定值单下发单位。

4.3.2.7 认真做好微机型保护装置等设备软件版本的管理工作，特别注重计算机安全问题，防止因各类计算机病毒危及设备而造成保护装置不正确动作和误整定、误试验等事件的发生。

4.3.2.8 发电厂应设置专人负责微机型保护的软件档案管理工作；其软件档案应包括保护型号、制造厂家、保护说明书、软件版本、保护厂家的软件升级申请等需登记在册，每季度进行一次监督检查。

4.3.2.9 并网发电厂的高压母线保护、线路保护、断路器失灵保护等涉及电网安全的微机型保护软件，向相应调度报批和备案。

4.3.3 巡视检查

4.3.3.1 应按照 DL/T 587 及制造厂提供的资料等及时编制、修订继电保护运行规程，在工作中应严格执行各项规章制度及反事故措施和安全技术措施。通过有秩序的工作和严格的技术监督，杜绝继电保护人员因人为责任造成的"误碰、误整定、误接线"事故。

4.3.3.2 发电厂应统一规定本厂的微机型继电保护装置名称，装置中各保护段的名称和作用。

4.3.3.3 新投产的发电机–变压器组、变压器、母线、线路等保护应认真编写启动方案呈报有关主管部门审批，做好事故预想，并采取防止保护不正确动作的有效措施。设备启动正常后应及时恢复为正常运行方式，确保故障能可靠切除。

4.3.3.4 检修设备在投运前，应认真检查各项安全措施恢复情况，防止电压二次回路（特别是开口三角形回路）短路、电流二次回路（特别是备用的二次回路）开路和不符合运行要求的接地点的现象。

4.3.3.5 在一次设备进行操作或 TV 并列时，应采取防止距离保护失电压，以及变压器差动保护和低阻抗保护误动的有效措施。

4.3.3.6 每天巡视时应核对微机型继电保护装置及自动装置的时钟。并定期核对微机型继电保护装置和故障录波装置的各相交流电流、各相交流电压、零序电流（电压）、差电流、外部开关量变位和时钟，并做好记录，核对周期不应超过一个月。

4.3.3.7 检查和分析每套保护在运行中反映出来的各类不平衡分量。微机型差动保护应能在差流越限时发出告警信号，应建立定期检查和记录差流的制度，从中找出薄弱环节和事故隐患，及时采取有效对策。

4.3.3.8 要建立与完善阻波器、结合滤波器等高频通道加工设备的定期检修制度，落实责任制，消除检修管理的死区。

4.3.3.9 结合技术监督检查、检修和运行维护工作，检查本单位继电保护接地系统和抗干扰措施是否处于良好状态。

4.3.3.10 若微机型线路保护装置和收发信机都有远方启动回路，只能投入一套远方启动回路，应优先采用微机型线路保护装置的远方启动回路。

4.3.3.11 继电保护复用通信通道管理应符合以下要求：

a) 继电保护部门和通信部门应明确继电保护复用通信通道的管辖范围和维护界面，防止因通信专业与保护专业职责不清造成继电保护装置不能正常运行或不正确动作。

b) 继电保护部门和通信部门应统一规定管辖范围内的继电保护与通信专业复用通道的名称。

c) 若通信人员在通道设备上工作影响继电保护装置的正常运行，作业前通信人员应填写工作票，经主管部门批准后，通信人员方可进行工作。

d) 通信部门应定期对与微机型继电保护装置正常运行密切相关的光电转换接口、接插部件、PCM（或 2M）板、光端机、通信电源的通信设备的运行状况进行检查，可结合微机型继电保护装置的定期检验同时进行，确保微机型继电保护装置通信通道正常。光纤通道要有监视运行通道的手段，并能判定出现的异常是由保护还是由通信设备引起。

e) 继电保护复用的载波机有计数器时，现场运行人员要每天检查一次计数器，发现计数器变化时，应立即向上级调度汇报，并通知继电保护专业人员。

4.3.3.12 对直流系统进行的运行与定期维护工作，应符合 DL/T 724 标准相关要求。

4.3.3.13 应利用机组 A/B 级检修对充电、浮充电装置进行全面检查，校验其稳压、稳流精度和纹波系数，不符合要求的，应及时对其进行调整。

4.3.3.14 浮充电运行的蓄电池组，除制造厂有特殊规定外，应采用恒压方式进行浮充电。浮充电时，严格控制单体电池的浮充电压上、下限，防止蓄电池因充电电压过高或过低而损坏，若充电电流接近或为零时应重点检查是否存在开路的蓄电池；浮充电运行的蓄电池组，应严格控制所在蓄电池室环境温度不能长期超过 30℃，防止因环境温度过高使蓄电池容量严重下降，运行寿命缩短。

4.3.3.15 运行资料应由专人管理，并保持齐全、准确。

4.3.4 保护装置操作

4.3.4.1 对运行中的保护装置的外部接线进行改动，应履行如下程序：

a) 先在原图上作好修改，经主管技术领导批准。

b) 按图施工，不允许凭记忆工作；拆动二次回路时应逐一做好记录，恢复时严格核对；

c) 改完后，应做相应的逻辑回路整组试验，确认回路、极性及整定值完全正确，然后交由值班运行人员确认后再申请投入运行。

d）完成工作后，应立即通知现场与主管继电保护部门修改图纸，工作负责人在现场修改图上签字，没有修改的原图应作废。

4.3.4.2 在下列情况下应停用整套微机型继电保护装置：

a）微机型继电保护装置使用的交流电压、交流电流、开关量输入、开关量输出回路作业。

b）装置内部作业。

c）继电保护人员输入定值影响装置运行时。

4.3.4.3 微机型继电保护装置在运行中需要切换已固化好的成套定值时，由现场运行人员按规定的方法改变定值，此时不必停用微机型继电保护装置，但应立即显示（打印）新定值，并与主管调度核对定值单。

4.3.4.4 带纵联保护的微机型线路保护装置如需停用直流电源，应在两侧纵联保护停用后，才允许停直流电源。

4.3.4.5 对重要发电厂配置单套母线差动保护的母线应尽量减少母线无差动保护时的运行时间。严禁无母线差动保护时进行母线及相关元件的倒闸操作。

4.3.4.6 远方更改微机型继电保护装置定值或操作微机型继电保护装置时，应根据现场有关运行规定进行操作，并有保密、监控措施和自动记录功能。同时还应注意防止干扰经由微机型保护的通信接口侵入，导致继电保护装置的不正确动作。

4.3.4.7 运行中的微机型继电保护装置和继电保护信息管理系统电源恢复后，若不能保证时钟准确，运行人员应校对时钟。

4.3.4.8 运行中的装置做改进时，应有书面改进方案，按管辖范围经继电保护主管部门批准后方允许进行。改进后应做相应的试验，及时修改图样资料并做好记录。

4.3.4.9 现场运行人员应保证打印报告的连续性，严禁乱撕、乱放打印纸，妥善保管打印报告，并及时移交继电保护人员。无打印操作时，应将打印机防尘盖盖好，并推入盘内。现场运行人员应每月检查打印纸是否充足、字迹是否清晰，负责加装打印纸及更换打印机色带。

4.3.4.10 防止直流系统误操作。

a）改变直流系统运行方式的各项操作应严格执行现场规程规定。

b）直流母线在正常运行和改变运行方式的操作中，严禁脱开蓄电池组。

c）充电、浮充电装置在检修结束恢复运行时，应先合交流侧开关，再带直流负荷。

4.3.5 保护动作的分析评价

4.3.5.1 继电保护部门应按照 DL/T 623 对所管辖的各类（型）继电保护装置的动作情况进行统计分析，并对装置本身进行评价。对于 1 个事件，继电保护正确动作率评价以继电保护装置内含的保护功能为单位进行评价。对不正确的动作应分析原因，提出改进对策，并及时报主管部门。

4.3.5.2 对于微机型继电保护装置投入运行后发生的第一次区内、外故障，继电保护人员应通过分析微机型继电保护装置的实际测量值来确认交流电压、交流电流回路和相关动作逻辑是否正常。既要分析相位，也要分析幅值。

4.3.5.3 6kV 及以上设备继电保护动作后，应在规定时间、周期内向上级部门报送管辖设备运行情况和统计分析报表。

a）事故发生后应在规定时间内上报继电保护和故障录波器报告，并在事故后三天内及时填报相应动作评价信息。

b) 继电保护动作统计报表内容包括：保护动作时间、保护安装地点、故障及保护装置动作情况简述、被保护设备名称、保护型号及生产厂家、装置动作评价、不正确动作责任分析、故障录波器录波次数等。

c) 继电保护动作评价：除了继电保护动作统计报表内容外，还应包括保护装置动作评价及其次数，保护装置不正确动作原因等。

d) 保护动作波形应包括：继电保护装置上打印的波形、故障录波器打印波形并下载的COMTRADE 格式数据文件。

4.3.6 保护装置的事故处理与备品配件

4.3.6.1 继电保护装置出现异常时，当值运行人员应根据该装置的现场运行规程进行处理，并立即向主管领导汇报，及时通知继电保护专业人员。

4.3.6.2 微机型继电保护装置插件出现异常时，继电保护人员应用备用插件更换异常插件，更换备用插件后应对整套保护装置进行必要的检验。

4.3.6.3 继电保护装置动作（跳闸或重合闸）后，现场运行人员应按要求做好记录和复归信号，将动作情况和测距结果立即向主管领导汇报，并打印故障报告。未打印出故障报告之前，现场人员不得自行进行装置试验。

4.3.6.4 应加强发电机及变压器主保护、母线差动保护、断路器失灵保护、线路快速保护等重要保护的运行维护，重视快速主保护的备品备件管理和消缺工作。应将备品配件的配备，以及母线差动等快速主保护因缺陷超时停役纳入本厂的技术监督的工作考核之中。

4.3.6.5 应储备必要的备用插件，备用插件宜与微机型继电保护装置同时采购。备用插件应视同运行设备，保证其可用性。储存有集成电路芯片的备用插件，应有防止静电措施。

4.3.6.6 微机型保护装置的电源板（或模件）应每 6 年对其更换一次，以免由此引起保护拒动或误启动。

4.3.6.7 新投运或电流、电压回路发生变更的 220kV 电压等级及以上电气设备，在第一次经历区外故障后，宜通过打印保护装置和故障录波器报告的方式校核保护交流采样值、收发信开关量、功率方向以及差动保护差流值的正确性。

4.4 检验阶段监督

4.4.1 继电保护装置检验基本要求

4.4.1.1 继电保护装置检验，应符合 DL/T 995 及有关微机型继电保护装置检验规程、反事故措施和现场工作保安相关规定。同步相量测量装置和时间同步系统检测，还应分别符合 GB/T 26862 和 GB/T 26866 相关要求。

4.4.1.2 对继电保护装置进行计划性检验前，应编制继电保护标准化作业指导书，检验期间认真执行继电保护标准化作业书，不应为赶工期减少检验项目和简化安全措施。

4.4.1.3 进行微机型继电保护装置的检验时，应充分利用其自检功能，主要检验自检功能无法检测的项目。

4.4.1.4 新安装、全部和部分检的重点应放在微机型继电保护装置的外部接线和二次回路。

4.4.1.5 对运行中的继电保护装置外部回路接线或内部逻辑进行改动工作后，应做相应的试验，确认回路接线及逻辑正确后，才能投入运行。

4.4.1.6 继电保护装置检验应做好记录，检验完毕后应向运行人员交待有关事项，及时整理检验报告，保留好原始记录。

4.4.1.7 继电保护检验所选用的微机型校验仪器应符合 DL/T 624 相关要求,定期检验应符合 DL/T 1153 相关要求。做好微机型继电保护试验装置的检验、管理与防病毒工作,防止因试验设备性能、特性不良而引起对保护装置的误整定、误试验。

4.4.1.8 检验所用仪器、仪表应由专人管理,特别应注意防潮、防振。确保试验装置的准确度及各项功能满足继电保护试验的要求,防止因试验仪器、仪表存在问题而造成继电保护误整定、误试验事件的发生。

4.4.2 仪器、仪表的基本要求与配置

4.4.2.1 装置检验所使用的仪器、仪表必须经过检验合格,并应满足 GB/T 7261 相关规定。定值检验所使用的仪器、仪表的准确级应不低于 0.5 级。

4.4.2.2 继电保护班组应至少配置微机型继电保护试验装置、指针式电压表、指针式电流表,数字式电压表、数字式电流表、钳形电流表、相位表、毫秒计、电桥、500V 绝缘电阻表、1000V 绝缘电阻表、2500V 绝缘电阻表和可记忆示波器等。

4.4.2.3 根据本厂保护装置及状况,选配以下装置:
  a) 测试载波通道应配置高频振荡器和选频表、无感电阻、可变衰耗器等。
  b) 调试纵联电流差动保护宜配置 GPS 对时天线和选用可对时触发的微机型成套试验仪。
  c) 调试光纤纵联通道时应配置光源、光功率计、误码仪、可变光衰耗器等仪器。
  d) 便携式录波器(波形记录仪)。
  e) 模拟断路器。

4.4.3 继电保护装置检验种类

4.4.3.1 继电保护检验主要包括新安装装置的验收检验、运行中装置的定期检验(以下简称"定期检验")和运行中装置的补充检验(以下简称"补充检验")三种类型。

4.4.3.2 新安装装置的验收检验,在下列情况进行:
  a) 当新安装的一次设备投入运行时。
  b) 当在现有的一次设备上投入新安装的装置时。

4.4.3.3 定期检验分为三种,包括:
  a) 全部检验。
  b) 部分检验。
  c) 用装置进行断路器跳、合闸试验。

4.4.3.4 补充检验分为五种,包括:
  a) 对运行中的装置进行较大的更改或增设新的回路后的检验。
  b) 检修或更换一次设备后的检验。
  c) 运行中发现异常情况后的检验。
  d) 事故后检验。
  e) 已投运行的装置停电 1 年及以上,再次投入运行时的检验。

4.4.4 定期检验的内容与周期

4.4.4.1 定期检验应根据 DL/T 995 所规定的周期、项目及各级主管部门批准执行的标准化作业指导书的内容进行。

4.4.4.2 定期检验周期计划的制订应综合考虑设备的电压等级及工况,按 DL/T 995 要求的

周期、项目进行。在一般情况下，定期检验应尽可能配合在一次设备停电检修期间进行。220kV 电压等级及以上继电保护装置的全部检验及部分检验周期见表 2 和表 3。自动装置的定期检验参照微机型继电保护装置的定期检验周期进行。

表 2 全 部 检 验 周 期 表

编号	设备类型	全部检验周期 年	定义范围说明
1	微机型装置	6	包括装置引入端子外的交、直流及操作回路以及涉及的辅助继电器、操动机构的辅助触点、直流控制回路的自动断路器等
2	非微机型装置	4	
3	保护专用光纤通道，复用光纤或微波连接通道	6	指站端保护装置连接用光纤通道及光电转换装置
4	保护用载波通道的设备（包含与通信复用、自动装置合用且由其他部门负责维护的设备）	6	涉及如下相应的设备：高频电缆、结合滤波器、差接网络、分频器

表 3 部 分 检 验 周 期 表

编号	设备类型	部分检验周期 年	定义范围说明
1	微机型装置	2～3	包括装置引入端子外的交、直流及操作回路以及涉及的辅助继电器、操动机构的辅助触点、直流控制回路的自动断路器等
2	非微机型装置	1	
3	保护专用光纤通道，复用光纤或微波连接通道	2～3	指光头擦拭、收信裕度测试等
4	保护用载波通道的设备（包含与通信复用、自动装置合用且由其他部门负责维护的设备）	2～3	指传输衰耗、收信裕度测试等

4.4.4.3 制定部分检验周期计划时，可视装置的电压等级、制造质量、运行工况、运行环境与条件，适当缩短检验周期、增加检验项目。

    a) 新安装装置投运后 1 年内应进行第一次全部检验。在装置第二次全部检验后，若发现装置运行情况较差或已暴露出了应予以监督的缺陷，可考虑适当缩短部分检验周期，并有目的、有重点地选择检验项目。

    b) 110kV 电压等级的微机型装置宜每 2 年～4 年进行一次部分检验，每 6 年进行一次全部检验；非微机型装置参照 220kV 及以上电压等级同类装置的检验周期。

    c) 低压厂用电进线断路器若配置智能保护器，宜每 2 年～4 年做一次定值试验，保护出口动作试验应结合断路器跳闸进行。智能保护器试验一般分为长时限过电流、短时限过电流和电流速断保护试验。智能保护器试验一般使用厂家配备的专用试验仪器。

    d) 利用装置进行断路器的跳、合闸试验宜与一次设备检修结合进行。必要时，可进行补充检验。

4.4.4.4 电力系统同步相量测量装置和电力系统的时间同步系统检测宜每 2 年～4 年进行一次。

4.4.4.5 结合变压器检修工作，应按照 DL/T 540 要求校验气体继电器。对大型变压器应配备经校验性能良好、整定正确的气体继电器作为备品。

4.4.4.6 对直流系统进行维护与试验，应符合 GB/T 19826 和 DL/T 724 相关规定。

4.4.4.7 定期对蓄电池进行核对性放电试验，确切掌握蓄电池的容量。对于新安装或大修中更换过电解液的防酸蓄电池组，在第 1 年内，每半年进行一次核对性放电试验。运行 1 年以后的防酸蓄电池组，每隔 1 年～2 年进行一次核对性放电试验；对于新安装的阀控密封蓄电池组，应进行核对性放电试验。以后每隔 2 年进行一次核对性放电试验。运行了 4 年以后的蓄电池组，每年做一次核对性放电试验。

4.4.4.8 每 1 年～2 年对微机型继电保护检验装置进行一次全部检验。

4.4.4.9 母线差动保护、断路器失灵保护及自动装置中投切发电机组、切除负荷、切除线路或变压器的跳、合断路器试验，允许用导通方法分别证实至每个断路器接线的正确性。

4.4.5 补充检验的内容

4.4.5.1 因检修或更换一次设备（断路器、TA 和 TV 等）所进行的检验，应根据一次设备检修（更换）的性质，确定其检验项目。

4.4.5.2 运行中的装置经过较大的更改或装置的二次回路变动后，均应进行检验，并按其工作性质，确定其检验项目。

4.4.5.3 凡装置发生异常或装置不正确动作且原因不明时，均应根据事故情况，有目的地拟定具体检验项目及检验顺序，尽快进行事故后检验。检验工作结束后，应及时提出报告。

4.4.6 继电保护现场检验的监督重点

4.4.6.1 对装置的定值校验，应按批准的定值通知单进行。检验工作负责人应熟知定值通知单的内容，并核对所给的定值是否齐全，确认所使用的 TA、TV 的变比值是否与现场实际情况相符合。

4.4.6.2 对试验设备及回路的基本要求：

    a) 试验工作应注意选用合适的仪表，整定试验所用仪表的精确度应为 0.5 级或以上，测量继电器内部回路所用的仪表应保证不致破坏该回路参数值，如并接于电压回路上的，应用高内阻仪表；若测量电压小于 1V，应用电子毫伏表或数字型电压表；串接于电流回路中的，应用低内阻仪表。绝缘电阻测定，一般情况下用 1000V 绝缘电阻表进行。

    b) 试验回路的接线原则，应使通入装置的电气量与其实际工作情况相符合。例如对反映过电流的元件，应用突然通入电流的方法进行检验；对正常接入电压的阻抗元件，则应用将电压由正常运行值突然下降，而电流由零值突然上升的方法，或从负荷电流变为短路电流的方法进行检验。

    c) 在保证按定值通知单进行整定试验时，应以上述符合故障实际情况的方法作为整定的标准。

    d) 模拟故障的试验回路，应具备对装置进行整组试验的条件。装置的整组试验是指自装置的电压、电流二次回路的引入端子处，向同一被保护设备的所有装置通入模拟的电压、电流量，以检验各装置在故障及重合闸过程中的动作情况。

4.4.6.3 继电保护装置停用后，其出口跳闸回路应要有明显的断开点（打开了连接片或接线端子片等）才能确认断开点以前的保护已经停用。

4.4.6.4 对于采用单相重合闸，由连接片控制正电源的三相分相跳闸回路，停用时除断开连接片外，应断开各分相跳闸回路的输出端子，才能认为该保护已停用。

4.4.6.5 不允许在未停用的保护装置上进行试验和其他测试工作；也不允许在保护未停用的情况下，用装置的试验按钮（除闭锁式纵联保护的启动发信按钮外）做试验。

4.4.6.6 所有的继电保护定值试验，都应以符合正式运行条件为准。

4.4.6.7 分部试验应采用和保护同一直流电源，试验用直流电源应由专用熔断器供电。

4.4.6.8 只能用整组试验的方法，即除由电流及电压端子通入与故障情况相符的模拟故障量外，保护装置处于与投入运行完全相同的状态下，检查保护回路及整定值的正确性。不允许用卡继电器触点、短路触点或类似人为手段做保护装置的整组试验。

4.4.6.9 应对保护装置做拉合直流电源的试验，保护在此过程中不得出现有误动作或误发信号的情况。

4.4.6.10 对于载波收发信机，无论是专用或复用，都应有专用规程按照保护逻辑回路要求，测试收发信回路整组输入/输出特性。

4.4.6.11 在载波通道上作业后应检测通道裕量，并与新安装检验时的数值比较。

4.4.6.12 新投入、大修后或改动了二次回路的差动保护，保护投运前应测六角图及差回路的不平衡电流，以确认二次极性及接线正确无误。变压器第一次投入系统时应将差动保护投入跳闸，变压器充电良好后停用，然后变压器带上部分负荷，测六角图，同时测差回路的不平衡电流，证实二次接线及极性正确无误后，才再将保护投入跳闸，在上述各种情况下，变压器的重瓦斯保护均应投入跳闸。

4.4.6.13 新投入、大修后或改动了二次回路的差动保护，在投入运行前，除测定相回路及差回路电流外，应测各中性线的不平衡电流，以确保回路完整、正确。

4.4.6.14 所有试验仪表、测试仪器等，均应按使用说明书的要求做好相应的接地（在被测保护屏的接地点）后，才能接通电源；注意与引入被测电流电压的接地关系，避免将输入的被测电流或电压短路；只有当所有电源断开后，才能将接地点断开。

4.4.6.15 所有正常运行时动作的电磁型电压及电流继电器的触点，应严防抖动。

4.4.6.16 多套保护回路共用一组 TA，停用其中一套保护进行试验时，或者与其他保护有关联的某一套进行试验时，应特别注意做好其他保护的安全措施，例如将相关的电流回路短接，将接到外部的触点全部断开等。

4.4.6.17 新安装及解体检修后的 TA 应做变比及伏安特性试验，并做三相比较以判别二次线圈有无匝间短路和一次导体有无分流；注意检查 TA 末屏是否已可靠接地。

4.4.6.18 变压器中性点 TA 的二次伏安特性应与接入的电流继电器启动值校对，保证后者在通过最大短路电流时能可靠动作。

4.4.6.19 应注意校核继电保护通信设备（光纤、微波、载波）传输信号的可靠性和冗余度，防止因通信设备的问题而引起保护不正确动作。

4.4.6.20 在电压切换和电压闭锁、断路器失灵保护、母线差动保护、远跳、远切、联切及"和电流"等接线方式有关的二次回路上工作时，以及 3/2 断路器接线等主设备检修而相邻断路器仍需运行时，应特别认真做好安全隔离措施。

4.4.6.21 双母线中阻抗比率制动式母线差动保护在带负荷试验时，不宜采用一次系统来验证辅助变流器二次切换回路正确性。辅助变流器二次回路正确性检验宜在母线差动保护整组试验阶段完成。

4.4.6.22　在安排继电保护装置进行定期检验时，要重视对快切装置及备自投的定期检验，要按照 DL/T 995 相关要求，按照动作条件，对快切装置及备自投做模拟试验，以确保这些装置随时能正确地投切。

4.4.6.23　对采用金属氧化物避雷器接地的 TV 的二次回路，应检查其接线的正确性及金属氧化物避雷器的工频放电电压，防止造成电压二次回路多点接地的现象。定期检查时可用绝缘电阻表检验击穿熔断器或金属氧化物避雷器的工作状态是否正常。一般当用 1000V 绝缘电阻表时，击穿熔断器或金属氧化物避雷器不应击穿；而用 2500V 绝缘电阻表时，则应可靠击穿。

4.4.6.24　为防止试验过程中分合闸线圈通电时间过长造成线圈损坏，在进行断路器跳合闸回路试验中，不能采用电压缓慢增加的方式，而是采用试验电压突加法，并在试验仪设置输出电压时间 100ms～350ms，确保线圈通电时间不超过 500ms，以检查断路器的动作情况。

4.4.6.25　多通道差动保护（如变压器差动保护、母线差动保护）为防止因备用电流通道采样突变引起保护误动，应将备用电流通道屏蔽，或将该通道 TA 变比设置为最小。

4.4.6.26　大修后或改动了二次回路保护装置需在低负荷情况下检查校核保护装置通道采样值、功能测量值是否正确，并打印通道采样值。

4.4.6.27　保护装置检修结束，在装置投运后应打印保护定值，并核对、存档。

4.4.7　继电保护现场检验现场安全监督重点

4.4.7.1　现场检验基本要求

4.4.7.1.1　规范现场人员作业行为，防止发生人身伤亡、设备损坏和继电保护"三误"（误碰、误接线、误整定）事故，保证电力系统一、二次设备的安全运行。

4.4.7.1.2　继电保护现场工作至少应有两人参加。现场工作人员应熟悉继电保护及自动装置和相关二次回路。

4.4.7.1.3　外单位参与工作的人员在工作前，应了解现场电气设备接线情况、危险点和安全注意事项。

4.4.7.1.4　工作人员在现场工作过程中，遇到异常情况（如直流系统接地等）或断路器跳闸，应立即停止工作，保持现状，待查明原因，确定与本工作无关并得到运行人员许可后，方可继续工作。若异常情况或断路器跳闸是本身工作引起，应保留现场，立即通知运行人员，以便及时处理。

4.4.7.1.5　继电保护人员在发现直接危及人身、设备和电网安全的紧急情况时，应停止作业或在采取可能的紧急措施后撤离作业场所，并立即报告。

4.4.7.2　现场工作前准备

4.4.7.2.1　了解工作地点、工作范围、一次设备和二次设备运行情况，与本工作有联系的运行设备，如失灵保护、远方跳闸、自动装置、联跳回路、重合闸、故障录波器、变电站自动化系统、继电保护及故障信息管理系统等，了解需要与其他专业配合的工作。

4.4.7.2.2　拟订工作重点项目、需要处理的缺陷和薄弱环节。

4.4.7.2.3　应具备与实际状况一致的图纸、上次检验报告、最新整定通知单、标准化作业指导书、保护装置说明书、现场运行规程，合格的仪器、仪表、工具、连接导线和备品备件。

确认微机型继电保护和自动装置的软件版本符合要求，试验仪器使用的电源正确。

4.4.7.2.4　工作人员应分工明确，熟悉图纸和检验规程等有关资料。

4.4.7.2.5　对重要和复杂保护装置，如母线保护、失灵保护、主变压器保护、远方跳闸、有联跳回路的保护装置、自动装置和备自投等的现场检验工作，应编制经技术负责人审批的检验方案和继电保护安全措施票。

4.4.7.2.6　现场工作中遇有下列情况应填写继电保护安全措施票：

　　a)　在运行设备的二次回路上进行拆、接线工作。

　　b)　在对检修设备执行隔离措施时，需断开、短接和恢复与运行设备有联系的二次回路工作。

4.4.7.2.7　继电保护安全措施票中"安全措施内容"应按实施的先后顺序逐项填写，按照被断开端子的"保护屏（柜）（或现场端子箱）名称、电缆号、端子号、回路号、功能和安全措施"格式填写。

4.4.7.2.8　开工前应核对安全措施票内容和现场接线，确保图纸与实物相符。

4.4.7.2.9　在继电保护屏（柜）的前面和后面，以及现场端子箱的前面应有明显的设备名称。若一面屏（柜）上有两个及以上保护设备时，在屏（柜）上应有明显的区分标志。

4.4.7.2.10　若高压试验、通信、仪表、自功化等专业人员作业影响继电保护和自动装置的正常运行，应办理审批手续，停用相关保护。作业前应填写工作票，工作票中应注明需要停用的保护。在做好安全措施后，方可进行工作。

4.4.7.3　现场工作

4.4.7.3.1　工作人员应逐条核对运行人员做的安全措施（如连接片、二次熔丝或二次空气断路器的位置等），确保符合要求。运行人员应在工作屏（柜）的正面和后面设置"在此工作"标志。

　　a)　若工作的屏（柜）上有运行设备，应有明显标志，并采取隔离措施，以便与检验设备分开。

　　b)　若不同保护对象组合在一面屏（柜）时，应对运行设备及其端子排采取防护措施，如对运行设备的连接片、端子排用绝缘胶布贴住或用塑料扣板扣住端子。

4.4.7.3.2　运行中的继电保护和自动装置需要检验时，应先断开相关跳闸和合闸连接片，再断开装置的工作电源。在继电保护相关工作结束，恢复运行时，应先检查相关跳闸和合闸连接片在断开位置。投入工作电源后，检查装置正常，用高内阻的电压表检验连接片的每一端对地电位都正确后，才能投入相应出口连接片。

4.4.7.3.3　在检验继电保护和自动装置时，凡与其他运行设备二次回路相连的连接片和接线应有明显标记，应按安全措施票断开或短路有关回路，并做好记录。

4.4.7.3.4　更换继电保护和自动装置屏（柜）或拆除旧屏（柜）前，应在有关回路对侧屏（柜）做好安全措施。

4.4.7.3.5　对于"和"电流构成的保护，如变压器差动保护、母线差动保护和3/2接线的线路保护等，若某一断路器或TA作业影响保护和电流回路，作业前应将TA的二次回路与保护装置断开，防止保护装置侧电流回路短路或电流回路两点接地，同时断开该保护跳此断路器的出口连接片。

4.4.7.3.6　不应在运行的继电保护、自动装置屏（柜）上进行与正常运行操作、停运消缺无关的其他工作。若在运行的继电保护、自动装置屏（柜）附近工作，有可能影响运行设备安全时，应采取防止运行设备误动作的措施。

4.4.7.3.7 在现场进行带电工作（包括做安全措施）时，作业人员应使用带绝缘把手的工具（其外露导电部分不应过长，否则应包扎绝缘带）。若在带电的 TA 二次回路上工作时，还应站在绝缘垫上，以保证人身安全。同时将邻近的带电部分和导体用绝缘器材隔离，防止造成短路或接地。

4.4.7.3.8 在试验接线前，应了解试验电源的容量和接线方式。被检验装置和试验仪器不应从运行设备上取试验电源，取试验电源要使用隔离开关或空气断路器，隔离开关应有熔丝并带罩，防止总电源熔丝越级熔断。核实试验电源的电压值符合要求，试验接线应经第二人复查并告知相关作业人员后方可通电。被检验保护装置的直流电源宜取试验专用直流电源。

4.4.7.3.9 现场工作应以图纸为依据，工作中若发现图纸与实际接线不符，应查线核对。如涉及修改图纸，应在图纸上标明修改原因和修改日期，修改人和审核人应在图纸上签字。

4.4.7.3.10 改变二次回路接线时，事先应经过审核，拆动接线前要与原图核对，改变接线后要与新图核对，及时修改底图，修改在用和存档的图纸。

4.4.7.3.11 改变保护装置接线时，应防止产生寄生回路。

4.4.7.3.12 改变直流二次回路后，应进行相应的传动试验。必要时还应模拟各种故障，并进行整组试验。

4.4.7.3.13 对交流二次电流、电压回路通电时，应可靠断开至 TA、TV 二次侧的回路，防止反充电。

4.4.7.3.14 TA 和 TV 的二次绕组应有一点接地且仅有一点永久性的接地。

4.4.7.3.15 在运行的 TV 二次回路上工作时，应采取下列安全措施：

 a) 不应将 TV 二次回路短路、接地或断线。必要时，工作前申请停用有关继电保护或自动装置；

 b) 接临时负载，应装有专用的隔离开关和熔断器。

 c) 不应将回路的永久接地点断开。

4.4.7.3.16 在运行的 TA 二次回路上工作时，应采取下列安全措施：

 a) 不应将 TA 二次侧开路。必要时，工作前申请停用有关继电保护保护或自动装置。

 b) 短路 TA 二次绕组，应用短路片或导线压接短路。

 c) 工作中不应将回路的永久接地点断开。

4.4.7.3.17 对于被检验保护装置与其他保护装置共用 TA 绕组的特殊情况，应采取以下措施防止其他保护装置误启动：

 a) 核实 TA 二次回路的使用情况和连接顺序。

 b) 若在被检验保护装置电流回路后串接有其他运行的保护装置，原则上应停运其他运行的保护装置。如确无法停运，在短接被检验保护装置电流回路前、后，应监测运行的保护装置电流与实际相符。若在被检验保护电流回路前串接其他运行的保护装置，短接被检验保护装置电流回路后，监测到被检验保护装置电流接近于零时，方可断开被检验保护装置电流回路。

4.4.7.3.18 按照先检查外观，后检查电气量的原则，检验继电保护和自动装置，进行电气量检查之后不应再插、拔插件。

4.4.7.3.19 应根据最新定值通知单整定保护装置定值，确认定值通知单与实际设备相符（包括互感器的接线、变比等），已执行的定值通知单应有执行人签字。

4.4.7.3.20 所有交流继电器的最后定值试验应在保护屏（柜）的端子排上通电进行，定值试验结果应与定值单要求相符。

4.4.7.3.21 进行现场工作时，应防止交流和直流回路混线。继电保护或自动装置检验后，以及二次回路改造后，应测量交、直流回路之间的绝缘电阻，并做好记录；在合上交流（直流）电源前，应测量负荷侧是否有直流（交流）电位。

4.4.7.3.22 进行保护装置整组检验时，不宜用将继电器触点短接的办法进行。传动或整组试验后不应再在二次回路上进行任何工作，否则应做相应的检验。

4.4.7.3.23 带方向性的保护和差动保护新投入运行时，一次设备或交流二次回路改变后，应用负荷电流和工作电压检验其电流、电压回路接线的正确性。

4.4.7.3.24 对于母线保护装置的备用间隔 TA 二次回路应在母线保护屏（柜）端子排外侧断开，端子排内侧不应短路。

4.4.7.3.25 在导引电缆及与其直接相连的设备上工作时，按带电设备工作的要求做好安全措施后，方可进行工作。

4.4.7.3.26 在运行中的高频通道上进行工作时，应核实耦合电容器低压侧可靠接地后，才能进行工作。

4.4.7.3.27 应特别注意电子仪表的接地方式，避免损坏仪表和保护装置中的插件。

4.4.7.3.28 在微机型保护装置上进行工作时，应有防止静电感应的措施，避免损坏设备。

4.4.7.4 现场工作结束

4.4.7.4.1 现场工作结束前，应检查检验记录。确认检验无遗漏项目，试验数据完整，检验结论正确后，才能拆除试验接线。

4.4.7.4.2 整组带断路器传动试验前，应紧固端子排螺钉（包括接地端子），确保接线接触可靠。检查端子接线压接处接线无折痕、开裂，防止回路断线。

4.4.7.4.3 复查临时接线全部拆除，断开的接线全部恢复，图纸与实际接线相符，标志正确。

4.4.7.4.4 工作结束，全部设备和回路应恢复到工作开始前状态。

4.4.7.4.5 工作结束前，应将微机型保护装置打印或显示的整定值与最新定值通知单进行逐项核对。

4.4.7.4.6 工作票结束后不应再进行任何工作。

5 监督管理要求

5.1 监督基础管理工作

5.1.1 继电保护监督管理的依据

电厂应按照《华能电厂安全生产管理体系要求》中有关技术监督管理和本标准的要求，制定电厂继电保护监督管理标准，并根据国家法律、法规及国家、行业、集团公司标准、规范、规程、制度，结合电厂实际情况，编制继电保护监督相关/支持性文件；建立健全技术资料档案，以科学、规范的监督管理，保证继电保护装置的安全可靠运行。

5.1.2 继电保护监督管理应具备的相关/支持性文件

a) 继电保护及安全自动装置检验规程。

b) 继电保护及安全自动装置运行规程。

c) 继电保护及安全自动装置检验管理规定。

d) 继电保护及安全自动装置定值管理规定。

e) 微机保护软件管理规定。

f) 继电保护装置投退管理规定。

g) 继电保护反事故措施管理规定。

h) 继电保护图纸管理规定。

i) 故障录波装置管理规定。

j) 继电保护及安全自动装置巡回检查管理规定。

k) 继电保护及安全自动装置现场保安工作管理规定。

l) 继电保护试验仪器、仪表管理规定。

m) 设备巡回检查管理标准。

n) 设备检修管理标准。

o) 设备缺陷管理标准。

p) 设备点检定修管理标准。

q) 设备评级管理标准。

r) 设备异动管理标准。

s) 设备停用、退役管理标准。

5.1.3 技术资料档案

5.1.3.1 基建阶段技术资料

a) 竣工原理图、安装图、设计说明、电缆清册等设计资料。

b) 制造厂商提供的装置说明书、保护柜（屏）原理图、合格证明和出厂试验报告、保护装置调试大纲等技术资料。

c) 继电保护及安全自动装置新安装检验报告（调试报告）。

d) 蓄电池厂家产品使用说明书、产品合格证明书以及充、放电试验报告；充电装置、绝缘监察装置、微机型监控装置的厂家产品使用说明书、电气原理图和接线图、产品合格证明书以及验收检验报告等。

5.1.3.2 设备清册、台账以及图纸资料

a) 继电保护装置清册及台账，包括线路（含电缆）保护、母线保护、变压器保护、发电机（发电机-变压器组）保护、并联电抗器保护、断路器保护、短引线保护、过电压及远方跳闸保护、电动机保护、其他保护等。

b) 安全自动装置清册及台账，包括同期装置、厂用电源快速切换装置、备用电源自动投入装置、安全稳定控制装置、电力系统同步相量测量装置、继电保护及故障信息管理系统子站等。

c) 故障录波及测距装置清册及台账。

d) 电力系统时间同步系统台账。

e) 直流电源系统清册及台账，等等。

5.1.3.3 试验报告

a) 继电保护及安全自动装置定期检验报告。

b) 蓄电池组、充电装置、绝缘监察装置、微机型监控装置等的定期试验报告。

c) 继电保护试验仪器、仪表定期校准报告。

5.1.3.4 运行报告和记录

a) 继电保护及安全自动装置动作记录表。

b) 继电保护及安全自动装置缺陷及故障记录表。

c) 故障录波装置启动记录表。

d) 继电保护整定计算报告。

e) 继电保护定值通知单。

f) 装置打印的定值清单。

5.1.3.5 检修维护报告和记录

a) 检修质量控制质检点验收记录。

b) 检修文件包（继电保护现场检验作业指导书）。

c) 检修记录及竣工资料。

d) 检修总结。

e) 设备检修记录和异动记录。

5.1.3.6 缺陷闭环管理记录

月度缺陷分析。

5.1.3.7 事故管理报告和记录

a) 设备事故、一类障碍统计记录。

b) 继电保护动作分析报告。

5.1.3.8 技术改造报告和记录

a) 可行性研究报告。

b) 技术方案和措施。

c) 技术图纸、资料、说明书。

d) 质量监督和验收报告。

e) 完工总结报告和后评估报告。

5.1.3.9 监督管理文件

a) 与继电保护监督有关的国家法律、法规及国家、行业、集团公司标准、规范、规程、制度。

b) 电厂制定的继电保护监督标准、规程、规定、措施等。

c) 继电保护监督年度工作计划和总结。

d) 继电保护监督季报、速报。

e) 继电保护监督预警通知单和验收单。

f) 继电保护监督会议纪要。

g) 继电保护监督工作自我评价报告和外部检查评价报告。

h) 继电保护监督人员档案、上岗证书。

i) 岗位技术培训计划、记录和总结。

j) 与继电保护装置以及监督工作有关重要来往文件。

5.2 日常管理内容和要求

5.2.1 健全监督网络与职责

5.2.1.1 各电厂应建立健全由生产副厂长（总工程师）领导下的继电保护技术监督三级管理网。第一级为厂级，包括生产副厂长（总工程师）领导下的继电保护监督专责人；第二级为部门级，包括运行部电气专工，检修部电气专工；第三级为班组级，包括各专工领导的班组人员。在生产副厂长（总工程师）领导下由继电保护监督专责人统筹安排，协调运行、检修等部门共同完成继电保护监督工作。继电保护监督三级网严格执行岗位责任制。

5.2.1.2 按照集团公司《华能电厂安全生产管理体系要求》和《电力技术监督管理办法》编制电厂继电保护监督管理标准，做到分工、职责明确，责任到人。

5.2.1.3 电厂继电保护技术监督工作归口职能管理部门在电厂技术监督领导小组的领导下，负责继电保护技术监督的组织建设工作，建立健全技术监督网络，并设继电保护技术监督专责人，负责全厂继电保护技术监督日常工作的开展和监督管理。

5.2.1.4 电厂继电保护技术监督工作归口职能管理部门每年年初要根据人员变动情况及时对网络成员进行调整；按照人员培训和上岗资格管理办法的要求，定期对技术监督专责人和特殊技能岗位人员进行专业和技能培训，保证持证上岗。

5.2.2 确定监督标准符合性

5.2.2.1 继电保护监督标准应符合国家、行业及上级主管单位的有关规定和要求。

5.2.2.2 每年年初，继电保护技术监督专责人应根据新颁布的标准规范及设备异动情况，组织对继电保护检修规程、运行规程等规程、制度的有效性、准确性进行评估，修订不符合项，经归口职能管理部门领导审核、生产主管领导审批后发布实施。国标、行标及上级单位监督规程、规定中涵盖的相关继电保护监督工作均应在电厂规程及规定中详细列写齐全。在继电保护规划、设计、建设、更改过程中的继电保护监督要求等同采用每年发布的相关标准。

5.2.3 确定仪器仪表有效性

5.2.3.1 应配备必需的继电保护试验仪器、仪表。

5.2.3.2 应建立继电保护试验仪器、仪表设备台账，根据检验、使用及更新情况进行补充完善。

5.2.3.3 应根据检验周期和项目，制定继电保护试验仪器、仪表年度检验计划，按规定进行检验、送检，对检验合格的可继续使用，对检验不合格的送修或报废处理，报整仪器仪表有效性。

5.2.4 监督档案管理

5.2.4.1 电厂应按照本标准规定的文件、资料、记录和报告目录以及格式要求，建立健全继电保护技术监督各项台账、档案、规程、制度和技术资料，确保技术监督原始档案和技术资料的完整性和连续性。

5.2.4.2 技术监督专责人应建立继电保护监督档案资料目录清册，根据监督组织机构的设置和设备的实际情况，明确档案资料的分级存放地点，并指定专人整理保管，及时更新。

5.2.5 制定监督工作计划

5.2.5.1 继电保护技术监督专责人每年 11 月 30 日前应组织制定下年度技术监督工作计划，报送产业公司、区域公司，同时抄送西安热工研究院有限公司（以下简称"西安热工院"）。

5.2.5.2 电厂技术监督年度计划的制定依据至少应包括以下几方面：

a) 国家、行业、地方有关电力生产方面的政策、法规、标准、规程和反事故措施要求。

b) 集团公司、产业公司、区域公司、发电企业技术监督管理制度和年度技术监督动态管理要求。

c) 集团公司、产业公司、区域公司、发电企业技术监督工作规划和年度生产目标。

d) 技术监督体系健全和完善化。

e) 人员培训和监督用仪器设备配备和更新。

f) 机组检修计划。

g) 继电保护装置目前的运行状态。

h) 技术监督动态检查、预警、月（季）提出的问题。

i) 收集的其他有关继电保护设计选型、制造、安装、运行、检修、技术改造等方面的动态信息。

5.2.5.3 电厂技术监督工作计划应实现动态化，即各专业应每季度制订技术监督工作计划。年度（季度）监督工作计划应包括以下主要内容：

a) 技术监督组织机构和网络完善。

b) 监督管理标准、技术标准规范制定、修订计划。

c) 人员培训计划（主要包括内部培训、外部培训取证，标准规范宣贯）。

d) 技术监督例行工作计划。

e) 检修期间应开展的技术监督项目计划。

f) 监督用仪器仪表检定计划；

g) 技术监督自我评价、动态检查和复查评估计划。

h) 技术监督预警、动态检查等监督问题整改计划。

i) 技术监督定期工作会议计划。

5.2.5.4 电厂应根据上级公司下发的年度技术监督工作计划，及时修订补充本单位年度技术监督工作计划，并发布实施。

5.2.5.5 继电保护监督专责人每季度对继电保护监督各部门的监督计划的执行情况进行检查，对不满足监督要求的通过技术监督不符合项通知单的形式下发到相关部门进行整改，并对继电保护监督的相关部门进行考评。技术监督不符合项通知单编写格式见附录B。

5.2.6 监督报告管理

5.2.6.1 继电保护监督速报报送

电厂发生继电保护拒动、误动事件后 24h 内，应将事件概况、原因分析、已采取的措施按照附录C的格式，以速报的形式报送产业公司、区域公司和西安热工院。

5.2.6.2 继电保护监督季报报送

继电保护技术监督专责人应按照附录D的季报格式和要求，组织编写上季度继电保护技术监督季报，经电厂归口职能管理部门汇总后，于每季度首月 5 日前，将全厂技术监督季报报送产业公司、区域公司和西安热工院。

5.2.6.3 继电保护监督年度工作总结报告报送

a) 继电保护技术监督专责人应于每年1月5日前编制完成上年度技术监督工作总结，并报送产业公司、区域公司和西安热工院。

b) 年度继电保护监督工作总结报告主要内容应包括以下几方面：

1）　主要监督工作完成情况、亮点和经验与教训。
2）　设备一般事故及障碍、危急缺陷和严重缺陷统计分析。
3）　继电保护动作分析评价。
4）　监督存在的主要问题和改进措施。
5）　下年度工作思路、计划、重点和改进措施。

5.2.7　监督例会管理

5.2.7.1　电厂每年至少召开两次厂级技术监督工作会议，会议由电厂技术监督领导小组组长主持，检查评估、总结、布置继电保护技术监督工作，对技术监督中出现的问题提出处理意见和防范措施，形成会议纪要，按管理流程批准后发布实施。

5.2.7.2　继电保护专业每季度至少召开一次技术监督工作会议，会议由继电保护监督专责人主持并形成会议纪要。

5.2.7.3　例会主要内容包括：
a）　上次监督例会以来继电保护监督工作开展情况。
b）　继电保护装置故障、缺陷分析及处理措施。
c）　继电保护监督存在的主要问题以及解决措施/方案。
d）　上次监督例会提出问题整改措施完成情况的评价。
e）　技术监督工作计划发布及执行情况，监督计划的变更。
f）　集团公司技术监督季报、监督通信、新颁布的国家及行业标准规范、监督新技术学习交流。
g）　继电保护监督需要领导协调和其他部门配合及关注的事项。
h）　至下次监督例会时间内的工作要点。

5.2.8　监督预警管理

5.2.8.1　继电保护技术监督三级预警项目见附录 E。电厂应将三级预警识别纳入日常继电保护监督管理和考核工作中。

5.2.8.2　对于上级监督单位签发的预警通知单（见附录 F），电厂应认真组织人员研究有关问题，制定整改计划，整改计划中应明确整改措施、责任部门、责任人和完成日期。

5.2.8.3　问题整改完成后，电厂应按照验收程序要求，向预警提出单位提出验收申请，经验收合格后，由验收单位填写预警验收单（见附录 G），并报送预警签发单位备案。

5.2.9　监督问题整改管理

5.2.9.1　整改问题的提出
a）　上级或技术监督服务单位在技术监督动态检查、预警中提出的整改问题。
b）　《火电技术监督报告》中明确的集团公司或产业公司、区域公司督办问题。
c）　《火电技术监督报告》中明确的电厂需要关注及解决的问题。
d）　电厂继电保护监督专责人每季度对各部门监督计划的执行情况进行检查，对不满足监督要求提出的整改问题。

5.2.9.2　问题整改管理
a）　电厂收到技术监督评价报告后，应组织有关人员会同西安热工院或技术监督服务单位，在两周内完成整改计划的制定和审核，整改计划编写格式见附录 H。并将整改计划报送集团公司、产业公司、区域公司，同时抄送西安热工院或技术监督服务单位。

b) 整改计划应列入或补充列入年度监督工作计划，电厂按照整改计划落实整改工作，并将整改实施情况及时在技术监督季报中总结上报。

c) 对整改完成的问题，电厂应保存问题整改相关的试验报告、现场图片、影像等技术资料，作为问题整改情况及实施效果评估的依据。

5.2.10 监督评价与考核

5.2.10.1 电厂应将"继电保护技术监督工作评价表"中的各项要求纳入日常继电保护监督管理工作中，"继电保护技术监督工作评价表"见附录I。

5.2.10.2 电厂应按照"继电保护技术监督工作评价表"中的各项要求，编制完善继电保护技术监督管理制度和规定，完善各项继电保护监督的日常管理和检修维护记录，加强继电保护装置的运行、检修技术监督。

5.2.10.3 电厂应定期对技术监督工作开展情况组织自我评价，对不满足监督要求的不符合项以通知单的形式下发到相关部门进行整改，并对相关部门及责任人进行考核。

5.3 各阶段监督重点工作

5.3.1 设计与选型阶段

5.3.1.1 新建、扩建、更改工程一次系统规划建设中，应充分考虑继电保护适应性，避免出现特殊接线方式造成继电保护配置及整定难度的增加，为继电保护安全可靠运行创造良好条件。技术监督管理部门应参加工程各阶段设计审查。

5.3.1.2 新建、扩建、更改工程设计阶段，设计单位应严格执行相关国家、行业标准以及继电保护反事故措施，对于未认真执行的设计项目，应要求其进行设计更改直至满足要求。

5.3.1.3 继电保护的配置和选型必须满足相关标准和反事故措施的要求。保护装置选型应采用技术成熟、性能可靠、质量优良的产品。涉网及重要电气主设备的继电保护装置应组织出厂验收。

5.3.2 基建施工、调试及验收阶段

5.3.2.1 继电保护及安全自动装置屏、柜及二次回路接线安装工程的施工及验收应符合相关标准的要求，保证施工质量。基建施工单位应严格按照相关标准的要求进行施工，否则拒绝给予工程验收。

5.3.2.2 基建调试应严格按照相关标准的要求执行，不得为赶工期减少调试项目，降低调试质量。

5.3.2.3 继电保护及安全自动装置的现场竣工验收应制定详细的验收标准，确保验收质量。

5.3.2.4 新建、扩建、更改工程竣工后，设计单位在提供竣工图的同时应提供可供修改的CAD文件光盘或U盘。

5.3.3 运行维护阶段

5.3.3.1 编制继电保护及安全自动装置运行规程。

5.3.3.2 建立继电保护技术档案（含设备台账、竣工图纸、厂家技术资料、运行资料、定检报告、事故分析、发生缺陷及消除、反事故措施执行、保护定值等），并采用计算机管理。

5.3.3.3 编制正式的继电保护整定计算书，整定计算书应包括电气设备参数、短路计算、启动备用变压器保护整定计算、发电机–变压器组保护整定计算、厂用系统保护整定计算等内容，整定计算书要妥善保存，以便日常运行或事故处理时核对，整定计算书应经专人全面复核，以保证整定计算的原则合理、定值计算正确。6年对所辖设备的整定值进行全面复算和校核。

5.3.3.4　每季度分析和评价继电保护的运行及动作情况。对继电保护不正确动作应分析原因，提出改进对策，编写保护动作分析报告。

5.3.3.5　建立微机型保护装置的软件版本档案，记录各装置的软件版本、校验码和程序形成时间。并网电厂的高压母线、线路、断路器等涉网保护装置的软件版本按相应电网调度部门的要求进行管理。

5.3.3.6　储备必要的保护装置备用插件，保证备品备件配备足够及完好。

5.3.3.7　加强故障录波装置运行管理，保证故障录波装置的投入率和录波完好率。每季度对故障录波装置中的故障录波文件进行导出备份。

5.3.3.8　建立继电保护反事故措施管理档案。依据国家能源局、电网公司、集团公司等上级部门颁布的反事故措施，制定具体的实施计划和方案。

5.3.4　检修阶段

5.3.4.1　按照集团公司《电力检修标准化管理实施导则（试行）》做好检修全过程的监督管理。

5.3.4.2　根据一次设备检修安排合理编制年度保护装置的检验计划。装置检验前编制继电保护检修文件包（标准化作业指导书），检验期间严格执行，不应为赶工期减少检验项目和简化安全措施。继电保护现场工作应严格执行相关现场工作保安规定，规范现场人员作业行为，防止发生人身伤亡、设备损坏和继电保护"三误"（误碰、误接线、误整定）事故。

5.3.4.3　检修结束后，技术资料按照要求归档、设备台账实现动态维护、规程及系统图和定值进行修编，并综合费用以及试运的情况进行综合评价分析。及时编写检修报告，并履行审批手续。

5.3.4.4　更改项目按照集团公司《电力生产资本性支出项目管理办法》做好项目可研、立项、项目实施、后评价全过程监督。

6　监督评价与考核

6.1　评价内容

6.1.1　继电保护监督评价内容详见附录 I。

6.1.2　继电保护监督评价内容分为技术监督管理、技术监督标准执行两部分，总分为 1000 分，其中监督管理评价部分包括 8 个大项 44 小项，共 400 分；监督标准执行部分包括 4 个大项 142 个小项，共 600 分。

6.2　评价标准

6.2.1　被评价的电厂按得分率高低分为四个级别，即优秀、良好、合格、不符合。

6.2.2　得分率高于或等于 90% 为"优秀"，80%～90%（不含 90%）为"良好"，70%～80%（不含 80%）为"合格"；低于 70% 为"不符合"。

6.3　评价组织与考核

6.3.1　技术监督评价包括集团公司技术监督评价、属地电力技术监督服务单位技术监督评价、电厂技术监督自我评价。

6.3.2　集团公司定期组织西安热工院和公司内部专家，对电厂技术监督工作开展情况、设备状态进行评价，评价工作按照集团公司《电力技术监督管理办法》规定执行，分为现场评价和定期评价。

6.3.2.1　集团公司技术监督现场评价按照集团公司年度技术监督工作计划中所列的电厂名单

和时间安排进行。各电厂在现场评价实施前应按附录 I 进行自查，编写自查报告。西安热工院在现场评价结束后三周内，应按照集团公司《电力技术监督管理办法》附录 D 的格式要求完成评价报告，并将评价报告电子版报送集团公司安生部，同时发送产业公司、区域公司及电厂。

6.3.2.2 集团公司技术监督定期评价按照集团公司《电力技术监督管理办法》及本标准要求和规定，对电厂生产技术管理情况、机组障碍及非计划停运情况、继电保护监督报告的内容符合性、准确性、及时性等进行评价，通过年度技术监督报告发布评价结果。

6.3.2.3 集团公司对严重违反技术监督制度、由于技术监督不当或监督项目缺失、降低监督标准而造成严重后果、对技术监督发现问题不进行整改的电厂，予以通报并限期整改。

6.3.3 电厂应督促属地技术监督服务单位依据技术监督服务合同的规定，提供技术支持和监督服务，依据相关监督标准定期对电厂技术监督工作开展情况进行检查和评价分析，形成评价报告，并将评价报告电子版和书面版报送产业公司、区域公司及电厂。电厂应将报告归档管理，并落实问题整改。

6.3.4 电厂应按照集团公司《电力技术监督管理办法》及华能电厂安全生产管理体系要求建立完善技术监督评价与考核管理标准，明确各项评价内容和考核标准。

6.3.5 电厂应每年按附录 I，组织安排继电保护监督工作开展情况的自我评价，根据评价情况对相关部门和责任人开展技术监督考核工作。

附　录　A
（规范性附录）
继电保护及安全自动装置动作信息归档清单及要求

序号	归档清单	格　式　要　求		时间要求
		文档类型	文档要求	
1	保护设备打印的动作（故障）报告	扫描的 pdf 文件或 jpg 文件	扫描颜色宜选用灰度或黑白	跳闸后 3h 内
		数码照片 jpg 文件	数码照片的取景实物范围应不超过 A4 纸大小，画面的故障（动作）报告应平整、清晰	
2	保护及录波器的故障录波文件	录波原始文件		跳闸后 3h 内
3	一、二次设备检查情况	一、二次设备故障现场的数码照片 jpg	照片应能清晰分辨故障位置及设备损坏情况，引起保护不正确动作相关保护装置及二次回路，并附上相应说明	厂内故障查明后 2h 内（继保人员）
4	保护动作分析报告	Word 文档	保护动作后，应编写保护动作分析报告，并提供系统接线方式和相应录波分析图，叙述保护动作的过程	初步分析报告 24h 内，正式报告通常应在事故原因查清后 1 个工作日内

附 录 B
（规范性附录）
技术监督不符合项通知单

编号（No）：××–××–××

发现部门：　　　专业：　　被通知部门、班组：　　签发：　　日期：20××年××月××日

不符合项描述	1. 不符合项描述： 2. 不符合标准或规程条款说明：
整改措施	3. 整改措施： 制订人/日期：　　　　　　　　　　审核人/日期：
整改验收情况	4. 整改自查验收评价： 整改人/日期：　　　　　　　　　　自查验收人/日期：
复查验收评价	5. 复查验收评价： 复查验收人/日期：
改进建议	6. 对此类不符合项的改进建议： 建议提出人/日期：
不符合项关闭	整改人：　　　　自查验收人：　　　　复查验收人：　　　　签发人：
编号说明	年份+专业代码+本专业不符合项顺序号

附 录 C

（规范性附录）

技 术 监 督 信 息 速 报

单位名称			
设备名称		事件发生时间	
事件概况	注：有照片时应附照片说明。		
原因分析			
已采取的措施			
监督专责人签字		联系电话： 传　真：	
生长副厂长或总工程师签字		邮　箱：	

附 录 D

（规范性附录）

继电保护技术监督季报编写格式

××电厂20××年×季度继电保护技术监督季报

编写人：×××　固定电话/手机：××××××

审核人：×××

批准人：×××

上报时间：20××年×月×日

D.1 上季度集团公司督办事宜的落实或整改情况

D.2 上季度产业（区域）公司督办事宜的落实或整改情况

D.3 继电保护监督年度工作计划完成情况统计报表（见表 D.1）

表 D.1 年度技术监督工作计划和技术监督
服务单位合同项目完成情况统计报表

发电厂技术监督计划完成情况			技术监督服务单位合同工作项目完成情况		
年度计划 项目数	截至本季度 完成项目数	完成率 %	合同规定的 工作项目数	截至本季度 完成项目数	完成率 %

D.4 继电保护监督考核指标完成情况统计报表

D.4.1 监督管理考核指标报表

监督指标上报说明：每年的 1、2、3 季度所上报的技术监督指标为季度指标；每年的 4 季度所上报的技术监督指标为全年指标。

20××年×季度仪表校验率统计报表，见表 D.2，技术监督预警问题至本季度整改完成情况统计报表，见表 D.3，集团公司技术监督动态检查提出问题本季度整改完成情况统计报表，见表 D.4。

表 D.2 20××年×季度仪表校验率统计报表

年度计划应校验仪表台数	截至本季度完成校验仪表台数	仪表校验率 %	考核或标杆值 %
			100

表 D.3 技术监督预警问题至本季度整改完成情况统计报表

一级预警问题			二级预警问题			三级预警问题		
问题项数	完成项数	完成率%	问题项数	完成项数	完成率%	问题项目	完成项数	完成率%

表 D.4 集团公司技术监督动态检查提出问题本季度整改完成情况统计报表

检查年度	检查提出问题项数（项）			电厂已整改完成项目数统计结果			
	严重问题	一般问题	问题项合计	严重问题	一般问题	完成项目数小计	整改完成率%

D.4.2 技术监督考核指标报表

20××年×季度检验计划完成情况及缺陷消除情况统计报表，见表 D.5；20××年×季度继电保护和安全自动装置正确动作率（录波完好率）统计报表，见表 D.6。

表 D.5 20××年×季度检验计划完成情况及缺陷消除情况统计报表

检验计划完成率			危急缺陷消除统计			严重缺陷消除统计		
计划项数	完成项数	完成率%	缺陷项数	消除项数	消除率%	缺陷项数	消除项数	消除率%

注 1：危急缺陷：设备发生了直接威胁安全运行并需立即处理的继电保护设备缺陷，否则，随时可能造成设备损坏、人身伤亡、大面积停电、火灾等事故。

注 2：严重缺陷：对人身或设备有严重威胁的继电保护设备缺陷，暂时尚能坚持运行但需尽快处理的缺陷。

表 D.6 20××年×季度继电保护和安全自动
装置正确动作率（录波完好率）统计报表

继电保护装置名称		动作次数	不正确动作次数	正确动作率%
全部保护装置	220kV 及以上系统继电保护装置			
	110kV 及以下系统继电保护装置（不含厂用电系统）			
	厂用电系统继电保护装置			
	合计			

表 D.6（续）

继电保护装置名称	动作次数	不正确动作次数	正确动作率 %
安全自动装置			
故障录波装置	应启动录波次数	录波完好次数	录波完好率 %

注1: 全部保护装置包括：220kV 及以上系统继电保护装置、110kV 及以下系统继电保护装置（不含厂用电系统）以及厂用电系统继电保护装置。

注2: 220kV 及以上系统继电保护装置是指 100MW 及以上发电机、50Mvar 及以上调相机、电压为 220kV 及以上变压器、电抗器、电容器、母线和线路（含电缆）的保护装置、自动重合闸。

注3: 110kV 及以下系统继电保护装置（不含厂用电系统）是指 100MW 以下发电机、50Mvar 以下调相机、接入 110kV 及以下电压的变压器、母线、线路（含电缆）、电抗器、电容器、直接接在发电机–变压器组的高压厂用变压器的继电保护装置及自动重合闸。

注4: 厂用电系统继电保护装置是指高压厂用电系统及低压厂用电系统的厂用馈线、低压厂用变压器、高压电动机及低压电动机等的继电保护装置

　　20××年×季度继电保护和安全自动装置故障及退出运行情况报表，见表 D.7；20××年×季度继电保护和安全自动装置动作记录报表，见表 D.8。

表 D.7　20××年×季度继电保护和安全自动装置故障及退出运行情况报表

编号	保护型号	保护名称	制造厂家	装置故障退出运行情况		
				故障退出时段	退出运行时间 h	故障退出原因

表 D.8　20××年×季度继电保护和安全自动装置动作记录报表

编号	时间	保护安装地点	电压等级 kV	故障及保护动作情况简述	被保护设备名称	保护生产厂家及型号	保护版本号	装置动作评价			不正确动作责任分析	责任部门	故障录波装置	
								正确次数	误动次数	拒动次数			应启动录波次数	录波完好次数
1														
2														
3														
⋮														

D.4.3　技术监督考核指标简要分析

　　填报说明：分析指标未达标的原因。

D.5 本季度主要的继电保护监督工作

填报说明：简述继电保护监督管理、运行、检修、更改等工作和设备遗留缺陷的跟踪情况。

D.6 本季度继电保护装置发现的危急缺陷及严重缺陷分析与处理情况（见表 D.9）

表 D.9 20××年×季度继电保护装置危急缺陷及严重缺陷统计报表

序号	机组	检出日期	缺陷简述	原因分析	处理情况	缺陷性质
注1：缺陷性质是指属于严重缺陷还是危急缺陷。 注2：至填报时，尚未消除的缺陷应继续填报最新的缺陷情况，直到消缺为止							

D.7 本季度继电保护监督发现的问题、原因及处理情况

填报说明：包括继电保护监督管理、运行、检修、更改等工作中发现的问题以及发生的设备一般事故和障碍等。必要时应提供照片、数据和曲线。

D.8 继电保护监督下季度的主要工作

D.9 附表

华能集团公司技术监督动态检查专业提出问题至本季度整改完成情况，见表 D.10。《华能集团公司火电技术监督报告》专业提出的存在问题至本季度整改完成情况，见表 D.11。技术监督预警问题至本季度整改完成情况，见表 D.12。

表 D.10 华能集团公司技术监督动态检查
专业提出问题至本季度整改完成情况

序号	问题描述	问题性质	西安热工院提出的整改建议	电厂制定的整改措施和计划完成时间	目前整改状态或情况说明
注1：填报此表时需要注明集团公司技术监督动态检查的年度。 注2：如4年内开展了2次检查，应按此表分别填报。待年度检查问题全部整改完毕后，不再填报					

表 D.11 《华能集团公司火电技术监督报告》
专业提出的存在问题至本季度整改完成情况

序号	问题描述	问题性质	问题分析	解决问题的措施及建议	目前整改状态或情况说明

表 D.12 技术监督预警问题至本季度整改完成情况

预警通知单编号	预警类别	问 题 描 述	西安热工院提出的整改建议	电厂制定的整改措施和计划完成时间	目前整改状态或情况说明

附 录 E

（规范性附录）

继电保护技术监督预警项目

E.1 一级预警

a) 继电保护问题引起机组停运或严重设备损坏事件谎报或者瞒报。

b) 由于继电保护不正确动作导致严重设备事故。

c) 二级预警后未按期完成整改任务。

E.2 二级预警

a) 对继电保护问题引起机组停运或严重设备损坏事件迟报或者漏报。

b) 对继电保护不正确动作造成机组停运事件未认真查明原因，造成同类事件重复发生。

c) 三级预警后未按期完成整改任务。

E.3 三级预警

a) 未全面开展发电机–变压器组及厂用系统继电保护整定计算，无正式的继电保护整定计算报告。

b) 新机组投运后未全面开展竣工图纸与现场实际核对工作，无图实核对情况记录。

c) 现场检查发现继电保护装置实际整定值与正式下发的定值通知单不相一致。

d) 继电保护及安全自动装置运行中频繁发生异常告警、故障退出现象。

e) 未结合本单位实际情况制定具体的继电保护反事故措施执行计划并逐步落实。

f) 继电保护及安全自动装置的定期检验超周期 2 年或 1/2 周期（取大值）。

g) 继电保护超期服役，未制定更新改造计划。

h) 蓄电池组容量达不到额定容量的 80%以上仍长期使用，未制定更换计划。

附 录 F

（规范性附录）

技术监督预警通知单

通知单编号：T-　　　　　　　　预警类别编号：　　　　　　日期：　　年　月　日

发电企业名称	
设备（系统）名称及编号	
异常情况	
可能造成或已造成的后果	
整改建议	
整改时间要求	

提出单位		签发人	

注：通知单编号：T-预警类别编号-顺序号-年度。预警类别编号：一级预警为1，二级预警为2，三级预警为3。

附 录 G

（规范性附录）

技术监督预警验收单

验收单编号：Y-   预警类别编号：   日期：   年   月   日

发电企业名称	
设备（系统）名称及编号	
异常情况	
技术监督服务单位整改建议	
整改计划	
整改结果	

验收单位		验收人	

注：验收单编号：Y-预警类别编号-顺序号-年度。预警类别编号：一级预警为1，二级预警为2，三级预警为3。

<h1 style="text-align:center">附 录 H</h1>

（规范性附录）

技术监督动态检查问题整改计划书

H.1 概述

H.1.1 叙述计划的制订过程（包括西安热工研究院、技术监督服务单位及电厂参加人等）；

H.1.2 需要说明的问题，如：问题的整改需要较大资金投入或需要较长时间才能完成整改的问题说明。

H.2 重要问题整改计划表

重要问题整改计划表，见表 H.1。

表 H.1 重要问题整改计划表

序号	问题描述	专业	监督单位提出的整改建议	电厂制定的整改措施和计划完成时间	电厂责任人	监督单位责任人	备　注

H.3 一般问题整改计划表

一般问题整改计划表，见表 H.2。

表 H.2 一般问题整改计划表

序号	问题描述	专业	监督单位提出的整改建议	电厂制定的整改措施和计划完成时间	电厂责任人	监督单位责任人	备　注

附　录　I

（规范性附录）

继电保护技术监督工作评价表

序号	评价项目	标准分	评价内容与要求	评分标准
1	监督管理	400		
1.1	组织与职责	50		
1.1.1	监督组织机构	10	应建立健全由生产副厂长（总工程师）领导下的继电保护技术监督三级管理网，在归口职能管理部门设置继电保护技术监督专责人；应根据人员变动情况及时调整技术监督网络成员	检查电厂正式下发的技术监督网络文件： （1）无正式下发文件扣10分； （2）有正式下发文件但网络设置不完善扣5分，人员变动后技术监督网络未及时调整扣5分，扣完为止
1.1.2	职责分工与落实	10	继电保护技术监督网络各级成员岗位职责明确、落实到人，技术监督工作开展顺畅、有效	检查《继电保护及安全自动装置监督管理标准》规定的各级监督人员职责，结合具体工作验证各级成员职责落实情况： （1）《继电保护及安全自动装置监督管理标准》中职责规定不明确扣10分； （2）由于网络成员实际职责未有效落实，影响技术监督工作顺畅、有效开展的，酌情扣分；扣完为止
1.1.3	监督专责人持证上岗	30	继电保护技术监督专责人应持有中国华能集团公司颁发的《电力技术监督资格证书》	检查《电力技术监督资格证书》，未取得《电力技术监督资格证书》或超过有效期扣30分
1.2	标准符合性	80		
1.2.1	监督管理标准	30		
1.2.1.1	集团公司《电力技术监督管理办法》	5	应持有正式下发的集团公司《电力技术监督管理办法》	无正式下发的《电力技术监督管理办法》文件扣5分
1.2.1.2	本单位《继电保护及安全自动装置监督管理标准》	15	应编制本单位《继电保护及安全自动装置监督管理标准》，编写的内容、格式应符合《华能电厂安全生产管理体系要求》和《华能电厂安全生产管理体系管理标准编制导则》以及国家、行业法律、法规、标准和集团公司《电力技术监督管理办法》相关的要求，并符合电厂实际情况	（1）无正式颁发的《继电保护及安全自动装置监督管理标准》（以下简称《管理标准》）扣15分； （2）《管理标准》编写格式不符合要求酌情扣分，不超过5分；《管理标准》控制点及其内容不满足要求酌情扣分，不超过10分；扣完为止

表（续）

序号	评价项目	标准分	评价内容与要求	评分标准
1.2.1.3	继电保护监督应建立的支持性管理文件： （1）《继电保护及安全自动装置检验管理规定》； （2）《继电保护及安全自动装置定值管理规定》； （3）《微机保护软件管理规定》； （4）《继电保护装置投退管理规定》； （5）《继电保护反事故措施管理规定》； （6）《继电保护图纸管理规定》； （7）《故障录波装置管理规定》； （8）《继电保护及安全自动装置巡回检查管理规定》； （9）《继电保护及安全自动装置现场保安工作管理规定》； （10）《继电保护试验仪器、仪表管理规定》	10	继电保护监督相关管理文件应建立齐全，内容应完善	（1）未编制相关管理文件扣10分； （2）管理文件不齐全扣5分； （3）管理文件内容不完善酌情扣分，不超过5分
1.2.2	监督技术标准	50		
1.2.2.1	继电保护监督相关国家、行业标准以及华能集团公司企业标准、国家电网公司或南方电网公司企业标准	10	应按照集团公司每年下发的《水力发电厂技术监督用标准规范目录》收集齐全，正式印刷版或电子扫描版均可	标准收集不齐全扣10分（部分标准尚未出版的除外）
1.2.2.2	本单位《继电保护及安全自动装置检验规程》	20	《继电保护及安全自动装置检验规程》应编制齐全；《继电保护及安全自动装置检验规程》内容应按照DL/T 995要求进行编写，《继电保护及安全自动装置检验规程》中应有新安装检验、全部检验和部分检验的检验项目表，明确不同检验种类的具体检验项目，检验项目和方法应参考DL/T 995 表B.1进行编写	（1）《继电保护及安全自动装置检验规程》不齐全酌情扣分，不超过10分； （2）《继电保护及安全自动装置检验规程》内容编写不符合DL/T 995要求，酌情扣分，不超过10分

表（续）

序号	评价项目	标准分	评价内容与要求	评分标准
1.2.2.3	本单位《继电保护及安全自动装置运行规程》	20	《继电保护及安全自动装置运行规程》应编制齐全，内容应规范	（1）《继电保护及安全自动装置运行规程》不齐全酌情扣分，不超过 10 分； （2）《继电保护及安全自动装置运行规程》内容不规范酌情扣分，不超过 10 分
1.3	继电保护试验仪器、仪表	20		
1.3.1	继电保护试验仪器、仪表台账	5	试验仪器、仪表台账内容应齐全、准确，与实际设备相符；台账内容应及时更新（设备台账推荐采用微机管理）	（1）台账不齐全或与实际不相符扣 2 分； （2）台账内容未及时更新扣 3 分
1.3.2	继电保护试验仪器、仪表厂家产品说明书及出厂检验报告等	5	试验仪器、仪表技术资料应齐全	技术资料不齐全酌情扣分
1.3.3	继电保护试验仪器、仪表定期检验计划及执行情况	5	试验仪器、仪表应制定定期检验计划并定期检验	（1）未制定定期检验计划扣 2 分； （2）试验仪器、仪表未定期检验扣 3 分
1.3.4	继电保护试验仪器、仪表定期检测/校准报告	5	试验仪器、仪表的检测报告应妥善保存，检测报告的检测项目应规范	（1）定期检测报告不齐全扣 3 分； （2）检测项目不规范扣 2 分
1.4	监督计划	20		
1.4.1	继电保护技术监督工作计划制订	10	计划制订时间，依据符合要求；计划内容应包括：健全继电保护技术监督组织机构；监督标准、相关技术文件制订或修订；定期工作计划；机组检修期间应开展的技术监督项目计划；试验仪器仪表检验计划；技术监督工作自我评价与外部检查迎检计划；技术监督发现问题的整改计划；人员培训计划（主要包括内部培训、外部培训取证，规程宣贯）；技术监督季报、总结编制、报送计划；网络活动计划	（1）未制订计划扣 10 分； （2）计划内容不完善酌情扣分，扣完为止
1.4.2	继电保护技术监督工作计划审批	5	计划应按规定的审批工作流程进行审批	未审批扣 5 分
1.4.3	继电保护技术监督工作计划上报	5	每年 11 月 30 日前上报产业公司、区域公司，同时抄送西安热工研究院	未上报扣 5 分
1.5	监督档案	90		

表（续）

序号	评价项目	标准分	评价内容与要求	评分标准
1.5.1	继电保护及安全自动装置设备台账	10	设备台账管理应符合《设备技术台账管理标准》要求；设备台账内容应齐全、准确，与现场实际设备相符；设备台账内容应及时更新或修订。设备台账推荐采用微机管理	（1）设备台账内容不完善或与现场实际设备不相符扣5分； （2）检查设备台账内容未及时更新或修订扣5分
1.5.2	继电保护及安全自动装置技术图纸资料	25		
1.5.2.1	设计单位移交的电气二次相关竣工图纸（包括竣工原理图、安装图、设计说明、电缆清册等）	10	班组应妥善保存电气专业设计竣工图纸，并编制详细的竣工图纸资料目录清单	（1）无设计单位竣工图纸扣10分； （2）竣工图纸不齐全扣5分； （3）无图纸目录清单扣3分
1.5.2.2	设备异动、更新改造后的相关技术图纸资料	5	设备异动、更新改造后相关技术图纸资料应妥善保存	无资料扣5分，不齐全扣3分
1.5.2.3	本厂编制的电气二次图册	5	应编制本厂的电气二次图册并妥善保存	未编制扣5分，不齐全扣3分
1.5.2.4	制造厂商提供的装置说明书、保护柜（屏）原理图、合格证明和出厂试验报告、保护装置调试大纲等技术资料	5	相关设备出厂技术资料应妥善保存	无资料扣5分，不齐全扣3分
1.5.3	继电保护及安全自动装置检验报告	10		
1.5.3.1	新安装检验报告（调试报告）	5	报告应保存齐全	无报告扣5分，不齐全扣3分
1.5.3.2	定期检验报告（包括全部检验和部分检验报告）	5	报告应保存齐全	无报告扣5分，不齐全扣3分
1.5.4	继电保护及安全自动装置定值资料	20		
1.5.4.1	调度部门每年下发的系统阻抗	5	每年下发的系统阻抗应妥善保管	无资料扣5分，不齐全扣3分
1.5.4.2	继电保护整定计算报告	5	继电保护整定计算报告应设置专门文件夹妥善保管	无资料扣5分，不齐全扣3分
1.5.4.3	继电保护定值通知单	5	全厂最新继电保护定值通知单应设置专门文件夹妥善保管	无资料扣5分，不齐全扣3分
1.5.4.4	装置打印的定值清单	5	最新从装置打印的定值清单应设置专门文件夹妥善保管	无资料扣5分，不齐全扣3分

表（续）

序号	评价项目	标准分	评价内容与要求	评分标准
1.5.5	直流系统相关技术资料	15		
1.5.5.1	蓄电池厂家产品使用说明书、产品合格证明书以及充、放电试验报告；充电装置、绝缘监察装置、微机监控装置的厂家产品使用说明书、电气原理图和接线图、产品合格证明书以及出厂检验报告等	5	相关设备出厂技术资料应妥善保存	无资料扣5分，不齐全扣3分
1.5.5.2	蓄电池组、充电装置绝缘监察装置、微机监控装置等的新安装及定期试验报告	5	相关试验报告应妥善保存	无资料扣5分，不齐全扣3分
1.5.5.3	直流系统熔断器、断路器上下级配置统计表	5	应编制直流系统熔断器、断路器上下级配置统计表，并妥善保存	无资料扣5分，不齐全扣3分
1.5.6	其他技术资料： （1）继电保护、安全自动装置的定期检验计划及执行情况； （2）继电保护及安全自动装置动作信号的含义说明； （3）继电保护及安全自动装置及二次回路改进说明，包括改进原因、批准人、执行人和改进日期； （4）经安监部门备案的继电保护和安全自动装置安全措施票； （5）上级单位及电网公司颁发的继电保护相关通知文件、反事故措施等技术资料及其执行情况，等等	10	相关资料应妥善保存	缺一项扣3分，一项内容不齐全扣2分，扣完为止
1.6	评价与考核	30		
1.6.1	技术监督动态检查前自我检查	10	电厂应在集团公司技术监督现场评价实施前按《水力发电厂继电保护监督工作评价表》进行自查，编写自查报告	（1）无自查报告扣10分； （2）自查报告编写不认真酌情扣分

表（续）

序号	评价项目	标准分	评价内容与要求	评分标准
1.6.2	技术监督定期自我评价	10	电厂应每年按《火力发电厂继电保护监督工作评价表》，组织安排继电保护监督工作开展情况的自我评价，并按集团公司《电力技术监督管理办法》要求编写自查报告	（1）未定期对技术监督工作进行自我评价扣10分； （2）自查报告编写不认真酌情扣分
1.6.3	技术监督定期工作会议	5	电厂应每年召开两次技术监督工作会议，检查、布置、总结技术监督工作	（1）未组织召开技术监督工作会议扣5分； （2）无会议纪要扣2分
1.6.4	技术监督工作考核	5	对严重违反技术监督管理标准、由于技术监督不当或监督项目缺失、降低监督标准而造成严重后果的，应按照《管理标准》的"考核标准"给予考核	未按照"考核标准"给予考核扣5分
1.7	工作报告制度	50		
1.7.1	技术监督季报、年报	20	每季度首月5日前，应将技术监督季报报送产业公司、区域公司和西安热工研究院；格式和内容符合要求	查阅检查之日前两个季度季报： （1）技术监督季报未按时上报扣10分； （2）季报格式、内容不正确扣10分
1.7.2	技术监督速报	20	应按规定格式和内容编写技术监督速报并及时上报	查阅检查之日前两个季度速报事件及上报时间： （1）发生继电保护误动、拒动事件未上报扣20分； （2）技术监督速报未按时上报扣10分； （3）格式不正确扣10分
1.7.3	年度技术监督工作总结	10	每年元月5日前组织完成上年度技术监督工作总结报告的编写工作，并将总结报告报送产业公司、区域公司和西安热工研究院；格式和内容符合要求	查阅技术监督工作总结： （1）未按时上报扣5分； （2）格式、内容不符合要求扣5分
1.8	监督考核指标	60		
1.8.1	监督管理考核指标	30		
1.8.1.1	监督预警问题、季度问题整改完成率	15	整改完成率达到100%	指标未达标不得分
1.8.1.2	动态检查存在问题整改完成率	15	从发电企业收到动态检查报告之日起：第1年整改完成率不低于85%，第2年整改完成率不低于95%	指标未达标不得分
1.8.2	继电保护监督考核指标	30		

表（续）

序号	评价项目	标准分	评价内容与要求	评分标准
1.8.2.1	继电保护不正确动作造成设备事故和一类障碍	10	上年度及本年度至今不发生因继电保护不正确动作造成的设备事故和一类障碍	发生因继电保护不正确动作造成的设备事故和一类障碍不得分
1.8.2.2	全部保护装置正确动作率	10	上年度全部保护装置正确动作率应达到100%	正确动作率低于100%扣10分
1.8.2.3	安全自动装置正确动作率	5	上年度安全自动装置正确动作率应达到100%	正确动作率低于100%扣5分
1.8.2.4	录波完好率	5	上年度录波完好率应达到100%	录波完好率低于100%扣5分
2	技术监督实施过程	600		
2.1	工程设计、选型阶段	165		
2.1.1	继电保护双重化配置	25		
2.1.1.1	重要电气设备的继电保护双重化配置	15	100MW 及以上容量发电机–变压器组、220kV 及以上电压等级母线保护、线路保护、变压器保护、高压电抗器保护等应按双重化配置	查阅设计图纸并询问实际情况，有一套保护装置不符合要求扣5分，扣完为止
2.1.1.2	继电保护双重化配置的基本要求	10	双重化配置的继电保护应满足以下基本要求： （1）两套保护装置的交流电流应分别取自电流互感器互相独立的绕组，交流电压宜分别取自电压互感器互相独立的绕组。其保护范围应交叉重叠，避免死区。 （2）两套保护装置的直流电源应取自不同蓄电池组供电的直流母线段。 （3）两套保护装置的跳闸回路应与断路器的两个跳闸线圈分别一一对应。 （4）两套保护装置与其他保护、设备配合的回路应遵循相互独立的原则。 （5）每套完整、独立的保护装置应能处理可能发生的所有类型的故障。两套保护之间不应有任何电气联系，当一套保护退出时不应影响另一套保护的运行。	查阅设计图纸并询问实际情况，有一项不符合要求扣2分，扣完为止

表（续）

序号	评价项目	标准分	评价内容与要求	评分标准
2.1.1.2	继电保护双重化配置的基本要求	10	（6）线路纵联保护的通道（含光纤、微波、载波等通道及加工设备和供电电源等）、远方跳闸及就地判别装置应遵循相互独立的原则按双重化配置。 （7）有关断路器的选型应与保护双重化配置相适应，应具备双跳闸线圈机构。 （8）采用双重化配置的两套保护装置宜安装在各自保护柜内，并应充分考虑运行和检修时的安全性	查阅设计图纸并询问实际情况，有一项不符合要求扣2分，扣完为止
2.1.2	发电机−变压器组保护、变压器保护	25		
2.1.2.1	发电机−变压器组保护、变压器保护设计与选型	3	发电机保护、主变压器保护、高压厂用变压器保护、励磁变压器保护等的设计应符合 GB/T 14285、NB/T 35010、DL/T 671、DL/T 1309 以及本标准要求	查阅设计图纸并询问实际情况，不符合要求扣3分
2.1.2.2	200MW 及以上容量发电机定子接地保护	2	宜将基波零序保护与三次谐波电压保护的出口分开，基波零序保护投跳闸	查阅设计图纸并询问实际情况，不符合要求扣2分
2.1.2.3	发电机−变压器组相间故障后备保护	2	设置发电机−变压器组相间故障后备保护时，应将发电机和主变压器的反映相间故障的后备保护合并为一套，取发电机的反映相间短路故障的后备保护作为发电机−变压器组的后备保护	查阅设计图纸并询问实际情况，不符合要求扣2分
2.1.2.4	发电机启、停机保护及断路器断口闪络保护	2	查阅设计图纸并询问实际情况，200MW 及以上容量发电机应装设启、停机保护及断路器断口闪络保护	不符合要求扣2分
2.1.2.5	发电机失磁保护	2	查阅设计图纸及保护装置厂家技术说明书，发电机的失磁保护应使用能正确区分短路故障和失磁故障的、具有复合判据的二段式方案；优先采用定子阻抗判据与机端低电压的复合判据，与系统联系较紧密的机组宜将定子阻抗判据整定为异步阻抗圆，经第一时限动作出口；为确保各种失磁故障均能够切除，宜使用不经低电压闭锁的、稍长延时的定子阻抗判据经第二时限出口	不符合要求扣2分

表（续）

序号	评价项目	标准分	评价内容与要求	评分标准
2.1.2.6	发电机失步保护	2	200MW 及以上容量发电机应配置失步保护；失步保护应能区分振荡中心在发电机–变压器组内部或外部；当发电机振荡电流超过允许的耐受能力时，应解列发电机，并保证断路器断开时的电流不超过断路器允许开断电流	查阅设计图纸及保护装置厂家技术说明书，不符合要求扣 2 分
2.1.2.7	变压器高压侧零序电流保护	2	330kV 及以上电压等级变压器高压侧零序电流保护为两段式，一段带方向，方向指向母线，延时跳开本侧断路器，二段不带方向，延时跳开变压器各侧断路器；220kV 电压等级变压器高压侧零序过电流保护为两段式，第一段带方向，方向可整定，设两个时限，第二段不带方向，延时跳开变压器各侧断路器	查阅设计图纸并询问实际情况，不符合要求扣 2 分
2.1.2.8	发电机–变压器组断路器三相不一致保护	2	发电机–变压器组断路器三相不一致保护功能应由断路器本体机构实现，发电机–变压器组断路器三相不一致时应启动断路器失灵保护，为安全可靠起见，只能采用具有电气量判据的断路器三相不一致保护去启动断路器失灵保护，不能采用断路器本体的三相不一致保护	查阅设计图纸并询问实际情况，不符合要求扣 2 分
2.1.2.9	发电机–变压器组非电量保护	2	发电机–变压器组非电量保护应同时作用于断路器的两个跳闸线圈	查阅设计图纸并询问实际情况，不符合要求扣 2 分
2.1.2.10	发电机–变压器组、变压器非电量保护直跳回路中间继电器	2	作用于跳闸的非电量保护，启动功率应大于 5W，动作电压在额定直流电源电压的 55%～70%范围内，额定直流电源电压下动作时间为 10ms～35ms，加入 220V 工频交流电压不动作	查阅检验报告，不符合要求扣 2 分，未检验扣 2 分
2.1.2.11	保护装置对时接口	2	保护装置应具备使用 RS-485 串行数据通信接口接收 GPS 发出的 IRIG-B（DC）时码的对时接口	查阅设计图纸并询问实际情况，不符合要求扣 2 分
2.1.2.12	保护装置连接片标色	2	保护跳闸出口连接片及与失灵回路相关连接片采用红色，功能连接片采用黄色，连接片底座及其他连接片采用浅驼色；标签应设置在连接片下方	现场实际查看，不符合要求扣 2 分
2.1.3	线路保护、过电压及远方跳闸保护、断路器保护、短引线保护	20		

表（续）

序号	评价项目	标准分	评价内容与要求	评分标准
2.1.3.1	线路保护及辅助装置设计与选型	4	线路保护及辅助装置设计与选型应符合 GB/T 14285、GB/T 15145 以及本标准要求	查阅设计图纸并询问实际情况，不符合要求扣4分
2.1.3.2	3/2 断路器接线的线路、过电压及远方跳闸保护、断路器保护、短引线保护配置	3	应符合 DL/T 317 的配置原则和技术原则	查阅设计图纸并询问实际情况，不符合要求扣3分
2.1.3.3	3/2 断路器接线"沟通三跳"和重合闸要求	3	3/2 断路器接线的远方跳闸保护、短引线保护应按双重化配置，当需要配置过电压保护时，过电压保护应集成在远方跳闸保护装置中；断路器保护按断路器配置，失灵保护、重合闸、充电过电流、三相不一致和死区保护等功能应集成在断路器保护装置中；3/2 断路器接线"沟通三跳"功能由断路器保护实现；3/2 断路器接线的断路器重合闸，先合断路器重合于永久性故障，两套线路保护均加速动作，发三相跳闸（永久跳闸）命令	查阅设计图纸并询问实际情况，不符合要求扣3分
2.1.3.4	双母线接线线路保护、重合闸功能配置	3	应符合 DL/T 317 的配置原则和技术原则	查阅设计图纸并询问实际情况，不符合要求扣3分
2.1.3.5	双母线接线重合闸、失灵启动的要求	3	双母线接线每一套线路保护均应含重合闸功能，不采用两套重合闸相互启动和相互闭锁方式；对于含有重合闸功能的线路保护装置，设置"停用重合闸"连接片；线路保护应提供直接启动失灵保护的分相跳闸触点，启动微机型母线保护装置中的断路器失灵保护；双母线接线的断路器失灵保护应采用母线保护中的失灵电流判别功能	查阅设计图纸并询问实际情况，不符合要求扣3分
2.1.3.6	保护装置对时接口	2	保护装置应具备使用 RS-485 串行数据通信接口接收 GPS 发出的 IRIG-B（DC）时码的对时接口	查阅设计图纸并询问实际情况，不符合要求扣2分
2.1.3.7	保护装置连接片标色	2	保护跳闸出口连接片及与失灵回路相关连接片采用红色，功能连接片采用黄色，连接片底座及其他连接片采用浅驼色；标签应设置在连接片下方	现场实际查看，不符合要求扣2分
2.1.4	母线和母联（分段）保护及辅助装置、高压并联电抗器保护	15		

表（续）

序号	评价项目	标准分	评价内容与要求	评分标准
2.1.4.1	母线和母联（分段）保护及辅助装置、高压并联电抗器保护设计与选型	3	母线和母联（分段）保护及辅助装置、高压并联电抗器保护设计与造型应符合 GB/T 14285、NB/T 35010、DL/T 670、DL/T 242 以及本标准要求	查阅设计图纸并询问实际情况，不符合要求扣 3 分
2.1.4.2	3/2 断路器接线、双母线接线母线保护配置	3	应符合 DL/T 317 的配置原则和技术原则	查阅设计图纸并询问实际情况，不符合要求扣 3 分
2.1.4.3	母联（分段）保护及辅助装置配置	3	应符合 DL/T 317 的配置原则和技术原则	查阅设计图纸并询问实际情况，不符合要求扣 3 分
2.1.4.4	高压并联电抗器保护配置	2	应符合 DL/T 317 的配置原则和技术原则	查阅设计图纸并询问实际情况，不符合要求扣 2 分
2.1.4.5	保护装置对时接口	2	保护装置应具备使用 RS-485 串行数据通信接口接收 GPS 发出的 IRIG-B（DC）时码的对时接口	查阅设计图纸并询问实际情况，不符合要求扣 2 分
2.1.4.6	保护装置连接片标色	2	保护跳闸出口连接片及与失灵回路相关连接片采用红色，功能连接片采用黄色，连接片底座及其他连接片采用浅驼色；标签应设置在连接片下方	现场实际查看，不符合要求扣 2 分
2.1.5	厂用电系统保护 厂用电系统保护设计与选型	10	厂用系统保护设计与选型应符合 GB/T 50062、GB/T 14285、NB/T 35010、DL/T 1075、GB/T 14598.303、DL/T 744 以及本标准的要求	查阅设计图纸并询问实际情况，有一项不符合要求扣 2 分，扣完为止
2.1.6	故障录波装置	10		
2.1.6.1	故障录波装置的配置	3	100MW 及以上容量发电机–变压器组应配置专用故障录波器，110kV 及以上升压站、启动备用电源变压器应装设专用故障录波器，110kV 及以上配电装置按电压等级配置故障录波器	查阅设计图纸并询问实际情况，不符合要求扣 3 分
2.1.6.2	故障录波装置的功能和技术性能	3	故障录波装置的功能和技术性能应符合 GB/T 14598.301、DL/T 553 的要求	查阅厂家技术说明书，不符合要求扣 3 分
2.1.6.3	故障录波装置离线分析软件	2	故障录波装置应配置能运行于常用操作系统下的离线分析软件，可对装置记录的连续录波数据进行离线的综合分析	了解实际情况，不符合要求扣 2 分

表（续）

序号	评价项目	标准分	评价内容与要求	评分标准
2.1.6.4	故障录波装置对时接口	2	故障录波器应具有接受外部时钟同步对时信号的接口，与外部标准时钟同步后，装置的时间同步准确度要求优于 1ms，可使用的时间同步信号为 IRIG-B（DC）或 1PPS/1PPM+串口对时报文，推荐使用 RS-485 串行数据通信接口接受 GPS 发出的 IRIG-B（DC）时码	查阅设计图纸并了解实际情况，不符合要求扣 2 分
2.1.7	安全自动装置 厂站安全稳定控制装置、同步相量测量装置、厂用电源快速切换装置、同期装置、备用电源自动投入装置等	10	厂站安全稳定控制装置、同步相量测量装置、厂用电源快速切换装置、同期装置、备用电源自动投入装置等的设计与配置应满足相关标准的要求	查阅设计图纸并了解实际情况，有一项不符合要求扣 2 分，扣完为止
2.1.8	时间同步系统	10		
2.1.8.1	发电厂时间同步系统设计	5	发电厂应统一配置一套时间同步系统；发电厂时间同步系统主时钟可设在网络继电器室，也可设在单元机组电子设备间内	查阅设计图纸并了解实际情况，不符合要求扣 5 分
2.1.8.2	时间同步系统配置及功能要求	5	单机容量 300MW 及以上的发电厂及有条件的场合宜采用主备式时间同步系统，以提高时间同步系统的可靠性；主备式时间同步系统如采用两路无线授时基准信号，宜选用不同的授时源，例如，同时采用北斗卫星导航系统和全球定值系统；时间同步系统应符合 DL/T 1100.1 的要求	查阅设计图纸并了解实际情况，不符合要求扣 5 分
2.1.9	继电保护及故障信息管理系统子站	10		
2.1.9.1	继电保护及故障信息管理系统子站设计	5	新建电厂及扩建工程新建部分宜配置继电保护及故障信息管理系统子站	查阅设计图纸并了解实际情况，未设计扣 5 分
2.1.9.2	继电保护及故障信息管理子站配置要求	5	继电保护及故障信息管理子站应配置足够的接口并能适应各种类型的微机装置接口，适应不同保护及录波器厂家的各个版本的通信规约，用于采集系统保护、元件保护、故障录波器信息；子站系统宜配置子站工作站，子站工作站的运行应独立于子站主机	查阅设计图纸并了解实际情况，不符合要求扣 5 分
2.1.10	直流电源系统	20		

表（续）

序号	评价项目	标准分	评价内容与要求	评分标准
2.1.10.1	主厂房蓄电池组配置	3	容量为 100MW 及以上的发电机组应装设 2 组蓄电池组；容量为 300MW 级机组的发电厂，每台机组宜装设 3 组蓄电池，其中 2 组对控制负荷供电，另一组对动力负荷供电，或装设 2 组蓄电池（控制负荷和动力负荷合并供电）；容量为 600MW 及以上机组的发电厂，每台机组应装设 3 组蓄电池，其中 2 组对控制负荷供电，另一组对动力负荷供电	查阅设计图纸并了解实际情况，不符合要求扣 3 分
2.1.10.2	升压站网控系统蓄电池组配置	3	330kV 及以上电压等级升压站及重要的 220kV 升压站，应设置 2 组蓄电池组对控制负荷和动力负荷供电，其他情况的升压站可装设 1 组蓄电池	查阅设计图纸并了解实际情况，不符合要求扣 3 分
2.1.10.3	直流系统充电装置配置	3	1 组蓄电池采用高频开关充电装置时，宜配置 1 套充电装置，也可配置 2 套充电装置；2 组蓄电池采用高频开关充电装置时，应配置 2 套充电装置，也可配置 3 套充电装置；330kV 及以上电压等级升压站及重要的 220kV 升压站 2 组蓄电池应配置 3 套高频开关充电装置	查阅设计图纸并了解实际情况，不符合要求扣 3 分
2.1.10.4	直流系统供电网络	3	发电厂直流系统的馈出网络应采用辐射状供电方式，严禁采用环状供电方式；直流系统对负载供电，应按电压等级设置分电屏供电方式，不应采用直流小母线供电方式	查阅设计图纸并了解实际情况，不符合要求扣 3 分
2.1.10.5	直流系统断路器配置	2	新建、扩建或改造的电厂直流系统用断路器应采用具有自动脱扣功能的直流断路器，严禁使用普通交流断路器；除蓄电池组出口总熔断器以外，应逐步将现有运行的熔断器更换为直流专用断路器	查阅设计图纸并了解实际情况，不符合要求扣 2 分
2.1.10.6	直流系统熔断器、断路器级差配合	2	蓄电池组出口总熔断器与直流断路器以及直流断路器上、下级的级差配合应合理，满足选择性要求	查阅直流系统熔断器、断路器上下级配置统计表，不符合要求扣 2 分
2.1.10.7	直流系统电缆	2	直流系统的电缆应采用阻燃电缆	查阅电缆清册并了解实际情况，不符合要求扣 2 分

表（续）

序号	评价项目	标准分	评价内容与要求	评分标准
2.1.10.8	直流系统绝缘监测装置	2	新建或改造的电厂直流系统绝缘监测装置应具备交流窜直流故障的测记和报警功能。原有的直流系统绝缘监测装置，应逐步进行改造，使其具备交流窜直流故障的测记和报警功能	查阅绝缘监测装置检测报告，不符合要求扣2分
2.1.11	相关回路及设备	10		
2.1.11.1	保护用电流互感器、电压互感器的配置、选择	5	保护用电流互感器、电压互感器的配置、选择应符合 DL/T 866 的要求	查阅设计图纸及资料并了解实际情况，不符合要求扣5分
2.1.11.2	电流互感器、电压互感器的安全接地设计	3	电流互感器、电压互感器的安全接地设计应符合 GB/T 14285 及相关继电保护反事故措施要求	查阅设计图纸及资料并了解实际情况，不符合要求扣3分
2.1.11.3	继电保护等电位接地网设计	2	应有继电保护等电位接地网的设计图纸，等电位接地网设计应符合 GB/T 14285 及相关继电保护反事故措施要求	查阅设计图纸，无设计图纸扣2分
2.2	安装、调试、验收阶段	100		
2.2.1	继电保护及安全自动装置	40		
2.2.1.1	纵联距离（方向）保护、纵联电流差动保护新安装检验	5	新安装检验项目应符合 DL/T 995 的要求	查阅电气专业调试报告：（1）无报告扣 5 分，报告不全酌情扣；（2）发现检验项目一处不规范扣 2 分，扣完为止
2.2.1.2	断路器保护新安装检验	3	新安装检验项目应符合 DL/T 995 的要求	查阅电气专业调试报告：（1）无报告扣 3 分，报告不全酌情扣；（2）发现检验项目一处不规范扣 1 分，扣完为止
2.2.1.3	过电压及远方跳闸保护新安装检验	3	新安装检验项目应符合 DL/T 995 的要求	查阅电气专业调试报告：（1）无报告扣 3 分，报告不全酌情扣；（2）发现检验项目一处不规范扣 1 分，扣完为止
2.2.1.4	短引线保护新安装检验	3	新安装检验项目应符合 DL/T 995 的要求	查阅电气专业调试报告：（1）无报告扣 3 分，报告不全酌情扣；（2）发现检验项目一处不规范扣 1 分，扣完为止

表（续）

序号	评价项目	标准分	评价内容与要求	评分标准
2.2.1.5	母线保护新安装检验	5	新安装检验项目应符合 DL/T 995 的要求	查阅电气专业调试报告： （1）无报告扣 5 分，报告不全酌情扣； （2）发现检验项目一处不规范扣 2 分，扣完为止
2.2.1.6	母联（分段）保护新安装检验	3	新安装检验项目应符合 DL/T 995 的要求	查阅电气专业调试报告： （1）无报告扣 3 分，报告不全酌情扣； （2）发现检验项目一处不规范扣 1 分，扣完为止
2.2.1.7	变压器保护新安装检验	5	新安装检验项目应符合 DL/T 995 的要求	查阅电气专业调试报告： （1）无报告扣 5 分，报告不全酌情扣； （2）发现检验项目一处不规范扣 2 分，扣完为止
2.2.1.8	发电机–变压器组保护新安装检验	5	新安装检验项目应符合 DL/T 995 的要求	查阅电气专业调试报告： （1）无报告扣 5 分，报告不全酌情扣； （2）发现检验项目一处不规范扣 2 分，扣完为止
2.2.1.9	高压电动机保护、低压厂用变压器保护、高压厂用馈线保护等新安装检验	3	新安装检验项目应符合 DL/T 995 的要求	查阅电气专业调试报告： （1）无报告扣 3 分，报告不全酌情扣； （2）发现检验项目一处不规范扣 1 分，扣完为止
2.2.1.10	故障录波器以及同期装置、厂用电源快速切换装置、同步相量测量装置、安全稳定控制装置等自动装置新安装检验	5	新安装检验项目应符合 DL/T 995 的要求	查阅电气专业调试报告： （1）无报告扣 5 分，报告不全酌情扣； （2）发现检验项目一处不规范扣 1 分，扣完为止
2.2.2	直流电源系统	20		
2.2.2.1	蓄电池电缆铺设要求	2	直流系统两组蓄电池的电缆应分别铺设在各自独立的通道内，尽量避免与交流电缆并排铺设，在穿越电缆竖井时，两组蓄电池电缆应加穿金属套管	现场实际查看（抽查），发现不符合要求扣 2 分
2.2.2.2	蓄电池室要求	3	蓄电池室应采用防爆型灯具、通风电机，室内照明线应采用穿管暗敷，室内不得装设开关和插座；蓄电池组的每个蓄电池应在外表面用耐酸材料标明编号；蓄电池室内的窗玻璃应采用毛玻璃或涂以半透明油漆的玻璃，阳光不应直射室内；蓄电池室的门应向外开启	现场实际查看（抽查），发现一处不符合要求扣 1 分，扣完为止

表（续）

序号	评价项目	标准分	评价内容与要求	评分标准
2.2.2.3	新安装蓄电池组容量测试	5	新安装的阀控蓄电池完全充电后开路静置 24h，分别测量和记录每只蓄电池的开路电压，开路电压最高值和最低值的差值不得超过 20mV（标称电压 2V）、50mV（标称电压 6V）、100mV（标称电压 12V）；蓄电池 10h 率容量测试第一次循环不应低于 $0.95C_{10}$，在第三次循环内应达到 $1.0C_{10}$	查阅新安装蓄电池的开路电压测试和容量测试报告： （1）无报告扣 5 分，报告不全酌情扣； （2）测试结果不符合要求扣 5 分，扣完为止
2.2.2.4	高频开关电源充电装置稳压精度、稳流精度及纹波系数测试	5	高频开关电源模块型充电装置在验收时当交流输入电压为（85%～115%）额定值及规定的范围内，稳压精度、稳流精度及纹波系数不应超过：稳压精度±0.5%、稳流精度±1%、纹波有效值系数 0.5%、纹波峰值系数 1%	查阅充电装置验收试验报告： （1）无报告扣 5 分，报告不全酌情扣； （2）测试结果不符合要求扣 5 分，扣完为止
2.2.2.5	直流系统监控装置充电运行过程特性试验	5	直流系统监控装置在验收时应进行充电运行过程特性试验，包括充电程序试验、长期运行程序试验、交流中断程序试验	查阅监控装置验收试验报告： （1）无报告扣 5 分，报告不全酌情扣； （2）测试结果不符合要求扣 5 分，扣完为止
2.2.3	电流互感器	30		
2.2.3.1	P 类、TP 类保护用电流互感器现场励磁特性试验	10	P 类、TP 类保护用电流互感器应进行现场励磁特性试验（P 类电流互感器包括励磁特性曲线测量、二次绕组电阻测量、额定拐点电动势测量、复合误差测量等测试项目，TP 类电流互感器包括励磁特性曲线测量、二次绕组电阻测量、额定拐点电动势测量、额定暂态面积系数测量、峰值瞬时误差测量、二次时间常数测量、剩磁系数测量等测试项目）及二次回路阻抗测量	查阅试验报告： （1）升压站、发电机-变压器组、高压厂用系统保护用电流互感器未全面进行现场励磁特性试验酌情扣分，不超过 7 分； （2）保护用电流互感器现场励磁特性试验项目不规范扣 3 分
2.2.3.2	P 类、TP 类保护用电流互感器误差特性校核	10	P 类、TP 类保护用电流互感器应参照 DL/T 866 的算例进行误差特性校核	查阅校核报告： （1）未编写校核分析报告扣 10 分； （2）缺部分电流互感器校核分析报告酌情扣，不超过 7 分； （3）校核分析方法不正确扣 3 分

表（续）

序号	评价项目	标准分	评价内容与要求	评分标准
2.2.3.3	电流互感器接线极性检测	10	应检测全厂电流互感器（包括保护、测量、计量用电流互感器）接线极性，绘制全厂电流互感器极性图	未绘制全厂电流互感器接线极性图扣10分，绘制不全酌情扣
2.2.4	盘、柜装置及二次回路	10		
2.2.4.1	盘、柜进出电缆防火封堵	5	安装调试完毕后，在电缆进出盘、柜的底部或顶部以及电缆管口处应进行防火封堵，封堵应严密	现场实际查看（抽查），发现一处不符合要求扣5分
2.2.4.2	盘、柜二次回路接线	2	每个接线端子的每侧接线宜为1根，不得超过2根；对于插接式端子，不同截面的两根导线不得接在同一端子中	现场实际查看（抽查），发现一处不符合要求扣2分
2.2.4.3	盘、柜接地	3	盘、柜上装置的接地端子连接线、电缆铠装及屏蔽接地线应用黄绿绝缘多股接地铜导线与接地铜排相连	现场实际查看（抽查），发现一处不符合要求扣3分
2.3	运行维护、检修阶段	250		
2.3.1	继电保护动作评价及故障录波分析	15		
2.3.1.1	继电保护和安全自动装置动作记录与分析评价	5	每次继电保护和安全自动装置动作后，应对其动作行为进行记录和分析评价，建立《继电保护和安全自动装置动作记录表》，保存保护装置记录的动作报告	查阅《继电保护和安全自动装置动作记录表》及相关资料：（1）无记录表扣5分；（2）记录不齐扣2分；（3）保护动作报告不齐全扣2分，扣完为止
2.3.1.2	继电保护和安全自动装置缺陷处理与记录	5	继电保护和安全自动装置发生缺陷，以及因处理缺陷处理或故障而退出运行后，均应进行详细记录，建立《继电保护和安全自动装置缺陷及故障记录表》	查阅《继电保护和安全自动装置缺陷及故障记录表》及相关资料：（1）无记录表扣5分；（2）记录不齐全扣2分
2.3.1.3	故障录波装置录波文件导出备份与记录	5	故障录波装置在异常工况和故障情况下启动录波后，应检查其录波完好情况，定期导出并备份录波文件，建立《故障录波装置启动记录表》	查阅《故障录波装置启动记录表》及相关录波文件：（1）无记录表扣5分；（2）记录不齐扣2分；（3）无相应录波文件扣5分；（4）录波文件不齐全扣2分，扣完为止
2.3.2	继电保护及安全自动装置定期检验	90		

表（续）

序号	评价项目	标准分	评价内容与要求	评分标准
2.3.2.1	运行中装置的定期检验	10	新安装装置投运后一年内必须进行第一次全部检验，微机型装置每 2 年~4 年进行一次部分检验，每 6 年进行一次全部检验，利用装置进行断路器跳、合闸试验结合机组 C 修或线路检修进行，应编制《继电保护和安全自动装置检验记录》	查阅装置检验计划及检验报告： （1）未编制《继电保护和安全自动装置检验记录》或检验记录未更新扣 5 分； （2）发现有一套装置存在超周期未检验扣 2 分，扣完为止
2.3.2.2	装置检修文件包（或现场标准化作业指导书）	15	装置定期检验（全部检验、部分检验、用装置进行断路器跳合闸试验）应编制检修文件包（或现场标准化作业指导书），检修文件包编写应符合集团公司企业标准《电力检修标准化管理实施导则》的要求，重要和复杂的保护装置应编制继电保护安全措施票	查阅检修文件包（或现场标准化作业指导书）： （1）格式不符合要求扣 5 分； （2）每缺一种保护装置的检修文件包扣 2 分，扣完为止
2.3.2.3	保护装置全部检验及部分检验项目	5	保护装置全部检验及部分检验包括外观及接线检查、绝缘电阻检测、逆变电源检查、通电初步检验、开关量输入输出回路检验、模数变换系统检验、保护的整定及检验、纵联保护通道检验、整组试验等项目	查阅检验报告，检验报告项目漏一项扣 2 分，扣完为止
2.3.2.4	逆变电源检查	3	逆变电源检查应进行直流电源缓慢上升时的自启动性能试验，定期检验时还检查逆变电源是否达到规定的使用年限	查阅检验报告，逆变电源检查不规范扣 3 分
2.3.2.5	通电初步检验	2	通电初步检验应检查并记录装置的软件版本号、校验码等信息，并校对时钟	查阅检验报告，通电初步检验不规范扣 2 分
2.3.2.6	模数变换系统检验	5	模数变换系统检验应检验零点漂移；全部检验时可仅分别输入不同幅值的电流、电压量；部分检验时可仅分别输入额定电流、电压量	查阅检验报告，模数变换系统检验不规范扣 5 分
2.3.2.7	整定值检验	40	整定值检验在全部检验时，对于由不同原理构成的保护元件只需任选一种进行检查，建议对主保护的整定项目进行检查，后备保护如相间Ⅰ、Ⅱ、Ⅲ段阻抗保护只需选取任一整定项目进行检查；部分检验时可结合装置的整组试验一并进行	

表（续）

序号	评价项目	标准分	评价内容与要求	评分标准
2.3.2.7.1	纵联距离（方向）保护、纵联电流差动保护定值检验	5	纵联距离（方向）保护（包括纵联距离主保护、相间和接地距离保护、零序电流保护、重合闸等）、纵联电流差动保护（包括电流差动主保护、相间和接地距离保护、零序电流保护、重合闸等）定值检验方法应正确	查阅检验报告，检验方法有一处不正确扣1分，扣完为止
2.3.2.7.2	断路器保护定值检验	3	断路器保护（包括失灵保护、三相不一致保护、充电电流保护、死区保护、重合闸、检无压检同期功能等）定值检验方法正确	查阅检验报告，检验方法有一处不正确扣1分，扣完为止
2.3.2.7.3	过电压及远方跳闸保护定值检验	3	过电压及远方跳闸保护（包括收信直跳就地判据及跳闸逻辑、过电压跳闸及发信等）定值检验方法正确	查阅检验报告，检验方法有一处不正确扣1分，扣完为止
2.3.2.7.4	短引线保护定值检验	3	短引线保护（包括比率差动保护、两段过电流保护等）定值检验方法正确	查阅检验报告，检验方法有一处不正确扣1分，扣完为止
2.3.2.7.5	母线保护定值检验	5	母线保护［包括差动保护、失灵保护、母联（分段）失灵保护、母联（分段）死区保护、TA断线判别功能、TV断线判别功能等］定值检验方法正确	查阅检验报告，检验方法有一处不正确扣1分，扣完为止
2.3.2.7.6	母联（分段）保护定值检验	3	母联（分段）保护（充电过流保护）定值检验方法正确	查阅检验报告，检验方法有一处不正确扣1分，扣完为止
2.3.2.7.7	变压器保护定值检验	5	变压器保护（包括差动保护、阻抗保护、复压闭锁过电流保护、零序电流保护、过励磁保护等）定值检验方法正确	查阅检验报告，检验方法有一处不正确扣1分，扣完为止
2.3.2.7.8	发电机–变压器组保护定值检验	5	发电机–变压器组保护（包括差动保护、匝间保护、发电机相间短路后备保护、定子绕组接地保护、励磁回路接地保护、发电机过负荷保护、发电机低励失磁保护、发电机失步保护、发电机异常运行保护等）定值检验方法正确	查阅检验报告，检验方法有一处不正确扣1分，扣完为止
2.3.2.7.9	高压电动机保护、低压厂用变压器保护、高压厂用馈线保护等定值检验	3	高压电动机保护、低压厂用变压器保护、高压厂用馈线保护等定值检验方法正确	查阅检验报告，检验方法有一处不正确扣1分，扣完为止

表（续）

序号	评价项目	标准分	评价内容与要求	评分标准
2.3.2.7.10	故障录波器以及同期装置、厂用电源快速切换装置、同步相量测量装置、安全稳定控制装置等自动装置检验	5	故障录波器以及同期装置、厂用电源快速切换装置、同步相量测量装置、安全稳定控制装置等自动装置的检验方法正确	查阅检验报告,检验方法有一处不正确扣1分,扣完为止
2.3.2.8	整组试验	10	全部检验时,需要先进行每一套保护带模拟断路器(或带实际断路器或采用其他手段)的整组试验,每一套保护传动完成后,还需模拟各种故障用所有保护带实际断路器进行整组试验;部分检验时,只需用保护带实际断路器进行整组试验	查阅检验报告,每套装置整组试验不规范扣2分,扣完为止
2.3.3	继电保护整定计算及定值管理	110		
2.3.3.1	发电厂继电保护整定计算报告	20	发电厂继电保护整定计算必须有整定计算报告,报告内容应包括短路计算、发电机-变压器组保护整定计算、高压厂用电系统保护整定计算、低压厂用电系统保护整定计算等部分,整定计算报告应经复核、批准后正式印刷,整定计算报告应妥善保存	查阅整定计算报告: (1) 无整定计算报告扣20分; (2) 整定计算报告内容缺一项(如高压厂用电系统保护整定计算)扣5分; (3) 整定计算报告未经复核、批准后正式印刷扣5分,扣完为止
2.3.3.2	短路计算	10	短路电流计算工程上采用简化计算方法,计算对称短路电流初始值(即起始次暂态电流),发电机的正序阻抗可采用次暂态电抗的饱和值,各发电机的等值电动势(标幺值)可假设为1且相位一致,短路计算过程应正确(发电厂短路电流计算建议逐步采用GB/T 15544.1《三相交流系统短路电流计算》推荐的短路点等效电压源法)	查阅整定计算报告,发现短路计算一处不正确扣2分,扣完为止
2.3.3.3	发电机、主变压器、启动备用变压器整定计算	15		
2.3.3.3.1	发电机、变压器保护整定原则及灵敏系数校验	5	发电机、变压器保护的整定计算应依据 DL/T 684 规定的整定原则以及本标准要求进行,导则中未规定的可参照厂家技术说明书或相关技术资料进行整定,确保整定原则的合理性,并按要求校验灵敏系数	查阅整定计算报告或定值通知单或装置实际整定值,发现一处不合理或未按要求校核灵敏系数扣2分,扣完为止

表（续）

序号	评价项目	标准分	评价内容与要求	评分标准
2.3.3.3.2	发电机三次谐波电压单相接地保护定值整定	2	发电机三次谐波电压单相接地保护定值应结合发电机正常运行时的实测值进行整定	查阅整定计算报告或定值通知单或装置实际整定值,发现一处不合理扣2分
2.3.3.3.3	发电机失磁保护与励磁调节器低励限制、发电机过励磁保护与励磁调节器V/Hz限制、发电机励磁绕组过负荷保护与励磁调节器过励限制等的配合	2	发电机失磁保护与励磁调节器中的低励限制、发电机过励磁保护与励磁调节器中的V/Hz限制、发电机励磁绕组过负荷保护与励磁调节器中的过励限制等的配合应合理,相关限制应先于保护动作	查阅整定计算报告或定值通知单或装置实际整定值,发现一处不合理扣2分
2.3.3.3.4	发电机定子绕组过负荷保护、发电机复合电压过电流保护定值整定	2	发电机定子绕组过负荷保护的动作延时应躲过发电机-变压器组后备保护的最大延时动作于信号或自动减负荷;发电机复合电压过电流保护与主变压器后备保护的动作时间配合,如果发电机-变压器组共用一套复合电压过电流保护作为发电机-变压器组的后备保护,其动作时间与相邻线路后备保护的动作时间配合	查阅整定计算报告或定值通知单或装置实际整定值,发现一处不合理扣2分
2.3.3.3.5	变压器的短路故障后备保护整定	2	变压器的短路故障后备保护整定应考虑如下原则:高、中压侧相间短路后备保护动作方向指向本侧母线,本侧母线故障有足够灵敏度,灵敏系数大于1.5,若采用阻抗保护,则反方向偏移阻抗部分作为变压器内部故障的后备保护;对中性点直接接地运行的变压器,高、中压侧接地故障后备保护动作方向指向本侧母线,本侧母线故障有足够灵敏度;以较短时限动作于缩小故障影响范围,以较长时限动作于断开变压器各侧断路器	查阅整定计算报告或定值通知单或装置实际整定值,发现一处不合理扣2分
2.3.3.3.6	变压器非电量保护整定	2	变压器非电量保护除重瓦斯保护作用于跳闸,其余非电量保护宜作用于信号,冷却器全停保护应按本标准要求设置	查阅整定计算报告或定值通知单或装置实际整定值,发现一处不合理扣2分
2.3.3.4	高压厂用系统整定计算(包括高压厂用变压器)	15		

表（续）

序号	评价项目	标准分	评价内容与要求	评分标准
2.3.3.4.1	高压厂用变压器保护整定	5	高压厂用变压器保护的整定计算应参照 DL/T 684 中"变压器保护整定计算"的内容以及本标准要求进行整定；高压侧电流速度保护作为高压厂用变压器绕组及高压侧引出线的相间短路故障的快速保护，按躲过高压厂用变压器低压侧出口三相短路时流过保护的最大短路电流以及变压器可能产生的最大励磁涌流进行整定，保护动作于跳开高压厂用变压器各侧断路器及启动备用电源切换，当高压厂用变压器高压侧无断路器时，动作于停机及启动备用电源切换；高压侧定时限过电流保护或复合电压过电流保护的动作时限应考虑与低压侧分支过电流保护最大动作时间配合；高压厂用变压器低压侧分支可设置两段过电流保护，作为本分支母线及相邻元件的相间短路故障的后备保护，第一段设置限时电流速断保护，动作时限与下一级速断或限时速断的最大动作时间配合，第二段设置为分支过电流或复合电压过电流保护，动作时限与下一级过电流保护的最大动作时间配合；低压侧中性点经小电阻接地时其单相接地零序电流保护设两段时限，第一段时限按与下一级零序电流保护最长动作时间配合，第二段时限按与零序电流保护第一段动作时限配合	查阅整定计算报告或定值通知单或装置实际整定值，发现一处不合理扣 5 分
2.3.3.4.2	低压厂用变压器保护整定	4	低压厂用变压器的纵差保护、高压侧过电流保护、负序过电流保护、高压侧单相接地零序电流保护、低压侧单相接地零序电流保护、FC 回路电流闭锁功能等应整定合理；低压厂用变压器高压侧过电流保护可设置三段，第一段为电流速断保护，第二段为定时限过电流保护，第三段采用反时限过电流保护；低压厂用变压器高压侧定时限过电流保护动作时限应与下一级过电流保护的最大动作时间配合	查阅整定计算报告或定值通知单或装置实际整定值，发现一处不合理扣 2 分，扣完为止

表（续）

序号	评价项目	标准分	评价内容与要求	评分标准
2.3.3.4.3	高压电动机保护整定	4	高压电动机的纵差保护、电流速断保护、长启动及堵转保护、过负荷保护、负序过电流保护、热过载保护、单相接地保护、低电压保护等应整定合理	查阅整定计算报告或定值通知单或装置实际整定值，发现一处不合理扣2分，扣完为止
2.3.3.4.4	高压厂用馈线保护整定	2	高压厂用馈线的纵差保护或电流速断保护、限时电流速段保护、定时限过电流保护、单相接地零序过电流保护等应整定合理	查阅整定计算报告或定值通知单或装置实际整定值，发现一处不合理扣2分
2.3.3.5	低压厂用电系统整定计算	15		
2.3.3.5.1	低压厂用电系统设备负荷及保护配置表	3	应编制详细的低压厂用电系统设备负荷及保护配置表，配置表应包括设备名称、负荷、保护装置型号等内容（保护装置指框架断路器自带电子脱扣器、塑壳断路器自带电磁或热磁脱扣器、小型断路器以及低压综合保护测控装置等）	查阅低压厂用电系统设备负荷及保护配置表： （1）未编制配置表扣3分； （2）配置表内容不齐全扣2分
2.3.3.5.2	长延时过负荷保护、短延时反时限短路保护的动作特性方程	2	断路器自带智能保护装置（电子脱扣器）的长延时过负荷保护、短延时反时限短路保护的动作特性方程应明确	查阅厂家说明书或厂家说明函，不明确扣2分
2.3.3.5.3	长延时过负荷保护整定	2	低压厂用电系统进线断路器、联络断路器、下一级电源馈线以及低压电动机的长延时过负荷保护应整定合理	查阅整定计算报告或定值通知单或装置实际整定值，发现一处不合理扣2分
2.3.3.5.4	短延时短路保护整定计算及时间级差	2	低压厂用电系统进线断路器、联络断路器、下一级电源馈线以及低压电动机的短延时短路保护应整定合理，断路器自带智能保护装置（电子脱扣器）的短延时短路保护的定时限时间级差取0.1s～0.2s	查阅整定计算报告或定值通知单或装置实际整定值，发现一处不合理扣2分
2.3.3.5.5	低压电动机瞬时短路保护整定	2	低压电动机瞬时短路保护应整定合理	查阅整定计算报告或定值通知单或装置实际整定值，发现一处不合理扣2分
2.3.3.5.6	低压厂用电系统零序电流保护的配置和整定	2	低压厂用电系统零序电流保护的配置和整定应合理	查阅整定计算报告或定值通知单或装置实际整定值，发现一处不合理扣2分
2.3.3.5.7	低压厂用电系统综合保护测控装置整定	2	低压厂用电系统综合保护测控装置应整定合理	查阅整定计算报告或定值通知单或装置实际整定值，发现一处不合理扣2分

表（续）

序号	评价项目	标准分	评价内容与要求	评分标准
2.3.3.6	故障录波器、安全自动装置等整定计算	5	故障录波器、同期装置、厂用电源快速切换装置等应整定合理	查阅整定计算报告或定值通知单或装置实际整定值，发现一处不合理扣1分，扣完为止
2.3.3.7	继电保护整定值的定期复算和校核	15		
2.3.3.7.1	全厂继电保护整定值定期校核	5	全厂继电保护整定计算的定期校核内容应明确，结合电网调度部门每年下发的最新系统阻抗，校核短路电流及相关的发变组保护定值	查阅继电保护整定计算定期校核报告： （1）未定期校核扣5分； （2）定期校核内容不规范扣2分，扣完为止
2.3.3.7.2	全厂继电保护整定值全面复算	10	定期对全厂继电保护定值进行全面复算	查阅继电保护整定计算报告，未定期全面复算扣10分
2.3.3.8	继电保护定值管理	15		
2.3.3.8.1	继电保护定值通知单编制及审批、保存	10	应编写全厂正式的继电保护定值通知单，定值通知单应严格履行编制及审批流程，定值通知单应有计算人、审核人、批准人签字并加盖"继电保护专用章"，现行有效的定值通知单应统一妥善保存；无效的定值通知单上应加盖"作废"章，另外单独保存	查阅发电机-变压器组、高压厂用电系统、低压厂用电系统的继电保护定值通知单； （1）继电保护定值通知单不齐全扣5分； （2）继电保护定值通知单未履行审批流程，无计算人、审核人、批准人签字并加盖"继电保护专用章"扣5分； （3）现行有效的定值通知单未统一妥善保存扣3分； （4）无效的定值通知单上未加盖"作废"章，与现行有效的定制通知单混放扣3分，扣完为止
2.3.3.8.2	继电保护定值通知单签发及执行情况记录表	2	应编制"继电保护定值通知单签发及执行情况记录表"	查阅"继电保护定值通知单签发及执行情况记录表"： （1）无"记录表"扣2分； （2）"记录表"跟实际情况不符扣2分，扣完为止
2.3.3.8.3	保护装置定值清单打印及保存	3	定值通知单执行后或装置定期检验后，应打印保护装置的定值清单用于定值核对，定值清单上签写核对人姓名及时间，打印的定值清单应统一妥善保存	查阅打印的保护装置定值清单： （1）无打印的定值清单或不齐全扣3分； （2）定值清单上未签写核对人姓名时间扣1分； （3）打印的定值清单未统一妥善保存扣1分，扣完为止

表（续）

序号	评价项目	标准分	评价内容与要求	评分标准
2.3.4	继电保护图纸管理 新机组或新装置投运后图纸与实际接线核对	10	新机组或新装置投运后应结合机组检修尽快完成图纸与实际接线的核对工作，图实核对工作应落实到具体的责任人，详细记录核对结果，图纸核对记录应包括图纸编号、核对责任人、核对时间、核对结果等内容	查阅实际工作开展情况及图纸核对记录： （1）未开展图实核对工作扣10分； （2）部分未完成扣5分； （3）无详细图纸核对记录扣3分，扣完为止
2.3.5	时间同步系统	10		
2.3.5.1	时间同步装置检验	5	定期现场检验（2年~4年）时间同步装置的性能和功能，现场检验项目按照GB/T 26866执行	查阅检测报告： （1）装置未检测扣5分； （2）装置未定期检测扣2分
2.3.5.2	继电保护装置对时同步准确度检验	5	定期检验继电保护装置（结合保护装置全部检验）的对时同步准确度	查阅检测报告： （1）全部装置未定期检测扣5分； （2）部分装置未定期检测扣2分
2.3.6	直流电源系统	15		
2.3.6.1	浮充电运行的蓄电池组单体浮充端电压测量	5	浮充电运行的蓄电池组，除制造厂有特殊规定外，应采用恒压方式进行浮充电，浮充电时，严格控制单体电池的浮充电压上、下限，浮充电压值应控制在 $N\times(2.23\sim2.28)$V；每月至少一次对蓄电池组所有的单体浮充端电压进行测量，测量用电压表应使用经校准合格的四位半数字式电压表，记录单体电池端电压数值必须到小数点后三位，防止蓄电池因充电电压过高或过低而损坏	查阅蓄电池浮充电设置参数以及蓄电池端电压定期测量记录： （1）蓄电池浮充电参数设置不正确扣5分； （2）未定期进行蓄电池端电压测量扣5分； （3）蓄电池端电压的测量周期或数据记录或使用测量仪器不符合要求扣3分，扣完为止
2.3.6.2	蓄电池核对性充放电	5	新安装的阀控蓄电池每2年应进行一次核对性充放电，运行了4年以后的阀控蓄电池，应每年进行一次核对性充放电；若经过3次核对性放电，蓄电池组容量均达不到额定容量的80%以上或蓄电池损坏20%以上，可认为此组阀控蓄电池使用年限已到，应安排更换	查阅蓄电池核对性充放电试验报告： （1）蓄电池核对性充放电周期不符合要求扣3分； （2）蓄电池核对性充放电试验不规范扣2分； （3）蓄电池组容量达不到额定容量的80%以上或蓄电池损坏20%以上扣5分，扣完为止
2.3.6.3	直流电源系统充电装置、微机监控装置、绝缘监测装置、电压监测装置定期检测	5	定期检测直流电源系统充电装置、微机监控装置、绝缘监测装置、电压监测装置的功能和性能	查阅充电装置、微机监控装置、绝缘监测装置、电压监测装置等的试验报告： （1）试验未开展扣5分，未定期开展扣3分； （2）试验项目不规范扣3分，扣完为止

表（续）

序号	评价项目	标准分	评价内容与要求	评分标准
2.4	现场设备巡查	85		
2.4.1	继电保护装置及安全自动装置	20		
2.4.1.1	厂房及网控继电器室、厂用配电室环境温度、相对湿度	5	厂房及网控继电器室的室内最大相对湿度不应超过75%，室内环境温度应在5℃～30℃范围内；安装在开关柜中微机综合保护测控装置，要求环境温度在-5℃～45℃范围内，最大相对湿度不应超过95%	现场实际查看（抽查），存在问题扣5分
2.4.1.2	装置异常或故障告警信号	5	检查发电机-变压器组保护装置、线路保护装置、母线保护装置、厂用快速切换装置、同期装置等是否存在异常或故障告警信号	现场实际查看（抽查），存在问题扣5分
2.4.1.3	保护装置定值核对	5	打印保护装置定值清单与正式下发执行的定值通知单进行核对，检查定值是否一致	现场实际查看（抽查），存在问题扣5分
2.4.1.4	发电机-变压器组保护屏、母线保护屏等电流二次回路接地	3	检查发电机-变压器组保护屏、母线保护屏等的电流互感器二次回路中性点是否分别一点接地	现场实际查看（抽查），存在问题扣3分
2.4.1.5	保护装置时间显示	2	检查发电机-变压器组继电保护装置、线路保护装置、母线保护装置等的时间显示（年、月、日、时、分、秒）是否与主时钟（或从时钟）的时间显示一致	现场实际查看（抽查），存在问题扣2分
2.4.2	故障录波器	10		
2.4.2.1	故障录波器异常或故障告警信号	3	检查发电机-变压器组故障录波器、线路故障录波器是否存在异常或故障告警信号	现场实际查看（抽查），存在问题扣3分
2.4.2.2	手动启动录波	3	手动启动录波，查看故障录波器录波文件是否正常生成	现场实际查看（抽查），存在问题扣3分
2.4.2.3	故障录波文件查阅	2	查阅继电保护装置相关保护动作记录，检查故障录波器是否生成相应的故障录波文件	现场实际查看（抽查），存在问题扣2分
2.4.2.4	故障录波器时间显示	2	检查发电机-变压器组故障录波器、线路故障录波器的时间显示（年、月、日、时、分、秒）是否与时间同步装置的主时钟或从时钟的时间显示一致	现场实际查看（抽查），存在问题扣2分
2.4.3	时间同步装置 时间同步装置异常或故障告警信号	5	检查时间同步装置是否存在异常或故障告警信号	现场实际查看（抽查），存在问题扣5分

表（续）

序号	评价项目	标准分	评价内容与要求	评分标准
2.4.4	二次回路及抗干扰	10		
2.4.4.1	升压站母线及线路电压互感器、发电机机端电压互感器二次回路一点接地	5	检查升压站母线及线路电压互感器、发电机机端电压互感器二次回路的具体一点接地位置，是否满足：公用电压互感器的二次回路只允许在控制室内有一点接地，已在控制室内一点接地的电压互感器二次绕组宜在开关场将二次绕组中性点经氧化锌阀片接地	现场实际查看（抽查），存在问题扣5分
2.4.4.2	升压站及发电机–变压器组电流互感器二次回路一点接地	5	检查升压站及发电机–变压器组电流互感器二次回路的具体一点接地位置，是否满足：公用电流互感器二次绕组二次回路只允许且必须在相关保护柜屏内一点接地，独立的、与其他电流互感器的二次回路没有电气联系的二次回路应在开关场一点接地	现场实际查看（抽查），存在问题扣5分
2.4.5	等电位接地网的实际敷设	30		
2.4.5.1	静态保护和控制装置接地铜排	5	静态保护和控制装置的屏柜下部应设有截面不小于100mm² 的接地铜排。屏柜上装置的接地端子应用截面不小于4mm²的多股铜线和接地铜排相连。接地铜排应用截面不小于50mm²的铜缆与保护室内的等电位接地网相连	现场实际查看（抽查），存在问题扣5分
2.4.5.2	保护室内的等电位接地网	5	在主控室、保护室柜屏下层的电缆室（或电缆沟道）内，按柜屏布置的方向敷设100mm²的专用铜排（缆），将该专用铜排（缆）首末端连接，形成保护室内的等电位接地网。保护室内的等电位接地网与厂、站的主接地网只能存在唯一连接点，连接点位置宜选择在电缆竖井处。为保证连接可靠，连接线必须用至少4根以上、截面不小于50mm²的铜缆（排）构成共点接地	现场实际查看（抽查），存在问题扣5分
2.4.5.3	网控室与集控室之间可靠连接	5	网控室与集控室之间，应使用截面不少于100mm²的铜缆（排）可靠连接，连接点应设在室内等电位接地网与厂、站主接地网连接处	现场实际查看（抽查），存在问题扣5分

表（续）

序号	评价项目	标准分	评价内容与要求	评分标准
2.4.5.4	沿二次电缆沟道的铜排（缆）敷设	5	沿二次电缆的沟道敷设截面不少于 100mm² 的铜排（缆），并在保护室（控制室）及开关场的就地端子箱处与主接地网紧密连接，保护室（控制室）的连接点宜设在室内等电位接地网与厂、站主接地网连接处	现场实际查看（抽查），存在问题扣 5 分
2.4.5.5	发电机、变压器、开关场等就地端子箱内接地铜排	5	发电机、变压器、开关场等就地端子箱内应设置截面不少于 100mm² 的裸铜排，并使用截面不少于 100mm² 的铜缆与电缆沟道内的等电位接地网连接	现场实际查看（抽查），存在问题扣 5 分
2.4.5.6	开关场的变压器、断路器、隔离开关、结合滤波器和 TA、TV 等设备的二次电缆施工	5	检查开关场的变压器、断路器、隔离开关、结合滤波器和 TA、TV 等设备的二次电缆，应经金属管从一次设备的接线盒（箱）引至就地端子箱，并将金属管的上端与上述设备的底座和金属外壳良好焊接，下端就近与主接地网良好焊接。在就地端子箱处将这些二次电缆的屏蔽层使用截面不小于 4mm² 多股铜质软导线可靠单端连接至等电位接地网的铜排上	现场实际查看（抽查），存在问题扣 5 分
2.4.6	直流电源系统	10		
2.4.6.1	蓄电池室的温度、通风、照明等环境	2	检查蓄电池室的温度、通风、照明等环境，阀控蓄电池室的温度应经常保持在（5~30）℃，并保持良好的通风和照明	现场实际查看（抽查），存在问题扣 2 分
2.4.6.2	蓄电池外观	3	检查蓄电池是否存在破损、漏液、鼓肚变形、极柱锈蚀等现象	现场实际查看（抽查），存在问题扣 2 分
2.4.6.3	高频开关电源模块显示	2	检查高频开关电源模块面板指示灯、标记指示是否正确、风扇无异常，检查模块输出电流、电压值基本一致	现场实际查看（抽查），存在问题扣 2 分
2.4.6.4	监控装置恒压、均充、浮充控制功能参数设置及异常报警	3	检查监控装置恒压、均充、浮充控制功能设置是否正确，直流母线电压是否控制在规定范围，浮充电流值是否符合规定，无过电压、欠电压报警，通信功能无异常；检查绝缘监测装置显示正常、无报警	现场实际查看（抽查），存在问题扣 3 分

中国华能集团公司水力发电厂技术监督标准汇编

Q/HN-1-0000.08.039—2015

技术标准篇

水力发电厂励磁监督标准

2015 - 05 - 01 发布

2015 - 05 - 01 实施

目　次

前　言

　　为加强中国华能集团公司发电厂技术监督管理，提高励磁系统运行水平，保证发电机组及电网安全、稳定、经济运行，特制定本标准。本标准依据国家和行业有关标准、规程和规范，以及中国华能集团公司发电厂的管理要求、结合国内外发电的新技术、监督经验制定。

　　本标准是中国华能集团公司所属发电厂励磁监督工作的主要依据，是强制性企业标准。

　　本标准自实施之日起，代替 Q/HB-J-08.L16—2009《水力发电厂励磁系统监督技术标准》。

　　本标准由中国华能集团公司安全监督与生产部提出。

　　本办法由中国华能集团公司安全监督与生产部归口并解释。

　　本标准起草单位：西安热工研究院有限公司、华能澜沧江水电股份有限公司。

　　本标准主要起草人：都劲松、张会军、杨强。

　　本标准审核单位：中国华能集团公司安全监督与生产部、中国华能集团公司基本建设部、华能山东发电有限公司、华能国际电力股份公司、北方联合电力有限责任公司。

　　本标准主要审核人：赵贺、武春生、杜灿勋、晏新春、马晋辉、王福晶、苏方伟、侯永军。

　　本标准审定：中国华能集团公司技术工作管理委员会。

　　本标准批准人：寇伟。

水力发电厂励磁监督标准

1 范围

本标准规定了中国华能集团公司（以下简称集团公司）所属水力发电厂励磁监督相关的技术标准内容和监督管理要求。

本标准适用于集团公司所属 50MW 及以上水轮发电机组励磁系统，50MW 以下水轮发电机组励磁系统可参照执行。

2 规范性引用文件

下列文件对于本文件的应用是必不可少的。凡是注日期的引用文件，仅所注日期的版本适用于本文件。凡是不注日期的引用文件，其最新版本（包括所有的修改单）适用于本文件。

GB/T 7409　同步电机励磁系统

GB 50150　电气装置安装工程　电气设备交接试验标准

GB 50171　电气装置安装工程　盘、柜及二次回路接线施工及验收规范

DL/T 279　发电机励磁系统调度管理规程

DL/T 294.1　发电机灭磁及转子过电压保护装置技术条件　第 1 部分：磁场断路器

DL/T 294.2　发电机灭磁及转子过电压保护装置技术条件　第 2 部分：非线性电阻

DL/T 489　大中型水轮发电机静止整流励磁系统及装置试验规程

DL/T 490　发电机励磁系统及装置安装、验收规程

DL/T 491　大中型水轮发电机自并励励磁系统及装置运行和检修规程

DL/T 583　大中型水轮发电机静止整流励磁系统及装置技术条件

DL/T 596　电力设备预防性试验规程

DL/T 1013　大中型水轮发电机微机励磁调节器试验与调整导则

DL/T 1049　发电机励磁系统技术监督规程

DL/T 1051　电力技术监督导则

DL/T 1166　大型发电机励磁系统现场试验导则

DL/T 1167　同步发电机励磁系统建模导则

DL/T 1231　电力系统稳定器整定试验导则

Q/HN-1-0000.08.002—2013　中国华能集团公司电力检修标准化管理实施导则（试行）

Q/HN-1-0000.08.049—2015　中国华能集团公司电力技术监督管理办法

Q/HB-G-08.L01—2009　华能电厂安全生产管理体系要求

Q/HB-G-08.L02—2009　华能电厂安全生产管理体系评价办法（试行）

国能安全〔2014〕161 号　防止电力生产事故的二十五项重点要求

华能安〔2011〕271 号　中国华能集团公司电力技术监督专责人员上岗资格管理办法（试行）

3 总则

3.1 励磁监督工作应贯彻"安全第一，预防为主"的方针，严格按照国家标准及有关规程、规定，对电厂从设计选型和审查、监造和出厂验收、安装和投产、运行、检修到技术改造实施全过程技术监督工作。

3.2 各电厂应按照《华能电厂安全生产管理体系要求》《中国华能集团公司电力技术监督管理办法》中有关技术监督管理和本标准的要求，结合本厂的实际情况，制定电厂励磁监督管理标准；依据国家和行业有关标准、规程和规范，编制或执行运行规程、检修规程和检验及试验规程等相关支持性文件；以科学、规范的监督管理，保证励磁监督工作目标的实现和持续改进。

3.3 励磁监督范围包括：

    a) 励磁机和副励磁机；

    b) 励磁变压器；

    c) 自动和手动励磁调节器；

    d) 功率整流装置（含旋转整流装置）；

    e) 灭磁和过电压保护装置；

    f) 起励设备；

    g) 转子滑环及碳刷；

    h) 励磁设备的通风及冷却装置；

    i) 励磁系统相关保护、测量、控制及信号等二次回路。

3.4 从事励磁监督的人员，应熟悉和掌握本标准及相关标准和规程中的规定。

4 监督技术标准

4.1 励磁系统总体性能要求

4.1.1 励磁系统应保证发电机励磁电流不超过其额定值的 1.1 倍时能够连续运行。

4.1.2 励磁设备的短时过负荷能力应大于发电机转子短时过负荷能力。

4.1.3 励磁系统在发电机变压器高压侧对称或不对称短路时，应能正常工作。

4.1.4 与暂态稳定相关的性能要求。

4.1.4.1 励磁系统强励特性应满足以下要求：

    a) 交流励磁机励磁系统顶值电压倍数不低于 2.0 倍，自并励静止励磁系统顶值电压倍数在发电机额定电压时不低于 2.25 倍。

    b) 当励磁系统顶值电压倍数不超过 2 倍时，励磁系统顶值电流倍数与顶值电压倍数相同。当顶值电压倍数大于 2 倍时，顶值电流倍数为 2 倍。

    c) 励磁系统允许顶值电流持续时间不低于 20s。

4.1.4.2 高起始响应励磁系统和自并励静止励磁系统的电压响应时间不大于 0.1s。

4.1.4.3 励磁系统的动态增益应不小于 30 倍。

4.1.5 与电压稳定相关的性能要求。

4.1.5.1 水轮发电机调节电压静差应保证小于 0.5%。

4.1.5.2 发电机空负荷运行时，频率每变化 1%，发电机端电压的变化应不大于额定值的 ±0.25%。

4.1.5.3 发电机电压调差采用无功调差，调差整定范围应不小于±15%，调差率的整定可以是连续的，也可以在全程内均匀分挡，分挡不大于1%。

4.1.5.4 发电机空负荷电压阶跃响应特性：

a) 按照阶跃扰动不使励磁系统进入非线性区域来确定阶跃量，一般为5%；

b) 自并励静止励磁系统的电压上升时间不大于0.5s，振荡次数不超过3次，调节时间不超过5s，超调量不大于阶跃量的30%。

4.1.5.5 发电机带负荷阶跃响应特性：发电机额定工况运行，阶跃量为发电机额定电压的1%～4%，阻尼比应大于1%，有功功率波动次数不大于5次，调节时间不大于10s。

4.1.5.6 发电机零起升压时，发电机端电压应稳定上升，其超调量应不大于额定值的10%。

4.1.5.7 发电机甩额定无功功率时，机端电压应不大于甩前机端电压的1.15倍，振荡不超过3次。

4.1.6 自并励静止励磁系统引起的轴电压应不破坏发电机轴承油膜，一般不大于10V，超过20V时应分析原因并采取相应措施。

4.1.7 当励磁电流不大于1.1倍额定值时，发电机转子绕组两端所加的整流电压最大瞬时值应不大于转子绕组出厂工频试验电压幅值的30%。

4.1.8 励磁系统的起励电源容量一般应满足发电机升压至大于10%额定电压的要求。

4.1.9 励磁系统可靠性要求：

4.1.9.1 励磁系统在受到现场任何电气操作、雷电、静电及无线电收发信机等电磁干扰时不应发生误调、失调、误动、拒动等情况。

4.1.9.2 因励磁故障引起的发电机强迫停运次数不大于0.25次/年，励磁系统强行切除率不大于0.1%。

4.1.9.3 自动电压调节器的投入率应不低于99%。

4.2 励磁装置技术要求

4.2.1 自动励磁调节器

4.2.1.1 自动励磁调节器应有两个独立的调节通道，可以是一个自动通道加一个手动通道，也可以是两个自动通道（至少一套含手动功能）。对于大型发电机组，应设置两个自动通道。

4.2.1.2 励磁调节器双自动通道及手动通道之间互相切换时，发电机端电压或无功功率应无明显波动。双自动通道故障时，应能自动切至手动通道，并发报警信号。

4.2.1.3 自动励磁调节器应具有在线参数整定功能，各参数及各功能单元的输出量应能显示，设置参数应以十进制表示，时间以s表示，增益以实际值或标幺值表示。

4.2.1.4 正常情况下，发电机励磁调节器应采用恒电压调节方式，不宜采用恒无功功率或恒功率因数调节方式。

4.2.1.5 自动励磁调节器电压测量单元的时间常数应小于30ms。

4.2.1.6 励磁调节器的调压范围和调压速度：

a) 自动励磁调节时，应能在发电机空载额定电压的70%～110%范围内稳定平滑的调节；

b) 手动励磁调节时，上限不低于发电机额定磁场电流的110%，下限不高于发电机空载磁场电流的20%；

c) 发电机空载运行时，自动励磁调节的调压速度应不大于发电机额定电压的1%/s，不小于发电机额定电压的0.3%/s。

4.2.1.7 自动励磁调节器应配置电力系统稳定器（PSS）或具有同样功能的附加控制单元。

a) 电力系统稳定器可以采用电功率、频率、转速或其组合作为附加控制信号，电力系统稳定器信号测量回路时间常数应不大于 40ms；

b) 具有快速调节机械功率作用的大型发电机组，应首先选用无反调作用的电力系统稳定器；

c) 电力系统稳定器或其他附加控制单元的输出噪声应小于±0.005p.u.；

d) 电力系统稳定器应能自动和手动投切，当发电机有功功率达到一定值应时能自动投切，故障时能自动退出运行。

4.2.1.8 励磁调节器至少应具备以下限制功能单元：

a) 最大励磁电流限制器，限制励磁电流不超过允许的励磁顶值电流；

b) 强励反时限限制器，在强励达到允许的持续时间时，应能自动将励磁电流减至长期连续运行允许的最大值；

c) 过励磁限制器，保证滞相运行时发电机在 $P—Q$ 限制曲线范围内运行；

d) 低励磁限制器，保证进相运行时发电机在 $P—Q$ 限制曲线范围内运行；

e) V/Hz 限制器。

4.2.1.9 励磁调节器应具有 TV 断线保护功能，无论是单相、多相 TV 断线或 TV 一次熔断器缓慢熔断时，励磁调节器都应能准确判断并进行通道切换，防止误强励发生。

4.2.1.10 励磁调节器应具有发电机并网状态自动判断功能，不能仅以并网开关辅助接点判断发电机为空负荷或负荷状态。

4.2.1.11 自动励磁调节器还应具备下列功能：

a) 自诊断、录波和事件顺序记录功能，失电后记录的数据不应丢失；

b) 提供检验和调试各功能用的软件和接口；

c) 可自动检测励磁调节器和环节的输出量。

4.2.1.12 励磁专用电压互感器和电流互感器的准确度等级均不得低于0.5级，二次绕组数量应保证双套励磁调节器的采样回路各自独立。

4.2.2 功率整流装置

4.2.2.1 功率整流装置并联运行的支路数一般应按不小于 $N+1$ 冗余的模式配置，即在当一个整流柜（插件式为一个支路）退出运行时应能满足发电机强励及 1.1 倍额定励磁电流运行要求。

4.2.2.2 功率整流装置应设置交流侧过电压保护和换相过电压保护，每个支路应有快速熔断器保护，快速熔断器的动作特性应与被保护元件过流特性配合。

a) 快速熔断器额定电压应不低于励磁变压器二次侧电压额定电压的 1.4 倍；

b) 额定电流应按照退柜运行中的晶闸管最大电流有效值进行选择计算，并且根据快速熔断器的散热条件选取 1.1 倍～1.3 倍数；

c) 快速熔断器的热积累参数应小于晶闸管的热积累参数；

d) 快速熔断器的燃弧峰值电压应小于晶闸管的反向重复峰值电压；快速熔断器的额定分断能力应大于励磁变压器二次侧三相最大短路电流。

4.2.2.3 功率整流装置可采用开启式风冷、密闭式风冷或热管自冷等冷却方式。强迫风冷整流柜的噪声应小于 75dB。

4.2.2.4 风冷功率整流装置风机的电源应为双电源,工作电源故障时,备用电源应能自动投入。如采用双风机配置,则两组风机应接在不同的电源上,当一组风机停运时应能保证励磁系统正常运行。冷却风机故障时应发信号。

4.2.2.5 功率整流装置的均流系数应不小于 0.9。

4.2.3 灭磁装置和转子过电压保护

4.2.3.1 励磁系统的灭磁装置必须简单、可靠,应在任何需要灭磁的工况下,自动灭磁装置均能可靠灭磁。

4.2.3.2 励磁系统灭磁方式可采用直流侧磁场断路器分断灭磁或交流侧磁场断路器分断灭磁,也可采用逆变灭磁或封脉冲灭磁的方式。当系统配有多种灭磁环节时,要求时序配合正确、主次分明、动作迅速。

4.2.3.3 磁场断路器在操作电源电压(80%~110%)U_n时应可靠合闸,在(65%~75%)U_n时应能可靠分闸,低于 30%时应可靠不分闸。

4.2.3.4 灭磁电阻可以采用线性电阻,也可以采用氧化锌或碳化硅非线性电阻。任何情况下灭磁时发电机转子过电压不应超过转子出厂工频耐压试验电压幅值的 60%,应低于转子过电压保护动作电压。同时灭磁电阻还应满足以下要求:

    a) 线性电阻阻值一般按 75℃时转子电阻的 1 倍~3 倍选取。

    b) 采用氧化锌电非线性电阻时:

        1) 其荷电率不大于 60%;

        2) 整组非线性系数 β 应小于 0.1;

        3) 最严重灭磁工况下需要非线性电阻承受的耗能容量不超过其工作容量的 80%,同时当装置内 20%的组件退出运行时,应能满足最严重灭磁工况下的要求,并允许连续两次灭磁;

        4) 氧化锌非线性电阻的串并联后均能系数不得小于 90%。

    c) 采用碳化硅非线性电阻时非线性系数 β 宜小于 0.33,碳化硅非线性电阻的串并联后均能系数不得小于 80%,其余技术要求与本条中的 b)相同。

4.2.3.5 灭磁回路应具有可靠措施以保证磁场断路器动作时,能成功投入灭磁电阻。建议采用电子跨接器提前投入灭磁电阻,再配合调节器逆变或功率柜封脉冲的方式,实现磁场断路器无弧跳闸。

4.2.3.6 发电机转子回路不宜设置大功率转子过电压保护,如装设发电机转子过电压保护装置以吸收瞬时过电压,应简单可靠。其动作值应高于灭磁和异步运行时的过电压值,低于转子绕组出厂工频耐压试验电压的 70%。

4.2.4 励磁变压器

4.2.4.1 励磁变压器安装在户内时应采用干式变压器,安装在户外时可采用油浸自冷变压器。

4.2.4.2 励磁变压器高压绕组与低压绕组之间应有静电屏蔽并接地。

4.2.4.3 励磁变压器容量应满足强励要求,并应考虑 10%以上的裕量,抵消谐波损耗、涡流损耗、杂散损耗对励磁变容量和发热的影响。

4.2.4.4 励磁变压器容量应能满足发电机空负荷和短路试验的要求,励磁变压器低压侧应设有分接挡位。

4.2.4.5 励磁变压器短路阻抗的选择应使直流侧短路时短路电流小于磁场断路器和功率整流

装置快速熔断器的最大分断电流。

4.2.4.6 励磁变压器绝缘耐热等级一般应考虑 B 级及以上，建议绝缘耐热等级采用 F 级。

4.2.4.7 励磁变压器各相直流电阻的差值应小于平均值的 2%；线间直流电阻差值应小于平均值的 1%；电压比的允许误差在额定分接头位置时为±0.5%，三相电压不对称度应不大于 5%。

4.3 设计阶段监督

4.3.1 励磁系统在设计选型时应执行 GB/T 7409、DL/T 583 等发电机励磁系统以及相关部件的技术标准，应采用成熟可靠、经相关认证检测中心检测合格、有良好运行业绩的产品。

4.3.2 励磁装置应能进行就地、远方的磁场断路器分合，调节方式和通道的切换，以及增减励磁和电力系统稳定器的投退操作，远方或就地方式应能相互闭锁。

4.3.3 励磁装置应设计有与发电机—变压器组同期装置、AVC 装置、PMU 装置、故障录波器、发电机—变压器组保护及计算机监控系统等联系用的接口，应设计有便于用户进行励磁系统参数测试和电力系统稳定器频率特性试验的接口。

4.3.4 励磁调节器的工作电源应按双套配置，一般为一组交流电源和一组直流电源。两个通道的直流电源宜取自不同直流母线段；两个通道的交流电源宜取自 UPS 电源或保安段电源，也可取自励磁变压器低压侧，但应经专门的滤波单元。

4.3.5 励磁调节器两个通道应分别取自发电机机端不同组别电压互感器和电流互感器。对于自并励磁系统，如有条件，两个通道对应的转子电流宜取自励磁变压器低压侧不同组电流互感器。

4.3.6 励磁调节器用电压互感器二次回路中应设计单相自动空气开关，从电压互感器本体引出的二次接线宜采用经端子排转接的方式。

4.3.7 接入励磁调节器的并网断路器辅助接点宜采用本体常闭接点。

4.3.8 励磁调节器宜配置发电机定子过流限制器和发电机空负荷过电压保护功能。

4.3.9 功率整流装置内宜设计有测温点，在温度过高时发出温度高报警信号。

4.3.10 励磁变压器高压侧电流互感器应采用穿心式电流互感器，以保证在变压器高压侧短路时有足够的动热稳定性。

4.3.11 并联整流柜交、直流侧应有与其他柜及主电路隔断的措施。

4.3.12 从励磁变压器到整流柜交流母线进线应采用等长电缆或采用几个功率整流柜中间铜排进线方式，以保证较好的自然均流。

4.3.13 励磁变压器的高压侧不应安装自动开关或快速熔断器。

4.3.14 励磁变压器接线方式一般采用 Y/d 或 D/y 型接线方式，Y(或 y)侧中性点不应接地。

4.3.15 励磁变压器每相宜配置两个 PT100 温度测点，应引至励磁变压器温控器端子排上。

4.3.16 励磁变压器宜设计冷却风机，风机电源应可靠，宜取自厂用保安段电源。

4.3.17 励磁变压器低压侧交流动力电缆应采用单芯、多股软电缆，分相布置的励磁交流电缆固定材料应采用非导磁材料。

4.3.18 励磁变压器温度超高保护应动作于报警，不应动作于停机，测温电阻信号电缆与二次控制回路电缆应分开布置。大型发电机组励磁变压器宜采用电流速断保护作为主保护，过电流保护作为后备保护。

4.3.19 起励电源可以是直流电源，也可以是厂用交流电源。一般 300MW 及以上大型机组起励电源宜采用交流电源。

4.3.20　励磁系统至少应具有下列检测功能：

　　a)　励磁调节器电源故障检测；

　　b)　触发脉冲检测；

　　c)　励磁调节器同步回路检测；

　　d)　电压互感器断线检测；

　　e)　功率整流装置停风检测；

　　f)　功率整流柜故障退出检测；

　　g)　调节通道故障检测。

4.3.21　励磁系统至少应能发出下列信号：

　　a)　励磁变压器故障；

　　b)　功率整流装置故障；

　　c)　电压互感器断线；

　　d)　电源故障或消失；

　　e)　触发脉冲故障；

　　f)　各种限制动作；

　　g)　起励故障。

4.4　安装阶段监督

4.4.1　建设安装单位应严格按照 DL/T 490 标准、设计图纸和励磁厂家安装资料要求进行励磁设备安装工作。

4.4.2　励磁变压器的安装就位应按 GB 50171 的要求固定和接地。

4.4.3　励磁变压器就位后，应检查其外表及绕组、引线、铁芯、紧固件、绝缘件等完好无损。

4.4.4　励磁变压器及其附件安装好后应及时进行清扫，按 GB 50150 的要求开展交接试验，磁场断路器、非线性电阻及过电压保护器的交接试验项目可按 DL/T 489 的要求执行。

4.4.5　紧固励磁盘柜间所用的螺栓、垫圈、螺母等紧固件时应使用力矩扳手，应按照制造厂规定的力矩进行紧固，并应做好标记。螺栓连接紧固后应用 0.05mm 的塞尺检查，其塞入深度应不大于 4mm。

4.4.6　励磁盘柜之间接地母排与接地网应连接良好，应采用截面积不小于 $50mm^2$ 的接地电线或铜编织线与接地扁铁可靠连接，连接点应镀锡。

4.4.7　灭磁柜安装后应测量磁场断路器每个断口触头接触电阻，阻值应不大于出厂值的 120%。应检查分、合闸线圈的直流电阻与厂家说明书一致，应测量磁场断路器的分、合闸时间。

4.4.8　电缆敷设与配线应满足下列要求：

　　a)　电缆敷设应分层，其走向和排列方式应满足设计要求。屏蔽电缆不应与动力电缆敷设在一起，屏蔽电缆屏蔽层应两端接地，动力电缆接地截面积不小于 $16mm^2$，控制电缆接地截面积不小于 $4mm^2$。

　　b)　交、直流励磁电缆敷设弯曲半径应大于 20 倍电缆外径，且并联使用的励磁电缆长度误差应不大于 0.5%。

　　c)　强、弱电回路应分开走线，可能时应采用分层布置，交、直流回路应采用不同的电缆，以避免强电干扰。配线应美观、整齐，每根线芯应标明电缆编号、回路号、端子号，字迹应清晰，不易褪色和破损。

d） 控制电缆与动力电缆应分开走线，严格分层布置。

4.5 调试阶段监督

4.5.1 调试单位应严格按照 DL/T 1013、DL/T 1166、DL/T 1167 和 DL/T 1231 等标准规定的交接试验和特殊试验项目和要求进行励磁系统试验。

4.5.2 对于新建或改造的励磁系统，电厂应委托有资质的调试单位进行励磁系统试验。

4.5.3 调试单位应按照 DL/T 1166 中要求的交接试验项目编制励磁系统调试方案，交接试验项目详见附录 A。

4.5.4 调试单位应严格按照厂家图纸核对盘柜内和盘柜间的二次接线，按照设计院的设计图纸核对励磁装置与外部设备的二次回路，确保回路正确。电厂应及时统计调试中发现的设计错误或缺陷，在工程结束后收集调试用图纸。

4.5.5 应审核励磁系统限制定值的合理性，励磁限制应先于发电机—变压器组保护动作，配合关系如下：

a） 低励限制应与失磁保护配合；

b） 过励限制应与发电机转子过负荷保护配合；

c） 定子过流限制应与发电机定子过负荷保护配合；

d） V/Hz 限制应与发电机和主变压器过激磁保护配合。

4.5.6 应注意励磁变压器保护定值整定原则的合理性，要求如下：

a） 如采用励磁变压器差动保护作为主保护，应适当提高差动启动电流值，建议按（0.5～0.7）I_n 整定。

b） 如采用电流速断保护作为主保护，速断电流应按励磁变压器低压侧两相短路有一定灵敏度要求整定，一般灵敏度可取 1.2～1.5，动作时间按躲过快速熔断器熔断时间整定，建议取 0.3s。

c） 过流保护作为励磁变压器后备保护，其整定值可按躲过强励时交流侧励磁电流整定，动作时间一般为 0.6s。

d） 过负荷保护电流应取自励磁变压器低压侧 TA，如动作于停机，过负荷定值应按严重过负荷整定，一般按 1.2 倍～1.5 倍额定励磁电流整定，延时应躲过强励时间。

4.5.7 宜退出励磁系统内置的转子接地保护装置，解除所有相关回路接线，采用发电机—变压器组保护中的转子接地保护装置，宜采用两套不同原理的转子接地保护。

4.5.8 为保证发电机大轴接地良好，应配置两组接地碳刷。

4.6 运行阶段监督

4.6.1 励磁装置运行环境要求：海拔不大于 1000m 时，允许温度为-10℃～+40℃。

4.6.2 当海拔超过 1000m 时，环境最高温度和功率整流装置的出力应按表 1 进行修正。

表 1 不同海拔高度时最高环境温度、出力修正表

海拔高度 H m	$H \leq 1000$	$1000 < H \leq 1500$	$1500 < H \leq 2000$	$2000 < H \leq 2500$
最高环境温度 ℃	40	37.5	35	32.5
功率整流装置出力 A	$1I_n$	$0.957I_n$	$0.914I_n$	$0.871I_n$

4.6.3　自动电压调节器在发电机并网运行方式下应采用恒电压调节方式，采用其他控制方式时需经过调度部门的批准。

4.6.4　电厂人员应定期对励磁系统进行巡视检查，检查内容如下：

　　a)　检查励磁装置有无故障报警；

　　b)　检查调节器工控机有无死机、黑屏或通信故障等；

　　c)　应与监控系统和发电机—变压器组保护装置等采样值进行对比，确认励磁电压、励磁电流、有功功率、无功功率等采样值正确并记录；

　　d)　观察功率整流装置输出电流，计算均流系数是否满足要求；

　　e)　确认双自动通道运行方式与规定是否一致；

　　f)　应确认 PSS 投退断路器、就地/远方切换断路器、功率柜脉冲投切断路器等位置正确；

　　g)　应检查风机运转正常，无异音。

4.6.5　应定期清洁整流柜前、后滤网积灰，积灰严重时应更换滤网，环境恶劣时应适当增加清洁或更换的频率。

4.6.6　机组带大负荷时，应定期使用红外线测温仪或热成像仪检查功率整流柜内主要元件的发热情况，推荐运行温度见表2。

表2　功率整流柜内主要元件的运行温度（建议值）

测温对象	测温位置	建议运行温度 ℃
晶闸管	功率柜出口风温	50
阻容吸收电阻	电阻表面	150
快速熔断器	快速熔断器与铜排连接处	80
铜母排	母排连接处	80

4.6.7　机组并网初期或停机前，宜进行调节器双通道切换试验，切换前应检查双通道跟踪正常，参数一致。

4.6.8　发电机空负荷运行时，应进行风机电源和两组风机之间的切换试验。励磁调节器电源取自励磁变压器低压侧时，也应在发电机空负荷时进行电源切换试验。

4.6.9　应定期对发电机碳刷进行以下检查，发现异常应尽快处理。

　　a)　用红外测温仪或成像仪测量集电环和碳刷的温度是否过热；

　　b)　用钳形电流表测量各碳刷分流是否均衡；

　　c)　碳刷在刷框内有无跳动、摇动或卡涩的情况，弹簧压力是否正常；

　　d)　碳刷刷辫是否完整，与碳刷的连接是否良好，有无发热及触碰机构件的情况；

　　e)　集电环与碳刷之间是否存在接触不良或打火现象；

　　f)　碳粉是否过多堆积。

4.6.10　更换碳刷时必须使用同一型号的碳刷，并且碳刷接触面宜大于碳刷截面的 80%，每次更换碳刷的数量不得超过单极总数的 10%，每个刷架上只许换 1 个～2 个碳刷。

4.6.11　励磁系统发生故障时，应冷静对待，并按以下原则进行处理：

　　a)　应准确记录故障信息、故障代码和报警或动作信号，及时收集故障数据和录波图，以便及时查找和分析故障原因；

b) 检查励磁系统主要设备有无异常情况和设备损坏；

c) 未查明故障原因原则上不允许继续投入使用；

d) 故障原因查明后，应向上级和调度部门汇报，整理故障分析报告并存档；

e) 发生严重故障后，应及时按照集团公司技术监督管理办法速报制度执行。

4.7 检修阶段监督

4.7.1 励磁系统检修应随发电机检修周期进行。

4.7.2 当励磁系统发生危及安全运行的异常情况或事故时，应退出运行进行故障检修。应根据设备损坏程度和处理难易程度向电网调度申请检修工期，按调度批准的工期进行检修。

4.7.3 电厂 A/B 级检修时励磁系统的试验项目应按照附录 A 中定期试验项目执行，不能漏项，试验方法和要求应按照 DL/T 1166、DL/T 596、DL/T 491 标准执行。同时，宜增加磁场断路器导电性能测试、非线性电阻特性测试及转子过电压保护测试等项目。

4.7.4 励磁变压器等一次设备的试验项目应按照 DL/T 596 的要求执行。

4.7.5 对于基建调试阶段未开展的常规交接试验项目，应在 A/B 级检修中补充进行。

4.7.6 新改造励磁系统的试验应按交接试验项目的要求和规定开展，特殊试验按电网调度部门要求进行。

4.7.7 电厂 C 级检修时励磁系统试验项目应根据设备运行状况，合理确定有针对性的检验项目，但应至少包含以下试验项目：

a) 励磁主要部件和回路的绝缘试验，应加强对励磁共箱母线的绝缘检查；

b) 主要设备的清扫，滤网清洁或更换；

c) 励磁调节器模拟量采样检查、开入开出量传动检查；

d) 二次回路接线紧固；

e) 发电机碳刷检查，碳粉清理；

f) 励磁系统参数核对。

4.7.8 励磁系统运行中遗留的缺陷应尽可能利用发电机组停机备用或临时检修机会消除，避免设备带病运行。

4.7.9 检修工作结束后，应提供完整的检修报告，报告要求如下：

a) 报告中的试验数据应真实、可信；

b) 报告中应提供录波曲线，对录波曲线中关键点的数值进行标记，并进行必要的计算，计算结果应符合试验要求；

c) 报告中应有检修总结和结论，对检修中发现问题的整改情况进行说明；

d) 报告应一式三份，经审核、批准并签字盖章后归档保存。

4.7.10 励磁系统检修用的试验设备应满足准确度等级的要求，且检测合格并在有效期内。

5 监督管理要求

5.1 监督基础管理工作

5.1.1 励磁监督管理的依据。

电厂应按照《华能电厂安全生产管理体系要求》中有关技术监督管理和本标准的要求，制定励磁监督管理标准，并根据国家法律、法规及国家、行业、集团公司标准、规范、规程、制度，结合电厂实际情况，编制励磁监督相关/支持性文件；建立健全技术资料档案，以科学、规范的监督管理，保证励磁设备安全可靠运行。

5.1.2　励磁监督管理应具备的相关/支持性文件：

 a)　机组运行规程；

 b)　机组检修规程；

 c)　安全生产考核管理标准；

 d)　综合档案管理标准；

 e)　更新改造项目管理标准；

 f)　设备检修管理标准；

 g)　设备异动管理标准；

 h)　文件控制管理标准。

5.1.3　建立健全技术资料档案。

5.1.3.1　基建阶段技术资料：

 a)　励磁调节装置的原理说明书；

 b)　励磁系统控制逻辑图、程序框图、分柜图及元件参数表；

 c)　励磁系统传递函数总框图及参数说明；

 d)　发电机、励磁机、励磁变压器、碳刷、互感器、励磁装置等使用维护说明书和用户手册等；

 e)　励磁系统设备出厂检验报告、合格证书；

 f)　励磁系统主要元器件选型说明、计算书；

 g)　励磁附加控制定值单（格式见附录B）；

 h)　主设备厂家提供的设备运行限制曲线。

5.1.3.2　试验报告和记录：

 a)　励磁装置试验报告（含交接试验报告和定期检验报告）；

 b)　励磁变压器试验报告（含交接试验报告和预防性试验报告）；

 c)　发电机进相试验报告；

 d)　励磁系统建模及参数辨识试验报告；

 e)　电力系统稳定器试验报告；

 f)　励磁设备管理台账（格式见附录C）。

5.1.3.3　缺陷闭环管理记录：

 a)　日常设备维修（缺陷）记录和异动记录；

 b)　月度缺陷分析。

5.1.3.4　事故管理报告和记录：

 a)　设备非计划停运、障碍、事故统计记录；

 b)　事故分析报告。

5.1.3.5　技术改造报告和记录：

 a)　可行性研究报告；

 b)　技术方案和措施；

 c)　技术图纸、资料、说明书；

d) 质量监督和验收报告；

e) 完工总结报告和后评估报告。

5.1.3.6 监督管理文件：

a) 与励磁监督有关的国家法律、法规及国家、行业、集团公司标准、规范、规程、制度；

b) 励磁技术监督年度工作计划和总结；

c) 励磁技术监督季报、速报；

d) 励磁技术监督预警通知单和验收单；

e) 励磁技术监督会议纪要；

f) 励磁技术监督工作自查报告和外部检查评价报告；

g) 励磁技术监督人员技术档案、上岗考试证书；

h) 与励磁设备质量有关的重要工作来往文件。

5.2 日常管理内容和要求

5.2.1 健全监督网络与职责。

5.2.1.1 各电厂应建立健全由生产副厂长（总工程师）领导下的励磁技术监督三级管理网。第一级为厂级，包括生产副厂长（总工程师）领导下的励磁监督专责人；第二级为部门级，包括运行部电气专工，检修部电气专工等；第三级为班组级，包括各专工领导的班组人员。在生产副厂长（总工程师）领导下由励磁监督专责人统筹安排，协调运行、检修等部门完成励磁技术监督工作。

5.2.1.2 按照《中国华能集团公司电力技术监督管理办法》编制电厂励磁监督管理标准，做到分工、职责明确，责任到人。

5.2.1.3 电厂励磁技术监督工作归口职能管理部门在电厂技术监督领导小组的领导下，负责励磁技术监督的组织建设工作，建立健全技术监督网络，并设励磁技术监督专责人，负责全厂励磁技术监督日常工作的开展和监督管理。

5.2.1.4 电厂励磁技术监督工作归口职能管理部门每年年初要根据人员变动情况及时对网络成员进行调整；按照人员培训和上岗资格管理办法的要求，定期对技术监督专责人和特殊技能岗位人员进行专业和技能培训，保证持证上岗。

5.2.2 确定监督标准符合性。

5.2.2.1 励磁监督标准应符合国家、行业及上级主管单位的有关规定和要求。

5.2.2.2 每年年初，励磁技术监督专责人应根据新颁布的标准规范及设备异动情况，组织对励磁设备运行规程、检修规程等规程、制度的有效性、准确性进行评估，修订不符合项，经归口职能管理部门领导审核、生产主管领导审批后发布实施。国家标准、行业标准及上级单位监督规程、规定中涵盖的相关励磁监督工作均应在电厂规程及规定中详细列写齐全。

5.2.3 确定仪器仪表有效性。

5.2.3.1 应根据检验、使用及更新情况补充更新励磁设备管理台账。

5.2.3.2 根据检定周期，每年应制定励磁监督仪器仪表的检验计划，根据检验计划定期进行检验或送检，对检验合格的可继续使用，对检验不合格的则应送修，对送修仍不合格的作报废处理。

5.2.3.3 检验合格的仪器仪表应粘贴合格标识，标明设备有效期等。

5.2.4 制定监督工作计划。

5.2.4.1 励磁技术监督专责人每年 11 月 30 日前应制定下年度技术监督工作计划的工作，报送产业、区域子公司，同时抄送西安热工研究院有限公司（以下简称"西安热工院"）。

5.2.4.2 电厂励磁技术监督年度计划的制定依据至少应包括以下几方面：

    a) 国家、行业、地方有关电力生产方面的政策、法规、标准、规程和反事故措施要求；

    b) 集团公司、产业公司、区域公司、电厂技术监督管理制度和年度技术监督动态管理要求；

    c) 集团公司、产业公司、区域公司、电厂技术监督工作规划和年度生产目标；

    d) 技术监督体系健全和完善化；

    e) 人员培训和监督用仪器设备配备和更新；

    f) 机组检修计划；

    g) 设备目前的运行状态；

    h) 技术监督动态检查、预警、月（季）报提出问题的整改；

    i) 收集的其他有关励磁设备设计选型、制造、安装、运行、检修、技术改造等方面的动态信息。

5.2.4.3 电厂技术监督工作计划应实现动态化，即各专业应每季度制定技术监督工作计划。年度（季度）监督工作计划应包括以下主要内容：

    a) 技术监督组织机构和网络完善；

    b) 监督管理标准、技术标准规范制定、修订计划；

    c) 人员培训计划（主要包括内部培训、外部培训取证，标准规范宣贯）；

    d) 技术监督例行工作计划；

    e) 检修期间应开展的技术监督项目计划；

    f) 监督用仪器仪表检定计划；

    g) 技术监督自我评价、动态检查和复查评估计划；

    h) 技术监督预警、动态检查等监督问题整改计划；

    i) 技术监督定期工作会议计划。

5.2.4.4 电厂应根据上级公司下发的年度技术监督工作计划，及时修订补充本单位年度技术监督工作计划，并发布实施。

5.2.4.5 励磁监督专责人每季度对励磁监督各部门监督计划的执行情况进行检查，对不满足监督要求的通过技术监督不符合项通知单的形式下发到相关部门进行整改，并对励磁监督的相关部门进行考评。技术监督不符合项通知单编写格式见附录 D。

5.2.5 监督档案管理。

5.2.5.1 电厂应按照附录 E 规定的资料目录清单的要求，建立和健全励磁技术监督档案、规程、制度和技术资料，确保技术监督原始档案和技术资料的完整性和连续性。

5.2.5.2 根据励磁监督组织机构的设置和受监设备的实际情况，要明确档案资料的分级存放地点和指定专人负责整理保管。

5.2.5.3 励磁技术监督专责人应建立励磁档案资料目录清册，并负责及时更新。

5.2.6 监督报告管理。

5.2.6.1 励磁监督速报的报送。

    当电厂发生重大监督指标异常，受监控设备重大缺陷、故障和损坏事件，火灾事故等重大事件后 24h 内，应将事件概况、原因分析、采取措施按照附录 F 的格式，以速报的形式报送产业公司、区域公司和西安热工院。

5.2.6.2 励磁监督季报的报送。

励磁技术监督专责人应按照附录 G 的季报格式和要求，组织编写上季度励磁技术监督季报。经电厂归口职能管理季报汇总人按照《电力技术监督管理办法》附录 C 格式编写完成"技术监督综合季报"后，应于每季度首月 5 日前，将全厂技术监督季报报送产业公司、区域公司和西安热工院。

5.2.6.3 励磁监督年度工作总结报告的报送。

a) 励磁技术监督专责人应于每年 1 月 5 日前编制完成上年度技术监督工作总结报告的编写工作，并将总结报告报送产业公司、区域公司和西安热工院。

b) 年度监督工作总结报告主要内容应包括以下几方面：

1) 励磁监督主要工作完成情况、亮点和经验与教训；

2) 励磁设备一般事故、危急缺陷和严重缺陷统计分析；

3) 励磁监督存在的主要问题和改进措施；

4) 励磁监督下年度工作思路、计划、重点和改进措施。

5.2.7 监督例会管理。

5.2.7.1 电厂每年至少召开两次厂级技术监督工作会议，会议由电厂技术监督领导小组组长主持，检查评估、总结、布置技术监督工作，对技术监督中出现的问题提出处理意见和防范措施，按管理流程批准后发布实施。

5.2.7.2 励磁专业每季度至少召开一次技术监督工作会议，会议由励磁监督专责人主持并形成会议纪要。

5.2.7.3 例会主要内容包括：

a) 励磁监督范围内设备及系统的故障、缺陷分析及处理措施；

b) 励磁监督相关工作计划发布及执行情况；

c) 励磁监督专业新知识、新技术、新标准及法律、法规的学习交流；

d) 励磁监督管理工作经验交流总结，提高励磁技术监督管理水平；

e) 励磁技术监督工作研究、总结，推广运用电力监督成果。

5.2.8 监督预警管理。

5.2.8.1 集团公司励磁技术监督预警项目见附录 H。电厂应将三级预警识别纳入日常励磁监督管理和考核工作中。

5.2.8.2 对于上级监督单位签发的技术监督预警通知单（格式见附录 I），电厂应认真组织人员研究有关问题，制定整改计划，整改计划中应明确整改措施、责任部门、责任人和完成日期。

5.2.8.3 问题整改完成后，电厂应按照验收程序要求，向预警提出单位提出验收申请，经验收合格后，由验收单位填写预警验收单（格式见附录 J），并报送预警签发单位备案。

5.2.9 监督问题整改管理。

5.2.9.1 整改问题的提出：

a) 上级或技术监督服务单位在技术监督动态检查、预警中提出的整改问题；

b) 《水电技术监督报告》中明确的集团公司或产业公司、区域公司提出的督办问题；

c) 《水电技术监督报告》中明确的电厂需要关注及解决的问题；

d) 电厂励磁监督专责人每季度对励磁监督计划的执行情况进行检查，对不满足监督要求提出的整改问题。

5.2.9.2 问题整改管理：

a) 电厂收到技术监督评价考核报告后，应组织有关人员会同西安热工院或技术监督服务单位在两周内完成整改计划的制定和审核，并将整改计划报送集团公司、产业公司、区域公司，同时抄送西安热工院或技术监督服务单位；

b) 整改计划应列入或补充列入年度监督工作计划，电厂按照整改计划落实整改工作，并将整改实施情况及时在技术监督季报中总结上报；

c) 对整改完成的问题，电厂应保留问题整改相关的试验报告、现场图片、影像等技术资料，作为问题整改情况评估的依据。

5.2.10 监督评价与考核。

5.2.10.1 电厂应将《励磁技术监督工作评价表》中的各项要求纳入励磁监督日常管理工作中，《励磁技术监督工作评价表》见附录 L。

5.2.10.2 电厂应按照《励磁监督工作评价评价表》中的各项要求，编制完善励磁技术监督管理制度和规定，贯彻执行；完善各项励磁监督的日常管理和检修维护记录，加强受监设备的运行、检修维护技术监督。

5.2.10.3 电厂应定期对技术监督工作开展情况组织自我评价，对不满足监督要求的不符合项以通知单的形式下发到相关部门进行整改，并对相关部门及责任人进行考核。

5.3 各阶段监督重点工作

5.3.1 设计与设备选型阶段。

5.3.1.1 电厂应参与项目的可行性研究、初步设计、设计及施工图纸审核等工作，图纸修订及发布应有完整审批流程，应包含制图、审核、批准等人员以及相关修订说明。图纸修改情况应在励磁管理台账中体现。

5.3.1.2 电厂应对励磁方式、励磁变压器容量、碳刷型号、功率柜配置及主要元器件的设计选型进行监督，对励磁系统与监控系统、AVC、继电保护装置、同期装置及故障录波器等相关设备的接口设计情况进行监督检查。

5.3.2 安装阶段。

5.3.2.1 审查安装主体单位及人员的资质。

5.3.2.2 审查安装单位所编制的工作计划、进度网络图以及施工方案。

5.3.2.3 编制安装阶段监督计划，明确各重要节点的质量见证点，落实验收各见证点。重点对励磁变压器和励磁调节器等装置安装基础的施工进行检查及验收，对励磁相关二次电缆的敷设进行监督，确保励磁设备安装质量和投产后性能达标。

5.3.2.4 对安装阶段发现的不符合项或达不到标准要求的，应及时处理。

5.3.2.5 施工记录、施工验收报告（或记录）、监理合同、监理大纲、监理工程质量管理资料等技术资料应齐全、归档。

5.3.3 调试阶段。

5.3.3.1 审查调试单位及人员的资质，明确调试组织机构以及励磁专业组成员。

5.3.3.2 审核调试单位所编制的调试方案、技术措施。

5.3.3.3 依据标准相关项目对静态、空负荷、带负荷等不同阶段调试的关键节点进行监督并见证。

5.3.3.4 审查调试单位对调试项目的验收评定以及调试总结。

5.3.3.5 依据资料验收的标准，按要求归档整个调试过程的调试方案、调试记录、调试报告等相关技术资料。

5.3.4 运行阶段。

5.3.4.1 根据国家和行业有关的技术标准、运行规程和产品技术条件文件，结合电厂的实际制定本企业的《电厂运行规程》和励磁系统反事故措施以及预案，并按规定要求加强运行监督。

5.3.4.2 电厂应建立励磁主要设备（如励磁变压器、整流柜、灭磁断路器、阻容吸收电阻、碳刷及刷架等）的红外成像图库并分类存放，应根据红外成像图库整理不同负荷下主要设备的运行温度数据，形成温度变化趋势图，及时进行对比和分析工作。

5.3.4.3 严格按相关运行规程及反事故措施的要求，组织运行和检修人员加强对发电机转子及滑环的运行监督。

5.3.4.4 根据设备特点、机组负荷、环境因素等加强励磁调节器、功率柜等装置的散热监测，合理制定风道滤网清洗和更换的周期。

5.3.4.5 运行定值应与调度部门审查备案的定值保持一致。如需改动，须经调度部门或电厂主管领导核准后方可执行。

5.3.5 检修阶段。

5.3.5.1 贯彻预防为主的方针，做到应修必修，修必修好。按照《中国华能集团公司电力检修标准化管理实施导则（试行）》做好检修全过程的监督管理，实现修后全优目标。

5.3.5.2 根据本企业励磁设备情况，编写或修编标准项目的检修文件包，制订特殊项目的工艺方法、质量标准、技术措施、组织措施和安全措施。

5.3.5.3 励磁检修阶段监督的重点是审查励磁试验项目的周期、试验数据及试验结果的正确性。

5.3.5.4 应加强对附属设备如励磁封闭母线（或电缆）、励磁用电压和电流互感器、功率柜风机等的检查。

5.3.5.5 检修结束后，技术资料按照要求归档、设备管理台账应实现动态更新，应及时编写检修报告，并履行审批手续。

6 监督评价与考核

6.1 评价内容

6.1.1 励磁监督评价内容分为技术监督管理、技术监督标准执行两部分，总分为 1000 分，其中监督管理评价部分包括 8 个大项、31 小项，共 400 分，监督标准执行部分包括 6 个大项、38 个小项，共 600 分，每项检查评分时，如扣分超过本项应得分，则扣完为止。

6.2 评价标准

6.2.1 被评价的水力发电厂按得分率高低分为 4 个级别，即：优秀、良好、合格、不符合。

6.2.2 得分率高于或等于 90%为"优秀"；80%～90%（不含 90%）为"良好"；70%～80%（不含 80%）为"合格"；低于 70%为"不符合"。

6.3 评价组织与考核

6.3.1 技术监督评价包括集团公司技术监督评价、属地电力技术监督服务单位技术监督评价、水力发技术监督自我评价。

6.3.2 集团公司定期组织西安热工院和集团公司内部专家，对电厂技术监督工作开展情况、设备状态进行评价，评价工作按照《中国华能集团公司电力技术监督管理办法》附录 D "技术监督动态检查管理办法" 规定执行，分为现场评价和定期评价。

6.3.2.1 集团公司技术监督现场评价按照集团公司年度技术监督工作计划中所列的电厂名单和时间安排进行。各电厂在现场评价实施前应按附录 L《励磁技术监督工作评价表》进行自查，编写自查报告。西安热工院在现场评价结束后三周内，应按照《中国华能集团公司电力技术监督管理办法》附录 C 的格式要求完成评价报告，并将评价报告电子版报送集团公司安生部，同时发送产业公司、区域公司及电厂。

6.3.2.2 集团公司技术监督定期评价按照《中国华能集团公司电力技术监督管理办法》及本标准要求和规定，对电厂生产技术管理情况、机组障碍及非计划停运情况、励磁监督报告的内容符合性、准确性、及时性等进行评价，通过年度技术监督报告发布评价结果。

6.3.2.3 集团公司对严重违反技术监督制度、由于技术监督不当或监督项目缺失、降低监督标准而造成严重后果、对技术监督发现问题不进行整改的电厂，予以通报并限期整改。

6.3.3 电厂应督促属地技术监督服务单位依据技术监督服务合同的规定，提供技术支持和监督服务，依据相关监督标准定期对电厂技术监督工作开展情况进行检查和评价分析，形成评价报告，并将评价报告电子版和书面版报送产业公司、区域公司及电厂。电厂应将报告归档管理，并落实问题整改。

6.3.4 电厂应按照《中国华能集团公司电力技术监督管理办法》及集团公司电厂安全生产管理体系要求建立完善技术监督评价与考核管理标准，明确各项评价内容和考核标准。

6.3.5 电厂应每年按附录 L，组织安排励磁监督工作开展情况的自我评价，根据评价情况对相关部门和责任人开展技术监督考核工作。

附　录　A
（规范性附录）
励磁系统试验项目表

编号	试　验　项　目	交接试验	定期试验
1	励磁系统各部件绝缘试验	√	√
2	励磁装置各单元特性测定		
2.1	稳压电源检查	√	√
2.2	模拟量和开关量检查	√	√
2.3	低励、过励、强励、V/Hz 等限制定值检查	√	√
2.4	同步信号及移相回路检查	√	
2.5	开环小电流负荷试验	√	√
2.6	转子过电压保护单元试验	√	√
2.7	磁场断路器导电性能测试	√	√
2.8	非线性电阻性能测试	√	√
2.9	功率整流装置熔断器检查试验		√
3	发电机空负荷条件下的试验		
3.1	发电机起励及零起升压试验	√	√
3.2	自动及手动电压调节范围测量	√	√
3.3	灭磁试验	√	√
3.4	手动和自动通道切换试验	√	√
3.5	TV 断线逻辑检查试验	√	√
3.6	空负荷阶跃响应试验	√	√
3.7	功率柜风机切换试验	√	√
4	发电机并网后的试验		
4.1	并网后的通道切换试验	√	√
4.2	电压静差率和电压调差率测定	√	
4.3	发电机带负荷阶跃响应试验	√	
4.4	低励、过励限制功能校核试验	√	√
4.5	功率整流装置均流检查	√	√
5	轴电压测量	√	
6	发电机甩负荷试验	√	
7	发电机进相试验	√	
8	特殊试验		
8.1	励磁系统模型参数确认试验	√	
8.2	电力系统稳定器试验	√	

附 录 B

（资料性附录）

励磁附加控制定值单

序号	参数名称	设定值	
1	调差系数		
2	过电压限制		
3	V/Hz 限制设定参数		
4	最大励磁电流瞬时限制		
5	低励限制（根据低励曲线，取 3 个～5 个点）	P MW	Q Mvar
6	过励限制		
7	强励反时限限制参数	强励倍数	
		强励允许时间 t s	
		长期允许励磁电流 A	
8	定子电流限制		
9	PSS 定值		

附 录 C
（资料性附录）
励 磁 设 备 管 理 台 账

励磁装置主要参数（详细参数见设备台账）	
填写调节器软件版本号、校验码、投产日期、电源板出厂日期等重要信息。	
1. 励磁定值管理情况（含定值计算、下发、修改等过程记录，反映定值闭环管理过程）	
××××年××月××日，下发定值×份，编号××，×时已执行	超链接（定值单、回执单等）
××××年××月××日，收到定值修改通知单，×时已执行	超链接（修改单、回执单等）
……	
2. 励磁系统检修情况	
××××年××月××日，××装置检验，试验合格	超链接（报告签字版）
××××年××月××日，完成×机组进相试验	超链接（报告签字版）
××××年××月××日，××保护装置跳闸或程序升级后检验	超链接（校验报告签字版）
……	
3. 励磁系统运行情况	
××××年××月××日，更换某板件	超链接（照片）
××××年××月××日，升级程序	超链接（照片）
××××年××月××日，××装置进行红外成像测温	超链接（图库、温度趋势）
……	
4. 异常或故障情况	
××××年××月××日，××故障	超链接（事故分析报告、录波图等）
××××年××月××日，发出××异常信号	超链接（分析报告）
……	
5. 其他管理工作（如备品备件、图纸核对、回路检查更改、试验仪器、计划制定、人员培训等）	
××××年××月××日，检查回路发现问题，图纸已修改	超链接（修改后的图纸电子版或扫描版）
××××年××月××日，××仪器检验，检验合格	超链接（检验报告或证书）
……	
注： 每一条事件记录应提供相应的超链接证据或文件或报告或图片等。应及时更新电子台账，建议专门指定一台电脑进行记录和更新，相应的支持文件分类存放在相应目录下	

附 录 D

（资料性附录）
技术监督不符合项通知单

编号（No）：××–××–××

发现部门：　　专业：　　被通知部门、班组：　　签发：　　日期：20××年××月××日

不符合项描述	1. 不符合项描述： 2. 不符合标准或规程条款说明：
整改措施	3. 整改措施： 制订人/日期：　　　　　　审核人/日期：
整改验收情况	4. 整改自查验收评价： 整改人/日期：　　　　　　自查验收人/日期：
复查验收评价	5. 复查验收评价： 复查验收人/日期：
改进建议	6. 对此类不符合项的改进建议： 建议提出人/日期：
不符合项关闭	整改人：　　自查验收人：　　复查验收人：　　签发人：
编号说明	年份+专业代码+本专业不符合项顺序号

附 录 E
（规范性附录）
励磁技术监督档案目录

序号	资料档案名称
1	设备基建移交资料
1.1	发电机及励磁系统设计竣工图
1.2	励磁变压器、励磁系统厂家说明书、随设备供应的图纸资料及励磁系统设计计算资料
1.3	励磁系统模型框图、逻辑图
1.4	设备安装和投产验收记录
2	励磁台账
2.1	励磁设备台账
2.2	励磁管理台账
2.3	励磁系统参数及定值清单（正式版）
2.4	红外程序图库
3	试验报告（含出厂报告、交接报告及定期检验报告）
3.1	励磁系统试验报告
3.2	励磁变压器试验报告
3.3	励磁试验仪器仪表检验报告
3.4	特殊试验报告（含进相试验、PSS、励磁建模试验等）
4	运行资料
4.1	励磁变压器及励磁系统运行巡检记录
4.2	发电机碳刷、滑环运行巡检记录
4.3	红外成像巡检记录
4.4	励磁系统运行规程
5	检修资料
5.1	励磁系统检修规程
5.2	励磁系统年度检修计划及总结
5.3	励磁变检修文件包
6	缺陷资料
6.1	危急、重大缺陷（异常）统计表
6.2	危急、重大缺陷处理报告
7	事故、障碍资料

表（续）

序号	资料档案名称
7.1	事故、障碍统计记录
7.2	事故、障碍分析处理报告
8	技术改进资料
8.1	励磁系统技改可行性论证及方案
8.2	技改试验报告
8.3	技改后评估报告
9	励磁监督技术标准和有关反事故措施
9.1	国家标准、行业标准
9.2	励磁系统反事故措施

附 录 F

（规范性附录）

技 术 监 督 信 息 速 报

单位名称			
设备名称		事件发生时间	
事件概况	注：有照片时应附照片说明。		
原因分析			
已采取的措施			
监督专责人签字		联系电话 传 真	
生长副厂长或总工程师签字		邮 箱	

附　录　G

（规范性附录）

励磁技术监督季报编写格式

××电厂20××年××季度励磁技术监督季报

编写人：×××　固定电话/手机：×××××××

审核人：×××

批准人：×××

上报时间：20××年××月××日

G.1　上季度集团公司督办事宜的落实或整改情况

G.2　上季度产业（区域）公司督办事宜的落实或整改情况

G.3　励磁监督年度工作计划完成情况统计报表（见表 G.1）

表 G.1　年度技术监督工作计划和技术监督
服务单位合同项目完成情况统计报表

电厂技术监督计划完成情况			技术监督服务单位合同工作项目完成情况		
年度计划项目数	截至本季度完成项目数	完成率%	合同规定的工作项目数	截至本季度完成项目数	完成率%

G.4　励磁监督考核指标完成情况统计报表

G.4.1　监督管理考核指标报表（见表 G.2 和表 G.3）

监督指标上报说明：每年的 1、2、3 季度所上报的技术监督指标为季度指标；每年的 4 季度所上报的技术监督指标为全年指标。

表 G.2　技术监督预警问题至本季度整改完成情况统计报表

一级预警问题			二级预警问题			三级预警问题		
问题项数	完成项数	完成率%	问题项数	完成项数	完成率%	问题项目	完成项数	完成率%

表 G.3　集团公司技术监督动态检查提出问题本季度整改完成情况统计报表

检查年度	检查提出问题项目数 项			电厂已整改完成项目数统计结果			
	严重问题	一般问题	问题项目 合计	严重问题	一般问题	完成项目数 小计	整改完成率 %

G.4.2　励磁技术监督考核指标报表

G.5　本季度主要的励磁监督工作

填报说明：简述励磁监督管理、试验、检修、运行的工作和设备遗留缺陷的跟踪情况。

G.6　本季度励磁监督发现的问题、原因及处理情况

填报说明：包括试验、检修、运行、巡视中发现的一般事故和障碍、危急缺陷和严重缺陷。必要时应提供照片、数据和曲线。

G.7　励磁监督下季度的主要工作

G.8　附表

集团公司技术监督动态检查专业提出问题至本季度整改完成情况见表 G.4,《中国华能集团公司水电技术监督报告》专业提出的存在问题至本季度整改完成情况见表 G.5,技术监督预警问题至本季度整改完成情况见表 G.6。

表 G.4　集团公司技术监督动态检查专业提出问题至本季度整改完成情况

序号	问题描述	问题性质	西安热工院 提出的整改建议	电厂制定的整改 措施和计划完成时间	目前整改状态 或情况说明

注 1：填报此表时需要注明集团公司技术监督动态检查的年度；

注 2：如 4 年内开展了 2 次检查，应按此表分别填报。待年度检查问题全部整改完毕后，不再填报。

表 G.5 《中国华能集团公司水电技术监督报告》
专业提出的存在问题至本季度整改完成情况

序号	问题描述	问题性质	问题分析	解决问题的 措施及建议	目前整改状态或 情况说明

表 G.6 技术监督预警问题至本季度整改完成情况

预警通知单编号	预警类别	问题描述	西安热工院提出的整改建议	电厂制定的整改措施和计划完成时间	目前整改状态或情况说明

附　录　H

（规范性附录）

励磁技术监督预警项目

H.1　一级预警

a)　励磁系统重大设备发生损坏事故；

b)　同一电厂连续出现励磁调节器故障造成的停机事故，未查明原因，未落实整改措施继续运行的；

c)　发出二级预警后，未认真按期整改。

H.2　二级预警

a)　同一电厂相继出现两次相同原因导致的励磁系统停机故障；

b)　励磁系统重要一次设备发生严重故障；

c)　三级预警后，未按期完成整改任务。

H.3　三级预警

a)　励磁设备严重老化、落后，影响机组安全稳定运行；

b)　未按电网公司要求完成励磁系统特殊试验；

c)　励磁系统主要性能不满足标准要求；

d)　发电机转子绕组存在匝间短路影响机组稳定运行；

e)　发电机碳刷和滑环环火，碳粉堆积严重；

f)　主要设备或元器件运行温度严重超过允许值；

g)　励磁调节器逻辑存在严重缺陷。

附 录 I
（规范性附录）
励磁技术监督预警通知单

通知单编号：T-　　　　　　　预警类别：　　　　　日期：　　年　　月　　日

发电企业名称	
设备（系统）名称及编号	
异常情况	
可能造成或已造成的后果	
整改建议	
整改要求和整改时间	
提出单位	签发人

通知单编号：T-预警类别编号–顺序号–年度。预警类别编号：一级预警为1，二级预警为2，三级预警为3。

附 录 J
（规范性附录）
励磁技术监督预警验收单

验收单编号：Y-　　　　　　　　预警类别：　　　　　　日期：　　年　　月　　日

发电企业名称	
设备（系统）名称及编号	
异常情况	
技术监督服务单位整改建议	
整改计划	
整改结果	
验收单位	验收人

验收单编号：Y–预警类别编号–顺序号–年度。预警类别编号：一级预警为1，二级预警为2，三级预警为3。

附 录 K

（规范性附录）

技术监督动态检查问题整改计划书

K.1 概述

K.1.1 叙述计划的制定过程（包括西安热工研究院、技术监督服务单位及电厂参加人等）。

K.1.2 需要说明的问题，如：问题的整改需要较大资金投入或需要较长时间才能完成整改的问题说明。

K.2 重要问题整改计划

重要问题整改计划见表 K.1。

表 K.1 重要问题整改计划表

序号	问题描述	专业	监督单位提出的整改建议	电厂制定的整改措施和计划完成时间	电厂责任人	监督单位责任人	备注

K.3 一般问题整改计划

一般问题整改计划见表 K.2。

表 K.2 一般问题整改计划表

序号	问题描述	专业	监督单位提出的整改建议	电厂制定的整改措施和计划完成时间	电厂责任人	监督单位责任人	备注

附 录 L
（规范性附录）
励磁技术监督工作评价表

序号	评价项目	标准分	评价内容与要求	评分标准
1	励磁监督管理	400		
1.1	组织与职责	50		
1.1.1	监督组织健全	10	建立健全监督领导小组领导下的三级励磁监督网，设置有励磁监督专责人	（1）未建立三级励磁监督网，扣10分； （2）未落实励磁监督专责人或人员调动未及时变更，扣5分
1.1.2	职责明确并得到落实	10	专业岗位职责明确，落实到人	（1）岗位职责不明确，扣5分； （2）专业岗位设置未落实到人，扣10分
1.1.3	励磁专责持证上岗	30	励磁监督专责人取得有效上岗资格证	（1）励磁监督人员对基本情况不了解，扣10分； （2）未取得资格证书或证书超期，扣25分
1.2	标准符合性	50		
1.2.1	励磁监督管理标准	10	（1）编写的内容、格式应符合《华能电厂安全生产管理体系要求》和《华能电厂安全生产管理体系管理标准编制导则》的要求，并统一编号； （2）内容应符合国家、行业法律、法规、标准和《华能集团公司电力技术监督管理办法》相关的要求，并符合电厂实际	（1）不符合《华能电厂安全生产管理体系要求》和《华能电厂安全生产管理体系管理标准编制导则》的编制要求，扣5分； （2）不符合国家、行业法律、法规、标准和《华能集团公司电力技术监督管理办法》相关的要求和电厂实际，扣5分
1.2.2	国家、行业技术标准	15	保存的技术标准符合集团公司年初发布的励磁监督标准目录；及时收集所属电网相关文件或规定，并有登记记录	（1）缺少标准或未更新，每个扣5分； （2）未收集当地电网相关文件或规定，扣5分； （3）标准未在厂内发布，扣10分
1.2.3	企业技术标准	15	企业"电气运行规程"、"电气检修规程"、"预防性试验规程"符合国家和行业技术标准；符合本厂实际情况，并按时修订	（1）巡视周期、试验周期、检修周期不符合要求，每项扣10分； （2）性能指标、运行控制指标、工艺控制指标不符合要求，每项扣5分
1.2.4	标准更新	10	标准更新符合管理流程	（1）未按时修编，每个扣5分； （2）标准更新不符合标准更新管理流程，每个扣5分
1.3	仪器仪表	30		

249

表（续）

序号	评价项目	标准分	评价内容与要求	评分标准
1.3.1	仪器仪表台账	5	建立励磁用仪器仪表台账，栏目应包括：仪器仪表型号、技术参数（量程、精度等级等）、购入时间、供货单位；检验周期、检验日期、使用状态等	不符合要求，不得分
1.3.2	仪器仪表资料	5	（1）保存仪器仪表使用说明书； （2）编制主要专用仪器仪表操作规程	（1）使用说明书缺失，一件扣3分； （2）专用仪器操作规程缺漏，一台扣3分
1.3.3	仪器仪表维护	5	（1）仪器仪表存放地点整洁、配有温度计、湿度计； （2）仪器仪表的接线及附件不许另作他用； （3）仪器仪表清洁、摆放整齐； （4）有效期内的仪器仪表应贴上有效期标识，不与其他仪器仪表一道存放； （5）待修理、已报废的仪器仪表应另外分别存放	（1）不符合要求，一项扣2分； （2）仪器仪表管理混乱，不得分
1.3.4	检验计划和检验报告	10	计划送检的仪表应有对应的检验报告	不符合要求，每台扣5分
1.3.5	对外委试验使用仪器仪表的管理	5	应有试验使用的仪器仪表检验报告复印件	不符合要求，不得分
1.4	监督计划	30		
1.4.1	计划的制定	20	（1）计划制定时间、依据符合要求； （2）计划内容应包括： 1）管理制度制定或修订计划； 2）培训计划（内部及外部培训、资格取证、规程宣贯等）； 3）检修中励磁监督项目计划； 4）动态检查提出问题整改计划； 5）励磁监督中发现重大问题整改计划； 6）仪器仪表送检计划； 7）技改中励磁监督项目计划； 8）图纸核对计划	（1）计划制定时间、依据不符合，一个计划扣10分； （2）计划内容不全，一个计划扣5分～10分； （3）未制定励磁监督计划，不得分

表（续）

序号	评价项目	标准分	评价内容与要求	评分标准
1.4.2	计划的审批	5	符合工作流程：班组或部门编制—策划部励磁专责人审核—策划部主任审定—生产厂长审批—下发实施	审批工作流程缺少环节，扣5分
1.4.3	计划的上报	5	每年11月30日前上报产业公司、区域公司，同时抄送西安热工院	计划上报不及时，扣5分
1.5	监督档案管理	100		
1.5.1	基础资料管理	20	（1）按标准要求整理资料清单或目录；（2）资料应齐全；（3）按规定分类存放，由专人管理	（1）主要基础资料不全，扣10分；（2）无作业指导书，扣10分；（3）资料管理混乱，扣10分
1.5.2	报告管理	20	（1）报告内容合理，项目齐全，数据可靠，结论合理；（2）及时记录新信息；（3）及时完成定期检验报告、预防性试验报告、检修总结、故障分析等报告编写，按档案管理流程审核归档	（1）报告和记录缺失，每项扣10分；（2）报告未经审核、批准，扣10分
1.5.3	励磁设备管理台账	20	（1）按规定格式建立电子版励磁设备管理台账；（2）台账应反映设备管理的全过程；（3）每一个管理记录应有必要的文件链接或相应说明；（4）链接的文件应存放合理，且为经审核批准的正式文件	（1）未按标准格式建立设备管理台账的，扣10分；（2）台账中主要管理过程缺失的，每项扣10分；（3）链接文件非正式文件的，每个扣5分
1.5.4	定值和参数管理	20	（1）按标准建立定值单；（2）定值单为正式定值单，按定值管理流程执行	（1）无励磁定值单，扣10分；（2）定值单未经审核、批准，扣10分
1.5.5	图纸管理	20	（1）图纸齐全；（2）图纸按规定存放；（3）有图纸核对计划；（4）有图纸核对记录	（1）图纸缺失，扣10分；（2）图纸管理混乱，扣10分；（3）图实核对无记录或与实际接线不符，扣10分
1.6	评价与考核	40		
1.6.1	动态检查前自我检查	10	自我检查评价切合实际	自我检查评价不细致，扣5分
1.6.2	定期监督工作评价	10	有监督工作评价记录	无工作评价记录，扣10分
1.6.3	定期监督工作会议	10	有监督工作会议纪要	无工作会议纪要，扣10分

表（续）

序号	评价项目	标准分	评价内容与要求	评分标准
1.6.4	监督工作考核	10	有监督工作考核记录	发生监督不力事件而未考核，扣10分
1.7	工作报告制度	50	查阅检查之日前二个季度季报、检查速报事件及上报时间	
1.7.1	监督季报、年报	20	（1）每季度首月5日前，应将技术监督季报报送产业公司、区域公司和西安热工院；（2）格式和内容符合要求	（1）季报、年报上报迟报1天扣5分；（2）格式不符合，一项扣5分；（3）统计报表数据不准确，一项扣10分；（4）检查发现的问题，未在季报中上报，每1个问题扣10分
1.7.2	技术监督速报	20	按规定格式和内容编写技术监督速报并及时上报	（1）发生危急事件未上报速报一次扣20分；（2）未按规定时间上报，扣10分；（3）事件描述不符合实际，一件扣15分
1.7.3	年度工作总结报告	10	按规定格式和内容编写年度技术监督工作总结报告并及时上报	（1）未按规定时间上报，扣10分；（2）内容不全，扣10分
1.8	监督考核指标	50	查看仪器仪表校验报告；监督预警问题验收单、整改问题完成证明文件。预试计划及预试报告；现场查看，查看检修报告、缺陷记录	
1.8.1	励磁用仪器仪表校验率	10	要求：100%	不符合要求，不得分
1.8.2	监督预警、季报问题整改完成率	15	要求：100%	不符合要求，不得分
1.8.3	动态检查存在问题整改完成率	15	要求：从发电企业收到动态检查报告之日起，第1年整改完成率不低于85%；第2年整改完成率不低于95%	不符合要求，不得分
1.8.4	励磁设备预试完成率	10	要求：100%	不符合要求，不得分
2	技术监督实施	600		
2.1	励磁系统总体性能要求	60		
2.1.1	强励性能	10	查看厂家报告和说明书。要求：强励性能满足要求；强励时间满足要求；相关限制和保护定值与强励性能配合	不符合要求，每项扣5分

表（续）

序号	评价项目	标准分	评价内容与要求	评分标准
2.1.2	静差率	10	查看试验报告。汽轮发电机励磁自动调节应保证发电机端电压静差率小于1%	不符合要求，不得分
2.1.3	空载阶跃响应特性	10	查看试验报告。要求：超调量、调节时间、振荡次数、电压上升时间等满足要求	每个指标不满足扣5分
2.1.4	负载阶跃响应特性	10	查看试验报告。要求：阻尼比、有功波动次数、调节时间满足要求	每个指标不满足扣5分
2.1.5	零起升压特性	10	查看试验报告。要求：超调量满足要求	不符合要求，不得分
2.1.6	轴电压	10	查看试验报告和测试记录。要求：一般不超过10V	（1）大于10V小于20V，扣5分；（2）轴电压大于20V，不得分
2.2	励磁变压器	140	（自并励励磁系统）	
2.2.1	设计容量	20	查看设计计算书。要求：应满足强励要求，并应考虑10%以上的裕量；应满足1.1倍额定短路试验的要求；励磁变压器低压侧应设有分接挡位	不符合要求，每项扣5分
2.2.2	短路阻抗	20	查看设计计算书。要求：短路阻抗的选择应使直流侧短路时短路电流小于磁场断路器和功率整流装置快速熔断器的最大分断电流	不符合要求，不得分
2.2.3	试验报告	35	查看交接试验和预试试验报告。要求：试验项目齐全；试验数据正确；应有数据比对，结论合理	不符合要求，每项扣10分
2.2.4	电流互感器配置	10	查看参数。要求：高压侧电流互感器应采用穿心式电流互感器；调节器双通道电流量宜取自不同绕组	不符合要求，不得分
2.2.5	冷却风机	10	查看设计图纸。要求：宜设计冷却风机，风机电源应可靠；应有温控器自动启停风机功能	不符合要求，不得分
2.2.6	励磁变保护配置	35	查看定值计算书和定值单。要求：如果以励磁变压器差动保护作为主保护，宜取较高的启动电流值；以速断保护作为主保护时，整理原则应合理，应与熔断器时间配合；应配置过流保护和过负荷保护，整定原则应合理；一般，速断、过流保护电流取自高压侧，过负荷保护电流取自低压侧；励磁变压器温度超高（单点）不应动作于跳闸	不符合要求，每项扣10分

表（续）

序号	评价项目	标准分	评价内容与要求	评分标准
2.2.7	励磁变运行状况	10	现场检查。要求：励磁变无异响；运行温度正常；励磁变压器接地良好	不符合要求，每项扣5分
2.3	励磁调节器	190		
2.3.1	逻辑框图	10	查看厂家资料。要求：有主要逻辑的说明或逻辑图；逻辑无明显错误	不符合要求，每项扣5分
2.3.2	通道切换功能	10	查看试验记录或报告。要求：发电机端电压或无功功率应无明显波动；双自动通道故障时，应能自动切至手动通道，并发报警信号；应合理安排通道切换试验	不符合要求，每项扣5分
2.3.3	在线整定功能	10	现场查看。要求：各参数及各功能单元的输出量应能显示；设置参数应以十进制表示，时间以s表示，增益以实际值或标幺值表示	不符合要求，每项扣5分
2.3.4	调压范围和调压速度	10	查看试验记录和厂家说明书。要求满足标准要求	不符合要求，不得分
2.3.5	限制功能配置	20	查看资料和现场整定。要求：基本限制功能齐全；限制定值合理	不符合要求，每项扣10分
2.3.6	限制功能与保护配合	20	查看核对资料。要求：有详细计算过程；配合合理	不符合要求，每项扣10分
2.3.7	电力系统稳定器（PSS）	10	查看PSS试验报告。要求：PSS应选用无反调作用的电力系统稳定器；PSS运行正常；按调度要求投退PSS	不符合要求，每项扣10分
2.3.8	调差特性	10	查看说明书和试验报告。要求：调差特性与主接线方式匹配；调差范围满足标准要求；应有必要的调差系数计算；相同机组调差系数整定一致	不符合要求，每项扣5分
2.3.9	并网逻辑	10	查看试验报告和说明书。要求：不能仅以并网开关辅助接点判断发电机为空负荷或负荷状态；宜采用并网开关的常闭接点；不宜采用重动接点	不符合要求，每项扣5分
2.3.10	二次回路	40		

表（续）

序号	评价项目	标准分	评价内容与要求	评分标准
2.3.10.1	接口部分	10	查看图纸。要求：应设计有与发电机—变压器组同期装置、AVC 装置、PMU 装置、故障录波器、发电机—变压器组保护及计算机监控系统等联系用的接口；应设计有便于用户进行励磁系统参数测试和电力系统稳定器频率特性试验的接口；报警信号设计合理	不符合要求，每项扣 5 分
2.3.10.2	电压和电流回路	20	查看图纸和现场检查。要求：励磁专用电压互感器和电流互感器的准确度等级均不得低于 0.5 级；二次绕组数量应保证双套励磁调节器的采样回路各自独立；二次回路接地满足要求；电压回路应采用单相空气开关	不符合要求，每项扣 5 分
2.3.10.3	电源部分	10	查看图纸和现场检查。要求：调节器电源应按双电源设计；电源应可靠；应合理进行电源切换试验	不符合要求，每项扣 5 分
2.3.11	运行状况	20	现场查看。要求：以恒电压方式运行；运行中无异常报警信号；采样准确（DCS、保护装置、表计指示等）；无死机、黑屏等现象	不符合要求，每项扣 10 分
2.3.12	试验报告	20	查看调节器交接试验和定期试验报告。要求：试验项目应齐全；试验数据应正确；应有录波曲线，并有必要的计算过程	不符合要求，每项扣 10 分
2.4	功率整流装置	140		
2.4.1	设计要求	30	查看设计计算书和试验报告。要求：并联运行的支路数一般应按不小于 $N+1$ 冗余的模式配置；每个支路应有快速熔断器保护，快速熔断器的动作特性应与被保护元件过流特性配合；应有每个支路的熔断器熔断报警，并联整流柜交、直流侧应有与其他柜及主电路隔断的措施	不符合要求，每项扣 10 分

表（续）

序号	评价项目	标准分	评价内容与要求	评分标准
2.4.2	冷却风机	10	查看设计图纸。要求：已配置备用风机；宜配置双路风机电源；应合理安排风机切换或风机电源切换试验	不符合要求，每项扣5分
2.4.3	通风通道	20	现场检查和记录。要求：明确更换滤网周期；保证散热畅通；通道内应设置测温点，并有报警功能	不符合要求，每项扣10分
2.4.4	均流系数	10	现场检查。要求：均流系数满足标准要求	不符合要求，不得分
2.4.5	红外成像	30	查看图库。要求：合理制定检查周期；应对易发热部件进行红外测试；整理图库时应按设备分类，注明负荷情况和最高温度值；应定期进行数据比对和分析；主要部件温度值不应超过推荐值	不符合要求，每项扣10分
2.4.6	封闭母线	10	查看检修记录。要求：应有检查记录；周围环境无造成母线故障的危险源；功率柜送出线除应封堵，防止进水	不符合要求，每项扣5分
2.5	灭磁装置和过电压保护	50		
2.5.1	灭磁方式	10	查看试验报告和厂家资料。要求：宜采用组合灭磁方式；应明确灭磁时序，否则应进行试验验证；灭磁开关参数满足各种工况下的灭磁要求	不符合要求，每项扣5分
2.5.2	灭磁断路器动作特性	10	查看试验报告。要求：动作电压满足标准要求；接触电阻满足要求；必要时应安排解体检查；应录取灭磁特性曲线，计算灭磁时间常数	（1）未测量接触电阻，扣5分；（2）未计算灭磁时间常数，扣5分
2.5.3	灭磁电阻特性	20	查看设计计算书和试验报告。要求：应进行灭磁电阻试验；非线性电阻应进行特性检测	不符合要求，每项扣5分
2.5.4	过电压保护	10	查看设计计算书和试验报告。要求：应进行过电压保护校验；应核对过电压保护回路	不符合要求，每项扣5分
2.6	碳刷和滑环	20		

表（续）

序号	评价项目	标准分	评价内容与要求	评分标准
2.6.1	碳刷特性	5	查看资料。要求：碳刷型号和参数满足机组运行要求；运行时定期检查分流情况	不符合要求，不得分
2.6.2	碳刷运行情况	10	现场检查。要求：无跳动、卡涩；接触良好，无打火现象；了解更换周期；无油污或碳粉堆积现象	不符合要求，每项扣5分
2.6.3	接地碳刷	5	查看运行情况。要求：接触良好；应配置两组接地碳刷	不符合要求，不得分

中国华能集团公司

CHINA HUANENG GROUP

中国华能集团公司水力发电厂技术监督标准汇编

Q/HN-1-0000.08.040—2015

技术标准篇

水力发电厂电测与热工计量监督标准

2015 - 05 - 01 发布

2015 - 05 - 01 实施

目　次

前　言

为加强中国华能集团公司水力发电厂技术监督管理，保证水力发电厂电测与热工设备安全稳定运行，量值传递准确、可靠，特制定本标准。本标准依据国家和行业有关标准、规程和规范，以及中国华能集团公司水力发电厂的管理要求、结合国内外发电的新技术、监督经验制定。

本标准是中国华能集团公司水力发电厂电测与热工计量监督工作的主要技术依据，是强制性的企业标准。

本标准自实施之日起，代替 Q/HB-J-08.L14—2009《水力发电厂电测与热工计量监督技术标准》。

本标准由中国华能集团公司安全监督与生产部提出。

本标准由中国华能集团公司安全监督与生产部归口并解释。

本标准起草单位：华能澜沧江水电股份有限公司。

本标准主要起草人：燕翔、吕凤群、舒晓滨、仝辉。

本标准审核单位：中国华能集团公司安全监督与生产部、中国华能集团公司基本建设部、华能澜沧江水电股份有限公司、西安热工研究院有限公司。

本标准主要审核人：赵贺、武春生、杜灿勋、晏新春、向泽江、张洪涛、蒋宝平、查荣瑞、吴明波、李青春、王靖程、曹浩军、周亚群。

本标准审定：中国华能集团公司技术工作管理委员会。

本标准批准人：寇伟。

水力发电厂电测与热工计量监督标准

1　范围

本标准规定了中国华能集团公司（以下简称"集团公司"）水力发电厂电测与热工计量监督相关的技术标准内容和监督管理要求。

本标准适用于集团公司水力发电厂电测与热工计量监督工作。

2　规范性引用文件

下列文件对于本文件的应用是必不可少的。凡是注日期的引用文件，仅所注日期的版本适用于本文件。凡是不注日期的引用文件，其最新版本（包括所有的修改单）适用于本文件。

中华人民共和国电力法

中华人民共和国计量法

中华人民共和国计量法实施细则

GB 1207　电磁式电压互感器

GB 1208　电流互感器

GB 50093　自动化仪表工程施工及验收规范

GB 50171　电气装置安装工程盘柜及二次回路接线施工及验收规范

GB/T 1226　一般压力表

GB/T 4703　电容式电压互感器

GB/T 7676.1～9　直接作用模拟指示电测量仪表及其附件

GB/T 8170　数值修约规则与极限数值的表示和判定

GB/T 11805　水轮发电机组自动化元件（装置）及其系统基本技术条件

GB/T 11826　转子式流速计

GB/T 13850　交流电量转换为模拟量或数字信号的电测量变送器

GB/T 13639　工业过程测量和控制系统用模拟输入数字式调节仪

GB/T 14048.21　低压开关设备和控制设备　第5-9部分　控制电器和开关元件　流量开关

GB/T 17215.322　交流电测量设备：静止式有功电能表

GB/T 17215.323　交流电测量设备：静止式无功电能表

GB/T 22065　压力式 SF_6 气体密度继电器

GB/T 22264.1～9　安装式数字显示电测量仪表

GB/T 27505　压力控制器

GB/T 30121　工业铂热电阻及敏感元件

GB/T 50063　电力装置的电测量仪表装置设计规范

DL/T 410　电工测量变送器运行管理规程

DL/T 448　电能计量装置技术管理规程

DL/T 556   水轮发电机组振动监测装置设置导则

DL/T 566   电压失压计时器技术条件

DL/T 614   多功能电能表

DL/T 619   水力发电厂自动化元件（装置）及其系统运行维护与检修试验规程

DL/T 630   交流采样远动终端技术条件

DL/T 645   多功能电能表通信协议

DL/T 698   电能信息采集与管理系统

DL/T 825   电能计量装置安装接线规则

DL/T 862   水力发电厂非电量变送器、传感器运行管理与检验规程

DL/T 866   电流互感器和电压互感器选择及计算导则

DL/T 1056   发电厂热工仪表及控制系统技术监督导则

DL/T 1199   电测技术监督规程

DL/T 1197   水轮发电机组状态在线监测系统技术条件

DL/T 5004   火力发电厂自动化实验室设计规范

DL/T 5043   火力发电厂电气试验室设计标准

DL/T 5136   火力发电厂、变电所二次接线设计技术规程

DL/T 5137   电测量及电能计量装置设计技术规程

DL/T 5182   火力发电厂热工自动化就地设备安装、管路及电缆设计技术规定

DL/T 5190.5   电力建设施工技术规范   第 5 部分：热工自动化

DL/T 5202   电能量计量系统设计技术规程

DL/T 5413   水力发电厂测量装置配置规范

JJG（电力）01 电测量变送器检定规程

JJG 52   弹性元件式一般压力表、压力真空表和真空表

JJG 124   电流表、电压表、功率表及电阻表检定规程

JJG 134   磁电式速度传感器检定规程

JJG 226   双金属温度计检定规程

JJG 233   压电加速度计检定规程

JJG 229   工业铂、铜热电阻检定规程

JJG 307   机电式交流电能表检定规程

JJG 310   压力式温度计检定规程

JJG 313   测量用电流互感器检定规程

JJG 314   测量用电压互感器检定规程

JJG 315   直流数字电压表检定规程

JJG 440   工频单相相位表检定规程

JJG 544   压力控制器检定规程

JJG 596   电子式交流电能表检定规程

JJG 598   直流数字电流表检定规程

JJG 603   频率表检定规程

JJG 617   数字温度指示调节仪检定规程

JJG 644　振动位移传感器检定规程

JJG 724　直流数字式欧姆表

JJG 780　交流数字功率表检定规程

JJG 874　温度指示控制仪检定规程

JJG 875　数字式压力计检定规程

JJG 882　压力变送器检定规程

JJG 1021　电力互感器检定规程

JJG 1073　压力式六氟化硫气体密度控制器检定规程

JJF 1033　计量标准考核规范

JJF 1183　温度变送器校准规范

JJF 1171　温度巡回检测仪校准规范

SD 109　电能计量装置检验规程

SD 110　电测量指示仪表检定规程

SDJ 279　电力建设施工及验收技术规范（热工仪表及控制装置篇）

JB/T 2274　流量显示仪表

JB/T 6170　压力传感器

JB/T 6302　变压器用油面温控器

JB/T 6802　压力控制器

JB/T 6822　压电式加速度传感器

JB/T 8450　变压器用绕组温控器

JB/T 8622　工业铂热电阻技术条件及分度号

JB/T 8623　工业铜热电阻技术条件及分度号

JB/T 8803　双金属温度计

JB/T 9242　容积式流量计通用技术条件

JB/T 9246　涡轮流量传感器

JB/T 9248　电磁流量计

JB/T 9249　涡街流量传感器

JB/T 9256　电感位移传感器

JB/T 9267.2　温度变送器

JB/T 9517　磁电式速度传感器

JB/T 10500　电机用埋置式热电阻

JB/T 10546　流量测量仪表基本参数

JB/T 10549　SF_6气体密度继电器和密度表通用技术条件

JB/T 10726　扩散硅式压力变送器

CJ/T 122　超声波多普勒流量计

Q/HN-1-0000.08.002—2013　中国华能集团公司电力检修标准化管理实施导则（试行）

Q/HN-1-0000.08.049—2015　中国华能集团公司电力技术监督管理办法

Q/HB-G-08.L01—2009　华能电厂安全生产监督体系要求

Q/HB-G-08.L03—2009　华能电厂生产监督体系评价办法（试行）

华能安〔2011〕271 号　　中国华能集团公司电力技术监督专责人员上岗资格管理办法（试行）

3　总则

3.1　电测与热工计量监督工作应贯彻执行《中华人民共和国电力法》《中华人民共和国计量法》《中华人民共和国计量法实施细则》及国家和行业颁发的有关规程、规定，必须坚持"安全第一、预防为主"的方针，实行全过程监督。

3.2　电测与热工计量监督的目的是为保证电测与热工计量量值传递准确、可靠和设备安全稳定运行，对仪器仪表和计量装置及其一、二次回路要积极开展从设计审查、设备选型、安装调试、运行维护、周期检验等全方位、全过程的技术监督。

3.3　本标准规定了水力发电厂在设计审查、设备选型、安装验收、运行维护、周期检验、电测与热工计量标准考核等阶段的监督，以及电测与热工计量监督管理要求、评价与考核标准，它是水力发电厂电测与热工计量监督工作的基础，也是建立电测与热工计量技术监督体系的依据。

3.4　各电厂应按照集团公司《华能电厂安全生产管理体系要求》《电力技术监督管理办法》中有关技术监督管理和本标准的要求，结合本厂的实际情况，制定电厂电测与热工计量监督管理标准；依据国家和行业有关标准和规范，编制、执行运行规程、检修规程和检修维护作业指导书等相关/支持性文件；以科学、规范的监督管理，保证电测与热工计量监督工作目标的实现和持续改进。

3.5　从事电测与热工计量监督的人员，应熟悉和掌握本标准及相关标准和规程中的规定。

4　监督技术标准

4.1　设计审查阶段监督

4.1.1　电能计量装置

4.1.1.1　电能计量装置的设计与配置应符合 DL/T 448、DL/T 5137、DL/T 5202 的要求，并参照 Q/GDW 347《电能计量装置通用设计》；电压互感器、电流互感器的设计与配置应符合 DL/T 866 的要求；电能计量二次回路的设计与配置应符合 DL/T 825 的要求。

4.1.1.2　各类电能计量装置应配置的电能表、互感器准确度等级不应低于表 1 的要求。

表 1　电能计量装置准确度等级

电能计量装置 类别	准确度等级			
	有功电能表	无功电能表	电压互感器	电流互感器
I	0.2S	2.0	0.2	0.2S
II	0.5S	2.0	0.2	0.2S
III	0.5S	2.0	0.5	0.5S
IV	0.5S	2.0	0.5	0.5S

4.1.1.3　为确保电能计量的可靠性，计量单机容量在 100MW 及以上发电机组上网贸易结算

电量的电能计量装置应配置准确度等级相同的主副电能表。

4.1.1.4 安装式多功能电能表应满足 DL/T 614 的要求。电能表应具备与所耗电能成正比的 LED 脉冲和电量脉冲输出功能，红外接口和标准通信规约的 RS485 接口。

4.1.1.5 新建或扩建项目应配备静止式多功能电能表。

4.1.1.6 关口电能计量装置应装设电压失压计时器，若电子式多功能电能表具有自检功能，并提供相应的报警信号输出（如发生任意相 TV 失压、TA 断线、电源失常、自检故障等），电能表的电压失压计时功能满足 DL/T 566 的技术要求，可不再配置电压失压计时器，关口电能表失压报警信号应引至监控系统。

4.1.1.7 贸易结算用关口电能计量装置应按计量点配置计量专用电压、电流互感器或者二次绕组，电能计量专用电压、电流互感器或专用二次绕组及其二次回路不得接入与电能计量无关的设备。

4.1.1.8 采用 3/2 断路器接线两台电流互感器二次并联时，为了减小"和电流"的误差，保证电能计量准确可靠，并联运行的两台电流互感器应在电能计量屏接线端子排处并联，同时两台电流互感器应准确度等级相同、额定电流比相同，一次侧接入相同相。

4.1.1.9 一次系统采用双母线接线方式时，采用母线电压互感器时，二次电压回路应配置专用二次电压切换装置。

4.1.1.10 接入中性点电测系统的电能计量装置，应采用三相三线接线方式；接入非中性点电测系统的电能计量装置，应采用三相四线接线方式。

4.1.1.11 接入中性点电测系统的 3 台电压互感器，35kV 及以上的宜采用 Yyn 方式接线，35kV 以下的宜采用 Vv 方式接线；2 台电流互感器的二次绕组与电能表之间应采用四线分相接法。接入非中性点电测系统的 3 台电压互感器应采用 YNyn 方式接线，3 台电流互感器的二次绕组与电能表之间应采用六线分相接法。

4.1.1.12 二次回路的连接导线应采用铜质导线，二次电流回路导线截面积应不小于 $4mm^2$，二次电压回路导线截面积应不小于 $2.5mm^2$。

4.1.2 电气测量设备

4.1.2.1 电气测量设备的设计与配置应符合 GB/T 50063、DL/T 5137、DL/T 5413 的要求，其中交流采样测量装置的设计与配置还应符合 DL/T 630，电测量变送器的设计与配置还应符合 GB/T 13850 的要求，电气测量二次回路应符合 DL/T 5136 的要求，电压互感器、电流互感器的设计与配置应符合 DL/T 866 的要求。

4.1.2.2 电气测量设备的准确度要求不应低于表 2 的规定。

表 2　电气测量设备的准确度最低要求

电气测量设备类型名称	准确度级
交流采样装置	误差不大于 0.5%，其中电网频率测量误差不大于 0.01Hz
重要设备电测量变送器	0.2
其他设备电测量变送器	0.5

266

表2（续）

电气测量设备类型名称		准确度 级
常用电气测量仪表、 综合装置中的 电气测量部分	指针式交流仪表	1.5
	指针式直流仪表	1.0（经变送器二次测量）
	指针式直流仪表	1.5
	数字式仪表	0.5
	记录型仪表	应满足测量对象的准确度要求

4.1.2.3 用于电气测量设备的电流、电压互感器及附件、配件的准确度不应低于表3的规定。

表3 电气测量设备用电流、电压互感器及附件、配件的准确度最低要求

仪表准确度等级	准确度最低要求级			
	电流、电压互感器	变送器	分流器	中间互感器
0.5	0.5	0.5	0.5	0.2
1.0	0.5	0.5	0.5	0.2
1.5	1.0	0.5	0.5	0.2
2.5	1.0	0.5	0.5	0.5
注：0.5级指数字式仪表的准确度等级				

4.1.2.4 指针式电气测量仪表的测量范围，宜使用电力设备额定值指示在仪表标度尺的2/3左右。对于有可能过负荷运行的电力设备和回路，测量仪表宜选用具有过负荷能力的仪表。

4.1.2.5 励磁回路电气仪表的上限值不得低于额定工况的 1.3 倍，仪表的综合误差不得超过1.5%。

4.1.2.6 频率测量范围应为（45～55）Hz，准确度不应低于 0.2 级。

4.1.2.7 电测量变送器：

a）变送器的输入参数应与电流互感器和电压互感器的参数相符合，输出参数应能满足电测量仪表、计算机和远动遥测的要求。

b）电测量变送器的模拟量输出可以是电流输出或电压输出，或者是数字信号输出。变送器的电流输出宜选用 4mA～20mA。

c）变送器的工作电源宜由交流不停电电源或直流电源供给。

d）变送器模拟量输出回路所接入的负荷不应超过变送器输出的二次负荷允许值。

e）变送器的校准值应与二次仪表的满刻度或计算机监控系统采集通道的工程值相匹配。

4.1.2.8 测量用电流、电压互感器

a）电流互感器额定一次电流宜按正常运行的实际负荷电流达到额定值 2/3 左右，至少不小于 30%（对 S 级为 20%）。也可选用较小变比或二次绕组带抽头的电流互感器。

电流互感器额定二次负荷的功率因数应为 0.8～1.0。电流互感器二次绕组中所接入的负荷应保证实际二次负荷在 25%～100%额定二次负荷范围内。1%～120%额定电流回路，宜选用特殊用途（S 级）的电流互感器。电流互感器的额定二次电流可选用 5A 或 1A。110kV 及以上电压等级宜选用 1A 的电流互感器。

b) 电压互感器二次绕组中所接入的负荷，应保证实际二次负荷在 25%～100%额定二次负荷范围内，额定二次负荷功率因数应与实际二次负荷的功率因数相接近。

4.1.3 热工测量设备

4.1.3.1 热工测量设备的设计与配置应符合 DL/T 5190.5、DL/T 5413 的要求，其中水轮发电机组自动化元件（装置）及其系统还应满足 GB/T 11805 的要求。热工测量二次回路应符合 DL/T 862 的要求。热工测量设备准确度要求不应低于表 4、表 5 的规定。

表 4　热工测量仪表（装置）的准确度最低要求

热工测量设备类型名称	准确度级
机械式指示仪表	1.5
数字式指示仪表	0.5
流量测量仪表及传感器	0.5
液位测量仪表及传感器	0.5
压力式温度控制器	1.5（接点动作误差 1.5）
SF$_6$密度继电器（表）	±0.03MPa（接点动作误差±0.03MPa）
压力变送器、传感器	0.25
温度变送器、传感器	0.5
测温热电阻（Pt100）	B
转速测量传感器	0.5
振动、摆动监测装置及传感器	1
其他非电量变送器、传感器	0.5

表 5　热工测量开关的准确度最低要求

热工测量设备类型名称	动作误差 %
机械式流量开关	10
电气式流量开关	1.5
液位开关	±5mm
压力（差压）开关	1.5
机械过速开关	3
电气转速装置	1

4.1.3.2 测温热电阻（RTD）分度号宜选用 Pt100，热电阻应有良好的线性及抗振防潮性能，应采用三线制引出。

4.1.3.3 用于轴瓦测温的热电阻应采用一体式结构，具有双测量元件，其尾端采用防护装置，引出线采用具有良好耐腐蚀、耐高温、抗冲击的屏蔽电缆。

4.1.3.4 用于定子的测温热电阻引出线，在使用温度≤150℃时，应能正常工作，绝缘应满足要求。用于其他位置的测温热电阻引出线，在使用温度≤100℃时，应能正常工作，并具有防油防水性能。不应采用运行中易松动的接线方式。

4.1.3.5 数字式指示控制仪，准确度不低于 0.5 级，应至少具有两对报警触点，报警触点应可以在 5%～100%量程内任意整定，并能抗御电磁场干扰。在断阻、断线、断电情况发生时，报警触点不应误动，同时应有一对故障触点输出。通电时，报警触点也不应误动。

4.1.3.6 所选用的非电量变送器、传感器的量程应合适，一般以被测量的 1.5 倍考虑。当有正负压测量要求时应选用测量范围符合要求或具有负迁移性能的元件。非电量变送器、传感器的模拟量输出可以是电流输出或电压输出，宜选用 4mA～20mA 信号。

4.1.3.7 GIS 设备的 SF_6 气体密度监测应采用 SF_6 气体密度继电器和密度表，或者采用带压力指示的 SF_6 气体密度继电器进行监视，应符合 GB/T 22065、JB/T 10549。SF_6 气体密度继电器和密度表与 GIS 气室连接管路应有校验接口或逆止阀。

4.1.3.8 无特殊要求的热工测量设备的量程应选择在其满量程 1/2～1/3 处。

4.1.3.9 对于压力突变较大的压力测量点应采用抗冲击压力类仪表。

4.1.3.10 水轮发电机组振动测量装置设计用符合 DL/T 566 的要求。

4.1.3.11 热工测量设备取源部件与敏感元件安装应符合 DL/T 5182、DLT 5190.4 的要求。具体要求如下：

a) 取源部件及敏感元件应设置在能真实反映被测介质参数，便于维护检修且不易受机械损伤的设备或管道上。

b) 按介质流向，相邻两测点之间的距离应大于被测管道外径，且不得小于 200mm；当压力取源部件和测温元件在同一管段上邻近装设时，压力在前，温度在后。

c) 高压及中压的压力、流量取源部件，应加装焊接取源短管，取源短管的外露长度应超过保温层。

d) 取源阀门应靠近测点，便于操作，固定牢固，不应影响主设备运行。取源阀门的型号、规格，应符合设计要求。

e) 取源阀门应在系统压力试验前安装，并参加主设备的严密性试验。

4.2 设备选型监督

4.2.1 电能计量装置

4.2.1.1 电能表技术指标应满足 GB/T 17215.322、GB/T 17215.323、DL/T 614、DL/T 645 等标准的要求。

4.2.1.2 电压互感器应满足 GB 1207、GB/T 4703 等规程的要求。

4.2.1.3 电流互感器选型应满足 GB 1208 标准要求。

4.2.2 电气测量设备

4.2.2.1 安装式数字显示仪表应符合 GB/T 22264.1～GB/T 22264.9 的要求。

4.2.2.2 安装式指示仪表应符合 GB/T 7676.1～GB/T 7676.9 的要求。

4.2.2.3　电测量变送器应符合 GB /T 13850 的要求。

4.2.2.4　交流采样装置应符合 DL/T 630 的要求。

4.2.3　热工测量设备

4.2.3.1　一般压力表应符合 GB/T 1226 的要求。

4.2.3.2　压力变送器、压力传感器应符合 JB/T 10726、JB/T 6170 的要求。

4.2.3.3　压力控制器、压力开关应符合 GB/T 27505、JB/T 6802 的要求。

4.2.3.4　测温热电阻应符合 GB/T 30121、JB/T 8622、JB/T 8623 的要求，用于发电机，电动机定子、转子测温的热电阻还应符合 JB/T 10500 的要求。

4.2.3.5　数显温度表、温度巡检仪、数字式二次仪表应符合 GB/T 13639 的要求。

4.2.3.6　温度变送器应符合 JB/T 9267.2 的要求。

4.2.3.7　双金属温度计应符合 JB/T 8803 的要求。

4.2.3.8　变压器用绕组温度计应符合 JB/T 8450 的要求，变压器用油面温度计应符合 JB/T 6302 的要求。

4.2.3.9　流量计根据不同原理，应分别符合 GB/T 11826、CJ/T 122、JB/T 9248、JB/T 9249、JB/T 9246、JB/T 9242 的要求，流量仪表应符合 JB/T 2274、JB/T 9249 的要求，流量开关应符合 GB/T 14048.21 的要求。

4.2.3.10　SF_6 气体密度继电器及压力表应符合 GB/T 22065、JB/T 10549 的要求。

4.2.3.11　位移传感器应符合 JB/T 9256 的要求，速度传感器应符合 JB/T 9517 的要求，加速度传感器应符合 JB/T 6822 的要求。

4.2.3.12　水轮发电机组状态检测系统应符合 DL/T 1197 的要求。

4.2.3.13　其他自动化元件应符合 GB/T 11805 的要求。

4.3　安装验收监督

a)　电能计量装置的安装验收应符合 DL/T 448、DL/T 825 的要求；电气测量设备的安装验收应符合 GB/T 13850、DL/T 5413 的要求；热工测量设备的安装验收应符合 GB 50093、GB/T 11805、DL/T 5190.5、DL/T 5182、DL/T 5413、SDJ 279 的要求；二次回路的安装验收应符合 GB 50171、DL/T 5136 的要求。

b)　到货的电测与热工设备应验收其装箱单、出厂检验报告（合格证）、使用说明书、铭牌、外观结构、安装尺寸、辅助部件、功能和技术指标测试等，其应符合订货合同的要求。

c)　新安装的电测与热工设备必须经有关检验机构检验合格，并在其明显位置粘贴检验合格证（内容应包括编号、有效期、检定员姓名）。

d)　贸易结算用关口电能表、计量用电流、电压互感器在投运前必须经法定或授权的计量检定机构进行首次检定合格。

e)　新购置标准、检定装置应经法定计量检定机构进行首次检定并提供检定报告。

f)　所有运行计量设备投运前应进行全面验收。验收项目及内容包括技术资料、现场核查、验收试验、验收结果的处理。

　　1)　技术资料应包括（但不限于）：运行计量设备测量方式原理接线图，一、二次接线图，施工设计图和施工变更资料；运行计量设备安装使用说明书、出厂检验报告、法定计量检定机构的检定证书、检定报告；二次回路导线或电缆的型号、规格及长度。

2） 现场核查应包括（但不限于）：运行计量设备型号、规格、计量法制标志、出厂编号应与计量检定证书和技术资料的内容相符；产品外观质量应无明显瑕疵和受损；安装工艺质量应符合相关标准要求；二次回路接线情况应和竣工图一致。对于现场核查应做现场核查验收记录。

3） 验收试验应包括（但不限于）：接线正确性检查；二次回路中间触点、熔断器、试验接线盒的接触情况检查；运行计量设备的控制和保护回路传动试验；对于电能计量装置应进行现场运行条件下的检验：电压互感器二次实际负荷、二次回路压降测试，以及电流互感器二次实际负荷测试。验收试验应提交验收报告。

4） 验收结果的处理应包括（但不限于）：验收不合格的运行计量设备禁止投入使用；验收报告及验收资料应归档；经验收的电能计量装置应由验收人员及时实施封印，实施铅封后应由运行人员或用户对铅封的完好性签字认可。

4.4 运行维护监督

4.4.1 电能计量装置

4.4.1.1 电能计量装置的运行维护应符合 DL/T 448、SD 109 的要求。

4.4.1.2 I 类电能表至少每 3 个月现场检验一次；II 类电能表至少每 6 个月现场检验一次；III 类电能表至少每年现场检验一次。电能表现场校验时，当负荷电流低于被检电能表标定电流的 10%（对于 S 级的电能表为 5%）或功率因数低于 0.5 时，不宜进行误差测试。

4.4.1.3 关口计量用电压互感器二次回路压降及互感器二次实际负荷应至少每两年检验一次，二次回路电压降应不大于其额定二次电压的 0.2%。

4.4.1.4 应每周对电能计量装置的厂站端设备进行巡检，并做好相应的记录。

4.4.1.5 当发现电能计量装置故障时，应及时通知专业人员进行处理。对造成的电量差错，应认真调查、认定，并根据有关规定进行差错电量的计算。贸易结算用电能计量装置故障，应及时通知贸易结算用电能计量装置管理机构进行处理。

4.4.1.6 对造成电能计量差错超过 10 万 kWh 及以上者，应及时上报上级管理部门。

4.4.1.7 对安装了主副电能表的电能计量装置，主副电能表应有明确标志，运行中主副电能表不得随意调换，对主副表的现场检验和周期检定要求相同。两块电能表记录的电量应同时抄录。当主副电能表所计电量之差与主表所计电量的相对误差小于电能表准确度等级值的 1.5 倍时，以主电能表所计电量作为贸易结算的电量；否则应对主副电能表进行现场检验，只要主电能表不超差，仍以其所计电量为准；主电能表超差而副表不超差时才以副电能表所计电量为准；两者都超差时，以主电能表的误差计算退补电量，并及时更换超差表计。

4.4.2 电气测量设备

4.4.2.1 电气测量设备的运行维护应符合 DL/T 410 的要求，并参照 Q/GDW 140《交流采样测量装置运行检验管理规程》。

4.4.2.2 运行中的电气测量设备如怀疑存在超差或异常时，可采用在线校验的方法，在实际工作状态下检验其误差。如确认超差或故障，应及时处理。

4.4.2.3 电气测量设备应定期巡视、检查，每月至少一次，并应有记录。

4.4.2.4 对电气测量变送器，在显示终端（显示仪表、计算机监控终端）查看显示值，发现示值有偏差或品质坏，应及时通知专业人员进行处理。对于不能停运的仪表应该用不低于 0.5

级的标准表接入测量回路进行核对。在判断运行中的变送器是否超差或异常时，还应考虑二次回路、辅助电源以及变送器输出负荷变化等外部因素。在确认变送器超差或故障后，应及时申请退出运行和检验。

4.4.2.5 电气测量设备应粘贴反映检定、校准状态的状态标识。经检定合格粘贴"检定合格证"，经检定不合格或出现损坏、故障的粘贴"停用证"。

4.4.3 热工测量设备

4.4.3.1 热工测量设备的运行维护应符合 DL/T 619、DL/T 862 的要求。

4.4.3.2 运行中的热工测量设备如怀疑存在超差或异常时，可采用在线校验的方法，在实际工作状态下检验其误差。如确认超差或故障，应及时处理。

4.4.3.3 热工测量设备应定期巡视、检查，每月至少一次，并应有记录。

4.4.3.4 热工测量设备故障或异常后，应及时退出运行并进行检查校验。

4.4.3.5 热工测量设备应粘贴反映检定、校准状态的状态标识。经检定合格粘贴"检定合格证"，经检定不合格或出现损坏、故障的粘贴"停用证"。

4.4.3.6 运行人员和专业人员定期对现场指示的热工测量仪表进行巡检，发现示值有偏差或损坏，应及时通知专业人员进行处理。

4.5 周期检验监督

a) 水力发电厂电测、热工计量标准装置以及用于贸易结算的关口电能表、关口计量用电压、电流互感器等工作计量器具、压力表、温度计等属于强制检定的范围，应由法定或授权的计量检定机构执行强制检定，检定周期应按照计量检定规程确定。

b) 凡检定不合格或超过检定周期尚未检定的电测、热工计量标准装置必须停用。

c) 电能表周期检定：

　　1）电子式电能表检定应依据 JJG 596 进行，0.2S 级、0.5S 有功电能表其检定周期一般不超过 6 年，1 级、2 级有功电能表和 2 级、3 级无功电能表，其检定周期一般不超过 8 年。机电式电能表应依据 JJG 307 进行检定。

　　2）电子式电能表周期检定项目按照表 6 开展。

表 6　电子式电能表检定项目一览表

检定项目	首次检定	后续检定
外观检查	+	+
交流电压试验	+	−
潜动试验	+	+
启动试验	+	+
基本误差	+	+
仪表常数试验	+	+
时钟日计时误差	+	+
注 1：适用于表内具有计时功能的电能表。		
注 2：符号"+"表示需要检定，符号"−"表示不需要检定		

d) 电力互感器周期检验：

1) 安装在 6kV 及以上电力系统的电流、电压互感器应依据 JJG 313、JJG 314、JJG 1021 进行周期检定。电磁式电压、电流互感器的检定周期不超过 10 年，电容式电压互感器的检定周期不超过 4 年。

2) 电力互感器周期检定项目按照表 7 开展。

表 7　电力互感器检定项目一览表

检定项目	首次检定	后续检定	使用中检定
外观及标志检查	+	+	+
电测试验	+	+	−
绕组极性检查	+	−	−
基本误差测量	+	+	+
稳定性试验	−	+	+
运行变差试验	+	−	−
磁饱和裕度试验	+	−	−

注 1：电测试验可以采用未超过有效期的交接试验或预防性试验报告的数据。
注 2：符号"+"表示需要检定，符号"−"表示不需要检定

e) 电测量变送器周期检定：

1) 电测量变送器应依据 JJG（电力）01 进行周期检定，主要测点使用的变送器（6kV 以上系统）应每年检定一次；非主要测点使用的变送器的检定周期最长不得超过 3 年。

2) 电测量变送器检定项目按照表 8 开展。

表 8　电测量变送器检定项目一览表

检定项目	首次检定	后续检定	使用中检定
电测电阻测定	+	+	+
外观及标志检查	+	+	+
基本误差测定	+	+	+
输出纹波含量的测定	+	+	+
工频耐压试验	*	*	*
响应时间的测定	*	*	*
改变量的测定	*	*	*

注：符号"+"表示需要检定，符号"*"表示检定选做项目

f) 交流采样测量装置周期检定：

1) 交流采样测量装置可依据 Q/GDW 140《交流采样测量装置运行检验管规程》进行周期检验，需向主站传送检测数据的交流采样测量装置的检验周期原则上为

一年，用于一般监视测量，且不向主站传送数据的交流采样测量装置的检验周期原则上为三年。对使用中的交流采样测量装置，定期检验应与所连接主设备的计划性检修同步进行。

2）交流采样测量装置周期检定项目按照表9开展。

表9 交流采样测量装置检定项目一览表

检定项目	首次检定	后续检定	使用中检定
外观及标志检查	+	+	+
电测电阻测定	+	+	+
基本误差检验	+	+	+
输入量频率变化引起的改变量试验	+	–	–
不平衡电流对三相有功和无功功率引起的改变量试验	+	–	–
注：符号"+"表示需要检定，符号"–"表示检定选做项目			

g）交、直流指示或数字式仪表的周期检定：

1）控制盘和配电盘仪表的定期检验应与该仪表所连接的主要设备的大修日期一致，不应延误。但主要设备主要线路的仪表应每年检验一次，其他盘的仪表每4年至少检验1次。对运行中设备的控制盘仪表的指示发生疑问时，可用标准仪表在其工作点上用比较法进行核对。

2）安装式指示仪表应依据 SD 110、JJG 124 进行周期检定。

3）安装式数字仪表应依据 DL/T 980、JJG 315、JJG 598、JJG 724、JJG 780 进行周期检定。

4）指针式频率表、数字式频率表应依据 JJG 603 进行周期检定。

5）频率为50Hz的单相模拟指针式相位表（包括相角表和功率因数表）应依据 JJG 440 进行周期检定。

h）热工测量设备周期检定：

1）热工测量设备检定周期见表10。

表10 热工测量设备检定周期

设备类型名称	检验周期 年
二等标准铂电阻、二等标准水银温度计	2
其他热工标准装置及配套设备	1
压力变送器、压力传感器	1
压力控制器、压力开关	1
机组油、气、水系统压力表	随机组检修
公用系统、消防系统压力表	2

表 10（续）

设备类型名称	检验周期 年
压力容器现地测量仪表	1
机组轴承测温热电阻	随机组大修检定，每次检修检查阻值及绝缘
机组定子测温热电阻	每次检修检查阻值及绝缘
其他测温热电阻	随机组大修检定，每次检修检查阻值及绝缘
变压器油温计、绕组温度计	1（热模拟试验 2）
数字温度计、温度巡检仪	1
振动、摆度传感器	随机组检修
流量计、流量开关	随机组检修检查性试验
液位计	随机组检修检查性试验

2) 指针压力表、电接点压力表。依据 JJG 52 进行检验。

3) 数显示压力表。依据 JJG 875 进行检验。

4) 压力控制器、压力开关。依据 JJG 544 进行检验。

5) 压力变送器、压力传感器。依据 JJG 882 进行检验。

6) SF_6 气体密度继电器和密度表。与 GIS 气室连接管路有校验接口的 SF_6 气体密度继电器和密度表，在 GIS 设备检修时，应通过校验接口连接校验设备进行检验。SF_6 气体密度继电器依据 JJG 1073 检验，SF_6 气体密度表依据 JJG 52 检验。与 GIS 气室连接管路无校验接口的 SF_6 气体密度继电器和密度表，应检查其指示和接点动作正确性。

7) 压力式温度计。油浸变压器变压器绕组温控器依据 JB/T 8450 变压器用绕组温控器检验，油浸变压器油面温控器 JB/T 6302 变压器用油面温控器检验。其他压力式温度计依据 JJG 310 检验。

8) 数字温度表、温度巡回检测仪。采用热敏电阻或其他半导体类测温传感器的数字温度表依据 JJG 874 进行检验，采用热电阻或热电偶温度传感器的数字温度表依据 JJG 617 检验，采用热电阻、热电偶、半导体电阻温度传感器的温度巡回检测仪依据 JJF 1171 进行检验。

9) 温度变送器。依据 JJF 1183 检验。

10) 振动、摆度传感器。电涡流位移传感器依据 DL/T 862、JJG 614 检验；用于振动测量的位移传感器依据 JJG 644 检验；速度传感器依据 JJG 134 检验；加速度传感器依据 JJG 233 检验。

11) 测温热电阻。测温热电阻依据 JJG 229 检验。

12) 流量计、流量开关。现场不具备检定条件的流量计检修时进行零点标定（被测管路充满介质）、量程标定（额定流量时）、设定值检查、输出信号核对。

13) 液位计。液位计的检验依据 DL/T 619 执行。

14）双金属温度计。双金属温度计的检验依据 JJG 226 进行。

15）检定结果应依据 GB 8170 进行修约处理，判定基本误差是否合格，应以修约后的结果为准。原始记录及检定报告应至少保存两个检定周期。

4.6 计量标准实验室监督

4.6.1 基本要求

4.6.1.1 电测计量标准实验室应符合 DL/T 5043 的要求，热工计量标准实验室应符合 DL/T 5004 的要求。

4.6.1.2 电测、热工计量标准实验室（简称实验室），是指用以进行电测、热工计量器具的检定、检修等工作场所。

4.6.2 环境条件

4.6.2.1 实验室的环境温度、相对湿度必须符合国家、行业相关规程、规范的要求，为达到环境条件要求，须配备监视和控制环境的设备。

4.6.2.2 实验室宜设置在生产办公楼或其他远离振动、烟尘和强电磁干扰的场所，并应设立与外界隔离的保温防尘缓冲间。

4.6.2.3 实验室应有防尘、防火措施，保护接地网应符合要求。室内应光线充足、噪声低、无外电磁场和振动源、布局整齐并保持清洁。

4.6.2.4 实验室互不相容的项目不应在一起工作，必须采取有效措施使之有效隔离。

4.6.2.5 实验室动力电源与照明电源应分路设置,动力电源容量按实际所需容量的 3 倍设计。

4.6.2.6 实验室应配备专用工作服及鞋帽。

4.6.2.7 恒温源间（设置恒温油槽、恒温水槽的房间）应设排烟、降温装置，并应有洗手池和地漏。对恒温源间应设置灭火装置，还应有防止火灾蔓延的措施。

4.6.3 计量检定/校准人员

4.6.3.1 从事检定/校准的人员应掌握必要的电工学、电子技术和计量基础知识；熟悉电测、热工计量器具的原理、结构；能熟练操作计算机进行检定/校准工作。

4.6.3.2 凡从事电测、热工计量检定工作的人员必须取得相应专业的《计量检定员证》后，方可开展检定工作。《计量检定员证》有效期届满，需要继续从事计量检定活动的，应在有效期届满 3 个月前，向原发证部门提出复核换证申请。

4.6.3.3 计量检定人员应保持相对稳定。

4.6.4 电测、热工计量标准装置

4.6.4.1 水力发电厂应结合本厂电测、热工设备实际的配置情况参照附录 A 建立实验室电测、热工计量标准装置（以下简称"标准装置"）。标准装置应能满足各类电测、热工仪表检验工作的需要。

4.6.4.2 标准装置应选用技术先进、性能可靠、功能齐全、操作简便、自动化程度高的产品，装置应具备与管理计算机联网进行检定和数据管理的功能。检定数据应能自动存储且不能被人为修改，数据导出及备份方式应灵活方便。

4.6.4.3 标准装置的功能及技术指标应满足相关检定规程、校准规范对标准设备的技术要求。

4.7 电测、热工计量标准考核监督

    a) 水力发电厂建立的电测、热工计量标准装置必须经过计量标准考核合格后，方可开展量值传递工作。新建电测、热工计量标准的考核、已建计量标准的复查考核以及

计量标准考核的后续监督应按照 JJF 1033 的规定办理。

b) 申请新建计量标准考核前应按要求进行准备，并重点完成以下工作。

    1) 计量标准器及主要配套设备应进行有效溯源，并取得有效检定或校准证书。

    2) 计量标准装置应经过半年以上的试运行，对计量标准进行重复性试验及稳定性考核，并记录试验数据。新建计量标准的稳定性考核应每隔一段时间（大于一个月）进行 1 次，总共不少于 4 次。

    3) 每项拟开展的检定或校准项目应配备至少 2 名持有本项目《计量检定员证》的人员。

    4) 应完成《计量标准考核（复查）申请书》《计量标准技术报告》的填写。

c) 《计量标准技术报告》中的"检定或校准结果的测量不确定度评定"应依据 JJF 1059 规定的方法进行，测量结果的测量不确定度评定过程应详细，并给出各不确定度分量的汇总表。如果计量标准可以检定或校准多种参数，则应分别评定每种参数的测量不确定度。

d) 《计量标准技术报告》中的"检定或校准结果的验证"原则上应采用传递比较法，只有在不可能采用传递比较法的情况下，才允许采用比对法进行检定或校准结果的验证。

e) 已建计量标准应每年进行一次重复性试验和稳定性考核，如采用控制图的方法对检定或校准过程 进行连续和长期的统计控制，则可不必再进行重复性试验和稳定性考核。

f) 《计量标准考核证书》有效期届满前 6 个月，应向原主持考核部门申请计量标准复查考核，并提供相关资料。

g) 计量标准的更换、封存与撤销应按照 JJF 1033 规定执行。

h) 每项计量标准应建立一个文件集，在文件集目录中应注明各文件保存的地点和方式，文件集可以承载在各种载体上，可以是电子文档或者书面的形式，所有文件均应现行有效。应保证文件的完整性、真实性、正确性。文件集应包含的内容参见附录 B。

5 监督管理要求

5.1 监督基础管理工作

5.1.1 电厂应按照《华能电厂安全生产管理体系要求》中有关技术监督管理和本标准的要求，制定电测与热工计量监督管理标准，并根据国家法律、法规及国家、行业、集团公司标准、规范、规程、制度，结合电厂实际情况，编制电测与热工计量相关 / 支持性文件；建立健全技术资料档案，以科学、规范的监督管理，保证电测与热工设备安全可靠运行。

5.1.2 电测与热工计量监督相关/支持性文件：

a) 电测与热工计量监督标准；

b) 电测与热工计量设备运行规程；

c) 电测与热工计量设备检修规程；

d) 电测与热工计量设备检修维护作业指导文件；

e) 电测与热工计量运行维护管理制度；

f) 电测与热工计量设备巡回检查制度；

g) 设备定检与轮换制度；

h) 设备定值管理制度；

i) 设备缺陷管理制度；

j) 技术资料、图纸管理制度；

k) 试验仪器仪表管理制度；

l) 工具、材料、备品配件管理制度；

m) 事故、事件及不符合管理标准；

n) 技术监督评价与考核制度；

o) 计量标准、试验设备管理制度；

p) 计量设备台账管理制度；

q) 计量设备运行维护制度；

r) 技术资料、图纸管理制度；

s) 贸易结算用（关口）电能计量装置运行管理制度；

t) 实验室八项管理制度。

5.1.3 技术资料档案。

5.1.3.1 基建阶段技术资料：

a) 符合实际情况的电测与热工计量设备原理图、安装接线图等图纸资料；

b) 安装竣工图纸；

c) 制造厂的整套图纸、说明书、出厂试验报告；

d) 设备安装、验收记录、设计修改文件、缺陷处理报告、调试试验报告、投产验收报告。

5.1.3.2 设备清册及设备台账：

a) 电测与热工计量计量标准台账；

b) 关口电能计量装置台账；

c) 电测与热工计量仪器、仪表送检计划及电测仪表周检计划；

d) 电测及热工计量运行设备台账；

e) 电测及热工计量设备缺陷台账；

f) 电测及热工计量设备技改台账。

5.1.3.3 试验报告和记录：

a) 关口电能表检定报告；

b) 关口电能表现场检验报告；

c) 电压、电流互感器误差测试报告；

d) 电压互感器二次回路压降测试报告；

e) 电测、热工仪表检验报告（原始记录）。

5.1.3.4 检修维护报告和记录：

a) 设备检修、调整、定检、试验记录及报告台账；

b) 历年电测、热工仪表检验率、调前合格率统计资料；

c) 主要仪表缺陷记录和故障分析记录；

d) 仪器仪表定检记录。

5.1.3.5 缺陷闭环管理记录：月度缺陷分析。

5.1.3.6 事故管理报告和记录：

  a) 电测与热工计量专业反事故措施记录；

  b) 设备非计划停运、障碍、事故统计记录；

  c) 事故分析报告。

5.1.3.7 技术改造报告和记录：

  a) 技改可行性报告；

  b) 技改图纸、资料、说明书；

  c) 技改质量监督和验收报告；

  d) 技改后评估报告。

5.1.3.8 计量标准考核（复查）报告和记录：

  a) 标准装置检定报告；

  b) 标准装置检定报告；

  c) 计量标准考核证书；

  d) 计量标准技术报告；

  e) 计量标准履历书；

  f) 计量标准重复性试验、稳定性考核记录；

  g) 计量标准装置稳定性考核记录。

5.1.3.9 监督管理文件：

  a) 与电测与热工计量监督有关的国家法律、法规及国家、行业、集团公司标准、规范、规程、制度；

  b) 电厂电测与热工计量监督标准、规定、措施等；

  c) 电测与热工计量监督工作计划和总结；

  d) 电测与热工计量监督季报、年报、速报；

  e) 电测与热工计量监督预警通知单和验收单；

  f) 电测与热工计量监督会议纪要；

  g) 电测与热工计量监督工作自我评价报告和外部检查评价报告；

  h) 电测与热工计量监督人员技术档案、上岗考试成绩和证书；

  i) 与设备质量有关的重要工作来往文件。

5.2 日常管理内容和要求

5.2.1 健全监督网络与职责

5.2.1.1 电厂应建立健全由生产副厂长（总工程师）领导下的电测与热工计量技术监督三级管理网。第一级为厂级，包括生产副厂长（总工程师）领导下的电测与热工计量技术监督专责人；第二级为部门级，包括运维部门电测与热工计量负责人；第三级为班组级，包括各专工领导的班组人员。在生产副厂长（总工程师）领导下由电测与热工计量监督专责人统筹安排，协调运行、检修等部门，协调水轮机、电气、监控自动化各相关专业共同配合完成电测与热工计量监督工作。电测与热工计量监督三级网应严格执行岗位责任制。

5.2.1.2 按照集团公司《华能电厂安全生产管理体系要求》和《电力技术监督管理办法》编制电厂电测与热工计量管理标准，做到分工、职责明确，责任到人。

5.2.1.3 电厂电测与热工计量监督工作归口职能管理部门在电厂技术监督领导小组的领导下，负责电测与热工计量监督网络的组织建设工作，建立健全技术监督网络，并设电测与热工计量专责人，负责全厂电测与热工计量监督日常工作的开展和监督管理。

5.2.1.4 电厂电测与热工计量监督工作归口职能管理部门每年年初要根据人员变动情况及时对网络成员进行调整；按照人员培训和上岗资格管理办法的要求，定期对技术监督专责人和特殊技能岗位人员进行专业和技能培训，保证持证上岗。

5.2.2 确定监督标准符合性

5.2.2.1 电测与热工计量监督标准应符合国家、行业及上级主管单位的有关规定和要求。

5.2.2.2 每年年初，电测与热工计量监督专责人应根据新颁布的标准规范及设备异动情况，组织对电测与热工仪器仪表相关规程、制度的有效性、准确性进行评估，修订不符合项，经归口职能管理部门领导审核、生产主管领导审批后发布实施。国标、行标及上级监督规程、规定中涵盖的相关电测与热工计量监督工作均应在厂内规程及规定中详细列写齐全。在电测与热工设备规划、设计、建设、更改过程中的电测与热工计量监督要求等同采用每年发布的相关标准。

5.2.3 确定仪器仪表有效性

5.2.3.1 应建立电测与热工设备台账，根据检验、使用及更新情况进行补充完善。

5.2.3.2 根据检定周期，每年应制定电测与热工设备的送检计划、周检计划，根据送检计划、周检计划定期对电测与热工设备进行检验或送检，检验合格的继续使用，对检验不合格的则送修，对送修仍不合格的作报废处理。

5.2.4 监督档案管理

5.2.4.1 电厂应按照附录C规定的资料目录和格式要求，建立健全电测与热工技术监督档案、规程、制度和技术资料，确保技术监督原始档案和技术资料的完整性和连续性。

5.2.4.2 技术监督专责人应建立电测与热工档案资料目录清册，根据电测与热工计量监督组织机构的设置和受监设备的实际情况，明确档案资料的分级存放地点，并指定专人整理保管，及时更新。

5.2.5 制定监督工作计划

5.2.5.1 电测与热工计量技术监督专责人每年11月30日前应组织制定下年度技术监督工作计划，报送产业公司、区域公司，同时抄送西安热工院。

5.2.5.2 电厂技术监督年度计划的制定依据至少应包括以下几方面：

    a) 国家、行业、地方有关电力生产方面的政策、法规、标准、规范和反措要求；

    b) 集团公司，产业公司、区域公司，发电企业技术监督管理制度和年度技术监督动态管理要求；

    c) 集团公司，产业公司、区域公司，发电企业技术监督工作规划和年度生产目标；

    d) 电测与热工计量设备上年度特殊、异常运行工况，事故缺陷等；

    e) 电测与热工计量设备目前的运行状态；

    f) 技术监督动态检查、预警、月（季）报提出问题的整改；

    g) 收集的其他有关电测与热工仪器仪表设计选型、安装、运行、检验、技术改造等方面的动态信息。

5.2.5.3 电厂技术监督年度计划主要内容应包括以下方面：

a) 健全技术监督组织机构；

b) 监督标准、相关生产技术标准、规范和管理制度制定或修订；

c) 检修期间应开展的技术监督项目计划；

d) 仪器仪表检定计划；

e) 技术监督工作自我评价与外部检查迎检计划；

f) 技术监督发现问题的整改计划；

g) 人员培训计划（主要包括内部培训、外部培训取证，规程宣贯）；

h) 技术监督季报、总结编制、报送计划；

i) 技术监督定期工作会议等网络活动计划。

5.2.5.4 电厂应根据上级公司下发的年度技术监督工作计划，及时修订补充本单位年度技术监督工作计划，并发布实施。

5.2.5.5 电测与热工计量监督专责人每季度应对监督年度计划和监督工作开展情况进行检查评估，对不满足监督要求的问题，通过技术监督不符合项通知单下发到相关部门监督整改，并对相关部门进行考评。技术监督不符合项通知单编写格式见附录D。

5.2.6 监督报告管理

5.2.6.1 电测与热工计量监督季报的报送。电测与热工计量技术监督专责人应按照附录E的季报格式和要求，组织编写上季度电测与热工技术监督季报，经电厂归口职能管理部门汇总后，于每季度首月5日前，将全厂技术监督季报报送产业公司、区域公司和西安热工院。

5.2.6.2 电测与热工计量监督速报报送。电厂发生重大监督指标异常，受监控设备重大缺陷、故障和损坏事件，火灾事故等重大事件后24h内，电测与热工计量监督专责人应将事件概况、原因分析、采取措施按照附录F的格式，填写速报并报送产业公司、区域公司和西安热工院。

5.2.6.3 电测与热工计量监督年度工作总结报送：

5.2.6.3.1 电测与热工计量监督专责人应于每年1月5日前编制完成上年度技术监督工作总结，并报送产业公司、区域公司和西安热工院。

5.2.6.3.2 年度监督工作总结报告主要内容应包括以下几方面：

a) 主要监督工作完成情况、亮点和经验与教训；

b) 设备一般事故和异常统计分析；

c) 监督存在的主要问题和改进措施；

d) 下年度工作思路、计划、重点和改进措施。

5.2.7 监督例会管理

5.2.7.1 电厂每年至少召开两次电测与热工计量技术监督工作会，检查评估、布置、总结全厂电测与热工计量技术监督工作，对电测与热工计量技术监督中出现的问题提出处理意见和防范措施，形成会议纪要，按管理流程批准后发布实施。

5.2.7.2 例会主要内容包括：

a) 上次监督例会以来电测与热工计量监督工作开展情况；

b) 设备及系统的故障、缺陷分析及处理措施；

c) 电测与热工计量监督存在的主要问题以及解决措施、方案；

d) 上次监督例会提出问题整改措施完成情况的评价；

e) 技术监督工作计划发布及执行情况，监督计划的变更；

f)　集团公司技术监督季报、监督通讯、新颁布的国家、行业标准规范、监督新技术学习交流；

g)　电测与热工计量监督需要领导协调和其他部门配合和关注的事项；

h)　至下次监督例会时间内的工作要点。

5.2.8　监督预警管理

5.2.8.1　电测与热工计量监督三级预警项目见附录 H，电厂应将三级预警识别纳入电测与热工计量监督日常管理和考核工作中。

5.2.8.2　对于上级监督单位签发的预警通知单（见附录 I），电厂应认真组织人员研究有关问题，制订整改计划，整改计划中应明确整改措施、责任部门、责任人和完成日期。

5.2.8.3　问题整改完成后，电厂应按照验收程序要求，向预警提出单位提出验收申请，经验收合格后，由验收单位填写预警验收单，并报送预警签发单位备案。

5.2.9　监督问题整改

5.2.9.1　整改问题的提出：

a)　上级单位或技术监督服务单位在技术监督动态检查、预警中提出的整改问题；

b)　《水电技术监督报告》中明确的集团公司或产业公司、区域公司督办问题；

c)　《水电技术监督报告》中明确的电厂需要关注及解决的问题；

d)　电厂电测与热工计量监督专责人每季度对电测与热工计量监督计划的执行情况进行检查，对不满足监督要求的提出整改问题。

5.2.9.2　问题整改管理：

a)　电厂收到技术监督评价报告后，应组织有关人员会同西安热工院或技术监督服务单位，在两周内完成整改计划的制订和审核，整改计划编写格式见附录 K，并将整改计划报送集团公司，产业公司、区域公司，同时抄送西安热工院或技术监督服务单位；

b)　整改计划应列入或补充列入年度监督工作计划，电厂按照整改计划落实整改工作，并将整改实施情况及时在技术监督季报中总结上报；

c)　对整改完成的问题，电厂应保留问题整改相关的试验报告、现场图片、影像等技术资料，作为问题整改情况及实施效果评估的依据。

5.2.10　监督评价与考核

5.2.10.1　电厂应将《电测与热工计量技术监督工作评价表》中的各项要求，纳入电测与热工计量监督日常管理工作中，《电测与热工计量技术监督工作评价表》见附录 L。

5.2.10.2　电厂应按照《电测与热工计量技术监督工作评价表》中的各项要求，编制完善电测与热工计量技术监督管理制度和规定，完善各项电测与热工计量监督的日常管理和检修维护记录，加强受监设备的运行、检修维护技术监督。

5.2.10.3　电厂应定期对技术监督工作开展情况组织自我评价，对不满足监督要求的不符合项以通知单的形式下发到相关部门进行整改，并对相关部门及责任人进行考核。

5.3　各阶段监督重点工作

5.3.1　设计阶段

5.3.1.1　应执行 GB/T 11805、GB/T 50063、DL/T 448、DL/T 566、DL/T 614、DL/T 630、DL/T 862、DL/T 5137、DL/T 5182、DL/T 5190.5、DL/T 5202、DL/T 5413、JB/T 10549 等标准，并

参照 Q/GDW 140《交流采样测量装置运行检验管规程》、Q/GDW 347《电能计量装置通用设计》。

5.3.1.2 应组织对电测量及电能计量装置、热工装置进行设计审查。

5.3.1.3 电测量及电能计量装置、热工装置的设计应做到技术先进、经济合理、准确可靠、监视方便，以满足电厂安全经济运行和商业化运营的需要。

5.3.1.4 应根据相关规程、规定及实际需要制定电测计量装置、热工装置的订货管理办法。

5.3.1.5 电力建设工程中电测量及电能计量装置、热工装置的订货，应根据审查通过设计所确定的厂家、型号、规格、等级等组织订货。

5.3.2 安装、验收阶段

5.3.2.1 应执行 GB 50093、GB 50171、GB/T 11805、GB/T 13850、DL/T 448、DL/T 825、DL/T 5182、DL/T 5190.5、DL/T 5413、SDJ 279 等标准。

5.3.2.2 应制订本单位电测量及电能计量装置、热工装置等安装与验收管理制度。

5.3.2.3 电测量及电能计量装置、热工装置等投运前应进行全面的验收。仪器设备到货后应由专业人员验收，检查物品是否符合订货合同。

5.3.2.4 验收的项目及内容应包括技术资料、现场核查、验收试验、验收结果的处理。应做到图纸、设备、现场相一致。

5.3.2.5 电测量及电能计量装置、热工装置的安装应严格按照通过审查的施工设计进行。

5.3.2.6 安装的电测量及电能计量装置、热工装置等必须经相关机构检定合格后方可投入运行。

5.3.2.7 贸易结算用关口电能表、计量用电流、电压互感器及标准装置在投运前必须经法定或授权的计量检定机构进行首次检定合格。

5.3.2.8 新安装的电测仪表、热工仪表应在其明显位置粘贴合格证(内容至少包括设备编号、有效期、检定员全名)。

5.3.2.9 应建立资产档案，专人进行资产管理并实现与相关专业的信息共享。资产档案内容应有资产编号、名称、型号、规格、等级、出厂编号、生产厂家、生产日期、验收日期等。

5.3.3 运行维护阶段

5.3.3.1 应执行 DL/T 410、DL/T 448、DL/T 619、DL/T 862 等标准，并参照 Q/GDW 140《交流采样测量装置运行检验管规程》。

5.3.3.2 应具备与电测、热工技术监督工作相关的法律、法规、标准、规程、制度等文件。

5.3.3.3 应建立健全技术监督网体系和各级监督岗位职责，开展正常的监督网活动并记录活动内容、参加人员及有关要求。

5.3.3.4 电测量及电能计量装置、热工装置必须具备完整的符合实际情况的技术档案、图纸资料和仪器仪表设备台账。

5.3.3.5 应制定电测与热工技术监督工作计划，计量器具周期检定计划、仪器仪表送检计划，并按期执行。

5.3.3.6 仪器设备要有专人保管，制定仪器仪表设备的维护保养计划。应在仪器设备上粘贴反映检定、校准状态的状态标识。

5.3.3.7 应按要求完成电测与热工技术监督工作统计报表。技术监督工作总结、统计报表、事故分析报告与重大问题应及时上报。

5.3.3.8 应配备符合条件的电测与热工专业技术人员，并保持队伍相对稳定，加强培训与考核，提高人员素质。

5.3.4 量值传递

5.3.4.1 应执行《中华人民共和国电力法》《中华人民共和国计量法》实施细则，GB/T 8170、DL/T 1056、DL/T 1199 等法律及标准。

5.3.4.2 凡从事电测计量检定工作的人员在取得授权机构颁发的资质证书后方可开展检定工作，且从事检定的项目及内容应于人员证书上的标注内容一致。计量检定人员脱离检定工作岗位一年以上者，必须经复核考试通过后，才可恢复其从事检定工作资格。从事电测与热工现场检测的人员应具有相应的资质证书。

5.3.4.3 电厂电测与热工计量标准装置必须经计量标准考核合格，具有有效期内的周期检定证书，方可投入使用，且检定的项目及内容应与装置证书上标注的内容一致。现场使用的电测与热工计量装置应按相关标准进行定期检定、校准。

5.3.4.4 电测与热工计量标准器具应按相关规程、规范进行周期检定/校准（含现场校验），检定合格的计量器具应有封印或粘贴合格证，未授权人员不得擅自拆封。凡超过检定周期而尚未检定即认为失准，必须停用。

5.3.4.5 电测与热工计量标准实验室的环境温度、相对湿度、防尘、防火、防磁、接地网等条件应符合国家、行业相关规程、规范的要求，不符合要求的，应及时予以改善。

5.3.4.6 计量标准的考核（复查）、更换、封存与撤销应按照相关规定办理。已建计量标准应每年进行一次重复性试验和稳定性考核。

5.3.4.7 计量检定、校准（含现场检验）应严格遵守相应的计量检定规程及校准规范。

5.3.4.8 所有检定、校准（含现场检验）的计量器具都须有原始记录（微机自动校验或半自动校验装置中的数据可按原始记录对待），原始记录的内容、项目与格式应符合相关规定，并妥善保存。

5.3.4.9 现场检验可以依据有关规程、规范只进行部分项目的检验，但现场检验不可替代实验室的检定，现场检验不合格时应进一步确认。

6 监督评价与考核

6.1 评价内容

6.1.1 电测与热工计量监督评价内容详见附录L。

6.1.2 电测与热工计量监督评价内容分为技术监督管理、技术监督标准执行两部分，总分为1000 分，其中监督管理评价部分包括 8 个大项 33 小项共 400 分，监督标准执行部分包括 5大项 71 个小项共 600 分，每项检查评分时，如扣分超过本项应得分，则扣完为止。

6.2 评价标准

6.2.1 被评价的电厂按得分率高低分为四个级别，即优秀、良好、合格、不符合。

6.2.2 得分率高于或等于 90%为"优秀"；80%～90%（不含 90%）为"良好"；70%～80%（不含 80%）为"合格"；低于 70%为"不符合"。

6.3 评价组织与考核

6.3.1 技术监督评价包括集团公司技术监督评价、属地电力技术监督服务单位技术监督评价、电厂技术监督自我评价。

6.3.2 集团公司定期组织西安热工院和公司内部专家，对电厂技术监督工作开展情况、设备状态进行评价，评价工作按照集团公司《电力技术监督管理办法》规定执行，分为现场评价和定期评价。

6.3.2.1 集团公司技术监督现场评价按照集团公司年度技术监督工作计划中所列的电厂名单和时间安排进行。各电厂在现场评价实施前应按附录L进行自查，编写自查报告。西安热工院在现场评价结束后三周内，应按照集团公司《电力技术监督管理办法》附录C的格式要求完成评价报告，并将评价报告电子版报送集团公司安生部，同时发送产业公司、区域公司及电厂。

6.3.2.2 集团公司技术监督定期评价按照集团公司《电力技术监督管理办法》及《电测与热工技术监督标准》要求和规定，对电厂生产技术管理情况、电测与热工监督报告的内容符合性、准确性、及时性等进行评价，通过年度技术监督报告发布评价结果。

6.3.2.3 集团公司对严重违反技术监督制度，由于技术监督不当或监督项目缺失、降低监督标准而造成严重后果、对技术监督发现问题不进行整改的电厂，予以通报并限期整改。

6.3.3 电厂应督促属地技术监督服务单位依据技术监督服务合同的规定，提供技术支持和监督服务，依据相关监督标准定期对电厂技术监督工作开展情况进行检查和评价分析，形成评价报告，并将评价报告电子版和书面版报送产业公司、区域公司和电厂。电厂应将报告归档管理，并落实问题整改。

6.3.4 电厂应按照集团公司《电力技术监督管理办法》及华能电厂安全生产管理体系要求建立完善技术监督评价与考核管理标准，明确各项评价内容和考核标准。

6.3.5 电厂应每年按附录L，组织安排电测与热工监督工作开展情况的自我评价，根据评价情况对相关部门和责任人开展技术监督考核工作。

6.3.6 电测与热工计量技术监督指标见表11。

表11 电测与热工计量技术监督指标

名 称	检验率 %	调前合格率 %	调后合格率 %
计量标准器	100	95	100
计量标准装置	100	95	100
试验设备	100	95	98
贸易结算用电能表	100	100	100
分支考核电能表	100	—	95
厂用电、发电机出口电能表	100	—	100
计量用互感器	100	95	100
电测与热工计量运行设备	90	80	98
注：两率计算公式如下： 检验率=实检表/应检表×100% 调前合格率=实检表中调前合格仪表总数/实检表×100% 应检表为按规定周期应检仪表的总数，实检表为按规定周期实检仪表的总数			

附　录　A

（规范性附录）

计量检定机构配备的电测与热工仪表标准

A.1　电能表标准装置（见表 A.1）

表 A.1　电 能 表 标 准 装 置

序号	装置名称	装置精度	备　注
1	三相电能表检定装置	0.05 级	
2	电压互感器检定装置	0.05 级	
3	2000A 及以下电流互感器检定装置	0.05S	
4	电压互感器二次回路压降测试仪		

A.2　电测仪表标准装置（见表 A.2）

表 A.2　电 测 仪 表 标 准 装 置

序号	装置名称	装置精度	备　注
1	交/直流电流、电压表检定装置	0.05 级	可为组合装置
2	单/三相功率、工频相位、工频频率、整步表检定装置	0.05 级/0.03Hz/0.01^0	可为组合装置
3	万用表检定装置	0.1 级	包括电阻表
4	绝缘电阻表检定装置	0.2 级	
5	接地电阻表检定装置	0.2 级	
6	电流、电压、功率、频率变送器检定装置	0.05 级	包括直流电流、电压
7	交流数采装置及电测量通道检定装置	0.05 级	
8	钳形电流表检定装置	0.05 级	
9	携带型直流电阻箱检定装置	0.02 级	
10	携带型直流单电桥、双电桥检定装置	0.01 级	

A.3　热工计量仪表标准装置（见表 A.3）

表 A.3　热 工 计 量 标 准 装 置

序号	装置名称	装置精度	备注
1	压力表、压力控制器检定装置	二等	
2	热电阻测温元件检定装置	二等	

表 A.3（续）

序号	装置名称	装置精度	备注
3	温度二次仪表、数采非电量通道、温度变送器检定装置	0.02 级	
4	压力式温度计检定装置	0.05 级	
5	密度继电器及测量装置	压力：0.05 级，密度：0.2 级	

附 录 B

（规范性附录）

计 量 标 准 文 件 集

B.1 计量标准考核证书（如果适用）；

B.2 社会公用计量标准证书（如果适用）；

B.3 计量标准考核（复查）申请书；

B.4 计量标准技术报告；

B.5 计量标准的重复性试验记录；

B.6 计量标准的稳定性考核记录；

B.7 计量标准更换申报表（如果适用）；

B.8 计量标准封存（或撤销）申报表（如果适用）；

B.9 计量标准履历书；

B.10 国家计量检定系统表（如果适用）；

B.11 计量检定规程或技术规范；

B.12 计量标准操作程序；

B.13 计量标准器及主要配套设备使用说明书（如果适用）；

B.14 计量标准器及主要配套设备的检定或校准证书；

B.15 检定或校准人员的资格证明；

B.16 实验室的相关管理制度；

B.17 开展检定或校准工作的原始记录及相应的检定或校准证书副本；

B.18 可以证明计量标准具有相应测量能力的其他技术资料。

附 录 C
（规范性附录）
电测与热工计量技术监督资料档案格式

电测与热工技术监督资料档案格式见表 C.1～表 C.12。

表 C.1　××水力发电厂电测与热工标准设备台账

序号	设备名称	型号	准确度等级	出厂编号	数量	生产厂家	检定周期	上次检定时间及结果	送检计划	备注

表 C.2　××水力发电厂电能表设备台账

序号	名称	安装位置	型号及生产厂家	准确度等级	出厂编号	是否具备失压计时功能	投运时间	检定周期	检定依据	上次检定时间及结果	周检计划

表 C.3　××水力发电厂计量、测量用电流互感器

序号	名称	安装位置	型号及生产厂家	准确度等级	出厂编号	投运时间	检定周期	检定依据	上次检定时间及结果	周检计划

注：测量用电流互感器为 0.5 级及以上

表 C.4　××水力发电厂计量、测量用电压互感器

序号	名称	安装位置	型号及生产厂家	准确度等级	出厂编号	电磁式或电容式	母线 TV 或线路 TV	投运时间	检定周期	检定依据	上次检定时间及结果	周检计划

注：测量用电压互感器为 0.5 级及以上

表 C.5　××水力发电厂变送器等电测仪表设备台账

序号	名称	安装位置	型号及生产厂家	准确度等级	参数	投运时间	检定周期	检定依据	上次检定时间及结果	周检计划

表 C.6　××水力发电厂压力测量设备台账

序号	名称	安装位置	型号及生产厂家	准确度等级	参数	投运时间	检定周期	检定依据	上次检定时间及结果	周检计划

表 C.7　××水力发电厂温度测量设备台账

序号	名称	安装位置	型号及生产厂家	准确度等级	参数	投运时间	检定周期	检定依据	上次检定时间及结果	周检计划

表 C.8 ××水力发电厂振摆测量传感器台账

序号	名称	安装位置	型号及生产厂家	准确度等级	参数	投运时间	检定周期	检定依据	上次检定时间及结果	周检计划

表 C.9 ××水力发电厂液位测量设备台账

序号	名称	安装位置	型号及生产厂家	准确度等级	参数	投运时间	检定周期	检定依据	上次检定时间及结果	周检计划

注：对应编制检查表，记录现地显示值与标尺、上位机值

表 C.10 ××水力发电厂流量测量设备台账

序号	名称	安装位置	型号及生产厂家	准确度等级	参数	投运时间	检定周期	检定依据	上次检定时间及结果	周检计划

注：对应编制检查表，记录现地显示值与标尺、上位机值

表 C.11 ××水力发电厂计量标准考核情况

序号	计量标准名称	证书编号	准确度等级	发证机关	发证时间	有效期	可开展的检定或校准项目
	计量标准器及主要配套设备	装置名称	型号	生产厂家	准确度等级		
	计量标准器						
	主要配套设备						

表 C.12 ××水力发电厂计量人员持证情况

序号	姓名	出生年月	证书名称	证书编号	发证单位	核准的检定或校准项目	取证时间	有效期	备注

重要故障分析记录（包括：一类事故、障碍、危急缺陷和严重缺陷）见表 C.13。

表 C.13 重要故障分析记录（包括：一类事故、障碍、危急缺陷和严重缺陷）

故障名称				
发生日期		处理完成日期		
故障类别		非停时间 h		责任人	
一、事件简述：				
二、原因分析：				
三、处理方法：				
四、防范措施：				
五、索引或超链接：				
编制		审核		审批	

附 录 D

（规范性附录）

技术监督不符合项通知单

编号（No）：××–××–××

发现部门：　　　专业：　　被通知部门、班组：　　签发：　　日期：20××年××月××日

不符合项描述	1. 不符合项描述： 2. 不符合标准或规程条款说明：	
整改措施	3. 整改措施： 制订人/日期：	自审核人/日期：
整改验收情况	4. 整改自查验收评价： 整改人/日期：	自查验收人/日期：
复查验收评价	5. 复查验收评价： <div align="right">复查验收人/日期：</div>	
改进建议	6. 对此类不符合项的改进建议： <div align="right">建议提出人/日期：</div>	
不符合项关闭	整改人：　　　自查验收人：　　　复查验收人：　　　签发人：	
编号说明	年份+专业代码+本专业不符合项顺序号	

附　录　E

（规范性附录）

电测与热工计量技术监督季报编写格式

××水力发电厂20××年×季度电测与热工计量监督季报

编写人：×××固定电话/手机

审核人：×××

批准人：×××

上报时间：20××年××月××日

E.1　上季度集团公司督办事宜的落实或整改情况

E.2　上季度产业（区域）公司督办事宜的落实或整改情况

E.3　电测与热工计量监督年度工作计划完成情况统计报表（见表E.1）

表 E.1　年度技术监督工作计划和技术监督服务单位合同项目完成情况统计报表

发电企业技术监督计划完成情况			技术监督服务单位合同工作项目完成情况		
年度计划项目数	截至本季度完成项目数	完成率%	合同规定的工作项目数	截至本季度完成项目数	完成率%

E.4　电测与热工计量监督考核指标完成情况统计报表

E.4.1　监督管理考核指标报表

监督指标上报说明：每年的1、2、3季度所上报的技术监督指标为季度指标；每年的4季度所上报的技术监督指标为全年指标，见表E.2～表E.4。

表 E.2　201×年×季度仪表校验率统计报表

年度计划应校验仪表台数	截至本季度完成校验仪表台数	仪表校验率%	考核或标杆值%
			100

表 E.3　技术监督预警问题至本季度整改完成情况统计报表

一级预警问题			二级预警问题			三级预警问题		
问题项数	完成项数	完成率%	问题项数	完成项数	完成率%	问题项目	完成项数	完成率%

表 E.4　集团公司技术监督动态检查提出问题本季度整改完成情况统计报表

检查年度	检查提出问题项目数项			电厂已整改完成项目数统计结果			
	严重问题	一般问题	问题项合　计	严重问题	一般问题	完成项目数　小　计	整改完成率%

E.4.2　技术监督考核指标报表（见表 E.5 和表 E.6）

表 E.5　201×年×季度电测监督指标季报报表

分　类		总数量	本季计划检验数量	本季实际检验数量	调前不合格数量	本季度检验率%	调前合格率%
0.1～0.05 级标准表							
0.2～0.5 级标准表							
配电盘（控制盘）表							
电测量变送器							
交流采样测量装置							
厂内经济考核用电能表							
关口电能表	周期检定						
	现场检验						
关口计量用互感器	电流互感器						
	电压互感器						
关口计量用电压互感器二次回路电压降							
绝缘电阻表							
其他仪器仪表							
合计							
不合格计量器具	名称	测点		型号	等级	处理方式	

注 1：关口电能表周期检定指实验室检定，现场检验指实负荷测试。
注 2：配电盘（控制盘）表指各类指针式仪表、数字式仪表等。
注 3：交流采样测量装置按路统计，如 ① 2219 线路采集电流是 I_a、I_c 两个量，电压是 U_a、U_b、U_c、U_{ab}、U_{bc}、U_{ca} 六个量，有功功率、无功功率各一个量，统计为 1 路。②4 号母线采集电压是 U_a、U_b、U_c、U_{ab}、U_{bc}、U_{ca} 六个量，统计为 1 路

表 E.6　201×年×季度热工监督指标季报报表

分　类	总数量	本季计划 检验数量	本季实际 检验数量	调前不合格 数量	本季度检验率 %	调前合格率 %
压力、温度、二次仪 表标准装置						
压力表						
压力变送器						
压力控制器						
温度显示表						
轴瓦热电阻						
流量计、流量开关						
液位计						
其他仪器仪表						
合计						
不合格计量器具	名称	测点	型号	等级	处理方式	

E.4.3　技术监督考核指标简要分析

填报说明：分析指标未达标的原因。

E.5　本季度电测与热工计量监督发现的问题、原因及处理情况

填报说明：包括试验、检修、运行、巡视中发现的一般事故和一类障碍、危急缺陷和严重缺陷。必要时应提供照片、数据和曲线。

E.6　本季度电测与热工计量监督工作需要解决的主要问题

填报说明：简述电测与热工监督管理、试验、检修、运行的工作和设备遗留缺陷的跟踪情况。

E.7　电测与热工计量监督下季度的主要工作

E.8　附表

华能集团公司技术监督动态检查专业提出问题至本季度整改完成情况，见表 E.7。《华能集团公司火（水）电技术监督报告》专业提出的存在问题至本季度整改完成情况，见表 E.8。技术监督预警问题至本季度整改完成情况，见表 E.9。

表 E.7　华能集团公司技术监督动态检查专业提出问题至本季度整改完成情况

序号	问题描述	问题 性质	西安热工院提出的 整改建议	发电企业制定的整改 措施和计划完成时间	目前整改状态或 情况说明

注 1：填报此表时需要注明集团公司技术监督动态检查的年度；

注 2：如 4 年内开展了 2 次检查，应按此表分别填报。待年度检查问题全部整改完毕后，不再填报

表 E.8 《华能集团公司火（水）电技术监督报告》
专业提出的存在问题至本季度整改完成情况

序号	问题描述	问题性质	问题分析	解决问题的措施及建议	目前整改状态或情况说明

表 E.9 技术监督预警问题至本季度整改完成情况

预警通知单编号	预警类别	问题描述	西安热工院提出的整改建议	发电企业制订的整改措施和计划完成时间	目前整改状态或情况说明

附 录 F

（规范性附录）

技 术 监 督 信 息 速 报

单位名称			
设备名称		事件发生时间	
事件概况	注：有照片时应附照片说明。		
原因分析			
已采取的措施			
监督专责人签字		联系电话： 传　真：	
生产副厂长或总工程师签字		邮　箱：	

附　录　H
（规范性附录）
电测与热工计量监督预警项目

H.1　一级预警

无。

H.2　二级预警

a）　关口电能计量装置现场检验超差经三级预警后一个月仍未制订整改计划的。

b）　关口电能计量配置不满足要求经三级预警后一个月仍未明确制订更换或改造计划的（结合下次设备检修完成）。

H.3　三级预警

a）　关口电能计量装置现场检验结果超过规定的误差限值。

b）　关口电能计量装置配置不满足相关的技术要求。

c）　电测、热工计量标准器具周期检定结果不合格仍继续使用。

d）　涉及保护停机的电测、热工设备周期检定结果不合格或故障后仍继续使用。

附　录　I

（规范性附录）
技术监督预警通知单

通知单编号：T–　　　　　　预警类别编号：　　　　　　日期：　　年　　月　　日

发电企业名称	
设备（系统）名称及编号	
异常情况	
可能造成或已造成的后果	
整改建议	
整改时间要求	

提出单位		签发人	

注：通知单编号：T—预警类别编号-顺序号-年度。预警类别编号：一级预警为1，二级预警为2，三级预警为3。

附　录　J
（规范性附录）
技术监督预警验收单

验收单编号：Y-　　　　　　　预警类别编号：　　　　　日期：　　年　　月　　日

发电企业名称	
设备（系统）名称及编号	
异常情况	
技术监督服务单位整改建议	
整改计划	
整改结果	

验收单位		验收人	

注：验收单编号：Y-预警类别编号-顺序号-年度。预警类别编号：一级预警为1，二级预警为2，三级预警为3。

附 录 K
（规范性附录）
技术监督动态检查问题整改计划书

K.1 概述

K.1.1 叙述计划的制订过程（包括西安热工院、技术监督服务单位及水力发电厂参加人等）。

K.1.2 需要说明的问题，如：问题的整改需要较大资金投入或需要较长时间才能完成整改的问题说明。

K.2 问题整改计划表（见表 K.1）

表 K.1 问 题 整 改 计 划 表

序号	问题描述	专业	西安热工院提出的整改建议	发电企业制订的整改措施和计划完成时间	发电企业责任人	西安热工院责任人	备注

K.3 一般问题整改计划表（见表 K.2）

表 K.2 一般问题整改计划表

序号	问题描述	专业	西安热工院提出的整改建议	发电企业制订的整改措施和计划完成时间	发电企业责任人	西安热工院责任人	备注

附 录 L

（规范性附录）

电测与热工计量技术监督工作评价表

序号	评价项目	标准分	评价内容与要求	评分标准
1	电测与热工监督管理	400		
1.1	组织与职责	50	查看水力发电厂技术监督机构文件、上岗资格证	
1.1.1	监督组织健全	20	建立健全厂级监督领导小组领导下的电测与热工计量监督组织机构，在归口职能管理部门设置电测与热工计量监督专责人	（1）未有正式下发的文件、未建立电测热工三级监督网扣20分； （2）未落实电测热工监督专责人或人员调动未及时变更，扣10分
1.1.2	职责明确并得到落实	15	查看是否有正式下发的岗位职责文件，各级监督人员职责是否得到落实	专业岗位设置不全或未落实到人，每一岗位扣5分
1.1.3	电测与热工专责持证上岗	15	厂级电测热工监督专责人持有效上岗资格证	未取得资格证书或证书超期，扣10分
1.2	标准符合性	50	查看： （1）保存现行有效的国家、行业与电测与热工计量监督有关的技术标准、规范； （2）电测与热工监督管理标准； （3）企业技术标准	
1.2.1	电测与热工监督管理标准	20	（1）"电测与热工监督管理标准"编写的内容、格式应符合《华能电厂安全生产管理体系要求》和《华能电厂安全生产管理体系管理标准编制导则》的要求，并统一编号； （2）"电测与热工监督管理标准"的内容应符合国家、行业法律、法规、标准和中国华能集团公司《电力技术监督管理办法》相关的要求，并符合水力发电厂实际	（1）不符合《华能电厂安全生产管理体系要求》和《华能电厂安全生产管理体系管理标准编制导则》的编制要求，扣10分； （2）不符合国家、行业法律、法规、标准和中国华能集团公司《电力技术监督管理办法》相关的要求和水力发电厂实际，扣10分
1.2.2	国家、行业技术标准	10	保存的技术标准符合集团公司年初发布的电测与热工监督标准目录；及时收集新标准，并在厂内发布	（1）缺少标准或未更新，每个扣2分； （2）标准未在厂内发布，扣10分

表（续）

序号	评价项目	标准分	评价内容与要求	评分标准
1.2.3	企业技术标准	20	是否有正式下发的企业技术标准，内容是否全面合理，符合全厂实际情况，并按时修订	（1）巡视周期、试验周期、检修周期不符合要求，每项扣5分； （2）性能指标、运行控制指标、工艺控制指标不符合要求，每项扣5分； （3）企业标准未按时修编，每一个企业标准扣10分
1.3	仪器仪表	50	现场查看仪器仪表台账、检验计划、检验报告	
1.3.1	仪器仪表台账	10	建立仪器仪表台账，栏目应包括：仪器仪表型号、技术参数（量程、精度等级等）、购入时间、供货单位、检验周期、检验日期、使用状态等	（1）仪器仪表记录不全，一台扣5分； （2）新购仪表未录入或检验；报废仪表未注销和另外存放，每台扣10分
1.3.2	仪器仪表资料	10	（1）保存仪器仪表使用说明书； （2）编制主要仪器仪表的操作规程	（1）使用说明书缺失，一台扣5分； （2）专用仪器操作规程缺漏，一台扣5分
1.3.3	仪器仪表维护	10	（1）仪器仪表存放地点整洁、配有温度计、湿度计； （2）仪器仪表的接线及附件不许另作他用； （3）仪器仪表清洁、摆放整齐； （4）有效期内的仪器仪表应贴上有效期标识，不与其他仪器仪表一道存放； （5）待修理、已报废的仪器仪表应另外分别存放	不符合要求，一项扣5分
1.3.4	检验计划和检验报告	10	计划送检的仪表应有对应的检验报告	不符合要求，每台扣5分
1.3.5	对外委试验使用仪器仪表的管理	10	应有试验使用的仪器仪表检验报告复印件	不符合要求，每台扣5分
1.4	监督计划	50		

表（续）

序号	评价项目	标准分	评价内容与要求	评分标准
1.4.1	计划的制订	20	检查是否结合水力发电厂实际情况制订年度技术监督工作计划，并经审核、批准 （1）计划制订时间、依据符合要求； （2）计划内容应包括： 1）标准仪器仪表送检计划； 2）电测与热工现场测量设备检定计划（各类仪表的定检周期、依据、数量）； 3）标准、管理制度制订或修订计划； 4）培训计划（内部及外部培训、资格取证、规程宣贯等）； 5）动态检查提出问题整改计划； 6）电测与热工监督中发现重大问题整改计划	（1）计划制订时间、依据不符合，一个计划扣5分； （2）计划内容不全，一个计划扣5~10分； （3）工作计划未经审核、批准扣10分
1.4.2	计划的审批	15	符合工作流程：班组或部门编制→电测与热工监督专责人审核→主管主任审定→生产厂长审批→下发实施	审批工作流程缺少环节，一个扣10分
1.4.3	计划的上报	15	每年11月30日前上报产业公司、区域公司，同时抄送西安热工院	计划上报不按时，扣15分
1.5	监督档案	50	现场查看监督档案、档案管理的记录	
1.5.1	监督档案清单	10	应建有监督档案资料清单。每类资料有编号、内有清单，报告类有保存期限	不符合要求，一类扣5分
1.5.2	报告和记录	20	（1）各类资料内容齐全、时间连续； （2）及时记录新信息； （3）及时完成定检报告、缺陷处理与分析、检修总结等报告编写，按档案管理流程审核归档	（1）、（2）项不符合要求，一件扣5分； （3）项不符合要求，一件扣10分
1.5.3	档案管理	20	（1）资料按规定储放，由专人管理； （2）借阅应有借、还记录； （3）有过期文件处置的记录	不符合要求，一项扣10分
1.6	评价与考核	40	查阅评价与考核记录	
1.6.1	动态检查前自我检查	10	自我检查评价切合实际	（1）没有自查报告扣10分； （2）自我检查评价与动态检查评价的评分相差10分及以上，扣10分

表（续）

序号	评价项目	标准分	评价内容与要求	评分标准
1.6.2	定期监督工作评价	10	有监督工作评价记录	无工作评价记录，扣10分
1.6.3	定期监督工作会议	10	有监督工作会议纪要	无工作会议纪要，扣10分
1.6.4	监督工作考核	10	有监督工作考核记录	发生监督不力事件而未考核，扣10分
1.7	工作报告制度执行情况	50	查阅检查之日前四个季度季报、检查速报事件及上报时间	
1.7.1	监督季报、年报	20	1)每季度首月5日前，应将技术监督季报报送产业公司、区域公司和西安热工院；（2）格式和内容符合要求	（1）季报、年报上报迟报1天扣5分；（2）格式不符合要求，一项扣5分；（3）统计报表数据不准确，一项扣10分；（4）检查发现的问题，未在季报中上报，每1个问题扣10分
1.7.2	技术监督速报	20	按规定格式和内容编写技术监督速报并及时上报	（1）发现或者出现重大设备问题和异常及障碍未及时、真实、准确上报技术监督速报，每1项扣10分；（2）上报速保事件描述不符合实际，一件扣10分
1.7.3	年度工作总结报告	10	（1）每年1月5日前组织完成上年度技术监督工作总结报告的编写工作，并将总结报告报送产业公司、区域公司和西安热工院；（2）格式和内容符合要求	（1）未按规定时间上报，扣10分；（2）内容不全，扣10分
1.8	监督考核指标	60	查看仪器仪表校验报告；监督预警问题验收单；整改问题完成证明文件。定检计划及定检检测报告；现场查看，查看检修报告	
1.8.1	监督预警、季报问题整改完成率	10	要求：100%	不符合要求，不得分
1.8.2	动态检查存在问题整改完成率	10	要求：从发电企业收到动态检查报告之日起：第1年整改完成率不低于85%；第2年整改完成率不低于95%	不符合要求，不得分
1.8.3	计量标准器、计量标准装置	5	检验率100%、调前合格率95%、调后合格率为100%	不符合要求，不得分

表（续）

序号	评价项目	标准分	评价内容与要求	评分标准
1.8.4	试验设备	5	检验率 100%、调前合格率 95%、调后合格率为 100%	不符合要求，不得分
1.8.5	贸易结算用电能表	10	检验率、调前合格率、调后合格率都为 100%	不符合要求，不得分
1.8.6	分支考核电能表	5	检验率 100%、调后合格率为 100%	不符合要求，不得分
1.8.7	厂用电、发电机出口电能表	5	检验率 100%、调后合格率为 100%	不符合要求，不得分
1.8.8	计量用互感器	5	检验率 100%、调前合格率 95%、调后合格率为 100%	不符合要求，不得分
1.8.9	电测与热工计量运行设备	5	检验率 90%、调前合格率 80%、调后合格率为 98%	不符合要求，不得分
2	技术监督实施	600		
2.1	工程设计、选型阶段	150		
2.1.1	关口计量装置准确度等级配置	10		
2.1.1.1	关口电能表准确度等级 0.2S 级	5		关口电能表准确度等级不满足要求扣 5 分
2.1.1.2	（1）计量用电流互感器准确度等级 0.2S 级；（2）计量用电压互感器准确度等级 0.2 级	5	查阅出厂报告、检定报告	电流、电压互感器准确度等级不满足要求每项扣 5 分
2.1.2	关口计量装置配置原则	35		
2.1.2.1	计量单机容量在 100MW 及以上发电机组上网贸易结算电量的电能计量装置，应配置准确度等级相同的主副两套有功电能表	5	查阅图纸、台账或现场检查	关口电能表未主副表配置不得分
2.1.2.2	贸易结算用高压电能计量装置装设电压失压计时器或将关口电能表失压告警信号引至监控系统	5	查阅图纸或现场检查，是否配置失压计时器，告警信号是否引至监控系统	关口计量屏未配置失压计时器或失压告警信号未引至监控系统不得分
2.1.2.3	贸易结算用电能计量装置应按计量点配置计量专用电压、电流互感器或者专用二次绕组，即计量用电流、电压回路专用	5	查阅图纸或现场检查	计量用电流、电压回路不专用不得分

表（续）

序号	评价项目	标准分	评价内容与要求	评分标准
2.1.2.4	二次回路的连接导线应采用铜质导线，二次电流回路导线截面积应不小于4mm²，二次电压回路导线截面积应不小于2.5mm²	5	查阅技术资料或台账	互感器二次回路截面积不满足要求不得分
2.1.2.5	3/2 断路器接线两台电流互感器二次并联时，并联运行的两台电流互感器应在电能计量屏接线端子排处并联	5	查阅图纸或现场检查	电流互感器未在电能计量屏接线端子排处并联不得分
2.1.2.6	3/2 断路器接线两台电流互感器二次并联时，两台电流互感器准确度等级相同、额定电流比相同，一次侧接入相同相	5	查阅图纸或现场检查	并联的两台电流互感器准确度等级不同扣 2 分，额定电流比不同扣 2 分
2.1.2.7	一次系统采用双母线接线方式时，采用母线电压互感器时，二次电压回路应配置专用二次电压切换装置	5	查阅图纸或现场检查	二次电压回路未配置专用二次电压切换装置不得分
2.1.3	电气测量设备	30	查阅技术资料或现场检查	
2.1.3.1	交流采样装置误差不大于0.5%，其中电网频率测量误差不大于 0.01Hz	5	查阅图纸、台账或现场检查	准确度等级不满足要求，每项扣 5 分
2.1.3.2	重要设备电测量变送器准确度等级不低于 0.2 级；其他设备电测量变送器准确度等级不低于 0.5 级；电流输出为 4mA～20mA 模拟量；变送器的交流电源宜由交流不停电电源或直流电源供给	10	查阅图纸、台账或现场检查	准确度等级不符合一项扣 5 分
2.1.3.3	测量用电流、电压互感器准确度等级不低于 0.5 级，其所配仪表准确度等级不低于 1.0 级	5	查阅图纸、台账或现场检查	准确度等级不满足要求，每项扣 5 分
2.1.3.4	励磁回路电气仪表的上限值不得低于额定工况的1.3 倍，仪表的综合误差不得超过 1.5%	5	查阅图纸、台账或现场检查	准确度等级不满足要求，每项扣 5 分
2.1.3.5	频率测量范围应为（45～55）Hz，准确度不应低于 0.2 级	5	查阅图纸、台账或现场检查	准确度等级不满足要求，每项扣 5 分

表（续）

序号	评价项目	标准分	评价内容与要求	评分标准
2.1.4	热工测量仪表（装置）的准确度要求	45		
2.1.4.1	机械式指示仪表不低于1.5级	5		准确度等级不满足要求，每项扣5分
2.1.4.2	数字式指示仪表不低于0.5级	5		准确度等级不满足要求，每项扣5分
2.1.4.3	流量测量仪表及传感器不低于0.5级	5		准确度等级不满足要求，每项扣5分
2.1.4.4	液位测量仪表及传感器不低于0.5级	5		准确度等级不满足要求，每项扣5分
2.1.4.5	压力式温度控制器不低于1.5级	5	查阅图纸、台账或现场检查	准确度等级不满足要求，每项扣5分
2.1.4.6	SF_6密度继电器（表）不低于±0.03MPa（接点动作误差±0.03MPa）	5		准确度等级不满足要求，每项扣5分
2.1.4.7	压力变送器、传感器不低于0.25级	5		准确度等级不满足要求，每项扣5分
2.1.4.8	其他非电量变送器、传感器不低于0.5级	5		准确度等级不满足要求，每项扣5分
2.1.4.9	压力（差压）开关不低于1.5%	5		准确度等级不满足要求，每项扣5分
2.1.5	热工测量仪表（装置）安装、性能要求	30		
2.1.5.1	测温热电阻分度号为Pt100、接线为三线制	5	查阅图纸或现场检查	分度号、接线不满足要求扣5分
2.1.5.2	机组轴瓦测温热电阻结构	5	机组轴瓦测温热电阻应采用一体式结构，具有双测量元件，其尾端采用防护装置，引出线采用具有良好耐腐蚀、耐高温、抗冲击的屏蔽电缆	不满足要求，扣5分
2.1.5.3	数字式指示控制仪应至少具有两对报警触点，报警触点应可以在5%～100%量程内任意整定。在断阻、断线、断电情况发生时，报警触点不应误动，同时应有一对故障触点输出。通电时，报警触点也不应误动	5	查阅图纸、台账、检定报告或现场检查	不满足要求，扣5分
2.1.5.4	非电量变送器、传感器输出为4mA～20mA模拟量	5	查阅图纸、台账或现场检查	不满足要求，扣5分

表（续）

序号	评价项目	标准分	评价内容与要求	评分标准
2.1.5.5	压力测量设备应安装取源阀门	5	现场检查，每个压力测量设备前应安装取源阀门	未安装取源阀门，每个扣0.5分，扣完为止
2.1.5.6	无特殊要求的热工测量设备的量程应选择在其满量程1/2～1/3处	5	查阅图纸、台账或现场检查	不满足要求，扣5分
2.2	安装验收阶段	50		
2.2.1	贸易结算用关口电能表、计量用电流、电压互感器在投运前，必须经法定或授权的计量检定机构进行首次检定且合格	15	查阅报告或现场检查，安装验收前是否检验合格	投运前未检定不得分，不合格不得分
2.2.2	验收不合格的运行计量设备禁止投入使用	10		验收不合格的运行计量设备投入使用不得分
2.2.3	电能计量装置应进行现场运行条件下的检验：电压互感器二次实际负荷、二次回路压降测试，以及电流互感器二次实际负荷测试	5		未查阅到检测报告不得分
2.2.4	新购置标准、检定装置应经法定计量检定机构进行首次检定，并提供检定报告	10	查阅报告或现场检查，安装验收前是否检验合格	未查阅到检定报告不得分
2.2.5	参与控制、调节的电测热工设备应投运前，应经有资质的检验机构进行检验且合格	5		投运前未检验，每个扣0.5分，扣完为止
2.2.6	经定检合格的仪器仪表、测量仪表（装置）应贴有合格证	5	现场检查	未粘贴合格证每个扣0.5分，扣完为止
2.3	运行维护阶段	250		
2.3.1	电能计量装置	30		
2.3.1.1	Ⅰ类电能表至少每3个月现场检验一次；Ⅱ类电能表至少每6个月现场检验一次；Ⅲ类电能表至少每年现场检验一次	20	查阅检测报告、检查现场检验标识	未查阅到关口电能表现场检验报告不得分，未现场检验贴标识扣5分
2.3.1.2	关口计量用电压互感器二次回路压降及互感器二次实际负荷，应至少每两年检验一次	10	查阅检测报告	未查阅到检测报告不得分
2.3.2	电测热工测量设备	20		

表（续）

序号	评价项目	标准分	评价内容与要求	评分标准
2.3.2.1	电气热工测量设备应粘贴反映检定、校准状态的状态标识	10	现场检查	未粘贴状态标识每个扣1分，扣完为止
2.3.2.2	电气热工测量设备缺陷处理	10	检查缺陷处理记录及更新情况	未查阅到缺陷处理记录不得分，更新不及时扣5分
2.3.3	周期检定	200	查阅台账、检定周期、检定报告，报告及检定项目是否齐全	
2.3.3.1	电能表：0.2S级、0.5S有功电能表检定周期一般不超过6年，1级、2级有功电能表和2级、3级无功电能表，其检定周期一般不超过8年	20	查阅电能表台账、检定周期、检定报告，报告及检定项目是否齐全	（1）未查阅到电能表检定报告扣15分；（2）无电能表台账扣10分，台账内容不齐全扣5分；（3）检验项目不齐全扣5分
2.3.3.2	电力互感器：电磁式电压、电流互感器的检定周期不超过10年，电容式电压互感器的检定周期不超过4年	10	查阅互感器台账（包括计量、0.5级测量用互感器）、检定周期、检验报告，报告及检验项目是否齐全	（1）未查阅到检验报告扣8分；（2）无电流、电压互感器台账扣5分，台账内容不齐全扣2分；（3）检验项目不齐全扣5分
2.3.3.3	电测量变送器：主要测点使用的变送器（6kV以上系统）应每年检定一次；非主要测点使用的变送器的检定周期最长不得超过3年	20	查阅电测量变送器台账、检定周期、检验报告，报告及检验项目是否齐全	（1）未查阅到检验报告扣10分；（2）无电测量变送器台账扣10分，台账内容不齐全扣5分；（3）检验项目不齐全扣5分
2.3.3.4	交流采样测量装置（如果适用）：向主站传送检测数据的交流采样测量装置的检验周期原则上为一年，用于一般监视测量且不向主站传送数据的交流采样测量装置的检验周期原则上为三年	20	查阅交流采样测量装置台账、检定周期、检验报告，报告及检验项目是否齐全	（1）未查阅到检验报告扣10分；（2）无交流采样测量装置台账扣10分，台账内容不齐全扣5分；（3）检验项目不齐全扣5分
2.3.3.5	交、直流指针式仪表：检定周期为4年	15	查阅台账、检定周期、检验报告，报告及检验项目是否齐全	（1）未查阅到检验报告扣10分；（2）无台账扣10分，台账内容不齐全扣5分；（3）检验项目不齐全扣5分

表（续）

序号	评价项目	标准分	评价内容与要求	评分标准
2.3.3.6	交、直流数字式仪表：检定周期为1年	15	查阅台账、检定周期、检验报告，报告及检验项目是否齐全	（1）未查阅到检验报告扣10分；（2）无台账扣10分，台账内容不全扣5分；（3）检验项目不齐全扣5分
2.3.3.7	压力表、压力变送器、压力控制器：检定周期为1年（机组油、气、水系统压力表随机组检修；公用系统压力表检定周期为2年）	20	查阅台账、检定周期、检验报告，报告及检验项目是否齐全	（1）未查阅到检验报告扣10分；（2）无台账扣10分，台账内容不全扣5分；（3）检验项目不齐全扣5分
2.3.3.8	机组轴承测温热电阻：随机组大修检定	10	查看台账、检定周期、检定报告，报告及检验项目是否齐全	（1）未查阅到检验报告扣5分；（2）无台账扣5分，台账内容不全扣2分；检验项目不齐全扣5分
2.3.3.9	变压器油温计、绕组温度计：检定周期为1年（热模拟试验2年）	20	查看台账、检定周期、检定报告，报告及检验项目是否齐全	（1）未查阅到检验报告扣10分；（2）无台账扣10分，台账内容不全扣5分；（3）检验项目不齐全扣5分
2.3.3.10	机组数字温度计、温度巡检仪：检定周期为1年	20	查看台账、检定周期、检定报告，报告及检验项目是否齐全	（1）未查阅到检验报告扣10分；（2）无台账扣10分，台账内容不全扣5分；（3）检验项目不齐全扣5分
2.3.3.11	振动、摆度传感器：随机组大修检定	10	查看台账、检定周期、检定报告，报告及检验项目是否齐全	（1）未查阅到检验报告扣10分；（2）无台账扣5分，台账内容不全扣2分；（3）检验项目不齐全扣5分
2.3.3.12	流量计、流量开关：随机组检修检查性试验	10	查看台账、检定周期、试验记录或现地检查	（1）未查阅到试验记录扣5分；（2）无台账扣5分，台账内容不齐全扣2分；检查项目不齐全扣2分
2.3.3.13	液位计：随机组检修检查性试验	10	查看台账、检定周期、试验记录或现地检查	（1）未查阅到试验记录扣5分；（2）无台账扣5分，台账内容不齐全扣2分；（3）检查项目不齐全扣2分

表（续）

序号	评价项目		标准分	评价内容与要求	评分标准
2.4	计量标准实验室（如果适用）		100		
2.4.1	实验室建标工作		30		
2.4.1.1	申请计量标准考核应建立的8项管理制度		5	申请建标的8项制度是否齐全	未建立申请建标管理制度不得分，每缺一项制度扣1分，扣完为止
2.4.1.2	实验室的环境温度、相对湿度应符合国家、行业相关标准的要求，并应设立与外界隔离的保温防尘缓冲间，配备监视和控制环境的设备		10	实验室是否配备温、湿度监控设备，温、湿度监控设备是否按时送检，是否有温、湿度记录	未配备温湿度设备扣2分,温湿度设备未周期送检扣2分
2.4.1.3	实验室应有防尘、防火措施，保护接地网应符合要求。室内应光线充足、噪声低、空气流速缓慢、无外电磁场和振动源、布局整齐合理并保持清洁		5	现场检查	实验室环境不符合要求每项扣1分，扣完为止
2.4.1.4	实验室互不相容的项目不应在一起工作，必须采取有效措施使之有效隔离		5	现场检查	互不相容的项目未有效隔离，扣5分
2.4.1.5	从事电测、热工计量检定工作的人员必须取得相应专业的《计量检定员证》后，方可开展检定工作		5	查看计量检定员台账、证书	未查阅到持证人员台账、证书扣5分，证书与台账不符，扣2分
2.4.2	电测与热工仪表标准装置		70		
2.4.2.1	电测标准装置配置	（0.05级）电流、电压、功率、频率变送器检定装置	5	现场检查，标准设备配置应科学合理，满足现场需要（水力发电厂可根据实际情况配置）标准装置配置可配备多功能电测计量检验装置	每缺少一套必需的标准装置扣1分，标准装置不满足要求扣2分
		（0.05级）交/直流电流、电压表检定装置			
		（0.05级）三相电能表检定装置			
		（0.05级）交流数采装置及电测量通道检定装置			
		（0.1级）万用表检定装置			

表（续）

序号	评价项目		标准分	评价内容与要求	评分标准
2.4.2.1	电测标准装置配置	0.2 级绝缘电阻表检定装置			
		其他标准设备			
2.4.2.2	热工标准装置配置	二等热电阻测温元件检定装置	5	现场检查，标准设备配置应科学合理，满足现场需要（水力发电厂可根据实际情况配置）标准装置配置可配备多功能热工计量检验装置	每缺少一套必需的标准装置扣 1 分，标准装置不满足要求扣 2 分
		0.05 级压力式温度计检定装置			
		0.02 级温度二次仪表、数采非电量通道、温度变送器检定装置			
		二等压力表、压力控制器检定装置			
		密度继电器及测量装置（压力：0.05 级，密度：0.2 级）			
		其他标准设备			
2.4.2.3	计量标准考核证书		10	检查计量标准考核证书	未计量标准建标考核扣 10 分，计量标准考核证书超有效期扣 5 分
2.4.2.4	计量标准文件集		10	检查资料，文件集应文件齐全，文件集目录应注明各种文件保存的地点和方式	每一项计量标准文件集不齐全扣 5 分，扣完为止
2.4.2.5	计量标准技术报告		10	查看资料，计量标准技术报告编写是否规范，现场交流了解计量标准负责人对相关技术知识掌握情况	每一项计量标准技术报告编写不规范扣5分，扣完为止
2.4.2.6	计量标准履历书		10	检查资料，计量标准履历书应填写规范，内容应及时更新（计量标准与检定报告的更新、依据规程的更新、计量标准器稳定性结果更新）	每一项计量标准未建立计量标准履历书扣10分，履历书未及时更新扣 5 分
2.4.2.7	计量标准重复性试验和稳定性考核		10	检查资料，应按要求每年开展重复性试验和稳定性考核工作，进行被测对象的选取	每一项计量标准未进行重复性试验、稳定性考核扣 5 分，扣完为止
2.4.2.8	计量标准的溯源性是否符合规定，计量标准器及主要配套设备是否有持续、有效的检定或校准证书		10	凡具有检定规程的标准装置应出具检定报告，没有检定规程的标准装置应出具校准报告	计量标准器及配套设备无有效溯源不得分，检定、校准报告引用的依据不正确扣 5 分
2.5	现场巡视检查		50		

表（续）

序号	评价项目	标准分	评价内容与要求	评分标准
2.5.1	状态标识（明确）	40		
2.5.1.1	关口电能表主、副表标识	10	现场查看，状态标识应粘贴规范，标识内容应至少包括检定日期、检定周期、检定人员等信息	关口电能表主副表未标识扣10分
2.5.1.2	试验设备检验合格证标识	5		试验设备未粘贴检验合格证扣5分
2.5.1.3	现场测量设备检验合格证标识	10	现场查看，状态标识应粘贴规范，标识内容应至少包括检定日期、检定周期、检定人员等信息	现场测量设备未粘贴校验合格证扣5分
2.5.1.4	实验室标准计量器具合格证标识	10		每一套标准计量器具未标识扣2分，扣完为止
2.5.1.5	实验室标准计量器具封存、停用标识（如果适用）	5		每一项合格证超有效期扣1分，扣完为止
2.5.2	现场测量设备定期巡视检查	10	查看巡视检查记录：（1）电能计量装置的厂站端设备定期巡视、检查，每周至少一次；（2）电气测量设备定期巡视、检查，每月至少一次；（3）热工测量设备定期巡视、检查，每月至少一次	未定期开展巡视检查，缺一次扣2分，扣完为止

中国华能集团公司

CHINA HUANENG GROUP

中国华能集团公司水力发电厂技术监督标准汇编

Q/HN-1-0000.08.041—2015

技术标准篇

水力发电厂电能质量监督标准

2015 - 05 - 01 发布

2015 - 05 - 01 实施

目　次

前　言

为加强中国华能集团公司发电厂技术监督管理，提高电能质量，保证发电机组及电网安全、稳定、经济运行，特制定本标准。本标准依据国家和行业有关标准、规程和规范，以及中国华能集团公司发电厂的管理要求、结合国内外发电的新技术、监督经验制定。

本标准是中国华能集团公司所属发电厂电能质量监督工作的主要依据，是强制性企业标准。

本标准自实施之日起，代替 Q/HB-J-08.L22—2009《水力发电厂电能质量监督技术标准》。

本标准由中国华能集团公司安全监督与生产部提出。

本办法由中国华能集团公司安全监督与生产部归口并解释。

本标准起草单位：西安热工研究院有限公司、华能澜沧江水电股份有限公司、北方联合电力有限责任公司、华能国际电力股份有限公司。

本标准主要起草人：舒进、贺飞、闫明、张晓、郑昀。

本标准审核单位：中国华能集团公司安全监督与生产部、中国华能集团公司基本建设部、西安热工研究院有限公司、华能国际电力股份有限公司。

本标准主要审核人：赵贺、武春生、杜灿勋、晏新春、蒋宝平、都劲松、葛宗琴、闫长平。

本标准审定：中国华能集团公司技术工作管理委员会。

本标准批准人：寇伟。

水力发电厂电能质量监督标准

1 范围

本标准规定了中国华能集团公司（以下简称"集团公司"）所属水力发电厂电能质量监督相关的技术标准内容和监督管理要求。

本标准适用于集团公司水力发电厂的电能质量监督工作。

2 规范性引用文件

下列文件对于本文件的应用是必不可少的。凡是注日期的引用文件，仅所注日期的版本适用本文件。凡是不注日期的引用文件，其最新版本（包括所有的修改单）适用于本文件。

GB 755　旋转电机　定额和性能

GB/T 12325　电能质量　供电电压偏差

GB/T 7894　水轮发电机基本技术条件

GB/T 14549　电能质量　公用电网谐波

GB/T 15543　电能质量　三相电压不平衡

GB/T 15945　电能质量　电力系统频率偏差

GB/T 17626.30　电磁兼容　试验和测量技术　电能质量测量方法

GB/T 19862　电能质量监测设备通用要求

GB/T 7409.3　同步电机励磁系统大、中型同步发电机励磁系统技术要求

DL/T 516　电力调度自动化系统运行管理规程

DL/T 563　水轮机电液调节系统及装置技术规程

DL/T 1040　电网运行准则

DL/T 1028　电能质量测试分析仪检定规程

DL/T 1053　电能质量技术监督规程

DL/T 1198　电力系统电能质量技术管理规定

DL/T 1227　电能质量监测装置技术规范

DL/T 1228　电能质量监测装置运行规程

DL/T 5003　电力系统调度自动化设计技术规程

DL/T 5242　35kV～220kV 变电站无功补偿装置设计技术规定

JJG（电力）01　电测量变送器检定规程

SD 325　电力系统电压和无功电力技术导则

Q/HN-1-0000.08.049—2015　中国华能集团公司电力技术监督管理办法

Q/HB-G-08.L01—2009　华能电厂安全生产管理体系要求

Q/HB-G-08.L03—2009　华能电厂安全生产管理体系评价办法

华能安〔2011〕271 号　中国华能集团公司电力技术监督专责人员上岗资格管理办法（试行）

3　总则

3.1　电能质量监督工作贯彻"安全第一、预防为主"的方针。

3.2　电能质量监督工作应严格按照国家、行业标准及有关规程、规定，对发电厂电能质量从设计选型和审查、监造和出厂验收、安装和投产、运行、检修到技术改造实施全过程技术监督。

3.3　本标准规定了水力发电厂电压偏差、频率质量、谐波及三相不平衡度等电能质量监督的技术标准，以及电能质量监测、统计及管理的要求、评价与考核标准，它是水力发电厂电能质量监督工作的基础，亦是建立电能质量技术监督体系的依据。

3.4　从事电能质量监督的人员，应熟悉和掌握本标准及相关标准和规程中的规定。

4　监督技术标准

4.1　规划设计阶段的监督

4.1.1　电压偏差监督

4.1.1.1　发电机组无功调整能力。

　　a）无功补偿装置设计应按 DL/T 5242 的要求，以及国家、行业关于电压、无功电力的有关条例、导则的要求和网、省电力调度部门的有关规定，根据安装地点的电网条件、谐波水平、负荷特性及环境条件，合理地确定无功补偿设施和调压装置的容量、选型及配置地点。

　　b）发电机额定功率因数值，可参照以下原则执行：

　　　　1）直接接入 330kV～500kV 电网处于送端的发电机功率因数，一般选择不低于 0.9（迟相）；处于受端的发电机功率因数，可在 0.85～0.9（迟相）中选择。

　　　　2）直接接入输电系统的送端发电机功率因数，可选择为 0.85（迟相）。

　　　　3）其他发电机的功率因数可按 0.8～0.85（迟相）选择。

　　　　4）100MW 及以上机组应具备在有功功率为额定值时，功率因数进相 0.95 运行的能力。

　　　　5）发电机组自带厂用电运行时，进相运行能力不应低于 0.97。

4.1.1.2　各级变压器的额定变压比、调压方式、调压范围及每挡调压值，应满足发电厂母线和受电端电压质量的要求。

4.1.1.3　电压监测设备。

　　a）在规划设计中，对于发电机、母线、变压器各侧应配置齐全、准确的无功电压表计，以便于无功电压的监测和管理。

　　b）电压监测宜使用具有连续监测和统计功能的仪器、仪表或自动监控系统，其性能应满足 DL/T 1227 的相关要求，测量误差不大于±0.5%。

　　c）电压监测装置的电压幅值测量采样窗口应满足 GB/T 17626.30 的要求，一般取 10 个周波，一个基本记录周期为 3s，其分析数据为各窗口测量值的均方根值。

4.1.2　频率质量监督

4.1.2.1　发电机频率调节能力。

　　a）并网运行的发电机组应具有一次调频的功能，并根据调度部门的要求安装保证电网安全稳定运行的自动装置。

b) 正常情况下，发电机组的一次调频能力应满足 DL/T 1053、DL/T 563 的要求，并满足以下要求：

    1) 发电机组一次调频功能应满足当地电网一次调频性能要求，负荷响应滞后时间一般不大于 4s；电网频率变化超过机组一次调频死区时，机组宜在 15s 内根据机组相应目标完全响应；电网频率变化超过机组一次调频死区时开始的 45s 内，机组实际出力与响应目标偏差的平均值宜在理论计算的调整幅度的 ±3% 内。

    2) 水轮发电机组调速系统的性能指标，如永态转差、转速调节死区、响应时间、稳定时间等应符合 DL/T 563 的要求。

    3) 水轮发电机组无论正常水头还是低水头运行，其进水导叶开度应保留 3% 以上的调节能力。

4.1.2.2 频率监测设备。

频率偏差的监测，宜使用具有连续监测和统计功能的仪器、仪表或自动监控系统，其性能应满足 DL/T 1227 的要求，测量误差不大于 ±0.01Hz，一个基本记录周期为 1s。

4.1.3 谐波、三相不平衡度监督

4.1.3.1 谐波监督。

a) 选用变频器或整流设备时，应重点注意其输出形式和调节方式，具有谐波互补性的设备应集中布置，否则应分散或交错使用，避免谐波超标。

b) 谐波监测装置性能能满足 DL/T 1227 的要求，其允许误差见表 1。

表 1 谐波监测仪表允许误差

被 测 量	条 件	允 许 误 差
谐波电压	$U_h \geqslant 3\% U_N$	$5\% U_h$
	$U_h < 3\% U_N$	$0.15\% U_N$
谐波电流	$I_h \geqslant 10\% I_N$	$5\% I_h$
	$I_h < 10\% I_N$	$0.5\% I_N$
注：U_N 为基波电压，U_h 为谐波电压，I_N 为基波电流，I_h 为谐波电流		

c) 谐波监测装置测量采样窗口应满足 GB/T 17626.30 的要求，一般取 10 个周波，一个基本记录周期为 3s，其分析数据为各窗口测量值的均方根值。

4.1.3.2 三相不平衡度监督。

三相不平衡度监测装置测量采样窗口应满足 GB/T 17626.30 的要求，一般取 10 个周波，一个基本记录周期为 3s，其分析数据为各窗口测量值的均方根值。三相电压不平衡度测量允许误差限值为 0.2%，三相电流不平衡度测量允许误差限值为 1%。

4.2 运行阶段的监督

4.2.1 电压偏差监督

4.2.1.1 电压偏差限值。

a) 发电厂凡由调度部门下达电压曲线的母线电压，均应按下达的电压曲线进行监测、

调整。

b) 发电厂凡未由调度部门下达电压曲线的母线电压应满足 DL/T 1053 及 SD 325 的要求，允许偏差值如下。

1) 500（330）kV 母线：正常运行方式时，电压允许偏差上限应小于系统额定电压的＋10%；电压允许偏差下限应不影响电力系统同步稳定、电压稳定、厂用电的正常使用及下一级电压的调节。

2) 220kV 母线：正常运行方式时，电压允许偏差为系统额定电压的 0%～＋10%；事故运行方式时为系统额定电压的-5%～＋10%。

3) 35kV～110kV 母线：正常运行方式时，电压允许偏差为系统额定电压的-3%～＋7%；事故后为系统额定电压的±10%。

4) 10kV 及 380V 厂用母线电压允许偏差为额定电压的±7%。

4.2.1.2 电压及无功调整。

a) 发电厂应按调度部门下达的电压曲线和调压要求，控制高压母线电压，确保其在合格范围内，并网母线电压月度合格率应不低于 99.0%。

b) 具备 AVC 的发电厂应保证其正常运行，其投入率、调节合格率等技术指标应符合电网要求。

c) 发电机组的自动调整励磁系统应具有自动调差环节和合理的调差系数，调差系数应满足 GB/T 7409.3 的要求，投产阶段应开展励磁系统无功电流调差系数整定试验，各机组调差系数的整定应协调一致。自动调整励磁装置应具有过励限制、低励限制等环节，并投入运行。失磁保护应投入运行，强励顶值倍数应符合国家规定，其运行规程中应包括进相运行的实施细则和反事故措施。

d) 发电厂（机）的无功出力调整：

1) 应按运行限额图进行调节，在高峰负荷时，将无功出力调整至使高压母线电压接近允许偏差上限值，直至无功出力达到限额图的最大值。

2) 在低谷负荷时，将无功出力调整至使高压母线电压接近允许偏差下限值，直至功率因数值达到 0.98 以上（迟相）（或核定值）；具备进相能力的发电机组，应根据调度要求，按进相运行值运行。

e) 发电机的进相运行：

1) 投入运行的发电机，应有计划地进行进相运行试验，根据试验结果确定进相运行限额。

2) 发电机进相运行时，应监视发电机功角、定子绕组及铁芯端部温升、各等级母线电压等相关参数。当静稳成为限值进相因素时，应重点监视发电机功角。

4.2.1.3 电压监测与统计。

a) 发电厂应根据 DL/T 1053、GB/T 12325 设置电压监测点，其中：

1) 发电厂所在区域的电网调度中心列为考核点或监测点的电厂高压母线（主变压器高压侧）应设置为电压监测点。

2) 与电网直接连接的发电厂高压母线（主变压器高压侧）应设置为电压监测点。

3) 发电机出口母线、10kV 厂用电母线宜设置为电压监测点。

b) 电压监测统计应满足 GB/T 12325 的要求，监测内容为月、季、年度电压合格率及电压超允许偏差上、下限值的累积时间。电压统计时间以"分"为单位。电压质量合格率计算公式为：

$$电压质量合格率（\%）=\left(1-\frac{电压超上限时间+电压超下限时间}{电压监测总时间}\right)\times100\% \tag{1}$$

4.2.2 频率质量监督

4.2.2.1 频率偏差限值。

发电厂频率偏差应符合 GB/T 15945 的要求，正常运行的标称频率为 50Hz，频率偏差允许值为 ±0.2Hz，当系统容量较小时，可按地区电网并网协议规定执行。

4.2.2.2 频率调整。

a) 并网运行发电机组的一次调频功能应投入运行，一次调频功能参数应按地区电网运行的要求进行整定。

b) 具备 AGC 的发电厂应保证其正常运行，其可用率及调节性能指标应符合地区电网要求。

4.2.2.3 频率监测与统计。

a) 发电厂频率监测点宜选取与主网直接连接的发电厂高压母线（主变压器高压侧）。

b) 频率的监测统计应满足 GB/T 15945 的要求，监测内容为月、季、年度频率合格率及频率超允许偏差上、下限值的累积时间。频率统计时间以"秒"为单位，频率质量合格率计算公式为：

$$频率质量合格率（\%）=\left(1-\frac{频率超上限时间+频率超下限时间}{频率监测总时间}\right)\times100\% \tag{2}$$

4.2.3 谐波、三相不平衡度监督

4.2.3.1 谐波监测指标及限值。

a) 发电机的谐波电流因数应符合 GB 755 的要求，负载条件下发电机出口处谐波电流因数（HCF）不超过 0.05，HCF 计算公式为：

$$HCF=\sqrt{\sum_{n=2}^{k}i_n^2} \tag{3}$$

式中：

i_n——n 次谐波电流 I_n 与额定电流 I_N 之比；

n——谐波次数；

k——13。

b) 母线谐波电压（相电压）应符合 GB/T 14549 的要求，各电压等级母线谐波电压限值见表 2。

表 2　谐波电压限值（相电压）

母线电压 kV	电压总谐波畸变率 %	各次谐波电压含有率 %	
		奇　次	偶　次
0.38	5.0	4.0	2.0
10	4.0	3.2	1.6
110（220）	2.0	1.6	0.8

4.2.3.2 谐波监测。

a) 发电机、变压器、变频设备等调试投运时宜进行谐波测量，了解和掌握投运后的谐波水平，检验谐波对主设备、继电保护、电能计量的影响，确保投运后系统和设备的安全、经济运行。

b) 发电厂的谐波监测点宜选取为发电机出口、厂用电母线。

c) 具备监测条件的发电厂，宜定期对各发电机出口谐波电流因数（HCF）和各母线谐波电压进行测量并记录，测量方法应符合 GB/T 14549 的相关规定。

4.2.3.3 三相不平衡度指标及限值。

a) 应通过监测发电机组负序电流对三相不平衡度进行评估。

b) 三相负荷不对称时，水轮发电机的三相不平衡应满足 GB 755 的要求，所承受的负序电流分量（I_2）与额定电流之比（I_2/I_N）应符合表 3 的规定，且定子每相电流均不超过额定值时，应能连续运行。当发生不对称故障时，$(I_2/I_N)^2$ 和时间 t（s）的乘积应分别不超过表 3 所规定的数值。

表 3 发电机不平衡负荷运行限值

水轮发电机		
发电机类型	连续运行时的 I_2/I_N 最大值	故障状态运行时 $(I_2/I_N)^2 t$ 最大值 s
间接冷却绕组	0.08	20
直接冷却（内冷）绕组	0.05	15
注：S_N 为额定容量，MVA		

4.2.3.4 三相不平衡度监测。

a) 发电厂的三相不平衡度监测点应设置在发电机出口。

b) 具备监测条件的发电厂，应定期对各发电机出口负序电流分量（I_2）进行测量并记录。

4.3 监测设备检定、检验

a) 应依据 DL/T 1028 开展电能质量测试、分析仪器的检定工作，便携型电能质量测试分析仪检定周期不宜超过 2 年，使用频繁的仪器检定周期不宜超过 1 年，在线监测型电能质量测试分析仪检定周期不宜超过 5 年。修理后的仪器应经检定合格后，方可投入使用。

b) 电能质量测试分析仪应依据 DL/T 1028 进行首次检定和周期检定，检定项目见表 4。

表 4 检定项目一览表

检定项目	首次检定	周期检定
外观及工作正常性检查	检	检
绝缘电阻	检	检
绝缘强度	检	不检

表4（续）

检 定 项 目	首次检定	周期检定
电压	检	检
频率	检	检
谐波电压	检	检
谐波电流	检	检
谐波功率	选检	选检
基波频率偏移对谐波电压、谐波电流的影响	检	不检
短时间闪变值	检	检
长时间闪变值	检	不检
三相不平衡度	检	检
测量结果的重复性	检	不检

c) 电能质量监测用电压、频率变送器及无功电压表计的检验周期不得超过三年，主要监测点的变送器应每年检定一次，相关检定要求见 JJG（电力）01。

5 监督管理要求

5.1 监督基础管理工作

5.1.1 电能质量监督管理的依据

应按照《华能电厂安全生产管理体系要求》中有关技术监督管理和本标准的要求，制定电能质量监督管理标准，并根据国家法律、法规及国家、行业、集团公司标准、规范、规程、制度，结合发电厂实际情况，编制电能质量监督相关/支持性文件；建立健全技术资料档案，以科学、规范的监督管理，保证电能质量设备安全可靠运行。

5.1.2 电能质量监督管理应具备的相关/支持性文件

a) 电能质量技术监督实施细则。

b) 变压器分接位置调整及管理办法。

5.1.3 技术资料档案

5.1.3.1 基建阶段技术资料。

a) 励磁系统技术资料。

b) 一次调频系统技术资料。

c) AGC 系统技术资料。

d) AVC 系统技术资料。

5.1.3.2 设备清册及设备台账。

a) 电能质量监测点所使用的 TA、TV 台账。

b) 电能质量监测用仪器、仪表台账。

c) AGC、AVC、PSS、AVR 装置定值参数清单等。

5.1.3.3 试验报告和记录。

a) 并网电能质量测试报告。

b) 发电机进相试验报告。

c) 一次调频试验报告。

d) 励磁系统 PSS 试验报告。

e) AVC 系统试验报告。

f) AGC 系统试验报告。

g) 电能质量定期监测报告或记录。

5.1.3.4 缺陷闭环管理记录。

月度缺陷分析。

5.1.3.5 事故管理报告和记录。

a) 电能质量监督设备停运、障碍、事故统计记录。

b) 事故分析报告。

5.1.3.6 技术改造报告和记录。

a) 可行性研究报告。

b) 技术方案和措施。

c) 技术图纸、资料、说明书。

d) 质量监督和验收报告。

e) 完工总结报告和后评估报告。

5.1.3.7 监督管理文件。

a) 电能质量监督管理标准、规程等文件。

b) 技术监督网络文件。

c) 电能质量监督专责人员资质证书。

d) 电能质量技术监督工作计划、报表、总结以及动态检查报告。

e) 现行国家标准、行业标准、反事故措施及电能质量监督有关文件。

f) 所属电网的调度规程。

g) 所属电网统调发电厂涉及电能质量管理与考核文件等。

5.2 日常管理内容和要求

5.2.1 健全监督网络与职责

5.2.1.1 各发电厂应建立健全由生产副厂长（总工程师）领导下的电能质量技术监督三级管理网。第一级为厂级，包括生产副厂长（总工程师）领导下的电能质量监督专责人；第二级为部门级，包括运行部电气专工，检修部电气专工等；第三级为班组级，包括各专工领导的班组人员。在生产副厂长（总工程师）领导下由电能质量监督专责人统筹安排，协调运行、检修等部门共同配合完成电能质量监督工作。电能质量监督三级网严格执行岗位责任制。

5.2.1.2 按照集团公司《电力技术监督管理办法》编制发电厂电能质量监督管理标准，做到分工、职责明确，责任到人。

5.2.1.3 电能质量技术监督工作归口职能管理部门在发电厂技术监督领导小组的领导下，负责电能质量技术监督的组织建设工作，建立健全技术监督网络，并设电能质量技术监督专责人，负责全厂电能质量技术监督日常工作的开展和监督管理。

5.2.1.4 电能质量技术监督工作归口职能管理部门每年年初要根据人员变动情况及时对网络

成员进行调整；按照人员培训和上岗资格管理办法的要求，定期对技术监督专责人和特殊技能岗位人员进行专业和技能培训，保证持证上岗。

5.2.2 确定监督标准符合性

5.2.2.1 电能质量技术监督标准应符合国家、行业及上级主管单位的有关规定和要求。

5.2.2.2 每年年初，电能质量技术监督专责人应根据新颁布的标准及设备异动情况，对厂内电气设备运行规程、检修规程等规程、制度的有效性、准确性进行评估，对不符合项进行修订，经生技部 （策划部）主任审核、生产主管领导审批完成后发布实施。国标、行标及上级监督规程、规定中涵盖的相关电能质量监督工作均应在厂内规程及规定中详细列写齐全，在电气设备规划、设计、建设、更改过程中的电能质量监督要求等同采用每年发布的相关标准。

5.2.3 确定仪器、仪表有效性

5.2.3.1 应建立电能质量监督用仪器、仪表设备台账，根据检验、使用及更新情况进行补充完善。

5.2.3.2 应根据检定周期，每年应制定仪器仪表的校验计划，根据检验计划定期进行检验或送检，对检验合格的可继续使用，对检验不合格的则送修，对送修仍不合格的作报废处理。

5.2.4 制定监督工作计划

5.2.4.1 电能质量技术监督专责人每年 11 月 30 日前应组织完成下年度技术监督工作计划的制定工作，并将计划报送产业公司、区域公司，同时抄送西安热工研究院有限公司（以下简称"西安热工院"）。

5.2.4.2 发电厂技术监督年度计划的制定依据至少应包括以下几方面：

a) 国家、行业、地方有关电力生产方面的法规、政策、标准、规范、反事故措施要求。

b) 集团公司、产业公司、区域公司、发电厂技术监督工作规划和年度生产目标。

c) 集团公司、产业公司、区域公司、发电厂技术监督管理制度和年度技术监督动态管理要求。

d) 技术监督体系健全和完善化。

e) 人员培训和监督用仪器设备配备和更新。

f) 机组检修计划。

g) 设备目前的运行状态。

h) 技术监督动态检查、预警、月（季）报提出问题。

i) 收集的其他有关发电设备设计选型、制造、安装、运行、检修、技术改造等方面的动态信息。

5.2.4.3 发电厂技术监督工作计划应实现动态化，即各专业应每季度制定技术监督工作计划。年度（季度）监督工作计划应包括以下主要内容：

a) 技术监督组织机构和网络完善。

b) 监督管理标准、技术标准规范制定、修订计划。

c) 人员培训计划（主要包括内部培训、外部培训取证，标准规范宣贯）。

d) 技术监督例行工作计划。

e) 检修期间应开展的技术监督项目计划。

f) 监督用仪器仪表检定计划。

g) 技术监督自我评价、动态检查和复查评估计划。

h) 技术监督预警、动态检查等监督问题整改计划。

i) 技术监督定期工作会议计划。

5.2.4.4 电能质量技术监督专责人每季度对电能质量监督各部门的监督计划执行情况进行检查，对不满足监督要求的通过技术监督不符合项通知单的形式下发到相关部门进行整改，并对电能质量监督的相关部门进行考评。技术监督不符合项通知单编写格式见附录A。

5.2.5 监督档案管理

5.2.5.1 为掌握设备电能质量变化规律，便于分析研究和采取对策，发电厂应按照附录B规定的资料目录和格式要求，建立健全电能质量技术监督档案、规程、制度和技术资料，确保技术监督原始档案和技术资料的完整性和连续性。

5.2.5.2 根据电能质量监督组织机构的设置和受监设备的实际情况，要明确档案资料的分级存放地点和指定专人负责整理保管。

5.2.5.3 为便于上级检查和自身管理的需要，电能质量技术监督专责人要存有全厂电能质量档案资料目录清册，并负责实时更新。

5.2.6 监督报告报送管理

5.2.6.1 电能质量监督速报的报送

当发电厂发生重大监督指标异常，受监控设备重大缺陷、故障和损坏事件，火灾事故等重大事件后24h内，应将事件概况、原因分析、采取措施按照附录C的格式，以速报的形式报送产业公司、区域公司和西安热工院。

5.2.6.2 电能质量监督季报的报送

电能质量技术监督专责人应按照附录D的季报格式和要求，组织编写上季度电能质量技术监督季报。经发电厂归口职能管理部门汇总后，应于每季度首月5日前，将全厂技术监督季报报送产业公司、区域公司和西安热工院。

5.2.6.3 电能质量监督年度工作总结报告的报送

a) 电能质量技术监督专责人应于每年1月5日前组织完成上年度技术监督工作总结报告的制写工作，并将总结报告报送产业公司、区域公司和西安热工院。

b) 年度监督工作总结报告主要内容应包括以下几方面：

1) 主要工作完成情况。

2) 工作亮点。

3) 设备一般事故和异常统计分析。

4) 存在的问题：

——未完成工作；

——存在问题分析；

——经验与教训。

5) 下一步工作思路及主要措施。

5.2.7 监督例会管理

5.2.7.1 发电厂每年至少召开两次技术监督工作会，检查评估、总结、布置技术监督工作，对技术监督中出现的问题提出处理意见和防范措施，形成会议纪要，按管理流程批准后发布实施。

5.2.7.2 监督例会主要内容包括：

a) 上次监督例会以来电能质量监督工作开展情况。

b) 设备及系统的故障、缺陷分析及处理措施。

c) 电能质量监督存在的主要问题及解决措施/方案。

d) 上次监督例会提出问题整改措施完成情况的评价。

e) 技术监督工作计划发布及执行情况，监督计划的变更。

f) 集团公司技术监督季报，监督通讯，新颁布的国家、行业标准规范，监督新技术学习交流。

g) 电能质量监督需要领导协调和其他部门配合及关注的事项。

h) 至下次监督例会时间内的工作要点。

5.2.8 监督预警管理

5.2.8.1 集团公司电能质量监督三级预警项目见附录 E，发电厂应将三级预警识别纳入日常电能质量监督管理和考核工作中。

5.2.8.2 对于上级监督单位签发的预警通知单，发电厂应认真组织人员研究有关问题，制定整改计划，整改计划中应明确整改措施、责任部门、责任人和完成日期。

5.2.8.3 问题整改完成后，按照验收程序要求，发电厂应向预警提出单位提出验收申请，经验收合格后，由验收单位填写预警验收单，并报送预警签发单位备案。

5.2.9 监督问题整改管理

5.2.9.1 整改问题的提出。

a) 上级或技术监督服务单位在技术监督动态检查、预警中提出的整改问题。

b) 《水电技术监督报告》中明确的集团公司或产业公司、区域公司督办问题。

c) 《水电技术监督报告》中明确的发电厂需要关注及解决的问题。

d) 发电厂电能质量技术监督专责人每季度对各部门电能质量监督计划的执行情况进行检查，对不满足监督要求提出的整改问题。

5.2.9.2 问题整改管理。

a) 发电厂收到技术监督评价报告后，应组织有关人员会同西安热工院或技术监督服务单位，在两周内完成整改计划的制定和审核，整改计划编写格式见附录 H。并将整改计划报送集团公司、产业公司、区域公司，同时抄送西安热工院或技术监督服务单位。

b) 整改计划应列入或补充列入年度监督工作计划，发电厂按照整改计划落实整改工作，并将整改实施情况及时在技术监督季报中总结上报。

c) 对整改完成的问题，发电厂应保存问题整改相关的试验报告、现场图片、影像等技术资料，作为问题整改情况及实施效果评估的依据。

5.2.10 监督评价与考核

5.2.10.1 发电厂应将《电能质量技术监督工作评价表》中的各项要求纳入日常电能质量监督管理工作中，《电能质量技术监督工作评价表》见附录I。

5.2.10.2 按照《电能质量技术监督工作评价表》（见附录I）中的要求，编制完善各项电能质量技术监督管理制度和规定，并认真贯彻执行；完善各项电能质量监督的日常管理和检修记录，加强受监设备的运行技术监督和检修技术监督。

5.2.10.3 发电厂应定期对技术监督工作开展情况组织自我评价,对不满足监督要求的不符合项以通知单的形式下发到相关部门进行整改,并对相关部门及责任人进行考核。

5.3 各阶段监督重点工作

5.3.1 设计与设备选型阶段

5.3.1.1 设备选型。

a) 应严格按照设备设计及审批程序开展选型工作,确保设备符合国家、行业电能质量相关标准规范及集团公司电能质量监督技术标准的相关要求。

b) 各设备的选型重点关注(但不限于)以下几个方面:无功补偿方式及方案;发电机额定功率因数及进相能力、自动调整励磁系统性能;变压器调压方式、额定电压比、调压范围及每挡调压值;一次调频功能及性能;安全稳定自动装置的配置;AGC/AVC装置功能及性能;变频整流装置输出形式和调节方式。

5.3.1.2 监测表计选型。

a) 用于电能质量监测的仪器、仪表及装置实行产品质量许可,凡未取得国家、部或电网相关部门检定合格的产品不得列入工程选型范围。

b) 电能质量监测应使用具有连续监测与统计功能的仪器、仪表或自动监控系统,其性能与功能应符合国家、行业电能质量有关标准规范及集团公司电能质量监督技术标准的相关要求。

5.3.1.3 监测点设置。

应依据集团公司电能质量监督标准确定的原则,设置电能质量监测点,并据此开展电能质量监测系统设计及仪器、仪表配置等工作。

5.3.2 并网验收阶段。

5.3.2.1 应严格遵照集团公司工程建设阶段质量监督的规定及国家、行业相关规程和设计要求,进行安装、调试和验收工作,确保工程质量;并将设计单位、制造厂家和供货部门为工程提供的技术资料、试验记录、验收单等有关资料列出清册,全部移交生产单位。

5.3.2.2 试验、检验。

a) 应开展投产前电能质量相关试验,各项试验结果应符合有关国家、行业标准规范要求,试验报告应提交生产单位审核,验收合格后,方可投入运行。试验项目包括(但不限于):发电机励磁系统试验,发电机进相试验,一次调频试验,PSS参数整定试验,无功电流调差系数整定试验、AGC、AVC试验等。

b) 应按设计要求开展电能质量监测系统安装和调试,系统各仪器、仪表及装置应通过出厂检验和投运检验,调试合格后编写调试报告提交生产单位审核,验收合格后,方可投入运行。

5.3.2.3 技术资料交接。

验收合格后,移交的技术资料包括(但不限于):试验(调试)报告、安装施工图纸、使用说明书、出厂及投运检定证书、备品配件清单、验收单等,各类技术资料应归档保存。

5.3.3 运行阶段

5.3.3.1 指标监控。

a) 对当地电网调度部门下发的电压(无功)曲线应及时下发到集控值班台,并归档管理。

b）　运行规程中应包括进相运行的实施细则和反事故措施，并按照调度部门下达的电压曲线或调压要求，确保按照逆调压的原则控制发电厂高压母线电压在合格范围内。

c）　监督运行人员对母线电压和系统频率的监控与调整包括正常运行方式下的调整、监控以及事故情况下的应急处理。

d）　应保持发电机组的自动调整励磁装置具有强励限制、低励限制等环节，并投入运行。

e）　根据电能质量监控设备参数及定值清单，定期核对电能质量监控设备的相关参数及定值。

f）　定期组织学习电网调度关于电能质量技术监督的管理与考核办法，掌握电能质量技术监督的要求。

5.3.3.2　数据统计。

定期进行电能质量技术监督指标的统计工作，统计内容包括：电压、频率合格率指标，谐波电压指标，三相不平衡度指标，一次调频投入率，AGC、AVC 装置投入率等。

5.3.3.3　周期检验。

定期对电能质量监测装置进行维护、检验，并将相关检验报告归档保存。

5.3.3.4　报告记录。

a）　定期如实报送电能质量技术监督季度报告和年度技术监督工作总结，重大问题应及时报告。

b）　按照协定向当地调度部门上报监督报表及其他报表，报表的格式和上报日期参照当地调度部门的要求执行。

c）　根据电能质量技术监督指标的统计结果，定期形成电能质量监测报告，报告的具体形式参见附录 B。

6　监督评价与考核

6.1　评价内容

6.1.1　电能质量监督评价考核内容见附录 I《电能质量技术监督工作评价表》。

6.1.2　电能质量监督评价内容分为技术监督管理、技术监督标准执行两部分，总分为 400 分，其中监督管理评价部分包括 8 个大项 27 小项共 160 分，监督标准执行部分包括 4 个大项 11 个小项共 240 分，每项检查评分时，如扣分超过本项应得分，则扣完为止。

6.2　评价标准

6.2.1　被评价的发电厂按得分率高低分为四个级别，即优秀、良好、合格、不符合。

6.2.2　得分率高于或等于 90% 为"优秀"；80%～90%（不含 90%）为"良好"；70%～80%（不含 80%）为"合格"；低于 70% 为"不符合"。

6.3　评价组织与考核

6.3.1　技术监督评价包括集团公司技术监督评价、属地电力技术监督服务单位技术监督评价、发电厂技术监督自我评价。

6.3.2　集团公司定期组织西安热工院和公司内部专家对发电厂技术监督工作开展情况、设备状态进行评价，评价工作按照集团公司《电力技术监督管理办法》附录 D "技术监督动态检查管理办法"规定执行，分为现场评价和定期评价。

6.3.2.1 集团公司技术监督现场评价按照集团公司年度技术监督工作计划中所列的发电厂名单和时间安排进行。各发电厂在现场评价实施前应按附录I《电能质量技术监督工作评价表》进行自查，编写自查报告。西安热工院在现场评价结束后三周内，应按照集团公司《电力技术监督管理办法》附录D2的格式要求完成评价报告，并将评价报告电子版报送集团公司安生部，同时发送产业公司、区域公司及发电厂。

6.3.2.2 集团公司技术监督定期评价按照集团公司《电力技术监督管理办法》及本标准要求和规定，对发电厂生产技术管理情况，机组障碍及非计划停运情况，电能质量监督报告内容的符合性、准确性、及时性等进行评价，通过年度技术监督报告发布评价结果。

6.3.2.3 集团公司对严重违反技术监督制度、由于技术监督不当或监督项目缺失、降低监督标准而造成严重后果、对技术监督发现问题不进行整改的发电厂，予以通报并限期整改。

6.3.3 发电厂应督促属地技术监督服务单位依据技术监督服务合同的规定，提供技术支持和监督服务，依据相关监督标准定期对发电厂技术监督工作开展情况进行检查和评价分析，形成评价报告报送发电厂，发电厂应将报告归档管理，并落实问题整改。

6.3.4 发电厂应按照集团公司《电力技术监督管理办法》及华能电厂安全生产管理体系要求建立完善技术监督评价与考核管理标准，明确各项评价内容和考核标准。

6.3.5 发电厂应每年按附录I《电能质量技术监督工作评价表》，组织安排电能质量监督工作开展情况的自我评价，并按集团公司《电力技术监督管理办法》附录 D 格式编写自查报告，根据评价情况对相关部门和责任人开展技术监督考核工作。

附 录 A
（规范性附录）
技术监督不符合项通知单

编号（No）：××-××-××

发现部门：　　　专业：　　　被通知部门、班组：　　　签发：　　　日期：20××年××月××日

不符合项描述	1. 不符合项描述： 2. 不符合标准或规程条款说明：
整改措施	3. 整改措施： 制订人/日期：　　　　　　　　　　　　　　　　　审核人/日期：
整改验收情况	4. 整改自查验收评价： 整改人/日期：　　　　　　　　　　　　　　　　　自查验收人/日期：
复查验收评价	5. 复查验收评价： 复查验收人/日期：
改进建议	6. 对此类不符合项的改进建议： 建议提出人/日期：
不符合项关闭	整改人：　　　　自查验收人：　　　　复查验收人：　　　　签发人：
编号说明	年份+专业代码+本专业不符合项顺序号

附 录 B

（规范性附录）

水力发电厂电能质量技术监督资料档案格式

B.1 电能质量监督档案目录

a) 监督管理资料。

    1) 本企业电能质量技术监督组织机构文件。

    2) 电能质量监督岗位培训资料。

b) 设备基建移交资料。

    1) 励磁系统技术资料。

    2) 一次调频系统技术资料。

    3) AGC 系统技术资料。

    4) AVC 系统技术资料。

c) 设备台账。

    1) 电能质量监测点所使用的 TA、TV 台账（标准格式参见 B.2）。

    2) 电能质量监测用仪器、仪表台账（标准格式参见 B.2）。

d) 试验报告。

    1) 并网电能质量测试报告。

    2) 发电机进相试验报告。

    3) 一次调频试验报告。

    4) 励磁系统 PSS 试验报告。

    5) AVC 系统试验报告。

    6) AGC 系统试验报告。

e) 运行资料。

    1) 电能质量定期监测报告或记录（标准格式参见 B.2）。

    2) AGC、AVC、PSS、AVR 装置定值参数清单。

f) 电能质量监督技术标准和有关反事故措施。

    1) 现行国家标准、行业标准、反事故措施及电能质量监督有关文件。

    2) 所属电网的调度规程。

    3) 所属电网统调发电厂涉及电能质量管理与考核的文件。

B.2 电能质量监督档案标准格式

a) 电能质量监测点电流互感器台账见表 B.1。

表 B.1　××发电厂电能质量监测点电流互感器台账

序号	名称	型号	监测点	准确度等级	额定变比	额定二次容量	A相编号	B相编号	C相编号	制造厂家	投运日期	最近次检定日期	备注
1													
2													
3													

b)　电能质量监测点电压互感器台账见表 B.2。

表 B.2　××发电厂电能质量监测点电压互感器台账

序号	名称	型号	监测点	准确度等级	额定变比	额定二次容量	A相编号	B相编号	C相编号	制造厂家	投运日期	最近次检定日期	备注
1													
2													
3													

c)　电能质量在线监测装置台账见表 B.3。

表 B.3　××发电厂电能质量在线监测装置台账

序号	名称	型号	安装位置	准确度等级	最近次检定日期	监测点	监测信息（分别填写）					
							监测量	电流谐波限值	电压谐波限值	闪变限值	其他限值	备注
1					请分别填写各监测点位置	请分别填写各监测点位置	电能质量监测用电流互感器					
							型号 / 制造厂家 / 装设位置 / 准确度等级 / 额定变比 / 额定二次容量 / A相编号 / B相编号 / C相编号 / 投运日期 / 最近次检定日期 / 备注					
							电能质量监测用电压互感器					
							型号 / 制造厂家 / 装设位置 / 准确度等级 / 额定变比 / 额定二次容量 / A相编号 / B相编号 / C相编号 / 投运日期 / 最近次检定日期 / 备注					

表 B.3（续）

序号	名称	型号	安装位置	准确度等级	最近次检定日期	监测点	监测信息（分别填写）						
2						请分别填写各监测点位置	监测量	电流谐波限值	电压谐波限值	电压谐波限值	闪变限值	其他限值	备注

电能质量监测用电流互感器

型号	制造厂家	装设位置	准确度等级	额定变比	额定二次容量	A相编号	B相编号	C相编号	投运日期	最近次检定日期	备注

电能质量监测用电压互感器

型号	制造厂家	装设位置	准确度等级	额定变比	额定二次容量	A相编号	B相编号	C相编号	投运日期	最近次检定日期	备注

d) 电压监测统计报表见表 B.4。

表 B.4 ××发电厂20××年电压监测统计报表

月份	××kV 母线							××kV 母线						
	合格率%	最大值kV	最大值时刻日期/时/分	最小值kV	最小值时刻日期/时/分	越下限时间分	越上限时间分	合格率%	最大值kV	最大值时刻日期/时/分	最小值kV	最小值时刻日期/时/分	越下限时间分	越上限时间分
1														
2														
3														
4														
5														
6														
7														
8														

337

表 B.4（续）

月份	××kV 母线						××kV 母线					
	合格率 %	最大值 kV	最大值时刻日期/时/分	最小值 kV	最小值时刻日期/时/分	越下限时间分	越上限时间分	合格率 %	最大值 kV	最大值时刻日期/时/分	最小值 kV	最小值时刻日期/时/分	越下限时间分	越上限时间分
9												
10												
11												
12												
年度												
批准：			审核：				制表：					

注：部分发电厂与电网连接的高压母线有多个电压等级，各发电厂根据自身情况自行调整表格样式

e）电能质量技术监督谐波电压监测报表见表 B.5。

表 B.5　××发电厂20××年×季度电能质量技术监督谐波电压监测报表

单位：　　　　　　　　　　　　　　　　　　　　　　　　　　　　　　　　　报表日期：

电站名称	监测点	电压等级	谐波电压含有率																	电压总谐波畸变率 %	负荷情况 MW	测试时间	备注：超标原因谐波源设备情况
			2	3	4	5	6	7	8	9	10	11	12	13	14	15	16	17	18	19				
批准：			审核：																	制表：			

f) 电能质量技术监督谐波电流监测报表见表 B.6。

表 B.6 ××发电厂 20××年×季度电能质量技术监督谐波电流监测报表

单位： 报表日期：

机组名称	电压等级	谐波电流含有率												HCF	负荷MW	测试时间	备注：超标原因谐波源设备情况
		2	3	4	5	6	7	8	9	10	11	12	13				
×号机组																	
×号机组																	
×号机组																	
批准：				审核：						制表：							

g) 电能质量技术监督三相不平衡度监测报表见表 B.7。

表 B.7 ××发电厂 20××年度电能质量技术监督三相不平衡度监测报表

单位： 报表日期：

机组名称	第一季度			第二季度			第三季度			第四季度		
	I_2	I_2/I_N	是否合格	I_2	I_2/I_N	是否合格	I_2	I_2/I_N	是否合格	I_2	I_2/I_N	是否合格
×号机组												
×号机组												
测量人员												
测量时间												
批准：				审核：						制表：		

注：表中 I_2 为发电机出口负序电流，I_N 为发电机额定正序电流值，是否合格应结合发电厂发电机类型而定，具体判断标准见集团公司电能质量监督标准相关条款

附 录 C
（规范性附录）
技 术 监 督 信 息 速 报

单位名称			
设备名称		事件发生时间	
事件概况	注：有照片时应附照片说明。		
原因分析			
已采取的措施			
监督专责人签字		联系电话： 传　真：	
生长副厂长或总工程师签字		邮　箱：	

附 录 D
（规范性附录）
水力发电厂电能质量技术监督季报编写格式

××电厂20××年×季度电能质量技术监督季报
编写人：×××　固定电话/手机：××××××
审核人：×××
批准人：×××
上报时间：20××年××月××日

D.1　上季度集团公司督办事宜的落实或整改情况

D.2　上季度产业（区域）公司督办事宜的落实或整改情况

D.3　电能质量监督年度工作计划完成情况统计报表

表D.1　年度技术监督工作计划和技术监督服务单位合同项目完成情况统计报表

发电厂技术监督计划完成情况			技术监督服务单位合同工作项目完成情况		
年度计划项目数	截至本季度完成项目数	完成率%	合同规定的工作项目数	截至本季度完成项目数	完成率%

D.4　电能质量监督考核指标完成情况统计报表

1. 监督管理考核指标报表

监督指标上报说明：每年的1、2、3季度所上报的技术监督指标为季度指标；每年的4季度所上报的技术监督指标为全年指标。

表D.2　20××年×季度仪表校验率统计报表

年度计划应校验仪表台数	截至本季度完成校验仪表台数	仪表校验率%	考核或标杆值%
			100

表D.3　技术监督预警问题至本季度整改完成情况统计报表

一级预警问题			二级预警问题			三级预警问题		
问题项数	完成项数	完成率%	问题项数	完成项数	完成率%	问题项目	完成项数	完成率%

表 D.4　集团公司技术监督动态检查提出问题本季度整改完成情况统计报表

检查年度	检查提出问题项目数项			电厂已整改完成项目数统计结果			
	严重问题	一般问题	问题项目合计	严重问题	一般问题	完成项目数小计	整改完成率 %

2. 技术监督考核指标报表

表 D.5　20××年×季度母线电压合格率季报报表

母线名称	电压合格范围	季度最高电压 kV	季度最低电压 kV	季度电压合格率 %	当季电压累计超限时间
并网点母线					
发电机电压					

表 D.6　20××年×季度 AVR 装置投入率及退出时间季报报表

机组名称	AVR 装置投入率 %	AVR 装置退出时间及原因说明
1 号机组		
2 号机组		

3. 技术监督考核指标简要分析

填报说明：分析指标未达标的原因。

D.5　本季度主要的电能质量监督工作

填报说明：简述电能质量监督管理、试验、检修、运行的工作和设备遗留缺陷的跟踪情况。

D.6　本季度电能质量监督发现的问题、原因及处理情况

填报说明：包括试验、检修、运行、巡视中发现的一般事故和障碍、危急缺陷和严重缺陷。必要时应提供照片、数据和曲线。

D.7　电能质量监督下季度的主要工作

D.8　附表

中国华能集团公司技术监督动态检查专业提出问题至本季度整改完成情况见表 D.7。《中国华能集团公司水电技术监督报告》专业提出的存在问题至本季度整改完成情况见表 D.8。
技术监督预警问题至本季度整改完成情况见表 D.9。

表 D.7　中国华能集团公司技术监督动态检查专业提出问题至本季度整改完成情况

序号	问题描述	问题性质	西安热工院提出的整改建议	发电厂制定的整改措施和计划完成时间	目前整改状态或情况说明
注 1：填报此表时需要注明集团公司技术监督动态检查的年度。 注 2：如 4 年内开展了 2 次检查，应按此表分别填报。待年度检查问题全部整改完毕后，不再填报					

表 D.8　《中国华能集团公司水电技术监督报告》
专业提出的存在问题至本季度整改完成情况

序号	问题描述	问题性质	问题分析	解决问题的措施及建议	目前整改状态或情况说明

表 D.9　技术监督预警问题至本季度整改完成情况

预警通知单编号	预警类别	问题描述	西安热工院提出的整改建议	发电厂制定的整改措施和计划完成时间	目前整改状态或情况说明

附　录　E

（规范性附录）

水力发电厂电能质量技术监督预警项目

E.1　一级预警

无。

E.2　二级预警

a)　人为原因造成电网电压或频率异常波动。

b)　一年内连续两次电厂原因造成电网电压或频率异常波动。

c)　经三级预警后，未按期完成整改任务。

E.3　三级预警

a)　考核点母线电压月度合格率不满足调度要求。

b)　由于设备原因造成电网电压、频率异常波动。

c)　一次调频达不到当地电网要求。

附 录 F

（规范性附录）

技术监督预警通知单

通知单编号：T–　　　　　　　　　　预警类别：　　　　日期：　　年　　月　　日

发电企业名称	
设备（系统）名称及编号	
异常情况	
可能造成或已造成的后果	
整改建议	
整改时间要求	

提出单位		签发人	

注：通知单编号：T–预警类别编号–顺序号–年度。预警类别编号：一级预警为1，二级预警为2，三级预警为3。

附　录　G

（规范性附录）

技术监督预警验收单

验收单编号：Y-　　　　　　　　　预警类别：　　　　　日期：　　年　　月　　日

发电企业名称	
设备（系统）名称及编号	
异常情况	
技术监督服务单位整改建议	
整改计划	
整改结果	

验收单位		验收人	

注：验收单编号：Y-预警类别编号-顺序号-年度。预警类别编号：一级预警为1，二级预警为2，三级预警为3。

附 录 H
（规范性附录）
技术监督动态检查问题整改计划书

H.1 概述

H.1.1 叙述计划的制定过程（包括西安热工院、技术监督服务单位及电厂参加人等）。

H.1.2 需要说明的问题，如：问题的整改需要较大资金投入或需要较长时间才能完成整改的问题说明。

H.2 问题整改计划表

问题整改计划表见表 H.1。

表 H.1 问题整改计划表

序号	问题描述	专业	西安热工院提出的整改建议	发电厂制定的整改措施和计划完成时间	发电厂责任人	西安热工院责任人	备 注

H.3 一般问题整改计划表

一般问题整改计划表见表 H.2。

表 H.2 一般问题整改计划表

序号	问题描述	专业	西安热工院提出的整改建议	发电厂制定的整改措施和计划完成时间	发电厂责任人	西安热工院责任人	备 注

附 录 I
（规范性附录）
水力发电厂电能质量技术监督工作评价表

序号	评价项目	标准分	评价内容与要求	评分标准
1	监督管理	160		
1.1	组织与职责	20	查看发电厂技术监督组织机构文件、上岗资格证	
1.1.1	监督组织健全	4	建立健全厂级监督领导小组领导下的电能质量监督组织机构，在归口职能管理部门设置电能质量监督专责人	（1）没有监督机构，不得分； （2）监督机构不健全，扣2分
1.1.2	职责明确并得到落实	4	查看岗位职责及相关文件。各级电能质量技术监督专责人分工明确，落实到人	（1）分管生产厂长或总工职责，1分； （2）电能监督专责工程师职责，1分； （3）运行部门职责，1分； （4）检修部门职责，1分
1.1.3	电能质量专责持证上岗	12	检查上岗资格证书。电能质量监督网络成员应取得中国华能集团公司颁发的上岗资格证书	未取得资格证书或证书超期，不得分
1.2	标准符合性	20	查看：保存现行有效的国家、行业与电能质量监督有关的技术标准、规范；电能质量监督管理标准；企业技术标准	
1.2.1	电能质量监督管理标准	4	（1）编写的内容、格式应符合《华能电厂安全生产管理体系要求》和《华能电厂安全生产管理体系管理标准编制导则》的要求，并统一编号； （2）内容应符合国家、行业法律、法规、标准和《中国华能集团公司电力技术监督管理办法》相关的要求，并符合发电厂实际	（1）不符合《华能电厂安全生产管理体系要求》和《华能电厂安全生产管理体系管理标准编制导则》的编制要求，扣2分； （2）不符合国家、行业法律、法规、标准和《中国华能集团公司电力技术监督管理办法》相关的要求和发电厂实际，扣2分
1.2.2	国家、行业技术标准	4	查看相关标准。保存的技术标准符合集团公司年初发布的电能质量监督标准目录；及时收集新标准，并在厂内发布	（1）缺少标准或未更新，每个扣2分； （2）标准未在厂内发布，扣4分

表（续）

序号	评价项目	标准分	评价内容与要求	评分标准
1.2.3	企业技术标准	6	（1）查看相关文件； （2）结合本厂实际制定电能质量技术监督标准或实施细则； （3）按照国家及行业有关电能质量监督的法规、标准、规程、制度要求及本厂运行实际制定切实可行的，与电网调整要求相符合的规程、规定。其中应包括无功电压控制、进相运行、PSS、本厂变压器分接头协调及关于运行人员调整电压、电压异常处理的方法	（1）实施细则内容不完善，扣2分； （2）未制定实施细则，扣4分； （3）任一项内容不全，扣2分，扣完为止
1.2.4	标准更新	6	标准更新符合管理流程	（1）未按时修编，每个扣2分； （2）标准更新不符合标准更新管理流程，每个扣2分
1.3	仪器、仪表	20	现场查看仪器、仪表台账、检验计划、检验报告	
1.3.1	设备台账	2	建立电能质量参数监测的仪器、仪表及装置台账	仪器、仪表记录不全，一台扣1分
1.3.2	说明书及技术资料	3	电能质量监测仪器、仪表说明书及技术资料应保存完整资料	说明书及技术资料缺失，一件扣1分，扣完为止
1.3.3	检定、检验报告	5	定期进行电能质量监测设备（电能质量测试仪、显示仪表、电压及频率变送器等）的检验	（1）未开展定期检验，不得分； （2）未制定检验计划或检验计划不合理，扣3分； （3）发生超期检验或未检验的，每项扣2分，扣完为止
1.3.4	外委试验使用仪器、仪表管理	10	应有试验使用的仪器、仪表检验报告复印件	不符合要求，每台扣5分
1.4	监督计划	20	现场查看发电厂监督计划	
1.4.1	计划的制定	8	（1）监督计划制定时间、依据符合要求； （2）计划内容应包括： 1）管理制度制定或修订计划； 2）培训计划（内部及外部培训、资格取证、规程宣贯等）； 3）动态检查提出问题整改计划； 4）电能质量监督中发现重大问题整改计划； 5）仪器、仪表送检计划； 6）定期工作计划	（1）计划制定时间、依据不符合要求，每个计划扣2分； （2）计划内容不全，一个计划扣4分

表（续）

序号	评价项目	标准分	评价内容与要求	评分标准
1.4.2	计划的审批	6	计划的审批符合工作流程：班组或部门编制→策划部电能质量专责人审核→策划部主任审定→生产厂长审批→下发实施	审批工作流程缺少环节，一个扣1分
1.4.3	计划的上报	6	每年11月30日前上报产业公司、区域公司，同时抄送西安热工院	未按时上报计划，扣6分
1.5	监督档案	20	现场查看监督档案、档案管理的记录	
1.5.1	监督档案清单	4	每类资料有编号、存放地点、保存期限	缺一项，扣1分，扣完为止，没有相应装置不做考核
1.5.2	报告和记录	8	（1）各类资料内容齐全、时间连续；（2）及时记录新信息；（3）及时完成预防性试验报告、运行月度分析、定期检修分析、检修总结、故障分析等报告编写，按档案管理流程审核归档	缺一项，扣2分，扣完为止
1.5.3	档案管理	8	（1）资料按规定储存，由专人管理；（2）记录借阅应有借、还记录；（3）有过期文件处置的记录	
1.6	评价与考核	16	现场查看监督档案、档案管理的记录	
1.6.1	动态检查前自我检查	4	自我检查评价切合实际	（1）未进行自我检查不得分；（2）自我检查评价与动态检查评价的评分相差10分及以上，扣2分
1.6.2	定期监督工作评价	4	有监督工作评价记录	无工作评价记录，扣4分
1.6.3	定期监督工作会议	4	是否按要求定期开展技术监督工作会议，总结电能质量技术监督工作，分析存在的问题，并提出处理建议	（1）未召开技术监督工作会议，不得分；（2）缺少会议纪要，扣2分
1.6.4	监督工作考核	4	有监督工作考核记录	发生监督不力事件而未考核，扣2分
1.7	工作报告制度	20	查阅检查之日前四个季度季报、检查速报事件及上报时间	

表（续）

序号	评价项目	标准分	评价内容与要求	评分标准
1.7.1	监督季报、年报	8	（1）每季度首月5日前，应将技术监督季报报送产业公司、区域公司和西安热工院； （2）格式和内容符合要求	（1）季报、年报上报迟报1天扣2分； （2）格式不符合，一项扣2分； （3）报表数据不准确，一项扣4分； （4）检查发现的问题未在季报中上报，每1个问题扣4分
1.7.2	技术监督速报	8	按规定格式和内容编写技术监督速报并及时上报	（1）发现或者出现重大设备问题和异常及障碍未及时、真实、准确上报技术监督速报，每1项扣4分； （2）上报速报事件描述不符合实际，一件扣4分
1.7.3	年度工作总结报告	4	（1）每年元月5日前组织完成上年度技术监督工作总结报告的编写工作，并将总结报告报送产业公司、区域公司和西安热工院； （2）格式和内容符合要求	（1）未按规定时间上报，扣4分； （2）内容不全，扣4分
1.8	监督管理考核指标	24		
1.8.1	试验仪器、仪表校验率	12	要求：100%	任何一项不满足要求，扣4分，扣完为止
1.8.2	监督预警、季报问题整改完成率	6	要求：100%	不符合要求，不得分
1.8.3	动态检查存在问题整改完成率	6	要求：从发电企业收到动态检查报告之日起，第1年整改完成率不低于85%；第2年整改完成率不低于95%	不符合要求，不得分
2	技术监督实施	240		
2.1	试验	60		
2.1.1	100MW及以上发电机应进行进相试验，运行中发电机的无功出力及进相运行能力应满足电网调度关于发电机进相运行深度的要求，低励限制值应与进相试验结果相符，并经主管部门核定，订入运行规程	30	检查试验报告及运行规程	（1）未进行进相试验，不得分。 （2）低励限制值与进相试验结果不符，扣15分。 （3）未制定进相运行规程或未将进相试验结果订入运行规程，扣10分

表（续）

序号	评价项目	标准分	评价内容与要求	评分标准
2.1.2	并网发电机组应开展一次调频试验，机组一次调频性能应满足要求： 　　（1）发电机组一次调频功能应满足当地电网一次调频性能要求，负荷响应滞后时间一般不大于 4s；电网频率变化超过机组一次调频死区时，机组应在 15s 内根据机组相应目标完全响应；电网频率变化超过机组一次调频死区时开始的 45s 内，机组实际出力与响应目标偏差的平均值应在理论计算调整幅度的 ±3% 内。 　　（2）水轮发电机组调速系统的性能指标，如永态转差、转速调节死区、响应时间、稳定时间等应符合 DL/T 563 的要求。 　　（3）水轮发电机组无论正常水头还是低水头运行，其进水导叶开度应保留 3% 以上的调节能力	30	检查设备资料及试验报告	（1）未开展发电机组一次调频试验，不得分。 　　（2）任何一项不满足要求，扣 10 分，扣完为止
2.2	运行维护	75		
2.2.1	电压调整： 　　（1）运行人员电压调整应按调度部门下达的电压曲线和调压要求，控制高压母线电压，确保其在合格范围内。 　　（2）运行人员掌握电网的调压要求。 　　（3）运行人员应掌握电网下达的关于节日、大负荷或重大政治活动期间的调压要求	15	检查资料及现场提问	（1）运行人员对电网调整电压的要求掌握不全面，扣 5 分。 　　（2）节日、大负荷或重大活动期间高压母线电压超限，扣 10 分
2.2.2	发电机组的自动调整励磁系统应具有自动调差环节和合理的调差系数，各机组调差系数的整定应协调一致，运行中不发生发电机抢带无功的现象	10	检查资料及记录	发电机无功不平衡超过 10%，不得分

表（续）

序号	评价项目	标准分	评价内容与要求	评分标准
2.2.3	具备电能质量监测能力的，应定期进行电能质量（谐波、三相不平衡等）监测并形成书面记录，统计方法应准确。 （1）具备监测条件的发电厂，应每半年对各发电机出口谐波电流因数（HCF）和谐波源集中的厂用电母线谐波电压进行测量并记录，测量要求应符合 GB/T 14549 的相关规定。 （2）具备监测条件的发电厂，应每季度对各发电机出口负序电流分量（I_2）进行测量并记录	30	检查测试报告或记录	（1）未定期开展电能质量指标监测，不得分。 （2）缺少一项，扣15分。 （3）不具备监测条件的发电厂，不扣分
2.2.4	对运行设备出现的与电能质量相关的故障及设备缺陷及时上报	5	检查记录	运行设备出现的故障及设备缺陷未及时上报，扣5分
2.2.5	按规定做好运行电压和频率的记录及统计工作	15	检查记录	（1）未开展电压、频率记录统计工作，不得分。 （2）统计工作不完善，扣10分
2.3	设备监督重点	65		
2.3.1	电压、频率、谐波、三相不平衡度监测点应符合要求： （1）发电厂所在区域的电网调度中心列为考核点及监测点的电厂高压母线（主变压器高压侧）应设置为电压监测点。 （2）与电网直接连接的发电厂高压母线（主变压器高压侧）应设置为电压监测点。 （3）发电机出口母线、10kV 厂用电母线宜设置为电压监测点。 （4）发电厂频率监测点宜选取与主网直接连接的发电厂高压母线（主变压器高压侧）。 （5）发电厂的谐波监测点宜选取为发电机出口、厂用电母线。 （6）发电厂的三相不平衡度监测点应设置在发电机出口	35	检查设备技术资料及现场查看	任一项不满足要求，扣5分，无相应监测设备的对应项不扣分

表（续）

序号	评价项目	标准分	评价内容与要求	评分标准
2.3.2	电压及频率的监测表计及自动监控系统应满足要求，包括： （1）发电机、母线、变压器各侧均宜配置齐全、准确的无功、电压表计。 （2）电压监测设备应具有连续监测和统计功能，其测量精度应不低于 0.5 级。 （3）电压监测设备电压幅值测量采样窗口应满足 GB/T 17626.30 的要求，一般取 10 个周波，一个基本记录周期为 3s。 （4）频率偏差的监测，宜使用具有连续监测和统计功能的仪器、仪表或自动监控系统，其误差不大于 ±0.01Hz，一个基本记录周期为 1s。 （5）谐波监测设备测量采样窗口一般取 10 个周波，一个基本记录周期为 3s。 （6）三相不平衡度监测装置测量采样窗口一般取 10 个周波，一个基本记录周期为 3s。三相电压不平衡度测量允许误差限值为 0.2%，三相电流不平衡度测量允许误差限值为 1%	30	检查设备技术资料及现场查看	任一项不满足要求扣 5 分，无相应监测设备的，对应项不扣分
2.4	监督指标考核	40		
2.4.1	频率和电压合格率指标应满足要求： （1）连续运行统计期内频率合格率应达到本地电网的要求，并至少不低于 99.5%。 （2）连续运行统计期内母线电压合格率应满足本地电网调度要求，并至少不低于 99%	20	检查记录	任一项不合格，扣 10 分

表（续）

序号	评价项目	标准分	评价内容与要求	评分标准
2.4.2	（1）励磁系统 AVR 投入率应达到 100%。 （2）AGC 装置可用率及调节性能应满足本地电网要求，设备状态良好。 （3）AVC 装置投入率及调节合格率应满足本地电网要求，设备状态良好。 （4）一次调频投入率应满足本地电网要求，设备状态良好	20	检查记录、设备技术资料	任一项投入率不满足要求，扣 5 分

注：电能质量监督专业。

中国华能集团公司

CHINA HUANENG GROUP

中国华能集团公司水力发电厂技术监督标准汇编

Q/HN－1－0000.08.042—2015

技术标准篇

水力发电厂水轮机监督标准

2015 － 05 － 01 发布

2015 － 05 － 01 实施

目　　次

前　言

为加强中国华能集团公司水力发电厂技术监督管理，保证水力发电厂水轮机主辅设备的安全可靠运行，特制定本标准。本标准依据国家和行业有关标准、规程和规范，以及中国华能集团公司水力发电厂的管理要求、结合国内外发电的新技术、监督经验制定。

本标准是中国华能集团公司所属水力发电厂水轮机监督工作的主要依据，是强制性企业标准。

本标准自实施之日起，代替 Q/HB-J-08.L24—2009《水力发电厂水轮机监督技术标准》。

本标准由中国华能集团公司安全监督与生产部提出。

本办法由中国华能集团公司安全监督与生产部归口并解释。

本标准起草单位：华能澜沧江水电股份有限公司、西安热工研究院有限公司、云南电力试验研究院（集团）有限公司。

本标准主要起草人：乔进国、裴海林、姜发兴、齐巨涛、郭良波、郭金忠、王新乐。

本标准审核单位：中国华能集团公司安全监督与生产部、中国华能集团公司基本建设部、华能澜沧江水电股份有限公司。

本标准主要审核人：赵贺、武春生、杜灿勋、晏新春、向泽江、张洪涛、查荣瑞、吴明波。

本标准审定：中国华能集团公司技术工作管理委员会。

本标准批准人：寇伟。

水力发电厂水轮机监督标准

1 范围

本标准规定了中国华能集团公司（以下简称"集团公司"）所属水力发电厂水轮机主辅设备监督相关的技术标准内容和监督管理要求。

本标准适用于集团公司水力发电厂水轮机主辅设备的监督工作。

2 规范性引用文件

下列文件对于本文件的应用是必不可少的。凡是注日期的引用文件，仅所注日期的版本适用于本文件。凡是不注日期的引用文件，其最新版本（包括所有的修改单）适用于本文件。

GB 3797　电气控制设备

GB 11120　涡轮机油

GB/T 6075.5　在非旋转部件上测量和评价机器的机械振动　第 5 部分：水力发电厂和泵站机组

GB/T 8564　水轮发电机组安装技术规范

GB/T 9652.1　水轮机控制系统技术条件

GB/T 9652.2　水轮机控制系统试验

GB/T 10969　水轮机、蓄能泵和水泵水轮机通流部分技术条件

GB/T 11348.5　旋转机械转轴径向振动的测量和评定　第 5 部分：水力发电厂和泵站机组

GB/T 11805　水轮发电机组自动化元件（装置）及其系统基本技术条件

GB/T 14478　大中型水轮机进水阀门基本技术条件

GB/T 14541　电厂用运行矿物汽轮机油维护管理导则

GB/T 15468　水轮机基本技术条件

GB/T 15469.1　水轮机、蓄能泵和水泵水轮机空蚀评定　第 1 部分：反击式水轮机的空蚀评定

GB/T 15469.2　水轮机、蓄能泵和水泵水轮机空蚀评定　第 2 部分：蓄能泵和水泵水轮机的空蚀评定

GB/T 15613.1　水轮机、蓄能泵和水泵水轮机模型验收试验　第 1 部分：通用规定

GB/T 15613.2　水轮机、蓄能泵和水泵水轮机模型验收试验　第 2 部分：常规水力性能试验

GB/T 15613.3　水轮机、蓄能泵和水泵水轮机模型验收试验　第 3 部分：辅助性能试验

GB/T 17189　水力机械（水轮机、蓄能泵和水泵水轮机）振动和脉动现场测试规程

GB/T 18482　可逆式抽水蓄能机组启动试运行规程

GB/T 19184　水斗式水轮机空蚀评定

GB/T 20043　水轮机、蓄能泵和水泵水轮机水力性能现场验收试验规程

GB/T 21717　　小型水轮机型式参数及性能技术规定

GB/T 21718　　小型水轮机基本技术条件

GB/T 22140　　小型水轮机现场验收试验规程

GB/T 22581　　混流式水泵水轮机基本技术条件

GB/T 24001　　环境管理体系标准要求

GB/T 28528　　水轮机、蓄能泵和水泵水轮机型号编制方法

GB/T 28545　　水轮机、蓄能泵和水泵水轮机更新改造和性能改善导则

GB/T 28546　　大中型水电机组包装、运输和保管规范

GB/T 28570　　水轮发电机组状态在线监测系统技术导则

GB/T 28572　　大中型水轮机进水阀门系列

GB/T 28001　　职业健康安全管理体系要求

DL/T 443　　水轮发电机组设备出厂检验一般规定

DL/T 445　　大中型水轮机选用导则

DL/T 496　　水轮机电液调节系统及装置调整试验导则

DL/T 507　　水轮发电机组启动试验规程

DL/T 556　　水轮发电机组振动监测装置设置导则

DL/T 563　　水轮机电液调节系统及装置技术规程

DL/T 571　　电厂用磷酸酯抗燃油运行与维护导则

DL/T 586　　电力设备用户监造技术导则

DL/T 641　　电站阀门电动执行机构

DL/T 679　　焊工技术考核规程

DL/T 710　　水轮机运行规程

DL/T 751　　水轮发电机运行规程

DL/T 792　　水轮机调节系统及装置运行与检修规程

DL/T 801　　大型发电机内冷却水质及系统技术要求

DL/T 817　　水轮发电机检修技术规程

DL/T 827　　灯泡贯流式水轮发电机组启动试验规程

DL/T 838　　发电企业设备检修导则

DL/T 1051　　电力技术监督导则

DL/T 1055　　发电厂汽轮机、水轮机技术监督导则

DL/T 1066　　水电站设备检修管理导则

DL/T 1246　　水电站设备状态检修管理导则

DL/T 5066　　水力发电厂水力机械辅助设备系统设计技术规定

DL/T 5070　　水轮机金属蜗壳安装焊接工艺导则

DL/T 5071　　混流式水轮机分瓣转轮组装焊接工艺导则

DL/T 5123　　水电站基本建设工程验收规范

DL/T 5186　　水力发电厂机电设计规范

JB 3161　　水轮机模型试验规程

JB/T 8660　　水电机组包装、运输和保管规范

JB/T 56078　大型水轮机产品质量分等

SL 142　水轮机模型浑水验收试验规程

Q/HN-1-0000.08.002—2013　中国华能集团公司电力检修标准化管理实施导则（试行）

Q/HN-1-0000.08.049—2015　中国华能集团公司电力技术监督管理办法

Q/HB-G-08.L01—2009　华能电厂安全生产管理体系要求

Q/HB-G-08.L02—2009　华能电厂安全生产管理体系评价办法（试行）

华能安〔2011〕271号　中国华能集团公司电力技术监督专责人员上岗资格管理办法（试行）

3　总则

3.1　水轮机主辅设备监督必须贯彻"安全第一、预防为主"的方针。

3.2　水轮机主辅设备监督目的：对水轮机主辅设备进行全过程监督，以确保水轮机主辅设备在良好状态下运行，防止事故的发生。

3.3　本标准规定了水力发电厂水轮机主辅设备从选型、设计、监造、安装、调试、运行、维护、检修和技术改造等阶段水轮机、进水主阀、调速系统、技术供水系统、中低压气系统、油系统等的质量监督标准，以及水轮机监督管理要求、评价与考核标准，它是水力发电厂水轮机主辅设备监督工作的基础，亦是建立水轮机监督体系的依据。

3.4　各电厂应按照集团公司《华能电厂安全生产管理体系要求》《电力技术监督管理办法》中有关技术监督管理和本标准的要求，结合本厂的实际情况，制定电厂水轮机主辅设备监督管理标准；依据国家和行业有关标准和规范，编制、执行运行规程、检修规程、检验和试验规程等相关/支持性文件，以科学、规范的监督管理，保证水轮机主辅设备监督工作目标的实现和持续改进。

3.5　对于进口设备的监督，参照本标准执行，具体监督项目和试验标准可按合同规定执行。

3.6　从事水轮机监督的人员，应熟悉和掌握本标准及相关标准和规程中的规定。

4　监督技术标准

4.1　选型、设计阶段监督

4.1.1　一般要求

4.1.1.1　主设备的选型、设计监督应贯彻国家基本建设方针，体现当前的经济和技术政策。除按 GB/T 15468、DL/T 445、DL/T 5066、DL/T 5186 的规范外，还应符合现行的有关国家、行业标准，以及技术、管理法规的规定，并满足水力发电厂的设计要求。

4.1.1.2　辅助设备的选择和布置根据所选主机的要求进行选择和布置，执行 DL/T 5066、DL/T 5186 等规范，并应重点审查厂内排水系统和消防设施的安全可靠性。

4.1.1.3　辅助系统的设计应综合考虑系统局部与总体之间的相互影响、相互关联，按照工程的总体要求发挥辅助设备的最佳效能。

4.1.1.4　设计方案应综合考虑安装、试验、运行、维护和检修等方面的合理需求，进行综合比较，并积极开展科学试验，从实际出发，推广采用新技术、新设备、新材料。

4.1.1.5　水力发电厂按"无人值班（少人值守）"的原则设计，逐步推行智能化水力发电厂。按照 GB/T 11805 的技术要求配备动作可靠、数量足够、性能优良的自动化元件。

4.1.2 水轮机

4.1.2.1 水轮机的类型选择应根据水力发电厂的运行水头范围及其运行特点,保证机组安全、稳定、可靠、高效运行。在制造厂商提供的水轮机机型方案中,从运行稳定性和可靠性、能量指标、经济指标、设计制造经验等方面,综合技术经济论证后选定。

4.1.2.2 水轮机比转速的选择应根据水头、空化特性、水质条件和设计制造水平等条件综合比较,合理选择,应优先考虑水轮机的稳定性和效率。对水头变幅大的大型水力发电厂水轮机的类型进行选择时应主要考虑水轮机运行的水力稳定性要求,并进行模型机试验。

4.1.2.3 水轮机转轮公称直径应在保证发足额定功率和获得最佳经济效益的前提下选取。

4.1.2.4 为避免引水系统的水力共振,引水系统的参数和水轮机参数的选择、匹配应特别注意。

4.1.2.5 反击式水轮机的吸出高度的选择应满足水轮机在规定的运行范围内稳定运行和投资、经济合理的要求,按各特征水头运行工况及其相应的电站空化系数 σ_p 进行计算。电站空化系数根据初生空化系数 σ_t 确定。水轮机的安装高程按 DL/T 5186 经经济比较后选取。

4.1.2.6 反击式水轮机的空蚀保证,一般水质条件下应符合 GB/T 15469 或合同的规定。含沙量较大时,其对水轮机的磨蚀失重保证值,可根据过机流速、泥沙含量、泥沙特性、运行条件及电站水头等情况由供需双方商定。

4.1.2.7 选择水轮机时应研究水轮机科技发展的最新成就。采用新型号的水轮机转轮。如果没有经过运行考验,应由供方提供完整的模型试验资料,必须进行模型验收试验。

4.1.2.8 所选择的水轮机应在空载工况稳定运行和并网,水轮机稳定运行的功率范围应满足 GB/T 15468、DL/T 445 和 DL/T 710 规定的要求,即在电站规定的最大和最小水头范围内,水轮机应在表 1 所列功率范围内稳定运行。

表 1 水轮机稳定运行的功率范围

水轮机型式	相应水头下的机组保证功率范围 %
混流式	45～100
定桨式	75～100
转桨式	35～100
冲击式	25～100

4.1.2.9 对于混流式机组和轴流定桨式水轮机,在除强迫补气之外的其他必要措施后,尾水管直锥段内规定部位所测得的压力脉动值(混频峰—峰值)与相应水头的比值($A=\Delta H/H$)在最大与最小水头之比小于 1.6 时,其保证值应不大于 3%～11%,低比转速取小值,高比转速取大值;原型水轮机尾水管进口下游侧压力脉动峰—峰值应不大于 10m 水柱。

4.1.2.10 选用的水轮机应取得制造厂提供的功率、效率和流量保证,空蚀或磨蚀损坏保证,飞逸特性、运行稳定性和噪声保证,可靠性保证,以及水轮机模型综合特性曲线。水轮机的空蚀保证应满足 GB/T 15469 的要求和条件。

4.1.2.11 反击式原型水轮机的效率修正按 GB/T 15468 中的公式计算,但在技术协议上应写明选定的公式和系数 K 值。

4.1.2.12 水轮机额定转速的选择，应根据所选择的比转速或根据水头、功率、转轮直径等参数在发电机同步转速系列中通过技术经济比较选取。

4.1.2.13 水轮机的结构设计应合理，在保证设备刚度和强度的前提条件下应做到便于运输、拆装及运行、检修、维护方便，应保证在不拆卸发电机转子、定子、水轮机转轮、主轴等部件的情况下对水导轴承、主轴密封等部件及易损部件进行检查和更换。对水轮机通流部件的易空蚀和磨蚀破坏部位，应采取抗空蚀和耐磨蚀的技术措施。

4.1.2.14 水轮机的设计除遵循"参考设计"或"典型设计"外，在设计上应不断有所创新，并积极采用先进的设计手段，利用 CFD 和 CAM 技术。

4.1.2.15 水轮机的运行可靠性保证按 DL/T 445 执行，即水轮机可用率不少于 95%；水轮机无故障累计运行时间不低于 16 000h，A 级检修周期应不少于 8 年或总运行历时不低于 32 000h（对多泥沙河流的水轮机由供需双方在合同中确定，但不得低于 5 年）；水轮机使用奉命不低于 50 年。

4.1.2.16 推力轴承及导轴承应合理选择金属瓦和弹性塑料瓦。导轴承根据水质、机组容量等情况合理选用冷却方式。

4.1.2.17 主轴密封设计应使结构具有可靠性、结构简单、漏水量小、维修方便、耐磨等特点，合理选用接触式密封和非接触式密封。

4.1.3 进水主阀

4.1.3.1 进水阀应工作可靠，操作简便，结构简单，体积小，重量轻。压力管道较短的单元压力输水管，水轮机宜不设置进水阀。对于多泥沙、中高水头河流水力发电厂的单元压力管道输水管或压力管道较长的单元压力管道输水管，为水轮机装设进水阀或在水轮机流道上装设筒形阀，应进行技术经济比较论证。

4.1.3.2 进水阀应性能优越，有严密的止水密封装置，减少漏水，以便对阀后部件进行检修工作。

4.1.3.3 进水阀及其操作机构的结构和强度应满足运行要求，能承受各种工况的水压力和振动，而且不致有过大的变形。当机组发生事故时，能在动水压力下迅速关闭，其关闭时间应满足发电机飞逸允许延续的时间和压力引水管允许水锤压力值的要求，一般不大于 2min。

4.1.3.4 进水阀通常只有全开和全关两种工况，不允许部分开启来调节流量，以免造成过大的水力损失和影响水流稳定，从而引起过大的振动。

4.1.3.5 由一条压力引水总管供几台机组用水时，应在每台水轮机前装设进水阀。对于水头大于 120m 的单元压力引水管，可考虑在每台水轮机前装设进水阀。对于最大水头在 250m（压力钢管直径在 1m～10m）及以下的水力发电厂宜选用蝴蝶阀或筒形阀。最大水头在 250m（压力钢管直径为 0.5m～5m）以上的水力发电厂宜选用球阀。

4.1.3.6 主阀型式选择比较基本条件。

a) 根据最高静水头（m）和最大引用流量（m³/s）。

b) 根据使用条体，检验是否合适，并按以下特性进行比较。

    1) 结构型式。一般蝴蝶阀适用于较低水头，结构简单检修和拆卸都比较方便。

    2) 水流中含沙量。对于水流中含沙量很多的河流从密封性能来看，选用蝴蝶阀比较有利。

c) 断流性能。主阀在调速器失灵或导叶关闭失灵时，必须能够在水轮机通过最大流量和最大水头下进行关闭。但须注意关闭速度，使其不会发生超过导叶紧急关闭时所发生的最高水锤压力。

    d）漏水量。球阀密封性能好，漏水量比蝴蝶阀要小。水头损失、水流汽蚀和压力脉动条件，球阀均比蝴蝶阀为佳。

4.1.3.7 选用筒形阀作为进水主阀的水力发电厂，根据筒形阀的结构特点，在提升过程中多采用多液压缸操作。设计中合理选用同步控制方式（机械同步或电气液压同步），保证各液压缸同步运动，保证多个液压缸在运动和停止时的位置相同。

4.1.3.8 在筒形阀的设计中，要充分考虑到筒形阀接力器在机坑内检修。

4.1.4 调速系统

4.1.4.1 水轮机调速器选型的技术要求参照 GB/T 9652.1 及 DL/T 563 的规定执行。同时还应考虑当前技术水平和实际条件，使所选设备成熟、可靠、先进实用，并经综合技术经济论证比较后选定。

4.1.4.2 永态转差率 b_p 应能在零至最大设计值范围内整定。最大设计值不小于 8%，零刻度实际值不大于 0.1%，且必须为正值。

4.1.4.3 对于大型电液调节装置和重要电站的中型电液调节装置，应具有一个以上的测频信号源输入测频功能，当测频单元输入信号全部消失时，应能使机组基本保持所带的负荷，且不影响机组的正常和事故停机。

4.1.4.4 电站监控系统与调速系统之间应具有通信接口，调速系统的重要测量数据和控制信号应能从接口上送至监控系统。

4.1.4.5 调速器的主接力器容量及主配压阀的流量特性应达到设计要求，平均无故障间隔时间不少于 12 000h，平均大修间隔时间不少于 4 年。

4.1.4.6 大中型水力发电厂调速系统应具备一次调频功能，应具有一次调频参数设置专用界面，同时还应具备一次调频动作信号上送监控功能（软件通讯或硬接点方式均可）。

4.1.4.7 大中型水力发电厂的调节保证计算应根据模型试验结果、引水系统的类型和参数，对水轮发电机组发电工况甩负荷、断电试验等过渡过程用计算机仿真系统进行计算，优选导叶关闭规律和调节参数，必要时还应对调节系统的稳定性进行分析计算。保证机组甩负荷时的最大转速升高和蜗壳水压升高值等满足规范及合同要求。

4.1.4.8 为了保证油压装置供油的可靠性，需要设置一台工作油泵和一台以上备用油泵，并能定期相互切换。

4.1.5 技术供水系统

4.1.5.1 技术供水系统的设计参照 DL/T 5066 执行。

4.1.5.2 用水设备对供水量的要求，一般由制造厂提供。但在初步设计阶段，未取得制造厂的资料，电站设计单位参考相类似的电站和机组，用经验公式或曲线图表估算，求得近似值作为设备设计的依据。在技术设计阶段，再按制造厂提供的资料修改与校核。

4.1.5.3 采用水泵单元供水方式时，最好将水泵布置在相应机组段内，以缩短管道，减少水头损失。采用水泵集中供水方式时，则需设置供水泵房，将水泵集中布置在泵房内，其位置应结合电站具体条件确定，保证水压损失最小。水泵布置形式要紧凑。

4.1.5.4 进入冷却器的冷却水，应有一定的水压，以保证必要的流速和所需的水量。冷却器的强度限制了进口水压，宜采用 0.15MPa～0.3MPa，如有特殊要求时，需与制造厂协商提高强度。冷却器进口水压的下限，应足以克服冷却器内部压降及排水侧管道的水头损失，保证通过必要的流量，通过供水系统水力计算确定即可。

4.1.5.5 技术供水水温一般按夏季经常出现的最高水温考虑，制造厂一般按进水温度为25℃作为设计依据。水质要求水中不含悬浮物（如杂草、碎木等），以免堵塞管道。水中含沙粒在0.025mm以上的应不超过含沙量的5%，总含沙量宜在5kg/m³以下。对多泥沙河流要特别注意杂草与泥沙的混合作用，设计中采取措施防止堵塞管道。

4.1.5.6 技术供水水源的选择原则是，在技术上，要保证机组安全运行，满足用水设备对水量、水压、水温、水质的要求，并且整个供水系统的设备操作维护要方便。在经济上，力求设备投资和运行费用最少。

4.1.5.7 对于坝前或下游的取水口，至少应布置在最低水位以下2m，取水应从河流侧方，取水流速一般为主流流速的1/10～1/5，无论哪种水源，取水口应布置在流水区域；对于压力引水管的取水口，通常在进水阀前面（当装设进水阀时）。其布置位置应在压力引水管道侧壁上，一般是在水平方向上下45°范围内。对于蜗壳的取水口，混凝土蜗壳的取水口，就布置在蜗壳的侧壁上；金属蜗壳的取水口中，其布置位置与压力引水管相同。

4.1.5.8 对于顶盖取水除满足技术供水系统流量和压力外，还应复核推力轴承的轴向水推力、瓦温和顶盖强度。

4.1.6 中、低压气系统

4.1.6.1 中、低压气系统的设计参照DL/T 5066执行。

4.1.6.2 根据用户的性质及对压缩空气压力的要求不同，水轮机调节系统与主阀操作系统的操作油压装置均设在水电站主厂房内，要求气压较高，为厂内中压压缩空气系统。机组制动，维护检修用气，气压均为厂内低压系统。

4.1.6.3 压缩空气系统应能及时地供给用气设备所需要的气量，满足用气设备对压缩空气的气压，清洁和干燥的要求。选型时要选择正确的、设计合理的压缩空气设备，并能实现自动控制，考虑足够的安全措施。

4.1.6.4 采用热力干燥法时，空气压缩机的工作压力应根据电气设备的工作压力、当地可能出现的最大温差及电气设备对压缩空气干燥度的要求等进行选择。若电站所在地的日温差较大，可用提高降压比的办法来提高压缩空气的干燥度。

4.1.6.5 中压储气罐容积必须满足用气设备所需要的气量及漏泄损失的总用气量。

4.1.6.6 对机组制动、检修及空气围带用气等可以组成低压气系统。设计计算时，按备用户的用气要求计算出设备容量，根据各用户用气的特点和空气压缩机生产率综合考虑选配空压装置，机组运行用气储气罐宜和检修用气储气罐分离。

4.1.7 油系统

4.1.7.1 油系统的设计参照DL/T 5066执行，用油严格按照GB 11120执行。

4.1.7.2 油系统满足用油设备及各项操作流程的技术要求，设计时应按电站规模、布置方式、机型等，参照同类型电站的运行实践经验，合理地加以确定。

4.1.7.3 油系统的设计应简捷明了，减少管道和阀门数量。操作程序应清楚、不易出差错。油处理设备应能单独串、并联运行。污油和净油应各自有独立的管道和设备，以减少不必要的冲洗工作，并考虑隔离防火措施，所有设备布置在比较固定的范围，尽量减少搬动。

4.1.7.4 油系统通常按手动操作设计，机组轴承、油压装置及漏油箱的自动操作由厂家配套实现。

4.2 监造阶段监督

4.2.1 一般要求：

4.2.1.1 设备监造检查合同设备在生产过程中是否符合设备供货合同、有关规范、标准，包括专业技术规范的要求。

4.2.1.2 设备在制造厂内的监造及验收过程除按照合同要求外，还需执行的标准有 GB/T 10969、GB/T 14478、GB/T 15468、DL/T 443、DL/T 586、DL/T 679、DL/T 5070、DL/T 5071、JB/T 56078 及相关的行业标准。

4.2.1.3 监造人员应全过程参与设备在厂内的预装和出厂检查工作。

4.2.1.4 设备主要部件制造期间质量监造内容参照 DL/T 1055 中附录 A 制定技术监督内容和监造方式。

4.2.2 水轮机在制造厂内的监造主要分水轮机模型验收试验和设备设计与制造过程质量监造两大部分。

4.2.3 水轮机模型验收试验按 GB/T 15613、GB/T 15613.1、GB/T 15613.2、GB/T 15613.3、SL 142 及合同技术协议执行，现场见证应包括下列主要内容：

    a) 模型试验台检验合格，并持有鉴定合格证明，试验台在进行模型效率试验前原位率定综合误差应满足合同要求。试验水头符合模型水轮机机型要求的水头。

    b) 监测模型水轮机流通部件尺寸和制造安装质量符合规程要求，原型与模型水轮机和全套装置必须自蜗壳（分流管）入口至尾水管（渠）出口全模拟；冲击式原型和模型水轮机的喷嘴数应相同，d_0/D_1 应相等。

    c) 按 GB/T 15613、GB/T 15613.1、GB/T 15613.2、GB/T 15613.3 规定的验收试验项目，并应在模型试验中对叶道涡、叶片进水边正背面空化、局部脱流及其他可能影响稳定性的水力现象进行观测和书面评估。

    d) 双方合同技术协议规定所增加的验收试验项目。

4.2.4 检验/验收还应包括主要部件原材料的产地、材料的化学成分化验和强度试验报告、无损监测报告；主要部件的尺寸、型线、加工精度、表面粗糙度等的检验报告，以及厂内预安装记录。对铸、锻件和设备加工过程出现的较大缺陷处理，应满足相关技术要求，并征得用户同意。

4.2.5 设备制造商应向负责驻厂监造人员提供有关技术资料和图纸，包括：

    a) 水轮机及其附属设备结构设计说明书；

    b) 需监造的主要部件设计图纸以及主要工艺说明和流程；

    c) 水轮机及其附属设备开始制造前应提交制造进程表以及要求进行检验/试验项目的安排；

    d) 在制造过程中出现的重大缺陷及处理结果；

    e) 厂内制造过程质检报告及质量验收标准。

4.3 安装阶段监督

4.3.1 运输及保管

4.3.1.1 应按 GB/T 28564 的有关规定及厂家图纸技术文件的要求进行。

4.3.1.2 运输的一般要求：

a) 运输应安全可靠、规范、防护性好，从发货地装车开始至工地卸货止或在运输合同规范内，不应发生应装运、中转等不当，而导致包装损坏和零部件的损坏、变质、精度降低、受潮、锈蚀与丢失等。

b) 车船的选择，应根据零部件与包装的特点，箱件的重量、重心位置、支面结构与尺寸，零部件贵重程度，工地急需情况，运输线路限制条件，江海风浪气候条件及车船限制条件等，正确选择车型与船型。

c) 大件运输线路应实地踏勘。选择的路线应符合：安全性高、经济和运输周期短（包括中转）。

d) 运输手续齐全，符合国家行业主管部门的相关规定。大件运输技术方案与实施应符合"万无一失、完好无损"的原则，并经委托运输的单位审查。

e) 装箱零部件在运输全程需用专用完好的防雨篷布有效遮盖，非装箱零部件应根据实际情况有效遮盖。

f) 易燃易爆物品应单独装运，并符合国家行业主管部门的相关规定。

g) 凡需运输防震零部件，运输的装载与运行均应采取减震措施。

h) 从发货地装车开始至工地卸完货止，按机组和运输的合同范围，办理足额运输保险。

i) 包装木质材料有防虫害要求，运输应符合国家行业主管部分的相关规定。

4.3.1.3 保管的一般要求：

a) 工地仓储保管应安全可靠、规范、防护性好，从发货开始至工地开箱交货止的一年内或在机组合同范围，不应发生应装运、中转等不当，而导致包装损坏和零部件的损坏、变质、精度降低、受潮、锈蚀与丢失等。

b) 卸装、堆码、转运应符合安全和箱件发货标识的规定，大件转运的技术方案与实施应符合"万无一失、完好无损"的原则。

c) 产品到货后，应根据箱件发货标识的仓储存放等级和本标准的规定，存入相应的仓库，存放时的垫高：室外存放箱件的支垫高度，土质地面最低部位距地面不应小于200mm，柏油、水泥地面不应小于 150mm；棚库存放不应小于 100mm；室内存放不应小于 50mm。支垫材料与支垫应平整、结实、稳固、受力均匀，不应导致产品变形或损伤。露天库存放应使用防雨篷布有效遮盖。

d) 密封包装拆开后若长时间存放，应再次密封或存放保温库。

e) 压力容器的仓储保管应符合 GB 150 的规定。

f) 机组主要零部件在工地仓储保管期间应定期检查，发现问题及时处理。

4.3.2 水轮机

4.3.2.1 应按 GB/T 8564、DL/T 679、DL/T 5070 的有关规定及厂家图纸技术文件的要求进行。

4.3.2.2 本阶段技术监督的主要内容为：

a) 对运抵现场后的设备开箱检查并验收。按合同要求及 DL/T 443 及 JB/T 8660、JB/T 56078 等的有关规定执行。

b) 埋设部件（包括：尾水管、基础环、座环、蜗壳、贯流式水轮机管型座和流道盖板基础等）的拼装、焊接、焊缝无损检测、安装中心、高程及相应高程的管路配置和管路耐压试验。

c) 大型水轮机转轮在电站的组焊、焊缝无损检测、型线、圆度、试验，转桨（含贯流式）水轮机转轮体装配、耐压及动作试验。

d) 导水机构预装、正式安装，导叶端面立面间隙，顶盖与底环同心度、水平度、止漏环间隙。

e) 水轮机主轴的安装、主轴连接螺栓伸长值、主轴水平、垂直偏差及同心度。

f) 水轮机各部件的安装中心、高程、同心度及水平度。

g) 水导轴承轴瓦检查和间隙，油箱渗漏试验，轴承冷油器耐压试验。

h) 主轴密封组装和安装，浮动式密封的灵活性，间隙式密封的间隙，检修密封空气围带渗漏、保压及间隙。

i) 冲击式水轮机喷嘴安装。

j) 转桨式水轮机桨叶与转轮室之间的间隙偏差应在设计允许范围内。

k) 各部允许摆度满足表2要求。

表2 机组轴线的允许摆度值（双振幅）

轴的名称	测量部位	摆度的允许值				
		机组额定转速 r/min				
		$n<150$	$150\leq n<300$	$300\leq n<500$	$500\leq n<750$	$n\geq750$
发电机轴	发电机上、下导轴承处轴颈及法兰	相对摆度 mm/m				
		0.03	0.03	0.02	0.02	0.02
水轮机轴	水轮机轴承处的轴	相对摆度 mm/m				
		0.05	0.05	0.04	0.03	0.02
发电机上部轴	励磁机的整流子	绝对摆度 mm				
		0.40	0.30	0.20	0.15	0.10
发电机轴	集电环	绝对摆度 mm				
		0.50	0.40	0.30	0.20	0.10

注1：相对摆度 = $\frac{绝对摆度（mm）}{测量部位至镜板距离（m）}$

注2：绝对摆度是指在测量部位测出的实际摆度值。

注3：在任何情况下，水轮机导轴承的绝对摆度不得超过以下值：
1) 额定转速在250r/min以下的机组为0.35mm；
2) 额定转速为250r/min～600r/min的机组为0.25mm；
3) 额定转速在600r/min以上的机组为0.20mm。

4.3.3 进水主阀

4.3.3.1 应按GB/T 8564的有关规定及厂家图纸技术文件的要求进行。

4.3.3.2 在工地成形并焊接的油、水、气管路，必须进行水压或油压试验，试验的压力与持续时间按 GB/T 14478 中相关规定进行。

4.3.3.3 伸缩节及联接管在工地与进水钢管或蜗壳延伸焊接时，应严格控制焊接变形，以保证法兰面的垂直度和与进水阀门中心线的同轴度。焊缝应进行 100%无损探伤检查。

4.3.4 调速系统

4.3.4.1 调速器及油压装置安装应按 GB/T 9652.2、DL/T 563 有关规定及厂家图纸技术文件的要求进行。

4.3.4.2 安装的技术监督内容：

  a) 严格按照调速系统装置的技术文件和安装手册执行。

  b) 在工地成形并焊接的油管路，必须进行酸洗和耐压试验。

  c) 对以下部分重点进行监督：

    1) 电源系统；

    2) 开关操作输入部分；

    3) 频率测量部分；

    4) 行程测量部分；

    5) 水头及试验记录部分；

    6) 控制部分；

    7) 信号部分（开关量输出部分）。

4.3.4.3 装置本体应可靠接地；

4.3.4.4 对油管路采取防振措施；

4.3.4.5 电气柜和液压柜中带电回路与地之间的绝缘电阻、电气装置的抗干扰要求满足 GB/T 9652.1 中相关规定进行。电气装置内的印刷电路板和元器件的安装、焊接、布线等各项技术要求，应参照 GB 3797 和 GB 4588 等标准的有关部分执行。

4.3.5 技术供水系统

4.3.5.1 技术供水系统的安装按 GB/T 8564 有关规定及厂家图纸技术文件的要求进行；

4.3.5.2 技术供水管路焊缝无损探伤，耐压试验；

4.3.5.3 技术供水阀门动作检查和耐压试验；

4.3.5.4 采用水泵供水的机组，应检查水泵的安装高程和轴线；

4.3.5.5 水管应采取防结露和防冻措施。

4.3.6 中、低压气系统

4.3.6.1 中、低压气系统安装按 GB/T 8564 有关规定及厂家图纸技术文件的要求进行；

4.3.6.2 气系统管路焊缝无损探伤，耐压试验；

4.3.6.3 气系统阀门动作检查和耐压试验；

4.3.6.4 空气压缩机及管路采取防振措施。

4.4 调试、启动验收阶段监督

4.4.1 一般要求

4.4.1.1 调试工作按照制造厂运行维护说明书及有关技术规程、规范、标准和合同，对分部调试、整套启动调试过程中所有试验方案、技术指标、主要质量控制点、重要记录进行监督，监督的要求按 GB/T 8564、DL/T 496、DL/T 507、DL/T 827 及制造厂的技术规定进行。

4.4.1.2 新投产设备在调试前，调试单位应针对机组设备的特点及系统配置，编制详细的调试大纲、方案、措施及计划。调试措施的内容应包括各部分的调试步骤、完成时间和质量标准。调试计划应规定分部试运和整套启动两个阶段中应投入的项目、范围和质量要求，并在计划安排中保证各系统、装置有充足的调试时间和验收时间。

4.4.1.3 分系统试运应在单体安装调试和单机试运合格签证后进行。

4.4.1.4 分部试运应具备的条件：

a) 相应的建筑和安装工程已完成，并验收合格；

b) 试运需要的建筑和安装工程的记录等资料齐全；

c) 一般应具备设计要求的正式电源、气源、水源、油源；

d) 组织、人员落实到位，分部试运的计划、方案和措施已审批、交底。

4.4.1.5 调试单位应负责整理、提供分部试运的记录和报告。

4.4.1.6 机组整套启动前，应接受工程所在地电力建设工程质量监督中心站的监督，按"质监大纲"确认并通过。

4.4.1.7 整套启动调试分无水调试和充水调试，进入带负荷前，应完成所有的调试项目，并满足相关条件（如技术指标、电网具体要求）。

4.4.2 调试主要内容

4.4.2.1 调速系统静态试验

a) 静态试验按 GB/T 9652.1、GB/T 9652.2、DL/T 496 有关规定及涉网试验相关要求进行。

b) 静态试验内容包括：

　　1) 静特性试验；

　　2) 接力器压紧行程；

　　3) 开、关机时间及导叶分段关闭规律；

　　4) 协联关系调整；

　　5) 故障模拟及回路检查；

　　6) 一次调频及建模试验静态部分；

　　7) 事故低油压试验；

　　8) 导水叶漏水量检查。

a) 过速试验；

b) 空载试验；

c) 带负荷试验；

d) 甩负荷试验；

e) 一次调频及建模试验动态部分。

4.4.2.3 油压装置充油及调试

a) 压力油罐和管路系统整体耐压及严密性试验；

b) 油泵轮换及动作试验；

c) 安全阀检查调整；

d) 补气装置动作试验。

4.4.2.4 进水口闸门试验

a) 液压操作系统整体耐压及严密性试验；

b) 闸门无水手动、自动试验；

c) 平压信号与提门操作闭锁逻辑试验；

d) 机组急停或事故停机落进水口闸门试验；

e) 单元式供水机组进水口事故闸门动水关闭试验；

f) 闸门漏水量检查。

4.4.2.5 主阀试验

a) 压力油罐及管路系统整体耐压及严密性试验；

b) 安全阀检查调整；

c) 主阀启、闭试验；

d) 球阀、蝶阀等主阀的旁通阀启闭试验；

e) 球阀密封试验；

f) 主阀闭锁动作试验；

g) 主阀动水关闭试验；

h) 筒形阀各接力器的同步试验；

i) 主阀漏水量检查。

4.4.2.6 中、低压空气压缩机调试

a) 压力油罐和管路系统整体耐压及严密性试验；

b) 安全阀检查调整；

c) 冷干机动做试验；

d) 储气罐排污系统检查。

4.4.2.7 真空破坏阀和补气阀渗漏试验

4.4.2.8 主轴密封

a) 间隙式工作密封的轴向、径向间隙检查；

b) 浮动式工作密封动做试验；

c) 检修密封漏水量检查。

4.4.3 启动试验

4.4.3.1 水轮发电机组的启动试验是检验水轮机及其辅助设备的设计、制造、施工、安装质量和交接验收，投入商业运行的重要环节。试验合格及交接验收后方可投入商业运行。

4.4.3.2 启动试运行除执行 GB/T 8564 及 DL/T 507 的规定外，灯泡贯流式机组还需分别执行 GB/T 18482、DL/T 827 的规定。允许根据水电站条件和设计制造特点适当增加试验项目，增加方案由项目法人提出，并应符合设备采购和安装合同的规定，经启动委员会批准。

4.4.3.3 对机组启动过程中出现的问题和存在的缺陷应即时加以处理和消除，确保水轮发电机组交接验收后可长期稳定运行。

4.4.3.4 常规水轮机启动试运行应进行以下试验：

a) 启动试运行前检查，充水试验；

b) 首次启动及升转速试验；

c) 动平衡试验；

d) 手、自动开停机试验及调速系统动态试验；

e) 机组过速试验；

f) 机组空载、并网及带负荷试验；

g) 水轮机效率试验和稳定性试验；

h) 甩负荷试验；

i) 调速系统事故低油压试验；

j) 动水重锤关机试验（贯流式机组）；

k) 根据设计要求和电站具体情况，进行动水关闭工作闸门或关闭主阀（简形阀）的试验；

l) 调速系统参数建模试验；

m) 72h 带负荷连续运行及 30d 考核试运行；

n) 交接及投入商业运行。

4.4.3.5 启动试运行期间应重点考核水轮机在当时水头的出力和运行稳定性，机组振动标准和现场测试要求按 GB/T 8564、GB/T 11348.5 及 GB/T 17189 的规定执行。对于因水工建筑物未完工而导致的因达不到额定水头而无法带至额定出力的情况，应在条件满足后，补做额定水头下的运行稳定性试验。

4.4.3.6 水轮机在合同规定的运行范围内运行，其顶盖、尾管进人门、冲击式水轮机机壳 1m 处所测得的噪声不应大于 GB/T 15468 规定的 90dB（A）。

4.4.3.7 如合同规定原型水轮机需做效率试验，试验时间宜选择在机组正常运行半年后进行。其他性能试验，可以安排在试运期间进行，也可由业主与制造商根据水库水位运行情况另定时间完成。试验项目、测量测试方法、试验综合误差以及执行的测试标准按供需双方签订的合同执行。

4.4.3.8 空蚀保证按合同规定或 GB/T 15469.1、GB/T 15469.2 的规定进行考核。

4.4.4 新建水力发电厂投产前调速系统复核性检查验收内容

4.4.4.1 检验标准：水轮机及其零部件是在出厂检验合格的基础上进行法定检验的。检查验收依据的标准主要有：GB/T 15468、JB 626、JB 3161 及有关设计文件、厂家资料及合同文件。

4.4.4.2 检查验收项目：资料（设计、制造、安装）的审查，一般外观检验，性能及经济技术指标检测等。

4.5 运行维护阶段监督

4.5.1 一般要求

4.5.1.1 按 DL/T 710 有关规定及相关技术文件要求进行。

4.5.1.2 机组监控自动化能够实现对机组的自动控制，具备异常报警、停机功能。

4.5.1.3 振动监测装置测点设置应符合 GB/T 17189 和 DL/T 556 的要求。监测装置可采用单元式监测仪、智能式振动监测仪，或以计算机为中心的振动监控系统。

4.5.1.4 检查：

a) 油压装置回油箱油位；

b) 油压装置备用油泵启动情况及系统油压；

c) 中、低空气压缩机启动情况及系统压力；

d) 机组各轴承油位、油温和瓦温；

e) 漏油箱油位；

f) 水轮机顶盖水位；

g) 导水机构剪断销；

h) 过速限制器；

i) 机组冷却水管内水流中断或降低；

j) 水润滑轴承主用润滑水中断或降低，备用润滑水；

k) 机组启动或停机时间；

l) 回油箱、漏油箱及各轴承油箱内有无积水；

m) 机组主轴密封水压力；

n) 备用机组蠕动；

o) 蜗壳水压与工业用水取水口水压；

p) 水过滤器前后进出口压差；

q) 拦污栅前后压差；

r) 机组振动和摆度值；

s) 其他情况。

4.5.1.5 机组在下列情况下应事故停机：

a) 油压装置油压降到事故低油压规定值；

b) 各部轴承温度超过事故停机规定值；

c) 水润滑轴承主、备用水均中断或降到规定值并超过规定时间；

d) 机组调相运行失压；

e) 有关的电气事故保护动作；

f) 机组转速超过过速保护动作规定值；

g) 机组发生异常振动和摆度或超过事故停机规定值（当设有自动振动、摆度测量装置时）；

h) 蜗壳水压与工业用水取水口水压的压差超过事故停机规定值；

i) 拦污栅前后压差超过事故停机规定值；

j) 其他危及水轮机安全运行的紧急事故。

4.5.1.6 技术档案：

a) 设计、计算和图纸资料；

b) 安装竣工后所移交的资料；

c) 主要部件的质量检测报告；

d) 检修后移交的资料；

e) 历年运行记录总结；

f) 振动摆度记录；

g) 各部轴承运行温度记录；

h) 各充油设备加、排油记录；

i) 保护和测量装置的校验记录；

j) 其他试验记录和检查记录；

k) 缺陷、异常和事故记录；

l) 按合同要求所提供的备品配件目录，特殊工具目录；

m) 技改、异动记录。

4.5.2 安全经济运行

4.5.2.1 基本要求

4.5.2.1.1 在水轮机的最大和最小水头范围内，水轮机应在技术条件规定的功率范围内（参见表1）稳定运行。必要时可采取提高振动稳定性的措施（如补气等）。

4.5.2.1.2 水轮机需超额定功率运行时应报上级主管部门批准；水轮机因振动超限需限制运行范围，其具体数据均需经过试验鉴定后确定，并报上级主管部门备案认定后方可执行。

4.5.2.1.3 反击式水轮机在一般水质条件下的空蚀损坏保证应符合 GB/T 15469.1 的规定。当水中含沙量较大时，应对水轮机的空蚀磨损量作出保证，其保证值可根据过机流速、泥沙含量、泥沙特性及水电站运行条件等由供需双方商定。

4.5.2.1.4 水轮机导轴承温度和油温应控制在规定值范围（5℃～50℃）之内。

4.5.2.1.5 机组一般应在自动模式下运行，导叶开度限制应置于相应最大功率的开度位置。只有在调速器电气控制部分故障而机械控制部分正常时，机组才可改为手动运行。

4.5.2.1.6 水轮机运行中其保护、信号及自动装置应正常投入，各保护、信号及自动装置的整定值，只能由专业人员按规定的程序调整。

4.5.2.2 发电工况下的运行

在满足电网要求下，水轮机按效率试验确定的运转特性曲线要求，尽量运行在最优效率区。空载运行时间尽量缩短，避免在振动区长期运行。应定期进行水轮机相对效率实测试验，积累资料，指导水轮机经济运行。

4.5.2.3 调相工况下的运行

a) 应具备有效的调相压气装置，以确保尾水管内的水位在转轮以下，不允许转轮在水中运行。

b) 调相压水在气压充足情况下未压下水时，应查明原因及时处理。

c) 如果导叶漏水较大，使气压保持时间较短，可将主阀或工作闸门关闭。

d) 在压水条件下调相运行时，如需停机，应该先由调相运行转为发电运行，把转轮室内压缩空气排除后再停机。

4.5.3 巡检和维护

4.5.3.1 基本要求

4.5.3.1.1 设备的巡视检查采取人工巡检和自动监测系统相结合，既要全面又要有重点，一般要注意巡视操作过的设备状态、控制方式、参数设置正确，原设备存在的小缺陷有无扩大，检修过的设备是否完好，还要注意巡视经常转动部分和其他薄弱环节等。

4.5.3.1.2 设备遇下列情况应加强检查：

a) 检修后第一次投入运行和新设备投入运行；

b) 事故处理后投入运行；

c) 有比较严重的设备缺陷尚未消除；

d) 机组超有功功率和无功功率运行；

e) 顶盖漏水较大或顶盖排水不畅通；

f) 洪水期或下游水位较高；

g) 在振动区运行；

h) 试验工作；

i) 电厂附近发生地震时厂区有明显震感。

4.5.3.2 运行分析

4.5.3.2.1 运行中定期对振动有关数据进行详细的测量记录，注意观察、分析振动变化情况及发展趋势，发现异常情况及时组织分析，提出处理意见。

4.5.3.2.2 对导叶出口压力脉动进行分析，评估导水系统状况。对尾水管压力脉动监测，分析尾水管压力脉动对机组稳定性的影响，诊断泄水锥脱落等故障。

4.5.3.2.3 对装有固定式超声波测流装置的水力发电厂，在机组进行 A 级检修前、后应对导叶漏水量进行观测。实测检修前、后的导叶漏水量，检验导叶的密闭性能，减小机组漏水量，减少机组开停机的时间，提高机组效率及安全性。

4.5.3.2.4 定期对在线监测系统的数据波形记录功能进行分析处理，反映机组运行状态的特征参量，根据这些量的变化特点来判断机组的运行状态，并且随着软件的升级增强实时数据处理功能。

4.5.3.2.5 建立健全在线监测专家系统，通过远程分析诊断技术，降低技术服务费用。通过实时在线分析数据，指导机组运行。

4.5.3.2.6 运用在线监测系统，定期对数据进行分析处理，提出分析报告，指导机组检修。

4.5.3.2.7 定期对导轴承的瓦温、油温及油位变化进行分析，判断油循环是否通畅，技术供水系统是否正常，油槽内是否进水，轴承间隙是否合理等。

4.5.3.3 机组维护

4.5.3.3.1 机组定期维护。为了保证设备正常运行的安全可靠，主辅机设备应按规定进行定期试验、切换维护工作，发现问题及时处理。机组在正常情况下要做如下定期工作：

a) 切换油压装置的油泵；

b) 切换进水口工作闸门的工作油泵；

c) 调速器各连杆关节注油；

d) 调速器过滤器切换；

e) 测量发电机、水轮机主轴的摆度；

f) 应根据备用机组推力瓦油膜要求定期顶转子或手动开机空转一次；

g) 根据水位、水质情况，及时选用工业取水口以保证水质要求；

h) 机组冷却系统过滤器定期清扫排污；

i) 各气水分离器定期放水、排污；

j) 机组技术供水总管定期冲淤；

k) 机组冷却系统定期正、反向运行,空气冷却器冲淤(一般在雨季或水中含沙较高时)；

l) 定期检查冲击式水轮机的水斗、喷针、喷嘴。

4.5.3.3.2 机组状态维护，根据机组的运行状态分析，发现设备有异常趋势，及时对设备进行维护，保证机组的安全运行。

4.5.3.3.3 机组振动、摆度满足表 3 要求，对于装设有自动监测各部轴承摆度仪、振动仪的要有信号报警，报警后应及时检查并作必要的处理。

表 3　水轮发电机组各部位振动允许值

额定转速 r/min			≤100	>100~250	>250~375	>375~750
序号		项　目	振动允许值（双振幅） mm			
1	立式机组	带推力轴承支架的垂直振动	0.10	0.08	0.07	0.06
2		带导轴承支架的水平振动	0.14	0.12	0.10	0.07
3		定子铁芯部分机座水平振动	0.04	0.03	0.02	0.02
4		顶盖的水平振动	0.90	0.70	0.50	0.30
5		顶盖垂直振动	1.10	0.90	0.60	0.30
6	卧式机组	各部轴承垂直振动	0.14	0.12	0.10	0.07

注：振动值系指机组在各种正常运行工况下的测量值。在正常运行工况下，主轴相对振动（摆度）应不大于 GB/T 11348.5 图 A.2 中所规定的 B 区上限线，且不超过轴承间隙的 75

4.5.3.4　运行中的监视

a)　监视机组振动情况正常；

b)　监视机组制动装置处于正常工作状态；

c)　监视各指示仪表指示正常；

d)　监视机组技术供水系统各部压力、流量正常；

e)　监视中、低压气系统运行情况及压力正常；

f)　监视机组摆度正常；

g)　监视机组轴承瓦温、油位、油温、油色正常；

h)　监视水轮机主轴密封和顶盖排水情况正常；

i)　监视调速器机械液压机构各连接部分良好，电气控制回路正常，有功调节动作正常；

j)　监视机组信号和操作电源正常；

k)　监视机械系统和电气系统有关设备操作项目完成。

4.5.3.5　水轮机维护

a)　水导轴承油槽油色、油位合格，油槽无漏油、甩油，外壳无异常过热现象，冷却水压指示正常。定期进行油质化验。

b)　水轮机室的接力器无抽动、无漏油，反馈机构无松动和发卡现象，机构工作正常。

c)　导叶剪断销无剪断或跳出，信号装置完好，机组运转声音正常，无异常振动、摆动现象。

d)　水轮机主轴密封无大量漏水，导叶轴套、顶盖补气阀无漏水，顶盖各部件无振动松动，排水畅通，排水泵工作正常。

e)　转桨式水轮机的叶片密封正常，受油器无漏油现象。

f)　各管路阀门位置正确，无漏油、漏气、漏水现象，过滤器工作正常，前后压差不应过大，否则应打开排污阀清扫排污。

g) 蜗壳、尾水管进人孔门螺栓齐全、紧固，无剧烈振动现象，压力钢管伸缩节正常，地面排水保持畅通。

4.5.3.6 主阀的检查和维护

a) 主阀和旁通阀应在全关或全开位置，竖轴主阀全关时指示器在零位，全开时指示器在 90°位置。横轴主阀全关或全开时各锁定销子在相应投入位置。

b) 主阀集油箱的油面在正常范围内，操作油和润滑油颜色正常。

c) 主阀、旁通阀及空气围带、给排气操作器具都应在正确位置，油泵的电动机电磁开关把手在正常工作位置。

d) 竖轴主阀上下导轴承处的排水管不应排压力水，横轴主阀两端轴承处不应漏水。

e) 操作水系统各阀在正常位置，总水压在规定范围内，压力钢管和蜗壳的排水阀全关且无漏水。

4.5.3.7 调速器系统的检查和维护

a) 调速器运行稳定，无异常抽动、跳动和摆动现象。

b) 常运行时转速指示在 100%，平衡表指示在平衡位置，电调盘面各指示灯正常。

c) 开度限制、手自动切换阀、事故电磁阀在相应位置。

d) 发现调速器油压与压力罐油压相差较大时，应切换过滤器并进行清洗。

e) 电液转换器动作正常。

f) 各连接部件和管路连接良好，无松动、脱落和渗漏油现象。

g) 手动状态下运行时开度指示与实际开度相符合。

h) 电气柜各电源开关、熔断器均在投入状态，电源指示灯指示正常，风机运转正常。

i) 控制装置板面指示灯指示正常，选择开关位置正确，各电气元件无过热、脱落断线等异常情况。

j) 当机组处于稳定运行时，微机调速器面板上平衡表应无输出，双微机均在运行。

k) 引导阀、主配压阀工作正常，事故配压阀在相应位置。

l) 主接力器反馈机构钢丝绳无松动、无断股、无异常现象。

m) 各端子引线良好，无脱落、断线破损现象。

4.5.3.8 水泵（供水泵及顶盖排水泵）的检查和维护

a) 电动机绝缘良好；

b) 水泵与电动机的连接牢固可靠，无松动；

c) 密封无大量漏水和甩水；

d) 水泵轴承润滑正常，油质良好；

e) 水泵充水水源或水泵润滑水正常；

f) 水泵电源正常，控制回路良好。

g) 水泵内部的声音无异常；

h) 水泵的振动情况正常；

i) 水泵电动机温度正常，无异味。

4.5.3.9 气系统的检查与维护

a) 压力罐压力正常，无漏气现象。

b) 压力测量及控制装置工作正常。

c) 各阀门位置正确，安全阀工作正常。

d) 各管路无漏气现象。

e) 电动机引线和接地完好，电压指示正常，空压机工作正常。

4.5.3.10 油压装置的检查和维护

a) 压力罐压力正常、油位正常，无渗漏油和漏气现象。

b) 压力测量及控制装置工作正常。

c) 集油箱油位、油质合格，并无油位异常信号。

d) 各阀门位置正确，安全阀工作正常。

e) 电动机引线和接地完好，电压指示正常，压油泵工作正常。

4.5.4 故障、缺陷和事故处理

4.5.4.1 故障和事故处理的基本要求

4.5.4.1.1 事故发生时的处理要点：

a) 根据仪表显示和设备异常现象判断事故确已发生；

b) 进行必要的前期处理，限制事故发展，解除对人身和设备的危害；

c) 在事故保护动作停机过程中,注意监视停机过程,必要时加以帮助使机组解列停机，防止事故扩大；

d) 分析事故原因，作出相应处理决定；

e) 建立典型事故处理预案；

f) 储备事故备品配件。

4.5.4.1.2 机组遇下列情况，值班人员可以不经允许先行关闭主阀或进水口工作闸门解列停机，停机后汇报：

a) 机组转速上升到过速规定值时主阀或进水口工作闸门没有自动关闭；

b) 导叶失控不能关闭；

c) 压力钢管破裂大量漏水；

d) 水轮机顶盖破裂严重漏水；

e) 尾水管进人孔或蜗壳进人门大量漏水。

4.5.4.2 事故处理后技术监督内容

a) 事故处理后对设备按照相关技术规范和标准进行验收；验收合格后方可投运。

b) 分析事故内在原因，采取防范措施，有必要时进行技术改造。

c) 定期对运行数据进行分析，及时地发现事故隐患。

d) 加强设备巡检，并建立设备巡检制度。

e) 建立水轮机故障及事故台账。

4.6 检修和技改阶段监督

4.6.1 基本要求

4.6.1.1 按照 DL/T 838、DL/T 1066、DL/T 1246 相关内容执行，并编制检修规程及作业指导书。

4.6.1.2 在对水轮机机检修前应收集整理存在的缺陷，分析设备健康趋势，并准备好必要的专用工具、备品配件、技术措施及检修场地。

4.6.1.3　水轮机检修应编制检修文件包。内容应包括：检修项目工序卡、工艺方法、工艺质量标准、质量验收计划、停工待检点、检修记录表和组织措施、安全措施、特殊项目技术措施等。建立检修台账并及时记录设备检修情况，收集和整理好设备原始资料。

4.6.1.4　水轮机检修应实施全过程监督，严格按程序进行验收，确保检修质量。

4.6.1.5　检修场地应考虑其部件放置后的承载能力。

4.6.1.6　在零部件拆卸前，首先检查所拆部件配合处的记号，没有的或不清晰时做好标记。对精密配合的零件，若无定位销钉，应在其结合面处互成 90°方向上打明显的标记。对配合尺寸应进行测量并做好记录。

4.6.1.7　在拆卸零部件的过程中，随时进行检查，发现异常和缺陷，做好记录，以便修复或更换配件。拆卸零部件时，不得直接锤击其加工面或易破损变形部位，必要时垫上铜皮或用铜棒敲击，在分开法兰和组合面止口时，扁铲等楔形工具不应打入过深，防止损坏密封面和结合面。

4.6.1.8　拆卸的主要部件，如轴颈、轴瓦、镜板等高光洁度部件表面，以及联轴法兰和销孔面应做好防锈蚀措施。应用白布或塑料布包盖防护好。

4.6.1.9　与检修相关管路或基础拆除后露出的孔洞应封堵好，以防杂物掉入。

4.6.1.10　各部件的组合面、键和键槽、销钉和销钉孔、止口应仔细进行修理，使其光滑，无高点和毛刺。但不得改变其配合性质。螺栓和螺孔亦应进行修理。所有组合表面在安装前须仔细地清扫干净。

4.6.1.11　发电机轴承采用巴氏合金的轴瓦若厂家要求不进行研刮的，导轴承检修时可不进行刮瓦。

4.6.1.12　拆卸时各组合面加垫的厚度、密封条大小应做好记录，装复时用原规格的垫片、盘根。

4.6.1.13　装复时，各组合面应光洁无毛刺。合缝间隙用 0.05mm 塞尺检查不能通过，允许有局部间隙；用 0.1mm 塞尺检查，深度不应超过组合面宽度的 1/3，总长不应超过周长的 20%；组合螺栓及销钉周围不应有间隙。组合缝处的安装面错牙一般不超过 0.10mm。

4.6.1.14　装复时，易进水的或潮湿处的螺栓应涂以防锈漆，各连接螺栓均应按规定拧紧，各转动部分螺母应点焊或采取其他防松动措施。

4.6.1.15　装复管路切割密封垫时，其内径应稍比管路内径大，不得小于管路的内径。若密封垫直径很大，需要拼接时，先削制接口，再黏结。

4.6.1.16　起重用的钢丝绳、绳索、滑车等应事先检查、试验，钢丝绳的安全系数应按安全规程要求选用，不允许使用有缺陷的起重工具和断股或严重损伤的钢丝绳或绳索。

4.6.1.17　零部件起吊前，应详细检查连接件是否拆卸完，起重工具的承载能力是否足够，起吊过程中应慢起慢落。拆卸下的零部件应安放妥当。

4.6.1.18　二次回路接线的拆除应规范有序进行，相应回路应编号并用绝缘胶布包好，应有防止脱落和损伤的措施。自动化元件拆除时应在元件上标明具体的安装位置并保管好，其接口应用白布封好。

4.6.1.19　二次回路应按照编号原样恢复并核对检查。

4.6.1.20　自动化元件的装复应按照原物原样回装的原则进行，其接线也应与拆除前一致并进行检查。

4.6.1.21 自动化元件及各种传感器和变送器的检查及校验按照 DL/T 619、DL/T 862 及 DL/T 1056 规定的标准执行。其二次回路接线应牢固、正确，绝缘电阻不低于 5MΩ，执行元件动作应正确可靠。

4.6.1.22 检修间隔和停用时间。水轮发电机组检修分为 A、B、C、D 四个等级。机组的 A 级检修间隔和检修等级组合方式可按表 4 和表 5 的规定执行。

表4 检 修 周 期

机组类型	A级检修间隔年 年	检修等级组合方式
多泥沙水电站 水轮发电机组	4～6	在两次 A 级检修之间，可以安排 1 次机组 B 级检修；除有 A、B 级检修年外，每年安排 1 次 C 级检修，并可视情况，每年增加 1 次 D 级检修。如 A 级检修间隔为 6 年，则检修等级组合方式为 A—C（D）—C（D）—B—C（D）—C（D）—A（即第 1 年可安排 A 级检修 1 次，第 2 年安排 C 级检修 1 次、并可视情况增加 D 级检修 1 次，以后照此类推）
非多泥沙水电站 水轮发电机组	8～10	

表5 停 用 时 间

转轮直径 D mm	轴流转浆式 天			混流式 天		
	A级	B级	C级	A级	B级	C级
D≥10 000	85	60	14	80	55	14
8000≤D<10 000	75	55	12	70	50	12
6000≤D<8000	70	50	11	65	45	12
5500≤D<6000	65	45	10	60	40	10
4100≤D<5500	60	40	9	55	35	9
3300≤D<4100	55	35	9	50	30	9
2500≤D<3300	—	—	—	45	25	7
1200≤D<2500	—	—	—	40	20	5
D<1200	—	—	—	35	15	5

注1：贯流式机组应参照上述标准并结合检修规程的规定合理确定检修工期。
注2：对于多泥沙河流、磨蚀严重的水轮发电机组，其检修停用时间可乘以小于 1.3 的修正系数。
注3：表内时间为标准项目检修停用时间，如有特殊项目、技改项目等，需在申报计划中另行申报时间

4.6.1.22.1 水电站可根据机组的技术性能或实际运行小时数，进行技术论证后，可适当调整 A 级检修间隔。

4.6.1.22.2 新机组第一次 A、B 级检修可根据制造厂要求、合同规定以及机组的具体情况决定。若制造厂无明确规定，一般安排在正式投产后 1 年左右。检修项目及质量标准可按表 6 和表 7 的规定执行。

表6 A/B级检修项目及质量标准

序号	项目	质量标准	验收等级
1	转轮及主轴		
1.1	止漏环圆度及间隙检测	间隙满足设计要求，不圆度不超过设计间隙的±（10%～15%）	三级验收
1.2	裂纹检查及处理	正确测量裂纹部位及尺寸，清除全部裂纹，补焊后探伤合格	三级验收
1.3	空蚀检查及补焊	补焊后无夹渣、气孔及裂纹，焊后无明显变形，打磨后叶片型线无变化	三级验收
1.4	叶片开度检查及处理	开度测量误差不超过 0.5mm，相邻叶片开度偏差为±0.05a_0，平均开度偏差为（−0.01～0.03）a_0	三级验收
1.5	静平衡	满足规范要求	三级验收
1.6	主轴拆装	联轴螺栓无异常，上下法兰面平整无毛刺，螺栓伸长值合格	三级验收
1.7	轴领检查及处理	表面无毛刺，锈蚀、高点	三级验收
2	导水机构		
2.1	导叶压紧行程测量及调整	压紧行程在规定范围内	三级验收
2.2	导叶间隙测量及调整	导叶端面立面间隙在规定范围内	三级验收
2.3	导叶空蚀检查及处理	补焊后无夹渣、气孔及裂纹，打磨后应保持立面间隙及开度合格	三级验收
2.4	止推装置检查及调整	间隙合格，无松动、润滑良好	一级验收
2.5	剪断销检查	无松动、剪断	一级验收
2.6	导叶上、中、下轴承检查	间隙合理，无渗漏、轴套及密封件完好无破损	一级验收
2.7	导叶开度测量及处理	在各种开度下测量互成 90°的 4 个导叶，并在 50%和 100%两种情况下测量全部导叶开度，其最大偏差不超过±10%a_{max}	二级验收
2.8	接力器解体检查	密封良好，无漏油；活塞与活塞缸无严重磨损，间隙在规定范围内；接力器活塞杆不平度不超过0.02mm/m，各接头不漏油	二级验收
2.9	控制环跳动检查	转动平稳	一级验收
3	导轴承		
3.1	轴瓦及轴承间隙检查	轴瓦无严重磨损、无脱壳缺陷，轴承间隙满足要求	三级验收
3.2	油槽检查清扫及油处理	洁净无杂物，油位油质正常，固定部分与转动部分间隙满足要求	一级验收
3.3	油冷器解体检查清扫耐压	清洁，无渗漏	一级验收
3.4	表计及测温元器件检查	无异常	一级验收
4	主轴密封装置		

表6（续）

序号	项　　目	质　量　标　准	验收等级
4.1	工作密封检查处理	工作密封磨损量在规定范围内,润滑冷却装置正常,无异常漏水	三级验收
4.2	检修密封检查处理	间隙正常,动作正常,无渗漏	二级验收
5	压力钢管、尾水管		
5.1	各处钢板及焊缝检查	无裂纹、脱空	一级验收
5.2	进人孔检查	不漏水,螺栓紧固可靠	一级验收
5.3	排水阀检查	密封无损坏,操作灵活	一级验收
6	主阀及调速系统		
6.1	阀体检查处理	阀体无异常,动作灵活,密封良好	二级验收
6.2	液压控制系统检查处理	动作正常	二级验收
7	其他油水气系统的检查与处理	动作可靠,无渗漏	一级验收

表7　C级检修项目及质量标准

序号	项　　目	质　量　标　准	验收等级
1	各部轴承检查及注油	各部轴承间隙满足要求、螺栓紧固无松动,油循环系统工作正常,油质油量合格	三级验收
2	主轴密封装置检查	间隙满足要求、磨损在规定范围内、润滑冷却良好,无严重漏水	三级验收
3	导水机构检查	传动机构灵活,螺栓无松动,端面与立面间隙满足要求	三级验收
4	油冷却器、水过滤器清扫耐压,阀门检查	清洁,无破损	一级验收
5	转轮检查	无裂纹、无气蚀、无磨损、无变形	三级验收
6	调速器及油水气辅助设备检修	功能完好,无异常	一级验收
7	缺陷处理	彻底消除	视情况

4.6.2　修前评估和准备

4.6.2.1　修前水轮机技术监督内容:

　　a) 修前设备主要运行参数（机组的振动摆度、轴承温度等）;

　　b) 技术经济指标;

　　c) 遗留缺陷;

　　d) 重大和频发的设备缺陷;

　　e) 设备技术改进内容;

　　f) 设备的检修质量、试验状况及设备健康水平。

g) 由于设备异常引起的异常运行情况;

h) 根据以上设备分析,准备好必要的专用工具、备品配件、技术方案。

4.6.3 检修过程监督

4.6.3.1 按照制造厂的相关技术资料,GB/T 8564、GB/T 9652.2、DL/T 496、DL/T 792、DL/T 838,对水轮机及其辅助设备的检修和技术改造进行技术监督,主要的技术监督内容如下:

a) 转轮几何尺寸、变形、裂纹、空蚀、磨损、平衡的监督;

b) 导水机构动作的灵活性、密封性能的监督;

c) 各部轴承间隙、油循环情况、瓦温、油温的监督;

d) 主轴密封密封及磨损情况的监督;

e) 主阀启闭灵活性、密封效果的监督;

f) 调速装置动作正确性、调节特性的监督;

g) 其他辅助设备完好性的监督;

h) 对解体过程中出现的重大设备缺陷(如转轮裂纹、空蚀、磨损严重等)的处理过程进行技术监督;

i) 检修前后水轮机运行状况(如水轮机出力、效率、导瓦温度、振动等)等做出技术评价。

4.6.3.2 混流式水轮机检修

4.6.3.2.1 转轮及主轴检修

a) 转轮不圆度(即 180° 方向上两点数值之差)的绝对值不得大于止漏环平均间隙的 10%。

b) 叶片及主轴裂纹:无损探伤报告、焊接工艺、修后探伤报告。

c) 泥沙磨损和空蚀破坏的修复:磨蚀评定(测量侵蚀面积、深度和金属的失重量)、修复工艺。

d) 转轮经补焊修复后,必须达到如下补焊要求:

1) 经探伤检查,叶片的上冠与下环根部、叶片中部及侵蚀堆焊区等均不得有裂纹;

2) 叶片曲面光滑,不得有凹凸不平处;

3) 补焊层打磨后,不得有深度超过 0.5mm、长度大于 50mm 的沟槽与夹渣;

4) 抗空蚀或泥沙磨损层不应薄于 5mm;

5) 叶片如经修型处理,其与样板的间隙应在 2mm 以内,且间隙的宽度与长度之比要小于 2%;

6) 堆焊处理后转轮,其粗糙度至少应达到 Ra12.5 以上;

7) 转轮补焊修复后做静平衡试验,以消除不平衡重量。

e) 转轮静平衡试验应符合下列要求:

1) 静平衡工具应与转轮同心,偏差不大于 0.07mm,支持座水平偏差不应大于 0.02mm/m。

2) 采用钢球、镜板式平衡法时,静平衡工具的灵敏度,应符合表 8 要求。

表8 球面中心到转轮重心距离

转轮质量 t	最大距离 mm	最小距离 mm
$t<5000$	40	20
$5000≤t<10\ 000$	50	30
$10\ 000≤t<50\ 000$	60	40
$50\ 000≤t<100\ 000$	80	50
$100\ 000≤t<200\ 000$	100	70
$t≥200\ 000$	120	90

3) 采用测杆应变法或静压球轴承法时，按制造厂提供的工艺与要求进行。

4) 残留不平衡力矩，应符合设计要求。设计无要求时，应符合表9要求。

表9 转轮单位质量的许用不平衡量值 e_{per}

最大工作转速 r/min	125	150	200	250	300	400
转轮单位质量的允许不平衡量值 e_{per} g·mm/kg	550	450	330	270	220	170

f) 对于转轮的变形，根据现场情况，应尽量满足如下规定：

1) 转轮上冠与下环圆度的单侧变形，从迷宫环处测量，应在原有单侧间隙的±10%以内；

2) 转轮上冠与下环不同心度的变形，应在原定迷宫环间隙的±10%以内；

3) 转轮轴向变形应小于0.5mm；

4) 叶片开口变形应在1%～1.5%以内；

5) 法兰变形应小于0.02mm/m，不得有凸高点；

6) 大轴上下法兰组合螺栓伸长值符合设计要求。

g) 对外径大于1m的油润滑的轴颈，其单侧磨损值小于0.1mm为合格。对采用橡胶瓦水润滑的导轴承，其单侧偏磨值在0.5mm以下为合格。

4.6.3.2.2 导水机构检修

a) 修前修后测量。

1) 导叶漏水量测定；

2) 导叶间隙测定；

3) 接力器压紧行程测定；

4) 导水机构最低动作油压的测定；

5) 导叶开度测量。

b) 检修。

1) 顶盖检修：顶盖检修的内容一般包括顶盖的清扫、排水管路的疏通、防腐处理，以及顶盖与导轴承的结合面的修复。用0.05mm的塞尺检查顶盖的把合面，允许的间隙不能超过 20%。

2） 底环的检修：检查底环的磨损量及结合部位的完好性。

3） 导叶检修：① 导叶磨蚀处理，处理方案及工艺参照转轮叶片磨蚀处理方案要求，处理过程中保证轴颈变形量不超过 0.05mm。② 导叶轴颈检修：修后表面粗糙度在 $Ra0.63$ 以下。③ 导叶间隙调整：导叶上、下端面间隙总和的偏差值，最大不得大于设计最大间隙值，最小不得小于设计最小间隙值的 70%；导叶上、下端面间隙应符合图纸要求，上端面间隙一般为实际间隙总和的 60%～70%，下端面间隙一般为实际间隙总和的 30%～40%；导叶止推压板轴向间隙不应大于该导叶上端面间隙的 50%。导叶在钢丝绳捆紧情况下，要求关闭紧密，立面用 0.05mm 塞尺检查应通不过。导叶立面允许最大局部间隙见表 10。

表 10　导叶立面允许最大局部间隙

序号	项　目	允许局部立面间隙				说　　明
		导叶高度				
		≤600	>600 且 ≤1200	>1200 且 ≤2000	>2000	
1	不带密封条的导叶	0.05	0.10	0.13	0.15	
2	带密封条的导叶	0.15		0.20		带密封条的导叶在密封条装入后检查，应无间隙

4.6.3.2.3　导轴承检修

a） 分块瓦油润滑导轴承检修：轴瓦间隙调整到符合图纸规定，轴瓦研刮后，瓦面接触应均匀。每平方厘米面积上至少有一个接触点；每块瓦的局部不接触面积，每处不应大于 5%，其总和不应超过轴瓦总面积的 15%。

b） 筒式瓦油润滑导轴承检修：每端最大与最小总间隙之差及同一方位的上下端总间隙之差，均不应大于实测平均总间隙的 10%；筒式导轴瓦间隙允许偏差，应在分配间隙值的 20% 以内，瓦面应保持垂直。

4.6.3.2.4　主轴密封检修

a） 空气围带检修：

1） 空气围带在装配前，通 0.05MPa 的压缩空气，在水中作漏气试验，应无漏气现象；

2） 安装后，径向间隙应符合设计要求，偏差不应超过设计间隙值的 20%；

3） 安装后，应作充、排气试验和保压试验，压降应符合要求，一般在 1.5 倍工作压力下保压 1h，压降不宜超过额定工作压力的 10%。

b） 主轴工作密封安装应符合下列要求：

1） 工作密封安装的轴向、径向间隙应符合设计要求，允许偏差不应超过实际平均间隙值的 ±20%；

2） 密封件应能上下自由移动，与转环密封面接触良好；供排水管路应畅通。

4.6.3.2.5 蜗壳与压力钢管检修

a) 压力钢管检查：检查锈蚀的深度、锈蚀面积及原防锈漆变质程度，防腐处理。

b) 伸缩节检修：更换盘根、调整压环。

c) 进人孔检修：更换密封，法兰面干净无残留杂物，把合螺栓探伤合格。

d) 排水阀检修：连接部位无漏水、漏油，操作灵活可靠。

4.6.3.2.6 尾水管检修

a) 进人门：进人孔门框应平整，止水盘根完好，位置摆正，关闭后充水时应不漏。

b) 尾水管里衬：制定空蚀修复工艺及方案，修复后探伤报告、尾水管圆度测量。

4.6.3.2.7 主阀检修

a) 蝶阀检修：

1) 检查接力器内壁和活塞的磨损情况，检查锁定的磨损程度。

2) 检查上轴瓦、下轴瓦、推力头、推力盘、镜板的磨损及接触情况。

3) 检查各密封、盘根、垫、胀圈的磨损、破损或老化情况。

4) 检查各阀门、接头的泄漏情况。

5) 旁通阀内壁的空化、锈蚀检查。

6) 操作系统的检查。

b) 球阀检修：

1) 检查球阀长、短轴的轴颈与轴瓦的配合情况是否符合要求，特别应注意检查卡环的磨损情况，是否损坏。

2) 检查主密封盖与主密封环的接触面情况如何，检修中应进行研磨。

3) 检查导向杆及蝶形弹簧的损坏情况，及时处理。

4) 检查密封中的检修密封盖、压环、导环及活门配合情况，并进行修理。

4.6.3.3 转桨式水轮机检修

4.6.3.3.1 转轮检修

a) 止推铜瓦与枢轴无裂纹、夹渣、划痕，止推铜瓦的内径和相应的枢轴外径间隙符合设计要求。

b) 叶片密封完好、有弹性，接口平整光滑，无明显错口，安装时各密封接口均匀错开密封压板受力均匀，无凸起。

c) 叶片开度偏差不超过允许值。

d) 转轮修后装配时：

1) 泄水锥与转轮结合面应紧密，允许有不超过 0.05mm 的局部间隙。

2) 转臂与止推铜套的接触面应均匀良好，接触面积在 80%以上，各传动部件的配合公差应符合图纸要求。

3) 主轴与转轮盖、叶片与枢轴连接螺栓的预紧度符合厂家要求，如无厂家要求，则按 120MPa 的应力值计算伸长值。

4) 对于叶片操纵接力器活塞杆与活塞结合面，应用 0.05mm 塞尺来检查无间隙。

5) 将转轮吊入机坑组装后，转轮中心高程、叶片与转轮室的间隙偏差不应超过表 11 的规定。

表 11 转轮中心高程、叶片与转轮室的间隙偏差

测量项目	转轮直径 D m					测 量 方 法
	D＜3000	3000≤ D＜6000	6000≤ D＜8000	8000≤ D＜10 000	D≥ 10 000	
	允许偏差 mm					
转轮最终高程与 设计高程偏差	0～+2	0～+3	0～+4	0～++5		测量底环至转轮体顶面距离
转轮叶片与转轮 室间间隙	各间隙与实际平均间隙之差不应超过平均间隙 的±20%					叶片与转轮室间隙,在全关位置测 进水、出水和中间三处

e) 转桨式水轮机转轮叶片操作试验和严密性耐压试验应符合下列要求:

    1) 试验用油的油质应合格,油温不应低于 5℃;

    2) 在最大试验压力下,保持 16h;

    3) 在试验过程中,每小时操作叶片全行程开关 2 次～3 次;

    4) 各组合缝不应有渗漏现象,单个叶片密封装置在加与未加试验压力情况下的漏 油限量,不超过表 12 规定,且不大于出厂试验时的漏油量;

表 12 桨叶密封装置漏油限量

转轮直径 D mm	D＜3000	3000≤D＜6000	600≤D＜8000	800≤D＜10 000	D≥10 000
每小时单个桨叶密封漏油限量 mL/h	5	7	10	12	15

    5) 转轮接力器动作应平稳,开启和关闭的最低油压一般不大于额定工作压力的 15%;

    6) 绘制转轮接力器行程与叶片转角的关系曲线。

4.6.3.3.2 受油器检修

a) 浮动瓦无密集气孔、裂纹、硬点和脱壳等缺陷;瓦面应无严重碰伤;浮动瓦与操作 油管间隙符合设计要求。

b) 操作油管和受油器安装应符合下列要求。

c) 操作油管应严格清洗,连接可靠,不漏油;螺纹连接的操作油管,应有锁紧措施。

d) 操作油管的摆度,对固定瓦结构,一般不大于 0.20mm;对浮动瓦结构,一般不大于 0.30mm。

e) 受油器水平偏差,在受油器座的平面上测量,不应大于 0.05mm/m。

f) 旋转油盆与受油器座的挡油环间隙应均匀,且不小于设计值的 70%。

g) 受油器对地绝缘电阻,在尾水管无水时测量,一般不小于 0.5MΩ。

4.6.3.4 水轮机检修后的启动试验和验收

水轮机 A/B 级检修的后的启动试验同 4.4.3 条。

4.6.4 修后验收评估

4.6.4.1 每一轮检修周期工作结束后，应对本轮所有检修工作进行全面总结，在 2 个月内完成总结报告。

4.6.4.2 对于 A/B 级检修除按 DL/T 838 的要求进行总结外，还应对下列问题做进一步跟踪分析，以规范检修管理，不断提高检修水平。

    a) 按照年度检修计划对检修项目进行分析和评估，对 A/B 级检修标准项目进行必要的修订，对特殊项目进行评估，是否达到预期的安全经济、技术进步和环境保护等目标；

    b) 对检修中消耗的备品配件及材料进行分析，并对备品配件、材料定额进行修订；

    c) 机组检修后数据的收集，主要包括机组温度、振动、摆度等，具体表格见附录 A；

    d) 对检修项目的工时费用进行分析、总结；

    e) 对检修外包工作进行总结，对外包队伍进行评价；

    f) 及时修订检修工艺卡、质量验收卡；

    g) 根据设备异动情况修改图纸，修订、完善运行规程和检修规程；

    h) 对所有检修技术资料、各类检修总结整理归档；

    i) 对检修资金进行效能监察，核查是否偏离计划、超定额，是否挪用资金等。

4.6.4.3 机组 B 级及以上检修结束后均要进行后评价，评价范围主要针对检修实施前提出的安全、工期与费用、环保、质量、设备健康水平、技术经济指标以及检修计划制定目标等与实际完成情况进行对比、分析和评价，以促进提高检修管理水平。水电机组 A/B 级检修后累计运行（含停机备用）180 天及以上且无非停，得分率在 90%以上者，可评为检修"全优"机组。

4.6.4.4 水电机组检修完工 7 个月内，应提交修后自评价报告。评价项目见附录 B。

5 监督管理要求

5.1 监督基础管理工作

5.1.1 监督管理依据

应按照《华能电厂安全生产管理体系要求》中有关技术监督管理和本标准的要求，制定水力发电厂水轮机监督管理标准，并根据国家法律、法规及国家、行业、集团公司标准、规范、规程、制度，结合水力发电厂实际情况，编制水轮机监督相关/支持性文件；建立健全技术资料档案，以科学、规范的监督管理，保证水轮机主辅设备安全可靠运行。

5.1.2 水轮机监督应具备的相关/支持性文件

    a) 水轮机监督标准；

    b) 水轮机运行规程；

    c) 水轮机检修规程；

    d) 水轮机检修维护作业指导文件；

    e) 设备缺陷管理制度；

    f) 设备定期试验、轮换、定期维护制度；

    g) 技术监督考核和奖惩制度；

    h) 技术监督培训管理制度；

i) 其他制度。

5.1.3 技术资料档案

5.1.3.1 基建阶段技术资料：

a) 水轮机监督相关技术规范；

b) 整套设计和制造图纸、说明书、出厂试验报告；

c) 安装竣工图纸；

d) 设计修改文件；

e) 设备监造报告、安装验收记录、缺陷处理报告、调试试验报告、投产验收报告。

5.1.3.2 设备清册及设备台账：

a) 水轮机设备清册；

b) 设备台账；

c) 备品配件及定额清册。

5.1.3.3 试验报告和记录：

a) 主阀（快速闸门）动水关闭试验报告；

b) 机组过速试验报告；

c) 事故低油压试验报告；

d) 稳定性试验报告；

e) 机组水力特性试验（根据实际情况）；

f) 调速系统动、静态试验报告；

g) 甩负荷试验报告；

h) 一次调频试验报告；

i) 调速器参数建模试验报告；

j) 其他相关试验报告。

5.1.3.4 运行报告和记录：

a) 运行分析月报；

b) 特殊、异常运行记录（超温、振动过大、严重漏油、严重漏水、特殊工况等）；

c) 日常运行日志及巡检记录。

5.1.3.5 检修维护报告和记录：

a) 检修文件包；

b) 检修记录及竣工资料；

c) 检修总结；

d) 日常设备维修记录。

5.1.3.6 缺陷闭环管理记录。

5.1.3.7 事故管理报告和记录：

a) 设备非计划停运、障碍、事故统计记录；

b) 事故分析报告。

5.1.3.8 技术改进报告和记录：

a) 技改可行性报告；

  b) 技改图纸、资料、说明书;

  c) 技改质量监督和验收报告;

  d) 技改后评估报告。

5.1.3.9 监督管理文件:

  a) 与水轮机监督有关的国家法律、法规及国家、行业、集团公司标准、规范、规程、制度;

  b) 水力发电厂水轮机监督标准、规定、措施等;

  c) 水轮机技术监督年度工作计划和总结;

  d) 水轮机技术监督季报、速报;

  e) 水轮机技术监督预警通知单和验收单;

  f) 水轮机技术监督会议纪要;

  g) 水轮机技术监督工作自我评价报告和外部检查评价报告;

  h) 水轮机技术监督人员技术档案、上岗考试成绩和证书;

  i) 与水轮机设备质量有关的重要工作来往文件。

5.2 日常管理内容和要求

5.2.1 健全监督网络与职责

5.2.1.1 各电厂应建立健全由生产副厂长(总工程师)领导下的水轮机监督三级管理网。第一级为厂级,包括生产副厂长(总工程师)领导下的水轮机监督专责人;第二级为部门级,包括运维部门水轮机负责人;第三级为班组级,包括各专工领导的班组人员。在生产副厂长(总工程师)领导下由水轮机监督专责人统筹安排,协调运行、检修等部门,协调金属、水工、节能等相关专业共同配合完成水轮机监督工作。水轮机监督三级网应严格执行岗位责任制。

5.2.1.2 按照集团公司《华能电厂安全生产管理体系要求》和《电力技术监督管理办法》编制电厂水轮机监督管理标准,做到分工、职责明确,责任到人。

5.2.1.3 电厂水轮机技术监督工作归口职能管理部门在电厂技术监督领导小组的领导下,负责水轮机技术监督的组织建设工作,建立健全技术监督网络,并设水轮机技术监督专责人,负责全厂水轮机技术监督日常工作的开展和监督管理。

5.2.1.4 电厂水轮机技术监督工作归口职能管理部门每年年初要根据人员变动情况及时对网络成员进行调整;按照人员培训和上岗资格管理办法的要求,定期对技术监督专责人和特殊技能岗位人员进行专业和技能培训,保证持证上岗。

5.2.2 确定监督标准符合性

5.2.2.1 水轮机监督标准应符合国家、行业及上级主管单位的有关标准、规范、规定和要求。

5.2.2.2 每年年初,技术监督专责人应根据新颁布的标准规范及设备异动情况,组织对水轮机运行和检修维护等规程、制度的有效性、准确性进行评估,修订不符合项,经归口职能管理部门领导审核、生产主管领导审批后发布实施。国标、行标及上级单位监督规程、规定中涵盖的相关水轮机监督工作均应在水力发电厂规程及规定中详细列写齐全。

5.2.3 确认仪器仪表有效性

5.2.3.1 应建立水轮机监督用仪器仪表设备台账,根据检验、使用及更新情况进行补充完善。

5.2.3.2 根据检定周期,每年应制定仪器仪表的检验计划,根据检验计划定期进行检验或送检，对检验合格的可继续使用，对检验不合格的则送修，对送修仍不合格的作报废处理。

5.2.4 监督档案管理

5.2.4.1 电厂应按照本标准规定的文件、资料、记录和报告目录以及格式要求（可参考附录C规定的资料目录和格式要求），建立健全水轮机技术监督各项台账、档案、规程、制度和技术资料，确保技术监督原始档案和技术资料的完整性和连续性。

5.2.4.2 技术监督专责人应建立水轮机监督档案资料目录清册，根据监督组织机构的设置和设备的实际情况，明确档案资料的分级存放地点，并指定专人整理保管，及时更新。

5.2.5 制定监督工作计划

5.2.5.1 每年11月30日前，水轮机技术监督专责人应组织编制下年度技术监督工作计划，计划批准发布后报送产业公司、区域公司，同时抄送西安热工院。

5.2.5.2 水轮机技术监督年度计划的制定依据包括以下方面：
- a) 国家、行业、地方有关电力生产方面的法规、政策、标准、规范和反措要求；
- b) 集团公司、产业公司、区域公司、电厂技术监督工作规划和年度生产目标；
- c) 集团公司、产业公司、区域公司、电厂技术监督管理制度和年度技术监督动态管理要求；
- d) 主、辅设备上年度特殊、异常运行工况，事故缺陷等；
- e) 主、辅设备目前的运行状态；
- f) 技术监督动态检查、预警、季（月报）提出的问题；
- g) 收集的其他有关水轮机设备设计选型、制造、安装、运行、检修、技术改造等方面的动态信息。

5.2.5.3 电厂技术监督工作计划应实现动态化，即各专业应每季度制定技术监督工作计划。年度（季度）监督工作计划应包括以下主要内容：
- a) 技术监督组织机构和网络完善；
- b) 监督管理标准、技术标准规范制定、修订计划；
- c) 人员培训计划（主要包括内部培训、外部培训取证，标准规范宣贯）；
- d) 技术监督例行工作计划；
- e) 检修期间应开展的技术监督项目计划；
- f) 监督用仪器仪表检定计划；
- g) 技术监督自我评价、动态检查和复查评估计划；
- h) 技术监督预警、动态检查等监督问题整改计划；
- i) 技术监督定期工作会议计划。

5.2.5.4 电厂应根据上级公司下发的年度技术监督工作计划，及时修订补充本单位年度技术监督工作计划，并发布实施。

5.2.5.5 水轮机监督专责人每季度应对监督年度计划执行和监督工作开展情况进行检查评估，对不满足监督要求的问题，通过技术监督不符合项通知单下发到相关部门监督整改，并对相关部门进行考评。技术监督不符合项通知单编写格式见附录D。

5.2.6 监督报告管理

5.2.6.1 水轮机监督季报的报送

水轮机技术监督专责人应按照附录E的季报格式和要求，组织编写上季度水轮机技术监督季报，每季度首月 5 日前报送产业公司、区域公司和西安热工院。

5.2.6.2 水轮机监督速报的报送

水力发电厂发生重大监督指标异常，受监控设备重大缺陷、故障和损坏事件，火灾事故等重大事件后 24h 内，水轮机技术监督专责人应将事件概况、原因分析、采取措施按照附录 F 的格式，填写速报并报送产业公司、区域公司和西安热工院。

5.2.6.3 水轮机监督年度工作总结报送

5.2.6.3.1 每年 1 月 5 日前编制完成上年度技术监督工作总结，并报送产业公司、区域公司和西安热工院。

5.2.6.3.2 年度监督工作总结主要包括以下内容：

    a）主要工作完成情况。

    b）工作亮点。

    c）存在的问题：

        1）未完成工作；

        2）存在问题分析；

        3）经验与教训。

    d）下一步工作思路及主要措施。

5.2.7 监督例会管理

5.2.7.1 电厂每年至少召开两次技术监督工作会，会议由电厂技术监督领导小组组长主持，检查评估、总结、布置技术监督工作，对技术监督中出现的问题提出处理意见和防范措施，形成会议纪要，按管理流程批准后发布实施，布置的工作应落实并有监督检查。

5.2.7.2 水轮机专业每季度至少召开一次技术监督工作会议，会议由水轮机监督专责人主持并形成会议纪要。

5.2.7.3 例会主要内容包括：

    a）落实上次例会安排工作完成情况；

    b）水轮机监督范围内设备及系统的故障、缺陷分析及处理措施；

    c）水轮机监督存在的主要问题以及解决措施/方案；

    d）上次监督例会提出问题整改措施完成情况的评价；

    e）技术监督工作计划发布及执行情况，监督计划的变更；

    f）集团公司技术监督季报，监督通讯，新颁布的国家、行业标准规范，监督新技术学习交流；

    g）监督需要领导协调和其他部门配合和关注的事项；

    h）至下次监督例会时间内的工作要点。

5.2.8 监督预警管理

5.2.8.1 水轮机监督三级预警项目见附录 G，水力发电厂应将三级预警识别纳入日常水轮机监督管理和考核工作中。

5.2.8.2 对于上级监督单位签发的预警通知单（见附录 H），电厂应认真组织人员研究有关问题，制定整改计划，整改计划中应明确整改措施、责任部门、责任人和完成日期。

5.2.8.3 问题整改完成后，电厂应按照验收程序要求，向预警提出单位提出验收申请，经验收合格后，由验收单位填写预警验收单（见附录 I），并报送预警签发单位备案。

5.2.9 监督问题整改管理

5.2.9.1 整改问题的提出：

 a) 上级单位、西安热工院、属地技术监督服务单位在技术监督动态检查、评价时提出的整改问题；

 b) 集团公司监督季报中提出的集团公司、产业公司、区域公司督办问题；

 c) 集团公司监督季报中提出的发电企业需要关注及解决的问题；

 d) 每季度对水轮机监督计划的执行情况进行检查，对不满足监督要求提出的整改问题。

5.2.9.2 问题整改管理：

 a) 水力发电厂收到技术监督评价报告后，应组织有关人员会同西安热工院或属地技术监督服务单位在两周内完成整改计划的制订和审核，整改计划编写格式见附录 J，并将整改计划报送集团公司、产业公司、区域公司，同时抄送西安热工院或属地技术监督服务单位；

 b) 整改计划应列入或补充列入年度监督工作计划，水力发电厂按照整改计划落实整改工作，并将整改实施情况及时在技术监督季报中总结上报；

 c) 对整改完成的问题，水力发电厂应保留问题整改相关的试验报告、现场图片、影像等技术资料，作为问题整改情况评估的依据。

5.2.10 监督评价与考核

5.2.10.1 水力发电厂应将《水轮机技术监督工作评价表》中的各项要求纳入水轮机监督日常管理工作中，《水轮机技术监督工作评价表》见附录 K。

5.2.10.2 水力发电厂应按照《水轮机技术监督工作评价表》中的各项要求，编制完善水轮机技术监督管理制度和规定，贯彻执行；完善各项水轮机监督的日常管理和检修维护记录，加强水轮机设备的运行、检修维护技术监督。

5.2.10.3 水力发电厂应定期对技术监督工作开展情况进行评价，对不满足监督要求的不符合项以通知单的形式下发到相关部门进行整改，并对相关部门及责任人进行考核。

5.3 各阶段监督重点工作

5.3.1 设计与选型阶段

5.3.1.1 按 GB/T 15468、DL/T 445、DL/T 5066、DL/T 5186 相关要求执行。

5.3.1.2 新建（扩建）工程的水轮机设计与设备选型应依据国家、行业相关的现行标准规范和反事故措施的要求，以及工程的实际需要，提出水轮机监督的意见和要求。

5.3.1.3 参加水轮机工程设计审查。根据工程的规划情况及特点，明确对水轮机、主阀、调速器、油、水、气系统等水轮机监督的要求。

5.3.1.4 参加设备采购合同审查和设备技术协议签订。对设备的技术参数、性能和结构等提出意见；并明确性能保证考核、技术资料、技术培训等方面的要求。

5.3.1.5 参与审核水轮机设备及装置的配置和选型，提出具体要求，并签字认可。

5.3.1.6 参加设计联络会，对设计中的技术问题、招标方与投标方以及各投标方之间的接口问题提出意见和要求，将设计联络结果形成文件归档，并监督执行。

5.3.2 监造和出厂验收阶段

5.3.2.1 按 DL/T 443 和 DL/T 586 的相关要求执行。

5.3.2.2 参与设备监造服务合同的签订，提出设备监造方式和项目意见。监督采购合同对设备监造方式和项目要求的落实，监督监造工作简报的定期报送、制造中出现不合格项时的处置等。

5.3.2.3 随时掌握监造过程中设备制造质量、进度，参加质量见证，检查、监督设备质量情况和设备监造工作情况，出现问题及时协调处理。

5.3.2.4 参与按相关标准、规程及订货合同或协议中明确增加的出厂试验项目，监督试验结果。

5.3.2.5 监造工作结束后，监督监造人员及时出具监造报告。监造报告应包括产品结构叙述、监造内容、方式、要求和结果，并如实反映产品制造过程中出现的问题及处理的方法和结果等。

5.3.3 安装和投产验收阶段

5.3.3.1 按 GB/T 8564、GB/T 20043、GB/T 22140、DL/T 507、DL/T 827、DL/T 5070 和 DL/T 5123 的相关要求执行。

5.3.3.2 重要设备运输至现场后，监督相关人员按照订货合同和相关标准进行验收工作，形成验收报告。重点检查可能影响水轮机设备性能的冲击记录、密封（渗漏油或压力变化等）等情况。

5.3.3.3 对安装工程监理工作提出水轮机监督的意见，监督监理单位工作开展情况，保证设备安装质量。

5.3.3.4 安装结束后，监督相关人员按有关标准、订货合同及调试大纲进行设备交接试验和投产验收工作。

5.3.3.5 投产验收时应进行现场实地查看，发现安装施工及调试不规范、交接试验方法不正确、项目不全或结果不合格、设备达不到相关技术要求、基础资料不全等不符合水轮机监督要求的问题时，应提出监督意见，要求立即整改，直至合格。

5.3.3.6 监督基建单位按时向生产运营单位移交全部基建技术资料，生产运营单位应及时将资料清点、整理、归档。

5.3.4 生产运行维护阶段

5.3.4.1 按 DL/T 710、DL/T 751、DL/T 792 的相关要求执行。

5.3.4.2 根据国家、行业标准，结合水力发电厂的实际修编水轮机监督标准相关设备运行规程。

5.3.4.3 定期对设备进行巡视、检查和记录；对设备缺陷及异常处理进行跟踪监督检查。

5.3.4.4 定期统计分析设备缺陷和异常情况；带缺陷运行的设备应加强运行监视，必要时应制定针对性应急预案。

5.3.4.5 定期对设备的运行数据（如振动、摆度、水位、油位、流量、温度、压力等）进行分析，掌握设备运行状态的变化，对设备状况进行预控。

5.3.4.6 机组在正常情况下定期工作：

a) 切换油压装置的油泵；
b) 切换进水口工作闸门的工作油泵；
c) 调速器各连杆关节注油；
d) 调速器过滤器切换；
e) 测量发电机、水轮机主轴的摆度；

f) 应根据备用机组推力瓦油膜要求定期顶转子或手动开机空转一次；
g) 根据水位、水质情况，及时选用工业取水口以保证水质要求；
h) 机组冷却系统过滤器定期清扫排污；
i) 各气水分离器定期放水、排污；
j) 机组技术供水总管定期冲淤；
k) 机组冷却系统定期正、反向运行，空气冷却器冲淤（一般在雨季或水中含沙量较高时）；
l) 定期检查冲击式水轮机的水斗、喷针、喷嘴。

5.3.4.7 机组开机后监视内容：
a) 调速器各部件连接无异常；
b) 油压装置和油系统无异常；
c) 机组轴承油面正常；
d) 机组转动部分无异常；
e) 制动系统在复位状态；
f) 与机组停机相关的技术供水系统正常；
g) 水轮机顶盖漏水不大；
h) 导叶全关，剪断销未剪断；
i) 机旁控制盘各指示仪表指示正常。

5.3.4.8 机组运行中监视内容：
a) 机组振动情况正常；
b) 机组制动装置处于正常工作状态；
c) 各指示仪表指示正常；
d) 机组技术供水系统各部压力、流量正常；
e) 机组（指机组上导、下导、水导摆度）正常；
f) 机组轴承瓦温、油位、油温、油色正常；
g) 水轮机主轴密封和顶盖排水情况正常；
h) 调速器机械液压机构各连接部分良好，电气控制回路正常，有功调节动作正常；
i) 机组信号和操作电源正常；
j) 机械系统和电气系统有关设备操作项目完成。

5.3.4.9 水轮机停机后的监视内容：
a) 调速器各部件连接无异常；
b) 油压装置和油系统无异常；
c) 机组轴承油面正常；
d) 机组转动部分无异常；
e) 制动系统在复位状态；
f) 与机组停机相关的技术供水系统正常；
g) 水轮机顶盖漏水不大；
h) 导叶全关，剪断销未剪断；
i) 机旁控制盘各指示仪表指示正常。

5.3.4.10 水轮机部分的检查和维护：

a) 水导轴承油槽油色、油位合格，油槽无漏油、甩油，外壳无异常过热现象，冷却水压指示正常。定期进行油质化验。

b) 水轮机室的接力器无抽动、无漏油，回复机构传动钢丝绳无松动和发卡现象，机构工作正常。

c) 检查漏油装置油泵和电动机工作正常，漏油泵在自动状态，漏油箱油位在正常范围内，控制浮子及信号器完好。

d) 导叶剪断销无剪断或跳出，信号装置完好，机组运转声音正常，无异常振动、摆动现象。

e) 水轮机主轴密封无大量漏水，导叶轴套、顶盖补气阀无漏水，顶盖各部件无振动松动，排水畅通，排水泵工作正常。

f) 转桨式水轮机的叶片密封正常，受油器无漏油现象。

g) 各管路阀门位置正确，无漏油、漏气、漏水现象，过滤器工作正常，前后压差不应过大，否则应打开排污阀清扫排污。

h) 各电磁阀和电磁配压阀位置正确，各电气引线装置完好，无过热变色氧化现象。

i) 蜗壳、尾水管进人孔门螺栓齐全、紧固，无剧烈振动现象，压力钢管伸缩节正常，地面排水保持畅通。

j) 水轮机充水前后的检查按 DL/T 507 的要求进行。

5.3.5 检修技改

5.3.5.1 按 DL/T 817、DL/T 838、DL/T 1066、DL/T 1246 的相关要求执行。

5.3.5.2 检修技术监督的重点内容：

a) 转轮裂纹、转轮及流道的空蚀损坏情况；

b) 检修前后轴线与机组各部轴承的间隙；

c) 导水机构的动作与密封；

d) 主轴密封的密封情况；

e) 检修中发现的重大缺陷及处理情况；

f) 检修效果及评价；

g) 检修相关的台账与记录的情况。

5.3.5.3 检修基础管理工作主要包括（不限于）以下内容：

a) 编制水轮机检修工艺规程；

b) 编制水轮机检修文件包，内容应包括检修项目工艺卡（工序、工艺方法、工艺质量标准、施工记录表单、验收签证）、检修项目技术措施、安全措施及组织措施；

c) 建立完善水轮机检修台账并及时记录检修情况；

d) 加强对检修工器具、仪器仪表的管理，按照有关管理规定定期进行检查和检验；

e) 做好材料和备品的管理工作，编制备品和配件的定额。

5.3.5.4 检修开工前准备工作：

a) 并针对水轮机的运行情况、存在的缺陷和检查试验结果，制定符合实际的检修对策和措施。

b) 检修前必须安排完成修前机组的性能试验工作，主要包括机组温度、振动、摆度等。

c) 落实物资及检修工器具准备；对检修中使用的起重设备、运输设备、检修工器具、仪器仪表、试验设备等应按照规程进行检查和相关试验。

d) 编制检修技术方案、准备好检修文件包。

5.3.5.5 转轮与流道的检查与处理：

a) 认真检查记录转轮发现的裂纹、转轮与流道空蚀情况，并制定详细的处理技术方案。

b) 转轮经补焊修复后，必须消除应力，经探伤检查，不得有裂纹；叶片曲面光滑，型线满足要求设计，流道经补焊后必须光滑尺寸无变化。

c) 转轮补焊修复后静平衡试验必须满足要求。

5.3.5.6 检修前后轴线与机组各部轴承的间隙的监督：

a) 拆卸前必须对轴承进行清洗后准确测量机组各部轴承间隙并详细记录，采用盘车的方法检查机组轴线情况，并与上次检修的情况进行对比，查找变化情况。

b) 检修中按照规范要求对机组轴线进行调整，并根据轴线与摆度情况、检修前各部瓦温情况、瓦面磨损情况，分配与调整机组各部轴承的间隙，调整各部轴承间隙的螺栓必须采取防松措施。

c) 各导轴承油循环通畅，冷却良好。

d) 试运过程中，监测各部的振动摆度与各部的轴承瓦温的最大值及瓦温偏差，必要时对轴承间隙进行再次调整。

5.3.5.7 导水机构的检查与处理：

a) 按规范要求调整好导叶的立面间隙、端面间隙。

b) 按规范要求调整好导叶止推轴承间隙。

c) 检查各导叶的开口满足规范要求。

d) 导水机构压紧行程满足规范要求。

e) 导水机构动作灵活，无异常。

5.3.5.8 主轴密封装置检查处理：

a) 主轴密封磨损情况检查，磨损在设计范围内；

b) 主轴密封润滑冷却装置检查，应完好；

c) 主轴密封投退情况正常；

d) 检修密封间隙满足要求，投退无异常。

5.3.5.9 检修中发现的问题，必须认真记录，完善台账，同时必须组织专题分析会，查找问题的原因，提出可行的解决办法与技术方案，确保检修后不留缺陷。

5.3.5.10 技改项目按照集团公司相关规定，做好项目可研、立项、项目实施及后评价的全过程监督。

5.3.5.11 当水轮机设备从技术经济性角度分析继续运行不再合理时，宜考虑退出运行和报废。其退役和报废管理按集团公司相关规定执行。

5.3.5.12 检修完成后，2个月内按照检修计划对检修项目进行分析和评估，对 A/B 级检修标准项目进行必要的修订；对特殊项目进行评估，是否达到预期的安全经济、技术进步和环境保护等目标；对检修中消耗的备品配件及材料进行分析，并对备品配件、材料定额进行修订；对机组检修后数据的收集，主要包括机组温度、振动、摆度等，并与检修前的数据进行对比，总结本次检修的取得的经验与需吸取的教训。

6 监督评价与考核

6.1 评价内容

6.1.1 水轮机监督评价内容见附录K《水轮机技术监督工作评价表》。

6.1.2 水轮机监督评价内容分为技术监督管理、技术监督标准执行两部分，总分为1000分，其中监督管理评价8大项30小项共400分，专业技术管理8大项70小项共600分，每项检查评分时，如扣分超过本项应得分，则扣完为止。具体内容见附录K。

6.2 评价标准

6.2.1 被评价的水力发电厂按得分率高低分为四个级别，即：优秀、良好、一般、不符合。

6.2.2 得分率高于或等于90%为"优秀"；80%～90%（不含90%）为"良好"；70%～80%（不含80%）为"合格"；低于70%为"不符合"。

6.3 评价组织与考核

6.3.1 技术监督评价包括集团公司技术监督评价、属地电力技术监督服务单位技术监督评价、水力发电厂技术监督自我评价。

6.3.2 集团公司每年组织西安热工院和公司内部专家，对水力发电厂技术监督工作开展情况、设备状态进行评价，评价工作按照集团公司《电力技术监督管理办法》附录D"技术监督动态检查管理办法"规定执行，分为现场评价和定期评价。

6.3.2.1 集团公司技术监督现场评价按照集团公司年度技术监督工作计划中所列的水力发电厂名单和时间安排进行。各水力发电厂在现场评价实施前应按《水轮机技术监督工作评价表》进行自查，编写自查报告。西安热工院在现场评价结束后三周内，应按照集团公司《电力技术监督管理办法》附录D2的格式要求完成评价报告，并将评价报告电子版报送集团公司安生部，同时发送产业公司、区域公司及水力发电厂。

6.3.2.2 集团公司技术监督定期评价按照集团公司《电力技术监督管理办法》及《水轮机技术监督标准》要求和规定，对水力发电厂生产技术管理情况、机组障碍及非计划停运情况、水轮机监督报告的内容符合性、准确性、及时性等进行评价，通过年度技术监督报告发布评价结果。

6.3.2.3 对严重违反技术监督制度、由于技术监督不当或监督项目缺失、降低监督标准而造成严重后果、对技术监督发现问题不进行整改的水力发电厂，予以通报并限期整改。

6.3.3 水力发电厂应督促属地技术监督服务单位依据技术监督服务合同的规定，提供技术支持和监督服务，依据相关监督标准定期对水力发电厂技术监督工作开展情况进行检查和评价分析，形成评价报告报送水力发电厂，水力发电厂应将报告归档管理，并落实问题整改。

6.3.4 水力发电厂应按照集团公司《电力技术监督管理办法》及华能电厂安全生产管理体系要求建立完善技术监督评价与考核管理标准，明确各项评价内容和考核标准。

6.3.5 水力发电厂应每年按《水轮机技术监督工作评价表》，组织安排水轮机监督工作开展情况的自我评价，并按集团公司《电力技术监督管理办法》附录D1格式编写自查报告，根据评价情况对相关部门和责任人开展技术监督考核工作。

附 录 A

（规范性附录）

水电机组修前（后）试验数据记录

××水电厂（站）××号机组		机组修前（后）工况记录					
负荷 MW		空转	空载	25%	50%	75%	100%
上导摆度 μm	Y 向						
	X 向						
下导摆度 μm	Y 向						
	X 向						
水导摆度 μm	Y 向						
	X 向						
上机架振动 μm	Y 向						
	X 向						
	Z 向						
下机架振动 μm	Y 向						
	X 向						
	Z 向						
定子机座振动 μm	Y 向						
	X 向						
	Z 向						
定子铁芯振动 μm	Y 向						
	X 向						
	Z 向						
顶盖振动 μm	Y 向						
	X 向						
	Z 向						
修前后空气间隙	1 号磁极	2 号磁极	3 号磁极	……			
导叶开度 %							

表（续）

负荷 MW		空转	空载	25%	50%	75%	100%
蜗壳压力值 MPa							
顶盖压力值 MPa							
上导瓦温 ℃	1 号						
	2 号						
	3 号						
	⋯⋯						
推力瓦温 ℃	1 号						
	2 号						
	3 号						
	⋯⋯						
下导瓦温 ℃	1 号						
	2 号						
	3 号						
	⋯⋯						
水导瓦温 ℃	1 号						
	2 号						
	3 号						
	⋯⋯						
上游水位 m			下游水位 m				
记录人			记录时间				
注：各水力发电厂根据情况进行调整							

附 录 B
（规范性附录）
水电机组 A/B 级修后评价表

序号	评价项目及指标	单位	分数	修前值	目标值	实际值	得分	评 价 要 求
一、安全性指标（100分）								
1	修后累计运行天数	天	80					≥180天，得满分；每大于10天，加1分；<180天不得分
2	一般设备事故	次	20					未发生，得满分；出现一次不得分
二、检修质量（200分）								
1	设计水头下出力	MW	20					低于额定值，扣10分
2	效率	%	20					低于额定值，扣10分
3	耗水率	%	20					低于额定值，扣10分
4	上机架最大垂直振动	mm	20					超过设计保证值扣5分，超过报警值不得分，达到优秀值加5分
5	上机架最大水平振动	mm	20					超过设计保证值扣5分，超过报警值不得分，达到优秀值加5分
6	推力瓦温度	℃	10					每超设计保证值1℃扣1分，超过报警值全扣
7	上导瓦温度	℃	10					每超设计保证值1℃扣1分，超过报警值全扣
8	下导瓦温度	℃	10					每超设计保证值1℃扣1分，超过报警值全扣
9	水导瓦温度	℃	10					每超设计保证值1℃扣1分，超过报警值全扣
10	机组运行温升	℃	10					每超设计保证值1℃扣2分，超过报警值全扣
11	定子绕组最高温度	℃	10					每超设计保证值1℃扣2分，超过报警值全扣
12	保护投入	项	20					任一主要保护未投不得分
14	保护动作	次	20					任一主要保护动作不正常，不得分
三、其他指标（50分）								
	检修工期	天	50					满足规定值，得满分；每超1天，扣2分；每少1天，加1分
注：目标值等于或优于设计值；所有加分项不得超过10分								

附　录　C
（资料性附录）
水轮机技术监督资料档案格式

C.1　受监督水轮机清册格式

C.1.1　设备清册编制要素

1）　序号。

2）　设备名称。

3）　型号。

4）　技术规格。

水轮机示例：

a）　额定处理；

b）　额定流量；

c）　额定水头；

d）　额定效率；

e）　飞逸转速。

5）　出厂编号。

6）　出厂日期。

7）　制造厂家。

8）　投运日期。

C.1.2　设备清册编制要求

1）　分类管理。

设备清册可以设备类型为主体，再按机组或系统等分组。

2）　格式。

可采用 Word 文档或者 Excel 工作表，推荐采用 Excel 工作表。

C.2　设备资料目录及记录

C.2.1　设备资料目录

1）　封面。

2）　设备技术规范。

3）　附属设备技术规范。

4）　制造、运输、安装及投产验收情况记录。

5）　运行情况记录。

6）　性能变化记录。

7）　重要故障记录。

8）　检修记录。

9） 变更记录。

10） 重要记事。

C.2.2 设备台账的要求

1） 设备台账是由一个文本文档（Word 文档或者 Excel 工作表）和一个文件夹组成。

2） 文本文档用来记录设备从设计选型和审查、监造和出厂验收、安装和投产验收、运行、检修到技术改造的全过程水轮机监督的重要内容；文件夹用来保存和提供设备的相关资料。

3） 设备台账的记录应简明扼要，详细内容可通过超链接调用文件夹中的相关资料，或者通过索引在文件夹中查找到相关的资料。

C.2.3 台账/记录示例

1） 封面。

    a） 设备名称；

    b） 管理部门；

    c） 责任人；

    d） 建档日期。

2） 设备技术规范（见表 C.1）。

表 C.1 设 备 技 术 规 范

项 目	数 据
型式	
额定出力 MW	
额定流量 m³	
额定水头 m	
额定效率	
额定转速 r/min	
飞逸转速 r/min	
制造厂家	

3） 附属设备技术规范（见表 C.2）。

表 C.2 水 泵 技 术 参 数

设备名称	位 置	编号	额定扬程	额定流量	额定效率	制造厂
排水泵						

4） 制造、运输、安装及投产验收情况记录（见表 C.3）。

表 C.3 制造、运输、安装及投产验收情况记录

设备名称		制造厂家	
运输单位		安装单位	
制造过程出现的问题及处理	问题及处理		
	索引或超链接		
运输过程出现的问题及处理	问题及处理		
	索引或超链接		
安装及投产验收中出现的问题及处理	问题及处理		
	索引或超链接		

5) 运行状况记录（见表 C.4、表 C.5）。

表 C.4 _____运行状况记录

年、月	可用小时	运行小时	故障停运小时		计划检修停运小时		备注
	h	h	次数	小时 h	次数	小时 h	

表 C.5 _____推力轴承运行温度统计

年、月	最高	最低	平均	最高	最低	平均
最高温度限制:						

6) 振动摆度等变化记录（见表 C.6）。

表 C.6 振动摆度等变化记录表

机组号及时段　／　技术监督指标	机组			机组		
	月份	月份	月份	月份	月份	月份
当月机组运行小时数						
水机主、辅设备故障事故停机次数						

表 C.6（续）

技术监督指标 \ 机组号及时段	机组			机组		
	月份	月份	月份	月份	月份	月份
上机架水平振动 μm						
上机架垂直振动 μm						
水导轴承水平振动 μm						
水导轴承垂直振动 μm						
水导轴承处主轴摆度 μm						
上游水位 m						
下游水位 m						
差压流量计读数 m³/s						
机组有功功率 MW						

7） 重要故障记录（见表 C.7），包括一类事故、障碍、危急缺陷和严重缺陷。

表 C.7 重 要 故 障 记 录

编号：

故障名称					
发生日期			处理完成日期		
故障类别		非停时间 h		责任人	

一、事件简述

二、原因分析

三、处理方法

四、防范措施

五、索引或超链接

编制		审核		审批	

8） 检修记录（见表 C.8）。

表 C.8 检 修 记 录

检修等级			检修性质	-	质量总评价		
检修时间	计划	自		至	消耗工时	计划	
	实际	自		至		实际	
主要检修人员							
检修主要内容							
检修中发现的问题及处理							
试验情况							
遗留问题							
索引或超链接							
检修负责人			审核			审批	

9） 变更记录（见表 C.9），包括改进、更换、报废。

表 C.9 变 更 记 录

变更名称					
变更日期			变更工作负责人		
变更原因					
变更依据					
变更内容					
变更效果					
索引或超链接					
编制		审核		审批	

10）重要记事（见表 C.10）。

表 C.10 重 要 记 事

事件名称				发生日期	
事件描述					
索引或超链接					
编制		审核		审批	
事件名称				发生日期	
事件描述					
索引或超链接					
编制		审核		审批	

11）设备基建阶段资料及图纸目录（见表 C.11）。

表 C.11 设备基建阶段资料及图纸目录

序号	资料及图纸名称	索引号	保存地点

C.3 辅助设备台账格式（见表 C.12）

表 C.12 辅 助 设 备 台 账 格 式

序号	设备名称	型 号	技术参数	购入日期	供货商	试验周期			
						检验单位	报告日期	报告编号	结论
1									
2									
3									
4									
5									
6									

C.4 试验仪器仪表台账格式（见表 C.13）

表 C.13 试验仪器仪表台账格式

序号	仪器仪表名称	型号	技术规格	购入日期	供货商	检验周期	最近的一次检验		
							检验单位	报告日期	仪器状态
1									
2									
3									
4									
5									

注1：仪器状态包括合格、待修理、报废。
注2：台账中应保留两个检验周期的仪器状态

C.5 试验报告内容

1） 被试设备基本信息及试验条件。
    a） 试验报告编号。
    b） 电厂名称。
    c） 试验时间。
    d） 试验性质（A、B、C 修，交接试验，诊断性试验）。
    e） 天气及环境温、湿度。
    f） 设备技术规格。

2） 试验数据及试验仪器仪表。
    a） 试验项目。
    b） 试验数据（必要时提供出厂值或上次试验值）。

    c）试验方法。

    d）试验结论。

    e）试验仪器（型号、出厂编号、准确度、检验有效期）。

    f）试验依据。

    g）试验人员和审核。

C.6 稳定性试验报告格式（见表C.14）

表C.14 稳定性试验报告

试验报告编号：

电厂名称			设备名称					试验日期		
试验性质			试验水头			上游水位		下游水位		
设备铭牌	型 号			额定转速			出厂编号			
	额定出力			飞逸转速			出厂日期			
	额定流量						制造厂			
	额定水头							共 页第 页		
试验数据										
		工况1	工况2	工况3	工况4	工况5	工况6	工况7		
变转速试验	上机架x									
	上机架y									
	下机架x									
	下机架y									
	顶盖x									
	顶盖y									
	定子x									
	定子y									
	上导x									
	上导y									
	下导x									
	下导y									
	水导x									
	水导y									
		工况1	工况2	工况3	工况4	工况5	工况6	工况7		
变励磁试验	上机架x									
	上机架y									

表 **C**.14（续）

变励磁试验	下机架 x							
	下机架 y							
	顶盖 x							
	顶盖 y							
	定子 x							
	定子 y							
	上导 x							
	上导 y							
	下导 x							
	下导 y							
	水导 x							
	水导 y							
		工况 1	工况 2	工况 3	工况 4	工况 5	工况 6	工况 7
变负荷试验	上机架 x							
	上机架 y							
	下机架 x							
	下机架 y							
	顶盖 x							
	顶盖 y							
	定子 x							
	定子 y							
	上导 x							
	上导 y							
	下导 x							
	下导 y							
	水导 x							
	水导 y							

	名　称	型　号	出厂编号	准确度	有效期
试验仪器仪表					
试验依据					
结论					
试验人员				审核	

C.7 设备运行月度分析格式（见表 C.15）

表 C.15 设 备 运 行 月 度 分 析　　　　　年　　月

电厂名称				运行专工		
<td colspan="7">一、水轮机运行数据</td>

设备可靠性	设备名称	可用小时数	运行小时数	故障停运小时数		计划检修停运小时数	
		h	h	次数	h	次数	h
	1 号水轮机						
	2 号水轮机						
	1 号调速器						
	2 号调速器						

一、水轮机运行特征分析（最好给出变化趋势）

二、主阀等阀门设备运行状况分析

三、调速器运行状况分析

四、油系统运行状况分析

五、水系统运行状况分析

六、气系统运行状况分析

C.8 设备检修季度分析格式（见表 C.16）

表 C.16 设备检修季度分析　　　　　　　　年　季

电厂名称		水轮机检修专工	
本季度设备计划检修情况	主要的检修工作 检修中发现的问题及处理		
缺陷分析	本季度发现的故障、危急缺陷、严重缺陷的分析 遗留缺陷的跟踪情况		
存在的问题及监督建议	存在的问题 监督建议		

C.9 故障分析报告格式（见表 C.17）

表 C.17 重要故障记录（包括一类事故、障碍、危急缺陷和严重缺陷）

故障名称					
发生日期			处理完成日期		
故障类别		非停时间 h		责任人	
一、事件简述					
二、原因分析					
三、处理方法					
四、防范措施					
五、索引或超链接					
编制		审核		审批	

附 录 D
（规范性附录）
技术监督不符合项通知单

编号（No）：××-××-××

发现部门：　专业：　被通知部门、班组：　签发：　日期：20××年××月××日

不符合项 描述	1. 不符合项描述： 2. 不符合标准或规程条款说明：	
整改措施	3. 整改措施： 制订人/日期：　　　　　　审核人/日期：	
整改验收 情况	4. 整改自查验收评价： 整改人/日期：　　　　　　自查验收人/日期：	
复查验收 评价	5. 复查验收评价： 复查验收人/日期：	
改进建议	6. 对此类不符合项的改进建议： 建议提出人/日期：	
不符合项 关闭	整改人：　　　自查验收人：　　　复查验收人：　　　签发人：	
编号说明	年份+专业代码+本专业不符合项顺序号	

附 录 E

（规范性附录）

水轮机技术监督季报编写格式

××水力发电厂20××年×季度水轮机技术监督季报

编写人：×××　固定电话/手机：××××××
审核人：×××
批准人：×××
上报时间：20××年××月××日

E.1　上季度集团公司督办事宜的落实或整改情况

E.2　上季度产业（区域）公司督办事宜的落实或整改情况

E.3　水轮机监督年度工作计划完成情况统计报表（见表 E.1）

表 E.1　年度技术监督工作计划和技术监督服务单位合同项目完成情况统计报表

发电企业技术监督计划完成情况			技术监督服务单位合同工作项目完成情况		
年度计划 项 目 数	截至本季度 完成项目数	完成率 %	合同规定的 工作项目数	截至本季度 完成项目数	完成率 %

E.4　水轮机监督考核指标完成情况统计报表

E.4.1　监督管理考核指标报表（见表 E.2～表 E.4）

监督指标上报说明：每年的1、2、3季度所上报的技术监督指标为季度指标；每年的4季度所上报的技术监督指标为全年指标。

表 E.2　20××年×季度传感器、压力仪表校验率统计报表

年度计划应校验仪表台数	截至本季度完成校验仪表台数	仪表校验率 %	考核或标杆值 %
			100

表 E.3　技术监督预警问题至本季度整改完成情况统计报表

一级预警问题			二级预警问题			三级预警问题		
问题 项数	完成 项数	完成率 %	问题 项数	完成 项数	完成率 %	问题 项目	完成 项数	完成率 %

表 E.4　集团公司技术监督动态检查提出问题本季度整改完成情况统计报表

检查年度	检查提出问题项目数（项）			电厂已整改完成项目数统计结果			
	严重问题	一般问题	问题项目合计	严重问题	一般问题	完成项目数小计	整改完成率 %

E.4.2　技术监督考核指标报表（见表 E.5～E.10）

表 E.5　20××年×季度水轮机监督指标报表（一）

机组编号	容量 MW	发电量 万 kWh	运行小时 h	负荷率 %	启停机次数		振摆监测	
					启	停	装置完好率 %	测点准确率 %
1								
2								
3								
4								
5								

表 E.6　20××年×季度水轮机监督指标报表（二）

机组编号	最小负荷 MW	调速系统（有/无）振动、抽动	上导轴承（有/无）漏油、甩油	水导轴承（有/无）漏油、甩油	上导摆度最大值 μm		下导摆度最大值 μm		水导摆度最大值 μm	
					X 方向	Y 方向	X 方向	Y 方向	X 方向	Y 方向
1										
2										
3										
4										
5										

表 E.7　20××年×季度水轮机监督指标报表（三）

机组编号	承重机架振动最大值 μm		推力瓦温度最高值 ℃	上导瓦温度最高值 ℃	下导瓦温度最高值 ℃	水导瓦温度最高值 ℃	顶盖振动最大值 μm	
	X 方向	Y 方向					X 方向	Y 方向
1								
2								
3								
4								
5								

表 E.8 20××年×季度水轮机监督指标报表（四）

机组编号	水轮机气系统（有/无）泄漏	导叶接力器（有/无）卡涩	水轮机油系统（有/无）泄漏	水轮机水系统（有/无）泄漏
1				
2				
3				
4				
5				
6				

表 E.9 20××年×季度缺陷消除率季度统计报表

危急缺陷消除情况				严重缺陷消除情况			
缺陷项数	消除项数	消除率 %	考核值 %	缺陷项数	消除项数	消除率 %	考核值 %
			100				≥90
注 1：严重缺陷：暂时尚能坚持运行，但需尽快处理的缺陷； 注 2：危急缺陷：直接危及人身及设备的安全，须立即处理的缺陷							

表 E.10 20××年×季度设备完好率季度统计报表

主设备完好情况				一般设备完好情况			
主设备总台数	完好设备总台数	完好率 %	考核值 %	一般设备总台数	完好设备总台数	完好率 %	考核值 %
			100				≥98
注 1：主设备，指连接水轮机。 注 2：一般设备，指水轮机附属设备							

E.4.3 技术监督考核指标简要分析

填报说明：分析指标未达标的原因。

E.5 本季度主要的水轮机监督工作

填报说明：简述水轮机监督管理、试验、检修、运行的工作和设备遗留缺陷的跟踪情况。

E.6 本季度水轮机监督发现的问题、原因及处理情况

填报说明：包括试验、检修、运行、巡视中发现的一般事故和一类障碍、危急缺陷和严重缺陷。必要时应提供照片、数据和曲线。

1. 一般事故及一类障碍

2. 危急缺陷

3. 严重缺陷

E.7　水轮机监督下季度的主要工作

E.8　附表

华能集团公司技术监督动态检查专业提出问题至本季度整改完成情况，见表 E.11，《华能集团公司火（水）电技术监督报告》专业提出的存在问题至本季度整改完成情况，见表 E.12。技术监督预警问题至本季度整改完成情况，见表 E.13。

附表 E.11　华能集团公司技术监督动态检查专业提出问题至本季度整改完成情况

序号	问题描述	问题性质	西安热工院提出的整改建议	发电企业制定的整改措施和计划完成时间	目前整改状态或情况说明

注1：填报此表时需要注明集团公司技术监督动态检查的年度；
注2：如4年内开展了2次检查，应按此表分别填报。待年度检查问题全部整改完毕后，不再填报

附表 E.12　《华能集团公司火（水）电技术监督报告》
专业提出的存在问题至本季度整改完成情况

序号	问题描述	问题性质	问题分析	解决问题的措施及建议	目前整改状态或情况说明

附表 E.13　技术监督预警问题至本季度整改完成情况

预警通知单编号	预警类别	问题描述	西安热工院提出的整改建议	发电企业制定的整改措施和计划完成时间	目前整改状态或情况说明

附 录 F

（规范性附录）

技 术 监 督 信 息 速 报

单位名称			
设备名称		事件发生时间	
事件概况	注：有照片时应附照片说明。		
原因分析			
已采取的措施			
监督专责人签字		联系电话： 传　真：	
生长副厂长或 总工程师签字		邮　箱：	

附 录 G

（规范性附录）

水轮机监督预警项目

G.1 一级预警

G.1.1 新机出力低于设计保证值 8%，制造厂家未给出技术说明，水电厂未给出处理意见。

G.1.2 对二级预警项目未及时进行整改。

G.1.3 新机性能考核水轮机效率值低于设计保证值 3 个百分点，未给出技术说明或意见。

G.2 二级预警

G.2.1 当水轮发电机组各部位振动值超过规程允许值 15% 以上，没有引起重视和分析。

G.2.2 机组运行摆度值达到轴瓦总间隙值的 90% 时，没有引起重视和分析。

G.2.3 当水轮发电机组各导轴瓦温度到达设计停机值，仍然维持运行。

G.2.4 新机出力低于设计保证值 5%，制造厂家未给出技术说明，水电厂未给出处理意见。

G.2.5 机组关机时间不满足调保计算。

G.2.6 对一级预警项目未及时进行整改。

G.2.7 新机性能考核水轮机效率值低于设计保证值 2 个百分点，未给出技术说明或意见。

G.2.8 A 级大修后机组效率低于修前效率 1 个百分点，未给出技术说明或意见。

G.3 三级预警

存在以下问题未及时采取措施：

G.3.1 当水轮发电机组各部位振动值超过规程允许值，超过值在 15% 以内，没有引起重视和分析。

G.3.2 机组运行摆度值达到轴瓦总间隙值的 75% 时，没有引起重视和分析。

G.3.3 调速系统在正常带负荷期间出现溜负荷现象，没有引起重视和及时分析，未采取任何措施。

G.3.4 当水轮发电机组各导轴瓦温度到达设计报警值，仍然维持运行并不做任何处理。

G.3.5 新机出力低于设计保证值 3%，制造厂家未给出技术说明，水电厂未给出处理意见。

G.3.6 主轴密封水压及流量不满足要求，未采取措施。

G.3.7 顶盖漏水异常增大未采取措施。

G.3.8 新机性能考核水轮机效率值低于设计保证值 1 个百分点，未给出技术说明或意见。

附 录 H
（规范性附录）
技术监督预警通知单

通知单编号：T–ㅤㅤㅤㅤㅤㅤ预警类别：ㅤㅤㅤㅤ日期：ㅤ年ㅤ月ㅤ日

发电企业名称	
设备（系统）名称及编号	
异常情况	
可能造成或已造成的后果	
整改建议	
整改时间要求	
提出单位	签发人

注：通知单编号：T–预警类别编号–顺序号–年度。预警类别编号：一级预警为1，二级预警为2，三级预警为3。

附 录 I
（规范性附录）
技术监督预警验收单

验收单编号：Y-　　　　　　　　预警类别：　　　　日期：　　年　　月　　日

发电企业名称	
设备（系统）名称及编号	
异常情况	
技术监督 服务单位 整改建议	
整改计划	
整改结果	

验收单位		验收人	

注：验收单编号：Y-预警类别编号-顺序号-年度。预警类别编号：一级预警为1，二级预警为2，三级预警为3。

附 录 J

（规范性附录）

技术监督动态检查问题整改计划书

J.1 概述

J.1.1 叙述计划的制订过程（包括西安热工院、技术监督服务单位及电厂参加人等）。

J.1.2 需要说明的问题，如：问题的整改需要较大资金投入或需要较长时间才能完成整改的问题说明。

J.2 问题整改计划表（见表J.1）

表 J.1 问 题 整 改 计 划 表

序号	问题描述	专业	西安热工院提出的整改建议	发电企业制定的整改措施和计划完成时间	发电企业责任人	西安热工院责任人	备注

J.3 一般问题整改计划表（见表J.2）

表 J.2 问 题 整 改 计 划 表

序号	问题描述	专业	西安热工院提出的整改建议	发电企业制定的整改措施和计划完成时间	发电企业责任人	西安热工院责任人	备注

附 录 K
（规范性附录）
水轮机技术监督工作评价表

序号	评价项目	标准分	评价内容与要求	评 分 标 准
1	水轮机监督管理	400		
1.1	组织与职责	50	查看电厂技术监督机构文件、上岗资格证	
1.1.1	监督组织健全	10	建立健全监督领导小组领导下的三级水轮机监督网,在归口职能管理部门设置水轮机监督专责人	（1）未建立三级水轮机监督网,扣10分; （2）未落实水轮机监督专责人或人员调动未及时变更,扣5分
1.1.2	职责明确并得到落实	10	专业岗位职责明确,落实到人	专业岗位设置不全或未落实到人,每一岗位扣10分
1.1.3	水轮机专责持证上岗	30	厂级水轮机监督专责人持有效上岗资格证	未取得资格证书或证书超期,扣25分
1.2	标准符合性	50	查看企业水轮机监督管理标准及保存的国家、行业技术标准。电厂编制的《水轮机运行规程》《水轮机检修规程》	
1.2.1	水轮机监督管理标准	20	（1）"水轮机监督管理标准"编写的内容、格式应符合《华能电厂安全生产管理体系要求》和《华能电厂安全生产管理体系管理标准编制导则》的要求,并统一编号; （2）"水轮机监督管理标准"的内容应符合国家、行业法律、法规、标准和《华能集团公司电力技术监督管理办法》相关的要求,并符合电厂实际	（1）不符合《华能电厂安全生产管理体系要求》和《华能电厂安全生产管理体系管理标准编制导则》的编制要求,扣10分; （2）不符合国家、行业法律、法规、标准和《华能集团公司电力技术监督管理办法》相关的要求和电厂实际,扣10分
1.2.2	国家、行业技术标准	10	保存的技术标准符合集团公司年初发布的水轮机监督标准目录;及时收集新标准,并在厂内发布	（1）缺少标准或未更新,每个扣5分; （2）标准未在厂内发布,扣10分
1.2.3	企业技术标准	20	企业"水轮机运行规程"、"水轮机检修规程"符合国家和行业技术标准;符合本厂实际情况,并按时修订	（1）巡视周期、试验周期、检修周期不符合要求,每项扣10分; （2）性能指标、运行控制指标、工艺控制指标不符合要求,每项扣10分; （3）企业标准未按时修编,每一个企业标准扣10分

表（续）

序号	评价项目	标准分	评价内容与要求	评分标准
1.3	仪器仪表	50	现场查看仪器仪表台账、检验计划、检验报告	
1.3.1	仪器仪表台账	10	建立仪器仪表台账,栏目应包括:仪器仪表型号、技术参数(量程、精度等级等)、购入时间、供货单位;检验周期、检验日期、使用状态等	（1）仪器仪表记录不全，一台扣 5 分； （2）新购仪表未录入或检验；报废仪表未注销和另外存放，每台扣 10 分
1.3.2	仪器仪表资料	10	（1）保存仪器仪表使用说明书； （2）编制主要仪器仪表的操作规程	（1）使用说明书缺失，一台扣 5 分； （2）专用仪器操作规程缺漏，一台扣 5 分
1.3.3	仪器仪表维护	10	（1）仪器仪表存放地点整洁、配有温度计、湿度计； （2）仪器仪表的接线及附件不许另作他用； （3）仪器仪表清洁、摆放整齐； （4）有效期内的仪器仪表应贴上有效期标识，不与其他仪器仪表一道存放； （5）待修理、已报废的仪器仪表应另外分别存放	（1）仪器仪表记录不全，一台扣 5 分； （2）新购仪表未录入或检验；报废仪表未注销和另外存放，每台扣 10 分
1.3.4	检验计划和检验报告	10	计划送检的仪表应有对应的检验报告	检验报告缺失，一份扣 5 分
1.3.5	对外委试验使用仪器仪表的管理	10	应有试验使用的仪器仪表检验报告复印件	不符合要求，一项扣 5 分
1.4	监督计划	50	现场查看监督计划	
1.4.1	计划的制订	20	（1）计划制定时间、依据符合要求； （2）计划内容应包括： 1)管理制度制定或修订计划； 2)培训计划（内部及外部培训、资格取证、规程宣贯等）； 3)检修中水轮机监督项目计划； 4)动态检查提出问题整改计划； 5)水轮机监督中发现重大问题整改计划； 6)仪器仪表送检计划； 7)技改中水轮机监督项目计划； 8)定期工作（预试、工作会议等）计划	（1）计划制定时间、依据不符合，一个计划扣 10 分； （2）计划内容不全，一个计划扣 5 分～10 分

表（续）

序号	评价项目	标准分	评价内容与要求	评 分 标 准
1.4.2	计划的审批	15	符合工作流程：班组或部门编制→水轮机监督专责人审核→主管主任审定→生产厂长审批→下发实施	审批工作流程缺少环节，一个环节扣10分
1.4.3	计划的上报	15	每年11月30日前上报集团公司	计划上报不按时，扣15分
1.5	监督档案	50	现场查看监督档案、档案管理的记录	
1.5.1	监督档案清单	10	应建有监督档案资料清单。每类资料有编号、存放地点、保存期限	不符合要求，一项扣5分
1.5.2	报告和记录	20	（1）各类资料内容齐全、时间连续； （2）及时记录新信息； （3）及时完成预防性试验报告、运行月度分析、定期检修分析、检修总结、故障分析等报告编写，按档案管理流程审核归档	（1）第（1）项、第（2）项不符合要求，一项扣5分。 （2）第（3）项不符合要求，一项扣10分
1.5.3	档案管理	20	（1）资料按规定储存，由专人管理； （2）记录借阅应有借、还记录； （3）有过期文件处置的记录	不符合要求，一项扣10分
1.6	评价与考核	40	查阅评价与考核记录	
1.6.1	动态检查前自我检查	10	自我检查评价切合实际	（1）没有自查报告扣10分； （2）自我检查评价与动态检查评价的评分相差10分及以上，扣10分
1.6.2	定期监督工作评价	10	有监督工作评价记录	无工作评价记录，扣10分
1.6.3	定期监督工作会议	10	有监督工作会议纪要	无工作会议纪要，扣10分
1.6.4	监督工作考核	10	有监督工作考核记录	发生监督不力事件而未考核，扣10分
1.7	工作报告制度执行情况	50	查阅检查之日前四个季度季报、检查速报事件及上报时间	
1.7.1	监督季报、年报	20	（1）每季度首月5日前，应将技术监督季报报送产业公司、区域公司和西安热工院； （2）格式和内容符合要求	（1）季报、年报上报迟报1天扣5分； （2）格式不符合，一项扣5分； （3）统计报表数据不准确，一项扣10分； （4）检查发现的问题，未在季报中上报，每1个问题扣10分

表（续）

序号	评价项目	标准分	评价内容与要求	评 分 标 准
1.7.2	技术监督速报	20	按规定格式和内容编写技术监督速报并及时上报	（1）发现或者出现重大设备问题和异常及障碍未及时、真实、准确上报技术监督速报，每1项扣10分； （2）上报速保事件描述不符合实际，每1项扣10分
1.7.3	年度工作总结报告	10	（1）每年元月5日前组织完成上年度技术监督工作总结报告的编写工作，并将总结报告报送产业公司、区域公司和西安热工院； （2）格式和内容符合要求	（1）未按规定时间上报，扣10分。 （2）内容不全，扣10分
1.8	监督考核指标	60	查看仪器仪表校验报告；监督预警问题验收单；整改问题完成证明文件。预试计划及预试报告；现场查看，查看检修报告、缺陷记录	
1.8.1	试验仪器仪表校验率	5	要求：100%	不符合要求，不得分
1.8.2	监督预警、季报问题整改完成率	15	要求：100%	不符合要求，不得分
1.8.3	动态检查存在问题整改完成率	15	要求：从发电企业收到动态检查报告之日起，第1年整改完成率不低于85%；第2年整改完成率不低于95%	不符合要求，不得分
1.8.4	预试完成率	5	查看。要求：100%	不符合要求，不得分
1.8.5	缺陷消除率	10	要求： （1）危急缺陷100%； （2）严重缺陷90%	不符合要求，不得分
1.8.6	设备完好率	10	要求： （1）主设备100%； （2）一般设备98%	不符合要求，不得分
2	专业技术工作	600		
2.1	机组整体运行	120		
2.1.1	甩负荷试验	10	机组在甩负荷过程中，转速、蜗壳水压升率，以及尾水管真空度是否符合设计要求	按设计要求和规范有一项不合格，不得分
2.1.2	摆度、振动与噪声	10	运行中发电机组上导、下导、水导轴承的摆度是否超过允许值；机架和顶盖的振动是否超过允许值；机组运行时水机室噪声是否超过允许值	（1）振动、摆度有一项不合格，扣1分； （2）噪声超过规定值的，扣2分

表（续）

序号	评价项目	标准分	评价内容与要求	评 分 标 准
2.1.3	监测仪表	10	在正常运行中，机组的振动、摆度监测装置和压力脉动仪表是否正常	（1）有一项不合格，扣0.5分； （2）无检测装置，扣5分
2.1.4	轴承温度	10	运行中上导、下导、推力、水导轴承瓦温、油温是否在设计范围内	瓦温、油温有一个参数不合格，扣1分
2.1.5	接力器	10	运行中，导叶开启或关闭时，接力器活塞是否有卡涩、跳动或其他异常状态	根据缺陷故障的严重程度和处理效果酌情扣分，对于严重问题该条不得分
2.1.6	传动机构	10	控制环、双联臂、拐臂等传动是否灵活，控制环是否有跳动、卡涩	根据缺陷故障的严重程度和处理效果酌情扣分，对于严重问题该条不得分
2.1.7	导叶轴套漏水量	10	导叶轴套漏水量是否正常	根据缺陷故障的严重程度和处理效果酌情扣分，对于严重问题该条不得分
2.1.8	主轴密封	10	（1）主轴密封工作是否正常，漏水量在设计范围内； （2）检修密封能否正常投入	根据缺陷故障的严重程度和处理效果酌情扣分；检修密封不能正常投入，扣2分；对于严重问题该条不得分
2.1.9	顶盖排水系统	10	顶盖排水是否正常，排水泵能否正常投入，监视信号是否正常	排水泵不能自动投入，扣5分；监测信号不灵，扣5分
2.1.10	机械过速	10	机械过速保护装置整定值是否与设计一致，是否投入运行，能否正常动作	不满足要求不得分
2.1.11	分段关闭	10	机组分段关闭规律能否满足调保计算要求	不满足要求不得分
2.1.12	效率及出力	10	水轮机在各种工况下的效率是否满足设计要求；是否因某一部件的缺陷而使机组出力受到限制	无效率试验报告，扣2分；效率每降低1%，扣2分；出力受限制，出力每降低1%，扣2分
2.2	水轮机转轮	85		
2.2.1	汽蚀	15	转轮或冲击式水轮机水斗、叶片是否有汽蚀、磨损情况，是否影响机组出力、效率	根据汽蚀、磨损的严重程度和处理效果酌情扣分，对于严重问题该条不得分
2.2.2	转桨式转轮密封	10	对于转桨式转轮叶片转动是否灵活，漏油是否严重，转轮是否进水	根据缺陷故障的严重程度和处理效果酌情扣分，对于严重问题该条不得分
2.2.3	转轮叶片	10	转轮叶片是否有严重变形，转轮叶片是否有裂纹，未处理	转轮叶片有严重变形，未处理，影响机组安全运行不得分。转轮叶片有裂纹，未处理，不得分

表（续）

序号	评价项目	标准分	评价内容与要求	评 分 标 准
2.2.4	泄水锥	10	泄水锥紧固螺栓是否松动、脱落，加固焊缝是否有裂纹	泄水锥焊缝有裂纹、螺栓有松动，未处理，扣5分；泄水锥脱落不得分
2.2.5	联轴螺栓	10	联轴螺栓按设计预紧值进行预紧，保护罩固定可靠	联轴螺栓未按设计值预紧，存在问题的一颗螺栓，扣2分；B级及以上检修未对联轴螺栓进行探伤，扣5分。保护罩螺栓未采取防松措施，扣3分
2.2.6	迷宫环	10	转轮上、下迷宫环间隙安装调整是否符合设计要求，是否有不均匀磨蚀，汽蚀是否严重	根据汽蚀的严重程度和处理效果酌情扣分，对于严重问题该条不得分。间隙不符合要求，扣4分
2.2.7	补气装置	10	补气装置是否完好	未按要求试验或试验不满足设计要求的，扣5分；不能正常动作不得分
2.2.8	真空破坏阀	10	真空破坏阀是否能正常工作，动作值是否符合设计要求	未按要求试验或试验不满足设计要求的，扣5分；不能正常动作不得分
2.3	导水机构	70		
2.3.1	导叶或喷嘴	10	导叶或冲击式水轮机喷针、喷嘴汽蚀磨损状况（深度、面积）是否严重	根据汽蚀的严重程度和处理效果酌情扣分，对于严重问题该条不得分；影响机组安全运行而未处理不得分
2.3.2	导叶间隙	10	导叶端面、立面间隙是否超过设计要求，密封装置是否完整无损	导叶漏水量大于规定值，扣5分；导叶端面、立面间隙不满足要求，扣2分；影响停机的不得分。密封装置出现一处漏点，扣1分
2.3.3	抗磨板	10	顶盖、底环抗磨板与贯流式水轮机控制环滚动钢珠是否有磨损、开裂、划伤、变形等	抗磨板与滚动钢珠存在磨损、开裂、划伤、变形等，未处理，扣2分，影响导叶操作的不得分
2.3.4	接力器	10	接力器内泄和外漏是否超标；接力器动作是否正常	接力器内泄和外漏超标，不影响机组运行，扣5分；影响机组运行未处理的不得分
2.3.5	压紧行程	10	接力器压紧行程应在设计规定范围内，锁定装置应能正常投入和切除	压紧行程不符合规定扣2分；锁定装置不能正常投入和退出，每出现一次，扣0.5分
2.3.6	传动机构	10	控制环、双连臂（或弯曲连杆）、导叶拐臂、接力器推拉杆等连接螺栓应紧固，剪断装置及信号器是否完好；冲击水轮机喷针、折向器动作是否同步可靠	任何一项有异常，扣2分；运行中发生剪断销剪断等问题，扣5分

433

表（续）

序号	评价项目	标准分	评价内容与要求	评 分 标 准
2.3.7	重锤	10	灯泡贯流式水轮机重锤是否有异常,重锤及连杆连结螺栓应紧固、可靠,有防护措施	无防护措施,扣5分;重锤异常未处理不得分
2.4	水轮机轴承	30		
2.4.1	运行	10	水轮机导轴承、油槽是否有漏油、甩油,轴承冷却系统是否良好	存在轻微甩油、漏油现象,每台机扣1分,存在严重甩油、漏油现象,每台机扣2分
2.4.2	轴瓦	10	轴瓦是否完整无损,是否有脱壳龟裂,是否烧瓦。轴瓦间隙是否满足规程要求	轴瓦有脱壳、裂纹,未处理扣5分;出现烧瓦扣10分;轴瓦间隙不满足设计要求、不影响机组运行的每台机扣1分
2.4.3	运行参数	10	轴承运行温度是否在正常范围。轴承摆度值是否在正常范围、是否超标	温度和摆度超过报警值,不得分;最高和最低瓦温相差超过10℃,扣2分
2.5	蜗壳及尾水管	30		
2.5.1	缺陷	10	蜗壳、尾水管或贯流式水轮机流道及管型座拼接焊缝是否存在开裂缺陷,与之相焊的附件是否有开焊、漏水	根据缺陷故障的严重程度和处理效果酌情扣分,对于严重问题该条不得分;大修不检查或无记录该条不得分
2.5.2	尾水管管壁	10	尾水管管壁是否存在空蚀、磨损、漏水、脱空,或贯流式水轮机尾水管是否有缺损、淘空,有无裂缝。尾水闸门是否有严重漏水	根据缺陷故障的严重程度和处理效果酌情扣分,对于严重问题该条不得分;大修不检查或无记录该条不得分
2.5.3	进人门	10	蜗壳、尾水管进人门是否存在漏水、渗水现象,搭设尾水检修平台的孔洞或吊环是否空蚀、脱落	存在漏水、渗水现象,每台机扣2分;进人门固定螺栓在三轮检修期未进行更换,扣5分;搭设尾水检修平台的孔洞或吊环是否空蚀、脱落,未处理扣5分
2.6	调速器系统及油压装置	110		
2.6.1	油压装置	30		
2.6.1.1	集油槽、压油罐	10	集油槽、压油罐(含事故油罐)及附件是否有漏油、渗油,油温是否在允许范围内(10℃～50℃)。是否存在油混水现象	存在漏油、渗油,每台机扣1分;油温超过50℃,每台机扣2分;存在油混水超标,每台机扣2分
2.6.1.2	压油泵	10	压油泵(工作泵及备用泵)和电机运转是否正常,起泵逻辑是否合理,有无异常振动、过热现象;安全阀、启动阀(或卸载阀)启动和停止是否正常;压力表计及压力信号器是否按规定作定期校验;当油压降低到事故低油压时,能否正确自动紧急停机;各油泵起动是否定期切换	发生一项异常,扣2分;事故低油压不动作停机不得分;油罐、安全阀及卸载阀没有定期进行校验,扣3分;压力表计及压力信号器未按规定作定期校验,扣3分;油泵未定期切换,扣2分

表（续）

序号	评价项目	标准分	评价内容与要求	评分标准
2.6.1.3	油压装置	10	油压装置的油位是否在规定范围内，指示是否正确；自动补气装置及集油槽的油位信号装置动作是否正确可靠；所用汽轮机油是否定期化验；安全阀及压力表等是否能按技术监督规定定期进行检验	油位未在规定范围内，指示不正确，扣3分；安全阀未进行定期校验，扣2分；自动补气装置未投入，扣1分；汽轮机油未定期化验，扣2分；压力表计及压力信号器未按规定作定期校验，扣2分
2.6.2	调速器系统	80		
2.6.2.1	电气部分	10	电气柜是否定期检测，各自动回路是否正常，无寄生回路；电气柜工作和备用电源是否能实现自动切换；微机电气柜应实现"冗余"配置	存在缺陷或检测不全，扣5分，无双电源或不电气柜未定期检测，扣2分；各自动回路出现一次异常，扣2分；电气柜工作和备用电源不能实现自动切换，扣3分；微机电气柜未实现"冗余"配置，扣3分
2.6.2.2	测速装置	10	测速装置和接力器位移反馈装置是否有"冗余"配置，动作是否可靠	测速装置和接力器位移反馈装置未实现"冗余"配置，扣5分；出现一次故障，扣2分
2.6.2.3	调速系统接力器	10	调速系统接力器不动作时间、死区和扰动是否满足规范要求	一项不合格，扣2分；未进行相关验证试验，一项扣5分
2.6.2.4	电气–机械/液压转换元件	5	电气–机械/液压转换元件动作是否灵活，是否有卡涩、抖动现象；是否定期检测	每出现一次异常，扣1分
2.6.2.5	事故配压阀	5	调速系统事故配压阀关机时间是否满足调保计算要求	不满足要求不得分
2.6.2.6	仪表	5	有关仪表指示是否正确，并按规定定期校验	每块仪表显示异常，扣0.5分；未定期校验，扣2分
2.6.2.7	二次回路绝缘	5	各回路间以及回路与机壳、大地间的绝缘是否符合要求	发现一处绝缘不合格，扣1分
2.6.2.8	信号输出	5	输出放大器Ⅰ与输出放大器Ⅱ其中一个故障时，另一个应能自动投入	切换失败一次，扣1分
2.6.2.9	可编程控制器	5	可编程控制器（或处理器）动作可靠，能够实现自动切换	每出现一次故障，扣1分；不能实现自动切换，扣3分
2.6.2.10	手动/自动切换	5	手动/自动切换是否正常	每出现一次切换不正常，扣1分
2.6.2.11	调速器机械部分	5	调速器机械部分是否存在卡涩等状况	每出现一次卡涩，扣1分
2.6.2.12	机械调速器	10	对机械调速器：电机温升是否过高；飞摆与电机是否同心，转动是否灵活；飞摆径向、轴向摆动及抽动是否超标；飞摆钢带是否有裂纹、划伤。电液转换器转动是否灵活，喷油量是否合适	每出现一次异常，扣1分

表（续）

序号	评价项目	标准分	评价内容与要求	评 分 标 准
2.7	进水口事故门、主阀及液压系统	85		
2.7.1	进水口事故门和主阀	55		
2.7.1.1	闸门和阀门	10	进水口事故门、主阀本体是否存在缺陷,漏水量是否大于设计值	根据缺陷故障的严重程度和处理效果酌情扣分,对于严重问题该条不得分;漏水超标,不影响机组检修,扣3分,影响机组检修的不得分
2.7.1.2	动水关闭试验	15	进水口事故门（单元供水机组）、主阀是否能动水关闭,是否作过试验	不能动水关闭不得分;未作动水关闭试验,扣5分
2.7.1.3	旁通阀	5	旁通阀是否存在缺陷,阀门关闭是否严密	存在缺陷,每项扣1分
2.7.1.4	启闭机设备	10	启闭机、接力器有无漏油,钢丝绳有无散股、断股等隐患和缺陷,锁定装置是否能正常投入、动作准确; 进水口阀门开关时间是否符合设计要求	出现漏点,扣1分;钢丝绳出现断丝,扣1分,断股扣3分;锁定装置动作不正常,一次扣1分;阀门关闭时间不符合设计要求,扣5分
2.7.1.5	操作系统	10	操作系统（液压控制阀）或其他结构是否卡涩,动作程序良好,开、闭信号指示是否准确	出现一次异常扣2分
2.7.1.6	筒阀	5	筒阀各液压缸是否同步	出现一次不同步扣1分
2.7.2	液压系统	25		
2.7.2.1	集油槽、压油罐	10	集油槽、压油罐（含事故油罐）及附件是否有漏油、渗油,油温是否在允许范围内（10℃～50℃）。是否存在油混水现象	存在漏油、渗油,每台机扣1分;油温超过50℃,每台机扣2分;存在油混水超标,每台机扣2分
2.7.2.2	压油泵	10	压油泵（工作泵及备用泵）和电机运转是否正常,起泵逻辑是否合理,有无异常振动、过热现象;安全阀、启动阀（或卸载阀）启动和停止是否正常;压力表计及压力信号器是否按规定作定期校验;当油压降低到事故低油压时,能否正确自动紧急停机;各油泵起动是否定期切换	发生一项异常,扣2分;事故低油压不动作停机不得分;油罐、安全阀及卸载阀没有定期进行校验,扣3分;压力表计及压力信号器未按规定作定期校验,扣3分;油泵未定期切换,扣2分

表（续）

序号	评价项目	标准分	评价内容与要求	评分标准
2.7.2.3	油压装置	5	油压装置的油位是否在规定范围内，指示是否正确；自动补气装置及集油槽的油位信号装置动作是否正确可靠；所用汽轮机油是否定期化验；安全阀及压力表等是否能按技术监督规定定期进行检验	油位未在规定范围内，指示不正确，扣3分；安全阀未进行定期校验，扣2分；自动补气装置未投入，扣1分；汽轮机油未定期化验，扣2分；压力表计及压力信号器未按规定作定期校验，扣2分
2.7.3	进水口拦污栅	5	拦污栅是否完好；压差符合设计要求	拦污栅损坏扣2分，压差超标扣5分
2.8	辅助设备	70		
2.8.1	油系统	20		
2.8.1.1	备用油	5	油库油罐应有足够数量的备用油，储油箱（罐）内油质合格，并定期化验	备用油量不足、油质不合格，扣2分；未定期进行化验，每次扣2分
2.8.1.2	油处理设备	5	油处理设备工作可靠	设备不正常，每台次扣1分
2.8.1.3	油管	5	油管道通畅，管路法兰、焊缝、阀门无漏油	发现一个漏点扣0.5分
2.8.1.4	设备编号及标识	5	设备和阀门编号、管道颜色、介质流向齐全，符合规范要求	标识不正确、不清晰、不规范，扣2分；阀门编号缺失一处扣0.5分
2.8.2	气系统	25		
2.8.2.1	储气罐	10	储气罐本体是否存在缺陷，是否定期进行检查，其安全阀及压力表是否定期校验，安全阀是否能正常动作	每项缺陷扣2分；安全阀不能正常动作，扣5分；压力表未定期校验的，扣5分。储气罐、安全阀未定期校验的，不得分
2.8.2.2	空气压缩机	5	空气压缩机运行正常，动作逻辑正确，各空气压缩机能实现定期轮换	运行不正常，每出现一次异常扣1分；不能定期切换的，扣3分
2.8.2.3	泄漏	5	储气罐、空压机、输气管道及阀门无漏气	发现一个漏点扣0.5分
2.8.2.4	设备编号及标识	5	设备和阀门编号、管道颜色、介质流向齐全，符合规范要求	标识不正确、不清晰、不规范，扣2分；阀门编号缺失一处扣0.5分
2.8.3	技术供、排水系统	25		
2.8.3.1	运行参数	5	技术供水系统运行正常，水压、水温、水量是否符合设计要求	出现一次异常，扣1分

437

表（续）

序号	评价项目	标准分	评价内容与要求	评 分 标 准
2.8.3.2	仪器仪表	10	技术供水系统、排水系统流量仪表、压力仪表、温度仪表等二次元器件显示是否正常，有无损坏，是否定期进行校验	现场检查发现一处，扣 0.5 分；未校验的，每块表计扣 0.5 分
2.8.3.3	水泵运行	5	排水系统的主、备用泵运行良好并能根据水位情况自动启停，水位信号（报警）装置动作正常；管道无漏水	主备用泵不能正常投入，扣 2 分；水位信号显示不正常，扣 1 分；不能实现自动启停，扣 1 分；水位报警装置不能正常动作，扣 2 分；发现一处漏点扣 0.5 分
2.8.3.4	设备编号及标识	5	设备和阀门编号、管道颜色、介质流向齐全，符合规范要求	标识不正确、不清晰、不规范，扣 2 分；阀门编号缺失一处扣 0.5 分

中国华能集团公司
CHINA HUANENG GROUP

中国华能集团公司水力发电厂技术监督标准汇编

Q/HN—1—0000.08.043—2015

技术标准篇

水力发电厂水工监督标准

2015 - 05 - 01 发布

2015 - 05 - 01 实施

目　次

前　言

为加强中国华能集团公司水力发电技术监督管理，保证水力发电厂水工设施及设备的安全可靠运行，特制定本标准。本标准依据国家和行业有关标准、规程和规范，以及中国华能集团公司水力发电厂的管理要求、结合国内外水力发电的新技术、监督经验制定。

本标准是中国华能集团公司所属水力发电厂水工监督工作的主要依据，是强制性企业标准。

本标准自实施之日起，代替 Q/HB-J-08.L23—2009《水力发电厂水工监督技术标准》。

本标准由中国华能集团公司安全监督与生产部提出。

本标准由中国华能集团公司安全监督与生产部归口并解释。

本标准起草单位：华能澜沧江水电股份有限公司、西安热工研究院有限公司。

本标准主要起草人：邱小弟、字陈波、李黎、蒋金磊、杨立新、汪俊波。

本标准审核单位：中国华能集团公司安全监督与生产部、中国华能集团公司基本建设部、华能澜沧江水电股份有限公司、华能四川水电有限公司。

本标准主要审核人：赵贺、武春生、杜灿勋、晏新春、向泽江、张洪涛、查荣瑞、吴明波、杨赟明、余记远、邱勇。

本标准审定：中国华能集团公司技术工作管理委员会。

本标准批准人：寇伟。

水力发电厂水工监督标准

1 范围

本标准规定了中国华能集团公司（以下简称集团公司）所属水力发电厂水工建筑物及其附属设施工程设计、工程建设和生产运行的全过程水工监督相关的技术标准内容、监督管理及评价与考核的要求。

本标准适用于集团公司大、中型水力发电厂的水工监督，小型水力发电厂可参照执行。

2 规范性引用文件

下列文件对于本文件的应用是必不可少的。凡是注日期的引用文件，仅所注日期的版本适用于本文件。凡是不注日期的引用文件，其最新版本（包括所有的修改单）适用于本文件。

GB 17621　大中型水电站水库调度规范

GB/T 18185　水文仪器可靠性技术要求

GB/T 22385　大坝安全监测系统验收规程

GB/T 22482　水文情报预报规范

DL/T 835　水工钢闸门和启闭机安全检测技术规程

DL/T 1014　水情自动测报系统运行维护规程

DL/T 1051　电力技术监督导则

DL/T 1085　水情自动测报系统技术条件

DL/T 1259　水电厂水库运行管理规范

DL/T 5006　水电水利工程岩土观测规程

DL/T 5020　水电工程可行性研究报告编制规程

DL/T 5123　水电站基本建设工程验收规程

DL/T 5178　混凝土坝安全监测技术规范

DL/T 5206　水电工程预可行性研究报告编制规程

DL/T 5209　混凝土坝安全监测资料整编规范

DL/T 5211　大坝安全监测自动化技术规范

DL/T 5212　水电工程招标设计报告编制规程

DL/T 5251　水工混凝土建筑物缺陷检测和评估技术规程

DL/T 5256　土石坝安全监测资料整编规程

DL/T 5259　土石坝安全监测技术规范

DL/T 5272　大坝安全监测自动化系统实用化要求及验收规程

DL/T 5307　水电水利工程施工度汛风险评估规程

DL/T 5308　水电水利工程施工安全监测技术规范

DL/T 5353   水电水利工程边坡设计规范

DL/T 5416   水工建筑物强震动安全监测技术规范

NB/T 35003   水电工程水情自动测报系统技术规范

SL 61   水文自动测报系统技术规范

SL 101   水工钢闸门和启闭机安全检测技术规程

SL 210   土石坝养护修理规程

SL 223   水利水电建设工程验收规程

SL 230   混凝土坝养护修理规程

SL 266   水电站厂房设计规范

SL 530   大坝安全监测仪器检验测试规程

SL 531   大坝安全监测仪器安装标准

SL 543   水工金属结构术语

SL 551   土石坝安全监测技术规范

十一届主席令第 18 号   中华人民共和国防洪法

国务院令第 78 号   水库大坝安全管理条例

国务院令第 293 号   建设工程勘察设计管理条例

国务院令第 394 号   地质灾害防治条例

国务院令第 409 号   地震监测管理条例

国务院令第 441 号   中华人民共和国防汛条例

中国地震局令第 9 号   水库地震监测管理办法

国家发展和改革委员会令 2015 年第 23 号   水电站大坝运行安全监督管理规定

国家防汛抗旱总指挥部   办海〔2006〕9 号   水库防汛抢险应急预案编制大纲

发改办能源〔2003〕1311 号   关于水电站基本建设工程验收管理有关事项的通知

国能安全〔2015〕145 号   水电站大坝安全定期检查监督管理办法

国能安全〔2015〕145 号   水电站大坝安全注册登记监督管理办法

电监安全〔2010〕30 号   水电站大坝除险加固管理办法

Q/HB-G-08.L01—2009   华能电厂安全生产管理体系要求

Q/HB-G-08.L02—2009   华能电厂安全生产管理体系评价办法（试行）

Q/HN-1-0000.08.002—2013   中国华能集团公司电力检修标准化管理实施导则（试行）

Q/HN-1-0000.08.049—2015   中国华能集团公司电力技术监督管理办法

华能安〔2011〕271 号   中国华能集团公司电力技术监督专责人员上岗资格管理办法（试行）

3   总则

3.1   水工监督是保证水力发电厂水工建筑物及其附属设施安全、稳定运行的重要基础工作，应坚持"安全第一、预防为主"的方针，实行全过程监督。

3.2   水工监督的目的是依据国家有关法律法规和相关技术标准，采取咨询、评审、检查、检测等手段，对水工建筑物及附属设备的设计、建设和生产运行各阶段的安全和质量进行控制，促使各阶段工作有效开展和衔接,确保其安全、可靠、经济、环保运行。

3.3 本标准规定了水力发电厂水工建筑物及其附属设施在设计、建设、运行阶段土石方工程、混凝土工程、防渗墙、支护、灌浆、水工金属结构、大坝安全监测等方面的质量监督标准,大坝安全注册及定检工作要求,水工建筑物检查和维护标准,大坝安全监测标准,水情测报标准,防洪防汛要求,库岸巡视检查标准,地震台网监测标准,以及水工监督管理要求、评价与考核标准。本标准是水力发电厂水工监督工作的基础,也是建立水工技术监督体系的依据。

3.4 各电厂应按照集团公司《华能电厂安全生产管理体系要求》《电力技术监督管理办法》中有关技术监督管理和本标准的要求,结合本厂的实际情况,制定电厂水工监督管理标准;依据国家和行业有关标准和规范,编制、执行运行规程、检修规程和检验及试验规程等相关/支持性文件;以科学、规范的监督管理,保证水工监督工作目标的实现和持续改进。

3.5 从事水工监督的人员,应熟悉和掌握本标准及相关标准和规程中的规定。

4 监督技术标准

4.1 设计阶段监督

4.1.1 一般性要求

4.1.1.1 设计阶段水工监督包括预可行性研究、可行性研究、招标设计、施工详图设计等设计成果、审查意见落实情况的监督。

4.1.1.2 勘测设计工作均应贯彻执行国家有关水电工程建设的政策和法律法规;满足国家和行业现行水电工程建设强制性条文规定,遵守水电工程建设程序和设计工作程序;设计文件应做到基础资料可靠、项目内容完整,计算方法正确,深度符合要求,文字、符号、数字、图表及影像准确、清晰。

4.1.1.3 设计单位的资质、等级范围应符合《建设工程勘察设计管理条例》的要求。

4.1.1.4 采用新材料、新工艺、新结构和新设备,应进行技术经济论证和评审。

4.1.2 预可行性研究监督

4.1.2.1 预可行性研究应在已经审查批准的江河流域综合利用规划或河流(河段)水电规划、抽水蓄能选点规划的基础上进行,落实规划审批意见的要求和各专题报告的审查意见。按DL/T 5206的要求及国家有关规定完成预可行性研究报告的编制,并经过政府主管部门审查。

4.1.2.2 预可行性研究水工监督内容如下:

 a) 综合利用要求、开发任务。

 b) 主要水文参数和成果。

 c) 工程区域构造稳定性,比较坝(闸)址和厂址主要地质条件,影响工程方案成立的重大地质问题。

 d) 初步选定的代表性坝(闸)址和厂址。

 e) 初步选定的正常蓄水位和其他特征水位。

 f) 工程等别、主要建筑物级别。

 g) 初定的代表性坝(闸)型、枢纽布置及主要建筑物型式,水工金属结构及过坝设备的规模、型式和布置。

 h) 施工导流方法和筑坝材料、料场,主体工程施工方法和施工总布置。

i) 初拟的建设征地范围。

j) 环境工程设计和重大环境敏感问题。

4.1.3 可行性研究监督

4.1.3.1 可行性研究应在审查批准的预可行性研究报告基础上，根据预可行性研究报告审查意见及各专题报告审查意见，结合可行性研究阶段设计要求进行。按 DL/T 5020 的要求及国家有关规定完成相关专题报告和可行性研究报告的编制，并经过政府主管部门审查。重点监督的专题报告参见附录 A.2。

4.1.3.2 安全监测应根据枢纽布置及各建筑物的设计，确定安全监测的范围、监测部位、监测项目和监测设施的布置，提出自动化监测规划方案，完成枢纽工程安全监测系统设计专题报告。

4.1.3.3 可行性研究水工监督内容如下：

a) 发电、防洪、供水、通航、灌溉等开发功能定位。

b) 正常蓄水位和装机容量的选择，防洪、抗震标准，设计洪水及洪水调度方案。

c) 选定方案各建筑物和水库工程地质条件。

d) 主要建筑物的轴线、线路、结构型式和布置方式、控制尺寸、高程和工程量，闸门和启闭机等的型式和布置方式。

e) 施工总布置规划、施工总进度、施工导流方式、导流标准和导流方案、料源选择及料场开采规划、主体工程施工方法等方案。

f) 枢纽工程征地范围。

4.1.4 招标设计监督

4.1.4.1 招标设计应在审查批准的可行性研究报告基础上，根据可行性研究报告审查意见及各专题报告审查意见进行。按 DL/T 5212 的要求及国家有关规定完成招标设计报告的编制，并应经过产业公司、区域公司组织的评审。

4.1.4.2 招标设计水工监督内容如下：

a) 水文、气象和泥沙等基本资料，水情测报系统、监测设施等建设期和运行期的有效衔接。

b) 遗留的工程地质问题、专门性工程地质问题和补充地质调查成果。

c) 主要建筑物的轴线、布置和结构型式、控制尺寸和高程、控制点坐标和高程、桩号及工程量，主要建筑物结构、尺寸、材料分区、基础处理措施和范围、典型断面和部位的配筋型式、各部位材料性能指标要求及有关设计技术要求。

d) 工程分标方案、招标计划。

e) 施工总体布置、施工总进度安排及施工组织设计。

f) 建筑材料、料源选择与土石方平衡规划。

g) 导流标准、导流程序、导流建筑物布置，导流建筑物轴线、结构型式和布置，施工期洪水调度原则，施工场地营地安全等。

h) 水库初期蓄水计划和电站初期运行方式。

i) 监测系统的组成、布置和工程量。

4.1.5 施工详图设计监督

4.1.5.1 施工详图设计应在招标设计基础上，依据国家和行业技术标准和设计规程、规范（参考附录 A.1）进行技术监督。设计进度要满足工程施工进度要求，设计文件应准确完备，符合设计单位内部审查程序。施工详图应通过产业公司、区域公司规定的审查程序。

4.1.5.2 施工详图设计水工监督内容如下：

    a）防洪、环保、抗震、防火、卫生、人防等符合有关强制性标准。

    b）基础开挖和边坡开挖后地质改变情况。

    c）设计变更依据、程序及对运行维护的影响。

    d）结构细部设计，应考虑运行维护的安全和便捷等因素。

    e）设计计划、施工图进度。

4.2 建设阶段监督

4.2.1 一般性要求

4.2.1.1 建设阶段水工监督包括工程施工质量、工程安全监测、工程防洪度汛、工程验收等方面监督。

4.2.1.2 工程施工质量应按单位工程、分部工程、分项工程、单元工程的顺序，对原材料、土方明挖、石方明挖、地下洞室开挖、支护、钻孔和灌浆、基础防渗墙、土石方填筑、混凝土工程、闸门制造和安装等开展质量监督工作。

4.2.1.3 工程安全监测主要任务是了解水工建筑物工作性态和掌握其变化规律，及时发现异常现象或工程隐患，检验设计并指导施工，保证水工建筑物的安全。工程安全监测的监督包括监测系统施工、监测数据采集、监测数据整编、分析等方面的监督。

4.2.1.4 工程防洪度汛的监督包括防汛组织机构、防洪度汛方案及应急预案、水情测报、防洪度汛物资及道路、防汛日常工作等方面。

4.2.1.5 工程验收的监督包括分部工程、单位工程、工程截流、工程蓄水、枢纽工程专项竣工验收等方面。

4.2.2 工程施工质量的监督

4.2.2.1 原材料：所有原材料必须有出厂检验合格证，且经检验合格并在有效期内使用，有特殊要求的原材料按设计要求执行。进入施工现场的原材料均应按有关规定进行检验或抽检，经检验不合格的原材料不得用于工程。

4.2.2.2 土方明挖：包括基础开挖、土料场、砂砾料场、公路、房屋基础等。土方明挖按相关施工规程、规范（参考附录 A.1）、设计文件及合同文件要求进行质量监督，主要监督项目包括：坡度、平面尺寸、标高和平整度及土的物理力学性质指标等。

4.2.2.3 石方明挖：包括坝（堰）基、溢洪道、进水口、引水（导流）明渠、隧洞进出口、调压池、地面厂房、地面变电站、公路及采石场等范围的石方明挖工程。石方明挖按相关施工规程、规范（参考附录 A.1）、设计文件及合同文件要求进行质量监督，主要监督项目包括：平面尺寸、标高、平整度、超欠挖、半孔率等。

4.2.2.4 地下洞室开挖：包括隧洞、斜井、竖井、大跨度洞室以及已建地下洞室的扩大开挖等。地下洞室开挖按相关施工规程、规范（参考附录 A.1）、设计文件及合同文件要求进行质量监督，主要监督项目包括：贯通误差、轮廓尺寸、平整度、超欠挖、半孔率、松动圈等。

4.2.2.5 支护：包括土石方明挖和地下洞室开挖后的围岩永久支护及施工期的临时支护，支护类型为锚杆、喷射混凝土、预应力锚索、锚杆和各种喷射混凝土的组合、钢支撑等。支护按相关施工规程、规范（参考附录 A.1）、设计文件及合同文件要求进行质量监督，主要监督项目包括：原材料指标、锚杆（索）孔钻孔、锚杆（索）制安、预应力施加、喷混凝土厚度、挂网、注浆饱满度等。

4.2.2.6 钻孔和灌浆：钻孔包括勘探孔、灌浆孔、检查孔和排水孔的钻孔，以及钻孔和灌浆所需进行的钻取岩芯、钻孔冲洗、压水试验、灌浆前孔口加塞保护等全部钻孔作业；灌浆包括水泥灌浆（帷幕灌浆、固结灌浆、回填灌浆、接触灌浆和接缝灌浆）及化学灌浆。钻孔和灌浆按相关施工规程、规范（参考附录 A.1）、设计要求及合同文件进行质量监督，主要监督项目包括：钻孔、洗孔、简易压水、灌浆、管路埋设、压水试验与声波质量检查等。

4.2.2.7 基础防渗墙：包括混凝土防渗墙（钢筋混凝土、塑性混凝土、固化灰浆等）和高压喷射灌浆防渗墙。基础防渗墙按相关施工规程、规范（参考附录 A.1）、设计文件及合同文件要求进行质量监督，主要监督项目包括：造孔、钢筋笼施工、混凝土施工、混凝土性能等。

4.2.2.8 土石方填筑：包括碾压式土坝和土石坝、堆石坝填筑、土石围堰填筑及其防渗体的施工等。土石方填筑按相关施工规程、规范（参考附录 A.1）、设计文件及合同文件要求进行质量监督，主要监督项目包括：干密度、含水率、颗粒级配、特征颗粒粒径含量等。

4.2.2.9 混凝土工程：包括永久和临时建筑物的各类混凝土（含钢筋混凝土）。混凝土工程按相关施工规程、规范（参考附录 A.1）、设计文件及合同文件要求进行质量监督，主要监督项目包括：配合比、模板、钢筋及埋件、浇筑、力学性能、温度控制、外观质量和养护，碾压混凝土主要监督项目除了以上项目外，还包括相对密实度、压实度和层间结合质量。特殊混凝土监督项目按相关标准、规范执行。

4.2.2.10 闸门制造和安装：包括水工闸门及启闭机、拦污栅。闸门制造和安装按相关施工规程、规范（参考附录 A.1）、设计文件及合同文件要求进行质量监督，主要监督项目包括：材料性能，焊接，螺栓连接，表面防腐蚀，闸门、埋件和拦污栅的制造安装等。

4.2.3 工程安全监测的监督

4.2.3.1 监测系统施工

4.2.3.1.1 监测系统包括监测仪器、测量仪表及监测自动化系统等，应与主体工程施工同步进行。施工期仪器的采购、检验、埋设、安装、调试、保护和监测系统验收等工作按 GB/T 22385、DL/T 5178、DL/T 5211、DL/T 5259、DL/T 5272、设计文件及合同文件要求执行。

4.2.3.1.2 监测仪器安装前的选型应符合设计文件要求，安全监测施工方案履行报批手续，仪器检验率定资料齐全有效、仪器埋设安装电缆牵引保护措施详细可靠。

4.2.3.1.3 监测仪器严格按照施工工艺施工及安装，考证表及安装草图符合要求，初始值选取合理，验收及时。

4.2.3.1.4 设备完好率应满足规范、设计和合同要求。

4.2.3.2 监测数据采集

4.2.3.2.1 监测项目、测次、精度应按 DL/T 5178、DL/T 5259 及设计文件执行，观测计算成果可靠准确，测量仪表应定期检验、校正。

4.2.3.3 监测数据整编

4.2.3.3.1 监测仪器安装埋设后应及时取得初始值，首次蓄水前应取得所有监测数据的基准值，及时进行监测及资料整理分析，监测资料整编和分析应按 DL/T 5209、DL/T 5256 执行。

4.2.3.3.2 资料整编包括埋设安装后的初期监测资料、施工期监测资料和蓄水期监测资料、物理量计算资料、环境量资料、数据整编资料、数据分析资料等原始资料的收集、检验和处理，并按规定的要求录入数据库保存，原始资料需定期成册。

4.2.3.4 监测数据分析

4.2.3.4.1 应根据监测成果，结合工程地质、水文、施工方法和进度等进行综合分析，评判工程安全状况，为设计和施工提供决策依据。

4.2.3.4.2 蓄水验收等专项验收前应有监测专题报告。

4.2.4 工程防洪度汛的监督

4.2.4.1 防汛组织机构：防汛组织机构应设置合理，人员到位。

4.2.4.2 防洪度汛方案及应急预案：防洪度汛方案及应急预案应符合工程建设规模、防洪标准及工程面貌，按国家相关防洪度汛管理办法报批或报备后严格执行。

4.2.4.3 水情测报：水情测报系统、水文预报方案及预报精度应满足防洪度汛要求。水情测报系统运行维护按 DL/T 1014 的要求进行监督。

4.2.4.4 防洪度汛物资及道路：防洪度汛物资、器材、机具、电力供应等充足可靠，供水、排水设施完好，交通、通信畅通。

4.2.4.5 防汛日常工作：防汛日常工作应开展汛前、汛中、汛后检查及整改工作，汛期防洪度汛值班制度应严格执行，汛后防洪度汛总结及报告应及时和全面。

4.2.5 工程验收的监督

4.2.5.1 分部工程应按照 SL 223 进行工程验收的相关工作。

4.2.5.2 单位工程验收应按照 SL 223 进行工程验收的相关工作。单位工程验收前应重点关注工程遗留缺陷、工程道路交通、设备设施等是否满足运行管理的要求。

4.2.5.3 工程截流验收按 DL/T 5123 执行，主要监督内容如下：

4.2.5.3.1 导流工程应已基本建成，导流隧洞、导流明渠等建筑物符合设计要求，质量符合合同文件规定的标准，可以过水，且过水后不会影响未完工程的继续施工。

4.2.5.3.2 主体工程中与截流有关部分的水下隐蔽工程已经完成，质量符合合同文件规定的标准。

4.2.5.3.3 已按审定的截流设计做好各项准备工作，包括组织、人员、机械、道路、备料和应急措施等。

4.2.5.3.4 安全度汛方案已经审定，措施基本落实，上游报汛工作已有安排，能满足安全度汛要求。

4.2.5.3.5 截流后壅高水位以下的库区移民搬迁已完成；施工度汛标准洪水位以下的库区工程和移民安置计划正在实施，所需资金基本落实，且能在汛前完成。

4.2.5.3.6 通航河流的临时过船、漂木问题已基本解决，或已与有关部门达成协议。

4.2.5.3.7 有关验收的文件、资料齐全，见附录 A.3。

4.2.5.4 工程蓄水验收按 DL/T 5123 执行，主要监督内容如下：

4.2.5.4.1 大坝基础和防渗工程、大坝及其他挡水建筑物的高程、坝体接缝灌浆等形象面貌应满足水库初期蓄水的要求，工程质量应符合合同文件规定的标准，水库蓄水后不应影响工程的继续施工及安全度汛。

4.2.5.4.2 引水建筑物的进口已经完成，拦污栅就位，可以挡水。

4.2.5.4.3 水库蓄水后需要投入运行的泄水建筑物已基本建成，蓄水、泄水所需的闸门、启闭机安装完毕，电源可靠，可正常运行、控制泄水、调节库水位。

4.2.5.4.4 各建筑物的内外观测仪器、设备按设计要求埋设和调试，并已测得初始值。

4.2.5.4.5 导流建筑物的封堵门、门槽及其启闭设备正常完好，可满足下闸封堵要求。

4.2.5.4.6 初期蓄水位以下的库区工程和移民基本完成，库区清理完毕；库区文物古迹保护已得到妥善解决；近坝区的地形测量已经完成；蓄水后影响工程安全运行的渗漏、浸没、滑坡、塌方等已按设计要求进行处理。

4.2.5.4.7 下闸蓄水施工组织设计已编制，并做好各项准备工作，包括组织、人员、道路、通信、堵漏和应急措施。

4.2.5.4.8 水库调度、度汛规划、水情测报系统能满足初期蓄水要求，可以投入运用；水库蓄水期间的通航及下游因断流或流量减少而产生的问题，得到妥善解决。

4.2.5.4.9 生产单位的准备工作就绪，配备合格的操作运行人员和制定各项控制设备的操作规程，生产、生活建筑设施已能满足初期运行的要求。

4.2.5.4.10 工程安全鉴定单位提交工程蓄水安全鉴定报告，并有可以下闸蓄水的明确结论。库区移民初步验收单位提交工程蓄水库区移民初步验收报告，并有库区移民不影响工程蓄水的明确结论。

4.2.5.4.11 有关验收的文件、资料已齐全，见附录 A.3。

4.2.5.5 枢纽工程专项竣工验收按 DL/T 5123 执行，主要监督内容如下：

4.2.5.5.1 枢纽工程按批准的设计规模、设计标准全部建成，质量符合合同文件规定的标准。

4.2.5.5.2 施工单位在质量保证期内已及时完成剩余尾工和质量缺陷处理工作。

4.2.5.5.3 工程运行已经过至少 1 个洪水期的考验，最高库水位已经达到或基本达到正常高水位，水轮发电机组已能按额定出力正常运行，各单项工程运行正常。

4.2.5.5.4 工程安全鉴定单位提出工程竣工安全鉴定报告，并有可以安全运行的结论意见。

4.2.5.5.5 有关验收的文件、资料齐全，见附录 A.3。

4.3 生产运行阶段监督

4.3.1 大坝安全注册及定检

4.3.1.1 大坝安全注册监督内容

4.3.1.1.1 应根据《水电站大坝运行安全监督管理规定》《水电站大坝安全注册登记监督管理办法》的有关要求，做好大坝安全注册工作。

4.3.1.1.2 新投运的总装机容量在 50MW 及以上，以发电为主的大、中型水电站大坝，且已由有资质的单位完成工程蓄水或工程阶段性蓄水安全鉴定，已通过工程蓄水或工程阶段性蓄水验收，尚不具备初始注册条件的，应按照《水电站新建发电机组进入商业运营大坝备案登记细则》办理备案登记。

4.3.1.1.3 工程竣工安全鉴定一年内，应向国家能源局大坝安全监察中心申报初始注册。

4.3.1.1.4 注册登记证有效期届满前三个月，应向国家能源局大坝安全监察中心申请换证注册。

4.3.1.1.5 在注册登记证的有效期内，因进行大坝改（扩）建、重大的补强加固和更新改造工程改变了大坝安全等级，或者因运行、管理、维护问题降低了大坝安全等级，或者水电站运行单位、水电站主管单位发生变更，应在上述情况改变后三个月内，向国家能源局大坝安全监察中心申请变更注册。

4.3.1.1.6 应根据国家能源局大坝安全监察中心要求，准备好现场检查汇报材料及有关备查资料。

4.3.1.1.7 应每年按照注册条件、标准、管理实绩考核评价内容等要求进行注册自查，在每年一季度将自查报告报送国家能源局大坝安全监察中心。

4.3.1.1.8 被取消注册登记证的，或者不符合大坝安全注册登记条件的，或者持有乙级、丙级注册登记证的，应当按要求进行整改，使大坝具备注册条件或者注册升级条件，并按相关的注册要求申报注册。

4.3.1.2 大坝安全定检监督内容

4.3.1.2.1 应根据《水电站大坝安全定期检查监督管理办法》的有关要求，开展大坝安全定期检查工作。

4.3.1.2.2 应及时准备好大坝定检有关资料，包括大坝（含改扩建和补强加固工程）的勘测、设计、施工、监理、验收等文件、资料，历次大坝定检报告（首次大坝定检时提供工程竣工安全鉴定报告）及其附件，以及大坝运行总结和现场检查报告。

4.3.1.2.3 应做好现场检查的准备工作，包括：现场检查所需的工具、设备、器材和安全防护用品；水库调度和电力生产安排，检查工作所需的动力供应；排干检查部位建筑物内的积水；安装临时设施，保障检查人员的安全。

4.3.1.2.4 应按照大坝定检专家组要求，组织有资质的相关技术服务单位做好专项检查，并提交报告。

4.3.2 水工建筑物安全检查、维护的监督

4.3.2.1 水工建筑物安全检查监督内容

4.3.2.1.1 水工建筑物的日常巡查、年度详查和特种检查。

4.3.2.1.2 水工建筑物安全检查对象：挡水建筑物、泄水建筑物、取水建筑物、输水建筑物、河道整治建筑物、水电站建筑物、通航建筑物、给排水建筑物、其他过坝建筑物、边坡工程、专用交通道路等。

4.3.2.1.3 应对水工建筑物进行日常巡查，对巡查中发现的安全问题，应当立即处理；不能处理的，应当及时报告本单位有关负责人。巡查及处理情况应当以文字、图表的方式记载保存。日常巡查应按照以下频次开展：水库第一次蓄水或提高水位期间，应每天一次或每两天一次（依库水位上升速率而定）；正常运行期，可逐步减少次数，但每月不应少于一次；汛期应增加巡视检查次数。

4.3.2.1.4 应当在每年汛前、汛后或者枯水期、冰冻期组织专业技术人员对水工建筑物进行详细检查，并做好详细记录。年度巡视检查除按规定程序对大坝各种设施进行外观检查外，还应审阅大坝运行、维护记录和监测数据等资料档案，每年不少于两次。根据本年度开展的详细检查情况，按规定格式编制年度详查报告。

4.3.2.1.5 应在坝区（或其附近）发生有感地震，大坝遭受大洪水或库水位骤降、骤升，以及发生其他影响大坝安全运行的特殊情况时，及时进行巡视检查。必要时组织专家组开展特种检查，并报国家能源局大坝安全监察中心。

4.3.2.1.6 应按照 DL/T 5178、DL/T 5259 的要求，建立健全水工建筑物巡视检查作业规程，并严格执行。水工建筑物巡视检查作业规程应包括检查项目、检查频次、检查方法、检查顺序、记录格式、编制报告的要求及检查人员的组成、职责等内容。

4.3.2.2 水工建筑物维护监督内容

4.3.2.2.1 确保各项水工建筑物的稳定、坚固、耐久并满足抗震、泄洪与安全运行的要求；

受水压力作用的水工建筑物，应同时满足抗渗、抗侵蚀要求。

4.3.2.2.2 水工建筑物运行中检查发现的缺陷与隐患，应进行分类分级管理，及时组织制定处理方案并实施，消除不利因素，保证工程安全运行，充分发挥工程效益。

4.3.2.2.3 水工建筑物维护按 DL/T 5251、SL 210、SL 230 的规定进行监督，包括缺陷评估、养护、维护、记录、总结等。重点关注裂缝修补、渗漏处理、剥蚀修补及处理、水下修补等。

4.3.2.2.4 重大工程缺陷与隐患按《水电站大坝除险加固管理办法》进行监督，包括专项设计、专项审查、专项施工和专项验收，重点关注进度控制、资金落实、施工安全等。

4.3.3 安全监测的监督

4.3.3.1 监测设备管理监督内容

4.3.3.1.1 监测设施和仪器设备台账：

    a) 所有监测设施和仪器设备的基本信息、运行状态、维护保养情况应登记造册，形成台账，并实时更新。

    b) 测读仪表使用应形成使用记录台账。

    c) 备品备件应分类摆放，详细记录备品备件的名称、数量、状态、消耗及补充情况，形成备品备件管理台账，实时更新。

    d) 监测设施和仪器设备台账宜采用计算机管理。

4.3.3.1.2 监测仪器、仪表检定：

    a) 监测仪器、仪表应定期进行率定及校正，每年 12 月应制订下一年度监测仪器、仪表的检定计划。

    b) 严格按照检定计划周期进行检定，确保监测设施和仪器设备的精度和可靠性。

4.3.3.1.3 监测设施和仪器设备维护：

    a) 监测设施及仪器设备应保持良好的工作状态，应对监测设施和仪器设备开展经常性的巡视检查，并制定相关制度、规程，明确巡视检查频次、路线、方法、检查项目及内容，检查结果应形成记录。特殊情况下，如地震、非常洪水、运行条件发生变化及发现异常情况时，应加强监测设施和仪器设备的巡视检查。

    b) 应对监测设施和仪器设备定期开展维护工作，并制定相关制度、规程，明确维护项目及内容、周期、维护方法。维护工作完成后，应形成维护记录及台账。

4.3.3.1.4 监测设施和仪器设备封存、报废：

    a) 监测仪器设备总体完好率应达到（按规定封存、报废的除外）：可更换和修复的仪器设备和表面设施完好率为 100%；混凝土坝埋入式不可更换和修复的仪器设施完好率为90%以上；土石坝埋入式不可更换和修复的仪器设施完好率为85%以上。

    b) 监测设施和仪器设备的封存、报废，应对其原因进行详细记录及说明，由电厂提出，产业公司、区域公司审查，报国家能源局大坝安全监察中心确认后实施。

4.3.3.1.5 监测系统自动化：

    a) 安全监测自动化系统应按照 DL/T 5211、DL/T 5272 标准有关要求建立，并保证其正常、可靠、稳定运行。

    b) 按照 DL/T 5211 要求每半年对自动化系统的部分或全部测点进行一次人工比测。发生地震、自动化系统数据异常等特殊情况的，应及时进行人工比测。

4.3.3.1.6 监测设施和仪器设备更新改造：

a) 监测系统在系统功能、性能指标、设备精度以及运行稳定性等方面不能满足大坝运行安全要求的，应予以更新改造，更新改造应按照《水电站大坝安全监测工作管理办法》的相关要求进行。

b) 新增和补充的监测仪器及其附属设施的选购、检验、率定、安装和埋设等必须按照 DL/T 5178、DL/T 5259、GB/T 22385 要求执行。

4.3.3.2 监测项目、测次及精度监督内容

4.3.3.2.1 监测项目、测次和精度要求执行 DL/T 5178、DL/T 5211 和 DL/T 5259 标准的有关要求，见附录 B.1、附录 B.2 和附录 B.3；设计另有要求的，按设计要求执行。一般坝体、坝基、滑坡体和高边坡位移，以及裂缝、接缝等变形监测精度要求应满足相关标准、规范和设计要求，参见附录 B.2。

4.3.3.2.2 对于水力学、地震反应监测等专项监测项目，应执行 DL/T 5178、DL/T 5259 和 DL/T 5416 标准的有关要求。

4.3.3.2.3 监测项目、测点和频次的调整，应由运行单位提出，主管单位审查，报国家能源局大坝安全监察中心确认后实施。

4.3.3.2.4 在特殊情况下，如地震、非常洪水、运行条件发生变化及发现异常情况时，应增加监测频次，必要时增加监测项目。

4.3.3.3 监测资料整编监督内容

4.3.3.3.1 应按照 DL/T 5209、DL/T 5256 的有关要求及时开展监测资料的日常资料整理和年度整编工作。资料整编应包括下列内容：观测设备考证表，观测原始数据、观测成果数据、观测物理量过程线、分布图、相关图等。

4.3.3.3.2 日常资料整理在每次监测（包括人工和自动化监测）完成后，随即对原始记录的准确性、可靠性、完整性进行检查、检验，并将其换算出所需的监测物理量，判断其测值有无异常，如有漏测、误读或异常，及时补测、确认或更正。

4.3.3.3.3 年度资料整编是在日常资料整理的基础上，进行收集、复查及统计，绘制监测数据的时空分布与相互间的相关图线，保证监测资料的完整性和连续性，判定是否存在变化异常。每年 3 月底前应完成对上一年度监测资料整编。

4.3.3.3.4 监测资料整理和整编的成果应做到项目齐全，数据可靠，资料、图标完整，规格统一，说明完备。

4.3.3.3.5 各项监测资料整编的时间应与前次整编衔接，监测部位、测点及坐标系统等应与历次整编一致，有变动时应予以说明。

4.3.3.3.6 监测资料整编应刊印成册，保存为电子文档，并做好备份。

4.3.3.3.7 整编资料主要内容和编排顺序一般为：封面、目录、整编说明、基本资料（第一次整编时）、监测项目汇总表、监测资料初步分析成果、监测资料整编图标、刊印日期等。

4.3.3.4 资料分析及综合评判监督内容

4.3.3.4.1 资料分析的内容应执行 DL/T 5178、DL/T 5259 标准的有关要求，资料分析应包括：监测数据资料的准确性、可靠性和精度，监测数据随时空变化的规律性，监测数据特征值（最大值、最小值、均值、变幅、周期）变化的规律性，监测物理量之间相关关系的变化规律性，巡视检查资料等。

4.3.3.4.2 在大坝定期检查前或建筑物出现异常时，应进行资料分析，判识水工建筑物的工

作状态，综合评估枢纽的安全状态，并形成报告。报告的内容和格式应执行 DL/T 5178、DL/T 5259 的有关要求，可根据实际情况做适当调整。

4.3.3.4.3 资料分析宜采用比较法、作图法、特征值统计法及数学模型法。在采用数学模型法作定量分析时，应同时采用其他方法进行定性分析，加以验证。必要时还应建立效应量与原因量之间的数学模型，以解释监测量的变化规律，在此基础上判断各监测物理量的变化和趋势是否正常，是否符合技术要求。

4.3.3.4.4 在资料分析基础上，结合工程地质、水文、工程特点等，揭示水工建筑物的异常情况和不安全因素，对枢纽各部位的工作状态进行综合评判，预报将来变化。

4.3.3.4.5 在特殊情况下，如地震、非常洪水、运行条件发生变化及发现异常情况时，应进行专题分析研究。

4.3.4 水库调度的监督

4.3.4.1 水情测报系统监督内容

4.3.4.1.1 水情测报系统应能准确可靠地采集和传输水情信息及相关信息，进行统计计算处理和储存，生成相应的报表和查询结果，提供符合要求的水文预报。

4.3.4.1.2 水情测报系统生产运行维护监督应符合 NB/T 35003、DL/T 1014 等国家和行业的标准、规程的有关要求。

4.3.4.1.3 水情测报系统监督指标主要包括洪水预报精度、MTBF（设备的平均无故障工作时间）、月通畅率等：

    a) 洪水预报精度应满足 GB/T 22482 的有关要求。

    b) 水情自动测报系统的响应速度应不超过 20min。

    c) 遥测站、中继站和中心站单站设备的 MTBF 应大于 6300h，MTBF 的验证应符合 GB/T 18185 的有关要求。

    d) 系统数据收集的月平均通畅率应达到 95%以上。

4.3.4.2 年度水库调度运用监督内容

4.3.4.2.1 水库和洪水调度应符合 GB 17621 的有关要求。

4.3.4.2.2 水库运用参数及指标（如水库正常蓄水位、设计洪水位、校核洪水位、汛期限制水位、死水位及上述水位相应的水库库容等）是进行水库调度的依据，不得随意变更；如需变更，应按原设计报批程序进行审批后方可执行。

4.3.4.2.3 正常情况下，水库运用参数及指标宜每隔 5 年～10 年进行一次复核；因水文条件、工程情况及综合利用任务等发生变化，水库不能按设计规定运用时，应对水库运用参数及指标进行复核。

4.3.4.2.4 水库调度单位应编制水库调度规程、洪水调度计划，并及时修改完善；建立水库调度月报制度、值班制度、档案制度等；编写洪水调度总结及有关专题技术总结。

4.3.4.2.5 水库调度通信应有两种以上的独立通信方式，宜配备卫星电话作为备用通信方式。

4.3.4.3 汛期水库调度运用监督内容

4.3.4.3.1 应按照《中华人民共和国防洪法》《水库大坝安全管理条例》《中华人民共和国防汛条例》等有关法规编制年度水库汛期调度运用计划，报有管辖权的防汛指挥机构批准。

4.3.4.3.2 汛期水库调度运用应严格执行批准的年度水库汛期调度运用计划，确保汛期安全。

4.3.5 防洪度汛的监督

4.3.5.1 汛前工作监督内容

4.3.5.1.1 应按照《中华人民共和国防洪法》《水库大坝安全管理条例》《中华人民共和国防汛条例》等有关法规设立汛期防汛机构，明确成立时间、人员组成、职责等。

4.3.5.1.2 应制定汛期值班制度及报汛方式，汛前将值班人员名单、值班电话报上级主管单位。

4.3.5.1.3 应制订防洪度汛措施计划，对防洪度汛设施，包括水情测报系统、安全监测系统、泄洪设施及备用电源、渗漏水抽排系统、通信设备、照明设施等进行检查，及时维护、消缺，确保各设施、设备及系统的稳定运行。

4.3.5.1.4 必须对水工闸门及启闭系统进行汛前检查与维护，完成泄洪闸门启闭试验，保证水工闸门及启闭系统的可靠运行。

4.3.5.1.5 水工闸门系统应至少具有两路独立的电源供电，同时配备柴油发电机作为后备电源，并定期启动柴油发电机试运行，确保安全稳定可靠供电。

4.3.5.1.6 应保证抢险队伍、防汛物资落实到位，数量及地点明确。

4.3.5.1.7 应按照《中华人民共和国防洪法》《水库防汛抢险应急预案编制大纲》的要求编制防洪度汛应急预案，报有管辖权的防汛指挥机构审批备案，结合实际开展预案演练工作。

4.3.5.2 汛中工作监督内容

4.3.5.2.1 严格执行汛期值班制度，值班人员坚守岗位，保持24小时通信畅通。

4.3.5.2.2 应保证电站区域道路和通信畅通，重点保障人员值班区域到大坝闸门操作室的道路和通信通畅。

4.3.5.2.3 如电站区域道路、排水系统、下游河道等区域内边坡发生滑坡、塌方等突发事件，应根据预案开展工作，组织防洪抢险队伍及时抢险，确保度汛安全。

4.3.5.2.4 定期对防洪设施及防汛重点区域进行巡视检查，及时发现缺陷和异常，对巡查中发现的问题制定整改措施，明确责任人和整改期限，并严格落实。

4.3.5.2.5 在遇特大暴雨或超标洪水后，必须组织一次全面的巡视检查。对发现的问题及时上报本单位防汛领导小组，组织整改和修复。

4.3.5.2.6 水工闸门巡视检查和外观检测执行 SL 101 的有关要求，水工闸门系统金属结构部分检查项目及周期执行金属监督的有关标准要求，确保水工闸门系统可靠运行。根据调度指令，做好现场的闸门启闭工作。

4.3.5.3 汛后工作监督内容

4.3.5.3.1 应做好防汛工作总结，总结内容包括水文气象、洪水、水情测报、防洪调度原则及执行情况、水工建筑物运行情况、防汛措施、存在问题和建议等。

4.3.5.3.2 汛期结束后，应组织一次全面的防汛检查，建立隐患、缺陷台账，制定整改措施，明确责任人和整改期限，并严格落实。

4.3.6 库岸稳定的监督

4.3.6.1 库岸巡视检查监督内容

4.3.6.1.1 应制定库区检查维护规程，重点对不稳定区域进行检查和现场影像资料收集，对异常情况及时上报。对全库段进行定期巡视检查，每年汛前、汛中及汛后至少应对全库区各进行一次全面检查并形成报告。对近坝库段进行经常性巡视检查，枯水期每月不少于1次，汛期每月不少于 2 次。

4.3.6.1.2 发生地震、暴雨、洪水、库水位变幅较大和其他异常情况，应增加近坝库岸的巡视检查次数和项目，必要时组织专家组开展特种检查。

4.3.6.1.3 库岸巡视检查的重点对象为对工程有影响的地段、对居民有影响的地段、可能失稳的岸坡和已经发生较大规模塌滑的地段。库岸巡视检查的主要内容包括：人类及动植物情况、两岸垦荒情况、库区水产养殖、库区漂浮物及水质、库区违法工程建设情况、库岸边坡检查、库岸边坡滑坡体、库岸边坡坍塌体、库岸边坡泥石流等。

4.3.6.1.4 应建立快速应对机制，当发现库岸不稳定，可能危害工程建筑物或附近居民安全时，应进行加密巡视或特别巡视，并及时采取必要的安全措施。对确实存在安全隐患的，需及时上报，必要时请专家咨询鉴定。

4.3.6.1.5 水库巡视检查过程中的检查记录、影像资料、巡视检查报告等应及时整理归档，并建立相应的台账。

4.3.6.2 库区边坡监测监督内容

4.3.6.2.1 应对库区地质调查资料及时收集整理，了解库区不稳定区域，重点关注近坝库岸和较大的滑坡体。

4.3.6.2.2 对影响工程安全和居民安全的潜在不稳定体或滑坡体，应根据实际情况设立必要的安全监测项目，定期观测，及时掌握失稳体或滑坡体变化情况。

4.3.6.3 专用地震监测台网监督内容

4.3.6.3.1 坝高 100m 以上、库容 5 亿 m^3 以上的新建水库，应当建设水库地震监测台网，开展水库地震监测；未建设地震监测台网或者地震监测设施的已建水库，按《水库地震监测管理办法》要求评估，认为需补充建设水库地震监测台网或者地震监测设施的，应补充建设。

4.3.6.3.2 应按《地震监测管理条例》《水库地震监测管理办法》对地震台网进行管理，确保地震台网正常运行。

4.3.6.3.3 地震观测应符合国家和行业的有关规定，并收集、整理地震观测资料和成果，分析地震对水工建筑物的影响。

4.3.7 技术档案监督内容

4.3.7.1 技术档案包括水工建筑物的设计、施工、监理、竣工、验收等技术资料、图纸；水工专业有关仪器、仪表设备装置的出厂说明书、合格证及台账；年度水工专业大修、技改项目的方案制定、审查、施工、验收报告等相关的技术资料；水库的图纸、技术资料；监测设计资料，监测仪器采购、检验、率定、埋设安装施工资料，监测仪器基准值、监测成果；水工设施及设备缺陷及处理记录，水工设施及设备异常、障碍、事故记录等。

4.3.7.2 应制定技术档案的管理制度，定期整理大坝安全注册及定检、水工建筑物安全检查及维护、安全监测、水库调度、防洪度汛、库岸稳定相关技术资料，并归档。

4.3.7.3 技术档案应集中管理，同时应建立档案数据库，以便查阅。

5 监督管理要求

5.1 监督基础管理工作

5.1.1 监督管理依据

电厂应按照《华能电厂安全生产管理体系要求》中有关技术监督管理和本标准的要求，

制定水工监督管理标准，并根据国家法律、法规及国家、行业、集团公司标准、规范、规程、制度，结合电厂实际情况，编制水工监督相关/支持性文件；建立健全技术资料档案，以科学、规范的监督管理，保证水工设施、设备安全可靠运行。

5.1.2 应具备的相关/支持性文件

a) 水工监督管理标准。
b) 防汛管理标准。
c) 水工建筑物管理标准，内容应涵盖：水工建筑物巡视检查、安全监测工作管理。
d) 水工观测规程。
e) 水库调度规程。
f) 库区检查维护规程。
g) 水情测报系统维护检查制度。
h) 防洪抢险专项应急预案、地质灾害专项应急预案等应急预案。
i) 水库汛期调度运用计划。
j) 其他制度。

5.1.3 建立健全技术资料档案

5.1.3.1 设计及建设阶段技术档案

a) 水工建筑物的设计、施工、监理、竣工、验收等技术资料、图纸。
b) 监测设计资料，监测仪器采购、检验、率定、埋设安装施工资料。
c) 监测仪器基准值及建设期安全监测成果资料、分析报告。

5.1.3.2 生产运行阶段技术档案

a) 大坝安全注册及大坝定检形成的所有申请、总结、检查报告和意见。
b) 水工建筑物巡视检查记录表、报告、处理意见。
c) 水工建筑物加固或更新改造计划及设计、施工、验收档案。
d) 监测成果（包括原始数据、监测资料年度整编报告及综合分析报告等）。
e) 水情测报系统巡检及消缺记录，水库汛期调度运用计划、月报、年报。
f) 水情信息资料。
g) 防洪度汛措施计划、汛前检查与维护记录、防洪度汛应急预案。
h) 汛期值班记录、巡视检查记录、事故处理及防洪抢险报告、水工闸门启闭记录、防汛工作总结。
i) 库岸巡视检查记录和报告、库岸地质缺陷台账、与地方政府联动来往文函、滑坡体监测资料。

5.1.3.3 设备台账

a) 水工专业有关仪器、仪表设备装置的出厂说明书、合格证及台账。
b) 水工建筑物维护过程中的缺陷台账、消缺记录档案。
c) 监测设施和仪器设备台账，监测仪器、仪表检定证书。
d) 监测设施和仪器设备定期维护记录及台账。

5.1.3.4 监督管理文件

a) 与水工监督有关的国家法律、法规及国家、行业、集团公司标准、规范、规程、制度。

b) 电厂水工监督标准、规定、措施等。

c) 水工技术监督年度工作计划和总结。

d) 水工技术监督季报、速报。

e) 水工技术监督预警通知单和验收单。

f) 水工技术监督会议纪要。

g) 水工技术监督工作自我评价报告和外部检查评价报告。

h) 水工技术监督人员技术档案、上岗考试成绩和证书。

i) 与水工设备质量有关的重要工作来往文件。

5.2 日常管理内容和要求

5.2.1 健全监督网络与职责

5.2.1.1 各电厂应建立健全由生产副厂长（总工程师）领导下的水工技术监督三级管理网。第一级为厂级，包括生产副厂长（总工程师）领导下的水工监督专责人；第二级为部门级，包括水库部专工；第三级为班组级，包括各专工领导的班组人员。在生产副厂长（总工程师）领导下由水工监督专责人统筹安排，协调运行、检修等部门，协调监测、金属、水文等相关专业共同配合完成水工监督工作。水工监督三级网应严格执行岗位责任制。

5.2.1.2 按照集团公司《华能电厂安全生产管理体系要求》和《电力技术监督管理办法》编制电厂水工监督管理标准，做到分工、职责明确，责任到人。

5.2.1.3 电厂水工技术监督工作归口职能管理部门在电厂技术监督领导小组的领导下，负责水工技术监督的组织建设工作，建立健全技术监督网络，并设水工技术监督专责人，负责全厂水工技术监督日常工作的开展和监督管理。

5.2.1.4 技术监督归口职能管理部门每年年初要根据人员变动情况及时对网络成员进行调整；按照人员培训和上岗资格管理办法的要求，定期对技术监督专责人和特殊技能岗位人员进行专业和技能培训，保证持证上岗。

5.2.2 确定监督标准符合性

5.2.2.1 水工监督标准应符合国家、行业及上级主管单位的有关标准、规范、规定和要求。

5.2.2.2 每年年初，技术监督专责人应根据新颁布的标准及水工设施及设备运行情况，对厂内水工监督有关规程、制度的有效性、准确性进行评估，对不符合项进行修订，经归口职能管理部门领导审核、生产主管领导审批完成后发布实施。国家标准、行业标准及上级监督规程、规定中涵盖的相关水工监督工作均应在厂内规程及规定中详细列写齐全，在水工建筑物及附属设施规划、设计、建设、改造过程中的水工监督要求等采用每年发布的最新相关标准。

5.2.3 确定仪器仪表有效性

5.2.3.1 应编制水工监督用仪器仪表使用、操作、维护规程，规范仪器仪表管理。

5.2.3.2 应建立水工监督用仪器仪表设备台账，根据检验、使用及更新情况进行补充完善。

5.2.3.3 应根据检定周期和项目，制订水工监督仪器、仪表年度检验计划，按规定进行检验、送检，对检验合格的可继续使用，对检验不合格的送修或报废处理，保证仪器、仪表有效性。

5.2.4 监督档案管理

5.2.4.1 电厂应按照附录 E 规定的资料目录和格式要求，建立和健全水工技术监督档案、规程、制度和技术资料，确保技术监督原始档案和技术资料的完整性和连续性。

5.2.4.2 水工技术监督专责人应建立水工档案资料目录清册，根据水工监督组织机构的设置和受监督对象的实际情况，明确档案资料的分级存放地点，并指定专人负责整理保管，及时更新。

5.2.5 制订监督工作计划

5.2.5.1 每年 11 月 30 日前，水工技术监督专责人应组织编制下年度技术监督工作计划，计划批准发布后报送产业公司、区域公司，同时抄送西安热工研究院有限公司（以下简称西安热工院）。

5.2.5.2 水工技术监督年度计划的制订依据包括以下方面：

   a) 国家、行业、地方有关电力生产方面的政策、法规、标准、规程和反措要求。
   b) 集团公司、产业公司、区域公司、电厂技术监督管理制度和年度技术监督动态管理要求。
   c) 集团公司、产业公司、区域公司、电厂技术监督工作规划和年度生产目标。
   d) 水工设施、设备上年度特殊、异常运行工况，事故缺陷等。
   e) 水工设施、设备目前的运行状态。
   f) 技术监督动态检查、预警、月（季）报提出问题的整改。
   g) 收集的与水工监督有关的其他动态信息。

5.2.5.3 电厂技术监督工作计划应实现动态化，即各专业应每季度制订技术监督工作计划。年度（季度）监督工作计划应包括以下主要内容：

   a) 技术监督组织机构和网络完善。
   b) 监督管理标准、技术标准规范制定、修订计划。
   c) 人员培训计划（主要包括内部培训、外部培训取证，标准规范宣贯）。
   d) 技术监督例行工作计划。
   e) 检修期间应开展的技术监督项目计划。
   f) 监督用仪器仪表检定计划。
   g) 技术监督自我评价、动态检查和复查评估计划。
   h) 技术监督预警、动态检查等监督问题整改计划。
   i) 技术监督定期工作会议计划。

5.2.5.4 电厂应根据上级公司下发的年度技术监督工作计划，及时修订补充本单位年度技术监督工作计划，并发布实施。

5.2.5.5 水工监督专责人每季度应对监督年度计划执行和监督工作开展情况进行检查评估，对不满足监督要求的问题，以技术监督不符合项通知单下发到相关部门监督整改，并对相关部门进行考评。技术监督不符合项通知单编写格式见附录 D。

5.2.6 监督报告管理

5.2.6.1 水工监督季报报送：水工技术监督专责人应按照附录 F 的格式和要求，组织编写上季度水工技术监督季报，经电厂归口职能管理部门汇总后，于每季度首月 5 日前报送产业公司、区域公司和西安热工院。

5.2.6.2 水工监督速报报送：电厂发生水工监控指标异常、超标洪水、强烈地震等可能影响电站正常运行时，应在 24h 内，将事件概况、原因分析、采取措施按照附录 G 的格式，填写速报并报送产业公司、区域公司和西安热工院。

5.2.6.3 水工监督年度工作总结报送：每年 1 月 5 日前编制完成上年度技术监督工作总结，

并报送产业公司、区域公司和西安热工院。

5.2.6.4 年度监督工作总结主要包括以下内容：

a) 主要监督工作完成情况、亮点和经验教训；

b) 设施设备一般事故、危急缺陷和严重缺陷统计分析；

c) 监督存在的主要问题和改进措施；

d) 下年度工作思路、计划、重点和改进措施。

5.2.7 监督例会管理

5.2.7.1 电厂每年至少召开两次技术监督工作会，会议由电厂技术监督领导小组组长主持，检查评估、总结、布置技术监督工作，对技术监督中出现的问题提出处理意见和防范措施，形成会议纪要，按管理流程批准后发布实施，布置的工作应落实并有监督检查。

5.2.7.2 水工专业每季度至少召开一次技术监督工作会议，会议由水工监督专责人主持并形成会议纪要。

5.2.7.3 例会主要内容包括：

a) 上次监督例会以来水工监督工作开展情况。

b) 水工设施、设备的故障、缺陷分析及处理措施。

c) 水工监督存在的主要问题以及解决措施/方案。

d) 上次监督例会提出问题整改措施完成情况的评价。

e) 技术监督工作计划发布及执行情况，监督计划的变更。

f) 集团公司技术监督季报，监督通讯，新颁布的国家、行业标准规范，监督新技术学习交流。

g) 监督需要领导协调和其他部门配合和关注的事项。

h) 至下次监督例会时间内的工作要点。

5.2.8 监督预警管理

5.2.8.1 水工监督三级预警项目见附录H，电厂应将三级预警识别纳入日常水工监督管理和考核工作中。

5.2.8.2 对于上级监督单位签发的预警通知单(附录I)，电厂应认真组织人员研究有关问题，制订整改计划，明确整改措施、责任部门、责任人和完成日期。

5.2.9 问题整改

问题整改完成后，电厂应按照验收程序要求，向预警提出单位提出验收申请，经验收合格后，由验收单位填写预警验收单（附录J），并报送预警签发单位备案。

5.2.10 监督问题整改

5.2.10.1 整改问题的提出

a) 上级或技术监督服务单位在技术监督动态检查、预警中提出的整改问题。

b) 集团公司监督季报中明确的集团公司、产业公司、区域公司督办问题。

c) 集团公司监督季报中明确的电厂需要关注及解决的问题。

d) 每季度对水工监督计划的执行情况进行检查，不满足监督要求提出的整改问题。

5.2.10.2 问题整改管理

a) 电厂收到技术监督评价报告后，应组织有关人员会同西安热工院或技术监督服务单位，在两周内完成整改计划的制订和审核，整改计划编写格式见附录K，并将整改计划报送集团公司、产业公司、区域公司，同时抄送西安热工院或技术监督服务单位。

b) 整改计划应列入或补充列入年度监督工作计划，电厂应按照整改计划落实整改工作，并将整改实施情况及时在技术监督季报中总结上报。

c) 对整改完成的问题，电厂应保存问题整改相关的试验报告、现场图片、影像等技术资料，作为问题整改情况及实施效果评估的依据。

5.2.11 监督评价与考核

5.2.11.1 电厂应将《水工技术监督工作评价表》（附录 L）中的各项要求纳入水工监督日常管理工作中。

5.2.11.2 电厂应按照《水工技术监督工作评价表》中的各项要求，编制完善各项水工技术监督管理制度和规定，并认真贯彻执行；完善各项水工监督的日常监测、检查和维护记录，加强水工技术监督。

5.2.11.3 电厂应定期对技术监督工作开展情况组织自我评价，对不满足监督要求的不符合项以通知单的形式下发到相关部门进行整改，并对相关部门及责任人进行考核。

5.3 各阶段监督重点工作

5.3.1 设计阶段

5.3.1.1 水工监督应对水电工程设计阶段的水工设计成果所执行的标准规范、工作内容及深度要求等进行监督管理，保证设计质量满足工程建设需要。

5.3.1.2 配合工程预可行性研究、可行性研究的报告审查，并监督审查意见的落实。

5.3.1.3 参与招标设计报告和施工图的审查工作，并结合工程实际及生产运行需要，提出水工监督的意见和要求。

5.3.1.4 针对设计阶段水工技术监督主要内容，可自行组织评审，也可通过聘请专家组、咨询团、设计监理等方式开展技术监督工作。

5.3.2 建设阶段

5.3.2.1 水工监督应对水电工程建设阶段质量技术指标、工程安全监测、工程防洪度汛、工程验收等进行监督管理，保证符合工程建设标准强制性条文、施工技术标准与规范等的有关规定。

5.3.2.2 在截流、蓄水、枢纽工程竣工验收等重要节点，配合开展相应的安全鉴定和电力建设工程质量监督等工作，并监督检查意见的落实。

5.3.2.3 施工、验收过程应加强对监理工作的监督。

5.3.2.4 工程投运前，电厂适时介入建设期水工技术监督各项工作，使工程建设与运行维护有效衔接。

5.3.2.5 应确保工程建设材料试验、质量事故及其补救情况、施工缺陷及其处理情况、质量检查等施工资料齐全。监督设计单位按照 DL/T 5123 要求在设计各阶段工作结束后，随即开展资料的整编和归档，向建设单位移交档案资料。

5.3.2.6 针对技术监督主要内容，可通过自行组织巡视检查、隐患排查、检测等方式开展技术监督工作，必要时可聘请专家组、咨询团或委托第三方检测等方式开展。

5.3.2.7 监督基建单位按照 DL/T 5123 要求及时向电厂移交全部基建技术资料，电厂应及时将资料清点、整理、归档。

5.3.3 生产运行阶段

5.3.3.1 水工监督应对水电工程生产运行阶段的大坝安全注册及定期检查、水工建筑物安全检查维护、安全监测、水库调度、防洪度汛、库岸稳定、技术档案等进行监督管理，保证符合国家及行业的有关法规、标准要求和安全生产运行需求。

5.3.3.2 在工程投入运行前，应确认设计单位已经以正式文件明确运行期监测技术要求，其内容应包括永久观测项目、测次、精度，根据坝型、等级、观测项目的重要性，明确重点监测项目、一般监测项目和监控指标，并已明确仪器的封存、报废要求。

5.3.3.3 参与大坝安全注册、大坝安全定期检查和特种检查等工作，并监督检查意见的落实。

5.3.3.4 根据国家、行业标准，结合电厂的实际修编水工监督标准相关规程。

5.3.3.5 水工建筑物经分析检查、鉴定，确认为必须要进行消除缺陷处理、加固或更新改造时，应列入年度项目计划，并监督计划的落实。

5.3.3.6 按要求开展水工建筑物年度详查工作，编制年度详查报告，并在次年 3 月底前报产业公司、区域公司及国家能源局大坝安全监察中心。

5.3.3.7 电厂应对汛期水位控制、泄洪前上下游检查和警报等进行监督管理。

5.3.3.8 电厂、水库调度单位应收集整理汛期有关资料，如汛期重要事件、洪水信息资料、汛期巡视检查资料、水工建筑物运行资料、闸门系统供电和通信可靠性资料及汛后消缺资料等。

5.3.3.9 应对防洪度汛有关的制度、措施计划、应急预案、检查、消缺、整改、总结及值班等工作进行监督管理，确保安全度汛。

5.3.3.10 应充分利用汛后枯水期的有利时段，监督水工建筑物的维护、修复工作及时开展。

5.3.3.11 应制定库岸巡视检查制度，重点对近坝库岸和不稳定区域进行检查和现场影像资料收集，对异常情况及时上报，并与库区所属地方政府建立联动机制，及时通报有关问题。

6 监督评价与考核

6.1 评价内容

6.1.1 水工监督评价内容详见附录 L《水工技术监督工作评价表》。

6.1.2 水工监督评价内容分为技术监督管理、技术监督标准执行两部分，总分为 1000 分，其中监督管理评价部分包括 8 个大项 28 小项共 400 分，监督标准执行部分包括 6 大项 24 小项共 600 分。每项检查评分时，如扣分超过本项应得分，则扣完为止。

6.2 评价标准

6.2.1 被评价的电厂按得分率高低分为四个级别，即：优秀、良好、合格、不符合。

6.2.2 得分率高于或等于 90%为"优秀"；80%～90%（不含 90%）为"良好"；70%～80%（不含 80%）为"合格"；低于 70%为"不符合"。

6.3 评价组织与考核

6.3.1 技术监督评价包括集团公司技术监督评价、属地电力技术监督服务单位技术监督评价、电厂技术监督自我评价。

6.3.2 集团公司每年组织西安热工院和公司内部专家，对电厂技术监督工作开展情况、设施设备状态进行评价，评价工作按照集团公司《电力技术监督管理办法》规定执行，分为现场评价和定期评价。

6.3.2.1　集团公司技术监督现场评价按照集团公司年度技术监督工作计划中所列的电厂名单和时间安排进行。各电厂在现场评价实施前应按《水工技术监督工作评价表》进行自查，编写自查报告。西安热工院在现场评价结束后三周内，应按照集团公司《电力技术监督管理办法》附录 C 的格式要求完成评价报告，并将评价报告电子版报送集团公司安全生产部，同时发送产业公司、区域公司及电厂。

6.3.2.2　集团公司技术监督定期评价按照集团公司《电力技术监督管理办法》及《水工技术监督标准》要求和规定，对电厂生产技术管理情况、水工设施及设备的运行情况、水工监督报告的内容符合性、准确性、及时性等进行评价，通过年度技术监督报告发布评价结果。

6.3.2.3　对严重违反技术监督制度、由于技术监督不当或监督项目缺失、降低监督标准而造成严重后果、对技术监督发现问题不进行整改的电厂，予以通报并限期整改。

6.3.3　电厂应督促属地技术监督服务单位依据技术监督服务合同的规定，提供技术支持和监督服务，依据相关监督标准定期对电厂技术监督工作开展情况进行检查和评价分析，形成评价报告，并将评价报告电子版和书面版报送产业公司、区域公司及电厂。电厂应将报告归档管理，并落实问题整改。

6.3.4　电厂应按照集团公司《电力技术监督管理办法》及华能电厂安全生产管理体系要求建立完善的技术监督评价与考核管理标准，明确各项评价内容和考核标准。

6.3.5　电厂应每年按《水工技术监督工作评价表》（见附录 L）组织安排水工监督工作开展情况的自我评价，根据评价情况对相关部门和责任人开展技术监督考核工作。

附 录 A

（资料性附录）

设计、建设及运行阶段水工监督相关规程、规范、资料目录

A.1 设计及施工阶段水工监督相关规程、规范清单

GB 175 通用硅酸盐水泥

GB 200 中热硅酸盐水泥、低热硅酸盐水泥、低热矿渣硅酸盐水泥

GB 1499.1 钢筋混凝土用钢 第 1 部分：热轧光圆钢筋

GB 1499.2 钢筋混凝土用钢 第 2 部分：热轧带肋钢筋

GB 2938 低热微膨胀水泥

GB 6722 爆破安全规程

GB 8076 混凝土外加剂

GB 8923 涂覆涂料前钢材表面处理、表面清洁度的目视评定

GB 50086 锚杆喷射混凝土支护技术规范

GB 50119 混凝土外加剂应用技术规范

GB 50164 混凝土质量控制标准

GB 50201 土方与爆破工程施工及验收规范

GB 50202 建筑地基基础工程施工质量验收规范

GB 50203 砌体结构工程施工质量验收规范

GB 50204 混凝土结构工程施工质量验收规范

GB 50214 组合钢模板技术规范

GB 50290 土工合成材料应用技术规范

GB 50661 钢结构焊接规范

GB/T 324 焊缝符号表示法

GB/T 3323 金属熔化焊焊接接头射线照相

GB/T 5005 钻井液材料规范

GB/T 5223 预应力混凝土用钢丝

GB/T 5224 预应力混凝土用钢绞线

GB/T 11345 焊缝无损检测 超声检测 技术、检测等级和评定

GB/T 14370 预应力筋用锚具、夹具和连接器

GB/T 17656 混凝土模板用胶合板

GB/T 18736 高强高性能混凝土用矿物外加剂

GB/T 50328 建设工程文件归档整理规范

DL/T 709 压力钢管安全检测技术规程

DL/T 5015 水利水电工程动能设计规范

DL/T 5016 混凝土面板堆石坝设计规范

DL/T 5039　水利水电工程钢闸门设计规范

DL/T 5055　水工混凝土掺用粉煤灰技术规范

DL/T 5057　水工混凝土结构设计规范

DL/T 5058　水电站调压室设计规范

DL/T 5073　水工建筑物抗震设计规范

DL/T 5077　水工建筑物荷载设计规范

DL/T 5079　水电站引水渠及前池设计规范

DL/T 5082　水工建筑物抗冻设计规范

DL/T 5083　水电水利工程预应力锚索施工规范

DL/T 5085　钢—混凝土组合结构设计规程

DL/T 5099　水工建筑物地下工程开挖施工技术规范

DL/T 5107　水电水利工程沉沙池设计规范

DL/T 5108　混凝土重力坝设计规范

DL/T 5110　水电水利工程模板施工规范

DL/T 5112　水工碾压混凝土施工规范

DL/T 5113.1　水电水利基本建设工程单元工程质量等级评定标准　第1部分：土建工程

DL/T 5113.8　水电水利基本建设工程单元工程质量等级评定标准　第8部分：水工碾压
混凝土工程

DL/T 5128　混凝土面板堆石坝施工规范

DL/T 5129　碾压式土石坝施工规范

DL/T 5135　水电水利工程爆破施工技术规范

DL/T 5141　水电站压力钢管设计规范

DL/T 5144　水工混凝土施工规范

DL/T 5148　水工建筑物水泥灌浆施工技术规范

DL/T 5150　水工混凝土试验规程

DL/T 5151　水工混凝土砂石骨料试验规程

DL/T 5152　水工混凝土水质分析试验规程

DL/T 5162　水电水利工程施工安全防护设施技术规范

DL/T 5166　溢洪道设计规范

DL/T 5169　水工混凝土钢筋施工规范

DL/T 5173　水电水利工程施工测量规范

DL/T 5181　水电水利工程锚喷支护施工规范

DL/T 5195　水工隧洞设计规范

DL/T 5199　水电水利工程混凝土防渗墙施工规范

DL/T 5200　水电水利工程高压喷射灌浆技术规范

DL/T 5207　水工建筑物抗冲磨防空蚀混凝土技术规范

DL/T 5238　土坝灌浆技术规范

DL/T 5269　水电水利工程砾石土心墙堆石坝施工规范

DL/T 5298　水工混凝土抑制碱—骨料反应技术规范

DL/T 5331　水电水利工程钻孔压水试验规程

DL/T 5346　混凝土拱坝设计规范

DL/T 5353　水电水利工程边坡设计规范

DL/T 5355　水电水利工程土工试验规程

DL/T 5358　水电水利工程金属结构设备防腐蚀技术规程

DL/T 5363　水工碾压式沥青混凝土施工规范

DL/T 5368　水利水电工程岩石试验规程

DL/T 5388　水电水利工程天然建筑材料勘察规程

DL/T 5389　水工建筑物岩石基础开挖工程施工技术规范

DL/T 5398　水电站进水口设计规范

DL/T 5400　水工建筑物滑动模板施工技术规范

DL/T 5406　水工建筑物化学灌浆施工规范

DL/T 5411　土石坝沥青混凝土面板和心墙设计规范

DL/T 5424　水电水利工程锚杆无损检测规程

DL/T 5433　水工碾压混凝土试验规程

SL 36　水工金属结构焊接通用技术条件

SL 176　水利水电工程施工质量检验与评定规程

SL 400　水利水电工程金属结构与机电设备安装安全技术规程

JGJ/T 10　混凝土泵送施工技术规程

JGJ/T 27　钢筋焊接接头试验方法标准

JG/T 156　竹胶合板模板

JGJ 18　钢筋焊接及验收规范

JGJ 51　轻骨料混凝土技术规程

JGJ 63　混凝土用水标准

JGJ 85　预应力筋用锚具、夹具和连接器应用技术规程

JGJ 96　钢框胶合板模板技术规程

JGJ 107　钢筋机械连接技术规程

A.2　可行性研究阶段专题报告参考目录

水电工程水资源论证报告

正常蓄水位选择专题报告

防洪评价报告

水情自动测报系统设计报告

地质灾害危险性评估报告

施工总布置规划专题报告

水工模型试验报告

抗震设计专题研究报告

枢纽工程安全监测系统设计专题报告

建设征地和移民安置规划设计报告

环境影响报告书

水土保持方案报告书

劳动安全与工业卫生预评价报告

电站征地移民工作方案专题报告

建设征地及实物指标调查专题报告

其他专题报告

A.3 申请验收应提供的文件、资料

文件、资料名称	工程截流验收	工程蓄水验收	机组启动验收	单项工程验收	枢纽工程专项验收	库区移民专项验收
一、提交报告						
1. 项目法人工程建设阶段报告	√	√	√	√	√	√
2. 监理报告	√	√	√	√	√	√
3. 设计报告	√	√	√	√	√	√
4. 施工报告	√	√	√	√	√	○
5. 生产准备、运行报告	√	√	√	√	√	○
6. 库区移民迁建报告	√	√	*	*	*	√
7. 工程安全鉴定结论意见		√	*	*	*	*
8. 质量监督报告	√	√	√	√	√	*
9. 竣工决算报告	*	*	*	*	*	√
二、备查文件、资料						
1. 相关设计文件和招标文件	√	√	√	√	√	√
2. 阶段和单项工程验收鉴定书		√	√	√	√	√
3. 待验工程已完和未完项目清单	√	√	√	√	√	√
4. 监理工程师验收签证资料	√	√	√	√	√	√
5. 工程安全鉴定报告及附件	*	*	*	*	√	*
6. 重大问题专家咨询报告	○	○	○	○	○	○
注：表中"√"表示必须提供，"*"表示库区县以上政府的代表汇报材料，"○"表示需要时提供						

附 录 B

（资料性附录）

水工建筑物安全监测项目、测次及精度表

B.1 土石坝、混凝土坝安全监测项目及测次表

表 B.1.1 土石坝安全监测项目分类表

（引用 DL/T 5259 的有关部分）

序号	检测类别	观 测 项 目	建筑物等级		
			I	II	III
1	巡视检查	巡视检查（含日常、年度和特别三类）	★	★	★
2	变形	（1）表面变形	★	★	★
		（2）内部变形	★	☆	
		（3）裂缝及接缝	★	☆	
		（4）岸坡位移	★	☆	
		（5）混凝土上面板变形	★	☆	
3	渗流	（1）渗流量	★	★	★
		（2）坝基渗流压力	★	★	☆
		（3）坝体渗流压力	★	★	☆
		（4）绕坝渗流	★	☆	
4	压力（应力）	（1）空隙水压力	★	☆	
		（2）土压力（应力）	☆	☆	
		（3）接触土压力	★	☆	
		（4）混凝土面板压力	★	☆	
5	水文、气象	（1）上下游水位	★	★	★
		（2）降水量、气温	★	★	★
		（3）水温	☆	☆	☆
		（4）波浪	☆		
		（5）坝前（及库区）泥沙	☆		
		（6）冰冻	☆		
6	地震反应	（1）地震强震	☆	☆	
		（2）动孔隙水压力	☆		
7	泄水	泄水建筑物水力学	☆		

注1："★"为必设项目；"☆"为一般项目，可根据需要选设。
注2：对必设项目，如有因工程实际情况难以实施者，应报上级主管部门批准后缓设或免设

表 B.1.2　土石坝安全监测项目测次表
（引用 DL/T 5259 的有关部分）

序号	阶段和测次/观测项目	第一阶段 （施工期）	第二阶段 （初蓄期）	第三阶段 （运行期）
1	日常巡视检查	10～4 次/月	30～8 次/月	4～2 次/月
2	表面变形	6～3 次/月	10～4 次/月	6～2 次/年
3	内部变形	10～4 次/月	30～10 次/月	12～4 次/年
4	裂缝及接缝	10～4 次/月	30～10 次/月	12～4 次/年
5	岸坡位移	6～3 次/月	10～4 次/月	12～4 次/年
6	混凝土面板变形	6～3 次/月	10～4 次/月	12～4 次/年
7	渗流量	10～4 次/月	30～10 次/月	6～3 次/月
8	坝基渗流压力	10～4 次/月	30～10 次/月	6～3 次/月
9	坝体渗流压力	10～4 次/月	30～10 次/月	6～3 次/月
10	绕坝渗流	10～4 次/月	30～10 次/月	6～3 次/月
11	孔隙水压力	6～3 次/月	30～4 次/月	6～3 次/月
12	土压力（应力）	6～3 次/月	30～4 次/月	6～3 次/月
13	接触土压力	6～3 次/月	30～4 次/月	6～3 次/月
14	混凝土面板应力	按需要	按需要	按需要
15	上、下游水位	2 次/日	4～2 次/日	2～1 次/日
16	降水量、气温	逐日量	逐日量	逐日量
17	水温	按需要	按需要	按需要
18	波浪	按需要	按需要	按需要
19	坝前（及库区）泥沙	按需要	按需要	按需要
20	冰冻	按需要	按需要	按需要
21	地震强震	按需要	按需要	按需要
22	动孔隙水压力	按需要	按需要	按需要
23	泄水建筑物水力学	按需要	按需要	按需要

注 1：表中测次，均系正常情况下人工测读的最低要求，如遇特殊情况（如高水位、库水位骤变、特大暴雨、强地震等）和工程出现不安全征兆时应增加测次。

注 2：第一阶段：原则上从施工建立观测设备起，至竣工移交运行单位止。坝体填筑进度快的，变形和应力观测的次数应取上限。若本阶段提前蓄水，测次需按第二阶段执行。

注 3：第二阶段：从水库首次蓄水至达到（或接近）正常蓄水位后再持续三年止。在上蓄过程中，测次应取上限；完成蓄水后的相对稳定期可取下限，若竣工后长期达不到正常蓄水位，则首次蓄水后的相对稳定期可取下限。若竣工后长期超过前期运行水位时，仍需按第二阶段执行。

注 4：第三阶段：指第二阶段之后的运行期。渗流、变形等性态变化速率大时，测次应取上限；性态趋于稳定时可取下限。若遇工程扩（改）建或提高水位运行，或经长期干库又重新蓄水时，需重新按第一、第二阶段的要求执行。如因水库淤满、废弃、改变用途，或因多年运行性态稳定等，需要减少测次、减少项目或停测时，应报上级主管部门批准

表 B.1.3　混凝土坝安全监测项目分类表
（引用 DL/T 5178 的有关部分）

序号	监测类别	监测项目	大坝类别		
			1	2	3
1	巡视检查	坝体坝基坝肩及近坝库岸	★	★	★
2	变形	（1）坝体位移	★	★	★
		（2）倾斜	★	☆	
		（3）接缝变化	★	★	☆
		（4）裂缝变化	★	★	★
		（5）坝基位移	★	★	★
		（6）近坝岸坡位移	☆	☆	☆
3	渗流	（1）渗流量	★	★	★
		（2）扬压力	★	★	★
		（3）渗透压力	☆	☆	
		（4）绕坝渗流	★	★	★
		（5）水质分析	★	★	☆
4	应力应变及温度	（1）应力	★	☆	
		（2）应变	★	☆	
		（3）混凝土温度	★	★	☆
		（4）坝基温度	★	☆	
5	环境量	（1）上下游水位	★	★	★
		（2）气温	★	★	★
		（3）降水量	★	★	★
		（4）库水温	★	☆	
		（5）坝前淤积	★	☆	
		（6）下游淤积	★	☆	
		（7）冰冻	☆		

注 1："★"为必设项目；"☆"为可选项目，可根据需要选设。
注 2：坝高 70m 以下的 1 级坝，应力应变为可选项

表 B.1.4　混凝土坝安全监测项目测次表
（引用 DL/T 5178 的有关部分）

序号	监测项目	施工期间	首次蓄水期	初蓄期	运行期
1	位移	1次/旬～1次/月	1次/天～1次/旬	1次/旬～1次/月	1次/月
2	倾斜	1次/旬～1次/月	1次/天～1次/旬	1次/旬～1次/月	1次/月
3	大坝外部接缝、裂缝变化	1次/旬～1次/月	1次/天～1次/旬	1次/旬～1次/月	1次/月
4	近坝区岸坡稳定	1次/旬～2次/月	2次/月	1次/月	1次/季
5	渗流量	2次/旬～1次/旬	1次/天	2次/旬～1次/旬	1次/旬～2次/月

表 **B**.1.4（续）

序号	监测项目	施工期间	首次蓄水期	初蓄期	运行期
6	扬压力	2 次/旬～1 次/旬	1 次/天	2 次/旬～1 次/旬	1 次/旬～2 次/月
7	渗透压力	2 次/旬～1 次/月	1 次/天	2 次/旬～1 次/旬	1 次/旬～2 次/月
8	绕坝渗流	1 次/旬～1 次/月	1 次/天～1 次/旬	1 次/旬～1 次/月	1 次/月
9	水质分析	1 次/季	1 次/月	1 次/季	1 次/年
10	应力应变	1 次/旬～1 次/月	1 次/天～1 次/旬	1 次/旬～1 次/月	1 次/月～1 次/季
11	大坝及坝基温度	1 次/旬～1 次/月	1 次/天～1 次/旬	1 次/旬～1 次/月	1 次/月～1 次/季
12	大坝内部接缝、裂缝	1 次/旬～1 次/月	1 次/天～1 次/旬	1 次/旬～1 次/月	1 次/月～1 次/季
13	钢筋、钢板、锚索、锚杆应力	1 次/旬～1 次/月	1 次/天～1 次/旬	1 次/旬～1 次/月	1 次/月～1 次/季
14	上下游水位		4 次/天～2 次/天	2 次/天	2 次/天～4 次/天
15	库水温		1 次/天～1 次/旬	1 次/旬～1 次/月	1 次/月
16	气温		逐日量	逐日量	逐日量
17	降水量		逐日量	逐日量	逐日量
18	坝前淤积			按需要	按需要
19	冰冻		按需要	按需要	按需要
20	坝区平面监测网	取得初始值	1 次/季	1 次/年	1 次/年
21	坝区垂直位移监测网	取得初始值	1 次/季	1 次/年	1 次/年
22	下游冲淤			每次泄洪后	每次泄洪后

注 1：表中测次，均系正常情况下人工测度的最低要求，特殊时期（如发生大洪水、地震等）应增加测次。监测自动化可根据要求，适当加密测次。

注 2：在施工期，坝体浇筑进度快的，变形和应力监测的次数应取上限。在首次蓄水期，库水位上升快的，测次应取上限。在初蓄期，开始测次应取上限。在运行期，当变形、渗流等状态变化速度大的，测次应取上限，状态趋于稳定时可取下限；当多年运行状态稳定时，可减少测次，减少监测项目或停测，但应报主管部门批准；但当水位超过前期运行水位时，仍需按首次蓄水执行。

注 3：对于低坝的位移测次可减少为 1 次/季

B.2　变形监测精度表

表 **B**.2.1　变 形 监 测 精 度 表

项　　目			位移量中误差限值
水平位移 mm	坝体	重力坝、支墩坝	±1.0
		拱坝　径向	±2.0
		拱坝　切向	±1.0
	坝基	重力坝、支墩坝	±0.3
		拱坝　径向	±0.3
		拱坝　切向	±0.3
坝体坝基垂直位移 mm		坝顶	±1.0
		坝基	±0.3

表 B.2.1（续）

项　　目		位移量中误差限值
倾斜（″）	坝体	±5.0
	坝基	±1.0
坝体表面接缝和裂缝 mm		±0.2
近岸区岩体和高边坡	水平位移 mm	±2.0
	垂直位移 mm	±2.0
滑坡体和高边坡	水平位移 mm｜岩质边坡	±3.0
	水平位移 mm｜土质边坡	±5.0
	垂直位移 mm	±3.0
	裂缝 mm	±1.0

B.3 其他常规安全监测项目及测次表

表 B.3.1 混凝土坝安全监测项目仪器埋设后初期标准测次表
（引用 DL/T 5178、DL/T 5259、DL/T 5308 的有关部分）

监测项目	仪器埋设后的初段	测　　次
表面变形监测	1 天～7 天	1 次/3 天
	7 天～1 个月	1 次/周
其他变形监测	24 小时内	4 次/天
	1 天～5 天	1 次/天
	5 天～15 天	1 次/天～1 次/3 天
	15 天～1 个月	1 次/3 天～1 次/5 天
渗流监测	24 小时内	4 次/天
	1 天～5 天	1 次/天
	5 天～15 天	1 次/天～1 次/3 天
	15 天～1 个月	1 次/3 天～1 次/5 天
应力应变监测	24 小时内	4 次/天
	1 天～5 天	1 次/天
	5 天～15 天	1 次/天～1 次/3 天
	15 天～1 个月	1 次/3 天～1 次/5 天

表 B.3.1（续）

监测项目	仪器埋设后的初段	测　次
温度监测	24 小时内	4 次～6 次/天
	1 天～达到最高温升	3 次～4 次/天
温度监测	第 1 周	1 次/天
	第 2 周	1 次/2 天
	第 3 周	2 次/周
	第 4 周	1 次/周

表 B.3.2　边坡安全监测项目仪器埋设初期标准测次表
（引用 DL/T 5178、DL/T 5259、DL/T 5308 的有关部分）

监测项目	仪器埋设后的时段	测　次
表面变形监测	1 天～7 天	1 次/3 天
	5 天～1 个月	1 次/周
其他变形监测	1 天～5 天	1 次/天
	5 天～15 天	1 次/天～1 次/3 天
	15 天～1 个月	1 次/3 天～1 次/5 天
渗流监测	1 天～5 天	1 次/天
	5 天～15 天	1 次/天～1 次/3 天
	15 天～1 个月	1 次/3 天～1 次/5 天
应力监测	1 天～5 天	1 次/天
	5 天～15 天	1 次/天～1 次/3 天
	15 天～1 个月	1 次/3 天～1 次/5 天

表 B.3.3　施工期边坡安全监测项目及测次表
（引用 DL/T 5178、DL/T 5259、DL/T 5308 的有关部分）

序号	监　测　项　目	施工期（及以后）
1	巡视检查	1 次/周～1 次/旬
2	表面变形监测	1 次/周～1 次/旬
3	边坡深部变形监测	1 次/周～1 次/旬
4	边坡锚固措施荷载监测	1 次/周～1 次/旬
5	渗流监测	1 次/周～1 次/旬

表 B.3.4　地下洞室安全监测项目仪器埋设初期标准测次表
（引用 DL/T 5178、DL/T 5259、DL/T 5308 的有关部分）

监测项目	仪器埋设后时段	测　次
变形监测	24 小时内	4 次/天
	1 天～5 天	1 次/天
	5 天～15 天	1 次/天～1 次/3 天
	15 天 1 个月	1 次/3 天～1 次/5 天
应力应变及温度监测	24 小时内	4 次/天
	1 天～5 天	1 次/天
	5 天～15 天	1 次/天～1 次/3 天
	15 天～1 个月	1 次/3 天～1 次/5 天
渗流监测	24 小时内	2 次/天
	1 天～5 天	1 次/天
	5 天～1 个月	1 次/周

表 B.3.5　地下洞室安全监测项目施工期标准测次表
（引用 DL/T 5178、DL/T 5259、DL/T 5308 的有关部分）

序号	项　　目	施工期
1	外观变化	1 次/周
2	顶拱、洞壁及底板变形	1 次/周
3	岩体深部位移	1 次/周
4	角位移、倾斜	1 次/周
5	声波及地震波波速、振幅	1 次/周
6	下沉、隆起、倾斜	1 次/周
7	围岩应力	1 次/周
8	裂隙、衬砌外水压力	1 次/周
9	锚杆（索）应力	1 次/周
10	喷锚、衬砌、支护的混凝土应力、钢筋和钢结构应力	1 次/周
11	裂隙及结构缝、裂缝	1 次/周
12	地下水压力	1 次/周

表 B.3.6 运行阶段边坡安全监测项目及测次表
（引用 DL/T 5178、DL/T 5259、DL/T 5308 的有关部分）

序号	监测类别	监测项目	人工边坡	天然滑坡	监测测次
1	巡视检查	巡视检查（含日常、年度和特别三类）	★	★	日常巡视检查干季为1次/季，雨季为1次/月
2	变形	水平和垂直位移监测网	★	★	1次/年
		除水平和垂直位移监测网以外的表面水平和垂直位移平面监测	☆	☆	1次/月
		深部位移	★	☆	1次/月
		地表裂缝	★	★	1次/月
3	渗流	渗漏流量，地下水位	★	★	1次/月
4	应力应变	抗滑桩、抗剪洞、锚杆、锚索的应力应变及挡土墙	☆	☆	1次/月

注1："★"表示必设项目；"☆"表示一般项目可根据需要选设。
注2：表中的监测项目是根据 DL/T 5353 提出，测次是参照混凝土坝测次提出。
注3：表中所列项目是Ⅰ级、Ⅱ级边坡和100m以上的边坡的监测项目，其他边坡可适当简化

表 B.3.7 运行阶段地下洞室（含地下厂房、开关站）安全监测项目及测次表
（引用 DL/T 5178、DL/T 5259、DL/T 5308 的有关部分）

序号	监测类别	监测项目	内容	选择性	监测测次
1	巡查	日常、年度及特种	外观变化	★	日常巡查1次/月
2	变形	接缝、裂缝	围岩及结构缝、接触缝、裂缝的开合及错动	★	1次/月
		地表及其建筑物状态	下沉、隆起、倾斜	★	1次/月
		岩体滑移	岩体深部位移	★	1次/月
3	水压	围岩及衬砌、支护结构的外水压力	围岩裂隙水压力变化、作用于衬砌、支护结构的外水压力	☆	1次/月
4	衬砌支护应力	锚杆（索）应力	轴向力大小及分布	☆	1次/月
		混凝土、钢筋、钢结构应力	喷锚、衬砌、支护的混凝土应力、钢筋应力钢结构应力	☆	1次/月
5	地下水位、渗流		地下水位、渗流量变化	☆	1次/月

注1："★"表示必设项目；"☆"表示一般项目，可根据需要选设。
注2：表中的监测项目是根据 DL/T 5006，测次是参照混凝土坝测次提出

表 B.3.8　运行阶段地面厂房、开关站安全监测项目及测次表
（引用 DL/T 5178、DL/T 5259、DL/T 5308 的有关部分）

序号	监测类别	监测项目	内　　容	选择性	人工监测测次
1	巡查	日常、年度及特种	外观变化	★	日常巡查干季为1次/季，雨季为1次/周
2	变形	整体水平和垂直位移	下沉、滑移、倾斜	☆	1次/月
		接缝、裂缝	结构缝、接缝、裂缝的开合及错动	★	1次/月
3	渗压	渗流、扬压	渗漏量及基础扬压力	★	1次/月

注 1："★"表示必设项目；"☆"表示一般项目，可根据需要选设；
注 2：表中监测项目是根据 SL 266 提出，测次参照混凝土坝测次提出

附 录 C
（规范性附录）
水库调度相关指标及标准

C.1 水库调度技术监督指标及标准

C.1.1 最大场次洪水洪峰流量预报准确率≥92%；

C.1.2 各次洪水洪峰流量预报平均准确率≥85%；

C.1.3 水情系统可用度≥85%；

C.1.4 水情系统畅通率＞95%。

C.2 水库调度技术监督指标计算方法

C.2.1 最大场次洪水洪峰流量预报准确率计算公式

$$F_{\mathrm{m}} = \left(1 - \frac{\left| Q_{\text{预}} - Q_{\text{实}} \right|}{Q_{\text{实}}} \right) \times 100\%$$

式中：

F_{m}——最大一次洪水预报准确率；

$Q_{\text{预}}$——预报的最大一次洪水洪峰流量，$\mathrm{m^3/s}$；

$Q_{\text{实}}$——实际的最大一次洪水洪峰流量，$\mathrm{m^3/s}$。

C.2.2 各次洪水洪峰流量预报平均准确率计算公式

$$F_{\mathrm{a}} = \sum_{i=1}^{n_1} \left(1 - \frac{\left| Q_{\text{预}i} - Q_{\text{实}i} \right|}{Q_{\text{实}i}} \right) / n_1 \times 100\%$$

式中：

F_{a}——各次洪水预报平均准确率；

$Q_{\text{预}i}$——预报的第 i 次洪水洪峰流量，$\mathrm{m^3/s}$；

$Q_{\text{实}i}$——实际的第 i 次洪水洪峰流量，$\mathrm{m^3/s}$；

n_1——预报次数。

C.2.3 水情系统可用度计算公式

$$A = (N_{\mathrm{s}}D - D_{\mathrm{s}} + N_{\mathrm{y}}D - D_{\mathrm{y}} + N_{\mathrm{zj}}D - D_{\mathrm{zj}} + N_{\mathrm{zx}}D - D_{\mathrm{zx}}) /$$

$$(N_{\mathrm{s}}D + N_{\mathrm{y}}D + N_{\mathrm{zj}}D + N_{\mathrm{zx}}D) \times 100\%$$

式中：

A——水情系统可用度；

N_{s}——水位站个数；

N_{y}——雨量站个数；

N_{zj}——中继站个数；

N_{zx}——中心站个数；

D ——考核天数，d；

D_s ——水位站维修时间，d；

D_y ——雨量站维修时间，d；

D_{zj} ——中继站维修时间，d；

D_{zx} ——中心站维修时间，d。

C.2.4 水情系统畅通率计算公式

$$M = \sum_{i=1}^{n_2}(S_iD - E_i)/\sum_{i=1}^{n_2}(S_iD) \times 100\%$$

式中：

M ——水情系统畅通率；

S_i ——i 号站定时应来报次数；

E_i ——i 号站不来报时段数；

D ——考核天数；

n_2 ——站点数目。

附 录 D
（规范性附录）
水工技术监督不符合项通知单

编号（No）：××–××–××

发现部门：　　专业：　　被通知部门、班组：　　签发：　　日期：　　年　月　日

不符合项描述	1. 不符合项描述： 2. 不符合标准或规程条款说明：	
整改措施	3. 整改措施： 制定人/日期：　　　　　　　审核人/日期：	
整改验收情况	4. 整改自查验收评价： 制定人/日期：　　　　　　　审核人/日期：	
复查验收评价	5. 复查验收评价： 复查验收人/日期：	
改进建议	6. 对此类不符合项的改进建议： 建议提出人/日期：	
不符合项关闭	整改人：　　　　自查验收人：　　　　复查验收人：　　　　签发人：	
编号说明	年份+专业代码+本专业不符合项顺序号	

附 录 E

（规范性附录）
水工技术监督资料档案格式

E.1 水工技术监督资料档案目录

序号	资料档案名称	格式要求
1	管理档案	
1.1	水工监督管理制度、规程	
1.2	水工技术监督工作计划及月度、季度、年度总结	见附录 F
1.3	工作网活动记录	见附录 E.2.3
1.4	预警通知单及预警问题整改措施、记录、报告	
1.5	动态检查自查报告及动态检查发现问题清单、检查意见	
2	原始资料技术档案	
2.1	水工建筑物的设计、施工、监理、竣工、验收等技术资料、图纸	
2.2	监测设计资料，监测仪器采购、检验、率定、埋设安装施工资料	
2.3	监测仪器基准值及建设期安全监测成果资料、分析报告	
3	运行和维护档案	
3.1	大坝安全注册或大坝定检形成的所有申请、总结、检查报告和意见	
3.2	水工建筑物巡视检查记录表、报告、处理意见	见附录 E.2.1、附录 E.2.2
3.3	水工建筑物加固或更新改造计划及设计、施工、验收档案	
3.4	观测原始数据、观测成果、监测资料年度整编报告及综合分析报告	
3.5	水情测报系统巡检及消缺记录、水库汛期调度运用计划、月报	
3.6	水情信息资料	
3.7	防洪度汛措施计划、汛前检查与维护记录、防洪度汛应急预案	
3.8	汛期值班记录、巡视检查记录、事故处理及防洪抢险报告、水工闸门启闭记录、防汛工作总结	
3.9	库岸巡视检查记录和报告、库岸地质缺陷台账、与地方政府联动来往文函、滑坡体监测资料	
4	设备台账	
4.1	水工专业有关仪器、仪表设备装置的出厂说明书、合格证及台账	
4.2	水工建筑物维护过程中的缺陷台账、消缺记录档案	
4.3	监测设施和仪器设备台账、监测仪器、仪表检定证书	
4.4	监测设施和仪器设备定期维护记录及台账	

E.2 水工技术监督归档资料格式

E.2.1 水工建筑物日常巡视检查记录

检查负责人：参加检查人员：

频次加密（是□否□）加密原因（　　　　　　　　　　　　　　　　　　　）

检查时间：　年　月　日（星期）～　年　月　日（星期）

主要环境量：

上游水位（　m）　下游水位（　m）　泄洪流量（　m³/s）　降雨情况（　　　　　）

泄水建筑物运行情况：

序号	部位	检查项目	标准和要求	检查结果（√○×）	检查情况描述	处理结果（√或×）
1	大坝	1. 坝顶	位移迹象，坝面及裂缝、错动情况，伸缩缝开合情况，止水破坏和失效情况，门机轨道错动情况；坝顶交通通畅，无影响交通安全的材料和设备堆放；坝顶栏杆、坝面混凝土无破损			
		2. 上游面	裂缝、剥蚀、膨胀、伸缩缝开合			
		3. 下游面	疏松、脱落、剥蚀、裂缝、露筋、渗漏、溢流面冲蚀、磨损、空蚀			
		4. 坝肩	绕坝渗流、裂缝、错动、脱离、滑坡			
		5. 坝身排水及扬压力	坝身排水系统及扬压力变化			
		6. 监测系统仪器设备	监测系统仪器设备工作状况：水平位移、垂直位移、垂线、扬压力、量水堰、测缝计			
		7. 坝基	渗漏、渗水量、颜色、排水、沉陷、伸缩缝、止水设施			
		8. 其他异常情况	无其他异常情况			
		………	………			
2	………（工程边坡、公路、护岸等）	………				
		………				
		………				
		………				
		………				
		………				

注1：以上巡视检查记录表检查部位及项目等内容仅供参考，各电厂根据实际进行编制。
注2：检查结果一栏，"√○×"，√表示正常，○表示需关注，×表示严重需处理。
注3：对于检查结果打×的，在检查情况描述中要填写具体内容。
注4：处理结果一栏，"√×"，√表示处理完成，×表示未处理

E.2.2　水工建筑物年度详查报告

×××水力发电厂水工建筑物年度详查报告

编制：_____
审核：_____
批准：_____
日期：_____
编制单位（章）：_____

1. 工程概况

主要描述工程的基本情况，如地理位置、坝址特点、流域水文气象、枢纽布置、工程规模、运行历史变迁等。

2. 水库及水工建筑物运行情况

主要描述一年来的水库运行情况，如来水情况、泄洪次数、流量等，建筑物的运行状态，包括挡水建筑物、泄洪建筑物、消能建筑物、近坝库岸边坡等。

3. 监测系统运行情况

主要描述监测系统的布置和项目及一年来监测系统的运行、维护情况，尤其是是否能正常监测，监测设施的完好情况，有无进行更新改造、更新改造的情况等。对监测系统一年来发生的重大事故或误测、异常等要特别予以描述。

4. 年度监测资料整编分析

针对一年来各监测项目的特征值进行描述，对重要监测项目进行详细的分析、甄别，并与历史测值或测值过程进行比较，确定测值的合理性和可靠性，从而对一年来的大坝变形性态做出大致的判断，并评判监测系统的工作状态。

5. 汛前、汛后及特殊工况检查情况

主要描述汛前、汛后大坝检查的详细经过和发现的主要问题及采取的措施。如果年内发生过有感地震，遭遇特枯来水或者特大洪水，则应对这些特殊工况进行详细描述，对大坝的响应进行记录。

6. 存在的问题和建议

主要描述一年来大坝检查、维护、监测过程中发现的缺陷和问题，并提出一些下一年或以后几年要采取的措施或建议。

一般年度详查报告还应附上以下附件：

1）汛前现场检查表；
2）汛后现场检查表；
3）水工建筑物评级表；
4）其他必要的材料。

E.2.3　水工监督网活动记录

编号：

活动内容			
活动时间		活动地点	
主持人		记录人	
参加人员			
补学人员			

活动记录：

E.3 水工技术监督定期工作清单

序号	工作内容	工 作 标 准	周期
1	水工建筑物日常巡检	根据水工建筑物巡视检查有关要求执行。 可划分重点部位和非重点部位，对重点部位汛期加密	15 天一次
2	库岸巡视检查	根据库岸巡视检查制度执行，视水库库容、近坝库岸地质缺陷分布情况确定具体巡视周期	每月不少于 1 次
3	汛期巡视检查	根据防洪度汛措施计划执行，重点对电站区域道路、防洪度汛设施、防汛重点区域进行检查。暴雨后加强巡视检查	每月不少于 1 次
4	人工监测项目定期观测	对未接入自动化监测系统或接入系统具备人工比测的外部观测项目进行定期观测，蓄水期加强观测，运行期可按划分重点项目加密观测	每月不少于 1 次
5	监测资料年度整编	在日常资料整理的基础上，进行收集、复查及统计，绘制监测数据的时空分布与相互间的相关图线，保证监测资料的完整性和连续性，判定是否存在变化异常	每年 3 月前完成上一年度的
6	水工监督技术培训	技术监督小组组长负责组织小组成员开展技术培训，培训内容应形成记录	每月一次
7	水工监督月总结	月总结应包括本月工作完成情况、水工缺陷及异常情况、存在问题、下一步工作计划及其他情况（若有），同时更新纸质版及电子版台账	每月底
8	水工监督季度总结	季度总结按生技部下发的最新季报格式填写，同时更新纸质版及电子版台账	每季度首月 3 日前完成上季度的
9	水工监督年度总结	年总结应包括本年度工作完成情况、水工缺陷及异常情况、存在问题、下一步工作计划及其他情况（若有），同时更新纸质版及电子版台账	12 月底
10	水工建筑物维护消缺	水工建筑物出现缺陷时，应根据现场实际条件及时消除，建立缺陷台账	长期

附 录 F
（规范性附录）
水工技术监督季报编写格式

××水力发电厂××年×季度水工技术监督季报

编写人：×××　固定电话/手机：××××××

审核人：×××

批准人：×××

上报时间：20××年××月××日

F.1　上季度集团公司督办事宜的落实或整改情况

F.2　上季度产业（区域）公司督办事宜的落实或整改情况

F.3　本季度水工监督完成的主要工作

编写说明：规章制度修订和完善、监督网活动、人员培训和取证、安全监测系统的改造、建筑物消缺、技术改进等。

F.4　本季度水工监督指标及分析

F.4.1　本季度安全监测情况统计及分析

1）大坝安全监测统计季度报表。

表 F.1　20××年×季度监测情况统计报表

项目	水平位移 mm		竖直位移 mm		坝基渗流量 L/s	渗压系数
	混凝土坝	土石坝	混凝土坝	土石坝		
同期最大值						
本季最大值						
备注						

注：各电厂可根据本厂坝体类型等实际情况，依据规范，对表格所列主要监测项目进行调整

2）本季度监测情况简要说明。

填写说明：对水平位移、垂直位移、渗漏量最大值出现的位置做出说明，对监测的情况做简要说明。

F.4.2　本季度水工监督主要考核指标报表

1）水工监督主要考核指标报表。

表 F.2　20××年×季度水工监督主要考核指标报表

监测设施							水情测报系统		
监测仪器总数		损坏仪器数量		监测设施完好率%		完好测点观测率%	应来数	实际来数	季（年）度通畅率%
可修复	不可修复	可修复	不可修复	可修复	不可修复				
注："可修复"指可更换和修复的仪器设备和表面设施；"不可修复"指混凝土坝/土石坝埋入式不可更换和修复的仪器设施									

2）主要指标简要分析。

填写说明：简要说明各指标未达标的原因。

F.5　本季度水工监督发现的问题、原因分析以及处理情况

写出电厂在运行当中或日常巡视检查中发现的问题，对问题原因做简要分析，以及问题的处理情况或下一步处理措施和计划；水工建筑设施的消缺情况等。

F.6　上季度水工监督计划完成情况

对上季度的水工监督计划完成情况做出反馈，未完成的计划说明原因。

F.7　水工监督需要关注的问题和下季度工作计划

水工监督方面存在的问题包括：监督管理、水工设施缺陷、监测设施存在问题、水情测报系统问题、库岸边坡稳定情况等。

下季度工作计划包括：培训、制度完善、大坝的检查、水工设施消缺等。针对消缺情况可简要写出消缺方案或措施。

F.8　水工技术监督提出问题整改情况

技术监督动态查评提出问题整改完成情况见表 F.3。技术监督预警问题整改完成情况见表 F.4。技术监督季报中提出问题整改完成情况见表 F.5。

仔细查看上季度水电季报，看是否有对应本企业水工方面的问题，对提出问题的整改情况可在表 F.5 中反馈。

表 F.3　技术监督动态检查问题整改完成情况

序号	问题描述	专业	西安热工院提出的整改建议	发电企业制定的整改措施及完成时间	发电企业责任人	西安热工院责任人	状态或情况说明
重要问题							
1							
一般问题							
1							

表 F.4　技术监督一级预警问题整改完成情况

序号	问题描述	专业	西安热工院提出的整改建议	发电企业制定的整改措施及完成时间	发电企业责任人	西安热工院责任人	状态或情况说明
1							

表 F.5　技术监督季报中提出问题整改完成情况

序号	问题描述	专业	西安热工院提出的整改建议	发电企业制定的整改措施及完成时间	发电企业责任人	西安热工院责任人	状态或情况说明
重要问题							
1							
一般问题							
1							

附 录 G
（规范性附录）
水工技术监督信息速报

	单位名称	
	设备设施名称	
	事件发生时间	
发生异常或事故的过程、可能原因、已采取措施		
监督专责人签字		联系电话 传　真	
厂长（总工程师）签字		邮　箱	

附 录 H
（规范性附录）
水工技术监督预警项目

H.1 一级预警

a) 坝体稳定性或者结构安全度不符合现行规范要求，可能危及水电站大坝安全，或存在垮坝、溃坝事故迹象。

b) 未按规定组织开展备案登记、初始注册、换证注册或变更注册，可能被国家能源局通报、处罚的。

H.2 二级预警

a) 主要水工建筑物损坏或者其他原因，可能导致水电站不能安全运行，水库不能正常蓄水，泄洪或者其他功能缺失。

b) 未按规定组织开展备案登记、初始注册、换证注册或变更注册，可能被国家能源局大坝安全监察中心通报、处罚的。

c) 近坝库区发现有危及水电站大坝安全和居民安全的潜在不稳定体或滑坡体，未采取措施的。

d) 未按规定的项目、测点和频次，开展监测工作达 6 个月以上。

e) 可恢复的监测设施、设备损坏后，未按照规范组织恢复达 6 个月以上。

H.3 三级预警

a) 电厂未提出水电站水工建筑物安全年度详查报告，未报国家能源局大坝安全监察中心备案。

b) 主要水工建筑物的变形、渗流量等重要监测项目的测值持续出现异常或突变，超过有关技术标准、规程、规范或设计指标要求，未开展调查分析工作并上报。

c) 未按规定的项目、测点和频次，开展监测工作达 3 个月以上。

d) 可恢复的监测设施、设备损坏后，未按照规范组织恢复达 3 个月以上。

e) 未按规定完成上一年度监测资料整编。

f) 电厂未按规定设立汛期防汛机构，或未制订汛期值班制度及防洪度汛措施计划，或未按规定开展防汛预案演练。

附 录 I
（规范性附录）
水工技术监督预警通知单

通知单编号：T–　　　　　　　预警类别：　　　　　　　日期：　　年　　月　　日

发电企业名称	
设备（系统）名称及编号	
异常情况	
可能造成或已造成的后果	
整改建议	
整改时间要求	

提出单位		签发人	

注：通知单编号：T—预警类别编号—顺序号—年度。预警类别编号：一级预警为1，二级预警为2，三
　　级预警为3。

附 录 J
（规范性附录）
水工技术监督预警验收单

验收单编号：Y-　　　　　　　预警类别：　　　　　　　日期：　　年　　月　　日

发电企业名称	
设备（系统）名称及编号	
异常情况	
技术监督服务单位整改建议	
整改计划	
整改结果	
验收单位		验收人	

注：验收单编号：Y—预警类别编号—顺序号—年度。预警类别编号：一级预警为1，二级预警为2，三级预警为3。

附 录 K
（规范性附录）
水工技术监督动态检查问题整改计划书

一、概述

1. 叙述计划的制定过程（包括西安热工院、技术监督服务单位及电厂参加人等）；

2. 需要说明的问题，如问题的整改需要较大资金投入或需要较长时间才能完成整改的问题说明。

二、问题整改计划表

序号	问题描述	专业	西安热工院提出的整改建议	发电企业制定的整改措施和计划完成时间	发电企业责任人	西安热工院责任人	备注

三、一般问题整改计划表

序号	问题描述	专业	西安热工院提出的整改建议	发电企业制定的整改措施和计划完成时间	发电企业责任人	西安热工院责任人	备注

附　录　L
（规范性附录）
水工技术监督工作评价表

序号	评价项目	标准分	评价内容与要求	评分标准
1	水工监督管理	400		
1.1	组织与职责	60	查看电厂技术监督机构文件、上岗资格证	
1.1.1	监督组织健全	20	建立健全监督领导小组领导下的三级水工监督网，在归口职能管理部门设置水工监督专责人	（1）未建立本企业的三级技术监督网，即厂级、部门级和班组级，扣20分； （2）监督网络不健全，每缺一项扣5分； （3）未设置水工监督专责人员负责水工监督工作，扣10分； （4）三级监督网的成员未根据人员变化情况及时更新完善，扣5分
1.1.2	职责明确并得到落实	10	专业岗位职责明确，落实到人	（1）未以正式文件明确三级技术监督网中各岗位职责，扣10分； （2）三级网络各岗位职责不明确、内容不健全，每项扣4分； （3）三级网络各岗位职责未落实，每项扣4分
1.1.3	网络人员持证上岗	30	按照人员培训和上岗资格管理办法的要求，定期对技术监督专责人和特殊技能岗位人员进行专业和技能培训，保证持证上岗	（1）水工技术监督专责人未取证或证书超期，扣10分； （2）其他水工技术监督组成员均未取证，扣30分
1.2	标准符合性	60	查看企业水工监督管理标准及保存的国家、行业技术标准，电厂编制的《水工观测规程》《水库调度规程》《库区检查维护规程》《水情测报系统维护检查制度》等制度和规程	
1.2.1	水工监督管理标准	10	（1）编写的内容、格式应符合《华能电厂安全生产管理体系要求》和《华能电厂安全生产管理体系管理标准编制导则》的要求，并统一编号； （2）内容应符合国家、行业法律、法规、标准和《中国华能集团公司电力技术监督管理办法》相关的要求，并符合电厂实际	（1）不符合《华能电厂安全生产管理体系要求》和《华能电厂安全生产管理体系管理标准编制导则》的编制要求，扣3分； （2）不符合国家、行业法律、法规、标准和《中国华能集团公司电力技术监督管理办法》相关的要求和电厂实际，扣3分

表（续）

序号	评价项目	标准分	评价内容与要求	评分标准
1.2.2	国家、行业技术标准	10	水工监督标准应符合国家、行业及上级主管单位的有关标准、规范、规定和要求	（1）未建立技术标准目录档案，扣10分； （2）标准不完整，每缺一项扣1分； （3）未根据集团公司发布的最新标准目录，及时更新监督技术标准，每项扣1分
1.2.3	监督管理制度、企业标准	40	（1）应制定"水工观测规程"、"水库调度规程"、"库区检查维护规程"、"水情测报系统维护检查制度"等规程、制度； （2）每年年初，技术监督专责人应根据新颁布的标准及水工设施及设备运行情况，对厂内水工监督有关规程、制度的有效性、准确性进行评估，对不符合项进行修订，经归口职能管理部门领导审核、生产主管领导审批完成后发布实施； （3）国家标准、行业标准及上级监督规程、规定中涵盖的相关水工监督工作均应在厂内规程及规定中详细列写齐全，在水工建筑物及附属设备规划、设计、建设、更改过程中的水工监督要求等采用每年发布的相关标准	（1）未建立各项水工监督有关规程、制度，扣40分，每缺一项扣5分； （2）未根据工作实际情况和需要，及时对规程、管理制度进行修订，并经审核、批准和颁布实施，每项扣5分； （3）管理制度不完善、不健全或和现行标准有差异（主要是涉及的内容、指标、周期等方面）的，每项扣2分
1.3	仪器仪表	20	现场仪器仪表台账、检验计划、检验报告	
1.3.1	仪器仪表台账	10	应建立水工监督用仪器仪表设备台账，根据检验、使用及更新情况进行补充完善	（1）未建立水工监督用仪器仪表设备台账，扣10分； （2）未及时更新台账，每缺1项扣1分
1.3.2	检验计划和检验报告	10	根据检定周期，每年应制订仪器仪表的检验计划，根据检验计划定期进行检验或送检；对检验合格的可继续使用，对检验不合格的则送修；对送修仍不合格的做报废处理	（1）未制订检验计划，扣10分； （2）检验计划不全或周期不符合规范要求的，每项扣1分； （3）未按检验计划执行或未及时送修、报废的，每项扣1分
1.4	监督计划	50	现场查看监督计划	
1.4.1	计划的制订	20	（1）计划制订时间、依据符合要求； （2）计划内容应包括：健全技术监督组织机构；制定或修订监督标准，相关生产技术标准、规范和管理制度；制订检修期间应开展的技术监督项目计划；制订仪器仪表检定计划；制订技术监督工作自我评价与外部检查迎检计划；制订技术监督发现问题的整改计划；制订人员培训计划（主要包括内部培训、外部培训取证，规程宣贯）	（1）计划制订时间、依据不符合，一个计划扣10分； （2）计划内容不全，一个计划扣5～10分

表（续）

序号	评价项目	标准分	评价内容与要求	评分标准
1.4.2	计划的审批	15	符合工作流程：班组或部门编制→归口职能管理部门水工专责人审核→归口职能管理部门主任审定→生产厂长审批→下发实施	审批工作流程缺少环节，一个扣5分
1.4.3	计划的上报	15	每年11月30日前，计划批准发布后报送产业公司、区域公司，同时抄送西安热工院	不按时上报计划，扣15分
1.5	监督档案	60	现场查看监督档案、档案管理的记录	
1.5.1	监督档案清单	5	应建有监督档案资料清单。每类资料有编号、存放地点、保存期限	不符合要求，每项扣1分
1.5.2	档案管理	5	(1)资料按规定储存，由专人管理； (2)记录借阅应有借、还记录； (3)有过期文件处置的记录	不符合要求，每项扣1分
1.5.3	原始技术档案	10	原始技术档案应包括设计、施工、建设等相关资料	(1)未建档，扣10分； (2)每缺一项扣1分
1.5.4	运行和维护档案	25	运行和维护档案应包括：大坝安全注册及定检、水工建筑物安全检查及维护、安全监测、水库调度、防洪度汛、库岸稳定有关档案等	(1)未建档，扣25分； (2)每缺一项扣5分； (3)未根据项目监督实际情况及时更新，扣3分
1.5.5	监督管理档案	15	监督管理档案应包括：监督规程档案；工作计划、总结档案；季报、年报档案；监督网活动档案；水工监督检查报告档案、仪器设备档案等	(1)未建档，扣15分； (2)每缺一项，扣5分； (3)未根据项目监督实际情况及时更新，扣3分
1.6	评价与考核	40	查阅评价与考核记录	
1.6.1	动态检查前自我检查	10	自我检查评价切合实际	(1)无自查报告扣10分； (2)自我检查评价与动态检查评价的评分相差10分及以上，扣10分
1.6.2	定期监督工作评价	10	有监督工作评价记录	无工作评价记录，扣10分
1.6.3	定期监督工作会议	10	有监督工作会议纪要	无工作会议纪要，扣10分
1.6.4	监督工作考核	10	有监督工作考核记录	发生监督不力事件而未考核，扣10分
1.7	工作报告制度	50	查阅检查之日前两个季度季报、检查速报事件及上报时间	

表（续）

序号	评价项目	标准分	评价内容与要求	评分标准
1.7.1	监督季报	20	（1）每季度首月 5 日前，应将技术监督季报报送产业公司、区域公司和西安热工院； （2）格式和内容符合要求	（1）季报上报迟报1天扣5分； （2）格式不符合，一项扣 5 分；统计报表数据不准确，一项扣 10 分；检查发现的问题，未在季报中上报，每个问题扣 10 分
1.7.2	技术监督速报	20	按规定格式和内容编写技术监督速报并及时上报	（1）发现或者出现重大设备问题和异常及障碍未及时、真实、准确上报技术监督速报，一项扣 10 分； （2）上报速报事件描述不符合实际，一件扣 10 分
1.7.3	年度工作总结报告	10	（1）每年元月 5 日前组织完成上年度技术监督工作总结报告的编写工作，并将总结报告报送产业公司、区域公司和西安热工院； （2）格式和内容符合要求	（1）未按规定时间上报，扣 10 分； （2）内容不全，扣 10 分
1.8	监督考核指标	60	查看监督预警问题验收单、整改问题完成证明文件、大坝安全监测报告；现场查看，查看水情测报系统	
1.8.1	监督预警、季报问题整改完成率	15	要求 100%	不符合要求，不得分
1.8.2	动态检查存在问题整改完成率	15	要求：从发电企业收到动态检查报告之日起，第 1 年整改完成率不低于 85%；第 2 年整改完成率不低于 95%	不符合要求，不得分
1.8.3	监测仪器设备完好率	10	监测仪器设备总体完好率应达到（按规定封存、报废的除外）：可更换和修复的仪器设备和表面设施完好率100%；混凝土坝埋入式不可更换和修复的仪器设施完好率90%以上；土石坝埋入式不可更换和修复的仪器设施完好率85%以上	不符合要求，每项扣 5 分
1.8.4	监测仪器观测率	10	对完好设备的观测率应达到 100%	不符合要求，不得分
1.8.5	水库调度相关指标	10	最大场次洪水洪峰流量预报准确率≥92%； 各次洪水洪峰流量预报平均准确率≥85%； 水情系统可用度≥85%； 水情系统畅通率＞95%	不符合要求，每项扣 2.5 分
2	监督过程实施（生产运行阶段）	600		
2.1	大坝安全注册及定检	70		

表（续）

序号	评价项目	标准分	评价内容与要求	评分标准
2.1.1	开展大坝备案登记工作	10	新投运的总装机容量在 50MW 及以上，以发电为主的大、中型水电站大坝，且已由有资质的单位完成工程蓄水或工程阶段性蓄水安全鉴定，已通过工程蓄水或工程阶段性蓄水验收，尚不具备初始注册条件的，应按照《水电站新建发电机组进入商业运营大坝备案登记细则》办理备案登记	未按规定进行备案登记，扣 10 分
2.1.2	大坝初始、安全注册换证和变更	20	（1）工程竣工安全鉴定一年内，应向国家能源局大坝安全监察中心申报初始注册；注册登记证有效期届满前三个月，应向国家能源局大坝安全监察中心申请换证注册； （2）在注册登记证的有效期内，因进行大坝改（扩）建、重大的补强加固和更新改造工程改变了大坝安全等级，或者因运行、管理、维护问题降低了大坝安全等级，或者水电站运行单位、水电站主管单位发生变更，应在上述情况改变后三个月内，向国家能源局大坝安全监察中心申请变更注册	（1）未及时申请初始或换证安全注册，扣 30 分； （2）大坝原注册情况发生变化而未申请变更注册，扣 10 分
2.1.3	注册登记证评级	10	被取消注册登记证的，或者不符合大坝安全注册登记条件的，或者持有乙级、丙级注册登记证的，应当按要求进行整改，使大坝具备注册条件或者注册升级条件，并按相关的注册要求申报注册	大坝安全注册登记未达到甲级的，扣 10 分
2.1.4	注册自查	10	应每年按照注册条件、标准、管理实绩考核评价内容等要求进行注册自查，在每年一季度将自查报告报送国家能源局大坝安全监察中心	未按规定进行注册自查并形成报告上报的，扣 10 分
2.1.5	大坝安全定期检查工作	20	根据《水电站大坝安全定期检查监督管理办法》的有关要求，开展大坝安全定期检查工作。应及时准备好大坝运行总结报告和现场检查报告，组织有资质的相关技术服务单位进行专项检查，并做好大坝定检中的各项准备、配合等工作	（1）未按规定开展定期检查，或定检评级为病坝、险坝的，扣 20 分； （2）按规定开展，但未及时准备大坝运行总结报告和现场检查报告，扣 10 分； （3）未按要求开展相关专项检查等其他有关准备、配合工作，扣 10 分

表（续）

序号	评价项目	标准分	评价内容与要求	评分标准
2.2	水工建筑物安全检查、维护的监督	100		
2.2.1	水工建筑物安全检查对象	5	水工建筑物安全检查对象：挡水建筑物、泄水建筑物、取水建筑物、输水建筑物、河道整治建筑物、水电站建筑物、通航建筑物、给排水建筑物、其他过坝建筑物、边坡工程、专用交通道路等	检查对象不全面，每少1项扣1分
2.2.2	日常巡查	20	（1）应按照以下频次开展日常巡查：水库第一次蓄水或提高水位期间，应每天一次或每二天一次（依库水位上升速率而定）；正常运行期，可逐步减少次数，但每月不应少于一次；汛期应增加巡视检查次数； （2）应对水工建筑物进行日常巡查，对巡查中发现的安全问题，应当立即处理；不能处理的，应当及时报告本单位有关负责人。巡查及处理情况应当以文字、图表的方式记载保存	（1）未按规定频次要求开展日常巡查，扣10分； （2）检查记录未按要求进行记载保存，扣10分
2.2.3	年度详查	15	（1）应当在每年汛前、汛后或者枯水期、冰冻期组织专业技术人员对水工建筑物进行详细检查，并做好详细记录； （2）年度巡视检查除按规定程序对大坝各种设施进行外观检查外，还应审阅大坝运行、维护记录和监测数据等资料档案，每年不少于两次。根据本年度开展的详细检查情况，按规定格式编制年度详查报告； （3）年度详查报告应按规定格式在次年3月底前报国家能源局大坝安全监察中心	（1）未按规定开展年度详查，每次扣10分； （2）报告内容未按规定格式编写，内容不全面，项目不齐全，每项扣1分； （3）已开展年度详查，但未及时编制详查报告或年度详查报告未报国家能源局大坝安全监察中心，扣5分
2.2.4	特种检查	10	（1）应在坝区（或其附近）发生有感地震、大坝遭受大洪水或库水位骤降、骤升，以及发生其他影响大坝安全运行的特殊情况时，及时进行巡视检查； （2）必要时组织专家组开展特种检查，并报国家能源局大坝安全监察中心	（1）出现有感地震、大坝遭受大洪水或库水位骤降、骤升，以及发生其他影响大坝安全运行的特殊情况时，未及时进行巡视检查，扣10分； （2）需开展特种检查，但未组织专家组开展特种检查，或未报国家能源局大坝安全监察中心的，扣10分

表（续）

序号	评价项目	标准分	评价内容与要求	评分标准
2.2.5	水工建筑物缺陷与隐患管理	30	（1）水工建筑物运行和检查中发现的缺陷与隐患，应进行分类分级管理，及时组织制定处理方案并实施，消除不利因素，保证工程安全运行，充分发挥工程效益；（2）水工建筑物维护按 DL/T 5251、SL 210、SL 230 的规定进行监督，包括缺陷评估、养护、维护、记录、总结等。重点关注裂缝修补、渗漏处理、剥蚀修补及处理、水下修补等	（1）未制定缺陷管理标准或未执行，扣 30 分；（2）对发现的缺陷未按规范及时组织制定处理方案进行消缺，每项扣 5 分
2.2.6	重大工程缺陷与隐患监督	20	重大工程缺陷与隐患按《水电站大坝除险加固管理办法》进行监督，包括专项设计、专项审查、专项施工和专项验收，重点关注进度控制、资金落实、施工安全等	（1）重大工程缺陷与隐患治理项目，未列入计划，扣 10 分；（2）重大工程缺陷与隐患治理项目，未由有资质的设计单位进行设计，扣 10 分；未经审查实施，扣 10 分；（3）重大工程缺陷与隐患治理项目实施时，所用原材料未经检验而用于维护消缺工程中扣 10 分，无出厂证明、合格证扣 5 分；重大工程缺陷与隐患治理项目实施时，无现场签证单扣 5 分；无竣工验收报告扣 10 分
2.3	安全监测的监督	200		
2.3.1	监测设备管理	80		
2.3.1.1	监测设施和仪器设备台账	20	（1）所有监测设施和仪器设备的基本信息、运行状态、维护保养情况应登记造册，形成台账，并实时更新；（2）测读仪表使用应形成使用记录台账；（3）备品备件应分类摆放，详细记录备品备件的名称、数量、状态、消耗及补充情况，形成备品备件管理台账，实时更新	（1）未建立监测设施和仪器设备的信息台账，扣 10 分；台账信息不完整、更新不及时，每项次扣 1 分；（2）未建立测读仪表检查记录台账，扣 5 分；台账信息不完整、更新不及时，每项次扣 1 分；（3）未建立备品备件台账，扣 5 分；更新、补充不及时，每项次扣 1 分
2.3.1.2	监测仪器、仪表检定	10	监测仪器、仪表应定期进行率定及校正，每年 12 月份应制订下一年度监测仪器、仪表的检定计划，严格按照检定计划周期进行检定，确保监测设施和仪器设备的精度和可靠性	（1）未制订年度监测仪器、仪表检定计划，扣 10 分；（2）监测仪器、仪表检定计划不完整，每缺一项扣 1 分；（3）未按计划开展监测仪器、仪表的率定及校正，每项次扣 1 分；（4）检定报告不完整，每项扣 1 分

表（续）

序号	评价项目	标准分	评价内容与要求	评分标准
2.3.1.3	监测设施和仪器设备维护	20	（1）监测设施及仪器设备应保持良好的工作状态，应对监测设施和仪器设备开展经常性的巡视检查，并制定相关制度、规程，明确巡视检查频次、路线、方法、检查项目及内容，检查结果应形成记录；特殊情况下，如地震、非常洪水、运行条件发生变化及发现异常情况时，应加强监测设施和仪器设备的巡视检查； （2）应对监测设施和仪器设备定期开展维护工作，并制定相关制度、规程，明确维护项目及内容、周期、维护方法。维护工作完成后，应形成维护记录及台账； （3）特殊情况下，如地震、非常洪水、运行条件发生变化及发现异常情况时，应加强监测设施和仪器设备的巡视检查	（1）无监测设施和仪器设备的巡视检查和维护相关规定，扣20分；未按规定的频次开展监测设施和仪器设备的巡视检查，每次扣2分；未形成巡视检查记录，每次扣2分； （2）未按规定开展对监测设施和仪器设备维护，每次扣2分；未形成维护记录，每次扣2分；维护漏项，每项次扣1分； （3）遇特殊情况时，未及时开展对监测设施和仪器设备的巡视检查和维护，每次扣5分
2.3.1.4	监测设施和仪器设备封存、报废	5	监测设施和仪器设备的封存、报废，应对其原因进行详细记录及说明，由电厂提出，产业公司、区域公司审查，报国家能源局大坝安全监察中心确认后实施	监测仪器设备封存、报废未按规定进行的，扣5分
2.3.1.5	监测系统自动化	10	安全监测系统自动化系统应按照DL/T 5211、DL/T 5272标准有关要求建立，并保证其正常、可靠、稳定运行	安全自动化系统运行指标低于规范要求，每项扣2分
2.3.1.6	监测设施和仪器设备更新改造	15	（1）监测系统在系统功能、性能指标、设备精度以及运行稳定性等方面不能满足大坝运行安全要求的，应予以更新改造，更新改造应按照《水电站大坝安全监测工作管理办法》的相关要求进行； （2）新增和补充的监测仪器及其附属设施的选购、检验、率定、安装和埋设等必须按照 DL/T 5178、DL/T 5259、GB/T 22385要求执行	（1）监测系统更新改造的设计、审查、施工、验收未按照相关规定进行，扣10分； （2）新增和补充的监测仪器及其附属设施的选购、检验、率定、安装和埋设等未按照相关规程规范要求执行，每项扣2分

表（续）

序号	评价项目	标准分	评价内容与要求	评分标准
2.3.2	监测项目、测次及精度要求	40	（1）监测项目、测次和精度应符合规范及设计要求； （2）监测项目、测点和频次的调整，应由运行单位提出，主管单位审查，报国家能源局大坝安全监察中心确认后实施； （3）在特殊情况下，应增加监测频次，必要时增加监测项目； （4）监测资料整编监督内容应按照 DL/T 5209、DL/T 5256 的有关要求，及时开展监测资料的日常资料整理和年度整编工作	（1）各监测项目、测次和精度要求未执行 DL/T 5178、DL/T 5211 和 DL/T 5259 标准及设计要求，扣 10 分； （2）水力学、地震反应监测等专项监测未执行 DL/T 5178、DL/T 5259、DL/T 5416 标准和设计要求，扣 10 分； （3）监测项目、测点和频次的调整未按照相关规定进行的，扣 10 分； （4）特殊情况下，未按规定加密测次和调整补充监测项目的，每次扣 5 分； （5）对测值异常或不符合规律的仪器未进行分析和提出处理方案的，每项扣 2 分
2.3.3	监测资料整编	40	（1）应按照 DL/T 5209、DL/T 5256 标准的有关要求，及时开展监测资料的日常资料整理和年度整编工作；日常资料整理在每次监测（包括人工和自动化监测）完成后，随即检查、检验、计算，判断其测值有无异常，如有漏测、误读或异常，及时补测、确认或更正； （2）年度资料整编应在每年 3 月底前完成对上一年度监测资料的整编；监测资料整理和整编的成果应做到项目齐全，数据可靠，资料、图标完整，规格统一，说明完备	（1）未按照规范要求及时开展监测资料的日常资料整理的，扣 10 分；整理的内容不完整、项目不齐全，扣 5 分； （2）未在规定时间内完成年度资料整编工作的，扣 20 分；年度资料整编内容不完整、项目不齐全、图表缺失，扣 5 分；资料整编内容和编排顺序错乱、不规范，每次扣 5 分。资料整编未刊印成册，保存为电子文档并做好备份的，每次扣 10 分
2.3.4	资料分析及综合评判	40	（1）资料分析的内容应执行 DL/T 5178、DL/T 5259 标准的有关要求；在大坝定期检查前或建筑物出现异常时，应进行资料分析并评判； （2）在资料分析基础上，结合工程地质、水文、工程特点等，揭示水工建筑物的异常情况和不安全因素，对枢纽各部位的工作状态进行综合评判，预报将来变化； （3）在特殊情况下，如地震、非常洪水、运行条件发生变化及发现异常情况时，应进行专题分析研究	（1）未按规范要求开展资料分析工作的，扣 10 分；分析不全面，扣 5 分； （2）未按规定定期对建筑物进行计算分析、综合评判，并形成报告，扣 10 分；报告内容不全面，扣 5 分； （3）资料分析未按要求在定量分析的基础上开展定性分析加以验证的，扣 5 分； （4）资料分析完成后，未定性判断各监测物理量的变化和趋势是否正常，扣 5 分；未对枢纽各位的工作状态进行评判的，扣 5 分； （5）特殊情况时，未及时开展专题分析研究，每次扣 5 分

表（续）

序号	评价项目	标准分	评价内容与要求	评分标准
2.4	水库调度的监督	60		
2.4.1	水情测报系统	20	（1）水情测报系统应能准确可靠地采集和传输水情信息及相关信息，进行统计计算处理和储存，生成相应的报表和查询结果，提供符合要求的水文预报； （2）水情测报系统生产运行维护监督应符合 NB/T 35003、DL/T 1014 等国家和行业的标准、规程的有关要求； （3）洪水预报精度应满足 GB/T 22482 的有关要求，MTBF（设备的平均无故障工作时间）、月通畅率等应符合规范要求	（1）水情测报成果项目、精度等不符合规定，每项扣 5 分； （2）水情测报系统运行维护不符合 DL/T 1014 等国家和行业的标准、规程有关要求，扣 10 分； （3）水情测报系统的洪水预报精度、MTBF（设备的平均无故障工作时间）、月通畅率等指标，低于规范要求或设计要求，每项次扣 2 分
2.4.2	年度水库调度运用	20	（1）水库和洪水调度应符合 GB 17621 的有关要求； （2）水库运用参数及指标不得随意变更；如需变更，应按原设计报批程序进行审批后方可执行； （3）正常情况下，水库运用参数及指标宜每隔 5 年～10 年进行一次复核；因水文条件、工程情况及综合利用任务等发生变化，水库不能按设计规定运用时，应对水库运用参数及指标进行复核； （4）水库调度单位应编制水库调度规程、洪水调度计划，并及时修改完善；建立水库调度月报制度、值班制度、档案制度等；编写洪水调度总结及有关专题技术总结； （5）水库调度通信应有两种以上的独立通信方式，宜配备卫星电话作为备用通信方式	（1）年度水库和洪水调度不符合 GB17621 标准的有关要求，扣 10 分； （2）年度水库的运行参数，未按规定履行变更程序，扣 10 分； （3）未编制年度水库调度规程、洪水调度计划，每项扣 5 分； （4）未建立水库调度月报制度、值班制度、档案制度，每项扣 5 分； （5）未编写洪水调度总结及有关专题技术总结，每项扣 5 分； （6）水库调度通信未配备两种以上的独立通信方式，扣 5 分
2.4.3	汛期水库调度运用	20	应按照《中华人民共和国防洪法》《水库大坝安全管理条例》《中华人民共和国防汛条例》等有关法规编制年度水库汛期调度运用计划，报有管辖权的防汛指挥机构批准，并严格执行批准的年度水库汛期调度运用计划，确保汛期安全	未编制年度水库汛期调度运用计划，并报地方防汛抗旱指挥部审批备案或未严格执行，扣 10 分。未按规定开展泄洪预警等工作的，扣 8～10 分

501

表（续）

序号	评价项目	标准分	评价内容与要求	评分标准
2.5	防洪度汛的监督	100		
2.5.1	汛前工作的监督	50	（1）应按照《中华人民共和国防洪法》《水库大坝安全管理条例》《中华人民共和国防汛条例》等有关法规设立汛期防汛机构，明确成立时间、人员组成、职责等； （2）应制定汛期值班制度及报汛方式，汛前将值班人员名单、值班电话报上级主管单位； （3）应制订防洪度汛措施计划，对防洪度汛设施，包括水情测报系统、安全监测系统、泄洪设施及备用电源、渗漏水抽排系统、通信设备、照明设施等进行检查，及时维护、消缺，确保各设施、设备及系统的稳定运行； （4）必须对水工闸门及启闭系统进行汛前检查与维护，完成泄洪闸门启闭试验，保证水工闸门及启闭系统的可靠运行； （5）水工闸门系统应至少具有两路独立的电源供电，同时配备柴油发电机作为后备电源，并定期启动柴油发电机试运行，确保安全稳定可靠供电； （6）应保证防汛物资储备到位，储备数量及地点明确； （7）应确保抢险队伍落实到位，抢险工具齐备、数量及地点明确； （8）应按照《中华人民共和国防洪法》《水库防汛抢险应急预案编制大纲》的要求编制防洪度汛应急预案，报有管辖权的防汛指挥机构审批备案，结合实际开展预案演练工作	（1）运行单位未按规定正式发文成立防汛组织机构的，扣10分；防汛组织机构中机构组成、人员组成、职责不明确清晰的，每项扣5分； （2）未按照《水库防汛抢险应急预案编制大纲》的要求编制水库防汛抢险应急预案，扣5分；未报地方防汛抗旱指挥部备案的，扣2分；未结合实际开展预案演练工作的，扣2分； （3）未制定汛期值班制度的，扣5分；制度内容不完整、职责不清的，每项扣1分；汛前未将值班名单报产业公司、区域子公司的，扣2分； （4）未制订防洪度汛措施计划的，扣10分；措施计划内容不完整、项目不齐全、安排不合理的，每项扣1分； （5）未按防洪度汛措施计划开展汛前安全大检查的，扣5分；检查项目不完整，每缺一项扣1分； （6）未制订汛前安全大检查整改计划的，扣10分；整改计划的整改项目、整改措施、整改时限、负责人、检查人等未明确的，每项扣1分；未按照整改计划完成整改和维护项目的，每项扣1分； （7）在汛前未完成防汛物资储备的，扣5分；储备的种类、数量不足的，每项扣1分；储备地点不明确或不合理，扣2分； （8）未组建抢险队伍的，扣5分
2.5.2	汛中工作的监督	30	（1）严格执行汛期值班制度，值班人员坚守岗位，保持24小时通信畅通； （2）应保证电站区域道路和通信畅通，重点保障人员值班区域到大坝闸门操作室的道路和通信畅通； （3）对电站区域道路、排水系统、下游河道等区域内边坡发生滑坡、塌方等突发事件，应根据预案开展工作，组织防洪抢险队伍及时抢险，确保度汛安全；	（1）未严格执行汛期值班制度，值班人员未坚守岗位，每次扣1分； （2）汛期主道路和通信发生阻断，每次扣2分； （3）对出现的滑坡、塌方等突发事件，未及时按照预案开展抢险工作的，每次扣5分；

表（续）

序号	评价项目	标准分	评价内容与要求	评分标准
2.5.2	汛中工作的监督	30	（4）定期对防洪设施及防汛重点区域进行巡视检查，及时发现缺陷和异常，对巡查中发现的问题制定整改措施，明确责任人和整改期限，并严格落实； （5）在遇特大暴雨或超标洪水后，必须组织一次全面的巡视检查。对发现的问题及时上报本单位防汛领导小组，组织整改和修复； （6）按防洪度汛措施计划开展对水情测报系统、安全监测系统、泄洪设施及备用电源、渗漏水抽排系统、通信设备、照明设施等进行定期检查，及时维护、消缺。水工闸门巡视检查和外观检测执行 SL 101 的有关要求，水工闸门系统金属结构部分检查项目及周期执行金属监督的有关标准要求，确保水工闸门系统可靠运行	（4）未定期对防洪设施及防汛重点区域进行巡视检查的，每次扣 10 分；对检查的情况未形成记录的，扣 5 分；报告中对检查发现的问题未制订整改措施计划的，扣 5 分；整改措施计划中未明确措施方案、责任人、检查人和整改期限的，每项扣 1 分；整改未按要求时限完成，每项扣 2 分； （5）汛期出现特大暴雨或超标洪水后，未按规定组织开展全面巡视检查的，或对发现的问题未组织整改和修复的，扣 5 分； （6）未按防洪度汛措施计划开展对水情测报系统、安全监测系统、泄洪设施及备用电源、渗漏水抽排系统、通信设备、照明设施等进行定期检查，及时维护、消缺的，每项扣 2 分
2.5.3	汛后工作的监督	20	（1）应做好防汛工作总结，总结内容包括水文气象、洪水、水情测报、防洪调度原则及执行情况、水工建筑物运行情况、防汛措施、存在问题和建议等； （2）汛期结束后，应组织一次全面的防汛检查，建立隐患、缺陷台账，制定整改措施，明确责任人和整改期限，并严格落实	（1）未按要求开展汛后安全大检查的，扣 10 分；未形成汛后安全大检查整改措施计划的，扣 5 分；整改措施计划中未明确措施方案、责任人、检查人和整改期限的，每项扣 1 分；整改未按要求时限完成，每项扣 2 分； （2）未根据要求完成防汛工作总结的，扣 10 分；总结未按规定格式编写、内容不完整、项目不齐全的，每项扣 2 分
2.6	库岸稳定的监督	70		
2.6.1	库岸巡视检查	45	（1）应制定库区检查维护规程，且内容、项目、频次、路线、方法等应完整、齐全； （2）应对全库段进行定期巡视检查，每年汛前、汛中及汛后至少应对全库区各进行一次全面检查并形成报告；对近坝库段进行经常性巡视检查，枯水期每月不少于 1 次，汛期每月不少于 2 次；	（1）未制定库区检查维护规程，扣 5 分；巡视检查制度的内容、项目、频次、路线、方法等不完整、不齐全的，每项扣 1 分； （2）未按规定频次开展经常性巡视检查，在发生异常情况时开展专项巡视检查，每次扣 5 分；检查未按制度规定的表格进行记录，每次扣 2 分；记录内容不完整、不齐全，每项扣 1 分；

表（续）

序号	评价项目	标准分	评价内容与要求	评分标准
2.6.1	库岸巡视检查	45	（3）发生地震、暴雨、洪水、库水位变幅较大和其他异常情况，应增加近坝库岸的巡视检查次数和项目，必要时组织专家组开展特种检查； （4）应建立快速应对机制，当发现库岸不稳定，可能危害工程建筑物或附近居民安全时，应进行加密巡视或特别巡视，并及时采取必要的安全措施。对确实存在安全隐患的，需及时上报，必要时请专家咨询鉴定； （5）水库巡视检查过程中的检查记录、影像资料、巡视检查报告等应及时整理归档，并建立相应的台账	（3）未与库区当地政府建立联动机制的，扣5分；对在库区巡视检查中发现的异常问题未及时通报当地政府，扣5分； （4）对库岸不稳定，可能危害工程建筑物或附近居民安全时，未及时采取必要的安全措施的，每项扣5分；对确实存在安全隐患，未及时上报，或未请专家咨询鉴定的，每次扣10分； （5）对巡视检查过程中形成的检查记录、影像资料、巡视检查报告未及时整理归档的，每次扣2分；未建立相应台账的，扣10分
2.6.2	库区失稳边坡监测	15	（1）应对库区地质调查资料及时收集整理，了解库区不稳定区域，重点关注近坝库岸和较大的失稳体； （2）对影响工程安全和居民安全的潜在不稳定体或滑坡体，应根据实际情况设立必要的安全监测项目，定期观测，及时掌握失稳体或滑坡体变化情况	（1）未及时收集整理库区地质调查资料，扣5分； （2）对影响工程安全和居民安全的潜在不稳定体或滑坡体，未通过评价并设立必要的安全监测项目，定期观测，及时掌握失稳体或滑坡体变化情况的，扣10分
2.6.3	专用地震监测台网	10	（1）坝高100m以上、库容5亿m³以上的新建水库，应当建设水库地震监测台网，开展水库地震监测；未建设地震监测台网或者地震监测设施的已建水库，按《水库地震监测管理办法》要求评估，认为需补充建设水库地震监测台网或者地震监测设施的，应补充建设； （2）应按《地震监测管理条例》《水库地震监测管理办法》对地震台网进行管理，确保地震台网正常运行； （3）应定期收集、整理地震观测资料和成果，分析地震对水工建筑物的影响	（1）未按规定建立专用地震监测台网的，扣10分； （2）未按规定对地震台网进行管理和运行的，每台网扣2分； （3）未按规定收集、整理地震观测资料和成果，分析地震对水工建筑物的影响的，扣5分

中国华能集团公司

CHINA HUANENG GROUP

中国华能集团公司水力发电厂技术监督标准汇编

Q/HN-1-0000.08.044—2015

技术标准篇

水力发电厂监控自动化监督标准

2015 - 05 - 01 发布

2015 - 05 - 01 实施

目　次

前　言

为加强中国华能集团公司水力发电厂技术监督管理，保证水力发电厂监控自动化设备的安全可靠运行，特制定本标准。本标准依据国家和行业有关标准、规程和规范，以及中国华能集团公司水力发电厂的管理要求，结合国内外水力发电的新技术、监督经验制定。

本标准是中国华能集团公司所属水力发电厂监控自动化监督工作的主要依据，是强制性企业标准。

本标准自实施之日起，代替 Q/HB-J-08.L21—2009《水力发电厂监控自动化监督技术标准》。

本标准由中国华能集团公司安全监督与生产部提出。

本标准由中国华能集团公司安全监督与生产部归口并解释。

本标准起草单位：华能澜沧江水电股份有限公司、云南电力试验研究院（集团）有限公司、西安热工研究院有限公司、华能四川水电有限公司。

本标准主要起草人：刘永珺、杜景琦、王靖程、李军、禹跃美、贾成、李天平。

本标准审核单位：中国华能集团公司安全监督与生产部、中国华能集团公司基本建设部、华能澜沧江水电股份有限公司、西安热工研究院有限公司。

本标准主要审核人：赵贺、武春生、杜灿勋、晏新春、向泽江、张洪涛、查荣瑞、吴明波、任志文、周昭亮。

本标准审定：中国华能集团公司技术工作管理委员会。

本标准批准人：寇伟。

水力发电厂监控自动化监督标准

1 范围

本标准规定了中国华能集团公司（以下简称"集团公司"）所属水力发电厂监控自动化设备监督相关的技术标准内容和监督管理要求。

本标准适用于集团公司水力发电厂监控自动化设备的监督工作。

2 规范性引用文件

下列文件对于本文件的应用是必不可少的。凡是注日期的引用文件，仅所注日期的版本适用于本文件。凡是不注日期的引用文件，其最新版本（包括所有的修改单）适用于本文件。

GB 50150　电气装置安装工程　电气设备交接试验标准

GB 50171　电力装置安装工程　盘、柜及二次回路接线施工及验收规范

GB 50174　电子信息系统机房设计规范

GB 50217　电力工程电缆设计规范

GB/T 2887　计算机场地通用规范

GB/T 7255　单边带电力线载波机

GB/T 9652.1　水轮机控制系统技术条件

GB/T 9652.2　水轮机控制系统试验

GB/T 11805　水轮发电机组自动化元件（装置）及其系统基本技术条件

GB/T 14430　单边带电力线载波系统设计导则

GB/T 28570　水轮发电机组状态在线监测系统技术导则

GB/T 18700.1　远动设备和系统　第 6 部分：与 ISO 标准和 ITU-T 建议兼容的远动协议　第 503 篇：TASE.2 服务和协议

GB/T 18700.2　远动设备和系统　第 6 部分：与 ISO 标准和 ITU-T 建议兼容的远动协议　第 802 篇：TASE.2 对象模型

GB/T 18700.3　远动设备及系统　第 6-702 部分：与 ISO 标准和 ITU-T 建议兼容的远动协议　在端系统中提供 TASE.2 应用服务的功能协议子集

GB/T 18700.4　远动设备及系统　第 6-602 部分：与 ISO 标准和 ITU-T 建议兼容的远动协议　TASE 传输协议子集

DL 5190.4　电力建设施工技术规范　第 4 部分：热工仪表及控制装置

DL/T 321　水力发电厂计算机监控系统与厂内设备及系统通信技术规定

DL/T 516　电力调度自动化系统运行管理规程

DL/T 544　电力通信运行管理规程

DL/T 545　电力系统微波通信运行管理规程

DL/T 546　电力系统载波通信运行管理规程

DL/T 547 电力系统光纤通信运行管理规程

DL/T 548 电力系统通信站过电压防护规程

DL/T 550 地区电网调度控制系统技术规范

DL/T 563 水轮机电液调节系统及装置技术规程

DL/T 578 水电厂计算机监控系统基本技术条件

DL/T 619 水电厂机组自动化元件（装置）及其系统运行维护与检修试验规程

DL/T 634.56 远动设备及系统 第5-6部分：IEC 60870-5配套标准一致性测试导则

DL/T 634.5101 远动设备及系统 第5-101部分：传输规约 基本远动任务配套标准

DL/T 634.5104 设备及系统 第5-104部分：传输规约 采用标准传输协议子集的IEC 60870-5-101网络访问

DL/T 641 电站阀门电动执行机构

DL/T 710 水轮机运行规程

DL/T 719 远动设备及系统 第5部分：传输规约 第102篇：电力系统电能累计量传输配套标准

DL/T 724 电力系统用蓄电池直流电源装置运行与维护技术规程

DL/T 789 县级电网调度自动化系统实用化要求及验收

DL/T 792 水轮机调节系统及装置运行与检修规程

DL/T 798 电力系统卫星通信运行管理规程

DL/T 822 水电厂计算机监控系统试验收规程

DL/T 838 发电企业设备检修导则

DL/T 862 水电厂非电量变送器、传感器运行管理与检验规程

DL/T 1009 水电厂计算机监控系统运行及维护规程

DL/T 1033.3 电力行业词汇 第3部分：发电厂、水力发电

DL/T 1033.9 电力行业词汇 第9部分：电网调度

DL/T 1040 电网运行准则

DL/T 1051 电力技术监督导则

DL/T 1056 发电厂热工仪表及控制系统技术监督导则

DL/T 1100.1 电力系统的时钟同步系统 第1部分：技术规范

DL/T 1107 水电厂自动化元件基本技术条件

DL/T 1120 水轮机调节系统自动测试及实时仿真装置技术条件

DL/T 1197 水轮机发电机组状态在线监测系统技术条件

DL/T 5002 地区电网调度自动化设计技术规程

DL/T 5003 电力系统调度自动化设计技术规程

DL/T 5065 水力发电厂计算机监控系统设计规范

DL/T 5123 水电站基本建设工程验收规程

DL/T 5132 水力发电厂二次接线设计规范

DL/T 5182 火力发电厂热工自动化就地设备安装、管路、电缆设计技术规定

DL 5190.4 电力建设施工技术规范 第4部分：热工仪表及控制装置

DL/T 5202 电能计量系统设计技术规程

DL/T 5344　电力光纤通信工程验收规范

DL/T 5345　梯级水电厂集中监控工程设计规范

DL/T 5391　电力系统通信设计技术规定

DL/T 5413　水力发电厂测量装置配置设计规范

DL/Z 634.15　远动设备及系统　第1-5部分：总则　带扰码的调制解调器传输过程对使用 IEC 60870-5 规约的传输系统的数据完整性的影响

DL/Z 981　电力系统控制及其通信数据和通信安全

NB/T 35004　水力发电厂自动化设计技术规范

NB/T 35042　水力发电厂通信设计规范

JB/T 3950　自动准同期装置

CECS 81　工业计算机监控系统抗干扰技术规范

SL 329　水利水电工程设计防火规范

SJ/L 10796　防静电活动地板通用规范

电监安全〔2006〕34 号文　电力二次系统安全防护总体方案及发电厂二次系统安全防护总体方案

电监安全〔2011〕19 号文　电力二次系统安全管理若干规定

国家发展和改革委员会令 2014 年第 14 号　电力监控系统安全防护规定

国电发〔2002〕685 号　水电厂无人值班的若干规定（试行）

国能安全〔2014〕161 号　防止电力生产事故的二十五项重点要求

Q/HN-1-0000.08.002—2013　中国华能集团公司电力检修标准化管理实施导则（试行）

Q/HN-1-0000.08.049—2015　中国华能集团公司电力技术监督管理办法

Q/HB-G-08.L01—2009　华能电厂安全生产管理体系要求

Q/HB-G-08.L02—2009　华能电厂安全生产管理体系管理标准编制导则

华能安〔2011〕271 号　中国华能集团公司电力技术监督专责人员上岗资格管理办法（试行）

3　总则

3.1　监控自动化监督是保证水力发电厂设备安全、经济、稳定、环保运行的重要基础工作，应坚持"安全第一、预防为主"的方针，实行全过程监督。

3.2　监控自动化监督的目的是对监控自动化设备进行设计、安装、调试、验收、运行、维护、检修和技术改造全过程监督，使上述设备和系统处于完好、准确、可靠、稳定的运行状态。

3.3　本标准规定了水力发电厂计算机监控系统、调度自动化系统、通信系统、主辅机控制系统、检测设备在设计、安装与调试、验收与交接、运行维护、检修等阶段的监督，以及监控自动化监督管理要求、评价与考核标准，它是水力发电厂监控自动化监督工作的基础，亦是建立监控自动化技术监督体系的依据。

3.4　各电厂应按照集团公司《华能电厂安全生产管理体系要求》《中国华能集团公司电力技术监督管理办法》中有关技术监督管理和本标准的要求，结合本厂的实际情况，制定电厂监控自动化监督管理标准；依据国家和行业有关标准和规范，编制、执行运行规程、检修规程和检验及试验规程等相关/支持性文件；以科学、规范的监督管理，保证监控自动化监督工作目标的实现和持续改进。

3.5 从事监控自动化监督的人员，应熟悉和掌握本标准及相关标准和规程中的规定。

4 监督技术标准

4.1 监控自动化监督范围

4.1.1 计算机监控系统

4.1.1.1 监控系统电厂控制级硬件设备（主计算机、工程师站、操作员站、数据存储设备及历史工作站等）。

4.1.1.2 监控系统现地控制级硬件设备（现地控制单元、可编程控制器、输入输出模件等）。

4.1.1.3 监控系统软件与功能：

 a) 数据采集与处理；

 b) 控制与调节；

 c) 控制程序与流程（数据传输程序、机组开机流程、停机流程、事故停机流程及其他控制流程等）；

 d) 运行监视与统计、记录；

 e) 自动发电控制（AGC）；

 f) 自动电压控制（AVC）；

 g) 自诊断与远方诊断。

4.1.1.4 电源系统。

4.1.1.5 时钟同步系统。

4.1.1.6 微机五防系统。

4.1.1.7 控制二次回路。

4.1.1.8 电力二次系统安全防护系统。

4.1.2 调度自动化系统及通信系统

4.1.2.1 厂站端调度自动化系统硬件设备及应用。

4.1.2.2 通信系统硬件设备（通信接口设备、光传输设备、通信介质、调度交换机等）及应用：

 a) 站内生产系统通信；

 b) 站内调度生产系统通信；

 c) 应急通信系统。

4.1.3 电厂主、辅机控制系统

4.1.3.1 水轮机调速器控制系统。

4.1.3.2 水轮机停机保护控制系统。

4.1.3.3 手/自动同期控制系统。

4.1.3.4 机组状态在线监测系统。

4.1.3.5 油压控制系统（碟阀、球阀、筒形阀、调速器、推力轴承油外循环等）。

4.1.3.6 闸门控制系统。

4.1.3.7 变压器（电抗器）冷却控制系统。

4.1.3.8 压缩空气控制系统（高压、中压、低压）。

4.1.3.9 技术供、排水控制系统（机组水泵供水、渗漏集水井、检修排水、顶盖排水等）。

4.1.3.10 其他辅机控制系统。

4.1.4 检测设备

4.1.4.1 显示、记录仪表及数据采集装置（指示、记录、累计仪表、数据采集装置、调节器、操作器、智能检测单元等）。

4.1.4.2 测速装置。

4.1.4.3 二次线缆。

4.2 设计阶段监督

4.2.1 计算机监控系统

4.2.1.1 系统结构设计监督内容

4.2.1.1.1 水力发电厂计算机监控系统结构设计应符合 DL/T 578、DL/T 5065 和相关反事故措施的要求。

4.2.1.1.2 水力发电厂计算机监控系统应采用开放、分层、分布结构，按控制层次和对象设置现地控制级、电厂控制级设备，并根据水力发电厂上级调度机构的设置，设置梯级调度控制级远动设备、电网调度控制级远动设备。

4.2.1.1.3 电厂控制级和现地控制级设备一般采用星形网络（共享式以太网或交换式以太网）或以太网环形网络结构（逻辑总线结构）或二者相结合的网络结构。大中型水力发电厂如果采用星形网络时应该采用交换式以太网。

4.2.1.1.4 电厂控制级设备根据 DL/T 5065 相关要求配置成单机、双机或多机系统；现地控制级设备按被控对象由多套现地控制单元组成，能独立运行，具有现地监控手段。

4.2.1.2 系统硬件设计监督内容

4.2.1.2.1 水力发电厂计算机监控系统设备选型和自动化水平应满足 GB 50217、DL/T 578、DL/T 822、DL/T 5065、DL/T 5132、国能安全〔2014〕161 号、国家发展和改革委员会令 2014 年第 14 号、国电发〔2002〕685 号等国家、行业相关标准、规范和相关反事故措施的要求。监控系统及其测控单元、调节器等自动化设备（子站）必须是通过具有国家级检测资质的质检机构检验合格的产品。

4.2.1.2.2 计算机监控系统的电厂控制级设备、现地控制单元硬件配置的数量、型号、性能应满足 DL/T 578、DL/T 5065 相关要求，且盘柜设备布局合理。系统硬件配置上应充分考虑安全性与稳定性，主计算机、LCU 可编程控制器、系统电源、为 I/O 模件供电的直流电源、通信网络等均应采用完全独立的冗余配置，切换应无扰，并在操作员站上报警；控制器应严格遵循机组重要功能分开的独立性配置原则，各控制功能应遵循任一组控制器或其他部件故障对机组影响最小的原则。

4.2.1.2.3 电厂控制级计算机技术性能、现地控制单元计算机及可编程控制器技术性能应满足相关标准、规范要求。电厂控制级计算机存储器容量分配中应留有 40% 以上的裕量。

4.2.1.2.4 现地控制单元应配置液晶显示器作为人机接口，宜配置少量的仪表、指示灯、控制开关和按钮，应配置适当的串行通信接口和/或网络接口，以实现与被监控设备的数据通信；现地控制单元交、直流电源开关和接线端子应分开布置，电源开关和接线端子应有明显的标示。

4.2.1.2.5 现地控制单元重要参数测点、参与机组或设备保护的测点应冗余配置，冗余 I/O 测点应分配在不同模件上。

4.2.1.2.6 机组现地控制单元应配置水轮机后备保护，可采用简化独立继电器接线或可编程控制型式，当发生重要的水机事故或现地控制单元冗余系统全部故障或工作电源全部失去时，应能执行完整的停机过程控制，其输入信号及电源应与现地控制单元独立。

4.2.1.2.7 计算机监控系统应配置时钟同步系统接受和授时装置，可同时跟踪至少 8 颗卫星，输出时间与协调世界时（UTC）时钟同步准确度应不大于 1μs。

4.2.1.2.8 计算机监控系统应配备站内诊断与维护接口，实现站内对计算机监控系统的诊断与维护。

4.2.1.2.9 计算机监控系统应配置与微机五防系统单向数据传输的通信接口，并确保"五防"系统中设备模拟状态信息不得上传至监控系统。

4.2.1.2.10 计算机监控系统电气特性设计应满足 DL/T 578、DL/T 5065 及设备厂家相关要求。交流回路外部端子对地的绝缘电阻应不小于 10MΩ；不接地直流回路对地的绝缘电阻应不小于 1MΩ。

4.2.1.2.11 计算机监控系统二次回路设计应满足 DL/T 5065 相关要求。

4.2.1.2.12 计算机监控系统电源系统设计应满足 DL/T 5065 相关要求。监控系统电源应设计有可靠的后备手段，备用电源的切换时间应小于 5ms，电源的切换时间应保证控制器不被初始化；系统电源故障应设置最高级别的报警；严禁非计算机监控系统用电设备接到监控系统的电源装置上；计算机监控系统电源的各级电源开关容量和熔断器熔丝应匹配，防止故障越级；不间断供电电源输出电压波动绝对值宜小于 10%，当交流电源消失时维持供电不小于 2h。

    a) 监控系统电厂级控制设备应采用专用的、冗余配置的不间断电源供电，不应与其他设备合用电源，且应具备无扰自动切换功能，不间断供电电源交流进线应采用两路独立电源供电；操作员站如无双路电源切换装置，则必须将两路供电电源分别连接于不同的操作员站。

    b) 现地控制单元及其自动化设备应采用冗余配置的不间断电源或站内直流电源供电，且应为具备双电源模块的装置，两个电源模块应由不同电源供电且应具备无扰自动切换功能。

4.2.1.2.13 计算机监控系统电缆与光缆设计应满足 GB 50217、DL/T 5065 和 DL/T 5132 相关要求。所有电缆芯线的截面积应大于或等于 0.75mm²，信号线缆宜采用多芯线；所有进入计算机监控系统的控制信号电缆必须采用质量合格的屏蔽电缆，电缆屏蔽层应在现地控制单元侧一点接地。

4.2.1.2.14 计算机监控系统接地与防雷设计应满足如下要求：

    a) 监控系统应利用水力发电厂的主接地网接地，不设计算机系统专用接地网，计算机监控系统接地线与主接地网只允许有一个连接点。

    b) 监控系统盘柜应设置工作地。即盘柜外，沿着盘柜布置方向敷设截面 100mm²的专用铜排，将该铜排首末连接成环，形成等电位接地网，等电位接地网应经由至少 4 根截面不小于 50mm²的多股铜导线接入水力发电厂的主接地网。监控系统盘柜内应设与柜体绝缘、截面积不小于 100mm²的接地铜排，并应经由截面不小于 50mm²的铜排分别引至等电位接地网，盘柜内与接地网相连的各种功能地（工作地）应采用截面面积不小于 4mm²的多股铜导线连接到柜内铜排。如果监控系统盘柜近旁设置有继电保护盘柜，则二者应共用合为一体的等电位接地网。

c) 监控系统盘柜应设置保护地，应当与水力发电厂的主接地网可靠连接。

d) 计算机室内所有设备的金属外壳、各类金属管道、建设线槽、建筑物金属机构等必须进行等电位连接并接地。

e) 监控设备（含电源设备）的防雷和过电压防护能力应满足电力系统通信站防雷和过电压防护要求。监控系统应在可能遭受雷电侵入的部分设置防雷保护元件。防雷保护元件按三级防雷网络设置，最后一级应将浪涌过电压限制在设备能安全承受的范围内。

4.2.1.3 系统软件设计监督内容

4.2.1.3.1 计算机监控系统功能及软件设计应满足 DL/T 578、DL/T 5065 和相关反事故措施的要求。

4.2.1.3.2 计算机监控系统应具有通过硬布线和数据通信方式实时采集各类输入量数据及所辖智能电子设备的数据、接收来自各控制级的命令信息和数据以及接收水力发电厂计算机监控系统以外的其他系统数据信息的功能。

4.2.1.3.3 计算机监控系统应具备对每一设备和每种数据类型的数据处理能力、对主要运行参数的趋势分析处理功能、事件顺序记录功能、实时数据存储功能、历史数据记录功能、报警处理功能，用于支持系统完成监测、控制和记录功能。

4.2.1.3.4 计算机监控系统对数据信号的处理要求应满足 DL/T 5065 相关要求。对模拟量的数据处理功能应包括断线检测、信号抗干扰、数字滤波、数据合理性检查、工程单位变换、越复限检查等；对开关量的数据处理功能应包括光电隔离、防抖动处理、硬件及软件滤波、数据合理性检查等。

4.2.1.3.5 计算机监控系统应具有事故追忆的功能，对各种事故的相关量进行短时段记录。事故追忆记录分事故前、后两时段，记录时间长度不少于180s，一般事故前60s，事故后120s，追忆记录采样速率为1次/s。事故追忆的模拟量应满足 DL/T 5065 相关要求。

4.2.1.3.6 计算机监控系统控制信号宜采用短脉冲方式，由各被控子系统进行自保持。

4.2.1.3.7 计算机监控系统应具备控制与调节功能。

a) 具备设置运行设备各级别（现地/电厂/梯级调度/电网调度级）控制、调节方式的功能，并能实现各控制、调节方式之间的切换。各控制、调节方式的优先权由下而上，事故停机不受调节方式约束。

b) 具备自动发电控制（AGC）或有功功率联合控制功能，能按负荷曲线、功率定值、系统频率等方式自动调节功率，能考虑调频和备用容量的需求，躲过机组振动、空化区等各项限制条件。AGC 功能的发电机组以及调节范围、响应速度、调节精度及投运率等参数、指标应满足电力行业相关规程及当地电网调度机构的技术要求。

c) 具备自动电压控制（AVC）或机组无功功率联合控制功能，能按电压曲线、电压定值、无功定值等方式调节。AVC 功能的发电机组以及调节范围、响应速度、调节精度及投运率等参数、指标应满足电力行业相关规程及当地电网调度机构的技术要求。

d) 机组现地控制单元应具备机组正常开/停机顺序控制、机组工况自动转换、紧急停机顺序控制、紧急关闭进水口闸、阀门以及机组有功/无功功率调节、机组电压调节等功能。在机组工况转换自动操作过程中，监控系统应显示各主要阶段依次推进的过程，过程受阻时应显示原因，并将机组转换到安全工况。

e) 具备对单台被控设备的人工操作功能，设置操作权，通过梯调控制级或电厂控制级或现地控制级的人机接口设备进行操作，完成对单台设备的控制与调节，并设置安全闭锁。

f) 开关站现地控制单元应具备对断路器、隔离开关倒闸顺序控制功能；厂用电或公用现地控制单元应具备对高压厂用电系统进线和母联断路器的备自投顺序控制功能；坝区现地控制单元应具备实现闸门启/闭顺序控制和闸门开度调节功能。

4.2.1.3.8 时钟同步系统应提供为保证事件顺序记录（SOE）分辨率所需的脉冲同步信号和其他系统所需的脉冲同步信号或时钟同步数字接口，采用一种多个授时口的方式对电厂控制级各工作站及各现地控制单元等有关设备进行时钟校正，并宜向水力发电厂继电保护、调速系统、励磁系统等被监控设备提供统一的时钟信号。在卫星时钟故障的情况下，应由主计算机时钟维持系统正常运行。

4.2.1.3.9 计算机监控系统人机接口设备应具备画面显示、打印制表、设置参数、操作控制、维护管理等人机接口功能。

4.2.1.3.10 计算机监控系统应具有运行管理功能、硬/软件在线自诊断功能、自恢复功能。

4.2.1.3.11 计算机监控系统特性设计指标，应满足附录 D 要求。

4.2.1.4 系统安全性能设计监督

4.2.1.4.1 计算机监控系统安全性能设计应满足 DL/T 578、电监安全〔2006〕34 号文、国家发展和改革委员会令 2014 年第 14 号和相关反事故措施的要求。

4.2.1.4.2 计算机监控系统操作安全性设计要求：

a) 对系统每一功能和操作应提供校核功能；

b) 当操作有误时能自动或手动被禁止并报警；

c) 自动或手动操作可做存储记录或做提示指导；

d) 在人机接口中设操作员控制权口令；

e) 按控制层次实现操作闭锁，其优先权由高至低为：现地控制级，电厂控制级，远程调度级。

4.2.1.4.3 计算机监控系统硬件安全性设计要求：

a) 应有电源故障保护；

b) 有自检能力，检出故障时能自动报警；

c) 设备故障自动切除或切换并能报警；

d) 远方、现地操作均应具备电气闭锁功能；

e) 系统中任何单个元件的故障不应造成生产设备误动；

f) 硬件标识必须统一；

g) 正常情况下，在任一 5min 周期内，磁盘平均使用率应低于 50%；

h) CPU 负荷应留有适当裕度，在重载情况其最大负载率不超过 70%；

i) 正常情况下，控制网络负载率不超过 50%。

4.2.1.4.4 计算机监控系统软件安全性设计要求：

a) 严格遵循机组重要功能相对独立的原则，即监控系统上位机网络故障不应影响现地控制单元功能、监控系统控制系统故障不应影响单机油系统、调速系统、励磁系统等功能，各控制功能应遵循任一组控制器或其他部件故障对机组影响最小、继电保护独立于监控系统的原则。

b) 具备防误操作闭锁功能。监控系统控制流程应具备闭锁功能，远方、现地操作均应具备防止误操作闭锁功能；被控设备标示清晰，设备操作画面醒目，操作权限分级管理，设计有设备操作闭锁条件提示画面，有对所控机组和设备基本的防误操作闭锁功能，避免误操作其他无关机组或设备。

c) 具备安全校核功能。自动发电控制（AGC）和自动电压控制（AVC）子站应具有可靠的技术措施，对调度自动化主站下发的自动发电控制指令和自动电压控制指令进行安全校核，对本地自动发电控制和自动电压控制系统的输出指令进行校验，拒绝执行明显影响水力发电厂或电网安全的指令。

d) 监控系统顺控流程应有符合"五防"要求的逻辑闭锁条件，在通过监控系统手动或自动倒闸操作时，保证设备和人身的安全。

e) 模拟量控制、顺序控制、保护连锁控制及单独操作在共同作用同一个对象时，控制指令优先级应为保护连锁控制最高、单独操作次之、模拟量控制和顺序控制最低的顺序。同一个开关量信号不允许同时送多个控制回路系统应用。

f) 站内诊断与维护接口的安全保护必须有密码保护。

g) 系统必须建立有针对性的系统防病毒保护措施。

4.2.1.4.5 计算机监控系统位于生产控制大区中的控制区，系统安全防护设计应符合电力二次系统安全防护要求。

a) 与非控制区（安全区Ⅱ）设备之间应采用具备访问控制功能的设备、防火墙或者相当功能的设施，实现逻辑隔离。

b) 与管理信息大区设备之间必须设置经国家指定部门检测认证的电力专用横向单向安全隔离装置。

c) 与广域网的纵向连接处应配置经过国家指定部门检测认证的电力专用纵向加密认证装置或者加密认证网关及相应设施。

d) 生产控制大区的业务系统在与其终端的纵向连接中使用无线通信网、电力企业其他数据网（非电力调度数据网）或者外部公用数据网的虚拟专用网络方式等进行通信的，应当设立安全接入区。安全接入区与其他部分的连接处必须设置经国家指定部门检测认证的电力专用横向单向安全隔离装置。

e) 同一套时钟同步系统接受和授时装置不应采用网络方式为不同安全大区的设备提供授时服务。

f) 禁止采用安全风险高的通用网络服务功能，重要业务系统应当采用认证加密机制。

4.2.1.5 系统工作条件设计监督内容

4.2.1.5.1 设计选型应考虑当地系统使用条件，环境温度、湿度、海拔应满足 GB/T 2887、DL/T 578 相关要求。

4.2.1.5.2 电厂控制级计算机室应配备专用空调，保持室温为18℃～25℃；中央控制室应保持室温为25℃～27℃；现地控制单元的环境温度应保持为0℃～40℃。

4.2.1.5.3 电厂控制级计算机室相对湿度应为 45%～65%；现地控制单元相对湿度应为20%～90%，无凝结。

4.2.1.5.4 计算机室内不应有 380V 及以上动力电缆及产生较大电磁干扰的设备。

4.2.2 调度自动化系统及通信系统

4.2.2.1 系统结构设计监督内容

4.2.2.1.1 调度自动化系统及通信系统结构设计监督应满足 DL/T 321、DL/T 5002、DL/T 5003、DL/T 5391、NB/T 35042、国家发展和改革委员会令 2014 年第 14 号和相关反事故措施的要求。

4.2.2.1.2 调度自动化系统包括调度自动化系统调度端、水力发电厂远动端两部分。

    a) 调度自动化系统的主要设备应采用冗余配置，互为热备，服务器的存储容量和中央处理器负载应满足相关规定要求。

    b) 调度端应采用基于冗余的开放式分布应用环境，软硬件体系结构应满足冗余性和模块化要求。

    c) 远动端包含远动终端单元或远动工作站等，远动系统宜采用分布式结构，具备与厂站局域网网络连接的能力。单机容量 300MW 及以上的水力发电厂和枢纽变电站主要模块应冗余配置。

    d) 调度端与远动端的通信应具有两路及以上不同路由的独立通信通道（主／备双通道），宜采用网络和专线相结合的方式，以网络方式为主、专线方式为辅；当数据网络不能到达时，应设置两路独立的专线远动通道；网络通道应满足至少两个不同方向接入调度数据网；专线通道发送—接收信号电平应符合当地调度机构专业管理规定。

4.2.2.1.3 计算机监控系统与厂内智能设备通信方式应按以太网、现场总线、串行通信结构的优先顺序，与其他设备系统的通信宜选用以太网结构。

4.2.2.2 系统硬件设计监督内容

4.2.2.2.1 调度自动化系统：

    a) 调度自动化系统的设备选型和自动化水平应满足 DL/T 550、DL/T 5002、DL/T 5003 等国家、行业的管理要求及电力调度机构自动化部门要求，所选设备应可靠、技术先进和成熟，通过具有国家级检测资质的质检机构检验合格的产品。设备的设计、选型须经相关调度自动化管理部门同意。调度自动化现场设备的信息采集、接口和传输规约必须满足调度自动化主站系统的要求。

    b) 调度自动化系统远动系统设计技术要求应满足 DL/T 5003 规定。

    c) 调度自动化系统数据实时性指标和技术指标应满足 DL/T 550、DL/T 5003 标准相关要求，具体要求详见附录 D。

    d) 调度自动化设备的通信模块应冗余配置，优先采用专用装置，采用专用操作系统。

4.2.2.2.2 通信电源：

    a) 大中型水力发电厂通信系统必须设置独立、可靠的专用供电电源。通信专用供电电源电压应为 220V 或直流-48V，通信系统及计算机设备及辅助设备一般采用交流 220V 供电，而通信设备采用-48V 供电；-48V 电源应采用高频开关组合电源。

    b) 通信专用供电电源应冗余配置不间断电源供电，每套不间断电源应有两回来自不同电源点的 380V 交流电输入供电线路。每套通信电源配置 2 组蓄电池，交流外供电电源失电后维持供电不小于 2h，每台不间断电源容量应按另一台不间断电源故障情况下能同时承载所有负荷的要求设计，并留有裕量；两套电源切换应无扰，并在电源盘设置自动/手动切换开关装置。

c） 交流电源不可靠的通信站除应配备容量足够蓄电池外，还应配备其他备用电源。

d） 电力系统通信电源必须具备运行工况监控告警系统及远传功能。

4.2.2.2.3 通信网络设备应采用独立的自动空气开关供电，禁止多台设备共用一个分路开关。各级开关保护范围应逐级配合，避免出现分路开关与总开关同时跳开，导致故障范围扩大的情况发生；设备的交流供电电源应采取防冲击（浪涌）措施。

4.2.2.2.4 通信设备与通信线路间应采取防雷（强）电击保护器、光电隔离器，或使用光缆连接，出入建筑物外的信号线缆应使用光缆。

4.2.2.2.5 计算机监控系统交换机应冗余配置，包含电源冗余配置，具有容错功能，设备故障链路故障情况下能够进行冗余切换，大型水力发电厂的冗余网络自愈时间或双网切换时间应不大于 0.5s。其他网络通信设备，如路由器等，应采用符合国家及行业标准的定型产品，未经鉴定合格的设备不得选用。

4.2.2.2.6 水力发电厂应配备卫星通信设备，作为紧急情况下的备用通信方式，相关技术标准应满足 DL/T 798 相关要求，并应每年进行一次通信功能测试。

4.2.2.3 系统功能及软件设计监督内容

4.2.2.3.1 调度自动化系统和通信系统功能及软件设计应满足 GB/T 18700.1、GB/T 18700.2、GB/T 18700.3、GB/T 18700.4、DL/T 321、DL/T 550、DL/T 634.15、DL/T 634.56、DL/T 634.5101、DL/T 634.5104、DL/T 5002、DL/T 5003 和相关反事故措施的要求。

4.2.2.3.2 调度自动化远动系统功能。

a） 系统基本功能和操作应满足 DL/T 550 相关要求，主要技术指标应满足 DL/T 5003 相关要求。

b） 电力调度自动化系统厂站端远动系统信息采集用应按照直调直采、直采直送原则设计。

c） 水力发电厂远动系统与调度机构之间"四遥"信号设置应满足 DL/T 5003 相关要求及当地调度机构信息采集规范要求，具备遥测越死区传送、遥信变位传送、事故信号优先传送的功能。上传调度主站的每路测量数据，其电压、电流量测量精度应不低于 0.2 级，其功率量测量精度应不低于 0.5 级。

d） 远动系统可与多个调度端进行数据通信，具备接受并执行遥控、遥调命令及反送检验功能，但同一时刻某一具体被控设备只允许执行 1 个调度端的遥控、遥调命令。

4.2.2.3.3 通信规约。

远动系统应有多重远动规约可选，远动规约应与调度端系统一致，远动规约应满足 DL/T 634.5101、DL/T 634.5104 等有关标准，同一网络内宜采用一种颁布的国标远动规约；不同调度中心调度自动化系统之间和同一调度中心调度自动化系统与其他计算机应用系统之间的通信宜采用网络通信方式，通信规约应符合 GB/T 18700.1、GB/T 18700.2、GB/T 18700.3、GB/T 18700.4 等规定。

4.2.2.3.4 站内系统通信应满足 DL/T 321 相关要求。

4.2.2.4 系统安全性能设计监督

4.2.2.4.1 调度自动化系统和通信系统安全性能设计应满足 DL/Z 981、DL/T 5002、DL/T5003、电监安全〔2011〕19 号文、国家发展和改革委员会令 2014 年第 14 号和相关反事故措施的要求。

4.2.2.4.2 硬件安全性设计要求。

a) 远动系统与电力调度数据网之间应配置经过国家指定部门检测认证的电力专用纵向加密认证装置或者加密认证网关及相应设施进行安全防护。

b) 与管理信息大区设备之间应采取接近于物理隔离强度的隔离措施。如以网络方式连接，则应设置经国家指定部门检测认证的电力专用横向单向安全隔离装置。

c) 接入电力调度数据网的设备和应用系统，其接入技术方案和安全防护措施必须经直接负责的电力调度机构同意。

4.2.2.4.3 软件安全性设计要求：

a) 系统应设计有基本防误操作功能。被控设备标示清晰，设备操作画面醒目，操作权限分级管理，应设计有对所控机组和设备基本的防误操作闭锁功能，有设备操作闭锁条件提示画面，避免误操作其他无关机组或设备；能准确接收上级调度指令信号并及时响应，具体技术指标满足当地调度中心要求。

b) 数据网络信息采集和与其他计算机系统的连接中，应充分考虑网络安全问题，设置必要的安全防护隔离措施。

4.2.2.5 系统工作条件设计监督内容

4.2.2.5.1 通信机房设备安装地理位置的防雷、接地、防过电压相应技术指标应满足 GB/T 2887、DL/T 548、NB/T 35042、SJ/T 10796 相关要求。

4.2.2.5.2 通信机房的温度、湿度、接地和静电防护设计应满足 GB 50174 有关规定，并配置足够数量且检验合格的消防器材，有可靠的工作照明及事故照明。

4.2.3 水力发电厂主辅机控制系统

4.2.3.1 系统结构设计监督内容

4.2.3.1.1 水力发电厂主辅机控制系统结构设计应满足 GB/T 9652.1、GB/T 28570、DL/T 1107、DL/T 1197、NB/T 35004、JB/T 3950 和相关反事故措施的要求。

4.2.3.1.2 水轮机调速器系统应为冗余配置，两套控制系统所执行的功能应完全一样。

4.2.3.1.3 水轮机停机保护系统可为一套独立于水轮机控制系统之外的系统，其控制器、电源、信号模块等部件都应单独配置，并构成有完整水轮机停机保护功能的系统；也可通过计算机监控系统机组现地控制单元机械事故停机、紧急停机流程完成，并应同步通过机组现地控制水轮机后备保护装置完成停机保护功能。

4.2.3.1.4 同期控制系统应以自动准同期作为正常同期方式，并配置手动准同期作为备用。对于单机容量为 100MW 及以上的机组，宜每台机设置一套自动准同期装置。

4.2.3.1.5 机组状态在线监测系统应包括对机组振动、摆度、轴向位移、压力脉动运行状态实时监测，对上述状态监测参数实时采集，并通过专用分析软件或人工辅助智能分析软件对监测结果进行智能化、逻辑化处理。

4.2.3.1.6 按照单元机组配置的重要设备（如循环水泵、空冷系统的辅机）应纳入各自单元控制网，避免由于公用系统中设备事故扩大为两台或全厂机组的重大事故。

4.2.3.2 系统硬件设计监督内容

4.2.3.2.1 设备选型和自动化水平应满足 DL/T 619、NB/T 35004 和相关反事故措施的要求。

4.2.3.2.2 重要控制系统（调速器控制系统、水轮机停机保护系统等）软硬件体系结构应满足冗余性和模块化要求，采用技术成熟 PLC 等智能设备产品，各辅助控制系统型号尽可能保持统一。重要控制系统带控制功能的自动化元件应冗余配置，宜采用两套不同测量原理的传感器元件。

4.2.3.2.3 水轮发电机组应优先选用数字式电气液压调速器，调速器电气控制部分、测频和电源部分应为冗余配置。调速器油压装置控制系统测量元件应冗余配置、性能可靠。

4.2.3.2.4 系统供电电源必须可靠，由两路来自不同电源点的供电线路供电，电源质量应满足设备要求，电压波动绝对值宜小于 10%，重要控制系统柜内检修照明电源应独立于系统电源，与系统工作电源取自不同分支。

4.2.3.3 系统功能及软件设计监督

4.2.3.3.1 水力发电厂主辅机控制系统基本功能和操作应能满足 GB/T 9652.1、GB/T 9652.2、GB/T 28570、DL/T 563、NB/T 35004 和相关反事故措施的要求，逻辑回路设计有基本防误操作功能，关键信号应设计有防干扰滤波功能。

4.2.3.3.2 重要控制系统应用软件应采用模块化设计，工具软件使用方便，支持用户二次开发，系统人机界面友好，通信规约必须与监控系统统一。

4.2.3.3.3 调速器功能及软件设计要求应满足 GB/T 9652.1、GB/T 9652.2、DL/T 563 的相关要求。

    a) 电源装置应能同时接入交、直流电源，互为备用。其中之一故障时可自动转换并发出信号。电源切换引起的导叶接力器行程变化不得大于全行程的 2%。

    b) 永态转差系数：一般为 3%～4%。

    c) 测至主接力器的转速死区 i_x：大型电液调节装置不超过 0.04%，中型电液调节装置不超过 0.08%。

    d) 接力器不动时间：对于配用大型电液调节装置的系统，不得超过 0.2s；对于配用中、小型电液调节装置的系统不得超过 0.3s。

    e) 调速系统的静态特性曲线应近似为直线，线性度误差不超过 5%；动态特性应保证机组在各种工况和运行方式下的稳定性；甩负荷后动态品质也应达到相关标准要求。

    f) 设计有一次调频功能的机组，其调频死区、转速不等率、调频范围、稳定时间、响应速度及投运率等参数、指标应满足电力行业相关规程及电网调度机构的技术要求。

4.2.3.3.4 当水轮发电机组发生不同事故时，应有各自对应的事故停机流程启动，且在事故停机元件动作并记忆后，在事故消除并手动解除记忆之前，禁止再次开机。水轮发电机组停机保护控制系统的功能应满足 NB/T 35004 相关要求。水轮机停机保护系统信号源参见附录 B，所有水轮机保护模拟量信息、开关量信息应接入水力发电厂计算机监控系统，实现远方监视。

4.2.3.3.5 多对象同期控制装置同期回路应正确、可靠，根据所选同期点的不同，应能正确投入相应电压互感器二次信号，并根据待并侧和系统侧的压差、频差、相角差，执行同期合闸操作。

4.2.3.3.6 机组状态在线监测装置对固定部分振动监测，在要求的振动频率、摆度范围内应显示相应幅值，并应按整定值分别发出报警和停机信号。

4.2.3.3.7 快速闸门、蝶阀、球阀、筒形阀、推力轴承油循环以及调速器的油压控制系统的每套设置两台油泵时，应采用互为备用或轮换启动的设计方式；油压装置补气方式应采用自动和手动补气。

4.2.3.3.8 水力发电厂快速（事故）闸门应提供现地/远方两种控制方式，具备充水平压、开启/关闭闭锁、下滑后自动提升等功能。

4.2.3.3.9 各控制系统对系统运行中的温度、液位、油位、压力、控制电源等应进行监视，并在以上监视量发生异常时有报警信号送至控制系统，根据异常信号启动相关控制流程应符合 NB/T 35004 相关要求。

4.2.3.4 系统安全性能设计监督（含电力二次防护）内容

4.2.3.4.1 主辅机控制系统安全性能设计应满足电监安全〔2006〕34 号文、国家发展和改革委员会令 2014 年第 14 号和相关反事故措施的要求。

4.2.3.5 系统工作条件设计监督内容

4.2.3.5.1 主辅机控制系统工作条件设计应满足 GB/T 9652.1、NB/T 35004 和设备厂家技术要求。

4.2.4 检测设备

4.2.4.1 设备选型和自动化水平应满足 GB/T 11805、DL/T 641、DL/T 1107、DL/T 5182、DL/T 5413 的相关要求。

4.2.4.2 测速装置的信号源应不少于两个，分别取自机端电压互感器和齿盘传感器，或者由相互独立的齿盘传感器提供脉冲信号；测速装置输出信号应满足机组状态、蠕动、顺序控制及过速判断要求等；测速装置精度应满足相关要求。

4.2.4.3 变送器的选择，应根据技术的发展，经技术经济论证，选择高性能的模拟式变送器、模拟式智能变送器或现场总线智能变送器，变送器的性能应满足监控功能要求。

4.2.4.4 执行机构可采用液动或气动执行机构，执行机构力矩的选择要留有适当的裕量。

4.2.4.5 二次电缆类型选择、电缆截面选择以及取样管路安装应满足 DL/T 5182 相关要求。

4.3 安装与调试阶段监督

4.3.1 安装监督

4.3.1.1 计算机监控系统，调度自动化系统，通信系统，水力发电厂主、辅机控制系统安装监督

4.3.1.1.1 设备安装应满足 GB 50217、DL 5190.4、CECS 81 等国家和行业的有关标准和规范要求。

4.3.1.1.2 设备安装工程施工应以设计和制造厂的技术文件为依据，如需设计更改，应办理审批手续，并提供完整的设计更改资料，竣工图应按设计更改内容编制。

4.3.1.1.3 设备安装工程施工、监理单位应具备相应资质。安装单位技术负责应在安装前对安装人员进行技术交底，以便科学地组织施工，确保安装质量。工程主管部门应及时了解掌握工程进展情况，对设计错误、工程施工质量、违规等问题，应及时向设计、施工、监理等单位提出具体要求。

4.3.1.1.4 设备到达现场后，应按合同约定和商检要求进行开箱检验。

4.3.1.1.5 控制箱、台、柜的安装应在控制室、电子设备室装修施工完毕后进行；机柜内的

设备宜在空调投入运行后安装就位；箱、台、柜的安装应在固定支架施工验收合格进行，搬运箱、台、柜设备时应采取防震、防潮、防框架变形、防漆面受损措施。

4.3.1.1.6 控制箱、台、柜安装时，安装允许偏差应满足 DL 5190.4 的相关要求，固定不应采用电焊进行固定，宜采用经防腐、锈的压板螺栓进行固定连接，固定用的螺母、螺栓等应采取防锈处理，盘柜接地电阻值不应大于 4Ω。设备安装在震动较大区域时，还应按要求采取防震动措施。

4.3.1.1.7 计算机监控系统电厂控制级设备、通信设备等应安装在符合标准的专用机房内，各控制终端必须采取反病毒和防入侵措施。

4.3.1.1.8 对盘柜内模件的安装应采取防静电措施，安装要求符合设备厂商安装技术要求。盘柜应有标识牌，柜内配线应固定牢固、整齐、美观，相应的端子应标示清晰、准确；二次回路电线/缆须经接线端子排与设备内电力部分连接。

4.3.1.1.9 微波、载波、光纤通信系统设备的安装标准参照 DL/T 544、DL/T 545、DL/T 546、DL/T 547、DL/T 5344 相关技术条款执行。

4.3.1.1.10 卫星通信系统设备的安装标准参照 DL/T 798 相关技术条款执行。

4.3.1.1.11 电缆敷设施工应满足 DL/T 5182 相关规定。架空地线复合光缆（OPGW）及其他光缆应严格按施工工艺要求进行施工。架空地线复合光缆、全介质自承式光缆（ADSS）等光缆在进站门型架处的引入光缆必须悬挂醒目光缆标示牌，防止一次线路人员工作时踩踏接续盒，造成光缆损伤，同时应采取防止踩踏门型架处落地光缆的措施；光缆线路投运前应对所有光缆接续盒进行检查验收、拍照存档，同时，对光缆纤芯测试数据进行记录并存档，应防止引入缆封堵不严或接续盒安装不正确造成管内或盒内进水结冰导致光纤受力引起断纤故障的发生。

4.3.1.1.12 通信光缆或信号电缆敷设应避免与一次动力电缆同沟（架、竖井）布放，并绑扎醒目的识别标志；如不具备条件，应采取电缆沟（架、竖井）内部分隔离等措施进行有效隔离；电缆敷设完毕后应进行防尘处理，盘、台、柜底地板电缆孔洞应采用松软的耐火材料进行严密封堵。通信光缆或电缆应采用不同路径的电缆沟（竖井）进入监控机房和主控室；远程控制柜与主系统的两路通信电（光）缆要分层敷设。

4.3.1.2 检测设备安装监督

4.3.1.2.1 设备安装集成应满足 DL 5190.4、 DL/T 619 等国家、行业相关标准及规范要求。

4.3.1.2.2 检测设备安装前，应全面对系统的布置、接线方式进行核对，如发现差错和不当之处，应及时修改并做好记录；如需设计更改，应办理审批手续，并提供完整的设计更改资料，竣工图应按设计更改内容编制。

4.3.1.2.3 待安装的检测设备应妥善管理，防止破损、受潮、受冻、过热及灰尘浸污。施工单位质量检查人员和安装技术负责人应对保管情况进行检查监督。凡因保管不善或其他失误造成严重损伤的设备，必须上报并及时通知生产单位，确定处理办法。

4.3.1.2.4 安装单位技术负责应在安装前对安装人员进行技术交底，以便科学地组织施工，确保安装质量，安装接线工作应由专业人员进行。

4.3.1.2.5 检测设备在安装前应进行检查和校验，以达到检测设备本身精确度等级的要求，并符合现场使用条件。不合格的检测设备不得安装使用或投入运行。仪表和报警装置安装前应进行调试，保证仪表和报警装置在安装前的性能指标满足要求。安装后应对重要的仪表做系统综合误差测定，确保仪表的综合误差在允许的范围内。

4.3.1.2.6 仪表管路和线路的安装前应进行耐压试验和回路校验，安装应符合相关国家和电力行业的规程及标准。

4.3.2 调试监督

4.3.2.1 总体要求

4.3.2.1.1 新投产设备在调试前，调试单位应针对机组设备的特点及系统配置，编制详细的调试措施及调试计划。调试措施的内容应包括各部分的调试步骤、完成时间和质量标准；调试计划应规定分部试运和整套启动两个阶段中应投入的项目、范围和质量要求，并在计划安排中保证各系统、装置有充足的调试时间和验收时间。

4.3.2.1.2 系统调试工作，应由有相应资质的调试机构承担。调试单位和监督、监理单位应参与工程前期的设计审定及出厂验收等工作。

4.3.2.2 计算机监控系统，水力发电厂主、辅机控制系统调试监督

4.3.2.2.1 系统调试应满足 DL/T 578、DL/T 822、DL/T 1100.1、DL/T 5123、NB/T 35004 等国家、行业相关标准及规范要求。系统调试应编制完整的调试方案，调试结束应提交完整的报告和记录。

4.3.2.2.2 严格按照设计图纸资料进行系统通电前检查，内容包含：卡件设备就位、柜内接线检查，电源回路接线检查，绝缘测试，接地电阻测试，供电品质测试，相关性能指标应满足规程和设备技术要求。

4.3.2.2.3 设备通电检查和硬件性能测试，内容包含：设备运行情况、网络通信情况、各应用软件工作情况检查；硬件功能性测试、冗余切换测试、I/O 卡件测量精度测试、时钟同步测试、SOE 分辨率测试等。

4.3.2.2.4 系统软件功能静态调试，内容包含：

a) 计算机监控系统监控画面、运行报表、实时数据存储、历史数据记录、事件顺序记录、语音报警、AGC 功能、AVC 功能、I/O 定义及参数、冗余切换、顺控流程、各级操作、控制与调节功能、防误闭锁等功能调试。

b) 调速系统等主辅控制系统控制程序、冗余切换、操作切换、通信等功能测试。

4.3.2.2.5 系统软件功能动态调试，内容包含：

a) 计算机监控系统应用软件功能调试，内容包含：监控画面、运行报表、历史数据记录、事件顺序记录、语音报警、AGC 功能、AVC 功能、数据计算功能、事故追忆功能、趋势分析功能、冗余切换、顺控流程、各级操作、控制与调节功能、防误闭锁功能等功能调试。

b) 计算机监控系统实时性功能测试，内容包含：测试信号发生变化到画面上数据显示和报警、音响时间、控制命令执行时间、人机接口响应时间、双机切换时间测试等功能调试。

c) 调速系统等主辅控制系统控制程序、手/自动控制功能、对外通信等动态功能调试。

d) 控制系统人机接口调试，内容包含：画面显示，操作、控制与调节功能，参数给定，控制开关和按钮功能、打印等功能调试。

e) 控制系统自诊断及自恢复功能测试，内容包含：故障告警、故障自恢复、故障主备切换等功能测试。

f) 同期装置动态调试，内容包括：导前时间、导前相角、电压差值及脉宽时间调试，机组并网前应开展"假并网"试验。

g) 系统时钟动态调试。根据 DL/T 1100.1 的相关要求进行检查与调试，内容包含：时钟同步性调试、主从时钟切换调试、时钟同步系统故障情况下的守时性调试、单个时钟节点故障情况下的不互扰功能调试等。

h) 单体设备传动试验。

4.3.2.2.6 外围联络回路检查调试。根据现场设备的接口特性，检查、测试柜内接线和外部接线，更改和完善错误部分；对与各级调度及其他外部系统和设备的通信性能调试检查。

4.3.2.2.7 电力二次安全防护功能调试，内容包含：横向隔离装置、纵向加密装置调试，软/硬件防火墙调试等。

4.3.2.2.8 计算机监控系统、主辅控制系统完成硬软件静动态调试、单体设备传动后，系统应满足机组试运行试验的条件。

4.3.2.3 调度自动化系统、通信系统调试监督

4.3.2.3.1 设备调试应满足 DL 5190.4、DL/T 578、DL/T 822、DL/T 1056、DL/T 5002、DL/T 5345、DL/T 5391 等国家、行业相关标准及规范要求。调试前，编制完整的调试方案，调试结束应提交完整的报告和记录。

4.3.2.3.2 严格按照设计图纸资料进行系统通电前检查，内容包含：卡件设备就位、柜内接线检查，电源回路接线检查，绝缘测试，接地电阻测试，供电品质测试。

4.3.2.3.3 设备通电检查和硬件性能测试，内容包含：设备运行情况、系统二次接线、网络连接、电源接线回路、硬件配置检查，网络通信性能调试、时钟同步系统调试，调度自动化系统厂站端测量回路精度调试等。

4.3.2.3.4 系统软件测试检查，内容包含：

a) 软件版本检查。

b) 冗余切换测试。

c) 系统负荷率指标测试，指标满足附录 D 相关要求。

d) 安全性检查，内容包含：根据国家发展和改革委员会令 2014 年第 14 号相关规定，检查系统是否按要求进行设计安装，并对性能进行测试。还应检查系统的权限设置功能满足调度管理规程要求。

e) 调度自动化系统厂站端高级应用功能调试，内容包含：SCADA、AGC、AVC 等功能调试，AGC、AVC 指标应满足调度规程要求。

f) 远程控制及调节功能测试，内容包含：机组控制权闭锁切换测试、机组调节权闭锁切换测试、权限切换对机组控制的稳定性影响测试等。

g) 通信系统性能测试，内容包含：主通道、备用通道、应急备用通道故障冗余切换测试、通信信道延迟时间测试、系统数据传输误码率测试等。

h) 站内生产系统通信调试。调试内容包含：监控系统与调速系统、油/水/气系统等主、辅控制系统通信调试。

i) 远动传动调试，保证系统操作动作的正确性和响应速度。

4.3.2.3.5 试生产期结束前，并网发电机组的 AGC、AVC 和一次调频应具备完善的功能，其性能指标达到并网调度协议或其他有关规定的要求，并可随时投入运行。

4.3.2.3.6 调度自动化系统、通信系统完成硬软件静动态调试、单体设备传动后，系统调试投用应满足机组试运行试验的条件。

4.3.2.4 检测设备调试监督

4.3.2.4.1 设备调试应满足 DL 5190.4、DL/T 619、DL/T 862 等国家和行业标准、规程有关要求。新投产系统检测设备的调试工作，应由具备相应资质的调试机构承担。

4.3.2.4.2 仪表和设备应进行测量精确度校验检查，并应有校验记录和粘贴合格证。智能型仪表或装置（例如测速装置、电能量采集装置）还应该对其设备的组态参数进行设置，并参考设备说明书进行其他功能的检查测试工作。

4.4 验收与交接阶段监督

4.4.1 验收监督

4.4.1.1 总体要求

4.4.1.1.1 监控自动化系统工程验收按照 GB 50171、DL/T 578、DL/T 822、DL/T 1100.1、DL/T 5065 相关条款执行。

4.4.1.1.2 工程验收依据国家和行业标准、审定的工程设计文件、工程招标文件和采购合同、与工程建设有关的各项合同、协议及文件执行，验收的主要工作内容应包括工程的实施情况、工程质量、工程文件，并做出工程验收结论，对工程遗留问题提出处理意见。

4.4.1.1.3 验收分为工厂验收、随工验收、阶段性验收、竣工验收。

4.4.1.1.4 工厂验收在设备出厂前按抽样检验规则进行。验收不合格的产品不准许出厂。

4.4.1.1.5 随工验收应按工程实施顺序对设备和材料、工程施工进度、施工质量、施工文件进行检查和验收。隐蔽工程和特殊工程项目随工验收时，应留有影像资料。

4.4.1.1.6 阶段性验收在设备安装、调试、测试基本完成，测试结果满足要求，配套设施可正常投入使用，工程文件基本整理完毕后开展，验收内容应包括检查工程完成情况、测试系统指标，检查工程文件，审议、通过阶段性验收报告。

4.4.1.1.7 在试运行结束、遗留问题已有协商一致的处理意见、工程文件整理齐全、技术培训完成后开展竣工验收，验收内容应包括检查复核系统性技术指标、工程检查总结以及工程设计、安装、调试技术资料，并签署竣工验收报告。竣工验收结束后，设备可投入正式运行。

4.4.1.1.8 并网机组投入运行时，相关电力专用通信配套设施应同时投入运行。

4.4.1.2 计算机监控系统、水力发电厂主辅机控制系统验收

4.4.1.2.1 产品外观：产品表面不应有明显的凹痕、划伤、裂缝、变形和污染等。表面涂镀层应均匀，不应起泡、脱落和磨损。金属零部件不应有松动及其他机械损伤。内部元器件的安装及内部连线应正确、牢固无松动、控制部件的操作应灵活可靠、接线端子的布置及内部布线应合理、美观、标志清晰，盘、柜应布局合理。

4.4.1.2.2 产品软硬件配置：检查产品的硬件数量、型号与合同一致，软件的配置、文档及其载体应符合受检产品技术条件规定。

4.4.1.2.3 产品技术文件的检查：检查产品（包括外购配套设备）技术文件应完整、详尽、统一、有效，且文图工整清晰、印刷装订美观。技术文件包括系统框图、设备清单、设备连接图，机柜机械安装、配置图，机柜设备布置图、布线图，硬件技术资料（自制设备），软件技术资料（包括系统软件和应用软件清单等，软件使用说明书，软件维护说明书），全部外购设备所附文件，产品出厂检验合格证。

4.4.1.2.4 开箱、二次接线检查：设备到达现场后，应进行开箱验货，现场的安装、接线应符合 GB 50171 的规定。系统内部各设备之间接线、系统与电源系统、接地系统、自动化元器件及其他系统之间的接线，应与设计、施工图纸一致。

4.4.1.2.5 性能验收测试：包含 CPU 负载率/实时性等指标性能测试、时钟同步性能测试、绝缘电阻验收测试、数据处理功能验收测试、数字量数据/计算量数据采集与处理能力验收测试、数字量/模拟量数据输出通道验收测试、系统自诊断及自恢复功能测试。测试工作应按照 DL/T 822 相关规定开展，结果应满足 DL/T 578 相关技术规定或受检产品技术条件规定。

4.4.1.2.6 功能验收测试：包含控制功能、功率调节功能、外部通信功能、人机接口功能测试应按照 DL/T 578、DL/T 822 相关规定开展，结果应满足现场设备运行要求和当地电网调度机构技术规定。

4.4.1.3 调度自动化系统及通信系统验收监督

4.4.1.3.1 调度自动化系统及通信系统验收应满足 GB/T 7255、GB/T 14430、DL/T 545、DL/T 550、DL/T 798、DL/T 5002、DL/T 5344、DL/T 5391、国家发展和改革委员会令 2014 年第 14 号等国家、行业相关标准及规范要求。

4.4.1.3.2 系统产品硬软件配置及出厂技术资料：硬件配置数量、型号、性能等应符合设计技术条件规定，且布局合理。系统软件的配置、文档及其载体，应符合设计技术规范要求，满足机组运行，提供的有关技术文件，应完整、详尽、统一、有效，且文图工整清晰、印刷装订美观，并提供完整的电子版技术文件。

4.4.1.3.3 系统出厂前验收测试：出厂前验收测试至少应包括（但不限于）以下项目：系统硬件设备的核查和测试、技术资料和软件介质清点核查、系统软件平台测试验收、SCADA 功能测试，系统接口及外部网络通信测试等，并提供完整、合格的测试技术报告。

4.4.1.3.4 系统基本功能和操作验收测试：应开展基本功能和操作测试，测试结果应满足 DL/T 5002、DL/T 5003 相关规定和厂家设计要求，防误操作功能满足运行要求。与上级调度系统的联络信号和通信回路检查及测试，具体技术指标满足上级调度中心要求。

4.4.1.3.5 信息网络连接回路安全性验收测试：应开展信息网络连接回路安全性测试，确认系统安全防护设置情况。测试结果应符合国家发展和改革委员会令 2014 年第 14 号要求。

4.4.1.3.6 光缆选型、光缆架设、余缆架/接线盒安装/施工应满足 DL/T 5344 相关技术规定。光缆施工完毕后应进行双向全程测试，测试项目包括单向光路衰耗、管线排序核对等，测试结果应满足设计要求。

4.4.1.3.7 电力载波、微波、卫星通信验收测试要求及指标应满足 GB/T 7255、GB/T 14430、DL/T 545、DL/T 798 要求。

4.4.1.4 检测设备验收监督

4.4.1.4.1 设备验收应满足 GB/T 11805、DL/T 862、DL/T 1107、DL 5190.4 等国家和行业标准、规程有关要求。

4.4.1.4.2 检测和控制设备应进行校验，以达到检测和控制设备本身精确度等级的要求，验收合格后方可投入运行。

4.4.1.4.3 仪表管路和线路应进行耐压试验和回路验收测试，测试结果应符合相关国家和电力行业的规程及标准。

4.4.2 交接监督

工程交接应在工程验收合格后开展,交接内容包括工程设施设备以及相应技术档案资料。

4.4.2.1 施工单位负责编制、收集整理施工工程中形成的文件资料,并向建设单位移交,并办理移交手续。

4.4.2.2 建设单位应负责收集和整理工程前期文件、竣工文件,形成详细文件清单,向运行单位同步移交设备及相关资料,并办理移交手续,对于有特殊运行维护要求的,应予以说明。

4.4.2.3 移交文件应为原件,文字、图表应齐全完整、字迹清楚、图样清晰、图标整洁、签字完备。破损的文件材料应予以修正,电子文件存储应使用不可擦除型光盘。

4.4.2.4 运行单位应将移交文档进行归档保存,归档保存的文件包括立项、可行性研究、设计、招投标、采购、施工、调试、试运行、竣工等过程中形成的文字、图表、声像材料等形式为载体的文件。

4.5 运行维护阶段监督

4.5.1 计算机监控系统、调度自动化系统运行维护监督

4.5.1.1 计算机监控系统、调度自动化系统运行维护监督应满足 DL/T 516、DL/T 1009 等行业标准要求。

4.5.1.2 计算机监控系统、调度自动化系统运行和维护应进行授权管理,参照 DL/T 1009 相关规定明确各级人员的职责和权限。

4.5.1.3 计算机监控系统、调度自动化系统投入运行后,维护人员对监控系统做的维护工作必须办理工作票,厂家技术人员在系统上工作时也应办理工作票。

4.5.1.4 运行值班人员在监控系统上进行运行监视及设备操作依照 DL/T 1009 执行。每年应对监视项目、监视要求、操作命令清单、流程图文本的充分性、必要性、适用性、有效性组织一次评审更新。当监控系统或监控设备改变时及时组织评审更新。

4.5.1.5 计算机监控系统应作为水力发电厂自动控制的主要设备进行管理。系统运行时,运行和维护人员应分别进行定期巡回检查和维护,对重要运行、监视画面进行定时检查和定期分析,对重要模拟量、温度量越、复限提示应即时核对其限值。发生故障应立即处理,发现异常应增加巡检次数。

4.5.1.6 水力发电厂应保证设备的正常运行及信息的完整性和正确性,发现故障或接到设备故障通知后,应立即进行处理,涉及涉网调度管理的应及时报上级调度机构自动化值班人员;对于监控系统、调度自动化系统的重要报警信号,如设备掉电、CPU 故障、存储器故障、系统通信中断等,应及时处理。事后应详细记录故障现象、原因及处理过程,必要时编制故障分析报告。

4.5.1.7 计算机监控系统设备运行盘柜中,应对涉及的跳闸、负荷调节等重要回路进行明显标识,在设备运行维护过程中,应采取有针对性的防控措施,避免由于系统正常运行维护导致设备拒动或误动事件发生。

4.5.1.8 配置有冗余 UPS、主机、现地 CPU 模件等设备或测量回路的系统应按规定进行定期切换试验。

4.5.1.9 参加 AGC、AVC 运行的水力发电厂须保证其设备的正常投入,除紧急情况外,未经调度许可不得擅自退出 AGC、AVC 运行或修改控制策略及参数。若需修改厂站 AGC、AVC 系统的控制策略的应报上级调度机构同意后方可实施;更改后,需要对安全控制逻辑、闭锁

策略、二次系统安全防护等方面进行全面测试验证合格后方可投入运行，确保 AGC、AVC 系统在启动过程、系统维护、版本升级、切换、异常工况等过程中不发出或执行控制指令。

4.5.1.10　监控系统、调度自动化系统的参数设置、限值整定、程序修改等工作，必须有技术审批通知单，由维护人员持工作票进行。工作完成后必须做好记录，并对运行值班人员进行检修交待，参数设置和限值整定的回执单由维护人员签字确认后，分别存技术主管部门和中控室各一份。

4.5.1.11　系统运行维护人员定期做好应用软件、数据的备份工作，软件、数据改动后应立即进行备份，在软件无改动的情况下，应至少每半年备份一次，备份介质实行异地存放。

4.5.1.12　系统供电电源 UPS 蓄电池充放电维护按照 DL/T 724 相关规定开展。

4.5.1.13　计算机房的管理按照 DL/T 1009 执行。非监控系统工作人员未经批准，不得进入机房进行工作（运行人员巡回检查除外）。

4.5.1.14　系统运行维护单位应建立完整的监控自动化系统备品配件定额,对厂家可能要停产的主机、服务器、核心交换机的备品配件储备，至少要保证 5 年～8 年的使用（从投产之日算起）；对于需原厂商提供的备品配件，其储备定额标准不得少于 10%（至少为 1 个）；对于可以采用替代品的备品配件，可以降低定额标准，但不得少于 5%（至少为 1 个）。

4.5.1.15　系统运行维护单位应制定有相应的系统故障应急处理措施,当系统发生威胁机组运行的异常情况时，应按规定采取措施，并及时联系维护人员进行处理，故障现象识别及处置参照 DL/T 1009 执行。

4.5.1.16　系统运行维护单位应建立有严格的安全管理制度，应指定专人负责网络安全管理，严禁使用非监控系统专用设备接入计算机监控系统网络和主机，安全和防护工作参照 DL/T 1009 执行。

4.5.2　通信系统运行维护监督

4.5.2.1　通信系统运行维护监督应满足 DL/T 516、DL/T 544、DL/T 545、DL/T 546、DL/T 547、DL/T 789 等行业标准要求。

4.5.2.2　通信设备运行维护部门应定期开展通信设备巡检，每季度对通信设备的滤网、防尘罩进行清洗，做好设备防尘、防虫工作。至少每月开展一次通信电源蓄电池的巡检工作，检查蓄电池电压、电流、压差在正常范围内。

4.5.2.3　系统发生故障或事故时，通信设备运行维护部门应立即分析故障现象，查明故障原因，及时采取处置措施，尽快恢复系统正常运行，并负责向上级通信机构提交事故处理与分析报告，采取必要措施防止类似故障或事故的重复发生；涉网通信设备的处置，必须征得上级调度机构同意；通信设备故障处理中，应严格按照通信设备和仪表使用手册进行操作，避免误操作或对通信设备及人员造成损伤，特别是采用光时域反射仪测试光纤时，必须断开对端通信设备。

4.5.2.4　通信专责人员应严格执行上级调度机构下达的通信运行方式和通信调度指令，开展并网通信设备的运行维护、技改、大修等工作；应执行上级调度机构为保证电网通信系统运行安全而制定的各项规程和反事故措施；通信电路（光纤、载波、微波、卫星通信）的启用、停运必须得到上级通信调度机构同意。

4.5.2.5　通信系统的计算机和维护终端为专用设备，应有专人负责管理，并分级设置密码和权限，严禁无关人员操作网管系统。通信网管系统设备的运行与维护应采取电力二次安全防护措施。

4.5.2.6 系统管理人员在使用终端进行电路配置和数据修改时，应按上级管理机构要求办理相关手续；重要操作和复杂操作应事先做好方案，操作时应有人监护，并做好操作记录。

4.5.2.7 通信系统运行数据应定期进行备份，数据发生改动前后，应及时做好数据备份工作。

4.5.2.8 线路运行维护部门应结合线路巡检每半年对架空地线复合光缆进行专项检查，并将检查结果报通信系统运行部门。通信系统运行部门应每半年对全介质自承式光缆和普通光缆进行专项检查，重点检查站内及线路光缆的外观、接续盒固定线夹、接续盒密封垫等，并对光缆备用纤芯的衰耗进行测试对比。

4.5.2.9 每年雷雨季节前应对接地系统进行检查和维护。检查连接处是否紧固、接触是否良好、接地引下线有无锈蚀、接地体附近地面有无异常，必要时应开挖地面抽查地下隐蔽部分锈蚀情况。

4.5.2.10 通信机房的管理按照 DL/T 1009 执行。非系统工作人员未经批准，不得进入机房进行工作（运行人员巡回检查除外）。

4.5.2.11 系统运行维护单位应建立完整的备品配件定额；满足系统日常运行维护需求。

4.5.2.12 系统运行维护单位应制定有相应的系统故障应急处理措施，当系统发生威胁机组运行的异常情况时，应按规定采取措施，并及时联系维护人员进行处理。

4.5.2.13 系统运行维护单位应建立有严格的安全管理制度，应指定专人负责通信网络安全管理，严禁使用非专用设备接入通信网络和主机，安全和防护工作参照 DL/T 1009 执行。

4.5.3 主辅机控制系统运行维护监督

4.5.3.1 主辅机控制系统运行维护监督应满足 DL/T 619、DL/T 1197、NB/T 35004、国能安全〔2014〕161 号等行业标准要求。

4.5.3.2 系统的运行和维护应进行授权管理，明确各级人员的职责和权限。

4.5.3.3 系统运行维护单位应定期组织人员进行设备巡检，发现问题及时通知维护人员进行分析处理，保证设备安全稳定运行。调速器系统、同期装置、水轮机停机保护等主辅机控制系统巡检内容应参照 DL/T 619 相关规定执行，并做好巡检记录。

4.5.3.4 系统运行维护单位应根据季节特点、设备特性、重要时段、事故教训、设备存在的重大隐患或缺陷等，及时制定针对性强的技术措施或反事故措施，并组织落实，保证发电生产安全。

4.5.3.5 主辅机控制系统处理过程中应对工作范围、工艺、进度全面控制，杜绝造成新的设备缺陷。对于暂不具备条件处理的系统缺陷，责任部门要进行记录跟踪，做好防控措施，具备条件时消除缺陷。对于影响较大的重大缺陷，制定安全措施、技术方案，履行审批手续，措施实施后编写相关技术报告；或组织调研，采用新技术、新工艺、新材料加以解决。

4.5.3.6 设备运行维护中要采取防止水轮机停机失灵及误动的措施，具体措施按照国能安全〔2014〕161 号文件要求执行。

4.5.3.7 为防止系统长期运行，由于元器件老化、性能下降，必须严格按照规定的时间、周期和项目对设备进行定期设备性能试验，并及时处理发现的缺陷和安全隐患。

4.5.3.8 凡对主辅系统进行软件修改，均应经过技术论证，提出书面改进方案，经批准后方可实施。技术改进后的软件应经过功能测试及试运行合格后，方可正式投入运行。

4.5.4 检测设备运行维护监督

4.5.4.1 检测设备运行维护监督应满足 GB/T 11805、DL/T 619、DL/T 862、DL/T 1107 等相关规定。

4.5.4.2 主要检测设备及装置应随主设备准确可靠地投入运行,在机组运行期间不得无故停运。

4.5.4.3 对检测设备应至少每周进行一次巡检,对 PLC 等智能设备控制系统的处理器、模件、电源的工作状态进行检查。

4.5.4.4 仪表及控制装置和控制盘内外应保持整洁、完好,照明良好,标志应正确、清晰、齐全。操作装置(操作开关、按钮、操作器及执行手轮)应有明显的开、关方向标志,操作灵活可靠。跳闸回路接线端子应有明显标志,设备的电缆和元件应有明显的名称和标志牌。

4.6 检修阶段监督

4.6.1 计算机监控系统、水力发电厂主、辅机控制系统

4.6.1.1 计算机监控系统的检修过程监督应满足 DL/T 516、DL/T 619、DL/T 792、DL/T 822、DL/T 1009 等国家、行业相关标准及规范要求。

4.6.1.2 计算机监控系统的主要检修内容应该包括监控系统自动化元件、装置和系统功能校验及性能测试。

4.6.1.3 随机组同步检修的系统设备,至少应在机组检修前半个月,完成检修项目、检修文件包编制。监控系统的 A/B/C/D 级标准检修和非标准检修项目按附录 C 执行,当取得检修经验后检修项目可适当调整。

4.6.1.4 机组 A、B 级检修期间,水轮机所有保护控制回路、监控系统与调速系统模拟量、电气量、温度量等的测量回路及参数应进行一次全面的现场校验;C 级检修对水轮机的主要保护(如过速、轴瓦温度过高、事故低油压等)进行功能性复查,涉及保护控制回路、参数修改等工作的应进行现场校验;结合检修工期对监控系统的测量通道(参数)进行抽检或者全检。

4.6.1.5 检修前,应按检修文件包相关要求完成检修准备工作,按照作业指导书的要求进行系统软件、数据库备份,开展涉及控制回路、控制参数等的修改工作应履行相应的审批手续,工作完毕按规程标准做好原始记录和验收工作。

4.6.1.6 开展计算机监控系统试验检修过程中,针对每个检修项目应制定相应的技术措施、安全措施,出具检修试验原始记录,并进行投运前控制系统功能调试,包括顺控流程、自动调节功能、操作功能静、动态调试,单体设备传动试验等。新建和改造后的系统,应按设计方案进行功能和性能的测试,测试项目参照 DL/T 822 相关条款进行。

4.6.1.7 主、辅机控制系统的检修,应检查其结构与硬、软件功能、性能和工作条件;对重要的控制逻辑、控制信号回路、控制参数、状态异常报警信号应严格校验并记录;系统自动调节品质应能满足要求;各控制系统的图纸资料应齐全并符合现场情况,回路修改应及时对图纸进行更新。

4.6.1.8 检修后投运前,监控自动化装置技术指标及控制系统性能应满足附录 D 要求,并经三级验收合格;对不满足性能指标要求的应进行整改。

4.6.1.9 检修结束后,应出具检修试验报告,并对检修期间的资料如检修试验记录、检修试验报告、事故处理记录、技术改造资料等按机组及年份分类进行归档保存。

4.6.2 通信系统及调度自动化系统

4.6.2.1 系统检修监督应满足 DL/T 516、DL/T 545、DL/T 546、DL/T 547、DL/T 548、DL/T 798、DL/T 838 等国家、行业相关标准及规范要求。

4.6.2.2 系统检修开展前应编制检修计划，影响与上级调度系统通信联络的系统检修项目，应按当地调度机构规定和要求提前与上级调度主管部门联系，并上报检修计划进行审批，检修工作应经调度机构审批通过并经调度值班人员许可后方可开展。

4.6.2.3 与一次设备相关的调度自动化子站设备（如变送器、测控单元、电气遥控和 AGC、AVC 遥调回路、电能量远方终端等）的检验时间应尽可能结合一次设备检修进行定期测试。

4.6.2.4 开展调度自动化系统服务器及通信系统设备检修工作时，应做好数据库、应用软件、装置参数配置等数据的备份工作。

4.6.2.5 系统检修项目应包含：

4.6.2.5.1 硬件冗余切换和数据传输通道冗余切换测试。进行通信冗余切换试验时，应做好通信中断应急处理措施，试验不合格的应进行整改。

4.6.2.5.2 通信设备测试，内容包括：设备性能、网管与监视功能测试等。应对通信设备测试结果进行分析，发现存在的问题，及时进行整改。

4.6.2.5.3 通信电路测试，内容包括：误码率、电路保护倒换等。

4.6.2.5.4 光纤通信通道测试，内容包含：线路衰减、熔接点损耗、光纤长度等。主用光纤通信回路设备每年进行一次测试，备用光纤通信回路设备半年进行一次测试，测试结果应满足 DL/T 547 相关技术指标要求。

4.6.2.5.5 微波电路设备每 2 年进行一次测试，检测项目及技术指标应满足 DL/T 545 的相关规定。

4.6.2.5.6 载波通信设备每 2 年进行一次测试，检测项目及技术指标要求应满足 DL/T 546 的相关规定。

4.6.2.5.7 卫星通信系统的维护及检测应满足 DL/T 798 的相关规定。

4.6.2.5.8 通信站的检修项目和检修时间应结合当地雷害情况及雷害事故分析整改措施进行编制和安排，通信站应在每年雷雨季来临前进行一次全面检查和防雷设备（设施）性能测试工作，测试项目及技术指标参照 DL/T 548 的相关技术规定执行。

4.6.2.5.9 系统硬、软件更新。该项工作应取得上级调度机构及对侧的许可后方可进行，并保证上行数据和下行指令及时、准确。系统更新完毕应进行系统安全防护检查工作，并做好系统功能性复核工作。

4.6.2.5.10 系统升级改造。如需结合检修进行系统升级改造的，应对系统电源容量配置、服务器及数据信息传输网络负荷、二次系统安全防护等进行评估，制定技术方案并经上级主管部门或上级调度机构审核后，才可进行升级改造工作；开展升级改造时，应按 DL/T 838 做好安全措施及事故应急处理预案。

4.6.2.6 检修结束后对原始记录及实验报告进行归档管理。

4.6.3 检测设备

4.6.3.1 检测设备及其系统的检修试验应按 DL/T 619、DL/T 838、DL/T 862、DL/T 1056 等国家、行业标准和产品说明书规定进行。

4.6.3.2 水力发电厂检测设备及其系统的检修应随机组及其辅助设备、全厂公用设备的检修同时进行。

4.6.3.3 检修前应参考技术监督标准、制造厂商提供的设计文件、同类型机组的检修经验以及设备状态评估结果等，合理安排设备检修计划，编制检修定额（包括必需的备品备件、材料、工具和仪器仪表等），并做好各项准备工作。主要改进项目及需要更换新检测设备时，应事先做出计划、方案，并经过主管领导批准。

4.6.3.4 检测设备及其系统的检修应符合检修工艺要求：开工前应核对设备名称、型号、分解各检测设备及其系统时，要注意各零部件的位置和方向，并做好标记；需要打开线头时，首先应核对图纸与现场是否相符，并做好记录；检修完毕后应进行验收。

4.6.3.5 在检修过程中，各检测设备的铭牌标识应完好、齐全；对各检测设备的外壳进行检查清扫，如有缺陷应及时消除；各零部件应紧固无松动；接线板、接线螺钉等应良好，有问题更换解决。

4.6.3.6 对检测设备的性能进行校验，其指标应符合要求，详细检修项目、检修方法及质量控制标准符合 DL/T 619 的相关技术规定。

4.6.3.7 对检修完毕的检测设备，安装完成后应进行对应系统检查和试验，确认正确且功能正常可靠后方可投入运行，详细试验内容按照 DL/T 619 相关技术规定开展；同时应进行相应技术资料的更新。

4.6.3.8 对隐蔽安装的检测元件每隔一次 B 级检修应"抽样"进行拆装检查，并做详细的检查记录，必要时应拍片存档。

5 监督管理要求

5.1 监督基础管理工作

5.1.1 电厂应按照《华能电厂安全生产管理体系要求》中有关技术监督管理和本标准的要求，制定监控自动化监督管理标准，并根据国家法律、法规及国家、行业、集团公司标准、规范、规程、制度，结合水力发电厂实际情况，编制监控自动化监督相关／支持性文件；建立健全技术资料档案，以科学、规范的监督管理，保证水轮机主辅设备安全可靠运行。

5.1.2 监控自动化监督相关/支持性文件：

    a) 监控自动化监督标准；

    b) 监控自动化设备运行规程；

    c) 监控自动化设备检修规程；

    d) 监控自动化设备检修维护作业指导文件；

    e) 监控自动化系统运行维护管理制度；

    f) 监控自动化设备巡回检查制度；

    g) 设备定期试验与轮换制度；

    h) 设备定值管理制度；

    i) 设备缺陷管理制度；

    j) 技术资料、图纸管理制度；

    k) 调试专用计算机管理制度；

    l) 计算机软件、数据管理制度；

    m) 试验仪器仪表管理制度；

n) 工具、材料、备品配件管理制度；

o) 机房安全管理制度；

p) 密码权限使用和管理制度；

q) 技术监督评价与考核制度。

5.1.3 技术资料档案

5.1.3.1 基建阶段技术资料：

a) 符合实际情况的监控自动化设备原理图、安装接线图、电源系统图等图纸资料；

b) 安装竣工图纸；

c) 制造厂的整套图纸、说明书、出厂试验报告；

d) 设备安装、验收记录、设计修改文件、缺陷处理报告、调试试验报告、投产验收报告。

5.1.3.2 设备清册及设备台账：

a) 设备台账；

b) 调试设备台账；

c) 试验仪器仪表台账；

d) 软件、硬件设备配置清册；

e) 备品配件及定额清册；

f) 参数报警及保护定值清册；

g) 控制系统策略清册。

5.1.3.3 运行维护记录和报告：

a) 异常、障碍、事故、故障、缺陷及处理记录；

b) 定期切换记录；

c) 系统软件、数据修改、备份记录；

d) 设备巡回检查记录；

e) 蓄电池充放电记录。

5.1.3.4 检修维护报告和记录：

a) 设备检修、调整、定检、试验记录及报告台账；

b) 仪器仪表定检记录。

5.1.3.5 缺陷闭环管理记录：

a) 月度缺陷分析。

5.1.3.6 事故管理报告和记录：

a) 监控自动化专业反事故措施记录；

b) 设备非计划停运、障碍、事故统计记录；

c) 事故分析报告。

5.1.3.7 技术改造报告和记录：

a) 技改可行性报告；

b) 技改图纸、资料、说明书；

c) 技改质量监督和验收报告；

d) 技改后评估报告。

5.1.3.8　监督管理文件：

a） 与监控自动化监督有关的国家法律、法规及国家、行业、集团公司标准、规范、规程、制度；

b） 水力发电厂监控自动化监督标准、规定、措施等；

c） 监控自动化监督工作计划和总结；

d） 监控自动化监督季报、年报、速报；

e） 监控自动化监督预警通知单和验收单；

f） 监控自动化监督会议纪要；

g） 监控自动化监督工作自我评价报告和外部检查评价报告；

h） 监控自动化监督人员技术档案、上岗考试成绩和证书；

i） 与设备质量有关的重要工作来往文件。

5.2　日常管理内容和要求

5.2.1　健全监督网络与职责

5.2.1.1　各电厂应建立健全由生产副厂长（总工程师）或总工程师领导下的监控自动化技术监督三级管理网。第一级为厂级，包括生产副厂长（总工程师）或总工程师领导下的监控自动化监督专责人；第二级为部门级，包括运维部门监控自动化负责人；第三级为班组级，包括各专工领导的班组人员。在生产副厂长（总工程师）或总工程师领导下由监控自动化监督专责人统筹安排，协调运行、检修等部门，协调水轮机、电气各相关专业共同配合完成监控自动化监督工作。监控自动化监督三级网应严格执行岗位责任制。

5.2.1.2　按照中国华能集团公司《华能电厂安全生产管理体系要求》和《中国华能集团公司电力技术监督管理办法》编制水力发电厂监控自动化监督管理标准，做到分工、职责明确，责任到人。

5.2.1.3　水力发电厂监控自动化技术监督工作归口职能管理部门在水力发电厂技术监督领导小组的领导下，负责监控自动化技术监督网络的组织建设工作，建立健全技术监督网络，并设监控自动化技术监督专责人，负责全厂监控自动化技术监督日常工作的开展和监督管理。

5.2.1.4　水力发电厂监控自动化技术监督工作归口职能管理部门每年年初要根据人员变动情况，及时对网络成员进行调整；按照监督人员培训和上岗资格管理办法的要求，定期对技术监督专责人和特殊技能岗位人员进行专业和技能培训，保证持证上岗。

5.2.2　确定监督标准符合性

5.2.2.1　监控自动化监督标准应符合国家、行业及上级主管单位的有关规定和要求。

5.2.2.2　每年年初，监控自动化技术监督专责人应根据新颁布的标准规范及设备异动情况，组织对监控自动化运行和检修维护等规程、制度的有效性、准确性进行评估并修订不符合项，经归口职能管理部门领导审核、生产主管领导审批后发布实施。国标、行标及上级单位监督规程、规定中涵盖的相关监控自动化监督工作均应在水力发电厂规程及规定中详细列写齐全。

5.2.3　确定仪器仪表有效性

5.2.3.1　应建立监控自动化监督用仪器仪表设备台账，根据检验、使用及更新情况进行补充完善。

5.2.3.2 根据检定周期，每年应制定仪器仪表的检验计划，根据检验计划定期进行检验或送检，对检验合格的可继续使用，对检验不合格的则送修，对送修仍不合格的作报废处理。

5.2.4 监督档案管理

5.2.4.1 电厂应按照附录E规定的资料目录和格式要求，建立健全监控自动化技术监督档案、规程、制度和技术资料，确保技术监督原始档案和技术资料的完整性和连续性。

5.2.4.2 监控自动化技术监督专责人应建立监控自动化档案资料目录清册，根据监控自动化监督组织机构的设置和设备的实际情况，明确档案资料的分级存放地点，并指定专人负责整理保管，及时更新。

5.2.5 监督工作计划管理

5.2.5.1 监控自动化技术监督专责人每年11月30日前应组织制定下年度技术监督工作计划，报送产业公司、区域公司，同时抄送西安热工研究院有限公司。

5.2.5.2 监控自动化技术监督年度计划的制定依据至少应包括以下几方面：

a) 国家、行业、地方有关电力生产方面的法规、政策、标准、规范和反事故措施要求；

b) 集团公司、产业公司、区域公司、发电企业技术监督管理制度和年度技术监督动态管理要求；

c) 集团公司、产业公司、区域公司、发电企业技术监督工作规划和年度生产目标；

d) 技术监督体系健全和完善化；

e) 人员培训和监督用仪器设备配备和更新；

f) 监控自动化设备上年度特殊、异常运行工况，事故缺陷等；

g) 监控自动化设备目前的运行状态；

h) 技术监督动态检查、预警、季（月）报提出的问题；

i) 收集的其他有关监控自动化设备设计选型、制造、安装、运行、检修、技术改造等方面的动态信息。

5.2.5.3 电厂技术监督工作计划应实现动态化，即各专业应每季度制定技术监督工作计划。年度（季度）监督工作计划应包括以下主要内容：

a) 技术监督组织机构和网络完善；

b) 监督管理标准、技术标准规范制定、修订计划；

c) 人员培训计划（主要包括内部培训、外部培训取证，标准规范宣贯）；

d) 技术监督例行工作计划；

e) 检修期间应开展的技术监督项目计划；

f) 监督用仪器仪表检定计划；

g) 技术监督自我评价、动态检查和复查评估计划；

h) 技术监督预警、动态检查等监督问题整改计划；

i) 技术监督定期工作会议计划。

5.2.5.4 电厂应根据上级公司下发的年度技术监督工作计划，及时修订补充本单位年度技术监督工作计划，并发布实施。

5.2.5.5 监控自动化监督专责人每季度应对监督年度计划执行和监督工作开展情况进行检查评估，对不满足监督要求的问题，通过技术监督不符合项通知单下发到相关部门监督整改，并对相关部门进行考评。技术监督不符合项通知单编写格式见附录F。

5.2.6 监督报告管理

5.2.6.1 监控自动化监督季报的报送

监控自动化技术监督专责人应按照附录 G 的季报格式和要求，组织编写上季度监控自动化技术监督季报，经电厂归口职能管理部门汇总后，于每季度首月 5 日前，将全厂技术监督季报报送产业公司、区域公司和西安热工研究院有限公司。

5.2.6.2 监控自动化监督速报的报送

水力发电厂发生重大监督指标异常，受监控设备重大缺陷、故障和损坏事件，火灾事故等重大事件后 24h 内，监控自动化技术监督专责人应将事件概况、原因分析、采取措施按照附录 H 的格式，填写速报并报送产业公司、区域公司和西安热工研究院有限公司。

5.2.6.3 监控自动化监督年度工作总结报送

5.2.6.3.1 监控自动化技术监督专责人应于每年元月 5 日前编制完成上年度技术监督工作总结，并报送产业公司、区域公司和西安热工研究院有限公司。

5.2.6.3.2 年度监督工作总结主要包括以下内容：

    a) 年度监督计划执行及监督工作开展情况，监督工作亮点、经验及教训；

    b) 设备一般事故、危急缺陷和严重缺陷统计分析；

    c) 监督存在的主要问题和改进措施；

    d) 下年度工作思路、计划、重点和改进措施。

5.2.7 监督例会管理

5.2.7.1 水力发电厂每年至少召开两次监控自动化技术监督工作会，检查评估、总结、布置技术监督工作，对技术监督中出现的问题提出处理意见和防范措施，形成会议纪要，按管理流程批准后发布实施。

5.2.7.2 例会主要内容包括：

    a) 落实上次例会安排工作完成情况；

    b) 设备及系统的故障、缺陷分析及处理措施；

    c) 技术监督标准、相关生产技术标准、规范和管理制度的编制修订情况；

    d) 技术监督工作计划发布及执行情况；

    e) 技术监督工作及考核指标完成情况；

    f) 技术监督工作经验交流总结；

    g) 集团公司技术监督季报、监督通讯、新颁布的国家、行业标准规范、监督新技术学习交流；

    h) 下一阶段技术监督工作的布置。

5.2.8 监督预警管理

    a) 监控自动化监督三级预警项目见附录 I，水力发电厂应将三级预警识别纳入监控自动化监督管理和考核工作中；

    b) 对于上级监督单位签发的预警通知单（见附录 J），电厂应认真组织人员研究有关问题，制定整改计划，整改计划中应明确整改措施、责任部门、责任人和完成日期；

    c) 问题整改完成后，电厂应按照验收程序要求，向预警提出单位提出验收申请，经验收合格后，由验收单位填写预警验收单，并报送预警签发单位备案。

5.2.9 监督问题整改

5.2.9.1 整改问题的提出

a）上级或技术监督服务单位在技术监督动态检查、预警中提出的整改问题；

b）《水电技术监督报告》中明确的集团公司或产业公司、区域公司督办问题；

c）《水电技术监督报告》中明确的电厂需要关注及解决的问题；

d）电厂监控自动化监督专责人每季度对监控自动化监督计划的执行情况进行检查，对不满足监督要求提出的整改问题。

5.2.9.2 问题整改管理

a）电厂收到技术监督评价报告后，应组织有关人员会同西安热工研究院有限公司或属地技术监督服务单位，在两周内完成整改计划的制定和审核，整改计划编写格式见附录 L。并将整改计划报送集团公司、产业公司、区域公司，同时抄送西安热工研究院有限公司或技术监督服务单位。

b）整改计划应列入或补充列入年度监督工作计划，电厂按照整改计划落实整改工作，并将整改实施情况及时在技术监督季报中总结上报。

c）对整改完成的问题，电厂应保存问题整改相关的试验报告、现场图片、影像等技术资料，作为问题整改情况及实施效果评估的依据。

5.2.10 监督评价与考核

5.2.10.1 电厂应将《监控自动化监督工作评价表》中的各项要求纳入监控自动化监督日常管理工作中，《监控自动化监督工作评价表》见附录 M。

5.2.10.2 电厂应按照《监控自动化监督工作评价表》中的各项要求，编制完善监控自动化技术监督管理制度和规定，完善各项监控自动化监督的日常管理和检修维护记录，加强监控自动化设备的运行、检修维护技术监督。

5.2.10.3 电厂应定期对技术监督工作开展情况组织自我评价，对不满足监督要求的不符合项以通知单的形式下发到相关部门进行整改，并对相关部门及责任人进行考核。

5.3 各阶段监督重点工作

5.3.1 设计阶段

5.3.1.1 按照 GB 50217、GB/T 9652.1、GB/T 11805、DL/T 321、DL/T 578、DL/T 641、DL/T 822、DL/T 1107、DL/T 1197、DL/T 5003、DL/T 5065、DL/T 5132、DL/T 5391、DL/T 5413、NB/T 35004 等相关标准要求执行。

5.3.1.2 监督监控自动化系统与设备的新建、改建、扩建工程设计选型单位的资质。

5.3.1.3 参与并监督系统与设备的新建、改建、扩建工程的设计选型与审查工作。

5.3.1.4 技术监督服务单位指导和监督监控自动化设备及系统设计选型过程中技术监督工作的开展情况。

5.3.2 安装与调试监督

5.3.2.1 按照 GB 50150、GB 50217、DL/T 544、DL/T 545、DL/T 546、DL/T 547、DL/T 578、DL/T 619、DL/T 822、DL/T 862、DL/T 1100.1、DL/T 5344、DL/T 5123、DL 5190.4、CECS 81、NB/T 35004 等相关标准要求执行。

5.3.2.2 对系统与设备新建、扩建、改建工程的安装与调试过程进行全过程监督，对项目的施工单位和监理单位的施工资质、监理资质进行监督，对发现的安装、调试质量问题应及时予以指出，要求限时整改。

5.3.2.3 对重要设备的验收工作进行监督，应按照订货合同和相关标准等进行验收，并形成验收报告，重点检查可能影响重要电子设备防尘、受潮，电子元器件精度等情况。

5.3.2.4 安装与调试工作开展前，对施工单位编制的安装施工和调试施工方案进行审核，提出对施工单位的工作要求，如施工方案需明确安装方法与质量要求以及调试项目与质量控制指标，施工方案应经监理单位和项目实施主管单位审批。

5.3.2.5 安装与调试工作开展前，对监理单位或部门编制的监理实施方案进行审核，提出对监理单位的工作要求，如监理方案应明确监理实施细则及验收质量标准，监理方案需经监理单位和项目实施主管单位审批。

5.3.2.6 安装实施工程监理时，应对监理单位的工作提出监控自动化监督的意见，如要求监理方派遣工作经验丰富的监理工程师常驻施工现场，负责对安装工程全过程进行见证、检查、监督，以确保设备安装质量。

5.3.2.7 对设备安装和调试工作进行监督。如按相关标准、订货技术要求、调试大纲的要求进行设备安装和调试；监督重要设备的主要试验项目由具备相应资质和试验能力的单位进行试验；对安装和调试工作不符合监控自动化监督要求的问题，应要求立即整改，直至合格。

5.3.2.8 调试工作结束后，对调试单位编制的调试报告进行监督，包含各调试项目开展情况、测试数据分析情况及调试结论。对不满足国家、行业相关技术指标的，应提出整改方案并监督实施。

5.3.2.9 对技术监督服务单位在系统安装和调试过程中的工作开展情况进行监督。

5.3.3 验收与交接阶段

5.3.3.1 验收工作应对照 GB 50171、GB/T 7255、GB/T 11805、GB/T 14430、DL/T 545、DL/T 550、DL/T 578、DL/T 822、DL/T 862、DL/T 1107、DL/T 1100.1、DL/T 5003、DL/T 5065、DL/T 5344、DL/T 5391、DL 5190.4 等国家、行业等相关质量验收标准执行，采用工程建设资料审查及现场试验检验方式。

5.3.3.2 水力发电厂监控自动化系统与设备新建、扩建、改建工程，应监督验收工作由项目安装单位、调试单位、监理单位、项目实施主管单位以及水力发电厂共同开展。

5.3.3.3 对交接内容进行监督，交接需包括工程设施设备以及相应技术档案资料，对于有特殊运行维护要求的，应予以说明。工程交接工作，应监督执行签字确认制度，对工程验收不合格或资料不齐全的，设备接受单位或部门有权拒绝接受与签字。

5.3.3.4 监督验收是否依据了国家和行业标准、审定的工程设计文件、工程招标文件和采购合同、与工程建设有关的各项合同、协议及文件。监督实施情况、工程质量、工程文件等的验收工作，对工程遗留问题提出处理意见。

5.3.3.5 监督重要设备的主要试验项目单位是否具备相应资质和试验能力。

5.3.3.6 监督安装施工及调试验收工作是否规范、项目是否齐全或结果是否合格、设备是否达到相关技术要求、基础资料是否齐全，当上述验收不满足要求时立即整改，直至合格。

5.3.3.7 监督基建资料的交接。基建单位应按时向生产运营单位移交全部基建技术资料。生产运营单位资料档案室应及时将资料清点、整理、归档。

5.3.4 运行维护阶段

5.3.4.1 按照 GB/T 11805、DL/T 516、DL/T 544、DL/T 545、DL/T 546、DL/T 547、DL/T 619、

DL/T 724、DL/T 789、DL/T 862、DL/T 1009、DL/T 1107、DL/T 1197、NB/T 35004 等相关标准要求执行。

5.3.4.2 监督系统巡检制度、巡检维护记录、巡检过程中发现的问题及缺陷处理情况。

5.3.4.3 监督系统软件、数据定期备份管理制度、备份、存档记录情况。

5.3.4.4 监督系统软件、数据修改制度以及系统软件、数据修改记录情况。

5.3.4.5 监督监控自动化系统和设备定值的定期复核。系统参数发生大的变化、主设备技术参数变更、运行控制方式变化、运行条件变化时，相应设备定值应对照国家、行业规程、标准、制度以及设备运行参数进行重新整定并审批执行。

5.3.4.6 对监控自动化系统及设备应急预案和故障恢复措施的制订进行监督，检查反事故演习情况，数据备份、病毒防范和安全防护工作落实情况。

5.3.5 检修阶段

5.3.5.1 按照 DL/T 516、DL/T 545、DL/T 546、DL/T 547、DL/T 548、DL/T 619、DL/T 798、DL/T 822、DL/T 838、DL/T 1009、DL/T 1056 等国家、行业相关标准及规范要求相关标准要求执行。

5.3.5.2 根据国家和行业有关的监控自动化检修规程和产品技术条件文件，结合水力发电厂的实际，监督制定本企业的监控自动化系统检修规程、检修作业文件等。

5.3.5.3 检修前，根据监控自动化系统运行状况，依据集团公司《检修标准化管理实施导则》的要求，监督检修文件包的编制及审核，并检查检修准备情况。

5.3.5.4 检修过程中，应按检修文件包的要求对检修工艺、质量、质监点（W、H 点）验收及三级验收制度进行监督。

5.3.5.5 检修完毕，监督检修记录及报告的编制、审核及归档。对检修遗留问题，应监督制定整改计划，并对整改实施过程予以监督。

6 监督评价与考核

6.1 评价内容

6.1.1 监控自动化监督工作评价内容详见附录 M。

6.1.2 监控自动化监督工作评价内容分为技术监督管理、技术监督标准执行两部分，总分为 1000 分，其中监督管理评价部分包括 8 个大项 29 小项共 400 分，监督标准执行部分包括 5 大项 80 个小项共 600 分，每项检查评分时，如扣分超过本项应得分，则扣完为止。

6.2 评价标准

6.2.1 被评价的水力发电厂按得分率高低分为四个级别，即：优秀、良好、合格、不符合。

6.2.2 得分率高于或等于 90% 为"优秀"；80%～90%（不含 90%）为"良好"；70%～80%（不含 80%）为"合格"；低于 70% 为"不符合"。

6.3 评价组织与考核

6.3.1 技术监督评价包括集团公司技术监督评价、属地电力技术监督服务单位技术监督评价、电厂技术监督自我评价。

6.3.2 集团公司每年组织西安热工研究院有限公司和公司内部专家，对电厂技术监督工作开展情况、设备状态进行评价，评价工作按照《中国华能集团公司电力技术监督管理办法》规定执行，分为现场评价和定期评价。

6.3.2.1 集团公司技术监督现场评价按照集团公司年度技术监督工作计划中所列的电厂名单和时间安排进行。各电厂在现场评价实施前应按附录 M 进行自查，编写自查报告。西安热工研究院有限公司在现场评价结束后三周内，应按照《中国华能集团公司电力技术监督管理办法》附录 C 的格式要求完成评价报告，并将评价报告电子版报送集团公司安生部，同时发送产业公司、区域公司及电厂。

6.3.2.2 集团公司技术监督定期评价按照集团公司《中国华能电力技术监督管理办法》及《监控自动化技术监督标准》要求和规定，对电厂生产技术管理情况、机组障碍及非计划停运情况、监控自动化监督报告的内容符合性、准确性、及时性等进行评价，通过年度技术监督报告发布评价结果。

6.3.2.3 集团公司对严重违反技术监督制度、由于技术监督不当或监督项目缺失、降低监督标准而造成严重后果、对技术监督发现问题不进行整改的电厂，予以通报并限期整改。

6.3.3 电厂应督促属地技术监督服务单位依据技术监督服务合同的规定，提供技术支持和监督服务，依据相关监督标准定期对电厂技术监督工作开展情况进行检查和评价分析，形成评价报告，并将评价报告电子版和书面版报送产业公司、区域公司及电厂。电厂应将报告归档管理，并落实问题整改。

6.3.4 电厂应按照《中国华能集团公司电力技术监督管理办法》及《华能电厂安全生产管理体系要求》，建立完善技术监督评价与考核管理标准，明确各项评价内容和考核标准。

6.3.5 电厂应每年按附录 M，组织安排监控自动化监督工作开展情况的自我评价，根据评价情况对相关部门和责任人开展技术监督考核工作。

附 录 A
（资料性附录）
监控自动化系统主要监测测点

A.1 水轮机

大轴摆度、水轮机振动、水轮机转速、导叶开度、轮叶开度、顶盖水位、水导瓦温、水导油温、水导油位、锁定位置、空气围带压力、蜗壳水压、尾水压力、涡壳流量、顶盖水压、调速器油压、主阀油压、油罐油压、油罐油位、主配行程、主配拒动位置、止漏环压力、导叶后压力等。

A.2 发电机

上导瓦温、上导油槽油温、上导油槽油位、下导瓦温、下导油槽油温、下导油槽油位、推力瓦温、推力油槽油温、推力油槽油位、定子绕组与铁芯温度、冷风温度、热风温度、冷却水示流信号、冷却水压、发电机有功功率、发电机无功功率、发电机振动、机组转速、转子电压、转子电流、转子温度、定子电压、定子电流、风闸位置、风闸制动压力等。

A.3 其他参数

机组频率、电网频率、机组功率、进水口闸门状态、泄洪闸门状态、上游水位、下游水位、工作水头、高压气罐气压、滤油器压差、拦污栅压差、漏油箱油位、集水井水位、渗漏井水位、廊道水位、消防池水位、冷却水滤网前后压力、低压气罐压力、开关操作液压压力、主令开关位置、变压器油温、变压器绕组温度、近区变温度、蓄电池室温度、厂用母线电压、主变压器低压侧电压、蓄电池直流电压、控制母线电压、合闸母线电压、线路负荷、线路电流、主接线相关断路器、隔离开关及接地开关状态及参数、厂用电相关断路器状态及参数等。

附 录 B

（资料性附录）

监控自动化系统主要控制功能

B.1 自动控制

调速器转速控制、调速器开度控制、调速器负荷控制、调速器协联跟随控制、AGC 控制、AVC 控制、一次调频、油压装置控制（快速闸门、碟阀、球阀、筒形阀、调速器、推力轴承外循环等）、变压器冷却系统控制、技术供/排水系统控制（机组水泵供水、渗漏集水井、检修排水、顶盖排水）、压缩空气系统控制（高压、低压）等。

B.2 顺序控制

自动开机至空转控制、自动开机至空负荷控制、自动开机至并网控制、正常停机控制、事故停机控制、紧急停机控制、开关与隔离开关操作控制、同期控制、厂用母线备自投控制、厂用电自动切换控制。

B.3 水力机械保护系统

B.3.1 温度高保护
轴瓦瓦温过高、发电机冷热风温度过高、发电机（铁芯、绕组、压指、集电环等）温度高等。

B.3.2 液位越限保护
推力油槽液位过高或过低、上导油槽液位过高或过低、下导油槽液位过高或过低、水导油槽液位过高或过低、水轮机顶盖水位过高等。

B.3.3 流量中断保护
各轴承油槽外循环油流中断、各轴承油槽外循环冷却水中断、各轴承油槽冷却水中断、主轴密封润滑水中断等。

B.3.4 其他参数保护
导叶剪断销剪断、电气/机械过速、事故低油压、水轮机摆动/振动大、拦污栅前后压差过大、蜗壳压力过低、机组前的压力钢管爆破、水灾报警信号、火灾报警信号、快速闸门（或主阀）下滑等。

B.4 其他保护系统

B.4.1 电气故障停机保护系统。

B.4.2 事故配压阀启动停机保护。

B.4.3 紧急停机按钮启动停机保护。

附　录　C

（资料性附录）

监控自动化装置检修项目

表 C.1　水力发电厂监控自动化装置检修项目

序号	分类	项目分类	检修项目内容	A/B	C	D
1	计算机控制系统	标准项目	设备卫生清扫	√	√	√
2			检查工作站（服务器）及其模块，必要时更换备件	√	△	△
3			检查工控机或者 PLC	√	√	△
4			检查报表打印系统与试验	√	√	△
5			检查专用电源系统、性能测试和切换试验，必要时更换设备及熔丝	√	√	△
6			检查、测试接地系统	√	△	△
7			冗余热备用配置设备切换试验	√	△	△
8			检查事故报警系统设备，报警信号定值的修改、校准、核对	√	√	√
9			检查同步时钟装置（GPS）	√	△	△
10			检查通信系统部件，必要时更换	√	△	△
11			检查、测试光纤、网线	√	△	△
12			检测通信网络并进行主备网络切换试验	√	√	△
13			监视系统与企业管理系统（MIS）、状态检修管理系统等接口部分二次系统安全防护装置或系统的检测	√	△	△
14			进行数据库整理、备份	√	√	△
15			进行画面更新、完善	√	√	△
16			测试软件功能并备份	√	√	△
17			试验、调整自动发电控制（AGC）、自动电压控制（AVC）、一次调频控制功能	√	△	△
18			综合模拟试验控制、保护功能	√	√	△
19			控制、调节、操作权限切换测试	√	△	△
20			检测、试验 I/O 接点及元件动作特性，检测 I/O 控制回路	√	√	△
21			检查、整理、测试 SOE 系统功能和分辨率	√	△	△
22			远动通道（网调、省调、梯调等）数据校核	√	△	△
23			对重要的模拟量测点及重要保护功能进行测试	√	√	△
24			检查智能仪表通信装置、温度巡检装置	√	√	△
25			检查、测试自动化测量元件及执行元件	√	√	△

表 C.1（续）

序号	分类	项目分类	检修项目内容	A/B	C	D
26	计算机控制系统	标准项目	更换现地控制单元模件（LCU）	△	△	△
27			更换远程光缆	△	△	△
28			更换或升级网线	△	△	△
29		非标准项目	升级数据库	△	△	△
30			升级或更新应用软件	△	△	△
31			升级操作平台	△	△	△
32			更换工控机或者 PLC	△	△	△
33			更换数据备份装置	△	△	△
34			改造智能仪表通信装置、温度巡检装置	△	△	△
35	调速器控制系统	标准项目	检查、校验一次元件及变送器等外围设备	√	△	△
36			检查、测试系统硬件、软件	√	△	△
37			检查、测试 I/O 信号、参数量程	√	√	△
38			检查执行机构动作情况	√	√	△
39			进行系统冷态整套调试	√	√	△
40			进行系统热态优化	√	△	△
41		非标准项目	更换重要的系统硬件设备、执行装置	△	△	△
42			更改软件组态、设定值、控制回路，软件版本升级	△	△	△
43	水力机械停机保护系统	标准项目	校验信号检测回路及元件，进行取样点确认	√	△	△
44			进行保护试验、定值确认	√	√	△
45			逻辑功能试验	√	△	△
46			检查系统试验	√	√	△
47		非标准项目	更换重要的系统硬件设备、执行装置	△	△	△
48			更改软件组态、设定值、控制回路，软件版本升级	△	△	△
49	同期装置	标准项目	外观及接线检查（含卫生清扫）	√	√	√
50			硬件跳线的检查	√	△	△
51			绝缘电阻、装置配线及导电部分与框架距离检查	√	√	△
52			装置调试、参数整定	√	△	△
53			输出接点和信号检查	√	√	△
54		非标准项目	更换重要的系统硬件设备	△	△	△
55	外围辅助控制系统	标准项目	检查、试验一次元件、开关	√	△	△
56			检查、修理控制卡件、机柜、报警装置	√	△	△
57			清扫、检查电源装置，进行电缆测试	√	√	△
58			进行系统功能调试	√	△	△
59			告警信号及功能测试	√	√	△

表 C.1（续）

序号	分类	项目分类	检修项目内容	A/B	C	D
60	检测元件	标准项目	到期或超周期仪表、模件、变送器的检修、调校	√	√	△
61			所有检测仪表、元件、变送器、装置的检修、校准	√	√	△
62			主要检测仪表、元件、变送器的校准	√	√	△
63			计算、调节、控制单元及装置的检修、校准	√	△	△
64			电动阀、气动阀、执行设备的检修，加注新润滑油，校准	√	△	△
65			电动执行机构清洁、减速箱油位检查及补油		√	△
66			所有操作开关、按钮检查和触点清洗	√	√	△
67			继电器动作及释放电压测试	√	√	△
68	盘台柜及测量取样回路系统	标准项目	隐蔽的热工检测元件检查、更换			
69			接地系统可靠性检查，设备和线路绝缘测试，电缆和接线整理	√	√	△
70			紧固接线，手轻拉无松动；外露线消除	√	√	△
71			机柜、台盘、接线端子箱内部清洁	√	△	△
72			柜防尘滤网清理、柜门密封处理	√		√
73			取源部件的检修、清扫；测量管路、阀门吹扫及接头紧固	√	√	△
74			老化、损坏的电缆更换	√	△	△
75			检修工作结束后的屏、盘、台、柜、箱孔洞封堵	√	△	△
76			现场设备防火、防水、防灰堵、防振、防人为误动措施完善	√	√	△
77			测量设备计量标签；管路、电缆、设备挂牌和标志	√	√	△
78	遗留缺陷处理及技改	非标准项目	安装位置不可靠、不便检修的设备移位	△	△	△
79			运行中无法处理而遗留的设备缺陷消除	√	√	△
80			C、D 级检修中无法处理而遗留的重大设备缺陷消除	√	△	△
81			停机前检查记录缺陷的处理	√	√	√
82			中小型设备改造或优化改进项目	△	△	△
83			重大设备或系统改造及优化改进，技术更新项目	△	△	△

注 1：√—检修应进行的项目；△—可根据具体需要而定的项目（或该项目中的部分内容检修）。
注 2：调度自动化系统、通信系统检修项目参考计算机监控系统标准项目执行

附 录 D

（资料性附录）
监控自动化装置质量标准和性能指标

D.1 机组在试生产期及大修结束后（或在机组整套启动试运行移交后），检测设备、计算机监控系统、调速器控制系统等装置应满足以下质量标准。

D.2 计算机监控系统及通信系统监督指标应达到以下要求。

    a） 主要监测参数合格率为 100%。

    b） 保护投入率为 100%。

    c） 自动控制系统投入率不低于 95%（有自动控制系统与微机调速器的机组）。

    d） 监控系统数据采集测点投入率为 99%，合格率为 98%。

D.3 调度自动化监督指标应达到以下要求。

    a） 数据通信系统月可用率≥96%；单机系统年可用率不小于 96%；双机系统年可用率不小于 99.9%。

    b） 事故遥信年动作正确率 98%。

    c） 遥测月合格率≥97%。

    d） 机组自动发电控制（AGC）可用率≥99%。

D.4 通信回路监督指标应达到以下要求。

    a） 通信设备月运行率达到：

        微波≥99.99%；

        光纤≥99.99%；

        载波≥99.98%；

        交换机≥99.85%；

        通信设备供电可用率 100%。

    b） 通信电路月运行率达到：

        微波≥99.95%；

        光纤≥99.98%；

        载波≥99.93%。

D.5 计算机监控系统、远程控制系统及通信系统、辅助控制系统等应满足以下要求。

    a） 数据采集的设计功能全部实现；

    b） 顺序控制（包括开关与隔离开关操作、各同期点操作、10kV 备自投、厂用电自动切换等）应全部投运且符合生产控制流程操作要求；

    c） 各辅助控制系统应投入运行且动作无误；

    d） 机组开机、停机、事故停机功能正常；

    e） 自动发电控制（AGC）功能正常或满足调度要求；

    f） 自动电压控制（AVC）功能正常或满足调度要求。

D.6 自动控制系统性能指标。

系统性能指标主要是指自动控制系统的响应及控制指标，总体上其静态品质、动态品质指标应满足相关国家标准的要求，见表 D.1。

表 D.1 系统性能指标表

序号	被控参数或控制品质	要求指标	实际指标
计算机监控系统	状态和报警点采集周期	≤1s	
	模拟电量采集周期	≤2s	
	模拟非电量采集周期	1s～20s	
	SOE 分辨率	≤2ms	
	LCU 装置接受控制命令后的响应时间	<1s	
	电站级数据采集时间	<1s～2s	
	调用新画面的响应时间	半图形显示：≤1s 全图形显示：≤2s	
	画面实时数据刷新时间	<1s～2s	
	命令执行回答显示时间	<1s～2s	
	报警或事件产生的显示和音响发出时间	<2s	
	双机切换时间	热备用：实时任务不中断； 温备用：≤30s； 冷备用：≤5min	
	MTBF	主控计算机：>8000h； 现地控制单元装置：16 000h	
	CPU 负载率	≤70%	重载下最大负荷
	网络负载率	≤50%	正常情况下
	计算机存储器容量裕度	≥40%	
	AGC 控制	满足调度规定	
	AVC 控制	满足调度规定	
	与上级调度联络控制	响应时间满足当地调度规定	
调度自动化系统	系统时间与标准时间差	≤1ms	
	遥测量	综合误差≤± 1.5%（额定值）	
		合格率≥98%	
	遥信量	正确动作率（年）≥99%	
		SOE 站间分辨率≤10ms	
	远动系统	SOE 分辨率≤2ms	
	遥控正确率	100%	

表 D.1（续）

序号	被控参数或控制品质	要求指标	实际指标
调度自动化系统	遥调正确率	≥99.9%	
	遥测传送时间	≤4s	
	遥信变化传送时间	≤3s	
	遥控、遥调命令传送时间	≤4s	
	自动发电控制命令发送周期	4s～16s	
	经济功率分配计算周期	5min～15min	
	画面调用响应时间	85%的画面≤2s, 其他画面≤3s	
	画面实时数据刷新周期	5s～10s	
	模拟屏数据刷新周期	6s～12s	
	大屏幕投影数据刷新周期	6s～12s	计算节点 500 个内
	状态估计单次计算时间	≤15s	计算节点 500 个内
	调度员潮流计算误差	≤1.5%	计算节点 500 个内
	调度员潮流单次潮流计算时间	≤5s	计算节点 500 个内
	CPU 负载率	≤20%	电网正常运行时, 任意 30min
		≤50%	系统事故下, 10s 内
	网络负载率	≤10%	
	调度数据网络	传送速率为 $n×2M$	
	专线通信通道	传送速率 600bit/s、1200bit/s	推荐 1200bit/s
		误码率≤10^{-5}	信噪比为 17dB 时
		数字接口通信速率2400bit/s～9600bit/s	
备注	通信系统通信技术指标参照调度自动化系统执行，其他技术指标参考计算机监控系统执行		

附　录　E
（规范性附录）
监控自动化技术监督资料档案目录

表E.1　监控自动化技术监督资料档案目录

序号	资料档案名称
1	设备基建移交资料
1.1	设备原理图、安装接线图、电源系统图、安装竣工图等图纸资料
1.2	制造厂的整套图纸、说明书
1.3	出厂试验报告
1.4	设备安装、验收记录
1.5	设计修改文件、缺陷处理报告
1.6	调试试验报告
1.7	投产验收报告
2	设备台账
2.1	设备台账
2.2	调试设备台账
2.3	试验仪器仪表台账
2.4	软件、硬件设备配置清册
2.5	备品配件及定额清册
2.6	参数报警及保护定值清册
2.7	控制系统策略清册
3	运行维护资料
3.1	异常、障碍、事故、故障、缺陷及处理记录
3.2	定期切换记录
3.3	系统软件、数据修改、备份记录
3.4	设备巡回检查记录
3.5	蓄电池充放电记录
4	检修资料
4.1	检修、调整、定检、试验记录及报告台账
4.2	仪器仪表定检记录
5	事故管理报告和记录
5.1	监控自动化专业反事故措施记录

表 E.1（续）

序号	资料档案名称
5.2	设备非计划停运、障碍、事故统计记
5.3	事故分析报告
6	技术改进资料
6.1	技改可行性报告
6.2	技改图纸、资料、说明书
6.3	技改质量监督和验收报告
6.4	技改后评估报告
7	监控自动化监督相关制度和反事故措施
7.1	与监控自动化监督有关的国家法律、法规及国家、行业、集团公司标准、规范、规程、制度
7.2	水力发电厂监控自动化监督标准、规定、措施等
7.3	监控自动化监督工作计划和总结
7.4	监控自动化监督月报、季报、年报、速报
7.5	监控自动化监督预警通知单和验收单
7.6	监控自动化监督会议纪要
7.7	监控自动化监督工作自我评价报告和外部检查评价报告
7.8	监控自动化监督人员技术档案、上岗考试成绩和证书
7.9	与设备质量有关的重要工作来往文件

附 录 F
（规范性附录）
监控自动化技术监督不符合项通知单

编号（No）：××–××–××

发现部门：　　专业：　　被通知部门、班组：　　签发：　　日期：　　年　月　日

不符合项描述	1. 不符合项描述： 2. 不符合标准或规程条款说明：
整改措施	3. 整改措施： 　　　　　　　制订人/日期：　　　　　　　　　　审核人/日期：
整改验收情况	4. 整改自查验收评价： 　　　　　　　整改人/日期：　　　　　　　　　　自查验收人/日期：
复查验收评价	5. 复查验收评价： 　　　　　　　　　　　　　　　　　复查验收人/日期：
改进建议	6. 对此类不符合项的改进建议： 　　　　　　　　　　　　　　　　　建议提出人/日期：
不符合项关闭	整改人：　　　自查验收人：　　　复查验收人：　　　签发人：
编号说明	年份+专业代码+本专业不符合项顺序号

附 录 G

（规范性附录）

监控自动化技术监督季报编写格式

×× 电厂 20×× 年 × 季度监控自动化技术监督季报

编写人：××× 固定电话/手机：×××××

审核人：×××

批准人：×××

上报时间：20×× 年 ×× 月 ×× 日

G.1 上季度集团公司督办事宜的落实或整改情况

G.2 上季度产业（区域）公司督办事宜的落实或整改情况

G.3 监控自动化监督年度工作计划完成情况统计报表

表 G.1 年度技术监督工作计划和技术监督服务单位合同项目完成情况统计报表

电厂技术监督计划完成情况			技术监督服务单位合同工作项目完成情况		
年度计划项目数	截至本季度完成项目数	完成率%	合同规定的工作项目数	截至本季度完成项目数	完成率%

G.4 监控自动化监督考核指标完成情况统计报表

G.4.1 监督管理考核指标报表

监督指标上报说明：每年的 1、2、3 季度所上报的技术监督指标为季度指标；每年的 4 季度所上报的技术监督指标为全年指标。

表 G.2 技术监督预警问题至本季度整改完成情况统计报表

一级预警问题			二级预警问题			三级预警问题		
问题项数	完成项数	完成率%	问题项数	完成项数	完成率%	问题项目	完成项数	完成率%

表 G.3 集团公司技术监督动态检查提出问题本季度整改完成情况统计报表

检查年度	检查提出问题项目数（项）			电厂已整改完成项目数统计结果			
	严重问题	一般问题	问题项合计	严重问题	一般问题	完成项目数小计	整改完成率%

G.4.2 技术监督考核指标报表

表 G.4　20××年×季度机组自动调节控制投入率报表

设计套数	统计套数	投入套数	投入率 %	完好率 %	备注

表 G.5　20××年×季度水轮机保护装置投入率报表

设计套数	统计套数	投入套数	投入率 %	正确动作次数	误动次数	正确动作率 %	完好率 %	备注

表 G.6　20××年×季度监控自动化仪表抽检合格率报表

主要检测参数			采集通道测点			备注
抽检数量	抽检合格数量	抽检合格率 %	设计点数	投用点数	投入率 %	

表 G.7　20××年×季度监控自动化保护错误动作分析报告

机组号	无异常
保护装置名称	
保护动作时间	
保护动作条件	
动作时机组运行工况	
动作原因分析：	
吸取的教训：	
防止此项保护装置误动或拒动重复发生的措施及采取的对策：	

表 G.8　20××年×季度监控自动化监督主要考核指标报表

指标名称	本季度完成的指标值	考核或标杆值
主要监测参数合格率 %		100
保护投入率 %		100
自动投入率 %		95
监控系统数据采集测点投入率 %		99

G.4.3 技术监督考核指标简要分析

填报说明：分析指标未达标的原因。

a) 主要监测参数合格率为100%；

b) 保护投入率100%；

c) 自动控制系统投入率不低于95%（有自动控制系统与微机调速器的机组）；

d) 监控系统数据采集测点投入率99%，合格率98%。

G.5 本季度主要的监控自动化监督工作

填报说明：简述监控自动化监督管理、试验、检修、运行的工作和设备遗留缺陷的跟踪情况。

G.6 本季度监控自动化监督发现的问题、原因及处理情况

填报说明：包括试验、检修、运行、巡视中发现的一般事故和一类障碍、危急缺陷和严重缺陷。必要时应提供照片、数据和曲线。

1. 一般事故及一类障碍

2. 危急缺陷

3. 严重缺陷

G.7 监控自动化下季度的主要工作

G.8 附表

华能集团公司技术监督动态检查专业提出问题至本季度整改完成情况见表G.9，《华能集团公司火（水）电技术监督报告》专业提出的存在问题至本季度整改完成情况见表G.10，技术监督预警问题至本季度整改完成情况见表G.11。

表 G.9 华能集团公司技术监督动态检查专业提出问题至本季度整改完成情况

序号	问题描述	问题性质	西安热工研究院有限公司提出的整改建议	发电企业制定的整改措施和计划完成时间	目前整改状态或情况说明

注1：填报此表时需要注明集团公司技术监督动态检查的年度；
注2：如4年内开展了2次检查，应按此表分别填报。待年度检查问题全部整改完毕后，不再填报

表 G.10 《华能集团公司火（水）电技术监督报告》专业提出的
存在问题至本季度整改完成情况

序号	问题描述	问题性质	问题分析	解决问题的措施及建议	目前整改状态或情况说明

表 G.11 技术监督预警问题至本季度整改完成情况

预警通知单编号	预警类别	问题描述	西安热工研究院有限公司提出的整改建议	发电企业制定的整改措施和计划完成时间	目前整改状态或情况说明

附 录 H
（规范性附录）
监控自动化技术监督信息速报

单位名称			
设备名称		事件发生时间	
事件概况	注：有照片时应附照片说明。		
原因分析			
已采取的措施			
监督专责人签字		联系电话 传　真	
生长副厂长或总工程师签字		邮　箱	

附 录 I
（规范性附录）
监控自动化技术监督预警项目

I.1 一级预警

I.1.1 计算机监控系统、调度自动化系统、通信系统、重要主辅系统重要功能发生连续性故障，未能彻底消除。

I.2 二级预警

I.2.1 在机组计算机监控系统技术改造（或基建）、投产过程中，未按照计算机监控系统技术规范书及 DL/T 822 等有关行业规程标准对系统进行测试验收。
I.2.2 计算机监控系统、调度自动化系统、通信系统重要功能故障未及时处理，影响安全生产。
I.2.3 监督制度中要求的重要保护装置虽经批准退出，但未在规定时间恢复并正常投入。

I.3 三级预警

I.3.1 计算机监控系统重要检测测点，如机组有功功率、无功功率等，未配置或长时间不能投入或投入不正常。
I.3.2 计算机监控系统的主要控制功能如 AGC、AVC、顺序开、停机等，长时间不能投入或投用不正常；水轮机保护装置没有定期做传动试验。
I.3.3 调度自动化系统与上级调度机构通信功能长时间失效不能投入。
I.3.4 系统配置不满足电力二次安全防护措施。
I.3.5 监督制度中要求的重要保护装置随意退出、停用。
I.3.6 未按照要求开展软件、数据修改和备份工作。

附 录 J

（规范性附录）

监控自动化技术监督预警通知单

验收单编号：Y–　　　　　　　预警类别：　　　　　　　日期：　　年　　月　　日

发电企业名称		
设备（系统）名称及编号		
异常情况		
可能造成或 已造成的后果		
整改建议		
整改时间要求		
提出单位		签发人

注：通知单编号：T–预警类别编号–顺序号–年度。预警类别编号：一级预警为1，二级预警为2，三级预警为3。

附 录 K
（规范性附录）
监控自动化技术监督预警验收单

验收单编号：Y-　　　　　　预警类别：　　　　　　日期：　　年　　月　　日

发电企业名称	
设备（系统）名称及编号	
异常情况	
技术监督服务单位整改建议	
整改计划	
整改结果	

验收单位		验收人	

注：验收单编号：Y-预警类别编号-顺序号-年度。预警类别编号：一级预警为1，二级预警为2，三级预警
为3。

附 录 L

（规范性附录）

监控自动化技术监督动态检查问题整改计划书

L.1 概述

L.1.1 叙述计划的制定过程（包括西安热工研究院有限公司、技术监督服务单位及水力发电厂参加人等）。

L.1.2 需要说明的问题，如：问题的整改需要较大资金投入或需要较长时间才能完成整改的问题说明。

L.2 问题整改计划表

表 L.1 问题整改计划表

序号	问题描述	专业	西安热工研究院有限公司提出的整改建议	发电企业制定的整改措施和计划完成时间	发电企业责任人	西安热工研究院有限公司责任人	备注

L.3 一般问题整改计划表

表 L.2 问题整改计划表

序号	问题描述	专业	西安热工研究院有限公司提出的整改建议	发电企业制定的整改措施和计划完成时间	发电企业责任人	西安热工研究院有限公司责任人	备注

附 录 M
（规范性附录）
监控自动化监督工作评价表

序号	评价项目	标准分	评价内容与要求	评分标准
1	监控自动化监督管理	400		
1.1	组织与职责	50	查看水力发电厂技术监督机构文件、上岗资格证	
1.1.1	监督组织健全	20	建立健全监督领导小组领导下的三级监控自动化监督网，在归口职能管理部门设置监控自动化监督专责人	（1）未建立三级监控自动化监督网，扣20分； （2）未落实监控自动化监督专责人或人员调动未及时变更，扣10分
1.1.2	职责明确并得到落实	15	专业岗位职责明确，落实到人	专业岗位设置不全或未落实到人，每一岗位扣5分
1.1.3	监控自动化专责持证上岗	15	厂级监控自动化监督专责人持有效上岗资格证	未取得资格证书或证书超期，扣10分
1.2	标准符合性	50	查看： （1）保存现行有效的国家、行业与监控自动化监督有关的技术标准、规范； （2）监控自动化监督管理标准； （3）企业技术标准	
1.2.1	监控自动化监督管理标准	20	（1）"监控自动化监督管理标准"编写的内容、格式应符合《华能电厂安全生产管理体系要求》和《华能电厂安全生产管理体系管理标准编制导则》的要求，并统一编号； （2）"监控自动化监督管理标准"的内容应符合国家、行业法律、法规、标准和《中国华能集团公司电力技术监督管理办法》相关的要求，并符合水力发电厂实际	（1）不符合《华能电厂安全生产管理体系要求》和《华能电厂安全生产管理体系管理标准编制导则》的编制要求，扣10分； （2）不符合国家、行业法律、法规、标准和《中国华能集团公司电力技术监督管理办法》相关的要求和水力发电厂实际，扣10分
1.2.2	国家、行业技术标准	10	保存的技术标准符合集团公司年初发布的监控自动化监督标准目录；及时收集新标准，并在厂内发布	（1）缺少标准或未更新，每个扣5分。 （2）标准未在厂内发布，扣10分

序号	评价项目	标准分	评价内容与要求	评分标准
1.2.3	企业技术标准	20	企业制度和规程应符合国家和行业技术标准；符合本厂实际情况，并按时修订。 主要制度： 岗位责任制度； 工作票和操作票制度； 监控自动化系统运行维护管理制度； 监控自动化设备巡回检查制度； 设备定期试验与轮换制度； 设备定值管理制度； 设备缺陷管理制度； 技术资料、图纸管理制度； 调试专用计算机管理制度； 计算机软件、数据管理制度； 试验仪器仪表管理制度； 工具、材料、备品配件管理制度； 机房安全管理制度； 密码权限使用和管理制度； 技术监督评价与考核制度。 主要规程： 监控自动化设备运行规程； 监控自动化设备检修规程； 监控自动化设备检修维护作业指导文件	（1）主要制度未制定，一项扣5分。 （2）主要规程未制定，一项扣5分。 （3）制度内容建立不全或不符合要求，每项扣2分。 （4）规程内容建立不全或不符合要求每项扣1～5分，如性能指标、运行控制指标、工艺控制指标不符合要求，每项扣10分。 （5）企业标准未按时修编，每一个企业标准扣10分
1.3	仪器仪表	50	现场查看仪器仪表台账、检验计划、检验报告	
1.3.1	仪器仪表台账	10	建立仪器仪表台账，栏目应包括：仪器仪表型号、技术参数（量程、精度等级等）、购入时间、供货单位；检验周期、检验日期、使用状态等	（1）仪器仪表记录不全，一台扣5分； （2）新购仪表未录入或检验；报废仪表未注销和另外存放，每台扣10分
1.3.2	仪器仪表资料	10	（1）保存仪器仪表使用说明书； （2）编制红外检测、避雷器阻性电流测量等专用仪器仪表操作规程	（1）使用说明书缺失，一件扣5分； （2）专用仪器操作规程缺漏，一台扣5分
1.3.3	仪器仪表维护	10	（1）仪器仪表存放地点整洁、配有温度计、湿度计； （2）仪器仪表的接线及附件不许另作他用； （3）仪器仪表清洁、摆放整齐； （4）有效期内的仪器仪表应贴上有效期标识，不与其他仪器仪表一道存放； （5）待修理、已报废的仪器仪表应另外分别存放	不符合要求，一项扣5分

表（续）

序号	评价项目	标准分	评价内容与要求	评分标准
1.3.4	检验计划和检验报告	10	计划送检的仪表应有对应的检验报告	不符合要求，每台扣5分
1.3.5	对外委试验使用仪器仪表的管理	10	应有试验使用的仪器仪表检验报告复印件	不符合要求，每台扣5分
1.4	监督计划	50	现场查看监督计划	
1.4.1	计划的制定	20	（1）计划制定时间、依据符合要求； （2）计划内容应包括： 1）管理制度制定或修订计划； 2）培训计划（内部及外部培训、资格取证、规程宣贯等）； 3）检修中监控自动化监督项目计划； 4）动态检查提出问题整改计划； 5）监控自动化监督中发现重大问题整改计划； 6）仪器仪表送检计划； 7）技改中监控自动化监督项目计划； 8）定期工作（预试、工作会议等）计划	（1）计划制定时间、依据不符合，一个计划扣10分。 （2）计划内容不全，一个计划扣5～10分
1.4.2	计划的审批	15	符合工作流程：班组或部门编制→化学监督专责人审核→主管主任审定→生产厂长审批→下发实施	审批工作流程缺少环节，一个扣10分
1.4.3	计划的上报	15	每年11月30日前上报产业公司、区域公司，同时抄送西安热工研究院有限公司	计划上报不按时，扣15分
1.5	监督档案	50	现场查看监督档案、档案管理的记录	
1.5.1	监督档案清单	10	应建有监督档案资料清单。每类资料有编号、存放地点、保存期限	不符合要求，扣5分
1.5.2	报告和记录	20	健全监控自动化设备清册、技术档案及记录资料，做到档案管理规范化： 监控自动化设备出厂技术资料（包括制造厂的整套图纸、说明书、出厂试验报告等）； 监控自动设备投产资料（包括设备安装、验收记录、设计修改文件、缺陷处理报告、调试试验报告、投产验收报告等）； 设备原理图、安装接线图、电源系统图、安装竣工图等； 设备台账、调试设备台账及试验仪器仪表台账；	（1）缺失一项扣2分。 （2）报告记录内容不完整或有误一项扣1分

表（续）

序号	评价项目	标准分	评价内容与要求	评分标准
1.5.2	报告和记录	20	软件、硬件设备配置清册； 监控自动化设备备品备件及定额清册； 监控自动化设备控制系统策略清册； 监控自动化设备参数报警值及保护定值清册； 监控自动化设备异常、障碍、事故、故障、缺陷及处理记录； 监控自动化设备检修、调整、定检、试验及定期切换记录及报告台账； 监控自动化系统软件、数据备份记录； 监控自动化系统软件、数据修改记录； 计算机监控系统简报信息分析报告台账； 仪器仪表定检记录； 设备巡回检查记录； 蓄电池充放电记录； 监控自动化事故管理报告和记录（包括专业反事故措施计划台账，设备非计划停运、障碍、事故统计记录，事故分析报告）； 监控自动化设备技术改进报告及记录（包括技改可行性报告，技改图纸、资料、说明书，技改质量监督和验收报告，技改后评估报告）	（1）缺失一项扣2分。 （2）报告记录内容不完整或有误一项扣1分
1.5.3	档案管理	20	（1）资料按规定储存，由专人管理。 （2）记录借阅应有借、还记录。 （3）有过期文件处置的记录	不符合要求，一项扣10分
1.6	评价与考核	40	查阅评价与考核记录	
1.6.1	动态检查前自我检查	10	自我检查评价切合实际	（1）没有自查报告扣10分。 （2）自我检查评价与动态检查评价的评分相差10分及以上，扣10分
1.6.2	定期监督工作评价	10	有监督工作评价记录	无工作评价记录，扣10分
1.6.3	定期监督工作会议	10	有监督工作会议纪要	无工作会议纪要，扣10分
1.6.4	监督工作考核	10	有监督工作考核记录	发生监督不力事件而未考核，扣10分
1.7	工作报告制度执行情况	50	查阅检查之日前四个季度季报、检查速报事件及上报时间	

表（续）

序号	评价项目	标准分	评价内容与要求	评分标准
1.7.1	监督季报、年报	20	（1）每季度首月5日前，应将技术监督季报报送产业公司、区域公司和西安热工研究院有限公司； （2）格式和内容符合要求	（1）季报、年报上报迟报1天扣5分； （2）格式不符合，一项扣5分； （3）统计报表数据不准确，一项扣10分； （4）检查发现的问题，未在季报中上报，每1个问题扣10分
1.7.2	技术监督速报	20	按规定格式和内容编写技术监督速报并及时上报	（1）发现或者出现重大设备问题和异常及障碍未及时、真实、准确上报技术监督速报，每1项扣10分； （2）上报速报事件描述不符合实际，一件扣10分
1.7.3	年度工作总结报告	10	（1）每年元月5日前组织完成上年度技术监督工作总结报告的编写工作，并将总结报告报送产业公司、区域公司和西安热工研究院有限公司； （2）格式和内容符合要求	（1）未按规定时间上报，扣10分。 （2）内容不全，扣10分
1.8	监督考核指标	60	查看仪器仪表校验报告；监督预警问题验收单；整改问题完成证明文件。现场查看，查看检修报告、缺陷记录	
1.8.1	试验仪器仪表校验率	10	要求：100%	不符合要求，不得分
1.8.2	监督预警、季报问题整改完成率	15	要求：100%	不符合要求，不得分
1.8.3	动态检查存在问题整改完成率	15	要求：从发电企业收到动态检查报告之日起：第1年整改完成率不低于85%；第2年整改完成率不低于95%	不符合要求，不得分
1.8.4	缺陷消除率	10	要求： （1）危急缺陷100%； （2）严重缺陷90%	不符合要求，不得分
1.8.5	设备完好率	10	要求： （1）主设备100%； （2）一般设备98%	不符合要求，不得分
2	监控自动化技术监督	600		
2.1	计算机监控系统	240		
2.1.1	系统安全性	80		

表（续）

序号	评价项目	标准分	评价内容与要求	评分标准
2.1.1.1	电源设计	10	查看现场设备配置及试验记录。要求： （1）电源应设计有可靠的后备手段，备用电源的切换时间应小于5ms，电源的切换时间应保证控制器不被初始化；系统电源故障应设置最高级别的报警。 （2）严禁非计算机监控系统用电设备接到监控系统的电源装置上。 （3）计算机监控系统电源的各级电源开关容量和熔断器熔丝应匹配，防止故障越级。 （4）UPS输出电压波动绝对值宜小于10%，当交流电源消失时维持供电不小于2h；不间断供电电源交流进线应采用两路独立电源供电。 （5）操作员站如无双路电源切换装置，则必须将两路供电电源分别连接于不同的操作员站	（1）没有后备电源不得分； （2）备用电源切换时间不满足要求，每套扣5分； （3）放电时间不满足要求，每套扣5分； （4）电源没有独立的报警，扣2分； （5）未开展相应测试工作，每项扣5分； （6）不间断供电电源交流进线未独立，扣3分； （7）操作员电源配置不符合要求，扣3分
2.1.1.2	操作权限	5	查阅现场规章制度及记录。要求：计算机监控系统、通信系统应针对不同职责的运行维护人员，设置有不同安全等级操作权限	（1）没有设置不得分； （2）设置不合理扣2分
2.1.1.3	系统重要设备冗余、独立配置	5	查看现场设备及记录。要求： （1）主计算机、LCU可编程控制器、系统电源、为I/O模件供电的直流电源、通信网络等均应采用完全独立的冗余配置，并处于热备用状态，定期开展冗余切换试验。 （2）控制器应严格遵循机组重要功能分开的独立性配置原则，各控制功能应遵循任一组控制器或其他部件故障对机组影响最小的原则	（1）不满足要求，一项扣2分； （2）未开展切换试验，一项扣2分
2.1.1.4	软件防误操作闭锁功能	5	查看现场设备。要求：监控系统控制流程应具备闭锁功能，远方、就地操作均应具备防止误操作闭锁功能；被控设备标示清晰，设备操作画面醒目，设计有设备操作闭锁条件提示画面，有对所控机组和设备基本的防误操作闭锁功能	（1）无软件防误操作闭锁功能不得分； （2）功能设置不合理扣2分
2.1.1.5	电气闭锁	5	查看现场设备。要求：计算机监控系统的远方、现地操作均应具备电气闭锁功能，且闭锁联动试验正确	（1）没有电气闭锁功能不得分； （2）没有联动试验记录，一项扣2分

表（续）

序号	评价项目	标准分	评价内容与要求	评分标准
2.1.1.6	安全校核功能	5	查看现场设备及技术资料。要求：自动发电控制（AGC）和自动电压控制（AVC）子站应具有可靠的技术措施，对调度自动化主站下发的自动发电控制指令和自动电压控制指令进行安全校核，确保发电运行安全	（1）无安全校核功能不得分； （2）校核功能未开展过测试，每项扣 2 分
2.1.1.7	自诊断及自恢复功能	5	查看现场设备及记录。要求：系统应有完善的自诊断功能，及时发现自身故障，并指出故障部位。系统还应具备自恢复功能，即当监控系统出现程序死锁或失控时，能自动恢复到原来运行状态；对于冗余配置的设备，监控系统应能自动切换到备用设备运行	发现一项不符合要求扣 1 分
2.1.1.8	事故追忆	5	查看现场设备及记录。要求：系统应具有事故追忆的功能，对各种事故记录时间长度不少于 180s。一般事故前 60s，事故后 120s，追忆记录采样速率为 1 次/s	事故追忆功能一项不符合要求扣 2 分
2.1.1.9	接地	10	查看现场设备。要求：计算机监控系统盘柜应设置工作地和保护地： （1）应利用水力发电厂的主接地网接地，不设计算机系统专用接地网。 （2）盘柜应设置工作地。即盘柜外，沿着盘柜布置方向敷设截面 100mm² 的专用铜排，将该铜排首末连接成环，形成等电位接地网，等电位接地网应经由至少 4 根截面不小于 50mm² 的多股铜导线接入水力发电厂的主接地网。监控系统盘柜内应设与柜体绝缘、截面积不小于 100mm² 的接地铜排，并应经由截面不小于 50mm² 的铜排分别引至等电位接地网，盘柜内与接地网相连的各种功能地（工作地）应采用截面面积不小于 4mm² 的多股铜导线连接到柜内铜排。如果监控系统盘柜近旁设置有继电保护盘柜，则二者应共用合为一体的等电位接地网。 （3）盘柜应设置保护地，应当与水力发电厂的主接地网可靠连接，盘柜接地电阻值不应大于 4Ω。 （4）应定期进行接地情况检查和接地电阻测试工作	不满足要求一项扣 5 分
2.1.1.10	运行环境	5	查看现场设备。要求：计算机室应保持室温 18℃～25℃，湿度为 45%～65%；现地控制单元的场地环境温度应保持为 0℃～40℃，湿度为 20%～90%	（1）没有温度、湿度记录扣 5 分； （2）不满足要求，一项扣 2 分

表（续）

序号	评价项目	标准分	评价内容与要求	评分标准
2.1.1.11	防雷和过电压	5	查看现场设备。要求：监控设备（含电源设备）的防雷和过电压防护能力应满足电力系统通信站防雷和过电压防护要求。监控系统应在可能遭受雷电侵入的部分设置防雷保护元件。防雷保护元件按三级防雷网络设置，最后一级应将浪涌过电压限制在设备能安全承受的范围内	（1）防雷和过电压能力不满足要求扣2分； （2）防雷保护元件设置不合理扣2分
2.1.1.12	二次安全防护	5	查看现场设备、技术资料及记录。要求： （1）与非控制区（安全区Ⅱ）设备之间应采用具备访问控制功能的设备、防火墙或者相当功能的设施，实现逻辑隔离。 （2）与管理信息大区设备之间应采取接近于物理隔离强度的隔离措施。如以网络方式连接，则应设置经国家指定部门检测认证的电力专用横向单向安全隔离装置。 （3）生产控制大区的业务系统在与其终端的纵向联接中使用无线通信网、电力企业其他数据网（非电力调度数据网）或者外部公用数据网的虚拟专用网络方式等进行通信的，应当设立安全接入区。安全接入区与其他部分的联接处必须设置经国家制定部门监测认证的电力专用横向单向安全隔离装置。 （4）与电力调度数据网之前应配置经过国家指定部门检测认证的电力专用纵向加密认证装置或者加密认证网关及相应设施进行安全防护。 （5）同一套时钟同步系统接受和授时装置不应采用网络方式为不同安全大区的设备提供授时服务	发现一项不符合要求扣2分
2.1.1.13	防病毒保护措施	5	查看现场设备及记录。要求：必须建立有针对性的系统防病毒保护措施，并定期对防护设备进行系统升级	（1）没有措施不得分； （2）有措施未定期开展防护设备升级工作的扣2分
2.1.1.14	应急预案和故障恢复措施	5	查阅现场技术资料及记录。要求：制订监控系统应急预案和故障恢复措施，并定期进行反事故演习	（1）没有应急预案或措施不得分； （2）无定期反事故演习记录扣2分
2.1.2	程序控制与调节功能	40		

表（续）

序号	评价项目	标准分	评价内容与要求	评分标准
2.1.2.1	控制功能	10	查看现场设备、技术资料及记录。要求：机组启停程控、事故停机流程、同期控制流程、开关操作控制流程、辅助设备程控、闸门启/闭顺序控制和闸门开度调节功能；调节功能包括：自动有、无功调节、电压以及设备操作权、控制权切换，切换应正常、无扰；系统设计功能全部实现。自动控制系统投入率不低于95%	（1）一项功能没能实现扣5分； （2）自动控制系统投入率每降低一个百分点扣1分
2.1.2.2	控制指令优先级	10	查看现场设备、技术资料及记录。要求：模拟量控制、顺序控制、保护连锁控制及单独操作在共同作用同一个对象时，控制指令优先级应为保护连锁控制最高、单独操作次之、模拟量控制和顺序控制最低的顺序。同一个开关量信号不允许同时送多个控制回路系统应用	（1）无指令优先级不得分； （2）优先级设置不合理每项扣2分
2.1.2.3	自动发电控制（AGC）	10	查看现场设备、技术资料及记录。要求：具备自动发电控制（AGC）或有功功率联合控制功能，能按负荷曲线、功率定值、系统频率方式自动调节功率。能考虑调频和备用容量的需求，躲过机组振动、空化区等各项限制条件。AGC功能的发电机组以及调节范围、响应速度、调节精度及投运率等参数、指标应满足电力行业相关规程及当地电网调度机构的技术要求	（1）AGC功能设置不全每项扣2分； （2）指标参数不合格一项扣2分； （3）没有开展AGC功能测试试验不得分
2.1.2.4	自动电压控制（AVC）	10	查看现场设备、技术资料及记录。要求：具备自动电压控制（AVC）或机组无功功率联合控制功能，能按电压曲线、电压定值、无功定值方式调节。AVC功能的发电机组以及调节范围、响应速度、调节精度及投运率等参数、指标应满足电力行业相关规程及当地电网调度机构的技术要求	（1）AVC功能设置不全每项扣2分； （2）指标参数不合格一项扣2分； （3）没有开展AVC功能测试试验不得分
2.1.3	监视功能	25		
2.1.3.1	越、复限报警	5	查看现场记录。要求：各越、复限报警功能正常，变、复位功能正常，历史记录数据功能正常	（1）检测功能不正常扣2分； （2）报警及历史记录不正确扣1分
2.1.3.2	数据采集测点	5	查看现场设备、记录。要求：监控系统数据采集测点投入率应≥99%，合格率≥98%，主要检测参数合格率100%	投入率和合格率每降低1%扣2分

表（续）

序号	评价项目	标准分	评价内容与要求	评分标准
2.1.3.3	主要检测参数	10	查看现场设备及记录。要求：主要检测参数数据显示正确，历史记录数据正确	（1）主要检测参数数据显示不正确每发现一条扣2分；（2）报警及历史记录不正确扣2分
2.1.3.4	数字量显示	5	查看现场记录。要求：数字量显示正确，状变量、故障、事故记录一览表显示正常，历史记录正确；事故、故障信号语音报警、移动电话文字报警功能正常	（1）数字量显示功能不正常扣2分；（2）各一览表显示及历史记录不正确扣2分；（3）报警功能缺失一项扣1分
2.1.4	计算机监控系统现地控制单元	40		
2.1.4.1	人机接口设备	10	查看现场设备。要求：现地控制单元应有人机接口设备，在其上可以进行现场控制操作，还能显示相应的操作画面、操作提示、相关数据及事故、故障指示信号	不符合要求每项扣2分
2.1.4.2	误操作闭锁功能	10	查看现场设备、技术资料及记录。要求：对任何现地的自动或手动操作应设计有误操作闭锁功能，误操作能被自动禁止并报警，各现地控制单元人机接口应设置不同密码	不符合要求每项扣2分
2.1.4.3	现地控制单元配置	5	查看现场设备及记录。要求：现地控制单元应采用双机冗余热备用配置，确保单个CPU故障时不会引起整个单元停运；双机热备设备切换可靠无扰；电源模块应冗余配置	（1）现地控制单元配置不符合要求每项扣2分；（2）电源模块未冗余配置扣2分；（3）双机热备设备未实现勿扰切换扣3分
2.1.4.4	I/O点配置	10	查看现场设备、技术资料。要求：重要参数、参与机组或设备保护的测点应冗余配置，冗余I/O测点应分配在不同模件上；涉及的跳闸、负荷调节等重要回路进行明显标识；交、直流电源开关和接线端子应分开布置，电源开关和接线端子应有明显的标示；电缆屏蔽层应在现地控制单元侧一点接地	不符合要求每项扣2分
2.1.4.5	水机后备保护配置	5	查看现场设备、技术资料及记录。要求：配置水机后备保护，当发生重要的水机事故或现地控制单元冗余系统全部故障或工作电源全部失去时，应能执行完整的停机过程控制，其输入信号及电源应与现地控制单元独立	（1）水机后备保护未配置不得分；（2）后备停机功能不满足要求扣2分；（3）输入信号与现地控制单元不独立，扣2分
2.1.5	性能测试	30		

表（续）

序号	评价项目	标准分	评价内容与要求	评分标准
2.1.5.1	SOE 分辨率测试	10	查看现场记录及技术资料。要求：SOE 功能应定期开展测试，SOE 动作记录完整、信号名称正确、时标显示正确	（1）未设计 SOE 功能不得分； （2）未定期开展 SOE 功能测试扣 5 分； （3）一项测试不合格扣 2 分
2.1.5.2	绝缘电阻测试	5	查看现场记录。要求： （1）计算机监控系统交流回路外部端子对地的绝缘电阻应不小于 10MΩ；不接地直流回路对地的绝缘电阻应不小于 1MΩ。 （2）应定期开展绝缘电阻测试	（1）未开展定期测试不得分； （2）测试一项不合格扣 2 分
2.1.5.3	接地电阻测试	5	查看现场记录。要求：定期对计算机监控系统开展接地电阻测试，接地电阻应不大于 1Ω	（1）未开展定期测试不得分； （2）测试一项不合格扣 2 分
2.1.5.4	冗余切换测试	5	查看现场记录。要求：应定期进行服务器、电源、CPU 等设备的切换测试	（1）未开展定期测试不得分； （2）切换测试不合格一项扣 2 分
2.1.5.5	I/O 卡件测量精度测试	5	查看现场记录。要求：机组 A、B 级检修期间，监控系统模拟量、温度量等的测量回路及参数应进行一次全面的现场校验；C 级检修结合检修工期对监控系统的测量通道（参数）进行抽检或者全检	（1）未进行定期测试扣 2 分； （2）通道精度不合格未进行整改的一项扣 2 分
2.1.6	时钟同步系统	5	查看现场设备及记录。要求：配置冗余时钟同步接受和授时装置，与协调世界时（UTC）时钟同步准确度应不大于 1μs，并实现全厂具有对时接口控制设备统一对时。对时钟同步系统准确度应进行定期测试	（1）未冗余配置GPS时钟扣 2 分； （2）GPS 对时同步性、守时性不满足要求扣 2 分
2.1.7	光缆、电缆屏蔽	5	查看现场设备。要求：开关量输入应采用总屏蔽电缆，屏蔽层应在现地控制单元侧一点接地；模拟量输入应采用对绞屏蔽加总屏蔽电缆，屏蔽层应在计算机侧接地，对绞的组合应是同一设备的两条信号线；测温电阻采用三线制接线时，应采用三绞分屏蔽加总屏蔽电缆，绞合的三条芯线应是连接同一测温电阻的三根导体；用于通信的屏蔽电缆屏蔽层应在现地控制单元侧一点接地；电缆和光缆应为阻燃型，宜采用铠装、护套或其他预防机械损伤和虫鼠害的措施；不同电压等级、不同电源类型的回路不能在同一根电缆内	不满足要求，一项扣 1 分

表（续）

序号	评价项目	标准分	评价内容与要求	评分标准
2.1.8	巡检和记录	5	查看巡检记录。要求： （1）运行巡检； （2）专业巡检； （3）特殊巡检的巡视周期和项目符合规定	（1）未按要求开展巡检一次，扣1分； （2）巡检记录不全，扣2分； （3）巡检项目不符合规定，扣3分
2.1.9	检修过程监督	10	查看检修文件卡记录。要求： （1）按期检修； （2）项目齐全； （3）检修试验合格； （4）见证点现场签字； （5）质量三级验收； （6）检修记录、检修报告完整； （7）存在的检修遗留问题应制定整改计划，并实施	不满足要求一项扣2分
2.2	调度自动化系统及通信系统	150		
2.2.1	调度自动化系统实用化验收	10	查看现场设备、技术资料及记录。要求：检查数据采集及监控系统（SCADA）、应用软件（PAS）按规定开展周期性实用化验收工作	（1）SCADA 系统通过实用化验收并复查合格，应用软件进入实用化考核未通过验收扣3分。 （2）SCADA 系统通过实用化验收并复查合格，应用软件未进入实用化考核扣5分。 （3）SCADA 系统未通过实用化验收或复查不合格扣10分
2.2.2	调度自动化系统主要运行指标	10	查看现场设备及记录。要求：管辖范围内自动化系统及设备主要运行指标应达到： （1）远动（数据采集）装置月可用率≥99%； （2）事故时遥信年动作正确率99%； （3）遥测月合格率≥98%； （4）机组 AGC 可用率≥99%	上述指标，每项每降低1%扣2分，直至扣完
2.2.3	远动信息	10	查看现场设备及记录。要求：远动系统信息采集符合直调直采、直采直送，且上送调度机构远动信息满足当地调度机构要求；上传调度主站的每路测量数据，其电压、电流量测量精度应不低于 0.2 级，其功率量测量精度应不低于 0.5 级	不符合一项扣2分
2.2.4	系统维护	10	查看现场记录。要求：系统维护、数据库调整或设备变更等可能影响上级调度机构实时信息，事前未通知中调；未经上级调度同意影响上级调度实时信息的系统停运、更新、改造和设备检修	发生1次扣2分

表（续）

序号	评价项目	标准分	评价内容与要求	评分标准
2.2.5	参数修改	10	查看现场记录。要求：调度自动化系统的参数设置、限值整定、程序修改等工作，必须有技术审批通知单，由维护人员持工作票进行	（1）无审批单扣5分； （2）修改工作未履行手续扣5分
2.2.6	远动系统安全防护	10	查看现场设备、技术资料。要求：远动系统与电力调度数据网之前应配置经过国家指定部门检测认证的电力专用纵向加密认证装置或者加密认证网关及相应设施进行安全防护	（1）与上级调度机构未配置纵向加密认证装置扣2分； （2）远动系统主机无安全防护措施，一台主机扣1分
2.2.7	防误操作功能	5	查看现场设技术资料及记录。要求：调度自动化系统应有防误操作功能	（1）无防误操作功能不得分； （2）防误操作功能不全扣2分
2.2.8	通信指标	10	通查看现场设备及记录。通信信指标达到以下要求： （1）通信设备月运行率达到：微波≥99.99%；光纤≥99.99%；载波≥99.98%；交换机≥99.85%；通信设备供电可用率100%；通信电源冗余配置。 （2）通信电路月运行率达到：微波≥99.95%；光纤≥99.98%；载波≥99.93%。 （3）数据通信系统月可用率≥96%；单机系统年可用率不小于96%；双机系统年可用率不小于99.9%	（1）通信电源未冗余配置扣3分； （2）无技术指标记录一项扣2分； （3）技术指标每减低1%扣2分
2.2.9	通信终端安全防护	10	查看现场设备及记录。要求：通信系统的计算机和维护终端为专用设备，应有专人负责管理，并分级设置密码和权限，应严禁无关人员操作网管系统	（1）计算机及终端无密码，一台扣1分； （2）网管系统未采取措施防止无关人员操作，扣2分
2.2.10	与调度端通信通道设置	10	查看现场设备、技术资料及记录。要求：调度端与远动端的通信应具有两路及以上不同路由的独立通信通道（主／备双通道），宜采用网络和专线相结合的方式，以网络方式为主、专线方式为辅；当数据网络不能到达时，应设置两路独立的专线远动通道；网络通道应满足至少两个不同方向接入调度数据网	（1）由于水力发电厂原因不满足通道冗余配置要求扣5分； （2）网络通道同向接入调度数据网扣2分
2.2.11	定期备份	5	查看现场设备记录。要求：调度交换机及网管系统运行数据应定期进行备份	（1）无备份扣5分； （2）未按规定的周期进行备份一次扣2分

表（续）

序号	评价项目	标准分	评价内容与要求	评分标准
2.2.12	光缆引入与敷设	10	查看现场设备。要求： （1）架空地线复合光缆、全介质自承式光缆（ADSS）等光缆在进站门型架处的引入光缆必须悬挂醒目光缆标示牌，同时应采取防止踩踏从门型架落地光缆的措施，避免造成光缆损伤。 （2）应防止引入缆封堵不严或接续盒安装不正确造成管内或盒内进水结冰导致光纤受力引起断纤故障的发生。 （3）通信光缆或信号电缆敷设应与一次动力电缆隔离。 （4）通信光缆或电缆应采用不同路径的电缆沟（竖井）进入监控机房和主控室；远程控制柜与主系统的两路通信电（光）缆要分层敷设；盘、台、柜底地板光缆或电缆孔洞应采用松软的耐火材料进行严密封堵	（1）未在引入光纤处挂标示牌，一处扣1分； （2）未采取防踩踏光缆的措施，一处扣2分； （3）引入缆处无防止断纤措施扣2分； （4）通信光缆或信号电缆敷设未与一次动力电力隔离扣3分； （5）通信光缆或电缆应采用同路径进入监控机房和主控室扣2分； （6）主系统的两路通信电（光）缆要未分层敷设，扣2分； （7）光缆或电缆孔洞未封堵一处扣2分
2.2.13	电源配置	10	查看现场设备及记录。要求：通信系统必须设置冗余配置独立、可靠的专用供电电源；交流外供电源失电后维持供电不小于2h；每台不间断电源容量应按另一台不间断电源故障情况下能同时承载所有负荷的要求的设计，并留有裕量；交流电厂不可靠的通信站除应增加蓄电池容量外，还应配备其他备用电源；通信网络设备应采用独立的自动空气开关供电，禁止多台设备共用一个分路开关，各级开关保护范围应逐级配合	不符合一项扣2分
2.2.14	防雷接地	5	查看现场设备及记录。要求：调度通信楼或水力发电厂控制室内的通信室接地网的接地电阻低于1Ω，独立通信站的接地网接地电阻低于5Ω	不满足一项扣2分
2.2.15	通信机房	5	查看现场、记录。要求： （1）通信机房环境满足要求。 （2）通信机房动力环境和无人值班机房内主要设备的告警信号应接到有人值班的地方或接入通信综合监测系统。 （3）有可靠的工作照明及事故照明	（1）通信机房环境不满足规程规范要求扣3分； （2）通信机房动力环境和无人值班机房内一项主要设备的告警信号未接到有人值班室或综合监测系统扣2分； （3）无事故照明扣2分
2.2.16	应急通信系统配置	5	查看现场设备及记录。要求：应配备卫星通信设备，作为紧急情况下的备用通信方式，并应定期进行功能测试	（1）未配置扣5分； （2）未提供功能测试记录扣2分

表（续）

序号	评价项目	标准分	评价内容与要求	评分标准
2.2.17	巡检和记录	5	查看巡检记录。要求： （1）运行巡检； （2）专业巡检； （3）特殊巡检的巡视周期和项目符合规定	（1）未按要求开展巡检一次，扣1分； （2）巡检记录不全，扣2分； （3）巡检项目不符合规定，扣3分
2.2.18	检修过程监督	10	查看检修文件卡记录。要求： （1）按期检修； （2）项目齐全； （3）检修试验合格； （4）见证点现场签字； （5）质量三级验收； （6）检修记录、检修报告完整； （7）存在的检修遗留问题应制定整改计划，并实施	不满足要求一项扣2分
2.3	主辅控制系统	180		
2.3.1	调速器控制系统	50		
2.3.1.1	系统及自动化元件结构	10	查看现场元件配置。要求： （1）控制系统应冗余配置； （2）带控制功能的自动化元件应冗余配置，宜采用两套不同测量原理的传感器元件； （3）转速测量装置应设置可靠，测量准确；应同时采集齿盘测速信号和电气测速信号	（1）控制系统未冗余配置扣5分； （2）自动化元件未冗余配置一项扣2分； （3）转速信号测量不准确一套扣3分； （4）测速信号采集源缺一项扣3分
2.3.1.2	检测参数	5	查看现场设备及校验记录。要求：主要检测参数（转速、有功等）合格率应为100%（包括现场仪表及计算机监控系统数据显示）	主要检测参数合格率每降低1%扣1分
2.3.1.3	报警功能	10	查看试验记录、CRT显示、历史记录和设备现场。要求：控制系统应有可靠的参数、状态异常报警功能	缺少一项报警功能扣2分
2.3.1.4	自动调节系统品质指标	10	查看试验记录、运行日志及现场设备系统投入情况。要求：自动调节系统品质指标应满足要求。调速器各参数（永态转差系数、转速死区、接力器不动时间、一次调频参数等）合格，调速器静态特性、动态特性参数符合有关技术要求	（1）一项调节性能不稳定扣2分。 （2）调速器参数不合格，一项扣2分
2.3.1.5	巡检和记录	5	查看巡检记录。要求： （1）运行巡检； （2）专业巡检； （3）特殊巡检的巡视周期和项目符合规定	（1）未按要求开展巡检一次，扣1分； （2）巡检记录不全，扣2分； （3）巡检项目不符合规定，扣3分

表（续）

序号	评价项目	标准分	评价内容与要求	评分标准
2.3.1.6	检修过程监督	10	查看检修文件卡记录。要求： （1）按期检修； （2）项目齐全； （3）检修试验合格； （4）见证点现场签字； （5）质量三级验收； （6）检修记录、检修报告完整； （7）存在的检修遗留问题应制定整改计划，并实施	不满足要求一项扣2分
2.3.2	同期装置	30		
2.3.2.1	装置配置及接线	8	查现场设备。要求： （1）配置自动同期装置，并配置手动同期装置作为备用； （2）同期电压回路端子号、回路号清晰，芯线白头打印清晰无误，电压回路甩线后白头不能脱落	（1）配置不全，扣3分； （2）发现1处无标识或标识错误扣1分
2.3.2.2	闭锁措施	8	查电压选线、合闸选线回路、电气原理图或装置及软件闭锁措施。要求： （1）若为多对象同期装置应有防止电压选线回路、合闸选线回路同时接通多个对象回路的措施； （2）若有手动准同期装置则由同步检查继电器进行闭锁	不符合要求不得分
2.3.2.3	巡检和记录	6	查看巡检记录。要求： （1）运行巡检； （2）专业巡检； （3）巡视周期和项目符合规定	（1）未按要求开展巡检一次，扣1分； （2）巡检记录不全，扣2分； （3）巡检项目不符合规定，扣3分
2.3.2.4	检修过程监督	8	查看检修文件卡记录。要求： （1）按期检修； （2）项目齐全； （3）检修试验合格，参数合格，功能正常； （4）同期用电压互感器及回路改动较大时应进行同期核相试验； （5）见证点现场签字； （6）质量三级验收； （7）检修记录、检修报告完整； （8）存在的检修遗留问题应制定整改计划，并实施	不符合要求一项扣2分
2.3.3	水轮机停机保护系统	50		

表（续）

序号	评价项目	标准分	评价内容与要求	评分标准
2.3.3.1	装置配置	10	查现场设备。要求： （1）配置有水轮机保护系统； （2）有完整水轮机停机保护功能； （3）所有水轮机保护模拟量信息、开关量信息应接入水力发电厂计算机监控系统，实现远方监视	（1）未配置，不得分； （2）水轮机保护功能不完整，扣5分； （3）水轮机保护信息未接入监控系统一项扣2分
2.3.3.2	保护类别	10	包括：过速保护、低油压保护、温度过高保护、导叶剪断销剪断、流量中断保护等。保护投入率应达100%	保护投入率每降低1%扣3分
2.3.3.3	定值管理	10	查看定值清单、保护定值核查记录。应有完善、准确的保护定值清单，定期进行保护定值的核实检查	（1）无保护定值清单，扣5分； （2）保护定值清单中缺失一项扣3分； （3）保护定值不准确或与实际不符一项扣2分
2.3.3.4	巡检和记录	10	查看巡检记录。要求： （1）运行巡检； （2）专业巡检； （3）巡视周期和项目符合规定	（1）未按要求开展巡检一次，扣1分； （2）巡检记录不全，扣2分； （3）巡检项目不符合规定，扣3分
2.3.3.5	检修过程监督	10	查看检修文件卡记录。要求： （1）按期检修； （2）项目齐全； （3）检修试验合格，参数合格，功能正常； （4）见证点现场签字； （5）质量三级验收； （6）检修记录、检修报告完整； （7）存在的检修遗留问题应制定整改计划，并实施	不符合要求一项扣2分
2.3.4	辅机控制系统	50		
2.3.4.1	系统结构及配置	10	查看现场设备及接线。要求： （1）重要辅机设备（如循环水泵、空冷系统的辅机）应纳入各自单元控制网； （2）重要控制系统带控制功能的自动化元件应冗余配置，宜采用两套不同测量原理的传感器元件； （3）辅机控制系统电源设计应满足机组安全稳定运行要求，柜内检修照明电源应独立于系统电源，与系统工作电源取自不同分支	一项不符合要求扣3分

表（续）

序号	评价项目	标准分	评价内容与要求	评分标准
2.3.4.2	控制功能	10	检查设备现场、系统设计技术资料和运行日记。要求： （1）对被控对象的控制功能与设计相符； （2）辅机设备的自动控制正常，出现短时故障时操作人员能及时进行手动操作，不出现因辅机设备装置控制功能异常而引起事故停机； （3）自动控制系统投入率不低于95%	（1）辅机控制功能不符合设计要求，扣5分； （2）自动功能故障时，无手动操作功能，扣3分； （3）因辅机设备控制功能异常引起事故停机，不得分
2.3.4.3	报警功能	10	查看技术资料及试验记录。要求：辅机设备的自动控制出现故障后应有相应的故障信号并上送计算机监控系统信号正确	报警功能不具备一项扣2分
2.3.4.4	巡检和记录	5	查看巡检记录。要求： （1）运行巡检； （2）专业巡检； （3）巡视周期和项目符合规定	（1）未按要求开展巡检一次，扣1分； （2）巡检记录不全，扣2分； （3）巡检项目不符合规定，扣3分
2.3.4.5	检修过程监督	10	查看检修文件卡记录。要求： （1）按期检修； （2）项目齐全； （3）检修试验合格，参数合格，功能正常； （4）见证点现场签字； （5）质量三级验收； （6）检修记录、检修报告完整； （7）存在的检修遗留问题应制定整改计划，并实施	不符合要求一项扣2分
2.3.4.6	定期维护	5	检查运行日记。要求：辅机控制系统应定期进行检查维护工作，定期进行主备用切换	未进行定期切换和维护工作每一次扣2分
2.4	检测设备	30		
2.4.1	装置配置及接线	5	查看运行日志、校验报告及现场设备系统投入情况。 （1）检测设备接线完好； （2）测量/动作准确； （3）仪表具备校验记录及检验合格证	（1）不符合要求一项扣2分。 （2）有不合格设备投入运行一项扣3分
2.4.2	转速测量装置配置	5	查看运行日志及现场设备系统投入情况。 （1）转速测量装置应设置可靠，测量准确； （2）测速装置的信号源应不少于两个，分别取自机端电压互感器和齿盘传感器，或者由相互独立的齿盘传感器提供脉冲信号	（1）转速信号测量不准确一项扣2分； （2）测试信号采集源缺一项扣2分

表（续）

序号	评价项目	标准分	评价内容与要求	评分标准
2.4.3	巡检和记录	5	查看巡检记录。 （1）运行巡检； （2）专业巡检； （3）巡视周期和项目符合规定	（1）未按要求开展巡检一次，扣1分； （2）巡检记录不全，扣2分； （3）巡检项目不符合规定，扣3分
2.4.4	设备标识	5	现场检查。 （1）仪表及控制装置和控制盘内外应保持整洁、完好，照明良好，标志应正确、清晰、齐全。 （2）操作装置（操作开关、按钮、操作器及执行手轮）应有明显的开、关方向标志，操作灵活可靠。 （3）跳闸回路接线端子应有明显标志，设备的电缆和元件应有明显的名称和标志牌	一项不合格扣1分，扣完为止
2.4.5	检修过程监督	10	查看检修文件卡记录。要求： （1）按期检修； （2）项目齐全； （3）检修试验合格，参数合格，功能正常； （4）见证点现场签字； （5）质量三级验收； （6）检修记录、检修报告完整； （7）存在的检修遗留问题应制定整改计划，并实施	不符合要求一项扣2分

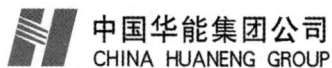

中国华能集团公司

CHINA HUANENG GROUP

中国华能集团公司水力发电厂技术监督标准汇编

Q/HN—1—0000.08.045—2015

技术标准篇

水力发电厂节能监督标准

2015 － 05 － 01 发布

2015 － 05 － 01 实施

目　次

前　言

为加强中国华能集团公司水力发电厂技术监督管理,保证水电节能监督设备的经济运行,特制定本标准。本标准依据国家和行业有关标准、规程和规范,以及中国华能集团公司水力发电厂的管理要求、结合国内外发电的新技术、监督经验制定。

本标准是中国华能集团公司所属水力发电厂节能监督工作的主要依据,是强制性企业标准。

本标准自实施之日起,代替 Q/HB-J-08.L17—2009《水力发电厂节能监督技术标准》。

本标准由中国华能集团公司安全监督与生产部提出。

本办法由中国华能集团公司安全监督与生产部归口并解释。

本标准起草单位:华能澜沧江水电股份有限公司。

本标准主要起草人:万散航、卢云江、朱宏、许跃。

本标准审核单位:中国华能集团公司安全监督与生产部、中国华能集团公司基本建设部、华能澜沧江水电股份有限公司、西安热工研究院有限公司。

本标准主要审核人:赵贺、武春生、杜灿勋、晏新春、向泽江、张洪涛、陈锋、查荣瑞、吴明波、裴海林。

本标准审定:中国华能集团公司技术工作管理委员会。

本标准批准人:寇伟。

水力发电厂节能监督标准

1 范围

本标准规定了中国华能集团公司（以下简称"集团公司"）所属水力发电厂节能监督相关的技术标准内容和监督管理要求。

本标准适用于集团公司水力发电厂节能的监督工作。

2 规范性引用文件

下列文件对于本文件的应用是必不可少的。凡是注日期的引用文件，仅所注日期的版本适用于本文件。凡是不注日期的引用文件，其最新版本（包括所有的修改单）适用于本文件。

GB 17167　用能单位能源计量器具配备和管理通则

GB 17621　大中型水电站水库调度规范

GB 18613　中小型三相异步电动机能效限定值及能效等级

GB 19761　通风机能效限定值及能效等级

GB 19762　清水离心泵能效限定值及节能评价值

GB 20052　三相配电变压器能效限定值及能效等级

GB 28381　离心鼓风机能效限定值及节能评价值

GB/T 15468　水轮机基本技术条件

GB/T 15469　水轮机、蓄能泵和水泵水轮机空蚀评定

GB/T 15613　水轮机模型验收试验规程

GB/T 20043　水轮机、蓄能泵和水泵水轮机水力性能现场验收试验规程

GB/T 50649　水利水电工程节能设计规范

DL/T 445　大中型水轮机选用导则

DL/T 448　电能计量装置技术管理规程

DL/T 586　电力设备用户监造技术导则

DL/T 596　电力设备预防性试验规程

DL/T 1014　水情自动测报系统运行维护规程

DL/T 1051　电力技术监督导则

DL/T 1052　节能技术监督导则

DL/T 1055　发电厂汽轮机、水轮机技术监督导则

DL/T 1085　水情自动测报系统技术条件

DL/T 5051　水利水电工程水情自动测报系统设计规定

DL/T 5066　水力发电厂水力机械辅助设备系统设计技术规定

DL/T 5137　电能量及电能计量装置设计技术规程

DL/T 5140　水力发电厂照明设计规程

DL/T 5186　水力发电厂机电设计规范

DL/T 5020　水电工程可行性研究报告编制规程

DL/T 5206　水电工程预可行性研究报告编制规程

Q/HN-1-0000.08.002—2013　中国华能集团公司电力检修标准化管理实施导则（试行）

Q/HN-1-0000.08.049—2015　中国华能集团公司电力技术监督管理办法

Q/HB-G-08.L01—2009　华能电厂安全生产管理体系要求

Q/HB-G-08.L02—2009　华能电厂安全生产管理体系评价办法（试行）

中华人民共和国主席令〔2007〕第77号　中华人民共和国节约能源法

国家电力监管委员会令〔2005〕第3号　水电站大坝运行安全管理规定

电力工业部文件电安生〔1997〕399号　电力工业节能技术监督规定

电力工业部文件电安生〔1996〕572号　电力行业一流水电厂考核标准（试行）

华能安〔2011〕271号　中国华能集团公司电力技术监督专责人员上岗资格管理办法（试行）

3　总则

3.1　节能监督必须贯彻"安全第一、预防为主"方针，坚持资源开发和节约并举，把节约放在首位。

3.2　节能技术监督的目的：贯彻《中华人民共和国节约能源法》及国家、行业有关节能技术监督和节约能源的规程、规定、条例，建立健全以质量为中心、以标准为依据、以计量为手段的节能技术监督体系，实行技术责任制。使水、电、油、气的消耗率达到最佳水平，保证节能工作持续、高效、健康的发展。

3.3　本标准规定了水力发电厂节能设备从设计选型和审查、监造和出厂验收、安装和投产验收、运行维护、检修到技术改造，直至退役阶段水文水情、水库、机电设备、厂用电和能量计量设备的质量监督标准，以及节能监督管理要求、评价与考核标准，它是水力发电厂节能设备监督工作的基础，亦是建立水电节能监督体系的依据。

3.4　各水力发电厂应按照集团公司《华能电厂安全生产管理体系要求》《电力技术监督管理办法》中有关技术监督管理和本标准的要求，结合本厂的实际情况，制定电厂节能监督管理标准；依据国家和行业有关标准和规范，编制、执行运行规程、检修规程和检验及试验规程等相关支持性文件；以科学、规范的监督管理，保证节能监督工作目标的实现和持续改进。

3.5　从事节能监督的人员，应熟悉和掌握本标准及相关标准和规程中的规定。

4　监督技术标准

4.1　设计、基建阶段监督

4.1.1　水力发电厂节能工程规划、设计和基建应按照GB/T 50649执行；机电设备设计应按照DL/T 5066及DL/T 5186执行。

4.1.2　工程节能设计应与工程设计同时进行，节能设计选用的技术措施应与工程同时实施，节能设备与工程同时投入生产和使用。

4.1.3　新建、扩建和技改工程项目应贯彻节能降耗的原则，选用的设备和装置应有国家或省、市质量技术监督部门的合格鉴定或认证，禁止使用已公布淘汰的用能产品。

4.1.4 多级开发的水电工程在满足梯级开发要求任务的基础上，应按综合效率最大化的原则，合理确定水库的特征水位和运行方式。

4.1.5 建立水情自动测报系统，提高水库水能利用率。

4.1.6 工程布置应合理选择水力发电厂输水系统和厂房的布置，在条件允许时宜选择自流输水方式；应合理选择引水线路布置，条件允许的水力发电厂应考虑采用顶盖供水方式供水。

4.1.7 合理选用机组辅助设备，采用新技术和新方法，从设计源头做好节能工作，减少机组辅助设备的能耗。

4.1.8 原型水轮机的效率应不低于其模型水轮机的效率，效率修正值在满足国家标准的前提下可由供需双方商定。

4.1.9 新投产水电机组，在试运行期结束前须按《水轮机、蓄能泵和水泵水轮机水力性能现场验收试验规程》规定的主要性能试验项目和规定的要求进行测试，并编写水力性能试验报告和技术经济性能评价报告。

4.1.9.1 主要的性能试验项目应包括：

    a) 机组效率试验；

    b) 机组运行稳定性试验。

4.1.9.2 考核机组的以下各项性能和技术经济指标：

    a) 机组效率；

    b) 单机发电耗水率。

4.2 生产运行阶段监督

4.2.1 水力发电厂应依靠生产管理机构，开展全面、全员、全过程的节能管理，逐项落实节能规划和计划，将各项经济指标依次分解到各有关部门。

4.2.2 流域梯级控制中心应逐步完善适合于流域的水情预报分析软件，提高水情自动测报系统的现代化管理水平。参照电网的经济调度方案，以最合理的经济运行方式，使流域水力发电厂机组取得最佳运行效益。水力发电厂按照各台机组的水力特性、主要辅机的最佳组合，进行经济运行控制。

4.2.3 水力发电厂能耗监督主要综合经济技术指标包括：

    a) 发电量；

    b) 厂用电率。

4.2.4 设备主要运行小指标其考核管理要求见表1。

    a) 单机发电机组效率；

    b) 单机机组引用流量；

    c) 低负荷（空载）运行时间；

    d) 机组 AGC/AVC 投入率；

    e) 发电计划完成率；

    f) 发电耗水率；

    g) 水量利用率；

    h) 水能利用提高率；

    i) 全厂"三漏"泄漏率。

表1 设备主要运行小指标管理要求

序号	参　数	要　求
1	发电机组效率	≥设计值
2	机组引用流量	≤设计值
3	低负荷（空载）运行时间	在一轮检修期内，机组低负荷运行时间不应超过500h
4	机组AGC/AVC投入率	≥98%
5	发电计划完成率	≥100%
6	发电耗水率	≤设计值
7	水量利用率	≥100%
8	水能利用提高率	对于多年调节水库≥2%，其他调节性能水库≥4%
9	全厂"三漏"泄漏率	控制在0.3%的范围内

4.2.5 主要系统和设备试生产、大修以及进行重大技术改造前后，应进行性能试验，为节能技术监督提供依据。

4.2.6 重要参数对发电耗水率、厂用电率等主要综合经济技术指标影响，应每月进行定量的经济性分析比较，从而发现问题，并提出解决措施。

4.2.7 应建立健全能耗小指标记录、统计制度，完善统计台账，为能耗指标分析提供可靠依据。

4.2.8 运行人员应加强巡检和对参数的监视，要及时进行分析、判断和调整，发现缺陷应按规定填写缺陷单或做好记录，及时联系检修处理，确保机组安全经济运行。

4.2.9 水能利用：

4.2.9.1 加强与专业气象、水文部门的合作，提高中长期水文预报精度，指导年度发电计划的编制。

4.2.9.2 加强水量利用率和水能利用提高率的监督，按期填报水库节能指标。

4.2.9.3 每年汛期前应对水文情报站网进行巡检，确保各站点设备正常运行。水文情报站网发生故障时，应及时检修，保证数据的实时性和准确性。

4.2.9.4 水情测报系统应能准确可靠地采集和传输水情信息及相关信息、进行统计计算处理和储存、生产相应的报表和查询结果、提供符合要求的水文预报。

4.2.9.5 与调度部门建立日常协调联系机制，共享分析成果，讨论水力发电厂最合理运行方式，争取达到电网安全运行与水库最佳运行有机结合。

4.2.9.6 充分考虑枢纽安全、防汛、水情、通航和水资源综合利用的情况下，优化水库调度，合理控制运行水位，在允许范围内保持水库高水位运行，充分利用汛前汛后的水量，根据实时洪水预报进行水库优化调度，降低发电耗水率，提高水能利用率。

4.2.9.7 梯级水库群应按设计要求以全梯级综合利用效益最佳为准则，根据各水库所处位置和特性，逐步实现水库的优化调度，制定梯级水库群的调度规则及调度图。实施中正确掌握各水库蓄放水次序，协调各水库的运行。

4.2.9.8 水库调度运行中，严禁水库长期处于低水位运行。除特殊情况外，最低运行水位不得低于死水位。

4.2.9.9　加强对机组进水口拦污栅的运行维护工作，做好机组进水口拦污、清污工作，及时清除积渣，严格控制拦污栅前后压差，减少水头损失。

4.2.10　经济运行：

4.2.10.1　运行调度管理单位应根据入库流量预报及设备工况，提出发电计划并上报调度中心，水力发电厂按上级调度管理部门下达的发电计划执行。

4.2.10.2　尽量提高机组负荷率，优化自动发电控制和自动电压控制（AGC、AVC）运行方案，减少机组低负荷连续长期运行。对于投入两项功能的水力发电厂要求 AGC/AVC 投入率≥98%。

4.2.10.3　机组应在安全稳定运行区运行，开停机时应合理通过振动区。

4.2.10.4　机组运行期间，应加强对机组各运行参数的监视，确保机组安全稳定运行，机组各参数不应超过允许值。

4.2.10.5　在一轮检修期内，机组低负荷（空载）运行时间不应超过 500h。

4.2.10.6　根据各台机组的运行特性，优化运行机组组合方式，按等微增率原则并考虑机组的振动区和补气区，合理分配各机组的负荷，提高单机负荷率，减少开停机次数。

4.2.10.7　严格按水库调度图安排出力，尽量避免机组带低负荷运行，降低发电耗水率。

4.2.10.8　对水轮机模型综合特性曲线进行处理，按机组的效率特性提供微机监控下水力发电厂经济运行的基本数据，并通过现场机组水力特性试验进行验证，以经济合理的运行方式和最佳组合进行经济调度。

4.2.10.9　开展对机组的运行工作水头、调速系统的轮叶协联（双调机组）、不同水头下的机组出力等的检测、试验与记录，并提出分析报告，同时校正与优化机组（双调）协联曲线。

4.2.10.10　在一定的发电水头下，机组出力平稳并保持在相应水头的高效率区运行，降低发电耗水率。

4.2.11　其他：

4.2.11.1　维持发电机电压及母线电压在额定范围运行，提高功率因数，降低网络损耗。

4.2.11.2　监视主变压器、联络变压器的经济运行，控制其负荷大小及潮流方向，必要时请相关调度部门协助予以调整，以保证其安全和经济运行。

4.2.11.3　治理跑冒滴漏，严格按照油、水、气专业管理，大力开展"三漏"专项治理工作，使泄漏率控制在 0.3% 的范围内。

4.3　维护检修阶段监督

4.3.1　涉及设备节能的维护、检修与技改要建立健全管理制度，从计划、方案、措施、备品备件、工艺、质量、过程检查、验收、评价、考核、总结等各个方面进行全过程规范，为设备的安全、经济运行打好基础。设备技术档案和台账应进行动态维护。

4.3.2　设备检修的工期与周期应符合发、输、变电设备检修的相关规定，遵循"应修必修，修必修好"的原则，结合中、长期水情预报，科学、适时安排机组检修及设备维护，尽量缩短检修工期，减少检修弃水。

4.3.3　加强在线监测技术设备维护，推行及完善专家诊断系统，逐步实行"状态检修"，提高机电设备可用小时。

4.3.4　对机组经济性运行影响较大，需要通过设备检修解决的缺陷，检修完成后要进行经济性能和指标的测试及考核。

4.3.5 新投产机组或机组大修后，应按 GB/T 20043《水轮机、蓄能泵和水泵水轮机水力性能现场验收试验规程》规定的主要性能试验项目和规定的要求进行测试，确定机组振动区。

4.3.6 加强水库泄洪设施的运行维护及检修管理，提高泄洪设施健康水平，确保水库蓄水及防洪调度正常运行。

4.3.7 定期开展水库冲沙工作，降低库区泥沙淤积。

4.3.8 加强尾水河道管理，进行尾水渠清理，降低尾水位。严禁在尾水河道弃渣，确保尾水河道畅通。

4.4 技术改造阶段监督

4.4.1 应重视技术进步，加强涉及水电行业相关节能新技术、新设备、新材料和新工艺的信息收集，掌握节能技术动态，结合实际情况积极推广应用，对现有发供电设备进行完善和技术改造，达到充分发挥设备能力、提高运行可靠性、节能降耗的目的。

4.4.2 对重大节能改造项目要进行经济技术可行性研究，制定改造方案，落实施工措施，有计划地结合设备检修进行施工，对改造的效果做出评估。

4.4.3 定期分析评价全厂生产系统、设备的运行状况，根据设备状况、现场条件、改造费用、预期效果、投入产出比等确定节能技改项目，编制中长期节能技术改造项目规划和年度节能项目计划，按年度计划实施节能技术改造项目。

4.4.4 应积极推广应用高效、节能的照明灯具、电动机、风机、泵类等设备，以及先进的用能监测和控制等技术。

4.4.5 提高机组监控系统、调速装置、励磁调节器等自动化程度及可靠性，减少值班人员的操作项目、缩减开停机操作时间过程。

4.4.6 对设计不合理的发电机通风冷却系统进行技术改造，改善空气流通，降温散热，提高发电机带负荷能力。

4.4.7 完善自动发电控制（AGC）和自动电压控制（AVC）功能，实现厂内发电机组的最佳经济运行。

4.5 水力特性试验

4.5.1 水力特性试验按 GB/T 20043《水轮机、蓄能泵和水泵水轮机水力性能现场验收试验规程》规定执行，对试验方法、试验数据处理方法、测点数量、仪表精度、试验持续时间、试验次数等遵循标准规定，确保试验结果的精度。对试验数据及结果，要在认真分析的基础上，对设备的性能进行评价，必要时提出改进措施建议，并形成报告。

4.5.2 通过单台机的水力特性，绘制出机组实际运转特性曲线，进而进行整个水力发电厂的动力特性试验，以取得单机及全厂的动力特性实测值，而后整理成微增率特性曲线。

4.5.3 通过现场效率试验，取得机组在试验水头下的水轮机实际效率特性曲线，即水轮机效率与出力的关系曲线以及流量与机组出力关系曲线，机组出力与耗水率关系曲线。

4.5.4 对于安装蜗壳流量计的水力发电厂，在效率试验中采用比较法率定蜗壳流量计的流量系数 K 值曲线。实现运行机组流量与效率的监测并为统计水轮机耗水率提供数据。

4.5.5 水轮机的其他特性，如空蚀、机组振动、尾水管压力脉动等特性都与效率有关，在研究机组其他特性时往往需要参考其效率特性，有必要与同工况下的效率特性同时测定。

4.5.6 通过效率试验测取引水管路水头损失的特性和机组的一些特征技术参数。除需要测定发电机有功功率和水轮机流量值外，还需要测定上游水位、下游水位、水轮机进口断面压力和流速、水轮机出口断面压力和流速、水轮机进出口断面测压仪表中心高程差以及导叶开度、接力器行程、发电机功率因数、频率、无功功率。

4.5.7 水电机组水力特性试验各技术参数监督参见附录 A.2。

4.5.8 水轮机效率与设计值相比降低 2%时，应对水轮机进行检修工作。

4.6 能源计量

4.6.1 能量计量设备选型应选择稳定性好、易维护的主流计量设备生产厂家的产品。电能、水能计量设备选型时应咨询上级电测、热工计量量值传递部门，选用先进的、稳定的、可靠的满足计量工作需要及维护方便的设备。

4.6.2 能量计量设备选型必须严格按设计审查确定的计量设备进行。所选设备（含进口设备）生产厂家必须具有计量器具制造许可资质，且其产品必须经过国家法定或授权计量检定机构检定合格。

4.6.3 提高电能计量管理水平，确保设备安全稳定运行和电能计量的准确、可靠，在关口电能计量装置的选型、安装、验收、运行维护等方面实行全过程管理。

4.6.4 发电机出口，主变压器出口，高、低压变压器，高压备用变压器、用于结算的上网线路的电能计量装置精度等级应不低于 DL/T 448 的规定，现场检验率应达 100%，检验合格率不低于 98%。

4.6.5 非生产用电应配齐计量表计，电能表精度等级不低于 1.0 级，检验合格率不低于 95%。

4.6.6 水位测量的布置应符合如下要求：

4.6.6.1 上游水位测量部位应选在上游进水口附近水流较平稳且便于观测处，其测量范围应不低于死水位和高于校核水位。

4.6.6.2 下游水位测量部位宜选在尾水出口水面较稳定处，其测量范围应能满足最低尾水及最高尾水测量要求。

4.6.6.3 水位标尺刻度可按实际高程标注，最小刻度为 1cm，采用计算机监控或要求对上、下游水位实现遥测时，应选用数字式水位测量装置、电容式压力传感水位计或其他类型的水位传感器。宜同时设置上、下游调压室水位传感器。

4.6.7 拦污栅前后压差监测应符合如下要求：

4.6.7.1 根据自动化程度和现场布置条件，可分别选用浮子式遥测液位计、双波纹管差压计和差压变送器等水位传感器。对污物较多的，宜选用差压变送器。

4.6.7.2 选用差压仪表时，仪表应布置在上游最低水位以下。对于坝后式、河床式水力发电厂，差压变送器可布置在坝内廊道或主厂房水轮机层，二次仪表可布置在中控室。

4.6.7.3 压差信号整定应分故障信号和停机信号。其中故障信号的整定值宜为 0.8m～4m 水头压差，对于低水头灯泡贯流式机组，其整定值可适当降低。事故信号的整定值应以拦污栅的设计最大荷载为上限。

4.6.8 蜗壳测流装置设置应符合如下要求：

4.6.8.1 蜗壳测流断面宜在 45°处选取，宜取 3 个测点，应分别布置在蜗壳顶部、外侧和下部 45°处。

4.6.8.2 对水锤法、超声波法、流速仪法以及热力学法等蜗壳测流的率定方法，应经技术经济比较后确定。

4.6.9 超声波测流应符合如下要求：

4.6.9.1　在压力钢管直管段适当部位预埋探头，直管段长度不宜小于 $10D$（D 为钢管直径）。当探头布置在有压长尾水洞上时，其直管段长度不宜小于 $3D$（D 为管径）。

4.6.9.2　移动式超声波测流装置，宜靠近测量部位施测。

4.6.10　尾水管测流应符合如下要求：

4.6.10.1　宜选用差压法测流。

4.6.10.2　宜在尾水管进、出口之间选取 2 个测流断面，每个断面宜布置 3 个～4 个测点。

4.6.10.3　对于水头大于 100m 的水力发电厂，可采用热力学法测流；当精度要求不高时，可采用流速仪法测流。

4.7　节约厂用电

4.7.1　水力发电厂应根据年度安全生产指标，对水力发电厂厂用电率进行分解落实，并制定《水力发电厂厂用电控制调整方案》。水力发电厂厂用电率不大于 0.1%～0.8%。

4.7.2　积极推广先进的节电技术、工艺、设备，依靠技术进步，根据各系统和设备的优化分析，落实节电技术改造项目：如改造低效水泵和提高通风系统效率；杜绝"大马拉小车"的不合理现象，淘汰国家公布的高耗能机电设备。

4.7.3　通过试验编制主要辅机运行特性曲线，在运行中特别是低负荷运行时，对辅机进行经济调度。如：排水系统中，根据机组漏水量确定水泵的运行台数，进行经济合理分配。

4.7.4　对运行效率较低的风机、水泵，要根据其型式、与系统匹配情况和机组负荷调节情况等，采取更换叶轮、导流部件及密封装置，或定速改双速、改变频调速等措施，进行有针对性的技术改造，以提高其运行效率。

4.7.5　对运行时间较长的损耗较高的电动机、变压器，应结合检修或消缺，进行节能改造或直接更换为损耗较低的新型设备。

4.7.6　建立厂用电管理办法，规范检修用电管理。

4.7.7　随着季节的变化和机组运行情况的改变，厂用设备（如主变冷却器、通风机、电加热等设备）的运行方式应及时做出相应的变更。

4.7.8　对照明系统进行技术改造及节能管理。

4.8　节约技术供水

4.8.1　对于闭式循环冷却系统，要采取防止结垢和腐蚀的措施，应根据水源和气象条件的季节性变化及机组负荷的增减等因素，对冷却水系统进行水量调节。

4.8.2　根据水力发电厂的实际情况和各用水设备的要求，既要节约厂用电又要考虑节水。

5　监督管理要求

5.1　监督基础管理工作

5.1.1　节能监督管理的依据

应按照《华能电厂安全生产管理体系要求》中有关技术监督管理和本标准的要求，制定水力发电厂节能监督管理标准，根据国家法律、法规及国家、行业、集团公司标准、规范、规程、制度，结合水力发电厂实际情况，编制节能技术监督相关支持性文件；建立健全技术资料档案，以科学、规范的监督管理，保证节能监督设备安全可靠运行。

5.1.2　节能监督管理应具备的相关/支持性文件：

　　a)　节能监督管理标准；

b) 设备检修管理标准；

c) 设备缺陷管理标准；

d) 更新改造项目管理标准；

e) 计量标准管理制度；

f) 临时电源管理标准；

g) 统计管理制度；

h) 设备定期试验与切换管理标准；

i) 水库调度规程；

j) 水量利用率、水能利用提高率计算办法及管理制度；

k) 水情自动测报系统运行管理细则；

l) 水库调度自动化系统运行管理规则；

m) 能源计量装置管理规定；

n) 电量管理制度；

o) 非生产用能管理制度；

p) 节油节水管理制度；

q) 照明、通风系统及空调运行管理规定；

r) 技术监督培训管理制度；

s) 技术监督考核和奖惩制度；

t) 其他相关制度。

5.1.3 建立健全技术资料档案

5.1.3.1 设计和基建阶段技术资料：

a) 工程设计报告应有节能设计的专篇（章）；

b) 水情自动测报系统设计资料；

c) 中、长期水文气象预报文件；

d) 节能技术监督系统或设备的相关技术规范；

e) 节能技术监督系统或设备的图纸、说明书、出厂试验报告；

f) 节能技术监督系统或设备安装、验收记录、缺陷处理报告、交接试验报告、投产验收报告驻厂监造报告、资料和记录；

g) 水轮机运转综合特性曲线、说明书，泵与风机的性能曲线及电机设计参数、设计使用说明书和特性曲线。

5.1.3.2 设备清册及设备台账：

a) 设备缺陷记录台账；

b) 节能经济指标台账；

c) 水情自动测报系统运行维护台账；

d) 水文情报站网巡检台账；

e) 能源计量器具检测台账；

f) 水力发电厂水库调度方案。

5.1.3.3 试验报告和记录：

a) 水轮机、发电机及主要节能设备（各类泵与风机、调速系统、励磁系统、高、低气系统、排水系统、技术供水系统等）的性能考核试验报告；

b) 大修前后水轮机稳定性、机组效率试验报告；

c) 主辅设备技改前后性能对比试验报告（如调速系统改造前后试验报告）；

d) 能源计量定检报告；

e) 其他相关试验报告。

5.1.3.4 运行报告和记录：

a) 运行分析月报；

b) 日常运行日志及巡检记录；

c) 特殊、异常运行记录（超温、振动过大、严重漏油、严重漏水、特殊工况等）；

d) 其他相关运行记录。

5.1.3.5 检修维护报告和记录：

a) 日常设备维护检修记录；

b) 检修总结；

c) 检修文件包。

5.1.3.6 缺陷、故障和事故管理记录：

a) 缺陷闭环管理记录；

b) 设备非计划停运、障碍、事故统计记录；

c) 事故、故障分析报告。

5.1.3.7 技术改进报告和记录：

a) 技改可行性报告；

b) 技改图纸、资料、说明书；

c) 技改质量监督和验收报告；

d) 技改后评估报告。

5.1.3.8 监督管理文件：

a) 国家、行业和集团公司颁发的与节能监督有关的技术法规、标准、规范、规程、制度；

b) 水力发电厂制定的节能监督标准、规定、措施等；

c) 年度节能监督工作计划和总结；

d) 节能监督季报、速报；

e) 节能监督会议纪要；

f) 人员技术档案、上岗考试成绩和证书；

g) 与设备节能有关的重要工作来往文件。

5.2 日常管理内容和要求

5.2.1 健全监督网络与职责

5.2.1.1 各电厂应建立健全由生产副厂长（总工程师）领导下的节能技术监督三级管理网。第一级为厂级，包括生产副厂长（总工程师）领导下的节能监督专责人；第二级为部门级，包括运维部门节能负责人；第三级为班组级，包括各专工领导的班组人员。在生产副厂长（总工程师）领导下由节能监督专责人统筹安排，协调运行、检修等部门，协调水轮机、水工、金属、电气等相关专业共同配合完成节能监督工作。节能监督三级网应严格执行岗位责任制。

5.2.1.2 按照集团公司《华能电厂安全生产管理体系要求》和《电力技术监督管理办法》编

制电厂节能监督管理标准，做到分工、职责明确，责任到人。

5.2.1.3 电厂节能技术监督工作归口职能管理部门在电厂技术监督领导小组的领导下，负责节能技术监督的组织建设工作，建立健全技术监督网络，并设节能技术监督专责人，负责全厂节能技术监督日常工作的开展和监督管理。

5.2.1.4 电厂节能技术监督工作归口职能管理部门每年年初要根据人员变动情况及时对网络成员进行调整，按照人员培训和上岗资格管理办法的要求，定期对技术监督专责人和特殊技能岗位人员进行专业和技能培训，保证持证上岗。

5.2.2 确认监督标准符合性

5.2.2.1 节能监督标准应符合国家、行业及上级主管单位的有关规定和要求。

5.2.2.2 每年年初，技术监督专责人应根据新颁布的标准规范及设备异动情况，组织对节能监督设备运行和检修维护等规程、制度的有效性、准确性进行评估，修订不符合项，经归口职能管理部门领导审核、生产主管领导审批后发布实施。国家标准、行业标准及上级单位监督规程、规定中涵盖的相关节能监督工作均应在水力发电厂规程及规定中详细列写齐全。

5.2.3 确认仪器仪表有效性

5.2.3.1 应建立节能监督用仪器仪表设备台账，根据检验、使用及更新情况进行补充完善。

5.2.3.2 根据检定周期，每年应制定仪器仪表的检验计划，根据检验计划定期进行检验或送检，对检验合格的可继续使用，对检验不合格的则送修，对送修仍不合格的做报废处理。

5.2.4 监督档案管理

5.2.4.1 电厂应按照本标准规定的文件、资料、记录和报告目录以及格式要求，建立健全节能技术监督各项台账、档案、规程、制度和技术资料，确保技术监督原始档案和技术资料的完整性和连续性。

5.2.4.2 技术监督专责人应建立节能监督档案资料目录清册，根据监督组织机构的设置和设备的实际情况，明确档案资料的分级存放地点，并指定专人整理保管，及时更新。

5.2.5 制定监督工作计划

5.2.5.1 每年11月30日前，节能技术监督专责人应组织完成下年度技术监督工作计划的制定工作，并将计划报送产业公司、区域公司，同时抄送西安热工院有限公司（以下简称"西安热工院"）。

5.2.5.2 节能技术监督年度计划的制定依据至少应包括以下几方面：
    a) 国家、行业、地方有关电力生产方面的法规、政策、标准、规范、反措；
    b) 集团公司、产业公司、区域公司、电厂技术监督工作规划和年度生产目标；
    c) 集团公司、产业公司、区域公司、电厂技术监督管理制度和年度技术监督动态管理要求；
    d) 技术监督体系健全和完善化；
    e) 人员培训和监督用仪器设备配备和更新；
    f) 主、辅设备运行状态；
    g) 技术监督动态检查、季报提出问题的整改；
    h) 收集的其他有关节能监督设备设计选型、制造、安装、运行、检修、技术改造等方面的动态信息。

5.2.5.3 电厂技术监督工作计划应实现动态化，即各专业应每季度制定技术监督工作计划。

年度（季度）监督工作计划应包括以下主要内容：

    a) 技术监督组织机构和网络完善；

    b) 监督管理标准、技术标准规范制定、修订计划；

    c) 人员培训计划（主要包括内部培训、外部培训取证，标准规范宣贯）；

    d) 技术监督例行工作计划；

    e) 检修期间应开展的技术监督项目计划；

    f) 技术监督自我评价、动态检查和复查评估计划；

    g) 制定技术监督发现的重大问题整改计划；

    h) 技术监督预警、动态检查等监督问题整改计划；

    i) 技术监督定期工作会议计划。

5.2.5.4 电厂应根据上级公司下发的年度技术监督工作计划，及时修订补充本单位年度技术监督工作计划，并发布实施。

5.2.5.5 节能监督专责人每季度对节能监督各部门的监督计划的执行情况进行检查，对不满足监督要求的通过技术监督不符合项通知单的形式下发到相关部门进行整改，并对节能监督的相关部门进行考评。技术监督不符合项通知单编写格式见附录B。

5.2.6 监督报告管理

5.2.6.1 节能监督季报的报送

节能技术监督专责人应按照附录C的季报格式和要求，组织编写上季度节能技术监督季报。经水力发电厂生产管理部门季报汇总人汇总，应于每季度首月5日前，将全厂技术监督季报报送产业公司、区域公司和西安热工院。

5.2.6.2 节能监督速报的报送

当水力发电厂发生重大监督指标异常，受监控设备重大缺陷、故障和损坏事件，火灾事故等重大事件后24h内，应将事件概况、原因分析、采取措施按照附录D的格式，以速报的形式报送产业公司、区域公司和西安热工院。

5.2.6.3 节能监督年度工作总结报送

5.2.6.3.1 节能技术监督专责人应于每年元月5日前组织完成上年度技术监督工作总结报告的制写工作，并将总结报告报送产业公司、区域公司和西安热工院。

5.2.6.3.2 年度监督工作总结主要包括以下内容：

    a) 主要工作完成情况。

    b) 工作亮点。

    c) 存在的问题：① 未完成工作；② 存在问题分析；③ 经验与教训。

    d) 下一步工作思路及主要措施。

5.2.7 监督例会管理

5.2.7.1 电厂每年至少召开两次技术监督工作会，会议由电厂技术监督领导小组组长主持，检查评估、总结、布置技术监督工作，对技术监督中出现的问题提出处理意见和防范措施，形成会议纪要，按管理流程批准后发布实施，布置的工作应落实并有监督检查。

5.2.7.2 节能专业每季度至少召开一次技术监督工作会议，会议由节能监督专责人主持并形成会议纪要。

5.2.7.3 例会主要内容包括：

a) 上次监督例会以来节能监督工作开展情况；

b) 节能监督范围内设备及系统的故障、缺陷分析及处理措施；

c) 节能监督存在的主要问题以及解决措施、方案；

d) 上次监督例会提出问题整改措施完成情况的评价；

e) 技术监督工作计划发布及执行情况，监督计划的变更；

f) 集团公司技术监督季报、监督通信、新颁布的国家、行业标准规范、监督新技术学习交流；

g) 监督需要领导协调和其他部门配合和关注的事项；

h) 至下次监督例会时间内的工作要点。

5.2.8 监督问题整改管理

5.2.8.1 整改问题的提出

a) 上级或技术监督服务单位在技术监督动态检查时提出的整改问题；

b) 《火电（水电）技术监督报告》中集团公司或产业公司、区域公司提出的督办问题；

c) 《火电（水电）技术监督报告》中提出的发电企业需要关注及解决的问题；

d) 水力发电厂节能监督专责人每季度对各部门的节能监督计划的执行情况进行检查，对不满足监督要求提出的整改问题。

5.2.8.2 问题整改管理

a) 水力发电厂收到技术监督评价考核报告后，应组织有关人员会同西安热工院或技术监督服务单位在两周内完成整改计划的制定和审核，整改计划编写格式见附录 E，并将整改计划报送集团公司、产业公司、区域公司，同时抄送西安热工院或技术监督服务单位。

b) 整改计划应列入或补充列入年度监督工作计划，水力发电厂按照整改计划落实整改工作，并将整改实施情况及时在技术监督月报中总结上报。

c) 对整改完成的问题，水力发电厂应保留问题整改相关的试验报告、现场图片、影像等技术资料，作为问题整改情况评估的依据。

5.2.9 监督评价与考核

5.2.9.1 水力发电厂应将《节能技术监督工作评价表》中的各项要求纳入日常节能监督管理工作中，《节能技术监督工作评价表》见附录F。

5.2.9.2 水力发电厂应按照《节能技术监督工作评价表》中的要求，编制完善各项节能技术监督管理制度和规定，并认真贯彻执行，完善各项节能监督的日常管理和检修记录，加强厂用电设备的运行技术监督和检修技术监督。

5.2.9.3 节能监督专责人每半年应对各部门的监督工作的完成情况进行检查，对不满足监督要求的通过技术监督不符合项通知单的形式下发到相关部门进行整改，并对节能监督的相关部门进行考评。

5.3 各阶段监督重点工作

5.3.1 设计、基建阶段

5.3.1.1 新建（扩建）工程的电气设计与设备选型应依据国家、行业相关的现行标准和反事故措施的要求，以及工程的实际需要，提出节能监督的意见和要求。

5.3.1.2 参加工程厂用电设备设计审查。根据工程的规划情况及特点，明确对水力发电厂的通风空调、照明系统、厂用电系统、检修排水泵、渗漏排水泵、水位测量系统、设备选型等节能监督的要求。

5.3.1.3 参加设备采购合同审查和设备技术协议签订。对设备的技术参数、性能和结构等提出节能监督的意见，明确对性能保证的考核、监造方式和项目、技术资料、技术培训的要求。

5.3.1.4 参加设计联络会。对设计中的技术问题，招标方与投标方，以及各投标方之间的接口问题提出节能监督的意见和要求，将设计联络结果应形成文件归档，并监督设计联络结果的执行。

5.3.1.5 安装结束后，有条件时，可派生产运营阶段的节能监督人员参加交接试验和投产验收。

5.3.1.6 投产验收时应进行现场实地查看，发现安装施工及调试不规范、交接试验方法不正确、项目不全或结果不合格、设备达不到相关技术要求、基础资料不全等不符合节能监督要求的问题时，应要求立即整改，直至合格。

5.3.1.7 基建单位应按时向生产运营单位移交全部基建技术资料。生产运营单位资料档案室应及时将资料清点、整理、归档。

5.3.2 生产运行阶段

5.3.2.1 对设备进行巡视、检查和记录。发现异常时，应予以消除；带缺陷运行的设备应加强运行监视，必要时应有应急预案。

5.3.2.2 加强对运行设备的运行监测和数据分析。如：水轮发电机组效率、厂用电率、机组超声波流量计数据、水情测报数据、厂用电设备运行参数等。

5.3.2.3 加强水量利用率和水能利用提高率的监督，按期填报水库节能指标。

5.3.2.4 与调度部门建立日常协调联系机制，共享分析成果，讨论水力发电厂最合理运行方式，争取达到电网安全运行与水库最佳运行有机结合。

5.3.2.5 建立梯级水电站优化调度系统，逐步实现水库的优化调度。

5.3.2.6 优化在调机组检修计划，利用低负荷需求区间安排所辖机组检修及消缺工作。

5.3.2.7 合理分配机组间负荷，制定最优的运转机组台数、机组启动、停用计划和机组调节程序。

5.3.2.8 随着季节的变化和机组运行情况的改变，及时调整厂用设备（如主变冷却器、通风机、电加热等设备）的运行方式。

5.3.2.9 按定检计划进行计量装置校验。

5.3.2.10 编制《厂用电设备预控方案》，合理安排厂用电设备运行方式，对厂用电率使用状况进行预控。

5.3.2.11 根据国家和行业有关的厂用电设备运行规程和产品技术条件文件，结合水力发电厂的实际编制和修订本企业的厂用电设备运行规程，并按规程的要求进行设备运行中监督。

5.3.3 检修、维护与技改阶段

5.3.3.1 根据国家和行业有关的厂用电设备检修规程和产品技术条件文件，结合水力发电厂的实际，编制和修订本企业的厂用电设备检修规程，并建立检修文件包。

5.3.3.2 每年根据设备的实际节能情况和运行状况，依据集团公司《检修标准化管理实施导则（试行）》的要求，编制年度检修计划，包括检修原因、依据、项目、目标等。

5.3.3.3 检修过程中，应按检修文件包的要求进行工艺和质量控制，执行质监点（W点、H点）技术监督及三级（班组、专业、厂级）验收。

5.3.3.4　检修完毕，及时编写检修报告和节能对比分析，有关检修资料应归档。

5.3.3.5　定期编写《水力发电厂厂用电率分析》，掌握设备的节能状况。

6　监督评价与考核

6.1　评价内容

6.1.1　节能监督评价内容见附录 F《节能技术监督工作评价表》。

6.1.2　节能监督评价和考核的主要内容分为监督管理、技术监督实施两部分，监督管理评价和考核项目 8 大项 30 小项共 300 分，技术监督实施评价和考核项目 5 大项 34 小项共 300 分，共计 64 项，标准分 600 分。

6.2　评价标准

6.2.1　被评价考核的水力发电厂按得分率的高低分为四个级别，即：优秀、良好、一般、不符合。

6.2.2　得分率高于或等于 90%为"优秀"；80%～90%（不含 90%）为"良好"；70%～80%（不含 80%）为"合格"；低于 70%为"不符合"。

6.3　评价组织与考核

6.3.1　技术监督评价包括集团公司技术监督评价、属地电力技术监督服务单位技术监督评价、水力发电厂技术监督自我评价。

6.3.2　集团公司每年组织西安热工院和公司内部专家，对水力发电厂技术监督工作开展情况、设备状态进行评价，评价工作按照集团公司《电力技术监督管理办法》附录 D "技术监督动态检查管理办法"规定执行，分为现场评价和定期评价。

6.3.2.1　集团公司技术监督现场评价按照集团公司年度技术监督工作计划中所列的水力发电厂名单和时间安排进行。各水力发电厂在现场评价实施前应按《节能技术监督工作评价表》进行自查，编写自查报告。西安热工院在现场评价结束后三周内，应按照集团公司《电力技术监督管理办法》附录D2的格式要求完成评价报告，并将评价报告电子版报送集团公司安生部，同时发送产业公司、区域公司及水力发电厂。

6.3.2.2　集团公司技术监督定期评价按照集团公司《电力技术监督管理办法》及《节能技术监督标准》要求和规定，对水力发电厂节能管理情况、主要经济指标、节能监督报告的内容符合性、准确性、及时性等进行评价，通过年度技术监督报告发布评价结果。

6.3.2.3　对严重违反技术监督制度、由于技术监督不当或监督项目缺失、降低监督标准而造成严重后果、对技术监督发现问题不进行整改的水力发电厂，予以通报并限期整改。

6.3.3　水力发电厂应督促属地技术监督服务单位依据技术监督服务合同的规定，提供技术支持和监督服务，依据相关监督标准定期对水力发电厂技术监督工作开展情况进行检查和评价分析，形成评价报告报送水力发电厂，水力发电厂应将报告归档管理，并落实问题整改。

6.3.4　水力发电厂应按照集团公司《电力技术监督管理办法》及华能电厂安全生产管理体系要求建立完善技术监督评价与考核管理标准，明确各项评价内容和考核标准。

6.3.5　水力发电厂应每年按《节能技术监督工作评价表》，组织安排节能监督工作开展情况的自我评价，并按集团公司《电力技术监督管理办法》附录 D 格式编写自查报告，根据评价情况对相关部门和责任人开展技术监督考核工作。

附 录 A

（资料性附录）

节能技术监督资料档案

节能技术监督资料档案目录见表 A.1。水电机组水力特性试验各技术参数监督表见表 A.2。

表 A.1 节能技术监督资料档案目录

序号	资料档案名称	格 式 要 求
1	设备基建移交资料	
1.1	工程设计报告应有节能设计的专篇（章）	
1.2	水情自动测报系统设计资料	
1.3	中、长期水文气象预报文件	
1.4	节能技术监督系统或设备的相关技术规范	
1.5	节能技术监督系统或设备的图纸、说明书、出厂试验报告	
1.6	节能技术监督系统或设备安装、验收记录、缺陷处理报告、交接试验报告、投产验收报告驻厂监造报告、资料和记录	
1.7	水轮机运转综合特性曲线、说明书，泵与风机的性能曲线及电机设计参数、设计使用说明书和特性曲线	
2	设备台账	
2.1	设备缺陷记录台账	
2.2	节能经济指标台账	
2.3	水情自动测报系统运行维护台账	
2.4	水文情报站网巡检台账	
2.5	能源计量器具检测台账	
2.6	水力发电厂水库调度方案	
3	试验报告	
3.1	水轮机、发电机及主要水电节能设备（各类泵与风机、调速系统、励磁系统、高、低气系统、排水系统、技术供水系统等）的性能考核试验报告	
3.2	大修前后水轮机稳定性、机组效率试验报告	
3.3	主辅设备技改前后性能对比试验报告（如调速系统改造前后试验报告）	
3.4	能源计量检定报告	

表 A.1（续）

序号	资料档案名称	格 式 要 求
3.5	其他相关试验报告	
4	运行资料	
4.1	运行分析月报	
4.2	日常运行日志及巡检记录	
4.3	特殊、异常运行记录（超温、振动过大、严重漏油、严重漏水、特殊工况等）	
4.4	其他相关运行记录	
5	检修资料	
5.1	日常设备维护、检修记录	
5.2	检修总结	
5.3	检修文件包	
6	故障分析资料	
6.1	缺陷闭环管理记录	
6.2	设备非计划停运、障碍、事故统计记录	
6.3	事故、故障分析报告	
7	技术改进资料	
7.1	技改可行性报告	
7.2	技改图纸、资料、说明书	
7.3	技改质量监督和验收报告	
7.4	技改后评估报告	
8	监督管理文件	
8.1	国家、行业和集团公司颁发的与节能监督有关的技术法规、标准、规范、规程、制度	
8.2	水力发电厂制定的节能监督标准、规定、措施等	
8.3	年度节能监督工作计划和总结	
8.4	节能监督季报、速报	
8.5	节能监督会议纪要	
8.6	人员技术档案、上岗考试成绩和证书	
8.7	与设备节能有关的重要工作来往文件	
9	节能监督技术标准	
9.1	《节能监督管理标准》	
9.2	《设备检修管理标准》	

表 A.1（续）

序号	资料档案名称	格 式 要 求
9.3	《设备缺陷管理标准》	
9.4	《更新改造项目管理标准》	
9.5	《计量标准管理制度》	
9.6	《临时电源管理标准》	
9.7	《统计管理制度》	
9.8	《设备定期试验与切换管理标准》	
9.9	《水库调度规程》	
9.10	《水量利用率、水能利用提高率计算办法及管理制度》	
9.11	《水情自动测报系统运行管理细则》	
9.12	《水库调度自动化系统运行管理规则》	
9.13	《能源计量装置管理规定》	
9.14	《电量管理标准》	
9.15	《非生产用能管理制度》	
9.16	《节油节水管理制度》	
9.17	《照明、通风系统及空调运行管理规定》	
9.18	《技术监督培训管理制度》	
9.19	《技术监督考核和奖惩制度》	
9.20	《其他相关制度》	

表 A.2　水电机组水力特性试验各技术参数监督表

机组功率 MW	上游水位 m	下游水位 m	蜗壳进口断面压力 MPa	尾水管出口断面压力 MPa	过机流量 m³/s	水轮机效率 %	耗水率 m³/（kW·h）

注：本表在新机投产、机组 A 级检修前、后及水轮机更新改造后进行试验记录

附 录 B
（规范性附录）
节能技术监督不符合项通知单

编号（No）：××－××－××

发现部门：　　专业：　　被通知部门、班组：　　签发：　　日期：20××年××月××日

不符合项描述	1. 不符合项描述：
	2. 不符合标准或规程条款说明：
整改措施	3. 整改措施： 　　　　　　制订人/日期：　　　　　　审核人/日期：
整改验收情况	4. 整改自查验收评价： 　　　　　　整改人/日期：　　　　　　自查验收人/日期：
复查验收评价	5. 复查验收评价： 　　　　　　复查验收人/日期：
改进建议	6. 对此类不符合项的改进建议： 　　　　　　建议提出人/日期：
不符合项关闭	整改人：　　自查验收人：　　复查验收人：　　签发人：
编号说明	年份+专业代码+本专业不符合项顺序号

附　录　C
（规范性附录）
节能技术监督季度编写格式

××水力发电厂20××年×季度节能技术监督季报

编写人：×××　固定电话/手机：××××××

审核人：×××　批准人：×××

上报时间：20××年×月×日

C.1　上季度集团公司督办事宜的落实或整改情况

C.2　上季度产业（区域）公司督办事宜的落实或整改情况

C.3　节能监督年度工作计划完成情况统计报表

表 C.1　年度技术监督工作计划和技术监督服务
单位合同项目完成情况统计报表

发电企业技术监督计划完成情况			技术监督服务单位合同工作项目完成情况		
年度计划项目数	截至本季度完成项目数	完成率%	合同规定的工作项目数	截至本季度完成项目数	完成率%

C.4　节能监督考核指标完成情况统计报表

监督指标上报说明：每年的 1、2、3 季度所上报的技术监督指标为季度指标；每年的 4 季度所上报的技术监督指标为全年指标。

C.4.1　监督管理考核指标报表

表 C.2　集团公司技术监督动态检查提出问题本
季度整改完成情况统计报表

检查年度	检查提出问题项目数（项）			电厂已整改完成项目数统计结果			
	严重问题	一般问题	问题项目合计	严重问题	一般问题	完成项目数小计	整改完成率%

C.4.2 技术监督考核指标报表

表 C.3 20××年×季度水能利用指标统计报表

序号	指 标 名 称	计划指标	实 际 值
1	平均上游水位 m	—	
2	最高/最低上游水位 m	—/—	
3	平均下游水位 m	—	
4	最高/最低下游水位 m	—/—	
5	平均入库流量 m³/s	—	
6	最大入库流量 m³/s	—	
7	最小入库流量 m³/s	—	
8	平均出库流量 m³/s	—	
9	最大出库流量 m³/s	—	
10	最小出库流量 m³/s	—	
11	入库水量 m³	—	
12	出库水量 m³	—	
13	蓄水量 m³	—	
14	弃水水量/弃水电量 m³	—/—	
15	水文预报准确率 %	—	

表 C.4 20××年×季度机组运行指标统计报表

序号	指 标 名 称		计划指标		实 际 值	
1	最大出力值 MW		—			
2	最小出力值 MW		—			
3	平均出力/负荷率 MW %		—/—			
	机组编号	1	2	3	4	5	6
4	开停次数 次						

表 C.5　20××年×季度厂用电运行指标统计报表

序号	指　标　名　称	计划指标	实　际　值
1	直接厂用电量 MW·h		
2	直接厂用电率 %		
3	综合厂用电量 MW·h		
4	综合厂用电率 %		

表 C.6　20××年×季度运行小指标考核统计报表

机组 编号	发电机组效率 %	机组引用流量 m³/s	空载运行时间 h	机组 AGC/AVC 投入率 %	发电耗水率 m³/（kW·h）
1					
2					
3					
4					
5					
6					
发电计划完成率 %		全厂"三漏"泄漏率 %			
水量利用率 %		水能利用提高率 %			

C.4.3　技术监督考核指标简要分析

填报说明：分析指标未达标的原因。

C.5　本季度主要的节能监督工作

填报说明：简述节能监督管理、试验、检修、运行的工作和设备遗留缺陷的跟踪情况。

C.6　本季度节能监督发现的问题、原因分析以及处理情况

填报说明：包括试验、检修、运行、巡视中发现的一般事故和一类障碍、危急缺陷和严重缺陷。必要时应提供照片、数据和曲线。

C.7　节能监督下季度的主要工作

C.8　附表

华能集团公司技术监督动态检查专业提出问题至本季度整改完成情况见表 C.7。

《华能集团公司火（水）电技术监督报告》专业提出的存在问题至本季度整改完成情况见表 C.8。

表 C.7　华能集团公司技术监督动态检查专业提出问题至本季度整改完成情况

序号	问题描述	问题性质	西安热工院提出的整改建议	发电企业制定的整改措施和计划完成时间	目前整改状态或情况说明

注 1：填报此表时需要注明集团公司技术监督动态检查的年度。

注 2：如 4 年内开展了 2 次检查，应按此表分别填报。待年度检查问题全部整改完毕后，不再填报。

表 C.8　《华能集团公司火（水）电技术监督报告》专业提出的
存在问题至本季度整改完成情况

序号	问题描述	问题性质	问题分析	解决问题的措施及建议	目前整改状态或情况说明

注：要注明提出问题的《技术监督报告》的出版年度和月度

附　录　D
（规范性附录）
节能技术监督信息速报

单位名称			
设备名称		事件发生时间	
事件概况	注：有照片时应附照片说明。		
原因分析			
已采取的措施			
监督专责人签字		联系电话： 传　真：	
生产副厂长或总工程师签字		邮　箱：	

附 录 E

（规范性附录）

节能技术监督动态检查问题整改计划书

E.1 概述

E.1.1 叙述计划的制定过程（包括西安热工院、技术监督服务单位及水力发电厂参加人等）。

E.1.2 需要说明的问题，如：问题的整改需要较大资金投入或需要较长时间才能完成整改的问题说明。

E.2 问题整改计划表

表 E.1 问题整改计划表

序号	问题描述	专业	西安热工院提出的整改建议	发电企业制定的整改措施和计划完成时间	发电企业责任人	西安热工院责任人	备 注

E.3 一般问题整改计划表

表 E.2 一般问题整改计划表

序号	问题描述	专业	西安热工院提出的整改建议	发电企业制定的整改措施和计划完成时间	发电企业责任人	西安热工院责任人	备 注

附 录 F
（规范性附录）
节能技术监督工作评价表

序号	评价项目	标准分	评价内容与要求	评分标准
1	节能监督管理	300		
1.1	组织与职责	40	查看水力发电厂技术监督机构文件、上岗资格证	
1.1.1	监督组织健全	11	建立健全监督领导小组领导下的三级节能监督网，在归口职能管理部门设置节能监督专责人	（1）未建立三级节能监督网，扣11分； （2）未落实节能监督专责人或人员调动未及时变更，扣5分
1.1.2	职责明确并得到落实	11	专业岗位职责明确，落实到人	（1）专业岗位设置不全或未落实到人，每一岗位扣11分
1.1.3	节能专责持证上岗	18	厂级节能监督专责人持有效上岗资格证	（2）未取得资格证书或证书超期，扣18分
1.2	标准符合性	50	查看企业节能监督管理标准及保存的国家、行业技术标准。水力发电厂编制的"运行规程"、"检修规程"	
1.2.1	节能监督管理标准	10	（1）"节能监督管理标准"编写的内容、格式应符合《华能电厂安全生产管理体系要求》和《华能电厂安全生产管理体系管理标准编制导则》的要求，并统一编号。 （2）"节能监督管理标准"的内容应符合国家、行业法律、法规、标准和《华能集团公司电力技术监督管理办法》相关的要求，并符合水力发电厂实际	（1）不符合《华能电厂安全生产管理体系要求》和《华能电厂安全生产管理体系管理标准编制导则》的编制要求，扣10分。 （2）不符合国家、行业法律、法规、标准和《华能集团公司电力技术监督管理办法》相关的要求和电厂实际，扣10分
1.2.2	国家、行业技术标准	15	保存的技术标准符合集团公司年初发布的节能监督标准目录；及时收集新标准，并在厂内发布	（1）缺少标准或未更新，每个扣5分。 （2）标准为在厂内发布，扣10分
1.2.3	企业技术标准	15	企业"运行规程"、"检修规程"符合国家和行业技术标准；符合本厂实际情况，并按时修订	（1）巡视周期、试验周期、检修周期不符合要求，每项扣10分。 （2）性能指标、运行控制指标、工艺控制指标不符合要求，每项扣10分

表（续）

序号	评价项目	标准分	评价内容与要求	评分标准
1.2.4	标准更新	10	标准更新符合管理流程	（1）未按时修编，每个扣5分。 （2）标准更新不符合标准更新管理流程，每个扣5分
1.3	仪器仪表	46	现场查看仪器仪表台账、检验计划、检验报告	
1.3.1	仪器仪表台账	8	建立仪器仪表台账，栏目应包括：仪器仪表型号、技术参数（量程、精度等级等）、购入时间、供货单位；检验周期、检验日期、使用状态等	（1）仪器仪表记录不全，一台扣4分。 （2）新购仪表未录入或检验；报废仪表未注销和另外存放，每台扣10分
1.3.2	仪器仪表资料	8	保存仪器仪表使用说明书	使用说明书缺失，一件扣4分
1.3.3	仪器仪表维护	10	（1）仪器仪表存放地点整洁、配有温度计、湿度计； （2）仪器仪表的接线及附件不许另作他用； （3）仪器仪表清洁、摆放整齐； （4）有效期内的仪器仪表应贴上有效期标识，不与其他仪器仪表一道存放； （5）待修理、已报废的仪器仪表应另外分别存放	不符合要求，一项扣5分
1.3.4	检验计划和检验报告	10	计划送检的仪表应有对应的检验报告	不符合要求，每台扣5分
1.3.5	对外委试验使用仪器仪表的管理	10	应有试验使用的仪器仪表检验报告复印件	不符合要求，每台扣5分
1.4	监督计划	20	现场查看水力发电厂监督计划	
1.4.1	计划的制定	10	（1）计划制定时间、依据符合要求。 （2）计划内容应包括： 1）管理制度制定或修订计划； 2）培训计划（内部及外部培训、资格取证、规程宣贯等）； 3）检修中节能监督项目计划； 4）动态检查提出问题整改计划； 5）节能监督中发现重大问题整改计划； 6）仪器仪表送检计划； 7）技改中节能监督项目计划； 8）定期工作（工作会议等）计划	（1）计划制定时间、依据不符合，一个计划扣5分。 （2）计划内容不全，一个计划扣1分~5分

表（续）

序号	评价项目	标准分	评价内容与要求	评分标准
1.4.2	计划的审批	5	符合工作流程：班组或部门编制→节能监督专责人审核→主管部门主任审定→生产厂长审批→下发实施	审批工作流程缺少环节，一个扣2分
1.4.3	计划的上报	5	每年11月30日前上报产业公司、区域公司，同时抄送西安热工院	计划上报不按时，扣2分
1.5	监督档案	50	现场查看监督档案、档案管理的记录	
1.5.1	监督档案清单	10	应建有监督档案资料清单。每类资料有编号、存放地点、保存期限	不符合要求，扣5分
1.5.2	报告和记录	20	（1）各类资料内容齐全、时间连续。（2）及时记录新信息。（3）及时完成厂用电月度分析、定期检修分析、检修总结、故障分析等报告编写，按档案管理流程审核归档	（1）第（1）、（2）项不符合要求，一项扣5分。（2）第（3）项不符合要求，一项扣10分
1.5.3	档案管理	20	（1）资料按规定储存，由专人管理。（2）记录借阅应有借、还记录。（3）有过期文件处置的记录	不符合要求，一项扣10分
1.6	评价与考核	24	查阅评价与考核记录	
1.6.1	动态检查前自我检查	6	自我检查评价切合实际	（1）没有自查报告扣10分。（2）自我检查评价与动态检查评价的评分相差10分及以上，扣6分
1.6.2	定期监督工作评价	6	有监督工作评价记录	无工作评价记录，扣6分
1.6.3	定期监督工作会议	6	有监督工作会议纪要	无工作会议纪要，扣6分
1.6.4	监督工作考核	6	有监督工作考核记录	发生监督不力事件而未考核，扣6分
1.7	工作报告制度执行情况	30	查阅检查之日前四个季度季报、检查速报事件及上报时间	
1.7.1	监督季报	10	（1）每季度首月5日前，应将技术监督季报送产业公司、区域公司和西安热工院。（2）格式和内容符合要求	（1）季报、年报上报迟报1天扣3分。（2）格式不符合，一项扣3分。（3）报表数据不准确，一项扣5分。（4）检查发现的问题，未在季报中上报，每1个问题扣5分

表（续）

序号	评价项目	标准分	评价内容与要求	评分标准
1.7.2	技术监督速报	10	按规定格式和内容编写技术监督速报并及时上报	（1）发现或者出现重大设备问题和异常及障碍未及时、真实、准确上报技术监督速报，每1项扣5分。 （2）上报速保事件描述不符合实际，一件扣5分
1.7.3	年度工作总结报告	10	（1）每年元月5日前组织完成上年度技术监督工作总结报告的编写工作，并将总结报告报送产业公司、区域公司和西安热工院。 （2）格式和内容符合要求	（1）未按规定时间上报，扣10分。 （2）内容不全，扣5分
1.8	监督考核指标	40	查看仪器仪表校验报告；整改问题完成证明文件。现场查看检修报告、缺陷记录	
1.8.1	试验仪器仪表校验率	7	要求：100%	主要指电能水能量计量表。不符合要求，不得分
1.8.2	季报问题整改完成率	9	要求：100%	不符合要求，不得分
1.8.3	动态检查存在问题整改完成率	9	要求：从发电企业收到动态检查报告之日起：第1年整改完成率不低于85%；第2年整改完成率不低于95%	不符合要求，不得分
1.8.4	缺陷消除率	8	要求：① 危急缺陷100%；② 严重缺陷90%	不符合要求，不得分
1.8.5	设备完好率	7	要求：① 主设备100%；② 一般设备98%	不符合要求，不得分
2	技术监督实施	300		
2.1	试验及检验	90		
2.1.1	新投产机组或A级检修机组按规程开展水轮机水力特性试验：效率试验、稳定性试验	10	查看试验记录	试验报告未归档不得分，每缺一项扣2分
2.1.2	调速系统的轮叶协联试验（双调机组），校正与优化机组（双调）协联曲线	10	查看试验记录	双调机组的无试验记录不得分，记录不完善扣5分。（不是双调机组的得满分）

表（续）

序号	评价项目	标准分	评价内容与要求	评分标准
2.1.3	机组流量检测装置检查及对比分析	10	查看检查报告	没有检查及对比分析不得分，少一项扣 7 分，记录不完善扣 2 分
2.1.4	测量水位的传感器校验或检查及对比分析	10	查看校验记录或检查分析报告	无校验记录或检查分析不得分，少一项扣 7 分，记录不完善扣 2 分
2.1.5	关口电能计量表定检	10	查看报告	没有计量表计或未校验不得分，校验报告不规范扣 5 分
2.1.6	发电机出口电能计量表定检	10	查看定检报告	没有计量表计或未校验不得分，校验报告不规范扣 5 分
2.1.7	发电机、主变测温元件定检	10	查看定检报告	没有进行测温元件定检不得分，报告不完善扣 2 分
2.1.8	发电机、主变冷却器及其管路耐压试验	10	查看检修报告	无试验报告不得分，报告不完善扣 5 分
2.1.9	非生产用电总表校验	10	查看校验记录	没有计量表计或未校验不得分，校验报告不规范扣 5 分
2.2	运行维护监督	75		
2.2.1	机组运行参数是否在运行允许范围内	10	现场查看	每发现一个参数不在允许范围内扣 1 分，扣完为止
2.2.2	机组 AGC/AVC 投入率不得低于 98%	10	查看调度通报记录、报告	每低于一次扣 2 分，扣完为止
2.2.3	机组应避开振动区运行	10	查看文件、规程，现场检查	没有划分振动区不得分，机组在振动区长超过 5min 一次扣 1 分，扣完为止
2.2.4	在一轮检修期内，机组空载运行时间不应超过 500h	10	查看记录	超过 1 次扣 5 分，扣完为止
2.2.5	机组开机并网时间应小于 10min	5	查看记录	超过 1 次扣 1 分，扣完为止
2.2.6	闭式循环冷却系统是否采取防止结垢和腐蚀的措施	5	现场查看	未采取措施不得分，措施不完善扣 5 分

表（续）

序号	评价项目	标准分	评价内容与要求	评分标准
2.2.7	水情测报系统有检查记录	5	查看检查记录	没有检查记录不得分，记录不完善扣 5 分
2.2.8	汛前防洪度汛泄洪设施运行维护检查	10	查看记录	未进行运行维护检查不得分，检查不完善扣 5 分
2.2.9	尾水河道是否畅通	10	现场查看	尾水河道不畅通不得分，发现一个点扣 5 分
2.3	检修质量监督	30		
2.3.1	水轮机修前、修后数据对比分析（振动、摆度、瓦温）	10	查看报告	无分析报告不得分，不完善扣 2 分
2.3.2	节能设备检修完工报告	10	查看报告	无分析报告不得分，不完善扣 2 分
2.3.3	节能设备检修质检单	10	查看质检单	无质检单不得分，不完善扣 2 分
2.4	设备监督重点	25		
2.4.1	水情测报系统各测报站位置是否具有取样的代表性，各测报站工作是否正常	5	现场检查	检查水情测报系统测点的安装位置是否具有取样的代表性。测点每缺一处或不符合要求或未按期标定各扣 2 分，扣完为止
2.4.2	机组过机流量测量装置测点安装位置是否合理，测量是否正常	5	现场检查	试验测点的安装位置是否合理，检查是否每次大修结束后对测点进行检查清理。测点不符合要求或未检查各扣 2 分，扣完为止
2.4.3	机组进水口拦污栅处是否存在积渣，拦污栅前后压差是否在规定范围内	5	现场检查	积渣严重不得分，栅前后压差超过规定范围扣 2 分
2.4.4	水库运行水位是否在正常水位，是否按调度图控制水库运行水位	5	查看运行数据	水库运行水位不在正常水位不得分，不按水库调度图运行扣 5 分

表（续）

序号	评价项目	标准分	评价内容与要求	评分标准
2.4.5	厂用电控制在计划范围内	5	查看是否按厂用电控制调整方案执行	无厂用电控制调整方案不得分，方案执行不到位扣2分
2.5	监督指标考核	80		
2.5.1	水能利用提高率对于多年调节水库≥2%，其他调节性能水库≥4%	10	查看记录	每低于0.1%扣1分，扣完为止
2.5.2	发电机组效率≥设计值、机组引用流量≤设计值	10	查看记录	每台机组不满足一项扣1分，扣完为止
2.5.3	机组等效可用系数≥93%	10	查看记录	每降低1%扣1分，扣完为止
2.5.4	发电耗水率等于低于设计值	10	查看记录	每高于0.1m³扣1分，扣完为止
2.5.5	发电计划完成率≥100%	10	查看记录	每低于1%扣1分，扣完为止
2.5.6	发电水量利用率应达100%	10	查看记录	每降低1%扣0.5分，扣完为止
2.5.7	发电厂用电率不大于0.1%～0.8%	10	查看记录	超过0.01%扣1分，扣完为止
2.5.8	全厂"三漏"泄漏率控制在0.3%的范围内	10	现场查看	超过0.1%扣1分，扣完为止

中国华能集团公司 CHINA HUANENG GROUP | 中国华能集团公司水力发电厂技术监督标准汇编
Q/HN-1-0000.08.046—2015

技术标准篇

水力发电厂环境保护监督标准

2015 - 05 - 01 发布

2015 - 05 - 01 实施

目　次

前　言

为加强中国华能集团公司水力发电厂技术监督管理，保证水力发电厂环境保护技术监督工作有序开展，特制定本标准。本标准依据国家和行业有关标准、规程和规范，以及中国华能集团公司水力发电厂环境保护的管理要求，结合国内外水力发电的新技术、监督经验制定。

本标准是中国华能集团公司所属水力发电厂环境保护监督工作的主要依据，是强制性企业标准。

本标准自实施之日起，代替 Q/HB-J-08.L18—2009《水力发电厂环境保护监督技术标准》

本标准由中国华能集团公司安全监督与生产部提出。

本办法由中国华能集团公司安全监督与生产部归口并解释。

本标准起草单位：华能澜沧江水电股份有限公司。

本标准主要起草人：吴明波、梅增荣、夏一丹。

本标准审核单位：中国华能集团公司安全监督与生产部、中国华能集团公司科技环保部、中国华能集团公司基本建设部、华能澜沧江水电股份有限公司、西安热工研究院有限公司、华能四川水电有限公司。

本标准主要审核人：赵贺、赵毅、武春生、林勇、杜灿勋、晏新春、向泽江、张洪涛、曾德勇、查荣瑞、汪俊波、余记远、叶盛。

本标准审定：中国华能集团公司技术工作管理委员会。

本标准批准人：寇伟。

水力发电厂环境保护监督标准

1 范围

本标准规定了中国华能集团公司（以下简称"集团公司"）所属水力发电厂全过程环境保护监督的相关技术标准内容和监督管理要求。

本标准适用于集团公司水力发电厂的环境保护监督工作。

2 规范性引用文件

下列文件对于本文件的应用是必不可少的。凡是注日期的引用文件，仅注日期的版本适用于本文件。凡是不注日期的引用文件，其最新版本（包括所有的修改单）适用于本文件。

GB 3095　环境空气质量标准

GB 3096　声环境质量标准

GB 3838　地表水环境质量标准

GB 8978　污水综合排放标准

GB 12523　建筑施工场界环境噪声排放标准

GB 18599　一般工业固体废物贮存、处置场污染控制标准

GB 50433　开发建设项目水土保持技术规范

GB/T 18883　室内空气质量标准

GB/T 18920　城市污水再生水利用　城市杂用水水质

HJ 2.1　环境影响评价技术导则　总纲

HJ 2.2　环境影响评价技术导则　大气环境

HJ 2.4　环境影响评价技术导则　声环境

HJ 19　环境影响评价技术导则　生态影响

HJ 610　环境影响评价技术导则　地下水环境

HJ 2025　危险废物收集、贮存、运输技术规范

HJ/T 2.3　环境影响评价技术导则　地面水环境

HJ/T 88　环境影响评价技术导则　水利水电工程

SL 489　水利建设项目后评价报告编制规程

SL 492　水利水电工程环境保护设计规范

SL/Z 322　建设项目水资源论证导则

DL/T 799.3　电力行业劳动环境监测技术规范　第 3 部分：生产性噪声监测

DL/T 799.7　电力行业劳动环境监测技术规范　第 7 部分：工频电场、磁场监测

DL/T 5020　水电工程可行性研究报告编制规程

DL/T 5123　水电站基本建设工程验收规程

DL/T 5206　水电工程预可行性研究报告编制规程

DL/T 5260　水电水利工程施工环境保护技术规程

DL/T 5402　水电水利工程环境保护设计规范

DL/T 5419　水电建设项目水土保持方案技术规范

Q/HN-1-0000.08.002—2013　中国华能集团公司电力检修标准化管理实施导则（试行）

Q/HN-1-0000.08.049—2015　中国华能集团公司电力技术监督管理办法

Q/HB-G-08.L01—2009　华能电厂安全生产管理体系要求

Q/HB-G-08.L02—2009　华能电厂安全生产管理体系评价办法（试行）

中华人民共和国主席令第 77 号 2003 年　中华人民共和国环境影响评价法

中华人民共和国主席令第 31 号 2005 年　中华人民共和国固体废弃物污染环境防治法

中华人民共和国主席令第 39 号 2010 年　中华人民共和国水土保持法

中华人民共和国主席令第 9 号 2014 年　中华人民共和国环境保护法

中华人民共和国国务院令第 253 号 1998 年　建设项目环境保护管理条例

国家环境保护总局令第 13 号 2002 年　建设项目竣工环境保护验收管理办法

水利部令第 24 号 2005 年　开发建设项目水土保持设施验收管理办法

环境保护部令第 2 号 2008 年　建设项目环境影响评价分类管理名录

国家能源局　国能新能〔2011〕263 号　水电工程验收管理规定

华能安〔2011〕271 号　中国华能集团公司电力技术监督专责人员上岗资格管理办法（试行）

3　总则

3.1　环境保护监督是保证水力发电厂环保运行的基础工作，应坚持"安全第一、预防为主"的方针，实行全过程监督。

3.2　环境保护监督的目的：以国家法律、法规及国家、行业、集团公司标准、规范、规程、制度、环境保护文件（指环境影响报告、水土保持方案报告，政府有关部门的审查、批复文件，设计文件，以及环境保护、水土保持专项竣工验收有关意见、文件）为依据，以环境监测为手段，监督环境保护工作"三同时"（同时设计、同时施工、同时投入使用）原则、环境保护文件及与环境保护相关措施、方案等的落实执行情况。

3.3　环境保护监督的范围：贯穿设计、建设和生产三个阶段，包括：环境保护措施落实（生态环境、水环境、水土保持、大气环境、声环境、固体废弃物处理、文物古迹、景观旅游资源、人群健康影响、下游环境等）、环境保护设施设备和环境监测（水质水温、陆生生态、水生生态、水土保持、噪声和环境空气、工频电磁环境等）。

3.4　本标准规定了水力发电厂在设计、建设、生产阶段环境影响评价、水土保持、环境量监测等方面的监督标准，声环境、大气环境、生态环境、工频电磁场的监测标准，废气、废油、固体废弃物的回收标准，以及环境保护监督管理要求、评价与考核标准，它是水力发电厂环境保护监督工作的基础，亦是建立环境保护技术监督体系的依据。

3.5　电厂应按照集团公司《华能电厂安全生产管理体系要求》《电力技术监督管理办法》中有关技术监督管理和本标准的要求,结合本厂的实际情况,制定电厂环境保护监督管理标准；依据国家和行业有关标准和规范，编制、执行运行规程、检修规程和操作规程等相关/支持性文件；以科学、规范的监督管理，保证环境保护监督工作目标的实现和持续改进。

3.6　从事环境保护监督的人员应熟悉和掌握本标准及相关标准和规程中的规定。

4 监督技术标准

4.1 设计阶段监督

4.1.1 根据《中华人民共和国环境保护法》《中华人民共和国环境影响评价法》《中华人民共和国水土保持法》《建设项目环境保护管理条例》以及 GB 50433、HJ 2.1、HJ 2.2、HJ 2.4、HJ 19、HJ 610、HJ/T 2.3、HJ/T 88、SL 492、DL/T 5260、DL/T 5402、DL/T 5419 等的有关规定，委托具有相应资质的单位开展建设项目环境影响水土保持评价工作，编制环境影响报告书和水土保持方案报告书，明确建设项目环境保护措施、环境保护设施设备和环境监测要求，并通过政府有关主管部门的审查和批准。

4.1.2 根据国家批准的环境影响报告书、水土保持方案报告书和批复文件及有关设计技术标准，开展环境保护和水土保持措施、设施、设备设计工作。

4.2 建设阶段监督

4.2.1 施工期

4.2.1.1 环境保护措施落实监督。

根据国家法律、法规及国家、行业、集团公司标准、规范、规程、制度的有关规定，按照国家批准的环境影响报告书、水土保持方案报告书和批复文件及有关设计文件的要求，监督生态环境、水环境、大气环境、声环境、固体废弃物处理、水土保持、人群健康影响、文物古迹、景观旅游资源、下游环境等环境保护措施落实情况。

4.2.1.2 环境监测监督。

环境监测（调查）单位应具有相应资质，各监测项目的监测方法、监测位置、监测频次以国家批准的环境影响报告书、水土保持方案报告书和批复文件的有关要求为准，重点监督以下内容：

4.2.1.2.1 生态环境：监测影响区域生物物种影响变化情况。

4.2.1.2.2 水环境：监测河流水质情况，按水域功能分类，河流水质应符合 GB 3838 有关要求。

4.2.1.2.3 废水：监测生产废水、生活污水指标，排放应符合 GB 8978 及环境保护文件中有关标准，生产废水和生活污水宜参照 GB/T 18920 有关标准进行回用和综合利用。

4.2.1.2.4 大气环境：监测施工作业点、生活区、办公区及施工干线公路两侧的粉尘、废气排放情况，按环境空气功能区分类，大气环境应符合 GB 3095 有关要求。

4.2.1.2.5 声环境：监测施工作业点、生活区、办公区及施工干线公路两侧一定距离内噪声污染情况，施工区场界和敏感目标噪声限值应符合 GB 12523 有关要求，施工作业场所噪声限值应符合 DL/T 799.3 有关要求。

4.2.1.2.6 固体废弃物处理：生产、生活固体废弃物的处理应符合《中华人民共和国固体废弃物污染环境防治法》、GB 18599 有关要求，废油等危险废物处理应符合 HJ 2025 有关要求。

4.2.1.2.7 水土保持：监测水土流失防治责任区范围内的水土流失情况及水土保持措施防治效果。

4.2.1.2.8 施工区人群健康状况：监测施工区工作人员、居民健康状况。

4.2.1.2.9 当上述环境因素或者环境监测数据发生较大变化时，应根据变化情况加密监测。

4.2.1.3 环境保护设施设备监督。

4.2.1.3.1 环境保护设施设备应按国家批准的环境影响报告书、水土保持方案报告书和批复文件及有关设计文件的要求建设，设施设备应保证可靠投入、正常运行，达到环境保护、水土保持各项指标。

4.2.1.3.2 环境保护设施重点监督：生态环境保护设施（如鱼道、升鱼机、集运鱼系统、鱼类增殖放流站、鱼类栖息地、珍稀植物园、动物拯救站等）、水土保持设施（如渣场、截排水系统、拦渣坝、网格梁等）、固体废弃物处理设施（如垃圾填埋场、临时储存场所等）、生产废水和生活污水处理及回用设施、噪声控制设施（如隔音墙等）。

4.2.1.3.3 环境保护设备重点监督：生态环境保护设备、生产废水和生活污水处理及回用设备、空气质量控制设施设备（如施工作业场所通风设备、降尘设备等）、六氟化硫回收装置、废油存储设备。

4.2.1.3.4 环境保护设施设备必须执行"三同时"原则。

4.2.2 试生产期

根据《建设项目环境保护管理条例》有关规定，监督建设项目在试生产前取得试生产行政许可。

4.2.3 竣工验收

根据《水电工程验收管理规定》《建设项目环境保护管理条例》《建设项目竣工环境保护验收管理办法》《开发建设项目水土保持设施验收管理办法》、DL/T 5123 及相关法律法规的有关规定，监督建设单位水土保持、环境保护专项竣工验收工作开展情况。

4.3 生产阶段监督

4.3.1 环境保护措施落实监督

根据国家法律、法规及国家、行业、集团公司标准、规范、规程、制度的有关规定，按照国家批准的环境影响报告书、水土保持方案报告书和批复文件及环境保护、水土保持专项竣工验收有关意见、环境影响后评价文件的有关要求，监督生态环境、水环境、大气环境、声环境、固体废弃物处理、水土保持等环境保护措施落实情况。

4.3.2 环境监测监督

环境监测单位应具有相应资质，各监测项目的监测方法、监测位置、监测频次以国家批准的环境影响报告书、水土保持方案报告书和批复文件及环境保护、水土保持专项竣工验收意见有关要求为准，重点监督以下内容：

4.3.2.1 生态环境：监测影响区域生物物种影响变化情况，按照 SL/Z 322 的要求，合理调度生态流量。

4.3.2.2 水环境：监测河流水质情况，按水域功能分类，河流（上、下游）水质应符合 GB 3838 有关要求，一般每年至少监测一次；监测河流泥沙情况。

4.3.2.3 废水：监测生产废水、生活污水指标，排放应符合 GB 8978 及环境保护文件中有关要求。生产废水和生活污水宜参照 GB/T 18920 有关要求进行回用和综合利用，一般每半年至少监测一次。

4.3.2.4 空气质量：监测人员经常工作或活动的作业场所（控制室、值班室、主厂房、副厂房、GIS 室以及人员经常活动的廊道等）空气质量状况，一般每两年至少监测一次，空气质量监测布点、测量方法及限值参照 GB/T 18883 有关要求。

4.3.2.5 声环境：监测人员经常工作或活动的作业场所（控制室、值班室、主厂房、副厂房、

GIS 室等）、噪声控制措施、设施的落实情况及噪声状况，一般每两年至少监测一次，噪声监测布点、测量方法及限值应符合 DL/T 799.3 有关要求。

4.3.2.6 固体废弃物处理：生产、生活固体废弃物、库区漂浮物处理应符合《中华人民共和国固体废弃物污染环境防治法》、GB 18599 有关要求，废油等危险废弃物处理应符合 HJ 2025 有关要求，回收率应达 100%。

4.3.2.7 六氟化硫废气：监督六氟化硫废气回收处理符合 HJ 2025 有关要求，回收率应达 100%，禁止向大气排放。

4.3.2.8 工频电磁场：监测人员经常工作或活动的作业场所（控制室、主厂房、GIS 室、升压站、出线场等）工频电场和工频磁场状况，一般每两年至少监测一次，监测布点、测量方法及限值应符合 DL/T 799.7 有关要求。

4.3.2.9 当上述环境因素或者环境监测数据发生较大变化时，应根据变化情况加密监测。

4.3.3 环境保护设施设备监督

4.3.3.1 环境保护设施设备应按国家批准的环境影响报告书、水土保持方案报告书和批复文件、有关设计文件及环境保护、水土保持专项竣工验收有关意见、文件的要求保证可靠投入、正常运行，达到环境保护、水土保持各项指标。

4.3.3.2 环境保护设施重点监督：生态环境保护设施（如鱼道、升鱼机、集运鱼系统、鱼类增殖放流站、鱼类栖息地、珍稀植物园、动物拯救站等）、水土保持设施（如渣场、截排水系统、拦渣坝、网格梁等）、固体废弃物处理设施（如垃圾填埋场、临时储存场所等）、生产废水和生活污水处理及回用设施、事故集油池、噪声控制设施（如隔音门、隔音墙等）。

4.3.3.3 环境保护设备重点监督：生态环境保护设备、生产废水和生活污水处理及回用设备、空气质量控制设备（如厂房通风系统、氧含量检测仪、有毒气体检测仪、六氟化硫检测仪等）、六氟化硫回收装置、废油储存设备。

4.3.3.4 环境保护设施设备必须执行"三同时"原则。

5 监督管理要求

5.1 监督基础管理工作

5.1.1 电厂应按照《华能电厂安全生产管理体系要求》中有关技术监督管理和本标准的要求，制定环境保护监督管理标准，并根据国家法律、法规及国家、行业、集团公司标准、规范、规程、制度，结合电厂实际情况，编制环境保护监督相关/支持性文件；建立健全技术资料档案，以科学、规范的监督管理，保证环境保护设施设备以及环境保护监督设备的安全可靠运行。

5.1.2 环境保护监督相关/支持性文件。
  a) 环境保护监督管理标准；
  b) 环境保护设施（备）运行、检修规程；
  c) 环境保护监测仪器、仪表操作规程；
  d) 环境污染事故应急预案、处置方案。

5.1.3 技术档案资料。

5.1.3.1 环境保护监督报告文件。
  a) 预可行性研究报告（环境保护设计和水土保持设计）及相关批复文件；
  b) 可行性研究报告（环境保护设计和水土保持设计）及相关批复文件；

c) 环境影响报告书及相关批复文件；

d) 水土保持方案报告书及相关批复文件；

e) 水土保持专项竣工验收报告及相关批复文件；

f) 环境保护蓄水阶段验收报告及相关批复文件；

g) 环境保护专项竣工验收报告及相关批复文件；

h) 环境影响后评价报告。

5.1.3.2 环境保护监督设备资料。

a) 环境保护设备设计、制造、安装、调试过程的相关资料；

b) 环境保护设施性能试验报告；

c) 环保设施运行、检修记录；

d) 环境保护仪器、仪表台账。

5.1.3.3 监督管理文件。

a) 国家法律、法规及国家、行业、集团公司标准、规范、规程、制度；

b) 年度环境保护监督工作计划和总结；

c) 环境保护技术监督季报（见附录C）；

d) 技术监督信息速报（见附录D）；

e) 环境保护预警通知单（见附录F）和验收单（见附录G）；

f) 环境保护监督会议纪要；

g) 环境保护监督网络成员统计表（见附录A的表A.2）；

h) 环境保护监督活动记录；

i) 环境保护监督培训记录；

j) 环境监测报告（生态环境、水质、大气环境、声环境、水土保持、工频电磁场等监测报告）；

k) 监测异常数据记录；

l) 固体废弃物处置监督记录；

m) 六氟化硫回收率监督记录。

5.2 日常管理内容和要求

5.2.1 健全监督网络与职责

5.2.1.1 电厂应建立健全由生产副厂长(总工程师)领导下的环境保护技术监督三级管理网。第一级为厂级，包括生产副厂长（总工程师）领导下的环境保护监督专责人员；第二级为部门级，包括生产部专工、水库部专工；第三级为班组级，包括各班组人员。在生产副厂长（总工程师）领导下由环境保护监督专责人统筹安排，协调运行、检修、水库等部门，由水工、运维、安监等相关专业共同配合完成环境保护监督工作。环境保护监督三级网应严格执行岗位责任制。

5.2.1.2 按照集团公司《华能电厂安全生产管理体系要求》和《电力技术监督管理办法》编制电厂环境保护监督管理标准，做到分工、职责明确，责任到人。

5.2.1.3 电厂环境保护技术监督工作归口职能管理部门在电厂技术监督领导小组的领导下，负责环境保护技术监督网络的组织建设工作，建立健全技术监督网络，并设环境保护技术监督专责人员，负责全厂环境保护技术监督日常工作的开展和监督管理。

5.2.1.4 电厂环境保护技术监督工作归口职能管理部门每年年初要根据人员变动情况及时对网络成员进行调整；按照监督人员培训和上岗资格管理办法的要求，定期对技术监督专责人员和特殊技能岗位人员进行专业和技能培训，保证持证上岗。

5.2.2 确认监督标准符合性

5.2.2.1 环境保护监督标准应符合国家法律、法规及国家、行业、集团公司标准、规范、规程、制度的规定。

5.2.2.2 每年年初，环境保护技术监督专责人应根据新颁布的法律法规、标准规范，组织对电厂环境保护措施、设备设施运行、检修规程等标准、制度的有效性、准确性进行评估，修订不符合项，经归口职能管理部门领导审核、分管生产领导审批后发布实施。国家法律、法规及国家、行业、集团公司标准、规范、规程、制度对环境保护监督工作的要求均应在电厂标准、规程及制度中详细列写齐全。

5.2.3 确认仪器仪表有效性

5.2.3.1 应编制环境保护监督用仪器仪表使用、操作、维护标准，规范仪器仪表管理。

5.2.3.2 应建立环境保护监督仪器仪表设备台账，根据检验、使用及更新情况进行补充完善。

5.2.3.3 应根据检定周期和项目，制订环境保护监督仪器、仪表年度校验计划，按规定进行检验、送检和量值传递，对检验合格的可继续使用，对检验不合格的送修或报废处理，保证仪器仪表有效性。

5.2.4 监督档案管理

5.2.4.1 电厂应按照附录 A 规定的要求，建立和健全环境保护技术监督档案、标准、制度和技术资料，确保技术监督原始档案和技术资料的完整性和连续性。

5.2.4.2 环境保护技术监督专责人员应建立环境保护档案资料目录清册，根据监督组织机构的设置和设备的实际情况，明确档案资料的分级存放地点和指定专人负责整理保管，及时更新。

5.2.5 制订监督工作计划

5.2.5.1 环境保护技术监督专责人员每年 11 月 30 日前应组织制订下年度技术监督工作计划，计划批准发布后报送产业公司、区域公司，同时抄送西安热工研究院有限公司（以下简称"西安热工院"）。

5.2.5.2 电厂技术监督年度计划的制订依据至少应包括以下几方面：

  a) 国家、行业、地方有关电力生产方面的政策、法规、标准、规程和反事故措施要求；

  b) 集团公司、产业公司、区域公司、发电企业技术监督管理制度和年度技术监督动态管理要求；

  c) 集团公司、产业公司、区域公司、发电企业技术监督工作规划和年度生产目标；

  d) 环境保护设备设施上年度特殊、异常运行工况，隐患、缺陷等；

  e) 环境保护设备设施目前的运行状态；

  f) 技术监督动态检查、预警、月（季）报提出的问题；

  g) 收集的其他有关环境保护设备设计选型、制造、安装、运行、检修、技术改造等方面的动态信息。

5.2.5.3 电厂技术监督工作计划应实现动态化，即各专业应每季度制订技术监督工作计划。年度（季度）监督工作计划主要内容应包括：

a) 技术监督组织机构和网络完善；

b) 监督管理标准、技术标准规范制订、修订计划；

c) 人员培训计划（主要包括内部培训、外部培训取证，标准规范宣贯）；

d) 技术监督例行工作计划；

e) 检修期间应开展的技术监督项目计划；

f) 监督用仪器仪表检定计划；

g) 技术监督自我评价、动态检查和复查评估计划；

h) 技术监督预警、动态检查等监督问题整改计划；

i) 技术监督定期工作会议计划。

5.2.5.4 电厂应根据上级公司下发的年度技术监督工作计划，及时修订补充本单位年度技术监督工作计划，并发布实施。

5.2.5.5 环境保护监督专责人员每季度应对监督年度计划执行和监督工作开展情况进行检查评估，对不满足监督要求的问题，通过技术监督不符合项通知单下发到相关部门监督整改，并对相关部门进行考评。技术监督不符合项通知单编写格式见附录 B。

5.2.6 监督报告报送管理

5.2.6.1 环境保护技术监督季报的报送。

环境保护技术监督专责人员应按照附录 C 的格式和要求，组织编写上季度环境保护技术监督季报，经电厂归口职能部门汇总后，于每季度首月 5 日前报送产业、区域子公司和西安热工院。

5.2.6.2 环境保护技术监督信息速报的报送。

当电厂发生重大环境污染事故和重大环保事件、重大监督指标超标事件后 24h 内，环境保护技术监督专责人应将事件概况、原因分析、采取措施按照附录 D 的格式，填写速报并报送产业、区域子公司和西安热工院。

5.2.6.3 环境保护监督年度工作总结报告的报送。

5.2.6.3.1 环境保护技术监督专责人员应于每年 1 月 5 日前编制完成上年度技术监督工作总结，并报送产业、区域子公司和西安热工院。

5.2.6.3.2 年度监督工作总结主要包括以下内容：

a) 主要监督工作完成情况、亮点和经验教训；

b) 设备一般事故、危急缺陷和严重缺陷统计分析；

c) 监督存在的主要问题和改进措施；

d) 下年度工作思路、计划、重点和改进措施。

5.2.7 监督例会管理

5.2.7.1 电厂每年至少召开两次技术监督工作会，检查评估、布置、总结技术监督工作，对技术监督中出现的问题提出处理意见和防范措施，形成会议纪要，布置的工作应落实并有监督检查。

5.2.7.2 环境保护专业每季度至少召开一次技术监督工作会议，会议由环境保护监督专责人员主持并形成会议纪要。

5.2.7.3 例会主要内容包括：

a) 检查上一次例会提出的整改意见落实情况；

b) 环境保护监督范围内设备及系统的故障、缺陷分析及处理措施；

c) 环境保护监督存在的主要问题以及解决措施/方案；

d) 上次监督例会提出问题整改措施完成情况的评价；

e) 技术监督工作计划发布及执行情况，监督计划的变更；

f) 监督需要领导协调和其他部门配合和关注的事项；

g) 集团公司技术监督季报、监督通讯、新颁布的国家法律、法规及国家、行业、集团公司标准、规范、规程、制度、监督新技术学习交流；

h) 至下次监督例会时间内的工作要点。

5.2.8 监督预警管理

5.2.8.1 环境保护监督三级预警项目（见附录 E），电厂应将三级预警识别纳入日常环境保护监督管理和考核工作中。

5.2.8.2 对于上级监督单位签发的预警通知单（见附录 F），电厂应认真组织人员研究有关问题，制订整改计划，明确整改措施、责任部门、责任人、完成日期。

5.2.8.3 问题整改完成后，电厂应按照验收程序要求，向预警提出单位提出验收申请，经验收合格后，由验收单位填写预警验收单（见附录 G），并报送预警签发单位备案。

5.2.9 监督问题整改

5.2.9.1 整改问题的提出。

a) 上级或技术监督服务单位在技术监督动态检查、预警中提出的整改问题；

b) 集团公司监督季报中明确的集团公司、产业、区域子公司督办问题；

c) 集团公司监督季报中明确的电厂需要关注及解决的问题；

d) 每季度对环境保护监督计划的执行情况进行检查，对不满足监督要求提出的整改问题。

5.2.9.2 问题整改管理。

a) 电厂收到技术监督评价报告后，应组织有关人员会同西安热工院或技术监督服务单位在两周内完成整改计划的制订和审核，整改计划编写格式见附录 H，并将整改计划报送集团公司、产业、区域子公司，同时抄送西安热工院或技术监督服务单位；

b) 整改计划应列入或补充列入年度监督工作计划，电厂按照整改计划落实整改工作，并将整改实施情况及时在技术监督季报中总结上报；

c) 对整改完成的问题，电厂应保存问题整改相关的试验报告、现场图片、影像等技术资料，作为问题整改情况及实施效果评估的依据。

5.2.10 监督评价与考核

5.2.10.1 电厂按照《环境保护技术监督工作评价表》（见附录 I）中的各项要求纳入环境保护监督日常管理工作中。

5.2.10.2 电厂应按照《环境保护技术监督工作评价表》中的各项要求，编制完善环境保护技术监督管理制度和规定，完善各项环境保护监督的日常管理和记录，加强环保设备设施的监督和检查。

5.2.10.3 电厂应定期对技术监督工作开展情况组织自我评价，对不满足监督要求的不符合项以通知单的形式下发到相关部门进行整改，并对相关部门及责任人进行考核。

5.3 各阶段监督重点工作

5.3.1 设计阶段

5.3.1.1 根据《中华人民共和国环境保护法》《中华人民共和国环境影响评价法》《中华人民共和国水土保持法》《建设项目环境保护管理条例》，以及 GB 50433、HJ 2.1、HJ 2.2、HJ 2.4、HJ 19、HJ 610、HJ/T 2.3、HJ/T 88、SL 492、DL/T 5020、DL/T 5206、DL/T 5260、DL/T 5402、DL/T 5419 等的有关要求，结合工程实际，提出环境保护监督的意见和要求。

5.3.1.2 可行性研究工作监督。

a) 按照 DL/T 5206 中第 10 部分要求，监督预可行性研究阶段环境保护设计工作。

b) 按照 DL/T 5020 中第 14 部分要求，监督可行性研究阶段环境保护设计工作。

5.3.1.3 环境影响和水土保持评价监督。

a) 环境影响和水土保持评价工作由具备相应评价资质的单位承担。

b) 环境影响评价工作按照国家《建设项目环境影响评价分类管理名录》要求编制环境影响评价文件。

c) 环境影响报告书和水土保持方案报告书经国家政府有关主管部门审查和批准。

d) 环境影响报告书符合项目所在区域的规划环评意见、土地利用规划、城市发展规划、流域发展规划等相关政策。

e) 水土保持方案报告书符合项目所在区域和流域的规划意见、流域生态保护要求等相关政策。

f) 参与建设项目环境影响和水土保持评价、审查工作，对评价中的技术问题提出意见和要求，将成果文件归档，并监督执行。

g) 参与环境保护相关专题设计和审查工作，对设计中的技术问题提出意见和要求，将成果文件归档，并监督执行。

5.3.1.4 设计过程监督。

a) 监督环境影响报告书、水土保持方案报告书及相关批复文件有关要求在设计中的落实情况。

b) 环境保护所需的投资（包括环评和竣工验收费用）列入工程概算，任何单位不得取消或挪用。

c) 监督设计中所采用的工艺、设备等满足项目环境影响报告书和水土保持方案报告书的指标要求，并使设计选型具有前瞻性和先进性。环保、水保设施的招标设计和施工图设计满足相关标准、导则及环保文件的要求，与主体工程同时设计。

d) 参与环保设施的设计、设备选型以及材料选择等的技术讨论和审核。

5.3.1.5 资料管理监督：对环境影响报告书、水土保持方案报告书、过程资料及相关批复文件进行归档管理。

5.3.2 建设阶段

5.3.2.1 根据《中华人民共和国环境保护法》《中华人民共和国环境影响评价法》《中华人民共和国水土保持法》《建设项目环境保护管理条例》，以及 GB 3095、GB 3838、GB 8978、GB 12523、GB 18599、GB/T 18920、HJ 2025 的有关规定，按照国家批准的环境影响报告书、水土保持方案报告书和批复文件及有关设计文件的要求，监督环境保护措施落实、环境监测开展、设施设备运行情况。

5.3.2.2 监督施工期生态环境、水环境、大气环境、声环境、固体废弃物处理、水土保持、人群健康影响等环境保护措施实施符合环境影响报告书、水土保持方案报告书和批复文件、设计文件的有关要求。

5.3.2.3 监督建设阶段各类环保设备的技术协议、监造、检验、验收工作。

5.3.2.4 施工期环境监测监督。

a) 监督环境监测单位具有相应资质，监测项目的监测方法、监测位置、监测频次符合国家批准的环境影响报告书、水土保持方案报告书和批复文件要求。

b) 监督生态环境影响区域生物物种影响变化监测情况。

c) 监督河流水质、生产废水和生活污水排放指标监测情况。河流水质符合 GB 3838 有关要求，生产废水、生活污水排放指标符合 GB 8978 及环境保护文件中有关标准。

d) 监督施工作业点、生活区、办公区及施工干线公路两侧的粉尘、废气排放指标监测情况，大气环境符合 GB 3095 有关要求。

e) 监督施工作业点、生活区、办公区及施工干线公路两侧噪声污染监测情况，施工区场界和敏感目标噪声限值符合 GB 12523 有关要求，施工作业场所噪声限值符合 DL/T 799.3 有关要求。

f) 监督生产、生活固体废弃物的处理措施和设备的落实情况，生产、生活固体废弃物的处理符合《中华人民共和国固体废弃物污染环境防治法》、GB 18599 有关要求，废油等危险废弃物符合 HJ 2025 有关要求。

g) 监督水土流失防治责任区范围内水土流失情况及水土保持措施防治效果。

h) 监督施工区工作人员、居民健康状况监测情况。

5.3.2.5 施工期环境保护设施设备监督。

a) 环境保护设施设备应按国家批准的环境影响报告书、水土保持方案报告书、批复文件及有关设计文件要求建设。

b) 监督各类环境保护设备制造厂家按合同要求制造有关设备，并提供设备图纸、使用维护说明书，以及质量检验证书、出厂证明等，对环境保护设备的制造质量进行抽样检查，做好抽检记录，提供抽检报告。

c) 监督环境保护设备安装单位提供各类环境保护设备的安装图纸、工程质量大纲、质检记录和验收记录、调试报告等，并对环境保护设备的安装质量进行抽样检查，并做好抽检记录，提供抽检报告。

d) 所有环境保护设施设备应有管理制度、运行检修规程、设备台账、维护记录，确保环境保护设施设备与主体工程同时投入使用。

e) 监督生态环境保护设施（如过鱼道、鱼类增殖放流站、珍稀植物园等）、水土保持设施（如存弃渣场、截排水系统、拦渣坝、网格梁等）、固体废弃物处理设施（如垃圾填埋场、临时储存场所等）符合国家批准的环境影响报告书、水土保持方案报告书和批复文件及有关设计文件的要求，设施可靠投入、正常运行，建设、运行资料齐备。

f) 监督生产废水和生活污水处理及回用设施满足生产、生活需要，可靠投入、正常运行，排放指标符合 GB 8978 标准要求，建设、运行资料齐备。

g) 监督施工区产生噪声的主要污染源均设有噪声控制设施（如隔音墙等），设施可靠投入、正常运行，保证噪声符合 GB 12523、DL/T 799.3 有关要求。

h) 监督施工区空气质量控制设施设备（施工作业场所通风设备、降尘设备等）建设和投入运行情况，保证空气质量满足 GB 3095 有关要求。

i) 监督机电安装阶段六氟化硫回收装置运行状况，对六氟化硫气体回收利用，禁止向大气排放，相关资料齐备。

5.3.2.6 试生产监督。

参与编制试生产申请报告、现场检查，监督试生产行政许可批复及相关整改落实情况。

5.3.2.7 竣工验收监督。

a) 参与环境保护、水土保持专项竣工验收工作。

b) 监督验收批复及相关整改落实情况。

5.3.2.8 资料管理监督。

a) 监督环境影响评价报告书、水土保持方案报告书、过程资料、相关批复文件及竣工验收等基建技术资料归档管理情况。

b) 监督环境保护措施、设施设备、环境监测等在设计、基建和安装调试各阶段的技术档案、系统图表、运行记录、监测记录、试验报告、工作总结等技术资料归档管理情况。

5.3.3 生产阶段

5.3.3.1 根据《中华人民共和国环境保护法》《中华人民共和国环境影响评价法》《中华人民共和国水土保持法》《建设项目环境保护管理条例》，以及 GB 3095、GB 3838、GB 8978、GB 18599、GB/T 18920、SL/Z 322、HJ 2025 的有关规定，按照国家批准的环境影响报告书、水土保持方案报告书和批复文件及环境保护、水土保持专项竣工验收意见的有关要求，监督环境保护措施落实、环境监测开展、设施设备运行情况。

5.3.3.2 环境保护措施监督。

监督生态环境、水环境、大气环境、声环境、固体废弃物处理、水土保持等环境保护措施实施符合环境影响报告书、水土保持方案报告书和批复文件、设计文件及环境保护、水土保持专项竣工验收意见的有关要求。

5.3.3.3 环境监测监督。

a) 监督环境监测单位具有相应资质，监测项目的监测方法、监测位置、监测频次符合国家批准的环境影响报告书、水土保持方案报告书和批复文件及环境保护、水土保持专项竣工验收意见的有关要求。

b) 监督生态环境影响区域生物物种影响变化监测情况和生态流量调度情况。

c) 监督河流水质、泥沙、生产废水和生活污水排放指标监测情况。河流水质符合 GB 3838 有关要求，生产废水、生活污水排放指标符合 GB 8978 及环境保护文件中有关要求。

d) 监督人员经常工作或活动的作业场所（控制室、值班室、主厂房、副厂房、GIS 室以及人员经常活动的廊道等）空气质量监测状况，空气质量监测布点、测量方法及限值符合 GB/T 18883 有关要求。

e) 监督人员经常工作或活动的作业场所（控制室、值班室、主厂房、副厂房、GIS 室以及人员经常活动的廊道等）噪声污染监测情况，噪声监测布点、测量方法及限值应符合 DL/T 799.3 有关要求。

f) 监督生产、生活固体废弃物、库区漂浮物处理情况，生产、生活固体废弃物处理符合《中华人民共和国固体废弃物污染环境防治法》和 GB 18599 有关要求，废油等危险废弃物处理符合 HJ 2025 有关要求，回收率应达 100%。

g) 监督六氟化硫废气回收处理，回收率应达 100%，禁止向大气排放。

h) 监督人员经常工作或活动的作业场所（控制室、主厂房、GIS 室、升压站、出线场等）的工频电磁场状况，工频电磁场监测布点、测量方法及限值符合 DL/T 799.7 有关要求。

5.3.3.4 环境保护设施设备监督。

a) 环境保护设施设备应按国家批准的环境影响报告书、水土保持方案报告书和批复文件、设计文件及环境保护、水土保持专项竣工验收意见的有关要求，配置齐全。

b) 所有环境保护设施设备应有管理制度、运行检修规程、设备台账、维护记录，确保环境保护设施设备与主体工程同时投入使用。

c) 监督生态环境保护设施（如过鱼道、鱼类增殖放流站、珍稀植物园等）、水土保持设施（如存弃渣场、截排水系统、拦渣坝、网格梁等）、固体废弃物处理设施（如垃圾填埋场、临时储存场所等）符合国家批准的环境影响报告书、水土保持方案报告书和批复文件及有关设计文件的要求，设施可靠投入、正常运行，运行资料齐备。

d) 监督生产废水和生活污水处理及回用设施满足生产、生活需要，可靠投入、正常运行，排放指标符合 GB 8978 有关要求，运行资料齐备。

e) 监督作业场所产生噪声的主要污染源均设有噪声控制设施（隔音墙、隔音门等），定期开展检查，设施可靠投入、正常运行，保证噪声符合 GB 12523、DL/T 799.3 要求。

f) 监督作业场所空气质量控制设施设备（如厂房通风系统、氧含量检测仪、有毒气体检测仪、六氟化硫检测仪等）投入运行及使用情况，保证空气质量满足 GB/T 18883 有关要求。

g) 监督六氟化硫回收装置运行状况，对六氟化硫气体回收利用，禁止向大气排放，相关资料齐备。

h) 监督事故集油池运行情况，禁止油污渗漏、外溢。

i) 监督废油储存设备运行情况，废油应及时回收，进行综合利用或委托有资质的单位处理，并记录。

5.3.3.5 资料管理监督：监督环境保护措施落实、环境监测开展、设施设备运行情况技术资料归档管理情况。

6 监督评价与考核

6.1 评价内容

6.1.1 环境保护监督评价内容详见附录 I《环境保护技术监督工作评价表》。

6.1.2 环境保护监督评价内容分为监督管理、专业技术工作两部分，总分为 1000 分，其中监督管理评价部分包括 8 个大项 25 小项共 400 分，专业技术工作部分包括 5 大项 21 个小项共 600 分，每项检查评分时，如扣分超过本项应得分，则扣完为止。

6.2 评价标准

6.2.1 被评价的电厂按得分率高低分为四个级别，即：优秀、良好、合格、不符合。

6.2.2 得分率高于或等于 90%为"优秀"，80%～90%（不含 90%）为"良好"，70%～80%
（不含 80%）为"合格"，低于 70%为"不符合"。

6.3 评价组织与考核

6.3.1 技术监督评价包括集团公司技术监督评价、属地电力技术监督服务单位技术监督评价、
电厂技术监督自我评价。

6.3.2 集团公司每年组织西安热工院和公司内部专家，对水力发电厂技术监督工作开展情况、
设备状态进行评价，评价工作按照集团公司《电力技术监督管理办法》规定执行，分为现场
评价和定期评价。

6.3.2.1 集团公司技术监督现场评价按照集团公司年度技术监督工作计划中所列的电厂名单
和时间安排进行。电厂在现场评价实施前应按附录 I 进行自查，编写自查报告。西安热工院
在现场评价结束后三周内，应按照集团公司《电力技术监督管理办法》附录 C 的格式要求完
成评价报告，并将评价报告电子版报送集团公司安生部，同时发送产业、区域子公司及电
厂。

6.3.2.2 集团公司技术监督定期评价按照集团公司《电力技术监督管理办法》及本标准要求
和规定，对电厂环境保护监督管理情况、环保措施落实情况、环保设施设备运行情况、环境
保护监测工作开展的内容符合性、准确性、及时性等进行评价，通过年度技术监督报告发布
评价结果。

6.3.2.3 对严重违反技术监督制度、由于技术监督不当或监督项目缺失、降低监督标准而造
成严重后果、对技术监督发现问题不进行整改的电厂，予以通报并限期整改。

6.3.3 电厂应督促属地技术监督服务单位依据技术监督服务合同的规定，提供技术支持和监
督服务，依据相关监督标准定期对水力发电厂技术监督工作开展情况进行检查和评价分析，
形成评价报告，并将评价报告电子版和书面版报送产业、区域子公司及电厂。电厂应将报告
归档管理，并落实问题整改。

6.3.4 电厂应按照集团公司《电力技术监督管理办法》及华能电厂安全生产管理体系要求，
建立完善技术监督评价与考核管理标准，明确各项评价内容和考核标准。

6.3.5 电厂应每年按附录 I，组织安排环境保护监督工作开展情况的自我评价，根据评价情
况对相关部门和责任人开展技术监督考核工作。

附 录 A

（规范性附录）

环境保护技术监督资料档案

表 A.1 环境保护监督资料档案目录

序号	资料档案名称	备注
1	预可行性研究报告（环境保护设计和水土保持设计）及相关批复文件	
2	水土保持方案报告书及相关批复文件	
3	环境影响报告书及相关批复文件	
4	可行性研究报告（环境保护设计和水土保持设计）及相关批复文件	
5	水土保持专项竣工验收报告及相关批复文件	
6	环境保护蓄水阶段验收报告及相关批复文件	
7	环境保护专项竣工验收报告及相关批复文件	
8	环境影响后评价报告	
9	环境保护设施性能试验报告	
10	环境保护设备设计、制造、安装、调试过程的相关资料	
11	各类环境保护仪器、仪表检定周期计划	
12	环境保护实验室监测仪器汇总表	
13	环境保护监督管理标准	
14	环境污染事故应急预案、处置方案	
15	环境保护设施运行、检修规程	
16	环境保护监测仪器、仪表操作规程	
17	环境保护监督年度计划	
18	环境监测报告（生态环境、水质、大气环境、声环境、水土保持、工频电磁场等监测报告）	
19	监测异常数据记录	
20	环境保护监督网络成员统计表	
21	环境保护监测人员上岗证	
22	环境保护监督活动记录	
23	环境保护监督培训记录	
24	环境保护设施运行、检修记录	
25	环境保护仪器、仪表台账	
26	各类环保仪器、仪表定检记录	
27	六氟化硫回收率监督记录	

表 A.1（续）

序号	资料档案名称	备注
28	固体废弃物处置监督记录	
29	环境保护监督速报、季报	
30	环境保护监督年度工作总结	
31	预警通知单和验收单	
32	环境保护监督会议纪要	
33	国家法律、法规及国家、行业、集团公司标准、规范、规程、制度	

表 A.2 ××水力发电厂环保监督网络成员统计表格式

序号	姓名	性别	出生年月	学历	职称	所在部门	从事本专业时间	证书编号	取证时间	有效期

附 录 B
（规范性附录）
技术监督不符合项通知单

编号（No）：××-××-××

发现部门：　　专业：　被通知部门、班组：　　签发：　　日期：20××年××月××日

不符合项描述	1. 不符合项描述： 2. 不符合标准或规程条款说明：
整改措施	整改措施： 制订人/日期：　　　　　　　　审核人/日期：
整改验收情况	整改自查验收评价： 整改人/日期：　　　　　　　　自查验收人/日期：
复查验收评价	复查验收评价： 复查验收人/日期：
改进建议	对此类不符合项的改进建议： 建议提出人/日期：
不符合项关闭	整改人：　　　自查验收人：　　　复查验收人：　　　签发人：
编号说明	年份＋专业代码＋本专业不符合项顺序号

附 录 C

（规范性附录）

水力发电厂环境保护技术监督季报编写格式

××水力发电厂20××年×季度环境保护技术监督季报

编写人：×××　　固定电话/手机：××××××

审核人：×××

批准人：×××

上报时间：20××年××月××日

C.1　上季度集团公司督办事宜的落实或整改情况

C.2　上季度产业（区域）公司督办事宜的落实或整改情况

C.3　本季度环保监督完成的主要工作

C.4　本季度环保监督指标及分析

1. 本季度环保监督指标季报报表

表 C.1　201×年×季度环保监督指标季报报表

项　　目	单位	去年同期	本季	累计	目标
工业废水排放量	t				
工业废水排放达标率	%				
生活污水排放量	t				
生活污水排放达标率	%				
厂界噪声排放达标率	%				

2. 主要环保指标简要分析

C.5　本季度环保监督发现的问题、原因分析以及处理情况

C.6　环保监督需要解决的主要问题

C.7　下一季度环保监督工作重点

C.8　环保监督提出问题整改情况

1. 技术监督动态查评提出问题整改完成情况

技术监督动态查评提出问题整改完成情况见表 C.2。

2. 技术监督一级预警问题整改完成情况

技术监督预警问题整改完成情况见表 C.3。

3. 技术监督季报中提出问题整改完成情况

技术监督季报中提出问题整改完成情况见表 C.4。

表 C.2　技术监督动态检查问题整改完成情况表

序号	问题描述	专业	西安热工院提出的整改建议	发电企业制订的整改措施及完成时间	发电企业责任人	西安热工院责任人	状态或情况说明
重　要　问　题							
1	无						
一　般　问　题							
1	无						

表 C.3　技术监督一级预警问题整改完成情况

序号	问题描述	专业	西安热工院提出的整改建议	发电企业制订的整改措施及完成时间	发电企业责任人	西安热工院责任人	状态或情况说明
1	无						

表 C.4　技术监督季报中提出问题整改完成情况

序号	问题描述	专业	西安热工院提出的整改建议	发电企业制订的整改措施及完成时间	发电企业责任人	西安热工院责任人	状态或情况说明
重　要　问　题							
1	无						
一　般　问　题							
1							

附 录 D
（规范性附录）
技 术 监 督 信 息 速 报

单位名称				
设备名称			事件发生时间	
事件概况	注：有照片时应附照片说明。			
原因分析				
已采取的措施				
监督专责人签字			联系电话： 传　真：	
生产副厂长或总工程师签字			邮　　箱：	

附 录 E
（规范性附录）
环境保护技术监督预警项目

E.1 一级预警

a) 可能发生省级及以上环保部门通报或处罚事件，或可能发生较大环境污染事故。

b) 新、改、扩建项目未执行环保"三同时"。

E.2 二级预警

a) 可能发生市、州、县级环保部门通报或处罚事件，或可能发生一般环境污染事故。

b) 环境影响报告书、水土保持方案报告书和相关文件要求的环境保护措施未落实。

c) 环保水保设施无故停运（1个月超过10天），可能造成环境污染事件。

d) 三级预警后，未按期完成整改。

E.3 三级预警

a) 环境保护监督网不健全，未按期开展监督管理，未报送环保季报、计划、总结或报送内容连续两次不符合要求。

b) 环境影响报告书、水土保持方案报告书和相关文件要求的环境保护措施落实不到位。

c) 环保水保设施无故停运或运行不正常（1个月不超过3天），未造成影响的。

d) 室内空气质量监测与相关标准中要求三项以上不符。

e) 厂界及附近敏感点噪声超标。

附 录 F
（规范性附录）
技术监督预警通知单

通知单编号：T–　　　　　　　预警类别：　　　　　日期：　　　年　月　日

企业名称	
设备（系统）名称及编号	
异常情况	
可能造成或已造成的后果	
整改建议	
整改时间要求	

提出单位		签发人	

注：通知单编号：T–预警类别编号–顺序号–年度；预警类别编号：一级预警为1，二级预警为2，三级预警为3。

附 录 G
（规范性附录）
技术监督预警验收单

验收单编号：Y-　　　　　　　预警类别：　　　　　　日期：　　年　　月　　日

发电企业名称	
设备（系统）名称及编号	
异常情况	
技术监督服务单位整改建议	
整改计划	
整改结果	

验收单位		验收人	

注：验收单编号：Y-预警类别编号-顺序号-年度。预警类别编号：一级预警为1，二级预警为2，三级预警为3。

附 录 H
（规范性附录）
技术监督动态检查问题整改计划书

H.1 概述

H.1.1 叙述计划的制订过程（包括西安热工院、技术监督服务单位及电厂参加人等）；

H.1.2 需要说明的问题，如：问题的整改需要较大资金投入或需要较长时间才能完成整改的问题说明。

H.2 问题整改计划表

序号	问题描述	专业	西安热工院提出的整改建议	发电企业制订的整改措施和计划完成时间	发电企业责任人	西安热工院责任人	备 注

H.3 一般问题整改计划表

序号	问题描述	专业	西安热工院提出的整改建议	发电企业制订的整改措施和计划完成时间	发电企业责任人	西安热工院责任人	备 注

附 录 I

（规范性附录）

环境保护技术监督工作评价表

序号	评价项目	标准分	评价内容与要求	评分标准
1	环境保护监督管理	400		
1.1	组织与职责	50	查看电厂技术监督机构文件、上岗资格证	
1.1.1	监督组织健全	10	建立健全监督领导小组领导下的三级环境保护监督网，归口职能管理部门设置环境保护监督专责人	（1）未建立三级环境保护监督网，扣10分；（2）未落实环境保护监督专责人或人员变动未及时变更，扣5分
1.1.2	职责明确并得到落实	10	专业岗位职责明确，落实到人	专业岗位设置不全或未落实到人，每一岗位扣10分
1.1.3	环境保护专责持证上岗	30	厂级环境保护监督专责人持有效上岗资格证	未取得资格证书或证书超期，1人扣10分
1.2	标准符合性	50	查看水力发电厂环境保护监督管理标准及收集的国家、行业法律法规、标准规范等	
1.2.1	环境保护监督管理标准	10	（1）"环境保护监督管理标准"编写的内容、格式应符合《华能电厂安全生产管理体系要求》和《华能电厂安全生产管理体系管理标准编制导则》的要求，并统一编号；（2）"环境保护监督管理标准"的内容应符合国家、行业法律、法规、标准和《华能集团公司电力技术监督管理办法》相关的要求，并符合电厂实际	（1）不符合《华能电厂安全生产管理体系要求》和《华能电厂安全生产管理体系管理标准编制导则》的编制要求，扣5分；（2）不符合国家、行业法律、法规、标准和《华能集团公司电力技术监督管理办法》相关的要求和电厂实际，扣5分
1.2.2	国家、行业技术标准	15	收集的技术标准符合集团公司年初发布的环境保护监督标准目录；及时收集新标准，并在厂内发布	（1）缺少标准或未更新，每项扣5分；（2）标准未在厂内发布，扣10分
1.2.3	企业技术标准	15	企业技术标准符合国家和行业技术标准；符合本厂实际情况，并按时修订	规程编制不符合要求，每项扣10分
1.2.4	标准更新	10	标准更新符合管理流程	（1）未按时修编，每项扣5分；（2）标准更新不符合标准更新管理流程，每项扣5分

表（续）

序号	评价项目	标准分	评价内容与要求	评分标准
1.3	仪器仪表	50	现场查看仪器仪表台账、检验计划、检验报告	
1.3.1	仪器仪表台账	20	建立环境保护仪器仪表台账，台账应包括：仪器仪表型号、技术参数（量程、精度等级等）、购入时间、供货单位、检验周期、检验日期、使用状态等	仪器仪表记录不全每一项扣2分
1.3.2	仪器仪表资料	10	（1）保存仪器仪表使用说明书； （2）编制相关仪器仪表操作规程	（1）使用说明书缺失，每一项扣5分； （2）仪器操作规程缺漏，每一项扣5分
1.3.3	仪器仪表维护检定	20	（1）按期开展仪器仪表维护、检定； （2）仪器仪表维护、检定记录齐备	不符合要求，每一项扣2分
1.4	监督计划	50	现场查看监督计划	
1.4.1	计划的制订	30	（1）计划制订时间、依据符合要求； （2）计划内容应包括： 1）健全技术监督组织机构； 2）制定或修订监督标准、相关生产技术标准、规范和管理制度； 3）制订检修期间应开展的技术监督项目计划； 4）制订仪器仪表检定计划； 5）制订技术监督工作自我评价与外部检查迎检计划； 6）制订技术监督发现问题的整改计划； 7）制订人员培训计划（主要包括内部培训、外部培训取证，规程宣贯）	不符合要求，每一项扣2分
1.4.2	计划的审批、上报	20	（1）符合工作流程：班组或部门编制→环境保护专责人审核→主管主任审定→生产副厂长审批→下发实施； （2）每年11月30日前上报产业、区域子公司，同时抄送西安热工院	（1）审批工作流程缺少环节，一个扣10分； （2）计划上报不按时，扣10分
1.5	监督档案	50	现场查看监督档案、档案管理的记录	
1.5.1	监督档案清单	10	应建有监督档案资料清单。每类资料有编号、存放地点、保存期限	不符合要求，扣5分
1.5.2	报告和记录	20	（1）各类资料内容齐全、时间连续； （2）及时记录新信息； （3）及时收集、整理各项环境监测报告，按档案管理流程审核归档	不符合要求，每一项扣5分

表（续）

序号	评价项目	标准分	评价内容与要求	评分标准
1.5.3	档案管理	20	（1）资料按规定储存，由专人管理； （2）记录借阅应有借、还记录； （3）有过期文件处置的记录	不符合要求，每一项扣5分
1.6	评价与考核	40	查阅评价与考核记录	
1.6.1	动态检查前自我检查	10	自我检查评价切合实际	（1）未开展自我检查评价扣10分； （2）自我检查评价不切实际，扣5分~10分
1.6.2	定期监督工作评价	10	有监督工作评价记录	无工作评价记录，扣10分
1.6.3	定期监督工作会议	10	有监督工作会议纪要	无工作会议纪要，扣10分
1.6.4	监督工作考核	10	有监督工作考核记录	发生监督不力事件而未考核，扣10分
1.7	工作报告制度执行情况	50	查阅检查之日前四个季度季报、检查速报事件及上报时间	
1.7.1	技术监督季报	20	（1）每季度首月5日前，应将技术监督季报报送产业、区域子公司和西安热工院； （2）格式和内容符合要求	（1）季报、年报上报迟报1天扣5分； （2）格式不符合，一项扣5分； （3）报表数据不准确，一项扣10分； （4）检查发现的问题，未在季报中上报，每1个问题扣10分
1.7.2	技术监督速报	20	按规定格式和内容编写技术监督速报并及时上报	（1）发现或者出现重大设备问题和异常及障碍未及时、真实、准确上报技术监督速报，每1项扣10分； （2）上报速保事件描述不符合实际，一件扣10分
1.7.3	年度工作总结报告	10	（1）每年元月5日前组织完成上年度技术监督工作总结报告的编写工作，并将总结报告报送产业、区域子公司和西安热工院； （2）格式和内容符合要求	（1）未按规定时间上报，扣10分； （2）报告不符合要求，扣10分
1.8	监督考核指标	60	查看仪器仪表校验报告、监督预警问题验收单、整改问题完成证明文件。查阅监测报告、检修报告、缺陷记录	

表（续）

序号	评价项目	标准分	评价内容与要求	评分标准
1.8.1	试验仪器仪表校验率	10	要求：100%	不符合要求，不得分
1.8.2	监督预警、季报问题整改完成率	25	要求：100%	不符合要求，不得分
1.8.3	动态检查存在问题整改完成率	25	要求：从发电企业收到动态检查报告之日起：第1年整改完成率不低于85%，第2年整改完成率不低于95%	不符合要求，不得分
2	专业技术工作	600		
2.1	环保设施设备	160		
2.1.1	"三同时"执行情况	50	查阅资料，环保设施是否与主体工程同时设计、同时施工、同时投产使用	（1）未执行"三同时"制度扣50分；（2）执行不到位扣10分~20分
2.1.2	环保设施设备建设、运行情况	60	查阅资料，环保设施设备是否符合国家标准和设计要求，投入正常运行，达到环境保护、水土保持各项指标	（1）不符合设计要求一项扣10分~20分；（2）投入运行不正常、不达标一项扣10分~20分
2.1.3	竣工验收	50	查阅资料，是否按相关要求完成水电建设项目环保竣工验收	（1）未通过验收扣50分；（2）未按要求完成视情况扣10分~20分
2.2	环保措施	100		
2.2.1	环保措施落实	100	查阅资料，是否按环境影响报告书、水土保持方案报告书和相关文件要求的落实各项环保措施	（1）环保措施未落实一项扣10分~20分；（2）环保措施落实不到位一项扣10分
2.3	监测工作	200		
2.3.1	监测资质符合性	20	检查相关报告，监测工作是否由具有相应项目的监测资质的第三方监测单位开展	监测单位不具备相应资质扣20分
2.3.2	生态环境监测	20	查阅相关监测报告	（1）未按要求开展，扣20分；（2）监测工作不符合要求，扣10分
2.3.3	水环境监测	20	查阅相关监测报告	（1）未按要求开展，扣20分；（2）监测工作不符合要求，扣10分
2.3.4	废水监测	20	查阅相关监测报告	（1）未按要求开展，扣20分；（2）监测工作不符合要求，扣10分

表（续）

序号	评价项目	标准分	评价内容与要求	评分标准
2.3.5	空气质量监测	20	查阅相关监测报告	（1）未按要求开展，扣20分； （2）监测工作不符合要求，扣10分
2.3.6	声环境监测	20	查阅相关监测报告	（1）未按要求开展，扣20分； （2）监测工作不符合要求，扣10分
2.3.7	水土保持监测	20	查阅相关监测报告	（1）未按要求开展，扣20分； （2）监测工作不符合要求，扣10分
2.3.8	工频电磁场监测	20	查阅相关监测报告	（1）未按要求开展，扣20分； （2）监测工作不符合要求，扣10分
2.3.9	固体废弃物处置	20	检查现场及相关报告，固体废弃物存放是否符合GB 18599要求	不符合储存要求的一项扣5分～20分
2.3.10	六氟化硫废气回收	20	检查现场及相关报告，六氟化硫是否符合GB 18599要求	不符合回收要求，扣5分～20分
2.4	污染物达标排放	120		
2.4.1	工业废水、生活污水达标率	20	现场巡查或查阅监测报告，工业废水、生活污水处理后达标率是否为100%	不达标扣20分
2.4.2	库区水质	20	查阅监测报告	监测指标超过三项不达标，每超一项扣5分
2.4.3	敏感点噪声达标率	20	查阅监测报告，敏感点噪声达标率是否为100%	噪声扰民引起投诉扣20分，敏感点噪声测点每超标一个点扣5分
2.4.4	六氟化硫回收率	20	查阅资料、回收记录及现场检查，六氟化硫回收率是否为100%	回收率未达到100%扣20分
2.4.5	废油回收率	20	查阅资料、回收记录及现场检查，废油回收率是否为100%	回收率未达到100%扣20分
2.4.6	监测数据超标分析	20	查阅资料，发现监测超标时是否及时分析查找原因，并采取措施	（1）对发现的超标情况未采取措施扣20分； （2）分析不到位、措施不当扣5分～10分

表（续）

序号	评价项目	标准分	评价内容与要求	评分标准
2.5	防止重大环境污染事故措施落实	20	对照《防止电力生产事故的二十五项重点要求》中"防止重大环境污染事故"的有关要求，查阅有关资料，及时制定事故防范措施并落实到位	（1）防范措施落实不到位，扣1分~5分，未落实扣5分~10分； （2）发生省级以上环保部门通报、处罚事件，或发生较大环境污染事故扣20分； （3）发生州、市、县级环保部门通报、处罚事件，或发生一般环境污染事故扣10分~20分； （4）污染事故（事件）未按"四不放过"调查分析扣5分~10分

中国华能集团公司

CHINA HUANENG GROUP

中国华能集团公司水力发电厂技术监督标准汇编

Q/HN-1-0000.08.047—2015

技术标准篇

水力发电厂金属监督标准

2015 - 05 - 01 发布

2015 - 05 - 01 实施

目　次

前　言

　　为加强中国华能集团公司水力发电厂技术监督管理，提高受监设备（部件）运行的可靠性，保证水力发电厂压力容器，油、水、气管道等设备的安全可靠运行，特制定本标准。本标准依据国家和行业有关标准、规程和规范，以及中国华能集团公司水力发电厂的管理要求，结合国内外水力发电的新技术、监督经验制定。

　　本标准是中国华能集团公司所属水力发电厂金属监督工作的主要依据，是强制性企业标准。

　　本标准自实施之日起，代替 Q/HB-J-08.L19—2009《水力发电厂金属监督技术标准》。

　　本标准由中国华能集团公司安全监督与生产部提出。

　　本标准由中国华能集团公司安全监督与生产部归口并解释。

　　本标准起草单位：华能澜沧江水电股份有限公司、云南电力试验研究院（集团）有限公司、华能四川水电有限公司。

　　本标准主要起草人：董东旭、曾云军、李定利、蒋三林、许宏伟、邓博。

　　本标准审核单位：中国华能集团公司安全监督与生产部、中国华能集团公司基本建设部、华能澜沧江水电股份有限公司、西安热工研究院有限公司。

　　本标准主要审核人：赵贺、武春生、杜灿勋、晏新春、向泽江、张洪涛、查荣瑞、吴明波、马剑民、姚兵印、张志博。

　　本标准审定：中国华能集团公司技术工作管理委员会。

　　本标准批准人：寇伟。

水力发电厂金属监督标准

1 范围

本标准规定了中国华能集团公司（以下简称"集团公司"）所属水力发电厂金属监督相关的技术标准内容和管理要求。

本标准适用于集团公司水力发电厂的金属监督工作。

2 规范性引用文件

下列文件对于本文件的应用是必不可少的。凡是注日期的引用文件，仅所注日期的版本适用于本文件。凡是不注日期的引用文件，其最新版本（包括所有的修改单）适用于本文件。

《中华人民共和国特种设备安全法》

GB 150　压力容器

GB 713　锅炉和压力容器用钢板

GB 6067　起重机械安全规程

GB 8564　水轮发电机组安装技术规范

GB 19189　压力容器用调质高强度钢板

GB 50017　钢结构设计规范

GB 50071　小型水力发电站设计规范

GB 50233　110kV～500kV 架空送电线路施工及验收规范

GB 50319　建设工程监理规范

GB 50389　750kV 架空送电线路施工及验收规范

GB/T 699　优质碳素结构钢

GB/T 700　碳素结构钢

GB/T 706　热轧型钢

GB/T 709　钢板允许偏差厚度

GB/T 1174　铸造轴承合金

GB/T 1176　铸造铜合金技术条件

GB/T 1348　球墨铸铁件

GB/T 1591　低合金高强度结构钢

GB/T 2694　输电线路铁塔制造技术条件

GB/T 3077　合金结构钢技术条件

GB/T 3098.1～6　紧固件机械性能

GB/T 3323　金属熔化焊焊接接头射线照相

GB/T 3811　起重机设计规范

GB/T 4943　灰铸铁件

GB/T 5313　厚度方向性能钢板

GB/T 5779.1　紧固件表面缺陷

GB/T 6402　钢锻件超声波检测方法

GB/T 10969　水轮机、蓄能泵和水泵水轮机通流部件技术条件

GB/T 11345　钢焊缝手工超声波探伤方法和探伤结果分级

GB/T 11352　一般工程用铸造碳钢件

GB/T 12948　滑动轴承双金属结合强度破坏试验方法

GB/T 13752　塔式起重机设计规范

GB/T 14173　水利水电工程钢闸门制造安装及验收规范

GB/T 14405　通用桥式起重机

GB/T 14406　通用门式起重机

GB/T 14627　大型液压启闭机

GB/T 15468　水轮机基本技术条件

GB/T 15469–1　水轮机、蓄能泵和水泵水轮机空蚀评定

GB/T 15613　水轮机、蓄能泵和水泵水轮机模型验收试验

GB/T 16270　高强度结构用调质钢板

GB/T 16748　滑动轴承金属轴承材料的压缩试验

GB/T 16938　紧固件螺钉、螺柱和螺母通用技术条件

GB/T 18110　小水电站机电设备导则

GB/T 18325　滑动轴承流体动压润滑条件下试验机内和试验应用的滑动轴承疲劳强度

GB/T 18326　薄壁滑动轴承用金属多层材料

GB/T 18329　滑动轴承多层金属滑动轴承结合强度的超声波无损检测

GB/T 18330　滑动轴承薄壁轴瓦和薄壁轴套的厚度测量

GB/T 19184　水斗式水轮机空蚀评定

GB/T 19866　焊接工艺规程及评定的一般原则

GB/T 28572　大中型水轮机进水阀

NB/T 47008　承压设备用碳素钢和合金钢锻件

DL/T 444　反击式水轮机汽蚀损坏评定标准

DL/T 445　大中型水轮机选用导则

DL/T 586　电力设备监造技术导则

DL/T 646　输变电钢管结构制造技术条件

DL/T 675　电力行业无损检测人员资格考核规则

DL/T 679　焊工技术考核规程

DL/T 694　高温紧固螺栓超声波检验技术导则

DL/T 709　压力钢管安全检测技术规程

DL/T 817　立式水轮发电机检修技术规程

DL/T 835　水工钢闸门和启闭机安全检测技术规程

DL/T 946　水利电力建设用起重机

DL/T 1051　电力技术监督导则

DL/T 1055　发电厂汽轮机、水轮机技术监督导则

DL/T 1068　水轮机进水液动蝶阀选用

DL/T 1318　水电厂金属技术监督规程

DL/T 5017　水电水利工程压力钢管制造安装及验收规范

DL/T 5018　水电水利工程钢闸门制造安装及验收规范

DL/T 5019　水利水电工程启闭机制造安装及验收规范

DL/T 5039　水利水电工程钢闸门设计规范

DL/T 5070　水轮机金属蜗壳安装焊接工艺导则

DL/T 5092　110kV～500kV 架空送电线路设计技术规程

DL/T 5141　水电站压力钢管设计规范

DL/T 5154　架空送电线路杆塔结构设计规定

DL/T 5167　水利水电工程启闭机设计规范

DL/T 5186　水力发电厂机电设计规范

DL/T 5358　水电水利工程金属结构设备防腐蚀技术规程

SDJ 280　电力建设施工及验收技术规范（水工结构工程篇）

SL 35　水工金属结构焊工考试规则

SL 36　水工金属结构焊接通用技术条件

SL 37　偏心铰弧形闸门技术条件

SL 41　水利水电工程启闭机设计规范

SL 74　水利水电工程钢闸门设计规范

SL 105　水工金属结构防腐蚀规范

SL 168　小型水电站建设工程验收规程

SL 193　小型水电站技术改造规程

SL 226　水利水电工程技术结构报废标准

SL 281　水电站压力钢管设计规范

SL 321　大中型水轮发电机基本技术条件

SL 381　水利水电工程启闭机制造安装及验收规范

SL/T 57　平面链轮闸门技术条件

JB 4732　钢制压力容器—分析设计标准

JB/T 334　水轮发电机用制动器

JB/T 1270　水轮机、水轮发电机大轴锻件技术条件

JB/T 4730.1～6　承压设备无损检测

JB/T 6061　无损检测 焊缝磁粉检测

JB/T 6062　无损检测 焊缝渗透检测

JB/T 7023　水轮发电机镜板锻件技术条件

JB/T 7349　混流式水轮机焊接转轮不锈钢叶片铸件

JB/T 7350　轴流式水轮机不锈钢叶片铸件

JB/T 8468　锻钢件磁粉检验

JB/T 10180　水轮发电机推力轴承弹性金属塑料瓦技术条件

JB/T 10264　混流式水轮机焊接转轮上冠、下环铸件

JB/T 10384　中小型水轮机通流部件铸钢件

JB/T 10484　大型水轮机主轴技术规范

JB/T 56078　大型水轮机产品质量分等

JB/ZQ 4295　不锈钢锻件

JB/ZQ 4297　合金铸件

JTJ 306　船闸输水系统设计规范

TSG D0001　压力管道安全技术监察规程–工业管道

TSG D3001　压力管道安装许可规则

TSG D7001　压力管道元件制造监督检验规则

TSG Q7015　起重机械定期检验规则

TSG R0004　固定式压力容器安全技术监察规程

TSG R1001　压力容器压力管道设计许可规则

TSG R3001　压力容器安装改造维修许可证

TSG R7001　压力容器定期检验导则

TSG Z0006　特种设备事故调查处理导则

TSG Z6002　特种设备焊接操作人员考核细则

TSG Z7001　特种设备检验检测机构核准规则

TSG Z8001　特种设备无损检测人员考核规则

TSG ZC001　锅炉压力容器专用钢板（带）制造许可证

TSG ZF001　安全阀安全技术监察规程

国务院令第 549 号　特种设备安全监察条例

国家质量监督检验检疫总局令第 22 号文件　锅炉压力容器制造监督管理办法

国质检锅〔2003〕194 号　锅炉压力容器产品安全性能监督检验规则

国质检锅〔2013〕108 号　在用工业管道定期检验规程

国质检锅〔2002〕296 号　起重机械监督检验规程

国质检锅〔2003〕305 号　起重机械型式试验规程

国家技术质量监督局第 13 号　特种设备质量监督与安全监察规定

国质检锅〔2003〕174 号　机电类特种设备制造许可规则（试行）

国质检锅〔2003〕248 号　特种设备无损检测人员考核与监督管理规则

国能安全〔2014〕161 号　防止电力生产事故的二十五项重点要求

3　总则

3.1　本标准规定了水力发电厂金属监督受监部件在设计、建设、生产阶段的质量监督要求，金属材料的监督要求，焊接质量的监督要求以及金属监督管理要求、评价与考核标准，它是水力发电厂金属监督工作的基础，也是建立金属技术监督体系的依据。

3.2　金属监督目的是采用先进的诊断和检测技术，做好受监设备（部件）在设计、建设（制造、安装）和生产中的材料质量、焊缝质量、部件质量监督工作。掌握受监设备（部件）的

应力状态、性能状况、缺陷情况，提前采取切实可行的预防措施，保证受监设备（部件）的安全运行。

3.3 受监设备（部件）的制造、监造、安装、监理单位，应取得国家、行业资质。受监设备（部件）的修理、改造工作，应由取得国家、行业资质的单位完成。重要受监设备（部件）按 GB 50319 实施监理，出具监理报告，确保安装质量符合设计要求且满足 GB/T 8564、SL 168 标准，重点是材质复验、焊接工艺评定见证、焊接质量的监督，防止不合格产品进入生产阶段。

3.4 各电厂应按照集团公司《华能电厂安全生产管理体系要求》《电力技术监督管理办法》中有关技术监督管理和本标准的要求，结合本厂的实际情况，制定电厂金属监督管理标准；依据国家和行业有关标准和规范，编制、执行运行规程、检修规程和检验及试验规程等相关/支持性文件；以科学、规范的监督管理，保证金属监督工作目标的实现和持续改进。

3.5 从事电厂金属监督的人员，应熟悉和掌握本标准及相关标准和规程中的规定。

4 监督技术标准

4.1 金属监督范围

4.1.1 水轮机重要金属部件，包括（但不限于）：转轮（含可逆式转轮）、蜗壳、顶盖、座环、底环、导叶、控制环、尾水管里衬、进（出）口阀（闸）门、导轴承、大轴（含导轴承轴颈）、调速器导叶接力器。

4.1.2 发电机重要金属部件，包括（但不限于）：大轴（含中间轴）、制动环、风扇叶片、推力轴承、导轴承、上下机架、制动器、转子中心体及轮毂、轮臂焊缝。

4.1.3 水工金属结构，包括（但不限于）：机组进水压力钢管、船闸压力钢管、船机压力钢管、钢闸门、闸门埋件、启闭机、拦污栅、承重承压钢结构。

4.1.4 压力容器，油、水、气管道，包括：压力容器（含气瓶）、技术供水管、设计压力不小于 0.1MPa 的油管道与压力容器（压油槽、储气罐等）相连的气管道等及附件。

4.1.5 桥（门）式起重机机械，包括（不限于）：主厂房桥机、坝顶门机、尾水门机。

4.1.6 110kV 及以上电压等级输变电重要金属部件，包括（但不限于）：110kV 及以上电压等级杆塔、构架及重要紧固件。

4.1.7 重要螺栓紧固件，包括（不限于）：顶盖固定螺栓、主轴连接螺栓、控制环螺栓、蜗壳和尾水进人门把和螺栓、转子中心体连接螺栓、推力头抗重螺栓、发电机转子磁轭拉紧螺栓、定子铁芯把紧螺栓、导轴承抗重螺栓、机架把合螺栓、压力容器进人孔连接螺栓、轴流转桨式叶片把合螺栓、主阀阀体以及与压力钢管法兰把合螺栓、闸门支铰把合螺栓或 M≥32mm 的螺栓。

4.1.8 上述监督范围内钢材、备品、配件、焊接材料、焊接接头。

4.2 金属材料监督

4.2.1 所有受监设备（部件）的材料选用或代用应按国家的规定执行。金属材料、焊接材料的材质、性能，应符合国家标准和行业标准，常用受监金属材料国家或行业产品标准见表 1；进口金属材料应符合合同规定和国家的有关技术标准，同时需有商检合格的相应文件。

表1 常用受监金属材料国家或行业产品标准

序号	材料类别	材料产品标准	质量证明书标准
1	钢管	GB 5310《高压锅炉用无缝钢管》、GB/T 8163《流体输送用无缝钢管》	GB/T 2102《钢管的验收、包装、标志和质量证明书》
2	碳素结构钢	GB/T 700《碳素结构钢》	
3	高强度结构钢	GB/T 713《锅炉和压力容器用钢》、GB/T 16270《高强度结构用调质钢板》	
4	低合金高强度结构钢	GB/T 1591《低合金高强度结构钢》	
5	压力容器用钢板	GB/T 713《锅炉和压力容器用钢》、GB 19189《压力容器用调质高强度钢板》、NB/T 47008《碳素钢和合金钢锻件》	
6	螺栓	GB/T 3098.1《紧固件机械性能螺栓、螺钉和螺柱》	
7	水轮机、发电机	GB/T 14478《大中型进水阀门基本技术条件》、GB/T 10969《水轮机、蓄能泵和水泵水轮机通流部件技术条件》、JB/T 1270《水轮机、水轮发电机大轴锻件技术条件》、JB/T 10484《大型水轮机主轴技术规范》、SL 321《大中型水轮发电机基本技术条件》	
8	塔材、导地线	GB/T 706《热轧型钢》、GB/T 1179《圆线同心绞架空导线》、GB/T 3428《架空绞线用镀锌钢线》、DL/T 646《输变电钢管结构制造技术条件》	
9	电力金具	GB/T 2314《电力金具通用技术条件》、GB/T 16938《紧固件螺栓、螺钉、螺柱和螺母通用技术条件》、DL/T 768.1《电力金具制造质量可锻铸铁件》、DL/T 768.4《电力金具制造质量球墨锻铸件》、DL/T 768.5《电力金具制造质量铝制件》、DL/T 768.6《电力金具制造质量焊接件》	

4.2.2 受监设备（部件）的材料、备品配件应经质量验收合格，应有合格证或质量保证书，应标明钢号、化学成分、机械性能、金相组织、热处理工艺等。数据不全应补检。

4.2.3 所有受监设备（部件），除符合有关行业标准和有关国家标准外，应有部件的质量证明书。

4.2.4 对受监设备（部件）的材料质量有怀疑时，应按有关标准进行抽样复核。个别指标不满足相应标准的规定时，应按相关标准扩大抽样检验比例。

4.2.5 领用材料时，应核对材料牌号、规格、数量、出厂合格证、质量证明书、入库验收等信息，上述信息有疑问时，应进行验证。

4.2.6 建立库存金属材料的质量验收和领用等管理制度，防止错收错发。

4.2.7 代用材料应遵循的原则。

4.2.7.1 采用代用材料时，要有充分的依据，原则上应选择成分、性能略优者。代用材料壁厚低于设计壁厚，必须进行强度核算。

4.2.7.2 制造、改造、安装中使用代用材料时，应取得原设计单位的认可，并经单位主管生产领导批准；检修中使用代用材料时，应征得金属技术监督专责工程师的同意，并经单位主管生产领导批准。

4.2.7.3 使用代用材料后，应做好技术记录、存档，并应有代用材料变更单备案，且在图纸上做相应的修改或在图上注明。

4.2.8　受监设备（部件）的各类金属材料、焊接材料、备品配件等，应根据存放地区的自然情况、气候条件、周围环境和存放时间的长短，建立严格的保管制度。做好保管工作，防止变形、变质、腐蚀、损伤。不锈钢应单独存放，严禁与碳钢混放或接触，Cr-Ni 奥氏体钢管存放时应密封管口，海上运输和海边存放时应防止海水进入和浸泡。

4.3　焊接质量监督

4.3.1　凡受监设备（部件）的焊接，其焊材的选择、焊接工艺、焊后热处理、焊接质量检验及其质量评定标准，应符合国家标准和行业标准。

4.3.2　凡受监设备（部件）的焊接工作，应由经过焊接基本知识和实际操作技能培训，通过 DL/T 679、SL 35、TSGZ 6002 考核，并持电力部门或国家质检总局颁发的有效资格证书的焊工担任。对重要部件或焊接位置困难的焊接工作，焊工应经过焊前练习，焊接与实际相同的代样，并经检验合格后方可允许施焊。

4.3.3　凡受监设备（部件）的重要焊接工作，必须制定焊接施工方案（或工艺卡），并按 GB/T 19866 进行工艺评定和制订相应的焊接热处理工艺措施。

4.3.4　焊接受监设备（部件），所用的焊接材料，包括焊条、焊丝、钨棒、氩气、氧气、乙炔、碳弧气刨用碳棒、二氧化碳和焊剂等，应符合国家标准或行业标准，焊条、焊丝应有质量保证书，并经鉴定确认为合格品才能使用。受监焊接材料国家或行业产品标准见表2。钨极氩弧焊用的电极，宜采用铈钨棒，所用氩气纯度不低于 99.95%。焊接用氧气纯度不低于 99.5%，乙炔纯度不低于 99.8%，二氧化碳纯度不低于 99.5%。热处理所用表计应经计量部门检定合格，并能做出实际热处理曲线。

表2　受监焊接材料国家或行业产品标准

序号	材料类别	材料产品标准
1	焊条	GB/T 983《不锈钢焊条》、GB/T 3670《铜及铜合金焊条》、GB/T 5117《碳钢焊条》、GB/T 5118《热强钢焊条》、GB/T 13814《镍及镍合金焊条》
2	焊丝	GB/T 5293《埋弧焊用碳钢焊丝和焊剂》、GB/T 10045《碳钢药芯焊丝》、GB/T 10858《铝及铝合金焊丝》、GB/T 12470《埋弧焊用低合金焊丝和焊剂》、GB/T 14957《熔化用焊丝》、GB/T 14958《气体保护焊用钢丝》、GB/T 15620《镍及镍合金焊丝》、GB/T 17493《低合金药芯焊丝》、GB/T 17853《不锈钢药芯焊丝》、GB/T 17854《埋弧焊用不锈钢焊丝和焊剂》
3	焊剂	GB/T 5293《埋弧焊用碳钢焊丝和焊剂》、GB/T 12470《埋弧焊用低合金焊丝和焊剂》、GB/T 17854《埋弧焊用不锈钢焊丝和焊剂》
4	氩气	GB/T 4842《氩》
5	氧气	GB/T 14599《纯氧、高纯氧和超纯氧》
6	乙炔	GB 6819《溶解乙炔》
7	二氧化碳	GB/T 6052《工业液体二氧化碳》

4.3.5　焊条、焊丝及其他焊接材料，设专区分类挂牌储存，按产品说明书要求的温度湿度进行保管，防止变质和锈蚀。

4.3.6 凡焊接受监设备（部件），应按照有关规定，进行焊接质量检验和监督。压力容器的焊接质量，按 TSG R0004 的要求执行；气管道的焊接质量，按 TSG D0001 的要求执行；结构件的焊接质量，按 SL 36 的要求执行；压力钢管应按 DL/T 5017 的要求执行；各种钢闸门（包括拦污栅）按 DL/T 5018 的要求执行；各类启闭机按 DL/T 5019 的要求执行；反击式水轮机金属蜗壳焊接要求与焊缝无损检测的要求应按 GB/T 8564 的规定执行。其他重要部件及结构应按有关规定对焊接质量加强监督，发现问题及时处理；或按其他的行业标准要求执行。从事受监设备（部件）无损检验的人员应按 DL/T 675 电力行业无损检测人员资格考核规则和 TSG Z8001 进行考核并取得相应检验资格证。

4.3.7 受监设备（部件）的焊接均应做好技术记录（或焊接工艺卡），焊接技术员和焊工班组均应妥善保存备查，同时交金属监督专责工程师存档。

4.3.8 当检验结果为不合格时，对允许返修的焊接接头进行返修，并确保补焊的次数不超过 2 次。返修后的焊接接头应按规定复检合格。

4.4 水轮机重要金属部件监督

4.4.1 转轮（含可逆式转轮）监督

4.4.1.1 设计审查阶段

4.4.1.1.1 水轮机的结构设计应合理，对水轮机通流部件的易空蚀和磨损破坏部位应采取抗空蚀和耐磨蚀的技术措施。

4.4.1.1.2 所采用的新工艺、新材料、新技术应经工业试验和技术鉴定合格后，方能正式使用。

4.4.1.1.3 水轮机选型的空蚀保证，一般条件下应符合 GB/T 15469–1 或合同的规定，含泥沙量较大时，其对水轮机磨蚀失重保证值，可根据过机流速、泥沙含量、泥沙特性、运行条件及电站水头等情况双方商定，冲击式水轮机的空蚀保证应符合 DL/T 445 的规定。

4.4.1.1.4 水轮机可靠性设计应保证：A 级检修周期不小于 8 年或总运行时间不低于 32 000h（对于多泥沙河流的水轮机由供需双方在合同中确定，但不得低于 5 年）。

4.4.1.1.5 模型水轮机应在模型试验中对叶道涡、叶片进水边正背面空化、局部脱流进行观测和书面评估。

4.4.1.1.6 混流式水轮机上冠、下环、叶片，轴流式水轮机不锈钢叶片铸件材料化学成分应满足下列技术要求：

a) ZG20SiMn：C 0.18%～0.25%，Si 0.30%～0.80%，Mn 1.20%～1.50%，P≤0.03%，S≤0.03%，Cr≤0.30%，Ni≤0.30%，Cu≤0.30%。

b) ZG06Cr13Ni4Mo：C≤0.06%，Si≤1.00%，Mn≤1.00%，P≤0.030%，S≤0.030%，Cr 11.50%～14.00%，Ni 3.50%～4.50%，Mo 0.40%～1.00%，Cu≤0.50%，W≤0.10%，V≤0.03%。

c) ZG06Cr13Ni5Mo：C≤0.06%，Si≤1.00%，Mn≤1.00%，P≤0.030%，S≤0.030%，Cr 11.50%～14.00%，Ni 4.50%～5.50%，Mo 0.40%～1.00%，Cu≤0.50%，W≤0.10%，V≤0.03%。

d) ZG06Cr13Ni6Mo：C≤0.06%，Si≤1.00%，Mn≤1.00%，P≤0.030%，S≤0.030%，Cr 12.00%～14.00%，Ni 5.50%～6.50%，Mo 0.40%～1.00%，Cu≤0.50%，W≤0.10%，V≤0.03%。

e) ZG06Cr16Ni5Mo：C≤0.06%，Si≤1.00%，Mn≤1.00%，P≤0.030%，S≤0.030%，

Cr 15.50%～17.50%，Ni 4.50%～6.00%，Mo 0.40%～1.00%，Cu≤0.50%，W≤0.10%，V≤0.03%。

4.4.1.1.7　混流式水轮机上冠、下环、叶片，轴流式水轮机不锈钢叶片铸件材料力学性能应满足下列技术要求：

a)　ZG20SiMn 应保证屈服极限 σ_s≥275MPa，抗拉强度 σ_b≥480MPa，伸长率 δ_5≥18%，断面收缩率 ψ≥30%，冲击吸收功 A_{KU}（A_{KU}）≥39J，布氏硬度 HBS≥143。

b)　ZG06Cr13Ni4Mo 应保证屈服极限 σ_s≥550MPa，抗拉强度 σ_b≥750MPa，伸长率 δ_5≥15%，断面收缩率 ψ≥35%，冲击吸收功 A_{KU}（A_{KV}）≥63（50）J，布氏硬度 HBS≥221。

c)　ZG06Cr13Ni5Mo 应保证屈服极限 σ_s≥550MPa，抗拉强度 σ_b≥750MPa，伸长率 δ_5≥15%，断面收缩率 ψ≥35%，冲击吸收功 A_{KU}（A_{KV}）≥63（50）J，布氏硬度 HBS≥221。

d)　ZG06Cr13Ni6Mo 应保证屈服极限 σ_s≥550MPa，抗拉强度 σ_b≥750MPa，伸长率 δ_5≥15%，断面收缩率 ψ≥35%，冲击吸收功 A_{KU}（A_{KV}）≥63（50）J，布氏硬度 HBS≥221。

e)　ZG06Cr16Ni5Mo 应保证屈服极限 σ_s≥588MPa，抗拉强度 σ_b≥785MPa，伸长率 δ_5≥15%，断面收缩率 ψ≥35%，冲击吸收功 A_{KU}（A_{KV}）≥（40）J，布氏硬度 HBS≥221。

4.4.1.2　建设阶段

4.4.1.2.1　转轮验收按 GB/T 15613 规定的验收试验项目。

4.4.1.2.2　铸造时不允许使用内冷铁，工艺增肉应在最终前清除。铸件应进行热处理，其性能热处理为正火加回火。铸件表面应进行清理，不得有砂眼、气孔、冷隔等缺陷。

4.4.1.2.3　铸件表面粗糙度 Ra≤50μm，深度超过 25mm 的缺陷或超过所在截面厚度的 20%（若铸件厚度低于 20mm 时，则以 20mm 计算）或单个面积超过 6500mm² 的缺陷，都应视为主要缺陷，主要缺陷补焊应作记录。补焊后应进行消除应力热处理，温度应低于性能热处理时的回火温度。

4.4.1.2.4　对铸、锻件检验/验收还包括主要部件原材料的产地、材料的化学成分化验和强度、硬度试验报告、无损检测报告；设备加工过程出现的较大缺陷处理应征得用户许可。

4.4.1.2.5　大中型水轮机转轮在电站组合焊接的焊缝必须进行无损检测，不得有夹渣、裂纹等缺陷。

4.4.1.2.6　对于水泵式水轮机主要结构部件的铸锻件应符合 JB/T 1270、JB/T 7349、JB/T 10264 或合同要求。

4.4.1.2.7　质量标准。

a)　不允许存在裂纹缺陷。

b)　焊缝超声波检测按 GB/T 11345 执行。Ⅰ类焊缝，BⅠ级为合格；>BⅠ级的缺陷应处理。Ⅱ类焊缝，BⅡ级为合格；>BⅡ级的缺陷应处理。

c)　焊缝射线检测按 GB/T 3323 执行。Ⅰ类焊缝，BⅡ级为合格；>BⅡ级的缺陷应处理。Ⅱ类焊缝，BⅢ级为合格；>BⅢ级的缺陷应处理。

d)　焊缝磁粉、渗透检测分别按 JB/T 6061 和 JB/T 6062 执行，Ⅱ级为合格，>Ⅱ级的缺陷应处理。

　　e) A级检修时必须对锈蚀、汽蚀、磨损进行处理，B级检修、C级检修时根据实际情况进行处理。

4.4.1.3 生产阶段

4.4.1.3.1 检验周期及工作内容：A、B、C级检修宏观检查裂纹、汽蚀、锈蚀、磨损、变形以及连接紧固情况，记录汽蚀面积和深度，必要时进行无损检测。

4.4.1.3.2 检查部位主要有：叶片出水边、叶片背部、转轮上冠、转轮上下止漏环。

4.4.1.3.3 质量标准参见 4.4.1.2.6 要求。

4.4.2 水轮机主轴监督

4.4.2.1 设计材料审查

4.4.2.1.1 锻件用钢的化学成分的质量分数应符合以下规定：

　　a) 35A 钢：C 0.32%～0.40%，Si 0.17%～0.37%，Mn 0.50%～0.80%，P≤0.025%，S≤0.025%，Cu≤0.02%。

　　b) 45A 钢：C 0.42%～0.50%，Si 0.17%～0.37%，Mn 0.50%～0.80%，P≤0.025%，S≤0.025%，Cu≤0.02%。

　　c) 20SiMn：C 0.16%～0.22%，Si 0.60%～0.80%，Mn 1.00%～1.30%，P≤0.025%，S≤0.025%，Cu≤0.02%。

　　d) 18MnMoNb：C 0.16%～0.22%，Si 0.20%～0.40%，Mn 1.20%～1.50%，P≤0.025%，S≤0.025%，Mo 0.45%～0.60%，Nb 0.020%～0.045%，Cu≤0.02%。

　　e) 20MnMo：C 0.17%～0.23%，Si 0.17%～0.37%，Mn 0.9%～1.30%，P≤0.025%，S≤0.025%，Mo 0.15%～0.25%。

4.4.2.1.2 锻件在供方经热处理后的轴向力学性能应符合表 3 要求。

表3　锻件用钢热处理后的轴向力学性能

锻件级别	σ_b MPa		σ_s MPa		δ_5 %		ψ %		A_{KU} J		推荐用钢
	轴头	法兰	轴头	法兰	轴头	法兰	轴头	法兰	轴头	法兰	
I	450	450	225	225	16	14	30	22	31	24	35A
II	470	470	225	225	16	14	30	22	31	24	45A、20SiMn、20MnMo
III	510	510	315	315	16	14	30	22	39	24	18MnMoNb

注1：如果在法兰上取轴向试样，允许有试样总数25%的试样的塑性和冲击功稍低于表3规定的数值，但不能低于：延伸率δ_5为12%，断面收缩率ψ为20%，冲击功A_{KU}为20J。

注2：轴头是指无法兰一端

4.4.2.1.3 焊接大轴的焊缝力学性能不低于表 3 中轴头性能。

4.4.2.1.4 锻件的残余应力（绝对值）不得大于 39MPa。

4.4.2.2 建设阶段

4.4.2.2.1 锻件锻造后供方需进行正火加回火处理，以保证锻件获得均匀的组织和性能。

4.4.2.2.2 锻件表面不应有肉眼可见的裂纹、折痕和其他影响使用的外观缺陷。局部缺陷可以清除，但清除的缺陷不得超过精加工余量的 75%。对超过精加工余量的一般缺陷，允许补焊，有严重缺陷时应征得需方同意时才能补焊，补焊后应作如下处理和检验：

a) 补焊后在供方进行去应力处理。

b) 做超声波探伤和酸洗（或磁粉）检查，不应存在裂纹。

c) 在补焊区打硬度，与母材硬度差不得超过 50HBS。

d) 提供检查记录。

4.4.2.2.3 锻件中心孔表面应由供方用肉眼或窥膛仪检验，结果应符合以下规定：

a) 中心孔表面不允许有裂纹、疏松、缩孔残余。

b) 单个、分散的缺陷：允许单个、分散的长度不超过 8mm 的缺陷存在（缺陷间距不小于其中较大缺陷长度五倍时，称为单个、分散的缺陷）。

c) 大面积聚集的缺陷：在任意 100cm² 面积上，长度为 1.5mm～3mm 的缺陷数量不允许超过 20 个。

d) 不允许有呈链状分布的点缺陷。

4.4.2.2.4 锻件外圆表面应进行超声波探伤，其结果应符合以下规定：

a) 不允许存在白点、裂纹、缩孔等缺陷。

b) 当量缺陷小于 5mm 的缺陷不计。

c) 不允许存在当量直径在 5mm 和 5mm 以上的密集缺陷。

d) 允许单个、分散的缺陷当量直径为 6mm～10mm 的缺陷存在，但相连的间距不小于较大缺陷直径的五倍。

4.4.2.2.5 焊接轴焊缝应进行超声波探伤检验，其结果应符合以 JB/T 1270 规定：

a) 不允许存在任何形式与方向的裂纹。

b) 不允许存在任何部位的未熔合与未焊透。

c) 当量直径小于 5mm 的缺陷不计。

d) 允许有不大于当量直径 10mm 的单个夹渣和气孔存在，但两相邻缺陷间距应小于较大缺陷直径的五倍。

e) 允许有不大于当量直径 10mm 的条状缺陷存在，但两相邻缺陷间距不小于 50mm（条状缺陷为长与宽之比等于或大于 3 的缺陷）。

f) 在八倍壁厚长度的焊缝内，连续缺陷总长度不能超过焊接壁厚。

4.4.2.2.6 交货验收时，供方必须向需方提供合格证书，合格证应包括以下内容：

a) 订货合同号。

b) 订货图号。

c) 熔炼炉号。

d) 锻件卡号。

e) 化学成分分析结果。

f) 力学性能检验结果。

g) 无损检验结果（必要时提供缺陷分布图）。

h) 中心孔检验报告。

i) 最终热处理的主要工艺参数（若需方要求，焊接大轴应报告焊接规程及焊接热处理的主要工艺参数和焊接人员资质）。

4.4.2.3 生产阶段

4.4.2.3.1 检验周期及工作内容

a) A 级检修应宏观检查表面不得有裂纹、锈蚀、磨损、变形。

b) 对运行 10 万小时以上的大轴应进行无损检测。

c) 以后每运行 5 万小时进行一次无损检测，当主轴出现异常情况时，应进行必要的无损检测。

4.4.2.3.2 质量标准

a) 不允许存在裂纹缺陷。

b) 焊缝超声波检测按 GB/T 11345 执行，BⅠ级为合格。＞BⅠ级的缺陷应处理。

c) 焊缝射线检测按 GB/T 3323 执行，BⅡ级为合格。＞BⅡ级的缺陷应处理。

d) 焊缝磁粉、渗透检测分别按 JB/T 6061 和 JB/T 6062 执行，Ⅱ级为合格。＞Ⅱ级的缺陷应处理。

e) 变形、锈蚀、磨损应进行处理。

f) 其他要求参照建设阶段要求。

4.4.3 蜗壳监督

4.4.3.1 设计材料审查

4.4.3.1.1 使用低碳钢制造蜗壳化学成分应满足附录 B 中表 B1 要求。

4.4.3.2 建设阶段

4.4.3.2.1 制造、安装及焊接验收前应具备以下资料：

a) 设计图样和技术文件；

b) 主要钢材、焊接材料、防腐材料等质量证明书；

c) 有关水工建筑物的建筑图。

4.4.3.2.2 对蜗壳的原材料质量和焊接质量应进行第三方检验，检验要求如下：

a) 每批原材料抽取试样进行材料成分、机械性能检验，检验结果符合附录 B 表 B.1 要求。

b) 每批原材料抽 10%按 JB/T 4730.1 进行超声波检验，检验结果符合设计规定。若检验结果不符合设计规定，加倍抽检。若加倍抽检结果仍不符合设计要求，则退货或 100%超声波检验。

4.4.3.2.3 厚度大于 60mm 低碳钢和低合金钢必须逐张进行超声波探伤，且应符合 JB/T 4730 Ⅲ级要求。

4.4.3.2.4 蜗壳单节纵缝不宜设置在蜗壳 C 形节横断面的水平轴线和铅垂面上，与上述轴线圆心夹角应大于 10°，且相应弧线距离应大于 300mm 及 10 倍蜗壳壁厚。

4.4.3.2.5 相邻蜗壳单节的纵缝距离应不大于板厚的 5 倍且不小于 300mm。

4.4.3.2.6 在同一单节上，相邻纵缝间距应不小于 500mm。

4.4.3.2.7 环缝间距应不小于 500mm，蜗壳尾部等结构应不小于下列各项之最大值：

a) 10 倍蜗壳厚度；

b) 300mm；

c) $3.5\sqrt{rt}$（r 为蜗壳单节进口内半径，t 为蜗壳壁厚）。

4.4.3.2.8 钢板和焊接破口的切割应用自动、半自动切割机和刨边机、铣边机加工；淬硬倾向大的高强钢焊接破口应采用刨边机、铣边机加工，若必须采用热切割方法时应用砂轮将割口表面淬硬层、过热组织等磨掉，磨削层厚不小于0.8mm。若钢板有预热要求，应进行预热切割。

4.4.3.2.9 切割面的熔渣、毛刺应用砂轮磨去。切割时造成的坡口沟槽深度不应大于0.5mm，当坡口深度为0.5mm～2mm时，应进行砂轮打磨，当坡口深度大于2mm时应按要求进行补焊后磨平。若有可疑处应再进行磁粉检测或渗透检测。

4.4.3.2.10 焊接坡口应符合设计图样的规定。不对称X形坡口的大坡口和V形坡口宜开设在平焊位置。环缝采用与水平轴X为界的翻转焊接坡口，始终使大坡口侧向上。

4.4.3.2.11 瓦片进行冷卷、温卷或热卷后应进行加热消除应力处理。

4.4.3.2.12 卷板时，不得用金属锤直接进行敲击钢板。卷板过程中若发现裂纹、重皮、夹渣或锈蚀等缺陷，应处理合格后方准使用。

4.4.3.2.13 蜗壳焊缝按重要性分为三类：

    a) 一类焊缝：蜗壳纵缝；蜗壳凑合节环缝；蜗壳与钢管连接的凑合节纵缝及环缝；蝶形边焊缝。

    b) 二类焊缝：蜗壳环缝；耳板、舌板与座环固定导叶的连接焊缝。

    c) 三类焊缝：不属于一、二类的焊缝。

4.4.3.2.14 蜗壳安装全部结束后，应对焊缝部位及安装中表面受损部位进行机械清扫，并按设计规定补刷底漆和面漆。

4.4.3.2.15 焊接质量应进行第三方检验，检验要求如下：

    a) 采用X射线探伤时，探伤长度：环缝为10%，纵缝和蝶形边位20%；焊缝质量按GB/T 3323规定的标准，环缝不低于Ⅲ级为合格，纵缝和蝶形边焊缝不低于Ⅱ级为合格。X射线透照质量为AB级。

    b) 当X射线发现不合格缺陷，如不能确定缺陷深度时应用超声波探伤进行深度定位，以免增加焊缝返修范围和次数。

    c) 采用超声波探伤时按GB/T 11345执行，检查长度：环缝、纵缝和碟形边均为100%，环缝应大Ⅱ级，纵缝和蝶形边应大Ⅰ级的要求，检验等级为B级。

    d) 对超声波探伤有疑问的部位应酌情用X射线探伤复核。

    e) 蜗壳探伤结束后应将原始记录整理成册，并按规范要求的内容及时编写出探伤报告。

4.4.3.2.16 蜗壳安装焊接结束后应进行全面检测加固，以保证有足够的刚度和强度。

4.4.3.3 生产阶段

4.4.3.3.1 检验周期及工作内容

    a) A级检修或蜗壳异常渗水时应对焊缝裂纹、汽蚀、锈蚀、磨损情况检查及厚度测量。

    b) B、C级检修应进行宏观检查，记录测量汽蚀面积和深度，必要时进行无损检测。

4.4.3.3.2 质量标准

    a) 不允许存在裂纹缺陷。

    b) 焊缝超声波检测按GB/T 11345执行。Ⅰ类焊缝，BⅠ级为合格，>BⅠ级的缺陷应处理；Ⅱ类焊缝，BⅡ级为合格，>BⅡ级的缺陷应处理。

    c) 焊缝射线检测按GB/T 3323执行。Ⅰ类焊缝，BⅡ级为合格，>BⅡ级的缺陷应处理；Ⅱ类焊缝，BⅢ级为合格；>BⅢ级的缺陷应处理。

d) 焊缝磁粉、渗透检测分别按 JB/T 6061 和 JB/T 6062 执行，Ⅱ级为合格，＞Ⅱ级的缺陷应处理。

e) 锈蚀、汽蚀、磨损严重应处理。

4.4.4 顶盖监督

4.4.4.1 设计材料审查

4.4.4.1.1 顶盖设计中应进行安全性能分析，对交变应力、振动或冲击，设计时应留有安全裕量。在预期的工况下，都应有足够的刚度和强度。

4.4.4.1.2 顶盖正常工作条件下和特殊工况断面应力不大于规定的许用应力，特殊工况下的断面应力不大于材料屈服强度的 2/3。

4.4.4.1.3 顶盖主要使用低合金钢和碳钢制造。

4.4.4.1.4 顶盖表面应有防锈层涂层数、每层膜厚和总厚度且应符合设计要求。

4.4.4.1.5 其他应满足 GB/T 10969 标准要求。

4.4.4.2 建设阶段

4.4.4.2.1 混流式或斜流式水轮机：当水头≤200m 时顶盖过流表面粗超度 Ra≤3.3μm；当水头＞200m 时顶盖过流表面粗超度 Ra≤1.6μm。

4.4.4.2.2 顶盖分瓣面的焊接应满足 4.3 要求。

4.4.4.3 生产阶段

4.4.4.3.1 检验周期及工作内容：A、B 级检修检查焊缝裂纹、汽蚀、锈蚀、磨损、变形以及连接紧固情况。

4.4.4.3.2 质量标准。

a) 不允许存在裂纹缺陷。

b) 焊缝超声波检测按 GB/T 11345 执行。Ⅰ类焊缝，BⅠ级为合格，＞BⅠ级的缺陷应处理；Ⅱ类焊缝，BⅡ级为合格，＞BⅡ级的缺陷应处理。

c) 焊缝射线检测按 GB/T 3323 执行。Ⅰ类焊缝，BⅡ级为合格，＞BⅡ级的缺陷应处理；Ⅱ类焊缝，BⅢ级为合格，＞BⅢ级的缺陷应处理。

d) 焊缝磁粉、渗透检测分别按 JB/T 6061 和 JB/T 6062 执行，Ⅱ级为合格，＞Ⅱ级的缺陷应处理。

e) 锈蚀、汽蚀、磨损严重应处理。

4.4.5 座环、底环、基础环监督

4.4.5.1 设计材料审查

4.4.5.1.1 座环、底环、基础环常用材料化学成分应满足 GB/T 10969 要求：

a) ZG200–400：C 0.20%，Si 0.50%，Mn 0.80%，S 0.04%，P 0.04%，Cr 0.35%，Ni 0.30%，Mo 0.20%，Cu 0.30%，V 0.50%，总量 1.00%。

b) ZG230–450：C 0.30%，Si 0.50%，Mn 0.90%，S 0.04%，P 0.04%，Cr 0.35e%，Ni 0.30%，Mo 0.20%，Cu 0.30%，V 0.50%，总量 1.00%。

c) ZG270–500：C 0.40%，Si 0.50%，Mn 0.90%，S 0.04%，P 0.04%，Cr 0.35%，Ni 0.30%，Mo 0.20%，Cu 0.30%，V 0.50%，总量 1.00%。

d) ZG20SiMn：C 0.23%，Si 0.80%，Mn 1.00%～1.50%，S 0.03%，P 0.03%，Cr 0.30%，Ni 0.40%，Mo 0.15%。

e) ZG06Cr13Ni4Mo：C 0.07%，Si 1.00%，Mn 1.00%，S 0.030%，P 0.035%，Cr 11.5%～13.5%，Ni 3.5%～5.0%，Mo 0.4%～1.0%，Cu 0.50%，W 0.50%，V 0.03%，总量 0.80%。

f) ZG06Cr13Ni6Mo：C 0.07%，Si 1.00%，Mn 1.00%，S 0.030%，P 0.035%，Cr 11.5%～13.5%，Ni 5.0%～6.5%，Mo 0.4%～1.0%，Cu 0.50%，W 0.50%，V 0.03%，总量 0.80%。

g) ZG06Cr16Ni5Mo：C 0.06%，Si 1.00%，Mn 1.00%，S 0.030%，P 0.035%，Cr 15.5%～17.5%，Ni 4.5%～6.0%，Mo 0.4%～1.0%，Cu 0.50%，W 0.50%，V 0.03%，总量 0.80%。

h) ZG00Cr13Ni5Mo：C 0.03%，Si 1.00%，Mn 1.00%，S 0.25%，P 0.030%，Cr 11.5%～13.5%，Ni 4.0%～5.5%，Mo 0.4%～1.0%，Cu 0.50%，W 0.50%，V 0.03%，总量 0.80%。

i) ZG00Cr16Ni5Mo：C 0.03%，Si 1.00%，Mn 1.00%，S 0.25%，P 0.030%，Cr 15.5%～17.5%，Ni 4.0%～5.0%，Mo 0.4%～1.0%，Cu 0.50%，W 0.50%，V 0.03%，总量 0.80%。

4.4.5.2 建设阶段

4.4.5.2.1 制造前应对加工材料进行机械性能、化学性能（应满足 4.4.5.1.1）和外观检查，力学性能应满足以下要求：

a) ZG200–400 $\sigma_s \geq$ 200MPa，$\sigma_b \geq$ 400MPa，$\delta_5 \geq$ 25%，$\psi \geq$ 40%，$A_k \geq$ 30J；

b) ZG230–450 $\sigma_s \geq$ 230MPa，$\sigma_b \geq$ 450MPa，$\delta_5 \geq$ 22%，$\psi \geq$ 32%，$A_k \geq$ 25J；

c) ZG270–500 $\sigma_s \geq$ 270MPa，$\sigma_b \geq$ 550MPa，$\delta_5 \geq$ 18%，$\psi \geq$ 25%，$A_k \geq$ 22J；

d) ZG20SiMn $\sigma_s \geq$ 295MPa，$\sigma_b \geq$ 510MPa，$\delta_5 \geq$ 14%，$\psi \geq$ 30%，$A_k \geq$ 20J，$HB \geq$ 156；

e) ZG06Cr13Ni4Mo $\sigma_s \geq$ 550MPa，$\sigma_b \geq$ 750MPa，$\delta_5 \geq$ 15%，$\psi \geq$ 35%，$A_k \geq$ 50J，$HB \geq$ 217～286；

f) ZG06Cr13Ni6Mo $\sigma_s \geq$ 550MPa，$\sigma_b \geq$ 750MPa，$\delta_5 \geq$ 15%，$\psi \geq$ 35%，$A_k \geq$ 50J，$HB \geq$ 221～286；

g) ZG06Cr16Ni5Mo $\sigma_s \geq$ 588MPa，$\sigma_b \geq$ 785MPa，$\delta_5 \geq$ 15%，$\psi \geq$ 35%，$A_k \geq$ 40J，$HB \geq$ 221～286；

h) ZG00Cr13Ni5Mo $\sigma_s \geq$ 750MPa，$\sigma_b \geq$ 850MPa，$\delta_5 \geq$ 16%，$\psi \geq$ 50%，$A_k \geq$ 60J，$HB \geq$ 221～330；

i) ZG00Cr16Ni5Mo $\sigma_s \geq$ 800MPa，$\sigma_b \geq$ 900MPa，$\delta_5 \geq$ 16%，$\psi \geq$ 50%，$A_k \geq$ 60J，$HB \geq$ 221～330。

4.4.5.2.2 混流式和斜流式水轮机：当 H≤200m 时，底环抗磨板表面粗糙度 $Ra \leq$ 3.2μm，座环表面粗糙度 $Ra \leq$ 25.0μm；当 $H>$ 200m 时，底环抗磨板表面粗糙度 $Ra \leq$ 1.6μm，座环表面粗糙度 $Ra \leq$ 12.5μm。

4.4.5.2.3 质量标准。

a) 不允许存在裂纹缺陷。

b) 焊缝超声波检测按 GB/T 11345 执行。Ⅰ类焊缝，BⅠ级为合格，>BⅠ级的缺陷应处理；Ⅱ类焊缝，BⅡ级为合格，>BⅡ级的缺陷应处理。

    c) 焊缝射线检测按 GB/T 3323 执行。Ⅰ类焊缝，BⅡ级为合格，>BⅡ级的缺陷应处理；Ⅱ类焊缝，BⅢ级为合格，>BⅢ级的缺陷应处理。

    d) 焊缝磁粉、渗透检测分别按 JB/T 6061 和 JB/T 6062 执行，Ⅱ级为合格，>Ⅱ级的缺陷应处理。

    e) 裂纹、锈蚀、汽蚀、磨损严重应处理。

4.4.5.3 生产阶段

4.4.5.3.1 检验周期及工作内容。

    a) A、B 级检修宏观检查焊缝裂纹、汽蚀、锈蚀、磨损、变形情况，测量记录汽蚀面积和深度，必要时无损检测。

    b) C 级检修应测量记录汽蚀面积和深度。

4.4.5.3.2 质量标准参照 4.4.5.2.3 要求执行。

4.4.6 导叶、控制环

4.4.6.1 设计材料审查

4.4.6.1.1 导叶应优先选用不锈钢材料。如使用碳钢材料应在导叶上、下端面和立面封水面镶焊不锈钢板。

4.4.6.1.2 控制环材料按 4.2.1 要求执行。`

4.4.6.2 建设阶段

4.4.6.2.1 导叶加工前应对导叶进行机械性能、化学性能和外观检查合格后方能使用。

4.4.6.2.2 混流式和斜流式水轮机：当 $H \leqslant 200m$ 时，导叶表面粗糙度 $Ra \leqslant 3.2\mu m$；当 $H > 200m$ 时，表面粗糙度 $Ra \leqslant 6.3\mu m$。

4.4.6.2.3 控制环焊缝质量满足 4.4.5.2.3 要求，外观无可见裂纹。

4.4.6.2.4 质量标准。

    a) 不允许存在裂纹缺陷，否则应进行处理。

    b) 焊缝超声波检测按 GB/T 11345 执行。Ⅰ类焊缝，BⅠ级为合格，>BⅠ级的缺陷应处理；Ⅱ类焊缝，BⅡ级为合格，>BⅡ级的缺陷应处理。

    c) 焊缝射线检测按 GB/T 3323 执行。Ⅰ类焊缝，BⅡ级为合格，>BⅡ级的缺陷应处理；Ⅱ类焊缝，BⅢ级为合格，>BⅢ级的缺陷应处理。

    d) 焊缝磁粉、渗透检测分别按 JB/T 6061 和 JB/T 6062 执行，Ⅱ级为合格，>Ⅱ级的缺陷应处理。

    e) 锈蚀、汽蚀、磨损严重应处理。

4.4.6.3 生产阶段

4.4.6.3.1 检验周期及工作内容

    a) A、B、C 级检修应对导叶进行宏观检查裂纹、汽蚀、锈蚀、导叶中轴颈、轴承磨损、变形情况，测量汽蚀面积和深度，必要时进行无损检测。

    b) A、B、C 级检修应对控制环宏观检查无裂纹，必要时进行无损检测。

4.4.6.3.2 质量标准按 4.4.6.2.4 要求执行。

4.4.7 尾水管里衬

4.4.7.1 设计材料审查

4.4.7.1.1 一般使用 Q235 碳钢材料，其化学性能和机械性能应满足附录 B 中表 B.1 普通碳素钢的化学成分及力学性能要求。

4.4.7.2 建设阶段

4.4.7.2.1 制造前应对原材料机械性能、化学成分进行抽查，外观检查应无裂纹、砂眼、皱褶等缺陷。

4.4.7.2.2 焊接制造和混凝土浇筑要求与蜗壳制造相同。

4.4.7.2.3 质量标准。

a) 不允许存在裂纹缺陷。

b) 焊缝超声波检测按 GB/T 11345 执行。Ⅰ类焊缝，BⅠ级为合格，>BⅠ级的缺陷应处理；Ⅱ类焊缝，BⅡ级为合格，>BⅡ级的缺陷应处理。

c) 焊缝射线检测按 GB/T 3323 执行。Ⅰ类焊缝，BⅡ级为合格，>BⅡ级的缺陷应处理；Ⅱ类焊缝，BⅢ级为合格，>BⅢ级的缺陷应处理。

d) 焊缝磁粉、渗透检测分别按 JB/T 6061 和 JB/T 6062 执行，Ⅱ级为合格，>Ⅱ级的缺陷应处理。

e) 锈蚀、汽蚀、磨损严重应处理。

4.4.7.3 生产阶段

4.4.7.3.1 检验周期及工作内容。

a) A、B 级检修宏观检查焊缝裂纹、汽蚀、锈蚀、磨损、变形情况，必要时进行无损检测，测量汽蚀面积和深度。

b) C 级检修宏观检查焊缝裂纹、汽蚀、锈蚀、磨损、变形情况。

4.4.7.3.2 质量标准按 4.4.7.2.3 要求执行。

4.4.8 导轴承

4.4.8.1 设计材料审查

4.4.8.1.1 巴氏合金主要分锡基合金和铅基合金两种。

4.4.8.2 建设阶段

4.4.8.2.1 导轴承材料应符合 GB/T 1174、GB/T 18326 要求。

4.4.8.2.2 采用巴氏合金的轴瓦与瓦基的结合情况应进行 100%超声波检查，接触面积不小于 95%，且单个脱壳不大于 1%；表面用渗透法探伤应无密集气孔、裂纹，表面应无硬点等缺陷，瓦面粗超度应小于 0.8μm 的要求。其他验收要求应按 GB/T 12948、GB/T 16748、GB/T 18325、GB/T 18329、GB/T 18330 进行。

4.4.8.3 生产阶段

4.4.8.3.1 检验周期及工作内容。

a) A 级检修宏观检查裂纹及连接紧固情况，必要时影像记录、无损检测。

b) B、C 级检修宏观检查裂纹及连接紧固情况。

c) A、B 级检修还应对轴承瓦坯与乌金层脱胎、变形、磨损情况进行检查、记录。

4.4.8.3.2 质量标准。

a) 不允许存在裂纹或脱胎缺陷超出 4.4.8.2.1 要求。

b) 变形、锈蚀、磨损严重应处理。

4.4.9 调速器导叶接力器

4.4.9.1 设计材料审查

4.4.9.1.1 碳钢材料铸件应采用 GB/T 11352 中规定的 ZG230-350、ZG270-500、ZG310-

570、ZG340–640。

4.4.9.1.2 合金铸件应采用 JB/ZQ 4297 中规定的 ZG35CrMo、ZG42CrMo、ZG40Cr、ZG65Mn、ZG40Mn2、ZG50Mn2。

4.4.9.1.3 灰铸铁铸件应采用 GB/T 4943 中的 HT150、HT200、HT250。

4.4.9.1.4 球墨铸铁铸件应采用 GB/T 1348 中规定的 QT450–10、QT500–7。

4.4.9.1.5 碳钢锻件应采用 GB/T 699 中规定的 20、25、35、45、50Mn、65Mn。

4.4.9.1.6 合金钢锻件应采用 GB/T 3077 中规定的有关材料。

4.4.9.1.7 不锈钢锻件应采用 JB/Z 04295 中规定的有关材料。

4.4.9.1.8 活塞杆表面应进行镀铬防腐处理。

4.4.9.2 建设阶段

4.4.9.2.1 对设计阶段所选用的材质进行材料化学成分和机械性能进行检测满足 4.3.9.1 相关要求。

4.4.9.2.2 缸体法兰锻件应按照 GB/T 6402 进行内部质量检测和评定，并应符合 2 级要求。

4.4.9.2.3 油缸试验压力按 1.5 倍工作压力进行。

4.4.9.2.4 导向套、活塞杆外表面及缸体内表面粗糙度 Ra 应选择 0.4μm。活塞外圆柱面粗糙度 Ra 应选择 0.6μm。

4.4.9.3 生产阶段

4.4.9.3.1 检验周期及工作内容：A 级检修宏观检查裂纹、锈蚀、磨损、变形情况，必要时影像记录、无损检测。

4.4.9.3.2 质量标准

  a) 不允许存在裂纹缺陷。

  b) 焊缝超声波检测按 GB/T 11345 执行。Ⅰ类焊缝，BⅠ级为合格，＞BⅠ级的缺陷应处理；Ⅱ类焊缝，BⅡ级为合格，＞BⅡ级的缺陷应处理。

  c) 焊缝射线检测按 GB/T 3323 执行。Ⅰ类焊缝，BⅡ级为合格，＞BⅡ级的缺陷应处理；Ⅱ类焊缝，BⅢ级为合格，＞BⅢ级的缺陷应处理。

  d) 焊缝磁粉、渗透检测分别按 JB/T 6061 和 JB/T 6062 执行，Ⅱ级为合格，＞Ⅱ级的缺陷应处理。

  e) 拉伤、锈蚀、磨损严重应处理。

4.4.10 水轮机进水阀

4.4.10.1 设计阶段审查

4.4.10.1.1 进水阀应有足够的强度和刚度，应能传递和承受压力钢管方向的最大作用力。

4.4.10.1.2 进水阀通流部件的表面粗超度应满足 GB/T 10969、JB/T 56078 的有关要求。

4.4.10.1.3 进水阀材料应有化学成分和力学检验报告及符合相应材料最新标准的质量证明书及合格证，且应符合表 1 相关标准要求。

4.4.10.1.4 阀体及活门（阀芯）钢板焊接或铸钢制造。铸钢件的外表面应无砂眼、夹杂、气孔、缩孔等缺陷。

4.4.10.1.5 阀轴与轴承及阀轴接触的密封部位应采取防锈措施。

4.4.10.1.6 其他应满足符合 GB/T 28572、DL/T 1068 要求。

4.4.10.2 建设阶段

4.4.10.2.1 焊缝坡口的型式、尺寸及焊接质量和检验应符合相关的国家、行业标准要求。

4.4.10.2.2 焊缝表面不得有裂纹、气孔、弧坑和飞溅物。

4.4.10.2.3 补焊应在缺陷处理干净后热处理前进行，同一部位的补焊不得超过 2 次。

4.4.10.2.4 凡属下列类型缺陷不允许补焊，应予报废：

　　a) 涉及面广、无法清除的砂眼、夹渣、气孔、缩松、贯穿性裂纹等缺陷。

　　b) 所有部位无法补焊或补焊后不能保证质量或不能采取有效的检查手段的缺陷。

4.4.10.2.5 进水阀的无损检测包括对主要承压件的原材料、承压件的内部、外部缺陷及承压件的焊缝（焊接接头）的无损探伤检测及对在工地焊接的焊缝 100%的无损探伤检测。

4.4.10.3 生产阶段

4.4.10.3.1 进水阀检修应与机组 A、B 级检修同步。

4.4.10.3.2 检修主要内容：过流部件气蚀、磨蚀，接力器活塞及缸体的磨损情况检查记录，严重时应进行及时处理。

4.4.10.3.3 对 A 级检修还应进行接力器 1.5 倍耐压试验。

4.5 发电机重要金属部件监督

4.5.1 大轴（含中间轴）各阶段监督参照 4.4.2 执行

4.5.2 机械制动装置（含制动环）

4.5.2.1 设计审查阶段

4.5.2.1.1 机械制动装置等受监设备（部件）应符合相关标准要求。

4.5.2.2 建设阶段

4.5.2.2.1 制动器出厂前和安装前应进行 1.25 倍耐压 30min 油压试验，油压下降不得超过试验油压的 3%，缸体焊缝不得有渗漏，缸顶面不得有油溢出。

4.5.2.2.2 制动器本体铸件应满足 GB 150 要求。

4.5.2.3 生产阶段

4.5.2.3.1 C 级及以上检修时，宏观检查裂纹、磨损、变形以及连接紧固情况；发现裂纹、磨损、变形情况应进行处理，并做好记录。

4.5.3 风扇叶片

4.5.3.1 设计审查阶段

4.5.3.1.1 风扇叶片主要常用 45A、Q235 等材料制作，其化学成分及力学性能应符合 GB/T 700、JB/T 1270 等国家、行业标准的要求。

4.5.3.2 建设阶段

4.5.3.2.1 安装前风扇材料应有材料合格证明、产地、材料机械性能和化学性能鉴定报告等书面资料。

4.5.3.2.2 风扇焊接完成后应进行 100%无损检测，并做好检测记录。

4.5.3.3 生产阶段

4.5.3.3.1 C 级及以上检修时，宏观检查裂纹、变形情况，必要时进行无损检测。发现焊缝存在裂纹应进行处理；发现存在变形应查找原因，制定处理方案，防止支架发生变形。

4.5.4 推力轴承

4.5.4.1 设计审查阶段

4.5.4.1.1 推力轴承瓦面常选用氟塑料（EMP）或巴氏合金等材料，瓦坯常用 45A 钢。

4.5.4.1.2 弹性金属塑料瓦许用单位压力不大于 7.0MPa，许用平均线速度不大于 40m/s。

4.5.4.1.3 弹性金属塑料瓦瓦面柔度应根据不同推力轴承支承结构的金属瓦体、镜板的变形情况选取合理的数值,在试验单位压力为最大油膜压力,温度为(20±2)℃时,λ 值的范围一般在 3μm/MPa～12μm/MPa。

4.5.4.1.4 弹性金属塑料瓦弹性模量 800MPa～3500MPa [温度(20±2)℃,压力为最高压力],也可根据公式计算,即

$$E=H/\lambda \times 10^3$$

式中:E——弹性模量,MPa;

H——弹性复合层厚度,mm;

λ——瓦面柔度,μm/MPa。

4.5.4.1.5 弹性金属塑料瓦瓦面工作面的粗超度 Ra 不低于 1.6μm(不包括倒角及圆角、周边)。

4.5.4.1.6 为方便检测弹性金属塑料瓦瓦面的磨损情况,应在同套瓦的几块瓦的出油边附近沿径向加工 1 个～3 个同心环槽,环槽深度 0.05mm～0.20mm,槽深差应为 0.05mm。

4.5.4.1.7 巴氏合金瓦监督参照 4.3.8 监督执行。

4.5.4.2 建设阶段

4.5.4.2.1 弹性金属塑料复合层。

a) 钎焊前金属丝表面不允许有明显氧化。

b) 同套(台)瓦的机械性能应基本相同,弹性模量、硬度差值的差别不应大于 2 倍,或瓦面柔度值相差不超过 2 倍。

c) 塑料层不允许拼接。

4.5.4.2.2 弹性金属塑料复合层厚度应在 8mm～10mm 之间,其中塑料层厚度(不计镶入金属丝内部分)推荐为 1.5mm～3.0mm 之间(最终尺寸)。

4.5.4.2.3 塑料瓦面应满足以下要求:

a) 表面应无金属丝裸露、分层及裂纹,同套瓦的塑料层瓦面颜色和光洁度应均匀一致,仅进、出油边坡口倒角处允许局部金属丝裸露。

b) 在 100mm×100mm 的区域内,允许有总数不多于 2 个、直径不大于 ϕ2、硬度不大于 30HBS 的非金属异物夹渣或气孔或斑点,但不允许有金属夹杂出现。

c) 瓦面允许存在深度不大于 0.05mm 的间断状加工刀痕。

d) 深度不大于 0.10mm,长度不超过瓦面长度 1/4 的划痕和深度不大于 0.2mm、长度不大于 25mm 的划痕,每块瓦面不允许超过 3 条。

e) 深度小于 1mm,宽度小于 1mm,长度小于 5mm 或直径小于 3mm 的碰伤和凹坑,每块瓦瓦面不允许多余 3 处。

4.5.4.2.4 塑料瓦的弹性金属丝层与金属瓦基、弹性金属丝层与塑料层之间的结合应牢固,周边不允许有分层、开焊、脱壳现象。

4.5.4.2.5 塑料瓦面与金属瓦基结合后,用超声波或其他有效手段,检查其结合质量,允许的结合缺陷应满足表 4 要求。

4.5.4.3 生产阶段

4.5.4.3.1 在机组 A、B 级检修时,应宏观检查瓦面脱壳、裂纹、磨损、变形情况,并做记录。

表4 塑料瓦质量要求

瓦面积 cm²	容许单个缺陷最大面积 不大于 cm²	容许缺陷个数	容许缺陷总面积占瓦面积的百分数 %
500 及以下	16	2	4
>500～1000	25	2	4
>1000～1500	25	3	4
>1500～2000	36	4	4
>2000～3000	36	5	4
>3000	36	6	3

4.5.4.3.2 在机组 C 级检修时应在对称方向抽出 4 块加工有同心环槽推力瓦检查其磨损量（也可测量轴瓦厚度进行对比检查），并做记录。

4.5.5 导轴承监督（参见 4.4.8 要求）

4.5.6 上、下机架

4.5.6.1 设计审查阶段

4.5.6.1.1 发电机的承重机架在最大轴向负荷作用下的垂直挠度值应符合合同专用技术条款中的规定。

4.5.6.1.2 上、下机架常用 Q235 等材料，化学成分及力学性能应符合附录 B 中表 B.1 要求。

4.5.6.1.3 上、下机架设计应该有足够的刚度和强度，能承受机组的全部重量和水推力以及轴向磁拉力合力。

4.5.6.2 建设阶段

4.5.6.2.1 上、下机架焊接前应制定焊接组合方案，焊接过程中应监控变形量。

4.5.6.2.2 组合完成后应按 SL36 对机架所有焊缝进行无损检测，并做好记录。

4.5.6.3 生产阶段

4.5.6.3.1 C 级及以上检修时，宏观检查裂纹、变形以及连接紧固情况，发现疑似裂纹应按 SL36 进行无损检测，确认有裂纹必须处理。

4.5.7 转子中心体及轮毂、轮臂

4.5.7.1 设计审查阶段

4.5.7.1.1 发电机应能在飞逸转速下运行 5min 而不产生有害变形。如要求飞逸时间超过 5min 由用户与制造商确定。

4.5.7.1.2 常用 45A、Q235 等材料，化学成分及力学性能应符合附录 B 中表 B.1 国家、行业标准的要求。

4.5.7.1.3 转子中心体、轮毂、轮臂的设计应该有足够的刚度和强度，能承受磁极、磁轭的全部重量和径向磁拉力合力，以及发生飞逸转速时的最大离心力。

4.5.7.2 建设阶段

4.5.7.2.1 转子中心体、轮毂、轮臂焊接前应制定焊接组合方案，焊接过程中应监控变形量。

4.5.7.2.2 组合完成后应对转子中心体、轮毂、轮臂所有焊缝按 SL36 进行无损检测，并做好记录。

4.5.7.3 生产阶段

C 级及以上检修或机组过速停机后，宏观检查裂纹、变形以及连接紧固情况，发现疑似裂纹应按 SL36 进行无损检测，确认有裂纹必须处理。

4.5.8 镜板

4.5.8.1 设计审查阶段

4.5.8.1.1 锻件用钢应在碱性电炉中冶炼，也可采用能满足 JB/T 7023 要求的其他方法。

4.5.8.1.2 锻造钢锭的钢水、冒口应有足够的切屑余量，以保证锻件无缩孔和严重的偏析等有害缺陷。

4.5.8.1.3 锻件锻造后供方需进行调质或正火加回火处理，以保证锻件获得均匀的组织和性能，特别是要保证镜板的轴承接触面要有较好的硬度均匀性。全部热处理完成后（包括消除应力处理），镜板的硬度值应达到 190HBS～240HBS，镜板任何表面硬度差不得大于 20HBS。

4.5.8.1.4 镜板常用材料为 45A、50A、55A、40CrA，其化学成分应满足以下要求：

a) 45A：C 0.42%～0.50%，Si 0.17%～0.37%，Mn 0.50%～0.80%，P≤0.025%，S≤0.02%。

b) 50A：C 0.47%～0.55%，Si 0.17%～0.37%，Mn 0.50%～0.80%，P≤0.025%，S≤0.02%。

c) 55A：C 0.52%～0.60%，Si 0.17%～0.37%，Mn 0.50%～0.80%，P≤0.025%，S≤0.02%。

d) 40CrA：C 0.37%～0.44%，Si 0.17%～0.37%，Mn 0.50%～0.80%，P≤0.025%，S≤0.02%，Cr 0.80%～1.10%。

4.5.8.2 建设阶段

4.5.8.2.1 消除应力后，镜板的轴承接触面加工后粗糙度 Ra 应为 1.6μm，便于供需双方检查缺陷。

4.5.8.2.2 锻件表面不应有肉眼可见的裂纹、折叠和其他影响使用的外观缺陷，局部可以清除，但清除的深度不得超过精加工裕量的 75%。

4.5.8.2.3 在整个镜板轴承接触面不应有 0.8mm×0.8mm（或相应面积）的单个非金属夹杂物，或在 5mm×5mm（或相应面积）范围内不允许有三点以上的上述大小的非金属夹杂物。

4.5.8.2.4 在锻件两平面进行超声波探伤，不应有白点、裂纹、缩孔等缺陷。

4.5.8.2.5 镜板直径小于或等于 1500mm 时，在两个平面的内、外圆平均半径处，每隔 90°测一处硬度；当直径大于 1500mm 时，在距外圆周 100mm 和内、外圆平均半径处，每隔 90°测一处硬度。

4.5.8.2.6 供方向需方提供合格证书，合格证书应包括以下内容：

a) 订货合同号；

b) 锻件图号；

c) 标准号；

d) 熔炼炉号；

e) 锻件卡号；

f) 化学成分；

g) 硬度；

h) 超声波探伤报告；

i) 夹杂物检验报告。

4.5.8.3 生产阶段

4.5.8.3.1 C 级及以上检修时，检查镜板轴承接触面是否有划伤、锈蚀和电腐蚀现象，并做好缺陷记录，必要时结合 A 级检修进行处理。

4.5.8.3.2 A 级检修应对镜板进行变形检查测量和抛光处理，粗糙度 Ra 不大于 0.4μm 或满足图纸设计要求。

4.6 水工金属结构监督

4.6.1 压力钢管（机组进水压力钢管、船闸压力钢管、船机压力钢管，下同）

4.6.1.1 设计审查阶段

4.6.1.1.1 管道线路布置应符合工程总体枢纽布置，并充分考虑地形、地貌、地质、水力学、运输、施工及运行等条件；在地震、滑坡、崩坍多发地段布置管道，应采取有效防范措施。

4.6.1.1.2 管道直径小于 0.5m 永久埋管应优先考虑采用较好的不锈钢钢管。

4.6.1.1.3 钢管主要受力构件（包括管壁、支承环、岔管加强构件等）可采用下列钢种：Q235—C、D 级碳素结构钢，Q345—C、D 级及 Q390—C、D 级低合金结构钢；20R、16MnR、15MnNbR、15MnVR 等压力容器钢；07MnCrMoVR、07MnNiCrMoVDR 等高强度压力容器钢。明管宜采用容器钢。如需采用其他钢种，应先研究其性能，确定相应的焊接方式、热处理工艺等。明管支座辊轮可采用下列钢种：Q235—A、B、C 级钢；Q345—A、B、C 级钢；30、35、40、45 优质碳素结构钢；ZG230—450、ZG270—500、ZG310—570 等铸件。支座支承板可采用与管材、支承环相同的材料。支座垫板可采用上列钢板或铸件。

4.6.1.1.4 钢管主要受力构件所用钢材的保证条件，除应满足钢材国家标准规定的化学成分和力学性能等技术要求以外，还应满足下列条件：

a) 需经冷弯的构件应做冷弯试验。

b) 需经焊接的构件应保证焊接性及焊接接头部位的韧性，包括所用的焊条、焊丝、焊剂应与母材及焊接方法相匹配（常用焊接材料可参照 DL/T 5017 执行，专用焊接材料可执行相应标准）。焊后强度不应低于母材强度。

c) 冲击韧性指标、冲击试验温度和取样部位及取样方向等，应按相应钢材国家标准的规定执行，各工程也可根据具体运行条件另提补充要求。

d) 各工程根据具体运行条件，经论证后对用于钢管主要受力构件的钢材的应变时效敏感性系数应满足要求。

e) 对调质状态供货的 07MnCrMoVR、07MnNiCrMoVDR 钢板，其技术要求和取样方式应按 GB 150 的规定执行。

f) 对沿钢板厚度方向受拉的构件，钢材的技术要求应符合 GB/T 5313 的规定，且应对每一张原轧制钢板进行检验。

g) 钢板的超声波检测可根据工程实际情况提出具体要求。

4.6.1.2 建设阶段

4.6.1.2.1 压力钢管制造、安装应具备以下资料：

a) 设计图样和技术文件。

b) 主要板材、焊接材料、防腐材料等的质量证明书。

c) 有关水工建筑物的布置图。

4.6.1.2.2 压力钢管制造、安装应按设计图样和技术文件进行，如有修改，应有修改通知书或经设计部门书面同意。

4.6.1.2.3 钢板的技术要求应符合 GB 19189、GB/T 709、GB/T 16270 的规定。采用国外钢板，可参考 GB 19189、GB/T 709、GB/T 16270 的规定。

4.6.1.2.4 压力钢管的原材料质量和焊接质量应进行第三方检验，检验要求如下：

a) 每批原材料抽取试样进行材质和机械性能检验，检验结果符合设计规定。

b) 每批原材料抽 10%按 JB/T 4730.1 进行超声波检验，检验结果符合设计规定。若检验结果不符合设计规定，加倍抽检。若加倍抽检结果仍不符合设计要求，则退货或100%超声波检验。

c) 抽 25%压力钢管焊缝按 GB/T 11345（检验等级为 B 级）进行超声波检验，超声波检验及评定按 GB/T 11345 规定执行，一类焊缝不低于 BⅠ级为合格，二类焊缝不低于 BⅡ级为合格。若抽检结果不合格，加倍抽查。若加倍抽检结果仍不合格，则100%超声波检验。

d) 对压力钢管焊缝的全部射线底片进行复评，按 GB/T 3323（X 射线透照质量为 B 级）标准，一类焊缝不低于 BⅡ级为合格，二类焊缝不低于 BⅢ级为合格。

e) 抽 25%压力钢管焊缝表面进行表面无损检测，表面无损检测按 JB/T 6061 或 JB/T 6062 标准执行，一、二类焊缝不低于Ⅱ级为合格。若抽检结果不合格，加倍抽查。若加倍抽检结果仍不合格，则 100%进行表面无损检测。

f) 按设计要求对进水压力钢管二条凑合节环焊缝的焊接残余应力进行监测。监测结果符合设计要求。

4.6.1.2.5 钢管制造、安装及验收所用的测量器具，测量精度应达到以下要求：

a) 钢板尺精度不低于Ⅱ级。

b) 经纬仪达到 DJ2 级以上。

c) 水准仪达到 DS3 级以上。

d) 测温仪精度达到±5℃及以上。

e) 涂镀层测厚仪精度达到±（3%H+1）μm 及以上。

f) 温湿度仪测量精度温度±0.5℃、湿度±2%RH 及以上。

g) 焊接用气体流量计精度达到±2%及以上。

4.6.1.2.6 制造、安装验收，施工单位应提供下列资料：

a) 压力钢管工程竣工图样。

b) 主要材料出厂质量证明书。

c) 设计修改通知单。

d) 制造、安装时最终检查和试验的测定记录。

e) 焊缝无损探伤报告。

f) 防腐检测资料。

g) 重大缺陷处理记录和有关会议纪要。

4.6.1.2.7 制造、安装质量符合设计要求且满足 DL/T 5017 有关规定及国家、行业其他标准。

4.6.1.3 生产阶段

4.6.1.3.1 压力钢管投入运行三个月内，运行管理单位应每周巡视检查一次。运行稳定后，应至少每月检查一次。在特殊情况下（如汛期或寒冷地区的冬季等），应适当增加巡视检查的次数。巡视检查内容：变形、腐蚀、泄漏等。

4.6.1.3.2 对运行中的压力钢管缺陷进行统计分析，重要压力钢管失效，应进行失效原因分析。

4.6.1.3.3 按 DL/T 709 的规定进行压力钢管的安全检测。

4.6.1.3.4 压力钢管应进行防腐蚀处理,防腐蚀方案和质量验收应按 DL/T 5358 的规定执行。

4.6.1.3.5 压力钢管的报废应按 SL 226 的规定执行。

4.6.1.3.6 压力钢管运行期间监督项目及周期见表 5。

表 5 压力钢管运行期间监督项目及周期

受监设备（部件）	工作项目	周期	工作要求	质量标准
压力钢管	内表面裂纹、变形、锈蚀情况检查	A级检修或大修	（1）外观检测；（2）必要时影像记录、钢板厚度测量、无损检测	（1）压力钢管安全等级分为：安全、基本安全、不安全三个等级。（2）被评定为"安全"的钢管应符合下列条件：1）巡视检查及外观检测的各项内容均符合要求。2）管壁和焊缝区无表面裂纹，管壁累计腐蚀面积不大于钢管全面积的20%,蚀坑平均深度小于2mm,最大深度小于板厚的10%，且不大于3mm。3）焊缝部位经无损检测，未发现表面或内部有裂纹和连续的超标缺陷。4）钢板和焊接材料有出厂质量证明书或复验报告，钢板材质经检验满足设计要求。5）设计条件下，钢管的实测应力值等于或小于设计规定的允许应力值。（3）被评定为"基本安全"的钢管应符合下列条件：1）巡视检查及外观检测的各项内容均符合要求。2）管壁和焊缝区无表面裂纹，管壁累计腐蚀面积不大于钢管全面积的25%,蚀坑平均深度小于3mm,最大深度小于板厚的15%，且不大于4mm。3）焊缝部位经无损检测，未发现表面或内部有裂纹和连续的超标缺陷。
	首次安全检测	5年～10年内	（1）巡视检查；（2）外观检测；（3）材质检测；（4）无损检测；（5）应力检测	
	中期安全检测（注：检测项目可有所侧重）	每隔10年～15年应进行一次	（1）巡视检查；（2）宏观检测；（3）材质检测；（4）无损检测；（5）应力检测	
	折旧期满安全检测	钢管运行满40年	（1）巡视检查；（2）外观检测；（3）材质检测；（4）无损检测；（5）应力检测	

表5（续）

受监设备（部件）	工作项目	周期	工作要求	质量标准
压力钢管	特殊情况安全检测（注：烈度为6度及其以上的地震、超设计标准洪水、闸阀等误操作或其他重大事故）	遇特殊情况	（1）巡视检查；（2）外观检测；（3）必要时再进行材质检测；（4）无损检测；（5）应力检测	4）钢板和焊接材料有出厂质量证明书或复验报告，钢板材质经检验满足设计要求。5）设计条件下，钢管的实测应力值等于或小于设计规定的允许应力值的5%。（4）不符合上述"安全"和"基本安全"等级的钢管评为不安全钢管

4.6.2　闸门门体及埋件
4.6.2.1　设计审查阶段
4.6.2.1.1　闸门型式应根据闸门运行要求、闸孔位置、尺寸及上下游水位、操作水头、水文、泥沙及污物情况、启闭机型式及容量、制造安装技术及工艺、材料供应以及维护检修等条件选型。

4.6.2.1.2　闸门承载结构、支承结构的钢材，吊杆轴、连接轴、主轮轴、支铰轴和其他轴，及止水板、支承滑道等所采用的材料应符合SL74有关规定要求，闸门及埋件常用钢号见表6。

表6　闸门及埋件常用钢号

序号	使用条件		工作温度 t	钢号
1	闸门部分	大型工程的工作闸门，大型工程的重要事故闸门，局部开启的工作闸门	$t>0℃$　$-20℃<t≤0℃$　$t≤-20℃$	Q235B、Q345B、Q390B、Q235C、Q345C、Q390D、Q235D、Q345D、Q390E
		中、小型工程不作局部开启的工作闸门，其他事故闸门	$t>0℃$　$-20℃<t≤0℃$　$t≤-20℃$	Q235B、Q345B、Q235C、Q345C、Q235D、Q345D
		各类检修闸门	$t≥-30℃$	Q235B、Q345B
2	埋件部分	主要受力埋件		Q235B、Q345A、Q345B
		按构造要求选择的埋件		Q235A、Q235B

注1：当有可靠根据时，可采用其他钢号。对无证明书的钢材，经试验证明其化学成分和力学性能符合相应标准所列钢号的要求时，可酌情使用。
注2：非焊接结构的钢号，可参照本表选用。
注3：本表所列大型工程，指一、二等工程；中型工程指三等工程；小型工程指四、五等工程

4.6.2.1.3　闸门支承和零件所采用的铜合金，其性能应符合 GB/T 1176 规定的各项要求。

4.6.2.2　建设阶段

4.6.2.2.1　闸门和埋件制造、安装前应具备下列资料：

a)　设计图样和技术文件；

b)　主要板材、焊材及防腐材料等的质量证明书；

c)　标准件及非标准协作件的质量证明书；

d)　闸门制造验收资料、质量证书和出厂合格证。

4.6.2.2.2　闸门和埋件制造、安装应按设计图样和技术文件进行，如有修改，应有修改通知书或经设计部门书面同意。

4.6.2.2.3　闸门和埋件制造、安装验收，施工单位应提供下列资料：

a)　验收申请报告；

b)　设计图样、设计文件及有关会议纪要；

c)　监理文件、指令和设计通知单；

d)　焊接工艺评定报告、制造工艺文件或安装技术措施；

e)　主要材料、标准件及非标准协作件的质量证明书；

f)　焊缝质量检验报告；

g)　表面防腐蚀质量检验报告；

h)　对不合格或重大缺陷处理记录和报告；

i)　闸门和埋件组装检测记录；

j)　闸门和埋件制造质量合格证；

k)　闸门和埋件安装检测记录。

4.6.2.2.4　闸门和埋件制造、安装质量符合设计要求且满足 DL/T 5018 有关规定及国家、行业其他标准。

4.6.2.3　生产阶段

4.6.2.3.1　对运行中的闸门和埋件缺陷进行统计分析，如闸门和埋件失效，应进行失效原因分析。

4.6.2.3.2　溢流坝闸门、泄洪闸门应在汛期前、后分别进行外观检查。

4.6.2.3.3　闸门和埋件应进行防腐蚀处理，防腐蚀方案和质量验收应按 DL/T 5358 的规定执行。

4.6.2.3.4　按 DL/T 835 周期要求开展以下安全检测工作：

a)　闸门安装完毕蓄水运行，闸门承受水头达到或接近设计水头时，应进行第一次安全检测。如未达到设计水头，则应在运行 5 年以内，进行第一次安全检测。

b)　第一次安全检测后，根据工程实际运行情况，应每隔 10 年~15 年对闸门进行一次定期安全检测。

c)　凡投入运行超过 5 年未进行安全检测的闸门，应立即进行一次全面的安全检测。

d)　遇地震烈度为 7 度及 7 度以上地震、超设计标准洪水或发生相关事故之后，必须对闸门进行一次安全检测。

4.6.2.3.5　闸门和埋件运行期间监督项目及周期见表 7。

表7 闸门和埋件运行期间监督项目及周期

受监设备（部件）		工作项目	周期	工作要求	质量标准
弧形闸门	闸门本体	检查锈蚀、裂纹、变形以及连接紧固情况	每年	（1）宏观检查； （2）必要时影像记录、测量及无损检测	（1）不允许存在裂纹缺陷。 （2）焊缝超声波检验。Ⅰ类焊缝，BⅠ级为合格，>BⅠ级的缺陷应处理；Ⅱ类焊缝，BⅡ级为合格，>BⅡ级的缺陷应处理。 （3）焊缝射线检验。Ⅰ类焊缝，BⅡ级为合格，>BⅡ级的缺陷应处理；Ⅱ类焊缝，BⅢ级为合格，>BⅢ级的缺陷应处理。 （4）焊缝磁粉检验，Ⅱ级为合格，>Ⅱ级的缺陷应处理。 （5）变形、锈蚀、磨损严重应处理
	导轨	检查锈蚀、裂纹、变形以及连接紧固情况	每年	（1）宏观检查； （2）必要时影像记录、测量及无损检测	
平板闸门	闸门本体	检查锈蚀、裂纹、变形以及连接紧固情况	随大坝定检	（1）宏观检查； （2）必要时影像记录、测量及无损检测	
	门槽	检查锈蚀、裂纹、变形情况（注：随大坝定检）	随大坝定检	（1）宏观检查； （2）必要时影像记录、测量及无损检测	

4.6.3 启闭机

4.6.3.1 设计审查阶段

4.6.3.1.1 卷扬式启闭机、螺杆启闭机、液压启闭机、链式启闭机、移动式启闭机结构设计应符合 DL/T 5167 要求。

4.6.3.1.2 启闭机采用的材料力学性能不应低于 GB/T 14627、DL/T 5167 有关规定。

4.6.3.2 建设阶段

4.6.3.2.1 启闭机制造、安装前应具备下列资料：
　　a) 设计图样、计算书、技术要求和制造工艺文件。
　　b) 主要材料质量证明书。
　　c) 出厂验收资料。
　　d) 产品合格证。

4.6.3.2.2 启闭机制造、安装应按设计图样和技术文件进行，如有修改，应有修改通知书或经设计部门书面同意。

4.6.3.2.3 启闭机制造、安装验收，施工单位应提供下列资料：
　　a) 外购件出厂合格证和使用维护说明书；
　　b) 主要零件及结构件的材质证明文件、化学成分、力学性能测试报告；
　　c) 焊接件的焊缝质量检验记录和无损探伤报告；
　　d) 大型铸、锻件的探伤检验报告；
　　e) 主要零件的热处理试验报告；
　　f) 主要部件的装配检查记录；

g) 零部件的重大缺陷处理办法与返工后检验报告；

h) 零件材料代用通知单；

i) 设计修改通知单；

j) 安装焊缝检验报告及有关记录；

k) 安装尺寸的最后测定记录和调试记录；

l) 安装重大缺陷处理记录；

m) 现场试验记录和试验报告。

4.6.3.2.4 启闭机制造、安装质量符合设计要求且满足 SL 381 有关规定及国家、行业其他标准。

4.6.3.3 生产阶段

4.6.3.3.1 对运行中的启闭机缺陷进行统计分析，如重要部件失效，宜进行失效原因分析。

4.6.3.3.2 启闭机应在汛期前、后分别进行外观检查。

4.6.3.3.3 启闭机应进行腐蚀防护处理,防腐蚀方案和质量验收应按 DL/T 5358 的规定执行。

4.6.3.3.4 启闭机安全检测周期参照 4.6.2.3.4 进行。

4.6.3.3.5 启闭机运行期间监督项目及周期见表8。

表8 启闭机运行期间监督项目及周期

受监设备（部件）		工作项目	周期	工作要求	质量标准
液压启闭机	活塞	检查锈蚀、磨损以及动作灵活情况	大修	（1）宏观检查；（2）必要时影像记录、测量及无损检测	（1）不允许存在裂纹缺陷。（2）焊缝超声波检验。Ⅰ类焊缝，BⅠ级为合格，>BⅠ级的缺陷应处理；Ⅱ类焊缝，BⅡ级为合格，>BⅡ级的缺陷应处理。（3）焊缝射线检验。Ⅰ类焊缝，BⅡ级为合格，>BⅡ级的缺陷应处理；Ⅱ类焊缝BⅢ级为合格，>BⅢ级的缺陷应处理。（4）焊缝磁粉检验，Ⅱ级为合格，>Ⅱ级的缺陷应处理。（5）变形、锈蚀、磨损严重应处理
	拉杆、支座等部件	检查锈蚀、裂纹、变形、磨损以及连接紧固情况	大修	（1）宏观检查；（2）必要时影像记录、测量及无损检测	

4.6.4 拦污栅

4.6.4.1 设计审查阶段

4.6.4.1.1 拦污设施的布置型式，应根据河流中污物的性质、数量以及对清污的要求等来确定，并设计清污平台，必要时，可设计清污机。

4.6.4.1.2 拦污栅设计应考虑双向水流作用下的水动力影响。

4.6.4.1.3 拦污栅采用 Q235B、Q345B 材料，并符合 SL 74 有关规定要求。

4.6.4.2 建设阶段

参照 4.6.2.2 有关条款。

4.6.4.3 生产阶段

4.6.4.3.1 采用 4.6.2.3 有关条款。

4.6.4.3.2 拦污栅运行期间监督项目及周期见表 9。

表 9 拦污栅运行期间监督项目及周期

受监设备（部件）		工作项目	周期	工作要求	质量标准
拦污栅	栅体	检查锈蚀、裂纹、变形以及连接紧固情况	3 年	（1）宏观检查；（2）必要时影像记录	（1）不允许存在裂纹缺陷。（2）变形、锈蚀、磨损严重应处理
	导轨	检查锈蚀、裂纹、变形以及连接紧固情况	3 年	（1）升降灵活性检查；（2）必要时影像记录	

4.6.5 承重承压钢结构

4.6.5.1 设计审查阶段

4.6.5.1.1 承重结构应按最大承载能力或达到不适于继续承载的变形时的极限状态，以及正常使用的某项规定限值时的极限状态进行设计。

4.6.5.1.2 承重结构的钢材，应根据结构的重要性、荷载特征、连接方法、工作温度等不同情况选择其钢号和材质，应满足 GB 50017 有关要求。

4.6.5.2 建设阶段

4.6.5.2.1 制造、安装质量符合设计要求且满足有关规定及国家、行业其他标准。

4.6.5.3 生产阶段

4.6.5.3.1 对运行中的承重承压钢结构缺陷进行统计分析，对重要部件失效，宜进行失效原因分析。

4.6.5.3.2 承重承压钢结构应进行防腐蚀处理，防腐蚀方案和质量验收应按 DL/T 5358 的规定执行。

4.7 压力容器，油、水、气管道监督

4.7.1 设计阶段

4.7.1.1 压力容器，油、水、气管道设计单位资质应符合国家、行业、地方的管理规定。其中：压力容器、气管道设计单位资质符合 TSG R1001。

4.7.1.2 压力容器的材料应符合 GB 150、GB 713、GB/T 700、GB 19189，结构、应力状态应符合 JB 4732，焊接和热处理应符合 NB/T 47008、TSG R0004 的标准要求。

4.7.1.3 油、水、气管道材料、焊接、热处理应符合 TSG D0001 的要求。

4.7.2 建设阶段

4.7.2.1 压力容器、气管道制造单位、安装单位、监督检验单位的资质应符合国家、行业、地方的管理规定。其中压力容器应符合 TSG ZC001、TSG R3001，压力管道应符合 TSG D3001、TSG D7001，监督检验单位的资质符合 TSGZ 7001。

4.7.2.2 压力容器、气管道的制造质量应符合设计要求，且满足 TSG D0001、TSG R0004、《特种设备安全监察条例》（国务院令第 549 号全文）、《特种设备质量监督与安全监察规定》（国家技术质量监督局第 13 号）、《锅炉压力容器产品安全性能监督检验规则》（国质检锅〔2003〕194 号）、《锅炉压力容器制造监督管理办法》（国家质量监督检验检疫总局令第 22 号文件）、《压力管道安全管理与监察规定》（劳部发〔1996〕140 号）等国家、行业标准的要求。压力容器应进行制造质量监督检验。提供使用说明书、安装说明、质量证明书、图纸、制造质量监督检验报告等技术资料。

4.7.2.3 压力容器、气管道安装工作开始前，安装单位应到当地特种设备安全监督管理部门办理告知手续，按安装说明书、设计要求、图纸要求安装特种设备。安装质量应符合设计要求且满足 TSG D0001、TSG R0004 等国家、行业标准。委托具有相应资质的检验机构按《特种设备质量监督与安全监察规定》、《锅炉压力容器产品安全性能监督检验规则》《压力管道安装安全质量监督检验规则》等标准的要求，进行安装质量监督检验，出具安装监督检验报告。

4.7.2.4 压力容器、气管道的安装、改造、维修竣工后，施工单位应当在验收后 30 日内将有关技术资料移交使用单位，使用单位应当将其存入该压力容器、气管道的安全技术档案。

4.7.2.5 新建（含扩建、改建）压力容器、气管道投入使用前或者投入使用后 30 日内，压力容器、气管道使用单位应到当地特种设备安全监督管理部门登记。登记标志应当置于或者附着于该特种设备的显著位置。其中：气管道应符合 TSG D5001 标准要求，压力容器应符合 TSG R5002 标准要求。

4.7.2.6 操作油管和与压力容器（压油槽、储气罐等）相连的管道对口焊接时，应采用氩弧焊封底，电弧焊盖面的焊接工艺；管子的外径小于等于 50mm 的对口焊接宜采用全氩弧焊。技术供水管、操作油管、与压力容器（压油槽、储气罐等）相连的管道焊缝的无损检测应按 GB/T 3323、GB/T 11345 的规定进行，其中制造焊缝现场检测比例不低于 10%，安装焊缝检测比例不得低于 25%，其质量射线检测不低于Ⅲ级为合格。超声波检测不低于 BⅡ级为合格，管道检测合格且整体装配后应进行耐压试验，试验压力不低于设计压力的 1.25 倍。

4.7.3 生产阶段

4.7.3.1 压力容器、气管道作业人员应按要求持证上岗，应符合 TSG Z6001 标准要求。其中：气管道作业人员应符合 TSG D6001 要求，压力容器作业人员应符合 TSG R6001 要求。

4.7.3.2 压力容器、气管道发生事故后，事故发生单位应及时向事故发生地县以上特种设备安全监督管理部门和有关部门报告且应符合 TSG Z0006 的要求。

4.7.3.3 对运行中的压力容器，油、水、气管道缺陷进行统计分析，压力容器，油、水、气管道失效，宜进行失效原因分析。

4.7.3.4 压力容器、气管道的改造，应由具有相应资质的单位按压力容器、气管道改造方案进行。压力容器、气管道改造方案应到当地特种设备安全监督管理部门备案。

4.7.3.5 压力容器，油、水、气管道在服役期间，应按期委托具有相应资质的检验机构开展定期检验和检修、检查工作，出具定期检验报告和检修、检查报告。压力容器，油、水、气管道定期检验项目及周期见表 10。

表 10　压力容器，油、水、气管道检验要求

设备名称	工作项目	周期	工作要求	依据标准	备注
压力容器	年度检查	每年一次	（1）由具有相应检验资质的检验机构进行； （2）出具检验报告	JB/T 4730； TSG R0004； TSG ZF001； TSG R7001； TSG R3001； 《锅炉压力容器制造监督管理办法》	
	安全阀校验	每年一次	（1）由具有相应校验资质的单位进行； （2）出具校验报告		
	全面检验	以后的检验根据检验报告确定	（1）委托有检验资质的检验机构进行； （2）出具检验报告		首检为容器投运后第三年
设计压力≥0.1MPa的油管道	宏观检查	A、B级检修	检查锈蚀、裂纹、变形、支承、吊挂情况		
	壁厚检测	存在严重锈蚀时	用超声波测厚仪检查壁厚减薄量	GB/T 3323 GB/T 11345 JB/T 4730	
	无损检测	A级检修	无损检测比例不低于 5%，且不少于 1 个焊口		
技术供水管	宏观检查	A、B级检修	检查锈蚀、裂纹、变形、支承、吊挂情况	GB/T 3323 GB/T 11345 JB/T 4730	
	壁厚检测	存在严重锈蚀时	用超声波测厚仪检查壁厚		
气管道	安全阀校验	每年一次	（1）由具有相应校验资质的单位进行； （2）出具校验报告	TSG D0001； TSGZ F001； 《在用工业管道定期检验规程》	
	在线检验	每年一次	（1）委托具有相应检验资质的检验机构进行； （2）出具检验报告		
	全面检验	由检验报告确定	（1）委托具有相应检验资质的检验机构进行； （2）出具检验报告		首检为投运后第三年

4.7.3.6　压力容器、气管道严重损坏或退役应及时到当地特种设备安全监督管理部门办理退役手续。

4.8　桥（门）式起重机械监督

4.8.1　设计审查阶段

4.8.1.1　桥（门）式起重机械的设计必须由国家、行业、地方的相关管理规定取得相应资质的设计单位设计。

4.8.1.2 桥（门）式起重机械设计应符合 GB/T 3811 标准要求。

4.8.1.3 桥（门）式起重机械设计应充分考虑环境对金属结构防腐的影响，并有防护措施。

4.8.1.4 桥（门）式起重机械使用的材料应符合 GB/T 3811 标准要求。

4.8.2 建设阶段

4.8.2.1 桥（门）式起重机械制造应依据 GB/T 3811、GB 6067 等有关起重机械安全技术规范及所引用的标准和设计图样开展工作。

4.8.2.2 审查制造、安装单位的资质应符合国家、行业、地方的管理规定。

4.8.2.3 审查桥（门）式起重机械安装设计图样、施工图样和技术文件，桥（门）式起重机械出厂合格证、验收资料、检验资料，发货清单、到货验收文件及装配编号图等资料是否满足安装需求。审查安装计划、安装作业文件、安装质量计划及其相应的设计文件，安装检验试验项目、合格标准等。

4.8.2.4 审查制造、安装单位特种人员、关键工序操作人员和主要检验、试验人员上岗资质是否符合有关规定要求。

4.8.2.5 制造、安装单位按设计要求进行制造、安装，应提供桥（门）式起重机械的制造、安装原始资料、材料代用资料、焊接及热处理原始资料、质量检验资料、竣工图。

4.8.2.6 进行制造、安装现场的资料核查、现场监督、实物检查，工作见证（检查报告、试验报告、记录表、卡等）。

4.8.2.7 审查制造、安装新技术、新材料、新工艺技术方案，制造、安装变更设计方案等。

4.8.2.8 桥（门）式起重机械金属监造检验项目、类别、内容与要求见表 11。

表 11 桥（门式）起重机械金属制造监造检验项目、类别、内容与要求

序号	监检项目		监检内容与要求
1	技术资料	设计文件	技术协议、技术规格书或设计任务书，其主参数和主要技术要求应当与图纸相符
		制造图样	（1）起重机总图、各机构装配图、主要受力结构件图、电气原理图等签字齐全； （2）图样更改符合规定程序； （3）图样符合现行安全技术规范、标准； （4）制造图样应与型式试验图样一致
		制造工艺	（1）主要受力结构件、机构部件装配工艺和主要零部件的热处理工艺、主要焊缝焊接工艺文件符合要求； （2）需要进行焊接工艺评定的焊缝，有经过确认的焊接工艺评定报告； （3）进货、过程、出厂检验规程（或检验指导书）齐全
2	材料、配套件、外协件质量	材料质量证明书、材料复验报告	（1）进厂材料应有材料生产厂提供的材质证明书或者复印件（必须加盖销售单位公章）； （2）必要时应当对材料进行五大元素进行复验； （3）各项指标应当符合相应的材料标准
		材料标记移植	主要受力结构件材料标记移植应该正确无误，并且与实际用材相符

表 11（续）

序号	监检项目		监检内容与要求
2	材料、配套件、外协件质量	材料代用手续	主要受力结构件和主要零部件实际用材若发生材料代用情况，应当有材料代用手续，并且符合有关规定的要求
		配套件	（1）主要配套件应当有出厂合格证及进厂检验（验证）记录，并且符合图样要求； （2）合格证上应当有制造厂名称、型号、主要参数和出厂编号
		外协件	外协件应当有合同（协议）及其进厂检验（验证）记录，其名称、型号、规格（参数）应当符合规定
3	主要受力结构件质量	材质	（1）主要受力结构件的主要材料及材质应当符合设计文件和工艺文件要求； （2）焊材符合设计文件和工艺文件要求
		焊工资格	从事起重机焊接的焊工应当持有有效的特种设备作业人员资格证书
	主要受力结构件质量	隐蔽件	对主要受力结构件的隐蔽件在封闭前，必须经过监检人员检查合格后方可进入下道工序
		焊缝	主要焊缝应当饱满、无气孔、夹渣、裂纹等缺陷，焊缝对口错边量及焊缝布置应当符合工艺要求和相关标准，对焊缝的超次返修应当有审批手续
		无损检测报告和射线底片	（1）所选用的无损检测方法、比例和合格等级应当符合设计文件和相关规范、标准； （2）出具的无损检测报告或射线底片应当合法有效，并且符合相关标准（监检人员抽查底片数量的比例不小于该台产品射线检测数量的20%）
4	出厂检验和出厂技术资料	出厂检验记录、报告	关键工序检验记录应当符合规定 出厂检验记录或者出厂检验报告应当符合规定
		出厂技术资料	随机资料（安全技术规范要求的设计文件、合格证、安装、使用维护说明书和合同要求的其他资料）应当齐全，并且符合规定
		铭牌	铭牌上的制造单位名称、产品名称（品种、型式）、型号规格、参数、出厂日期、产品编号、许可证编号、设备代码等内容应当齐全

注：起重机械主要受力结构件是指主梁、主副吊臂、主支撑腿、标准节。

4.8.2.9 制造质量应符合设计要求，且满足 GB/T 14405、GB/T 14406、DL/T 946、《特种设备安全监察条例（国务院令第 549 号全文）》《特种设备质量监督与安全监察规定》、《起重机械监督检验规程》、《起重机械型式试验规程》等国家、行业标准的要求。特种设备的制造质量应进行制造质量监督检验。提供使用说明书、安装说明、质量证明书、图纸、制造质量监督检验报告等技术资料。

4.8.2.10 桥（门）式起重机械安装完后，应委托具有相应资质的检验机构按《特种设备质量监督与安全监察规定》、《起重机械监督检验规程》《起重机械型式试验规程》等标准的要求，进行安装质量监督检验，出具安装监督检验报告。

4.8.2.11 安装质量应符合设计要求且满足 GB/T 6067、DL/T 946 等国家、行业标准。

4.8.2.12 桥（门）式起重机械的安装竣工，安装单位应当在验收后 30 日内将有关技术资料移交使用单位，使用单位应当将其存入该桥（门）式起重机械的安全技术档案。

4.8.2.13 桥（门）式起重机械投入使用前或者投入使用后 30 日内，桥（门）式起重机械使用单位应当向直辖市或者设区的市的特种设备安全监督管理部门登记。登记标志应当置于或者附着于该桥（门）式起重机械的显著位置。

4.8.3 生产阶段

4.8.3.1 桥（门）式起重机械使用单位每年进行一次全面维护性检修，并编写检修报告。

4.8.3.2 维护保养重点是对主要受力结构件和失效零部件检查。

4.8.3.3 对运行中的桥（门）式起重机械金属缺陷进行统计分析，桥（门）式起重机械失效，宜进行失效原因分析。

4.8.3.4 检修、技术改造单位按检修、技术改造计划进行检修，应提供桥（门）式起重机械的检修、技术改造原始资料、材料代用资料、焊接及热处理原始资料、质量检验资料。

4.8.3.5 审查检修、技术改造新技术、新材料、新工艺技术方案等。

4.8.3.6 检修、技术改造质量应符合设计要求且满足 GB/T 6067、DL/T 946 国家、行业标准。

4.8.3.7 桥（门）式起重机械的检修、技术改造竣工，检修、技术改造单位应当在验收后 10 日内将有关技术资料移交使用单位。

4.8.3.8 桥（门）式起重机械使用单位应建立好完整的技术管理档案。

4.8.3.9 桥（门）式起重机械停用 1 年以上，需再次使用，使用单位应按《起重机械定期检验规则》委托有资质的机构进行检验合格后，向当地特种设备安全监督管理部门办理启用手续。起重机械启用检验项目及内容见表 12。

表 12 起重机械启用检验项目及内容

序号	检验项目及内容		
1	技术文件审查		定期检验报告、测量记录
2	金属结构检查		（1）主要受力结构件变形、锈蚀、焊缝裂纹检查
			（2）金属结构的连接紧固情况检查
3	轨道检查		大车、小车轨道的磨损、啃轨、变形、错轨检查
4	主要零部件的检查	吊具	（1）专用吊具裂纹、焊缝探伤检查
			（2）吊钩焊补、铸造起重机钩口防磨保护鞍座
		钢丝绳及卷筒	（1）钢丝绳断丝、断股检查
			（2）卷筒上的绳端固定装置
			（3）卷筒本体裂纹、变形检查
		滑轮	滑轮本体变形、裂纹、磨损检查
		制动器	制动轮本体磨损、变形、裂纹检查
		减速箱	传动齿轮磨损、变形、裂纹检查
		传动轴、联轴器	传动轴变形、轴承磨损情况检查

689

4.8.3.10　桥（门）式起重机械事故发生后，事故发生单位应及时向事故发生地县以上特种设备安全监督管理部门和有关部门报告。

4.9　110kV 及以上电压等级输变电重要金属部件监督

4.9.1　杆塔

4.9.1.1　设计审查阶段

4.9.1.1.1　杆塔用钢材一般采用 Q235、Q345，有条件时也可采用 Q390，或强度等级更高的结构钢，质量标准应符合 GB/T 700、GB/T 1591 的要求。

4.9.1.1.2　螺栓和螺母的材质及其机械特性应分别符合 GB/T 3098.1 和 GB/T 3098.2 的规定。

4.9.1.1.3　杆塔设计采用新理论、新材料，当缺乏实践经验时，应经过试验验证。

4.9.1.2　建设阶段

4.9.1.2.1　杆塔制造常用钢材应按设计文件要求规定和等级选用，其各项指标应符合表 13 要求，且应具有出厂质量合格证明书，并经抽检合格后使用，钢材取样批次和数量应满足相关标准的要求。进口钢材的质量应符合设计和合同规定标准的要求。常用钢材机械性能见表 13。

表 13　常用钢材机械性能

标准代号	牌号	拉伸试验			抗拉强度 σ_b N/mm²	伸长值 δ_s % 不小于	180°冷弯试验 d 弯心直径 a 试样厚度（直径）mm
		屈服强度 σ_s N/mm²					
		钢材厚度（直径）mm					
		≤16	>16~35 >16~40	>35~50 >40~60			
GB/T 700	Q235	235	225 （>16~40）	215 （>40~60）	375~460	26	纵：$d=a$ 横：$d=1.5a$
GB/T 1591	Q345	345	325 （>16~35）	295 （>35~50）	470~630	21	$d=2a\leqslant6mm$ $d=3a>16~100mm$
	Q390	390	370 （>16~35）	350 （>35~50）	490~650	19	$d=2a\leqslant16mm$ $d=3a>16~100mm$

4.9.1.2.2　钢材的表面不应有裂纹、折叠、结疤、夹渣和重皮，表面有锈蚀、麻点、划痕时，其深度不应大于该钢材厚度负允许偏差值的 1/2，且累计偏差应在负允许偏差范围内。

4.9.1.2.3　构件焊接所使用焊接材料应符合 4.3 要求，每种焊材第一次使用前应进行熔敷试验。焊缝感观应达到：外形均匀、成型较好，焊道与焊道、焊缝与基本金属间圆滑过渡。焊缝质量满足 GB/T 2694 标准要求。

4.9.1.2.4　镀锌层外观：镀锌层表面应连续完整，并具有实用性光滑，不应有过酸洗、起皮、漏镀、节瘤、积锌和锐点等使用上有害的缺陷。镀件厚度大于或等于 5mm 的镀锌层厚度不得小于 70μm，镀件厚度小于 5mm 的镀锌层厚度不得小于 55μm。

4.9.1.2.5　杆塔及重要紧固件，设备到货后安装前，应对金属技术监督范围内的所有部件材质的理化性能（化学成分、机械性能、金相组织、热处理情况）、无损探伤及焊接接头检验等的技术资料或合格证明书进行核查，并进行质量复检抽查，以确保设备安全可靠。

4.9.1.3 生产阶段

4.9.1.3.1 检验周期及工作内容：各水力发电厂根据实际情况，结合线路停电检修每 3～5 年对杆塔、构架及重要紧固件的锈蚀、裂纹、变形、紧固情况进行检查，以宏观检查为主，必要时进行超声波测厚、无损检测。

4.9.1.3.2 质量标准：不允许存在裂纹缺陷；裂纹、变形、锈蚀、磨损、烧伤严重应处理。

4.10 重要部件紧固件监督

4.10.1 设计材料审查

4.10.1.1 重要螺栓常用材料。

a) 8.8 级六角螺栓钢材可选用：国内 35 号、45 号钢材。国外钢材可选用：1035ACR（M10 以下）、1040ACR（M12 以上）CH38F、1045ACR、1039、10B21、10B33、10B38 材质。

b) 10.9 级六角螺栓可选用：国内 40Cr、15MnVB 钢材，国外 1045ACR、10B38 材质。

c) 12.9 级六角螺栓可选用：国内 30CrMnSi、15MnVB 钢材。

d) 8.8 级螺帽可选用：国内 35 号钢，国外 1015（M＜16）、CH38F（M≥16）材质。

e) 10.9 级螺帽可选用：国内 40Cr、15MnVB 钢材，国外 CH38F、1039、10B21、10B33 材质。

f) 12.9 级螺帽可选用：国内 30CrMnSi、15MnVB 钢材，国外 1039、10B21、10B22、10B38 材质。

4.10.1.2 各级别螺栓、螺帽应满足以下力学性能要求：

a) 8.8 级螺栓抗拉强度极限：800MPa，屈服极限：640MPa，硬度（HB）230～305。

b) 10.9 级螺栓抗拉强度极限：1000MPa，屈服极限：900MPa，硬度（HB）295～375。

c) 12.9 级螺栓抗拉强度极限：1200MPa，屈服极限：1080MPa，硬度（HB）355～430。

d) 螺帽抗拉强度极限：8.8 级 800MPa，10.9 级 1000MPa，12.9 级 1200MPa。

4.10.2 建设阶段

4.10.2.1 对于重要螺栓，在生产前必须对其材料化学性能和机械性能进行抽验，合格后才能进行生产。

4.10.2.2 高强度螺栓（8.8 级及以上）材质为低碳合金钢或中碳钢并经热处理（淬火、回火）。

4.10.2.3 为保证良好的淬透性，螺纹直径超过 20mm 的紧固件，需采用 10.9 级规定的钢材。

4.10.2.4 大于或等于 32mm 的螺栓外观无裂纹、变形，对于主轴连接螺栓使用前必须进行 100%无损检测，且应满足 DL/T 694 标准要求。

4.10.3 生产阶段

4.10.3.1 当机组进行 A 级检修时应对大于或等于 32mm 的螺栓进行表面检查和 100%无损检测，且应满足表 14 要求。

表 14 重要螺栓检测要求

序号	螺栓名称	检测项目	检测比例及要求
1	水发连接螺栓	超声波探伤（UT）或渗透探伤（PT）	A 级检修对每颗螺栓完成 100% UT 或 PT 检测
2	转轮水轮机轴连接螺栓及轴流转浆式桨叶连接螺栓	超声波探伤（UT）或渗透探伤（PT）	A 级检修对每颗螺栓完成 100% UT 或 PT 检测

表 14（续）

序号	螺栓名称	检测项目	检测比例及要求
3	推力头抗重螺栓	（1）外观检测（VT）； （2）超声波探伤（UT）或渗透探伤（PT）	1 个 A 级检修进行 100% VT 检测，2 个 A 级检修期完成 100% UT 或 PT 检测
4	导轴承抗重螺栓	（1）外观检测（VT）； （2）超声波探伤（UT）或渗透探伤（PT）	1 个 A 级检修进行 100% VT 检测，2 个 A 级检修期完成 100% UT 或 PT 检测
5	发电机转子磁轭拉紧螺栓	外观检测（VT）	100% VT 检测
6	定子铁芯把紧螺栓		
7	转子轮臂螺栓		
8	机架把合螺栓		100% VT 检测
9	地脚螺栓		100% VT 检测
10	顶盖把合螺栓	（1）外观检测（VT）； （2）超声波探伤（UT）或渗透探伤（PT）	A 级检修 100%检测 UT 检测，发现缺陷后更换
11	蜗壳人孔门螺栓	外观检测（VT）	每次拆装 100%外观检测，A 级检修直接更换
12	尾水管人孔门螺栓		每次拆装 100%外观检测，A 级检修时更换新螺栓
13	进水主阀凑合节伸缩节空气阀连接螺栓		A 级检修 100%检测。拆卸时进行 UT 或 PT 检测，若有损坏，则全部更换
14	进水主阀本体把合螺栓	（1）外观检测（VT）； （2）超声波探伤（UT）	A 级检修 100%VT 检测，15 年完成 100%检测 UT 检查
15	压力容器进人孔螺栓	渗透探伤（PT）或超声波探伤（UT）	结合压力容器定期检验，进行 100%检测

4.10.3.2 当机组进行 B、C 级检修应检查紧固情况。

5 监督管理标准

5.1 监督基础管理工作

5.1.1 各电厂应按照《华能电厂安全生产管理体系要求》中有关技术监督管理和本标准的要求，制定金属监督管理标准，并根据国家法律、法规及国家、行业、集团公司标准、规范、规程、制度，结合水力发电厂实际情况，建立健全技术资料档案，以科学、规范的监督管理，保证金属设备安全、可靠运行。

5.1.2 金属监督相关/支持性文件。

    a） 金属监督管理标准；

    b） 受监设备（部件）运行规程；

    c） 受监设备（部件）检修规程；

d) 受监设备（部件）作业指导书；

e) 设备缺陷管理制度；

f) 技术监督考核和奖惩制度；

g) 技术监督培训管理制度；

h) 其他制度。

5.1.3 技术资料档案。

5.1.3.1 基建阶段技术资料

a) 金属监督相关技术规范；

b) 受监设备（部件）的材质资料；

c) 焊接质量监督、检验档案；

d) 制造厂、监造单位、安装单位、监理单位移交的金属技术监督的原始资料。

5.1.3.2 生产阶段技术资料

a) 金属监督相关技术规范；

b) 受监设备（部件）历次检查、定期检验、试验档案；

c) 受监设备（部件）重大缺陷检查、处理及改造（或材料代用）记录；

d) 受监设备（部件）事故分析及异常情况档案；

e) 金属监督管理标准；

f) 受监设备（部件）运行规程；

g) 受监设备（部件）检修规程；

h) 设备缺陷管理制度；

i) 反事故措施。

5.1.3.3 金属技术监督管理档案、台账

a) 全厂金属技术监督组织机构和职责分工；

b) 金属技术监督规程、导则、标准；

c) 金属技术监督工作计划、报表、总结等；

d) 焊工、热处理、无损检测技术管理档案；

e) 压力容器操作、检修人员技术档案；

f) 压力容器设备检验台账；

g) 起重设备检验台账。

5.1.3.4 监督管理文件

a) 与金属监督有关的国家法律、法规及国家、行业、集团公司标准、规范、规程、制度；

b) 电厂制定的金属监督标准、规程、规定、措施等；

c) 年度金属监督工作计划和总结；

d) 金属监督季报、速报，预警通知单和验收单；

e) 金属监督网络会议纪要记录；

f) 监督工作自我评价报告和外部检查评价报告；

g) 金属技术监督人员档案、上岗证书；

h) 试验室金属检测、理化检测人员资格证书；

i) 技术培训计划、记录和总结；

j) 与金属监督工作有关重要往来文件。

5.1.3.5 需要归档资料

a) 制造厂、监造单位、安装单位、监理单位移交的金属技术监督的原始资料〔包括但不限于：受监部件的建设资料、质量证明书、热处理工艺、强度计算书、监造（监理）报告、安装前检验报告〕；

b) 受监设备（部件）的材质资料；

c) 受监设备（部件）历次检查、定期检验、试验档案；

d) 焊接质量监督、检验档案；

e) 受监设备（部件）重大缺陷检查、处理及改造记录。

5.2 日常管理内容和要求

5.2.1 健全监督网络与职责

5.2.1.1 各电厂应建立健全由生产副厂长（副总经理）或总工程师领导下的金属技术监督三级管理网。第一级为厂级，包括生产副厂长（副总经理）或总工程师领导下的金属监督专责人；第二级为部门级，生产技术部金属专工；第三级为班组级，包括各相关检修、维护、物质管理等人员。在生产副厂长（副总经理）或总工程师领导下由金属监督专责人统筹安排，共同配合完成金属监督工作。金属监督三级网应严格执行岗位责任制。

5.2.1.2 按照集团公司《华能电厂安全生产管理体系要求》和《电力技术监督管理办法》要求编制本厂金属监督管理标准，做到分工、职责明确，责任到人。

5.2.1.3 各电厂生产技术部是金属监督工作归口职能管理部门，在水力发电厂技术监督领导小组的领导下，负责金属监督的组织建设工作，并设金属监督专责，负责全厂金属监督日常工作的开展和监督管理。

5.2.1.4 各电厂生产技术部每年年初根据人员变动情况及时对网络成员进行调整；按照人员培训和上岗资格管理办法的要求，定期对金属监督人员进行专业和技能培训，保证持证上岗。

5.2.2 确定监督标准符合性

5.2.2.1 金属监督标准应符合国家、行业及上级主管单位的有关标准、规范、规定和要求。

5.2.2.2 每年年初，技术监督专责人应根据新颁布的标准规范及设备异动情况，组织对金属监督相关运行和检修维护等规程、制度的有效性、准确性进行评估，修订不符合项，经归口职能管理部门领导审核、生产主管领导审批后发布实施。国标、行标及上级单位监督规程、规定中涵盖的相关监督工作均应在水力发电厂规程及规定中详细列写齐全。在金属监督受监设备规划、设计、建设、更改过程中的金属监督要求采用每年发布的相关标准。

5.2.3 监督档案管理

5.2.3.1 电厂应按照本标准规定的文件、资料、记录和报告目录以及格式要求，建立健全金属监督各项台账、档案、规程、制度和技术资料，确保技术监督原始档案和技术资料的完整性和连续性。

5.2.3.2 金属监督专责人应建立金属监督档案资料目录清册，根据监督组织机构的设置和设备的实际情况，明确档案资料的分级存放地点，并指定专人整理保管，及时更新。

5.2.4 制定监督工作计划

5.2.4.1 金属监督专责人每年11月30日前应组织制定下年度技术监督工作计划,报送产业、区域子公司，同时抄送西安热工院。

5.2.4.2 技术监督年度计划的制定依据包括以下方面：

a) 国家、行业、地方有关电力生产方面的政策、法规、标准、规程和反措要求；

b) 集团公司、产业、区域子公司、发电企业技术监督管理制度和年度技术监督动态管理要求；

c) 集团公司、产业、区域子公司、发电企业技术监督工作规划和年度生产目标；

d) 金属设备上年度金属特殊、异常情况，金属事故缺陷等；

e) 技术监督体系健全和完善化；

f) 金属监督受监设备目前的运行状态；

g) 技术监督动态检查、预警、季（月报）提出的问题；

h) 收集的其他有关设备制造、安装、运行、检修、技术改造等金属监督方面的动态信息。

i) 人员培训和监督用仪器设备配备和更新；

j) 机组检修计划；

k) 技术监督动态检查、预警、月（季）报提出的问题。

5.2.4.3 金属监督年度计划主要内容应包括以下方面：

a) 健全金属技术监督组织机构；

b) 制定或修订监督标准、相关生产技术标准、规范和管理制度；

c) 制定检修期间应开展的技术监督项目计划；

d) 制定金属设备检定计划；

e) 制定技术监督工作自我评价与外部检查迎检计划；

f) 制定技术监督发现问题的整改计划；

g) 制定人员培训计划（主要包括内部培训、外部培训取证，规程宣贯）；

h) 根据技术监督动态检查报告制定技术监督动态检查和问题整改计划；

i) 技术监督定期工作会议等网络活动计划。

5.2.4.4 电厂应根据上级公司下发的年度技术监督工作计划，及时修订补充本单位年度技术监督工作计划，并发布实施。

5.2.4.5 金属监督专责人每季度应对监督年度计划执行和监督工作开展情况进行检查评估，对不满足监督要求的问题，通过技术监督不符合项通知单下发到相关部门监督整改，并对相关部门进行考评。技术监督不符合项通知单编写格式见附录F。

5.2.5 监督报告管理

5.2.5.1 金属监督速报的报送

电厂发生如下受监控设备重大缺陷、故障和损坏事件等重大事件后24h内，应将事件概况、原因分析、采取措施按照附录H的格式，以速报的形式报送产业公司、区域公司和西安热工院或当地技术监督服务单位。

a) 重要螺栓断裂（大轴螺栓、顶盖螺栓）；

b) 水轮机轴、发电机轴断裂；

c) 蜗壳、压力钢管严重漏水；

d) 钢闸门严重损毁。

5.2.5.2　金属监督季报的报送

金属监督专责应按照附录 G 的季报格式和要求，组织编写上季度金属监督季报。经电厂归口职能管理部门汇总后，应于每季度首月 5 日前，将全厂技术监督季报报送产业、区域子公司和西安热工院。

5.2.5.3　金属监督年度工作总结报告的报送

5.2.5.3.1　金属监督专责人应于每年 1 月 5 日前组织完成上年度技术监督工作总结报告的制写工作，并将总结报告报送产业、区域子公司和西安热工院。

5.2.5.3.2　年度监督工作总结报告主要内容应包括以下几方面：

    a）主要监督工作完成情况、亮点和经验与教训；

    b）设备一般事故、危急缺陷和严重缺陷统计分析；

    c）监督存在的主要问题和改进措施；

    d）下年度工作思路、计划、重点和改进措施。

5.2.6　监督例会管理

5.2.6.1　电厂每年至少召开两次金属技术监督工作会，检查评估、总结、布置全厂金属技术监督工作，对金属技术监督中出现的问题提出处理意见和防范措施，形成会议纪要，按管理流程批准后发布实施。

5.2.6.2　例会主要内容包括：

    a）上次监督例会以来金属监督工作开展情况；

    b）设备及系统的故障、缺陷分析及处理措施；

    c）金属监督存在的主要问题以及解决措施、方案；

    d）上次监督例会提出问题整改措施完成情况的评价；

    e）技术监督工作计划发布及执行情况，监督计划的变更；

    f）集团公司技术监督季报、监督通讯，集团公司、产业公司、区域公司金属监督典型案例，新颁布的国家、行业标准规范，监督新技术等学习交流；

    g）金属监督需要领导协调和其他部门配合和关注的事项；

    h）至下次监督例会时间内的工作要点。

5.2.7　监督预警管理

5.2.7.1　金属监督三级预警项目见附录 I。电厂应将三级预警识别纳入日常金属监督管理和考核工作中。

5.2.7.2　对于上级监督单位签发的预警通知单（见附录 J），电厂应认真组织人员研究有关问题，制定整改计划，整改计划中应明确整改措施、责任人、完成日期。

5.2.7.3　问题整改完成后，电厂应按照验收程序要求，向预警提出单位提出验收申请，经验收合格后，由验收单位填写预警验收单，并报送预警签发单位备案。

5.2.8　监督问题整改

5.2.8.1　整改问题的提出：

    a）上级或技术监督服务单位在技术监督动态检查、预警中提出的整改问题；

    b）《水电技术监督报告》中明确的集团公司或产业公司、区域公司督办问题；

    c）《水电技术监督报告》中明确的电厂需要关注及解决的问题；

    d）电厂金属监督专责人每季度对金属监督计划的执行情况进行检查，对不满足监督要求提出的整改问题。

5.2.8.2 问题整改管理：

a) 电厂收到技术监督评价报告后，应组织有关人员会同西安热工院或属地技术监督服务单位在两周内完成整改计划的制定和审核，整改计划编写格式见附录 L，并将整改计划报送集团公司、产业公司、区域公司，同时抄送西安热工院或属地技术监督服务单位；

b) 整改计划应列入或补充列入年度监督工作计划，电厂按照整改计划落实整改工作，并将整改实施情况及时在技术监督季报中总结上报；

c) 对整改完成的问题，电厂应保留问题整改相关的试验报告、现场图片、影像等技术资料，作为问题整改情况及实施效果评估的依据。

5.2.9 监督评价与考核

5.2.9.1 电厂应将《金属监督工作评价表》中的各项要求纳入金属监督日常管理工作中，《金属技术监督工作评价表》见附录 M。

5.2.9.2 电厂应按照《金属监督工作评价表》中的各项要求，编制完善金属技术监督管理制度和规定，贯彻执行；完善各项金属监督的日常管理和检修维护记录，加强金属设备的运行、检修维护技术监督。

5.2.9.3 电厂应定期对技术监督工作开展情况组织自我评价，对不满足监督要求的不符合项以通知单的形式下发到相关部门进行整改，并对相关部门及责任人进行考核。

5.3 各阶段监督重点工作

5.3.1 设计审查阶段

5.3.1.1 按 GB/T 709、GB/T 2694、GB/T 3098、GB/T 3811、GB/T 13752、GB/T 15468、GB/T 15613、GB/T 18325、GB/T 18326、GB/T 28572、DL/T 1068、DL/T 5039、SL 41、SL 74、JB/T 10264、JB/T 10484 相关要求执行。

5.3.1.2 新建（扩建）工程设备选型应依据国家、行业相关的现行标准和反事故措施的要求，以及工程的实际需要，提出金属监督的意见和要求。

5.3.1.3 参加金属设备设计审查。根据工程的规划情况及特点，明确对各部件金属材料监督的要求。

5.3.1.4 参加设备采购合同审查和设备技术协议签订。对设备的选材、结构设计、强度、刚度计算、检测验收等提出意见；并明确性能保证考核、技术资料等方面的要求。

5.3.1.5 参加设计联络会。对设计中的技术问题；招标方与投标方，以及各投标方之间的接口问题提出金属监督的意见和要求，将设计联络结果应形成文件归档，并监督设计联络结果的执行。

5.3.2 监造和出厂验收阶段

5.3.2.1 按 GB 50319、GB/T 3323、GB/T 11345、GB/T 15613、GB/T 16748、GB/T 18329、GB/T 18330、DL/T 586、DL/T 694、DL/T 835、DL/T 5017、DL/T 5018、DL/T 5019、SL 168、JB/T 8468 的相关要求执行。

5.3.2.2 参与设备监造服务合同的签订，提出设备监造方式和项目意见。监督采购合同对设备监造方式和项目要求的落实，监督监造工作简报的定期报送、制造中出现不合格项时的处置等。

5.3.2.3 随时掌握监造过程中参加见证设备材料进货验收、铸造、锻造、热处理质量，检查、监督设备制造中发现的金属材料问题和协调处理方法见证处理结果。

5.3.2.4 参与按相关标准、规程及订货合同或协议中明确增加的出厂试验项目，监督试验结果。

5.3.2.5 监造工作结束后，监督监造人员及时出具监造报告。监造报告应包括金属结构叙述、监造内容、方式、要求和结果，并如实反映产品制造过程中出现的问题及处理的方法和结果等。

5.3.3 安装和投产验收阶段

5.3.3.1 按 GB 50319、GB/T 3323、GB/T 11345、GB/T 15613、GB/T 16748、GB/T 18329、GB/T 18330、DL/T 586、DL/T 694、DL/T 835、DL/T 5017、DL/T 5018、DL/T 5019、SL 168、JB/T 8468 的相关要求执行。

5.3.3.2 重要设备运输至现场后，应监督相关人员按照订货合同和相关标准进行验收，并形成验收报告。重点检查可能影响设备运行安全型性能的材质出厂证明文件、焊接质量检验记录、热处理记录、无损检测报告、合格证及水压试验报告、密封性试验报告等文件。

5.3.3.3 安装实施工程监理时，应对监理单位的工作提出金属监督的意见，如要求监理方派遣工作经验丰富的监理工程师常驻施工现场，负责对安装工程全过程进行见证、检查、监督，以确保设备安装质量。

5.3.3.4 安装结束后，监督相关人员按有关标准、订货合同及调试大纲进行设备交接试验和投产验收工作。重要设备的主要试验项目应由具备相应资质和试验能力的单位进行检验。

5.3.3.5 监督基建单位按时向生产运营单位移交全部基建技术资料，生产运营单位应及时将资料清点、整理、归档。验收合格后，移交的技术资料包括（但不限于）：设备原始图纸、安装施工图纸、使用说明书、出厂合格证及质量证明书、出厂及投运检定证书、备品配件清单、验收单、热处理工艺、强度计算书、监造（监理）报告、安装前检验报告、监督检验报告等各类技术资料应归档保存。

5.3.4 生产阶段

5.3.4.1 按 GB/T 11345、GB/T 15469-1、GB/T 19184、GB/T 19866、DL/T 444、DL/T 694、DL/T 835、DL/T 1318、DL/T 5070、JB/T 4730.1~6、JB/T 6061、JB/T 6062、JB/T 8468、TSG Q7015、TSG R7001 的相关要求执行。

5.3.4.2 定期对设备进行巡视、检查和记录；对设备缺陷及异常处理进行跟踪监督检查。

5.3.4.3 定期统计分析设备缺陷和异常情况；带缺陷运行的设备应加强运行监视，必要时应制定针对性应急预案。

5.3.4.4 金属设备正常运行期间应进行以下工作：

 a) 每年对压力容器开展定检工作；

 b) 结合机组检修开展金属厚度、气蚀、磨损、变形检测工作，摸索出设备金属损耗情况及规律，以便制定下步检修计划；

 c) 涉及焊接工作时必须填写焊接工艺卡或焊接方案，严格控制焊接工艺。

5.3.4.5 每季编写技术监督季报，掌握设备运行状态的变化，对设备状况进行预控。

5.3.4.6 根据本标准和受监设备的实际运行状况，结合电厂的实际依据集团公司《检修标准化管理实施导则》的要求，编制年度监督计划，报上级主管部门批准后执行。

5.3.4.7 检修过程中，应按检修文件包的要求进行工艺和质量控制，执行质监点（W、H 点）

技术监督及三级（班组、专业、厂级）现场验收，并经专业人员出具验收合格报告。

5.3.4.8 检修完毕，及时编写检修报告并履行审批手续，有关检修资料应归档。

6 监督评价与考核

6.1 评价内容

6.1.1 金属监督评价内容详见附录 M。

6.1.2 金属监督评价内容分为技术监督管理、技术监督标准执行两部分，总分为 1000 分，其中监督管理评价 8 大项 35 小项共 400 分，专业技术管理 4 大项 25 小项共 600 分，每项检查评分时，如扣分超过本项应得分，则扣完为止。

6.2 评价标准

6.2.1 被评价考核的水力发电厂按得分率的高低分为四个级别，即，优秀、良好、合格、不符合。

6.2.2 得分率高于或等于 90%为"优秀"；80%～90%（不含 90%）为"良好"；70%～80%（不含 80%）为"合格"；低于 70%为"不符合"。

6.3 评价组织与考核

6.3.1 技术监督评价包括集团公司技术监督评价、属地电力技术监督服务单位技术监督评价、水力发电厂技术监督自我评价。

6.3.2 集团公司每年组织西安热工院和公司内部专家，对电厂技术监督工作开展情况、设备状态进行评价，评价工作按照集团公司《电力技术监督管理办法》规定执行，分为现场评价和定期评价。

6.3.2.1 集团公司技术监督现场评价按照集团公司年度技术监督工作计划中所列的电厂名单和时间安排进行。各电厂在现场评价实施前应按附录 M 进行自查，编写自查报告。西安热工院在现场评价结束后三周内，应按照集团公司《电力技术监督管理办法》附录 C 的格式要求完成评价报告，并将评价报告电子版报送集团公司安生部，同时发送产业公司、区域公司及电厂。

6.3.2.2 集团公司技术监督定期评价按照集团公司《电力技术监督管理办法》及本标准的要求和规定，对电厂生产技术管理情况、金属缺陷、金属监督报告的内容符合性、准确性、及时性等进行评价，通过年度技术监督报告发布评价结果。

6.3.2.3 集团公司对严重违反技术监督制度、由于技术监督不当或监督项目缺失、降低监督标准而造成严重后果、对技术监督发现问题不进行整改的电厂，予以通报并限期整改。

6.3.3 电厂应督促属地技术监督服务单位依据技术监督服务合同的规定，提供技术支持和监督服务，依据相关监督标准定期对电厂技术监督工作开展情况进行检查和评价分析，形成评价报告，并将评价报告电子版和书面版报送产业公司、区域公司及电厂。电厂应将报告归档管理，并落实问题整改。

6.3.4 电厂应按照集团公司《电力技术监督管理办法》及华能电厂安全生产管理体系要求建立完善技术监督评价与考核管理标准，明确各项评价内容和考核标准。

6.3.5 电厂应每年按附录 M，组织安排金属监督工作开展情况的自我评价，根据评价情况对相关部门和责任人开展技术监督考核工作。

附　录　A

（资料性附录）

重要受监设备（部件）焊缝类别划分和无损检测的规定

A.1　压力钢管

A.1.1　一类焊缝

a）　钢管管壁纵缝，坝内弹性垫层管的环缝，厂房内明管（指不埋于混凝土内的钢管）环缝，预留环缝，凑合节合拢环缝。

b）　岔管管壁纵、环缝，岔管加强构件的对接焊缝，加强构件与管壁相接处的组合焊缝、伸缩节内外套管、压圈环的纵缝，外套管与端板、压圈环与端板的连接焊缝。

c）　闷头焊缝及闷头与管壁的连接焊缝。

d）　支承环对接焊缝。

e）　人孔颈管的对接焊缝，人孔颈管与颈口法兰盘和管壁的连接焊缝。

A.1.2　二类焊缝

a）　不属于一类焊缝的钢管管壁环缝。

b）　加劲环、阻水环、止推环对接焊缝。

c）　泄水孔（洞）钢衬和冲沙孔钢衬的纵、横（环）缝。

A.1.3　三类焊缝

不属于一、二类的其他焊缝。

A.1.4　无损检测的规定（见表 A.1）

表 A.1　压力钢管无损检测的规定

钢　种	射线探伤 %		超声波探伤 %	
	一类焊缝	二类焊缝	一类焊缝	二类焊缝
碳素钢和低合金钢	25	10	100	50
高强钢；不锈钢；不锈钢复合板	40	20	100	100

注1：钢管一类焊缝，用超声波探伤时，根据需要可使用射线探伤复验。

注2：探伤部位应包括全部 T 形焊缝及每个焊工所焊焊缝的一部分。

注3：射线探伤标准 GB/T 3323，检验等级为 B 级，一类焊缝不低于Ⅱ级为合格，二类焊缝不低于Ⅲ级为合格；超声波探伤标准 GB/T 11345，检验等级 B 级，一类焊缝不低于Ⅰ级为合格，二类焊缝不低于Ⅱ级合格。

注4：焊缝局部无损检测若发现有不允许缺陷，应在缺陷的延伸方向或在可疑部位作补充探伤检查，若经补充探伤仍发现有不允许缺陷，则应对该焊工在该条焊缝上所施焊的焊接部位或整条焊缝进行探伤

A.2 各种钢闸门（包括拦污栅）

A.2.1 一类焊缝

a） 闸门主梁、边梁、臂柱的腹板及翼缘板的对接焊缝。

b） 闸门及拦污栅吊耳板、吊杆的对接焊缝。

c） 闸门主梁腹板与边梁腹板和翼缘板连接的组合焊缝或角焊缝；主梁翼缘板与边梁翼缘板连接的对接焊缝。

d） 转向吊杆的组合焊缝及角焊缝。

e） 人字闸门端柱隔板与主梁腹板及端板的组合焊缝。

A.2.2 二类焊缝

a） 闸门面板的对接焊缝。

b） 拦污栅主梁、边梁的腹板、翼缘板对接焊缝。

c） 闸门主梁、边梁、臂柱的翼缘板与腹板的组合焊缝及角焊缝。

d） 闸门吊耳板与门叶的组合焊缝或角焊缝。

e） 主梁、边梁与门叶面板的组合焊缝或角焊缝。

A.2.3 三类焊缝

不属于一、二类焊缝的其他焊缝都为三类焊缝（设计有特殊要求者例外）。

A.2.4 无损检测的规定（见表 A.2）

表 A.2　钢闸门（包括拦污栅）无损检测的规定

钢种	板厚 mm	射线探伤 %		超声波探伤 %	
		一类焊缝	二类焊缝	一类焊缝	二类焊缝
碳素钢	≥38	20	10	100	50
	<38	15	10	50	30
低合金钢	≥32	25	10	100	50
	<32	20	10	50	30

注 1：射线探伤标准 GB/T 3323，检验等级为 B 级，一类焊缝不低于 II 级为合格，二类焊缝不低于 III 级为合格；超声波探伤标准 GB/T 11345，检验等级 B 级，一类焊缝不低于 I 级为合格，二类焊缝不低于 II 级合格。

注 2：焊缝局部无损检测若发现有不允许缺陷，应在缺陷的延伸方向或在可疑部位做补充探伤检查，若经补充探伤仍发现有不允许缺陷，则应对该焊工在该条焊缝上所施焊的焊接部位或整条焊缝进行探伤。

注 3：对有延迟裂纹倾向的钢材，无损检测应在焊接完成 24h 以后进行

A.3 启闭机

A.3.1 一类焊缝

a） 主梁、端梁、滑轮支座梁、卷筒支座梁的腹板和翼板的对接焊缝。

b) 支腿的腹板和翼板的对接焊缝，支腿与主梁连接的对接焊缝。

c) 液压缸分段连接的对接焊缝，缸体与法兰的连接焊缝。

d) 活塞杆分段连接的对接焊缝。

e) 卷筒分段连接的对接焊缝。

f) 吊耳板的对接焊缝。

A.3.2 二类焊缝

a) 主梁、端梁、支座梁、支腿的角焊缝。

b) 主梁与端梁连接的角焊缝，支腿与主梁连接的角焊缝。

c) 吊耳板连接的角焊缝。

A.3.3 三类焊缝

不属于一、二类焊缝的其他焊缝。

A.3.4 无损检测的规定

无损检测可参照钢闸门的规定执行。

A.4 其他重要受监设备（部件）焊缝的规定

其他重要受监设备（部件）的焊缝，在其产品标准中有明确的钢结构焊缝分类规定，则按其规定执行，如无规定可参照下列原则执行。

A.4.1 一类焊缝

a) 在动载荷或静载荷下承受拉力，按等强度设计的对接焊缝、综合焊缝或角焊缝。

b) 破坏后会危及人身安全或导致产品功能失效造成重大经济损失的焊缝。

A.4.2 二类焊缝

a) 在动载荷或静载荷下承受压力，按等强度设计的对接焊缝、综合焊缝或角焊缝。

b) 失效或破坏后可能影响产品局部正常工作的焊缝。

A.4.3 三类焊缝

除上述一、二类焊缝以外的其他焊缝。

A.4.4 无损检测的规定（见表 A.3）

表 A.3 其他重要受监设备（部件）焊缝无损检测的规定（参考 SL 36 制订）

焊缝类别	钢种	检验方法（任选其一）	检 验 范 围	质量标准
一类焊缝	碳素钢 低合金钢	UT	≥焊缝长度的50%，且≥200mm	GB/T 11345 B Ⅰ 级
		RT	≥焊缝长度的20%，且≥200mm	GB/T 3323 B Ⅱ 级
	高强度钢	MT 或 PT	≥焊缝长度的20%，且≥200mm	JB/T 6061 Ⅱ 级 JB/T 6062 Ⅱ 级
		UT	≥焊缝长度的100%	GB/T 11345 B Ⅰ 级
		RT	≥焊缝长度的50%，且≥200mm	GB/T 3323 B Ⅱ 级
二类焊缝	碳素钢 低合金钢	UT	≥焊缝长度的30%，且≥200mm	GB/T 11345 B Ⅱ 级
		RT	≥焊缝长度的10%，且≥200mm	GB/T 3323 BⅢ级

表 A.3（续）

焊缝类别	钢种	检验方法 （任选其一）	检 验 范 围	质量标准
二类焊缝	高强度钢	MT 或 PT	≥焊缝长度的 20%，且≥200mm	JB/T 6061 II 级 JB/T 6062 II 级
		UT	≥焊缝长度的 50%，且≥200mm	GB/T 11345 B II 级
		RT	≥焊缝长度的 20%，且≥300mm	GB/T 3323 BIII 级
三类焊缝		UT、RT	一般不做，但有争议时可做	有争议时，按二类 焊缝评定
注：UT—超声波检测；RT—射线检测；MT—磁粉检测；PT—渗透检测				

附 录 B

（资料性附录）

常用金属材料技术数据

表 B.1　普通碳素钢的化学成分及力学性能

钢号	等级	化学成分 %					力学性能				
		C	Mn	Si	S	P	σ_b MPa	σ_s MPa	δ_5	A_{kV}	
		不大于								温度	J
Q195	—	0.12	0.50	0.30	0.040	0.035	315~430	≥195	≥33	—	—
Q215	A	0.15	1.2	0.35	0.050	0.045	335~450	≥215	≥31	—	—
	B				0.045					20℃	≥27
Q235	A	0.22	1.4	0.35	0.050	0.045	370~500	≥235	≥26	—	—
	B	0.20			0.045					20℃	≥27
	C	0.17			0.040	0.040				0℃	
	D	0.17			0.035	0.035				−20℃	
Q275	A	0.24	1.5	0.35	0.050	0.045	410~540	≥275	≥22	—	—
	B	0.21			0.045	0.045				20℃	≥27
	C	0.20			0.040	0.040				0℃	
	D				0.035	0.035				−20℃	

表 B.2　优质碳素结构钢的牌号和化学成分

序号	统一数字代号	牌号	化学成分（质量分数） %					
			C	Si	Mn	Cr	M	Cu
						≤		
1	U20080	08F	0.05~0.11	≤0.03	0.25~0.50	0.10	0.30	0.25
2	U20100	10F	0.07~0.13	≤0.07	0.25~0.50	0.15	0.30	0.25
3	U20150	15F	0.12~0.18	≤0.07	0.25~0.50	0.25	0.30	0.25
4	U20082	08	0.05~0.11	0.17~0.37	0.35~0.65	0.10	0.30	0.25
5	U20102	10	0.07~0.13	0.17~0.37	0.35~0.65	0.15	0.30	0.25
6	U20152	15	0.12~0.18	0.17~0.37	0.35~0.65	0.25	0.30	0.25
7	U20202	20	0.17~0.23	0.17~0.37	0.35~0.65	0.25	0.30	0.25
8	U20252	25	0.22~0.29	0.17~0.37	0.50~0.80	0.25	0.30	0.25
9	U20302	30	0.27~0.34	0.17~0.37	0.50~0.80	0.25	0.30	0.25
10	U20352	35	0.32~0.39	0.17~0.37	0.50~0.80	0.25	0.30	0.25
11	U20402	40	0.37~0.44	0.17~0.37	0.50~0.80	0.25	0.30	0.25

表 B.2（续）

序号	统一数字代号	牌号	化学成分（质量分数）%					
			C	Si	Mn	Cr	M	Cu
						≤		
12	U20452	45	0.42～0.50	0.17～0.37	0.50～0.80	0.25	0.30	0.25
13	U20502	50	0.47～0.55	0.17～0.37	0.50～0.80	0.25		
14	U20552	55	0.52～0.60	0.17～0.37	0.50～0.80	0.25	0.30	0.25
15	U20602	60	0.57～0.65	0.17～0.37	0.50～0.80	0.25	0.30	0.25
16	U20652	65	0.62～0.70	0.17～0.37	0.50～0.80	0.25	0.30	0.25
17	U20702	70	0.67～0.75	0.17～0.37	0.50～0.80	0.25	0.30	0.25
18	U20752	75	0.72～0.80	0.17～0.37	0.50～0.80	0.25	0.30	0.25
19	U20802	80	0.77～0.85	0.17～0.37	0.50～0.80	0.25	0.30	0.25
20	U20852	85	0.82～0.90	0.17～0.37	0.50～0.80	0.25	0.30	0.25
21	U21152	15Mn	0.12～0.18	0.17～0.37	0.70～1.00	0.25	0.30	0.25
22	U21202	20Mn	0.17～0.23	0.17～0.37	0.70～1.00	0.25	0.30	0.25
23	U21252	25Mn	0.22～0.29	0.17～0.37	0.70～1.00	0.25	0.30	0.25
24	U21302	30Mn	0.27～0.34	0.17～0.37	0.70～1.00	0.25	0.30	0.25
25	U21352	35Mn	0.32～0.39	0.17～0.37	0.70～1.00	0.25	0.30	0.25
26	U21402	40Mn	0.37～0.44	0.17～0.37	0.70～1.00	0.25	0.30	0.25
27	U21452	45Mn	0.42～0.50	0.17～0.37	0.70～1.00	0.25	0.30	0.25
28	U21502	50Mn	0.48～0.56	0.17～0.37	0.70～1.00	0.25	0.30	0.25
29	U21602	60Mn	0.57～0.65	0.17～0.37	0.70～1.00	0.25	0.30	0.25
30	U21652	65Mn	0.62～0.70	0.17～0.37	0.90～1.20	0.25	0.30	0.25
31	U21702	70Mn	0.67～0.75	0.17～0.37	0.90～1.20	0.25	0.30	0.25

注 1：表 B.2 中所列牌号为优质钢。如果是高级优质钢，在牌号后面加"A"（统一数字代号最后一位数字改为"3"）；如果是特级优质钢，在牌号后面加"E"（统一数字代号最后一位数字改为"6"）；对于沸腾钢，牌号后面为"F"（统一数字代号最后一位数字为"0"）；对于半镇静钢，牌号后面为"b"（统一数字代号最后一位数字为"1"）。

注 2：使用废钢冶炼的钢允许含铜量不大于 0.30%。

注 3：热压力加工用钢的铜含量应不大于 0.20%。

注 4：铅浴淬火（派登脱）钢丝用的 35.85 钢的锰含量为 0.30%～0.60%；铬含量不大于 0.10%，镍含量不大于 0.15%，铜含量不大于 0.20%；硫、磷含量应符合钢丝标准要求。

注 5：08 钢用铝脱氧冶炼镇静钢，锰含量下限为 0.25%，硅含量不大于 0.03%，铝含量为 0.02%～0.07%。此时钢的牌号为 08A1。

注 6：冷冲压用沸腾钢含硅量不大于 0.03%。

注 7：氧气转炉冶炼的钢其含氮量应不大于 0.008%。供方能保证合格时，可不做分析。

注 8：经供需双方协议，08～25 钢可供应硅含量不大于 0.17%的半镇静钢，其牌号为 08b～25b。

注 9：上述各成分含量皆指质量分数

表 **B**.3　优质碳素结构钢的硫、磷含量（质量分数）

组　别	P %	S %
优质钢	≤0.035	≤0.035
高级优质钢	≤0.030	≤0.030
特级优质钢	≤0.025	≤0.020

表 **B**.4　优质碳素结构钢的力学性能

牌号	试样毛坯尺寸 mm	推荐热处理 ℃			力学性能					钢材交货状态硬度 HBS	
		正火	淬火	回火	σ_b MPa	σ_s MPa	δ_5 %	Ψ %	A_{KU2} J	未热处理钢	退火钢
					≥						
08F	25	930			295	175	35	60		≤131	
10F	25	930			315	185	33	55		≤137	
15F	25	920			355	205	29	55		≤143	
08	25	930			325	195	33	60		≤131	
10	25	930			335	205	31	55		≤137	
15	25	920			375	225	27	55		≤143	
20	25	910			410	245	25	55		≤156	
25	25	900	870	600	450	275	23	50	71	≤170	
30	25	880	860	600	490	295	21	50	63	≤179	
35	25	870	850	600	530	315	20	45	55	≤197	
40	25	860	840	60D	570	335	19	45	47	≤217	≤187
45	25	850	840	600	600	355	16	40	39	≤229	≤197
50	25	830	830	600	630	375	14	40	31	≤241	≤207
55	25	820	820	600	645	380	13	35		≤255	≤217
60	25	810			675	400	12	35		≤255	≤229
65	25	810			695	410	10	30		≤255	≤229
70	25	790			715	420	9	30		≤269	≤229
75	25		820	480	1080	880	7	30		≤285	≤241
80	25		820	480	1080	930	6	30		≤285	≤241
85	25		820	480	1130	980	6	30		≤302	≤255
15Mn	25	920			410	245	26	55		≤163	
20Mn	25	910			450	275	24	50		≤197	

表 B.4（续）

牌号	试样毛坯尺寸 mm	推荐热处理 ℃			力学性能					钢材交货状态硬度 HBS	
		正火	淬火	回火	σ_b MPa	σ_s MPa	δ_5 %	Ψ %	A_{KU2} J	未热处理钢	退火钢
					≥						
25Mn	25	900	870	600	490	295	22	50	71	≤207	
30Mn	25	880	860	600	540	315	20	45	63	≤217	≤187
35Mn	25	870	850	600	560	335	18	45	55	≤229	≤197
40Mn	25	860	840	600	590	355	17	45	47	≤229	≤207
45Mn	25	850	840	600	620	375	15	40	39	≤241	≤217
50Mn	25	830	830	600	645	390	13	40	31	≤255	≤217
60Mn	25	810			695	410	11	35		≤269	≤229
65Mn	25	830			735	430	9	30		≤285	≤229
70Mn	25	790			785	450	8	30		≤285	≤229

注 1： 对于直径或厚度小于 25mm 的钢材，热处理是在与成品截面尺寸相同的试样毛坯上进行。

注 2： 表 B.4 中所列正火推荐保温时间不少于 30min，空冷；淬火推荐保温时间不少于 30min，70、80 和 85 钢油冷，其余钢水冷；回火推荐保温时间不少于 1h

表 B.5 优质碳素结构钢的特性和应用

牌号	主要特性	应用举例
08F	优质沸腾钢，强度、硬度低，塑性极好。深冲压，深拉延性好，冷加工性好，焊接性好；成分偏析倾向大，时效敏感性大，故冷加工时，可采用消除应力热处理，或水韧处理，防止冷加工断裂	易轧成薄板、薄带、冷变形材、冷拉钢丝；用作冲压件、压延件，各类不承受载荷的覆盖件、渗碳、渗氮、氰化件，制作各类套筒、靠模、支架
08	极软低碳钢，强度、硬度很低，塑性、韧性极好，冷加工性好，淬透性、淬硬性极差，时效敏感性比 08F 稍弱，不宜切削加工，退火后，导磁性能好	宜轧制成薄板、薄带、冷变形材、冷拉、冷冲压、焊接件、表面硬化件
10F 10	强度低（稍高于 08 钢），塑性、韧性很好，焊接性优良，无回火脆性。易冷热加工成型、淬透性很差，正火或冷加工后切削性能好	宜用冷轧、冷冲、冷镦、冷弯、热轧、热挤压、热镦等工艺成型，制造要求受力不大、韧性高的零件，如摩擦片、深冲器皿、汽车车身、弹体等
15F 15	强度、硬度、塑性与 10F、10 钢相近。为改善切削性能需进行正火或水韧处理适当提高硬度。淬透性、淬硬性低，韧性、焊接性好	制造受力不大，形状简单，但韧性要求较高或焊接性能较好的中、小结构件，螺钉、螺栓、拉杆，起重钩，焊接容器等
20	强度硬度稍高于 15F、15 钢，塑性、焊接性都好，热轧或正火后韧性好	制作不太重要的中、小型渗碳、碳氮共渗件、锻压件，如杠杆轴、变速箱变速叉、齿轮，重型机械拉杆、钩环等

表 B.5（续）

牌号	主要特性	应用举例
25	具有一定强度、硬度。塑性和韧性好。焊接性、冷塑性、加工性较高，被切削性中等，淬透性、淬硬性差。淬火后低温回火后强韧性好，无回火脆性	焊接件、热锻、热冲压件渗碳后用作耐磨件
30	强度、硬度较高，塑性好，焊接性尚好，可在正火或调质后使用，适于热锻、热压。被切削性良好	用于受力不大，温度小于150℃的低载荷零件，如丝杆、拉杆、轴键、齿轮、轴套筒等，渗碳件表面耐磨性好，可作耐磨件
35	强度适当。塑性较好，冷塑性高，焊接性尚可。冷态下可局部镦粗和拉丝。淬透性低，正火或调质后使用	适于制造小截面零件，可承受较大载荷的零件，如曲轴、杠杆、连杆、钩环等，各种标准件、紧固件
40	强度较高，可切削性良好，冷变形能力中等，焊接性差，无回火脆性，淬透性低，易生水淬裂纹，多在调质或正火态使用，两者综合性能相近，表面淬火后可用于制造承受较大应力件	适于制造曲轴心轴、传动轴、活塞杆、连杆、链轮、齿轮等，作焊接件时需先预热，焊后缓冷
45	最常用中碳调质钢，综合力学性能良好，淬透性低，水淬时易生裂纹。小型件宜采用调质处理，大型件宜采用正火处理	主要用于制造强度高的运动件，如透平机叶轮、压缩机活塞、轴、齿轮、齿条、蜗杆等。焊接件注意焊前预热，焊后消除应力退火
50	高强度中碳结构钢，冷变形能力低，可切削性中等。焊接性差，无回火脆性，淬透性较低，水淬时，易生裂纹。使用状态：正火，淬火后回火，高频表面淬火，适用于在动载荷及冲击作用不大的条件下耐磨性高的机械零件	锻造齿轮、拉杆、轧辊、轴摩擦盘、机床主轴、发动机曲轴、农业机械犁铧、重载荷心轴及各种轴类零件等，及较次要的减振弹簧、弹簧垫圈等
55	具有高强度和硬度，塑性和韧性差，可切削性中等，焊接性差，淬透性差，水淬时易淬裂。多在正火或调质处理后使用，适于制造高强度、高弹性、高耐磨性机件	齿轮、连杆、轮圈、轮缘、机车轮箍、扁弹簧、热轧轧辊等
60	具有高强度、高硬度和高弹性。冷变形时塑性差，可切削性能中等，焊接性不好，淬透性差，水淬易生裂纹，故大型件用正火处理	轧辊、轴类、轮箍、弹簧圈、减振弹簧、离合器、钢丝绳
65	适当热处理或冷作硬化后具有较高强度与弹性。焊接性不好。易形成裂纹，不宜焊接，可切削性差，冷变形塑性低，淬透性不好，一般采用油淬，大截面件采用水淬油冷，或正火处理。其特点是在相同组态下其疲劳强度可与合金弹簧钢相当	宜用于制造截面、形状简单、受力小的扁形或螺形弹簧零件。如汽门弹簧、弹簧环等也宜用于制造高耐磨性零件，轧辊、曲轴、凸轮及钢丝绳等
70	强度和弹性比65钢稍高，其他性能与65钢近似	弹簧、钢丝、钢带、车轮圈等
75 80	性能与65、70钢相似，但强度较高而弹性略低，其淬透性也不高。通常在淬火、回火后使用	板弹簧、螺旋弹簧、抗磨损零件、较低速车轮等

表 B.5（续）

牌号	主要特性	应用举例
85	含碳量最高的高碳结构钢，强度、硬度比其他高碳钢高，但弹性略低，其他性能与65、70、75、80钢相近似。淬透性仍然不高	铁道车辆、扁形板弹簧、圆形螺旋弹簧、钢丝钢带等
15Mn	含锰（WMn0.70%，1.00%）较高的低碳渗碳钢，因锰高故其强度、塑性、可切削性和淬透性均比15钢稍高，渗碳与淬火时表面形成软点较少，宜进行渗碳、碳氮共渗处理，得到表面耐磨而内部韧性好的综合性能。热轧或正火处理后韧性好	齿轮、曲柄轴；支架、铰链、螺钉、螺母；铆焊结构件；板材适于制造油罐等；寒冷地区农具，如奶油罐等
20Mn	其强度和淬透性比15Mn钢略高，其他性能与15Mn钢相近	与15Mn钢基本相同
25Mn	性能与20Mn及25钢相近，强度稍高	与20Mn及25钢相近
30Mn	与30钢相比，具有较高的强度和淬透性，冷变形时塑性好，焊接性中等，可切削性良好。热处理时有回火脆性倾向及过热敏感性	螺栓、螺母、螺钉、拉杆、杠杆、小轴、刹车机齿轮
35Mn	强度及淬透性比30Mn高，冷变形时的塑性中等。可切削性好，但焊接性较差。宜调质处理后使用	转轴、啮合杆、螺栓、螺母、螺钉等，心轴、齿轮等
40Mn	淬透性略高于40钢。热处理后，强度、硬度、韧性比40钢稍高，冷变形塑性中等，可切削性好，焊接性低，过热敏感性和回火脆性	耐疲劳件、曲轴、辊子、轴、连杆。高应力下工作的螺钉、螺母等
45Mn	中碳调质结构钢，调质后具有良好的综合力学性能。淬透性、强度、韧性比45钢高，可切削性尚好，冷变形塑性低，焊接性差，具有回火脆性倾向	转轴、心轴、花键轴、汽车半轴、万向接头轴、曲轴、连杆、制动杠杆、啮合杆、齿轮、离合器、螺栓、螺母等
50Mn	性能与50钢相近，但其淬透性较高，热处理后强度、硬度、弹性均稍高于50钢。焊接性差，具有过热敏感性和回火脆性倾向	用作承受高应力零件和高耐磨零件，如齿轮、齿轮轴、摩擦盘、心轴、平板弹簧等
60Mn	强度、硬度、弹性和淬透性比60钢稍高，退火后可切削性良好、冷变形塑性和焊接性差。具有过热敏感和回火脆性倾向	大尺寸螺旋弹簧、板簧、各种圆扁弹簧、弹簧环、片，冷拉钢丝及发条
65Mn	强度、硬度、弹性和淬透性均比65钢高，具有过热敏感性和回火脆性倾向，水淬有形成裂纹倾向。退火后可切削性尚可，冷变形塑性低，焊接性差	受中等载荷的板弹簧，直径达7mm～20mm螺旋弹簧及弹簧垫圈、弹簧环。高耐磨性零件，如磨床主轴、弹簧卡头、精密机床丝杆、犁、切刀、螺旋辊子轴承上的套环、铁道钢轨等
70Mn	性能与70钢相近，但淬透性稍高，热处理后强度、硬度、弹性均比70钢好，具有过热敏感性和回火脆性倾向，易脱碳及水淬时形成裂纹倾向、冷塑性变形能力差	承受大应力、磨损条件下工作零件，如各种弹簧圈、弹簧垫圈、止推环、锁紧圈、离合器盘等

表 B.6 不锈钢牌号对照表

中国 GB 1220	日本 JIS	美国 AISIUNS	英国 BS 970、 PART 4、 BS 1449、 ART 2	德国 DIN 17440 DIN 17224	法国 NFA 35–572、NFA 35–576～582、 NFA 35–584	前苏联 ΓOCT5632
1Cr17Mn6Ni5N	SUS201	201	—	—	—	—
1Cr18Mn8Ni5N	SUS202	202	—	—	—	12X17.T9AH4
—		S20200	284S16			
2Cr13Mn9Ni4						
1Cr17Ni7	SUS301	301				
—	—	S30100	301S21	X12CrNi177	Z12CN17.07	—
1Cr17Ni8	SUS301J1	—		X12CrNi177		
1Cr18Ni9	SUS302	302	302S25	X12CrNi188	Z10CN18.09	12X18H9
1Cr18Ni9Si3	SUS302B	302B				
Y1Cr18Ni9	SUS303	303	303S21	X12CrNiS188	Z10CNF18.09	
Y1Cr18Ni9Se	SUS303Se	303Se	303S41			
0Cr18Ni9	SUS304	304	304S15	X2CrNi89	Z6CN18.09	08X18H10
00Cr19Ni10	SUS304L	304L	304S12	X2CrNi189	Z2CN18.09	03X18H11
0Cr19Ni9N	SUS304N1	304N			Z5CN18.09A2	
00Cr19Ni10NbN	SUS304N	XM21				
00Cr18Ni10N	SUS304LN	—	—	X2CrNiN1810	Z2CN18.10N	
1Cr18Ni12	SUS305	S30500	305S19	X5CrNi1911	Z8CN18.12	12X18H12T
[0Cr20Ni10]	SUS308	308				
0Cr23Ni13	SUS309S	309S				
0Cr25Ni20	SUS310S	310S				
0Cr17Ni12Mo2N	SUS315N	316N				
0Cr17Ni12Mo2	SUS316	316	316S16	X5CrNiMo1812	Z6CND17.12	08×17H12M2T
00Cr17Ni14Mo2	SUS316L	316L	316S12	X2CrNiMo1812	Z2CND17.12	03×17H12M2
0Cr17Ni12Mo2N	SUS316N	316N				
00Cr17Ni13Mo2N	SUS316LN	—		X2CrNiMoN1812	Z2CND17.12N	
0Cr18Ni12Mo2Ti	—	—	320S17	X10CrNiMo1810	Z6CND17.12	—
0Cr18Ni14Mo2Cu2	SUS316J1	—	—	—	—	—
00Cr18Ni14Mo2Cu2	SUS316J1L	—	—	—	—	—

表 B.6（续）

中国 GB 1220	日本 JIS	美国 AISIUNS	英国 BS 970、 PART 4、 BS 1449、 ART 2	德国 DIN 17440 DIN 17224	法国 NFA 35–572、NFA 35–576～582、 NFA 35–584	前苏联 ГОСТ5632
0Cr18Ni12Mo3Ti	—	—	—	—	—	—
1Cr18Ni12Mo3Ti	—	—	—	—	—	—
0Cr19Ni13Mo3	SUS317	317	317S16	—	—	08X17H15M3T
00Cr19Ni13Mo3	SUS317L	317L	317S12	X2CrNiMo1816	—	03X16H15M3
0Cr18Ni16Mo5	SUS317J1	—	—	—	—	—
0Cr18Ni11Ti	SUS321	321	—	X10CrNiTi189	Z6CNT18.10	08X18H10T
1Cr18Ni9Ti	—	—	—	—	—	12X18H20T
0Cr18Ni11Nb	SUS347	347	347S17	X10CrNiNb189	Z6CNNb18.10	08X18H12B
0Cr18Ni13Si4	SUSXM15J1	XM15	—	—	—	—
0Cr18Ni9Cu3	SUSXM7	XM7	—	—	Z6CNU18.10	—
1Cr18Mn10NiMo3N	—	—	—	—	—	—
1Cr18Ni12Mo2Ti	—	—	320S17	X10CrNiMoTi1810	Z8CND17.12	—
00Cr18Ni5Mo3Si2	—	S31500	—	3RE60（瑞典）	—	—
0Cr26Ni5Mo2	SUS329J1	—	—	—	—	—
1Cr18Ni11Si4AlTi	—	—	—	—	—	—
1Cr21Ni5Ti	—	—	—	—	—	—
0Cr13	SUS410S	S41000	—	X7Cr13	Z6C13	08X13
1Cr13	SUS410	410	410S21	X10Cr13	Z12Cr13	12X13
2Cr13	SUS420J1	420	420S29	X20Cr13	Z20Cr13	30X13
3Cr13	SUS420J2	—	420S45	—	—	14X17H2
3Cr13Mo	—	—	—	—	—	—
3Cr16	SUS429J1	—	—	—	—	—
1Cr17Ni2	SUS431	431	431S29	X22CrNi17	Z15CN–02	—
7Cr17	SUS440A	440A	—	—	—	—
11Cr17	SUS440C	440C	—	—	—	95X18
8Cr17	SUS440B	44013	—	—	—	—
1Cr12	—	—	—	—	—	—

表 B.6（续）

中国 GB 1220	日本 JIS	美国 AISIUNS	英国 BS 970、PART 4、BS 1449、ART 2	德国 DIN 17440 DIN 17224	法国 NFA 35-572、NFA 35-576～582、 NFA 35-584	前苏联 ГОСТ5632
4Cr13	SUS420J2	—	—	X4DCr13	Z40C13	—
9Cr18	SUS440C	440C	—	X105CrMo17	Z100CD17	—
9Cr18Mo	SUS440C	440C	—	—	—	—
9Cr18MoV	SUS440B	440B	—	X90CrMoV18	Z6CN17.12	—
0Cr17Ni4Cu4Nb	SUS630	630	—	—	—	—
0Cr17Ni7Al	SUS631	631	—	—	—	09Х17Н710
0Cr15Ni7Mo2Al	—	632	—	—	—	—
00Cr12	SUS410	—	—	—	—	—
0Cr13Al [00Cr13Al]	SUS405	405	—	—	—	—
—		S40500	405S17	X7CrA113	Z6CA13	—
1Cr15	SUS429	429	—	—	—	—
1Cr17	SUS430	430	—	—	—	12Х17
—	—	S43000	430S15	X8Cr17	Z8C17	—
[Y1Cr17]	SUS430F	430F	—	—	—	—
—		S43020		X12CrMoS17	Z10CF17	—
00Cr17	SUS430LX	—	—	—	—	—
1Cr17Mo	SUS434	434	—	—	—	—
—		S43400	434S19	X6CrMo17	Z8CD17.01	—
00Cr17Mo	SUS436L	—	—	—	—	—
00Cr18Mo2	SUS444	—	—	—	—	—
00Cr27Mo	SUSXM27	XM27	—	—	—	—
		S44625			Z01CD26.1	—
00Cr30Mo2	SUS447J1	—	—	—	—	—
1Cr12	SUS403	403, S40300	403S17	—	—	—
1Cr13Mo	SUS410J1	—	—	—	—	—

表 B.7 马氏体、铁素体、奥氏体、双相不锈钢的化学成分

类型	钢号	牌号	化学成分 %										
			C	Cr	Ni	Mn	P	S	Mo	Si	Cu	N	其他
奥氏体型	201	1Cr17Mn6Ni5N	≤0.15	16.00~18.00	3.50~5.50	5.50~7.50	≤0.060	≤0.030	—	≤1.00	—	≤0.25	—
	201L	03Cr17Mn6Ni5N	≤0.030	16.00~18.00	3.50~5.50	5.50~7.50	≤0.060	≤0.030	—	≤1.00	—	≤0.25	—
	202	1Cr18Mn8Ni5N	≤0.15	17.00~19.00	4.00~6.00	7.50~10.00	≤0.060	≤0.030	—	≤1.00	—	≤0.25	—
	204	03Cr16Mn8Ni2N	≤0.030	15.00~17.00	1.50~3.50	7.00~9.00						0.15~0.30	
	国内研制	1Cr18Mn10Ni5Mo3N	≤0.10	17.00~19.00	4.00~6.00	8.50~12.00			2.80~3.50			0.20~0.30	
	苏联	2Cr13Mn9Ni4	0.15~0.25	12.00~14.00	3.70~5.00	8.00~10.00							
	国内研制	2Cr15Mn15Ni2N	0.15~0.25	14.00~16.00	1.50~3.00	14.00~16.00						0.15~0.30	
		1Cr18Mn10Ni5Mo3N	≤0.15	17.00~19.00	4.00~6.00	8.50~12.00	≤0.060	≤0.030	2.8~3.5	≤1.00	—	0.20~0.30	—
	301	1Cr17Ni7	≤0.15	16.00~18.00	6.00~8.00	≤2.00	≤0.065	≤0.030	—	≤1.00	—	—	—
	302	1Cr18Ni9	≤0.15	17.00~19.00	8.00~10.00	≤2.00	≤0.035	≤0.030	—	≤1.00	—	—	—
	303	Y1Cr18Ni9	≤0.15	17.00~19.00	8.00~10.00	≤2.00	≤0.20	≤0.030	1)	≤1.00	—	—	—
	303se	Y1Cr18Ni9Se	≤0.15	17.00~19.00	8.00~10.00	≤2.00	≤0.20	≤0.030	—	≤1.00	—	—	Se≥0.15
	304	0Cr18Ni9	≤0.07	17.00~19.00	8.00~10.00	≤2.00	≤0.035	≤0.030	—	≤1.00	—	—	—
	304L	00Cr19Ni10	≤0.030	18.00~20.00	8.00~10.00	≤2.00	≤0.035	≤0.030	—	≤1.00	—	—	—
	304N1	0Cr19Ni9N	≤0.08	18.00~20.00	7.00~10.50	≤2.00	≤0.035	≤0.030	—	≤1.00	—	0.10~0.25	—
	304N2	0Cr18Ni10NbN	≤0.08	18.00~20.00	7.50~10.50	≤2.00	≤0.035	≤0.030	—	≤1.00	—	0.15~0.30	Nb≤0.15
	304LN	00Cr18Ni10N	≤0.030	17.00~19.00	8.50~11.50	≤2.00	≤0.035	≤0.030	—	≤1.00	—	0.12~0.22	—
	305	1Cr18Ni12	≤0.12	17.00~19.00	10.50~13.00	≤2.00	≤0.035	≤0.030	—	≤1.00	—	—	—

表 B.7（续）

类型	钢号	牌号	化学成分 %										
			C	Cr	Ni	Mn	P	S	Mo	Si	Cu	N	其他
奥氏体型	309S	0Cr23Ni13	≤0.08	22.00~24.00	12.00~15.00	≤2.00	≤0.035	≤0.030	—	≤1.00	—	—	—
	310S	0Cr25Ni20	≤0.08	24.00~26.00	19.00~22.00	≤2.00	≤0.035	≤0.030	—	≤1.00	—	—	—
	316	0Cr17Ni12Mo2	≤0.08	16.00~18.50	10.00~14.00	≤2.00	≤0.035	≤0.030	2.00~3.00	≤1.00	—	—	—
		1Cr18Ni12Mo2Ti	≤0.12	16.00~19.00	11.00~14.00	≤2.00	≤0.035	≤0.030	1.80~2.50	≤1.00	—	—	Ti5（C%-0.02）~0.08
		0Cr18Ni12Mo2Ti	≤0.08	16.00~19.00	11.00~14.00	≤2.00	≤0.035	≤0.030	1.80~2.50	≤1.00	—	—	Ti5*C%~0.70
	316L	00Cr17Ni14Mo2	≤0.030	16.00~18.00	12.00~15.00	≤2.00	≤0.035	≤0.030	2.00~3.00	≤1.00	—	—	—
	316N	0Cr17Ni12Mo2N	≤0.08	16.00~18.00	10.00~14.00	≤2.00	≤0.035	≤0.030	2.00~3.00	≤1.00	—	0.10~0.22	—
	316N	00Cr17Ni13Mo2N	≤0.030	16.00~18.50	10.50~14.50	≤2.00	≤0.035	≤0.030	2.00~3.00	≤1.00	—	0.12~0.22	—
	316J1	0Cr18Ni12Mo2Cu2	≤0.08	17.00~19.00	10.00~14.50	≤2.00	≤0.035	≤0.030	1.20~2.75	≤1.00	1.00~2.50	—	—
	316J1L	00Cr18Ni14Mo2Cu2	≤0.030	17.00~19.00	12.00~16.00	≤2.00	≤0.035	≤0.030	1.20~2.75	≤1.00	1.00~2.50	—	—
	317	0Cr19Ni13Mo3	≤0.12	18.00~20.00	11.00~15.00	≤2.00	≤0.035	≤0.030	3.00~4.00	≤1.00	—	—	—
	317L	00Cr19Ni13Mo3	≤0.08	18.00~20.00	11.00~15.00	≤2.00	≤0.035	≤0.030	3.00~4.00	≤1.00	—	—	—
		1Cr18Ni12Mo3Ti	≤0.12	16.00~19.00	11.00~14.00	≤2.00	≤0.035	≤0.030	2.50~3.50	≤1.00	—	—	Ti5（C%-0.02）~0.08
		0Cr18Ni12Mo3Ti	≤0.08	16.00~19.00	11.00~14.00	≤2.00	≤0.035	≤0.030	2.50~3.50	≤1.00	—	—	Ti5*C%~0.70
	317J1	0Cr18Ni16Mo5	≤0.040	16.00~19.00	15.00~17.00	≤2.00	≤0.035	≤0.030	4.00~6.00	≤1.00	—	—	—

表 B.7（续）

化学成分 %

类型	钢号	牌号	C	Cr	Ni	Mn	P	S	Mo	Si	Cu	N	其他
奥氏体型	321	1Cr18Ni9Ti	≤0.12	17.00~19.00	8.00~11.00	≤2.00	≤0.035	≤0.030	—	≤1.00	—	—	Ti5（C%-0.02）~0.08
	347	0Cr18Ni10Ti	≤0.08	17.00~19.00	9.00~12.00	≤2.00	≤0.035	≤0.030	—	≤1.00	—	—	Ti≥5*C%
		0Cr18Ni11Nb	≤0.08	17.00~19.00	9.00~13.00	≤2.00	≤0.035	≤0.030	—	≤1.00	—	—	Nb≥10*C%
	XM7	0Cr18Ni9Cu3	≤0.08	17.00~19.00	8.50~10.50	≤2.00	≤0.035	≤0.030	—	≤1.00	3.00~4.00	—	—
	XM15J1	0Cr18Ni13Si4	≤0.08	15.00~20.00	11.50~15.00	≤2.00	≤0.035	≤0.030	—	3.00~5.00	—	—	2)
	329J1	0Cr26Ni5Mo2	≤0.08	23.00~28.00	3.00~6.00	≤1.50	≤0.035	≤0.030	1.00~3.00	≤1.00	—	—	2)
奥氏体－铁素体		1Cr18Ni11Si4AlTi	0.10~0.18	17.50~19.50	10.0~12.0	≤0.80	≤0.035	≤0.030	—	3.40~4.00	—	—	Al0.10~0.30; Ti 0.40~0.70
		00Cr18Ni5MoSi2	≤0.030	18.00~19.50	4.50~5.50	1.00~2.00	≤0.035	≤0.030	2.50~3.00	1.30~2.00	—	—	—
铁素体型	405	0Cr13Al	≤0.08	11.50~14.50	3)	≤1.00	≤0.035	≤0.030	—	≤1.00	—	—	Al0.10~0.30
	410L	00Cr12	≤0.030	11.00~13.00	3)	≤1.00	≤0.035	≤0.030	—	≤1.00	—	—	—
	430	1Cr17	≤0.12	16.00~18.00	3)	≤1.00	≤0.035	≤0.030	—	≤1.00	—	—	—
	430F	Y1Cr17	≤0.12	16.00~18.00	3)	≤1.25	≤0.035	≥0.15	1)	≤0.75	—	—	—
	434	1Cr17Mo	≤0.12	16.00~18.00	3)	≤1.00	≤0.035	≤0.030	0.75~1.25	≤1.00	—	—	—
	447J1	00Cr30Mo2	≤0.010	28.50~32.00	—	≤0.40	≤0.035	≤0.030	1.50~2.50	≤0.40	—	≤0.015	—
	XM27	00Cr27Mo	≤0.010	25.00~27.50	—	≤0.40	≤0.035	≤0.030	0.75~1.50	≤0.40	—	≤0.015	—

表 B.7（续）

类型	钢号	牌号	化学成分 %										
			C	Cr	Ni	Mn	P	S	Mo	Si	Cu	N	其他
马氏体型	403	1Cr12	≤0.15	11.50~13.00	3）	≤1.00	≤0.035	≤0.030	—	≤0.50	—	—	—
	410	1Cr13	≤0.15	11.50~13.50	3）	≤1.00	≤0.035	≤0.030	—	≤1.00	—	—	—
	405	0Cr13	≤0.08	11.50~13.50	3）	≤1.00	≤0.035	≤0.030	—	≤1.00	—	—	—
	416	Y1Cr13	≤0.15	12.00~14.00	3）	≤1.25	≤0.035	≥0.15	1）	≤1.00	—	—	—
	410J1	1Cr13Mo	≤0.08~0.18	11.50~14.00	3）	≤1.00	≤0.035	≤0.030	0.30~0.60	≤0.60	—	—	—
	420J1	2Cr13	0.16~0.25	12.00~14.00	3）	≤1.00	≤0.035	≤0.030	—	≤1.00	—	—	—
	420J2	3Cr13	0.26~0.35	12.00~14.00	3）	≤1.00	≤0.035	≤0.030	—	≤1.00	—	—	—
	420F	Y3Cr13	0.26~0.40	12.00~14.00	3）	≤1.25	≤0.035	≥0.15	1）	≤1.00	—	—	—
		3Cr13Mo	0.28~0.35	12.00~14.00	3）	≤1.00	≤0.035	≤0.030	0.50~1.00	≤0.80	—	—	—
		4Cr13	0.36~0.45	12.00~14.00	3）	≤0.80	≤0.035	≤0.030	—	≤0.60	—	—	—
	431	1Cr17Ni2	0.11~0.17	16.00~18.00	1.50~2.50	≤0.80	≤0.035	≤0.030	—	≤0.80	—	—	—
	440A	7Cr17	0.60~0.75	16.00~18.00	3）	≤1.00	≤0.035	≤0.030	4）	≤1.00	—	—	—
	440B	8Cr17	0.75~0.95	16.00~18.00	3）	≤1.00	≤0.035	≤0.030	4）	≤1.00	—	—	—
		9Cr18	0.90~1.00	17.00~19.00	3）	≤0.80	≤0.035	≤0.030	4）	≤0.80	—	—	—
	440C	11Cr17	0.95~1.20	16.00~18.00	3）	≤1.00	≤0.035	≤0.030	4）	≤1.00	—	—	—
	440F	Y11Cr17	0.95~1.20	16.00~18.00	3）	≤1.25	≤0.035	≥0.15	4）	≤1.00	—	—	—
		9Cr18Mo	0.95~1.10	16.00~18.00	3）	≤0.80	≤0.035	≤0.030	0.40~0.70	≤0.80	—	—	—

附 录 C

（资料性附录）

常用检验检测核准项目分类表

表 C.1 特种设备检验核准项目分类

序号	核准项目代码	核准 项 目			备注
1	RJ1	压力容器	超高压容器	监督检验	
2	RD1			定期检验	
3	RJ2		球形储罐	监督检验	
4	RD2			定期检验	
5	RJ3		第三类压力容器	监督检验	
6	RD3			定期检验	
7	RJ4		第一、二类压力容器	监督检验	
8	RD4			定期检验	
9	RJ5		氧舱	监督检验	
10	RD5			定期检验	
11	RD6		铁路罐车	定期检验	
12	RD7		汽车罐车（低温、罐式集装箱等）	定期检验	注明品种
13	RD8		长管拖车、集装管束	定期检验	注明品种
14	RJ9		储气井式高压容器	监督检验	
15	RD9			定期检验	
16	DJ1	压力管道	长输（油气）管道	监督检验	
17	DD1			定期检验	
18	DJ2		公用管道	督检验监	
19	DD2			定期检验	
20	DJ3		工业管道	监督检验	
21	DD3			定期检验	
22	DJ4		管道元件	监督检验	
23	PD1	气瓶	无缝气瓶	定期检验	
24	PD2		焊接气瓶	定期检验	注明品种
25	PD3		液化石油气钢瓶	定期检验	

表 C.1（续）

序号	核准项目代码	核 准 项 目			备注
26	PD4	气瓶	溶解乙炔气瓶	定期检验	
27	PD5		特种气瓶（缠绕、低温、车载等）	定期检验	注明品种
28	PJ1		各类气瓶	监督检验	
29	FD1	安全阀	整定压力等于或者大于 10MPa 的安全阀	定期校验	含在线校验应注明，未注明时不含
30	FD2		整定压力小于 10MPa 的安全阀	定期校验	
31	TJ1	电梯	各类电梯	监督检验	含防爆电梯应注明，未注明时不含
32	TD1			定期检验	
33	QJ1	起重机械	桥式起重机、门式起重机	监督检验	注明品种，含防爆起重机应注明，未注明时不含
34	QD1			定期检验	
35	QJ2	起重机械	塔式起重机、桅杆起重机、旋臂起重机	监督检验	注明品种
36	QD2			定期检验	
37	QJ3		流动式起重机、铁路起重机	监督检验	注明品种
38	QD3			定期检验	
39	QJ4		门座式起重机	监督检验	
40	QD4			定期检验	
41	QJ5		升降机	监督检验	注明品种
42	QD5			定期检验	
43	QJ6		缆索起重机	监督检验	
44	QD6			定期检验	
45	QJ7		轻小型起重设备	监督检验	含防爆起重设备应注明，未注明时不含
46	QD7			定期检验	
47	QJ8		机械式停车设备	监督检验	
48	QD8			定期检验	
49	NJ1	场（厂）内机动车辆	场（厂）内机动车辆	监督检验	含防爆机动车辆应注明，未注明时不含
50	ND1			定期检验	
51	RBI	基于风险的检验		定期检验	注明限定范围
52	FFS	合于使用评价		定期检验	注明限定范围

注：备注栏要求注明品种的，核准时不加注明时为该项目的全部品种；其他情况应当使用"含"或者"限"予以注明

表 C.2　无损检测核准项目分类

序号	核准项目代码	核准项目
1	RT	射线照相检测
2	UT	超声波检测
3	MT	磁粉检测
4	PT	液体渗透检测
5	ET	涡流检测
6	AE	声发射检测

表 C.3　理化检测核准项目分类

序号	核准项目代码	核准项目	备注
1	CF	成分分析	注明品种
2	LX	力学性能	注明品种
3	JX	金相	注明品种

附 录 D
（资料性附录）
常 用 焊 条 用 途

表 D.1 碳 钢 焊 条 简 明 表

序号	焊条牌号	药皮牌号	电流种类	主要用途
1	CHE420T	特殊型	交直流	高温高压电站管道焊接
2	CHE421	氧化钛型	交直流	低碳钢薄板结构焊接
3	CHE421D	钛型	交直流	碳钢焊接打底用
4	CHE421Fe16	铁粉钛型	交直流	高效率碳钢焊条，焊接低碳钢
5	CHE422	钛钙型	交直流	碳钢结构件焊接
6	CHE423	钛铁矿型	交直流	低碳钢结构焊接
7	CHE424	氧化铁型	交直流	低碳钢结构焊接
8	CHE424Fe16	铁粉氧化铁型	交直流	低碳钢结构高效率焊接
9	CH425E	纤维素型	交直流	用于低碳钢结构的立向下焊
10	CHE425G	纤维素型	直流	用于低碳钢结构的立向下焊
11	CHE426	低氢型	交直流	用于低碳钢结构及相应强度低合金钢焊接
12	CHE427	低氢型	直流	用于低碳钢结构及相应强度低合金钢焊接
13	CHE427T	低氢型	直流	用于低碳钢结构及相应强度低合金钢管子立向下焊
14	CHE501Fe16	铁粉钛型	交直流	焊接 16Mn 及某些低合金钢
15	CHE502	钛钙型	交直流	焊接 16Mn 及相应强度的低合金钢
16	CHE503	钛铁矿型	交直流	焊接 16Mn 及相应强度的低合金钢
17	CHE505	纤维素型	交直流	立向下焊接碳钢及相应强度的低合金钢
18	CHE505G	纤维素型	直流	立向下焊接碳钢及相应强度的低合金钢
19	CHE506	低氢型	交直流	焊接中碳钢及较重要的低合金钢
20	CHE507	低氢型	直流	焊接中碳钢及 16Mn 等重要低合金钢
21	CHE507T	低氢型	直流	可用于打底焊
22	CHE507Fe16	铁粉低氢型	直流	碳钢和相应强度的低合金钢的高效率焊接
23	CHE508	铁粉低氢型	交直流	碳钢及相应强度的低合金钢焊接
24	CHE508-1	铁粉低氢型	交直流	焊接重要的碳钢及相应强度的低合金钢结构
25	CHE58-1hr	铁粉低氢型	交直流	焊接核压力容器、碳钢或低合金钢及船舶钢等

表 D.2 低合金钢焊条简明表

序号	焊条牌号	药皮类型	电流种类	主要用途
1	CHE52WCu	钛钙型	交直流	09MnTiPCu、09CuTiRE 等铁道车辆用耐蚀钢的焊接
2	CHE505Mo	纤维素钠型	直流	用于压力管道及同类材料结构的打底焊
3	CHE506NiLH	低氢型	交直流	焊接低合金钢重要结构，如海上平台、船舶等
4	CHE506WCu	低氢型	交直流	09MnTiPCu、09CuTiRE 等铁道车辆用耐蚀钢的焊接
5	CHE507NiLH	低氢型	直流	焊接低合金钢重要结构，如海上平台、船舶等
6	CHE507RH	低氢型	直流	焊接低合金钢重要结构，如海上平台、船舶
7	CHE507CuP	低氢型	直流	焊接铜磷系统抗大气、海天腐蚀钢
8	CHE507Crni	低氢型	直流	焊接抗硫化氢钢如 14MnMoNbCu 等
9	CHE507CrNi	低氢型	直流	用于耐海水腐蚀钢的焊接
10	CHE507FeNi	低氢型	直流	用于中碳钢等
11	CHE508Ni	低氢型	交直流	用于相同等级低合金钢结构的焊接
12	CHE556CrNiCu	低氢型	交直流	ASTMA242、A558、Q450NQR1 等耐蚀钢焊接
13	CHE556H	低氢型	交直流	用于高性能、耐火、耐蚀建筑用钢的焊接如 WGJ510C2
14	CHE557	低氢型	直流	焊接中碳钢和 15MnTi 等低合金钢
15	CHE557RH	低氢型	直流	压力容器、桥梁、电站下降管及海洋工程焊接
16	CHE557MoV	低氢型	直流	焊接中碳钢及相应强度低合金钢
17	CHE557Ni	低氢型	直流	压力容器、桥梁、船舶、锅炉等中碳钢及相应强度等级纸合金钢焊接
18	CHE558Ni	低氢型	直流	用于焊接相同等级的低合金钢结构，如 15MnTi、15MnV
19	CHE558CrNiCu	低氢型	交直流	ASTMA242、A588、Q450NQR1 等耐候钢焊接
20	CHE62CFLH	低氢型	直流	焊接 62CF 碳钢及相应强度低合金钢
21	CHE606	低氢型	交直流	焊接中碳钢及相应强度低合金钢
22	CHE607	低氢型	直流	焊接中碳钢及相应强度低合金钢
23	CHE607Ni	低氢型	直流	焊接再热裂倾向的钢
24	CHE607RH	低氢型	直流	压力容器、桥梁、电站下降管及海洋工程焊接，CF60（62）、WH610D2 钢达到很好匹配
25	CHE707	低氢型	直流	焊接相应强度的低合金钢

表 **D**.2（续）

序号	焊条牌号	药皮类型	电流种类	主要用途
26	CHE707Ni	低氢型	直流	焊接相应强度的低合金钢
27	CHE757	低氢型	直流	焊接相应强度的低合金钢
28	CHE757Ni	低氢型	直流	主要用于焊接相应强度级别的低合金钢重要结构，如 14MnMoNbB 和 WEL–TEN80 等钢的焊接构件
29	CHE758	低氢型	直流	焊接相应强度的低合金钢
30	CHE85C	低氢型	直流	焊接 WEL–TEN80C 钢
31	CHE807	低氢型	直流	焊接 WEL–TEN80C 钢
32	CHE807RH	低氢型	直流	压力容器、桥梁、电站下降管及海洋工程焊接，是 CF80 钢良好匹配焊条
33	CHE857	低氢型	直流	焊接相应强度的低合金钢
34	CHE857Cr	低氢型	直流	焊接相应强度的低合金钢
35	CHE857CrNi	低氢型	直流	E 级钢焊接
36	CHE858	低氢型	直流	焊接相应强度的低合金钢
37	CHH107	低氢型	直流	用于工作温度 510℃以下的珠光体耐热钢焊接
38	CHE108	低氢型	交直流	用于工作温度 510℃以下的珠光体耐热钢焊接
39	CHH202	钛钙型	交直流	用于工作温度 510℃以下的珠光体耐热钢焊接
40	CHH207	低氢型	直流	同 CHH202
41	CHH302	钛钙型	交直流	用于工作温度 520℃以下的珠光体耐热钢焊接
42	CHH307	低氢型	直流	用于工作温度 520℃以下的珠光体耐热钢焊接
43	CHH308	低氢型	交直流	用于工作温度 520℃以下的 1%铬、0.5%钼低合金钢焊接
44	CHH312	钛钙型	交直流	用于工作温度 540℃以下的珠光体耐热钢焊接
45	CHH317	低氢型	直流	用于工作温度 540℃以下的珠光体耐热钢焊接
46	CHH327	低氢型	直流	用于工作温度 570℃以下的珠光体耐热钢焊接
47	CHH337	低氢型	直流	用于工作温度 570℃以下的珠光体耐热钢焊接
48	CHH347	低氢型	直流	用于工作温度 620℃以下的耐热钢焊接
49	CHH407	低氢型	直流	用于 Cr2.25Mo 珠光体耐热钢焊接

表 D.2（续）

序号	焊条牌号	药皮类型	电流种类	主要用途
50	CHH408	低氢型	交直流	用于 Cr2.25Mo 珠光体耐热钢焊接
51	CHH417	低氢型	直流	用于 620℃以下的（F11）钢焊接
52	CHH717	低氢型	直流	用于超临界汽轮机 ZG1Cr10MoVNbN 及 T91/P91 管道用耐热钢焊接
53	CHL107	低氢型	直流	用于−100℃低温钢的焊接，如 3.5Ni 钢
54	CHL607	低氢型	直流	用于−60℃低温用钢的焊接，如 09MnD 钢
55	CHL608	低氢型	交直流	−60℃工作的 2.5Ni 等低合金钢焊接
56	CHL707	低氢型	直流	用于−70℃低温用钢的焊接，如 2.5Ni 钢
57	CHL708	低氢型	交直流	−70℃工作的 2.5Ni 等低合金钢焊接
58	CHL807	低氢型	直流	用于−80℃低温用钢的焊接，如 3.5Ni 钢

表 D.3　常用铬不锈钢焊条的选用

类别	钢号	焊条型号	焊条牌号	焊缝金属类型	选用原则
马氏体铬不锈钢	1Cr13 2Cr13	E410−16 E410−15 E1−13−1−15	G202 G207 G217	Cr13	耐蚀、耐热
		E309−16 E309−15	A302 A307	Ci25Ni13	高塑、韧性
		E310−16 E310−15	A402 A407	Cr25Ni20	高塑、韧性
	1Cr17Ni2	E430−16 E430−15	G302 G307	Cr17	耐蚀、耐热
		E308−16 E308−15	A102 A107	Cr18Ni9	高塑、韧性
		E309−16 E309−15	A302 A307	Cr25Ni13	高塑、韧性
		E310−16 E310−15	A402 A407	Cr25Ni20	高塑、韧性
	Cr11MoV	E11MoVNi−16 E11MoVNi−15	R802 R807	Cr10MoNiV	耐蚀、耐热
	Cr12WMoV	E11MoVNiW−15	R817	Cr11WMoNiV	耐蚀、耐热
	0Cr13	E410−16 E410−15 E1−13−1−15	G202 G207 G217	Cr13	耐蚀、耐热
		E310Mo−16	A412	Cr25Ni20Mo2	高塑、韧性

表 D.3（续）

类别	钢号	焊条型号	焊条牌号	焊缝金属类型	选用原则
铁素体铬不锈钢	0CR13	E308-16 E308-17 E308-15	A102 A102A A107	CR18NI9	高塑、韧性
		E309-16 E309-15	A302 A307	Cr25Ni13	
		E310-16 E310-15	A402 A407	Cr25Ni20	
	0Cr17 0Cr17Ti 1Cr17Ti	E430-16 E430-17	G302 G307	Cr17	耐蚀、耐热
		E308-16 E308-17 E308-15	A102 A102A A107	Cr18Ni9	高塑、韧性
		E309-16 E309-15	A302 A307	Cr25Ni13	
	Cr25Ti	E309-16 E309-15	A302 A307	Cr25Ni13	耐热及高塑、韧性
	Cr28 Cr28Ti	E310-16 E310-15	A402 A407	Cr25Ni20	
		E310Mo-16	A412	Cr25Ni20Mo2	

表 D.4　常用铬镍奥氏体不锈钢焊条的选用

钢号	焊条型号	焊条牌号	钢号	焊条型号	焊条牌号
00Cr18Ni10 0Cr18Ni9Ti	E410-16	A002	0Cr18Ni12Mo3Ti 1Cr18Ni12Mo3Ti	E317-16	A242
00Cr17Ni15Si4Nb（C）		A012Si	1Cr25Ni13	E309-16 E309-15	A302 A307 A302A
00Cr18Ni12Mo2 00Cr17Ni14Mo2 00Cr17Ni14Mo3	E316L-16	A022	1Cr25Ni18	E310-16 E310-15	A402 A407
00Cr18Ni12Mo2Cu	E317MoCuL-16	A032	3Cr18Mn11Si2N 2Cr20Mn9Ni2Si2N	E310-16 E310-15	A402 A407
00Cr22Ni13Mo2	E309MoL-16	A042	4Cr25Ni20（HK-40）	E310H-16	A432
0Cr18Ni9 1Cr18Ni9	E308-17 E308-16 E308-15	A102A A102 A107	Cr16Ni25Mo6 Cr15Ni25Wti2B		A502 A507

表 D.4（续）

钢号	焊条型号	焊条牌号	钢号	焊条型号	焊条牌号
0Cr18Ni9Ti 1Cr18Ni9Ti	E347–16 E347–15	A132 A137 A132A	Cr25Ni32B Cr18Ni37		A607
0Cr18Ni12Mo2Ti 1Cr18Ni12Mo2Ti	E316–17 E316–16 E316–15 E318–16	A202A A202 A207 A212	0Cr17Mn13Mo2N		A707
			0Cr18Ni18Mo2Cu2Ti		A802

附 录 E

（规范性附录）
常 用 记 录 表 格
表 E.1 焊 接 工 艺 卡 片

编号：

设备名称		设备图号			零部件名称		零部件图号	
母材材质			序号		焊接准备和施焊工艺要点			施焊设备及工装
焊接坡口形状和尺寸简图								
焊 接 规 范								焊工资格证
层次	焊接方法	电源极性	焊材牌号规格 mm	电流 A	电压 V	送丝速度	焊接速度	预热温度 ℃	层间温度 ℃	
										探伤要求
										焊后热处理要求
编制			审核			批准		日期		共 页

表 E.2 受监设备（部件）重大缺陷检查、处理记录

序号	设备名称	缺陷情况	发现时间	处理情况	处理人	处理时间	验收人	验收时间

表 E.3 压力容器（或起重设备）检验台账

设备名称		型号		厂家	
序号	本次检验日期		检验结果		下次检验日期
1					
2					
3					
4					
5					

表 E.4 转轮气蚀、磨损记录表

机组号		测量记录时间		测量人		记录人	
叶片编号	汽蚀部位	汽蚀深度 mm		汽蚀面积 mm^2		抗磨层脱落面积 mm^2	

附 录 F

（规范性附录）

技术监督不符合项通知单

编号（No）：××－××－××

发现部门：　　　专业：　　　被通知部门、班组：　　　签发：　　　日期：20××年××月××日

不符合项描述	1. 不符合项描述：
	2. 不符合标准或规程条款说明：
整改措施	3. 整改措施： 制订人/日期：　　　　审核人/日期：
整改验收情况	4. 整改自查验收评价： 整改人/日期：　　　　自查验收人/日期：
复查验收评价	5. 复查验收评价： 复查验收人/日期：
改进建议	6. 对此类不符合项的改进建议： 建议提出人/日期：
不符合项关闭	整改人：　　　自查验收人：　　　复查验收人：　　　签发人：
编号说明	年份+专业代码+本专业不符合项顺序号

附 录 G
（规范性附录）
金属技术监督季报编写格式

××水力发电厂20××年×季度金属技术监督季报

编写人：×××　固定电话/手机：××××××

审核人：×××

批准人：×××

上报时间：20××年××月××日

G.1　上季度集团公司督办事宜的落实或整改情况

内容包括：a）规章制度修订、监督网活动、人员培训、试验仪器校验及购置等；

b）金属监督工作开展情况。

G.2　上季度产业（区域）公司督办事宜的落实或整改情况

G.3　本季度（年度）金属监督指标及分析

G.3.1　金属监督主要考核指标报表

表 G.1　××××年×季度金属监督主要考核指标报表

指 标 名 称	总数	实际完成数	完成率 %
检验计划完成率			
超标缺陷处理率			
超标缺陷消除率			
全厂压力容器年度检查率			
全厂压力容器全面检验率			
全厂起重机械定期检验率			
气管道在线检验率			
气管道全面检验率			
压力钢管安全检测率			
闸门、液压启闭机安全检测率			

G.3.2　主要指标简要分析

应对不符合考核要求的指标进行简要分析，说明未达标的原因。

G.4 本季度金属监督发现的问题、原因分析以及处理情况

填报说明：包括试验、检修、运行、巡视中发现的一般事故和一类障碍、危急缺陷和严重缺陷。必要时应提供照片、数据和曲线。

1. 一般事故及一类障碍
2. 危急缺陷
3. 严重缺陷

G.5 本季度主要的金属监督工作

G.6 金属监督需要关注的主要问题和下季度工作计划

简要叙述目前受监设备存在的主要缺陷或隐患及监督措施和下季度工作计划。

G.7 金属技术监督提出问题整改情况

G.7.1 技术监督动态查评提出问题整改完成情况
技术监督动态查评提出问题整改完成情况见表 G.2。

G.7.2 技术监督一级预警问题整改完成情况
技术监督预警问题整改完成情况见表 G.3。

G.7.3 技术监督季报中提出问题整改完成情况
技术监督季报中提出问题整改完成情况见表 G.4。

表 G.2　技术监督动态检查问题整改完成情况

序号	问题描述	专业	西安热工院提出的整改建议	发电企业制定的整改措施及完成时间	发电企业责任人	西安热工院责任人	状态或情况说明
重　要　问　题							
1							
一　般　问　题							
1							

表 G.3　技术监督一级预警问题整改完成情况

序号	问题描述	专业	西安热工院提出的整改建议	发电企业制定的整改措施及完成时间	发电企业责任人	西安热工院责任人	状态或情况说明
1							

表 G.4　技术监督季报中提出问题整改完成情况

序号	问题描述	专业	西安热工院提出的整改建议	发电企业制定的整改措施及完成时间	发电企业责任人	西安热工院责任人	状态或情况说明
重 要 问 题							
1							
一 般 问 题							
1							

附 录 H
（规范性附录）
技 术 监 督 信 息 速 报

单位名称			
设备名称		事件发生时间	
事件概况	注：有照片时应附照片说明。		
原因分析			
已采取的措施			
监督专责人签字		联系电话： 传　真：	
生长副厂长或总工程师签字		邮　　箱：	

附 录 I
（规范性附录）
金属监督预警项目

H.1 一级预警

压力钢管、取水阀本体、顶盖、顶盖螺栓、蜗壳存在裂纹未采取有效措施，可能造成水淹厂房的事故。

H.2 二级预警

主要受监部件，如水轮机、重要螺栓、蜗壳、座环、顶盖、转子支臂、发电机大轴、圆盘支架、承重机架、推力头等未按规定进行检验，存在超标缺陷未按规定及时消除。

发生三级预警仍未采取措施进行解决。

H.3 三级预警

主要受监部件，如水轮机、蜗壳、座环、顶盖、转子支臂、发电机大轴、圆盘支架、承重机架、推力头、压力钢管、闸门、压力容器、起重机械等进行重要改造未制定工艺方案或未审批即实施。

附 录 J
（规范性附录）
技术监督预警通知单

通知单编号：T–　　　　　预警类别：　　　　　日期：　　年　　月　　日

发电企业名称	
设备（系统）名称及编号	

异常情况	
可能造成或已造成的后果	
整改建议	
整改时间要求	
提出单位	签发人

注：通知单编号：T–预警类别编号–顺序号–年度。预警类别编号：一级预警为1，二级预警为2，三级预警为3。

附 录 K

（规范性附录）

技术监督预警验收单

验收单编号：Y-　　　　　　　预警类别：　　　　　　　日期：　　年　　月　　日

发电企业名称	
设备（系统）名称及编号	
异常情况	
技术监督服务 单位整改建议	
整改计划	
整改结果	
验收单位	验收人	

注：验收单编号：Y-预警类别编号–顺序号–年度。预警类别编号：一级预警为1，二级预警为2，三级预警为3。

附 录 L

（规范性附录）

技术监督动态检查问题整改计划书

L.1 概述

L.1.1 叙述计划的制定过程（包括西安热工研究院、技术监督服务单位及电厂参加人等）。

L.1.2 需要说明的问题，如：问题的整改需要较大资金投入或需要较长时间才能完成整改的问题说明。

L.2 问题整改计划表（见表L.1）

表 L.1 问题整改计划表

序号	问题描述	专业	西安热工院提出的整改建议	发电企业制定的整改措施和计划完成时间	发电企业责任人	西安热工院责任人	备注

L.3 一般问题整改计划表（见表L.2）

表 L.2 问题整改计划表

序号	问题描述	专业	西安热工院提出的整改建议	发电企业制定的整改措施和计划完成时间	发电企业责任人	西安热工院责任人	备注

附　录　M
（规范性附录）
金属监督工作评价表

序号	评价项目	标准分	评价内容与要求	评分标准
1	监督管理	400		
1.1	组织与职责	50		
1.1.1	监督组织机构健全	20	应建立主管生产的副总经理（副厂长或总工程师），金属技术监督专责工程师，运行、检修或维护（专业应包括水工、机械、电气）、物资管理、焊接、金属试验人员组成的三级监督网络，并有任命文件，在归口职能管理部门设置金属监督专责人	（1）没有建立网络扣20分； （2）未落实金属学监督专责人或人员调动未及时调整，每一人扣10分
1.1.2	职责明确并得到落实	15	专业岗位职责明确，落实到人	专业岗位设置不全或未落实到人，每一岗位扣5分
1.1.3	金属专责持证上岗	15	（1）3年以上的水力机械专业工作经历，助理工程师以上职称，且取得华能集团水力发电企业金属技术监督上岗资格证。 （2）焊工应取得电力部门或国家质检总局颁发的焊工资格证书（包括外委焊接项目的焊工），焊工资格证书到期前应及时复证，焊工如三个月未从事考试合格项的焊接工作应进行焊样练习合格，外委焊接项目的焊工从事受监设备（部件）焊接工作前应进行代样考核工作，考核合格后方能进行焊接工作	未取得华能集团金属监督上岗资格证书扣15分；证书超期扣10分
1.2	标准符合性	50	查看： （1）保存现行有效的国家、行业与金属监督有关的技术标准、规范； （2）金属监督管理标准； （3）企业技术标准	
1.2.1	金属监督管理标准	20	（1）"金属监督管理标准"编写的内容、格式应符合《华能电厂安全生产管理体系要求》和《华能电厂安全生产管理体系管理标准编制导则》的要求，并统一编号； （2）"金属监督管理标准"的内容应符合国家、行业法律、法规、标准和《华能集团公司电力技术监督管理办法》相关的要求，并符合水力发电厂实际	（1）不符合《华能电厂安全生产管理体系要求》和《华能电厂安全生产管理体系管理标准编制导则》的编制要求，扣10分； （2）不符合国家、行业法律、法规、标准和《华能集团公司电力技术监督管理办法》相关的要求和水力发电厂实际，扣10分

表（续）

序号	评价项目	标准分	评价内容与要求	评分标准
1.2.2	国家、行业技术标准	10	保存的技术标准符合集团公司年初发布的金属学监督标准目录；及时收集新标准，并在厂内发布	（1）缺少标准或未更新，每一个标准扣5分； （2）标准未在厂内发布，扣10分
1.2.3	企业技术标准	20	"金属运行规程"、"金属检修规程"和焊接、探伤等检测方法等符合国家和行业技术标准；符合本厂实际情况，并按时修订	（1）巡视周期、试验周期、检修周期不符合要求，每项扣5分； （2）性能指标、运行控制指标、工艺控制指标不符合要求，每项扣5分； （3）焊接、探伤等检测方法不符合要求，每项扣5分； （4）企业标准未按时修编，每一个企业标准扣10分
1.3	仪器仪表	50	现场查看仪器仪表台账、检验计划、检验报告	
1.3.1	仪器仪表台账	10	建立仪器仪表台账，栏目应包括：仪器仪表型号、技术参数（量程、精度等级等）、购入时间、供货单位；检验周期、检验日期、使用状态等	（1）仪器仪表记录不全，一台扣5分。（2）新购仪表未录入或检验；报废仪表未注销和另外存放，每台扣10分
1.3.2	仪器仪表资料	10	（1）保存仪器仪表使用说明书； （2）编制主要仪器仪表的操作规程	（1）使用说明书缺失，一台扣5分； （2）专用仪器操作规程缺漏，一台扣5分
1.3.3	仪器仪表维护	10	（1）仪器仪表存放地点整洁、配有温度计、湿度计； （2）仪器仪表的接线及附件不许另作他用； （3）仪器仪表清洁、摆放整齐； （4）有效期内的仪器仪表应贴上有效期标识，不与其他仪器仪表一道存放； （5）待修理、已报废的仪器仪表应另外分别存放	不符合要求，一项扣5分
1.3.4	检验计划和检验报告	10	计划送检的仪表应有对应的检验报告	不符合要求，每台扣5分
1.3.5	对外委试验使用仪器仪表的管理	10	应有试验使用的仪器仪表检验报告复印件	不符合要求，每台扣5分
1.4	监督计划	50	现场查看水力发电厂监督计划	

表（续）

序号	评价项目	标准分	评价内容与要求	评分标准
1.4.1	计划的制定	20	（1）计划制定时间、依据符合要求。 （2）计划内容应包括： 1）管理制度制定或修订计划； 2）培训计划（内部及外部培训、资格取证、规程宣贯等）； 3）检修中金属监督项目计划； 4）动态检查提出问题整改计划； 5）金属监督中发现重大问题整改计划； 6）仪器仪表送检计划； 7）技改中金属监督项目计划； 8）定期工作； 9）网络会议计划	（1）计划制定时间、依据不符合，一个计划扣10分； （2）计划内容不全，一个计划扣5分～10分
1.4.2	计划的审批	15	符合工作流程：班组或部门编制→金属监督专责人审核→主管主任审定→生产厂长审批→下发实施	审批工作流程缺少环节，一个扣10分
1.4.3	计划的上报	15	每年11月30日前上报产业公司、区域子公司，同时抄送西安热工研究院	计划上报不按时，扣15分
1.5	监督档案	50	现场查看监督档案、档案管理的记录	
1.5.1	监督档案清单	10	应建有监督档案资料清单。每类资料有编号、存放地点、保存期限	不符合要求，扣5分
1.5.2	报告和记录	20	（1）各类资料内容齐全、时间连续； （2）及时记录新信息； （3）及时完成运行月度分析、检修总结、故障分析等报告的编写，按档案管理流程审核归档	（1）第（1）、（2）项不符合要求，一件扣5分； （2）第（3）项不符合要求，一件扣10分
1.5.3	档案管理	20	（1）资料按规定储存，由专人管理； （2）记录借阅应有借、还记录； （3）有过期文件处置的记录	不符合要求，一项扣10分
1.6	评价与考核	40	查阅评价与考核记录	
1.6.1	动态检查前自我检查	10	自我检查评价切合实际	（1）没有自查报告扣10分； （2）自我检查评价与动态检查评价的评分相差10分及以上，扣10分
1.6.2	定期监督工作评价	10	有监督工作评价记录	无工作评价记录，扣10分

表（续）

序号	评价项目	标准分	评价内容与要求	评分标准
1.6.3	定期监督工作会议	10	有监督工作会议纪要	无工作会议纪要，扣10分
1.6.4	监督工作考核	10	有监督工作考核记录	发生监督不力事件而未考核，扣10分
1.7	工作报告制定执行情况	50	查阅检查之日前四个季度季报、检查速报事件及上报时间	
1.7.1	技术监督季报	20	（1）每季度首月5日前，应将技术监督季报报送产业公司、区域子公司和西安热工研究院； （2）格式和内容符合要求	（1）季报、年报上报迟报1天扣5分； （2）格式不符合，一项扣5分； （3）报表数据不准确，一项扣10分； （4）检查发现的问题，未在季报中上报，每一个问题扣10分
1.7.2	技术监督速报	20	按规定格式和内容编写技术监督速报并及时上报	（1）发现或者出现重大设备问题和异常及障碍未及时、真实、准确上报技术监督速报，每一项扣10分； （2）上报速保事件描述不符合实际，一件扣10分
1.7.3	年度工作总结	10	（1）每年元月5日前组织完成上年度技术监督工作总结报告的编写工作，并将总结报告报送产业公司、区域子公司和西安热工研究院； （2）格式和内容符合要求	（1）未按规定时间上报，扣10分； （2）内容不全，扣10分
1.8	金属技术监督指标	60		
1.8.1	受监设备（部件）超标缺陷处理率应为100%	6	检查记录、总结、报告，座谈交流	每减少1%扣1分
1.8.2	受监设备（部件）超标缺陷消除率应大于等于95%	6		每减少1%扣1分
1.8.3	压力容器年度检查率应为100%	4		每减少1%扣1分
	压力容器全面检验率应为100%	4		每减少1%扣1分
	起重机械定期检验率应为100%	4		每减少1%扣1分

表（续）

序号	评价项目	标准分	评价内容与要求	评分标准
1.8.3	气管道在线检验率应为100%	4	检查记录、总结、报告，座谈交流	每减少1%扣1分
	气管道全面检验率应为100%	4		每减少1%扣1分
	压力钢管安全检测率100%	4		每减少1%扣1分
	闸门、液压启闭机安全检测率100%	4		每减少1%扣1分
1.8.4	监督预警、季报问题整改完成率	10	要求100%	不符合要求，不得分
1.8.5	动态检查存在问题整改完成率	10	要求：从发电企业收到动态检查报告之日起，第1年整改完成率不低于85%；第2年整改完成率不低于95%	不符合要求，不得分
2	专业技术工作	600		
2.1	金属材料的监督	60		
2.1.1	受监金属材料、备品配件的质量验收、保管和领用制度	10	查看验收、领用制度齐全、完整	（1）未建立完善的质量验收、保管和领用制度扣10分；（2）每缺一项扣2分
2.1.2	受监金属材料、备品配件的质检资料	10	进口材料应有商检文件；管子、管件、水轮机大轴、转轮、发电机大轴、发电机中心体、压力容器应有质保书	（1）进口的金属材料无商检合格文件的，扣5分；（2）无质保书的，每缺一项扣2分
2.1.3	受监金属材料和备品配件的入库验收	10	查看合格证和产品质量证明书、入库前验收记录	（1）受监范围内钢材、钢管和备品配件入库前未检查合格证和产品质量证明书每项扣5分；（2）合格证或质保书中数据不全未进行补检每次扣2分；（3）未检查材质扣5分；（4）未建立入库前验收记录扣5分

表（续）

序号	评价项目	标准分	评价内容与要求	评分标准
2.1.4	受监金属材料和备品配件的保管监督	10	现场查看受监金属材料、备品配件存放应挂牌标明钢号、规格、用途； 现场查看受监金属材料、备品配件应按钢号、规格分类存放； 现场查看奥氏体不锈钢应单独存放	（1）未挂牌标明钢号、规格、用途扣10分； （2）未分类存放的扣2分； （3）奥氏体不锈钢混放扣2分
2.1.5	受监设备（部件）和备品配件在安装、更换前（或领用出库时）的检验	10	受监设备部件在安装、检修更换（或领用出库）时应检查钢号，防止错用	更换前未进行检查造成错用材料扣10分
2.1.6	材料的代用	10	金属材料的代用原则上选用成分和性能略优者，并经单位主管领导批准	（1）不符合此原则扣10分； （2）未经过审批扣5分； （3）未建立代用记录扣5分
2.2	焊接质量监督	90		
2.2.1	焊接工艺卡、重要部件修复或更换方案	20	检查受监设备（部件）焊接方案或工艺卡是否正确完整	（1）焊接工作未履行工艺卡制度一项扣10分； （2）重要部件修复性焊接或更换前未制订书面焊接方案，扣20分
2.2.2	焊条、焊丝的质量抽查监督	10	检查焊条、焊丝应有制造厂产品合格证、质量证明书并抽样检验	没有制造厂产品合格证、质量证明书并且没有抽样检验每批次扣10分
2.2.3	焊接材料的存放管理	10	现场查看存放焊接材料的库房温湿度应符合要求； 现场查看挂牌标明牌号、规格存放焊接材料	（1）存放焊接材料的库房温湿度达不到要求扣5分； （2）焊接材料存放未挂牌标明牌号、规格的扣5分
2.2.4	焊接材料的使用管理	10	查看使用记录和焊条烘干记录	（1）错用焊接材料扣10分； （2）未按规定烘干使用扣10分； （3）未建立烘干记录扣2分
2.2.5	焊接设备的监督管理	10	查看焊条烘干设备的温度表定期校验标签	（1）焊条烘干设备不能正常工作扣10分； （2）焊条烘干设备的温度表未进行定期校验扣10分
2.2.6	焊口检验一次合格率大于等于95%	20	检查焊口验收资料	（1）焊口检验一次合格率低于95%，每低1%扣5分； （2）焊口检验一次合格率低于90%，未停止该焊工的工作扣10分

表（续）

序号	评价项目	标准分	评价内容与要求	评分标准
2.2.7	重要部件焊接检验记录或报告	10	应建立重要受监设备（部件）的焊接接头外观质量检查记录和无损检测记录或报告，检验记录或报告中对返修焊口检验情况也应记录说明	（1）无外观质量检查检验记录扣5分； （2）无无损检测记录或报告扣5分； （3）返修焊口检验情况未记录说明的扣5分
2.3	运行阶段监督	80		
2.3.1	金属技术监督职责履行情况	30	检查材料或部件更换前检验、修复焊口、探伤检查、超标缺陷处理记录	因金属技术监督不到位造成停机扣30分
2.3.2	存在超标缺陷部件的监督	30	对于存在超标缺陷危及安全运行而未处理投运的部件，应经安全性评定制订明确的监督运行措施，并严格执行	（1）没有书面监督运行措施扣30分； （2）未严格执行的扣10分； （3）监督运行的部件没有专人负责，一项扣5分； （4）监督运行部件应制定定期检查计划，按计划上报检查结果，未制订计划或不汇报一项扣5分
2.3.3	运行阶段的巡查监督	10	应严格遵守运行规程，建立运行阶段定期巡查制度，发现渗漏（或泄漏）、变形、位移等异常情况应及时记录和报告，并按相关要求及时采取措施处理	（1）未建立巡查记录台账或记录不完善的扣10分； （2）现场检查发现有受监设备（部件）泄漏一点扣5分
2.3.4	受监设备（部件）运行期间事故记录和分析	10	水力发电厂金属监督专责工程师应建立受监设备（部件）事故记录台账，并进行原因分析，出具分析报告	未建立记录扣10分；未进行原因分析和编写报告的扣5分
2.4	检修阶段监督	370		
2.4.1	机组A、B级检修（其他设备大修）项目计划的制订	50	审查机组A、B级检修（其他设备大修）前，应按照国能安全〔2014〕161号《防止电力生产事故的二十五项重点要求》《中国华能集团公司水力发电厂金属监督标准》的要求制订受监设备（部件）的金属监督检验计划	（1）检修前未制订监督检验计划扣50分；每缺一项，扣10分； （2）超标缺陷的复查未列入计划的扣20分
2.4.2	机组A、B级检修（其他设备大修）项目的完成情况	90	抽查检验报告，核对机组A、B级检修（其他设备大修）项目计划，检查计划执行情况	每未完成一项，扣10分
2.4.3	安全阀定期校验	30	查看现场及校验报告	未按期校验或未办理延期手续每台扣5分

表（续）

序号	评价项目	标准分	评价内容与要求	评分标准
2.4.4	缺陷处理情况上报	50	资料审查缺陷处理情况应上报上级有关部门和技术监督服务单位	（1）上报不及时扣 20 分； （2）不真实扣 10 分； （3）不准确每处扣 5 分； （4）不上报扣 50 分
2.4.5	未处理超标缺陷的复查	40	记录、报告、总结资料审查，座谈交流	未处理超标缺陷没有复查的每项扣 20 分
2.4.6	检修中受监部件换管焊口、消缺补焊后的检验	50	记录、报告、总结资料审查，座谈交流	未按标准要求进行检验的每次扣 30 分
2.4.7	检验记录（报告）	30	记录、报告、总结资料审查，座谈交流	（1）无记录（报告），扣 30 分； （2）引用标准不正确，未使用法定计量单位，图示不明确、照片不清晰，超标缺陷无返修及检验记录，结论不正确或检验结果无结论，措施不可行，审核、签发手续不齐全，每缺 1 项扣 2 分
2.4.8	外委金属检验、焊接检验工作	30	记录、报告、总结资料审查，座谈交流	（1）未制定外委金属检验、焊接工作管理制度扣 30 分； （2）未对承包队伍的资质进行审核扣 10 分；未对承包工程的检验设备进行审查扣 10 分； （3）承包队伍无资质扣 30 分； （4）在将检验工作外包时，未安排专人负责，扣 10 分； （5）对移交报告没有审核或审核不到位扣 10 分

中国华能集团公司 CHINA HUANENG GROUP

中国华能集团公司水力发电厂技术监督标准汇编

Q/HN—1—0000.08.048—2015

技术标准篇

水力发电厂化学监督标准

2015 - 05 - 01 发布

2015 - 05 - 01 实施

目　次

前　言

为加强中国华能集团公司水力发电厂技术监督管理，保证水力发电厂电力用油、六氟化硫气体设备的安全、经济、稳定、环保运行，特制定本标准。本标准依据国家和行业有关标准、规程和规范，以及中国华能集团公司发电厂的管理要求、结合国内外发电的新技术、监督经验制定。

本标准是中国华能集团公司所属水力发电厂化学监督工作的主要依据，是强制性企业标准。

本标准自实施之日起，代替 Q/HB-J-08.L20—2009《水力发电厂化学监督技术标准》。

本标准由中国华能集团公司安全监督与生产部提出。

本标准由中国华能集团公司安全监督与生产部归口并解释。

本标准起草单位：华能澜沧江水电股份有限公司、西安热工研究院有限公司。

本标准主要起草人：杨建凡、柯于进、刘晋曦、张震、韦占海、滕维忠。

本标准审核单位：中国华能集团公司安全监督与生产部、中国华能集团公司基本建设部、华能澜沧江水电股份有限公司、西安热工研究院有限公司。

本标准主要审核人：赵贺、武春生、杜灿勋、晏新春、向泽江、张洪涛、查荣瑞、吴明波、郭俊文、何广仁。

本标准审定：中国华能集团公司技术工作管理委员会。

本标准批准人：寇伟。

水力发电厂化学监督标准

1 范围

本标准规定了中国华能集团公司（以下简称"集团公司"）水力发电厂化学监督相关的技术标准内容和监督管理要求。

本标准适用于集团公司水力发电厂的化学监督工作。

2 规范性引用文件

下列文件对于本文件的应用是必不可少的。凡是注日期的引用文件，仅注日期的版本适用于本文件。凡是不注日期的引用文件，其最新版本（包括所有的修改单）适用于本文件。

GB 2536 电工流体 变压器和开关用的未使用过的矿物绝缘油

GB 4943 信息技术设备的安全

GB 5903 工业闭式齿轮油

GB 11118.1 液压油（L–HL、L–HM、L–HV、L–HS、L–HG）

GB 11120 涡轮机油

GB 11651 个体防护装备选用规范

GB 12691 空气压缩机油

GB 18599 一般工业固体废物贮存、处置场污染控制标准

GB 50074 石油库设计规范

GB 50140 建筑灭火器配置设计规范

GB/T 2887 计算机场地通用规范

GB/T 3141 工业液体润滑剂 ISO 黏度分类

GB/T 4756 石油液体手工取样法

GB/T 6451 石油产品油对水界面张力测定法（圆环法）

GB/T 7252 变压器油中溶解气体分析和判断导则

GB/T 7595 运行中变压器油质量

GB/T 7596 电厂运行中汽轮机油质量

GB/T 7597 电力用油（变压器油、汽轮机油）取样方法

GB/T 8905 六氟化硫电气设备中气体管理和检测导则

GB/T 12022 工业六氟化硫

GB/T 14541 电厂用运行矿物汽轮机油维护管理导则

GB/T 14542 运行变压器油维护管理导则

DL 5027 电力设备典型消防规程

DL/T 246 化学监督导则

DL/T 271 330kV～750kV 油浸式并联电抗器使用技术条件

DL/T 272 220kV～750kV 油浸式电力变压器使用技术条件

DL/T 290　电厂辅机用油运行及维护管理导则

DL/T 432　电力用油中颗粒污染度测量方法

DL/T 573　电力变压器检修导则

DL/T 595　六氟化硫电气设备气体监督导则

DL/T 596　电力设备预防性试验规程

DL/T 603　气体绝缘金属封闭开关设备运行及维护规程

DL/T 617　气体绝缘金属封闭开关设备技术条件

DL/T 639　六氟化硫电气设备运行、试验及检修人员安全防护细则

DL/T 722　变压器油中溶解气体分析和判断导则

DL/T 941　运行中变压器用六氟化硫质量标准

DL/T 984　油浸式变压器绝缘老化判断导则

DL/T 1032　电气设备用六氟化硫（SF_6）气体取样方法

DL/T 1050　电力环境保护技术监督导则

DL/T 1051　电力技术监督导则

DL/T 1094　电力变压器用绝缘油选用指南

DL/T 1096　变压器油中颗粒度限值

DL/T 1176　1000kV 油浸式变压器、并联电抗器运行及维护规程

DL/T 5139　水力发电厂气体绝缘金属封闭开关设备配电装置设计规范

DL/Z 249　变压器油中溶解气体在线监测装置选用导则

TB/T 2957　内燃机车液力传动油

SH 0164　石油产品包装、贮运及交货验收规则

SH/T 0476　L–HL 液压油换油指标

SH/T 0599　L–HM 液压油换油指标

NB/ SH/T 0586　工业闭式齿轮油换油指标

NB/ SH/T 0599　L–HM 液压油换油指标

NB/ SH/T 0636　L–TSA 汽轮机换油指标

JB/T 8831　工业闭式齿轮的润滑油选用方法

IEC 60480　从电气设备中取出六氟化硫（SF_6）的检验和处理指南及其再使用规范

IEC 60296　电工用液体——变压器和开关设备用的未使用过的矿物绝缘油

HJ 2025　危险废物收集、贮存、运输技术规范

Q/HN-1-0000.08.002—2013　中国华能集团公司电力检修标准化管理实施导则（试行）

Q/HN-1-0000.08.049—2015　中国华能集团公司电力技术监督管理办法

Q/HB-G-08.L01—2009　华能电厂安全生产管理体系要求

Q/HB-G-08.L02—2009　华能电厂安全生产管理体系评价办法（试行）

华能安〔2011〕271号　中国华能集团公司电力技术监督专责人员上岗资格管理办法（试行）

3　总则

3.1　化学监督是保证发电厂设备安全、经济、稳定、环保运行的重要基础工作，应坚持"安全第一、预防为主"的方针，实行全过程监督。

3.2　化学监督的目的是对电力用油、六氟化硫气体及其设备在设计、选型、监造、安装、运

行维护及检修等阶段进行全过程质量监督，及时发现和消除设备隐患，确保电力用油、六氟化硫气体设备安全稳定运行，预防事故的发生。

3.3 本标准规定了水力发电厂在设计选型、交货验收、安装、运行、维护及检修阶段变压器油、汽轮机油、液压油、齿轮油、辅机用油、六氟化硫气体等及其设备以及化学在线监测装置的质量监督标准，试验室、电力用油、六氟化硫气体、化学废弃物排放和处置的安全管理标准，以及化学监督管理要求、评价与考核标准，它是水力发电厂化学监督工作的基础，也是建立化学技术监督体系的依据。

3.4 各电厂应按照集团公司《华能电厂安全生产管理体系要求》、《电力技术监督管理办法》中有关技术监督管理和本标准的要求，结合本厂的实际情况，制定电厂化学监督管理标准；依据国家和行业有关标准和规范，编制、执行运行规程、检修规程和检验及试验规程等相关/支持性文件；以科学、规范的监督管理，保证化学监督工作目标的实现和持续改进。

3.5 从事化学监督的人员，应熟悉和掌握本标准及相关标准和规程中的规定。

4 监督技术标准

4.1 变压器油监督

4.1.1 设计阶段

4.1.1.1 变压器油的选用应符合 GB 2536、DL/T 1094 规定。

4.1.1.2 变压器油设备技术条件应符合 DL/T 1094、GB/T 6451、DL/T 271、DL/T 272 相关规定和反事故措施的要求。

4.1.1.3 改型、扩建应结合设备用油的具体情况，选择同一厂家、牌号的变压器油，便于维护管理。

4.1.1.4 制造厂应提供变压器油设备所用变压器油的厂家、牌号、油量和质量所必需的指导性文件。

4.1.1.5 设置专用的变压器油库，油库设计应符合 GB 50074、GB 50140、DL 5027 中相关规定。

4.1.1.6 对于在较高温度下运行的变压器或为延长使用寿命而设计的变压器用油，应满足变压器油（特殊）技术要求。

4.1.1.7 500kV 及以上变压器用油性能指标应满足下列要求：

    a) 除通用要求外，还应符合 IEC 60296，两者不一致时以 IEC 60296 为准，不再采用 SH 0040。

    b) 油基和添加剂优先选择环烷基油；抗氧化剂可选用 2，6-二叔丁基对甲酚（T501），含量为（0.3±0.05）%。油中除抗氧化剂外，不推荐加其他添加剂。

    c) 特高压变压器、换流变压器、升压变压器、并联和平波电抗器及运行温度较高的变压器用油，应满足高氧化安定性和低硫含量的要求。

    d) 对 750kV 及特高压变压器、电抗器，应提供脉变压器油的冲击穿电压、析气性、带电度、碳型结构及苯胺点、界面张力测试项目（包括测试方法和结果）的试验报告。

4.1.2 交货验收

4.1.2.1 交货验收按 SH 0164 规定执行。

4.1.2.2 交货油品的文件包括：生产商名称、油品类别、合格证，所添加的添加剂的类别和含量。

4.1.3 新油验收

4.1.3.1 取样按照 GB/T 7597、GB/T 14542、GB/T 7252、DL/T 722 规定执行。

4.1.3.2 新变压器油验收按照 GB 2536 规定执行，进口新变压器油应按国际标准验收或合同规定指标验收。

4.1.3.3 变压器油（通用）技术要求和试验方法，见表 1。

<h3 align="center">表 1　变压器油（通用）技术要求和试验方法</h3>

项　目			质　量　指　标					试验方法
最低冷态投运温度（LCSET） ℃			0	−10	−20	−30	−40	
功能 特性 [a]	倾点 ℃	不高于	−10	−20	−30	−40	−50	GB/T 3535
								GB/T 265 NB/SH/T 0837
功能 特性 [a]	运动黏度 mm²/s 40℃， 0℃ −10℃ −20℃ −30℃ −40℃	不大于	12 1800 — — — —	12 — 1800 — — —	12 — — 1800 — —	12 — — — 1800 —	12 — — — — 2500 [b]	GB/T 265 NB/SH/T 0837
	水含量 [c] mg/kg	不大于	30/40					GB/T 7600
	击穿电压（满足下列要求之一）不小于 kV 未处理油 经处理油 [d]		30 70					GB/T 507
	密度 [e]（20℃） kg/m³	不大于	895					GB/T 1884 和 GB/T 1885
	介质损耗因数 [f] （90℃）	不大于	0.005					GB/T 5654
精制/ 稳定 特性 [g]	外观		清澈透明、无沉淀物和悬浮物					目测 [h]
	酸值（以 KOH 计） mg/g	不大于	0.01					NB/SH/T 0836
	水溶性酸或碱		无					GB/T 259
	界面张力 mN/m	不小于	40					GB/T 6541
	总硫含量 [i]（质量分数） %		无通用要求					SH/T 0689
	腐蚀性硫 [j]		非腐蚀性					SH/T 0804
	抗氧化添加剂含量 [k] （质量分数） % 不含抗氧化添加剂油（U） 含微抗氧化添加剂油（T）　不大于 含抗氧化添加剂油（I）		检测不出 0.08 0.08～0.40					SH/T 0802
	2–糠醛含量 mg/kg	不大于	0.1					NB/SH/T 0812

表 1（续）

项　目			质　量　指　标					试验方法
最低冷态投运温度（LCSET） ℃			0	−10	−20	−30	−40	
运行 特性 [l]	氧化安定性（120℃） 试验时间： （U）不含抗氧化 添加剂油：164h （T）含微量抗氧化 添加剂油：332h （I）含抗氧化 添加剂油：500h	总酸值（以 KOH 计） mg/g 不大于	1.2					NB/SH/T 0811
		油泥（质量分数） % 不大于	0.8					
		介质损耗因数 [f] （90℃） 不大于	0.500					GB/T 5654
	析气性 mm³/min		无通用要求					NB/SH/T 0810
健康、安 全和环保 特性 （HSE）[m]	闪点（闭口） ℃	不低于	135					GB/T 261
	稠环芳烃（PCA） 含量（质量分数） %	不大于	3					NB/SH/T 0838
	多氯联苯（PCB） 含量（质量分数） mg/kg		检测不出 [n]					SH/T 0803

注 1："无通用要求"指由供需双方协商确定该项目是否检测，且测定限值由供需双方协商确定。

注 2：凡技术要求中的"无通用要求"和"由供需双方协商确定是否采用该方法进行检测"的项目为非强制性的。

- [a] 对绝缘和冷却有影响的性能。
- [b] 运动黏度（−40℃）以第一个黏度值为测定结果。
- [c] 当环境湿度不大于 50%时，水含量不大于 30mg/kg 适用于散装交货；水含量不大于 40mg/kg 适用于桶装或复合中型集装容器（IBC）交货。当环境湿度大于 50%时，水含量不大于 35mg/kg 适用于散装交货；水含量不大于 45mg/kg 适用于桶装或复合中型集装容器（IBC）交货。
- [d] 经处理油指试验样品在 60℃下通过真空（压力低于 2.5kPa）过滤流过一个孔隙度为 4 的烧结玻璃过滤器的油。
- [e] 测定方法也包括用 SH/T 0604。结果有争议时，以 GB/T 1884 和 GB/T 1885 为仲裁方法。
- [f] 测定方法也包括用 GB/T 21216。结果有争议时，以 GB/T 5654 为仲裁方法。
- [g] 受精制深度和类型及添加剂影响的性能。
- [h] 将样品注入 100mL 量筒中，在 20℃±5℃下目测。结果有争议时，按 GB/T 511 测定机械杂质含量为无。
- [i] 测定方法也包括用 GB/T 11140、GB/T 17040、SH/T 0253、ISO 14596。
- [j] SH/T 0804 为必做试验。是否还需要采用 GB/T 25961 方法进行检测由供需双方协商确定。
- [k] 测定方法也包括用 SH/T 0792。结果有争议时，以 SH/T 0802 为仲裁方法。
- [l] 在使用中和/或在高电场强度和温度影响下与油品长期运行有关和性能。
- [m] 与安全和环保有关的性能。
- [n] 检测不出指 PCB 含量小于 2mg/kg，且其单峰检出限为 0.1mg/kg

4.1.3.4 变压器油（特殊）技术要求和试验方法，见表 2。

4.1.3.5 低温开关油（断路器）技术要求和试验方法，见表 3。

表 2 变压器油（特殊）技术要求和试验方法

项　目			质　量　指　标					试验方法
最低冷态投运温度（LCSET）　℃			0	−10	−20	−30	−40	
功能特性 a	倾点　℃	不高于	−10	−20	−30	−40	−50	GB/T 3535
	运动黏度　mm²/s　不大于	40℃	12	12	12	12	12	GB/T 265 NB/SH/T 0837
		0℃	1800	—	—	—	—	
		−10℃	—	1800	—	—	—	
		−20℃	—	—	1800	—	—	
		−30℃	—	—	—	1800	—	
		−40℃	—	—	—	—	2500b	
	水含量 c　mg/kg	不大于	30/40					GB/T 7600
	击穿电压（满足下列要求之一）　kV	不小于						GB/T 507
		未处理油	30					
		经处理油 d	70					
	密度 e（20℃）　kg/m³	不大于	895					GB/T 1884 和 GB/T 1885
	苯胺点　℃		报告					GB/T 262
	介质损耗因数 f（90℃）	不大于	0.005					GB/T 5654
精制/稳定特性 g	外观		清澈透明、无沉淀物和悬浮物					目测 h
	酸值（以 KOH 计）　mg/g	不大于	0.01					NB/SH/T 0836
	水溶性酸或碱		无					GB/T 259
	界面张力　mN/m	不小于	40					GB/T 6541
	总硫含量 i（质量分数）　%	不大于	0.15					SH/T 0689
	腐蚀性硫 j		非腐蚀性					SH/T 0804
	抗氧化添加剂含量 k（质量分数）　%　含抗氧化添加剂油（I）		0.08～0.40					SH/T 0802
	2-糠醛含量　mg/kg	不大于	0.05					NB/SH/T 0812

表 2（续）

项 目		质 量 指 标					试验方法
最低冷态投运温度（LCSET）℃		0	−10	−20	−30	−40	
运行特性[l]	氧化安定性（120℃）试验时间：（I）含抗氧化添加剂油：500h	总酸值（以 KOH 计）mg/g 不大于	0.3				NB/SH/T 0811
		油泥（质量分数）% 不大于	0.05				
		介质损耗因数 [f]（90℃）不大于	0.050				GB/T 5654
	析气性 mm³/min		报告				NB/SH/T 0810
	带电倾向（ECT）µC/m³		报告				DL/T 385
健康、安全和环保特性（HSE）[m]	闪点（闭口）℃ 不低于		135				GB/T 261
	稠环芳烃（PCA）含量（质量分数）% 不大于		3				NB/SH/T 0838
	多氯联苯（PCB）含量（质量分数）mg/kg		检测不出 [n]				SH/T 0803

注：凡技术要求中 "由供需双方协商确定是否采用该方法进行检测" 和测定结果为 "报告" 的项目为非强制性的。

[a] 对绝缘和冷却有影响的性能。

[b] 运动黏度（−40℃）以第一个黏度值为测定结果。

[c] 当环境湿度不大于 50%时，水含量不大于 30mg/kg 适用于散装交货；水含量不大于 40mg/kg 适用于桶装或复合中型集装容器（IBC）交货。当环境湿度大于 50%时，水含量不大于 35mg/kg 适用于散装交货；水含量不大于 45mg/kg 适用于桶装或复合中型集装容器（IBC）交货。

[d] 经处理油指试验样品在 60℃下通过真空（压力低于 2.5kPa）过滤流过一个孔隙度为 4 的烧结玻璃过滤器的油。

[e] 测定方法也包括用 SH/T 0604。结果有争议时，以 GB/T 1884 和 GB/T 1885 为仲裁方法。

[f] 测定方法也包括用 GB/T 21216。结果有争议时，以 GB/T 5654 为仲裁方法。

[g] 受精制深度和类型及添加剂影响的性能。

[h] 将样品注入 100mL 量筒中，在 20℃±5℃下目测。结果有争议时，按 GB/T 511 测定机械杂质含量为无。

[i] 测定方法也包括用 GB/T 11140、GB/T 17040、SH/T 0253、ISO 14596。结果有争议时，以 SH/T 0689 为仲裁方法。

[j] SH/T 0804 为必做试验。是否还需要采用 GB/T 25961 方法进行检测由供需双方协商确定。

[k] 测定方法也包括用 SH/T 0792。结果有争议时，以 SH/T 0802 为仲裁方法。

[l] 在使用中和/或在高电场强度和温度影响下与油品长期运行有关的性能。

[m] 与安全和环保有关的性能。

[n] 检测不出指 PCB 含量小于 2mg/kg，且其单峰检出限为 0.1mg/kg

表3 低温开关油（断路器）技术要求和试验方法

项　目			质　量　指　标	试验方法
最低冷态投运温度（LCSET）			−40℃	
功能特性[a]	倾点 ℃	不高于	−60	GB/T 3535
	运动黏度 mm²/s 40℃， −40℃	不大于	3.5 400[b]	GB/T 265 NB/SH/T 0837
	水含量[c] mg/kg	不大于	30/40	GB/T 7600
	击穿电压（满足下列 要求之一） kV 未处理油 经处理油[d]	不小于	30 70	GB/T 507
	密度[e]（20℃） kg/m³	不大于	895	GB/T 1884 和 GB/T 1885
	介质损耗因数[f] （90℃）	不大于	0.005	GB/T 5654
精制/稳定特性[g]	外观		清澈透明、无沉淀物和悬浮物	目测[h]
	酸值（以 KOH 计） mg/g	不大于	0.01	NB/SH/T 0836
	水溶性酸或碱		无	GB/T 259
	界面张力 mN/m	不小于	40	GB/T 6541
	总硫含量[i]（质量 分数） %		无通用要求	SH/T 0689
	腐蚀性硫[j]		非腐蚀性	SH/T 0804
	抗氧化添加剂含[k]（质量分数） % 含抗氧化添加剂油（I）		0.08～0.40	SH/T 0802
	2-糠醛含量 mg/kg	不大于	0.1	NB/SH/T 0812
运行特性[l]	氧化安定性（120℃）			
	试验时间： （I）含抗氧化 添加剂油： 500h	总酸值（以 KOH 计） mg/g　不大于	1.2	NB/SH/T 0811
		油泥（质量分数） %　不大于	0.8	
		介质损耗因数[f] （90℃） 不大于	0.500	GB/T 5654
	析气性 mm³/min		无通用要求	NB/SH/T 0810

表3（续）

项　目		质　量　指　标	试验方法
最低冷态投运温度（LCSET）		−40℃	试验方法
健康、安全和环保特性（HSE）m	闪点（闭口）℃ 不低于	100	GB/T 261
	稠环芳烃（PCA）含量（质量分数）% 不大于	3	NB/SH/T 0838
	多氯联苯（PCB）含量（质量分数）mg/kg	检测不出 n	SH/T 0803

注1："无通用要求"指由供需双方协商确定该项目是否检测，且测定限值由供需双方协商确定。
注2：凡技术要求中的"无通用要求"和"由供需双方协商确定是否采用该方法进行检测"的项目为非强制性的。
a　对绝缘和冷却有影响的性能。
b　运动黏度（−40℃）以第一个黏度值为测定结果。
c　当环境湿度不大于 50%时，水含量不大于 30mg/kg 适用于散装交货；水含量不大于 40mg/kg 适用于桶装或复合中型集装容器（IBC）交货。当环境湿度大于 50%时，水含量不大于 35mg/kg 适用于散装交货；水含量不大于 45mg/kg 适用于桶装或复合中型集装容器（IBC）交货。
d　经处理油指试验样品在 60℃下通过真空（压力低于 2.5kPa）过滤流过一个孔隙度为 4 的烧结玻璃过滤器的油。
e　测定方法也包括用 SH/T 0604。结果有争议时，以 GB/T 1884 和 GB/T 1885 为仲裁方法。
f　测定方法也包括用 GB/T 21216。结果有争议时，以 GB/T 5654 为仲裁方法。
g　受精制深度和类型及添加剂影响的性能。
h　将样品注入 100mL 量筒中，在 20℃±5℃下目测。结果有争议时，按 GB/T 511 测定机械杂质含量为无。
i　测定方法也包括用 GB/T 11140、GB/T 17040、SH/T 0253、ISO 14596。
j　SH/T 0804 为必做试验。是否还需要采用 GB/T 25961 方法进行检测由供需双方协商确定。
k　测定方法也包括用 SH/T 0792。结果有争议时，以 SH/T 0802 为仲裁方法。
l　在使用中和/或在高电场强度和温度影响下与油品长期运行有关和性能。
m　与安全和环保有关的性能。
n　检测不出指 PCB 含量小于 2mg/kg，且其单峰检出限为 0.1mg/kg

4.1.4　安装阶段的监督

4.1.4.1　按照 GB 2536、GB/T 7595、GB/T 14542、DL/T 1096 规定执行。

4.1.4.2　应对到货的变压器油设备、附件（冷却器、储油柜）取残油进行分析，以鉴定变压器的制造质量、运输和停放过程中的油质质量。

4.1.4.3　验收合格的变压器油，在新油注入设备前，应首先对其进行真空净化处理，其控制的项目及指标，见表4。

表4　新油净化后的指标

项　目 ＼ 标准	设备电压等级 kV		
	500 及以上	220～330	≤110
击穿电压 kV	≥70	≥55	≥45
含水量 mg/L	≤10	≤15	≤20
介质损耗因数（90℃）	≤0.002	≤0.005	≤0.005
油中颗粒数	交流变压器：100mL 油中大于 5μm 颗粒数小于或等于 2000 个	—	—
	直流换流变压器：100mL 油中大于 5μm 颗粒数小于或等于 1000 个	—	—

4.1.4.4 净化后的新油应根据设备电压等级，采取真空注油、热油循环处理。热油循环后的控制项目及指标，见表5。

表5 热油循环后的控制项目及标准

项 目 标 准	设备电压等级 kV				
	750 及以上	500	330	220	≤110
击穿电压 kV	≥70	≥60	≥50	≥40	≥40
含水量 mg/L	≤10	≤10	≤10	≤15	≤20
含气量（V/V） %	≤1	≤1	≤1	—	—
介质损耗因数（90℃）	≤0.005	≤0.005	≤0.010	≤0.010	≤0.010
油中颗粒度	交流变压器：100mL 油中大于 5μm 颗粒数小于或等于 2000 个		—	—	—
	直流换流变压器：100mL 油中大于 5μm 颗粒数小于或等于 1000 个				

4.1.4.5 变压器油设备所有电气试验结束后，正式投运前应对其油品作一次全分析，作为交接试验数据，其检测项目及质量指标，见表6。

表6 运行中变压器油质量标准

序号	项 目	设备电压等级 kV	质量指标		检验方法
			投入运行前的油	运行油	
1	外状	各电压等级	透明、无杂质或悬浮物		外观目视加标准号
2	水溶性酸（pH 值）	各电压等级	>5.4	≥4.2	GB/T 7598
3	酸值 mgKOH/g	各电压等级	≤0.03	≤0.1	GB/T 264
4	闪点（闭口） ℃	各电压等级	≥135		GB/T 261
5	水分 mg/L	330～1000 220 ≤110 及以下	≤10 ≤15 ≤20	≤15 ≤25 ≤35	GB/T 7600 或 GB/T 7601
6	界面张力（25℃） mN/m	各电压等级	≥35	≥19	GB/T 6541
7	介质损耗因数 （90℃）	500～1000 ≤330	≤0.005 ≤0.010	≤0.020 ≤0.040	GB/T 5654

表 6（续）

序号	项 目	设备电压等级 kV	质量指标		检验方法
			投入运行前的油	运行油	
8	击穿电压 kV	750～1000[2)] 500 330 66～220 35 及以下	≥70 ≥60 ≥50 ≥40 ≥35	≥60 ≥50 ≥45 ≥35 ≥30	DL/T 429.9
9	体积电阻率（90℃）Ω·m	500～1000 ≤330	≥6×10^{10}	≥1×10^{10} ≥5×10^9	GB/T 5654 或 DL/T 421
10	油中含气量（体积分数）%	750～1000 330～500 （电抗器）	<1	≤2 ≤3 ≤5	DL/T 423 或 DL/T 450、DL/T 703
11	油泥与沉淀物（质量分数）%	各电压等级	<0.02（以下可忽略不计）		GB/T 511
12	析气性	≥500	报告		IEC 60628（A）GB/T 11142
13	带电倾向	各电压等级	报告		DL/T 1095
14	腐蚀性硫	各电压等级	非腐蚀性		DIN 51353 或 SH/T 0804、ASTM D1275B
15	油中颗粒度	≥500	报告		DL/T 432

注 1：水分取样油温为 40℃～60℃。
注 2：击穿电压测定：DL/T 429.9 方法是采用平板电极；GB/T 507 是采用圆球、球盖形两种形状电极。三种电极所测的击穿电压值不同（GB/T 7595 附录 B），其质量指标为平板电极测定值

4.1.5 运行阶段的监督

4.1.5.1 按照 GB/T 7595、GB/T 14542、DL/T 1096 规定执行。

4.1.5.2 运行中变压器油的检测项目、质量指标依照表 6 中要求执行。

4.1.5.3 500kV 及以上的变压器油应按 DL/T 1096 的规定周期检测变压器油的颗粒度，并执行其颗粒度标准值和处理要求。有关油的颗粒度（清洁度或污染度）标准参见附录 B。

4.1.5.4 运行中断路器油的质量标准、检测项目依照表 7 中要求执行。

表 7 运行中断路器油质量标准、检测项目

序号	项目	周 期	质 量 指 标	检验方法
1	外状	设备投运前或大修后每年至少一次	透明、无游离水分、无杂质或悬浮物	外观目视
2	水溶性酸（pH 值）	设备投运前或大修后每年至少一次	≥4.2	GB/T 7598
3	击穿电压 kV	设备投运前或大修后每年至少一次	110kV 以上，投运前或大修后≥40，运行中≥35 110kV 及以下，投运前或大修后≥35，运行中≥30 必要时	GB/T 507 或 DL/T 429.9

4.1.5.5 运行中变压器油、断路器油设备常规检验周期和检验项目依照表 8 中要求执行。

表 8 运行中变压器油、断路器油设备常规检验周期和检验项目

设备名称	设备规范	检验周期	检验项目
变压器、电抗器，所、厂用变压器	330kV～1000kV	设备投运前或大修 每年至少一次 必要时	1～10 1、5、7、8、10 2～4、6、9、11～15
	66kV～220kV 8MVA 及以上	设备投运前或大修后 每年至少一次 必要时	1～9 1、5、7、8 3、6、7、11、13、14 或 自行规定
	<35kV	设备投运前或大修后 三年至少一次	自行规定
互感器、套管		设备投运前或大修后 1～3 年 必要时	自行规定
断路器	油量＞60kg 油量 60kg 以下	设备投运前或大修后	1～3
	＞110kV	每年至少一次	3
	≤110kV	三年至少一次	3
		三年至少一次，或换油	3

注 1：变压器、电抗器、厂用变压器、互感器、套管等油中的"检验项目"栏内的 1、2、3…为表 6 的项目序号。
注 2：断路器油"检验项目"栏内的 1、2、3…为表 7 的项目序号。
注 3：对不易取样或补充油的全密封式套管、互感器设备，根据具体情况自行规定

4.1.6 运行阶段的维护

4.1.6.1 按照 GB/T 14542、DL/T 984 规定执行。

4.1.6.2 设备运行声音正常，油温、油位、压力指示正常，各连接法兰、结合面及堵头无漏油现象。

4.1.6.3 储油柜吸湿器内无积油及堵塞，吸湿器内的干燥剂无饱和失效现象，油杯内油位正常。

4.1.6.4 变压器油中溶解气体在线监测装置运行正常，载气压力正常，监测数据传输正常。

4.1.6.5 因系统需要过负荷运行或长时间满负荷运行的变压器，高温高热、气象突变或雷雨后的户外变压器油设备，应增加检测油中水分、变压器油中溶解气体含量分析的次数。

4.1.6.6 固体绝缘老化的监督。

a) 油中溶解气体一氧化碳与二氧化碳含量及比值判断。

b) 110kV 及以上变压器及电抗器投运 1 年后、大修滤油前应进行油中糠醛含量分析。

c) 500kV 变压器和电抗器及 150MVA 以上升压变压器运行 3～5 年后应进行油中糠醛含量分析。

d) 当设备异常，怀疑伤及固体绝缘时，应进行油中糠醛含量分析。

e) 对运行时间较长的变压器尽量利用内检、吊罩的机会取样分析绝缘纸聚合度的测试。

f) 油中糠醛含量参考注意值和纸绝缘聚合度判据按表9和表10中规定执行。

表9 变压器油中糠醛含量参考注意值

运行年限 年	1～5	5～10	10～15	15～20
糠醛含量 mg/L	0.1	0.2	0.4	0.75
注1：含量超过表中值时，一般为非正常老化，需跟踪检测； 注2：跟踪检测时，注意增长率； 注3：测试值大于4mg/L时，认为绝缘老化已比较严重				

表10 变压器纸绝缘聚合度判据

样品聚合度 DPv	＞500	500～250	250～150	＜150
诊断意见	良好	可以运行	注意 （根据情况作决定）	退出运行

4.1.6.7 变压器油的防劣化措施。

a) 防劣措施的选用应根据充油电气设备的种类、类型、容量和运行方式等因素来选择。

   1) 电力变压器应至少采用一种防劣措施；

   2) 对低电压、小容量的电力变压器，应装设净油器，对高电压、大容量的电力变压器，应装设密封式储油柜；

   3) 对110kV及以上电压等级的油浸式高压互感器，应采用隔膜密封式储油柜或金属膨胀器结构。

b) 延长运行中变压器油的寿命，应采取的防劣措施：

   1) 安装油保护装置（包括呼吸器和密封式储油柜），以防止水分、氧气和其他杂质的侵入；

   2) 安装油连续再生装置即净油器，以清除油中存在的水分，游离碳和其他老化产物；

   3) 在油中添加抗氧化剂（如T501抗氧化剂），以提高油的氧化安定性。

c) 在油中添加T501抗氧化剂时，应注意以下事项：

   1) 对不明牌号的新油（包括进口油）、再生油及老化污染情况不明的运行油应做油对抗氧化剂的感受性试验（感受性：通过油的氧化或老化试验，其结果若有一项指标较不加T501抗氧化剂的油提高20%～30%,而其余指标均无不良影响），确定该油是否适合添加和添加时的有效剂量，对感受性差的油，可将油进行净化或再生处理后，再做感受性试验。

   2) 新油、再生油中T501抗氧剂的含量，应不超过0.30%（质量分数），运行中油应不低于0.15%。

   3) 运行中油添加抗氧化剂时应在设备停运或检修时进行。添加前，应先清除设备内和油中的油泥、水分和杂质。添加时应采用热溶解法添加，即将T501抗氧化剂在 50℃下配制成含 5%～10%（质量分数）的油溶液，然后通过滤油机，将其加入循环状态的油中并混合均匀。添加后，油的电气性能应合格。

4）对含抗氧化剂的油，如发现油质老化严重，应对油进行处理，当油质达到合格要求后再补加抗氧化剂。

4.1.6.8 油质异常时监督。

a）当变压器油质量指标达不到运行油质量标准时，应分析原因，并采取吸附、真空过滤、再生等手段对变压器油进行处理，保证变压器油的质量。

b）如果油质快速劣化，应跟踪分析、查明原因，必要时取样送有资质单位进行全项目分析试验。

c）某些特殊试验项目，如设备进水、击穿电压低于极限值要求时，色谱分析判定设备有放电故障并存在有严重增长趋势，则可以不考虑其他特性项目，应果断采取措施以保证设备安全。

4.1.7 变压器油中溶解气体监督

4.1.7.1 按照 GB/T 7252、DL/T 722 规定执行。

4.1.7.2 投运前的检测。

a）新安装或大修后的设备，投运前应至少做一次检测。若设备进行感应耐压试验、局部放电试验，则应在试验前、后各做一次检测，试验后取油样时间至少应在试验完毕 24h 后。制造厂规定不取样的全密封互感器和套管可不做检测。

b）新设备投运前油中溶解气体含量应符合表 11 的要求，而且投运前后的两次检测结果不应有明显的区别。

表 11 新设备投运前油中溶解气体含量要求 μL/L

设 备	气 体 组 分	含 量	
		330kV 及以上	220kV 及以下
变压器和电抗器	氢气	＜10	＜30
	乙炔	＜0.1	＜0.1
	总烃	＜10	＜20
互感器	氢气	＜50	＜100
	乙炔	＜0.1	＜0.1
	总烃	＜10	＜10
套管	氢气	＜50	＜150
	乙炔	＜0.1	＜0.1
	总烃	＜10	＜10

4.1.7.3 新投运时的检测。

a）新投运或大修后的 66kV 及以上的变压器和电抗器至少应在投运后 1 天、4 天、10 天、30 天各做一次检测。

b) 新投运或大修后的 66kV 及以上的互感器，至少应在投运后 3 个月内做一次检测。制造厂规定不取样的全密封互感器可不做检测。

4.1.7.4 定期检测周期。

运行中设备的定期检测周期按表 12 的规定进行。

表 12　运行中设备的定期检测周期

设　备　名　称	设备电压等级和容量	检测周期
变压器和电抗器	电压 1000kV	1 个月一次
	电压 330kV 及以上 容量 240MVA 及以上 水力发电厂升压变压器	3 个月一次
	电压 220kV 及以上 容量 120MVA 及以上	6 个月一次
	电压 66kV 及以上 容量 8MVA 及以上	1 年一次
互感器	电压 66kV 及以上	1 年～3 年一次
套管	—	必要时
注：其他电压等级变压器、电抗器和互感器的检测周期自行规定。制造厂规定不取样的全密封互感器和套管，一般在保证期内可不做检测。在超过保证期后，可在不破坏密封的情况下取样检测		

4.1.7.5 油中溶解气体的注意值。

运行中设备内部油中气体含量超过表 13 所列数值时，应引起注意。

表 13　油中溶解气体含量的注意值　　　　　　　　　　　　　μL/L

设　　备	气 体 组 分	含　　量	
		330kV 及以上	220kV 及以下
变压器和电抗器	氢气	150	150
	乙炔	1	5
	总烃	150	150
	一氧化碳	（见本标准 4.1.7.8）	（见本标准 4.1.7.8）
	二氧化碳	（见本标准 4.1.7.8）	（见本标准 4.1.7.8）
电流互感器	氢气	150	150
	乙炔	1	2
	总烃	100	100

表 13（续）

设 备	气体组分	含 量	
		330kV 及以上	220kV 及以下
电压互感器	氢气	150	150
	乙炔	2	3
	总烃	100	100
套管	氢气	500	500
	乙炔	1	2
	甲烷	100	100
注：表中所列数值不适用于从气体继电器放气嘴取出的气样			

4.1.7.6 气体增长率注意值。

变压器和电抗器油中溶解气体绝对产气速率的注意值如表 14 所示，总烃的相对产气速率注意值为不大于 10%（对总烃起始含量很低的设备，不宜采用此判据）。

表 14　变压器和电抗器绝对产气速率注意值　　　　　　　mL/d

气 体 组 分	密 封 式	开 放 式
总烃	12	6
乙炔	0.2	0.1
氢气	10	5
一氧化碳	100	50
二氧化碳	200	100

注 1：对乙炔小于 0.1μL/L、总烃小于新设备投运要求时，总烃的绝对产气率可不作分析（判断）。
注 2：新设备投运初期，一氧化碳和二氧化碳产气速率可能超过表中的注意值

4.1.7.7 特殊情况下的检测。

4.1.7.7.1 当设备（不含少油设备）出现异常情况时（如变压器气体继电器动作、差动保护动作、压力释放阀动作，经受大电流冲击、过励磁或过负荷，互感器膨胀器动作等），应立即取油样进行检测。当气体继电器中有集气时需要取气样进行检测。

4.1.7.7.2 当巡视发现内部有异常声响、油温急剧上升、红外测温发现设备温度较高、套管油位不正常、在线监测系统告警等应立即取油样进行检测。

4.1.7.7.3 当怀疑设备内部有异常时，应根据情况缩短检测周期进行监测或退出运行。在监测过程中，若增长趋势明显，须采取其他相应措施；若在相近运行工况下，检测三次后含量稳定，可适当延长检测周期，直至恢复正常检测周期：

a) 过热性故障。怀疑是由铁芯或漏磁产生时，可缩短到至少每周一次；当怀疑导电回路存在故障时，可缩短到至少每天一次。

b) 放电性故障。若怀疑存在低能量放电，应缩短到至少每天一次；若怀疑存在高能量放电，应进一步检查或退出运行。

4.1.7.8 故障识别判断。

a) 充油电气设备的故障判断，按照 GB/T 7252 和 DL/T 722 中确定的原则和方法执行，推荐使用改良"三比值"法和特征气体法诊断设备故障，并综合考虑设备的其他电气试验情况。

b) 油中溶解气体含量超过注意值时，应缩短检测周期，结合产气速率进行判断。若气体含量超过注意值但长期稳定，可在超过注意值的情况下运行。

c) 油中溶解气体含量虽低于注意值，但产气速率超过注意值，应引起重视。

d) 当油中首次检测到乙炔（大于或等于 0.1μL/L）时应引起注意。

e) 影响油中氢气含量的因素较多，氢气含量虽低于注意值，但有增长趋势，应引起注意。

f) 随着油和固体绝缘材料的老化，CO 和 CO_2 会呈现有规律的增长，当这一增长趋势发生突变时，应与其他气体（CH_4、C_2H_2 及总烃）的变化情况进行综合分析，以判断故障是否涉及了固体绝缘。

g) 当怀疑纸或纸板过度老化时，应参照 DL/T 984。

h) 注意区别非故障情况下的气体来源，结合其他手段进行综合分析。

4.1.8 变压器油设备补油、换油

4.1.8.1 变压器油设备补油按照 GB/T 14542 规定执行。

4.1.8.2 运行设备油位低，影响设备安全稳定运行时，应对设备内补油。

4.1.8.3 补加油宜采用与已充油同一油源、同一牌号及同一添加剂类型的油品，并且补加油（不论是新油或已使用的油）的各项特性指标不应低于已充油。

4.1.8.4 补加油的补加份额大于 5%，已充油特性指标已接近规定的运行油质量指标极限值时，按补加份额进行油样混合试验。确认无沉淀物产生，酸值、介质损耗因数不大于已充油数值时，方可进行补油。

4.1.8.5 当要补加不同品牌，不同制造商相同牌号油时，应进行混油试验。

4.1.8.6 油的相容性（混油）相关规定，见附录 A.2。

4.1.9 变压器油设备检修监督

4.1.9.1 按照 GB/T 14542、DL/T 573 规定执行。

4.1.9.2 变压器油处理温度若无特殊要求时，油温控制应不大于 65℃，过滤精度应小于或等于 0.5μm。

4.1.9.3 检修过程中所拆除部件、打开的盖板等处应做好防止灰尘等杂物落入设备内的预防措施。

4.1.9.4 器身检修、内检应做好防止器身受潮、人员窒息等安全措施，持续下雨天、刮 4 级以上风和相对湿度 75%以上的天气不应进行器身检修和内检。

4.1.9.5 检修后注入（补入）变压器、附件内的变压器油，其质量标准、检测项目依照表 6 投入运行前的油质量标准执行。

4.1.9.6 变压器注油时应使用牌号相同的变压器油，如需补充不同牌号的变压器油时，应先

做油的相容性试验，合格后方可使用。

4.1.9.7 新安装、大修、事故检修或换油后的变压器（电抗器），在施加电压前静置时间不应少于以下规定：220kV 及以下变压器 48h，500kV 及以上变压器 72h。静置期应定期对储油柜集气盒、套管升高座、压力释放阀、气体继电器、联管等部件进行彻底排气。

4.2 汽轮机油监督

4.2.1 设计阶段

4.2.1.1 汽轮机油选用应符合 GB 11120 规定。

4.2.1.2 汽轮机油设备设计应严格按照国家、行业标准规定和相关反事故措施的要求。

4.2.1.3 改型、扩建应结合设备用油的具体情况，选择同一厂家、牌号的汽轮机油，便于维护管理。

4.2.1.4 制造厂应提供水轮机设备所用汽轮机油的厂家、牌号、油量和质量所必需的指导性文件。

4.2.1.5 汽轮机油应与润滑系统的所有组成材料兼容,汽轮机油橡胶相容性指数、评价方法,参见附录 A.3。

4.2.1.6 油系统满足用油设备及各项操作流程的技术要求，设计时应按水力发电厂规模、布置方式、机型等，参照同类型水力发电厂的运行实践经验，合理地加以确定。

4.2.1.7 油系统的连接简洁明了，管道和阀门尽量减少，操作程序要清楚、不易出差错。油处理设备应能单独串、并联运行，应合理设置运行中取样管路和取样点，应引接到轴承室外。污油和净油应各自有独立的管道和设备，以减少不必要的冲洗工作，并考虑隔离防火措施。

4.2.1.8 设置专用的汽轮机油库，油库设计应符合 GB 50074、GB 50140、DL 5027 中相关规定。

4.2.2 交货验收

4.2.2.1 交货验收按 SH 0164 进行。

4.2.2.2 交货油品的文件包括：生产商名称、油品类别、合格证，供货批次油质检验报告、所添加的添加剂的类别和含量。

4.2.3 新油验收

4.2.3.1 取样按照 GB/T 7597、GB/T 4756 规定执行。

4.2.3.2 新汽轮机油验收按照 GB 11120 规定执行，见表 15。进口新油则应按国际标准验收或合同规定指标验收。

表 15 L–TSA 和 L–TSE 汽轮机油技术要求

项　目	质　量　标　准							试验方法
	A 级			B 级				
黏度等级（按 GB/T 3141）	32	46	68	32	46	68	100	
外观	透明			透明				目测
色度号	报告			报告				GB/T 6540
运动黏度（40℃）mm²/s	28.8～35.2	41.4～50.6	61.2～74.8	28.8～35.2	41.4～50.6	61.2～74.8	90.0～110.0	GB/T 265

表15（续）

项　目		质　量　标　准							试验方法
		A 级			B 级				
黏度指数	不小于	90			85				GB/T 1995
倾点 ℃	不高于	−6			−6				GB/T 3535
密度（20℃） kg/m³		报告			报告				GB/T 1884 GB/T 1885
闪点（开口） ℃	不低于	186		195	186		195		GB/T 3536
酸值（以KOH计） mg/g	不大于	0.2			0.2				GB/T 4595
水分（质量分数）%	不大于	0.02			0.02				GB/T 11133
泡沫性（泡沫倾向、泡沫稳定性） mL/mL 程序Ⅰ（24℃） 程序Ⅱ（93.5℃） 程序Ⅲ（后24℃）	不大于	450/0 50/0 450/0			450/0 100/0 450/0				GB/T 12579
空气释放值（50℃） min	不大于	5	6		5	6	8	—	SH/T 0308
铜片腐蚀（100℃,3h）级	不大于	1			1				GB/T 5096
液相锈蚀（24h）		无锈			无锈				GB/T 11143（B法）
抗乳化性（乳化液达到3mL的时间） min 54℃ 82℃	不大于	15 —	30 —		15 —	30 —	— 30		GB/T 7305
旋转氧弹 min		报告			报告				SH/T 0193
氧化安定性 1000h后总酸值（以KOH计） mg/g	不大于	0.3	0.3	0.3	报告	报告	报告	—	GB/T 12581
总酸值达2.0（以KOH计）mg/g的时间 h	不小于	3500	3000	2500	2000	2000	1500	1000	GB/T 12581
1000h后油泥 mg	不大于	200	200	200	报告	报告	报告	—	SH/T 0565

表 15（续）

项　目		质　量　标　准			试验方法
		A 级		B 级	
承载能力 齿轮机试验/ （失效率）	不小于	8　　9　　10		—	GB/T 19936.1
过滤性 干法　% 湿法	不小于	85 通过		报告 报告	SH/T 0805
清洁度 级	不大于	–/18/15		报告	GB/T 14039
注：L–TSA 类分 A 级和 B 级，B 级不适合用于 L–TSE 类					

4.2.4　安装阶段的监督

4.2.4.1　按照 GB/T 7596、GB/T 14541 规定执行。

4.2.4.2　验收合格的汽轮机油，应对注入汽轮机油设备的油液进行净化过滤。

4.2.4.3　汽轮机油设备安装完成后、投运之前应进行油系统冲洗，将油系统全部设备和管道冲洗达到设备洁净度的要求。

4.2.4.4　汽轮机油设备投运前，应按相应的法规、标准及技术文件进行各相应的检查和试验。对油管路、可拆卸结合面、活动连接的密封处进行检查，密封良好不得有渗漏现象。

4.2.5　运行阶段的监督

4.2.5.1　按照 GB/T 7596、GB/T 14541 规定执行。

4.2.5.2　新汽轮机油注入设备 72h 试运行后的检验项目和要求如下：

　　a)　外观：清洁、透明；

　　b)　颜色：与新油颜色相似；

　　c)　机械杂质：无；

　　d)　运动黏度：应与新油结果相一致；

　　e)　酸值：同新油；

　　f)　水分：与新油检测指标接近；

　　g)　洁净度：≤NAS 8 级；

　　h)　破乳化度：同新油要求。

4.2.5.3　若注入设备的新油和 72h 试运行后的样品之间鉴别出有质量上的差异，应检查并消除。

4.2.5.4　新水轮机组在投运后一年内油质的检验及周期按照表 16 执行。

表 16 水轮机组（100MW 及以上）投运一年内的检验项目及周期

项目	外观	颜色	酸值	水分	运动黏度	破乳化度	颗粒度	开口闪点	防锈性	泡沫特性	空气释放值
检验周期	每月	每月	6个月必要时	6个月必要时	6个月必要时	6个月必要时	6个月必要时	6个月必要时	必要时	必要时	必要时

4.2.5.5 运行中的汽轮机油质量标准、检测项目、检测周期依照表 17 中要求执行。

表 17 运行中汽轮机油质量标准及检测周期

序号	项　　目	检测周期	质量要求		试验方法
1	外状	每周	透明		DL/T 249.1
2	运动黏度（40℃）mm²/s	1 年，必要时 [1]	32 号 [2]	28.8～35.2	GB/T 265
			46 号 [2]	41.4～50.6	
3	闪点（开口杯）℃	1 年，必要时	≥180，且比前次测定值不低10℃		GB/T 267
4	机械杂质	1 年，必要时	200MW 以下	无	GB/T 511
5	洁净度 [3]（NAS1638）级	1 年，必要时	200MW 及以上	≤8	DL/T 432
6	酸值 mgKOH/g	1 年，必要时	未加防锈剂油	≤0.2	GB/T 264
			加防锈剂油	≤0.3	
7	液相锈蚀（24h）	必要时	无锈		GB/T 11143
8	破乳化度（54℃）min	1 年，必要时	≤30		GB/T 7605
9	水分 mg/L	1 年，必要时	≤100		GB/T 7600 或 GB/T 7601
10	起泡沫试验 mL	24℃	必要时	500/10	GB/T 12579
		93.5℃		50/10	
		后 24℃		500/10	
11	空气释放值（50℃）min	必要时	≤10		SH/T 0308
12	旋转氧弹值	必要时	报告		SH/T 0139

注 1：必要时，如：油色异常，补油后，机组启动前等。

注 2：32、46 为汽轮机油的黏度等级。

注 3：对于润滑油系统和调速系统共用一个油箱，也用矿物汽轮机油的设备，此时油中洁净度指标应参考设备制造厂提出的控制指标执行，NAS 1638 洁净度分级标准见本标准附录 B

4.2.5.6 运行中的汽轮机油质量指标达到 NB/SH/T 0636 标准规定的换油指标时，应采取措施处理或更换新油。

4.2.5.7 L–TSA 汽轮机油换油指标的技术要求和试验方法，见表 18。

表 18 L–TSA 汽轮机油换油指标的技术要求和试验方法

项 目		换油指标				试验方法
黏度等级（按 GB/T 3141）		32	46	68	100	
40℃运动黏度变化率 %	超过	±10				NB/SH/T 0636 2、3 条
酸值，mgKOH/g 增加值	大于	0.3				GB/T 7304
水分（质量分数） %	大于	0.1				GB/T 260、GB/T 11133、GB/T 7600
抗乳化性（乳化层减小到 3mL）54℃，min	大于	40		60		GB/T 7305
氧化安定性旋转氧弹（150°） min	小于	60				SH/T 0193
液相锈蚀试验（蒸馏水）		不合格				GB/T 11143
清洁度		报告				DL/T 432 GJB 380.4A

4.2.6 运行阶段的维护

4.2.6.1 按照 GB/T 14541 规定执行。

4.2.6.2 运行过程中应防止外界灰尘、金属碎末、锈蚀粒子、水和湿度大的空气进入油箱。

4.2.6.3 定期检查水轮机组油阀门、油管路、轴承油盆应无漏油、甩油现象，轴承油盆油位、轴承瓦温度正常。

4.2.6.4 定期检查调速器、筒阀、闸门设备的阀门、各连接法兰、油箱应无漏油，油箱油位正常，定期更换滤芯、滤网，油箱安装吸湿器内吸附剂失效应及时更换。

4.2.6.5 对于已严重老化接近或超过运行标准的汽轮机油，应结合机组检修，采取净化再生处理或换油。

4.2.6.6 油质异常处理措施。

  a) 当汽轮机油质量指标达不到运行油质量标准时，应分析原因，并采取吸附、真空过滤、再生等手段对汽轮机油进行处理，保证汽轮机油的质量。

  b) 如果油质快速劣化，应跟踪分析、查明原因，必要时取样送有资质单位进行全项目分析试验。油质量指标达到换油标准时，应更换新油。

  c) 某些特殊情况，如瓦温急剧上升、轴承进水、油槽大量甩油、接力器出现异常漏油，应果断采取措施以保证设备安全。

  d) 调速器、筒阀、闸门设备油箱内汽轮机油质量超标，现场应进行净化处理，油净化设备温度应控制在 50℃以内。

4.2.6.7 防劣化措施。

a) 为确保汽轮机油设备的安全运行，汽轮机油中严禁添加诸如抗磨剂之类的其他类型添加剂。

b) 含 T501 和 T746 的复合添加剂，应按设备油量与生产厂出具的复合添加剂的浓度经计算后的添加量进行添加。

c) 添加"T501"抗氧化剂：

1) 对于添加"T501"抗氧化剂的新油、再生油，其中 T501 含量应不低于 0.3%～0.5%，运行中汽轮机油应不低于 0.15%。

2) 添加"T501"抗氧化剂时，一般用待补加抗氧化剂的油将"T501"抗氧化剂配成 5%～10%的母液通过滤油机加入油中。

3) 当运行油中"T501"抗氧化剂含量低于 0.15%，应进行补加，补加时油的 pH 值应不低于 5.0。

d) 添加"T746"防锈剂：

1) 油品液相锈蚀试验不合格，应添加"T746"防锈剂，其添加量为油量的 0.02%～0.03%。

2) 添加"T746"防锈剂时，一般用待补加防锈剂的油将"T746"防锈剂配成 5%～10%的母液通过滤油机加入油中。

3) 当设备采用进口油时，添加剂的补充（添加的量及类型）应与供油商协商确定。

4.2.7 汽轮机油设备补油、换油

4.2.7.1 汽轮机油补油按照 GB/T 14541 规定执行。

4.2.7.2 汽轮机油换油按照 NB/SH/T 0636 规定执行。

4.2.7.3 运行设备油位低，影响设备安全稳定运行时，应对设备内补油。

4.2.7.4 补加油宜采用与已充油同一油源、同一牌号及同一添加剂类型的油品，并且补加油（新油或已使用的油）的各项特性指标不应低于已充油。

4.2.7.5 当要补加不同品牌，不同制造商的相同牌号油时，应进行混油试验。

4.2.7.6 油的相容性（混油）相关规定，见附录 A.2。

4.2.8 汽轮机油设备检修监督

4.2.8.1 汽轮机油设备检修按照 GB/T 7596、GB/T 14541 规定执行。

4.2.8.2 检修回收透平油处理，油温控制应不大于 65℃，过滤精度应小于或等于 5μm。

4.2.8.3 检修发现轴承瓦、轴承表面生锈，应增加检测液相锈蚀、起泡沫试验、空气释放值、旋转氧弹值项目。

4.2.8.4 油质劣化添加抗氧化剂、防锈剂、破乳化剂并经净化处理后，质量指标仍然达到换油标准时，应更换新油。

4.2.8.5 油质劣化换油时，应将油系统中的劣化油排放干净，用合格的油冲洗后排空，直到油的洁净度应达到 NAS 1638 分级标准的 8 级。有关油的颗粒度（清洁度或污染度）标准见附录 B。

4.2.8.6 检修后注入透平油设备油的质量标准应满足表 17 质量指标要求。

4.3 液压油监督

4.3.1 设计阶段

4.3.1.1 液压油选用应符合 GB 11118.1 规定。

4.3.1.2 液压油设备设计应严格按照国家、行业标准规定和相关反事故措施的要求。

4.3.1.3 改型、扩建应结合设备用油的具体情况，选择同一厂家、牌号的液压油，便于维护管理。

4.3.1.4 制造厂应提供液压设备所用液压油的厂家、牌号、油量和质量所必需的指导性文件。

4.3.1.5 液压系统应考虑规定使用液压油的品种、特性参数与下列物质的适应性：

　　a） 系统中与液压油接触的金属材料、密封件和非金属材料；

　　b） 保护性涂层材料、温度、管道压力使用范围及其特殊性。

4.3.1.6 液压油选用原则。

　　a） 根据系统工作压力、温度选择液压油品种。一般工作压力低于 7.0MPa、温度在 50℃以下的系统可选用 HL 型液压油；压力在 7.0MPa～14.0MPa、温度在 50℃～70℃之间的系统可选用 HL 或 HM 型液压油；工作压力在 14.0MPa 以上、工作温度超过 70℃的系统，应选用 HM 抗磨液压油。

　　b） 根据系统的工作环境，如严寒地区、易燃区域选择 HV、HS 低温液压油或抗燃液压油。

　　c） 根据油泵的实际工作情况或油品的工作温度选择适宜的运动黏度级别。

　　d） 根据设备厂家的要求，使用相应的液压油。

4.3.2 交货验收

4.3.2.1 交货验收按 SH 0164 规定执行。

4.3.2.2 交货油品的文件包括：生产商名称、油品类别、合格证，所添加的添加剂类别和含量。

4.3.3 新油验收

4.3.3.1 新油验收按照 GB 11118.1 规定执行。

4.3.3.2 取样按照 GB/T 7597、GB/T 4756 规定执行。

4.3.3.3 液压油各种品种的技术要求和试验方法，见表 19～表 23。

表 19　L-HL 抗氧防锈液压油的技术要求和试验方法

项　目		质　量　指　标							试验方法
黏度等级（GB/T 3141）		15	22	32	46	68	100	150	
密度（20℃）ª kg/m³					报告				GB/T 1884 和 GB/T 1885
色度 号					报告				GB/T 6540
外观					透明				目测
闪点 ℃ 开口	不低于	140	165	175	185	195	205	215	GB/T 3536
运动黏度 mm²/s	不大于 40℃ 0℃	13.5～16.5 140	19.8～24.2 300	28.8～35.2 420	41.4～50.6 780	61.2～74.8 1400	90～110 2560	135～165 —	GB/T 265

表 19（续）

项　目		质　量　指　标							试验方法
黏度等级 （GB/T 3141）		15	22	32	46	68	100	150	GB/T 1995
黏度指数 b　不小于		80							GB/T 1995
倾点 c ℃　不高于		−12	−9	−6	−6	−6	−6	−6	GB/T 3535
酸值 d/（以 KOH 计） mg/g		报告							GB/T 4945
水分（质量分数） %　不大于		痕迹							GB/T 260
机械杂质		无							GB/T 511
清洁度		e							DL/T 432 和 GB/T 14039
铜片腐蚀 （100℃，3h） 级　不大于		1							GB/T 5096
液相锈蚀 （24h）		无锈							GB/T 11143 （A 法）
泡沫性（泡沫倾向/ 泡沫稳定性） mL/mL 　程序Ⅰ 　（24℃） 　　不大于 　程序Ⅱ 　（93.5℃） 　　不大于 　程序Ⅲ 　（后 24℃） 　　不大于		150/0 75/0 150/0							GB/T 12579
空气释放值 （50℃）　不大于 min		5	7	7	10	12	15	25	SH/T 0308
密封适应性指数　不大于		14	12	10	9	7	6	报告	SH/T 0305
抗乳化性（乳化 液到 3mL 的 时间） min 54℃　不大于 82℃　不大于		30 —	30 —	30 —	30 —	30 —	— 30	— 30	GB/T 7305

表 19（续）

项 目		质 量 指 标							试验方法
黏度等级（GB/T 3141）		15	22	32	46	68	100	150	
氧化安定性 1000h 后总酸值（以 KOH 记）f mg/g	不大于	—	2.0						GB/T 12581
1000h 后油泥 mg		—	报告						SH/T 0565
旋转氧弹（150℃）min		报告	报告						SH/T 0193
磨斑直径（392N，60min，75℃，1200r/min）mm		报告							SH/T 0189

a 测定方法也包括用 SH/T 0604。
b 测定方法也包括用 GB/T 2541，结果有争议时，以 GB/T 1995 为仲裁方法。
c 用户有特殊要求时，可与生产单位协商。
d 测定方法也包括用 GB/T 264。
e 由供需双方协商确定，也包括用 NAS1638 分级。
f 黏度等级为 15 的油不测定，但所含抗氧化剂类型和量应与产品定型时黏度等级为 22 的试验油样相同

表 20　L–HM 抗磨液压油（高压、普通）的技术要求和试验方法

项 目		质 量 指 标										试验方法
		L–HM（高压）				L–HM（普通）						
黏度等级（GB/T 3141）		32	46	68	100	22	32	46	68	100	150	
密度 a（20℃）kg/m³		报告				报告						GB/T 1884 GB/T 1885
色度 号		报告				报告						GB/T 6540
外观		透明				透明						目测
闪点 ℃ 开口	不低于	175	185	195	205	165	175	185	195	205	215	GB/T 3536
运动黏度 mm²/s 40℃		28.8~35.2	41.4~50.6	61.2~74.8	90~110	19.8~24.2	28.8~35.2	41.4~50.6	61.2~74.8	90~110	135~165	GB/T 265
0℃	不大于	—	—	—	—	300	420	780	1400	2560	—	
黏度指数 b	不小于	95				85						GB/T 1995
倾点 c ℃	不高于	−15	−9	−9	−9	−15	−15	−9	−9	−9	−9	GB/T 3535

表 20（续）

项 目		质 量 指 标											试验方法
		L-HM（高压）				L-HM（普通）							
酸值 d（以 KOH 计）mg/g		报告				报告							GB/T 4945
水分（质量分数）%	不大于	痕迹				痕迹							GB/T 260
机械杂质		无				无							GB/T 511
清洁度		e				e							DL/T 432 和 GB/T 14039
铜片腐蚀（100℃，3h）级	不大于	1				1							GB/T 5096
硫酸盐灰分 %		报告				报告							GB/T 2433
液相锈蚀（24h） A 法 B 法		— 无锈				— 无锈							GB/T 11143
泡沫性（泡沫倾向/泡沫稳定性）mL/mL 程序Ⅰ（24℃） 不大于		150/0				150/0							GB/T 12579
程序Ⅱ（93.5℃）不大于		75/0				75/0							
程序Ⅲ（后24℃）不大于		150/0				150/0							
空气释放值（50℃）/min	不大于	6	10	13	报告	5	6	10	13	报告	报告		SH/T 0308
抗乳化性（乳化液到 3mL 的时间）min 54℃ 不大于		30	30	30	—	30	30	30	30	—	—		GB/T 7305
82℃ 不大于		—	—	—	30	—	—	—	—	30	30		
密封适应性指数	不大于	12	10	8	报告	13	12	10	8	报告	报告		SH/T 0305
氧化安定性 1500h 后总酸值（以 KOH 记）mg/g	不大于	2.0				—							GB/T 12581
1000h 后总酸值（以 KOH 记）mg/g	不大于	—				2.0							GB/T 12581
1000h 后油泥 mg		报告				报告							SH/T 0565

表20（续）

项 目			质 量 指 标										试验方法
			L–HM（高压）				L–HM（普通）						
旋转氧弹（150℃）min			报告				报告						SH/T 0193
抗磨性	齿轮机试验 f/ 失效级	不小于	10	10	10	10	—	10	10	10	10	10	SH/T 0306
	叶片泵试验（100h，总失重）f mg	不大于	—	—	—	—	100	100	100	100	100	100	SH/T 0307
	磨斑直径（392N,60min,75℃,1200r/min）mm		报告				报告						SH/T 0189
	双泵（T6H20C）试验 f 叶片和柱销总失重 mg 柱塞总失重 mg	不大于 不大于	15 300				—						SH/T 0361 的附录 A
水解安定性 铜片失重 mg/cm² 水层总酸度/（以 KOH 计）mg 铜片外观		不大于 不大于	0.2 4.0 未出现灰、黑色				— — —						SH/T 0301
热稳定性（135℃,168h） 铜棒失重 mg/200mL 钢棒失重 mg/200mL 总沉渣重 mg/100mL 40℃运动黏度变化率 % 酸值变化率 % 铜棒外观 钢棒外观		不大于 不大于	10 报告 100 报告 报告 报告 不变色				— — — — — — —						SH/T 0209
过滤性 s 无水 2%水 g		不大于 不大于	600 600				— —						SH/T 0210

表 20（续）

项　目		质　量　指　标		试验方法
		L-HM（高压）	L-HM（普通）	
剪切安定性（250 次循环后，40℃运动黏度下降率）　%	不大于	1	—	SH/T 0103

a　测定方法也包括用 SH/T 0604。

b　测定方法也包括用 GB/T 2541，结果有争议时，以 GB/T 1995 为仲裁方法。

c　用户有特殊要求时，可与生产单位协商。

d　测定方法也包括用 GB/T 264。

e　由供需双方协商确定，也包括用 NAS1638 分级。

f　对于 L-HM（普通）油在产品定型时，允许只对 L-HM22（普通）进行叶片泵试验，其他各黏度等级油所含功能剂类型和量应与产品定型时 L-HM22（普通）试验油样相同。对于 L-HM（高压）在产品定型时，允许只对 L-HM32（高压）进行齿轮机试验和双泵试验，其他各黏度等级油所含功能类型剂类型和量应与产品定型时 L-HM32（高压）试验油样相同。

g　有水时的过滤时间不超过无水时的过滤时间的两倍

表 21　L-HV 低温液压油的技术要求和试验方法

项　目		质　量　指　标							试验方法
黏度等级（GB/T 3141）		10	15	22	32	46	68	100	
密度 a（20℃）　kg/m³		报告							GB/T 1884 GB/T 1885
色度　号		报告							GB/T 6540
外观		透明							目测
闪点　℃　开口　不低于		—	125	175	175	180	180	190	GB/T 3536 GB/T 261
闭口　不低于		100	—	—	—	—	—	—	
运动黏度（40℃）　mm²/s		9.00～11.0	13.5～16.5	19.8～24.2	28.8～35.2	41.1～50.6	61.2～74.8	90～110	GB/T 265
运动黏度 1500mm²/s 时的温度　℃	不高于	-33	-30	-24	-18	-12	-6	0	GB/T 265

表 22（续）

项 目		质 量 指 标							试验方法
黏度等级（GB/T 3141）		10	15	22	32	46	68	100	
黏度指数 [b]	不小于	130	130	140	140	140	140	140	GB/T 1995
倾点 [c] ℃	不高于	−39	−36	−36	−33	−33	−30	−21	GB/T 3535
酸值 [d]（以 KOH） mg/g		报告							GB/T 4945
水分（质量分数） %	不大于	痕迹							GB/T 260
机械杂质		无							GB/T 511
清洁度		e							DL/T 432 GB/T 14039
铜片腐蚀 （100℃，3h） 级	不大于	1							GB/T 5096
硫酸盐灰分 %		报告							GB/T 2433
液相锈蚀（24h）		无锈							GB/T 11143 （B 法）
泡沫性（泡沫倾向/泡沫稳定性） mL/mL 程序Ⅰ（24℃） 不大于 程序Ⅱ（93.5℃） 不大于 程序Ⅲ（后24℃） 不大于		150/0 75/0 150/0							GB/T 12579
空气释放值 （50℃） min	不大于	5	5	6	8	10	12	15	SH/T 0308
抗乳化性（乳化液到3mL 的时间） min 54℃ 不大于 82℃ 不大于		30 —	30 —	30 —	30 —	30 —	30 —	— 30	GB/T 7305
剪切安定性（250次循环后，40℃运动黏度下降率） %	不大于	10							SH/T 0103

表21（续）

项　　目			质　量　指　标							试验方法
黏度等级（GB/T 3141）			10	15	22	32	46	68	100	
密封适应性指数　不大于			报告	16	14	13	11	10	10	SH/T 0305
氧化安定性1500h后总酸值（以KOH记）[f] mg/g	不大于		—	—	2.0					GB/T 12581
1000h后油泥 mg			—	—	报告					SH/T 0565
旋转氧弹（150℃）min			报告	报告	报告					SH/T 0193
抗磨性	齿轮机试验[g]/失效级	不小于	—	—	—	10	10	10	10	SH/T 0306
	磨斑直径（392N,60min,75℃,1200r/min）mm		报告							SH/T 0189
	双泵（T6H20C）试验[g] 叶片和柱销总失重 mg	不大于	—	—	—	15				SH/T 0361的附录A
	柱塞总失重 mg	不大于	—	—	—	300				
水解安定性 铜片失重 mg/cm²	不大于		0.2							SH/T 0301
水层总酸度/（以KOH计）mg	不大于		4.0							
铜片外观			未出现灰、黑色							
热稳定性（135℃,168h）铜棒失重 mg/200mL	不大于		10							SH/T 0209
钢棒失重 mg/200mL			报告							
总沉渣重 mg/100mL	不大于		100							
40℃运动黏度变化 %			报告							
酸值变化率 %			报告							
铜棒外观 钢棒外观			报告							
			不变色							

表 21（续）

项　目		质　量　指　标							试验方法
黏度等级（GB/T 3141）		10	15	22	32	46	68	100	
过滤性 s 无水 不大于 2%水 h 不大于				600 600					SH/T 0210

a　测定方法也包括用 SH/T 0604。
b　测定方法也包括用 GB/T 2541，结果有争议时，以 GB/T 1995 为仲裁方法。
c　用户有特殊要求时，可与生产单位协商。
d　测定方法也包括用 GB/T 264。
e　由供需双方协商确定，也包括用 NAS1638 分级。
f　黏度等级为 10 和 15 的油不测定，但所含抗氧化剂类型和量应与产品定型时黏度等级为 22 的试验油样相同。
g　在产品定型时，允许只对 L-HV32 油进行齿轮机试验和双泵试验，其他各黏度等级所含功能类型和量应与产品定型时黏度等级为 32 的试验油样相同。
h　有水时的过滤时间不超过无水时的过滤时间的两倍

表 22　L-HS 超低温液压油的技术要求和试验方法

项　目		质　量　指　标					试验方法
黏度等级（GB/T 3141）		10	15	22	32	46	
密度 a（20℃） kg/m^3				报告			GB/T 1884 GB/T 1885
色度 号				报告			GB/T 6540
外观				透明			目测
闪点℃ 开口　不低于 闭口　不低于		— 100	125 —	175 —	175 —	180 —	GB/T 3536 GB/T 261
运动黏度（40℃） mm^2/s		9.0～ 11.0	13.5～ 16.5	19.8～ 24.2	28.8～ 35.2	41.4～ 50.6	GB/T 265
运动黏度 1500 （mm^2/s） 时的温度 ℃	不高于	−39	−36	−30	−24	−18	GB/T 265
黏度指数 b	不小于	130	130	150	150	150	GB/T 1995
倾点 c ℃	不高于	−45	−45	−45	−45	−39	GB/T 3535
酸值 d （以 KOH 计） mg/g				报告			GB/T 4945

表 22（续）

项　　　目		质　量　指　标					试验方法
黏度等级（GB/T 3141）		10	15	22	32	46	
水分（质量分数）%	不大于	痕迹					GB/T 260
机械杂质		无					GB/T 511
清洁度		e					DL/T 432 GB/T 14039
铜片腐蚀（100℃，3h）/级	不大于	1					GB/T 5096
硫酸盐灰分 %		报告					GB/T 2433
液相锈蚀（24h）		无锈					GB/T 11143（B 法）
泡沫性（泡沫倾向/泡沫稳定性）mL/mL　程序 I （24℃）　　　不大于		150/0					GB/T 12579
程序 II （93.5℃）　　　不大于		75/0					
程序 III （后 24℃）　　　不大于		150/0					
空气释放值（50℃）min	不大于	5	5	6	8	10	SH/T 0308
抗乳化性（乳化液到 3mL 的时间）min 54℃	不大于	30					GB/T 7305
剪切安定性（250 次循环后，40℃运动黏度下降率）%	不大于	10					SH/T 0103
密封适应性指数	不大于	报告	16	14	13	11	SH/T 0305
氧化安定性 1500h 后总酸值（以 KOH 记）f mg/g	不大于	—	—	2.0			GB/T 12581 SH/T 0565
1000h 后油泥 mg		—	—	报告			
旋转氧弹（150℃）min		报告	报告	报告			SH/T 0193

表 22（续）

项　　目			质　量　指　标					试验方法
黏度等级（GB/T 3141）			10	15	22	32	46	
抗磨性	齿轮机试验 g/失效级	不小于	—	—	—	10	10	SH/T 0306
	磨斑直径（392N, 60min, 75℃, 1200r/min） mm		报告					SH/T 0189
	双泵（T6H20C）试验 ↑ 叶片和柱销总失重 mg	不大于	—	—	—	—	15	SH/T 0361 的附录 A
	柱塞总失重	不大于	—	—	—	—	300	
水解安定性 铜片失重 mg/cm²		不大于	0.2					SH/T 0301
水层总酸度（以 KOH 计） mg		不大于	4.0					
铜片外观			未出现灰、黑色					
热稳定性（135℃, 168h） 铜棒失重 mg/200mL		不大于	10					SH/T 0209
钢棒失重 mg/200mL			报告					
总沉渣重 mg/200mL		不大于	100					
40℃运动黏度变化率 %			报告					
酸值变化率			报告					
铜棒外观			不变色					
钢棒外观								
过滤性/s 无水	不大于		600					SH/T 0210
2%水 h	不大于		600					

a　测定方法也包括用 SH/T 0604。
b　测定方法也包括用 GB/T 2541，结果有争议时，以 GB/T 1995 为仲裁方法。
c　用户有特殊要求时，可与生产单位协商。
d　测定方法也包括用 GB/T 264。
e　由供需双方协商确定，也包括用 NAS1638 分级。
f　黏度等级为 10 和 15 的油不测定，但所含抗氧化剂类型和量应与产品定型时黏度等级为 22 的试验油样相同。
g　在产品定型时，允许只对 L–HS32 油进行齿轮机试验和双泵试验，其他各黏度等级所含功能类型和量应与产品定型时黏度等级为 32 的试验油样相同
h　有水时的过滤时间不超过无水时的过滤时间的两倍

表 23 L-HG 液压导轨油的技术要求和试验方法

项　　　目	质　量　指　标				试验方法
黏度等级（GB/T 3141）	32	46	68	100	
密度 a（20℃） kg/m³	报告				GB/T 1884 和 GB/T 1885
色度 号	报告				GB/T 6540
外观	透明				目测
闪点 ℃　　　开口　　不低于	175	185	195	205	GB/T 3536
运动黏度（40℃） mm²/s	28.8～ 35.2	41.4～ 50.6	61.2～ 74.8	90～110	GB/T 265
黏度指数 b　　　　不小于	90				GB/T 1995
倾点 c ℃　　　　　不高于	-6	-6	-6	-6	GB/T 3535
酸值 d（以 KOH 计） mg/g	报告				GB/T 4945
水分（质量分数） %　　　　　不大于	痕迹				GB/T 260
机械杂质	无				GB/T 511
清洁度	e				DL/T 432 和 GB/T 14039
铜片腐蚀（100℃，3h） /级　　　　不大于	1				GB/T 5096
液相锈蚀（24h）	无锈				GB/T 11143 （A 法）
皂化值（以 KOH 计） mg/g	报告				GB/T 8021
泡沫性（泡沫倾向/ 泡沫稳定性） mL/mL 程序Ⅰ（24℃）　不大于 程序Ⅱ（93.5℃）　不大于 程序Ⅲ（后 24℃）　不大于	150/0 75/0 150/0				GB/T 12579
密封适应性指数　不大于	报告				SH/T 0305
抗乳化性（乳化液到 3mL 的时间）　54℃ min　　　82℃	报告 —		— 报告		GB/T 7305
黏滑特性（动静摩擦 系数差值）f　不大于	0.08				SH/T 0361 的附录 A

表 23（续）

项　目		质　量　指　标				试验方法
黏度等级（GB/T 3141）		32	46	68	100	
氧化安定性 1000h 后总酸值/（以 KOH 记） mg/g 1000h 后油泥 mg 旋转氧弹（150℃） min	不大于	2.0 报告 报告				GB/T 12581 SH/T 0565 SH/T 0193
抗磨性 齿轮机试验/失效级 磨斑直径 （392N, 60min, 75℃, 1200r/min） mm	不小于	10 报告				SH/T 0306 SH/T 0189

a　测定方法也包括用 SH/T 0604。
b　测定方法也包括用 GB/T 2541。结果有争议时，以 GB/T 1995 为仲裁方法。
c　用户有特殊要求时，可与生产单位协商。
d　测定方法也包括用 GB/T 264。
e　由供需双方协商确定，也包括用 NAS1638 分级。
f　经供需双方商定后也可以采用其他黏滑特性测定法

4.3.4　安装、调试阶段的监督

4.3.4.1　验收合格的液压油，注入液压设备油箱前应进行净化过滤。

4.3.4.2　液压设备液压油清洁度应达到 ISO 4406 中要求的 18/15 级，或符合设备制造厂规定或供需双方协商确定等级。

4.3.4.3　液压设备在装配接头、管路及油箱等部件时，应按有关工艺规范清洗干净，保证设备清洁度等级要求。

4.3.4.4　液压设备调试、投运前，油管路、可拆卸结合面、活动连接的密封处应密封良好，不得有渗漏现象。

4.3.5　运行阶段的监督

4.3.5.1　运行过程中应防止外界灰尘、金属碎末、锈蚀粒子、水和湿度大的空气进入油箱。

4.3.5.2　定期检查液压设备阀门、油管路、油箱、各连接面应无漏油现象，油箱油位正常。油箱安装吸湿器内吸附剂失效应及时更换。

4.3.5.3　液压设备油箱液压油质量超标，现场应进行净化处理，油净化设备温度应控制在50℃以内。

4.3.5.4　根据液压油设备运行环境和使用液压油的类型、用油量以及检测指标的变化情况，确定液压油是否需要进行净化处理或换油。

4.3.5.5　参照表 24 中的规定对液压油进行监督，必要时进行换油指标检测，当有一项指标达到换油标准时，应立即更换新油。

4.3.5.6 L–HL 液压油换油指标的技术要求和试验方法，见表 25。L–HM 液压油换油指标的技术要求和试验方法，见表 26。

表 24　运行液压油的质量指标及检验周期

序号	检测项目	质量指标	检测周期	试验方法
1	油液温度	<50℃	1～3 个月	目测
2	液压压力	运行设定值	1～3 个月	目测
3	液压油管路渗漏	外观检查	1～3 个月	目测
4	液压油滤清器	按照规定检查	1～3 个月	目测
5	外观	透明，无机械杂质	1～3 个月	外观目视
6	颜色	无明显变化	1～3 个月	外观目视
7	水分 %	无	1 年一次、必要时	SH/T 0257
8	40℃运动黏度变化率 %	与新油原始值相差< ±10%	1 年一次、必要时	GB/T 265
9	酸值 mgKOH/g	报告	1 年一次、必要时	GB/T 264
10	洁净度（NAS1638）级	报告	1 年一次、必要时	DL/T 432
11	闪点（开口杯）℃	与新油原始值比不低于 15℃	必要时	GB/T 267、GB/T 3536
12	色度变化（比新油/号）	报告	必要时	GB/T 6540
13	铜片腐蚀（100℃，3h）级	≤2a	必要时	GB/T 5096
14	旋转氧弹（150℃）min	报告	必要时	SH/T 0193
15	液相锈蚀（蒸馏水）	无锈	必要时	GB/T 11143
注：必要时，如：油色异常、有异味、劣化，补油后，设备启动前等				

表 25　L–HL 液压油换油指标的技术要求和试验方法

项　目		换油指标	试验方法
外观		不透明或混浊	目　测
40℃运动黏度变化率 %	超过	±10	GB/T 265 及 SH/T 0476 标准 3.2 条
色度变化（比新油）号	等于或大于	3	GB/T 6540
酸值 mgKOH/g	大于	0.3	GB/T 264
水分 %	大于	0.1	GB/T 260

表 25（续）

项　目		换油指标	试验方法
机械杂质 %	大于	0.1	GB/T 511
铜片腐蚀（100℃，3h） 级	等于或大于	2	GB/T 5096

表 26　L–HM 液压油换油指标的技术要求和试验方法

项　目		换油指标	试验方法
40℃运动黏度变化率 %	超过	±10	GB/T 265 及 SH/T 0599 标准 3.2 条
水分（质量分数） %	大于	0.1	GB/T 260
色度增加 号	大于	2	GB/T 6540
酸值增加 [a] mgKOH/g	大于	0.3	GB/T 264、GB/T 7304
正戊烷不溶物 [b] %	大于	0.10	GB/T 8926 A 法
铜片腐蚀（100℃,3h） 级	大于	2a	GB/T 5096
泡沫特性（24℃） （泡沫倾向/泡沫稳定性） mL/mL	大于	450/10	GB/T 12579
清洁度 [c]	大于	–/18/15 或 NAS9	GB/T 14039 或 NAS1638

[a] 结果有争议时以 GB/T 7304 为仲裁方法。
[b] 允许采用 GB/T 511 方法，使用 60℃～90℃石油醚作溶剂，测定试样机械杂质。
[c] 根据设备制造商的要求适当调整

4.3.6　液压油设备补油、换油

4.3.6.1　液压油设备换油按照 SH/T 0476、SH/T 0599 规定执行。

4.3.6.2　运行设备油位低，影响设备安全稳定运行时，应对设备内补油。

4.3.6.3　补加油宜采用与已充油同一油源、同一牌号及同一添加剂类型的油品，并且补加油（新油或已使用的油）的各项特性指标不应低于已充油。

4.3.6.4　当要补加不同品牌，不同制造商的相同牌号油时，应进行混油试验。

4.3.6.5　油的相容性（混油）相关规定，见附录 A.2。

4.3.7　液压油设备检修监督

4.3.7.1　检修回收液压油处理，油温控制应不大于 65℃，过滤精度应小于或等于 5μm。

4.3.7.2　液压油设备检修或换油时应将有污染的油箱和管路清洁干净，避免使用溶剂清洗管路设备容器。

4.3.7.3 油质劣化换油时，应将液压系统中的劣化油排放干净，用合格的油冲洗后排空，冲洗油的洁净度应达到 ISO 4406 中要求的 18/15 级。有关油的颗粒度（清洁度或污染度）标准参见附录 B。

4.3.7.4 检修后注入液压油设备油的质量标准应满足表 24 质量指标要求。

4.4 齿轮油监督

4.4.1 设计阶段

4.4.1.1 齿轮油选用符合 GB 5903、JB/T 8831 规定。

4.4.1.2 齿轮油设备设计应严格按照国家、行业标准规定和相关反事故措施的要求。

4.4.1.3 改型、扩建应结合设备用油的具体情况，选择同一厂家、牌号的齿轮油，便于维护管理。

4.4.1.4 制造厂应提供齿轮油设备所用齿轮油的厂家、牌号、油量和质量所必需的指导性文件。

4.4.1.5 齿轮油应具有合适的黏度以及含有适量的功能添加剂，还应具有较强的抗点蚀及极压性能。

4.4.1.6 齿轮油的选择除了满足齿轮和轴承外，还应考虑其他零部件如密封件、涂料、油泵及滤清器等的特殊要求。

4.4.1.7 工业闭式齿轮润滑油的选择，见表 27。高速齿轮润滑油种类的选择，见表 28。

表 27 工业闭式齿轮润滑油的选择

条 件		推荐使用的工业闭式齿轮润滑油
齿面接触应力 σ_H N/mm²	齿轮使用工况	
<350	一般齿轮传动	抗氧防锈工业齿轮油（L–CKB）
350~500 （轻负荷齿轮）	一般齿轮传动	抗氧防锈工业齿轮油（L–CKB）
	有冲击的齿轮传动	中负荷工业齿轮油（L–CKC）
500~1100 （中负荷齿轮）	矿井提升机、露天采掘机、水泥磨、化工机械、水力电力机械、冶金矿山机械、船舶海港机械等的齿轮传动	中负荷工业齿轮油（L–CKC）
>1100 （重负荷齿轮）	冶金轧钢、井下采掘、高温有冲击、含水部位的齿轮传动等	重负荷工业齿轮油（L–CKD）
<500	在更低的、低的或更高的环境温度和轻负荷下运行的齿轮传动	极温工业齿轮油（L–CKS）
≥500	在更低的、低的或更高的环境温度和重负荷下运行的齿轮传动	极温重负荷工业齿轮油（L–CKT）
注：在计算出的齿面接触应力略小于 1100N/mm² 时，若齿轮工况为高温、有冲击或含水等，为安全计，应选用重负荷工业齿轮油		

表 28 高速齿轮润滑油种类的选择

条　　件		推荐使用的高速齿轮润滑油
齿面接触负荷系数 K N/mm²	齿轮使用工况	
硬齿面齿轮 1）：$K<2$ 软齿面齿轮 2）：$K<1$	不接触水、蒸汽或氨的一般高速齿轮传动	防锈汽轮机油
	在有氨的环境气氛下工作的高速齿轮箱，如大型合成氨化肥装置离心式合成气压缩机、冷冻机及汽轮机齿轮箱等	防锈汽轮机油
	在有氨的环境气氛下工作的高速齿轮箱，如大型合成氨化肥装置离心式合成气压缩机、冷冻机及汽轮机齿轮箱等	抗氨汽轮机油
硬齿面齿轮 1）：$K\geq2$ 软齿面齿轮 2）：$K\geq1$	要求改善齿轮承载能力的发电机、工业装置和船舶高速齿轮装置	极压汽轮机油
注 1：硬齿面齿轮：$HRC\geq45$。 注 2：软齿面齿轮：$HB\leq350$		

4.4.2 交货验收

4.4.2.1 交货验收按 SH 0164 规定执行。

4.4.2.2 交货油品的文件包括：生产商名称、油品类别、合格证，所添加的添加剂类别和含量。

4.4.3 新油验收

4.4.3.1 新油验收按照 GB 5903 规定执行。

4.4.3.2 取样按照 GB/T 4756、GB/T 7597 规定执行。

4.4.3.3 工业闭式齿轮油的技术要求和试验方法，见表 29～表 31。

表 29 L–CKB 的技术要求和试验方法

项　　目		质　量　指　标				试验方法
黏度等级（GB/T 3141）		100	150	220	320	
运动黏度（40℃） mm²/s		80.0～ 110	135～ 165	198～ 242	288～ 352	GB/T 265
黏度指数	不小于	90				GB/T 1995[a]
闪点 ℃	开口	不低于	180	200		GB/T 3536
倾点 ℃		不高于	−8			GB/T 3535
水分（质量分数） %		不大于	痕迹			GB/T 260
机械杂质 （质量分数） %		不大于	0.01			GB/T 511

表 29（续）

项　　目			质　量　指　标				试验方法
黏度等级（GB/T 3141）			100	150	220	320	
铜片腐蚀 （100℃，3h） 级		不大于	1				GB/T 5096
液相锈蚀（24h）			无锈				GB/T 11143 （B 法）
氧化安定性 总酸值达 2.0mg KOH/g 的 时间 h		不小于	750		500		GB/T 12581
旋转氧弹（150℃） min			报告				SH/T 0193
泡沫性（泡沫倾向/泡沫稳定性） mL/mL 程序Ⅰ（24℃） 程序Ⅱ（93.5℃） 程序Ⅲ（后 24℃）		不大于 不大于 不大于	75/10 75/10 75/10				GB/T 12579
抗乳化性 （82℃）油中水（体积 分数） % 乳化层/mL 总分离水/mL		不大于 不大于 不大于	0.5 2.0 30.0				GB/T 8022
a　测定方法也包括 GB/T 2541，结果有争议时以 GB/T 1995 为仲裁方法							

表 30　L–CKC 的技术要求和试验方法

项　目	质　量　指　标											试验方法
黏度等级 （GB/T 3141）	32	46	68	100	150	220	320	460	680	1000	1500	
运动黏度 （40℃） mm²/s	28.8 ~ 35.2	41.4 ~ 50.6	61.2 ~ 74.8	90.0 ~ 110	135 ~ 165	198 ~ 242	288 ~ 352	414 ~ 506	612 ~ 748	900 ~ 1110	1350 ~ 1650	GB/T 265
外观	透明											目测 a
黏度指数　不小于	90							85				GB/T 1995 b
表观黏度达 150 000mPa·s 时的温度 ℃	c											GB/T 11145

表 30（续）

项 目		质 量 指 标											试验方法
黏度等级（GB/T 3141）		32	46	68	100	150	220	320	460	680	1000	1500	
倾点 ℃	不高于	-12					-9			-5			GB/T 3535
闪点（开口）℃	不低于	180			200								GB/T 3536
水分（质量分数）%	不大于	痕迹											GB/T 260
机械杂质（质量分数）%	不大于	0.02											GB/T 511
泡沫性（泡沫倾向/泡沫稳定性）mL/mL 程序Ⅰ（24℃） 不大于		50/0							75/10				GB/T 12579
程序Ⅱ（93.5℃） 不大于		50/0							75/10				
程序Ⅲ（后24℃） 不大于		50/0							75/10				
铜片腐蚀（100℃，3h）级	不大于	1											GB/T 5096
抗乳化性（82℃）油中水（体积分数）%	不大于	2.0						2.0					GB/T 8022
乳化层 mL	不大于	1.0						4.0					
总分离水 mL	不大于	80.0						50.0					
液相锈蚀（24h）		无锈											GB/T 11143（B法）

表 30（续）

项 目		质 量 指 标											试验方法
黏度等级（GB/T 3141）		32	46	68	100	150	220	320	460	680	1000	1500	
氧化安定性（95℃ 312h）	不大于	6											SH/T 0123
100℃运动黏度增长 %	不大于	0.1											
沉淀值 mL													
极压性能（梯姆肯试验机法）OK 负荷值/ N（lb）	不小于	200（45）											GB/T 11144
承载能力齿轮机试验/失效级	不小于	10	12	>12									SH/T 0306
剪切安定性（齿轮机法）剪切后40℃运动黏度 mm²/s		在黏度等级范围内											SH/T 0200

a 取 30mL～50mL 样品，倒入洁净的量筒中，室温下静置 10min 后，在常光下观察。
b 测定方法也包括 GB/T 2541，结果有争议时，以 GB/T 1995 为仲裁方法。
c 此项目根据客户要求进行检测

表 31 L–CKD 的技术要求和试验方法

项 目		质 量 指 标								试验方法
黏度等级（GB/T 3141）		68	100	150	220	320	460	680	1000	试验方法
运动黏度（40℃）mm²/s		61.2～74.8	90.0～110	135～165	198～242	288～352	414～506	612～748	900～1100	GB/T 265
外观		透明								目测 a
运动黏度（100℃）mm²/s		报告								GB/T 265
黏度指数	不小于	90								GB/T 1995 b
表观黏度达150 000MPa·s 时的温度 ℃		c								GB/T 11145

表 31（续）

项　　目		质　量　指　标								试验方法
黏度等级（GB/T 3141）		68	100	150	220	320	460	680	1000	试验方法
倾点 ℃	不高于	−12			−9			−5		GB/T 3535
闪点（开口）℃	不低于	180	200							GB/T 3536
水分（质量分数）%	不大于	痕迹								GB/T 260
机械杂质（质量分数）%	不大于	0.02								GB/T 511
泡沫性（泡沫倾向/泡沫稳定性）mL/mL 程序Ⅰ（24℃）不大于		50/0							75/10	GB/T 12579
程序Ⅱ（93.5℃）不大于		50/0							75/10	
程序Ⅲ（后24℃）不大于		50/0							75/10	
铜片腐蚀（100℃，3h）级	不大于	1								GB/T 5096
抗乳化性（82℃）油中水（体积分数）%	不大于	2.0							2.0	GB/T 8022
乳化层 mL	不大于	1.0							4.0	
总分离水 mL	不大于	80.0							50.0	
液相锈蚀（24h）		无锈								GB/T 11143（B法）
氧化安定性（121℃，312h）100℃运动黏度增长 %	不大于	6							报告	SH/T 0123
沉淀值 mL	不大于	0.1							报告	
极压性能（梯姆肯试验机法）OK 负荷值/N（lb）	不小于	267（60）								GB/T 11144

表 31（续）

项 目		质 量 指 标								试验方法
黏度等级 （GB/T 3141）		68	100	150	220	320	460	680	1000	
承载能力 齿轮机试验/失效级	不小于	12			>12					SH/T 0306
剪切安定性 （齿轮机法） 剪切后 40℃运动黏度 mm²/s		在黏度等级范围内								SH/T 0200
四球机试验 烧结负荷（P_D） N（kgf）	不小于	2450（250）								GB/T 3142
综合磨损指数/n （KGF）	不小于	441（45）								SH/T 0189
磨斑直径 （196N, 60min, 54℃, 1800r/min） mm	不大于	0.35								

a 取 30mL～50mL 样品，倒入洁净的量筒中，室温下静置 10min 后，在常光下观察。
b 测定也方法包括 GB/T 2541，结果有争议时，以 GB/T 1995 为仲裁方法。
c 此项目根据客户要求进行检测

4.4.4 安装、调试阶段的监督

4.4.4.1 验收合格的齿轮油，注入齿轮油设备油箱前应进行净化过滤。

4.4.4.2 齿轮机注入齿轮油清洁度，应满足制造厂规定或由供需双方协商确定。

4.4.4.3 齿轮机在装配接头、管路及油箱等部件时，应按有关工艺规范清洗干净，保证设备清洁度。

4.4.4.4 齿轮机油管路、组件、可拆卸结合面、活动连接的密封处应密封良好，不得有油液渗漏现象。

4.4.5 运行阶段的监督

4.4.5.1 运行过程中应防止外界灰尘、金属碎末、锈蚀粒子和水的污染油箱。

4.4.5.2 在寒冷工况下时，箱体油温必须高出润滑油倾点 5℃以上，油液才能自循环、才允许启动润滑油泵。

4.4.5.3 参照表 32 中的规定对齿轮油进行监督，必要时进行换油指标检测，当有一项指标达到换油标准时，应立即更换新油。

表 32 运行齿轮油质量指标及检测周期

序号	检测项目 a	质量指标	检测周期	试验方法
1	油液温度	<50℃或运行设定值	1～3 个月	目测
2	空气滤清器	污堵检查	1～3 个月	目测
3	润滑油过滤器滤芯压差	根据压差更换	1～3 个月	目测

表 32（续）

序号	检测项目 [a]	质量指标	检测周期	试验方法
4	润滑油管路渗漏	外观检查	1~3 个月	目测
5	外观	透明，无机械杂质	每年一次、必要时 [b]	目测
6	颜色	无明显变化	每年一次、必要时 [b]	外观目视
7	机械杂质 %	≤0.2	每年一次、必要时 [b]	GB/T 511
8	水分 %	无	每年一次、必要时 [b]	GB/T 260
9	酸值 mg KOH/g　　增加值	＜0.8	每年一次、必要时 [b]	GB/T 7304
10	运动黏度（40℃） mm²/s	与新油原始值相差小于 ±10%	每年一次、必要时 [b]	GB/T 265
11	黏度指数	≥ 90	必要时 [b]	GB/T 1995
12	闪点（开口杯） ℃	与新油原始值比不低于 15℃	必要时 [b]	GB/T 267、 GB/T 3536
13	液相锈蚀（蒸馏水）	无锈	必要时 [b]	GB/T 11143
14	清洁度等级	≤7	必要时 [b]	GB/T 14039
15	倾点 ℃	≤-9	必要时 [b]	GB/T 3535
16	铜片腐蚀（100℃，3h） 级	≤2b	必要时 [b]	GB/T 5096
17	氧化安定性（旋转氧弹法） min	报告试验数据与 新油对比	必要时 [b]	SH/T 0193
18	泡沫性（泡沫倾向/泡沫稳定性）[c] mL/mL　　24℃ 93.5℃ 后 24℃	≤75/10 ≤75/10 ≤75/10	必要时 [b]	GB/T 12579
19	抗乳化性（82℃） 油中水 % 乳化层 mL 总分离水 mL	≤2.0 ≤1.0 ≤80	必要时 [b]	GB/T 8022
20	Timken 机试验（OK 负荷）N （1b）	报告	必要时 [b]	GB/T 11144

a　按监督细则规定的时间间隔进行例行检查。

b　必要时指油颜色、外观异常、乳化、劣化等情况。

c　油品在使用过程中，若发现泡性能变差时，可根据使用情况向油品中补加抗泡沫添加剂

4.4.5.4 工业闭式齿轮油换油指标的技术要求和试验方法，见表33。

表33 工业闭式齿轮油换油指标的技术要求和试验方法

项　目		L–CKC 换油指标	L–CKD 换油指标	试验方法
外观		异常 [a]	异常 [a]	目测
运动黏度（40℃）变化率 %	超过	±15	±15	GB/T 265
水分（质量分数） %	大于	0.5	0.5	GB/T 260
机械杂质（质量分数） %	大于或等于	0.5	0.5	GB/T 511
铜片腐蚀（100℃，3h） 级	大于或等于	3b	3b	GB/T 5096
梯姆肯 OK 值 N	小于或等于	133.4	178	GB/T 11144
酸值增加 mgKOH/g	大于或等于	—	1.0	GB/T 7304
铁含量 mg/kg	大于或等于	—	200	GB/T 17476

[a] 外观异常是指使用后油品颜色与新油相比变化非常明显（如由新油的黄色或者棕黄色等变为黑色）或油品中能观察到明显的油泥状物质或颗粒物质等

4.4.6 齿轮油设备补油、换油

4.4.6.1 齿轮油设备换油按照 NB/SH/T 0586 规定执行。

4.4.6.2 可采取根据经验换油、定期换油等方法，但换油要求不得低于齿轮油更换标准。

4.4.6.3 运行设备油位低，影响设备安全稳定运行时，应对设备内补油。

4.4.6.4 补加油宜采用与已充油同一油源、同一牌号及同一添加剂类型的油品，并且补加油（新油或已使用的油）的各项特性指标不应低于已充油。

4.4.6.5 当要补加不同品牌、不同制造商的相同牌号油时，应进行混油试验。

4.4.6.6 油的相容性（混油）相关规定，见附录 A.2。

4.4.7 齿轮油设备检修监督

4.4.7.1 设备检修或换油时，对齿轮箱体内表面必须检查，清除箱体内表面所有残余物。

4.4.7.2 避免使用溶剂清洗齿轮箱体，清洗剂和洗涤油应完全从齿轮箱体内排除以免污染新加入的油。有关油的颗粒度（清洁度或污染度）标准见附录 B。

4.4.7.3 检修后注入齿轮油设备油的质量标准应满足表32 质量指标要求。

4.5 辅机用油技术监督

4.5.1 水力发电厂辅机及用油类型

4.5.1.1 按照 DL/T 290 规定执行。

4.5.1.2 水力发电厂辅机及用油类型，见表34。

表 34 水力发电厂辅机及用油类型

序号	辅机名称	用油名称	用油黏度等级（40℃）
1	桥机、门机、卷扬机	齿轮油	150
2	液压启闭机	汽轮机油	32、46
		液压油	32、46、68
3	空气压缩机	空气压缩机油	32、46
4	GIS 断路器操作机构	航空液压油	10、15
5	检修、渗漏排水泵	汽轮机油	32、46
		液压油	32、46
		6 号液力传动油	6（100℃）
6	风机	汽轮机油	32、46、68、100
		液压油	22、46、68
7	汽车起重机、装载机、推土机	液压油	32、46、68
8	无动力登高车、车载登高车、举升机、叉车	液压油	32、46、68
9	真空滤油机、真空抽气机组	真空泵油	32、46、68、100

4.5.2 新油验收

4.5.2.1 交货验收按照 SH 0164 规定执行。

4.5.2.2 按油类型进行取样验收，空气压缩机用油按照 GB 12691 验收，6 号液力传动油按照 TB/T 2957 验收等。

4.5.2.3 测定洁净度取样按照 DL/T 432 规定执行，其他项目试验取样按照 GB/T 7597 规定执行。

4.5.3 安装阶段的监督

4.5.3.1 辅机设备在进油之前应进行油系统冲洗，将油系统全部设备及管道冲洗达到规定的合格的清洁度。

4.5.3.2 辅机设备油管路、组件、可拆卸结合面、活动连接的密封应密封良好，不得有油液渗漏现象。

4.5.4 运行阶段的监督

4.5.4.1 用油量大于 100L 的辅机用油按油类型进行监督，空气压缩机油质量指标、检测周期依照表 35 中要求执行。

表 35 运行空气压缩机油的质量指标及检验周期

序号	检测项目	质量指标	检验周期	试验方法
1	外观	透明，无机械杂质	1 年或必要时	外观目视
2	颜色	无明显变化	1 年或必要时	外观目视

表 35（续）

序号	检 测 项 目	质 量 指 标	检验周期	试验方法
3	运动黏度（40℃）mm²/s	与新油原始值相差小于±10%	1年、必要时	GB/T 265
4	机械杂质	无	1年或必要时	DL/T 432
5	酸值 mgKOH/g	与新油原始值比增加小于或等于0.2	1年或必要时	GB/T 264
6	液相锈蚀（蒸馏水）	无锈	必要时	GB/T 11143
7	水分 mg/L	痕迹	1年或必要时	GB/T 7600
8	旋转氧弹（150℃）min	≥60	必要时	SH/T 0193

4.5.4.2 用油量小于100L的辅机用油监督，运行中应观察油位、外观、颜色和机械杂质，必要时进行换油处理。如无异常变化，则每次大修时或按照设备制造商要求做换油处理。

4.5.4.3 运行中应检查辅机用油设备与大气相通的门、孔、盖等部位，防止污染物的直接侵入，如发现运行油受到水分、杂质污染时，应及时采取有效措施予以解决。

4.5.5 辅机设备补油、换油

4.5.5.1 运行中需要补加油时，应补加经检验合格的相同品牌、相同规格的新油。

4.5.5.2 当要补加不同品牌的油时，除进行混油试验外，还应对混合油样进行全分析试验，混合油样的质量应不低于运行油的质量标准。

4.5.5.3 辅机设备换油应将油系统中的劣化油排放干净，用冲洗油将油系统彻底冲洗后排空，注入新油冲洗，直到油质符合运行油的要求。

4.5.6 辅机设备检修监督

4.5.6.1 油系统放油后应对油箱、油泵、过滤器等重要部件进行检查，并分析污染物的可能来源，采取相应的措施。

4.5.6.2 对油系统解体后的元件及管道进行清理。清洗时所用的有机溶剂应洁净，并注意对清洗后残留液的清除，清理后的部件应用洁净油冲洗。

4.5.6.3 检修后注入辅机设备的油应按油类型检测并符合质量标准要求。

4.6 六氟化硫气体技术监督

4.6.1 设计阶段监督

4.6.1.1 六氟化硫气体质量标准应符合 GB/T 12022、DL/T 941 规定。

4.6.1.2 六氟化硫气体电气设备设计应符合 DL/T 5139、DL/T 617 规定和相关反事故措施要求。

4.6.1.3 设置专用六氟化硫气体库，气体设计应符合 GB 50140、DL 5027 相关要求。

4.6.2 新气验收

4.6.2.1 检查生产厂家的质量证明书，其内容应包括：生产厂家名称、产品名称、气瓶编号、生产日期、净重、检验报告等。

4.6.2.2 取样按照 DL/T 1032、GB/T 12022、GB/T 8905 规定执行。

4.6.2.3 新气按照 GB/T 12022、GB/T 8905、DL/T 941 规定验收，进口新气应按合同规定指

标验收。

4.6.2.4 抽检率：六氟化硫新气到货后 30 天内应进行抽检，从同批气瓶抽检时，抽取样品的瓶数应符合表 36 的规定。

表 36　总气瓶数与应抽取的瓶数

项　目	1	2	3	4[a]	5[a]
总气瓶数	1～3	4～6	7～10	11～20	20 以上
抽取瓶数	1	2	3	4	5

[a]　除抽检瓶数外，其余瓶数测定湿度和纯度

4.6.2.5 对不具备新气验收的水力发电厂，新气购置到货应按要求抽检送至具备检验资质单位进行检验；具备新气验收条件的水力发电厂应进行抽样检测验收，分析项目及质量指标，见表 37。

4.6.2.6 六氟化硫气体储存时间超过半年后，使用前应重新检测湿度，指标应符合新气标准。

表 37　新六氟化硫（包括再生气体）分析项目及指标要求

序号	项　目	单　位	指　标	试验方法
1	六氟化硫（SF_6）	%（质量比）	≥99.9	DL/T 920
2	空气	%（质量比）	≤0.04	DL/T 920
3	四氟化碳（CF_4）	%（质量比）	≤0.04	DL/T 920
4	湿度（20℃） 重量比	%（质量比）	≤0.0005	GB/T 5832
	露点（101 325Pa）	℃	≤−49.7	
5	酸度（以 HF 计）	%（质量比）	≤0.00002	DL/T 916
6	可水解氟化物（以 HF 计）	%（质量比）	≤0.00010	DL/T 918
7	矿物油	%（质量比）	≤0.0004	DL/T 919
8	毒性		生物试验无毒	DL/T 921

4.6.3　安装阶段的监督

投运前、交接时六氟化硫气体分析项目、质量指标依照表 38 中要求执行。

表 38　投运前、交接时六氟化硫分析项目及质量要求（不包括混合气体）

序号	项　目	周期	单　位	标　准	检测方法
1	气体泄漏	投运前	%年	≤0.5	GB 11023
2	湿度（20℃）	投运前	μL/L	灭弧室小于或等于 150 非灭弧室小于或等于 250	DL/T 506
3	酸度（以 HF 计）	必要时	%（质量比）	≤0.000 03	DL/T 916
4	四氟化碳	必要时	%（质量比）	≤0.05	DL/T 920

表 38（续）

序号	项　目	周期	单　位	标　准	检测方法
5	空气	必要时	%（质量比）	≤0.05	DL/T 920
6	可水解氟化物（以 HF 计）	必要时	%（质量比）	≤0.0001	DL/T 918
7	矿物油	必要时	%（质量比）	≤0.001	DL/T 919
8	气体分解物	必要时	小于 5μL/L，或（SO_2+SOF_2）小于 2μL/L、HF 小于 2μL/L		电化学传感器、气相色谱、红外光谱等

4.6.4　运行阶段的监督

4.6.4.1　按照 GB/T 8905、DL/T 639、DL/T 595、DL/T 941 规定执行。

4.6.4.2　运行中六氟化硫气体分析项目、质量标准、检测周期依照表 39 中要求执行。

表 39　运行中六氟化硫气分析项目及质量指标

序号	项　目	周　期	质　量　标　准	检测方法
1	气体泄漏 [a]	日常监控，必要时	年泄漏量不大于总气量的 0.5%	GB 11023
2	湿度（20℃）（H_2O）μL/L	1～3 年/次大修后，必要时 [b]	（1）有电弧分解物的隔室：大修后：不大于 150；运行中：不大于 300。（2）无电弧分解物的隔室：大修后：不大于 250；运行中：不大于 500（1000）[c]	DL/T 506
3	酸度（以 HF 计）μg/g	必要时 [d]	≤0.3	DL/T 916
4	四氟化碳（CF_4，m/m）%	必要时 [d]	大修后小于或等于 0.05；运行中小于或等于 0.1	DL/T 920
5	空气（O_2+N_2，m/m）%	必要时 [d]	大修后小于或等于 0.05；运行中小于或等于 0.2	DL/T 920
6	可水解氟化物（以 HF 计）μg/g	必要时 [d]	≤1.0	DL/T 918
7	矿物油 μg/g	必要时 [d]	≤10	DL/T 919
8	气体分解产物	必要时 [d]	50μL/L 全部，或 12μL/L（SO_2+SOF_2）、25μL/L HF，注意设备中分解产物变化增量	电化学传感器、气相色谱、红外光谱等

[a] 气体泄漏检查可采用多种方式，如定性检漏、定量检漏、红外成像检漏、激光成像检漏等；

[b] 是指新装及大修后 1 年内复测湿度或漏气量不符合要求和设备异常时，按实际情况增加的检测；

[c] 若采用括号内数值，应得到制造厂认可；

[d] 怀疑设备存在故障或异常时，或是需要据此查找原因时

4.6.4.3 运行中六氟化硫气体变压器监督按照 DL/T 941 规定执行。

4.6.4.4 对于制造厂有特殊要求的六氟化硫气体检测项目，应按照制造厂提供的运行中六氟化硫质量标准执行。

4.6.4.5 六氟化硫气体电气设备通电后一般每三个月，亦可一年内复核一次六氟化硫气体中的湿度，直至稳定后，每 1 年～3 年检测湿度一次。

4.6.4.6 对充气压力低于 0.35MPa 且用气量少的六氟化硫电气设备（如 35kV 以下的断路器），只要不漏气，交接时气体湿度合格，除在异常时，运行中可不检测气体湿度。

4.6.4.7 六氟化硫气体分解产物检测项目及要求。

　　a) 不同电压等级系统中的设备，按表 40 规定的检测周期进行 SF_6 气体分解产物现场检测。

表 40　不同电压等级设备的六氟化硫气体分解产物检测周期

电压 kV	检 测 周 期	备 注
750、1000	（1）新安装和解体检修后投运 3 个月内检测 1 次； （2）正常运行每 1 年检测 1 次； （3）诊断检测	诊断检测： （1）发生短路故障、断路器跳闸时； （2）设备遭受过电压严重冲击时，如雷击等； （3）设备有异常声响、强烈电磁振动响声时
66～500	（1）新安装和解体检修后投运 1 年内检测 1 次； （2）正常运行每 3 年检测 1 次； （3）诊断检测	
≤35	诊断检测	

　　b) 运行设备六氟化硫气体分解产物的检测组分、检测指标及其评价结果，见表 41。

表 41　SF_6 气体分解产物的检测组分、检测指标和评价结果

检测组分	检测指标 μL/L		评 价 结 果
SO_2	≤1	正常值	正常
	1～5	注意值	缩短检测周期
	5～10	警示值	跟踪检测，综合诊断
	>10	警示值	综合诊断
H_2S	≤1	正常值	正常
	1～2	注意值	缩短检测周期
	2～5	警示值	跟踪检测，综合诊断
	5	警示值	综合诊断
注 1：灭弧气室的检测时间应在设备正常开断额定电流及以下电流 48h 后。 注 2：CO 和 CF_4 作为辅助指标，与初值（交接验收值）比较，跟踪其增量变化，若变化显着，应进行综合诊断			

c) 设备中六氟化硫气体分解产物 SO_2 或 H_2S 含量出现异常，应结合六氟化硫气体分解产物的 CO、CF_4 含量及其他状态参量变化、设备电气特性、运行工况等，对设备状态进行综合诊断。

4.6.5 运行阶段维护

4.6.5.1 设备运行无异常声音，室内无异常气味，设备温度、气室压力正常，断路器液压操作机构油位正常，无漏油现象。

4.6.5.2 六氟化硫气体电气设备安装在线监测系统，系统应正常投运。

4.6.5.3 设备压力下降应查找原因，及时对设备进行全面检漏，发现有漏气点应及时处理。

4.6.5.4 运行六氟化硫电气设备定性检漏、定量检测、泄漏率要求。

a) 定性检漏：定性检漏仅作为判断试品漏气与否的一种手段，是定量检漏前的预检。用灵敏度不低于 0.01ppm（V/V）的六氟化硫气体检漏仪检漏，无漏点则认为密封性能良好。

b) 定量检漏：定量检漏可以在整台设备、隔室或由密封对应图 TC（高压开关设备、隔室与分装部件、元件密封要求的互相关系图，一般由制造厂提供）规定的部件或组件上进行。定量检漏通常采用扣罩法、挂瓶法、局部包扎法、压力降法等方法。

c) 六氟化硫电气设备每个隔室的年漏气率不大于 0.5%。操作间空气中六氟化硫气体的允许浓度不大于 $1000\mu L/L$（或 $6g/m^3$）。短期接触，空气中六氟化硫的允许浓度不大于 $1250\mu L/L$（或 $7.5g/m^3$）。

4.6.6 六氟化硫气体设备补气

4.6.6.1 六氟化硫电气设备补气时，所补气体必须符合新气质量标准，补气时应注意管路和接头的干燥及清洁；如遇不同产地、不同生产厂家的六氟化硫气体需混用时，符合新气体质量标准的气体均可以混用。

4.6.6.2 运行设备经过连续两次补加气体或单次补加气体超过设备气体总量 10% 时，补气后应对气室内气体水分、空气含量和六氟化硫纯度进行检测。

4.6.7 六氟化硫设备检修监督

4.6.7.1 按照 GB/T 8905、DL/T 639、DL/T 595、DL/T 941 规定执行。

4.6.7.2 六氟化硫设备检修前，应对设备内六氟化硫气体进行必要的分析测定，根据有毒气体含量，采取相应的安全防护措施。

4.6.7.3 六氟化硫气体设备检修和退役时，应对六氟化硫气体进行回收利用，严禁随意排放。应加强六氟化硫气体回收再生设施的监督管理，防止回收过程中六氟化硫气体外泄。

4.6.7.4 断路器、隔离开关等气室检修，如需对检修气室中的气体完全回收，为确保相邻气室和运行气室的安全，需对检修气室的相邻气室进行降压处理。

4.6.7.5 操作机构滤油应保证滤芯过滤精度，换油时，避免使用溶剂清洗操作机构压力箱体，清洗剂和洗涤油应完全从操作机构箱体内排除以免污染新加入的油。

4.6.7.6 操作机构补加油宜采用与已充油同一油源、同一牌号及同一添加剂类型的油品，并且补加油（新油或已使用的油）的各项特性指标不应低于已充油。

4.6.7.7 六氟化硫气体的回收要求。

4.6.7.7.1 回收气体一般应充入钢瓶储存。钢瓶设计压力为 7MPa 时，充装系数不大于 1.04kg/L；钢瓶设计压力为 8MPa 时，充装系数不大于 1.17kg/L；钢瓶设计压力为 12.5MPa 时，充装系数不大于 1.33kg/L。

4.6.7.7.2 六氟化硫气体的回收包括对电气设备中正常的、部分分解或污染的六氟化硫气体的回收。包含以下几种情况六氟化硫气体应回收：

    a) 设备压力过高时；

    b) 在对设备进行维护、检修、解体时；

    c) 设备基建需要更换时。

4.6.7.8 吸附剂在安装前应进行活化处理，处理温度按生产厂家要求执行。应尽量缩短吸附剂从干燥容器或密封容器内取出直接安装完毕的时间，吸附剂安装完毕后，应立即抽真空。

4.6.7.9 六氟化硫气体的充装按照 GB/T 8905 标准执行，参见附录 C.1。

4.6.7.10 回收六氟化硫气体进行处理判定流程按照 GB/T 8905 标准执行，参见附录 C.4。

4.6.7.11 重复使用气体杂质最大容许要求应符合投运前、交接时六氟化硫分析项目及质量指标。

4.6.7.12 六氟化硫电气设备检修安装完毕，在投运前（充气 24h 以后）应复验六氟化硫气室内的湿度和空气含量。

4.7 化学在线监测装置监督

4.7.1 安装在线监测装置的油气设备仍需按规定检测周期、检测项目，定期进行实验室检测。

4.7.2 油气设备在线监测装置、仪表应定期进行维护和校验，确保在线监测装置稳定运行，避免误报警。

4.7.3 大型变压器宜安装变压器油中溶解气体在线监测装置，装置应正常投运。

4.7.4 六氟化硫气体电气设备宜安装六氟化硫气体泄漏在线监测系统，系统应正常投运。

4.7.5 六氟化硫气体电气设备宜六氟化硫气体密度微水在线监测系统，系统应正常投运。

4.7.6 变压器油中溶解气体在线监测装置。

4.7.6.1 选用应符合 DL/Z 249 的规定。

4.7.6.2 安全要求满足 GB 4943 的规定。

4.7.6.3 接地电阻满足 GB/T 2887 的规定。

4.7.6.4 应不影响设备运行，在设备不停电的情况下对在线监测装置进行检修和维护。

4.7.6.5 优先选择多组分监测装置，当监测数据异常或报警应取样进行试验室分析核对。

4.7.6.6 油流速度不应大于 0.5m/s，油气分离过程应满足对变压器油的不污染、不消耗和系统不渗漏的条件。

4.7.6.7 每年应由相应资质的单位进行一次检定或维护，并做好检验报告的归档管理。

4.7.6.8 定期与试验室色谱分析数据进行对比，当在线监测数据偏差较大时，应查明原因。

4.7.6.9 更换载气、校验标准气体时，应防止气管漏气，更换完应注意减压阀压力表指示压力。

4.7.6.10 定期检查气管、油管密封性，气瓶压力应满足运行要求并在质保期内，监测数据传输正常。

4.7.6.11 监测设备大修或对设备放油、抽真空，应先切断在线监测装置电源，并关闭气路、油路阀门。

4.7.7 六氟化硫气体在线监测系统。

4.7.7.1 六氟化硫气体微水检测模块安装于 GIS 气室检测口或原密度继电器补气口。

4.7.7.2 泄漏在线监测系统传感器安装于距离地面 15mm～20mm 设备附近，数据采集器安装于室内进门处，以便进入室内工作人员及时了解六氟化硫气体浓度和氧气含量。

4.7.7.3 定期检查泄漏在线监测系统传感器、数据采集器、通信电缆连接可靠，监测数据传输正常，室内风机启动正常。

4.7.7.4 当泄漏在线监测系统报警时，应进行检漏及检查设备压力指示是否正常，确认泄漏在线监测系统误报警时，查明原因。

4.7.7.5 每年应由相应资质的单位进行一次检定或维护，并做好检验报告的归档管理。

4.7.7.6 定期与检测仪器检测数据进行对比分析，当在线监测偏差较大时，应查明原因。

4.7.7.7 定期清理在线监测系统传感器残留的灰尘，确保传感器区域气流畅通。

4.7.7.8 监测单元传感器预留的补气口在使用后应确保其密封有效性。

4.8 试验室管理

4.8.1 大型水力发电厂宜建立化学监督试验室，仪器配备应能够满足日常化学监督的需要（仪器推荐表见附录 D）。

4.8.2 建立完善试验室管理制度、试验仪器仪表、标气、化学试剂等管理办法。

4.8.3 建立试验室仪器的作业指导书和仪器使用维护记录，并动态管理。

4.8.4 建立试验室仪器仪表台账，仪器仪表应定期维护、校验，国家强检的仪器应及时送检。

4.8.5 不能送检的仪器应编制自检规程，或采取其他方式对仪器的准确性进行校验，如送样至有资质部门进行对比试验或采购标准标定样品进行仪器的标定。

4.8.6 试验室仪器仪表摆放整齐有序，注意防尘、防潮、防误碰、防虫鼠，保证接地设备可靠接地。

4.8.7 试验试剂、药品分类存放，易燃、易爆、剧毒、强腐蚀品不得混放，及时采购补充消耗品。

4.8.8 定期检查危险物品，防止因变质、分解造成自燃、自爆事故，对剧毒物品的容器、变质料、废渣及废水等应予妥善处理。

4.8.9 试验人员应持有行业颁发的相应岗位的资格证书，认真遵守试验操作规范、了解仪器设备的使用方法及操作过程中可能出现的事故。

4.8.10 试验人员应做好防火、防爆、防毒、防腐蚀、防烧伤、防触电和防止污染环境等安全措施。

4.8.11 试验原始记录和报告应存档，并实现试验报告的计算机管理，及时补充更新检测标准（导则）。

4.8.12 六氟化硫气体分析的色谱室，应具有良好的底部通风设施，通风量的要求是 15min 内使室内换气一次。

4.8.13 化验室宜配备急救箱，根据生产实际存放相应的急救用品，并指定专人经常检查、补充或更换。

4.9 油库（油处理室）的安全监督

4.9.1 油库设计应符合 GB 50074、GB 50140、DL 5027 相关要求规定。

4.9.2 电力用油管理按照 GB/T 14541、GB/T 14542 的规定执行。

4.9.3 油库所辖油区严格执行防火防爆制度，油库内严禁存放易燃、易爆品，定期对油库安全检查，并有专人负责油库安全工作。

4.9.4 油库应悬挂油库系统图、设备操作规程、油库安全管理制度、防火重点部位或场所的名称及防火责任人。

4.9.5 油库应配置防爆型电气柜或专用配电室，油处理设备搭接电源开关容量满足要求，油罐、油处理设备必须接地。

4.9.6 油库内维护、油处理等工作应办理工作票，动火工作必须办理动火措施票，并做好漏油、跑油、防火、防人员窒息等安全措施。

4.9.7 库存油应分类、分牌号存放，同品牌、不同牌号的油应分类储存，并设立台账如实记录进出库的品种、数量、用途、时间等。

4.9.8 定期对油罐吸湿器及油处理设备维护，每年对库存油、充油备用设备进行取样分析，保证库存油、充油备用设备油质合格。

4.9.9 库存备用量应根据企业使用总油量、牌号制定储备量，库存量低于制定库存量时应及时上报采购计划，应注明厂家、牌号、采购量。

4.9.10 新购进的油须先验明油种、牌号，检验油质是否符合相应的新油标准。经验收合格的油入库后，应对新油过滤净化达到设备投运前的质量指标储备。

4.9.11 检修用专用运输油罐或容器应清洁并适于防止任何污染，运输油罐或容器、滤油机、管路应根据油品分类。

4.9.12 回收油品经过净化处理达到设备运行油质指标可作为储备用油，若经过净化、再生处理使用性能达不到设备质量指标的最低标准要求，应及时报废。

4.9.13 工作人员应注意有关保健防护措施，尽量避免吸入油雾或油蒸汽。避免皮肤长时间过多地与油接触，必要时操作过程应戴防护手套及围裙，操作前也可涂抹合适的护肤膏，操作后及饭前应将皮肤上的油污清洗干净，油污衣服应及时清洗等。

4.10 六氟化硫气体安全监督

4.10.1 六氟化硫气体库设计应符合 GB 50140、DL 5027 相关要求。

4.10.2 六氟化硫气体管理按照 GB/T 8905、DL/T 595、DL/T 603、DL/T 639 规定执行。

4.10.3 六氟化硫气体电气设备室内应安装地面强制通风装置和六氟化硫气体泄漏在线监测系统。

4.10.4 工作人员经常进入六氟化硫气体设备室内，应定时进行通风，对工作人员不经常出入的设备场所，在进入前应先通风 15min。

4.10.5 尽量避免和减少六氟化硫气体泄漏到工作区，工作区空气中六氟化硫气体含量（体积比）不得超过 1000×10^{-6}。

4.10.6 六氟化硫气瓶运输和装卸气瓶时，必须佩戴好气瓶防护罩和防震圈，严禁与易燃物或可燃物、氧化剂等混装混运。

4.10.7 新气瓶、回收气瓶及废气瓶均应储存在阴凉干燥的专用场所，并分类存放，存放时要有防晒、防潮、防倾倒措施，不准靠近热源及有油污的地方，钢瓶防护帽、防震圈齐全，竖直存放、标志清楚醒目。

4.10.8 六氟化硫设备解体大修前，必须对六氟化硫气体进行检验，根据有毒气体的含量，采取相应安全防护措施。

4.10.9 设备解体检修必须穿耐酸质料的衣裤相连的工作服，戴塑料或软胶手套，戴专用的防毒呼吸器，工作人员工作完毕后应注意清洗。

4.10.10 设备解体后，检修人员应立即离开作业现场到空气新鲜的地方，工作现场需要强力通风，以清理残余气体，至少 30min～60min 后再进行工作。

4.10.11 将清出的吸附剂、金属粉末等废物放入酸或碱溶液中处理至中性后，进行深埋处理，深度应大于 0.8m，地点选在野外边远地区、下水处。

4.10.12 六氟化硫电器设备发生故障气体外逸时，人员应立即撤离现场，并立即采取强力通风，换气时间不得少于 15min。发生事故后，任何人进入室内必须穿防护服，戴手套及防毒面具。发生故障时，若有人被外逸气体侵袭，应迅速将中毒者移至空气新鲜处，并立即送医院诊治。

4.10.13 六氟化硫电气设备室内应配有专用防护服、防毒面具、氧气呼吸器、手套、防护眼镜及防护脂等，安全防护用品必须符合 GB 11651 规定并经国家相应的质检部门检测合格。

4.10.14 工作人员佩戴防毒面具或氧气呼吸器进行工作时，要有专门监护人员在现场进行监护，以防出现意外事故。

4.10.15 六氟化硫气体储备实行专库储存，并设立气体台账，标明储备气的厂家、数量、入库时间等内容。

4.10.16 根据水力发电厂用气量储备备用气体，库存量低于制定库存量时应及时上报采购计划，应注明厂家、采购量。

4.10.17 设备内的六氟化硫气体不得直接向大气排放，应采用净化装置回收，经处理后各项指标达到新气质量标准方准使用，若经过净化处理仍达不到运行质量标准，应及时报废。

4.10.18 六氟化硫气瓶安全管理。

    a) 按《气瓶安全监察规定》选用合格的六氟化硫气瓶；

    b) 不得使用已报废或未经检验的气瓶；

    c) 严格按照有关安全使用规定，正确使用气瓶；

    d) 不得对气瓶瓶体进行焊接和更改气瓶的钢印或者颜色标记；

    e) 不得将气瓶内的气体向其他气瓶倒装或直接由罐车对气瓶进行充装；

    f) 充装气体前应检查气瓶检验期限、外观缺陷、阀体与气瓶连接处的密封性。

4.11 化学废弃物排放和处置

4.11.1 按照 GB 18599、HJ 2025、DL/T 1050 相关要求执行。

4.11.2 按照化学特性等分类收集和存放，性质不相容而未经安全处理的危险废弃物不得混合收集和存放。

4.11.3 废弃物处置应遵循无害化、资源化、减量化，废弃物需交由具有资质的处理商处置。

4.11.4 试验室进行有毒、有废气产生的试验，必须在通风橱中，并打开抽风机进行抽排。

4.11.5 色谱分析有毒试样尾气和易燃的氢载气应从色谱仪排气口直接引出色谱室，生物毒性试验的尾气应经碱液吸收后排出室外。

4.11.6 试验产生的酸碱废液必须设有专用存放桶，集中进行中和处理，pH 值达到国家排放标准 6.0～9.0 后，方可排放。

4.11.7 试验产生有毒药品使用后的残留液，不得随意倒掉，储存在专用的存放桶中，经过处理达到排放标准后，方能排放。

4.11.8 化学废弃物严禁排入下水道、自然水体或地下水源中，不应泄漏、泼散和在自然环境中存放蒸发，应避免污染环境和造成人身、设备伤害。

4.11.9 电力用油经过净化、再生处理后，各项指标达不到设备运行质量指标的最低标准要求，应及时报废。

4.11.10 六氟化硫气体经净化装置处理后，各项指标达不到设备运行质量指标的最低标准要求，应及时报废。

4.11.11 六氟化硫电气设备内吸附剂、金属粉末等废弃物放入酸或碱溶液中处理至中性后，进行深埋处理，深度应大于 0.8m，地点选在野外边远地区、下水处。

4.11.12 存放废油、废溶剂放置场所必须有通风、避雨和防泄漏措施以及防止和应付意外事故的措施。

4.11.13 废弃物转移、运输应选择安全和不污染的包装材料和方式，采取有效措施防止泄漏、散逸和破损。

4.11.14 废弃钢瓶由相关职能部门联系有资质回收单位（企业）收购处理，任何单位和个人不得回收、变卖废弃钢瓶或者移作他用。

4.11.15 分散回收的废油、废六氟化硫气体，由相关职能部门联系具有相应回收资格的单位（企业）收购处理。

5 监督管理要求

5.1 监督基础管理工作

5.1.1 化学监督管理的依据电厂应按照《华能电厂安全生产管理体系要求》中有关技术监督管理和本标准的要求，制定化学监督管理标准，并根据国家法律、法规及国家、行业、集团公司标准、规范、规程、制度，结合电厂实际情况，编制化学监督相关/支持性文件；建立健全技术资料档案，以科学、规范的监督管理，保证电力用油、六氟化硫气体设备的安全可靠运行。

5.1.2 化学监督管理应具备的相关/支持性文件：
   a) 化学监督管理规定；
   b) 化学监督实施细则（包括执行标准、工作要求）；
   c) 油务监督管理规定；
   d) 六氟化硫气体监督管理规定；
   e) 油库安全管理规定；
   f) 气体库安全管理规定；
   g) 试验室管理规定；
   h) 试验仪器仪表管理规定；
   i) 化学药品及有毒有害药品管理规定；
   j) 其他规定。

5.1.3 技术资料档案

5.1.3.1 基建阶段技术资料：
   a) 化学设备技术规范；
   b) 化学设备和有关重要监督设备、系统的设计和制造图纸、说明书、出厂试验报告；
   c) 电气一次主接线图、GIS 配电装置图、透平油系统图、液压油系统图、油库及油处理系统图、试验室设计图；

d) 设备监造报告、安装试验报告、缺陷处理报告、交接试验报告、投产验收报告。

5.1.3.2 设备清册及设备台账：
    a) 化学设备清册及化学监督设备台账；
    b) 试验仪器仪表清单；
    c) 电力用油油库台账；
    d) 电力用油油质检验台账；
    e) 油处理设备台账；
    f) 六氟化硫气体库台账；
    g) 六氟化硫气体检验台账；
    h) 六氟化硫气体回充装置台账；
    i) 化学在线监测装置台账；
    j) 化学废弃物处置台账。

5.1.3.3 试验报告、记录和台账：
    a) 电力用油试验报告、记录和台账；
    b) 六氟化硫气体试验报告、记录和台账；
    c) 试验仪器设备校验报告、记录和台账；
    d) 在线监测装置检验报告、记录和台账；
    e) 其他相关试验报告、记录和台账。

5.1.3.4 运行报告和记录：
    a) 异常设备分析报告；
    b) 变压器油中溶解气体跟踪分析报表；
    c) 在线监测装置分析报表；
    d) 特殊、异常运行记录（变压器故障、机组油盆进水、严重漏油、严重漏气、特殊工况等）。

5.1.3.5 检修维护报告和记录：
    a) 试验仪器维修报告和记录；
    b) 油处理设备维修报告和记录；
    c) 六氟化硫气体回充装置维修报告和记录；
    d) 油处理及补油记录；
    e) 六氟化硫气体净化及补气记录。

5.1.3.6 缺陷闭环管理记录。

5.1.3.7 事故管理报告和记录：
    a) 设备非计划停运、障碍、事故统计记录；
    b) 设备事故分析报告。

5.1.3.8 技术改造报告和记录：
    a) 技改可行性研究报告；
    b) 技改技术方案和措施；
    c) 技改图纸、资料、说明书；
    d) 技改质量监督和验收报告；

e) 技改后完工总结报告和评估报告。

5.1.3.9 监督管理文件：

a) 与化学监督有关的国家法律、法规及国家、行业、集团公司标准、规范、规程、制度；

b) 电厂制定的化学监督标准、规程、规定、措施等；

c) 年度化学监督工作计划和总结；

d) 化学监督季报、速报，预警通知单和验收单；

e) 化学监督会议纪要；

f) 化学技术监督人员档案、上岗证书；

g) 试验室油、六氟化硫气体分析人员，在线化学仪表维护、校验人员上岗证书；

h) 岗位技术培训计划、记录和总结；

i) 与化学设备质量有关的重要工作来往文件。

5.2 日常管理内容和要求

5.2.1 健全监督网络与职责。

5.2.1.1 各电厂应建立健全由生产副厂长（总工程师）领导下的化学技术监督三级管理网。第一级为厂级，包括生产副厂长（总工程师）领导下的化学监督专责人；第二级为部门级，包括运行部化学专工、检修部化学专工；第三级为班组级，包括各专工领导的班组人员。在生产副厂长（总工程师）领导下由化学监督专责人统筹安排，协调运行、检修等部门，协调化学、水轮机、电测与热工计量、监控自动化、水轮机、金属等相关专业共同配合完成化学监督工作。化学监督三级网应严格执行岗位责任制。

5.2.1.2 按照集团公司《华能电厂安全生产管理体系要求》和《电力技术监督管理办法》编制电厂化学监督管理标准，做到分工、职责明确，责任到人。

5.2.1.3 电厂化学技术监督工作归口职能管理部门在电厂技术监督领导小组的领导下，负责化学技术监督的组织建设工作，建立健全技术监督网络，并设化学技术监督专责人，负责全厂化学技术监督日常工作的开展和监督管理。

5.2.1.4 电厂化学技术监督工作归口职能管理部门每年年初要根据人员变动情况及时对网络成员进行调整；按照人员培训和上岗资格管理办法的要求，定期对技术监督专责人和特殊技能岗位人员进行专业和技能培训，保证持证上岗。

5.2.2 确定监督标准符合性。

5.2.2.1 化学监督标准应符合国家、行业及上级主管单位的有关标准、规范、规定和要求。

5.2.2.2 每年年初，化学技术监督专责人应根据新颁布的标准规范及设备运行、技术参数以及异动情况，组织对电力用油、六氟化硫气体设备运行规程和检修维护等规程、制度的有效性、准确性进行评估并修订不符合项，经归口职能管理部门领导审核、生产主管领导审批后发布实施。国家标准、行业标准及上级单位监督规程、规定中涵盖的相关化学监督工作均应在电厂规程及规定中详细列写齐全。在化学设备规划、设计、建设、更改过程中的化学监督要求等同采用每年发布的相关标准。

5.2.3 确定仪器仪表有效性。

5.2.3.1 应配备必需的化学监督、检验和计量设备、仪表，建立相应的试验室。

5.2.3.2 应编制化学监督用仪器仪表使用、操作、维护规程，规范仪器仪表管理。

5.2.3.3 应建立化学监督用仪器仪表设备清单和台账，根据检验、使用及更新情况进行补充完善。

5.2.3.4 应根据检定周期和项目，制订化学监督仪器、仪表年度校验计划，按规定进行检验、送检和量值传递，对检验合格的可继续使用，对检验不合格的送修或报废处理，保证仪器仪表有效性。

5.2.3.5 应按相关标准、规定的要求对在线化学仪表进行定期校验和维护。

5.2.4 监督档案管理。

5.2.4.1 电厂应按照附录 E 规定的资料目录和格式要求，建立健全化学技术监督各项台账、档案、规程、制度和技术资料，确保技术监督原始档案和技术资料的完整性和连续性。

5.2.4.2 技术监督专责人应建立化学档案资料目录清册，根据监督组织机构的设置和设备的实际情况，明确档案资料的分级存放地点，并指定专人整理保管，及时更新。

5.2.5 制订监督工作计划。

5.2.5.1 化学技术监督专责人每年 11 月 30 日前应组织制订下年度技术监督工作计划，报送产业公司、区域公司，同时抄送西安热工研究院有限公司（简称"西安热工院"）。

5.2.5.2 电厂技术监督年度计划的制订依据至少应包括以下方面：

    a）国家、行业、地方有关电力生产方面的政策、法规、标准、规程和反事故措施要求；

    b）集团公司、产业公司、区域公司、发电企业技术监督管理制度和年度技术监督动态管理要求；

    c）集团公司、产业公司、区域公司、发电企业技术监督工作规划和年度生产目标；

    d）技术监督体系健全和完善化；

    e）人员培训和监督用仪器设备配备和更新；

    f）机组检修计划；

    g）电力用油、六氟化硫气体设备上年度特殊、异常运行工况，事故缺陷等；

    h）电力用油、六氟化硫气体设备目前的运行状态；

    i）技术监督动态检查、预警、月（季）报提出的问题；

    j）收集的其他有关电力用油、六氟化硫气体设备设计选型、制造、安装、运行、检修、技术改造等方面的动态信息。

5.2.5.3 电厂技术监督工作计划应实现动态化，即各专业应每季度制订技术监督工作计划。年度（季度）监督工作计划应包括以下主要内容：

    a）技术监督组织机构和网络完善；

    b）监督管理标准、技术标准规范制订、修订计划；

    c）人员培训计划（主要包括内部培训、外部培训取证，标准规范宣贯）；

    d）技术监督例行工作计划；

    e）检修期间应开展的技术监督项目计划；

    f）试验室仪器仪表和在线化学仪表校验、检定计划；

    g）试验室仪表和在线化学仪表更新和备品、配件采购计划；

    h）大宗化学药品、材料采购和化学设备备品、配件采购计划；

    i）技术监督自我评价、动态检查和复查评估计划；

    j）技术监督预警、动态检查等监督问题整改计划；

    k）技术监督定期工作会议计划。

5.2.5.4 电厂应根据上级公司下发的年度技术监督工作计划，及时修订补充本单位年度技术监督工作计划，并发布实施。

5.2.5.5 化学监督专责人每季度应对监督年度计划执行和监督工作开展情况进行检查评估，对不满足监督要求的问题，通过技术监督不符合项通知单下发到相关部门监督整改，并对相关部门进行考评。技术监督不符合项通知单编写格式见附录F。

5.2.6 监督报告管理。

5.2.6.1 化学监督速报报送。

电厂发生重大监督指标异常，受监控设备重大缺陷、故障和损坏事件，火灾事故等重大事件后24h内，化学技术监督专责人应将事件概况、原因分析、采取措施按照附录G的格式，填写速报并报送产业公司、区域公司和西安热工院。

5.2.6.2 化学监督季报报送。

化学技术监督专责人应按照附录H的季报格式和要求，组织编写上季度化学技术监督季报，经电厂归口职能管理部门汇总后，于每季度首月5日前，将全厂技术监督季报报送产业公司、区域公司和西安热工院。

5.2.6.3 化学监督年度工作总结报送。

5.2.6.3.1 化学技术监督专责人应于每年1月5日前编制完成上年度技术监督工作总结，并报送产业公司、区域公司和西安热工院。

5.2.6.3.2 年度化学监督工作总结主要包括以下几方面：

　　a） 主要监督工作完成情况、亮点和经验与教训；

　　b） 设备一般事故、危急缺陷和严重缺陷统计分析；

　　c） 监督存在的主要问题和改进措施；

　　d） 下年度工作思路、计划、重点和改进措施。

5.2.7 监督例会管理。

5.2.7.1 电厂每年至少召开两次化学技术监督工作会，检查评估、总结、布置全厂化学技术监督工作，对化学技术监督中出现的问题提出处理意见和防范措施，形成会议纪要，按管理流程批准后发布实施。

5.2.7.2 化学专业每季度至少召开一次技术监督工作会议，会议由化学监督专责人主持并形成会议纪要。

5.2.7.3 例会主要内容包括：

　　a） 上次监督例会以来化学监督工作开展情况；

　　b） 设备及系统的故障、缺陷分析及处理措施；

　　c） 化学监督存在的主要问题以及解决措施、方案；

　　d） 上次监督例会提出问题整改措施完成情况的评价；

　　e） 技术监督工作计划发布及执行情况，监督计划的变更；

　　f） 集团公司技术监督季报、监督通讯、集团公司，或产业公司、区域公司化学典型案例，新颁布的国家、行业标准规范，监督新技术等学习交流；

　　g） 化学监督需要领导协调和其他部门配合和关注的事项；

　　h） 至下次监督例会时间内的工作要点。

5.2.8 监督预警管理。

5.2.8.1 化学监督三级预警项目见附录 I，电厂应将三级预警识别纳入日常化学监督管理和考核工作中。

5.2.8.2 对于上级监督单位签发的预警通知单，电厂应认真组织人员研究有关问题，制订整改计划，整改计划中应明确整改措施、责任部门、责任人和完成日期。

5.2.8.3 化学监督预警验收单见附录 K，问题整改完成后，电厂应按照验收程序要求，向预警提出单位提出验收申请，经验收合格后，由验收单位填写预警验收单，并报送预警签发单位备案。

5.2.9 监督问题整改。

5.2.9.1 整改问题的提出：

    a）上级或技术监督服务单位在技术监督动态检查、预警中提出的整改问题；

    b）集团公司监督季报中明确的集团公司或产业公司、区域公司督办问题；

    c）集团公司监督季报中明确的电厂需要关注及解决的问题；

    d）电厂化学监督专责人每季度对各部门化学监督计划的执行情况进行检查，对不满足监督要求提出的整改问题。

5.2.9.2 问题整改管理：

    a）电厂收到技术监督评价报告后，应组织有关人员会同西安热工院或技术监督服务单位，在两周内完成整改计划的制订和审核，并将整改计划报送集团公司、产业公司、区域公司，同时抄送西安热工院或技术监督服务单位；

    b）整改计划应列入或补充列入年度监督工作计划，电厂按照整改计划落实整改工作，并将整改实施情况及时在技术监督季报中总结上报；

    c）对整改完成的问题，电厂应保存问题整改相关的试验报告、现场图片、影像等技术资料，作为问题整改情况及实施效果评估的依据；

    d）化学监督动态检查问题整改计划书见附录 D。

5.2.10 监督评价与考核。

5.2.10.1 电厂应将《化学技术监督工作评价表》中的各项要求纳入化学监督日常管理工作中，《化学技术监督工作评价表》见附录 M。

5.2.10.2 电厂应按照《化学技术监督工作评价表》中的各项要求，编制完善化学技术监督管理制度和规定；完善各项化学监督的日常管理和检修维护记录，加强电力用油、六氟化硫气体设备的运行、检修维护技术监督。

5.2.10.3 电厂应定期对技术监督工作开展情况组织自我评价，对不满足监督要求的不符合项以通知单的形式下发到相关部门进行整改，并对相关部门及责任人进行考核。

5.3 各阶段监督重点工作

5.3.1 设计与设备选型阶段。

5.3.1.1 电力用油的选用应符合 GB 2536、GB 5903、GB 11118.1、GB 11120、JB/T 8831、DL/T 290、DL/T 1094 规定。

5.3.1.2 六氟化硫气体质量标准应符合 GB/T 12022、DL/T 941 以及制造厂提供的指导性文件的规定。

5.3.1.3 新建（扩建）工程的设备设计与选型应依据国家、行业相关的现行标准要求，提出化学监督的意见和要求。

5.3.1.4　设备选型应考虑设备的安全可靠性和环保运行的要求,明确设备满足运行状态取样、预留化学在线检测装置加装阀门等要求。

5.3.1.5　新建、改扩建油库、气体库设计应符合 GB 50074、GB 50140、DL 5027 规定,本着"安全可靠"的原则,做到标准化设计,规范化管理。

5.3.1.6　新建、改扩建试验室,应综合考虑试验室的总体规划、合理布局和平面设计,以及供电、供水、供气、通风、空气净化、安全措施、环境保护等基础设施和基本条件,本着"安全、环保、实用、美观、经济"的规划设计理念,建成标准化的试验室。

5.3.2　监造和出厂验收阶段。

5.3.2.1　电力用油设备按照 GB/T 7595、GB/T 7596、GB/T 7597、SH 0164、DL/T 722、DL/T 1096 相关要求执行。

5.3.2.2　六氟化硫气体设备按照 GB/T 12022、DL/T 617、DL/T 941、DL/T 1032 相关要求执行。

5.3.2.3　监造主要内容:设备制造洁净度、取样安全性及在线检测装置加装接口等监督,设备出厂试验温度、压力、材料、密封件等检查。

5.3.2.4　监造方式分为现场见证、文件见证两种。

5.3.2.5　现场见证内容包括:关键部件、关键工序、重要检测试验、设备总装、主要外协抽检、出厂试验等。

5.3.2.6　文件见证内容包括:重要检测试验、质量管理控制文件、特殊工艺文件、外协的管理制度、合格证明、材质单、试验报告、进厂验收记录等。

5.3.2.7　监造工作建立在制造厂技术管理和质量体系运行的基础上,协助制造厂发现问题,及时改进。设备的质量和性能始终由制造厂全面负责。

5.3.2.8　完成监造、安装和交接试验的化学监督工作,并接收相关文件、资料和档案,并如实反映产品制造过程中出现的问题及处理的方法和结果等。

5.3.3　安装和投产验收阶段。

5.3.3.1　电力用油设备按照 GB/T 7595、GB/T 7596、GB/T 7597、DL/T 722 相关要求执行。

5.3.3.2　六氟化硫气体设备按照 GB/T 12022、DL/T 1032、DL/T 941 相关要求执行。

5.3.3.3　重要设备运输至现场后,应按照订货合同和相关标准进行验收。重点检查设备冲击记录、密封性、压力变化,进行设备及附件残油分析,判断设备运输是否受潮、污染、损坏。

5.3.3.4　现场安装保持整洁干净、无积水、尘土和污染气体,主要工序应根据环境温湿度控制,湿度较大时,应有干燥空气措施。

5.3.3.5　新的电力用油、六氟化硫气体到货后,应检查生产厂家的质量检测报告,并按标准进行质量验收。

5.3.3.6　监督电力用油、六氟化硫气体设备安装期、投产试验前后电力用油、六氟化硫气体质量指标。

5.3.3.7　基建单位应按时向生产运营单位移交全部基建技术资料,生产运营单位资料档案室应及时将资料清点、整理、归档。

5.3.4　生产运行阶段。

5.3.4.1　电力用油设备按照 GB 14541、GB 14542、DL/T 1176 相关要求执行。

5.3.4.2　六氟化硫气体设备按照 GB/T 8905、DL/T 639 相关要求执行。

5.3.4.3 定期对设备进行巡视、检查、定检，及时对泄漏设备补油、补气，油质相容性、质量指标应满足标准要求，六氟化硫气体湿度、纯度应满足标准要求。

5.3.4.4 当试验数据出现异常时，应复查，明确试验结论，加强对设备缺陷及异常设备跟踪监督，重要设备应制定措施、应急预案。

5.3.4.5 建立健全试验仪器仪表台账，编制试验仪器仪表检验、维护计划，定期校验或送到有检验资质的单位检验。

5.3.4.6 及时编写试验报告，并按报告审核程序进行审核。外委试验报告应经试验单位审批后，由化学监督专责人验收，并录入电力用油、六氟化硫气体检验台账。

5.3.4.7 编制化学在线监测装置运行报表，变压器油中溶解气体跟踪分析报表，异常设备原因分析报告，掌握设备运行状态的变化，对设备状况进行预控。

5.3.5 检修技改。

5.3.5.1 电力用油设备按照 GB/T 14541、GB/T 14542、DL/T 573 相关要求执行。

5.3.5.2 六氟化硫气体设备按照 GB/T 8905、DL/T 639 相关要求执行。

5.3.5.3 化学监督设备特殊检修及技术改造前，应编制相应的检修、技改方案，履行审批手续。

5.3.5.4 检修过程严格按照《电业安全工作规程》和现场施工安全规定执行，制定预防及控制措施。严格执行三级验收制度。

5.3.5.5 检修过程按检修文件包的要求进行工艺和质量控制，执行质检点（W、H 点）技术监督及三级验收制度。

5.3.5.6 检修过程按相关标准对电力用油、六氟化硫气体进行净化处理，检修前后应按相关标准、方法、导则进行检验。

5.3.5.7 检修期产生化学废弃物严格按照化学废弃物排放和处置执行。

5.3.5.8 及时编写试验报告，并按报告审核程序进行审核。外委试验报告应经试验单位审批后，由化学监督专责人验收，并录入电力用油、六氟化硫气体检验台账。

5.3.5.9 应适时开展化学监督设备状况的分析评估工作，准确掌握电力用油、六氟化硫气体设备的健康状况，为运行、检修、改造等工作提供科学的依据。

6 监督评价与考核

6.1 评价内容
6.1.1 化学监督评价内容见附录《化学技术监督工作评价表》。

6.1.2 化学监督评价内容分为技术监督管理、技术监督标准执行两部分，总分为 500 分，其中监督管理评价部分包括 8 个大项 31 小项共 200 分，监督标准执行部分包括 10 大项 33 个小项共 300 分，每项检查评分时，如扣分超过本项应得分，则扣完为止。

6.2 评价标准
6.2.1 被评价的电厂按得分率高低分为四个级别，即：优秀、良好、合格、不符合。

6.2.2 得分率高于或等于 90%为"优秀"；80%～90%（不含 90%）为"良好"；70%～80%（不含 80%）为"合格"；低于 70%为"不符合"。

6.3 评价组织与考核
6.3.1 技术监督评价包括集团公司技术监督评价、属地电力技术监督服务单位技术监督评价、电厂技术监督自我评价。

6.3.2 集团公司定期组织西安热工院和公司内部专家,对电厂技术监督工作开展情况、设备状态进行评价,评价工作按照集团公司《电力技术监督管理办法》规定执行,分为现场评价和定期评价。

6.3.2.1 集团公司技术监督现场评价按照集团公司年度技术监督工作计划中所列的水力发电厂名单和时间安排进行。各电厂在现场评价实施前应按附录 M 进行自查,编写自查报告。西安热工院在现场评价结束后三周内,应按照集团公司《电力技术监督管理办法》附录 C 的格式要求完成评价报告,并将评价报告电子版报送集团公司安生部,同时发送产业公司、区域公司及电厂。

6.3.2.2 集团公司技术监督定期评价按照集团公司《电力技术监督管理办法》及《化学技术监督标准》要求和规定,对电厂生产技术管理情况、机组障碍及非计划停运情况、化学监督报告的内容符合性、准确性、及时性等进行评价,通过年度技术监督报告发布评价结果。

6.3.2.3 集团公司对严重违反技术监督制度、由于技术监督不当或监督项目缺失、降低监督标准而造成严重后果以及对技术监督发现问题不进行整改的电厂,予以通报并限期整改。

6.3.3 电厂应督促属地技术监督服务单位依据技术监督服务合同的规定,提供技术支持和监督服务,依据相关监督标准定期对电厂技术监督工作开展情况进行检查和评价分析,形成评价报告,并将评价报告电子版和书面版报送产业公司、区域公司及电厂。电厂应将报告归档管理,并落实问题整改。

6.3.4 电厂应按照集团公司《电力技术监督管理办法》及华能电厂安全生产管理体系要求建立完善技术监督评价与考核管理标准,明确各项评价内容和考核标准。

6.3.5 电厂应每年按附录 M,组织安排化学监督工作开展情况的自我评价,根据评价情况对相关部门和责任人开展技术监督考核工作。

附 录 A
（规范性附录）
电力用油化学监督相关的技术要求

A.1 电力用油的取样要求（按照 GB/T 4756、GB/T 7597、GB/T 14541、GB/T 14542 相关要求执行）

A.1.1 室外设备取样应在晴天进行，避免外界湿气或尘埃的污染。

A.1.2 新油取样。

油桶、油罐或槽车中的油样均应从污染最严重的底部取出，必要时可抽查上部油样。从整批油桶内取样，取样的桶数应能足够代表该批油的质量，具体规定见表 A.1。

表A.1 取样桶数的确定

序号	1	2	3	4	5	6	7	8
总油桶数	1	2～5	6～20	21～50	51～100	101～200	201～400	>401
取样桶数	1	2	3	4	7	10	15	20

A.1.3 电气设备取样。

常规分析试验取样：从变压器油设备下部取样阀取样，取样前应先清洁取样阀，用棉布擦净取样管口，并放出一定量油冲洗取样阀和管路，应尽可能让油液沿着容器壁流入容器，避免产生气泡。用取样瓶取适当量的油样，对少油量的设备要尽量少取，以够用为限。对于套管、无阀门的充油设备，应在停电检修时设法取样，对于全密封的设备，应按制造厂的说明文件规定取样。

A.1.4 变压器油含气量、水分和油中溶解气体分析取样。

应从变压器油设备底部阀门取样，特殊情况下可在不同部位取样，要求全密封取样，不能让油中溶解水分及气体逸散，也不能混入空气，操作时油中不得产生气泡。

A.1.5 气体继电器取气样。

当气体继电器内有气体聚集时，应取气样进行检测，这些气体的组分和含量是判断设备是否存在故障及故障性质的重要依据之一。为减少不同组分有不同回溶率的影响，必须在尽可能短的时间内取出气样，并尽快进行检测。

取气样时应在气体继电器的放气嘴上套一小段乳胶管，乳胶管的另一头接一个小型金属三通阀与注射器连接（要注意乳胶管的内径，乳胶管、气体继电器的放气嘴与金属三通阀连接处要密封）。操作步骤和连接方法参照 GB/T 7597 中变压器油中溶解气体分析取样的有关规定进行。

可采用以下步骤：

a) 转动三通阀，用气体继电器内的气体冲洗连接管路及注射器（气量少时可不进行此步骤）；转动三通阀，排空注射器；再转动三通阀取气样；

b) 取样后，关闭放气嘴，转动三通阀的方向使之封住注射器口，把注射器连同三通阀和乳胶管一起取下来，然后再取下三通阀，立即改用小胶头封住注射器（尽可能地排尽小胶头内的空气）。

A.1.6 水轮机组、闸门系统取样。

水轮机各轴承在底部取样阀取样，调速器、筒阀回油箱在检修口取样，闸门系统在回油箱底部阀门取样。机组运行不能进行各轴承底部取样阀取样的设备，应在机组检修期进行取样或回收至油罐底部取样。机组各轴承油水混合仪报警、油位计升高时，推力轴承可在冷却器管路出口压力表取样核实，其他轴承应停机取样核实。

A.1.7 液压油取样。

在液压设备回油箱底部取样阀取样，回油箱未安装取样阀门时，在回油箱检修口取样，并在过滤网进口的位置取样，应在防洪度汛前或设备检修期进行取样分析。

A.1.8 齿轮油取样。

齿轮箱底部取样阀或底部排油阀取样，应将取样阀及附近清洁干净,将油先放出约 100mL 后，用取样瓶取适当量的油样。齿轮箱底部排油阀不适于取样，应在防洪度汛前或特种设备维护期进行取样分析。

A.1.9 取样容器要求。

　　a）　500mL～1000mL 带磨口塞玻璃瓶、无缝的金属瓶、专门提供的塑料（PVC）容器。20mL～100mL 玻璃注射器，注射器气密性好，注射器芯塞应无卡涩。

　　b）　取样容器应先用洗涤剂、自来水、纯净水洗涤，在恒温烘箱 100℃下充分干燥。

　　c）　颗粒度试验样品应使用广口瓶或试验瓶取样，采用磨口瓶取样应在瓶盖与瓶口之间垫上薄膜。变压器油介质损耗试验应尽量采用棕色取样，并避免阳光照射。

A.1.10 样品标签。

标签内容：单位名称、设备编号、电压等级、取样时负荷、设备温度、油品名称和牌号、取样位置、环境温度、湿度、取样日期、取样人签名、取样原因。

A.1.11 运输及存储。

　　a）　油样和气样应尽快进行分析，为避免气体逸散，油样保存期不得超过 4 天，气样应尽快完成试验。在运输过程及分析前的放置时间内,必须保证注射器的芯子不卡涩。

　　b）　油样和气样都必须密封和避光保存，在运输过程中应尽量避免剧烈振荡。空运的油样和气样分析时要避免气压变化的因数。

A.2　油的相容性（混油）规定（按照 GB/T 14541、GB/T 14542 相关要求执行）

A.2.1　尚未充入电气设备或尚未注入水轮机组润滑和液压系统的两种或两种以上的油品相混合之行为过程为"混油"。充油电气设备已充入油（运行油）的量不足或水轮机组的润滑和液压系统已注入透平油（运行油）的量不足，需补加一定量的油品使达到电气设备或机组设备规范油量的行为过程称为"补充油"。电气设备或机组设备原已充入的油品称为"已充油"，拟补加的油品称为"补加油"。补加油量占设备总充油量的份额称为"补加份额"，已充油混入补加油后称为"补后油"。

A.2.2　在进行混油试验时，油样的混合比应与实际使用的比例相同。如果混油比无法确定时，则采用 1:1 质量比例混合进行试验。

A.2.3　变压器油相容性（混油）规定如下：

　　a）　不同油基的油原则上不宜混合使用。

　　b）　电气设备充油不足需要补充油时，应优先选用符合相关新油标准的未使用过的变压器油。最好补加同一油基、同一牌号及同一添加剂类型的油品。补加油品的各项特性指标都应不低于设备内的油。当新油补入量较少时，例如小于5%时，通常不会出现任何问题，但如果新油的，补入量较多，在补油前应先做油泥析出试验，确认无油泥析出、酸值、介质损耗因数值不大于设备内油时，方可进行补油。

c) 在特殊情况下，如需将不同牌号的新袖混合使用，应按混合油的实测凝点决定是否适于此地域的要求，然后再按 DL/T 429.6 方法进行混油试验，并且混合样品的结果应不比最差的单个油样差。

d) 如在运行油中混入不同牌号的新油或已使用过的油，除应事先测定混合油的凝点以外，还应按 DL/T 429.6 的方法进行老化试验，还应测定老化后油样的酸值和介质损耗因数值，并观察油泥析出情况，无沉淀方可使用，所获得的混合样品的结果应不比原运行油的差，才能决定混合使用。

e) 对于进口油或产地、生产厂家来源不明的油，原则上不能与不同牌号的运行油混合使用。当必须混用时，参加混合的各种油及混合后的油应预先按 DL/T 429.6 方法进行老化试验，并测定老化后各种油的酸值和介质损耗因数及观察油泥沉淀情况，在无油泥沉淀析出的情况下，混合油的质量不低于原运行油时，方可混合使用。若相混的都是新油，其混合油的质量应不低于最差的一种油，并需按实测疑点决定是否可以适予该地区使用。

A.2.4 汽轮机油相容性（混油）规定如下：
a) 参与混合的油，混合前其各项质量均应检验合格。
b) 需要补充油时，应补加与原设备相同牌号及同一添加剂类型的新油，或曾经使用过的符合运行油标准的合格油品。补油前应先进行混合油样的油泥析出试验（按 DL/T 429.7 油泥析出测定法），无油泥析出时方可允许补油。
c) 不同牌号的汽轮机油原则上不宜混合使用。在特殊情况下必须混用时，应先按实际混合比例进行混合油样黏度的测定后，再进行油泥析出试验，以最终决定是否可以混合使用。
d) 对于进口油或来源不明的汽轮机油，若需与不同牌号的油混合时，应将混合前的单个油样和混合油样分别进行黏度检测，如黏度均在各自的黏度合格范围之内，再进行混油试验。混合油的质量应不低于未混合油中质量最差的一种油，方可混合使用。
e) 矿物汽轮机油与用作润滑、调速的合成液体（如磷酸酯抗燃油）有本质上的区别，切勿将两者混合使用。

A.2.5 液压油相容性（混油）规定如下：
a) 补加油宜采用与已充油同一油源、同一牌号及同一添加剂类型的油品，并且补加油（不论是新油或已使用的油）的各项特性指标不应低于已充油。
b) 不同类型液压油不应互相调和，不同制造商的相同牌号液压油，也不能混合使用，若要混合使用时，应进行混油试验，混合油样的质量应不低于运行油的质量标准。
c) 进口油或来源不明的油，需与不同牌号的油混合时，应预先对混合前后的油进行黏度试验。如在合格范围之内，再进行老化试验，老化后混合油的质量应不低于未混合油中最差的一种油，方可混合使用。

A.2.6 齿轮油相容性（混油）规定如下：

  a) 补加油宜采用与已充油同一油源、同一牌号及同一添加剂类型的油品，并且补加油（不论是新油或已使用的油）的各项特性指标不应低于已充油。

  b) 当要补加不同品牌的油时，应进行混油试验，还应对混合油样进行全分析试验，混合油样的质量应不低于运行油的质量标准。

  c) 进口油或来源不明的油，需与不同牌号的油混合时，应预先对混合前后的油进行黏度试验。如在合格范围之内，再进行老化试验，老化后混合油的质量应不低于未混合油中最差的一种油，方可混合使用。

A.2.7 辅机用油相容性（混油）规定如下：

  a) 运行中需要补加油时，应补加经检验合格的相同品牌、相同规格的新油。

  b) 当要补加不同品牌的油时，除进行混油试验外，还应对混合油样进行全分析试验，混合油样的质量应不低于运行油的质量标准。

A.3 橡胶相容性指数（按照 GB 11120 相关要求执行）

  涡轮机油（汽轮机油、透平油）橡胶相容性指数，根据油品可能接触的橡胶品种类按表 A.2 列出的条件，采用 GB/T 14832 方法测定，适用橡胶由用户与涡轮机油供应方协商。A.3 给出了指导性的可接受的性能变化指标，也可由最终用户根据使用目的和实际使用条件规定其他限值。另外，涡轮机油应该与润滑系统的所有组成材料兼容。

表 A.2 按照 GB/T 14832 测定橡胶相容性指数的使用条件

液体	品种代号	适用橡胶	试验温度 ℃	试验周期 [a] h	
矿物油	TSA、TGA TSE、TGE TGSB TGSE	NBR 1.2（丁腈橡胶）	100±1	168±2	1000±2
		HNBR 1（氢化丁腈橡胶）	100±1		
		FKM2（氟橡胶）	100±1		
[a] 长周期使用液体会使橡胶发生变化，建议评定 1000h 的橡胶相容性					

表 A.3 按照 GB/T 14832 方法测定，可接受的性能变化范围

浸入时间 h	最大体积膨胀率 %	最大体积收缩率 %	硬度变化 IRHD	最大拉伸强度变化率 %	最大拉断伸长率变化率 %
168	15	4	±8	−20	−20
1000	20	5	±10	−50	−50

附 录 B
（规范性附录）
电力用油颗粒度标准

B.1 NAS 的油洁净度（按照 DL/T 1096 相关要求执行）

美国航空航天工业联合会（AIA）NAS 1638：1984 年 1 月发布，见表 B.1。

表 B.1 NAS 的油洁净度分级标准
（引用 DL/T 432 的有关部分）

分级 颗粒数/100mL	颗 粒 尺 寸 μm				
	5～15	15～25	25～50	50～100	＞100
00	125	22	4	1	0
0	250	44	8	2	0
1	500	89	16	3	1
2	1000	178	32	6	1
3	2000	356	63	11	2
4	4000	712	126	22	4
5	8000	1425	253	45	8
6	16 000	2850	506	90	16
7	32 000	5700	1012	180	32
8	64 000	11 400	2025	360	64
9	128 000	22 800	4050	720	128
10	256 000	45 600	8100	1440	256
11	512 000	91 200	16 200	2880	512
12	1 024 000	182 400	32 400	5760	1024

B.2 MOOG 的污染等级标准（按照 MOOG 相关要求执行）

美国飞机工业协会（ALA）、美国材料试验协会（ASTM）、美国汽车工程师协会（SAE）联合提出的标准 MOOG 的污染等级标准，各等级应用范围：0 级——很难实现；1 级——超清洁系统；2 级——高级导弹系统；3 级、4 级——一般精密装置（电液伺服机构）；5 级——低级导弹系统；6 级——一般工业系统，见表 B.2。

表 B.2　MOOG 的污染等级标准

分级 颗粒数/100mL	颗 粒 尺 寸 μm				
	5～10	10～25	25～50	50～100	>100
0	2700	670	93	16	1
1	4600	13 加	210	28	3
2	9700	2680	380	56	5
3	2400	5360	780	110	11
4	32 000	10 700	1510	225	21
5	87 000	21 400	3130	430	41
6	128 000	42 000	6500	1000	92

B.3　SAE AS4059D 颗粒污染度分级标准（按照 SAE AS4059D 相关要求执行）

SAE AS4059D 颗粒污染度分级标准见表 B.3。

表 B.3　SAE AS4059D 颗粒污染度分级标准

			最大污染度极限 颗粒数/100ml					
ACFTD 尺寸（ISO4402 校准）		>1μm	>5μm	>15μm	>25μm	>50μm	>100μm	
MTD 尺寸（ISO11171 校准）		>4μm	>6μm	>14μm	>21μm	>38μm	>70μm	
尺寸代码		A	B	C	D	E	F	
等级	000	195	76	14	3	1	0	
	00	390	152	27	5	1	0	
	0	780	304	54	10	2	0	
	1	1560	609	109	20	4	1	
	2	3120	1220	217	39	7	1	
	3	6250	2430	432	76	13	2	
	4	12 500	4860	864	152	26	4	
	5	25 000	9730	1730	306	53	8	
	6	50 000	19 500	3460	612	106	18	
	7	100 000	38 900	6920	1220	212	32	
	8	200 000	77 900	13 900	2450	424	64	
	9	400 000	156 000	27 700	4900	848	128	
	10	800 000	311 000	55 400	9800	1700	256	
	11	1 600 000	623 000	111 000	19 600	3390	512	
	12	3 200 000	1 250 000	222 000	39 200	6780	1020	

SAE AS4059D 是 NAS 1638 的发展和延伸，代表了液体自动颗粒计数器校准方法转变后颗粒污染分级的发展趋势，不但适用于显微镜计数方法，也适用于液体自动颗粒计数器计数方法。

与 NAS 1638 相比较，SAE AS4059D 具有下列特点：

a) 将计数方式由差分计数改为累计计数，更贴合自动颗粒计数器的特点。

b) 计数的颗粒尺寸向下延伸至 1μm（ACFTD 校准方法）或者 4μm（ISO MTD 校准方法），并且作为一个可选的颗粒尺寸，由用户根据自己的需要决定。

c) 增加了一个 000 等级。

d) SAE AS4059D 采用字母代码来表示相应的颗粒尺寸。

e) 污染度等级报告形式多样化，以适应来自各方面的不同需要：AS4059D 既可以按照大于特定尺寸的颗粒总数来判级，如 5C 级，也可以按照每个尺寸范围同时判级，如 5C/4D/3E 级、5C/4D/4E/4F 级，还可以按照多个尺寸范围的最高污染度等级来判级，如 5C–F 级等。

B.4 ISO 分级标准与 NAS、MOOG 分级标准之间的等量关系

国际标准化组织（ISO）考虑一种改进分级标准，颗粒尺寸在 5/μm 以上和 15/μm 以上从 ISO 图上可以查出与这两种不同尺寸数目的分级（见 ISO 4406：1987），现将 ISO 分级标准与 MOOG、NAS 分级标准之间的等量关系列于表 B.4。

表 B.4   ISO 分级标准与 NAS、MOOG 分级标准之间的等量关系

ISO 标准	NAS 标准	MOOC 标准	ISO 标准	NAS 标准	MOOG 标准
26/23			13/10	4	1
25/23 23/20			12/9	3	0
21/18	12		11/8	2	
20/17	11		10/8		
20/16			10/7	1	
19/16	10		10/6		
			9/6	0	
18/15	9	6			
			8/5	00	
17/14	8	5			
16/13	7	4	7/5		
15/12	6	3	6/3 5/2		
14/12 14/11	5	2	2/0.8		

附 录 C

（规范性附录）

六氟化硫气体质量化学监督相关的技术要求

C.1 六氟化硫气体的充装（按照 GB/T 8905 相关要求执行）

C.1.1 在充装作业时，为防止引入外来杂质，充气前所有管路、连接部件均需根据其可能残存的污物和材质情况用稀盐酸或稀碱浸洗，冲净后加热干燥备用。连接管路时操作人员应佩戴清洁、干燥的手套。接口处擦净吹干，管内用六氟化硫新气缓慢冲洗即可正式充气。

C.1.2 对设备抽真空是净化和检漏的重要手段。充气前设备应抽真空至规定指标，真空度为 $133×10^{-6}$MPa，再继续抽气 30min，停泵 30min，记录真空度（A），再隔 5h，读真空度（B），若（B）−（A）值＜$133×10^{-6}$MPa，则可认为合格，否则应进行处理并重新抽真空至合格为止。

C.1.3 设备充入六氟化硫新气前，应复检其湿度，当确认合格后，方可缓慢地充入。当六氟化硫气瓶压力降至 0.1MPa 表压时应停止充气。

C.1.4 充装完毕后，对设备密封处、焊缝以及管路接头进行全面检漏，确认无泄漏则可认为充装完毕。

C.1.5 充装完毕 24h 后，对设备中气体进行湿度测量，若超过标准，应进行处理，直到合格。

C.2 六氟化硫气体取样要求（按照 GB/T 8905、DL/T 941、DL/T 1032 相关要求执行）

C.2.1 取样的目的是为了能够得到有代表性的气体样品。一般情况下，SF_6 是以气体状态存在的，样品应从设备内部直接抽取，不应通过设备内部的过滤器抽取。最理想的是从被检查的设备中将气体样品直接通入分析装置。在运行现场不能直接检测的项目，采用惰性材质制成的容器取样。

C.2.2 当所取的样品是液态时，取样容器应经受 7MPa 的压力试验，并且不准充满。充装条件应符合 GB/T 12022 中 6.1 和 6.2 的规定。

C.2.3 取样容器的脏污使被测试样中的杂质增加。取样瓶不得用于盛装除六氟化硫以外的其他物质。容器使用过后，加热至 100℃抽真空，充入新六氟化硫至常压，至少重复洗涤两次。保存时需充入稍高于大气压的新六氟化硫气体或氮气。取样前，用真空泵再次抽真空，并用待取样品冲洗容器。

C.2.4 取样管是连接从被取样设备或取样容器到分析装置，取样管的内径为 2mm～4mm，长度应尽量缩短的聚四氟乙烯管或不锈钢管，接头应为全金属型，例如压接型或焊接型。管子的内部应清洗干净，除尽油脂、焊药等。

C.2.5 取样点应进行干燥处理，保持洁净干燥，连接管路确保密封完好。取样前用六氟化硫气体缓慢地冲洗取样管路后再连接取样。

C.2.6 取样装置要求：取样容器满足抽真空处理，配置压力表可判断取样及洗气瓶中压力；

真空泵具有数显真空度显示、有尾气吸附处理、无毒排放。

C.2.7 连接系统要求：取样接头采用不吸水、耐腐蚀、密封好、寿命长的不锈钢材质或聚四氟乙烯管。

C.2.8 样品标签。

标签内容：单位名称、设备编号、设备型号、电压等级、取样日期、环境温度、湿度、取样人员、取样原因。

C.2.9 运输及存储。

为避免气体逸散，一般情况下取回样品应尽快完成试验，采样钢瓶取的气体保存期不超过 3 天。

C.3 工作场所中 SF₆ 气体的容许含量（按照 DL/T 639 相关要求执行）

工作场所中 SF_6 气体及其毒性分解物的容许含量，见表 C.1。

表 C.1 工作场所中 SF₆ 气体及其毒性分解物的容许含量

毒性气体及固体名称		容许含量（TLV—TWA）	毒性气体及固体名称		容许含量（TLV—TWA）
六氟化硫	SF_6	1000μL/L	十氟化二硫一氧	$S_2F_{10}O$	0.5μL/L
四氟化硫	SF_4	0.1μL/L	四氟化硅	SiF_4	2.5mg/m³
四氟化硫酰	SOL_4	2.5mg/m³	氟化氢	HF	3μL/L
氟化亚硫酰	SO_2F_2	2.5mg/m³	二硫化碳	CS_2	10μL/L
二氧化硫	SO_2	2μL/L	三氟化铝	AlF_3	2.5mg/m³
氟化硫酰	SO_2F_2	5μL/L	氟化铜	CuF_2	2.5mg/m³
十氟化二硫	S_2F_{10}	0.025μL/L	二氟化二甲基硅	$Si(CH_3)_2F_2$	1mg/m³
注：表中 TLV—TWA 为物质加权浓度，选用美国 ACGIH（1978 年）和 NIOSH（1982 年）公布的值					

C.4 回收六氟化硫进行处理的判定流程

回收六氟化硫进行处理的判定流程见图 C.1。

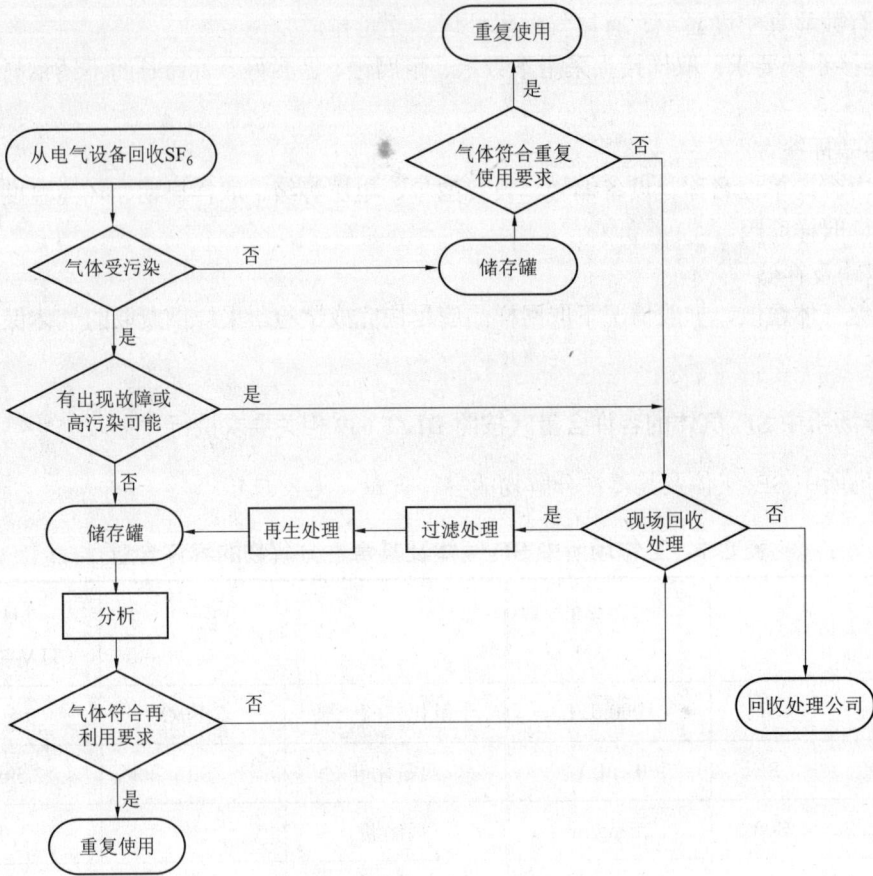

图 C.1　回收六氟化硫进行处理的判定流程

附　录　D

（资料性附录）

化学试验室的主要仪器设备

表 D.1　油分析主要仪器设备

序　号	设　备　名　称	单　位	数　量
1	开口闪点测定仪	台	1
2	闭口闪点测定仪	台	1
3	酸值测试仪	台	1
4	pH 值测试仪	台	1
5	运动黏度计	台	1
6	破乳化度仪	台	1
7	界面张力仪	台	1
8	凝固点测定仪	台	1
9	微量水分测定仪	台	1
10	含气量测定仪	台	1
11	击穿电压测试仪	台	1
12	介损及体积电阻率测定仪	台	1
13	激光粒度计	台	1
14	锈蚀测定仪	台	1
15	分光光度计	台	1
16	空气发生器	台	1
17	氢气发生器	台	1
18	脱气装置	台	1
19	气相色谱仪	套	1
20	工业天平	台	1
21	电热鼓风干燥箱	台	1
22	电热恒温水浴锅	台	1
23	油浴箱	台	1
24	分析天平	台	1

表 D.2 六氟化硫分析主要仪器设备

序 号	设 备 名 称	单 位	数 量
1	六氟化硫检漏仪	台	1
2	六氟化硫气体湿度检测仪	台	1
3	六氟化硫取样装置	套	1
4	六氟化硫分解产物测试仪	台	1
5	六氟化硫气体回收装置	套	1
6	气相色谱仪	套	1
7	红外光谱仪	台	1
8	紫外分光光度计	台	1

附 录 E

（规范性附录）

化学技术监督资料档案格式

E.1 受监督化学设备清册格式

一、设备清册编制要素

1. 序号

2. KKS 编码

3. 设备名称

4. 型号

5. 技术规格

6. 出厂日期

7. 出厂编号

8. 制造厂家

9. 投运日期

二、设备清册编制要求

1. 分组管理

设备清册可以设备类型为主体，再按机组或电压等级分组，再按设备类型分组。

2. 文本文档格式

可采用 Word 文档或者 Excel 工作表，推荐采用 Excel 工作表。

三、断路器台账示例

封面

（1）设备名称；

（2）KKS 编码；

（3）管理部门；

（4）责任人；

（5）建档日期。

表 E.1 断路器设备技术规范

名　　　称	规　范　值	备　　　注
设备型号		
额定电压		
最高工作电压		
雷电冲击耐受电压 1550+450kV		

表 E.1（续）

名　　称	规　范　值	备　　注
分合操作冲击耐受电压 1615kV		
工频耐受电压（对地）		
工频耐受电压（断口间）		
工频耐受电压（局部放电）		
主母线、断路器等额定电流		
额定短时耐受电流（有效值）		
动稳定电流		
操作回路控制电压		
信号回路电压		
附属设备电源电压		
额定充气压力		
充气密度		
气体补给压力		
气体补气密度		
额定绝缘压力		
额定绝缘密度		
报警压力		
报警密度		℃

四、变压器台账示例

封面

（1）设备名称；

（2）KKS 编码；

（3）管理部门；

（4）责任人；

（5）建档日期。

表 E.2　变压器设备技术规范

名　　称	参　　数	名　　称	参　　数
标准代号		产品代号	
型号		额定容量	
电压组合		绝缘水平	
相数		使用条件	

表 E.2（续）

名　　称	参　　数	名　　称	参　　数
联结组标号		额定频率	
负载损耗		冷却方式	
空载损耗		空载电流	
断路阻抗		器身重量	
油重量		总重量	
出厂序号		生产厂家	
出厂日期		—	—

表 E.3　变压器高压侧套管技术参数

规　范	参　　数		规　范	参　　数
型　号			耐受电流（3S）	
型　式			动稳定电流	
额定电压			油牌号	
耐受电压			套管内油膨胀器	
额定电流				
附属设备	压力监视装置			
	试验抽头			
	取油样装置			

表 E.4　变压器低压侧套管技术参数

规　范	参　　数	规　范	参　　数
型　号		额定电压	
材　料		额定电流	

表 E.5　变压器中性点套管技术参数

规　范	参　　数	规　范	参　　数
型　号		额定电压	
型　式		额定电流	
电容量		绝缘油标号	

E.2　设备化学检测台账格式

一、设备台账目录

封面

（1）设备技术规范。

（2）附属设备技术规范。

（3）制造、运输、安装及投产验收情况记录。

（4）运行监督数据记录。

（5）检修情况记录。

（6）重要故障记录。

（7）设备异动记录。

（8）重要记事。

二、设备台账编制要求

a）设备台账是由一个文本文档（Word 文档或者 Excel 工作表）和一个文件夹组成。

b）文本文档用来记录设备从设计选型和审查、监造和出厂验收、安装和投产验收、运行、检修到技术改造的全过程化学监督的重要内容，文件夹用来保存和提供设备的相关资料。

c）设备化学检测台账的记录应简明扼要，详细内容可通过超链接调用文件夹中的相关资料，或者通过索引在文件夹中查找到相关的资料。

三、化学设备检测台账示例

表 E.6 变压器油检测台账

设备名称	油品牌号	取样日期	变压器油质检测项目													
			外观	水溶性酸pH值	酸值mgKOH/g	闭口闪点℃	界面张力（25℃）mN/m	含气量%	水分mg/L	击穿电压kV	介质损耗因数（90℃）	体积电阻率（90℃）	油泥与沉淀物	析气性	带电倾向	腐蚀性硫

备注：

表 E.7　变压器油中溶解气体检测台账

试验日期	设备名称容量	电压等级	气体组分 运行负荷 MW	氢气 H_2 μl/L	一氧化碳 CO μl/L	二氧化碳 CO_2 μl/L	甲烷 CH_4 μl/L	乙烷 C_2H_6 μl/L	乙烯 C_2H_4 μl/L	乙炔 C_2H_2 μl/L	总烃 Σ烃 μl/L	运行时间 d	总烃绝对产气速率 ml/d	编码组合		
														$\dfrac{C_2H_2}{C_2H_4}$	$\dfrac{CH_4}{H_2}$	$\dfrac{C_2H_4}{C_2H_6}$

备注：

表 E.8　透平油检测台账

设备名称	日期	牌号	透平油质检测项目										
			外状	机械杂质	开口闪点 ℃	酸值 mgKOH/g	水分 mg/L	运动黏度 40℃ mm^2/s	破乳化度 min	颗粒度 NAS1638	液相锈蚀	起泡沫试验	空气释放值	旋转氧弹值

备注：

表 E.9 液压油检测台账

设备名称	日期	牌号	液压油质检测项目							
			外状	酸值 mgKOH/g	水分 mg/L	运动黏度 40℃ mm²/s	颗粒度 NAS 1638	色度变化（比新油/号）	铜片腐蚀（100℃，3h）级	旋转氧弹（150℃）min
备注：										

表 E.10 齿轮油检测台账

设备名称	日期	牌号	齿轮油质检测项目									
			外状	开口闪点℃	运动黏度	酸值 mgKOH/g	水分 mg/L	倾点℃	颗粒度 NAS 1638	黏度指数	铜片腐蚀（100℃，3h）级	氧化安定性（旋转氧弹法）min
备注：												

表 E.11 六氟化硫气体微水、分解产物检测台账

检测内容 / 设备名称	时间	温度 ℃	湿度 %	天气 状况	气室 表压 MPa	露点 ℃	微水 含量 μg/g	气体分解		
								CO μL/L	H₂S μL/L	SO₂ μL/L
备注：										

表 E.12 六氟化硫气体监督检测台账

设备编号	指标							
	空气（O$_2$+N$_2$）%	四氟化碳%	水分 μg/g	酸度（以HF计）μg/g	可水解氟化物（以HF计）μg/g	矿物油 μg/g	纯度 %	生物毒性 泄漏量试验

注：表中指标均为重量比

四、制造、运输、安装及投产验收情况记录

表 E.13 制造、运输、安装及投产验收情况记录

设备名称		制造厂家	
运输单位		安装单位	
制造过程出现的问题及处理	问题及处理		
	索引或超链接		
运输过程出现的问题及处理	问题及处理		
	索引或超链接		
安装及投产验收中出现的问题及处理	问题及处理		
	索引或超链接		

五、重要故障记录（包括：一类事故、障碍、危急缺陷和严重缺陷）

表 E.14 重 要 故 障 记 录

故障名称					
发生日期			处理完成日期		
故障类别		非停时间 h		责任人	
一、事件简述					
二、原因分析					
三、处理方法					
四、防范措施					
五、索引或超链接					
编制		审核		审批	

六、检修记录

表E.15 检 修 记 录

检修等级			检修性质			质量总评价		
检修时间	计划		自		至	消耗工时		计划
	实际		自		至			实际
主要检修人员								
检修主要内容								
检修中发现的问题及处理								
试验情况								
遗留问题								
索引或超链接								
检修负责人			审核			审批		

七、变更记录（包括：改进、更换、报废）

表 E.16 变 更 记 录

变更名称					
变更日期			变更工作负责人		
变更原因					
变更依据					
变更内容					
变更效果					
索引或超链接					
编制		审核		审批	

八、设备基建阶段资料及图纸目录

表 E.17 设备基建阶段资料及图纸目录

序 号	资料及图纸名称	索引号	保存地点

E.3 化学试验仪器仪表台账格式

表 E.18 试 验 仪 器 仪 表 台 账

序号	仪器仪表名称	型号	技术规格	购入日期	供货商	检验周期	最近的一次检验		
							检验单位	报告日期	仪器状态
1									
2									
3									
4									
5									
6									
7									
8									
9									
10									
注1：仪器状态包括：合格、待修理、报废。 注2：台账中应保留两个检验周期的仪器状态									

E.4 试验报告格式

试验报告的内容

1. 被试设备及试验条件

（1）试验报告编号；

（2）水力发电厂名称；

（3）试验时间；

（4）试验性质（定检、检查、跟踪分析、检修）；

（5）天气及环境温、湿度；

（6）设备技术规格。

2. 被试设备基本信息及试验条件

（1）试验项目；

（2）试验数据（与上次试验值对比）；

（3）试验方法；

（4）试验结论；

（5）试验仪器（型号、出厂编号、准确度、检验有效期）；

（6）试验依据；

（7）试验人员和审核。

3. 变压器油样品标签格式

表 E.19　变压器油样品的标签格式

单　　位		取样容器号	
设备名称		产品型号	
产品序号	油重 t	油牌号	
油温 ℃	气温 ℃	相对湿度	
负荷情况		取样原因	
取样部位			
取样时间		取样人	

4. 变压器油中溶解气体含量试验报告示例

表 E.20   变压器油中溶解气体分析报告

_____水电厂：   编号：

站　　名		设备名称	
设备编号		型　　号	
出厂年月		制造厂家	
投运日期		出厂序号	
电压等级		调压方式	
容　　量		保护方式	
油　　重		冷却方式	
油牌号		油比重	
取样日期		气　　温	
分析日期		油　　温	
负　　荷		取　样　人	
取样部位		取样原因	

注意值：根据 HL/T 722—2000 标准，组分含量有一项超出以下值时，应引起注意

测试结果
μL/L

组　　分	浓　　度
H_2	
CO	
CO_2	
CH_4	
C_2H_6	
C_2H_4	
C_2H_2	
O_2	
N_2	
总烃	
水分 mg/L	
含气量 %	

分析意见：

备注：

取样：		试验：
校核：		审核：

5. 变压器油试验分析报告示例

表 E.21 变压器油试验分析报告

_____水电厂: 编号:

单　位		天　气		采样时间	
设备名称		油牌号		收样时间	
设备容量		取样部位		分析时间	
取样原因		电压等级 kV		报告时间	

序号	分析项目分析结果	单　位	A 相	B 相	C 相	GB/T 7595—2008
1	外　状	透明				
2	水溶性酸	pH 值				
3	酸值	mgKOH/g				
4	闭口闪点	℃				
5	界面张力	mN/m				
6	水分	mg/L				
7	击穿电压	kV				
8	含气量	%				
9	介损因数	（90℃）				
10	体积电阻率	Ω·m				
11	油中颗粒度（＞5μm）	个				

分析说明:

备注:

取样:	试验:
校核:	审核:

E.5 设备运行月度分析格式

一、变压器油中溶解气体在线监测装置分析报表

表 E.22 变压器油中溶解气体在线监测装置分析报表

填报日期：20××年××月××日

1. ××××型色谱在线监测系统运行情况

×号主变压器、×电抗器安装××型变压器色谱在线监测系统，该色谱在线监测系统可监测×种故障特征气体（氢气、一氧化碳、二氧化碳、甲烷、乙烷、乙烯、乙炔）。

××××型变压器色谱在线监测系统检测数据

×号主变压器×相									
检测类型	检测日期	氢气（H_2）	一氧化碳（CO）	二氧化碳（CO_2）	甲烷（CH_4）	乙烷（C_2H_6）	乙烯（C_2H_4）	乙炔（C_2H_2）	总烃∑（C_nH_m）
在线监测									
离线检测									
在线监测									
离线检测									
在线监测									
离线检测									
在线监测									
离线检测									
备注									

对比分析：

离线色谱数据与在线色谱数据对比分析，分析在线监测系统运行情况。

2. 需要解决问题

以上对比分析均以离线色谱分析数据为基准。

二、变压器油中溶解气体跟踪分析月报

表 E.23　××××变压器油中溶解气体跟踪分析月报表　　　　　μL/L

试验日期	运行负荷(MW)	氢气(H₂)	一氧化碳(CO)	二氧化碳(CO₂)	甲烷(CH₄)	乙烷(C₂H₆)	乙烯(C₂H₄)	乙炔(C₂H₂)	总烃∑(CnHm)	总烃绝对产气速率 ml/d	运行时间 d	编码组合		
												$\frac{C_2H_2}{C_2H_4}$	$\frac{CH_4}{H_2}$	$\frac{C_2H_4}{C_2H_6}$

分析说明：

注：根据 HL/T 722—2000 标准，组分含量有一项超出以下值时，应引起注意：总烃 150μl/L，氢气 150μl/L，500kV 乙炔 1μl/L，总烃绝对产气速率的注意值为 12ml/d，总烃的相对产气速率大于 10%

××××水电厂　　　　　　　　　　　二〇一×年××月××日

附　录　F

（规范性附录）

技术监督不符合项通知单

编号（No）：××–××–××

发现部门：　　　　专业：　　　被通知部门、班组：　　　签发：　　　日期：20××年××月××日

<table>
<tr>
<td rowspan="2">不符合项描述</td>
<td>1. 不符合项描述：</td>
</tr>
<tr>
<td>2. 不符合标准或规程条款说明：</td>
</tr>
<tr>
<td rowspan="2">整改措施</td>
<td>3. 整改措施：</td>
</tr>
<tr>
<td>制订人/日期：　　　　　　　　　审核人/日期：</td>
</tr>
<tr>
<td rowspan="2">整改验收情况</td>
<td>4. 整改自查验收评价：</td>
</tr>
<tr>
<td>整改人/日期：　　　　　　　　　自查验收人/日期：</td>
</tr>
<tr>
<td rowspan="2">复查验收评价</td>
<td>5. 复查验收评价：</td>
</tr>
<tr>
<td>复查验收人/日期：</td>
</tr>
<tr>
<td rowspan="2">改进建议</td>
<td>6. 对此类不符合项的改进建议：</td>
</tr>
<tr>
<td>建议提出人/日期：</td>
</tr>
<tr>
<td>不符合项关闭</td>
<td>整改人：　　　　自查验收人：　　　　复查验收人：　　　　签发人：</td>
</tr>
<tr>
<td>编号说明</td>
<td>年份+专业代码+本专业不符合项顺序号</td>
</tr>
</table>

附 录 G

（规范性附录）

技 术 监 督 信 息 速 报

单位名称			
设备名称		事件发生时间	
事件概况	注：有照片时应附照片说明。		
原因分析			
已采取的措施			
监督专责人签字		联系电话： 传　真：	
生长副厂长或总工程师签字		邮　箱：	

附 录 H

（规范性附录）

化学技术监督季报编写格式

××水力发电厂20××年×季度化学技术监督季报

编写人：×××　固定电话/手机：××××××

审核人：×××

批准人：×××

上报时间：20××年××月××日

H.1　上季度集团公司督办事宜的落实或整改情况

H.2　上季度产业（区域）公司督办事宜的落实或整改情况

H.3　化学监督年度工作计划完成情况统计报表

表 H.1　年度技术监督工作计划和技术监督服务单位合同项目完成情况统计报表

发电企业技术监督计划完成情况			技术监督服务单位合同工作项目完成情况		
·年度计划项目数	截至本季度完成项目数	完成率%	合同规定的工作项目数	截至本季度完成项目数	完成率%

H.4　化学监督考核指标完成情况统计报表

1. 监督管理考核指标报表

监督指标上报说明：每年的1～3季度所上报的技术监督指标为季度指标，每年的4季度所上报的技术监督指标为全年指标。

表 H.2　201×年×季度仪表校验率统计报表

年度计划应校验仪表台数	截至本季度完成校验仪表台数	仪表校验率%	考核或标杆值%
			100

表 H.3　技术监督预警问题至本季度整改完成情况统计报表

一级预警问题			二级预警问题			三级预警问题		
问题项数	完成项数	完成率%	问题项数	完成项数	完成率%	问题项数	完成项数	完成率%

表 H.4 集团公司技术监督动态检查提出问题本季度整改完成情况统计报表

检查年度	检查提出问题项目数（项）			电厂已整改完成项目数统计结果			
	严重问题	一般问题	问题项合计	严重问题	一般问题	完成项目数小计	整改完成率%

2. 技术监督考核指标报表

表 H.5 201×年×季度预试完成率季度统计报表

指标	考核或标杆值	完成率	未达标情况简要说明
全厂油、气周期检测率	100.0%		
变压器油（溶解气体）	合格率大于或等于98.0% 油耗小于或等于1.0%/年		
透平油	合格率大于或等于98.0% 油耗小于或等于5.0%/年		
液压油	合格率大于或等于98.0% 油耗小于或等于3.0%/年		
齿轮油	合格率大于或等于95.0% 油耗小于或等于1.0%/年		
六氟化硫气体	合格率100.0% 气体年泄漏量不大于总气量的0.5%		

3. 技术监督考核指标简要分析

填报说明：分析指标未达标的原因。

4. 技术监督指标

各水力发电厂现行变压器油、透平油、齿轮油、液压油和六氟化硫气体分析报表参考表 H.9～表 H.17。

H.5 本季度主要的化学监督工作

填报说明：简述化学监督管理、试验、检修、运行的工作和设备遗留缺陷的跟踪情况。

H.6 本季度化学监督发现的问题、原因及处理情况

填报说明：包括试验、检修、运行、巡视中发现的一般事故和一类障碍、危急缺陷和严重缺陷。必要时应提供照片、数据和曲线。

1. 一般事故及一类障碍

2. 危急缺陷

3. 严重缺陷

H.7 化学下季度的主要工作

H.8 附表

华能集团公司技术监督动态检查专业提出问题至本季度整改完成情况见表 H.6，《华能集团公司火（水）电技术监督报告》专业提出的存在问题至本季度整改完成情况见表 H.7，技术监督预警问题至本季度整改完成情况见表 H.8。

表 H.6 华能集团公司技术监督动态检查专业提出问题至本季度整改完成情况

序号	问题描述	问题性质	西安热工院提出的整改建议	发电企业制订的整改措施和计划完成时间	目前整改状态或情况说明
注 1：填报此表时需要注明集团公司技术监督动态检查的年度； 注 2：如 4 年内开展了 2 次检查，应按此表分别填报。待年度检查问题全部整改完毕后，不再填报					

表 H.7 《华能集团公司火（水）电技术监督报告》专业提出的存在问题至本季度整改完成情况

序号	问题描述	问题性质	问题分析	解决问题的措施及建议	目前整改状态或情况说明

表 H.8 技术监督预警问题至本季度整改完成情况

预警通知单编号	预警类别	问题描述	西安热工院提出的整改建议	发电企业制订的整改措施和计划完成时间	目前整改状态或情况说明

表 H.9 ＿＿＿＿年第＿＿季度变压器油合格率、油耗及异常情况报表

填报单位：　　　　　　　　　　　　　　　　　填报日期：　　年　　月　　日

电压等级	设备台数	油质合格率%	油耗%	气相色谱检测率%	微水检测率%	色谱或微水异常情况

注1：变压器油的合格率的统计为110kV及以上等级的变压器；
注2：油耗的统计为补充油量占所统计变压器油量的百分数；
注3：110kV及以上变压器油的检测项目按相关标准规定执行

填报人：　　　　　　　　　　　　　　　　　审核人：

表 H.10 ＿＿＿＿年第＿＿季度变压器油监督报表

填报单位：　　　　　　　　　　　　　　　　　填报日期：　　年　　月　　日

设备名称	运行编号	油品牌号	取样日期	外观	水溶性酸pH值	酸值mgKOH/g	闭口闪点℃	界面张力（25℃）mN/m	含气量%	水分mg/L	击穿电压kV	介质损耗因数（90℃）tanδ值	体积电阻率（90℃）*1012Ω·m	结论

备注：

填报人：　　　　　　　　　　　　　　　　　审核人：

表 H.11 _____年第___季度透平油监督报表

填报单位： 填报日期： 年 月 日

机组	日期	牌号	油质检测项目									油质合格率%	油耗			防劣措施	备注
			外状	开口闪点℃	酸值mgKOH/g	水分mg/L	运动黏度40℃mm²/s	破乳化度min	颗粒度NAS1638	液相锈蚀			机组油量t	补油量t	油耗%		
标准值																	

全厂上半年平均油耗：	全年油耗：	全厂上半年平均合格率：	全年平均合格率：
全厂下半年平均油耗：		全厂下半年平均合格率：	

注1：按单机统计油耗，计算方法：（补油量/机组油量）×100%，全厂平均油耗为各单机油耗平均值。
注2：按单机统计油质合格率，计算方法：（合格项目数/8）×100%，全厂平均油质合格率为各单机油质合格率的平均值。
注3：按 Q/HB–J–08.L20—2009 要求监督透平油各项目，并上报西安热工院。
注4：防劣措施包括：① 添加抗氧化剂、防锈剂。② 投入连续再生装置、油净化器。③ 定期滤油等

填报人： 审核人：

表 H.12 _____年第___季度异常充油电气设备特征气体含量报表

填报单位： 填报日期： 年 月 日

试验日期	设备名称、容量	电压等级	气体组分	氢气	一氧化碳	二氧化碳	甲烷	乙烷	乙烯	乙炔	总烃	运行时间	总烃绝对产气速率	编码组合		
			运行负荷MW	H_2 μl/L	CO μl/L	CO_2 μl/L	CH_4 μl/L	C_2H_6 μl/L	C_2H_4 μl/L	C_2H_2 μl/L	$\sum$烃 μl/L	d	ml/d	$\dfrac{C_2H_2}{C_2H_4}$	$\dfrac{CH_4}{H_2}$	$\dfrac{C_2H_4}{C_2H_6}$

备注：

填报人： 审核人：

表 H.13 _____年第___季度色谱监督特征气体含量报表

填报单位： 填报日期： 年 月 日

取样日期	运行设备	H_2 10^{-6}	CO 10^{-6}	CO_2 10^{-6}	CH_4 10^{-6}	C_2H_6 10^{-6}	C_2H_4 10^{-6}	C_2H_2 10^{-6}	Σ烃 10^{-6}	结论	备注
备注：											

填报人： 审核人：

表 H.14 _____年第_____季度_____kV GIS SF6 气体微水、分解产物定检报表

填报单位： 填报日期： 年 月 日

设备名称 ＼ 检测内容	时间	温度 ℃	湿度 %	天气状况	气室表压 MPa	露点 ℃	微水含量 μg/g	气体分解		
								CO μL/L	H_2S μL/L	SO_2 μL/L
备注：										

填报人： 审核人：

表 H.15 _____年第____季度六氟化硫（SF6）监督报表

填报单位： 填报日期： 年 月 日

设备编号	指							标
	空气（O2+N2）%	四氟化碳%	水分μg/g	酸度（以HF计）μg/g	可水解氟化物（以HF计）μg/g	矿物油μg/g	纯度%	生物毒性泄漏量试验
注：表中指标均为重量比								

填报人： 审核人：

表 H.16 _____年第____季度液压油监督报表

填报单位： 填报日期： 年 月 日

设备	牌号	日期	油 质 检 测 项 目										油 耗			备注
			压力	温度	外状	酸值mgKOH/g	水分mg/L	运动黏度40℃mm²/s	颗粒度NAS1638	铜片腐蚀（100℃，3h）级	旋转氧弹（150℃）min	油质合格率%	设备油量t	换油t	油耗%	
备注：																

填报人： 审核人：

表 H.17 ＿＿＿＿年第＿＿季度齿轮油监督报表

填报单位： 填报日期： 年 月 日

设备	牌号	日期	油 质 检 测 项 目										油 耗			备注
			外状	开口闪点℃	酸值 mgKOH/g	水分 mg/L	运动黏度（40℃）mm²/s	倾点℃	颗粒度 NAS 1638	黏度指数	铜片腐蚀（100℃，3h）级	油质合格率%	设备油量 t	换油 t	油耗%	

备注：

填报人： 审核人：

附　录　I

（规范性附录）

化学技术监督预警项目

I.1　一级预警

无。

I.2　二级预警

a) 变压器油中溶解气体含量超标或产气速率超标，判定设备内部有放电等严重故障，未采取应对措施。

b) 六氟化硫气体分解产物含量超过运行警示值，未采取应对措施。

c) 三级预警项目未整改，或未按期完成整改。

I.3　三级预警

a) 变压器油中溶解气体含量超标或产气速率超标，判定设备内部有局部放电或高温过热等故障，未采取应对措施。

b) 变压器油水分、击穿电压超过运行油质量指标，未采取应对措施。

c) 六氟化硫气体湿度、分解产物含量超过运行质量指标，未采取应对措施。

d) 透平油、液压油水分含量超过 200μL/L，3 个月未采取应对措施。

e) 化学监督预警、动态检查和《化学监督季报》提出存在问题未按期完成整改。

附 录 J

（规范性附录）
技术监督预警通知单

通知单编号：T–　　　　　　　　　预警类别：　　　　　日期：　　年　月　日

发电企业名称	
设备（系统）名称及编号	
异常情况	
可能造成或已造成的后果	
整改建议	
整改时间要求	

提出单位		签发人	

注：通知单编号：T–预警类别编号–顺序号–年度。预警类别编号：一级预警为 1，二级预警为 2，三级预警为 3。

附　录　K
（规范性附录）
技术监督预警验收单

验收单编号：Y-　　　　　　　预警类别：　　　　　　日期：　　年　　月　　日

发电企业名称	
设备（系统）名称及编号	
异常情况	
技术监督服务单位整改建议	
整改计划	
整改结果	

验收单位		验收人	

注：验收单编号：Y-预警类别编号-顺序号-年度。预警类别编号：一级预警为1，二级预警为2，三级预警为3。

附 录 L

（规范性附录）

技术监督动态检查问题整改计划书

L.1 概述

L.1.1 叙述计划的制订过程（包括西安热工研究院、技术监督服务单位及水力发电厂参加人等）；

L.1.2 需要说明的问题，如：问题的整改需要较大资金投入或需要较长时间才能完成整改的问题说明。

L.2 问题整改计划表

表 L.1 问 题 整 改 计 划 表

序号	问题描述	专业	西安热工院提出的整改建议	发电企业制订的整改措施和计划完成时间	发电企业责任人	西安热工院责任人	备注

L.3 一般问题整改计划表

表 L.2 问 题 整 改 计 划 表

序号	问题描述	专业	西安热工院提出的整改建议	发电企业制订的整改措施和计划完成时间	发电企业责任人	西安热工院责任人	备注

附 录 M

（规范性附录）
化学技术监督工作评价表

序号	评价项目	标准分	评价内容与要求	评 分 标 准
1	化学监督管理	200		
1.1	组织与职责	25	查看水力发电厂技术监督机构文件、上岗资格证	
1.1.1	监督组织健全	5	建立健全厂级监督领导小组领导下的化学监督组织机构，在归口职能管理部门设置化学监督专责人	（1）未建立三级化学监督网，扣5分； （2）未落实化学监督专责人或人员调动未及时变更，扣2分
1.1.2	职责明确并得到落实	5	专业岗位职责明确，落实到人	专业岗位设置不全或未落实到人，每一岗位扣5分
1.1.3	化学专责持证上岗	15	持证岗位及持证人员数 （1）厂级化学监督专责人：持证人数1人； （2）化学油气化验：持证人数应不少于2人	未取得资格证书或证书超期，每一证书扣5分
1.2	标准符合性	20	查看： （1）保存国家、行业与化学监督有关的技术标准、规范； （2）电厂"化学监督管理标准""电气运行规程""运行图册""电气检修规程"	
1.2.1	化学监督管理标准	4	（1）编写的内容、格式应符合《华能电厂安全生产管理体系要求》和《华能电厂安全生产管理体系管理标准编制导则》的要求，并统一编号； （2）内容应符合国家、行业法律、法规、标准和《华能集团公司电力技术监督管理办法》相关的要求，并符合电厂实际	（1）不符合《华能电厂安全生产管理体系要求》和《华能电厂安全生产管理体系管理标准编制导则》的编制要求，扣3分； （2）不符合国家、行业法律、法规、标准和《华能集团公司电力技术监督管理办法》相关的要求和电厂实际，扣3分
1.2.2	国家、行业技术标准	6	保存的技术标准符合集团公司年初发布的化学监督标准目录；及时收集新标准，并在厂内发布	（1）缺少标准或未更新，每个扣2分； （2）标准未在厂内发布，扣3分
1.2.3	企业技术标准	6	依据《电力技术监督导则》《化学监督导则》《电力技术监督管理办法》、《水电厂化学监督技术标准》等国家、行业、企业标准，制定符合本厂实际情况的化学监督的规章制度、实施细则，并按时修订	（1）巡视周期、试验周期、检修周期不符合要求，每项扣2分； （2）性能指标、运行控制指标、工艺控制指标不符合要求，每项扣2分

表（续）

序号	评价项目	标准分	评价内容与要求	评 分 标 准
1.2.4	标准更新	4	标准更新符合管理流程	（1）未按时修编，每个扣2分； （2）标准更新不符合标准更新管理流程，每个扣2分
1.3	试验室管理	35	现场查看试验室布置、仪器仪表台账、检验计划、检验报告	
1.3.1	试验设备管理	9	试验室布局合理，试验设备清洁、摆放整齐	试验室布置不合理、不符合标准扣9分
1.3.2	试验室环境要求	8	专用接地网、环境温度、湿度应满足规程要求，应配备必要的温湿度监控设备	试验室不满足要求扣8分
1.3.3	试验仪器台账	6	（1）建立仪器仪表台账，栏目应包括：仪器仪表型号、技术参数、精度等级、出厂试验报告、购入时间、供货单位、检验周期、检验日期、使用状态等。 （2）保存仪器仪表使用说明书，试验仪器设备操作规程	仪器仪表台账记录不全、使用说明书缺失、专用仪器操作规程缺漏，一项扣2分
1.3.4	仪器仪表维护	6	（1）试验仪器可靠接地； （2）仪器仪表清洁、摆放整齐； （3）标气、化学试剂、消耗品在有效期内	不符合要求，一项扣2分
1.3.5	检验计划和检验报告	6	计划送检的仪表应有对应的检验报告	未按规定定期送检（或自校）一台扣2分
1.4	监督计划	20	现场查看监督计划	
1.4.1	计划的制订	12	（1）计划制订时间、依据符合要求； （2）计划内容应包括： 1）管理制度制定或修订计划； 2）培训计划（内部及外部培训、资格取证、规程宣贯等）； 3）检修中化学监督项目计划； 4）动态检查提出问题整改计划； 5）化学监督中发现重大问题整改计划； 6）仪器仪表送检计划； 7）技改中化学监督项目计划； 8）定期工作（定检、工作会议等）计划	（1）计划制订时间、依据不符合，一个计划扣2分。 （2）计划内容不全，一个计划扣2分
1.4.2	计划的审批	4	符合工作流程：班组或部门编制→化学专责人审核→归口管理部门主任审定→生产厂长审批→下发实施	审批工作流程缺少环节，一个扣2分
1.4.3	计划的上报	4	每年11月30日前上报产业公司、区域公司，同时抄送西安热工研究院	计划上报不按时，扣5分

表（续）

序号	评价项目	标准分	评价内容与要求	评 分 标 准
1.5	监督档案	20	现场查看监督档案、档案管理的记录	
1.5.1	监督档案清单	4	应建有监督档案资料清单，每类资料有编号、存放地点、保存期限	不符合要求，扣2分
1.5.2	报告和记录	12	（1）各类资料内容齐全、时间连续； （2）及时记录新信息； （3）及时完成定检、跟踪分析、检修试验报告、月度分析报告、异常设备分析报告、故障分析等报告编写，按档案管理流程审核归档	（1）第（1）项、第（2）项不符合要求，一件扣2分。 （2）第（3）项不符合要求，一件扣4分
1.5.3	档案管理	4	（1）资料按规定储存，由专人管理； （2）记录借阅应有借、还记录； （3）有过期文件处置的记录	不符合要求，一项扣2分
1.6	评价与考核	20	查阅评价与考核记录	
1.6.1	动态检查前自我检查	5	自我检查评价切合实际	（1）没有自查扣5分。 （2）自我检查评价与动态检查评价的评分相差20分及以上，扣5分
1.6.2	定期监督工作评价	5	查阅监督工作评价记录	无工作评价记录，扣5分
1.6.3	定期监督工作会议	5	定期召开监督工作会议或不定期的专题会议，并有会议纪要	无工作会议纪要，扣5分
1.6.4	监督工作考核	5	查阅监督工作考核记录	发生监督不力事件而未考核，扣5分
1.7	工作报告制度执行情况	25	查阅检查之日前四个季度季报、检查速报事件及上报时间	
1.7.1	监督季报、年报	10	（1）每季度首月5日前，应将技术监督季报送产业公司、区域公司和西安热工研究院； （2）格式和内容符合要求	（1）季报、年报上报迟报1天扣3分。 （2）格式不符合，一项扣2分。 （3）统计报表数据不准确，一项扣2分。 （4）检查发现的问题，未在季报中上报，每1个问题扣5分
1.7.2	技术监督速报	10	按规定格式和内容编写技术监督速报并及时上报	（1）发现或者出现重大设备问题和异常及障碍未及时、真实、准确上报技术监督速报，每1项扣5分； （2）上报速报事件描述不符合实际，一件扣5分

表（续）

序号	评价项目	标准分	评价内容与要求	评 分 标 准
1.7.3	年度工作总结报告	5	（1）每年元月5日前组织完成上年度技术监督工作总结报告的编写工作，并将总结报告报送产业公司、区域公司和西安热工研究院； （2）格式和内容符合要求	（1）未按规定时间上报，扣5分。 （2）内容不全，扣5分
1.8	监督考核指标	35	检查定检计划及试验报告，监督预警问题验收单；整改问题完成证明文件。现场检查，查阅检修报告、缺陷记录	
1.8.1	试验仪器仪表校验率	2	要求：100%	不符合要求，不得分
1.8.2	监督预警、季报问题整改完成率	8	要求：100%，对于技术监督预警、季报提出的问题，应按要求及时制订整改计划，明确整改时间和人员	不符合要求，不得分。每低1%，扣2分
1.8.3	动态检查存在问题整改完成率	8	要求：从发电企业收到动态检查报告之日起：第1年整改完成率不低于85%，第2年整改完成率不低于95%	不符合要求，不得分。每低1%，扣2分
1.8.4	油气设备检测率	8	检查定检计划及试验报告，全厂油、气周期检测率为100%	油气周期检测率达不到100%不得分。每低1%，扣2分
1.8.5	缺陷消除率	5	要求：（1）危急缺陷为100%； （2）严重缺陷为90%	不符合要求，不得分。每低1%，扣2分
1.8.6	设备完好率	4	要求：（1）主设备为100%； （2）一般设备为98%	不符合要求，不得分。每低1%，扣2分
2	技术监督实施	300		
2.1	变压器油	80		
2.1.1	变压器油合格率	10	变压器油（溶解气体）合格率大于或等于98.0%，油耗小于或等于1.0%/年	（1）变压器油油质合格率，每低1%扣5分。 （2）全厂设备油耗大于1.0%/年扣10分
2.1.2	变压器油分析	40	查看试验报告。要求： （1）试验周期符合规程的规定； （2）试验项目齐全； （3）试验方法正确； （4）试验数据准确； （5）结论明确	不符合要求，一项扣5分

表（续）

序号	评价项目	标准分	评价内容与要求	评 分 标 准
2.1.3	变压器检修监督	20	查检修文件包（卡）记录。要求： （1）油处理、补油、换油防油污染措施完善； （2）真空注油； （3）油相容性满足标准要求； （4）试验项目齐全、合格； （5）见证点现场签字； （6）质量三级验收	（1）防油污染措施不完善扣5分 （2）油相容性不满足标准要求扣10分。 （3）对油质不合格的设备未处理或未制订处理措施的，一台次扣10分。 （4）过程监督及质量见证缺漏一项，扣5分
2.1.4	变压器油设备巡检和记录	4	定期巡检设备运行声音正常，油温、油位、压力指示正常，各连接法兰、结合面及堵头无漏油现象。吸湿器内干燥剂无饱和失效现象，油杯内油位正常	（1）巡视周期不符合，一项扣2分。 （2）巡视纪录不全，一项扣2分
2.1.5	备用主设备、附件油质监督	6	查看试验报告。要求： （1）试验周期符合规程的规定； （2）试验项目齐全； （3）试验方法正确； （4）试验数据准确； （5）结论明确	不符合要求，一项扣6分
2.2	透平油	50		
2.2.1	透平油合格率	10	透平油合格率大于或等于 98.0%，油耗小于或等于5.0%/年	（1）透平油油质合格率，每低1%扣5分。 （2）全厂设备油耗大于5.0%/年扣10分
2.2.2	透平油分析	20	查看试验报告。要求： （1）试验周期符合规程的规定； （2）试验项目齐全； （3）试验方法正确； （4）试验数据准确； （5）结论明确	不符合要求，一项扣5分
2.2.3	透平油检修监督	15	查检修文件包（卡）记录。要求： （1）油处理、补油、换油防油污染措施完善； （2）油相容性满足标准要求； （3）透平油试验合格	（1）防油污染措施不完善扣4分。 （2）油相容性不满足标准要求扣5分。 （3）对油质不合格的设备未处理或未制订处理措施的，一台次扣5分
2.2.4	透平油设备巡检和记录	5	机组油阀门、油管路、轴承油盆、油箱应无漏油、甩油现象，油位、油外观，安装吸湿器油箱吸湿器内干燥剂无饱和失效现象	（1）巡视周期不符合，一项扣2分。 （2）巡视纪录不全，一项扣2分

表（续）

序号	评价项目	标准分	评价内容与要求	评 分 标 准
2.3	液压油	30		
2.3.1	液压油合格率	6	液压油合格率大于或等于 98.0%，油耗小于或等于 3.0%/年	（1）液压油油质合格率，每低 1%扣 3 分。 （2）全厂设备油耗大于 3.0%/年扣 6 分
2.3.2	液压油分析	12	查看试验报告。要求： （1）试验周期符合规程的规定； （2）试验项目齐全； （3）试验方法正确； （4）试验数据准确； （5）结论明确	不符合要求，一项扣 5 分
2.3.3	液压油检修监督	8	查检修文件包（卡）记录。要求： （1）油处理、补油、换油防油污染措施完善； （2）油相容性满足标准要求； （3）液压油试验合格	（1）防油污染措施不完善扣 3 分。 （2）油相容性不满足标准要求扣 5 分。 （3）对油质不合格的设备未处理或未制订处理措施的，一台次扣 4 分
2.3.4	液压油设备巡检和记录	4	液压系统阀门、油管路、油箱、各连接面应无漏油现象，油位、油外观正常，安装吸湿器油箱吸湿器内干燥剂无饱和失效现象	（1）巡视周期不符合，一项扣 2 分。 （2）巡视纪录不全，一项扣 2 分
2.4	齿轮油	10		
2.4.1	齿轮油合格率	2	齿轮油合格率大于或等于 95.0%，油耗小于或等于 1.0%/年	（1）齿轮油油质合格率，每低 1%扣 1 分。 （2）全厂设备油耗大于 1.0%/年扣 2 分
2.4.2	齿轮油分析	3	查看试验报告。要求： （1）试验周期符合规程的规定； （2）试验项目齐全； （3）试验方法正确； （4）试验数据准确； （5）结论明确	不符合要求，一项扣 2 分
2.4.3	齿轮油检修监督	3	查检修文件包（卡）记录。要求： （1）油处理、补油、换油防油污染措施完善； （2）油相容性满足标准要求； （3）液压油试验合格	（1）防油污染措施不完善扣 2 分。 （2）油相容性不满足标准要求扣 3 分。 （3）对油质不合格的设备未处理或未制订处理措施的，一台次扣 2 分

表（续）

序号	评价项目	标准分	评价内容与要求	评 分 标 准
2.4.4	齿轮油设备巡检和记录	2	齿轮油阀门、油管路、油箱、各连接面应无漏油现象，油位、油外观正常	（1）巡视周期不符合，一项扣1分。 （2）巡视纪录不全，一项扣1分
2.5	辅机用油	10		
2.5.1	辅机用油分析	2	辅机用油量大于100L进行试验分析，查看试验报告。要求： （1）试验周期符合规程的规定； （2）试验项目齐全； （3）试验方法正确； （4）试验数据准确	不符合要求，一项扣1分
2.5.2	辅机用油检修监督	6	查检修文件包（卡）记录。要求： （1）补油、换油防油污染措施完善； （2）油相容性满足标准要求	（1）防油污染措施不完善扣2分。 （2）油相容性不满足标准要求扣3分
2.5.3	辅机用油设备巡检和记录	2	辅机用油设备阀门、油管路、油箱、各连接面应无漏油现象，油位、油外观正常	（1）巡视周期不符合，一项扣1分。 （2）巡视记录不全，一项扣1分
2.6	六氟化硫气体	50		
2.6.1	六氟化硫气体合格率	10	六氟化硫气体合格率为100.0%，气体年泄漏量不大于总气量的0.5%	（1）六氟化硫气体合格率，每低1%扣5分。 （2）气体年泄漏量大于总气量的0.5%全厂设备扣10分
2.6.2	六氟化硫气体检验	20	查看试验报告。要求： （1）试验周期符合规程的规定； （2）试验项目齐全； （3）试验方法正确； （4）试验数据准确； （5）结论明确	不符合要求，一项扣5分
2.6.3	六氟化硫气体检修监督	15	查检修文件包（卡）记录。要求： （1）充气、补气、回收、检修和设备异常措施完善； （2）试验项目齐全； （3）试验方法正确； （4）试验数据准确； （5）见证点现场签字； （6）质量三级验收	（1）检修措施不完善扣10分。 （2）对气体不合格的设备未处理或未制订处理措施的，一台次扣5分。 （3）过程监督及质量见证缺漏一项，扣5分

表（续）

序号	评价项目	标准分	评价内容与要求	评 分 标 准
2.6.4	六氟化硫气体设备巡检和记录	5	断路器运行无异常声音，室内无异常气味、压力正常，断路器液压操作机构油位正常，无漏油现象	（1）巡视周期不符合，一项扣3分。 （2）巡视记录不全，一项扣2分
2.7	化学在线监测	10		
2.7.1	变压器油在线监测装置	5	检查设备、报告。要求： （1）设备工作正常； （2）定期与离线数据对比分析； （3）定期检验、检定报告	不符合要求，一项扣2分
2.7.2	六氟化硫气体在线监测装置	5	检查设备、报告。要求： （1）设备工作正常； （2）定期与离线数据对比分析； （3）定期检验、检定报告	不符合要求，一项扣2分
2.8	电力用油安全管理	30		
2.8.1	电力用油管理	20	检查设备、报告。要求： （1）悬挂油库系统图、设备操作规程、油库安全管理制度，防火重点部位或场所的名称及防火责任人； （2）油库配置防爆型电气柜或专用配电室，滤油机搭接电源开关容量满足要求； （3）油罐、油处理设备接地； （4）配置充足灭火器材； （5）库存量满足设备检修要求； （6）按周期完成定检； （7）台账记录齐全	不符合要求，一项扣5分
2.8.2	新油验收	10	查看试验报告。要求： （1）出厂报告合格； （2）按标准入厂检验； （3）新油净化处理	缺一批次检验，扣5分
2.9	六氟化硫气体安全管理	20		
2.9.1	六氟化硫气体管理	10	检查设备、报告。要求： （1）悬挂气体库安全管理制度，防火重点部位或场所的名称及防火责任人； （2）气体库安装地面强制通风装置； （3）按规定存放； （4）按规定运输； （5）库存量满足设备检修要求； （6）台账记录齐全	不符合要求，一项扣5分

表（续）

序号	评价项目	标准分	评价内容与要求	评 分 标 准
2.9.2	新气验收	10	查看试验报告。要求： （1）出厂报告合格； （2）按标准入厂检验； （3）按规定存放、运输	缺一批次检验，扣5分
2.10	废弃物排放 与处置	10	现场检查、查阅废弃物处置台账	
2.10.1	试验室试验 废弃物	2	按废弃物排放、回收归类	不符合要求，一项扣2分
2.10.2	电力用油检 修废弃物	4	按废弃物回收归类、处置	不符合要求，一项扣4分
2.10.3	六氟化硫气 体检修废 弃物	4	按废弃物回收归类、处置	不符合要求，一项扣4分

中国华能集团公司水力发电厂技术监督标准汇编

Q/HN-1-0000.08.049—2015

中国华能集团公司
CHINA HUANENG GROUP

管理标准篇

电力技术监督管理办法

2015 - 05 - 01 发布

2015 - 05 - 01 实施

目　次

前　言

　　电力技术监督是提高发电设备可靠性，保证电厂安全、经济、环保运行的重要基础。为了加强中国华能集团公司的电力技术监督工作，建立、健全技术监督管理体系，确保国家、行业、集团公司相关发电技术标准、规范的落实和执行，进一步促进集团公司发电设备运行安全、可靠性的提高，预防重大事故的发生。根据国家能源局《电力工业技术监督管理规定》和集团公司生产经营管理特点，制定本办法。

　　本办法是中国华能集团公司及所属产业公司、区域公司和发电企业电力技术监督工作管理的主要依据，是强制性企业标准。

　　本办法由中国华能集团公司安全监督与生产部提出。

　　本办法由中国华能集团公司安全监督与生产部归口并解释。

　　本办法起草单位：中国华能集团公司安全监督与生产部。

　　本办法批准人：寇伟。

电力技术监督管理办法

1 范围

本办法规定了中国华能集团公司（以下简称"集团公司"）电力技术监督（以下简称"技术监督"）管理工作的机构职责、监督范围和管理要求。

本办法适用于集团公司及所属产业公司、区域公司和发电企业的技术监督管理工作。

2 规范性引用文件

下列文件对于本文件的应用是必不可少的。凡是注日期的引用文件，仅所注日期的版本适用于本文件。凡是不注日期的引用文件，其最新版本（包括所有的修改单）适用于本文件。

DL/T 1051 电力技术监督导则

Q/HB-G-08.L01—2009 华能电厂安全生产管理体系要求

国家能源局 电力工业技术监督管理规定（2012 征求意见稿）

华能安〔2011〕271 号 中国华能集团公司电力技术监督专责人员上岗资格管理办法（试行）

3 总则

3.1 技术监督管理的目的是通过建立高效、通畅、快速反应的技术监督管理体系，确保国家及行业有关技术法规的贯彻实施，确保集团公司有关技术监督管理指令畅通；通过采用有效的测试和管理手段，对发电设备的健康水平及与安全、质量、经济、环保运行有关的重要参数、性能、指标进行监测与控制，及时发现问题，采取相应措施尽快解决问题，提高发电设备的安全可靠性，最终保证集团公司发电设备及相关电网安全、可靠、经济、环保运行。

3.2 技术监督工作要贯彻"安全第一、预防为主"的方针，按照"超前预控、闭环管理"的原则，建立以质量为中心，以相关的法律法规、标准、规程为依据，以计量、检验、试验、监测为手段的技术监督管理体系，对发电布局规划、建设和生产实施全过程技术监督管理。

3.3 集团公司、产业公司、区域公司及所属发电企业应按照《电力工业技术监督管理规定》、DL/T 1051、行业和集团公司技术监督标准开展技术监督工作，履行相应的技术监督职责。

3.4 本办法适用于集团公司、产业公司、区域公司、发电企业（含新、扩建项目）。各产业公司、区域公司及所属发电企业，应根据本办法，结合各自的实际情况，制订相应的技术监督管理标准。

4 机构与职责

4.1 集团公司技术监督工作实行三级管理。第一级为集团公司，第二级为产业公司、区域公司，第三级为发电企业。集团公司委托西安热工院有限公司（以下简称"西安热工院"）对集团公司系统技术监督工作开展情况进行监督管理，并提供技术监督管理技术支持服务。

4.2 集团公司技术监督管理委员会是集团公司技术监督工作的领导机构，技术监督管理委员会下设技术监督管理办公室，设在集团公司安全监督与生产部（以下简称"安生部"），负责归口管理集团公司技术监督工作。集团公司安生部负责已投产发电企业运行、检修、技术改造等方面的技术监督管理工作，基本建设部负责新、扩建发电企业的设计审查、设备监造、安装调试以及试运行阶段的技术监督管理工作。

4.3 各产业公司、区域公司应成立以主管生产的副总经理或总工程师为组长的技术监督领导小组，由生产管理部门归口管理技术监督工作。生产管理部门负责已投产发电企业的技术监督管理工作，基建管理部门负责新、扩建发电企业技术监督管理工作。

4.4 各发电企业是设备的直接管理者，也是实施技术监督的执行者，对技术监督工作负直接责任。应成立以主管生产（基建）的领导或总工程师为组长的技术监督领导小组，建立完善的技术监督网络，设置各专业技术监督专责人，负责日常技术监督工作的开展，包括本企业技术监督工作计划、报表、总结等的收集上报、信息的传递、协调各方关系等。已投产发电企业技术监督工作由生产管理部门归口管理，新建项目的技术监督工作由工程管理部门归口管理。

4.5 集团公司技术监督管理委员会主要职责。

4.5.1 贯彻执行国家、行业有关电力技术监督的方针、政策、法规、标准、规程和制度等，制定、修订集团公司相关技术监督规章制度、标准。

4.5.2 建立集团公司技术监督管理工作体系，落实技术监督管理岗位责任制，协调解决技术监督管理工作各方面的关系。

4.5.3 监督与指导产业公司、区域公司技术监督工作，对产业公司、区域公司技术监督工作实施情况进行检查与评价。

4.5.4 开展技术监督目标管理，制定集团公司技术监督工作规划和年度计划。

4.5.5 收集、审核、分析集团公司技术监督信息，将技术监督管理中反映的突出问题及时反馈给规划、设计、制造、发电、基建等相关单位和部门，形成技术监督管理闭环工作机制。

4.5.6 参与发电企业重大、特大事故的分析调查工作，制订反事故技术措施，组织解决重大技术问题。

4.5.7 开展集团公司技术监督专责人员上岗考试及资格管理工作。

4.5.8 组织开展集团公司重点技术问题的培训，解决共性和难点问题。

4.5.9 定期组织召开集团公司技术监督工作会议，总结、研究技术监督工作。研究、推广技术监督新技术、新方法。

4.6 产业公司、区域公司技术监督主要职责。

4.6.1 贯彻执行国家、行业有关电力技术监督的方针、政策、法规、标准、规程和制度等，以及集团公司有关技术监督规章制度、标准，行使对下属发电企业技术监督的领导职能。

4.6.2 根据产业公司、区域公司具体情况，制定技术监督工作实施细则、考核细则及相关制度。审查所属发电企业技术监督管理标准，并对发电企业的技术监督工作进行指导、监督、检查和考核。

4.6.3 建立健全产业公司、区域公司技术监督管理工作体系，落实技术监督管理岗位责任制。

4.6.4 监督与指导所属发电企业技术监督工作，对发电企业技术监督工作实施和指标完成情况进行检查、评价与考核。

4.6.5 开展技术监督目标管理，制定产业公司、区域公司技术监督工作规划和年度计划。

4.6.6 集团公司委托西安热工院作为发电企业技术监督管理的技术支持服务单位，负责对集团公司系统技术监督工作的开展情况进行监督、检查和技术支持服务，各产业公司、区域公司应与西安热工院签订技术监督管理支持服务合同。

4.6.7 审定所属发电企业的技术监督服务单位，监督发电企业与技术监督服务单位所签合同的执行情况，保证技术监督工作的正常开展。

4.6.8 组织有关专业技术人员，参加新、扩建工程在设计审查、主要设备的监造验收以及安装、调试、生产过程中的技术监督和质量验收工作。

4.6.9 收集、审核、分析和上报所属发电企业的技术监督数据，保证数据的准确性、完整性和及时性，定期向集团公司报送技术监督工作计划、报表和工作总结，报告重大设备隐患、缺陷或事故和分析处理结果。

4.6.10 组织对所属发电企业技术监督动态检查提出问题的整改落实情况和效果进行跟踪检查、复查评估，定期向集团公司报送复查评估报告。

4.6.11 组织并参与发电企业重大隐患、缺陷或事故的分析调查工作，制订反事故技术措施。

4.6.12 签发技术监督预警通知单，对技术监督预警问题进行督办。

4.6.13 组织技术监督专责人员参加集团公司的上岗考试，检查、监督所属发电企业技术监督专责人员持证上岗工作的落实。

4.6.14 组织开展并参加上级单位举办的技术监督业务培训和技术交流活动。

4.6.15 定期组织召开各专业技术监督工作会议，总结技术监督工作，研究、推广、运用技术监督新技术、新方法。

4.7 发电企业技术监督主要职责。

4.7.1 贯彻执行国家、行业、上级单位有关电力技术监督的方针、政策、法规、标准、规程、制度和技术措施等。

4.7.2 根据企业的具体情况，制定相关技术监督管理标准、考核细则及相关制度，明确各项技术监督岗位资格标准和职责。

4.7.3 建立健全企业技术监督工作网络，落实各级技术监督岗位责任制，确保技术监督专责人员持证上岗。

4.7.4 开展技术监督目标管理，制定企业技术监督工作规划和年度计划。

4.7.5 开展全过程技术监督。组织技术监督人员参与企业新、扩建工程的设计审查、设备选型、主要设备的监造验收以及安装、调试阶段的技术监督和质量验收工作。掌握企业设备的运行情况、事故和缺陷情况，认真执行反事故措施，及时消除设备隐患和缺陷。达不到监督指标的，要提出具体改进措施。

4.7.6 按时报送技术监督工作计划、报表、工作总结，确保监督数据真实、可靠。在监督工作中发现设备出现重大隐患、缺陷或事故，及时向上级单位有关部门、技术监督主管部门报告。

4.7.7 组织开展技术监督自我评价，接受技术监督服务单位的动态检查监督评价。

4.7.8 对于技术监督自我评价、动态检查和技术监督预警提出的问题，应按要求及时制定整改计划，明确整改时间、责任部门和人员，实现整改的闭环管理。

4.7.9 组织企业重大设备隐患、缺陷或事故的技术分析、调查工作，制定反事故措施并督促落实。

4.7.10 与技术监督服务单位签订技术监督服务合同,保证合同的顺利执行。

4.7.11 配置必需的检测仪器设备,做好量值传递工作,保证计量量值的统一、准确、可靠。

4.7.12 做好技术监督专责人员的专业培训、上岗资格考试的资质审查和资格申报工作。

4.7.13 开展并参加上级单位举办的技术监督业务培训和技术交流活动。

4.7.14 定期组织召开技术监督工作会议,通报技术监督工作信息,总结、交流技术监督工作经验,推广和采用技术监督新技术、新方法,部署下阶段技术监督工作任务。

4.8 西安热工院技术监督主要职责。

4.8.1 协助集团公司建立和完善技术监督规章制度、标准,定期收集、宣贯国家、行业有关技术监督新标准。

4.8.2 协助集团公司对集团所属产业公司、区域公司及发电企业的技术监督工作进行监督,开展技术监督动态检查工作,并提出评价意见和整改建议。

4.8.3 协助集团公司制定技术监督工作规划和年度计划。

4.8.4 协助集团公司开展重点技术问题研究、分析,解决共性和难点问题。

4.8.5 收集、审核、分析各发电企业上报的技术监督工作计划、报表和工作总结,及时向集团公司报告发现的重大设备隐患、缺陷或事故,并提出预防措施和方案,防止重大恶性事故的发生。定期编辑出版集团公司《电力技术监督报告》和《电力技术监督通讯》。

4.8.6 参加新、扩建工程的设计审查,重要设备的监造验收以及安装、调试、生产等过程中的技术监督和质量验收工作。

4.8.7 参与发电企业重大隐患、缺陷或事故的分析调查工作,提出反事故技术措施。

4.8.8 提出技术监督预警,签发技术监督预警通知单,对预警问题整改情况进行验收。

4.8.9 协助集团公司制定技术监督人员培训计划,对技术监督人员进行定期技术培训。

4.8.10 协助集团公司编制各专业技术监督培训教材和考试题库,做好技术监督专责人员的上岗考试工作。

4.8.11 编写集团公司年度技术监督工作分析总结报告,全面、准确地反映集团公司所属各产业公司、区域公司及发电企业技术监督工作开展情况和设备问题,提出技术监督工作建议。

4.8.12 协助集团公司召开技术监督工作会议,组织开展专业技术交流,研究和推广技术监督新技术、新方法。

4.8.13 完成集团公司委托的其他任务。

4.9 技术监督服务单位主要职责。

4.9.1 贯彻执行国家、行业、集团公司、产业公司、区域公司有关电力技术监督的方针、政策、法规、标准、规程和制度等。

4.9.2 与发电企业签订技术监督服务合同,根据本地区发电企业实际情况,制定技术监督工作实施细则,开展技术监督服务工作。

4.9.3 与产业公司、区域公司及发电企业共同制定技术监督工作规划与年度计划。

4.9.4 了解和掌握发电企业的技术状况,建立、健全主要受监设备的技术监督档案,每年对所服务的发电企业进行 1 次~2 次技术监督现场动态检查,对存在的问题进行研究并提出建议和措施。

4.9.5 参加所服务发电企业重大设备隐患、缺陷和事故的调查,提出反事故技术措施。

4.9.6 发现有违反标准、规程、制度及反事故措施的行为,和有可能造成人身伤亡、设备损坏的事故隐患时，按规定及时提出技术监督预警，签发技术监督预警通知单，并提出整改建议和措施，对预警问题进行督办验收。

4.9.7 组织对所服务发电企业的技术监督人员进行定期技术培训。

4.9.8 组织召开所服务发电企业技术监督工作会议，总结、交流技术监督工作，推广技术监督新技术、新方法。参加集团公司、产业公司、区域公司组织召开的技术监督工作会议。

4.9.9 依靠科技进步，不断完善和更新测试手段，提高服务质量；加强技术监督信息的交流与服务工作；对技术监督关键技术难题，组织科技攻关。

4.9.10 对于技术监督服务合同履约情况，接受集团公司、产业公司、区域公司和发电企业的监督检查。

5 技术监督范围

5.1 火力发电厂的监督范围：绝缘、继电保护及安全自动装置、励磁、电测、电能质量、节能、环保、锅炉、汽轮机、燃气轮机、热工、化学、金属、锅炉压力容器和供热等 15 项专业监督。

5.2 水力发电厂的监督范围：绝缘、继电保护及安全自动装置、励磁、电测与热工计量、电能质量、节能、环保、水轮机、水工、监控自动化、化学和金属等 12 项专业监督。

5.3 风力发电场的监督范围：绝缘、继电保护及安全自动装置、电测、电能质量、风力机、监控自动化、化学和金属等 8 项专业监督。

5.4 光伏电站的监督范围：绝缘、继电保护及安全自动装置、监控自动化、能效等 4 项专业监督。

6 技术监督管理

6.1 健全监督网络与职责

6.1.1 各产业公司、区域公司应按照本办法规定，编制本公司技术监督管理标准，应成立技术监督领导小组，日常工作由生产管理部门归口管理。每年年初根据人员调动、岗位调整情况，及时补充和任命技术监督管理成员。

6.1.2 各发电企业应按照本办法和《华能电厂安全生产管理体系要求》规定，编制本企业各专业技术监督管理标准，应成立企业技术监督领导小组，明确各专业技术监督岗位资质、分工和职责，责任到人。

6.1.3 发电企业技术监督工作归口职能管理部门在企业技术监督领导小组的领导下，负责全厂技术监督网络的组织建设工作，各专业技术监督专责人负责本专业技术监督日常工作的开展和监督管理。

6.1.4 技术监督工作归口职能管理部门每年年初要根据人员变动情况及时对网络成员进行调整。按照技术监督人员上岗资格管理办法的要求，定期对技术监督专责人和特殊技能岗位人员进行专业和技能培训，保证持证上岗。

6.2 确定监督标准符合性

6.2.1 国家、行业的有关技术监督法规、标准、规程及反事故措施，以及集团公司相关制度和技术标准，是做好技术监督工作的重要依据，各产业公司、区域公司、发电企业应对发电技术监督用标准等资料收集齐全，并保持最新有效。

6.2.2 发电企业应建立、健全各专业技术监督工作制度、标准、规程，制定规范的检验、试验或监测方法，使监督工作有法可依，有标准对照。

6.2.3 各技术监督专责人应根据新颁布的国家、行业标准、规程及上级主管单位的有关规定和受监设备的异动情况，对受监设备的运行规程、检修维护规程、作业指导书等技术文件中监督标准的有效性、准确性进行评估，对不符合项进行修订，履行审批流程后发布实施。

6.3 确认仪器仪表有效性

6.3.1 发电企业应配备必需的技术监督、检验和计量设备、仪表，建立相应的试验室和计量标准室。

6.3.2 发电企业应编制监督用仪器仪表使用、操作、维护规程，规范仪器仪表管理。

6.3.3 发电企业应建立监督用仪器仪表设备台账，根据检验、使用及更新情况进行补充完善。

6.3.4 发电企业应根据检定周期和项目，制定仪器仪表年度检验计划，按规定进行检验、送检和量值传递，对检验合格的可继续使用，对检验不合格的送修或报废处理，保证仪器仪表有效性。

6.4 建立健全监督档案

6.4.1 发电企业应按照集团公司各专业技术监督标准规定的技术监督资料目录和格式要求，建立健全技术监督各项台账、档案、规程、制度和技术资料，确保技术监督原始档案和技术资料的完整性和连续性。

6.4.2 技术监督专责人应建立本专业监督档案资料目录清册，根据监督组织机构的设置和设备的实际情况，明确档案资料的分级存放地点，并指定专人整理保管。

6.5 制定监督工作计划

6.5.1 集团公司、产业公司、区域公司及发电企业应制定年度技术监督工作计划，并对计划实施过程进行监督。

6.5.2 发电企业技术监督专责人每年 11 月 30 日前应组织制定下年度技术监督工作计划，报送产业公司、区域公司，同时抄送西安热工院。

6.5.3 发电企业技术监督年度计划的制定依据至少应包括以下主要内容：

 a) 国家、行业、地方有关电力生产方面的政策、法规、标准、规程和反措要求；

 b) 集团公司、产业公司、区域公司和发电企业技术监督管理制度和年度技术监督动态管理要求；

 c) 集团公司、产业公司、区域公司和发电企业技术监督工作规划与年度生产目标；

 d) 技术监督体系健全和完善化；

 e) 人员培训和监督用仪器设备配备与更新；

 f) 机组检修计划；

 g) 主、辅设备目前的运行状态；

 h) 技术监督动态检查、预警、月（季）报提出问题的整改；

 i) 收集的其他有关发电设备设计选型、制造、安装、运行、检修、技术改造等方面的动态信息。

6.5.4 发电企业技术监督工作计划应实现动态化，即各专业应每季度制定技术监督工作计划。年度（季度）监督工作计划应包括以下主要内容：

 a) 技术监督组织机构和网络完善；

b） 监督管理标准、技术标准规范制定、修订计划；

c） 人员培训计划（主要包括内部培训、外部培训取证，标准规范宣贯）；

d） 技术监督例行工作计划；

e） 检修期间应开展的技术监督项目计划；

f） 监督用仪器仪表检定计划；

g） 技术监督自我评价、动态检查和复查评估计划；

h） 技术监督预警、动态检查等监督问题整改计划；

i） 技术监督定期工作会议计划。

6.5.5 各产业公司、区域公司每年 12 月 15 日前应制定下年度技术监督工作计划，并将计划报送集团公司，并同时发送西安热工院。

6.5.6 产业公司、区域公司技术监督年度计划的制定依据至少应包括以下几方面：

a） 集团公司、产业公司、区域公司技术监督管理制度和年度技术监督动态管理要求；

b） 集团公司、产业公司、区域公司技术监督工作规划和年度生产目标；

c） 所属发电企业技术监督年度工作计划。

6.5.7 西安热工院每年 12 月 30 日前应制定下年度技术监督工作计划，报集团公司审核批准后发布实施。

6.5.8 集团公司技术监督年度计划的制定依据至少应包括以下几方面：

a） 集团公司技术监督管理制度和年度技术监督动态管理要求；

b） 集团公司技术监督工作规划和年度生产目标；

c） 各产业公司、区域公司技术监督年度工作计划。

6.5.9 产业公司、区域公司和发电企业应根据上级公司下发的年度技术监督工作计划，及时修订补充本单位年度技术监督工作计划，并发布实施。

6.6 监督过程实施

6.6.1 技术监督工作实行全过程、闭环的监督管理方式，要依据相关技术标准、规程、规定和反措在以下环节开展发电设备的技术监督工作。

a） 设计审查；

b） 设备选型与监造；

c） 安装、调试、工程监理；

d） 运行；

e） 检修及停备用；

f） 技术改造；

g） 设备退役鉴定；

h） 仓库管理。

6.6.2 各发电企业对被监督设备（设施）的技术监督要求如下：

a） 应有技术规范、技术指标和检测周期；

b） 应有相应的检测手段和诊断方法；

c） 应有全过程的监督数据记录；

d） 应实现数据、报告、资料等的计算机记录；

e） 应有记录信息的反馈机制和报告的审核、审批制度。

6.6.3 发电企业要严格按技术标准、规程、规定和反措开展监督工作。当国家标准和制造厂标准存在差异时，按高标准执行；由于设备具体情况而不能执行技术标准、规程、规定和反措时，应进行认真分析、讨论并制定相应的监督措施，由发电企业技术监督负责人批准，并报上级技术监督管理部门。

6.6.4 发电企业要积极利用机组检修机会开展技术监督工作。在修前应广泛采集机组运行各项技术数据，分析机组修前运行状态，有针对性地制定大修重点治理项目和技术方案，在检修中组织实施。在检修后要对技术监督工作项目做专项总结，对监督设备的状况给予正确评估，并总结检修中的经验教训。

6.7 工作报告报送管理

6.7.1 技术监督工作实行工作报告管理方式。各产业公司、区域公司、发电企业应按要求及时报送监督速报、监督季报、监督总结等技术监督工作报告。

6.7.2 监督速报报送。

6.7.2.1 发电企业发生重大监督指标异常，受监控设备重大缺陷、故障和损坏事件，火灾事故等重大事件后24h内，技术监督专责人应将事件概况、原因分析、采取措施按照附录B格式，填写速报并报送产业公司、区域公司和西安热工院。

6.7.2.2 西安热工院应分析和总结各发电企业报送的监督速报，编辑汇总后在集团公司《电力技术监督报告》上发布，供各发电企业学习、交流。各发电企业要结合本单位设备实际情况，吸取经验教训，举一反三，认真开展技术监督工作，确保设备健康服役和安全运行。

6.7.3 监督季报报送。

6.7.3.1 发电企业技术监督专责人应按照各专业监督标准规定的季报格式和要求，组织编写上季度技术监督季报，每季度首月5日前报送产业公司、区域公司和西安热工院。

6.7.3.2 西安热工院应于每季度首月25日前编写完成集团公司《电力技术监督报告》，报送集团公司，经集团公司审核后，发送各产业公司、区域公司及发电企业。

6.7.4 监督总结报送。

6.7.4.1 各发电企业每年1月5日前编制完成上年度技术监督工作总结，报送产业公司、区域公司，同时抄送西安热工院。

6.7.4.2 年度监督工作总结主要应包括以下内容：

    a) 主要监督工作完成情况、亮点和经验与教训；
    b) 设备一般事故、危急缺陷和严重缺陷统计分析；
    c) 存在的问题和改进措施；
    d) 下一步工作思路及主要措施。

6.7.4.3 西安热工院每年2月25日前完成上年度集团公司技术监督年度总结报告，并提交集团公司。

6.8 监督预警管理

6.8.1 技术监督工作实行监督预警管理制度。技术监督标准应明确各专业三级预警项目，各发电企业应将三级预警识别纳入日常监督管理和考核工作中。

6.8.2 西安热工院、技术监督服务单位要对监督服务中发现的问题，按照附录A集团公司《技术监督预警管理实施细则》的要求及时提出和签发预警通知单，下发至相关发电企业，同时抄报集团公司、产业公司、区域公司。

6.8.3　发电企业接到预警通知单后，按要求编制报送整改计划，安排问题整改。

6.8.4　预警问题整改完成后，发电企业按照验收程序要求，向预警提出单位提出验收申请，经验收合格后，由验收单位填写预警验收单，并抄报集团公司、产业公司、区域公司备案。

6.9　监督问题整改

6.9.1　技术监督工作实行问题整改跟踪管理方式。技术监督问题的提出包括：

　　a)　西安热工院、技术监督服务单位在技术监督动态检查、预警中提出的整改问题；

　　b)　《电力技术监督报告》中明确的集团公司或产业公司、区域公司督办问题；

　　c)　《电力技术监督报告》中明确的发电企业需要关注及解决的问题；

　　d)　发电企业技术监督专责人每季度对监督计划执行情况进行检查，对不满足监督要求提出的整改问题。

6.9.2　技术监督动态检查问题的整改，发电企业按照 7.3.5 条执行。

6.9.3　技术监督预警问题的整改，发电企业按照 6.7 节执行。

6.9.4　《电力技术监督报告》中明确的督办问题、需要关注及解决的问题的整改，发电企业应结合本单位实际情况，制定整改计划和实施方案。

6.9.5　技术监督问题整改计划应列入或补充列入年度监督工作计划，发电企业按照整改计划落实整改工作，并将整改实施情况及时在技术监督季报中总结上报。

6.9.6　对整改完成的问题，发电企业应保存问题整改相关的试验报告、现场图片、影像等技术资料，作为问题整改情况及实施效果评估的依据。

6.9.7　产业公司、区域公司应加强对所管理发电企业技术监督问题整改落实情况的督促检查和跟踪，组织复查评估工作，保证问题整改落实到位，并将复查评估情况报送集团公司。

6.9.8　集团公司定期组织对发电企业技术监督问题整改落实情况和产业公司、区域公司督办情况的抽查。

6.10　人员培训和持证上岗管理

6.10.1　技术监督工作实行持证上岗制度。技术监督岗位及特殊专业岗位应符合国家、行业和集团公司明确的上岗资格要求，各发电企业应将人员培训和持证上岗纳入日常监督管理和考核工作中。

6.10.2　集团公司、各产业公司、区域公司应定期组织发电企业技术监督和专业技术人员培训工作，重点学习宣贯新制度、标准和规范、新技术、先进经验和反措要求，不断提高技术监督人员水平。发电企业技术监督专责人员应经考核取得集团公司颁发的专业技术监督资格证书。

6.10.3　从事电测、热工计量检测、化学水分析、化学仪表检验校准和运行维护、燃煤采制化和用油气分析检验、金属无损检测人员等，应通过国家或行业资格考试并获得上岗资格证书，每项检测和化验项目的工作人员持证人数不得少于 2 人。

6.11　监督例会管理

6.11.1　集团公司、各产业公司、区域公司应定期组织召开技术监督工作会议，总结技术监督工作开展情况，分析存在的问题，宣传和推广新技术、新方法、新标准和监督经验，讨论和部署下年度工作任务和要求。

6.11.2　发电企业每年至少召开两次技术监督工作会议，会议由发电企业技术监督领导小组组长主持，检查评估、总结、布置技术监督工作，对技术监督中出现的问题提出处理意见和防范措施，形成会议纪要，按管理流程批准后发布实施。

7 评价与考核

7.1 评价依据和内容

7.1.1 技术监督工作实行动态检查评价制度。技术监督评价依据本办法及相关火电、水电、风电、光伏监督标准，评价内容包括技术监督管理与监督过程实施情况。

7.2 评价标准

7.2.1 被评价的发电企业按得分率高低分为四个级别，即：优秀、良好、合格、不符合。

7.2.2 得分率高于或等于 90%为"优秀"；80%～90%（不含 90%）为"良好"；70%～80%（不含 80%）为"合格"；低于 70%为"不符合"。

7.3 评价组织与考核

7.3.1 技术监督评价包括：集团公司技术监督评价，属地电力技术监督服务单位技术监督评价，发电企业技术监督自我评价。

7.3.2 集团公司定期组织西安热工院和公司系统内部专家，对发电企业开展动态检查评价，评价工作按照各专业技术监督标准执行，分为现场评价和定期评价。

7.3.2.1 技术监督现场评价按照集团公司年度技术监督工作计划中所列的发电企业名单和时间安排进行。发电企业在现场评价实施前应按各专业技术监督工作评价表内容进行自查，编写自查报告。西安热工院在现场评价结束后三周内，应按附录 C 编制完成评价报告，并将评价报告电子版报送集团公司，同时发送产业公司、区域公司及发电企业。

7.3.2.2 技术监督定期评价按照发电企业生产技术管理情况、机组障碍及非计划停运情况、监督工作报告内容符合性、准确性、及时性等进行评价，通过年度技术监督报告发布评价结果。

7.3.3 技术监督服务单位应对所服务的发电企业每年开展 1～2 次技术监督动态检查评价。评价工作按照各专业技术监督标准的规定执行，检查后三周内应参照附录 C 编制完成评价报告，并将评价报告电子版和书面版报送产业公司、区域公司及发电企业。

7.3.4 西安热工院、技术监督服务单位进行动态检查评价时，要对上次动态检查问题整改计划的完成情况进行核查和统计，并编写上次整改情况总结，附于动态检查评价报告后。

7.3.5 发电企业收到评价报告后两周内，组织有关人员会同西安热工院或技术监督服务单位，在两周内完成整改计划的制订，经产业公司、区域公司生产部门审核批准后，将整改计划书报送集团公司，同时抄送西安热工院、技术监督服务单位。电厂应按照整改计划落实整改工作，并将整改实施情况及时在技术监督季报中总结上报。

7.3.6 集团公司通过《电力技术监督报告》《电力技术监督通讯》等渠道，发布问题整改、复查评估情况。

7.3.7 对严重违反技术监督规定、由于技术监督不当或监督项目缺失、降低监督标准而造成严重后果、对技术监督发现问题不进行整改的电厂，予以通报并限期整改。

7.3.8 各产业公司、区域公司和发电企业应将技术监督工作纳入企业绩效考核体系。

附 录 A
（规范性附录）
技术监督预警管理实施细则

A.1 对于技术监督预警问题，可通过以下技术监督过程进行识别：

A.1.1 设计选型阶段
　　a) 设计选型资料；
　　b) 设计选型审查会。

A.1.2 制造阶段
　　a) 定期报告；
　　b) 制造质量的监造报告。

A.1.3 安装和试运行阶段
　　a) 安装质量的定期报告；
　　b) 安装质量的质检报告；
　　c) 系统或设备试验和验收报告；
　　d) 试运行和验收报告。

A.1.4 运行和检修阶段
　　a) 技术监督年度工作计划、总结，设备台账、检修维护工作总结；
　　b) 技术监督月报、季报、速报；
　　c) 技术监督动态检查评价报告；
　　d) 技术监督定期会议。

A.2 对技术监督过程中发现的问题，按照问题或隐患的风险及危害程度，分为三级管理。其中第一级为严重预警，第二级为重要预警，第三级为一般预警，各监督预警项目参见各专业监督标准。西安热工院、技术监督服务单位对于技术监督过程中发现的符合预警项目的问题，应及时按照 A.3 条规定的程序提出"技术监督预警通知单"，技术监督预警通知单格式和内容要求见附录 A.1。

A.3 技术监督预警提出及签发程序如下：

A.3.1 一级预警通知单由西安热工院提出和签发（对于技术监督服务单位监督服务过程中发现的一级预警问题，技术监督服务单位填写预警通知单后发送西安热工院，由西安热工院签发），同时抄报集团公司，抄送产业公司、区域公司。

A.3.2 二级、三级预警通知单由西安热工院、技术监督服务单位提出和签发，同时抄送产业公司、区域公司。

A.4 发电企业接到技术监督预警通知单后，应认真组织人员研究有关问题，制定整改计划，整改计划中应明确整改措施、责任部门、责任人、完成日期。三级预警问题应在接到通知单后 1 周内完成整改计划；二级预警应在接到通知单后 3 天内完成整改计划；一级预警应在接到通知单后 1 天内完成整改计划；并应在计划规定的时间内完成整改和验收，验收完毕后应填写技术监督预警验收单，预警验收单格式和内容要求见附录 A.2。

A.5 技术监督预警问题整改及验收程序如下：

A.5.1　一级预警的整改计划应发送集团公司、产业公司、区域公司、西安热工院技术监督部，整改完成后由发电企业向西安热工院提出验收申请，经验收合格后，由西安热工院填写技术监督预警验收单，同时抄报集团公司、产业公司、区域公司备案。

A.5.2　二级、三级预警的整改计划应发送产业公司、区域公司、西安热工院技术监督部或技术监督服务单位，整改完成后由发电企业向西安热工院或技术监督服务单位提出验收申请，经验收合格后，由西安热工院或技术监督服务单位填写技术监督预警验收单，同时抄报产业公司、区域公司备案。

A.6　对技术监督预警问题整改后验收不合格情况的处理规定如下：

对预警问题整改后验收不合格时，三级预警由验收单位提高到二级预警重新提出预警，一、二级预警由验收单位按原预警级别重新提出预警，预警通知的提出和签发程序按照 A.3 的规定执行，对预警问题的整改和验收按照 A.5 的规定执行。

附 录 A.1
（规范性附录）
技术监督预警通知单

通知单编号：T-   预警类别：20   年   月   日

发电企业名称	
设备（系统）名称	

异常情况	
可能造成或已造成的后果	
整改建议	
整改时间要求	

提出单位		签发人	

注：通知单编号：T—预警类别编号—顺序号—年度。预警类别编号：一级预警为1，二级预警为2，三级预警为3。

附 录 A.2
（规范性附录）
技术监督预警验收单

验收单编号：Y-   预警类别：20   年   月   日

发电企业名称	
设备（系统）名称	
异常情况	
技术监督服务单位整改建议	
整改计划	
整改结果	（整改见证资料可附后）
验收结论和意见	

验收单位		验收人	

注：验收单编号：Y—预警类别编号—顺序号—年度。预警类别编号：一级预警为1，二级预警为2，三级预警为3。验收结论可分为合格和不合格两种。

附 录 B

（规范性附录）

技 术 监 督 信 息 速 报

单位名称			
设备名称		事件发生时间	
事件概况	注：有照片时应附照片说明。		
原因分析			
已采取的措施			
监督专责人签字		联系电话： 传　　真：	
生长副厂长或 总工程师签字		邮　　箱：	

附 录 C

（规范性附录）

技术监督现场评价报告

C.1 受监设备概况

内容：说明发电机组的数量、单机容量、总容量、投产时间。

C.1.1 受监控设备主要技术参数

C.1.2 受监控设备近年来发生或存在的问题

C.2 评价结果综述

××××年××月××日～××日期间，西安热工院（或技术监督服务单位），依据集团公司《电力技术监督管理办法》，组织各专业技术人员共××人，对××发电厂（以下简称电厂）绝缘等××项技术监督工作进行了现场评价。

查评组通过询问、查阅和分析各部门提供的管理文件、设备台账、检修总结、试验报告等技术资料，以及对电厂生产现场设备巡视等查评方式，对电厂的技术监督组织与职责、标准符合性、仪器仪表、监督计划、监督档案、持续改进、技术监督指标完成情况和监督过程等八个方面进行了检查和评估；针对检查提出的问题，查评组与电厂的领导和各专业管理人员进行了座谈，充分交换了意见，形成最终查评意见和结论。

C.2.1 上次技术监督现场评价提出问题整改情况

××××年度技术监督现场评价共提出××项问题，已整改完成××项，整改完成率××；其中严重问题××项，已整改完成××项，一般问题××项，已整改完成××项。各专业整改完成情况统计结果见表 C.1。

表 C.1 上次技术监督现场查评提出问题整改情况统计结果

序号	专业名称	应整改问题项数			已完成整改项数			整改完成率 %
		严重问题	一般问题	小计	严重问题	一般问题	小计	
1	绝缘监督							
2								
3								
4								
	合 计							

C.2.2 技术监督指标完成情况
C.2.2.1 各专业技术监督指标完成情况

本次各专业对××××年××月××日～××××年××月××日期间的技术监督指标实际完成情况进行了检查，结果见表 C.2。

表 C.2 技术监督指标完成情况

专业名称	监督指标	本次检查结果	考核值

C.2.2.2 技术监督指标未达标原因及分析

本次对电厂××××年××月××日～××××年××月××日期间的××项技术监督指标完成情况进行了考核，××项考核指标中，有×项指标未达到考核值，达标率为××.×%，×项指标未达标的原因分别是：

C.2.3 本次现场评价发现的严重问题及整改建议

内容：问题描述及整改建议。

C.2.4 本次现场评价结果

本次技术监督评价结果：本次评价应得分数××××、实得分数××××、得分率××%。本次评价共发现××项问题，其中严重问题××项，一般问题××项；对于整改时间长、整改难度较大的问题以建议项提出，本次提出建议项为××项；各专业得分和需纠正或整改问题数、建议项数汇总见表 C.3。

表 C.3 本次技术监督现场评价得分情况和发现问题数量汇总表

序号	专业名称	应得分	实得分	得分率 %	检查项目数	扣分项目数	需纠正或整改问题数		建议项数
							严重问题	一般问题	
1	绝缘监督								
2									
3									
	合计								

C.2.5 对存在问题的纠正整改要求

本次现场评价各专业共提出需纠正或整改问题数××项，按问题性质分类：严重问题××项，一般问题××项；对于整改时间长、整改难度较大的问题以建议项提出，本次提出建议项为××项。针对本次提出的有关问题，给出了相应的解决办法或建议，供电厂参考。

按集团公司《电力技术监督管理办法》规定，电厂在收到技术监督现场查评报告后，应组织有关人员会同西安热工院（或技术监督服务单位），在两周内完成整改计划的制订，经产业公司、区域公司生产部门审核批准后，将整改计划书报送集团公司安生部，同时抄送西安热工院电站技术监督部（或技术监督服务单位）。电厂应按照整改计划落实整改工作，按闭环管理程序要求，将整改实施情况及时在技术监督季报中总结上报。

C.3 各专业现场评价报告

C.3.× ××技术监督评价报告（查评人：×××）

C.3.×.1 评价概况

20××年××月××日～××日期间，西安热工院（或技术监督服务单位），依据集团公司《电力技术监督管理办法》，对××电厂××技术监督工作情况进行了现场评价，并对20××年度技术监督现场查评发现问题的整改情况进行了评估。

"华能电厂××技术监督工作评价表"规定的评价项目共计××项，满分为×××分。本次实际评价项目××项，扣分项目共××项，占实际评价项目的××.×%；本次问题扣分×××分，实得分×××分，得分率为××.×%。得分情况统计结果见表3.×.1；扣分项目及原因汇总见表3.×.2。

表 C.3.×.1 本次××技术监督现场评价得分情况统计结果

评价项目	标准分分	本次得分分	本次得分率%	上次得分分	上次得分率%

表 C.3.×.2 本次××技术监督评价扣分项目及原因汇总

序号	评价项目	标准分	扣分	扣分原因

C.3.×.2 技术监督工作亮点

C.3.×.3 本次现场评价发现的问题

本次现场评价发现问题××项，按问题性质分类：严重问题×项，一般问题××项；对于整改时间长、整改难度较大的问题以建议项提出，本次提出建议项×项。针对本次提出的有关问题，给出了相应的解决办法或建议，供电厂参考。

C.3.×.3.1 严重问题

　1)

C.3.×.3.2 一般问题

　1)

C.3.×.3.3　建议项

1）

C.3.×.4　上次技术监督评价发现问题整改情况

20××年度技术监督现场评价提出需纠正或整改问题数××项，本次确认完成整改问题数××项，整改完成率为××.×%。其中严重问题×项，已整改完成×项；一般问题×项，已整改完成×项。整改问题未完成的原因和处理意见见3.×.3。

表 C.3.×.3　整改问题未完成的原因和处理意见

序号	整改问题	原整改计划	未完成原因	检查组意见

注：对未完成的整改问题，应列入本次检查整改计划，作为下次核对的内容。